DAS KALKBRENNEN

MIT BESONDERER BERÜCKSICHTIGUNG DES SCHACHTOFENS MIT MISCHFEUERUNG UND DIE GEWINNUNG VON KOHLENSÄUREHALTIGEN GASEN

VON

BERTHOLD BLOCK
ZIVILINGENIEUR / BERLIN-CHARLOTTENBURG

ZWEITE, ERWEITERTE AUFLAGE

MIT 270 ABBILDUNGEN IN DER SCHRIFT

Springer-Verlag Berlin Heidelberg GmbH
1924

ISBN 978-3-662-33722-6 ISBN 978-3-662-34120-9 (eBook)
DOI 10.1007/978-3-662-34120-9

Ursprünglich erschienen bei Otto Spamer, Leipzig 1924
Softcover reprint of the hardcover 2nd edition 1924

Vorwort zur ersten Auflage.

Das Brennen des Kalksteines dient dazu, den kohlensauren Kalk in Ätzkalk zu verwandeln, weil dieser Eigenschaften besitzt, die ihn zu vielen menschlichen Zwecken erst recht verwendbar machen. Altbekannt ist die Verwendung des Ätzkalkes als Bindemittel beim Mauern. Mit der Zunahme der chemischen Industrie hat aber auch dort der Verbrauch von Ätzkalk außerordentlich zugenommen. Am ältesten und am größten dürfte wohl die Verwendung des Ätzkalkes in der Zuckerindustrie gewesen sein. Hier wird der Kalk zum Scheiden, Niederschlagen der in den rohen Zuckersäften vorhandenen Verunreinigungen verwendet, und dann wird der im Überschuß angewendete Ätzkalk durch Sättigung (Saturation) mit der aus den Kalksteinen ausgetriebenen Kohlensäure zur Fällung gebracht, so daß sich dieser wiedergebildete kohlensaure Kalk leicht abfiltrieren läßt. Er dient dann zum Düngen. In der Rohzuckerfabrik hat man also einen Betrieb, bei dem sowohl der gewonnene Ätzkalk als auch die Kohlensäure nutzbare Verwendung finden. Zur Gewinnung des in der Melasse (der Endlauge in der Rohzuckerfabrikation) noch vorhandenen Zuckers arbeiten auch manche Zuckerraffinerien nach dem sog. Kalksaccharatverfahren. Man nutzt hier die Bildung des Kalkes mit Zucker zu Kalksaccharat aus.

Ein außerordentlich großes Anwendungsgebiet hat der Kalk auch durch die Einführung der *Solvay*schen Ammoniaksodaherstellung gewonnen. Die Kochsalzsole wird durch Einleiten von Ammoniak gesättigt. In den Karbonisationsapparaten wird die aus dem Kalkofen entweichende CO_2 zur Bildung von $NaHCO_3$ benutzt. Der gebrannte Kalk dient zur Destillation des Ammoniaks. Hier sind Kalk und Kochsalz (als Sole) die Grundstoffe, die die Wirtschaftlichkeit in außerordentlicher Weise beeinflussen. Nur wo beide billig, also vor allen Dingen ohne große Anfuhrkosten zu erlangen sind, ist die Sodaherstellung erfolgreich. Während man bei der Zuckerherstellung die Fabrik dort hinstellt, wo die Rüben wachsen, und dann unter Umständen den Kalk weit anfährt (mecklenburgische Zuckerfabriken z. B. aus Schweden), so wird man die Ammoniaksodafabrik dort aufbauen müssen, wo sich in unmittelbarer Nähe Kalkstein und Sole in guter Form und reichlicher Menge befinden (Bernburg i. Anhalt). Deshalb wird man z. B. in Schweden und Norwegen kaum jemals mit Vorteil Ammoniaksoda erzeugen können, trotzdem Kalksteine vorhanden, weil dort nur wenige schwache Solequellen erbohrt wurden. In der Schweiz, wo beide Grundstoffe an gewissen Stellen (Schweizerhall) gut und reichlich vorhanden, ist man erst im Weltkriege zur Errichtung einer Ammoniaksodafabrik geschritten, um sich vom Ausland unabhängig zu machen. Vorher verhinderte die große wirtschaftliche Macht der *Solvay*-Fabriken die Errichtung. Daß man bei der Ammoniaksoda in viel höherem Maße an die Fundstelle der Kalksteine gebunden ist, gegenüber der Zuckerfabrikation, hängt damit zusammen, daß in bezug auf das zu bewegende Rübengewicht nur wenige Prozente Kalksteine (4 bis 6 Proz.) zu beschaffen sind; dagegen für 1 t calcinierte 98proz. Soda sind erforderlich etwa 6 cbm gesättigte Sole, 1200 kg Kalksteine, 110 kg Koks, 700 kg Steinkohle und 5 kg Ammonsulfat.

Die Herstellung der Ätzkalilauge durch Fällung siedender Pottaschelösung mit Kalkmilch, die nach dem Absitzen eingedampft wird, ist jetzt vielfach durch elektrolytische Darstellung aus Chlorkaliumlösung ersetzt. Dies gilt auch von der Erzeugung der Natronlauge.

Dafür haben sich aber wieder andere, weite Gebiete der Verwendung des Kalkes in der chemischen Industrie aufgetan. So z. B. bei der Herstellung des Kalksalpeters, des Calciumcyanamids und Carbids. In Odda (Norwegen) wurden im Jahre 1914 etwa 125 000 PS für die Herstellung von Carbid und Cyanid benutzt. In den letzten Jahren wurden in dieser Fabrik jährlich 150 000 t Kalkstein verwendet, der von dem Kalksteinvorkommen bei Levanger geholt wird. Hieraus wurden 85 000 t gebrannter Kalk gewonnen und mittels 5000 t Koks und 45 000 t Anthrazitkohle in 98 000 t Carbid umgewandelt. (Chem.-Zeit. 1914, S. 1110.)

Ganz außerordentlich hat auch die Erzeugung des Norgesalpeters (Kalksalpeters) zugenommen. Sie betrug im Jahre 1905 nur etwa 125 t und im Jahre 1913 schon 75 000 t. Allerdings wird nur ein Teil als gebrannter Kalk hierfür verwendet, denn die Hauptmenge wird durch Überrieselung der Kalksteine mit Salpetersäure gewonnen und nur die endgültige Neutralisation mit gebranntem Kalk ausgeführt. Aber auch dann und bei sehr vielen anderen Industrien ist man gezwungen, sich den Ätzkalk selbst zu erzeugen, und es fehlt dann ein Buch, welches sich näher mit dem Wesen des Kalkbrennens befaßt. Dabei will ich aber nicht alle möglichen Kalkofenarten behandeln, sondern nur den Schachtofen und auch von diesem in der Hauptsache nur den mit unmittelbarer Mischung des Brennstoffes unter die Kalksteine. Ich tue dies deshalb, um nicht in uferlose Abhandlungen zu kommen, und vor allen Dingen deshalb, weil sich dieser Kalkofen in der chemischen Industrie am besten bewährt hat. Auch weil er die beste Verwendung von Koks gestattet. Der Weltkrieg hat gezeigt, wie außerordentlich wichtig es ist, alle uns zur Verfügung stehenden Rohstoffe bis aufs äußerste auszunutzen, daß es falsch ist, die wertvollen Mitbestandteile der Kohle nutzlos zum Schornstein herauszujagen, anstatt sie aufzufangen und der Volkswirtschaft zuzuführen. Bei der Steinkohle geschieht dies am besten in der Kokerei, die die sog. Nebenstoffe zu gewinnen gestattet und dann einen vorzüglichen Koks liefert. Dieser Koks sollte bei allen Feuerungen statt der Kohle, wenn es nur irgend möglich ist, verwendet werden. Beim Schachtkalkofen geschah dies schon im ausgedehnten Maße, doch werden noch viele mit Steinkohle befeuert. Auch hier soll mein Buch aufklärend wirken.

Bei der Abfassung des Buches fragte ich mich oft, ob es nützlich ist, nur für eine solche einzelne Vorrichtung der Technik ein solches Buch zu schreiben. Doch glaube ich, daß solche Einzeldarstellung am leichtesten vollen Einblick schafft und zu Ausblicken in andere Gebiete veranlaßt und so doch ein kleines Steinchen in das Gebäude des Fortschrittes eingefügt wird. Besonders der mitten in der technischen Tätigkeit Stehende hat nicht die Zeit, sich in Einzelfälle zu vertiefen und über alle Vorgänge Rechenschaft zu geben. Gern wird er deshalb zu einem Buch greifen, das, ihm all die einzelnen Gedankenschlüsse abnimmt und zu bestimmten Ergebnissen führt, ihm aber auch möglichste Klarheit schafft.

Ich selbst fand bei der bisherigen Berechnung und Beurteilung der Kalköfen so viele Lücken, daß ich meine Mußestunden zur Vertiefung dieser Berechnungen verwendete. Die ersten Ergebnisse habe ich im Zentralblatt für die Zuckerindustrie veröffentlicht. Deren weiteren Ausbau und umfassenderes Eindringen stellt dieses Buch dar. Absichtlich habe ich nicht nur die jetzt bestehenden Ansichten, jetzt benutzten Einrichtungen in den Bereich meiner Arbeit gezogen, sondern habe immer zurück zu alten Ansichten, Vorschlägen, Formen und Erfahrungen gegriffen, um den Gang besser zu erläutern, um besseres Verständnis für den jetzigen Zustand zu schaffen, um vor allen Dingen Rückschritte zu verhindern. Gerade aus der Unkenntnis früherer Verhältnisse entstehen häufig vermeintliche neue Erfindungen und Verbesserungen, die sich schon als ungeeignet erwiesen haben. Nicht nur falsche Hoffnungen, sondern auch der Allgemeinheit schädliche Rückschlüsse und Verluste verursachend.

Manches ist noch nicht vollendet, aber ich hoffe trotzdem, vielen damit nützlich zu werden.

Die Drucklegung hat sich durch den Krieg verzögert, nicht zum Schaden des Werkes. Noch manches habe ich in der Zwischenzeit eingefügt, noch manche neue Veröffentlichungen mit verarbeiten können.

Charlottenburg, im Februar 1916.

Berthold Block.

Vorwort zur zweiten Auflage.

Die Handschrift für die I. Auflage ist im Kriege beendet und das Buch unter manchen verzögernden Schwierigkeiten doch mitten im Weltkriege 1917 erschienen. Der Krieg als solcher ist zu Ende. Bedeutende Rohstofflager, besonders Kohlenfelder, sind uns entzogen.

Mehr denn je sind wir gezwungen, zu sparen mit den Stoffen, die uns das Fleckchen Erde, das uns gelassen wurde, zur Verfügung stellt. Auch das Kalkbrennen erfordert bedeutende Arbeitskräfte, sei es für die Beschaffung der Kohle, sei es für die Beschaffung der Kalksteine und der Brennvorrichtungen. Immer mehr ergibt sich deshalb die Notwendigkeit, volle Klarheit über die theoretischen Grundlagen, Arbeitsweisen und über die Wirtschaftlichkeit zu schaffen.

Wenn ich nun in der ersten Auflage nur den Schachtofen in den Kreis meiner Betrachtungen zog, so muß ich jetzt doch den Umfang erweitern, um besseren Einblick in das Gesamtgebiet des Kalkbrennens zu gewähren. Ich folge damit auch vielen an mich herangetretenen Wünschen.

Aus den Ausführungen wird sich ergeben, daß die Entwicklung der Kalköfen doch einen recht verwickelten Zickzackweg, mit manchen Schleifen, durchgemacht hat. Von den allereinfachsten Schächten ist man über schwierigste Formgebungen heute wieder zurück zum schlanken zylindrischen Schacht gelangt. Deshalb sind aber die vorhandenen Einrichtungen doch nicht ohne weiteres zu verwerfen.

Man muß immer bedenken, daß der Ersatz des Alten durch Neubauten großen Aufwand an Kapital und Arbeit fordert, der häufig den Gewinn aufzehrt. Schwierig ist auch die Umstellung der Feuerung auf andere Brennstoffe, da man infolge der unsinnigen „Reparationen" nicht weiß, was morgen für ein Brennstoff zur Verfügung steht. Während früher der schmiedeeiserne Schachtofenmantel der billigste und zweckmäßigste war, ist man durch den Eisenmangel gezwungen, wieder mit Steinen aus dem eigenen Bruch die Mäntel aufzumauern.

Alle diese schwankenden Verhältnisse sollen uns nicht abhalten, unser Ziel der möglichsten Vollkommenheit zu erreichen zu suchen. Die wechselnden Bedingungen verlangen aber einen Ausblick nach allen Seiten, um jedem zu ermöglichen, das zu finden, was er braucht. Ich habe deshalb den Umfang der zweiten Auflage wesentlich vermehrt und bin dem Verleger für sein Entgegenkommen sehr dankbar.

Den Aufbau des Buches habe ich beibehalten. Ich habe mich nicht entschließen können, dem von einer Seite geäußerten Wunsch nachzukommen, die „Eigenschaften des Rohstoffes" gleich am Anfang zu bringen. Dadurch würde das klare Bild nur getrübt. Es erscheint mir nützlicher, erst von allen Nebenumständen abzusehen, um dann allmählich in die Wirklichkeit überzugehen. Die scheinbar verwickelten Zustände sind dann leichter zu lösen und der Erkenntnis entgegenzuführen.

Berlin-Charlottenburg, im September 1922.

Berthold Block.

Inhalt.

A. Allgemeines.

1. Die Bedeutung des Kalkes und seine hauptsächlichsten Anwendungsgebiete.

Zum Aufbau unseres Körpers, zur Nahrung, zum Bau unserer Wohnungen, zur Ausübung vieler Gewerbe und Industrien benötigen wir den Kalk. *Rhau* prägte den Satz: „Kalk ist die Grundlage jeder Kultur."

Es ist außerordentlich schwer, im einzelnen die Bedeutung des Kalkes anzugeben, wenn man nicht auch den Verbrauch für die verschiedenen Gebiete angeben kann. Es fehlen hier noch zusammenhängende Statistiken. Wohl aber läßt sich die Bedeutung der Kalkindustrie für Deutschland ermessen aus deren Brennstoffverbrauch und deren Erzeugung nach einer Zusammenstellung von *Urbach* (Kalkbund, Berlin) für die Jahre 1919 bis 1921 nach den Zahlenreihen I und II.

Zahlenreihe I.

Brennstoffverbrauch und Erzeugung der Kalkindustrie in den Jahren 1919 bis 1921.

Jahr	Brennstoffverbrauch, bezogen auf Steinkohle	Erzeugung an	
		gebranntem Kalk	Sinterdolomit
1919	651 648 t	2 003 565 t	59 142 t (2. Halbjahr)
1920	1 009 496 t	3 052 968 t	144 264 t
1921	1 278 287 t	4 048 034 t	142 681 t

Zahlenreihe II.

Versand von gebranntem Kalk an die Verbrauchergruppen in den Jahren 1919 bis 1921.

Verbraucher	1919	1920	1921
Eisen und Stahl:			
a) Gebrannter Kalk	578 120 t	669 391 t	876 815 t
b) Sinterdolomit	59 142 t	133 295 t	142 681 t
Kalkstickstoffabriken	177 487 t	252 562 t	235 298 t
Chemische Industrie	177 006 t	249 467 t	258 555 t
Zuckerfabriken	6 066 t	7 600 t	8 545 t
Landwirtschaft	333 134 t	562 101 t	669 119 t
Baugewerbe	638 896 t	1 072 291 t	1 690 738 t
Kalksandstein		86 401 t	141 727 t
Schwemmstein	64 095 t	63 314 t	107 410 t
Ausfuhr		16 669 t	35 879 t
Sonstiges		14 503 t	11 161 t

Bei der Beurteilung der Zahlenreihe II ist zu bedenken, daß dort nur der Kalk angeführt ist, der von Kalkbrennereien geliefert wurde, während z. B. die Kalkstickstoffwerke und die Zuckerfabriken den größten Teil ihres Kalkes selbst brennen. Es fehlt deshalb noch eine Statistik über die Lieferung der Kalksteine.

Im Jahre 1921/22 arbeiteten in Deutschland 270 Rübenzuckerfabriken, die 300 Kalkschachtofen im Betrieb hatten. Als Kalksteinbedarf wurden für

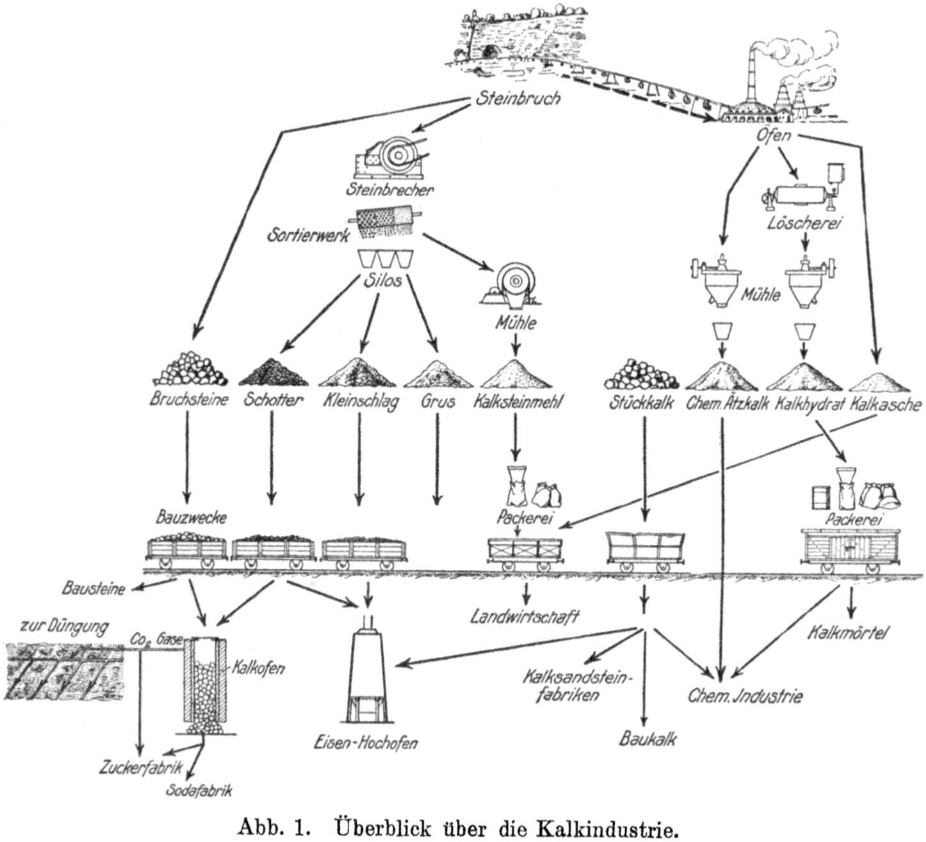

Abb. 1. Überblick über die Kalkindustrie.

dieses Betriebsjahr 58 400 t angemeldet (1922/23 74 250 t). Im Jahre 1912/13 verbrauchten die Zuckerfabriken 423 500 t Ätzkalk.

Nach dem Stande vom 1. Februar 1922 waren dem deutschen Kalkbund 607 Kalkwerke angeschlossen.

Einen guten Überblick über die Kalkindustrie gibt ein Schema von *Urbach* (Ver. Dtsch. Kalkw.), welches ich noch auf die Form nach Abb. 1 erweiterte. Die im Steinbruch gewonnenen Kalksteine gehen grundsätzlich zwei verschiedene Wege, indem sie entweder als Kalksteine verwendet werden oder aus ihnen gebrannter Kalk hergestellt wird.

Der durch Sprengen, Graben oder Baggern gelöste Kalkstein gelangt je nach seiner Beschaffenheit in großen Stücken als Bruchstein zur Verwendung, oder er wird in Steinbrechern zerkleinert und von einem Siebwerk in Schotter, Kleinschlag und Grus geteilt. Bedeutende Mengen gehen als Zuschlag zur Roheisenerzeugung in die Hüttenwerke, um aus dem Eisenerz die Unreinigkeiten (unter Schlackenbildung) aufzunehmen. Für 1 t Roheisen werden ungefähr 300 kg Kalkstein benötigt.

Nach weiterer Zerkleinerung findet der Rohkalkstein als Kalksteinmehl in der Landwirtschaft Verwendung, besonders für leichte Böden. Er kann zu jeder Jahreszeit gegeben werden, wie es dem Landwirt wirtschaftlich am besten paßt, jedoch bei trockener Witterung (Administrator *Pöhl*, Güstrow, Sonderdr. Ver. Deutscher Kalkw. 18. Febr. 1913).

Ein anderer Teil der aus dem Bruch kommenden Kalksteine kommt in die Kalköfen, sei es unmittelbar in die neben dem Bruch stehenden Öfen oder über die Eisenbahn oder Schiffe zu den an der Verwendungsstelle des Kalkes stehenden Öfen. In den Gewerbe- und Industriezweigen, die nur den Ätzkalk benötigen, wird man den Kalk in möglichster Nähe des Bruches brennen, während dort, wo auch die Kohlensäure benötigt wird, der Kalkstein in der Fabrik selbst gebrannt wird.

In seinem Vortrag: Die Kalkdüngung in der Praxis und die zweckmäßigste Art der Kalkanwendung unter besonderer Berücksichtigung der Düngerstreumaschinen" berichtet *Pöhl*, Güstrow (Ver. Deutscher Kalkw., 18. Februar 1913) eingehend über die Kalkanwendung. Bodenanalysen und Versuchsdüngungen sind auszuführen. Nicht immer ist ein Gehalt von 0,5 Proz. Kalk im Boden genügend. Nach Prof. Dr. *Hollrund* unterscheidet man eine vierfache Wirkung des Kalkes. Eine:

ernährende, auf kalkarmen Boden; durch stärkere Bewurzelung und Bildung größerer Früchte; die Futterpflanzen werden nahrhafter;

chemische, durch Umwandlung der Pflanzennährstoffe in lösliche Form, Vernichten der schädlichen Eisensalze (schwefelsaures Eisenoxydul), der Humus- und anderen Säuren, Verhinderung des Überganges der Phosphorsäure in schwerlösliche Formen;

physikalische, durch Erhöhung der wasserhaltenden Kraft bei leichten Böden, Förderung der Krümelstruktur bei nassen, verkrustenden, schweren Böden und Erwärmung des Bodens, Beschleunigung der Verwitterung, er begünstigt den Eintritt der Ackergare;

sanitäre, durch Vernichten der tierischen und pflanzlichen Schmarotzer, z. B. der Schorfkrankheit bei Kartoffeln, Vertreiben der sog. Erdflöhe.

Immer kommt es darauf an, für den bestimmten Acker die richtige Form und Menge der Kalkgabe zu bestimmen. Dann wird das alte Sprichwort. „Kalken macht reiche Väter, aber arme Söhne" verschwinden, und es wird heißen: „Kalken macht reiche Väter und noch reichere Söhne".

Am dankbarsten für Kalkdüngung sind Klee, Hülsenfrüchte, Raps und alle Obst- sowie Waldbäume.

Zu hoher Säuregehalt des Bodens ruft eine Schädigung der Pflanzen hervor. Die Spitzen der Blätter färben sich gelb und eine Stockung des Wachstums tritt ein. Der Boden kann auch durch Dünger sauer werden, wie z. B. schwefelsaures Ammoniak und Kalisalze. In stark saurem Boden wird die Tätigkeit der Bakterien und Enzyme gestört. Zum Nachweis des Säuregrades im Boden empfiehlt *J. Hasenbäumer*, Münster i. W. (Mitt. d. V. d. Dtsch. Kalkw. 22. Februar 1921, S. 161) folgendes Verfahren: 30 g lufttrockener Boden werden mit 100 ccm einer 7,5proz. Chlorkaliumlösung (75 g reines Chlorkalium werden in 1 l destilliertem, kohlensäurefreiem Wasser gelöst) in einem Kolben 1 Stunde in einem geeigneten Schüttelapparat oder mit der Hand geschüttelt und filtriert. Von dem Filtrat gibt man etwa 10 ccm in ein Reagensglas, setzt 4 bis 5 Tropfen Methylrotlösung (0,5 g Methylrot in 100 ccm neutralem 90proz. Spiritus) hinzu und schüttelt einige Male kräftig um.

Hierbei tritt einer der folgenden Fälle ein:

Die Lösung färbt sich:	Reaktion des Bodens:	Einfluß auf die Pflanzen:
lila	sehr stark sauer	schädlich
carmin	stark sauer	schädlich
zinnoberrot	sauer	in schwerem Boden schädlich
orange	schwach sauer	unschädlich
gelb	fast neutral bis alkalisch	unschädlich

Färbt sich jeder einfallende Tropfen der Methylrotlösung sofort rein gelb, so ist der Boden deutlich alkalisch.

Durch Zusatz von gebranntem Kalk oder feinst gemahlenem Kalkmergel kann jeder übermäßige Säuregrad unschädlich gemacht werden; diese Menge kann nach obigen Versuchen leicht bestimmt werden und so der Kalkhunger des Bodens beseitigt werden. Nach etwa vier Jahren wird man den Kalkzusatz wiederholen müssen. Dabei kann ein Zusatz von kohlensaurem Kalk (Mergel) nur die Säure regeln, während Ätzkalk auch die erwähnten physikalischen Verbesserungen der Erdkrume bewirkt.

Werden dem Boden und den Pflanzen genügend Kalk zugeführt, dann können auch die Tiere und Menschen diesen in hinreichender Menge aufnehmen. Ohne Kalk ist kein Aufbau eines Tieres oder Menschen möglich.

Die Bedeutung des Kalkes zur Bekämpfung wirtschaftlicher und gesundheitlicher Schädlinge behandelt eingehend *J. Wilhelmi*, Berlin-Dahlem (Mitt. d. V. Dtsch. Kalkw., 29. Juni 1921, S. 4), mit umfangreicher Literaturangabe. Der Ätzkalk zerstört die organischen Stoffe des Tierkörpers, da den tierischen Zellen im allgemeinen die Cellulosemembran fehlt, die der pflanzlichen Zelle eigen ist. Tierische Parasiten kann man deshalb auf Tieren mit Kalk nicht bekämpfen. Durch zu große Gaben können aber auch die Pflanzen „verbrennen". Man bekämpft mit Ätzkalk bzw. Kalkmilch u. a.: Schmarotzer der Obstbäume, Behinderung der Maikäferweibchen an der Eierablage durch Bestreuen des Bodens, Nacktschnecken, Larve des Spargelkäfers, der Drahtwürmer, der Dickmaulrüßler, Rübennematoden, die Fliegenbrut, die Kriebelmücken. In Mischungen mit Tabakpulver dient der Ätzkalk zur Bekämpfung der Blattwespenraupen, die sog. Erdflöhe; mit Schwefel gegen Heuschrecken;

mit Kupfer- und Eisenvitriol als in der Hauptsache abschreckendes, fraßverminderndes Mittel, gegen Insekten und Pilze.

Wenn man wilde Kastanien in Kalkwasser kocht, verlieren sie ihre Bitterkeit, so daß sie zur Viehmästung gebraucht werden können.

Muskatnüsse werden mit Kalkwasser behandelt (daher der weiße Niederschlag in den Runzeln), um sie vor den Angriffen von Insekten zu schützen.

Saatgetreide wird mit Kalkwasser und verschiedenen anderen Zusätzen „gebeizt", um den Samen vor den Feldmäusen zu schützen.

Bei Viehseuchen pflegt man die tierischen Körper mit Kalk zu vergraben.

Im Kriege verwendet man Kalk zur Desinfektion von Leichnamen und Kadavern, Kot und Abfallstoffen, zugleich auch zur Verhütung der Fliegenplagen. Kadaver sind „unter Einbettung in Kalk tief zu vergraben". Er ist auch wirksam gegen als Krankheitsträger auftretende Kleinlebewesen, wie Typhus- und Cholerabacillen.

In Verbindung mit Chlor als Chlorkalk oder als Calciumhypochlorit übt er eine starke desinfizierende Wirkung aus und stellt ein vorzügliches Bleichmittel dar.

Nur angeführt sei die wichtige, allgemein bekannte Verwendung des Kalkes für Bauzwecke als Mörtel, zur Herstellung von Kunststeinen, Kalksandsteinen, Schwemmsteinen, Glasuren und Glas.

In ästhetischer Hinsicht ist seine rein weiße Farbe nicht zu unterschätzen, die schon allein die Empfindung der Sauberkeit erweckt und Veranlassung gibt, verunreinigte Kalkanstriche wieder zu erneuern. Er bindet Gerüche und ist an und für sich wenig giftig und gefährlich für den Menschen und die Nutztiere, dabei auch verhältnismäßig billig. Seine vornehmste Verwendung findet er deshalb als „Putz"kalk oder als „Edelputz".

Zur Beseitigung der Abwässer der Chlorkaliumfabriken dient jetzt vielfach Kalk, um deren schädliche Ableitung in die Flüsse zu vermeiden. Nach *W. Hüttner*, Wustrow (Chem.-Ztg. 1918, S. 434), besteht die Einrichtung zur Herstellung von Endlaugenkalk aus schmiedeeisernen Kästen, die am Eisenbahngleis so aufgestellt werden, daß sie den Betrieb nicht hindern und leicht be- und entladen werden können. Dazu kommt noch ein größerer Kasten, der als Vorratsgefäß für Endlauge dient und durch eine Rohr- oder Rinnenleitung mit den Gefäßen verbunden ist.

Die Herstellung des Endlaugekalkes geschieht in folgender Weise:

Vom Eisenbahngleis aus wird der gebrannte Fettkalk in die Kästen eingeschaufelt, und zwar so, daß in einen Kasten von etwa 12 cbm Inhalt rund 50 000 kg Kalk kommen. Man verteilt diesen möglichst gleichmäßig über die ganze Bodenfläche und läßt dann in dickem Strahl so viel Endlaugen darauf, daß der Kalk gut etwa 15 cm hoch mit Lauge überdeckt ist. Die Reaktion setzt sofort ein, und unter beträchtlicher Wärmeentwicklung und Aufsaugung der gesamten Flüssigkeit zerfällt der Kalk in eine krümelige Masse, die nach erfolgter Abkühlung sofort versandfähig ist.

Die chemische Zusammensetzung des Endlaugekalkes ist noch nicht genau ermittelt worden, jedenfalls aber besteht er aus einem Gemenge von Ätzmagnesia und verschiedenen Oxychloriden des Kalkes und der Magnesia, denen noch in geringen Mengen Chlorkalium, Chlornatrium und Magnesiumsulfat der Endlauge beigemengt sind. Letzteres setzt sich mit dem Kalk zu Gips um. (Über die Analyse von Endlaugekalk vgl. *Stutzer*, Chem.-Ztg. 1917, S. 96.) Der Endlaugekalk ist als Düngemittel von entschiedener Wirkung, die in erster Linie auf die Gegenwart der Ätzmagnesia zurückzuführen ist. Letztere ist für die Bildung des Chlorophylls von besonderer Bedeutung und steigert, im richtigen Verhältnis zum Kalk dem Boden zugeführt, dessen Ertragfähigkeit. Es soll aber auch wasserentziehend wirken. S. auch *J. Gröbing*: Was ist Endlaugekalk? 1917 und D. R. P. 224076 und 231100.

Saure Abwässer werden durch Kalkzusatz entsäuert und ihrer gefährlichen Eigenschaft beraubt. Betriebswässer werden zwecks Enthärtung mit Ätzkalk und Soda behandelt. Zur Beseitigung der schädlichen Bestandteile, besonders der schwefligen Säure in den Fabrikabgasen, den Röstgasen der Zink- und Bleihütten dient die Berieselung mit Kalkmilch.

Bei der Erzeugung von Soda nach dem Ammoniakverfahren gibt uns der Kalkstein die Möglichkeit, billig Kohlensäure zur Verfügung zu stellen, wobei das Ausfallen des Natriumbicarbonats erfolgt nach der Gleichung:

$$NaCl + NH_3 + CO_2 + H_2O = NaHCO_3 + NH_4Cl\,. \qquad (1)$$

Beim Calcinieren verwandelt sich das Natriumbicarbonat in Soda. Aus der salmiakhaltigen Mutterlauge wird das Ammoniak durch Destillation mit Kalk für die Wiederverwendung ausgetrieben.

Die Gewinnung von Ätznatron durch die Umsetzung von Soda mit Kalkmilch, die man als „Kaustizierung“ bezeichnet, ist technisch wichtig.

$$\underset{\text{Soda}}{Na_2CO_3} + \underset{\text{Kalkmilch}}{Ca(OH)_2} \rightleftarrows \underset{\text{Ätznatron}}{2\,NaOH} + \underset{\text{Kohlensaurer Kalk}}{CaCO_3}\,.$$

Der ausfallende kohlensaure Kalk wird abfiltriert und die dünne Ätznatronlauge eingedampft.

Acetylen ist heute unentbehrlich zum autogenen Schweißen und vielfach auch für Beleuchtungszwecke. Es wird entwickelt bei der Befeuchtung von Calciumcarbid. Dies wird durch Zusammenschmelzen von gebranntem Kalk mit Koks im elektrischen Ofen hergestellt. Calciumcarbid dient auch zur erfolgreichen Bekämpfung von Feldmäusen und anderen wühlenden Erdbewohnern.

Alkohol, Essig und Kunstgummi können daraus erzeugt werden. Zur Gewinnung von 100 kg Alkohol sind 250 kg Kohle, 400 kg Kalkstein und 1100 kW-St. erforderlich.

Aus dem Carbid wird auch der Kalkstickstoff gewonnen, der immer weitere Bedeutung gewonnen hat.

Der größte Teil des Stickstoffbedarfs für Düngezwecke wurde vor dem Kriege aus Chile in Form von Chilesalpeter gedeckt. 1909/10 wurden 1732000 t nach Deutschland eingeführt.

Man suchte sich jedoch schon damals in Deutschland von der Einfuhr des Stickstoffdüngers durch Bindung von Luftstickstoff mittels chemischer Verfahren unabhängig zu machen.

Zur Zeit beträgt die Erzeugungsfähigkeit der deutschen Fabriken etwa 350 000 t Reinstickstoff, wovon etwa 150 000 t nach dem synthetischen Ammoniakverfahren, etwa 120 000 t nach dem Kalkstickstoffverfahren und der Rest hauptsächlich von Kokereien und Gasanstalten gewonnen wird. Die Einfuhr von Chilesalpeter hat völlig aufgehört.

Es entstanden die *Mitteldeutschen Stickstoffwerke* in Piesteritz mit einer Erzeugungsfähigkeit von 35 000 t Reinstickstoff im Jahr, die *Oberschlesischen Stickstoffwerke* in Chorzow mit 30 000 t Reinstickstoff im Jahr.

Beide Werke erzeugen Kalkstickstoff nach dem Verfahren von *Frank-Caro*. Dann wurden auch nach dem Ammoniakverfahren von *Haber-Bosch* die Werke des Konzerns der *Badischen Anilin- und Sodafabrik* in Leuna errichtet, und die bereits bestehenden Werke in Oppau erweitert auf eine vorläufige Gesamterzeugung der beiden Werke von 70 000 t Reinstickstoff im Jahr. Schließlich wurde noch ein Kalkstickstoffwerk in Waldshut (Baden) mit einer Erzeugung von 16 000 t Reinstickstoff errichtet und die *Kalkstickstoffwerke* in Knapsack und in Trostberg (*Bayerische Stickstoffwerke*) auf 16 000 t bzw. 15 000 t Reinstickstoff erweitert (1921).

Zur Herstellung von 1 t Reinstickstoff bedarf es außer Kalk $3^1/_2$ t Koks und an elektrischer Energie 2 kW-Jahre.

Da Kalk in technisch unbegrenzten Mengen vorhanden ist, und die Wasserkräfte, aus denen die elektrische Energie gewonnen wird, sich von selbst wiederbeleben, wird also dem Nationalvermögen nur Koks entzogen.

Auf dem Schema (Abb. 2) ist der Gang der Arbeit übersichtlich dargestellt. Kalk und Koks werden im elektrischen Ofen zu Carbid zusammengeschmolzen und das staubfein gemahlene Carbid auf ungefähr 1000° C erwärmt und mit reinem Luftstickstoff behandelt.

$$\underset{\text{Carbid}}{CaC_2} + \underset{\text{Stickstoff}}{N_2} = \underset{\text{Cyanamid}}{CaCN_2} + \underset{\text{Freier Kohlenstoff}}{C} \qquad (2)$$

S. auch *E. O. Siebner*, Trostberg, Über Kalkstickstoffindustrie (Chem.-Ztg. 1913, Nr. 106). Die dabei entstandenen Kalkstickstoffblöcke werden wieder zerkleinert und fein gemahlen als Düngemittel verwendet. Aus Kalkstickstoff kann man durch Behandlung mit Wasserdampf unter Druck Ammoniak erzeugen, das seinerseits wieder entweder auf Ammoniaksalz verarbeitet oder zu Salpetersäure oxydiert werden kann. Die Salpetersäure kann zusammen mit Ammoniak auf Ammonnitrat weiter verarbeitet werden.

Der Kalkstickstoff ist auch ein vorzügliches Mittel der Unkrautbekämpfung, wenn er zur geeigneten Zeit ausgestreut wird (*M. Hollrung*, Die Mittel zur Bekämpfung der Pflanzenkrankheiten, 1913).

Kalk dient bei der Leuchtgasherstellung zum Entfernen des Schwefelkohlenstoffes. Das Ammoniakwasser aus den Gasanstalten und Kokereien wird mit Ätzkalk destilliert, um das an andere Salze gebundene Ammoniak frei zu machen.

Die Gase der Holzkohlendestillation werden durch Kalkmilch geleitet. Die darin vorhandene Essigsäure verbindet sich zu essigsaurem Kalk, dem „Graukalk", der dann weiter auf Essigsäure verarbeitet wird.

Feuchte Gase und feuchte Räume werden mit Ätzkalk getrocknet, unter Ausnutzung seiner hygroskopischen Eigenschaften.

Die Verwendung von Kalk im Leim- und Gelatinegewerbe hat den Zweck, die Häute, Lederabfälle, Kalbsfüße u. dgl. zu quellen, die Proteïnstoffe zu lösen, die Haare zur Ablösung zu bringen, vorhandene Stoffe mehr oder weniger zu verseifen und Fäulniskeime zu töten. Dieser Abfallkalk kann als Dünger dienen; er enthält etwa 13 Proz. CaO, 1,35 Proz. P_2O_5, 1,4 Proz. N und 60 Proz. Wasser (s. *M. Hoffmann*, Kalk- und Mergeldüngung, S. 180).

Aus der Melasse (dem Abfallsirup der Zuckerfabriken) kann man den Zucker gewinnen durch Zusatz von Ätzkalk, der mit ihm das schwerlösliche Kalksaccharat bildet und dann abgeschieden werden kann.

Auf die sonstige Bedeutung des Kalkes in der chemischen Industrie will ich hier im einzelnen nicht eingehen. Die Fabriken zur Herstellung von Farben, Zellstoff, Papier, Ätznatron, Ätzkali, Kalksalpeter, Norgesalpeter, Harnstoff u. dgl. sind Verbraucher von Kalk.

H. B. Kosmann, (1919 Berlin) gibt in seinem Buche „Die technische Verwendung des Kalkes“ eine erschöpfende Zusammenstellung.

2. Die Nutzbarmachung abfallender Kalkschlämme.

Wir haben auf der ganzen Erde einen so großen Bestand an Kalksteinen, daß an und für sich ein Bedürfnis nach Sparsamkeit nicht vorliegt. Im Gegenteil bewirkt vielleicht der größere Verbrauch eine bessere Verteilung des Kalkes. Aber häufig bereiten die abfallenden Kalkschlämme der Industrie so große Schwierigkeiten, daß an deren Verwertung gedacht werden muß. Hierbei tritt dann die Frage nach einem geeigneten Kalkofen in Erscheinung, um den kohlensauren Kalkschlamm wieder in Ätzkalk umzuwandeln, um Stoffe auszutreiben, die bei der Wiederverwendung schädlich wären.

In Zuckerfabriken könnte man die Drehrohröfen zum Wiederbrennen des aus den Filterpressen entnommenen Schlammes und so wieder zur Zurückführung des Kalkes in den Betrieb verwenden, z. B. nach dem französischen Patent 460 438 vom 4. Oktober 1912. Dabei würden aber dann die wertvollen organischen und andere Düngstoffe verloren gehen und höchstwahrscheinlich einige Salze immer wieder zurück in den Betrieb geführt. Diese Verschlechterung der Säfte und der Verlust an wertvollen Stoffen läßt deshalb die Wiederverwendung des Filterpreßschlammes in Zuckerfabriken nicht als nützlich erscheinen. Wohl aber wäre mit diesem Brennen des Filterschlammes eine vollkommene Vernichtung der Nematoden verbunden, die sonst häufig gute Rübenböden verseuchen.

Bei der Gewinnung von Ammoniak aus Kalkstickstoff in den Zersetzern (mittels Dampf) nach Abb. 2, S. 9,

$$CaCN_2 + 3\,H_2O = CaCO_3 + 2\,NH_3 \qquad (3)$$

verbleibt der zur Herstellung des Kalkstickstoffes aufgewendete Kalk und die Koksasche als feiner Schlamm zurück. Es sind dies große, an sich wertlose

Schlammengen, die durch ihre Raumbeanspruchung der Ammoniakfabrik mit der Zeit große Schwierigkeiten bereiten. Die Fabrik in Vilvorde bei Brüssel mußte deshalb ihren Betrieb einstellen.

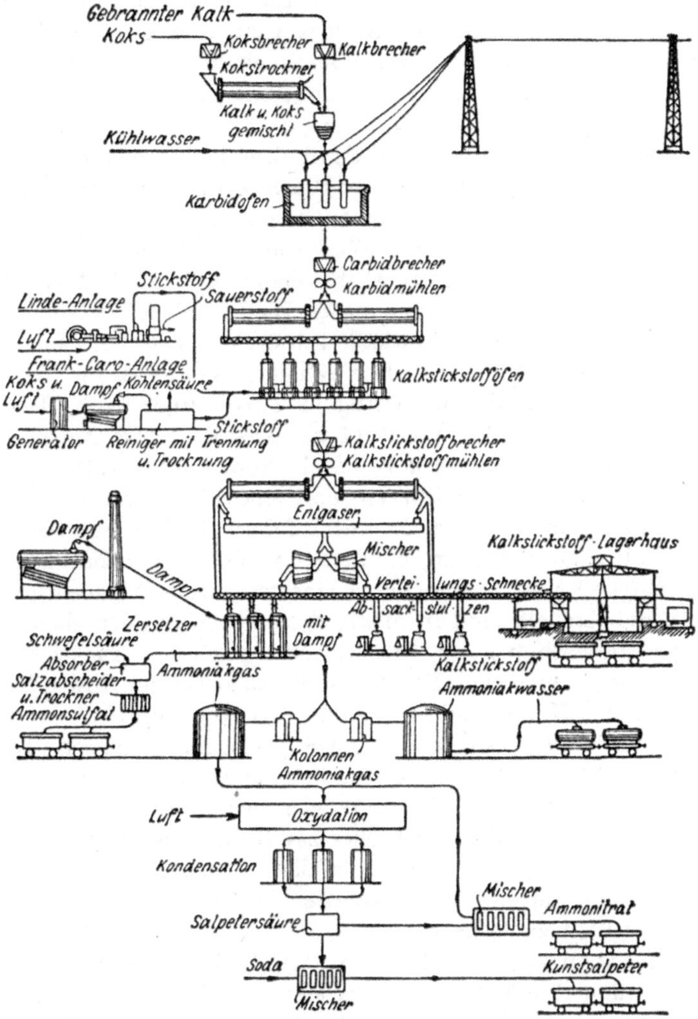

Abb. 2. Schema der Stickstoffbetriebe nach *Frank-Caro*.

Den Abfallkalk versuchte man nach dem Brennen im Drehrohrofen wieder zur Herstellung von Carbid zu verwenden, doch mußte darauf verzichtet werden wegen der Zurückführung schädlicher Verunreinigungen, die sich auch immer mehr anhäufen würden.

Der *Österreichische Verein für chemische und metallurgische Produktion* in Aussig (Österreichisches Patent 78662) will den Kalkstickstoff-Abfallschlamm als Rohstoff für Zement nutzbar machen. Als vorteilhaft wurde hierfür erkannt, daß der fragliche schwarze Schlamm den kohlensauren Kalk schon in allerfeinster Verteilung enthält, in die sonst der Rohstein erst durch Feinmahlung gebracht werden muß. Ferner enthält er bis 15 Proz. feinstverteilten Kohlenstoff, von dem man eine Auflockerung und beschleunigtes Brennen erwartete (s. Abschnitt 13, S. 51). Durch einen entsprechenden Tonzusatz erzielte man einen brauchbaren Zement (*Julius Baumann*, Chem.-Ztg. 1920, S. 561).

Nach Prof. Dr. *Müller* von der Agrikulturchemischen Kontrollstation in Halle a. S. betrug bei dem in den Reichswerken gewonnenen Abfallkalk der Wassergehalt in dem frischanfallenden, nutschenfeuchten Gut 37,4 bis 37,95 Proz., in dem von dem Werke als halbtrocken bezeichneten Gut 25,74 Proz., in dem als abgelagert bezeichneten Gut 1 Proz. Im Handel befindlicher Kalkschlamm der genannten Werke enthielt 8,76 bis 27,30 Proz. Wasser. Der Gehalt an Gesamtkalk schwankte von 32,7 bis 48,20 Proz. und betrug im Mittel 38,5 Proz. Der Gehalt an kohlensaurem Kalk schwankt von 30,23 bis 51,60 Proz., er betrug im Mittel 40,88 Proz. Der Gehalt an Gesamtstickstoff schwankte von 0,14 bis 0,84 Proz., im Mittel 0,422 Proz. Der Gehalt an Rhodan betrug bei drei Proben 0,53, 1,24 und 1,45 Proz.; zwei Proben enthielten nur Spuren, und eine Probe war frei von Rhodan. Der Kalkschlamm muß an dem Ort des Anfalles, also bei den Stickstoffwerken, einige Zeit abgelagert werden, damit der hohe Wassergehalt mit Rücksicht auf Ladefähigkeit und Frachtkosten eine wesentliche Erniedrigung erfährt. Stickstoff und Ätzkalk sind in mäßiger, sehr wechselnder Menge vorhanden und können deshalb bei der Preisfestsetzung nicht berücksichtigt werden. Wegen des Vorkommens von Rhodan ist Vorsicht bei der Anwendung geboten, sie sollte nur im Herbst auf Acker oder Wiese erfolgen.

Diese Rückstände besitzen nur einen geringen Düngewert, trotzdem sie etwa 30 bis 50 Proz. Kalk enthalten, weil sie zu festen, schwer verteilbaren Brocken zusammenbacken, die im Wasser nicht aufweichen und nicht zerfallen. Sie sind dann nicht wertvoller als Kalksteinschotter, denn auch ein mit Schotter durchsetzter Ackerboden kann noch sehr kalkbedürftig sein. Es fehlt die feine Zerteilung, um von den Pflanzenwurzeln genügend schnell angegriffen werden zu können.

R. K. Meade (Metall and Chem. Eng. 1915, Bd. 13, S. 289) berichtet über die Aufarbeitung des Kalkschlammes aus der Natronkaustifizierung, wobei bis 1 Proz. Soda noch gewonnen werden könnte. Solcher Schlamm hat nach dem Abnutschen noch 45 bis 30 Proz. Wasser, und es sind 30 kg Kohle für 100 kg Kalk nötig. Er gibt als Kosten für das Brennen einschl. Verzinsung und Abschreibung 0,80 bis 1,20 Mk. an, für Wiederherstellungsarbeiten 0,06 Mk. Kraft 15 kW-St. für 100 kg Kalk. Billiger als aus Kalksteinen wird dieser aus Abfällen gebrannte Kalk nicht werden, denn seine Behandlung ist schwieriger und erfordert teure Einrichtungen; wenn aber der Abfall fortgeschafft werden muß, dann spielen die Brennkosten häufig eine geringere Rolle.

Die Ergebnisse mehrerer Anlagen zur Wiedergewinnung des Kalkes aus den Kalkabfällen von Zellstoff-, Seifen-, Melassenentzuckerungs- und anderen Fabriken lassen nach Ansicht von *J. H. Pain* erkennen, daß die Wiedergewinnung selbst bei Anlagen, bei denen weniger als 10 t tägliche Kalkabfälle zur Verfügung stehen, praktisch mit Vorteil ausgeführt werden kann. Der Vorgang der Wiedergewinnung beruht hauptsächlich auf einem Auswaschen des Kalkschlammes nach einem ununterbrochen wirkenden Gegenstromsysteme, einer möglichst weitgehenden Entfernung des Wassers auf mechanischem Wege und einem Erhitzen des so behandelten Schlammes in Drehöfen. (Journ. Ind. Eng. Chem. Bd. 7, S. 1056.)

Über die Verwendung von Abfallkalken zu Düngezwecken berichtet *Oskar Lecher*, Cottbus (Chem.-Ztg. 1921, S. 99). Er erwähnt dort den Abfallschlamm aus der Strohpappenherstellung, der im lufttrockenen Zustand enthält:

Wasser	14,20 Proz.	
Glühverlust (Kohlensäure, Organisches) .	14,29 „	
Unlösliches (Sand, Steinplitter usw.) . . .	13,66 „	
Lösliche Kieselsäure, SiO_2	6,16 „	
Tonerde + Eisen, $Al_2O_3 + Fe_2O_3$	7,07 „	
Gesamtkalk, CaO	42,57 „	freies $Ca(OH)_2$ 6,12 Proz.
Magnesia, MgO	0,21 „	
Schwefelsäure, SO_3	0,20 „	
Stickstoff nach *Kjeldahl*	0,23 „	entspräche Rohprotein 1,44 Proz.

Unterchlorige, schweflige, salpetrige, Salpeter-, Thioschwefel-, Phosphorsäure, Cyanwasserstoff fehlen.

Alle diese Schlammarten wird man im Drehrohrofen oder, nach entsprechender Formung in Pressen, im Schachtofen, Ringofen brennen können.

Die *Farbenfabriken vorm. Friedr. Bayer & Co.*, Leverkusen, machten die Beobachtung, daß gegebenenfalls vorher entwässerte Kalkschlämme, unter Druck zu Formlingen gepreßt, ohne weitere Vorbehandlung ein Brennen ohne Formänderung aushalten. (D. R. P. 320 422/1917.)

Die Herstellung von Brennstoffbriketts aus Klärschlamm und Brennstoffabfällen unter Zusatz von gebranntem Kalk strebt *Otto Brandt & Co.*, Leipzig-Gohlis, an. Einem Gemisch von feuchtem Klärschlamm mit beliebigen Brennstoffabfällen oder minderwertigen Brennstoffen wird erst unmittelbar vor dem Eintritt in die Presse gemahlener, gebrannter Kalk zugesetzt, so daß die völlige Löschung des Kalkes und die dadurch bezweckte Trocknung der Masse im fertig gepreßten Brikett stattfindet. Der Kalk erhöht die Bindekraft des Gemenges, ohne die Masse bereits in der Presse völlig auszutrocknen. Durch die Pressung sollen die im Schlamm vorhandenen Gase am Entweichen verhindert und in den zahlreichen Hohlräumen des porösen Gemenges eingeschlossen werden. (D. R. P. 329 055, Kl. 10b/1919.)

B. Geschichtliches.

3. Die alten Kalköfen.

Wann der erste Kalkofen angewendet wurde, wie dieser aussah, wissen wir nicht. Man kann hier nur Vermutungen anstellen; ob sie das Richtige treffen, wissen wir auch nicht. Ein offenes Feuer wird man in grauer Vorzeit zufällig mit den fast überall vorkommenden Kalksteinen umsetzt haben. Sie wurden teilweise gebrannt. Ein Regen löschte die Steine, füllte die unteren Fugen mit Kalkbrei aus, nach einiger Zeit ein festes Gefüge, ein Mauerwerk bildend. Jahre-, jahrhundertelang folgende Wiederholungen weckten die Beobachtung dieses Vorganges, später die Erkenntnis, wann und wie diese eintraten. Man umbaute das Feuer immer mehr mit Kalksteinen, fand die Möglichkeit zum Aufbauen richtiger Herde, die Verwendung des Kalkes zu Umwehrungen, zu Schutzmauern und Häusern. Man grub Erdtrichter, füllte diese teilweise mit Kalksteinen aus, ließ in der Mitte einen Schacht, in den man das Brennholz einwarf, und kam so langsam zum Trichterofen nach Abb. 3, S. 13.

Nach *Quietmeyer* wurde der Kalk anfangs noch in Verbindung mit Gips um 2600 v. Chr. von den Ägyptern benutzt, auch von *Salomon* bei Zisternenbauten in Jerusalem. Die Türme der chinesischen Mauer wurden aus Lehmziegeln mit Kalkmörtel hergestellt (um 200 v. Chr.) Über die Art des Kalkbrennens ist aber nichts bekannt geworden. Zuerst erwähnte *Cato* 184 v. Chr. die Kalkbrennöfen, die zweifellos schon viel früher den Ägyptern und Assyriern bekannt waren. 64 n. Chr. beschreibt *Pedanios Dioskorides* in seiner Arzneimittellehre, übersetzt von *J. Berendes*, Stuttgart 1902, die Bereitung des Ätzkalkes wie folgt: „Nimm Schalen der Meerschnecken, wirf sie unter das Feuer oder gib sie in einen glühenden Ofen und laß sie darin eine Nacht liegen; am folgenden Tage, wenn sie ganz weiß geworden sind, nimm sie heraus, andernfalls (brenne sie) wiederum, bis sie vollständig weiß sind. Dann tauche sie in kaltes Wasser und wirf sie in einen neuen Topf, decke ihn mit Lumpen gut zu und laß eine Nacht stehen. Frühmorgens, wenn er (der Kalk) ganz fertig ist, nimm ihn heraus und bewahre ihn auf. Er wird auch aus gebrannten Ufersteinchen und aus gewöhnlichem Marmor gemacht, und dieser wird den anderen vorgezogen. Jeder Kalk überhaupt hat brennende, beißende, ätzende und scharfmachende Kraft; einigen anderen Substanzen, wie Fett oder Öl, zugemischt, wirkt er die Verdauung anregend, erweichend, verteilend und vernarbend. Für wirksamer ist der zu halten, welcher frisch und trocken ist."

Im Sammelbuch des *Vitalis de Furno* (*Ed. O. v. Lippmann*, Chem.-Ztg. 1922, S. 51, um 1312) wird gesagt (S. 142): Von ganz besonders heißer und trockener Natur ist der Kalk, der (beim Brennen) eine Unmenge Wärme in sein Inneres aufnimmt und sie bei Berührung mit kaltem Wasser (infolge der Macht der Gegensätze) mit großer Gewalt wieder nach außen fahren läßt; er liefert den Mörtel, wird aber auch, zusammen mit Öl, Pflanzensäften, Essig usw., in der Medizin als reinigendes und desinfizierendes Mittel angewandt (S. 107).

In den alten mineralogischen und chemischen Schriften wurde der Kalk durch ♆ bezeichnet.

Auf den Südseeinseln schichtet man Korallenstöcke und Holz zu einem Haufen, zündet an und übergießt nach dem Abbrennen das Ganze mit Wasser. Mit dem erhaltenen feinen weißen Pulver bemalen sich die Eingeborenen nicht nur sich selbst, sondern auch ihre Holzschnitzereien und Töpfe. Man findet auch noch alte Fundamente, riesige Mauern und Burganlagen, die aus diesem Korallenkalk aufgemauert sind. Die heutigen Einwohner bauen ihre Häuser nur noch aus Holz und Blätter.

Beim Errichten eines Kalkofens ging man häufig derartig vor, daß man an dem Kalkberge einen Schacht brach, den man unten durch einen Stollen mit der Außenwand verband. Über dem Boden wurde ein Gewölbe aus Kalksteinen errichtet, auf das dann weiter Kalksteine geschichtet wurden.

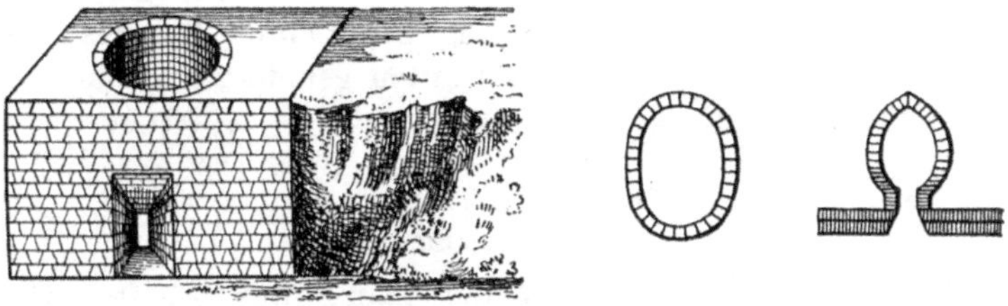

Abb. 3. Trichterschachtofen.

Ein Feuer unter dem Gewölbe sorgte für das Brennen des Kalkes. Die Ofenwand wurde natürlich auch gebrannt und der Ofen dadurch immer größer, so daß man einen neuen Schacht anlegen mußte, bis man erkannte, durch feuerfestere Steine diesen zu groß gewordenen Schacht auszukleiden. Solche Öfen sollen jetzt noch in Spanien im Betriebe sein.

Die Abb. 3 zeigt die Ansicht eines Trichterofens (*Krünitz*, Enzyklopädie Blatt 7), dessen Schnitt noch auf der Abb. rechts gebracht wird. Der Querschnitt ist rund oder linsenförmig. Innen wird ein Gewölbe aus Kalksteinen geschichtet, und dann werden die Steine bienenwabenartig eingesetzt, um den Feuergasen freien Durchzug zu gestatten. Unten in das Feuerloch werden dann die Holzscheite eingeschoben und kräftig gefeuert, das in günstigsten Fällen mindestens 24 Stunden währt. Wenn die Flamme nicht mehr bläulich, auch nicht gelblich, sondern weiß wurde, so hörte der Brenner mit Feuern auf.

Durch die Schlesischen Kammer-Reskripte vom 3. Juli 1756 und 12. Januar 1760 wird gesetzlich angeordnet, daß dort, wo Steinkohlen in der Nähe sind, der Kalk nicht mit Holz gebrannt werden darf; dort, wo diese nicht vorhanden sind, soll zur Vermeidung des Holzmangels kein Kalk zum Düngen der Äcker mehr gebrannt werden.

Die Königlich Preußische Akademie der Wissenschaften und schönen Künste in Berlin machte, auf Veranlassung eines hohen Generaldirektoriums, im Jahre 1766, die beste Art, Öfen zu bauen, darin Kalk, Ziegel und Töpferarbeit gebrannt werden können, sowohl in der Absicht, das Holz zu ersparen, als auch, um einen durchgängig gleichen Brand in den verschiedenen Stellen des Ofens zu erhalten, zur Preisaufgabe. Den Preis erhielt *Baussan du Bignon*, königlich französischer Notarius und Domänenempfänger zu Suze au Meine (Mémoire qu' a remporté au jugement de l'Acad. roy. des fc. le prix proposé par le Grand Directoire sur la meilleure construction des fours, pour bien cuire les briques, la chaux, et les ouvrages de poterie, tout pour épargner le bois, que pour avoir une cuite égale dans les differens endroits du four; à Berlin 1766). Es handelt sich hier um einen Schachtofen, dessen Innenraum zum Kalkbrennen und dessen Außengalerien zum Brennen von Tonwaren dienen sollten.

Die größte Kalkbrennerei befand sich um die Jahre 1770 in Schottland, sie lag in der Jurerkeithing und gehörte dem Grafen *v. Elgin* (*J. J. Volkmanns* Reisen durch Schottland und Irland, Leipzig 1784, S. 156). Die Trichteröfen lagen in einer Reihe und der Kalk wurde durch einen gemeinsamen Gang abgezogen. Es arbeiteten dort ständig 120 Leute. Der Kalk wurde zum Bauen und Düngen verwendet. Es wurden geliefert im Jahre 1772:

Bolls ungelöschter Kalk	65 321
Chalders Kalk	2 271
Fuder Kalksteine	52 000
Gesamt-Einnahme Pfd. St.	4 630

Die Einnahmen, bezogen auf die ganze Belegschaft, würden somit $\frac{4630 \cdot 20}{120}$ = 770 Goldmark im Jahre auf den Kopf der Beschäftigten betragen haben.

Einen Kalkofen, der an der Idria zum Brennen des Kalkes mit Strauchwerk, Ginster und Pfriemenkraut benutzt wurde, beschreibt nach der Abb. 4 *R. v. Brocke* (Forstwissenschaft, 4. Teil, Leipzig 1775). Der Mantel wird aus eingeraumten Pfählen und Strauchflechtwerk gebildet und mit einer 2 Fuß dicken Lage Lehm ausgekleidet. Von den Kalksteinen wird ein Brenngewölbe errichtet und zum Schluß eine Kuppel aus Lehm als Verschluß aufgestrichen. Der obere Rundgang dient dazu, daß durch einen Mann die entstehenden Risse wieder zugeschmiert werden können. Anfangs feuert man langsam, und ist der Brand in 8 bis 10 Tagen beendet. Zum Einräumen der Sträucher in die Feueröffnung dient ein „Widder", ein Holzbalken, der auf zwei Rädern ruht. Zur Bedienung des Feuers müssen 4 bis 6 Mann zugegen sein. Die Öfen fassen im allgemeinen 18 bis 19 Kubik-Lachter (150 cbm) Steine.

Die dem Magistrat von Berlin gehörige Kalkbrennerei berechnete im Jahre 1793 (*Krünitz*, S. 665) für einen Kalkwispel = 5 Kubikfuß 377 Kubikzoll = 1,32 cbm, einschl. der Meßgebühren 1 Taler 8 Groschen; er wurde mit Holz in Kammeröfen aus Rüdersdorfer Steinen gebrannt.

In seiner ökonomisch-technologischen Encyklopädie oder allgemeines System der Staats-, Stadt-, Haus- und Landwirtschaft bringt *Johann Georg Krünitz* (Berlin 1793) wertvolle Abbildungen und Beschreibungen alter Kalköfen. Nach ihm wurde der Kalk in Gruben ebenso wie die Ziegel im freien Felde gebrannt. „Man gibt etwa 3 bis 4 Fuß tief eine Kreisfläche in einen trockenen Boden, bauet von Ziegelsteinen eine Feuerstelle, und legt dem ganzen Bau oben, wie ein Kugelgewölbe, mit einem Mantel von Lehm zu,

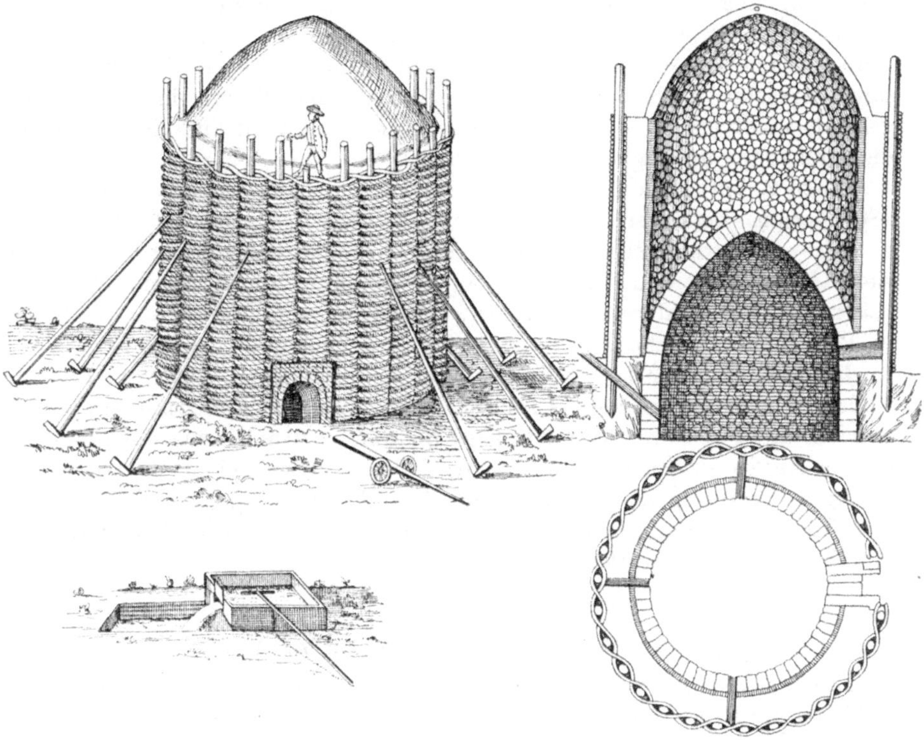

Abb. 4. Kalkofen an der Idria mit Mantel aus Strauchwerk.

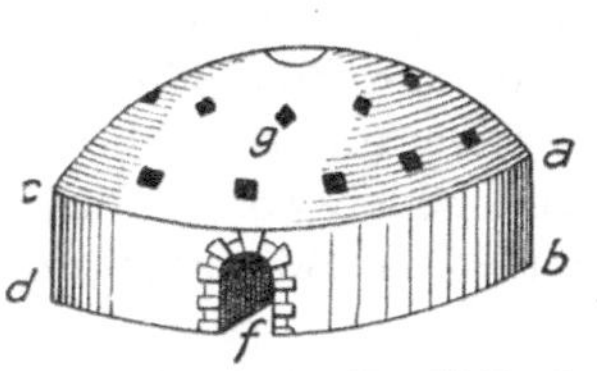

Abb. 5. Kugelgewölbe-Kalkofen.

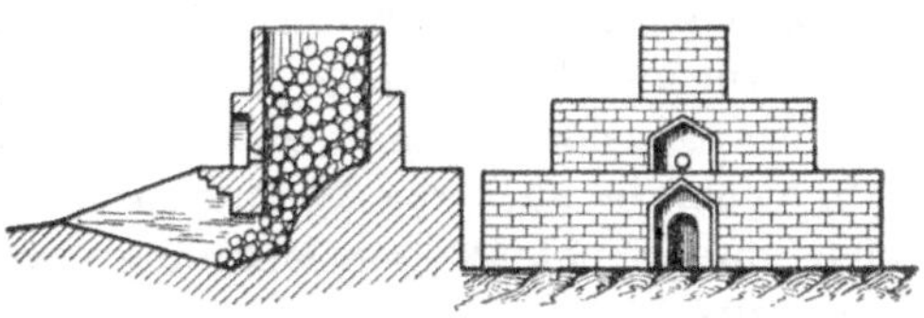

Abb. 6. Ägyptischer Kalkofen.

doch so, daß Zuglöcher, Spielraum und Feuerherd ihre gehörige Proportion haben. Siehe Abb. 5. Der Ring, *a b c d*, ungefähr 5 Fuß hoch und 2 Fuß im Durchmesser, wird von Mauersteinen in der Erde aufgeführt, so, daß das Gewölbe, welches von den zu brennenden Kalksteinen aufgeführt wird, über der Erde hervor raget. Der Herd *f* ist etwa 5 Fuß hoch und $2^1/_2$ Fuß breit. Das Holz wird zwischen den Steinen durchgelegt, und auch die Zuglöcher *g* werden damit angefüllet. Wenn man Regenwetter befürchtet, macht man eine Verdachung darüber. Es ist aber auch nicht allemal nötig, diesen Bau mit einer lehmernen Decke zu umgeben.

Auf diese Weise brennt, wie *Hr. Reinhold*, im I. T. seiner Architectura forensis, S. 260, meldet, ein jeder Bauer in Westfalen, der Holz und Kalksteine hat, den Kalk auf seinem Hofe, und bringt ihn zum Verkauf.

Wo der Kalk mit Holz gebrannt wird, wird der Ofen am besten dazu aus großen, flachen und unechten Kalksteinen in einem Hügel oder Damme zusammengesetzt. Gebackene, auch Bruchsteine und Kiesel sind fast durchgehends nicht imstande, die Glut nur in der Ofenwand auszuhalten, womit die Kalksteine gepfleget werden müssen.“

Einen ägyptischen Kalkofen, wie er noch zu Zeiten Napoleons I. (um 1800 herum) betrieben wurde, ist auf der Abb. 6 dargestellt (Description de l'Egypte, Paris 1821—1830, État modern, Tafelband II). Er ist etwa 2 m tief, $1^1/_2$ m breit und wurde mit großer Flamme durch Stroh und Schilf geheizt. Die Berichterstatter erklärten diesen Ofen für besser als die damals in Paris gebräuchlichen.

In Le systeme de la fertilisation, par *Scipion Bexon*, à Nancy, 1773, 8., findet man den Vorschlag, es solle in jedem Dorfe eine Maschine aufgestellt werden, die durch eine Menge Spiegel die Sonnenstrahlen zusammenbrächte, so wie *Buffon* es gemacht hat. In dem Brennpunkte sollen die Bauern, an müßigen Wintertagen, Kalk brennen. Mit diesem gebrannten Kalke sollten die Felder fruchtbar gemacht werden. Auf solche Art würde kein Holz zum Kalkbrennen verbraucht.

4. Der Schachtofen mit Mischfeuer.

Bei dem nur in der Mitte des Trichters zugeführten Brennstoff wird man bald erkannt haben, daß der Kalk am äußeren Umfang nur sehr unvollkommen durchgebrannt war. Man mischte dort Holz unter und kam so bald zur schichtenweisen Einfüllung von Kalkstein und Holz. Auf eine Schicht Holz folgte eine Schicht Kalkstein. Solche Öfen arbeiteten nicht ununterbrochen, die Form und Einrichtung gestattete dies nicht. Mit der Zeit bildeten sich hierfür passende Formen aus; man versah den Ofen unten mit Abzugsöffnungen, die auch für die Luftzufuhr sorgten, und bildete so den Schachtofen mit schichtenweiser Mischung der Steine und dem Brennstoff immer mehr aus.

In solchen zylindrischen Schachtöfen nach Abb. 7 wurden in Mezieres und Sedan mit Holzkohle gebrannt (*Krünitz* 1793, S. 712). Dieser Ofen war 18 Fuß (5,85 m) hoch und hatte eine lichte Weite von $4^1/_2$ Fuß (1,46 m), mit einem Inhalt von 286 Kubikschuh (8,84 cbm), der mit 189 Kubikschuh (5,84 cbm) harten Kalkstein und 120 Kubikschuh (3,7 cbm) Holzkohlen angefüllt wurde. Ob diese schon ununterbrochen bedient wurden, ist nicht angegeben. Wohl aber wird darüber berichtet an Ofen, die mit Tagekohle (Braunkohle) oder Steinkohle beheizt wurden. Nach *Lesser* (In der Lithotheologie, 4. Abt., I. Bd., 2. Kap.) wurden die Ofen schichtenweise gefüllt, unten angezündet und 24 Stunden geheizt. „Sodann kann man alle Tage morgens früh etwa um 4, und nachmittags um 2 Uhr, ausziehen, und allezeit schichtweise oben wieder voll setzen, so geht der Ofen nicht aus und kann, soviel man benötigt ist, hintereinander weg brennen.“ Solche Öfen wurden als „Flußöfen“ (Four coulant) bezeichnet.

Das Kalkbrennen war seinerzeit eine der größten Landplagen, meilenweit wurde die Umgebung belästigt durch die am Boden hinziehenden Rauchgase und Kohlensäure. Das Übel wurde erst gemildert durch die Schachtöfen und die Verfeuerung gasarmer Brennstoffe, nachdem Holz als Brennstoff sowieso teurer als die Verwendung von Kohle wurde.

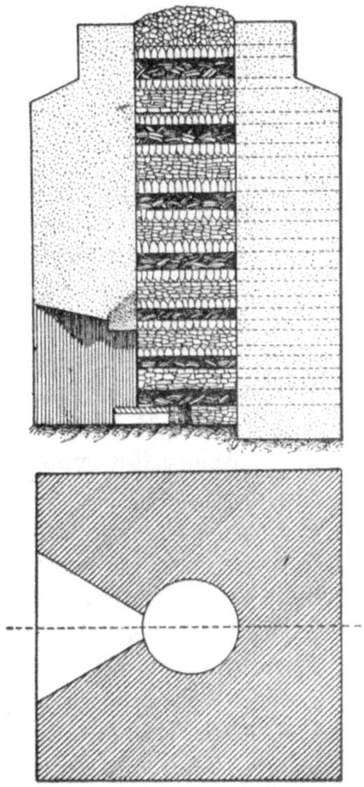

Abb. 7. Zylindrischer Schachtofen mit Holzkohlen-Mischfeuer.

Der älteste Kalkofen mit gemauertem Schacht soll der Harzer Schachtofen sein.

Schon im 13. Jahrhundert wurde die Kalkbrennerei in Rüdersdorf betrieben, wo von dieser Zeit bis heute die verschiedensten Kalköfen erbaut und erprobt wurden, aber bis heute noch keine Dauerform gefunden ist.

Die englischen Kalköfen (*Krünitz* 1793, S. 716) sind kegelförmig, mit zwei seitlichen Abzugsöffnungen, die durch eine Gittertür das unbeabsichtigte Ablaufen des Kalkes verhindern. Derartige Öfen wurden in Deutschland zuerst von Graf *Hochberg* in Fürstenstein (Schlesien) errichtet.

In Friesland zu Borkum waren im 18. Jahrhundert 12 Schachtöfen in Betrieb zum Brennen von Seemuscheln mit Torf. Schichtweise wurde erst Torf, dann je eine Lage Seemuscheln etwa handhoch eingefüllt bis zur Gesamthöhe von etwa 3 m. Häufig erstickte das Feuer, und der Brand mußte drei- bis viermal wiederholt werden, bis die Muscheln gut gebrannt waren.

Im Jahre 1802 (*Hanraths*, Die Kalksteinbrüche bei Rüdersdorf) wurde der erste ununterbrochen arbeitende Rumford-Ofen errichtet, dem 1804 der zweite folgte. Diese hatten schwach kegelförmige Schächte, während der im Jahre 1806 erbaute Ofen eiförmigen Querschnitt erhielt (s. *H. Müller*, Der Schachtofen in der Zementindustrie, mit 64 Bildern, Z. Zement 1919, S. 395).

Franz Carl Achard (Die europäische Zuckerfabrikation aus Zuckerrüben, Leipzig 1809) empfiehlt auf S. 130 die Reinigung des Zuckersaftes durch Kalkzusatz und schreibt: „Der einzige Kalkstein unter vielen Sorten, die ich prüfte, der bey meinen Proben eben das leistete, was die Kreide leistet, ist der aus dem Rüdersdorfer Steinbruche bei Berlin. . . . Zur Abscheidung der Kohlensäure, von dem durch den Zusatz der nicht gebrannten Kreide entsäuerten Saft, ist der Zusatz von lebendigem Kalk, gebrannter Kreide, die sich mit der Kohlensäure, welche ihr das Glühfeuer entzogen hat, verbindet, am zweckdienlichsten. — Das Brennen der Kreide kann in einem gewöhnlichen Kalkofen geschehen, oder auch in jedem andern, in dem sie, um die Kohlensäure davon zu bringen, nur einige Stunden im anhaltenden Glühen erhalten werden kann."

1825 gab *Stanhope* eine verbesserte Art des Kalkbrennens an (Bull. d. sc. 4, S. 83), indem er einen Ofen mit Doppelwand und zwischenliegender Wärmeschutzschicht sowie ebenfalls schichtenweise Auffüllung der Kalksteine und des Brennstoffes vorsieht.

Über die Entwicklung des Kalkofens in der Zuckerindustrie berichtet *E. v. Lippmann* (Festschrift zum fünfzigjährigen Bestande des Vereins der Zucker-Ind. 1900, S. 118). Kalk wurde stets zum Klären der Zuckersäfte verwendet. In der ersten Hälfte des 19. Jahrhunderts, als noch verhältnismäßig wenig Kalk verbraucht wurde, kauften sich die Zuckerfabriken diesen oder brannten ihn in Feldbrandöfen, die gleichzeitig den in der Umgebung notwendigen Baukalk lieferten. Um 1850 war die Anwendung des Kalkofens in der Zuckerindustrie noch nicht üblich, denn z. B. *Payen* sagt (*Stötzel*, Rübenzucker-Fabrikation 1851, S. 28), man solle nicht zuviel Kalk zum Saft zusetzen, weil dieser die Abdampfung erschwert, und das gebildete Kalksaccharat kann nicht kristallisieren. Zuviel Kalk kann nicht von der Knochenkohle oder von der Kohlensäure der Luft (!) zersetzt werden. Aber die zur Scheidung des Rübensaftes von den Unreinigkeiten angewendete Kalkmenge wurde immer größer, und mußte der überschüssige Kalk durch andere Hilfsmittel aus dem Saft ausgefällt werden. Als dies mit der Einführung der sog. Saturation durch Kohlensäure geschehen sollte, bereitete deren Beschaffung große Schwierigkeiten. *Baruel* schlug 1811 die Benutzung der Kesselheizgase vor, während später *Michaelis* und *Kopisch* (Z. d. V. d. d. Z. 1852) noch die aus Marmor durch Salz- oder Schwefelsäure entwickelte Kohlensäure wegen ihrer größeren Reinheit vorzogen. Andere erzeugten sie durch Verbrennung von Holzkohle, Koks u. dgl., und gelang es *Kindler* erst gegen 1852, einen brauchbaren Verbrennungsofen zu bauen, der Gase mit 15 bis 16 Proz. Kohlensäure lieferte. Noch 1874 beschreibt *Stammer* (Zuckerfabrikation) den *Kindler*schen Ofen zur Verbrennung von Kohle, um die Kohlensäure zu erhalten, der hinter dem Feuerschacht noch zwei Schächte hatte, die mit Kalkstein gefüllt waren. Diese Kalksteine sollten aber nur zur Reinigung der Gase dienen. *Walkhoff* ging einen Schritt weiter und baute die zwei Schächte so aus, daß die Kalksteine gebrannt wurden, dadurch den Übergang und die Einführung der Kalköfen in den deutschen Zuckerfabriken bewirkend, mit der Verwendung der beim Brennen des Kalkes freiwerdenden Kohlensäure zum Ausfällen des Kalkes im Safte. Es ist merkwürdig, daß man erst sehr spät an die heute selbstverständlich erscheinende Wiederverwendung der Kalkstein-Kohlensäure dachte, und nimmt deren erste Anwendung *Maumené* (Z. d. V. d. d. Z. 1856, S. 196) für sich in Anspruch. Ob mit Recht, scheint aber nach *Lippmann* (Festschrift S. 119) fraglich. Jedenfalls hatte *Robert* in Seelowitz schon 1854 einen Schachtkalkofen im Betriebe.

1866 baute *A. Perret* in Roye-Somme (S. 238) einen Kalkofen mit zylindrischem Schacht und unterem drehbaren Abzugsrost. 1876 empfiehlt *V. Wendland* eine schiefe Ebene zum Begichten der Kalköfen. 1881 nimmt *Pierre Montagné* das D. R. P. 16 759 auf den ersten mechanischen Rollenrost zur Entleerung des Schachtofens und 1887 *Solvay* das D. R. P. 43 901 über einen Drehrost zur selbsttätigen Entleerung des Kalkofens.

Besondere Geltung verschaffte sich der Schachtofen dadurch, daß ihn *Ernst Solvay* um 1885 in seinen Sodafabriken anwendete. Der Schachtofen ohne besondere Feuerungen wurde durch *Solvay* von neuem bekannt und nahm mit den *Solvay*schen Sodafabriken seinen Siegeslauf und fand auch in der chemischen und Zuckerindustrie seine Einführung unter dem Namen „belgischer Kalkofen“. „Belgischer“ deshalb, weil *Solvay* ihn zuerst in Belgien anwendete und er sich von dort weiter verbreitete. Später werde ich noch zeigen, wie sich diese Form immer mehr entwickelte.

1883 baute *Karl Dietzsch* in Saarbrücken einen ununterbrochen arbeitenden Stufenkalkofen, der eine deutliche Dreiteilung (Vorwärmung — Brennraum — Abkühlung) zeigte und den unmittelbaren Einwurf des Brennstoffes in den Brennraum gestattete.

1889 führte Prof. *Hauenschild* den ununterbrochen arbeitenden Schachtofen für Zement ein, der allerdings nur an einer Stelle in Frankreich und der zweiten in Rußland mit Erfolg im Betrieb war. Er hatte beobachtet, daß viel Zementrohstoffe die Behandlung im Vorwärmer des *Dietz*schen Ofens nicht vertrugen; sie zerbröckelten und störten den Zug. Seinem Ofen gab er deshalb glatte zylindrische Form, die in der unteren Hälfte sich um 20 cm erweiterte. Die Aufgabe des Gutes erfolgt derartig, daß durch Türen der oberen Blechhaube abwechselnd Rohsteine und Koks eingetragen werden. Die von *Schneider* eingeführte Betriebsweise bestand dann darin, daß jede in den Ofen eingefüllte Koksschicht mit einem Rand von aufrecht gestellten Rohsteinen umgeben wird. Das hat zur Folge, daß der Brennstoff überhaupt nicht mit dem Feuerkleid in Berührung kommt und so das Anbacken erschwert wird. Die weitgehende Verbreitung dieses Ofens gelang erst durch die besondere Brennart *Schneiders,* indem er Brennstoff in die Zementrohlinge einformte. *Hauenschild* gab seinen Rohlingen nicht Ziegel-, sondern Kugelform, um den Zug zu verbessern.

Durch die Ausstattung der Kalkschachtofen mit mechanischer Füll- und Entleerungseinrichtung ist er zur Maschine geworden wie der Drehofen. Man suchte deshalb nach einem geeigneten Namen. *Hans Urbach* (Tonindustrie 1919, S. 217) schlug für den mechanisch betriebenen Schachtofen nach den jetzt beliebten Kürzungen die Bezeichnung Embes-Ofen vor. Richtig müßte man doch aber diese Zusammenstellung der Anfangsbuchstaben lesen „Mebes-Ofen“. — Will man eine gekürzte Bezeichnung, die jederzeit erkennen läßt, was man damit meint, dann möge man ihn „Maschinen-Schachtofen“ nennen.

Für das Feuern des Kalkofens mit untergemischtem Brennstoff wählte ich die Bezeichnung „Mischfeuer“. *Naske* empfiehlt den Namen „Schichtfeuer“. Da es sich aber bei dieser Feuerungsart weniger um die Anwendung von Schichten, sondern um die innige Vermischung des Brennstoffes mit dem Kalkstein handelt, so glaube ich die erstere Benennung mit Recht beibehalten zu können. — Mit dem Namen „Streufeuer" trifft man die Bedienungsart wohl beim Ringofen, wo der Brennstoff durch die Feuerlöcher eingestreut wird, aber nicht beim Schachtofen. Um auch Verwechslungen zu vermeiden, erscheint es mir nützlich, beim Ringofen (wo der Brennstoff nicht unter die Steine gemischt wird) von „Streufeuer", beim Schachtofen von „Mischfeuer" zu sprechen.

5. Die Anwendung der Gasfeuerung.

Im Anfang des 19. Jahrhunderts erkannte man, daß durch die Verbrennung der Gase höhere Temperaturen erzielt werden könnten und ein staubfreier Heizraum möglich wäre, wie dies z. B. beim Glasschmelzen außerordentlich nützlich ist.

Als Vorläufer kann der „fulen heintzen" bei Brunschwyk (1509) gelten; den Vorgang beschreibt eingehend *Ph. Ulstadius* (1536) als „faulen Heintzen" oder Furnus Accidiosus.

Zuerst spricht *Aubertôt* 1812 diesen Gedanken aus, beim Kalkbrennen an Stelle der festen Brennstoffe deren Gase zu verwenden, nachdem er 1809 auf einer Eisenhütte des Cherdepartements (Journ. des mines Bd. 35, 1814, S. 375) Versuche angestellt hatte. Er wollte die Gichtflammen der Hochöfen zum Kalkbrennen verwenden, indem er den Kalkbrennofen oben auf der Hochofengicht aufstellte. Diese Verwendung der Hochofenabgase wurde aber bald wieder verlassen. Erst 1830 kommt *August Lampadius* (geb. 1772 im braunschweigischen Dorfe Hehlen, s. a. *C. Matschoß*, Beiträge zur Geschichte der Technik und Industrie 1922) auf den Vorschlag der Gasverwendung zum Kalkbrennen zurück.

Der erste eigentliche Gaserzeuger scheint von *Bischof* 1839 entworfen zu sein (Die höchste Nutzung der rohen Brennstoffe, Quedlinburg 1848).

Dann trat *Siemens* mit seinen Gasöfen auf den Plan, die anfangs nur in den *Siemens*schen Glashütten Anwendung finden sollten. Man glaubte in ihnen ein Allheilmittel entdeckt zu haben, und es kam auch bald die Anregung *Siemens* (1862) auf die Verwendung an Kalköfen. Man hatte die Verluste erkannt, die mit der Destillation des Brennstoffes in der Vorwärmezone verbunden sind, daß deshalb minderwertige Brennstoffe, wie z. B. Braunkohle, bei der Zumischung wenig wirkungsvoll sind und der gebrannte Kalk stark durch Asche verunreinigt war. Koks war in seiner Anwendung noch beschränkt, wenig bekannt. Hier konnte die *Siemens*sche Gasfeuerung helfend eingreifen. Zuerst führte er mit *Ferd. Steinmann* solche Öfen ein. Im Jahre 1862 auf dem Dreikönigsschacht bei Tharand, 1864/65 in den Zuckerfabriken Gröbzig bei Cöthen und Dux (Böhmen). (Siehe Kompendium für Gasfeuerung von *Ferd. Steinmann*, Freiberg 1868, S. 68, und Dingl. Journ. 1871, S. 44 und 200.) Er versah den Schachtofen an seinem Umfang mit ein oder mehreren Gaserzeugern (Generatoren), wo der Brennstoff teilweise verbrennt, sich selbst vergast, und das kohlenoxydhaltige Heizgas führte er der Brennzone des

Kalkofens zu. Von unten, durch die Kühlzone, wurde die für das Heizgas noch notwendige Luft zugeführt.

F. Steinmann erwähnte als Vorzüge (Polyt. Zentralbl. 1870, S. 426) gegenüber denen mit Beimischung:

1. Möglichkeit der Anwendung eines jeden Brennstoffes mit Ausnahme stark backender Steinkohle;
2. vollständige Rauchverzehrung;
3. Ersparnis an Brennstoff;
4. Reinheit des Erzeugnisses;
5. Leichtigkeit der Verringerung der Leistung.

Es wurde CO_2 mit 19 Proz. erzielt.

E. Cruse berichtet in der Z. d. V. f. Rübenz. 1868, S. 164, über solche Kalköfen mit *Siemens*scher Gasfeuerung, die für 1 Zentner gebrannten Kalk 50 Pfund Aussig-Teplitzer Braunkohle verbrauchten. (Hätte der Kalkstein 90 Proz. $CaCO_3$, dann wären dies 25 kg Braunkohle für 100 kg Kalksteine.) Diese Gase hatten 18 bis 26 Proz. CO_2; im Mittel aus 36 Untersuchungen 19,25 Proz. Für heutige Verhältnisse keine guten Zahlen.

Der Gaskalkofen muß durch sachverständige Leute bedient werden, er verlangt liebevolle, verständige Aufsicht. Die Gaserzeuger, die Gaskanäle, der ganze Ofenbau sind recht empfindlich und erfordern häufige, kostspielige Ersatzarbeiten. In der Zwischenzeit arbeitet der Ofen unvollkommen. Die aus den Gaserzeugern in den Ofenschacht tretende heiße Gasflamme hat das Bestreben, senkrecht in die Höhe zu steigen, sie bleibt mehr am Ofenumfang und dringt schwer zur Mitte. Ungleichmäßiger Brand ist die Folge. Deshalb darf man nicht über gewisse Schichtbreiten, etwa 2 m, hinausgehen. Für größere Öfen wurden deshalb von *Steinmann* ovale Schächte bis 4,5 m Breite vorgeschlagen. Der Bau wird dann noch teurer und unzuverlässiger. Schon in den achtziger Jahren des vorigen Jahrhunderts machte sich deshalb das Bestreben nach Verbesserung bemerkbar. Wünsche nach dem alten Mischofen wurden laut. 1881 hielt es *Riedel* (Halle) nicht für empfehlenswert, nur ausschließlich die getrennte Gasfeuerung von unten anzuwenden, sondern auch oben Koks zuzugeben, um beider Wirkungen zu vervollständigen, um gleichmäßiger zu brennen. (Z. d. V. d. d. Z. 31, 1881, S. 605.) Damit gleitet man wieder zurück zum Ofen mit Mischfeuer, wie er sich jetzt behauptet und der zur Zeit als die beste Vorrichtung zum Kalkbrennen zu betrachten ist.

6. Der Drehrohrofen.

Der Drehrohrofen oder Drehofen ist in der chemischen Industrie als sog. „Revolver-Ofen“ schon lange bekannt. Zuerst wurde er wohl zum Soda-Leblanc-Prozeß verwendet. 1888 wurde er von *William Siemens* (einem geborenen Deutschen) in die Zementindustrie eingeführt nach dem englischen Patent 11 969, aber ohne größeren Erfolg. Erst aus Amerika, allerdings noch in sehr unvollkommener Form, kam er dann zu uns.

Die Drehöfen dienen auch zum Brennen von Kalk; z. B. seit 1902 wird ein Drehrohrofen von *Gebr. Pfeiffer* in Polgardi benutzt, ferner auf dem

*Thyssen*schen Rittergut in Rüdersdorf (Tonind. 1914, S. 589). Sie dienen zum Brennen von Magnesit, Dolomitsand, zum Rösten von Erzen, zum Calcinieren von Tonerdehydrat, Bauxit, Strontianschmelze u. dgl. Hier beginnt der Übergang zum Trommeltrockner.

Die Drehöfen verlangen eine gleichmäßige feine Körnung der Kalksteine; er ist deshalb nur dort am Platze, wo viel Grus oder Bruch vorhanden mit einer Feinheit unter 50 mm, was im Schachtofen wegen der Zugerschwerung nicht mehr gut gebrannt werden kann. Anlage-, Unterhaltungs- und Betriebskosten sowie Raumbeanspruchung sind viel größer als beim Schachtofen. Trotzdem sind die Drehrohröfen vielleicht berufen, den Kalkschlamm zu brennen, der als Rückstand bei der Spaltung des Kalkstickstoffes zwecks Gewinnung von Ammoniak verbleibt.

Auch am Drehofen unterscheidet man deutlich die Vorwärme-, Brenn- und Kühlzone. Um aber die Zuführung des Brennstoffes an die Grenze zwischen Brenn- und Kühlzone zu ermöglichen, teilte man das Drehrohr, indem im Hauptrohr die Vorwärmung und das Brennen des Kalksteines, während im tieferliegenden Nebenrohr das Kühlen des Kalkes, unter Vorwärmung der Luft erfolgt. Der fertiggebrannte, noch glühende Kalk gleitet über eine Schurre in die unter der Brenntrommel liegende Kühltrommel. Der Kohlenstaub wird durch einen Ventilator in die Brenntrommel geblasen. Es findet hier also eine ähnliche Unterteilung statt, wie z. B. beim *Dietz*schen Ofen (s. Abb. 43). Nachdem die Erfahrung gelehrt hat, daß bei den hohen Brenntemperaturen im Zementdrehofen ein gußeisernes Düsenrohr viel weniger lange standhält als ein ganz dünnwandiges, schmiedeeisernes, hat man die Kühltrommel unmittelbar an die Brennzone angebaut, wie dies der „Solo"-Ofen von *G. Polysius* zeigt (s. *Naske*, Z. d. V. d. Ing. 1920, S. 980).

Betreffs der Wahl der Brennofen in bezug auf den Drehrohrofen sagt *Naske* (Die Portland-Zementfabrikation 1914, S. 164): „Was nun diejenige Frage anbetrifft, die als erste einer jeden Neuerung in gewerblichen Betrieben entgegengehalten wird: die Frage nach der größeren Wirtschaftlichkeit des neuen Arbeitsverfahrens — so sei gleich von vornherein betont, daß diese Frage bis zur Stunde in wirklich befriedigender Weise noch nicht gelöst ist. Wenn man bedenkt, daß der Drehofenbetrieb wesentlich höhere Anlagekosten und größeren Kraftaufwand — verglichen mit den Betrieben alten Systems — bedingt, und daß infolge des Hinzutritts der Kohlentrocknerei und Kohlenmühlen an Stelle der älteren Ziegelei und Ziegeltrocknerei die Vereinfachung der Einrichtung nur eine scheinbare ist, so mag es wunderbar erscheinen, daß der Drehrohrofen trotzdem in einer kurzen Reihe von Jahren eine so außerordentlich große Verbreitung gefunden hat. Die Erklärung hierfür ist aber nicht schwer. Der Hauptvorzug des Drehrohrofens liegt nämlich nicht in einer, nur unter besonders günstigen Umständen zu erreichenden Herabminderung der Gestehungskosten, sondern in der ganz erheblichen Verringerung der Arbeiterzahl und in der Verbesserung des Erzeugnisses. Der riesenhafte Aufschwung der Portlandzementindustrie in den Vereinigten Staaten von Amerika mit ihren billigen Kleinkohlen und enorm hohen Arbeitslöhnen ist einzig und allein auf die erstgenannte Tatsache zurückzuführen. — Eine ebenso feststehende Tatsache ist auch die Erhöhung der Qualität, die in der Eigenart des Systems begründet erscheint, das nur gut oder gar nicht zu brennen gestattet."

Den Werdegang des Drehrohrofens beschreibt *Naske* dann ausführlich und sei darauf hingewiesen. Die ersten Öfen waren kurz, die Wärme wurde schlecht ausgenutzt und der Brennstoffverbrauch ein sehr hoher. Man suchte deshalb auf die verschiedenste Weise, durch Vertrocknen, Kühlen u. dgl., die Wärme weiter auszunutzen, doch gelang man erst auf eine große Brennstoffverminderung, als man die richtige Anschauung erkannte: „Der beste Ort zur Ausnutzung der Ofenwärme ist der Ofen selbst." So gelangte man zu Brenntrommeln bis 70 m Länge bei 2 bis 3 m Durchmesser und mehr, da erkannt wurde, daß die größere Länge die Wirtschaftlichkeit wesentlich erhöht. In Deutschland baut man kaum noch solche unter 35 m Länge.

Der Antrieb erfolgt durch Kegel- oder Stirnräder; Schneckenräder haben sich nicht bewährt. Auf die verschiedenen Antriebsausführungen kann hier naturgemäß nicht eingegangen werden. Ich gehe auf die Ausführung der Drehrohrofen nur soweit ein, als es mir zu deren allgemeinen Beurteilung, zur Anstellung von Vergleichen, nützlich erscheint.

Der ganze Aufbau des Drehrohrofens bedingt ihn für möglichst große Leistungen vorzusehen. Unter einer Brennleistung von 50 t Kalksteinen täglich dürfte seine wirtschaftliche Anwendung überhaupt unmöglich sein.

Nach Mitteilungen der Zentralstelle zur Förderung der deutschen Portlandzementindustrie (J. 1912, Nr. 45) sind 1911 [1918] in Deutschland noch 794 [527] Schacht- (*Schneider*, *Dietzsch*) und [88] Ringöfen neben 209 [240] Drehrohröfen betrieben. Die Verbreitung des Drehrohrofens ist auch in der Zementindustrie somit doch noch nicht so groß, wie es aus *Naskes* Äußerung (Die Portland-Zement-Fabrikation 1914) anzunehmen ist. Er sagt: „Vor allen Dingen ist es der Drehrohrofen, der in seinem Vaterlande (?), den Vereinigten Staaten von Nordamerika, nunmehr unbestritten das Feld beherrschend, auch in anderen, Portland erzeugenden Ländern täglich an Boden gewonnen hat. Wenngleich er auch in seiner gegenwärtigen Gestalt und Betriebsweise vom Ideal einer Brennmaschine leider noch recht weit entfernt ist."

7. Der Ringofen.

Neben den Schachtöfen entwickelte sich der Ringofen, der für geformte Gegenstände, wie Mauersteine und andere keramische Erzeugnisse, zuerst von *Fr. E. Hoffmann* 1857 mit Erfolg Anwendung fand. Vom Jahre 1864 an wurde er auch zum Kalkbrennen benutzt. Besonders, wo es sich um Kalkmörtel handelt, verwendete man die Ringöfen gleichzeitig zum Kalkbrennen, weil man ohne weiteres zusammen mit den Mauersteinen auch den Kalk brennen kann. Aber dort, wo der Ringofen nur zum Kalkbrennen allein gebaut wird, erscheint er mir nicht am Platze. Seine ganze Einrichtung ist dafür bestimmt, solche Dinge zu brennen, die während dieser Zeit still auf ihrer Unterlage ruhen müssen, um ihre Form zu erhalten, die vorsichtig in den Brennraum eingesetzt werden. Die meisten Kalksteine erfordern diese sorgfältige Handhabung nicht, wozu also für sie die schwere Handarbeit im Ringofen anwenden, die Leute zu zwingen, in heiße, oft nicht genügend gekühlte Kammern hineinzugehen und den stäubenden Ätzkalk herauszuschaffen? Nur etwas kann die Handarbeit durch Maschinen erleichtert werden, wie dies mit den Plattenketten gelingt, die den Ätzkalk heben und in die Förderwagen werfen. Die Staubbelästigung wird dadurch aber nicht gemildert. Wie beim Mauern einer Bruchsteinmauer müssen die Einsetzer einen Stein auf den andern kunstgerecht schichten nach Abb. 8. Sie können nicht wahllos zugreifen, müssen immer darauf bedacht sein, daß für die Gase hinreichender Durchtritt gesichert ist, um guten Zug und gleichmäßiges Brennen zu sichern. Dies Aufschichten erfordert großstückige Steine.

Abb. 8. Setzen der Kalksteine im Ringofen.

Der Kalkstein schwindet beim Brennen (s. S. 65). Der ursprünglich mit Steinen vollgesetzte Ofenkanal wird oben frei, indem die Steine zusammensinken. Oben entsteht ein freier, unbehinderter, zu schneller Abzug der Gase. Das Nachfüllen ungar gezogenen Kalkes durch die oberen Öffnungen vermindert dies, verlangt aber neue Handarbeit, vermehrt allerdings die Ofenleistung. — Nach dem D. R. P. 126 540/1901 will *Wilhelm Echardt,* Köln, den Schwinderaum in Ringöfen in gewissen Abständen dadurch absperren, daß der Abschluß durch Nachfüllung von Brenngut oder durch Aufsätze nach Abb. 9 *d*, die in Schlitzen *a* der Brennkammerdecke vorgesehen sind und beim Schwinden des Brenngutes aus diesen Schlitzen herabsinken, hergestellt wird, damit Gurtbögen entbehrlich sind. Diese Schlitze *a* können auch zum Nachlegen von Kalksteinen benutzt werden.

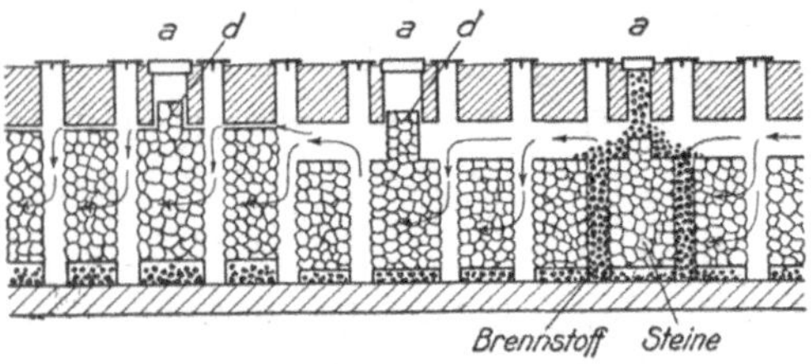

Abb. 9. Absperren des Schwinderaumes durch Brennstoff- oder Steinnachfüllung.

In seiner Wirkung ist der Ringofen nichts anderes als ein Schachtofen, nur daß beim Ringofen das Feuer im Kreise fortschreitet und die Steine stillliegen, während dies beim Schachtofen umgekehrt der Fall ist, wie dies Abb. 10 zeigt. Der ursprünglich ringförmige, jetzt meistens längliche, aber auch zickzackförmig zusammengefaltene, nur selten einen Kreis bildende Brennraum besitzt am äußeren Umfang gleichmäßig verteilte Öffnungen zum Einfahren der Steine und zum Ausfahren des Kalkes, während am inneren Umfang entsprechende Öffnungen für den Abzug der Rauchgase nach dem Schornstein vorgesehen sind. Durch einen Papierschieber wird einerseits der Anfang der Vorwärmezone, andererseits das Ende der Kühlzone bestimmt. Durch Öffnungen in der Gewölbedecke, den Heizröhren, wird Brennstoff in die Brennzone eingeworfen. Diese Gewölbedecke ist in der Abbildung fortgedacht, um einen besseren Einblick in den Brennraum zu gestatten.

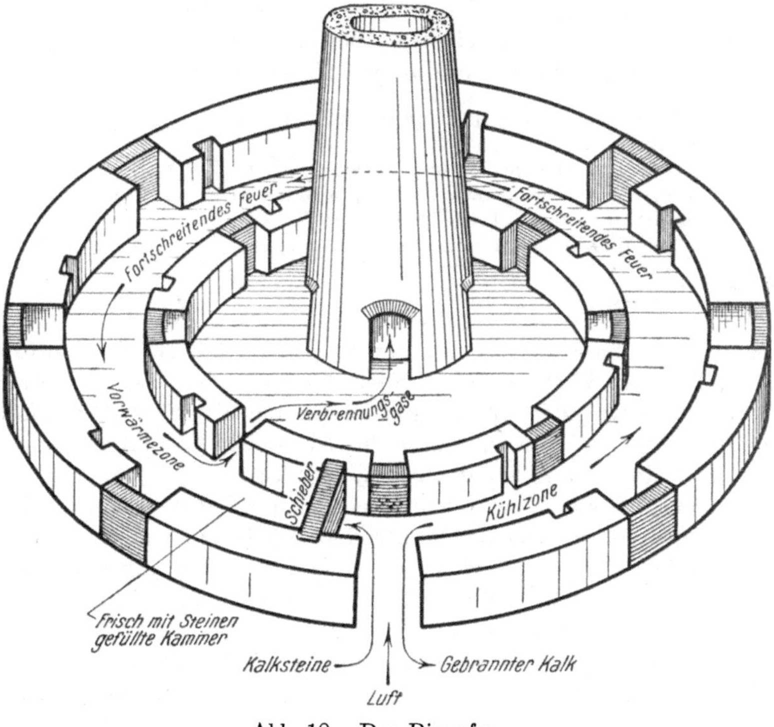

Abb. 10. Der Ringofen.

Dies möge als Wesentliches über den Ringofen genügen, der in Wirklichkeit noch die verschiedenartigst geformten Gasführungen besitzt. Durch das Fortschreiten des Feuers werden immer neue Teile der Mauerung erwärmt, womit Abkühlungs- und Brennstoffverluste verbunden sind. Man kann deshalb eine Ersparnis an Brennstoff nicht erwarten, und man rechnete früher mit einem Mindestverbrauch von 12 kg guter westfälischer Steinkohle für 100 kg guten Muschelkalk. Heute ist der Brennstoffaufwand mehr als doppelt so hoch. Wohl kann man im Ringofen minderwertige Brennstoffe anwenden, besonders wenn man Feuerroste einbaut (s. *August Dippelhöfer*, Felsvögala, Tonindustrie-Zeit. 1921, S. 806, und *E. Mark*, S. 806, der vor Anwendung feuchter Braunkohle warnt), diese haben aber meistens viel Schwefel, der zur Gipsbildung Veranlassung gibt. Deshalb und durch die stärkere Beeinflussung der Brennoberfläche durch die Flugasche, die teerigen Kondensationsprodukte, löscht sich Ringofenkalk immer schlechter als solcher aus Schachtöfen. Dies kann man nicht etwa durch Verwendung von Koks vermeiden, denn er eignet sich wegen der kurzen Flamme nicht für den Ringofen, und nach den Erfahrungen des großen Krieges sollte zum Kalkbrennen nur noch Koks dienen. Die Ersatz- und Instandhaltungsarbeiten sind am Ringofen teurer als am ungleich einfacheren Schachtofen.

Werner Moritz berichtet über die Arbeiterzahl beim großen Ringofen, von 350 m Brennlänge, der Staatl. Bergwerksverwaltung Rüdersdorf (Bericht der Wärmestelle der Kalkindustrie, Berlin 1922, S. 30). Danach sind für dessen Bedienung nötig (wenn nur drei Feuer betrieben werden):

6 Setzer, die in zwei Schichten zu je 3 Mann arbeiten;
3 Kohlenfahrer;
18 Brenner, die sich nach je 8 Stunden ablösen zu je 6 Mann;
6 Kalkfahrer, die in zwei Schichten zu je 3 Mann arbeiten. Deren Leistung betrug durchschnittlich in der Schicht 20 bis 25 t Kalk;
1 Maurer, der das Zusetzen der Ofentüren und sonstige Ausbesserungsarbeiten zu besorgen hat.

34 Mann insgesamt.

Ernst Cetto, Saal a. d. Donau, gab an (1923), daß auf dem Cettowerk, wo 2 Ringöfen und 9 Misch-Schachtöfen brennen, die gesamten Erzeugungskosten in den Ringöfen um 26 Proz. höher sind als in den Schachtöfen. Zur Herstellung von 10 t Kalk waren im Ringofen 13—14 Mann, am Schachtofen nur 3 Mann zu je 8 Arbeitsstunden nötig.

M. Lorenz, Rodaun bei Wien, geht von der Tatsache aus, daß die Heizgase wie überall so auch im Brennkanal des Ringofens stets die Bahn des geringsten Widerstandes suchen. Um ihnen den Weg, auf dem sie nützliche Arbeit verrichten sollen, vorzuschreiben, werden allgemein beim Einsetzen des Brenngutes in letzterem Kanäle freigelassen — eine Maßnahme, die einen einigermaßen sicheren Erfolg aber nur bei regelmäßig geformtem Einsatz, wie z. B. Ziegelsteinen, verspricht, bei unregelmäßig geformtem Einsatz, wie z. B. Kalkstein, aber insofern versagt, als ein in allen Teilen gleichmäßiger Brand auf diesem Wege nicht zu erzielen ist. Dagegen ist es mit dem neuen Brennverfahren möglich, den Durchgangswiderstand der Heizgase während des Brennens an beliebigen Stellen des Brennkanalquerschnittes nach Bedarf kleiner oder größer zu gestalten, das Brenngut also an den verschiedenen Stellen nach Bedarf zu brennen.

Das Mittel hierzu hat *Lorenz* in einer auf dem Boden des, unterhalb des Brennkanals *b* angeordneten Förderkanals *t*, Abb. 11, verschiebbaren selbsttätigen Vorrichtung gefunden, die je nach Bedarf das Brenngut oder den Brennstoff oder beides zusammen auflockert. Das Werkzeug für diese Vornahme besteht aus kleinen, elektrisch zu betreibenden Druckpumpen *f*, deren Kolben *u* eine langsame Auf- und Abwärtsbewegung von sehr geringem Hube macht, sog. Brennautomaten. Wo mehr aufgelockert wird, streichen die Heizgase stärker, wo weniger, schwächer. Man hat daher die Heizgasverteilung vollkommen in der Hand und erzielt dadurch nicht nur ein besseres, gleichmäßigeres Erzeugnis, sondern, da die Steigerung der Stärke des Feuers auch einen rascheren Fortschritt gestattet, überdies noch eine weit größere Leistung. Dieser entsprechend müssen dann auch die Fördermittel für die Bewegung der Massen eingerichtet sein.

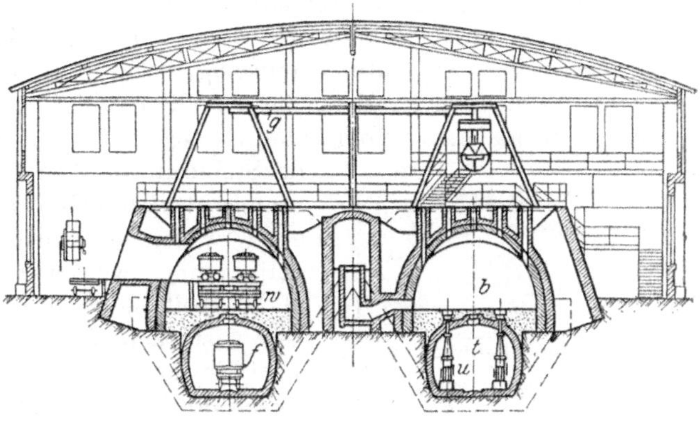

Abb. 11. Vorrichtung zum Auflockern der Füllung des Brennkanals.

In chemischen und Zuckerfabriken arbeitet man gleichmäßiger, die genannten Vorteile sind nicht ausschlaggebend gegenüber den genannten Nachteilen, wie großer Handarbeit, die nie einen automatischen Betrieb gestattet, deshalb werden sich dort nie Ringöfen einführen. Auch soll gerade dies Buch dort Aufklärung schaffen, wo man die Eigenschaften des spröden Schachtofens noch nicht voll erkannt hat. Dort soll die Erkenntnis seine Anwendung erleichtern.

8. Der Tunnel- oder Kanalofen.

Dieser besteht aus einem langgestreckten, geraden Tunnel, in dem auf einem Schienengeleise Plattenwagen allmählich vorwärts rollen, die ihrerseits mit dem Brenngut beladen werden. Die Beheizung erfolgt meistens durch Gas, das sich im Gegenstrom zum Brenngut bewegt. Wie beim Schachtofen bleibt deshalb das Feuer an einer Stelle, während es beim Ringofen fortschreitet. Die Wagen besitzen Schamotteplatten als Schutz gegen die Hitze. Außerdem müssen noch die verschiedenen Hilfseinrichtungen getroffen werden, um das Wagengestell, besonders die Räder und Achsen, betriebsfähig zu erhalten. Schmieröle verdampfen und verkrusten. Brauchbar ist Graphitschmierung. Die Schamotteplatten der Wagen werden sehr leicht beim Laden durch die schweren Brennstücke beschädigt.

Ich will hier nicht auf viele Einzelausführungen eingehen.

Nach dem D. R. P. 323 097/1918 ordnet *Fr. K. Meiser*, Nürnberg, unter der Tragplatte des Wagens einen Trog mit einer Sperrflüssigkeit an, durch welche die nach den Brennwagen *b* führenden Gaszuführungsrohre *g* unmittelbar oder mittelbar auch während des Fahrens von der Außenluft abgesperrt sind. Die Abb. 12 zeigt einen Tunnelofen *a*, auf dessen Wagen *b* Brenner eingebaut sind. Unter den Wagen ist noch ein durchlaufender, mit Flüssigkeit gefüllter Trog angeordnet. Die Haube *c*, deren unterer Rand etwas in die Flüssigkeit eintaucht, ist durch einen biegsamen Metallschlauch *d* mit dem

Wagen und seinem Gaskanal *e* verbunden. Das Gas wird durch Rohr *g*, welches über dem Flüssigkeitsspiegel unterhalb der Haube *c* endet, zugeführt, und gelangt durch die Haube *c* und den Metallschlauch *d* zu den Brennern. Beim Fahren der Wagen schleift die Haube *c* über die Rohre hinweg.

Trotzdem dieser Tunnelofen sowie der Ringofen ursprünglich für das Brennen geformten Gutes (Steinzeug, Schamotte, Porzellan) erbaut wurde, tauchen immer wieder Versuche auf, diesen Ofen auch für das Kalkbrennen nutzbar zu machen. Wohl kann, im Gegensatz zum Ringofen, das Einsetzen der Steine und das Entleeren außerhalb des Brennraumes, des Tunnels, erfolgen, aber trotzdem ist auch er seinem ganzen Wesen nach für das Kalkbrennen wirtschaftlich ungeeignet. — Die Handarbeit ist zu groß; die Schamotteplatten zeigen starken Verbrauch; die ganze mechanische Einrichtung ist den ungünstigen Verhältnissen des heißen Tunnels ausgesetzt; die nutzbare Füllung ist gering im Verhältnis zum Gesamtquerschnitt des Tunnels. Es besteht auch kein Grund, welcher den Brennstoffaufwand geringer gestalten würde als beim Schachtofen. Der Vorteil gegenüber dem Ringofen, daß sein Feuer an einer Stelle stehenbleibt und nicht wandert, also das Feuerkleid des Tunnels mehr geschont und die Wärmeausnützung günstiger wird, wiegt die übrigen Nachteile beim Kalkbrennen nicht auf.

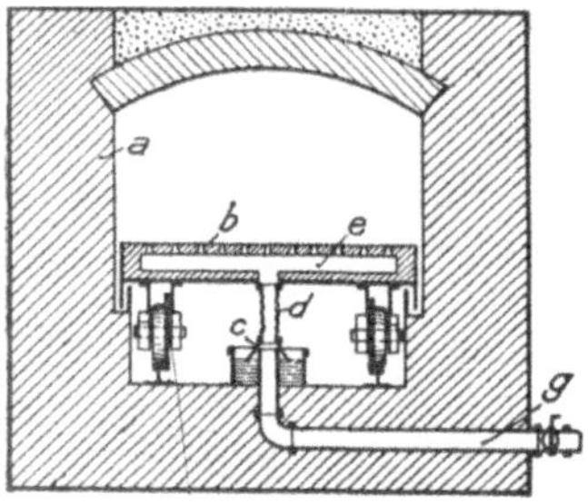

Abb. 12. Querschnitt eines Tunnelofens.

Wertvolle Untersuchungen über die Brandführung in Porzellan-Rund- und Tunnelöfen veröffentlichte *E. Reutlinger*, Köln (Berichte der Deutsch. Keram. Ges. 1922, S. 121), die sich aber nur auf das Brennen von Porzellan anwenden lassen.

C. Chemisches und Physikalisches.

9. Chemisches in bezug auf das Kalkbrennen.

Reinster Kalkstein ist kohlensaurer Kalk nach der chemischen Formel $CaCO_3$, dessen Molekulargewicht 100,12 beträgt. Wird dieser kohlensaure Kalk auf genügend hohe Temperaturen erhitzt, so entweicht Kohlensäure CO_2, und gebrannter Kalk oder Ätzkalk = Calciumoxyd bleibt zurück.

$$CaCO_3 = CaO + CO_2$$

$$\text{Kohlensaurer Kalk} = \text{Ätzkalk} + \text{Kohlensäure} \qquad (4)$$

$$\text{Molekulargewicht:} \quad 100{,}12 = 56{,}07 + 44{,}05.$$

Aus 100,12 Gewichtstl. kohlensaurem Kalk entstehen demnach 56,07 Tl. Ätzkalk und 44,05 Kohlensäure, unter Berücksichtigung der Internationalen Atomgewichtstafel von 1916. In meinen weiteren Rechnungen werde ich aber mit abgerundeten Zahlen rechnen, wobei aus 100 kg kohlensaurem

Kalk 56 kg Ätzkalk und 44 kg Kohlensäure freiwerden. Die Rechnung mit diesen Zahlen ist angenehmer, und der Fehler von nur 0,12 Proz. ist belanglos gegenüber den anderen Rechnungsarten, die nicht als absolute, unveränderliche Zahlengrößen gelten können.

Kreislauf beim Kalkmörtel.

Kalkstein
$CaCO_2$
↓
Brennofen
↙ ↘
Ätzkalk CaO — CO_2 Kohlensäure geht in die Luft
Wasser H_2O
↘ ↙
Löschen
↓
Kalkhydrat $Ca(OH_2)$ — $x(H_2O)$ Wasserüberschuß
↘ ↙
← Sand
↓
Mörtel
↓
← CO_2 Kohlensäure aus der Luft
↙ ↓
Wasser verdunstet
↓
$CaCO_3$ + Sand = erhärteter Mörtel

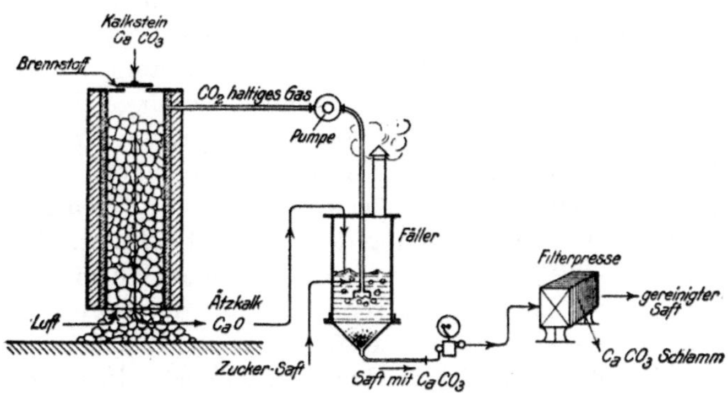

Abb. 13. Kreislauf beim Reinigen des Zuckersaftes.

Fügt man zum Ätzkalk Wasser, so entsteht Kalkhydrat $Ca(OH)_2$ unter Freigabe von Wärme. Nach *Thomson* erfolgt die Wärmetönung nach der Gleichung

$$\underset{\text{fest}}{CaO} + \underset{\text{flüssig}}{H_2O} = \underset{\text{fest}}{Ca(OH)_2} + 15{,}1\ \text{WE}. \quad (5)$$

Pelletier beobachtete schon 1823 im Dunkeln hierbei ein lebhaftes Aufleuchten.

Kalkhydrat, das noch mit überschüssigem Wasser und dem hier chemisch wirkungslosen Sand vermischt wird (der Sand wirkt nur physikalisch), gibt den Kalkmörtel, der durch Aufnahme von Kohlensäure aus der Luft und Verdampfung des Wassers durch Austrocknung wieder in kohlensauren Kalk zurückverwandelt wird. Diesen Kreislauf beim Kalkmörtel und der beim Reinigen des Zuckersaftes (Abb. 13) zeigen die vorstehenden Darstellungen noch klarer.

CaO ist in Säuren leicht löslich.

Große technische Bedeutung hat die Umsetzung von Ätzkalk CaO mit Kohle bei hoher Temperatur (2400 bis 3000°) zu Calciumcarbid CaC_2 gewonnen.

Dies möge vorläufig genügen, auf weiteres wird noch in den verschiedenen Abschnitten eingegangen werden müssen.

10. Die physikalischen Vorgänge beim Kalkbrennen.

Man nennt das Glühen der Kalksteine, um die Kohlensäure auszutreiben und Ätzkalk zu erhalten, „Kalkbrennen“.

Die Bezeichnung „Kalkbrennen“ rührt wohl daher, daß man früher eine falsche Vorstellung von den dabei eintretenden Vorgängen hatte. *J. G. Krünitz* (Enzyklopädie, Berlin 1793, B. „K“, S. 610) schreibt: „Kalk, in der eigentlichen, wenigstens gewöhnlichsten Bedeutung, dasjenige Produkt eines durch Feuer seines brennbaren (!) Wesens beraubten Körpers ...“ Und S. 645, wenn nicht ordentlich mit Holz das Feuer im Gange gehalten wird, „dann würden die Steine bald mehr, bald weniger glühend und brennend (!) seyn“. „Hat das Feuer ein Par Stunden gedauert, so fangen die Kalksteine an, nicht nur zu glühen, sondern auch selbst zu brennen (!).“ Außerdem schreibt er S. 638: „Indessen ist es doch wahrscheinlich, daß während dem Brennen des Kalkes, es mag dies bei Küchen- oder Sonnenfeuer geschehen, sich ein brennbares (!) Wesen oder ein Phlogiston mit dem Kalke verbinde, welches sich unter anderm durch die Hitze bey der Löschung des Kalkes verräth.“

Diesen Vorgang jetzt noch als „Brennen“ zu bezeichnen, ist sprachlich nicht einwandfrei. So wenig man vom Eisenbrennen, Knochenkohlebrennen spricht, sondern vom Eisenglühen, Knochenkohleglühen, sollte man hier vom Kalkglühen sprechen. Unter Brennen versteht man eigentlich die Umwandlung eines Körpers durch Sauerstoffaufnahme unter Entwicklung von Wärme, während hier kein Sauerstoff aufgenommen und Wärme verbraucht wird. Aber in der ganzen keramischen Industrie wird das Glühen der unverbrennbaren Mauersteine, der Schamottesteine, Töpfe, Kacheln, Kalksteine, des Gipses u. dgl. mit Brennen bezeichnet, so daß ich nicht umhin kann, auch diesen Ausdruck weiter zu verwenden.

So einfach das Kalkbrennen ist, so wenig ist man sich bisher klar darüber gewesen, worauf das verschiedenartige Verhalten des Kalkes beim Brennen zurückzuführen ist. Es herrschen noch die widersprechendsten Ansichten, die durch die jetzigen Anschauungen der physikalischen Chemie erst richtiggestellt werden. Man hat die verschiedensten Erfahrungen bunt durcheinander gewirbelt, weil man sich über die Einflüsse nicht klar war, und es kamen ganz merkwürdige Ansichten zutage. So sagt *Paul Dubois* in der „Kalkbrennerzeitung“: „Tritt beim Glühen der Kalksteine keine Luft hinzu und erfolgt das Glühen in geschlossenem Raum, so schmelzen die Kalksteine und erstarren beim Erkalten zu einer krystallischen Masse, die aber, ohne sich im Aussehen zu verändern, kohlensaurer Kalk ist.“ Dies ist richtig, wenn das Glühen in einer Druckbombe erfolgt, so daß die freiwerdende Kohlensäure nicht entweichen kann. Daraus aber weiter zu folgern: „Es empfiehlt sich daher, beim Glühen der Kalksteine stets Luft eintreten zu lassen; dies ist Hauptbedingung“, ist falsch; denn der in der Bombe geglühte kohlensaure Kalk erstarrt nicht wieder zu kohlensaurem Kalk, weil keine Luft hinzutreten kann, sondern weil die beim Glühen freiwerdende Kohlensäure nicht entweichen kann. Läßt man die CO_2 ständig abblasen, so kann man auch in der Bombe ohne Luftzutritt Kalk brennen. Auch wurden früher häufig geschlossene Retorten ohne Luftzutritt, wie sie jetzt noch in den Gasanstalten üblich sind, zum Kalkbrennen verwendet. So beschreibt *Hàrrison Blair-Farnworths* (Dingl. Polyt. Journ. 1860, S. 130) einen Ofen aus Retorten von feuerfestem Ton, 2800 mm lang, 390 mm Durchmesser, beiderseits offen, mit gußeisernen Gasretorten-Mundstücken. Man verwendete diese deshalb, weil man reine Kohlensäure in Zuckerfabriken für notwendig hielt; doch war deren Bereitung zu kostspielig und für die Zuckersaftreinigung unnötig.

Gay-Lussac (Ann. de Chimie et de Physique, Bd. 63, S. 220; siehe Festschrift zur Eröffnungsfeier des Instituts für Zuckerindustrie am 8. Mai 1904 in Berlin, S. 461) brachte Stücke von Marmor in eine Porzellanröhre und erhitzte diese in einem Ofen so stark, daß der Marmor anfing, sich zu zersetzen. Er minderte darauf die Hitze bis zur dunkeln Rotglut, wodurch die Kohlensäureentwicklung aufhörte, die aber sogleich wieder anfing, als Wasserdampf durch die Röhre geleitet wurde. Unterbrach man das Zuleiten des Dampfes, so hörte auch sogleich die Kohlensäureentwicklung auf, die aber wieder anfing, wenn man von neuem Wasserdampf zuleitete. *Gay-Lussac* ist der Meinung, daß der Wasserdampf hierbei nur mechanisch wirke. „Wenn die kohlensaure Kalkerde“, sagt er, „durch die Hitze bis zu dem Punkte gebracht worden ist, wo sie sich zu zersetzen anfängt, so bildet sich um sie eine Atmosphäre von Kohlensäure, welche die freie Entwicklung verhindert. Wenn sich also Kohlensäure noch ferner entwickeln soll, so muß diese den Druck der Atmosphäre überwinden. Man muß dann also entweder eine noch höhere Temperatur anwenden oder die Atmosphäre von Kohlensäure entfernen, entweder durch den luftleeren Raum oder durch Wasserdampf oder durch eine andere Gasart, z. B. atmosphärische Luft.“

In der Tat suchte *Gay-Lussac* diese Ansicht dadurch zu beweisen, daß er atmosphärische Luft auf ähnliche Weise wie früher Wasserdampf über kohlensaure Kalkerde bei einer Temperatur leitete, die etwas niedriger als die war, durch welche jene sich zu zersetzen anfangen mußte. Es fand dadurch eine Kohlensäureentwicklung statt, die aber sogleich aufhörte, als man mit dem Zuleiten der Luft nachließ. Er erklärt also den Einfluß des Wasserdampfes und der Luft als einen rein mechanischen, was *Heinrich Rose* nicht als richtig anerkennt. Er sagt (Festschrift S. 464): „Durch diese Versuche wird es klar, daß der Wasserdampf bei der Entwicklung von Kohlensäure aus starken Basen nicht mechanisch wirkte, sondern daß das Wasser die Kohlensäure aus den Verbindungen austreibt, um sich mit den Basen derselben zu verbinden. Ich will zwar zugeben, daß die mechanische Wirkung des Wasserdampfes unter gewissen Umständen die Zersetzung etwas befördern und die Austreibung ein wenig begünstigen könne, aber es geht aus den beschriebenen Versuchen hervor, daß diese mechanische Wirkung des Wasserdampfes nur eine sehr untergeordnete sein kann.“

Dr. *Alexander Herzfeld* pflichtet dieser Ansicht bei (Festschrift S. 468), „wonach bei höherer Temperatur die chemische Masse des Wassers die Stelle der Kohlensäure zu ersetzen vermag“, und (S. 471) „der günstige Einfluß des Wassers bezüglich der Bildung von Oxyden aus den Carbonaten ist demnach nicht auf das Calciumcarbonat beschränkt, sondern ein allgemeiner, darauf beruhender, daß die Masse des Wassers bei ungefähr 800° die Kohlensäure aus allen ihren Verbindungen auszutreiben vermag.“

Die neuen Ergebnisse der physikalischen Chemie widerlegen die Ansichten und geben den Anschauungen *Gay-Lussac*s vollständig recht. Diese haben ganz einfache Beziehungen feststellen lassen, die beim Kalkbrennen eintreten. Prof. Dr. *Robert Kremann*-Graz sagt in seinem Buche „Anwendung physikalisch-chemischer Theorien“ S. 107: „Die Erscheinungen beim Erhitzen des $CaCO_3$ sind ganz analog wie die Verdampfung des Wassers. Erhitzt man im luftleeren Raum $CaCO_3$ z. B. bei 547°, so bildet sich nur so viel CO_2 und CaO, bis die Konzentration von CO_2 oder der Druck von CO_2 27 mm Hg ist. Pumpen wir nun diese Menge CO_2 aus, dann kann wieder neues $CaCO_2$ zerfallen, aber nur so viel, daß wieder der Kohlensäuredruck 27 mm Hg beträgt. Derselbe Druck stellt sich immer wieder ein, solange noch so viel $CaCO_3$ vorhanden ist, als zur Lieferung von 27 mm Hg eben nötig ist. Umgekehrt würde beim Zusammenbringen von einer genügenden Menge CaO mit CO_2 bei 547° so viel von der CO_2 absorbiert werden, bis deren Druck 27 mm beträgt. Wie für jede Temperatur zu Wasser ein ganz bestimmter Druck gehört und umgekehrt, so gehört auch bei $CaCO_3$ zu jedem Druck eine ganz bestimmte Temperatur.“

Kremann benutzt die von *H. le Chatelier* gefundenen Dampfspannungen der Kohlensäure über kohlensauren Kalk bei den verschiedenen Temperaturen und trägt diese Zahlen zeichnerisch in einem Liniensystem auf, so daß die bekannten Dampfdruckkurven entstehen, die denen des Wasserdampfes ähnlich sind. Er sagt dann (S. 109): „Das Brennen des Kalkes müßte also nicht unter 812° erfolgen, da erst bei dieser Temperatur der Druck des Kohlendioxyds den äußeren Atmosphärendruck erreicht und das Entweichen des Gases genügend rasch vonstatten ginge; nur kostete diese hohe Temperatur zu viel (?). Man kann auch bei niederer Temperatur zweckmäßig brennen, indem wir einen indifferenten Gasstrom, etwa Luft, über das Brenngut leiten. Der indifferente Gasstrom wirkt gewissermaßen wie ein Vakuum, und es wird sich über dem Brenngut der, der betreffenden Temperatur entsprechende CO_2-Druck einstellen als Partialdruck in dem gesamten Gas; bei einer Temperatur von 625°, also ein Teildruck von 56 mm Hg an Kohlensäure. Wird nun diese, dem Druck entsprechende CO_2-Menge fortgeführt, so wird das Gleichgewicht gestört, eine neue Menge $CaCO_3$ gibt CO_2 ab, unter Bildung von CaO, welcher Vorgang sich so lange wiederholt, bis die gesamte Menge $CaCO_3$ umgesetzt ist.“ Es stellt dies eine nähere Erklärung der oben angeführten *Gay-Lussac*schen Ansicht dar. Es besteht Gleichgewicht bei der Calciumcarbonatzersetzung

$$CaCO_3 \leftrightarrows CaO + CO_2, \tag{6}$$

indem sie sich als ein umkehrbarer Vorgang darstellt. Da umkehrbare Vorgänge aber niemals vollständig verlaufen, so führt die Calciumcarbonatzersetzung oder -rückbildung zu einem Gleichgewichtszustand zwischen allen drei hierbei auftretenden Stoffen. Dabei hängt dieser Gleichgewichtszustand vom Druck und der Temperatur ab. Vom Druck deshalb, weil sich die Rauminhalte bei den Gegenwirkungen ändern. Von der Temperatur deshalb, weil bei der Zersetzung Wärme verbraucht und bei der Rückbildung Wärme frei wird; denn bekanntlich gilt allgemein der Satz: Durch Erhöhung der Temperatur wird das Gleichgewicht in der Richtung verschoben, wo Wärme verbraucht wird. Für die Wärmetönung gilt die thermochemische Gleichung:

$$CaCO_3 + 425{,}2\ \text{WE} = CaO + CO_2, \tag{7}$$

d. h. zur Zersetzung eines Kilogrammoleküls $CaCO_3$ sind 425,2 Wärmeeinheiten zuzuführen (nach *Thomson*), so daß also mit zunehmender Temperatur nach obigem die CaO-Bildung zunehmen muß.

Die CaO-Moleküle sind vor und nach dem Brennen fest, also unverändert. Die im $CaCO_3$ feste CO_2 ist dagegen in den gasförmigen Zustand übergegangen. Deren Verdampfung hat somit den Wärmeaufwand beansprucht.

Da $CaCO_3$ ein Molekulargewicht von etwa 100 besitzt, so sind für 1 kg $CaCO_3$

$$\frac{425{,}2}{100} \cdot 100 = 425{,}2\ \text{WE} \tag{8}$$

notwendig, also zufällig dieselbe Menge wie für 1 kg Molekül.

Mit diesem Einfluß der Temperaturzunahme steht in scheinbarem Widerspruch, daß bei niedriger Temperatur der kohlensaure Kalk als außerordentlich beständig erscheint, denn eigentlich müßte sich doch nach der Gleichgewichtsformel 6,

$$CaCO_3 \leftrightarrows CaO + CO_2$$

auch bei gewöhnlicher Außentemperatur im Kalkstein neben dem kohlensauren Kalk auch Calciumoxyd und Kohlensäure befinden, wenn auch in äußerst geringen Mengen, und wenn man die CO_2 immer entfernt, müßte man bei gewöhnlicher Außentemperatur Kalksteine in Calciumoxyd umwandeln, also brennen können. Da die allgemeine Beobachtung dies nicht bestätigt, so müssen Ursachen vorhanden sein, die diesen Vorgang verdecken. Nach der Dampfdruckkurve beträgt die Dampfspannung der gesättigten Kohlensäure über Kalkstein bei 547° nur 27 mm Hg, d. h., daß aus dem Kalkstein bei dieser Temperatur nur so lange CO_2 entweichen kann, bis die umgebende Luft mit CO_2 gesättigt, also in ihr einen Teildruck von 27 mm Hg verursacht. Bei einem Barometerstand von 760 mm entspricht dies

$$\frac{27}{760} \cdot 100 = 3{,}5 \text{ Raumproz. Kohlensäure.}$$

Nimmt man die Abnahme des Dampfdruckes der Kohlensäure gleichmäßig an, so würde man bei einer Temperatur von 20° auf einen kaum meßbaren kleinen Dampfdruck kommen, der sich nahe bei Null bewegt. Die Luft würde sich durch Abdampfung von CO_2 aus dem Kalkstein mit den entsprechenden Raumprozenten Kohlensäure sättigen. Da die atmosphärische Luft im Mittel etwa 0,03 Raum-Proz. CO_2 enthält, so erscheint mir dies die Menge, mit der die Luft gesättigt ist über dem Kalkstein, der in riesigen Gebirgen über die ganze Erde verbreitet ist, bei den mittleren Außentemperaturen. Vielleicht herrscht der Gleichgewichtszustand auch erst bei den von der Sonne stark bestrahlten Bergspitzen unter der Wirkung des dort herrschenden geringeren Luftdruckes. Die Pflanzen nehmen aus der Luft CO_2 auf, der Kohlensäuregehalt würde vermindert, wenn nicht immer wieder neue Kohlensäure aus den Kalksteinen verdampfen würde. Natürlich wird dieser Verbrauch der Pflanzen von CO_2 auch durch andere Quellen ersetzt, wie z. B. durch die Feuerungen, aber diese scheinen gering im Verhältnis zu dem reichen Pflanzenwuchs. Dies gibt auch eine Erklärung für den riesigen Pflanzenwuchs früherer Erdperioden. Als die Erdtemperatur noch höher war, wurde, entsprechend dieser damit verbundenen Dampfspannung der Kohlensäure, aus den Kalksteinlagern mehr Kohlensäure verdampft, die atmosphärische Luft war reicher an Kohlensäure. Dadurch und natürlich auch durch die schon an und für sich auf den Pflanzenwuchs beschleunigend wirkende höhere Temperatur stärkerer Sonnenbestrahlung zeigte sich damals ein üppiger Pflanzenwuchs. Versuche in Gewächshäusern haben auch gezeigt, daß durch Zuführung von Kohlensäure der Wuchs der Pflanzen beträchtlich zunahm, daß also die Pflanzen sich noch nicht ganz für das jetzige Klima umgewandelt haben und noch einen Aufbau, eine alte Erinnerung, eine Einrichtung besitzen, die ihnen den größeren Kohlensäurereichtum auszunutzen gestattet (s. a. Abschnitt 93).

Prof. *Alexander Herzfeld* hat eingehende Brennversuche mit dem Kalk angestellt und diese lehrreichen Ergebnisse in der genannten Festschrift zusammenhängend veröffentlicht.

Ich will nun versuchen, ob sich diese *Herzfeld*schen Versuche mit der Verdampfungstheorie erklären lassen.

Zu den ersten Versuchen wurde ein Muffelofen mit Gasfeuerung verwendet (Festschrift S. 453). Erbsengroße Stücke von Marmor verloren im Platintiegel bei 900° nur wenig an Gewicht, entsprechend der Bildung von 0,15 CaO. Bei 1040° gingen in der ersten Viertelstunde 28,69 Proz., in einer halben Stunde 39,42 Proz. Kohlensäure fort.

Nach der Dampfdruckbestimmung *H. le Chateliers* müßte der Marmor bei einem Barometerstand von 760 mm schon bei 812° Kohlensäure verlieren. Den Unterschied erklärt *le Chatelier* mit der Langsamkeit, mit welcher sich bei den Trennungserscheinungen (Dissoziation) das Spannungsgleichgewicht einstellt. Es wäre möglich, durch schnelles Erhitzen die normale Zersetzungstemperatur zu überschreiten. Dies ist nur bedingt richtig dann, wenn die Wärmezufuhr größer ist als der Verbrauch, worauf ich noch eingehe. Vielmehr scheinen hier Meßfehler vorzuliegen, die mit der Art der Versuchsanstellung zusammenhängen dürften. So stellte *Paul Pott* in seiner Studie über die Dissoziation von Calcium-, Strontium- und Bariumcarbonat (Inauguraldissertation, Freiburg i. Br. 1905) bedeutend höher liegende Verdampfungstemperaturen fest. Ich habe dessen Werte in Abb. 14 ebenfalls dargestellt. Nach *Pott* beginnt die Zersetzung bei atmosphärischem Druck erst bei ungefähr 900°.

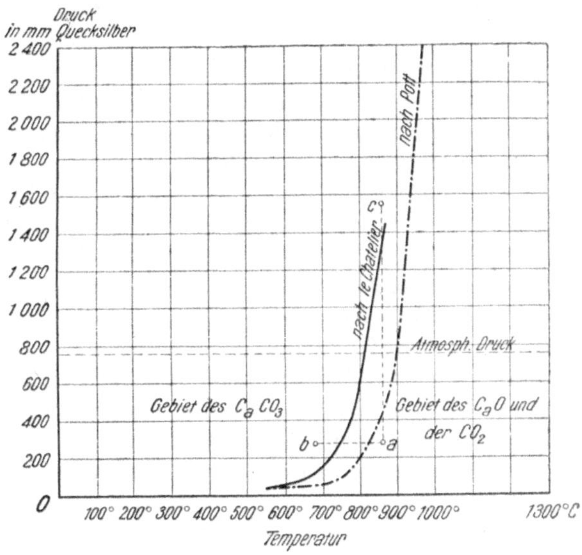

Abb. 14. Dampfdrucklinien für Kohlensäure.

J. Johnston (Journ. of Amer. chem. Soc. 32, 1901, S. 938) fand folgende Werte nach der Zahlenreihe III.

Zahlenreihe III.

Temperatur	Dampfspannung von Kohlensaure des $CaCO_3$
500° C	0,11 mm Hg
600° „	2,35 „ „
700° „	35,3 „ „
800° „	168 „ „
900° „	773 „ „ = 1,01 Atm
950° „	1490 „ „ = 1,96 „
1000° „	2710 „ „ = 3,83 „

Nach *Zavrieff* (Chem. Kalender 1917, B. 2, S. 288) wird der Druck von 760 mm erst bei 910° erreicht.

Sind die 900° erreicht, müßte nach der Verdampfungstheorie schnellstens alle CO_2 verdampfen, wenn ich nur die für die Verdampfung notwendige Wärme zuführe; dabei stellte aber z. B. *Herzfeld* (Festschrift S. 453) fest, daß bei 900° nur wenig Kohlensäure verlorengehe.

Woran liegt das?

Pott (S. 73) hält es für wahrscheinlich, daß der von *Brunner* (Zeitschr. f. physik. Chem. 1904, Bd. 47, S. 56) bewiesene Zusammenhang zwischen Reaktionsgeschwindigkeit und Diffusionsgeschwindigkeit in die, die feste Phase umgebende Schicht auch hier besteht. Er errechnet danach Werte, die nur scheinbar diese Ansicht unterstützen. *Pott* stellt nach seiner Berechnung eine Reaktionsbeschleunigung um das Fünffache fest, für eine Temperaturzunahme von 100°, während aus den *Herzfeld*schen Versuchen, die mit den Ergebnissen der Praxis gut übereinstimmen, sich eine dreißigfache Beschleunigung ergibt. *Pott* meint, daß die Reaktionsgeschwindigkeit (Verdampfungsgeschwindigkeit) außerordentlich von der Herstellung des Carbonats abhängt, ohne daß er die Gründe nennt. Meiner Meinung nach erklären sich die Unterschiede aus der Art der Wärmezufuhr und der Wärmeaufnahmefähigkeit. Je nach der Herstellungsart des Carbonats, je nach dem Ursprung des Kalksteins ist sein Wärmeleitungsvermögen verschieden und somit seine Wärmeaufnahmefähigkeit. Kalkstein hat das Wärmeleitungsvermögen von $\lambda = 1{,}7$ bis 2,08, dagegen ist z. B. bei Kreidepulver (welches ähnlich dem gefällten Carbonat sein dürfte) $\lambda = 0{,}09$. Je geringer die Wärmeleitungsfähigkeit ist, um so langsamer wird die Wärme aufgenommen, um so weniger steht für die Verdampfung zur Verfügung, je weniger CO_2 wird also frei.

Ich werde an Hand der einfachen Wärmeberechnung nachweisen, daß man die *Pott*schen weitgehenden Erklärungen nicht benötigt, sondern mit der gewöhnlichen, bei der Wasserverdampfung üblichen Berechnung auskommt, auch für die Kohlensäureverdampfung aus dem kohlensauren Kalk, für das Kalkbrennen. Dann werden die verschiedenen Einflüsse klar erkennbar, das Kalkbrennen ist der Berechnung mit einem Schlage zugänglich, und man ist nicht mehr wie bisher allein von praktischen Erfahrungen abhängig. Man steht nicht Änderungen und Zwischenfällen ratlos gegenüber, man weiß, welchen Einfluß andere Arbeitsweisen, größere oder kleinere Kalksteine, höhere oder niedrigere Brenntemperaturen u. dgl. ausüben.

Hier seien auch die Versuche von *H. E. Boeke* (Sprechsaal „Archiv" Bd. 1, S. 36, 1912) erwähnt, der kohlensauren Kalk zum Schmelzen brachte. Nach vorstehender Erkenntnis müßte dies als möglich erscheinen, wenn man nur das Entweichen der Kohlensäure durch entsprechenden Gegendruck verhindert. Es gelang ihm dies bei einem Druck von 110 Atm, und der kohlensaure Kalk schmolz dann bei 1289°, indem er in den flüssigen Zustand überging. Würde man den Druck ablassen, dann würde die Kohlensäure verdampfen, der Kalk würde fest, und zurück bliebe der sehr schwer schmelzbare Ätzkalk, wie ich dies schon eingangs erwähnte.

Erwähnen möchte ich das *Drummon*sche Kalklicht, bei dem durch Erhitzen von Ätzkalk in der Knallgasflamme hellweises Licht erzeugt wird (s. *O. N. Witt*, Chem.-Ztg. 1914, S. 261).

Moissan (C. r. 115, S. 1034, 1892) versuchte in einem Lichtbogen von 70 Volt und 350 Ampere Calciumoxyd zu schmelzen. Der Schmelzfluß erstarrt krystallinisch, bei 110 Volt und 1200 Ampere ist der CaO flüssig.

11. Das Kalkbrennen im Kohlensäurestrom.

Im Abschnitt 10 habe ich einige allgemeine, beim Kalkbrennen eintretende Vorgänge klargelegt, während ich jetzt auf den Sonderfall — des Kalkbrennens im Kohlensäurestrom — eingehen will. Es scheint mir dies nützlich, weil beim Brennen im Ofen der Ätzkalk in gewissen Zonen mit der Kohlensäure in Berührung ist und diese Verhältnisse noch einiger Klärung bedürfen.

Herzfeld sagt (Festschrift zur Eröffnungsfeier des Inst. f. Zuckerindustrie S. 454): „Es zeigt sich, daß bei 800° einerseits kohlensaurer Kalk im Kohlensäurestrom unter Atmosphärendruck, durchaus nicht zersetzt wird, und daß anderseits Ätzkalk bei derselben Temperatur vollständig in kohlensauren Kalk zurückverwandelt wurde. Auch gelöschter Kalk wurde bei den Versuchen verwendet, er wurde dabei unter Annahme einer bedeutend festeren Struktur in Carbonat verwandelt. Zu den Versuchen hatten wir das Kalkhydrat zuvor mit der hydraulischen Presse zu festen Stücken gepreßt."

„Für die folgenden Versuche benutzten wir eine Porzellanretorte, welche in dem eingangs erwähnten Muffelofen erhitzt wurde. Außer der Substanz (Marmorstücke) brachten wir die *Prinsep*schen Pyrometer für 850, 900 und 950° in die Retorte. Als Verschluß des weit aus dem Muffelofen ragenden Halses diente ein doppelt durchbohrter Gummistopfen, durch dessen eine Öffnung ein enges Porzellanrohr zum Einleiten der Kohlensäure in den Innenraum der Retorte geführt war, während durch die zweite Öffnung das Rohr für die abziehenden Gase gelegt wurde. Dasselbe endete in ein mit Kalkwasser gefülltes Gefäß.

Bei 900° C wurde in diesem Apparat der Marmor im Kohlensäurestrome nicht zersetzt, bei 1030° C erwies er sich als völlig gebrannt, nachdem eine Stunde Kohlensäure durch den Apparat gegangen war."

Dies war nach den neuen Anschauungen zu erwarten. Die Kohlensäure ist wie die atmosphärische Luft in diesem Falle ein träges Gas. Kohlensaurer Kalk wird deshalb seine Kohlensäure bei atmosphärischem Luftdruck bei derselben Temperatur verlieren, ob dieser Druck durch reine atmosphärische Luft oder Kohlensäure erzeugt wird. Sowie die Dampfspannung der CO_2 im kohlensauren Kalk größer ist als die der auf ihm lagernden CO_2, wird Kohlensäure verdampfen und die umgebende CO_2 zurückdrängen.

Im Kohlensäurestrom wird bei Temperaturen unter 812 bis 900° keine Verdampfung der CO_2 aus dem $CaCO_3$ erfolgen können, weil dessen CO_2 einen geringeren Teildruck besitzt. Im kohlensäurefreien Luftstrom besitzt dagegen die Kohlensäure des Kalksteines z. B. bei 700° einen Eigendruck von etwa 35 mm Hg, als Teildruck von 760 mm Hg des auf dem Stein lastenden atmosphärischen Druckes. Entsprechend dieses als Überdruck auftretenden Teildruckes wird der Kalkstein so lange entsäuert, bis der Teildruck der verdampften Kohlensäure sich im Gleichgewicht mit der in der Luft enthaltenen befindet.

Befindet sich andererseits Ätzkalk in einer Kohlensäureatmosphäre, und wird er unter die dem Druck entsprechende Temperatur abgekühlt, so wird auf diesem sich CO_2 verdichten (kondensieren) und den Ätzkalk in kohlensauren Kalk zurückverwandeln. (Genau wie Wasserdampf von atmosphärischer Spannung unter seine Verdampfungstemperatur von 100° abgekühlt werden muß, um vollständig zu verflüssigen und in Wasser zurückverwandelt zu werden.) Steht die Kohlensäureatmosphäre unter einem Druck von 760 mm Hg, so muß man den Ätzkalk unter 900 bis 812° abkühlen und aller CaO wird in $CaCO_3$ zurückverwandelt.

Die Schnelligkeit der Aufnahme und der Wiederverdampfung der Kohlensäure läßt die Abb. 15 (*R. Nacken*) erkennen. Die Zickzacklinie zeigt, wie bei der Einwirkung der Kohlensäure auf gebrannten Kalk durch die freiwerdende oder verbrauchte Wärmemenge die Temperatur steigt und sinkt, wenn Druckentlastung oder Drucksteigerung erfolgt.

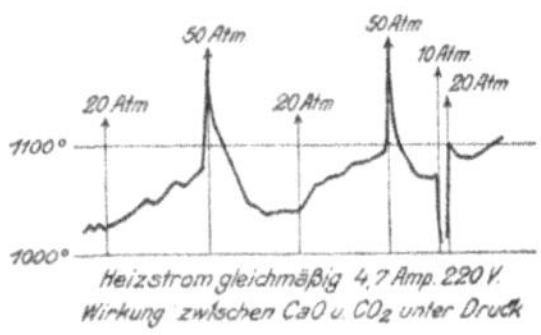

Abb. 15. Schnelligkeit der Aufnahme und der Wiederverdampfung der Kohlensäure.

Von *Pierre Jolibois* und *Bouvier* wurde die Umkehrbarkeit der Beeinflussung $CaCO_3 \leftrightarrows CaO + CO_2$ untersucht (C. r. d. l'Acad. des sciences Bd. 172, S. 1182). Obwohl sich CaO unter beträchtlicher Wärmeentwicklung mit CO_2 verbindet, erfolgt die Wiedervereinigung der durch Spaltung des $CaCO_3$ entstandenen beiden Oxyde niemals vollständig. Dies wurde an größeren Stücken und am Pulver vom isländischen Doppelspat, an gefälltem $CaCO_3$ und am Marmor nachgewiesen. Am vollkommensten ist die Umkehrbarkeit beim isländischen Doppelspat, vermutlich deshalb, weil sich hier in höherer Temperatur keine festen Lösungen von $CaCO_3$ und CaO bilden können, da CO_2 ausschließlich aus der Oberfläche der Doppelspatstücke entweicht; diese besteht daher aus reinem CaO, welches CO_2 begierig aufnimmt. Wird gefälltes $CaCO_3$ bei Gegenwart von CaO erhitzt, so ist die Umkehrbarkeit nahezu vollkommen.

Daraus „die Wichtigkeit eines schnellen Abzuges der Kohlensäure aus dem Kalkofen zu folgern", um zu vermeiden, daß der abkühlende Ätzkalk alsbald in Carbonat zurückverwandelt wird, trifft nicht das Richtige. Als ich vor Jahren zum erstenmal einen Kalkofen in Betrieb setzen sollte, wurde ich durch diese Vorschrift in einen Abgrund der widersprechendsten Gefühle geschleudert. Hier sollte ich möglichst schnell die Kohlensäure abziehen, um die Wiedervereinigung dieser mit dem gebrannten Kalk zu vermeiden, dort möglichst langsames Abziehen, um nicht zu schnell den Koks zu verbrennen und um dünne Saturationsgase zu vermeiden. — Was war hier zu tun? — Nichts, um ersterer Vorschrift zu entsprechen. Niemand wird beim Betriebe eines Mischfeuer- oder Gasofens nur deshalb für beschleunigte Kohlensäureabsaugung sorgen, weil er sonst eine Rückbildung des Ätzkalkes zu erwarten hätte. Man wird ohne jede Rücksicht auf diese Rückbildungsmöglichkeit den Gasabzug so einstellen, daß die Gase mit dem gewünschten, möglichst hohen Kohlensäuregehalt abziehen und dabei für die Brennstoffe genügend Zug erzeugt wird. Eine Verdichtung der Kohlensäure auf dem Ätzkalk ist im Kalkofen unter gewöhnlichen Verhältnissen überhaupt nicht möglich, was die nachstehende Betrachtung zeigen soll. In der untenstehenden Abb. 16 habe ich die Temperaturen eingetragen, die ungefähr im belgischen Kalkofen herrschen. Wir werden noch später sehen, daß an jeder Stelle im Ofen zwei verschiedene Temperaturen vorherrschen; die der Steine und die der Gase. Ungefähr in der Mitte des Ofens herrscht eine Gastemperatur von 1000 bis 1200°, die reichlich genügt, um die Kalksteine durchzubrennen. Diese Temperatur wird durch den beigemischten Koks erzeugt. Die Heizgase bewegen sich nach oben und geben ihre Wärme an die kälteren Kalksteine ab, wobei die Temperatur der Füllung in entsprechender Höhe bis auf 700° gestiegen ist. Da die Entzündungstemperatur des Kokses bei 700° liegt, so wird er sich an dieser Stelle entzünden, und die Verbrennung beginnt. Etwas weiter unten, zwischen 850 und 900°, wird die Austreibung der CO_2 aus dem Kalkstein beginnen. Die ausgetriebene Kohlensäure und die Verbrennungsgase geben beim Aufsteigen also ihre Wärme an die sich nach unten bewegende Ofenfüllung ab, dadurch diese vorwärmend, so daß die Gase den Ofen mit niedriger Temperatur verlassen. In der Mitte des Ofens wird die größte Menge des Kokses verbrannt sein, wodurch die Temperatur von 1200° erzeugt wird, und die sich weiter nach unten bewegende Füllung kühlt sich durch die aufsteigende Verbrennungsluft ab, diese vorwärmend. Bei einem guten Ofen mit zweckmäßiger Kokszugabe ist der letzte Koksrest schon bei ungefähr 900° verbrannt, und es ist nur noch gebrannter Kalk vorhanden. Verbrennungsgase mit Kohlensäure sind nicht mehr vorhanden, der Ätzkalk kann also von den Verbrennungsgasen keine CO_2 aufnehmen. Auch von der aus ihm austretenden CO_2 kann er keine aufnehmen, denn solange noch CO_2 ausgetrieben wird (verdampft), kann er selbstverständlich keine aufnehmen (kondensieren). Die Wiederaufnahme der

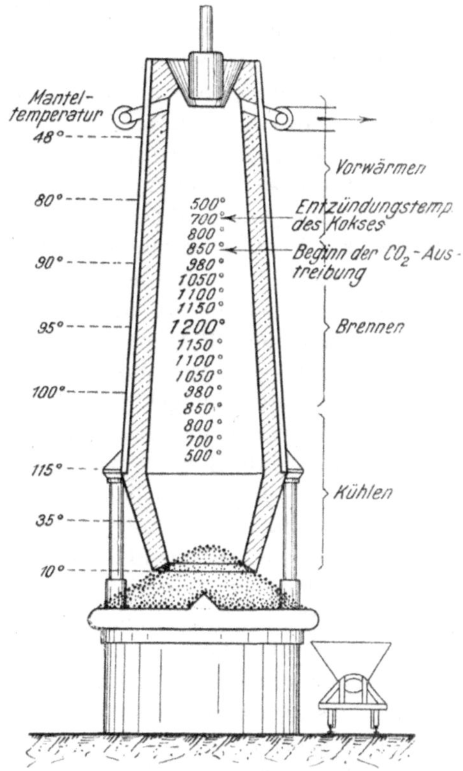

Abb. 16. Innen- und Manteltemperaturen eines Kalkofens.

CO_2 kann doch erst bei solchen Temperaturen erfolgen, bei denen eine Verdampfung der CO_2 nicht mehr erfolgt. Die eigentliche Verdampfung der CO_2 beginnt bzw. hört auf nach den Dampfspannungskurven Abb. 14 (S. 35) bei 900 bis 812°. Aber die frische aus der Atmosphäre stammende Verbrennungsluft, die an dem heißen Ätzkalk vorbeistreicht, ist mit Kohlensäure nicht gesättigt. Sie wirkt also als träges Gas und will sich mit CO_2 sättigen, indem sie noch vorhandene CO_2 aus dem Kalkstein aufnimmt. So erfolgt die Austreibung der CO_2 auch noch bei 600° und weniger, solange noch ein nennenswerter Dampfspannungsunterschied der CO_2 vorhanden ist. Also bei Temperaturen, die weit unter dem Entzündungspunkt des Kokses liegen. Bis sich der Kalk soweit abgekühlt hat, muß aller Koks längst verbrannt sein. Wäre es nicht der Fall, so würde dieser Koks nicht mehr verbrennen können und unverbrannt sich noch im Ätzkalk vorfinden. Er ist wieder auf seine Entzündungstemperatur abgekühlt, die bei frischem Koks bei ca. 700° liegt (reiner fester Kohlenstoff entzündet sich bei 800°) und bei längere Zeit glühend erhaltenem Koks noch höher steigt, weil die leichter brennenden Stoffe immer mehr entweichen und die unverbrennbare Asche überwiegt. Die Befürchtung, bei ungeregeltem Betrieb, wenn also glühende Koksstücke bis in die Abkühlungszone gelangen und dort weiter verbrennen, also Kohlensäure bilden, könne sich diese neugebildete Kohlensäure mit dem abgekühlten Kalk verbinden, also den Erfolg des Brennens beeinträchtigen (s. *Claassen*, Die Zuckerfabrikation 1918, S. 288) ist grundlos. Wie noch später gezeigt wird (S. 107), strahlt der Koks so schnell seine Wärme an den umliegenden kälteren Ätzkalk aus, einen fast vollständigen Temperaturausgleich veranlassend, daß eine schädliche Kohlensäurebildung durch Verbrennung in der Abkühlungszone nicht möglich ist. Man sieht daraus, daß eine CO_2-Aufnahme nicht gegeben ist, und auch wie diese Eigenschaften den Koks für die Zumischung zum Kalk im Kalkofen besonders geeignet machen. Steinkohle, Braunkohle, überhaupt kein anderes Brennmaterial hat diese gut mit dem Arbeitsgang des Mischfeuer-Kalkofens übereinstimmenden Eigenschaften. Auf diese Vorgänge komme ich noch eingehend zurück.

Victor Jean Pontet-Marseille (D. R. P. 197 790 Kl. 80c) will die Wiederaufnahme der CO_2 im Ofen benutzen, indem er erst den Kalk längere Zeit einer Brenntemperatur von 1000° aussetzt, um ihn zunächst von Kohlensäure vollständig zu befreien und dann bei einer Temperatur von unter 800° C durch die Abgase wieder teilweise mit Kohlensäure sättigt zwecks Erzeugung hydraulischer Zemente. Er läßt deshalb die Verbrennungsluft oben eintreten und zieht unten die Gase ab. Beide gehen im Gleichstrom durch den Ofen

$$\text{Kalk} \downarrow \downarrow \text{Gase.}$$

Er will dadurch die teilweise Rücknahme der CO_2 erzielen, aber er wird den Ätzkalk nicht kühlen und die bei der Wiederaufnahme der CO_2 freiwerdende Wärme ableiten können. Auch wird er mit schlechter Wärmeausnutzung arbeiten. Wenn diese Idee an und für sich für die chemische Industrie nicht von Bedeutung ist, so wollte ich sie bei dieser Gelegenheit doch mit anführen, um zu zeigen, wie Erfindungen in die Welt gehen, die schon aus rein physikalischen Gründen nicht wirtschaftlich verwirklicht werden können.

Eingangs habe ich schon auf die bekannte Erscheinung hingewiesen, daß Ätzkalk in der Kohlensäureatmosphäre in kohlensauren Kalk zurückverwandelt wird. Dem widersprechen scheinbar die Feststellungen *Wolters*-Braunschweig (Dingl. Pol. Journ. 1870, Bd. 196, S. 346): „Trockener Kalk (CaO) noch trocknes Kalkhydrat nehmen trockene CO_2 nicht auf. Beim Durchleiten von CO_2 eine Stunde lang, erfolgte wohl eine Gewichtszunahme, die aber 1 Proz. nicht überstieg, also äußerst gering war.“ Wenn vollständige Ähnlichkeit mit der Verflüssigung des Wasserdampfes bestände, dann müßte doch bei niedrigeren Temperaturen die Rückbildung des kohlensauren Kalkes mit großer Geschwindigkeit erfolgen. Aber in dieser Beziehung herrscht keine vollständige Ähnlichkeit, denn man kann Wasserdampf nicht unter seinem Verflüssigungspunkt in Gegenwart von Wasser abkühlen, wohl aber Kohlensäure in Gegenwart von Ätzkalk. Es ist dies damit zu erklären, daß die Moleküle durch die Unterkühlung in ihrer Bewegungsenergie so träge werden, daß auch die Verbindung zu kohlensaurem Kalk nur träge erfolgt. Sie erfolgt, aber nur langsam. Hier herrscht Ähnlichkeit mit der Bildung von Stickoxyd nach der Gleichung

$$N_2 + O_2 \rightleftarrows 2\,NO, \qquad (9)$$

welche man zur Erzeugung von Luftstickstoff benutzt. Man leitet bekanntlich atmosphärische Luft mit ihrem Stickstoff- und Sauerstoffgehalt durch einen elektrischen Lichtbogen, wodurch bei dieser hohen Temperatur Stickoxyd entsteht; sowie aber dies Stickoxyd aus der hohen Temperatur des elektrischen Flammenbogens in kältere Zonen eintritt, findet wieder eine Trennung statt. Man muß deshalb das gebildete Stickoxyd sehr schnell abkühlen, um die Rückbildung zu verringern, um es sozusagen einzufrieren. *Nernst* hat gefunden, daß zum Zersetzen von Stickoxyd bei Atmosphärendruck auf die Hälfte bei

627°	notwendig	sind	123 Stunden
827°	„	„	10 „
1027°	„	„	44 Minuten
1627°	„	„	1 Sekunde
2027°	„	„	0,005 Sekunde.

Und es erklärt sich aus diesen Zeiten, daß das Stickoxyd bei Lufttemperatur so außerordentlich beständig ist, denn hierbei würden an 20 Jahre notwendig sein zur Zersetzung auf die Hälfte.

Auch die Moleküle des Ätzkalkes verringern ihre Bewegungsenergie mit abnehmender Temperatur, man kann sagen, sie erstarren, und die Wiedervereinigung des eingefrorenen Ätzkalkes mit der Kohlensäure erfolgt nur äußerst langsam. Und dann auch nur an der Oberfläche, denn nicht nur die gefesselte Energie kann nur unvollkommen wirken, sondern auch die geänderte Form hindert das CO_2-Molekül an der Erlangung seiner alten Lage. Der Weg dazu ist versperrt. Im heißen Kalkstein, beim Brennen, war die Bewegung der einzelnen Moleküle außerordentlich lebhaft, ihr Zusammenhalt gelockert und die flüchtige Kohlensäure konnte entweichen, das immerhin noch festere CaO-Molekül zurücklassend. Dessen Zusammenhang ist aber immerhin gelockert, das verbleibende Skelett ist klapprig, so daß die molekulare Anziehungskraft und die Abkühlung eine Annäherung der CaO-Moleküle und damit auch eine Verengung der freien, von den CO_2-Molekülen vorher verlassenen Räumen bewirkt. Erfahrungsgemäß schwindet der Kalk beim Brennen um 10 bis 20 Proz. Die Lagerstellen, die Einschlupfkanäle für die Kohlensäure sind um 10 bis 20 Proz. zu klein geworden. Das CO_2-Molekül bleibt außen an der Oberfläche des Ätzkalkstückes hängen, und kann nicht in das Innere eindringen; kann nicht den Ätzkalk in kohlensauren Kalk zurückverwandeln. Erst wenn Wasser hinzutritt, welches durch die Capillarität die Hohlräume erweitert und lockert, dann wird mit dem Verschwinden des Wassers die Kohlensäure wieder eintreten.

Wäre mit dem Kalkbrennen nicht diese körperliche Formänderung verknüpft, die die sofortige Vereinigung der CaO- und CO_2-Moleküle verhindert, dann würde die Dampfdrucklinie nach Abb. 14 die beiden Phasen scharf trennen. Links würde nur kohlensaurer Kalk, rechts nur Ätzkalk bzw. Kohlensäure bestehen können, wenn beide im äquivalenten Verhältnis vorhanden sind. Störe ich z. B. das Gleichgewicht durch Temperaturerniedrigung, durch Verschiebung von a nach b, dann verschwinden CaO und CO_2, und nur $CaCO_3$ ist beständig. Oder störe ich das Gleichgewicht durch Druckerhöhung von a nach c, dann würden auch CaO und CO_2 unbeständig und in den auf diesem Gebiet beständigen $CaCO_3$ verwandelt.

12. Der Einfluß des Wassers, des Wasserdampfes und der Gase auf das Kalkbrennen.

Es ist eine alte Erfahrung, daß grubenfeuchte, nasse Kalksteine sich leichter brennen lassen. Man nimmt dabei meistens an, daß der Wasserdampf bei seiner Bildung im Kalkstein nicht schnell genug entweichen kann und so mechanisch die Stücke zersprengt, so daß sie leichter durchgebrannt werden können. 1 kg Wasser nimmt bei seiner Umwandlung in Dampf an atmosphärischer Spannung einen Raum von 1670 l ein. Bei einer Temperatur von 1000°, die der Kalkstein in der Brennzone besitzt, wird sich der aus ihm entweichende Dampf auch auf diese Temperatur erhitzen. Sein Raum nimmt ungefähr gleichlaufend mit der absoluten Temperatur zu, also auf:

$$1670 \cdot \frac{1000 + 273}{100 + 273} = 1670 \cdot \frac{1273}{373} = 5699\,\mathrm{l}.$$

Es ist wohl klar, daß diese 5699fache Vergrößerung des ursprünglichen Wasserraumes ein Zersprengen bzw. Abreißen der schon außen gebrannten Steinschichten verursachen kann, wenn man berücksichtigt, daß Kalksteine nennenswerte Wassermengen enthalten können. Man findet bei frischem Bruchkalk nie unter 3 Proz. Wassergehalt, der bei Wiesenkalk bis auf 36 Proz. steigt. An und für sich ist dieses Zerbersten, Zerbröckeln eine unerwünschte Erscheinung. Die Zwischenräume im Kalkofen werden verengt und verstopft, der Zug erschwert. Im Mischofen, mit reichlicher Vorwärmezone, wird der Kalkstein nur langsam erwärmt, langsam wird das Wasser verdampft, ohne zerstörende Wirkung ausüben zu können.

Im Ringofen ist das Abbröckeln der feuchten Steine sehr nachteilig, weil die niederrieselnden Stücke den Zug unten, über der Sohle, hindern und ungleiches Brennen bewirken. Man sorgt für langsames Erwärmen der Steine durch längeres „Schmauchfeuer". — Diese Nachteile der grubenfeuchten Kalksteine sind schon seit altersher bekannt. *J. G. Krünitz* (Ök.-technol. Encyklopädie, Berlin 1793, Bd. K, S. 640) schreibt: „Es ist dienlich, daß die Steine woraus man Kalk brennen will, einige Jahre an der Luft liegen, teils, damit die Feuchtigkeit, welche der Verbindung der Bestandteile hinderlich seyn kann, ausdunste, teils auch, damit sie aus der Luft einige flüchtige Salze (?) annehmen, welche sich gern mit den festen Salzen vereinigen, und die Festigkeit (!) vermehren."

Aber man hat auch festgestellt, daß die Kohlensäure in Gegenwart von Wasserdampf leichter ausgetrieben wird, so daß auch der sich aus den feuchten Steinen entwickelnde Wasserdampf noch in anderer Weise das Brennen erleichtern muß. Daß dabei mit einer chemischen Wirkung des Wassers nicht zu rechnen ist, sondern nur mit einer physikalischen, habe ich schon S. 31 ausgeführt.

Ich will an dieser Stelle noch näher auf die Vorgänge der CO_2-Austreibung bei niedriger Temperatur eingehen. Dabei erst an ähnliche Vorgänge bei der Wasserverdampfung und -verdunstung erinnern. Solange Wasser bei atmosphärischem Luftdruck eine Temperatur unter 100° besitzt, findet keine freie Verdampfung statt. Wohl aber bei 100°, bei welcher die Spannung des Wasserdampfes gleich der auf dem Wasser lagernden Atmosphäre ist, also der Wasserdampf die Atmosphäre zurückdrängen kann und verdampft. Doch auch bei Temperaturen unter 100° findet eine geringe Wasserverdampfung statt, durch sog. Verdunstung. Diese beruht darauf, daß Wasser auch bei niedrigeren Temperaturen eine gewisse Dampfspannung zeigt und deshalb so lange Dampf in die, auf dem Wasser lagernde Luft entweicht, bis die Dampfspannung in der Luft gleich der betreffenden Wasserdampfspannung ist; bis die Luft mit Wasserdampf gesättigt ist. Bei z. B. 40° besitzt der Wasserdampf eine Spannung von 55 mm, und da jedes Gas in das andere eindringt, entsprechend seiner Spannung und denselben Raum einnimmt, als ob das andere Gas gar nicht vorhanden ist, so enthält jedes Kubikmeter Luft je 1 cbm Wasserdampf unter einer Spannung von 55 mm Quecksilbersäule. Führe ich aber diese Luft fort, so entferne ich auch diesen Wasserdampf, und zwar in diesem Falle, da 1 cbm Wasserdampf von 55 mm Spannung 0,0508 kg wiegt, mit jedem Kubikmeter Luft je 0,0508 kg Wasserdampf. In die neu zutretende Luft verdampft wieder Wasser, bis die Spannung 55 mm erreicht, und bei dauerndem Luftwechsel wird allmählich alles Wasser verdampfen bzw. verdunsten.

Wird das Calciumcarbonat erhitzt auf z. B. 547° C bei atmosphärischem Luftdruck, so wird unbedingt so lange CO_2 in die umgebende stillstehende

Luft entweichen, bis die auf dem Calciumcarbonat lagernde Luft sich mit CO_2 gesättigt hat, das heißt, bis sie eine Spannung von 27 mm besitzt.

Auf Seite 34 hatte ich schon berechnet, daß hierbei die Luft 3,5 Raumprozente Kohlensäure enthält. Führt man diese Luft fort und frische zu, so wird sich diese wieder mit CO_2 sättigen. Man wird also durch fortwährende Lufterneuerung das Carbonat vollständig zu Calciumoxyd umwandeln können, aber dies wird nach innen immer langsamer vor sich gehen, denn es wird ein Ausgleich zwischen der mit CO_2 gesättigten inneren Luft und der äußeren ungesättigten Luft nur langsam durch Diffusion erfolgen.

Prof. *Herzfeld* (Festschrift S. 467) hat nun Versuche angestellt und bei diesen gefunden, daß vollständiges Brennen des Kalkes schon bei etwa 200° niedrigerer Temperatur gelingt, wenn überhitzter Wasserdampf über das Carbonat streicht, statt atmosphärischer Luft.

Zahlenreihe IV,

betreffend vergleichende Brennversuche von kohlensaurem Kalk im überhitzten Wasserdampf- und Luftstrom.

Art des Erhitzens	Temperatur	Es waren gebrannt Kalk in 45 Min.
mit Wasserdampf	500	keiner
„ „	650	7 Proz.
„ „	680	23 „
„ Luft	680	keiner
„ Wasserdampf	790	100 Proz.
„ Luft	790	30 „

Wenn die Verdampfungstheorie richtig wäre, dann müßte eigentlich kein Unterschied vorhanden sein, ob das Brennen im Dampfstrom oder Luftstrom erfolgt. Dieser und jedes andere Gas, mit Ausnahme der Kohlensäure, da diese sich natürlich nicht selbst mit Kohlensäure sättigen kann, müßten die gleichen Ergebnisse liefern, wenn nicht andere Ursachen zur Geltung kommen.

Auffallend und mit der Verdampfungstheorie übereinstimmend ist, daß nach den *Herzfeld*schen Versuchen im Luftraume bei 790° schon 30 Proz. gebrannter Kalk erhalten wurde in 45 Minuten, während doch im stillstehenden Luftstrom erst bei 812° resp. 895° eine so weitgehende Zersetzung erfolgen kann. Daß der überhitzte Wasserdampf von größerer Wirkung ist, liegt nun wohl an der Art der Versuchsanstellung. Einerseits war jedenfalls nicht soviel Luft in der Zeiteinheit durchgeleitet wie Wasserdampf, andererseits war ein anderer Einfluß des Wasserdampfes möglich. Bei den Versuchen wurde die Brenntemperatur in dem Tiegel nach Abb. 17 entweder durch den überströmenden überhitzten Wasserdampf oder die heiße Luft erzielt.

Zu seinen Versuchen hat *Herzfeld* einen Ofen gebaut, welcher gestattete, das Brennen in stark überhitztem Wasserdampf vorzunehmen. Der Wasserdampf trat zunächst mit einer Temperatur von 105° C in die Vorlage *A*. Diese diente lediglich zur Aufnahme des Kondenswassers. Von *A* ging der Dampf durch die mit Gas geheizten Schlangen des ersten Vorwärmers *B* und darauf in den Haupterhitzer *C*, welcher gleichfalls mit Gas geheizt wurde.

Beide Erhitzer bestehen in der Hauptsache aus starken schmiedeeisernen Schlangen, welche von einem durch Schamottefüllung gut geschützten Eisenmantel umkleidet sind. Das Schlangenrohr des Hauptofens, welches von dem stark überhitzten Wasserdampf durchstrichen wird, endet in ein Gefäß, welches zur Aufnahme des Gutes bestimmt ist. Um die Wärmeausstrahlung zu verhindern, war dasselbe durch Ineinandersetzen zweier hessischer Tiegel hergestellt worden, der Hohlraum zwischen dem inneren und dem äußeren Tiegel war dicht mit Asbest ausgestopft. Jeden Tiegel verschloß ein einfach durchlochter dicht aufgeschliffener Deckel. Um die Wärme gleichmäßig zu verteilen, wurden die Deckel stets so gelegt, daß die Öffnungen möglichst entfernt voneinander lagen, der Wasserdampf also den weitmöglichsten Weg im Doppeltiegel zurückzulegen hatte. Die Höchsttemperatur, welche sich auf diese Weise mittels überhitzten Wasserdampfes im Innern des Tiegelgefäßes herstellen ließ, betrug laut Messungen mit *Prinsep*schen Legierungen 850° C. Luft und Kohlensäure konnten beim Durchleiten durch den Apparat ohne weiteres nicht auf eine ebenso hohe Temperatur gebracht werden. In den Parallelversuchen mit einem Luft- und Kohlensäurestrom mußten deshalb diese Gase auch auf 100° vorgewärmt werden. Dies geschah, indem sie zunächst durch Kupferschlangen geführt wurden, welche in kochendem Wasser lagen. Die so vorgewärmten Gase ließen sich dann in dem Apparat gleichfalls so weit überhitzen, daß im Tiegelgefäß 850° erzielt wurden. Die Haltbarkeit der Schlangen des Überhitzers war, wie sich denken läßt, eine sehr geringe. Schon nach vierzehntägigem Gebrauch waren sie so brüchig geworden, daß sie durch leichten Stoß mit der Hand zerfielen, da sie durch und durch in Eisenoxydoxydul verwandelt waren.

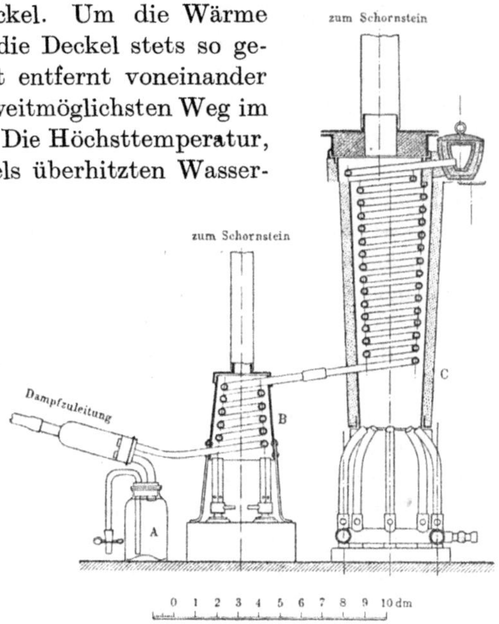

Abb. 17. Versuchsofen für das Kalkbrennen mit überhitztem Wasserdampf.

Der Wasserdampf mußte sich zu Anfang an dem kalten Kalkstück verflüssigen, so lange, bis es auf 100° erhitzt war. Die Wärme tritt aber nur langsam in das Innere des die Wärme schlecht leitenden Kalkstückes. Außen ist das Stück bedeutend heißer als innen. Das sich im Innern verflüssigte Wasser wird wieder verdampft, und dieser entweichende Dampf sättigt sich mit CO_2, dadurch das Brennen beschleunigend. Auch wirkt dieses Wasser wie das Wasser grubenfeuchter Steine; die sich entwickelnden Wasserdämpfe reißen den Stein auseinander, blättern die oberen schon gebrannten Schichten ab und gestatten so dem darüber hinströmenden Wasserdampf, sich besser mit Kohlensäure zu sättigen.

Nach dieser Erklärung ist es auch kein Wunder, daß der im Wasserdampf bei 800° während $^3/_4$ Stunde gebrannte Kalk (Festschrift S. 468) sich schlechter beim Ablöschen verhält, als der normal bei 1030° während einer Stunde gebrannte Kalk. Der erstere konnte in der Zeit unmöglich gleichmäßig durchgebrannt sein, und daraus schließen zu wollen, daß der Wasserdampf das Totbrennen begünstigt, beruht auf einer Verkennung der Verhältnisse.

Man braucht also nicht mit *Rose* (Festschrift S. 468) anzunehmen, daß bei höherer Temperatur die chemische Masse des Wassers die Stelle der Kohlensäure zu ersetzen vermag, sondern man kann ganz von chemischen Einflüssen absehen. Dieselben Verhältnisse treten ein, wenn man unten in den Kalkofen Wasserdampf einleitet, was häufig geschieht; denn oben wird sich der Wasserdampf teilweise aus den abziehenden Gasen an den kalten Kalksteinen niederschlagen (verflüssigen), wie im Winter die Fenster sich mit Wasserdampf beschlagen, wie sich im Fuchs der Dampfkessel eingebaute, mit zu kaltem Wasser gespeiste Vorwärmer mit Wasser aus den Heizgasen beschlagen, so daß der Ruß und die Flugasche kleben bleiben und in kurzer Zeit die Wirkung des Vorwärmers aufheben, in die Steine eindringen und dann in der Brennzone durch den oben geschilderten Einfluß das Brennen begünstigen.

Bei Gasöfen stellt man in die Aschengruben Wasserbehälter auf, damit das Wasser durch die vom Rost ausstrahlende Wärme und durch die einfallende heiße Asche verdampfe und in den Ofen durch den Zug gesogen wird. Dabei hat der arme Wasserdampf allerdings auf dem Wege durch den Kalkofen noch einige Umwandlungen zu erleben, bis er sich oben wieder als Wasserdampf auf den kalten Kalksteinen niederschlagen kann. In der Brennzone findet sich der Wasserdampf mit Kohlenoxyd zusammen, und beide beeinflussen sich nach der Gleichung:

$$CO + H_2O = CO_2H_2. \quad (10)$$

Auch durch die Berührung des Wasserdampfes mit dem glühenden Koks wird dieser bekanntlich gespalten nach der Gleichung:

$$C + 2\,H_2O = CO_2 + 2\,H_2 - 188\,\text{WE}. \quad (11)$$

Man verwendete diese Erscheinung vielfach vor Jahren für die Erzeugung des sog. Wassergases, das für Leucht-, Heiz- und Kraftzwecke Verwendung finden sollte, aber ohne großen Erfolg. Im Weltkriege hatte man allerdings hierfür eine größere Anwendung gefunden, indem man das Wassergas mit dem Leuchtgas der Gasanstalten vermischt. Die Leuchtkraft dieses Mischgases in offener Flamme ist wohl heruntergesetzt, aber ohne Nachteil, nachdem man allgemein nicht mehr leuchtende Flammen (Schnittbrenner), sondern Glühstrümpfe verwendet. Dadurch, daß die Gasanstalten dieses Wassergas mit selbsterzeugtem Koks herstellen, haben sie eine gute Verwendung für diesen Koks, so daß man allgemein wirtschaftliche Nachteile nicht zu erwarten braucht, wenn man, aus den später noch zu besprechenden Gründen, von der Verwendung des Gaskokses zum Kalkbrennen absieht.

Der Wasserdampf wird also je nach der Temperaturhöhe teilweise gespalten, indem Wasserstoff frei wird. Die durch die Bildung der CO_2 aus CO frei werdende Wärme wird zur Abspaltung des Wasserstoffes verbraucht, doch wird diese Wärme durch die Verbrennung des Wasserstoffes mit Sauerstoff wieder frei, so daß hinter der Brennzone der Wasserdampf wieder vorhanden ist. Da aber bekanntlich keine Umänderung restlos verläuft, so ist mit diesem umkehrbaren Vorgang auch ein Verlust an Energie, also Wärme, durch die Durchführung des Wasserdampfes entstanden. Diese Spaltung des Wasserdampfes und der Kohlensäure in der Brennzone hat bei den im Kalkofen herrschenden Temperaturen keine große Bedeutung, weil diese erst bei Temperaturen über 1500° sich stärker bemerkbar macht. (Siehe Dr. *Ferd. Fischer*, Kraftgas 1911, S. 65.)

Auch die für die Erzeugung des Wasserdampfes aufgewendete Wärme vermehrt den gesamten Wärmeaufwand im Kalkofen. Dies geht auch aus den Berichten Dr. *H. Grouvens* (Dingl. Polyt. Journ. 1884, S. 68) hervor. Er hat in der Chemischen Fabrik Bürgerhof bei Lauenburg einen Ofen nach dem D. R. P. 26 248 vom 4. 12. 1883 aufgestellt mit 7 Eisenretorten von 250 mm lichte Weite. Der Dampf tritt unten in die mit Kalksteinen von 20 bis 40 mm Durchmesser nur halb angefüllten Retorten. Für 1 t Füllung läßt man minutlich 1 kg Dampf durchstreichen, der sich im unteren, durch einen Einsatz freigehaltenen leeren Raum der Retorte überhitzt, bevor er mit dem Kalk in Berührung kommt. Zum vollständigen Austreiben der CO_2 waren 4 Stunden notwendig, wie dies beim gewöhnlichen Kalkbrennen, bei 20 bis 40 mm starken Steinen nach meiner Berechnung (S. 62) auch der Fall ist. Für 100 kg Rüdesheimer Muschelkalk mußten in Burgdorf 12 kg Koks und 24 kg Dampf aufgewendet werden. Also außer dem nicht besonders niedrigen Aufwande an Koks noch 24 kg Dampf. Dies ist an und für sich zu erwarten. Es liegen eben hier die Verhältnisse wie beim Verdampfen oder Verdunsten. Beim Verdunsten wird der Wärmeaufwand, der für das Verdampfen allein aufzuwenden ist, immer vermehrt um den Betrag, der für die Erwärmung des Trägers (z. B. atmosphärischer Luft) notwendig ist. Es geht daraus zweifellos hervor, daß durch Wasserdampf beim Kalkbrennen keine Ersparnisse zu erzielen sind, denn sonst könnte man beim weiteren Ausbau der Wärmeausnutzung an den Verdampf- und Wärmestellen schließlich daran denken, auch Brüden oder andere Abdämpfe zum Kalkbrennen zu nehmen. Ebensowenig wie in dieser Beziehung eine Wärmeersparnis durch Dampf beim Kalkbrennen zu erzielen ist, ebensowenig ist von der Verwendung eines trägen Gases zu erwarten, welches ja dieselbe Wirkung ausübt und die Austreibung der CO_2 ebenfalls bei niedrigerer als der eigentlichen Verdampfungstemperatur (Siedepunkt) ermöglicht. Ich möchte darauf nochmals besonders hinweisen, denn durch den Ausspruch *Kremanns* (S. 33), „daß die hohe Brenntemperatur zuviel kostet; man kann mit niedriger Temperatur brennen", wird mancher verleitet, dies anzustreben (wie z. B. *Kettler*, Deutsche Zuckerindustrie 1913, S. 397).

Weder beim Verdunsten von Wasser, z. B. durch Vermittlung von Luft, wird der Wärmeaufwand für die Wasserentfernung gegenüber der Verdampfung vermindert, trotz der niedrigeren Verdunstungstemperatur, noch beim Kalkbrennen wird eine Wärmeersparnis erzielt bei niedriger Temperatur unter Vermittlung von Gasen.

Wohl kann man aber dort, wo Wärme niedriger Temperatur kostenlos, z. B. in Abgasen, zur Verfügung steht, daran danken, diese zum Verdunsten der Kohlensäure, zum Brennen der Kalksteine bei Temperaturen unter 856° nutzbar zu machen. Dies beabsichtigt z. B. die *Norsk Hydro-Elektrik-Kvaelstofaktieselskab*, Kristiania, nach dem D. R. P. 284 042 vom 26. 9. 1913, dadurch gekennzeichnet, daß der zur Absorption nitroser Gase (zwecks Gewinnung von Kalkstickstoff) dienende Kalk durch Brennen von kohlensaurem Kalk in Stücken oder Brikettform mittels heißer Gase bei etwa 700 bis 750° hergestellt wird. Das Brennen geschieht mittels der überschüssigen Hitze der zur Absorption bestimmten Gase. Wenn die nitrosen Gase, die von den elektrischen Öfen kommen, eine Temperatur von etwa 800° haben, so ist die in denselben enthaltene Wärme genügend, um die zur Absorption nötige Menge Kalk zu brennen. Es werden Calciumcarbonatstücke oder Briketts in eine geeignete Vorrichtung eingefüllt, die entweder von den heißen nitrosen Gasen umspült oder von heißer Luft durchstrichen wird, die mittels der nitrosen Gase erhitzt worden ist. Wenn die heißen nitrosen Gase die Apparatur umspülen, muß ein geeigneter Gasstrom durch die Vorrichtung geleitet werden. Vermeidet man dann Temperaturen über 700 bis 750°, dann soll der erzeugte Ätzkalk (die Reaktionsmasse) sehr reaktionsfähig sein und die nitrosen Gase bei einer Absorptionstemperatur von 300 bis 400° sehr viel rascher und vollständiger aufnehmen als im gewöhnlichen Kalkofen gebrannter Kalk. Wenn dies der Fall ist, so hat man hier nicht nur den Vorteil der Wärmeersparnis, sondern auch den einer wesentlichen Verbesserung der Erzeugung des zu gewinnenden Stoffes, des Kalkstickstoffes. Dieses Patent ist um 1911 durch gefühlsmäßige Versuche entstanden, als man sich noch nicht über die Vorgänge beim Kalkbrennen klar war, als das Brennen bei niedriger Temperatur als undurchführbar galt. Man hat aber gefunden, daß bei richtiger Gasgeschwindigkeit, also bei genügendem Gaswechsel, das Kalkbrennen auch bei niedriger Temperatur möglich ist, wie dies unsere Erwägungen auch beweisen.

Zwecks Verstärkung des Zuges oder Verdünnung der Oberluft behufs weiterer Austreibung der CO_2 aus dem Kalkstein will *Ernst Ziegler* (D. R. P. 9123) Wasserdampf in Dampferzeugern bilden, welche in die Seitenwandungen von Kalk- und Zementöfen eingebaut sind. *Ziegler* entnimmt dabei die Wärme den Seitenwandungen, kühlt die Ofenfüllung ab und stört das Brennen; das ist also schon aus diesem Grunde nicht zu empfehlen.

Ingenieur *Ch. Westphal*, Berlin-Wilmersdorf, wollte das Einblasen von Dampf einerseits für das schnellere Brennen, andererseits zur Ersparnis von Wärme verwenden, indem er den Ätzkalk schon im Ofen in Kalkhydrat verwandelt (Sitzungsberichte des Vereins zur Beförderung des Gewerbefleißes 1902, S. 82). Er weist darauf hin, daß für 1 kg $CaCO_3$ zur Umwandlung in

CaO 373 (eigentlich 425,2) WE aufzuwenden sind, daß aber beim Kalklöschen durch die Umwandlung in $Ca(OH)_2$ 164,4 WE wieder frei werden, welches beinahe der Hälfte der Wärmemenge von 425,2 WE entspricht, die zum Garbrennen des Kalkes theoretisch aufzuwenden ist. Wer hat nicht schon beim Anblick dieser mächtigen Wasserdämpfe, die nutzlos beim Kalklöschen entweichen, an deren Nutzbarmachung gedacht? — Diese Löschungswärme (Hydratisationswärme) wollte *Westphal* wieder dem Brennvorgang zuführen, indem er unten Dampf einblasen ließ.

Durch Wasserdampf, nicht allein durch flüssiges Wasser, kann man den Ätzkalk löschen, weil er außerordentlich hygroskopisch ist und bekanntlich auch durch die Luftfeuchtigkeit, also den Wasserdampf der Luft, sich ablöscht (S. 389). Zur Vornahme von Versuchen baute er 1898 auf dem *Kalksteinwerk W. Zeger*, Stralau, einen Versuchsofen, unter Verwendung einer Gasretorte von 38×52 cm Querschnitt und 3 m Höhe. Er stellte sie senkrecht auf, entfernte den Boden und umgab sie mit einem Mauerwerk, das die Heizgase spiralförmig herumführte. Die Ergebnisse waren folgende:

1. In 60 Stunden 0,45 cbm garen Kalk bei 15 hl Koksverbrauch, 900° Ofentemperatur, ohne Wasserdampf, ohne Gebläse.
2. In 60 Stunden 0,9 cbm garen Kalk bei 15 hl Koksverbrauch, 900° Ofentemperatur mit Wasserdampf.
3. In 60 Stunden 1,8 cbm garen Kalk bei 16 hl Koksverbrauch, 1100 bis 1200° Ofentemperatur, ohne Wasserdampf, mit Gebläse. (Diese Zahlen habe ich zum Vergleich umgerechnet.)

Man sieht aus diesen Versuchen, daß die Zuführung von Wasserdampf das Kalkbrennen beschleunigt, aber auch die starke Zuführung von Luft. Doch sind die Versuche 2 und 3 nicht ohne weiteres vergleichbar, weil bei „2“ mit 900°, dagegen bei „3“ mit 1100 bis 1200° gebrannt wurde, was ohne weiteres schon eine starke Beschleunigung des Brennens verursacht. Die Zahlen über den Brennstoffverbrauch dürften wohl auch nicht ohne weiteres maßgebend sein, so daß man daraus nicht einen Rückgewinn der Löschungswärme berechnen kann.

Er kann die beim Kalklöschen frei werdende Wärme nur unter Vermittlung der einströmenden Verbrennungsluft dem Brennvorgang selbst zuführen. Wie ich später noch nachweisen werde, kann man tatsächlich durch die vom niedersinkenden gebrannten Kalk abgegebene Wärme die einströmende Verbrennungsluft nicht genügend vorwärmen. Auf nur 400 bis 450° (S. 67) werden die im Idealofen notwendigen 90 kg Verbrennungsluft (S. 272) vorgewärmt, während sie, bis die Verbrennung erfolgt, auf mindestens 1000° erwärmt werden müssen. Dazu sind noch notwendig:

$$90 \cdot (1000 - 425) \cdot 0{,}28 = 14\,500 \text{ WE}. \qquad (12)$$

Bei der Verbindung von Ätzkalk und Wasser werden 15,54 WE frei für jedes Grammolekül:

$$CaO + H_2O = Ca(OH)_2 + 15{,}54 \text{ WE} \qquad (13)$$

Molekulargewichte $56 + 18 = 74.$

Somit werden bei der Bindung von 56 g CaO 15,54 WE frei. Und weil für 56 g CaO 100 g $CaCO_3$ notwendig sind, so werden in bezug auf 100 kg kohlensauren Kalk $100 \cdot \frac{15{,}7 \cdot 1000}{100} = 15\,540$ WE durch das Ablöschen wieder frei. Also etwas mehr, als zur Vorwärmung der Luft noch notwendig ist.

Man könnte also auf diesem, von *Westphal* vorgeschlagenen Wege wohl noch eine beträchtliche Wärmemenge im Kalkofen zurückbehalten. Doch hat er an seinem Versuchsofen große Schwierigkeiten durch das stäubende Kalkhydrat gehabt. Den Arbeitern bluteten bald die Nasen, und viel Kalkstaub wurde mit in die Gasabzüge übergerissen. Es sind dies Schwierigkeiten, die bei der neuen Kalkabzugseinrichtung, die mit Druckluft arbeiten, überwunden sind. Wertvoll ist die unmittelbare Gewinnung von Kalkhydrat im Kalkofen, besonders für Kalkbrennereien selbst.

Am Ofen dürfte die Arbeitsweise nach *Julius Joachim* und *Johannes Schulte*, Berlin (D. R. P. 329 943/1919) wärmewirtschaftliche Vorteile bieten. Nach deren Patent löscht man gebrannten Kalk mit überhitztem Wasserdampf in offenen Gefäßen. Vor oder bei dieser Behandlung wird der Kalk für sich auf 100° erwärmt. Dem Kalk sollen durch diese Behandlung in gewissem Grade hydraulische Eigenschaften verliehen werden, der nicht mehr treibt.

Die Zuckerfabriken, die mit Trockenscheidung arbeiten, gewinnen diese Löschungswärme in einfacher Weise durch die Erwärmung des Saftes zurück. Die *Westphal*schen Bestrebungen haben aus diesem Grunde für die Zuckerfabriken wenig Wert, solange man der Trockenscheidung den Vorzug gibt gegenüber der Naßscheidung. Sollte aber die Naßscheidung mit Kalkmilch wieder den Vorrang gewinnen, dann müßte man wohl prüfen, ob durch Verwendung von Brüdendämpfen der Gesamtwärmeverbrauch erniedrigt werden kann.

Die Feuchtigkeit der Verbrennungsluft, die in der Kühlzone über den Ätzkalk strömt, wird von diesem aufgenommen. Entsprechend dieser Wasserdampfmenge wird Kalk gelöscht, die frei werdende Wärme an die Luft selbst abgegeben und so der Brennzone wieder zugeführt. Die Luftfeuchtigkeit verursacht somit eine Verminderung des Brennstoffverbrauches; ob diese so groß ist, daß man merklich bei schwülem, feuchtem Wetter mit weniger Brennstoff auskommt als bei trockener Luft, werden wir noch später sehen.

Solvay wollte noch höherprozentigere Kalkofengase als gewöhnlich erzielen, indem er den Kalk mit überhitztem Wasserdampf brannte. Dann müßte der Dampf über 1000 und mehr Grad überhitzt sein, um die CO_2 an dem Kalkstein zur Verdampfung zu bringen und dabei noch genügend Verdampfungswärme abgebend, ohne zu kondensieren. Die mit dem immer noch überhitzten Wasserdampf entweichenden Gase müßten dann abgekühlt werden, wobei die große Verdampfungswärme des Wasserdampfes vernichtet wird. Dieser große Wärmeverbrauch läßt eine derartige Verwendung des überhitzten Wasserdampfes für das Kalkbrennen als unwirtschaftlich erscheinen. Ganz abgesehen davon, daß es sehr schwer ist, Dampfüberhitzer für 1200 und mehr Grad dauernd betriebssicher zu unterhalten, gilt doch beim Dampfkraftbetrieb 350 bis 400° als günstige Grenze. Darüber hinaus ist der Überhitzer ständig rotglühend und z. B. aus Eisen nur wenig lebensfähig (s. a. *Herzfeld*s Versuche S. 45). Diese Schwierigkeiten will *G. M. Westmann*, New York (D. R. P. 130 258) dadurch umgehen, daß er die Erhitzung in mit feuerfesten Steinen ausgesetzten Winderhitzern, wie sie beim Hochofenbetrieb üblich sind, bewirken will, ohne dabei aber die wirtschaftlichen Nachteile zu verringern. Er nimmt auch einen Teil der aus dem Kalkofen entweichenden Gase zurück, kühlt diese durch Einspritzung von Wasser auf die für das Gebläse unschädliche Temperatur ab, dadurch gleichzeitig Wasserdampf erzeugend. Dieses Wasserdampf-Kohlensäuregemisch wird in den Winderhitzern auf etwa 1000° erwärmt. Es sind zwei Winderhitzer vorgesehen, indem einer durch Gas od. dgl. überhitzt wird, während der andere seine Wärme an das durchgeblasene Gasgemisch abgibt. Im Kalkofenschacht gibt es seine Wärme an die Kalksteine ab, und er erwartet durch die Rückführung eines Teiles der Kohlensäure, durch ihre größere spez. Wärme, als sie der Wasserdampf allein besitzt, eine bessere Wirkung. Durch diese mittelbare Erhitzung des Kalksteines wird man diesen brennen können, doch sind große Gasmengen zu bewegen. Aus dem den Ofen verlassenden Gemisch wird der Wasserdampf durch Abkühlung verflüssigt, und reines Kohlensäuregas bleibt übrig.

Dem Kalkofen wird auch noch durch den Koks Wasser zugeführt, und dessen Tätigkeit ist auch zu prüfen. Der Koks wird in der Vorwärmezone ebenfalls durch die Abgase vorgewärmt bis auf 700°; das ist seine Entzündungstemperatur. Beim Überschreiten von 100° wird sein Wasser zu verdampfen beginnen, ohne dabei auf das Kalkbrennen selbst einen Einfluß auszuüben. Das im Koks vorhandene Wasser verbraucht für die nutzlose Verdampfung Wärme und setzt dadurch die Temperatur der Abgase herunter. Ein Mehraufwand an Brennstoff tritt dadurch nicht ein, aber der Temperaturunterschied zwischen den Gasen und der frischen Gicht wird kleiner; deshalb muß die Vorwärmezone, also der ganze Ofen, größer werden. Auf die sonstigen Nachteile des Wassers im Koks komme ich noch zurück.

13. Der Einfluß von Kohle, Koks und Sägemehl auf den Brennvorgang.

In geformte Ziegel werden häufig Kohle, Koks, Sägemehl und andere brennbare Stoffe eingemischt, um das Durchbrennen zu erleichtern. Wenn diese Arbeitsweise auch für Kalksteine nicht Verwendung findet, so doch z. B. beim Brennen des Strontiancarbonats in Zuckerraffinerien. Auch kann sie an dieser oder jener Stelle Anwendung finden, wenn es sich darum handelt, Kalkschlamm zu brennen. *Karl Schneider* preßt in die Zementpreßlinge Koks, Anthrazitabfälle, auch geeignete Steinkohle, indem unter Beachtung eines gleichmäßigen Mischungsverhältnisses der Zementrohstoff mit dem Brennstoff vermahlen wird. Dadurch fällt der Klinker nicht zu hart und dicht aus wie sonst, er wird mehr bimssteinartig, also wesentlich leichter mahlfähig. Dieses Verfahren wurde von *W. Müller* und *G. Prüssing* erfunden und praktisch zuerst erprobt. Der auf das Brennen günstige Einfluß der organischen Zusätze, wie er in der Praxis häufig beobachtet wurde, laßt sich durch die günstige

Wärmezufuhr und aus der Verdampfungstheorie ohne weiteres erwarten. Beim Steinebrennen bilden sich aus diesen Zusätzen Gase, die beim Entweichen sich mit Kohlensäure sättigen und so aus dem Stein Kohlensäure fortführen. Gleichzeitig wird der Stein locker, porös, wodurch eine leichtere Diffusion der Kohlensäure von innen nach außen ermöglicht wird.

Herzfeld (Festschrift S. 471) brachte bei seinem Versuche die Stoffe in einen gut bedeckten Porzellantiegel, so daß die Luft nicht hinzutreten konnte. Einmal wurde kohlensaurer Kalk mit Kokspulver, das andere Mal mit Sägemehl in verschiedenen Prozenten innigst gemischt, gepreßt und in dem Porzellantiegel gebrannt. Die von *Herzfeld* festgestellten Ergebnisse sind folgende:

Zahlenreihe V,

betr. das Brennen von kohlensaurem Kalk mit Zuschlägen von Koks.

Nummer des Versuchs	Angewandt		Temperatur der Muffel beim Brennen	Dauer des Brennens	Gebrannt Proz. Kalk (CaO)
	Proz. kohlensauren Kalk	Proz. Zuschlag			
1	100	—	920	1 Stunde	8,73
2	95	5	920	1 „	7,59
3	90	10	920	1 „	12,95
4	85	15	920	1 „	9,01
5	80	20	920	1 „	13,46
6	100	—	1010	1 „	93,42
7	95	5	1010	1 „	96,95
8	90	10	1010	1 „	94,80
9	85	15	1010	1 „	94,55
10	80	20	1010	1 „	92,45

Nach Beendigung des Brennens wurde festgestellt, daß der zugesetzte Koks zum Teil noch unverändert war. Ein Einfluß auf das Brennen konnte deshalb auch nicht erwartet werden, weil sich auch keine Gase gebildet hatten. Ganz abgesehen davon, daß eine Zersetzung des Kokses nur durch Luftzutritt eintreten konnte und die sich dann bildende CO_2 nicht die Verdampfung der CO_2 im Kalk begünstigt.

Die Zuschläge von Sägespänen ergaben die Zahlenreihe VI.

Man sieht, daß durch den Zusatz der Späne, die nach Beendigung der Brennversuche verascht waren, das Brennen beschleunigt wird. Dies beruht eben darauf, daß durch das Erhitzen der Späne des Holzes aus diesem Gase destillieren, die sich mit CO_2 sättigen und das Kalkbrennen beschleunigen.

Ob die Tatsache, daß organische, stickstoffhaltige Verbindungen den Stickstoff beim Erhitzen mit Alkalien im allgemeinen als Ammoniak abgeben, bei der Gewinnung von Ammoniak aus den Kalkofengasen von Bedeutung werden kann, ist noch nicht abzusehen. *Salmany* (Journ. f. Gasbel. 1915, S. 905; Feuerungstechnik 1917, S. 3) untersuchte die Einwirkung von 5 Proz. CaO auf Koks bei Gegenwart von Wasserdampf und Luft und erhielt so bei 900° 17 Proz. des Stickstoffes als Ammoniak.

Zahlenreihe VI,
betr. das Brennen von kohlensaurem Kalk mit Zuschlägen von Holz in Form von Sägespänen.

Nummer des Versuchs	Angewandt Proz. kohlensauren Kalk	Proz. Zuschlag	Temperatur der Muffel beim Brennen	Dauer des Brennens	Gebrannt Proz. Kalk (CaO)
1	100	—	920	1 Stunde	9,31
2	95	5	920	1 „	13.21
3	90	10	920	1 „	17,12
4	85	15	920	1 „	21,89
5	80	20	920	1 „	23,63
6	100	—	970	1 „	89,74
7	95	5	970	1 „	91,32
8	90	10	970	1 „	95,19
9	85	15	970	1 „	95,36
10	80	20	970	1 „	95,50

D. Die Aufenthaltszeiten im Kalkofen.

Nachdem nun einige Klarheit über die allgemeinen Vorgänge beim Kalkbrennen geschaffen ist, will ich auf Einzelheiten des Kalkofens selbst eingehen. Zuerst auf die Einflüsse, die die Aufenthaltszeiten bestimmen.

Beim Schachtofen werden oben von der Gichtbühne die Kalksteine mit der Temperatur, die der äußeren Lufttemperatur entspricht, in den Schacht eingefüllt. Die Steine bewegen sich durch das Abziehen des gebrannten Kalkes allmählich nach unten. Sie gelangen in eine Zone, in der solche Temperatur herrscht, daß die Kohlensäure aus dem Kalkstein verdampft, und sie sollen sich hier so lange aufhalten, bis alle Kohlensäure verdampft ist. Beim weiteren Sinken soll der gesamte heiße Kalk seine Wärme abgeben, nutzbar machen, an die unten eintretende Verbrennungsluft. Durch diese verbrennt der mit den Steinen eingefüllte Brennstoff, und die Verbrennungsgase und die frei werdende Kohlensäure sollen noch bestmöglich ihre Abgaswärme nutzbar machen durch die Vorwärmung der oben eingefüllten Kalksteine. Kalk und Gase bewegen sich im Gegenstrom.

Kalk ↓ ↑ Gas.

Am Kalkofen lassen sich deshalb leicht drei Zonen feststellen:

1. Die Vorwärmezone, in der die Kalksteine durch die entweichenden Gase bis auf die Verdampfungstemperatur vorgewärmt werden.

2. Die Brennzone, in der der Brennstoff verbrennt, die Kalksteinkohlensäure verdampft und der Kalkstein gebrannt wird.

3. Die Kühlzone, in der der gebrannte Kalk seine Wärme an die Verbrennungsluft abgibt und gekühlt wird.

Bei der weiteren Berechnung werde ich diese Unterteilung beibehalten, da diese auch bei allen anderen Kalkbrennöfen beobachtbar ist.

Im Ringofen (s. Abb. 10) liegen die Kalksteine still, während die Gase daran vorbeiziehen, im Gegenstrom, als fortschreitendes Feuer. Ebenso herrscht Gegenstrom im Drehrohrofen und Tunnelofen. Überhaupt ist nur der Gegenstrom wärmewirtschaftlich für das Kalkbrennen brauchbar.

Würden z. B. im Schachtofen die Steine mit den Gasen sich im Gleichstrom (s. S. 40) bewegen, so würden beide den Ofen mit hoher Temperatur

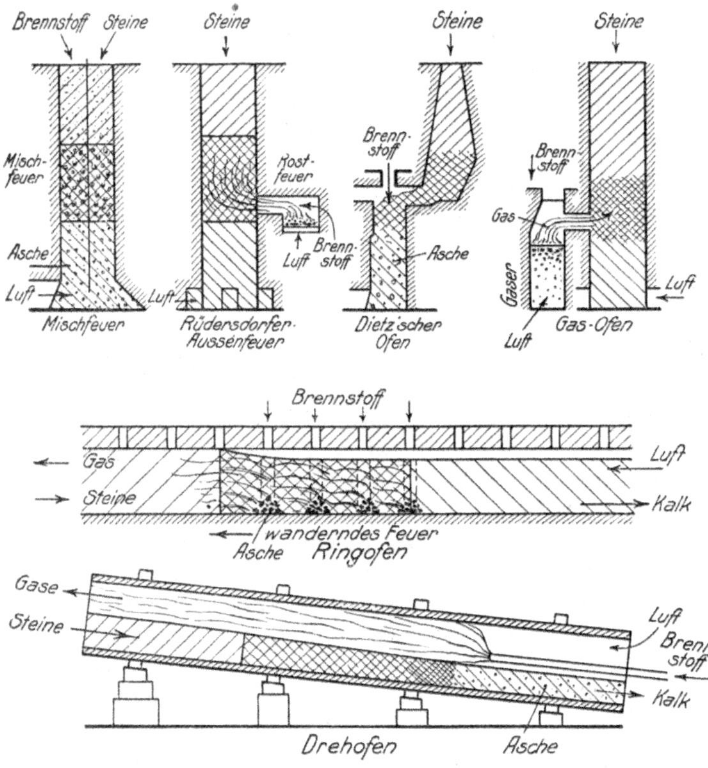

Abb. 18. Die Lage der Zonen in den verschiedenen Ofenarten.

verlassen, ohne daß Gelegenheit gegeben wäre, die Wärme zur Vorwärmung im Ofen nutzbar zu machen. Gleichstrom kommt deshalb im Kalkofen, der mit Brennstoffen geheizt wird, nicht in Frage.

Die Abb. 18 läßt die Lage der verschiedenen Zonen in einigen Kalköfen deutlich erkennen. In den Schachtöfen, sowie im Drehrohrofen steht das Feuer still, und die Steine wandern unter dem Einfluß der Schwere. Im Ringofen liegt der Einsatz still, und das Feuer wandert im Ring herum.

Ich wies schon anfangs darauf hin, daß die verschiedenen Vorgänge im Kalkofen mit den üblichen Verdampfungs- und Wärmeberechnungen erklärt werden können, was ich nun weiter beweisen will. Um die Kohlensäure aus dem Kalkstein zu verdampfen, muß ich den Kalkstein erst auf die Temperatur erwärmen, bei der die Verdampfung erfolgt, ich muß den Stein vorwärmen. Hat er so seinen Siedepunkt erreicht, dann wird bei weiterer Wärmezufuhr diese Wärme für die Verdampfung der Kohlensäure verbraucht, das eigentliche Kalkbrennen beginnt. Ich muß deshalb für die Vorwärmung und Verdampfung Wärme zuführen, genau so, wie dies z. B. bei der Vorwärmung und Verdampfung von Säften und Laugen der Fall ist.

14. Vorwärmezeit im Kalkofen.

Um die Zeit zu berechnen, die zum Vorwärmen der frischen Gicht (Kalkstein, beim Mischfeuer auch Koks) notwendig ist, will ich von einem Idealofen ausgehen, um einerseits die idealen Höchstwerte zu finden, und um andererseits die verschiedenen Einflüsse in der Wirklichkeit besser beurteilen zu können. Ich nehme vorläufig an, daß nach außen keine Wärmeverluste stattfinden und daß dieser ideale Ofen mit reinem kohlensauren Kalk $CaCO_3$ beschickt wird.

Die Wärmemenge, die ich einem Körper zuführen kann, hängt bekanntlich von seiner Oberfläche, dem Temperaturgefälle und der Wärmeübergangszahl K ab. Diese Wärmeübergangszahl K, die angibt, wieviel Wärmeeinheiten in einer Stunde durch 1 qm des betreffenden Körpers bei einem Temperaturgefälle von 1° übergehen, hängt ab von einer Eintrittszahl α_5, der Schichtstärke δ und der schon erwähnten Wärmeleitungszahl λ_5. Dabei gilt die bekannte Gleichung:

$$K_k = \frac{1}{\frac{1}{\alpha_5} + \frac{\delta_5}{\lambda_5}}; \tag{14}$$

worin δ_5 die Schichtstärke in Metern bedeutet.

Die Wärmeeintrittszahl zwischen Gasen und Kalkstein ist anzunehmen mit $\alpha_5 = 8$, ferner, daß die Gesamtstärke der Steine zwischen 200 mm = 0,2 m und 10 mm = 0,010 m schwankt. In die Gleichung für K_k muß die halbe Steinstärke als Schichtdicke δ_5 eingesetzt werden, und es ergibt sich für 200 mm dicke Kalksteine:

$$K_k = \frac{1}{\frac{1}{8} + \frac{0,1}{2}} = \frac{1}{0,125 + 0,05} = \backsim 5,6\,, \tag{15}$$

für 10 mm dicke Steinchen:

$$K_k = \frac{1}{\frac{1}{8} + \frac{0,005}{2}} = \frac{1}{0,125 + 0,0025} = \backsim 8\,. \tag{16}$$

Zur Vereinfachung der Rechnung sei angenommen, daß die Kalksteine kugelförmige Gestalt besitzen, was zulässig ist, denn je mehr die Gestalt eckig wird, um so größer wird die Oberfläche bei gleichem Gewicht. Bekanntlich hat von allen Körpern die Kugel die kleinste Oberfläche. Die errechneten Zeiten werden also um so größer gegenüber den wirklichen, je zerklüfteter der Stein ist bei sonst gleichem Gewicht.

Ich will nun die Vorwärmezeit t_v bei verschiedenen Brenntemperaturen berechnen; zu diesem Zwecke muß ich den Temperaturunterschied U_v zwischen den Kalksteinen und den abziehenden Gasen feststellen. Dazu ist die Kenntnis der Temperatur notwendig, mit der die Gase den Ofen verlassen. Um diese berechnen zu können, müssen verschiedene Zahlen schon jetzt benutzt werden, deren Begründung sich erst aus den späteren Abhandlungen ergibt. Es wäre vielleicht richtiger gewesen, erst deren Berechnung anzuführen und dann erst die der Vorwärmezeit folgen zu lassen. Weil dann aber die einzelnen Zonen nicht so nacheinander berechnet würden, wie sie im Ofen vorhanden sind und eine störende Reihenfolge sich ergeben würde, so halte ich es doch für nützlicher, die späteren Ergebniszahlen schon jetzt vorweg zu benutzen. Wir werden sehen, daß beim Verbrennen aus 1 kg Kohlenstoff 12,5 kg Verbrennungsgase entstehen (S. 75), und da im idealen Ofen 7,834 kg C für 100 kg Kalksteine notwendig sind, so entweichen aus dem Kalkofen $12{,}5 \cdot 7{,}834 = 97{,}9$ kg Verbrennungsgase. Wie ich im Abschnitt 19 an Hand der Abb. 29 berechnen werde, enthalten die entweichenden Gase noch 20 779 WE bei einer Brenntemperatur von 856°.

Gleichzeitig mit den vorberechneten 97,9 kg Verbrennungsgasen ziehen noch 44 kg Kalksteinkohlensäure ab. Wie schon früher gesagt, werden sich beide Gase mischen, und die $97{,}9 + 44 = 141{,}9$ kg Kalkofengase werden mit einer Mischtemperatur entweichen. Jedes Kilogramm entführt $\frac{20\,779}{141{,}9} = 147$ WE, und da die spez. Wärme etwa 0,28 ist, so entweichen sie aus dem idealen Ofen mit:

$$\frac{147}{0{,}28} = 525^\circ.$$

Lasse ich nun den geringen Einfluß der mit der Temperatur steigenden spez. Wärme außer Betracht, so steigt die für den Idealofen berechnete Abgastemperatur von 525 um so viel Grad, wie die Brenntemperatur über der Verdampfungstemperatur von 856° liegt. Bei 1030° verlassen demnach die Gase den Kalkofen mit $525 + (1030 - 856) = 525 + 174 = 699^\circ$. Der Temperaturunterschied zwischen den heruntersinkenden Kalksteinen und den abziehenden Gasen ist, wenn die Temperatur der eintretenden Kalksteine mit 0° angenommen wird, anfangs

$$Ua = 699 - 0 = 699^\circ$$

und am Ende $\quad Ue = 1030 - 856^\circ = 174^\circ.$

Daraus ergibt sich der mittlere Temperaturunterschied:

$$U_v = \frac{699 + 174}{2} = 436^\circ. \tag{17}$$

Die Wärmeleitfähigkeit der Kalksteine ist $\lambda_5 = 2{,}0$ WE für eine Stunde und 1° Temperaturunterschied, für Koks $\lambda = 5{,}0$; die des Kokses übersteigt also die des Kalksteines bedeutend, er wird die für seine Vorwärmung (bei der Mischfeuerung) notwendige Wärme viel schneller aufnehmen als der Kalkstein. Er wird schneller auf die Verdampfungstemperatur gebracht. Zur Berechnung der Wärmezeit bzw. des Ofenraumes, der für die Vorwärmung notwendig ist, genügt also die Berechnung für die Steine allein.

Da die spez. Wärme des Kalksteines 0,21 ist und die Verdampfungstemperatur 856°, so sind jeder Kalksteinkugel zuzuführen:

$$W_3 = G \cdot 0{,}21 \cdot 856 \text{ WE}, \tag{18}$$

um sie auf 856° vorzuwärmen. Das Gewicht der Kugel in kg ist $G = J \cdot j$. Es bedeutet J = Inhalt der Kalksteinkugel in Liter, und wenn der Kugelhalbmesser in Meter eingesetzt wird, ist:

$$J = \frac{4}{3}\pi \cdot r^3 \cdot 1000 \text{ l}. \tag{19}$$

$j = 2{,}65$ ist das spez. Gewicht des Kalksteines.

Diese Werte, in die Formel (18) eingesetzt, gibt die zuzuführende Wärme:

$$W_3 = \frac{4}{3}\pi \cdot r^3 \cdot 1000 \cdot 2{,}65 \cdot 0{,}21 \cdot 856 = 1\,993\,860\, r^3 \text{ WE} \tag{20}$$

in der Vorwärmezone. Nehme ich wieder wie früher an, daß die Steine in Kugelform in den Ofen eingefüllt werden, dann ist die Wärmemenge, die in die Kalksteinkugel eintritt:

$$W_1 = O \cdot K \cdot U_v \cdot z_v, \tag{21}$$

worin O die Oberfläche der Kugel in Quadratmeter,
U_v das Temperaturgefälle,
z_v die Vorwärmezeit in Stunden
bedeuten.

Die Kugeloberfläche in Quadratmetern ist:

$$O = 4\pi \cdot r^2, \tag{22}$$

wenn der Kugelhalbmesser r in Metern eingesetzt wird. Dieser Halbmesser der anfangs kalten Kalksteinkugeln wird mit zunehmender Temperatur durch die Wärmeausdehnung vergrößert. Doch beträgt die Wärmeausdehnung der Kalksteine für 1 m und 1000° nur etwa 0,025 m oder 2,5 Proz. Dieser geringe Einfluß kann außer acht gelassen werden in Anbetracht der anderen, auch nicht auf wenige Prozente genauen Zahlen.

Die Kalksteinkugel ist auf 856° vorgewärmt, wenn

$$W_1 = W_3,$$

also

$$O \cdot K_k \cdot U_v \cdot z_v = 1\,993\,860\, r^3$$

und daraus die Vorwärmezeit:

$$z_v = \frac{1\,993\,860 \cdot r^3}{O \cdot K_k \cdot U_v} = \frac{1\,993\,860 \cdot r^3}{4 \cdot \pi \cdot r^2 \cdot K_k \cdot U_v} = \frac{160\,000 \cdot r}{K_k \cdot U_v}. \tag{23}$$

Für Kalksteine von 200 mm Durchmesser = 0,1 m Kugelhalbmesser, bei einer Brenntemperatur von 1030°, berechnet sich die Vorwärmezeit zu:

$$z_v = \frac{160000 \cdot r}{K_k \cdot U_v} = \frac{160000 \cdot 0{,}1}{5{,}6 \cdot 436} = 7 \text{ Stunden.} \tag{24}$$

Diese verschiedenen Vorwärmezeiten habe ich für die Brenntemperaturen von 1030 und 1200° in die Abb. 19 eingezeichnet. Beeinflußt werden diese errechneten Idealwerte durch die Abkühlungsverluste in der Vorwärmezone und durch die Unreinigkeiten der Kalksteine. Die Abkühlungsverluste setzen die Temperaturen der abziehenden Gase herunter, dadurch vermindert sich der Temperaturunterschied U_v, und dementsprechend vergrößert sich die notwendige Vorwärmezeit. Diese Wärmeverluste kann man nach den späteren Angaben leicht berechnen (S. 117), aber es wäre sehr umständlich, eine allgemein gültige Formel anzugeben, denn man kommt sicherer und übersichtlicher zum Ziel, wenn man diese Wärmeverluste von Fall zu Fall für den betreffenden Kalkofen berechnet. Ich nehme den dort genannten Sonderfall an, daß 100 kg Kalksteine eine wärmeabgebende innere Kalkofen-Mantelfläche von 0,118 qm besitzen. Bei einer Brenntemperatur von 1030° würden die Gase mit 700° abziehen, so daß der mittlere Temperaturunterschied ca. 850° betragen wird. Da 1 qm nach dieser Berechnung 0,98 WE (qm-St.) 1° verliert, so gehen für je 100 kg Kalksteine in der Vorwärmezone

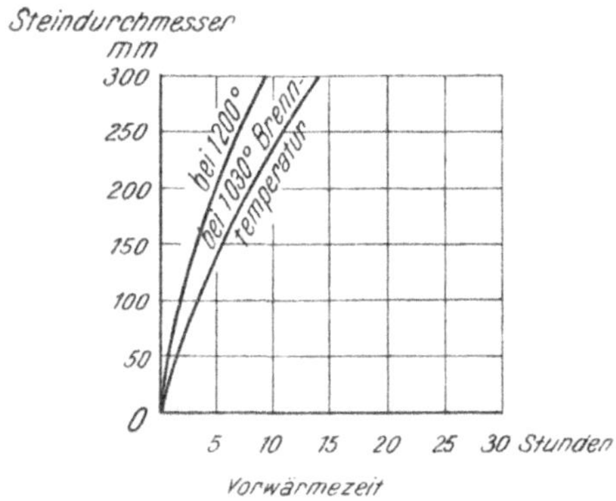

Abb. 19. Abhängigkeit der Vorwärmezeit vom Steindurchmesser.

$$850 \cdot 0{,}98 \cdot 0{,}118 = \sim 100 \text{ WE}$$

in der Stunde verloren. Bei einer Vorwärmezeit von z. B. 15 Stunden, also $100 \cdot 15 = 1500$ WE.

Diese 1500 WE sind aber wenig von Bedeutung gegenüber den eingangs in den Gasen noch berechneten 20 779 WE, denn durch den Verlust dieser 1500 WE wird sich die Abgastemperatur nur um $\frac{1500}{20779} \cdot 100 = 7$ Proz. erniedrigen oder die Vorwärmezeit entsprechend erhöhen.

Bei den in den Steinen vorhandenen Unreinigkeiten kann man annehmen, daß sie ungefähr die gleichen Wärmeübergangszahlen besitzen, also auch die gleiche Zeit zur Vorwärmung benötigen wie der kohlensaure Kalk selbst. Man kann deshalb ohne weiteres annehmen, daß die in der Abb. 19 dargestellten Vorwärmezeiten entsprechend den im Kalkstein vorhandenen Unreinigkeiten vergrößert werden müssen. Hat der Kalkstein nur 90 Proz. kohlensauren Kalk, dann muß man 10 Proz. Beimengungen mit anwärmen, also die Vorwärmezone entsprechend vergrößern.

Die in der Abb. 19 dargestellten und für den Idealofen berechneten notwendigen Vorwärmezeiten sind also als die kleinstzulässigen anzusehen und den Verhältnissen entsprechend zu erhöhen. Es ist besser, die Vorwärmezone größer zu wählen, weil damit ein Nachteil nicht verbunden ist. Wählt man sie aber zu klein, dann ziehen die Gase noch heißer ab, sie können ihre Wärme nicht genügend abgeben. Die Steine treten in die Brennzone mit einer unter der Verdampfungstemperatur liegenden Temperatur ein und müssen deshalb hier durch unmittelbares Verbrennen von Brennstoff erhitzt werden. Ein größerer Brennstoffaufwand wird deshalb durch die zu kleine Vorwärmezone verursacht, was auch ohne weiteres selbstverständlich ist.

Daraus folgert *H. Schreib* (Fabrikation der Soda 1905, S. 19), „daß die Größe der Ausnutzung namentlich durch die Höhe des Ofens bedingt ist. Denn je mächtiger die Kalksteinschicht ist, welche die Heizgase durchdringen müssen, je mehr Wärme geben sie ab.“ Dies ist an und für sich ein Trugschluß in bezug auf die Wärmeausnutzung. Wenn z. B. die Vorwärmezone genügt, um die Kalksteine bis zur Brenntemperatur vorzuwärmen, also es ermöglicht, daß die Gicht die größtmögliche Wärmemenge für die vollkommene Vorwärmung aufnimmt, dann wird selbstverständlich auch eine doppelt so große Vorwärmezone keine weitere Wärmeaufnahme an die Gicht ermöglichen. Die doppelt so große Vorwärmezone kann dann nicht im geringsten die Wärmeausnutzung begünstigen oder verbessern. Während eine zu hohe Temperatur der Abgase auf eine ungenügende Abkühlung durch Vorwärmung der Steine hinweist, dürfte man aber nicht das Gegenteil als vollkommen ansehen. Man darf nicht vergessen, daß der Ofen um so weniger in ordnungsgemäßem Betrieb befindlich, um so weniger ideal arbeitet, je weiter die Abgastemperatur unter 500° liegt. Veranlassung dazu können seine zu großen Abkühlungsverluste geben, der feuchte Kalkstein und Koks, großer Luftüberschuß, undichter Gichtverschluß.

Allzu niedrige Abgastemperaturen deuten, im Gegensatz zu Dampfkesselfeuerungen, auf ungünstige Wärmeausnutzung hin. Hieran kann nicht oft genug erinnert werden.

Manche Steine vertragen auch keine zu schnelle Vorwärmung, eine zu kleine Vorwärmezone, weil sie explosionsartig zerspringen durch die plötzliche Verdampfung des eingeschlossenen Wassers. Muß man solche Steine brennen, dann ist für eine große, reichlich bemessene Vorwärmezone zu sorgen, in der die Steine länger lagern und vortrocknen (s. a. Abschnitt 12).

W. H. Alton (V. St. Amer. P. 1 379 157/1921) setzt das Calciumcarbonat ganz plötzlich einer hohen Temperatur aus, wodurch es in äußerst feine Teilchen zerfällt, die es für besondere Zwecke geeignet macht. Die Erhitzung wird dann noch genügend lange Zeit fortgesetzt, um eine teilweise Überführung des Carbonats in Calciumoxyd durchzuführen.

Aus der vorstehenden Berechnung ist ersichtlich, daß die Temperatur der abziehenden Gase recht hoch ist. Man wird, wenn man die unvermeidlichen

Gründe nicht kennt, versuchen, diesen Übelstand durch Tiefhalten des Feuers zu verhindern. Dadurch kann man wohl erreichen, daß die Gase etwas kälter abziehen, hat davon aber keinen Vorteil, weil dies ja nur durch größere Abkühlung nach außen erreicht wird. Man hat wohl seinem Gefühl Befriedigung verschafft, ohne jeden sichtbaren Nutzen. Man wird auch zum Tiefhalten der Glut um so eher veranlaßt werden, weil die Wärme, die dadurch mit den viel heißer abgezogenen gebrannten Steinen unten verlorengeht, nicht so bedeutend und unangenehm in Erscheinung tritt. Denn wird dadurch der Ätzkalk zu heiß gezogen, so läßt man ihn einfach einige Stunden länger vor dem Ofen liegen, bis er sich genügend abgekühlt hat.

In den Abzugsrohren, wo die Temperatur der Gase meistens gemessen wird, kann man natürlich die berechnete hohe Temperatur nicht vollständig feststellen, weil schon durch die Kohlensäureleitung und durch den Gichtverschluß die Gase bedeutend abgekühlt werden. Man kann auch nicht die Temperatur der abziehenden Gase durch das Auge an den oberen Schauhöhen feststellen. Die heißen, abziehenden Gase sind nicht glühend, üben also keinen optischen Einfluß auf das Auge aus. Die Gase sind bei hohen Temperaturen unsichtbar im Gegensatz zu festen Körpern, die bei Temperaturen über 500° ins Glühen kommen, so daß uns durch das Auge die Höhe der Temperatur bemerkbar wird.

15. Die Brenndauer der Kalksteine.

Die Brennzeit will ich jetzt unter den gleichen Annahmen berechnen, wie dies bei der Vorwärmezeit geschah. Die Wärmemenge, die in die Kalksteinkugel eintritt, ist dann

$$W_1 = O \cdot \dot{K}_k \cdot U \cdot z, \tag{25}$$

worin O die Oberfläche in Quadratmeter,
U das Temperaturgefälle,
z die Brennzeit in Stunden bedeutet.

Die zur Zersetzung des Kalksteines, also zur Verdampfung der Kohlensäure, notwendige Wärmemenge beträgt, wie schon vorher erwähnt, 425,2 WE für 1 kg Kalkstein. Es sind also einer Kalksteinkugel vom Inhalt J

$$W_2 = J \cdot j \cdot 425{,}2 \text{ WE} \tag{26}$$

für die Zersetzung zuzuführen. Auch hier gilt das im Abschnitt 14 für O, J und j Gesagte.

Damit der Kalkstein vollständig gebrannt wird, muß die zugeführte Wärmemenge gleich der zum Brennen notwendigen Wärmemenge sein, also

$$W_1 = W_2$$

oder

$$O \cdot K_k \cdot U \cdot z = J \cdot j \cdot 425{,}2,$$

die Werte für O und J eingesetzt, gibt:

$$4\pi \cdot r^2 \cdot K_k \cdot U \cdot z = \frac{4}{3}\pi \cdot r^3 \cdot 1000 \cdot j \cdot 425{,}2.$$

Demnach die Brenndauer:

$$z = \frac{1000}{3} \cdot 425{,}2 \cdot \frac{r \cdot j}{K_k \cdot U} = 141730 \cdot \frac{r \cdot j}{K_k \cdot U}. \qquad (27)$$

Diese Formel zeigt, daß die Brenndauer mit r, also mit der Steinstärke abnimmt, was die Erfahrung bestätigt; denn je kleiner die Steine, um so schneller erfolgt das Brennen. Die Kleinheit der Steine hat natürlich eine Grenze, um nicht das Brennen durch andere Umstände zu verzögern, wie z. B. durch Erschwerung des Zuges. Weiterhin ist die Brenndauer z abhängig vom spez. Gewicht der Kalksteine. Je größer das spez. Gewicht, je dichter und härter der Kalkstein ist, um so länger ist die Brennzeit, um so schwerer ist der Stein zu brennen.

Umgekehrt nimmt die Brenndauer mit dem Temperaturunterschied U ab. Dieser Temperaturunterschied, das Wärmegefälle zwischen dem wärmegebenden und dem wärmeaufnehmenden Stoffe, ist noch zu bestimmen. Die Temperatur des die Wärme abgebenden Körpers ist ohne Zweifel die Gastemperatur, die z. B. durch die Beobachtung von außen feststellbare Brenntemperatur.

Diese Brenntemperatur ist natürlich in der ganzen Brennzone nicht vollständig gleich, stellt in Wirklichkeit nicht eine gerade Linie dar, die mit der Verdampftemperatur parallel läuft. Sondern die Brenntemperatur, die Gastemperatur, wird erst von der Temperatur, die die Luft durch ihre Erwärmung in der Kühlzone angenommen, auf die Verdampftemperatur und dann weiter auf eine wesentlich über dieser liegenden Temperatur durch die Verbrennung des Kokses gebracht. Dann wird diese Gastemperatur nach der Vorwärmezone zu wieder sinken. (Hierauf komme ich noch später; siehe Abb. 32.) In unserer Rechnung können wir nur die aus diesen Temperaturen sich ergebende mittlere Temperatur benutzen, die wir kurz als die Brenntemperatur bezeichnen.

Die Temperatur des die Wärme aufnehmenden Körpers ist die des Kalksteines. Der Kalkstein wird durch Wärmezufuhr so lange seine Temperatur erhöhen, bis die Kohlensäure verdampft. Dann wird die weiter zugeführte Wärme für die Verdampfung (Zersetzung) verbraucht, ohne daß eine Erhöhung der Temperatur eintritt; wie man z. B. Wasser an der atmosphärischen Luft durch Wärmezufuhr bis auf 100° erhitzen kann, dann aber eine weitere Erhitzung nicht mehr möglich ist, weil die noch zugeführte Wärme für die Wasserverdampfung verbraucht wird. Der kohlensaure Kalk würde also selbst nur eine Temperatur von ca. 856° annehmen können. *H. le Chatelier* gibt den Beginn der Verdampfung bei 760 mm Hg bei 812°, dagegen *Pott* zu 900°, ich glaube gut zu tun, von beiden das Mittel mit 856° zu wählen. Erst nach der Verdampfung der CO_2, oder wenn die Wärmezuführung zu stürmisch erfolgt, wird das zurückbleibende Calciumoxyd sich weiter bis auf die Brenntemperatur erhitzen.

Diesen Vorgang kann man an Erwärmungslinien deutlich machen. Zur Aufnahme solcher Erwärmungslinien wird in einem elektrischen Ofen (s. S. 205) eine kleine Menge des zu untersuchenden Gutes unter Einhaltung einer möglichst gleichmäßigen Erhitzungsgeschwindigkeit erwärmt. Nach z. B. je 15 Sekunden wird die Temperatur an einem Widerstandsthermometer abgelesen und in ein Liniensystem eingetragen nach Abb. 20. Zunächst steigt die Temperatur gleichmäßig, bis die Verdampfung der CO_2 längere Zeit, trotz weiterer Wärmezufuhr, bei einer gleichmäßigen Temperatur erfolgt. Die Dauer dieser Haltelinie ist abhängig von der für die Verdampfung nötigen Wärmemenge. Während dieser Zeit steigt die Ofentemperatur weiter an, so daß nach beendeter Verdampfung plötzlich der Tiegelinhalt in die Höhe springt und die Temperatur des Ofens annimmt.

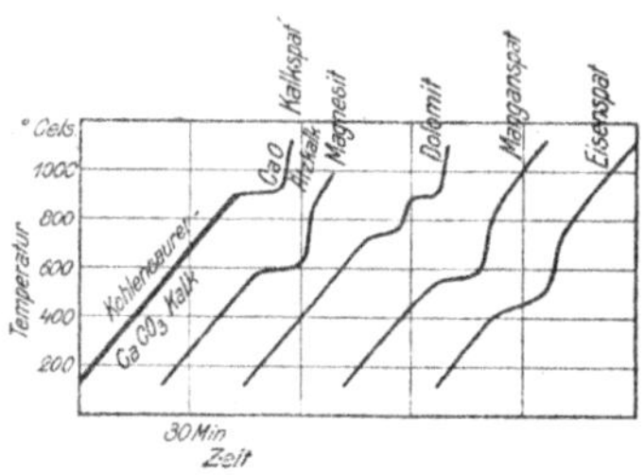

Abb. 20. Erwärmungslinien verschiedener Carbonate mit Haltepunkten an der Verdampfungsstelle.

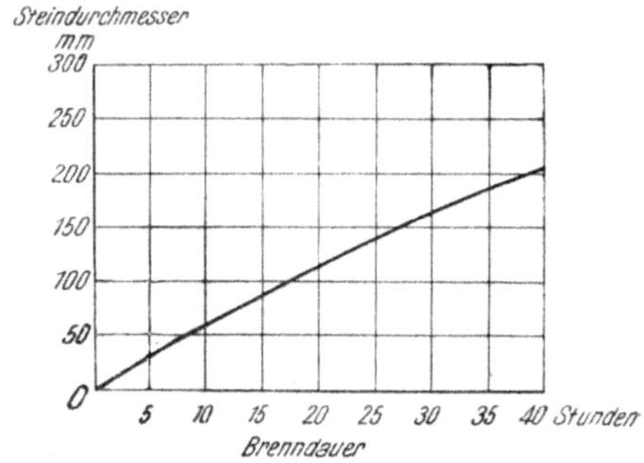

Abb. 21. Abhängigkeit der Brenndauer vom Steindurchmesser.

Bei einer Brenntemperatur von 1030° beträgt demnach das Temperaturgefälle $U = 1030 - 856 = 174°$ C.

Für gewöhnlichen Kalkstein mit $\lambda = 2{,}0$, $\gamma = 2{,}65$ berechnet sich die Brenndauer

1. für Kalksteine von 200 mm = 0,2 m Durchmesser zu:

$$z = \frac{1000}{3} \cdot 425{,}2 \cdot \frac{0{,}1 \cdot 2{,}65}{5{,}6 \cdot 174} = 141\,730 \cdot \frac{0{,}1 \cdot 2{,}65}{5{,}6 \cdot 174} = 38 \text{ Stunden};$$

2. für Kalkstückchen von 10 mm Durchmesser zu:

$$z = 141\,730 \cdot \frac{0{,}0050 \cdot 2{,}65}{8 \cdot 174} = \sim 1{,}3 \text{ Stunden.}$$

Die vorstehende Kurve zeigt recht deutlich den Einfluß der Größe der Kalksteinstücke auf die Brenndauer (Abb. 21).

Die unter 2 errechnete Brenndauer stimmt recht gut mit *Herzfeld*s Versuchen (Festschrift S. 492) überein. Er stellte fest, daß in einer Stunde alle CO_2 ausgetrieben wird, jedenfalls aus Stückchen, die ungefähr 10 mm Durchmesser hatten, doch ist darüber nichts in den Versuchen angegeben. Für erbsengroße Stücke ergibt sich nach Abb. 21 eine Brenndauer von ca. $^1/_2$ Stunde, entsprechend den von *Herzfeld* erwähnten Versuchen (Festschrift S. 453).

Die für größere Kalksteine errechneten Werte stimmen gut mit den Erfahrungen überein; wenn für Verteilung des Brennmaterials gesorgt ist.

Man kann sich demnach mit meiner Rechnung stets Klarheit über die voraussichtliche Brenndauer machen, was bisher nicht möglich war. Sie soll aber nur relative Vergleichswerte geben; absolut genaue Werte kann die Rechnung nicht zeitigen. Denn nicht nur die Oberflächengestaltung der Steine ist vielen Schwankungen ausgesetzt, sondern auch die Wärmeeintrittszahl α und die Wärmeleitzahl λ. α ist nicht zuverlässig zu bestimmen, weil diese Wärmeeintrittszahl nicht nur abhängig ist von dem Wärmeübergang zwischen Gasen und Kalksteinen (von der Gasgeschwindigkeit), sondern auch verschiedenartig beeinflußt wird durch Wärmestrahlung vom glühenden Koks, durch dessen teilweise Berührung und der Änderung der Oberflächenbeschaffenheit mit dem Fortschritt des Brennens.

Die Wärmestrahlung habe ich nicht in Rechnung gestellt, weil sie einer einfachen Behandlung nicht zugänglich ist. Sie nimmt mit der 4. Potenz der absoluten Temperatur zu. Die Wärmeabstrahlung von der glühenden Koksoberfläche nach der Umgebung ist also recht bedeutend und wirkt stark kühlend auf die heizende Koksfläche, deren Temperatur erniedrigend. Auch wird die ausgestrahlte Wärme nicht gleichmäßig auf die Kalksteine ausgestrahlt, nur wenige Stellen werden getroffen, und auch diese schon abgeschwächt durch die die Wärme teilweise aufnehmenden Gase. Aber wenn auch durch diese Einstrahlung dem Kalkstein eine größere Wärmemenge zugeführt würde, so ist deren Weiterleitung und somit das Durchbrennen des Steines doch noch abhängig von der Weiterleitung der Wärme von λ. Starke Zustrahlung von Wärme würde deshalb nur eine Überhitzung der Oberfläche bewirken, die, wie noch gezeigt wird, zum Totbrennen Veranlassung gibt. Die Wirkung zu starker Bestrahlung, durch gute Verteilung des Brennstoffes u. dgl., muß deshalb verhindert werden.

Die Wärmeleitzahl λ ändert sich auch an und für sich mit dem Fortschritt des Brennens. Die sich entsäuernde äußere Schicht von CaO wird die Wärme schlechter leiten als die ursprünglichen festen Massen des Kalksteines. Ein Ausgleich wird aber dadurch geschaffen, daß sich diese Hülle erhitzt und so ein stärkeres Temperaturgefälle für die Weiterbewegung der Wärme zur Verfügung steht, während andererseits die jetzt porig gewordene äußere CaO-Hülle eine wesentlich größere Oberfläche besitzt. Gegenüber der ursprünglichen geometrischen Körperoberfläche wird jetzt bei der vergrößerten Fläche das verbleibende geringere Temperaturgefälle noch genügend Wärme aufnehmen. Mit der Änderung des inneren Aufbaues, mit dem fortschreitenden Durchbrennen werden sich die Bedingungen ändern. Versuche liegen hierfür nicht vor und werden auch kaum zu einem endgültigen Ergebnis führen können, wegen der verwickelten Verhältnisse. Dazu kommt, daß ein gewisser Überdruck, eine Temperaturerhöhung notwendig ist, um die im Innern freiwerdende CO_2 durch die Poren der äußeren Ätzkalkhülle zu drücken. Der Druck nimmt aber nach S. 35 außerordentlich schnell zu, so daß dadurch nur eine geringe Beeinflussung des Temperaturgefälles eintritt. Immer werden sich aber die Verhältnisse gleichartig verschieben, so daß es an und für sich von geringerer Bedeutung ist, mit welchen Zahlen für α und λ man rechnet.

Am Zement-Drehrohrofen sehen wir ebenfalls den außerordentlichen Einfluß der Korngröße auf die Verkürzung der Brenndauer, die damit zusammenhängende schnelle Verarbeitung und große Leistungsbeschleunigung. Während im Schacht- oder Ringofen die zu Normalziegeln geformte Rohmasse 1 bis 8 Tage zum Trocknen, Brennen und Kühlen erfordert, beträgt die Zeit vom Eintritt der Zementrohmasse in den Drehrohrofen bis zum Austritt des gebrannten Klinkers nur etwa eine Stunde.

Die in Abb. 21 bildlich dargestellte Zeit stellt natürlich nur die Brenndauer selbst dar, während die Steine Temperaturen über 900°, mit im Mittel 1030° C, ausgesetzt sind. Darunter ist nicht etwa die ganze Aufenthaltszeit des Kalkes im Ofen zu verstehen. Diese wird um die Vorwärme- und Kühlzeit verlängert; doch hiervon später.

Aus der Abb. 21 ersieht man auch die Wichtigkeit gleicher Steingrößen für ein gleichmäßiges Brennen. Wenn z. B. *Heinrich* mit seinem D. R. P. 227 487 auch besseren Zug erreicht, so wird doch das von ihm erwartete gleichmäßige Brennen der kleinen Schotterstücke und groben Steine nicht eintreten. Er füllt nach dem Kalkziehen erst durch eine mittlere Öffnung grobstückige Steine ein und dann durch äußere Öffnungen feinstückige. Es entsteht dann in der Mitte eine Säule grobstückigen Kalkes, während ringsum Schotter lagert, so daß die Gase innen leichteren Durchgang finden. Es soll dadurch ein gleichmäßigeres Durchglühen erwirkt werden, was aber nicht zu erreichen ist. Steine von 100 mm Durchmesser sind in 17 Stunden durchgebrannt, während solche von 200 mm Durchmesser erst in 38 Stunden durchgebrannt sind. Die letzteren werden nicht gar herauskommen, wenn man sich beim Ziehen nach den kleineren Steinen richtet. Dies verleitet, bei nicht richtiger Erkenntnis, dazu, mehr Koks zuzugeben, was als eine Verschwendung zu betrachten ist. Kleine Steine, z. B. von 40 mm Durchmesser, werden schon in 7 Stunden durchgebrannt. Sie müssen aber mit den Steinen von 200 mm Durchmesser der Brenntemperatur während 38 Stunden ausgesetzt werden, und da sie durch verdampfende Kohlensäure nicht mehr gekühlt werden, so erhitzen sie sich auf die Brenntemperatur, ja bis auf die Temperatur des sie gerade berührenden Kokses, die bis 1600° betragen kann. Dann kann ein Sintern und Schmelzen des überhitzten Kalkstückchens eintreten; es wird totgebrannt.

Natürlich ist es im Betriebe unmöglich, allen Steinen gleiche Größen zu geben, aber an Hand obiger Erkenntnis sollte man möglichste Gleichmäßigkeit anstreben. An Hand der an einem vorhandenen Ofen zur Verfügung stehenden Brenndauer kann man die zweckmäßige Größe der Kalksteine bestimmen, damit sie gargebrannt gezogen werden.

Die Verunreinigungen der Steine, die nicht aus Carbonaten bestehen (z. B. Magnesiumcarbonat), treten heiß in die Brennzone ein, ohne weitere Wärme zu verbrauchen. Um ihren verhältnismäßigen Betrag wird dann auch die Brennzeit verkürzt. Reiner Kiesel, also ohne jeden Kalkgehalt, in den Kalkofen eingefüllt, würde gar keine Brennzeit erfordern. Besitzen die Kalksteine z. B. 15 Proz. Verunreinigungen, so würde auch die vorberechnete Brennzeit um 15 Proz. für die betreffende Kalksteingröße bei sonst gleichen

Verhältnissen zu vermindern sein. Die Kalksteine würden also schneller gebrannt, die Leistungsfähigkeit des Ofens nimmt zu. Wohlverstanden in bezug auf die betreffende Sorte Kalksteine, aber nicht in bezug auf die Menge gewonnenen reinen Ätzkalkes. Soll diese auf eine bestimmte Höhe gehalten werden, was in chemischen Fabriken fast immer der Fall ist, dann müssen den Verunreinigungen entsprechend mehr Kalksteine gebrannt werden, mit entsprechendem Zeitaufwand, der vorgenannten Gewinn wieder ausgleicht. Hierauf komme ich noch bei der Berechnung des Rauminhaltes zurück.

16. Die Zeit zum Abkühlen des gebrannten Kalkes.

Es wäre jetzt noch die Zeit zu berechnen, die zum Abkühlen des niedersinkenden gebrannten Kalkes notwendig ist. Dabei soll angenommen werden, daß die Steine an und für sich beim Brennen nicht wesentlich zerstört werden. Sie werden wohl durch den Verlust der 44 Proz. CO_2 porös, doch unzerbröckelt erhalten, wobei sich ihr Raum um 10 bis 20 Proz., im Mittel 15 Proz. vermindert. Man muß also von der Anzahl der eingefüllten Kalksteinstücke ausgehen, und es ist nur deren Oberflächenverminderung, entsprechend der Raumabnahme, zu berücksichtigen.

Der Raum der gebrannten Kalkkugel vom Halbmesser r_1 ist:

$$J_1 = \frac{4}{3}\pi \cdot r_1^3 \cdot 1000 = 0{,}85 \cdot \frac{4}{3}\pi \cdot r^3\, 1000\,\mathrm{l}, \tag{28}$$

demnach ist:

$$r_1 = \sqrt[3]{\frac{4}{3}\pi \cdot r^3 \cdot 1000\,\frac{3 \cdot 0{,}85}{4 \cdot \pi \cdot 1000}} = \sqrt[3]{0{,}85\, r^3} = 0{,}95\, r. \tag{29}$$

Das Gewicht der Kugel aus gebranntem Kalk ist gleich dem Gewicht der ursprünglichen kohlensauren Kalkkugel, vermindert um die ausgetriebenen 44 Gewichtsproz. CO_2:

$$G = \frac{(100 - 44)}{100} \cdot J \cdot j = 0{,}56 \cdot \frac{4}{3} \cdot \pi \cdot r^3 \cdot 1000 \cdot 2{,}65, \tag{30}$$

und die in ihnen vorhandene Wärme ist:

$$W_4 = 0{,}56 \cdot J \cdot j \cdot 0{,}21 \cdot 856 = 0{,}56\,\frac{4}{3}\pi \cdot r^3 \cdot 1000 \cdot 2{,}65 \cdot 0{,}21 \cdot 856. \tag{31}$$

Die ausströmende Wärmemenge ist:

$$W_5 = O_1 \cdot K \cdot U_k \cdot z_{k\,(\text{kühlen})}\,. \tag{32}$$

Dabei würde W_5 gleich W_4 werden, wenn sich die gebrannten Steine bis auf 0° abgekühlt hätten, auf die Temperatur der eintretenden Verbrennungsluft. Dazu wäre aber auch wieder eine unendlich lange Abkühlungszeit erforderlich, die nicht zur Verfügung steht. Man wird sich deshalb mit einer weniger vollkommenen Abkühlung zufrieden geben müssen, z. B. mit einer Abkühlung bis auf A°. Um Brennmaterial zu ersparen, wird man aber verlangen, daß die Steine den Ofen möglichst gekühlt verlassen; denn die in ihnen noch enthaltene Wärme geht verloren. Diese Wärmemenge berechnet sich (bezogen auf 100 kg Kalksteine) wie folgt: Den Ofen verlassen 56 kg CaO mit einer Temperatur A und einer spez. Wärme von 0,21; sie enthalten also $56 \cdot 0{,}21 \cdot A$ WE. Wie wir noch sehen werden, gibt bei einer Brenntemperatur von 1030° 1 kg Kohlenstoff $8080 - 4152 = 3928$ WE nutzbar ab. Es sind zur Deckung obiger Verluste:

$$\frac{56 \cdot 0{,}21\, A}{3928} = 0{,}003 \cdot A \text{ kg Kohlenstoff}$$

notwendig. Verlassen z. B. die Steine den Ofen mit $A = 100°$, so sind zur Deckung dieses Verlustes $0{,}003 \cdot 100 = 0{,}3$ kg C notwendig. Groß sind also die Verluste nicht, und es ist nicht von großer Bedeutung, ob die Steine den Ofen etwas wärmer oder kälter verlassen. Immerhin dürften wohl 100° als wünschenswert erscheinen. Läßt man die gebrannten Steine auch noch bis zum nächsten Ziehen vor dem Ofen liegen, so wird daran vorbeistreichende Frischluft sich vorwärmen und so doch noch den größten Teil der in den Steinen zurückgebliebenen Wärme dem Ofen zuführen. Dabei bedeutet A nicht etwa die Außentemperatur der gebrannten Steine, sondern die mittlere; denn beim Kalkziehen werden die Steine außen viel kälter sein als innen, infolge des langsamen Wärmeaustausches zwischen den heißen Steinen und der kalten Luft.

Die von den Steinen abzugebende Wärmemenge ist also nicht W_4, sondern die kleinere Menge:

$$W_6 = 0{,}56 \cdot \frac{4}{3} \pi \cdot r^3 \cdot 1000 \cdot 2{,}65 \cdot 0{,}21 \cdot (856 - A)\,. \tag{33}$$

Es besteht nun auch hier wieder Gleichgewicht, wenn:

$$\begin{aligned} W_6 &= W_5 \\ 0{,}56 \cdot \frac{4}{3} \pi \cdot r^3 \cdot 1000 \cdot 2{,}65 \cdot 0{,}21\,(856 - A) &= O_1 \cdot K_A \cdot U_k \cdot z_k \\ &= 4 \cdot \pi \cdot r_1^2 \cdot K_A \cdot U_k \cdot z_k \\ &= 4 \cdot \pi \cdot 0{,}95^2 \cdot r^2 \cdot K_A \cdot U_k \cdot z_k \end{aligned}$$

und daraus die Abkühlungszeit:

$$z_k = 0{,}56 \cdot \frac{4 \cdot \pi \cdot r^3 \cdot 1000 \cdot 2{,}65 \cdot 0{,}21\,(856 - A)}{3 \cdot 4 \cdot \pi \cdot 0{,}95^2 \cdot r^2 \cdot K_A \cdot U_k} = 113 \frac{r(856 - A)}{K_A \cdot U_k}\,. \tag{34}$$

Da, wie schon gesagt, durch die entweichende Kohlensäure der rückbleibende Kalkstein porös wird, so vermindert sich natürlich auch seine Wärmeleitfähigkeit. Während diese bei Kalkstein $\lambda = 1{,}7$ bis 2,08 ist, ist sie bei gebranntem Kalk nur noch $\lambda_4 = 0{,}43$ bis 0,63, also im Mittel $\lambda_4 = 0{,}53$. Demnach berechnet sich die Wärmeübergangszahl für gebrannten Kalk zu:

$$K_A = \frac{1}{\dfrac{1}{\alpha} + \dfrac{\delta}{\lambda_4}} = \frac{1}{\dfrac{1}{8} + \dfrac{r}{0{,}53}}\,. \tag{35}$$

In der Abb. 22 habe ich die Werte von K_A für die verschiedenen Steindurchmesser eingetragen und auch K_k für Kalksteine nach der früheren

Rechnung (S. 55). Man muß nun den Temperaturunterschied U_k berechnen in gleicher Weise, wie dies bei der Vorwärmung der Fall war.

Am Anfang der Kühlzone ist der Temperaturunterschied zwischen den heißen gebrannten Steinen und der vorgewärmten Luft maßgebend. Die Steine werden sich etwas über die eigentliche Verdampfungstemperatur von 856° erwärmen, aber durch das Nachbrennen sich auf diese Temperatur wieder vorkühlen, wie wir dies noch später sehen werden und in der Abb. 32 dargestellt ist. Die Temperatur i der vorgewärmten Luft berechnet sich für den Idealofen wie folgt, wenn in diesem 7,83 kg Kohlenstoff (S. 77) verbrannt und nach Seite 272 dann 7,83 · 11,5 = 90 kg Verbrennungsluft zuzuführen sind. Bei mittlerer spez. Wärme von 0,25 sind für die Erwärmung um einen Grad 90 · 0,25 = 22,5 WE nötig. Nach Formel (45) können die 56 kg Ätzkalk 10 067 WE an die Luft abgeben, sie also auf $\frac{10\,067}{22{,}5} = 447°$ anwärmen. Dies wird in Wirklichkeit geringer, weil sich der Kalk nicht ganz auf 0° abkühlt, Wärme verloren geht und auch ein Luftüberschuß herrscht. Ich will deshalb die Lufttemperatur einsetzen mit $i = 400°$. Am Anfang ist der Temperaturunterschied also $\vartheta_a = 856 - 400 = 456°$.

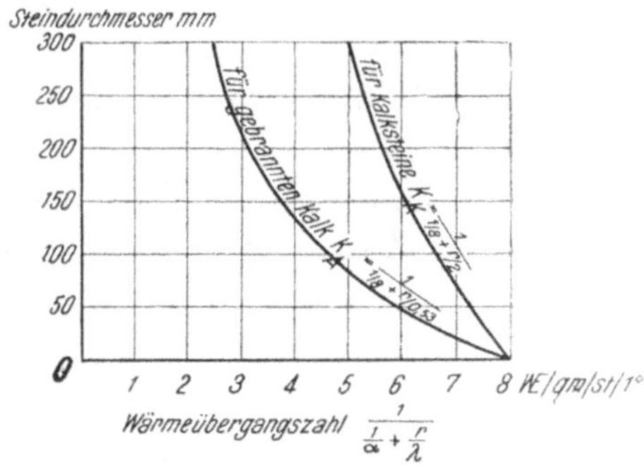

Abb. 22. Abhängigkeit der Wärmeubergangszahl vom Steindurchmesser.

Am Ende der Kühlzone hat sich der Kalk auf eine Temperatur A abgekühlt, die ich zu 100° annehme (S. 66), während die Verbrennungsluft mit der Außentemperatur a eintritt. Dort ist der Temperaturunterschied $\vartheta_e = A - a = 100 - 0 = 100°$. Daraus der mittlere Temperaturunterschied:

$$U_k = \frac{\vartheta_a + \vartheta_e}{2} = \frac{456 + 100}{2} = 278°.$$

Ich berechne hier und in anderen Fällen die mittlere Temperatur einfach als arithmetisches Mittel zwischen den beiden Endtemperaturen. Mathematisch genau müßte dies eigentlich unter Berücksichtigung der von *Grashof* in seiner Theoretischen Maschinenlehre I aufgestellten Formel geschehen, nach der der mittlere Temperaturunterschied zweier sich im Gegenstrom aneinander vorbei bewegender Körper wäre

$$U_k = \frac{\vartheta_a - \vartheta_e}{\ln \frac{\vartheta_a}{\vartheta_e}} \qquad (36)$$

Diese Formel ist aber in der Handhabung nicht einfach und verlangt für ihre leichte Anwendung Zahlenreihen, wie sie z. B. *Hausbrand* (Verdampfen, Kondensieren und Kühlen) gibt. Außerdem setzt diese Formel voraus, daß beide Temperaturen in gleichmäßigen, ungestörten, ungeknickten Kurven verlaufen, wenn die Ergebnisse richtig sein sollen. Dies ist aber fast nie in der Wirklichkeit und auch hier in unserem Beispiel, wie dies die Abb. 32 bzw. 47 zeigen, der Fall. Diese mathematisch genauere Formel bietet, trotz ihrer umständlicheren Handhabung, keine Sicherheit, daß der mit ihr errechnete mittlere Temperaturunterschied genauer mit der Wirklichkeit übereinstimmt, als er sich aus der von mir angewendeten, einfacheren Formel ergibt.

Für Kalksteine von 200 mm Durchmesser berechnet sich somit die Abkühlungszeit nach Formel 34 zu:

$$z_k = 113 \frac{r\,(856 - A)}{K_A \cdot U_k} = 113 \frac{0{,}1\ (856 - 100)}{3{,}1 \cdot 278} = 10 \text{ Stunden.}$$

17. Die Gesamtaufenthaltszeit des Kalkes im Kalkofen.

Nachdem nun auch die notwendige Kühlzeit berechnet ist, ergibt sich die Gesamtaufenthaltszeit für die Kalksteine im Ofen aus dem Zusammenzählen der Zeiten für die Vorwärmung z_v, für das Brennen z und für die Ab-

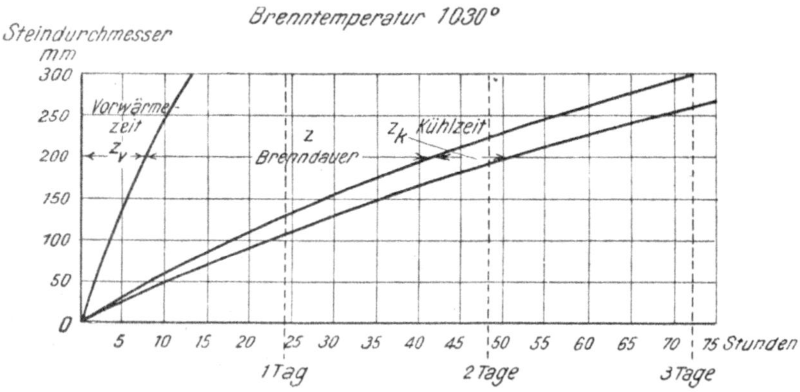

Abb. 23. Abhängigkeit der Gesamtaufenthaltszeit vom Steindurchmesser bei einer Brenntemperatur von 1030°.

kühlung z_k. Die Brenndauer hatte ich schon Seite 60 berechnet und für die Brenntemperatur $B = 1030°$ in der Abb. 21 bildlich dargestellt. In der Abb. 23 habe ich nun diese Werte für die Brenntemperatur von 1030° zusammengezeichnet, und man sieht daraus klar den Einfluß des Steindurchmessers. Während danach die notwendige Gesamtaufenthaltszeit im Kalkofen für Kalksteine von 200 mm Durchmesser ungefähr 52 Stunden beträgt, beträgt sie bei Steinen von 100 mm Durchmesser nur noch etwa 23 Stunden. Durch Verringerung des Steindurchmessers kann man also die Leistung eines Ofens bedeutend erhöhen (wobei aber die Zugverhältnisse schwieriger werden: doch davon später).

Um noch besser den Einfluß der Brenntemperatur vor Augen zu führen, habe ich in der Abb. 24 die notwendige Aufenthaltszeit $= z_v + z + z_k$ für die Brenntemperatur von 1200° eingezeichnet. Mit der Brenntemperatur steigt also die Leistungsfähigkeit ebenfalls bedeutend; denn während die

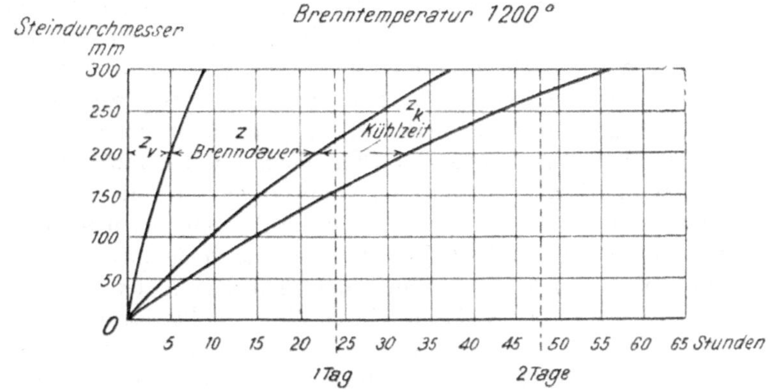

Abb. 24. Abhängigkeit der Gesamtaufenthaltszeit vom Steindurchmesser bei einer Brenntemperatur von 1200°.

Zeit für Steine von 150 mm bei 1030° 36 Stunden beträgt, macht sie bei 1200° nur noch 23 Stunden aus. Aber gleichzeitig nimmt der Brennstoffverbrauch ebenfalls bedeutend zu. Und, worauf ich auch noch später zurückkomme, ist dabei die Brennzeit z für die Steine unter Umständen viel kürzer als die Zeit, die große Koksstücke (beim Mischfeuer) zur vollständigen Verbrennung benötigen. Würde man also bei einer Brenntemperatur von 1200° die gut gebrannten Steine nach der notwendigen Zeit abziehen, so würde man bei falscher Wahl der Koksgröße unverbrannten Koks abziehen, was natürlich nachteilig ist. Die größeren, noch unverbrannten Koksstücke kann man wohl auslesen lassen und wieder verbrennen (dies kostet jedoch Handarbeit), aber die kleineren Stückchen verbleiben im gebrannten Kalk und können, bei seiner Verwendung in chemischen Industrien, an verschiedenen Stellen zu Verstopfungen Veranlassung geben; z. B. in den Saftventilen, den Pumpen und Filterpressen.

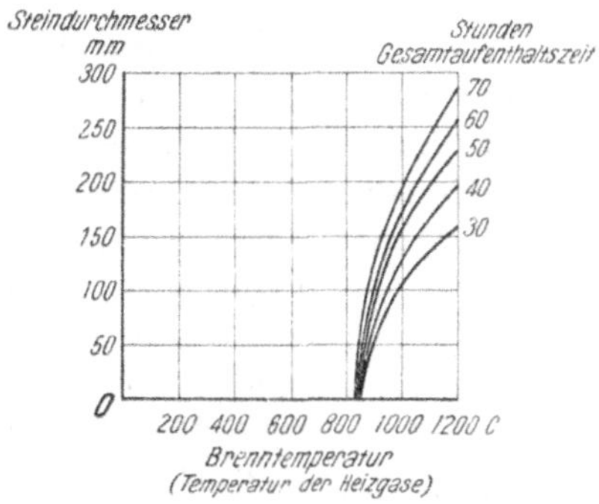

Abb. 25. Abhängigkeit der Gesamtaufenthaltszeit vom Steindurchmesser bei den verschiedenen Brenntemperaturen.

Noch deutlicher wird der Zusammenhang zwischen der Größe der Kalksteine, der Brenntemperatur und den dabei erforderlichen Aufenthaltszeiten im Ofen durch die Abb. 25. Diese zeigt für die Gesamtzeiten von 30, 40, 50, 60 und 70 Stunden bei den verschiedenen Steindurchmessern die notwendige

Brenntemperatur. Dabei ist unter der Brenntemperatur die der Heizgase zu verstehen, die sie in der Brennzone besitzen.

Bei dieser berechneten notwendigen Aufenthaltszeit ist angenommen, daß sich alle Steine im Ofen parallel und mit gleicher Geschwindigkeit abwärts bewegen, und die Gase parallel mit, überall im wagerechten Querschnitt gleicher Geschwindigkeit aufwärts. In Wirklichkeit ist dies nicht der Fall. Die Steine bewegen sich nach unten nicht mit gleichmäßiger Geschwindigkeit, sondern bald außen, bald innen schneller. Diese Einflüsse werde ich noch im Abschnitt J eingehend besprechen. Es ist danach zu streben, daß diese oben berechnete Aufenthaltsdauer im Ofen auch durchschnittlich von den Steinen eingehalten wird, sonst muß der Ofen größer sein, als sich nach der Abb. 23 ergeben würde. Um diese Vergrößerung berechnen zu können, muß man wissen, mit welchen Geschwindigkeiten sich die verschiedenen Schichten im Ofen bewegen, und ich will hierauf auch später eingehen.

Die in den Abb. 23 und 24 dargestellten Werte stellen also die geringstnotwendigen Aufenthaltszeiten im Kalkofen dar, die in Wirklichkeit verlängert werden müssen durch die Abkühlungsverluste in der Vorwärmezone, durch die Unreinigkeiten der Kalksteine und den nicht parallelen Lauf der sinkenden Steine. Mit einer geringeren Zeit auskommen zu wollen, ist unwirtschaftlich, denn man wird dann den Brennstoffverbrauch unnütz erhöhen und den Kalk unvollständig durchgebrannt abziehen. Durch die Verunreinigungen in den Kalksteinen wird die Vorwärme- und Abkühlungszeit (s. S. 58) prozentual vergrößert und außerdem noch prozentual der Gesamtinhalt des Kalkofens.

18. Der Einfluß der wirklichen Kalksteinform.

Bei der Berechnung sowohl der Vorwärmezeit als auch der Brenndauer und Kühlzeit habe ich angenommen, daß die Kalksteinstücke Kugelform besitzen, was natürlich in Wirklichkeit nicht der Fall ist. Die Kugel besitzt bei gleichem Inhalt die kleinste Oberfläche von allen Körpergestalten, die überhaupt denkbar sind. Sie besitzt die kleinste Oberfläche, die der Wärme die geringste Fläche zum Eintritt bietet. Alle anderen Formen müssen also mehr Wärme unter sonst gleichen Verhältnissen aufnehmen, schneller gebrannt werden.

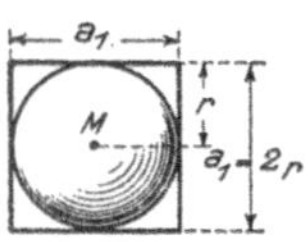

Abb. 26. Einfluß der Würfel- oder Kugelform des Kalksteines.

Besitzen die Steine Würfelform, dann wäre die Entfernung von der Oberfläche bis zu dem am weitesten von ihr entfernten Mittelpunkt M nach Abb. 26, dem am spätesten durchgebrannten Kern, gleich dem Halbmesser der eingeschriebenen Kugel r. Die Zeit zum Durchbrennen eines Würfels von der Kantenlänge a_1 würde also genau so lange dauern wie die zum Durchbrennen der Kugel mit dem Durchmesser a_1. Die in den Abb. 23 bis 24 dargestellte Brennzeit würde sich also sowohl auf die Kalksteinkugel als auch auf den Kalksteinwürfel beziehen. Allerdings hat die Kugel vom Durchmesser a_1 ein kleineres Gewicht als der Würfel von der Seitenlänge a_1, so daß in der gleichen Gesamtaufenthaltszeit ein größeres Kalkgewicht gebrannt würde, wenn man Würfel verwendet statt Kugeln. Man hat hiervon aber nur einen Nutzen, wenn in den gleichen Ofenraum ein größeres Gewicht an Kalksteinwürfeln als an Kalksteinkugeln eingefüllt werden könnte. Dies ist aber nicht der Fall. Wie ich noch auf Seite 251 zeige, ist das Raumgewicht immer gleich, ob ich große oder kleine Kugeln einfülle, und es ist auch fast ohne jeden Einfluß, ob ich Würfel, Pyramiden oder Kalksteinkugeln in den Ofen einfülle. Die einzubringende Menge wird sich wenig ändern, und die Rechnung, der ich Kugeln zugrunde legte, wird durch die Steinform wenig verändert.

Für den Wärmedurchgang, durch den die Aufenthaltszeit beeinflußt wird, ist die kleinste senkrechte Entfernung von der äußeren Oberfläche bis zum Steinkern maßgebend auf das vollkommene Durchbrennen. So beobachtete ich bei einem Kalkofenbetriebe die Verwendung lagerechter Kalksteine mit deutlicher Schichtenbildung. Sie hatten eine sehr gleichmäßige Plattenstärke von 80 bis 110 mm nach Abb. 27. An den dickeren Platten konnte man deutlich nach dem Zerschlagen einen inneren ungebrannten Kern erkennen, dessen Abgrenzung parallel mit der äußeren Steinoberfläche verlief. Der senkrechte Abstand von der äußeren Oberfläche zum nicht durchgebrannten Kern war überall fast gleich, den senkrechten Eintritt der Wärme, den senkrechten Fortschritt des Brennens nach dem Innern zu beweisend. Die Platten werden also von der dünnsten Seite aus am schnellsten durchgebrannt, ihre Plattendicke ist für das Brennen maßgebend, nicht die Plattenlänge oder -breite, wenn diese größer als deren Dicke ist. Steine mit Schichtenbildung wird man deshalb nicht in kleine Stücke zerschlagen müssen, die sich möglichst der Kugelform nähern, sondern Zerschlagen in große, aber plattenartige Stücke von entsprechender Dicke genügt. Eine Dicke ist einzuhalten, die dem vorberechneten Kegeldurchmesser entspricht. Dabei muß man bei den Plattensteinen sich vor einer zu weitgehenden Zersplitterung hüten, weil diese durch ihre flache, schuppenartige Übereinanderlagerung den Zug sehr erschweren.

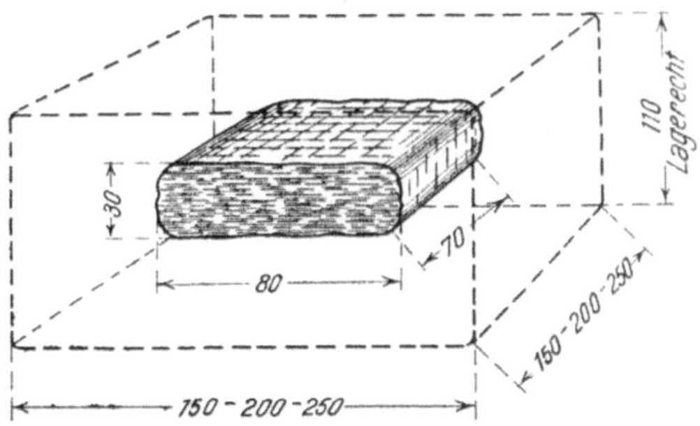

Abb. 27. Ungebrannter Kern.

Die Anwendung von Steinbrechern für die Zerkleinerung ist insofern nachteilig, als sehr viel Abfall entsteht. Nicht immer ist es möglich, diesen Schotter ohne Störung des Zuges im Kalkofen brennen zu können. Unerwünschte Zerkleinerung kann nur durch Zerschlagen von Hand vermieden werden. Wenn man für den Abfall zur Aufschotterung der Wege u. dgl. keine Verwendung hat, dann ist es das einzig Richtige, schon vom Steinbruch aus die Steine in der richtigen Größe zu beschaffen, wie sie der betreffende Kalkofen für einen glatten Betrieb fordert.

Nicht jede beliebige Steingröße läßt sich in jedem Kalkofen gleich gut brennen. Ohne Rücksicht auf andere Forderungen ergibt sich folgende Richtschnur für die Wahl der Ofenart.

Zusammenstellung VII.

Richtschnur für die Wahl der Ofenart in bezug auf die Kalksteingröße.

Kalksteine	Großen-Bezeichnung	Bruchstücke (Rohlinge)	Geschlagene Steine (Kopfgröße-Grobkorn)	Schotter (Faust-Grobschrot)	Abfall (Nüsse bis Staub)
	Ungefahre Große mm	500—200	250—50	100—30	unter 50
	1 cbm wiegt (s. S. 251) kg	1650		1620	1680—1650
Kalkofen-Art		Brauchbarkeit			
	Ringofen	gut	schwieriges Einsetzen; zu hoher Zugwiderstand	—	—
	Schachtofen	mechanische Beschickung schwierig	gut	künstlicher Zug erforderlich	—
	Drehrohrofen	zu große Beanspruchung der feuerfesten Auskleidung durch fallende Steine			gut geeignet

Die nähere Begründung der Einzelheiten findet sich in den vorhergehenden und späteren Abschnitten.

E. Die Feuerung.

Im vorhergehenden Abschnitt haben wir gesehen, daß für das Brennen in einer gewissen Zeit eine bestimmte Temperatur der Heizgase notwendig ist. Auch müssen diese die notwendige Wärme in der Brennzone an den Kalkstein abgeben können. Diese Höhe der Temperatur und die Wärmemenge muß durch das Verbrennen des Brennstoffes erzeugt werden.

19. Brennstoffverbrauch für das Kalkbrennen im Ideal-Kalkofen.

Nachstehend will ich den Brennstoffverbrauch berechnen für das eigentliche Brennen selbst, und dabei von einem Idealofen ausgehen. Einerseits, um die idealen Höchstwerte zu finden, andererseits, um besser die verschiedenen Einflüsse in der Wirklichkeit beurteilen zu können. Ich nehme deshalb vorläufig an, daß dieser Idealofen nach außen keine Wärme verliert und mit reinem kohlensauren Kalk $CaCO_3$ beschickt wird.

Aus 100 kg kohlensaurem Kalk entstehen somit 56 kg gebrannter Kalk und 44 kg Kohlensäure.

Es sei weiter angenommen, daß der Brennstoff aus reinem Kohlenstoff C bestehe, dessen Verbrennung nach der thermochemischen Formel

$$C + O_2 = CO_2 + 96\,960 \text{ WE} \qquad (37)$$

erfolgt. 1 Mol. C entwickelt somit 96 960 WE (1 Mol. ist die Menge eines Stoffes in Kilogramm, die seinem Molekulargewicht entspricht) und da das

Molekulargewicht des C 12 ist, also 1 Mol. C = 12 kg, so entwickelt 1 kg C bei seiner Verbrennung zu Kohlensäure

$$W_B = \frac{96960}{12} = 8080 \text{ WE}. \tag{38}$$

Zur Bestimmung der zum Verdampfen der Kohlensäure aus dem Kalkstein notwendigen Wärmemenge legte man in allen Werken, die über das Kalkbrennen handeln, die von *Favre* und *Silbermann* bestimmten Zahlen zugrunde. In den „Annales de chimie et de physique" 1852, Bd. 36, S. 26, veröffentlichten *Favre* und *Silbermann* ihre Ergebnisse über die Zersetzung des $CaCO_3$, indem sie in einer kalorimetrischen Bombe Islandspat und Aragonit unter Zusatz von Kohle verbrannten. Sie stellten hierbei fest, daß für die Zersetzung von 1 kg Islandspat im Mittel 308 WE verbraucht wurden, führten aber gleichzeitig an, daß diese Zahlen nicht ganz zuverlässig seien, wegen der geringen in der Bombe zersetzten und gebrannten Menge Spat. Sie vermuteten schon damals, daß die notwendige Wärmemenge größer sein müsse, und haben deshalb neue Versuche im Jahre 1853 angestellt (Ann. de chimie et de phys. 1853, Bd. 37, S. 434), aber nicht wieder durch Brennen der Steine, sondern durch Feststellung der, bei der Mischung von feinpulverisiertem Spat mit Salzsäure freiwerdenden Wärme. Durch Umrechnung stellen sie für die Zersetzung des Spates, also für das Brennen des reinen kohlensauren Kalkes, den Verbrauch von 373,5 WE fest. Diese Zahl ist immer benutzt worden, aber auch sie scheint noch nicht ganz zuverlässig, da sie nicht mit den neuen Zahlen, die *Julius Thomsen* feststellte, genau übereinstimmt. Er stellte die Wärme im Calorimeter fest, die durch die Zersetzung des Calciums durch Salzsäure frei wird, unter sorgfältigster Beobachtung aller Einflüsse, und berechnet daraus den Wärmeverbrauch für 1 kg $CaCO_3$ zu CO_2 und CaO mit 425,2 WE (*Thomsen*, Thermochemische Untersuchungen, Leipzig 1883, S. 251). Diese Zahl scheint die zuverlässigste zu sein, denn ich finde keine weiteren Angaben, und diese Zahl ist auch in den physik-chemischen Tabellen von *Landolt-Börnstein* aufgenommen.

Die als Grundlage angenommenen $W_B = 8080$ WE werden bei der Verbrennung des Kohlenstoffes frei, wenn der C und die Verbrennungsluft mit 0° zur Feuerstelle geführt werden und wenn sich die abziehenden Endgase und Resterzeugnisse (Asche) wieder auf 0° abgekühlt haben. Aber auch zum Brennen von 1 kg $CaCO_3$ sind 425,20 WE notwendig, wenn die Steine mit 0° eintreten und der Ätzkalk mit 0° austritt. Gelangen die Stoffe (Kalksteine, C, Luft) wärmer zum Ofen, dann vermindert sich der Brennstoffaufwand entsprechend; verlassen die Reststoffe (Ätzkalk, Kohlensäure, Verbrennungsgase) den Ofen wärmer als 0°, dann vermehrt sich der Brennstoffaufwand entsprechend.

Zum Verdampfen der Kohlensäure aus 1 kg kohlensaurem Kalk sind somit 425,2 WE notwendig, oder

$$100 \text{ kg Kalksteine erfordern } 425{,}2 \cdot 100 = 42\,520 \text{ WE}. \tag{39}$$

Zum Kalkbrennen selbst wären also $\frac{42520}{8080} = 5{,}26$ kg Kohlenstoff notwendig, wenn die Verbrennungsgase ihre ganze Wärme abgeben und zum Kalkbrennen nutzbar machen können. Sie müßten sich zu dem Zwecke an den eintretenden Kalksteinen auf 0° abkühlen können. Ob dies möglich ist, muß deshalb vor allen Dingen geprüft werden.

Die spez. Wärme des kohlensauren Kalkes ist 0,21, und um 100 kg auf die Brenntemperatur (Verdampfungstemperatur) von 856° zu erhitzen, sind

$$0{,}21 \cdot 100 \cdot 856 = 17\,976 \text{ WE notwendig.} \tag{40}$$

Nach *le Chatelier* ist die spez. Wärme der Kohlensäure:

$$CO_2 = 8{,}26 + 0{,}012\,t - 0{,}00000236\,t \tag{41}$$

und des Stickstoffes:

$$N = 6{,}76 + 0{,}0012\,t, \tag{42}$$

t die Temperatur nach Celsius.

Somit ist die spez. Wärme der Kohlensäure bei 856° ungefähr 0,38, und die aus dem Kalkstein frei werdenden 44 kg CO_2 können

$$0{,}38 \cdot 856 \cdot 44 = 14\,312 \text{ WE} \tag{43}$$

abgeben, also noch nicht ganz so viel, wie zur Vorwärmung der Kalksteine notwendig sind. Für diese zur Vorwärmung der Kalksteine bis auf die Brenntemperatur noch fehlende Wärmemenge stehen aber noch die Verbrennungsgase zur Verfügung. Wir werden bald sehen, daß in diesen noch mehr Wärme als hierfür erforderlich vorhanden, und daß der deshalb verbleibende Überschuß verloren geht, ohne den Brennstoffaufwand zu erhöhen, weil nicht diese aus der Vorwärmezone entweichende Wärmemenge maßgebend ist, sondern die aus der Brennzone entweichende.

Von den 8080 WE wird so lange Wärme für das Brennen nutzbar frei, bis die Gase sich auf die Verdampfungstemperatur von 856° abgekühlt haben. Sind die Verbrennungsgase unter 856° abgekühlt, z. B. auf 855°, so hört jede weitere Verdampfung auf, jedes weitere Brennen des Kalkes. So wenig wie man mit Heizdampf von 99° noch Wasser bei 76 cm Barometerstand, also 100° Siedepunkt, verdampfen kann. Alle Wärme, die dann noch in den Verbrennungsgasen vorhanden ist, geht für das eigentliche Brennen verloren, sie hat eine zu geringe Temperatur, um für diesen Zweck noch nutzbar werden zu können.

Die nebenstehende Abb. 28 zeigt schematisch im Idealofen diese Verhältnisse. Die mit der Temperatur a in den Ofen eintretenden Steine werden in der Vorwärmezeit bis b angewärmt, durch die abziehenden Gase, die sich von m (hier gleich b) bis n abkühlen. In der Brennzone behalten die Steine die gleichmäßige Verdampfungstemperatur b—c—k und geben in der Abkühlungszone ihre Wärme an die Luft ab, sich bis auf A abkühlend, dabei die Luft von g bis i anwärmend. Es muß in der Brennzone nicht nur die für das Brennen notwendige Wärmemenge zur Verfügung stehen, sondern diese muß auch Temperaturen über 856° besitzen, um wirksam werden zu können.

Wenn dann die Wärme mit niedrigerer Temperatur noch zum Vorwärmen der Steine verwendet wird, so ist dies notwendig und schön.

Bei der Verbrennung von 1 kg C zu CO_2 werden nun nicht mehr 8080 WE nutzbar gemacht, sondern vermindert um die Wärmemenge, die durch die mit der Brenntemperatur entweichenden Gase verloren geht. Diese Gasmenge will ich nun berechnen.

Zur Verbrennung von C mit einem Molekulargewicht von 12 sind zur Verbrennung zur CO_2 2 Moleküle Sauerstoff mit einem Molekulargewicht von $2 \cdot 16 = 32$ zuzuführen. Für 1 kg C sind somit $\frac{32}{12} = 2{,}667$ kg O notwendig. Die atmosphärische Luft enthält 23,1 Proz. O, so daß 1 kg C $2{,}667 \cdot \frac{100}{23} = 11{,}5$ kg atmosphärische Luft zur Verbrennung benötigt werden. Es entstehen also $11{,}5 + 1 = 12{,}5$ kg Verbrennungsgase.

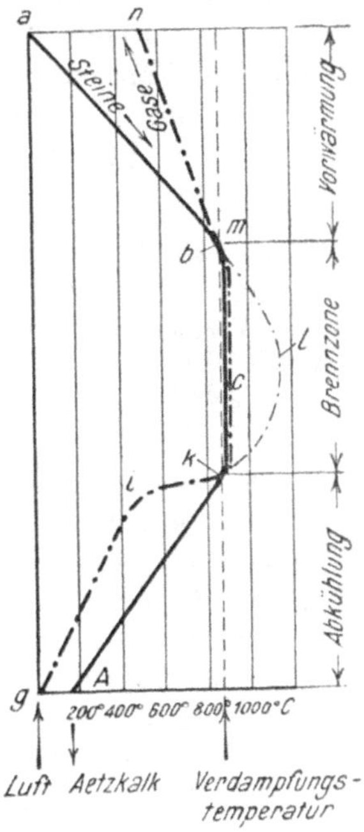

Abb. 28. Temperaturen der Steine und Gase im Idealofen.

In diesen 12,5 kg sind enthalten $1 + 2{,}667 = 3{,}667$ CO_2 und $12{,}5 - 3{,}667 = 8.833$ kg Stickstoff.

Bei einer Brenntemperatur von 856° beträgt die spez. Wärme C_p der CO_2 0,381 und die des N 0,279. Die 12,5 kg Verbrennungsgase entführen also aus der Brennzone:

$$\left.\begin{aligned} &856 \cdot (3{,}667 \cdot 0{,}381 + 8{,}833 \cdot 0{,}279) \\ &= 856\,(1{,}397 + 2{,}447) = 3291 \text{ WE}. \end{aligned}\right\} \quad (44)$$

Aber diese 3291 WE sind noch nicht ganz für den Ofen verloren, denn der in die Brennzone eintretende, vorgewärmte Koks führt davon wieder einen Teil zurück und auch noch einen Teil die Kalksteine. Die Kalksteine können noch die, in der entweichenden Kalksteinkohlensäure nicht mehr zur Verfügung stehenden 17 976 bis 14 312 WE aus den abziehenden Verbrennungsgasen aufnehmen und nutzbringend in die Brennzone zurückführen. Die Wärmemenge, die der sich vorwärmende Koks in die Brennzone zurückführt, kann man nicht so, wie die der Kalksteine zu den Steinen in Beziehung bringen. Ihre Menge ist nicht unmittelbar von den Kalksteinen abhängig, sondern von der Koksmenge, die auf den Kalkstein angewendet wird. Deshalb wird man diese Wärme mit der aus dem Koks freiwerdenden Wärmemenge zweckmäßig in Beziehung setzen.

Um nun den Brennstoffaufwand im Idealofen berechnen zu können, müssen wir uns über die Wärmemengen klar werden, die dem Kalkofen zu- und von ihm abgeführt werden. Der Verlust ist durch die Verbrennung des Brennstoffes zu decken.

Die in der Brennzone freiwerdende Kalksteinkohlensäure besitzt 14 312 fühlbare Wärmeeinheiten, und die entstandenen 56 kg Ätzkalk besitzen in der Brennzone:

$$0{,}21 \cdot 56 \cdot 856 = 10\,067 \text{ WE} \tag{45}$$

fühlbare Wärmeeinheiten, die durch die Abkühlung frei werden. Außerdem sind in beiden chemisch die zur Zersetzung aufgewendeten 42 520 WE gebunden. Diese Wärmemengen müssen gleich sein der Wärme, welche durch die verschiedenen Stoffe der Brennzone zugeführt werden. Durch den vorgewärmten Kalkstein werden 17 976 WE zugeführt, und durch die sich an dem Ätzkalk erwärmende Verbrennungsluft werden die, in ihm vorhanden gewesenen 10 067 wieder zurück zur Brennzone gebracht. Die dann noch fehlende Wärmemenge X muß durch Verbrennung von Kohlenstoff erzeugt werden, und es ergibt sich aus folgender Gleichung:

$$14\,312 + 10\,067 + 42\,520 = 17\,976 + 10\,067 + X$$

$$X = 38\,856 \text{ WE}. \tag{46}$$

Es ergibt dies folgende Zusammenstellung:

Vom Vorwärmen 100 kg $CaCO_3$ +	17 976 WE	44 kg CO_2 mit	14 312 WE	beim Abkühlen
Vom Verbrennen des C	38 856 „	56 „ CaO „	10 067 „	frei werdend
Vom Ätzkalk durch die Verbrennungsluft zurückgeführt	10 067 „		42 520 „	chem. gebunden
Vor dem Brennen	66 899 WE	nach d. Brennen	66 899 WE	

Die nebenstehende Abb. 29 zeigt dies noch deutlicher. Die aufsteigende CO_2 gibt die 14 312 WE [9680] an die niedersinkenden Steine ab, diese vorwärmend. Diese Wärme vollführt also in der Vorwärmezone einen ununterbrochenen Kreislauf. Aber die niedersinkenden Steine können nicht nur die aus der CO_2 freiwerdenden 14 312 WE aufnehmen, sondern bis 17 976 WE. Die fehlenden 17 976 — 14 312 = 3664 WE werden den aus der Brennzone mit 856° abziehenden Verbrennungsgasen entnommen, ohne daß dadurch ein größerer Brennstoffaufwand entsteht. Durch diese Rückführung der 3664 WE wird auch noch an Brennstoff gespart, so daß der C-Verbrauch entsprechend dieser Ersparnis geringer zu berechnen ist. Würden diese dorthin nicht zurückgeführt, so müßten hier für die Zersetzung des Kalksteines, der Verdampfung der CO_2, 42 520 WE durch Verbrennung des C voll zur Verfügung stehen, dagegen wirklich nur die schon vorberechneten 42 520 — 3664 = 38 856 WE.

In der Abkühlungszone gibt der niedersinkende Ätzkalk seine fühlbare Wärme im Betrage von 10 067 WE an die aufsteigende Verbrennungsluft ab, diese vorwärmend. Auch diese 10 067 WE vollführen in der Abkühlungszone einen Kreislauf. Es ist dies notwendig, um in der Brennzone mit den 42 520 — 3664 WE auszukommen; denn würde z. B. der Ätzkalk heiß mit 856° abgezogen, dann würden der Brennzone diese 10 067 WE entzogen, und sie müßten durch größeren Brennstoffaufwand ersetzt werden. Man kann deshalb auch nicht etwa rechnen, daß durch die Vorwärmung der Verbrennungsluft sich auch die nutzbare Wärmeabgabe des Brennstoffes erhöht, denn dann würde man ja diese Wärmemenge doppelt als nutzbringend in Rechnung stellen.

Aus der Abbildung ersieht man also, daß sich die fühlbare Wärme der

CO_2 und die des CaO im Ofen im Kreislauf bewegen, also ständig in gleicher Menge vorhanden sind. Aus dem Ofen entweichen mit dem Ätzkalk einerseits die gebundenen 42 520 WE, andererseits die noch in den Verbrennungsgasen vorhandene Wärmemenge.

Da die Verbrennungsgase die Brennzone mit 856° verlassen und in der Brennzone 38 856 WE notwendig sind, so können die Gase nur die Wärmemenge nutzbar abgeben, bis sie auf 856° abgekühlt sind. Ich habe nun schon früher berechnet (S. 75), daß durch die aus je 1 kg C entstehenden Verbrennungsgase 3291 WE aus der Brennzone entführt werden, bei einer Brenntemperatur von 856°. Durch die Vorwärmung nimmt je 1 kg C aus den Abgasen je $1{,}01 \cdot 0{,}2 \cdot 856 = 171$ WE auf, dadurch der Brennzone wieder zuführend, so daß nur $3291 - 171 = 3120$ WE entweichen.

Für die in der Brennzone noch aufzuwendenden 38 856 WE sind somit erforderlich:

$$\left.\begin{aligned}\frac{38\,856}{8080 - 3120} &= \frac{38\,856}{4960}\\ &= 7{,}834\ \text{kg C.}\end{aligned}\right\} \quad (47)$$

Mit weniger auszukommen, ist ausgeschlossen, denn hierzu kommen noch beim wirklichen Ofen verschiedene Verluste. Ich werde gleich zeigen, daß diese Geringstmengen von 7,8 kg Kohlenstoff für 100 kg kohlensauren Kalk, die im Idealofen genügen, in Wirklichkeit überschritten werden. Es ist aber doch nützlich, vorher klar zu sehen, wie der kleinste Kohlenstoffverbrauch überhaupt sei, um danach z. B. den vorhandenen Ofen auf seine Güte beurteilen zu können.

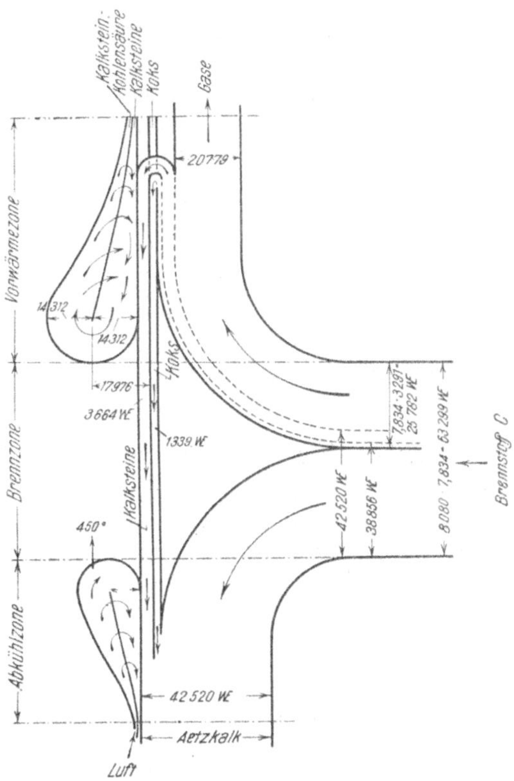

Abb. 29. Verteilung der Wärme im Idealofen.

Erst jetzt könnte man eine Gleichung (Bilanz) über den Verbleib der zugeführten und abgeführten Wärme aufstellen, nachdem dafür gesorgt ist, daß in der Brennzone auch tatsächlich die notwendige Wärme zur Verfügung steht.

Zugeführt werden — abgeführt werden

$$\underset{\text{vom C}}{8080 \cdot 7{,}834} + \underset{\text{von den Kalksteinen}}{0°} + \underset{\text{von der Luft}}{0°} = \underbrace{42\,520 + 0°}_{\text{vom Ätzkalk}} + \underbrace{3291 \cdot 7{,}834 - 3664 - 171 \cdot 7{,}834}_{\text{von den Gasen}}$$

$$63\,299 = 63\,299$$

Daß man den berechneten Kohlenstoffverbrauch nicht unmittelbar mit dem Koksverbrauch vergleichen darf, sondern erst nach entsprechender Umrechnung unter Benutzung der wirklich im Koks vorhandenen Wärmeeinheiten, ist wohl selbstverständlich.

Die von mir berechneten 7,8 kg C werden, wie schon gesagt, durch den Abkühlungsverlust, den Luftüberschuß u. dgl. vermehrt. Es ist wohl zu beachten, daß nach *le Chatelier* das Verdampfen schon bei 812° beginnt (nach *Pott* bei 900°), also früher als im Mittel von mir zu 856° angenommen.

Es ist deshalb nicht unmöglich, daß man mit einer anderen Menge *C* auskommt, die eben überschläglich gemäß der von den Physikern festgestellten Brenntemperaturen von 812 bis 900° im Mittel 856° zwischen 7,4 und 8,2 kg [bzw. 7,8] liegt. Daß meine neue Berechnung durchaus vollständig ist, will ich nicht behaupten, sie zeigt sicher Mängel, die zum Teil mit den zur Verfügung stehenden Daten, zum Teil mit der Neuheit der Art zusammenhängen. Jedenfalls dürfte aber meine Rechnung vieles aufgeklärt haben und manchen ein bedeutendes Stück in das innere Wesen des Kalkofens eindringen helfen, denn nur dadurch ist ein Fortschritt möglich, nicht dadurch, daß nach Rezepten weiter gearbeitet wird.

20. Wirklicher Brennstoffverbrauch des Schachtofens mit Mischfeuer.

Der in den vorhergehenden Abschnitten berechnete Brennstoffverbrauch wird noch durch viele Nebenwirkungen beeinflußt, denn ganz so störungslos, wie ich dies beim Idealofen angenommen habe, geht es natürlich beim Kalkbrennen nicht zu. Die verschiedenen Einflüsse sind noch an den einzelnen Stellen jeweils angeführt. Erhöht wird der Brennstoffverbrauch dann z. B., wenn zu weicher Koks verwendet wird, der schon vor Erreichung der Brennzone in der Vorwärmezone teilweise nutzlos verbrennt (S. 96). Wenn Verbrennungsluft im Überschuß durchgeführt wird (S. 276). Wenn der Kalkofen zu klein ist und deshalb oben die Gase und unten der Ätzkalk (S. 82) zu heiß gezogen werden müssen. Wenn der Ofen gegen Wärmeverluste nach außen schlecht geschützt (S. 117) und wenn das Ofenfutter stark abgebrannt ist (S. 121).

Im allgemeinen kann man einen Brennstoffaufwand von 9, 10 und etwas mehr Kilogramm Koks für 100 kg Kalkstein als ein gutes Ergebnis, je nach den örtlichen Verhältnissen, ansehen. *Claassen* gibt in seiner „Zuckerfabrikation“ den Koksverbrauch zu 10 bis 12 Tln. auf 100 Tl. Kalkstein an; Betriebsinspektor *Schmidt*-Anklam berichtete seinerzeit (Z. d. V. d. d. Z. 1906) über die ihm durch eine Umfrage bekannt gewordenen Betriebszahlen aus 20 Zuckerfabriken. Im allgemeinen haben diese Zahlen noch heute Gültigkeit. *Schmidt* gab den Koksverbrauch dieser 20 Zuckerfabriken zu 10 bis 16,6 kg an.

Bei der Besprechung der Kalkofenformen, Seite 235, habe ich auch den jeweils bekannt gewordenen Brennstoffverbrauch angegeben.

21. Der allgemeine Brennstoffverbrauch.

Der allgemeine Brennstoffverbrauch wird durch manche unabänderliche Umstände vermehrt. Wie weit er aber noch bei der großen Allgemeinheit vom idealen Verbrauch entfernt ist, ergibt sich aus einem Bericht der Wärmestelle des Vereins Deutsche Kalkwerke (1921, 22. Febr., S. 64 von *H. Urbach*). Im Jahre 1913 wurden durchschnittlich monatlich 276 000 t Brennstoffe aller Art für das Kalkbrennen gebraucht, und damit wurden 1 042 000 t erbrannt; der Verbrauch betrug also 26 kg auf 100 kg gebrannten Kalk oder etwa 16 kg für 100 kg Kalksteine.

Durch die Umstellung auf minderwertige Brennstoffe haben sich die Verhältnisse sehr verschlechtert.

Kalkerzeugung im Monatsdurchschnitt 1920	254 000 t
Brennstoffverbrauch auf Steinkohlenheizwert umgerechnet . .	75 000 t

Für 100 kg gebrannten Kalk somit 30 kg Steinkohle
„ 100 kg Kalksteine etwa 19 kg „

Der Brennstoffverbrauch nach Sorten im Monatsdurchschnitt 1920 betrug:

Steinkohle	46 535 t = 54%
Koks	12 980 t = 15%
Steinkohlenbriketts	1 357 t = 1,6%
Braunkohlenbriketts	4 072 t = 5%
Braunkohlen	16 176 t = 20%
Grus	5 015 t = 6%
insgesamt	86 135 t = 30%

Hier ist also noch viel zu erreichen. Wie sich der Brennstoffverbrauch durch äußere Einflüsse ändert, werde ich noch berechnen. Bei den verschiedenen Ofenarten habe ich den Brennstoffverbrauch angegeben.

22. Einfluß der Brenntemperatur auf den Brennstoffverbrauch.

Im vorherigen Kapitel habe ich bei der Berechnung des Brennstoffverbrauches im Idealofen die Verdampfungstemperatur als mittlere Brenntemperatur mit 856° angenommen. Hier soll der Einfluß der Brenntemperatur, wie sie im Kalkofen wirklich herrscht und die stets über der Verdampfungstemperatur liegt, bestimmt werden.

Der Temperaturunterschied zwischen den entweichenden Gasen und dem vorgewärmten Kalk beträgt in der Vorwärmezone des Idealofens unten beim Anschluß an die Verdampfungszone $b - m = 856 - 856 = 0°$. Zum Schluß wäre also der Temperaturunterschied 0°, das heißt, die Wärmemenge, die zuströmt, ist unendlich klein, so daß die Vorwärmezone unendlich groß sein müßte. Da man aber in der Wirklichkeit nicht unendlich große Vorwärmezonen zur Verfügung hat, so muß man sich entweder mit einer weniger weitgehenden Vorwärmung begnügen oder die Gastemperatur (Verbrennungstemperatur) erhöhen. Es ist dies auch notwendig in der Brenn- bzw. Verdampfungszone, denn dort ist der Temperaturunterschied zwischen den Heizgasen, die 856° zeigen, und dem Kalk mit 856 gleich Null. Auch hier müßte die Brennzeit unendlich groß werden. In der Wirklichkeit arbeitet man deshalb im Kalkofen mit einer höheren Brenntemperatur der Gase. Dann herrscht ein gewisser Temperaturunterschied zwischen l und c, wie er aus der Abb. 28 (S. 47) ersichtlich ist. In welcher Weise dieser Temperaturunterschied, die Brenntemperatur, die Aufenthaltszeit bzw. die Leistung des Ofens beeinflußt, habe ich schon berechnet. Je höher die Brenntemperatur, je größer ist die Leistungsfähigkeit des Ofens. In dieser Beziehung wäre also eine hohe Brenntemperatur erwünscht. Aber wir werden sehen, daß damit auch der Brennstoffverbrauch recht bedeutend steigt. Dies will ich erst an einem Beispiel erläutern.

Bei einer Brenntemperatur von 1030° beträgt die spez. Wärme der CO_2 $c_{pCO_2} = 0,41$ und die des N $c_{po} = 0,284$. Die aus 1 kg C entstehenden 12,5 kg Verbrennungsgase entführen dann dem Ofen:

$$1030 \cdot (3,667 \cdot 0,41 + 8,833 \cdot 0,284) - 171 = 4223 - 171 = 4152 \text{ WE}.$$

1 kg C kann demnach im Kalkofen nur 8080 — 4152 = 3928 WE nutzbar machen, und es sind nicht mehr 7,8 kg für 100 kg kohlensauren Kalk notwendig, sondern:

$$\frac{38\,856}{3928} = 9,9 \text{ kg}$$

oder die Brenntemperatur von 1030° beansprucht allein schon einen Mehrverbrauch an C von 9,9 — 7,8 = 2,1 kg oder:

$$\frac{9,9}{7,8} \cdot 100 - 100 = 27 \text{ Proz.}$$

Bei einer Brenntemperatur von 1200° beträgt die spez. Wärme der CO_2 0,438 und die des N 0,292, so daß die aus 1 kg C entstehenden 12,5 kg Verbrennungsgase enthalten:

$$1200 \cdot (3,667 \cdot 0,438 + 8,833 \cdot 0,292) - 171 = 5022 - 171 = 4851 \text{ WE},$$

die mit den abziehenden Gasen verlorengehen. Es zeigt die nachstehende Abb. 30 diese Wärmemenge, die bei verschiedenen Brenntemperaturen verlorengeht.

Man sieht, daß die Erhöhung der Brenntemperatur einen bedeutenden Mehraufwand an Brennstoff erfordert. Man muß aber mit der Brenntemperatur über die eigentliche Verdampfungstemperatur von 856° gehen, um eben die Brennzeit auf ein zulässiges Maß zu bringen. Bei einer Gastemperatur von 856° würde keine Wärme an den Kalkstein zum Kalkbrennen übergehen, ebensowenig, wie man mit Heizdampf von 100° im ersten Verdampfer verdampfen kann, wenn im Verdampfraum auch eine Temperatur von 100° herrscht. Die Brennzeit würde also unendlich groß. Dagegen führte ich in der Formel 27 (S. 61) die Brennzeiten an, bei einer bestimmten Brenntemperatur. Nach dieser Formel ist die Brennzeit:

$$z = \frac{1000}{3} \cdot 425,2 \frac{r \cdot j}{K_k \cdot U},$$

wenn U der Temperaturunterschied zwischen den Brenngasen und den Steinen ist. Die Brennzeit ist also proportional dem Temperaturunterschied U. Bei 1030° ist $U = 1030 - 856 = 174°$, dagegen z. B. bei 1200° 1200 — 856 = 344°

oder ungefähr zweimal größer. Die Brennzeit vermindert sich auf die Hälfte. Ist der Ofen klein, so kann man durch Erhöhung der Brenntemperatur die Leistung des Ofens erhöhen, aber unter Mehraufwand von Brennmaterial.

Mit der Brenntemperatur wird man nicht gern über 1200° gehen, weil dann der Kalk leicht totgebrannt wird. Ich will nicht im einzelnen vorrechnen, wie sich die Brennzeit und der Brennstoffverbrauch ändern, sondern dies gleich in der untenstehenden Abb. 31 zeichnerisch darstellen. Diese Abbildung zeigt, daß bei einer Temperatur von 1200° der Mehraufwand an Kohlenstoff schon 5,1 kg beträgt, wobei allerdings, wie schon gesagt, gleichzeitig die eigentliche Brenndauer auf ungefähr die Hälfte abgekürzt wird. Diese Beschleunigung muß somit recht teuer erkauft werden. Jeder, der einen zu kleinen Kalkofen

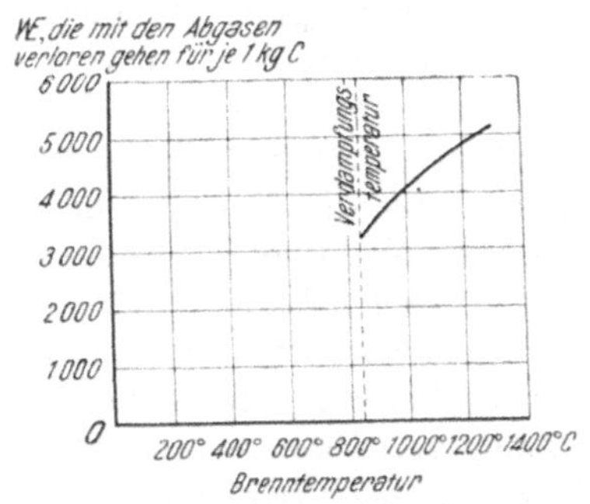

Abb. 30. Abhängigkeit des Abgaswärmeverlustes von der Brenntemperatur.

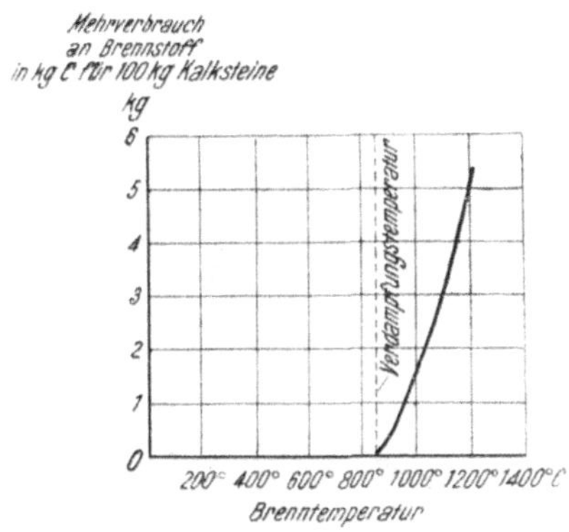

Abb. 31. Zunahme des Brennstoffverbrauches mit der Brenntemperatur.

besitzt, sollte sich klar darüber werden, was ihm dieser an unnützem Brennstoff auffrißt. Eine Zuckerfabrik, die in der Betriebszeit 1 000 000 Ztr. Rüben verarbeitet und 2,5 Proz. Ätzkalk zusetzt, also $2{,}5 \cdot \frac{100}{56} = 4{,}5$ Proz. kohlensauren Kalk, muß $\frac{1\,000\,000 \cdot 50 \cdot 4{,}5}{1000 \cdot 100} = 2250$ t kohlensauren Kalk brennen.

Bei einer Brenntemperatur von 1200° beträgt nach Abb. 31 der Koksmehrverbrauch gegenüber der bei 1030° $5{,}1 - 2{,}2 = 2{,}9$ kg Kohlenstoff für 100 kg kohlensauren Kalk oder 29 kg für 1 t. Der C gibt bei seiner Verbrennung 8080 WE frei, dagegen Koks durchschnittlich 7000 WE, so daß den 29 kg Kohlenstoff $29 \cdot \frac{8080}{7000} = 33{,}5$ kg Koks entsprechen.

Der Gesamtverbrauch an Koks während der Betriebszeit der Zuckerfabrik beträgt $2250 \cdot 33{,}5 = 75\,375$ kg, die bei einem Kokspreis von 1,65 Goldmark für 100 kg eine Mehrausgabe von $\frac{75\,375 \cdot 1{,}65}{100} = \backsim 1250$ Goldmark verursachen, die durch einen reichlich bemessenen Ofen erspart werden können. Daß bei niedriger Brenntemperatur noch die feuerfeste Auskleidung des Ofens geschont und durch Vermeidung des Totbrennens Störungen vermieden werden, sei nur nochmals erwähnt.

Bei meiner Berechnung des Mehrverbrauches durch die Erhöhung der Brenntemperatur habe ich angenommen, daß die Gase die Brennzone mit einer Temperatur verlassen, die sich aus dem Temperaturunterschied U ergibt. Bei einem reichlich bemessenen Ofen, bei der Verfeuerung harten Kokses, kann aber doch noch ein Teil der Gaswärme nutzbar gemacht werden, indem sich das Gas etwas abkühlt und den 856° mehr nähert. Dies verlangt also einen schwach belasteten Ofen, der dann auch schon an und für sich mit einer geringeren Brenntemperatur auskommt. Eine genaue Berechnung wäre sehr umständlich, ohne daß zuverlässige Zahlen zu erlangen sind. Deshalb will ich davon absehen und will nur in der Abb. 32 die Vorgänge bildlich darstellen. Beim Durchtritt der Steine durch die Vorwärmezone werden die Steine von der Eintrittstemperatur auf 856° angewärmt, wie dies die Linie a—b zeigt. Dann bleibt diese Temperatur gleichmäßig. Gegen Ende der Brennzone zu, mit der fortschreitenden Verdampfung der Kohlensäure, die deshalb keine Überhitzung verhindern kann, erwärmen sich die Steine noch über 856°, bis zum Punkte c. Dann kühlen sich die Steine in der Brennzone von c—d ab, wobei ein Nachbrennen der Steinkerne, durch Abgabe der Überhitzungswärme, erfolgt.

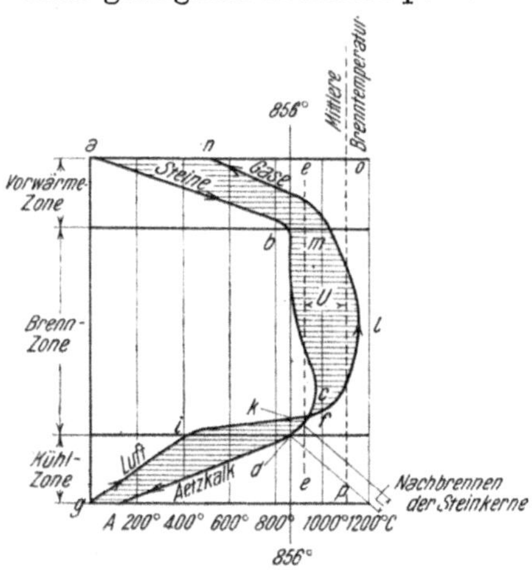

Abb. 32. Temperaturen des Kalkes und der Gase.

Die Temperaturlinie b—c—d des Kalkes entspricht einer mittleren Temperaturlage nach der Linie e—e.

Die Verbrennungsluft wird durch den niedersinkenden Ätzkalk von g auf i erwärmt. Von dort an erfolgt eine schnell ansteigende Erhitzung k, durch die Verbrennung der letzten Koksreste, die weiter bis l ansteigt mit der Zunahme der Verbrennung. Dann wird die Temperatur sinken, weil einerseits erst die Verbrennung lebhaft werden muß und andererseits, am Anfang der Brennzone, der Wärmeverbrauch durch den Kalk sehr lebhaft ist. Mit einer Temperatur m verlassen die Gase die Brennzone, um sich durch die Vorwärmung der Steine bis auf n° abzukühlen und mit dieser Temperatur den Ofen zu verlassen. Die Gastemperatur k—l—m in der Brennzone entspricht dann einer mittleren Brenntemperatur o—p. Der Unterschied zwischen dieser und der mittleren Kalktemperatur e—e stellt den mittleren Unterschied U dar, den wir in unserer früheren Rechnung benutzten. Da unter diesen Umständen die Gase die Brennzone nicht mit der Temperatur o—$p = 856 + U$, sondern mit der etwas niedrigeren Temperatur m verlassen, so wird der in Abb. 31 dargestellte Brennstoffmehraufwand auf diese Temperatur bezogen werden müssen.

23. Das Kalkbrennen durch Verdunsten.

Um Mißverständnissen vorzubeugen, sei nochmals darauf hingewiesen, daß die Verminderung des Brennstoffverbrauches nur bis zur Erreichung der Verdampfungstemperatur (das sind bei atmosphärischem Luftdruck 856°) zu erzielen ist. Wie dies aus der Abb. 31 auch ersichtlich ist. Aber wenn man unter diese Temperatur geht, kommt die Verdunstungserscheinung zur Geltung, die wieder den Brennstoffverbrauch vermehrt, wie ich dies schon Seite 47 erwähnte bei der Betrachtung über die Wirkung des Wasserdampfes auf das Kalkbrennen. Das Verdunsten, Verdampfen der Kohlensäure aus den Kalksteinen in die mit Kohlensäure nicht gesättigte Luft, bei Temperaturen unter der eigentlichen Brenntemperatur kann keine Ersparnis bringen. Die größere Menge Luft verbraucht für ihre Erwärmung mehr Wärme, als durch die Erniedrigung der Brenntemperatur je gewonnen werden könnte. Wohl aber wäre zu prüfen, ob durch Verdunstung in der Vorwärmezone durch Verwendung der noch vorhandenen Abgaswärme an Brennstoff gespart und wesentliche Kalkmengen gebrannt werden.

Die Abgase des Idealofens enthalten etwa 40 Raum-Proz. Kohlensäure. Diese Kohlensäure übt einen Teildruck von $760 \cdot 0{,}40 = 304$ mm aus. Sowie, durch die Vorwärmung der Steine, die Temperatur erreicht wird, die diese Dampfspannung der CO_2 erzeugt, beginnt die Verdampfung der CO_2, das Brennen. Dieser Teildruck wird bei einer Temperatur von etwa 790° erzeugt, nach Abb. 14, so daß schon bei dieser das Abdampfen der CO_2 beginnt. Aber nur an die, an der Oberfläche der Steine vorbeistreichenden, noch nicht vollständig mit CO_2 gesättigten Luft. Es findet nur dort eine Abdampfung der CO_2 statt, wo diese ungesättigte Luft hindringt. In das Steininnere kann die Luft nur sehr langsam dringen, nur langsam durch Diffusion, und nur langsam findet somit ein Ausgleich und ein Entweichen der CO_2 bei dieser, unter der Verdampfungstemperatur liegenden Verdunstungstemperatur statt. Genau so langsam wie ein dicker Körper durch Verdunsten im Innern austrocknet, also das Wasser in die vorbeistreichende Luft hineinverdampft, unter langsamem Diffusionsausgleich. Wie langsam dies beim Kalkstein geschieht, sieht man aus den Versuchen *Herzfelds* (Festschrift S. 453). Erbsengroße Stücke von Marmor verloren im Platintiegel bei einstündiger Brenndauer bei 800° 1,08 Proz. an Gewicht (gegen 15,4 Proz. bei 900°; bei 1040° waren sämtliche Proben in einer Stunde vollständig durchgebrannt). Während bei den erbsengroßen Stücken das Verhältnis der Oberfläche zum Inhalt etwa 1,2 beträgt, ist es bei 100 mm großen Stücken etwa 0,06, also 20 mal kleiner. Solche Stücke würden dann, da es nur eine Oberflächenwirkung der vorbeistreichenden Luft ist, auch nur den zwanzigsten Teil verlieren in einer Stunde oder $\frac{1{,}08}{20} = 0{,}054$ Proz.

Natürlich kann die Verdunstung nur während der Zeit erfolgen, in der die Steine sich von der Stelle, auf der sie sich auf 790° erwärmt haben, bis zur Brennzone bewegen, denn dann beginnt der eigentliche Brennprozeß.

6*

Andererseits kann sie in die abziehenden Gase nur so lange erfolgen, als sie diese durch die, infolge Verdunstung, entweichende CO_2 anreichert und so nach erfolgter Sättigung keine CO_2 mehr aufnehmen kann. Diese Zeit zur Erwärmung von 790° auf die Brenntemperatur von 856° beträgt aber in allen Fällen nur wenige Stunden. Selbst in 5 Stunden würden durch die Verdunstung 0,27 Proz. an Gewicht verloren oder noch nicht 0,6 Proz. an Kalk gebrannt. Durch die Verdunstung in der Vorwärmezone wird also nur wenig Kalkstein vorgebrannt.

Diese schon in der Vorwärmezone gebrannte Kalkmenge vermindert den Brennstoffverbrauch in der Brennzone, weil in der Vorwärmezone dies Brennen durch Wärme aus den die Brennzone verlassenden Heizgasen erfolgt, durch Wärme, die sonst für den Brennvorgang verloren wäre.

Diese Ersparnis durch die Verdunstung beträgt somit ebenfalls nur 0,6 Proz. des sonstigen Kohlenstoffverbrauches. Ist er vorher zu 7,83 kg auf Kalkstein bezogen berechnet, so vermindert er sich um $\frac{7{,}83 \cdot 0{,}6}{100} = 0{,}05$ kg C. Also so wenig, daß die Verdunstung vollständig außer acht gelassen werden kann.

Ich wollte aber trotzdem diese Zahlen hier berechnen, um darüber Klarheit zu schaffen, um zu sehen, ob die Verdunstung von wesentlichem Einfluß sei.

24. Kalkbrennen unter Luftverdünnung.

Während durch die Verdunstung in der Brennzone, wie schon gesagt, eine Brennstoffersparnis nicht zu erwarten ist, wegen des großen für die Verdunstung notwendigen Luftüberschusses, so könnte man schließlich daran denken, diese ganze Luft auszuschließen. Die Luft ist für das Kalkbrennen als solches unnötig, es kann, wie schon erwähnt (S. 31), in geschlossenen Retorten erfolgen. Erzeugt man dann in diesen Unterdruck, dann wird diesem entsprechend die Brenntemperatur sinken. Nach Abb. 14 verdampft die Kohlensäure bei z. B. 100 mm Quecksilbersäule, was einer Luftleere von 65 cm entspricht, immerhin erst bei etwa 700°. Wobei sich der Brennstoffverbrauch für das eigentliche Brennen nicht vermindert, da auch hier die gleiche Wärmemenge nötig ist, wie beim Überdruck. Genau wie in den Flüssigkeitsverdampfern in jedem Falle die gleiche Wärmemenge aufzuwenden ist, ob ich 1 kg Wasser bei Unterdruck (Vakuumverdampfer) oder Überdruck (*Pauly-Greiner*-Verdampfer, Seewasserverdampfer u. dgl.) verdampfe. Wohl aber könnte man dadurch auf eine gewisse Wärmeersparnis rechnen, daß dann die Heizgase die Brennzone mit einer niedrigeren Temperatur verlassen. Während nach Abb. 33 eine Zunahme von etwa 156° (eine Brenntemperatur von etwa 1012°) einen Mehrverbrauch von 1,6 kg C verlangt, würde dann bei 700° eine Ersparnis von etwa 0,9 kg C (wie auf Abb. 33 dargestellt) zu erwarten sein. Ja, sie könnte bis auf 2,3 kg steigen, so daß der C-Verbrauch auf den für die theoretische Zersetzung nötigen Wert (s. S. 74) von 7,8 — 2,5 = 5,3 kg sinkt. Dann beträgt die Brenntemperatur 0°, und es muß auch der Druck entsprechend gesunken sein, so weit, wie er in der Technik mit den an dieser Stelle in Frage kommenden Einrichtungen nicht zu erreichen ist.

Schon der Unterdruck von 65 cm, um mit 700° brennen zu können, dürften in der Erzeugung und Erhaltung hier große Schwierigkeiten bereiten, solche, die den kleinen Gewinn von 0,9 kg C kaum aufwiegen. Die Zu- und Abführung des Kalkes in die unter Luftleere stehende Retorte ist schwierig, verlangt teure Einrichtungen; die Pumpen zum Absaugen der Kalksteinkohlensäure, die einen um das Siebenfache größeren Raum einnehmen, müssen eine entsprechend größere Ansaugleistung besitzen. Das Kalkbrennen unter größerem Unterdruck läßt deshalb einen Vorteil nicht erwarten, aber die vorstehende Überlegung zeigt, daß mit dem Unterdruck der Brennstoffverbrauch sinkt, also auch durch den bisher im Kalkofen herrschenden geringen Unterdruck unter dem Einfluß der Gaspumpe. Dieser Unterdruck ist aber so gering, daß er auf die Brennstoffverminderung in kaum meßbarer Weise zur Geltung kommt.

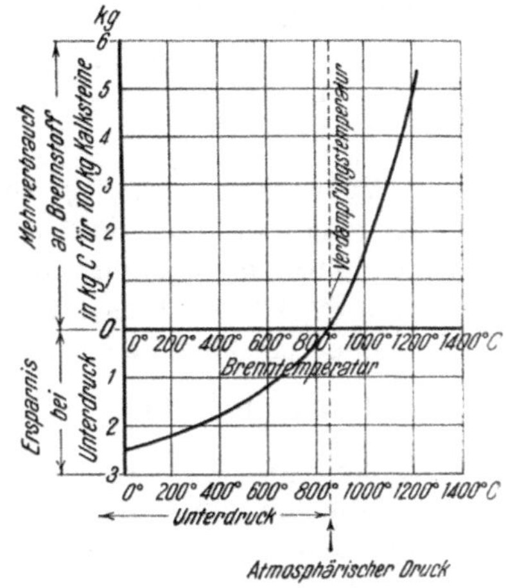

Abb. 33. Abhängigkeit des Brennstoffverbrauches von der Brenntemperatur.

Die örtliche Höhenlage des Kalkofens beeinflußt ebenfalls das Brennen. Je höher der Kalkofen über dem Meeresspiegel steht, um so geringer ist der auf ihm lastende atmosphärische Druck. Bei 2000 m beträgt der Luftdruck nur noch etwa 600 mm Hg, so daß die Abdampfung der CO_2 nach Abb. 14 schon bei ungefähr 800° erfolgen würde. Dementsprechend würde sich auch der Brennstoffaufwand verringern. Man wird aber kaum in der Lage sein, so örtlich hochgelegene Kalköfen wirtschaftlich ausnützen zu können.

25. Der Einfluß der Luftfeuchtigkeit auf den Brennstoffverbrauch.

Im Abschnitt 12 haben wir gesehen, daß der Wasserdampf, der unten in den Ofen eintritt, den Brennstoffverbrauch vermindert. Demnach müßte auch die Luftfeuchtigkeit in diesem Sinne günstig wirken, weil sie beim Durchtritt durch den gebrannten Kalk von diesem aufgenommen wird. Die Luft wird vollkommen getrocknet in die Brennzone eintreten, während der zurückgehaltene Wasserdampf die entsprechende Menge Ätzkalk in Kalkhydrat verwandelt. Nach Seite 49 werden für je 18 g-Mol. gebundenen flüssigen Wassers 15,54 WE frei. Diese 18 g-Mol. entsprechen $56 + 18 = 74$ g-Mol. $Ca(OH)_2$ oder 100 g zu brennendem $CaCO_3$. Bzw. 100 kg kohlensaurer Kalk entsprechen einem Verbrauch von $\frac{100}{100} \cdot \frac{1000}{1000} \cdot 100 = 18$ kg Wasser, um die aus ihm gewonnenen 56 kg Ätzkalk ablöschen zu können. Für 18 kg würden 15 540 WE oder für 1 kg $\frac{15\,540}{18} = 863$ WE frei, wenn das Wasser zum Löschen im flüssigen Zustande angewendet wird.

In der Luft steht nun aber das Wasser in Dampfform zur Verfügung, so daß bei seiner Verflüssigung (Kondensation) auf dem Ätzkalk die Verdampfungswärme noch frei wird. Das sind etwa 600 WE. Insgesamt werden durch je 1 kg aus der Luft vom Ätzkalk aufgenommenen Wassers 863 + 600 = 1463 WE frei und nutzbar in den Ofen zurückgeführt. Wieviel Wasser wird nun auf diese Weise dem Kalkofen zugeführt?

1 cbm Luft enthalt bei voller Sattigung bei	0°	0,004 kg	Wasserdampf
1 „ „ „ „ „ „ „	20°	0,015 „	„
1 „ „ „ „ „ „ „	30°	0,028 „	„

Vollkommen gesättigt ist unsere atmosphärische Luft mit Wasserdampf nie, man kann aber doch annehmen, daß mit je 1 cbm bei schwülem Wetter etwa 0,025 kg zugeführt werden. Der Idealofen benötigt 70 cbm Luft, bringt somit etwa 1,5 kg Wasser in den Ofen oder 1,5 · 1463 = 2145 WE. Nach Abb. 29 müssen dem Idealofen 63 299 WE zugeführt werden, so daß durch die zurückgeführten 2145 WE etwa $\frac{2145}{63\,299} \cdot 100 = \sim 3{,}4$ Proz. an Brennstoff erspart werden. Bei schwülem, feuchtem Wetter wird man mit weniger Brennstoff auskommen durch die Wirkung der Luftfeuchtigkeit. Dieses Ergebnis beim Kalkofen steht im Gegensatz zu den Erfahrungen am Hochofen, wo eine entsprechende Menge an Brennstoff durch vollkommenere Trocknung der Gebläseluft erspart wird.

F. Die Feuerungsarten.

Die für das Brennen des Kalkes erforderliche Wärme kann erzeugt werden durch:

a) Sonnenwärme,
b) Verbrennung von Brennstoffen,
c) Ausnutzung von Abwärme,
d) Umsetzung von elektrischer Kraft in Wärme.

Die unmittelbare Ausnutzung der Sonnenwärme ist nach Früherem nicht möglich, weil die erreichbare Temperatur zu niedrig ist. Die Verwendung von Brenngläsern, die immer wieder dann und wann auftaucht (s. S. 16), ermöglicht wohl ein Brennen des Kalkes, aber die gesammelte Wärme ist von der bestrahlten Oberfläche abhängig. Noch ist es als aussichtslos zu betrachten, mit billigen Einrichtungen soviel Sonnenwärme zu sammeln, daß ein wirtschaftliches Brennen des Kalkes möglich ist.

Die größte Bedeutung hat die Wärmeerzeugung durch das Verbrennen von Brennstoffen. Diese können der Feuerung zugeführt werden in:

1. Fester Form (stückig, staubig) wie Holz, Holzkohlen, Torf, Braunkohle, Steinkohle, Koks oder Anthrazit.

2. Flüssiger Form, als Heizöl, Rohöl, Teeröl, Petroleum; es handelt sich hier um Ölfeuerungen.

3. Gasform, als Naturgas oder in Gaserzeugern, aus festen oder flüssigen Brennstoffen entwickelten Heizgasen. Ferner die Ausnutzung von Abwärme, wobei meistens wieder Gas als Wärmeträger in Frage kommt. Hier handelt es sich um Gasfeuerungen, und die damit ausgerüsteten Kalköfen werden kurz als „Gaskalköfen" bezeichnet.

Die Verbrennung kann inner- oder außerhalb des Ofenschachtes erfolgen. Im letzteren Falle in Vorfeuerungen, wie beim Rüdersdorfer Ofen nach Abb. 105c, die teilweise dann als Halbgasfeuerungen arbeiten, oder der Brennstoff wird in besonderen Gaserzeugern (Generatoren) vergast und dann das Gas durch Schlitzkanäle dem Ofenschacht in der Brennzone zugeführt.

Bei der Mischung des festen Brennstoffes unter die Kalksteine lagert sich jener auf diesem gleichsam wie auf einem Rost. Die Zwischenräume sind beim Mischfeuer die Rostspalten, durch welche die Verbrennungsluft zufließt.

Im Ringofen wird der Brennstoff nicht unter die Steine gemischt, sondern in freigelassenen Quergassen wird der Brennstoff von oben durch die Feuerglocken eingestreut. Man spricht deshalb dort von Streufeuer.

26. Die Wahl des Brennstoffes.

Hat man wirklich die Wahl, dann kann man nicht nur den Preis als ausschlaggebend betrachten, sondern auch alle anderen Umstände, auf die der Brennstoff von Einfluß ist, müssen wohl beachtet und sorgfältig gegeneinander abgewogen werden. Die richtige Wahl zu treffen, ist besonders bei Neuanlagen schwer, auch bei Umstellungen von einem auf den anderen Brennstoff. Die Schwierigkeit wird klar, wenn man daran denkt, daß dabei zu berücksichtigen sind:

1. Der Einkaufspreis frei Werk.
2. Die Möglichkeit der regelmäßigen Beschaffung, des stets greifbaren Einkaufes.
3. Die gleichmäßige Zusammensetzung.
4. Der Arbeitsaufwand zum Fördern bis in die Feuerstelle des Ofens.
5. Der Brennstoffaufwand bezogen auf 100 kg Kalksteine.
6. Die Beeinflussung der Güte des Erzeugnisses durch freiwerdende Gase oder verbleibende Rückstände.
7. Die Regelbarkeit des Feuers.
8. Die erreichbare Höchsttemperatur, die die Leistung des Kalkofens beeinflußt.
9. Die Verunreinigung der Gase, wenn diese anderweitig verwendet werden sollen.
10. Der Angriff des Feuerkleides durch die Asche oder Schlacke.
11. Die Kosten für die Anschaffung der Feuerungsanlagen, deren Verzinsung und deren Erhaltung.
12. Die Betriebssicherheit der Feuerungseinrichtung.

Hat man alles geprüft, dann sollte man den Brennstoff nehmen, der das Gesamtergebnis am günstigsten gestaltet.

Holz kommt als Brennstoff nur noch bei Ausnahmefällen, in entlegenen, waldreichen Gegenden in Frage. Nach Nr. 31 des Leipz. Int. Bl. v. J. 1784, S. 264, „haben einige Kalkbrenner, welche diese Wirtschaft im Großen (!) treiben, wo jährlich von jeden einige 100 Klafter Holz verbraucht werden, bemerkt, daß, wenn das kieferne Holz im Winter geschlagen gewesen, sie statt 2 Klafter, welche im Juni und Juli geschlagen worden, deren sodann 3 und 4 gebrauchten".

Nur selten sind Holzabfälle in genügender Menge frachtgünstig zu erhalten.

Die *Marblehend Lime Company Chicago* erzeugt einen sehr reinen Kalk für chemische Zwecke, der mit Holz gebrannt wird; das Holz wird vergast, so daß der Kalk nur mit den reinen, schwefelfreien Gasen in Berührung kommt.

Die keine besonderen Hilfsmittel erforderliche Beheizungsart des Schachtofens ist die durch unmittelbares Untermischen des Brennstoffes. Dabei sind die Vorgänge außerordentlich übersichtlich. Hier will ich deshalb erst das Kalkbrennen im Mischfeuer, also die Mischung des Brennstoffes unter die Kalksteine betrachten. Ich will hierbei die allgemeinen und besonderen Vorgänge behandeln und werde auf die Eigenschaften eingehen, die von einem Brennstoff für das Mischfeuer zu fordern sind.

27. Die Wahl des Brennstoffes für das Mischfeuer im Schachtofen.

Im Abschnitt „Das Kalkbrennen im Kohlensäurestrom", S. 37, habe ich schon darauf hingewiesen, wie sich die Eigenschaften des Kokses an die Anforderungen des guten Brennens, an die Ofentemperaturen und gegen die Wiederaufnahme von Kohlensäure in den gebrannten Kalk anpassen. Hier will ich noch weiter auf die Wahl des Brennstoffes eingehen, auf die anderen Anforderungen, die an ihn gestellt werden, um zu sehen, ob auch in jenen Beziehungen der Koks als zweckmäßigstes Brenngut für den Schachtkalkofen zu betrachten ist.

Beim unmittelbaren Zusatz von Steinkohle werden im oberen Teile des Ofens die flüchtigen Stoffe aus der Kohle ausgetrieben. Bei der trockenen Destillation, wie sie in den Gasretorten und im Kalkofen vor sich geht, entweichen bei über 100° Wasserdämpfe, Leuchtgase und leichte Teeröle, bei 215 bis 230° Mittelöle, bei 200 bis 300° schwere Teeröle, Kreosotöle, naphthalinhaltige, bei 300 bis 400° schwere Anthracenöle. Der Wärmeaufwand dazu ist bedeutend; in den Gasanstalten gebraucht man ca. $^1/_5$ des gewonnenen Kokses zur Destillation. $^1/_5$ der Wärme würde also in der Vorwärmungszone nutzlos verlorengehen. Hierbei muß man natürlich berücksichtigen, daß es Steinkohlen mit sehr verschiedenem Gehalt an flüchtigen Bestandteilen gibt nach Zahlenreihe VIII. Je weniger vorhanden sind, um so geringer sind die unmittelbaren Verluste in der Vorwärmezone.

Zahlenreihe VIII.

Gehalt der Steinkohle an flüchtigen Bestandteilen.

	Art der Kohle	Fluchtige Bestandteile Proz.
1	Gasreiche, junge Steinkohle	44,5—50
2	„ „ Sinterkohle	40—44,5
3	„ „ Backkohle	33,5—40
4	Gasarme, alte „	15,5—33,5
5	„ „ Sinterkohle	10,0—15,5
6	„ „ Sandkohle oder Anthrazit	5—10

Ein weiterer Verlust entsteht dadurch, daß die Steinkohle teilweise in der Vorwärmezone verbrennt, während die nutzbare Verbrennung erst in der Brennzone erfolgen sollte, weil die Entzündungstemperatur der Steinkohle bei 325° C liegt, und das Austreiben der CO_2 aus dem Kalkstein erst bei bedeutend höherer Temperatur erfolgt.

Erst nachdem in den Gasretorten alle flüchtigen Bestandteile ausgetrieben sind, die aufgefangen werden, um nutzbare Verwendung zu finden, was im Kalkofen nicht möglich ist, verbleibt der Koks, der solche physikalischen Eigenschaften erhalten hat, daß er sich ganz besonders für den unmittelbaren Zusatz im Kalkofen eignet.

Im Rumfordofen, dem ältesten, nach unten schwach konisch sich erweiternden Schachtofen, geschah früher das Brennen durch unmittelbare Beimischung von Steinkohle. Sie haben sich auch in oberschlesischen Kalkbrennereien, wo doch die Steinkohlen billig zur Verfügung stehen, nicht halten können, weil eben zuviel von der Steinkohle nutzlos verlorengeht. Dazu kommt, daß sich backende Kohle überhaupt nicht für den Zusatz eignet, weil sie bei der Destillation aufquillt, deshalb das Niedergehen der Gicht im Ofen erschwert und zum Hängenbleiben Veranlassung gibt. Den Gasen wird dabei auch der Durchgang erschwert.

Dieses Zusammenbacken macht sich dann in günstiger Weise bemerkbar, wenn man Schlammkohle (s. S. 136) sehr billig erhalten kann und deshalb diese im Schachtofen verfeuern will. Das feine Grus würde im trockenen Zustande teils bis unten durchrieseln, teils mit den Gasen fortgerissen. Es verbrennt auch verhältnismäßig schnell, so daß die Feuerzone zu hoch und zu eng begrenzt wäre. Angefeuchtet dagegen backt es zusammen und bildet Kokskuchen, indem die flüchtigen Teile vergasen, sich durch starkes Rauchen des Kalkofens nach der Begichtung bemerkbar machend. Alle Stoffe, die bei Temperaturen unter 900° vergasen, gehen auch hierbei nutzlos in der Vorwärmezone verloren. Erst der aus dem Steinkohlengrus entstehende Kokskuchen gelangt in die eigentliche Brennzone und wirkt dort als Brennkoks. Aber diese Kuchen sind so dicht, daß der Zug beeinträchtigt wird. Durch Zusatz von Grobkoks bei der Begichtung kann man dies mildern. — Bei dem Vergleich des Preises der Schlammkohle mit dem guten Kokses muß man den Verlust in Rechnung stellen, der durch Vergasung in der Vorwärmezone entsteht.

Braunkohle wird man aus obigen Gründen sowie wegen ihres geringen Wärmewertes und außerordentlich hohen Aschengehaltes überhaupt nicht für den Kalkofenzusatz verwenden.

Häufig hat man früher zwecks Brennmaterialersparnis solche Beimengungen empfohlen, und immer wieder tauchen dann und wann derartige Vorschläge auf.

Dies kann man verstehen, wenn man die Kohlenpreise mit denen für Koks vergleicht. Im Jahre 1912 war der Durchschnittspreis an der Düsseldorfer und Essener Börse für Steinkohle 1,20 Goldmark für 100 kg, und für Hochofenkoks 1,65 Goldmark. Also besteht eine große Spannung. Es verbleiben erfahrungsgemäß von den ursprünglichen 100 kg Steinkohle nur noch 60 bis 65 kg Koks, und von diesem werden, wie gesagt, ca. 20 Proz. für die Vergasung der Steinkohle verbraucht.

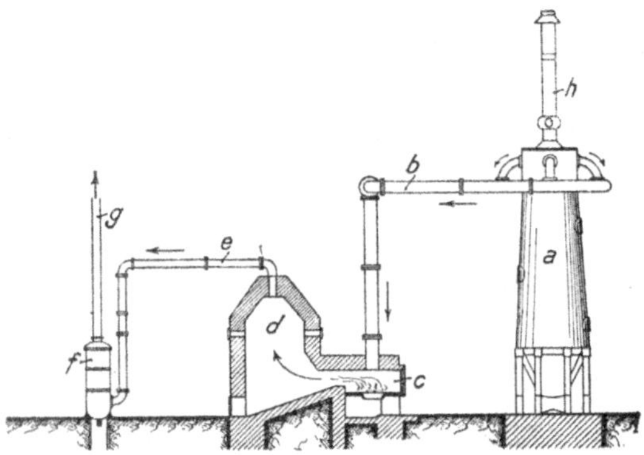

Abb. 34. Zwischenofen zur Verbrennung der abdestillierenden Gase.

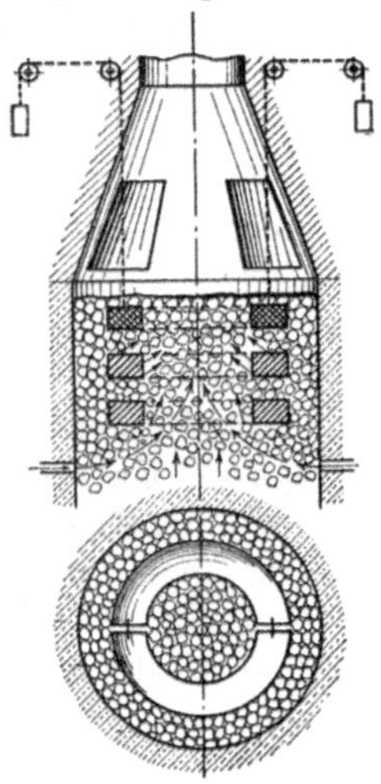

Abb. 35. Bildung von Hohlräumen zwecks besserer Luftzufuhr.

Für das Kalkbrennen stehen dann von den ursprünglich eingeworfenen 100 kg Steinkohlen nur noch durchschnittlich 62,5 · 0,8 = 50 kg Koks nutzbar zur Verfügung. Demnach muß man den Kalkofen mit der doppelten Steinkohlenmenge füttern, als er Koks verzehren würde. Dieser im Kalkofen selbstgebildete Koks kostet dann 1,20 · 2 = 2,40 Goldmark für 100 kg, während bester Hochofenkoks nur 1,65 Goldmark kostet. Dies dürfte klar das Verkehrte der unmittelbaren Anwendung der vergasbaren Brennstoffe im Kalkofen beweisen, ganz abgesehen von den erwähnten Nachteilen und der Verunreinigung der Kohlensäuregase durch Destillationsstoffe.

Althoff sieht (D. R. P. Nr. 135 677/1901) einen besonderen kleinen Ofen vor, in welchem ein kleines Koksfeuer brennt nach Abb. 34. Unter dieses führt er die vom Kalkofen abziehenden Gase, die die von der zugemischten Kohle abdestillierenden Stoffe enthalten. Die Leuchtgase, Teere und Rauchgase verbrennen hierbei unter Erzeugung von Kohlensäure. Es wird dadurch wohl die Kohlensäuremenge für die Fällung im Safte vermehrt, denn durch die

Verbrennung der abdestillierten Gase ist sie hierfür brauchbar gemacht, aber der ganze Wärmewert der in den brennbaren Gasen und in dem für den besonderen Ofen zugesetzten Koks ist verloren. Dieser nur kurze Zeit in der Zuckerfabrik Ottmachau in Betrieb gewesene Ofen hat sich deshalb auch nicht bewährt. Versuche, die die Verluste, die mit dem zu frühen Austreiben der Gase aus den Brennstoffen verbunden sind, vermeiden wollen, indem oben in der Füllung z. B. besondere Hohlräume vorgesehen werden nach Abb. 35, durch die Frischluft zwecks Verbrennung dieser Gase zugeführt wird (D. R. P. Nr. 133 619, Kl. 80c), haben sich wegen des umständlichen Betriebes nicht eingeführt und bewährt, denn dann dürfte die Verwendung besonderer Gasfeuerungen doch zuverlässiger sein.

28. Der Schaden für die Volkswirtschaft durch die Verluste der Nebenerzeugnisse.

Durch erschwerten Betrieb, teure, viel Unterhaltungskosten beanspruchende Ofenformen könnte man die Verwendung der an und für sich gegenüber Koks wirkungsvolleren und billigeren Steinkohle ermöglichen. Was aber hier an Brennstoffkosten erspart wird, wird dort für die höheren Arbeitslöhne und Erhaltungskosten verbraucht, und die Betriebssicherheit ist stark vermindert gegenüber dem einfachen, übersichtlichen Schachtofen. Hier, durch eine Betriebsstörung, die die ganze davon abhängige Zuckerfabrik, Sodafabrik od. dgl. zum Stillstand bringt und es unmöglich macht, die abzuliefernde Kalkmenge fertigzustellen, wird häufig mehr Verlust erzeugt, als durch die Verwendung von Steinkohle statt Koks erspart werden könnte.

Auch erscheint hier das Bestreben der Verwendung von Steinkohle volksunwirtschaftlich. Im Kalkofen gehen die wertvollen Nebenprodukte, wie Teer, Benzol und Ammoniak, verloren; in der Kokerei werden diese Stoffe gewonnen, veredelt und der Volkswirtschaft nutzbar gemacht. Hierüber gibt am besten und anschaulichsten der bekannte Stammbaum nach Abb. 36 Aufschluß.

Im Jahre 1911 besaß Deutschland (Stahl u. Eisen 1913, S. 215) 19 903 Koksöfen mit der sog. Nebenproduktgewinnung, davon waren 17 946 im Betriebe und erzeugten 851 202 t Teer (Wert 17 409 000 Mk.), 90 037 t Benzol (Wert 12 042 000 Mk.), 344 881 t Ammoniakverbindungen (Wert 80 447 000 Mk.) und 122 554 355 cbm Leuchtgas (Wert 2 290 000 Goldmark). Die Nebenprodukte besaßen somit im Jahre 1911 einen Wert von 112 188 000 Goldmark; jetzt dürfte er noch viel höher sein. In England werden diese Nebenprodukte bisher nur in geringem Maße gewonnen; dort hielt man noch an der Erzeugung des Kokses in den alten Bienenkorbofen zum großen Teil fest und verschwendet so kostbares Gut, zu unserem Vorteil im Kriege 1914/18.

Nach *F. Greineder* (Chem. Industrie 1914, S. 470) beträgt der Gesamtwert aller Erzeugnisse der deutschen Gaswerke nicht weniger als 344 Proz. des Wertes der verwandten Kohle, wovon nur etwa 60 Proz. dieser 344 Proz. auf den des erzeugten Kokses kommen.

Die Kriegsjahre 1914/18 haben unsere Augen hier ganz besonders geöffnet. Jeder sollte es als eine Schädigung seines Volkes und nicht zuletzt als eigene Schädigung betrachten, wenn zum Kalkbrennen andere Stoffe als Koks Anwendung finden. Deshalb auch fort mit den Ringöfen, den Generatorgasöfen,

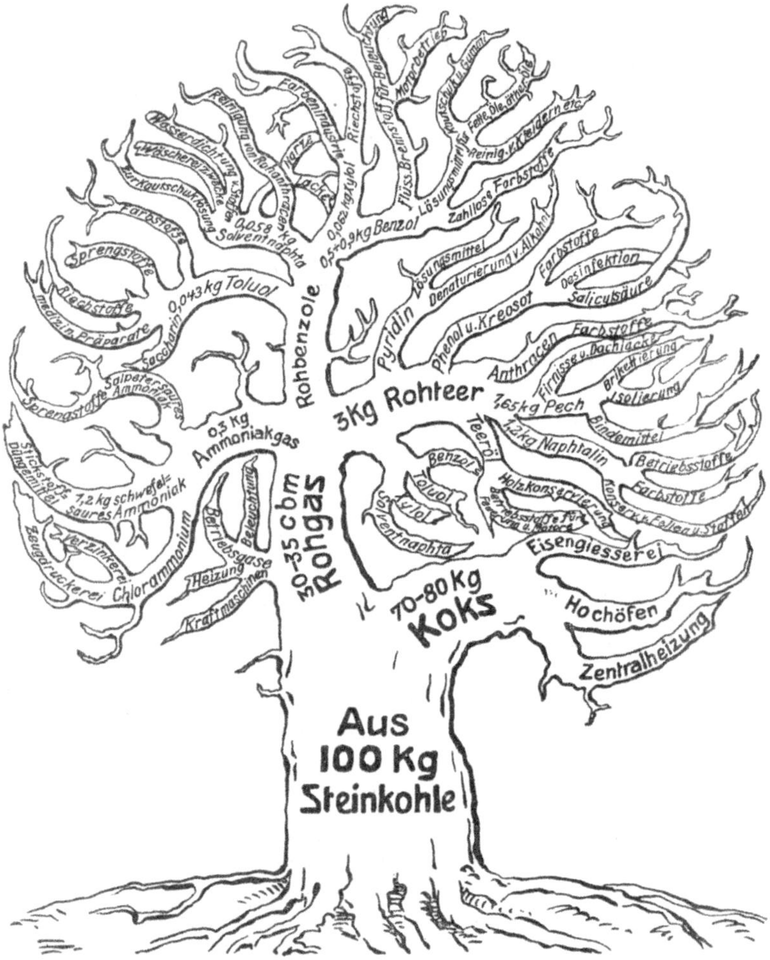

Abb. 36. Stammbaum der aus Steinkohle gewinnbaren Stoffe.

die mit Braun- oder Steinkohle beheizt werden! Diese Öfen haben den Vorteil leichterer Regulierung, während beim Schachtofen die verschiedenen Vorgänge nicht klar erkannt und die Einflüsse nicht richtig abgeschätzt werden konnten. Deshalb soll hier dies Buch über die inneren Zusammenhänge Aufklärung schaffen, um den Betrieb der Schachtöfen zuverlässiger zu gestalten und um ihre weitere Verbreitung und Anwendung zu ermöglichen.

Es ist eine Verschwendung des Volksvermögens, wenn man zum Kalkbrennen einen Brennstoff verwendet, der Teile enthält, die beim Kalkbrennen nutzlos oder mit geringem Vorteil entweichen, statt nur den Reststoff, den Koks, zu verwenden, der auch anderweitig keine bessere wirtschaftliche Verwendung finden kann als zum Heizen, z. B. zum Kalkbrennen, wozu er sich noch seinem ganzen Wesen nach mit besonderem Vorzug eignet. Auch dann ist dies eine Verschwendung, wenn man frachtgünstig billig Steinkohle mit Nutzen verbrennen könnte. Für den Betreffenden würde sich daraus vielleicht ein geringer Gewinn ergeben. Die Gesamtheit, das Volk, muß dies aber als eine Verschwendung des Nationalvermögens betrachten. Früher oder später wird hier noch unser Gewissen erwachen und solchen Verschwendungen von Naturschätzen, die der Gesamtheit, nicht dem einzelnen, eigentlich zur Nutzung gehören, Einhalt bieten.

Im Kriegsjahre 1914/18 durfte und konnte man z. B. Aluminium nur dort verwenden, wo es unbedingt notwendig, wo es nachweisbar durch keinen anderen Stoff für den betreffenden Verwendungszweck ersetzt werden konnte. Hier ist Koks nachweisbar gut zum Kalkbrennen geeignet, so daß jede Verwendung eines anderen Brennstoffes nicht erfolgen sollte. Dies sei nicht verhindert durch ein Gesetz, was der freien Entwicklung nur hinderlich, sondern durch das Gewissen jedes Kalkbrenners.

Diese im Jahre 1916 niedergeschriebenen Zeilen muß ich, trotz aller Anfeindungen, auch heute noch aufrechterhalten. Wenn zur Zeit (1922) die Versorgung mit gutem Koks durch die Kontributionen an die in Waffen starrenden Länder so außerordentlich erschwert ist, daß dadurch auch das Eisenbahnwesen daniederliegt, so daß man zum Kalkbrennen alles nur Erreichbare verwendet, so wird doch wieder eine andere Zeit folgen. Und dann ist ernstlich zu prüfen, ob die Brachlegung der als unzweckmäßig erkannten Öfen, die Aufwendung neuer Kapitalien zum Bau anderer Öfen gerechtfertigt ist.

29. Koks zum Kalkbrennen im Mischfeuer.

Nachdem gezeigt wurde, daß zum Brennen der Kalksteine im Schachtofen mit Vorteil nur Koks verwendet werden kann, will ich noch etwas näher auf den Koks selbst eingehen, auf seine Eigenschaften und auf die Art, die sich am besten für den Ofenbetrieb eignet.

Nach der Herstellungsweise unterscheidet man den Hüttenkoks (auch Zechenkoks, Schmelzkoks genannt) und den Gaskoks, wie er in Gasanstalten gewonnen wird. Den Hüttenkoks unterscheidet man nach seinem Ursprungsort als westfälischen, Ruhr-, Saar- oder schlesischen Koks. Er ist das beabsichtigte Haupterzeugnis, deshalb werden die dazu verwendeten Steinkohlen ganz besonders ausgewählt und behandelt. Die Steinkohle wird erst zerkleinert und gewaschen, wodurch die wasserlöslichen Stoffe aus der Steinkohle ausgelöst, durch die Setzmaschine die spezifisch schweren Steinstücke, Berge genannt, und teilweise Schwefelkies abgeschieden werden, also ein Koks mit weniger Asche entsteht. Deshalb macht sich schon gewaschener Koks sofort durch seine gleichmäßigere Form und das Fehlen von eingeschlossenen Bergstücken kenntlich. Der Schwefelgehalt wird durch das Waschen auf $^1/_3$ bis $^1/_4$ erniedrigt. Gibt ungewaschene Steinkohle z. B. Koks mit 10 Proz. Asche, so gibt diese gewaschen, solchen mit nur 7 Proz. Asche.

Dann wird sie nicht locker in die Koksöfen eingefüllt, sondern mittels besonderer Füllvorrichtungen fest in die Retorten eingepreßt und gestampft. Der entstehende Koks erhält dadurch das für Hochofenkoks gewünschte feste Gefüge. Die Güte beeinflussend sind auch die Temperaturen, die bei seiner Erzeugung im Koksofen eingehalten werden. Die Temperaturen, die in einem Zement-Solvay-Ofen in der Mitte des Kokskörpers gemessen wurden (*Fischer*, S. 191), sind:

11 Stunden nach der Füllung	Temperatur	200°
13 ,, ,, ,, ,,	,,	530°
15 ,, ,, ,, ,,	,,	700°
17 ,, ,, ,, ,,	,,	900°
18 ,, ,, ,, ,,	,,	920°

Danach ist der Hüttenkoks schon bei seiner Erzeugung Temperaturen von 920° ausgesetzt, die über der Brenntemperatur des Kalkes liegen, so daß ein schädliches, nutzloses Entweichen flüchtiger Stoffe aus diesem Koks bei seiner Verwendung im Mischfeuer unmöglich ist. Daß erst bei der langen Verkokungsdauer im Koksofen alle flüchtigen Teile entweichen und nicht schon bei der kurzen Dauer des Aufenthaltes in der Gasretorte, zeigt auch die Zusammensetzung der Kokereigase, die z. B. *Short* feststellte (Journ. of Gaslight 59, 97):

Nach	1	6	11	16	21	26	Stunden
Ungesättigte Kohlenwasserstoffe	5,6	5,0	3,4	1,4	0,2	0,0	

Allerdings findet man auch häufig im Hüttenkoks dunkle Stellen, die schon durch den äußeren Augenschein sich als unvollständig verkokt und teerreich zeigen. Dieser Teer wird natürlich in der Vorwärmezone des Kalkofens verdampft, ohne zur Verbrennung zu kommen, mit ihm geht deshalb nutzlos Brennstoff verloren. Man sollte deshalb auf die Lieferung teerfreien Kokses dringen. Nach *Thau* (Glückauf 1907, S. 277) spricht für einen hohen Gehalt an flüchtigen Stoffen:

1. klangloser Fall auf einen harten Gegenstand;
2. schwarzes, glanzloses Aussehen;
3. kleine braunschwarze Flecken im Bruchstück, von unverkokter Kohle herrührend;
4. dicke Stücke, die keine Stielform haben und leicht zerfallen;
5. tiefschwarzes Innere der Poren und Teerglanz der Ränder.

Auch bildet sich oben eine schaumige Koksschicht, die weicher und bröckliger ist. Durch diese entsteht wesentlich das sog. Koksklein, doch sollte dies am Empfangsorte 4 bis 6 Proz. nicht überschreiten. Es hat nicht den Wert wie der stückige Koks, es erschwert den Zug, und ein großer Teil wird durch die abziehenden Gase fortgerissen.

Der Gaskoks ist das Nebenerzeugnis bei der Leuchtgasgewinnung, weshalb man hier bisher bei der Auswahl der Kohle keine Rücksicht auf die Art des verbleibenden Kokses nimmt, sondern nur darauf, daß eine hohe Gasausbeute erzielt wird. Aber die Gasanstalten werden wohl früher oder später auch dazu schreiten müssen, der Herstellung des Kokses eine größere Sorgfalt und Aufmerksamkeit entgegenzubringen, um aus diesem bisher nebensächlich behandelten Erzeugnis ein gutes Haupterzeugnis zu machen. Sie werden diesen Brennstoff verbessern müssen, um ihn müheloser und besser verkaufen zu können, um die Wirtschaftlichkeit der Gaswerke zu erhöhen. Über die Kokserzeugung nach Menge, Wert und Zusammensetzung in den deutschen Gaswerken siehe Glückauf, 5. August 1916, S. 671. Bei der Leuchtgaserzeugung wird die ungewaschene Kohle nur locker und lose eingefüllt, so daß hierdurch und durch den an und für sich größeren Gasreichtum der verwendeten Kohle der Gaskoks viel lockerer wird. Er ist poröser und zerklüfteter, die Verbrennungsluft kann leichter hinzutreten und findet größere Oberflächen, er verbrennt deshalb viel schneller und leichter als Hüttenkoks. Weil er lockerer ist, also ein geringeres Volumengewicht besitzt, so enthält natürlich ein Gaskoksstück von z. B. 50 mm Durchmesser weniger Brennstoff als ein solches von Hüttenkoks. Deshalb und durch das erwähnte schnellere Verbrennen, infolge der größeren Porosität, verbrennt das Gaskoksstück bedeutend schneller als Hüttenkoks. Dies könnte man unter sonst gleichen Verhältnissen ausgleichen durch die Wahl größerer Koksstücke bei Verwendung von Gaskoks.

Beim scharfen Feuern neigt Gaskoks zur starken Schlackenbildung. Dies liegt zum Teil an der nicht vollkommen beendeten Destillation. Sowie die abdestillierenden Gase, das sind die Leuchtgase, nicht mehr hochwertig genug aus den Gasretorten entweichen, hört man mit der Destillation auf, trotzdem es nützlich wäre, diese weiter zu treiben, wenn es sich nur darum handelte, besten Koks zu erhalten. Durch die frühzeitige Abbrechung der Destillation verbleiben viele Bestandteile zurück, die mit der Asche und dem Kalkstein flüssige Schlacken bilden können, die das Ofenfutter angreifen und ein Festsitzen der Füllung veranlassen können. Weil aber der Übelstand ganz besonders bei lebhaftem Feuern, also bei hohen Brenntemperaturen, in die Erscheinung tritt, so muß man bei überlasteten, also zu kleinen Kalköfen mit der Anwendung von Gaskoks vorsichtig sein. In diesem Falle arbeitet man sicherer mit Hüttenkoks, wenn er auch etwas teurer ist. Der Hüttenkoks ist länger destilliert, enthält deshalb weniger flüchtige Stoffe, die doch in der Vorwärmezone des Kalkofens zum größten Teil nutzlos entweichen würden. In seinem Taschenbuch für Feuerungstechniker führt *Fischer* (S. 199) Temperaturen an, wie sie in einer Vertikalretorte einer Leuchtgasanstalt in deren Kern festgestellt wurden:

gemessen	1/4	Stunde	nach	dem	Eintragen	90°	Celsius
„	1/2	„	„	„	„	105°	„
„	1	„	„	„	„	145°	„
„	2	„	„	„	„	200°	„

gemessen	3	Stunden	nach	dem	Eintragen	280°	Celsius
„	4	„	„	„	„	370°	„
„	5	„	„	„	„	440°	„
„	6	„	„	„	„	470°	„
„	7	„	„	„	„	500°	„
„	8	„	„	„	„	580°	„
„	9	„	„	„	„	620°	„

Da aber der Koks sich erst bei 700° entzündet und das Verdampfen der Kohlensäure aus den Kalksteinen erst bei 856° beginnt, so werden noch viele flüchtige Stoffe nutzlos entweichen, aus dem Gaskoks Koks destillieren, bevor die 856° erreicht sind.

Das spez. Gewicht des Kokses, das des Stoffes selbst, beträgt je nach dem Aschengehalt 1,2 bis 1,8. Es wiegt 1 cbm Gaskoks 300 bis 350 kg, Hüttenkoks 350 bis 450 kg und Gießereikoks 430 bis 450 kg. — *F. Häusser* (Ber. d. Ges. f. Kohlentechnik Heft 1, 1921) gibt einen Weg an zur Bestimmung des scheinbaren spez. Koksgewichtes. Die Koksdichte oder die scheinbare Dichte, worunter man die Dichte unter Berücksichtigung des Porenraumes versteht, ist für die Beurteilung des Kokses von Bedeutung. Die beliebig große, zweckmäßig ganz grob auf Kugelform zugeschliffene Koksprobe wird bis auf gleichbleibendes Gewicht getrocknet, gewogen und hierauf kurz, nach Bedarf wiederholt, in ein Paraffinbad getaucht, so daß sie an der Oberfläche verschlossen aussieht. Die Wägung des paraffinierten Stückes ergibt das Gewicht der Deckschicht. Dann folgt die Wägung unter Wasser. Aus dem Auftrieb, abzüglich dem Auftrieb der Deckschicht, der sich aus ihrem absoluten Gewicht und der Dichte des Paraffins ergibt, folgt dann die scheinbare Dichte des Koksstückes.

Auf diese Unterschiede in der Herstellung zwischen Gas- und Hüttenkoks mußte ich hinweisen, weil man dann besser die Verschiedenheit beider Koksarten erkennt, die sich bei ihrer Verwendung ergeben, nämlich in bezug auf ihren Heizwert, ihre Verbrennungszeit, ihr Verschlacken, ihre Brenntemperatur u. dgl.

Nur selten werden diese Unterschiede beachtet, denn so schreibt z. B. *Lunge* (Sodaindustrie, Bd. 3 1909, S. 57): „Die Qualität des Kokses ist nicht gleichgültig. Selbstverständlich ist er um so besser, je schwefel- und aschenfreier er ist. Aber der für metallurgische Zwecke (Hochöfen, Kupolöfen usw.) allein brauchbare Ofenkoks ist für den vorliegenden Zweck entschieden weniger (!) geeignet als der ebenso reine (?), aber poröse und viel billigere Gaskoks."

Die Bestimmung des Heizwertes im Calorimeter hat für die Beurteilung seiner Güte im Kalkofen nur dann Wert, wenn der Koks entsprechend vorbehandelt wird. Alle Stoffe, die aus dem Koks in der Vorwärmezone abdestillieren, verdampfen oder verbrennen, gehen für das Kalkbrennen nutzlos verloren. Ein ungarer Koks mit viel flüchtigen Bestandteilen, aber größerem Heizwert, ist doch für den Kalkofen weniger vorteilhaft als ein harter, garer Koks. Hierauf ist bisher bei der Koksbeurteilung nach dem Heizwert keine Rücksicht genommen. Man sollte den Koks vor der Heizwertbestimmung im

Calorimeter den Einflüssen aussetzen, denen er in der Vorwärmezone ausgesetzt ist, unter Bestimmung des schädlichen Gewichtsverlustes. Koksstücke von der Größe, wie sie in den Ofen eingefüllt werden sollen, müßten also im freien Luftstrome mindestens während fünf Stunden erwärmt und bei einer Temperatur von 900° geglüht werden. Er darf dabei auch nicht aufblähen und knetig werden, sonst backt er im Ofen. Erst die Berücksichtigung des Gewichtsverlustes und die Heizwertbestimmung an so vorbereitetem Koks gibt einen Maßstab für seine Güte im Kalkofen, unter Berücksichtigung des auf Seite 39 Geschriebenen.

Der Wassergehalt des Kokses ist sehr schwankend, weil der Koks ein sehr poröser Stoff, ein unelastischer Schwamm ist, dessen wirklich vom Brennstoff eingenommener Raum kaum die Hälfte vom insgesamt eingenommenen Raum beträgt.

15 bis 5 Proz. hygroskopisches Wasser nimmt der Koks je nach seiner Art auf; mit diesem muß man also unbedingt rechnen. Aber bei seiner Lagerung im Freien saugt er infolge seiner großen Porosität noch viel Wasser vom Regen und Schnee auf. *Dewey* (Zeitschr. d. V. d. Ing. 1884, S. 95) fand, daß die Poren des Kokses 42,96 bis 61,12 Vol.-Proz. betrugen, daß in 100 g Koks die Poren einen Raum von 47,50 bis 86,41 cc einnehmen. Dieser unelastische Schwamm nimmt 20 und mehr Prozent Wasser auf. Gaskoks wird häufig mit 18 bis 20 Proz. Wasser angeliefert, weil er beim Ablöschen gründlich mit Wasser getauft wird. *O. Johannsen* (Stahl u. Eisen 1909, S. 998) tauchte glühend aus dem Koksofen kommenden Koks so lange unter Wasser, bis er vollständig gelöscht und kalt war. Dieser Saarkoks wurde dann in Fässern mit durchlöchertem Boden 24 Stunden lang aufbewahrt und zeigte dann einen Wassergehalt von 28 bis 35 Proz. Wenn man solchen Koks nach seinem feuchten Gewicht kauft, so ist dies ein großer Reinfall. Man sollte nie Koks kaufen ohne Berücksichtigung seiner Feuchtigkeit.

Versuche, die vom Bayrischen Dampfkessel-Revisions-Verein ausgeführt wurden, zeigen so recht die starke Verminderung des Heizwertes durch das vorhandene Wasser (s. Zahlenreihe IX). Das ist auch ohne weiteres klar, denn wenn ich z. B. danach 100 kg oberschlesischen Hüttenkoks mit 12,69 Proz. Wasser in den Kalkofen einfülle, so sind darin nur 87,31 kg fester Koks. Über 12 kg Wasser werden als unnützer Ballast eingefüllt. Sie täuschen über die wahre Brennstoffzugabe und kühlen die Abgase in der Vorwärmezone unnütz ab.

Lagert man Koks im Freien, so zersprengt, zersplittert und zerkleinert das in seinen Poren befindliche Wasser den Koks beim Frost, sein Wassergehalt schwankt fortwährend, und eine gleichmäßige Brennstoffzugabe zum Kalkofen ist unmöglich. Man kann ihn warm lagern, da dies in keiner Weise schädlich, weil in gutem Koks fast alle flüchtigen Stoffe fehlen, im Gegensatz zur kalten, gegebenenfalls nassen Lagerung der Kohle. Im allgemeinen sollte der Wassergehalt des Kokses nicht mehr als 4 Proz. betragen, und Koks mit mehr als 6 Proz. sollte man beim Einkauf zurückweisen oder entsprechend niedriger bewerten. Die Koksstücke besitzen eine sehr verschiedene

Dichte, Porosität und dementsprechende Wasseraufnahmefähigkeit, deshalb muß man bei der Probenahme hierauf sehr sorgfältig achten.

Das Wasser des Kokses wird im Kalkofen verdampfen, wenn er auf 100° erwärmt ist. Es wird hierfür Wärme verbraucht. Diese wird aber den an und für sich noch mit hoher Temperatur entweichenden Heizgasen entnommen. Solange diese Wärme nicht ausgenutzt wird, ist ein Mehraufwand an Brennstoff mit dieser Verdampfung des hygroskopischen Kokswassers nicht unmittelbar verbunden. Wohl aber sinkt dadurch natürlich die Temperatur der abziehenden Gase und somit der nutzbare Temperaturunterschied zwischen den Gasen und der frischen Gicht. Die Wärme wird deshalb langsamer aufgenommen, die Steine werden nicht genügend vorgewärmt. Ein größerer Verbrauch an Koks ist die Folge.

Der Schwefelgehalt bringt als Heizwert im Kalkofen keinen Nutzen. Wohl verbrennt der S des Kokses beim Vorhandensein von freiem Sauerstoff zu SO_3 und SO_2, aber diese Wärme wird wieder verbraucht, zum großen Teil durch die Bindung der SO_3 im Kalk. Man hat meistens angenommen, daß die SO_3 mit den Kalkofengasen entweicht; dies scheint aber nach den Erfahrungen, die man beim Entschwefeln des Kokses durch Zusatz von Kalkstein beim Hochofenbetrieb machte, und nach den Versuchen von *F. Wüst* und *P. Wolff* in Aachen (Stahl u. Eisen 1905, S. 589 u. 695) nicht der Fall zu sein.

In nennenswerter Weise vergast nach diesen Versuchen der Schwefel erst bei den Brenntemperaturen des Kalksteines, gleichzeitig dann, wenn auch die Kohlensäure aus den Steinen im Kalkofen entweicht. Beide stellten durch einen weiteren Versuch fest, daß vom Kalkstein der größte Teil des verflüchtigten Schwefels aus den Gasen wieder aufgenommen wird und zwar, je mehr Kohlensäure aus dem Kalkstein verdampft, je höherer Temperatur der Kalkstein ausgesetzt ist. Deshalb setzt man im Hochofen Kalk zu, um den Schwefel zu binden und ihm den Eintritt in das Eisen zu verwehren.

Nach den Versuchen von Prof. Dr. *Herzfeld* (Festschrift 1904, S. 487) erschwert dieser Schwefelgehalt durch die Gipsbildung viel nachteiliger die Ablöschfähigkeit des Kalkes, als man nach der theoretisch berechneten Gipsbildung dies erwarten könnte. Man muß demnach nicht nur bemüht bleiben, möglichst S-freien Kalkstein zu verwenden, sondern auch möglichst S-freien Koks. Nun enthält aber Gaskoks immer mehr S als Hüttenkoks, so daß sich auch in dieser Beziehung die Verwendung von Hüttenkoks für den Kalkofen empfiehlt.

Ed. Donath (Tonind.-Ztg. 1920, S. 1260 bis 1261) berichtet über eine Beobachtung, nach der beim Brennen besten Kalksteins im Ringofen mit Streufeuer viele in der Nähe der Feuerschächte aufgeschichtete Kalksteinstücke außen eine Kruste von braun- bis grauschwarzer Farbe zeigten. Durch den Ofenzug war Kohlenflugstaub an die betreffenden Stellen geweht, die kohligen Bestandteile des Kohlenstaubes waren verbrannt, der in diesem enthaltene Schwefelkies auf der Oberfläche der Kalkstücke gewissermaßen geröstet und dabei die Schwefelsäure in das Innere der Steine eingedrungen.

Äußerlich deutet sich der hohe Schwefelgehalt des Kokses schon durch eine schillernde Farbe an. Nach *Oskar Simmersbach* (Grundlagen der Kokschemie 1895, S. 69) enthält im allgemeinen:

Westfälischer Koks	. . .	0,8 —1,5%	Schwefel
Englischer „	. . .	0,8 —1,3%	„
Gießerei- „	. . .	0,75—1,0%	,

Schwefelreicher Koks zeigt nach kurzem Lagern an der Luft braune Flecken, deren Rand mehr oder minder in Regenbogenfarben angelaufen erscheint. Aber nach der Farbe kann man den Koks nicht sicher beurteilen. Im allgemeinen soll er silbergrau, glänzend sein, wie er auch meistens in Kalköfen genommen wird. Doch auch dunkler, mattschwarzer, der unter vollständigem Ausschluß von Luft hergestellt wurde, kann an und für sich von vorzüglicher Beschaffenheit sein.

Clasen (Z. d. V. d. Z. I. 1865, S. 686) weist darauf hin, daß durch den Schwefelgehalt des Brennstoffes sich Schwefelverbindungen im Kalk bilden, die die Ursache des Blauwerdens des Kalkes beim Ablöschen sind.

Die Bildung von Schwefelwasserstoff ist im Kalkofen möglich, indem sich der beim Erhitzen der Gicht freiwerdende Schwefel mit freiem Wasserstoff unmittelbar verbindet, $H_2 + S = H_2S$. Im Kalkstein, wie er für chemische Fabriken verwendet wird, ist gar kein freier S vorhanden, er ist nur als Gips anwesend, der beim Kalkbrennen aber seinen Schwefel nicht abgibt. Für die Bildung von Schwefelwasserstoff kommt somit nur noch der Schwefel des Kokses in Frage, der aber erst beim Verbrennen des Kokses entweicht. Fehlt dann freier Sauerstoff, um den S zu SO_3 zu verbrennen, dann kann H_2S entstehen. Der freie Wasserstoff kann dabei aus dem Koks zur Verfügung stehen oder aus Wasserdampf, der mit der feuchten Verbrennungsluft dem Kalkofen zugeführt wurde und in der Brennzone sich zersetzte. Schwefelwasserstoff verbrennt aber auch mit blauer Flamme zu $2\,H_2S + 3\,O_2 = 2\,H_2O + 2\,SO_2$. In jedem Falle hat man also nur nötig, dem Kalkofen den notwendigen Sauerstoff zuzuführen, es darf an ihm nicht mangeln, man muß mit einem geringen Sauerstoffüberschuß arbeiten, dann ist jede Bildung von Schwefelwasserstoff unmöglich.

Schwefelsaures Natron und Kali verdampfen (verflüchtigen) bei 800 bis 1200°, also bei den im Kalkofen herrschenden Temperaturen. Sie entweichen mit den Ofengasen. Da diese Salze nicht zersetzt werden, so schlagen sie sich an den kälteren Gegenständen, in der Kühlzone und in der Kohlensäureleitung nieder, und der Rest müßte im Wäscher (Laveur) abgefangen werden. Trotzdem fand *Schulz* (Z. d. V. d. Z. I. 1865, S. 765) in Krusten der Kohlensäurepumpe 77,7—90 Proz. schwefelsaures Kali, ebenso *Kovar* 70 Proz., woraus man eigentlich auf ungenügende Abkühlung, einen schlecht arbeitenden Wäscher schließen muß. *Claassen* wies nach, daß tatsächlich Alkalien aus den Ofengasen in den Saft eingeführt werden, allerdings in ganz unbedeutenden Mengen. Nach *Kovar* zeigte eine solche Ablagerung folgende Zusammensetzung:

Wasser	0,94	Schwefelsaures Ammoniak	2,76
Unlösliche Mineralstoffe	4,77	Chlorammonium	0,83
Unlösliche organische Stoffe	8,86	Schwefelsaure Magnesia	0,66
Schwefelsaures Kali	70,22	Schwefelsaurer Kalk	1,88
Schwefelsaures Natron	8,72	Schwefelsaures Eisenoxyd	1,35

Dieser hohe Gehalt an schwefelsaurem Kali, Natron und Ammoniak lassen es bedauerlich erscheinen, daß man diese wertvollen Düngemittel mit dem Waschwasser verlorengibt.

Der Stickstoff, welcher noch in dem Koks zurückgeblieben ist, trennt sich nur schwer vom Kohlenstoff und wird deshalb erst bei der Verbrennung des Kokses frei. Der Koks enthält im allgemeinen 0,4 bis 2,49 Proz. N. Er entweicht mit den Ofengasen als Ammoniak. Ammoniak ist ein wertvoller Stoff, doch befindet er sich in den Kohlensäuregasen in so großer Verdünnung, daß seine Gewinnung recht schwierig sein dürfte. Man könnte ihn z. B. dadurch gewinnen, daß man die heißen Ofengase durch Schwefelsäure leitet, die den Ammoniak aufnimmt unter Bildung von schwefelsaurem Ammoniak. Sind 2250 t Kalksteine zu brennen, mit einem Koksaufwand von 10 Proz., dann sind 225 t Koks notwendig, und wenn der Koks 1 Proz. N enthält, könnten 2,25 t Stickstoff gewonnen werden. Diese 2,25 t geben $2{,}25 \cdot \frac{389}{7{,}97} = 11$ t schwefelsaures Ammoniak. 1 t Ammonsulfat kostete etwa 220 Goldmark, abzüglich des Verbrauches an 1 t Schwefelsäure je 1 t Sulfat im Werte von 40 Goldmark, so daß 180 Goldmark für 1 t Ammonsulfat verbleiben. Die 11 t bringen somit 1980 Goldmark. Hiervon wären die Betriebs- und Unterhaltungskosten der Anlage abzuziehen, und scheint deshalb die Gewinnung des Stickstoffs aus den Abgasen wenig aussichtsreich; wenn man diese nicht noch mit der Gewinnung aus anderen Ammoniakquellen (in Zuckerwerken aus der Scheidung, Sättigung, Verdampfung) verbinden kann. Daß dieses aber früher oder später geschehen wird, scheint mir sicher.

Ich erwähne hier auch das Verfahren von *Arthur Riedel*, Kössern bei Grimma i. Sa., zur Tränkung von Koks mit Lösungen von Chloriden durch Ablöschen des glühenden Kokses mit solchen Lösungen, dadurch gekennzeichnet, daß Industrieablaugen der Kali- und Sodaindustrie Verwendung finden, und zwar in solchen Konzentrationen als Ablöschflüssigkeit angewendet werden, daß die vom Koks aufgenommene Chlormenge ungefähr chemisch äquivalent dem N-Gehalt des Kokses ist. Für die Stickstoffgewinnung ist es von großer Wichtigkeit, daß auch die innersten Teile der Koksstücke getränkt sind, damit nach Maßgabe des Verbrennens des Kokses durch Zersetzung des Chlorids der Koksstickstoff in NH_4Cl verwandelt und als solcher gewonnen werden kann. (D. R. P. 319 550/1916.)

In der Zahlenreihe IX gebe ich eine Zusammenstellung über Analysen und Heizwerte einiger Kokssorten.

Die Druckfestigkeit des Kokses ist für den Kalkofenbetrieb von nur geringer Bedeutung, weil auch bei höchsten Kalköfen der Druck, den die Gicht auf den Koks ausübt, nie dessen Druckfestigkeit erreicht, die 12,66

Zahlenreihe IX.
Analysen und Heizwerte einiger Kokssorten.

	Wasser	Flüchtige Teile	C	Asche	S	P	H	O	Heizwert WE	Quellenangabe
1. Westfalen-Koks			85,06	6,4			0,86	7,68		*Dr. Muck* Steinkohl.-Chemie 1881.
			91,77	6,93			1,255	0,04		
			83,487	10,309			0,737	5,467		
2. Engl. Koks aus Bienenkorbofen	0,03	0,46	89,576	9,113	0,821					Z. d. V. d. I. 1884, S. 97
	0,075	0,412	88,655	10,055	0,805					
	0,216	0,390	95,894	3,5	0,583	0,096				
3. West-Virginia	0,11	0,350	92,12	6,68	0,618	0,027				Z. d. V. d. I. 1884, S. 598
Illinois	0,12	—	89,77	9,58	0,93	0,033				
4. Hüttenkoks von Grand Combe	0,5	—	89,273	7,8			0,212		7010	Z. d. V. d. I. 1892, S. 1428. *Mahler*
Koks von halbfetter Anzinkohle	—	—	94,582	3,2			0,633		7787	
Koks von pennsylvanischem Anthrazit	0,233	—	91,036	5,9			0,685		7528	
5. Koks aus Ruhrkohle			85,060	6,400			0,860	7,680		
			91,772	6,933			1,255	0,040		
			83,487	10,309			0,737	5,467		
6. Koks aus Saarkohle			86,460	8,540			1,980	3,020		
7. Koks aus engl. Kohle			92,00	0,700			0,200	7,3		
			93,040	5,090			0,260	1,610		
			84,360	9,150			0,187	0,303		
8. Gaskoks Charlottenburg				10,67					5480	Z. d. V. d. I. 1905, S. 1478
9. Koks von Rossitz	0,79			19,36					6367	Jahresber. Wiener Dampfkessel-unters.-Vers.-Ges. 1908
Grieskoks Gaswerk Wien	8,13			29,72					5123	
Oberschlesischer Koks	9,5			9,52					6620	
10. Gaskoks aus Saarkohle	1,89			7,11					7357	Z. d. Bayer. Rev.-Ver. 1906, S. 170
Oberschlesischer Hüttenkoks	12,69			9,21					6113	
Koks vom Gaswerk Hof	10,46			10,35					6313	
11. Koks	0,3		77,08	18,65	0,36		0,47			*Hempel*, Z. f. ang. Ch. 1911, S. 2045 Si = 0,28; Fe = 1,09 N = 1,6
12. Münchener Gaskoks			82,39	10,39	1,17				6841	
			83,09	10,47	1,18				6900	
			86,64	8,08	1,29				7196	
			89,27	5,00	0,78				7440	
13. Keumazit aus Böhmischer Braunkohle	4,2		77,34	14,97	1,06		1,47	0,96	6749	Z. d. V. d. I. 1905, S. 2069
14. Oberschlesischer Koks			84,7	13,00	1,08		0,44	0,02		

bis 22,43 kg auf den Quadratzentimeter beträgt (Z. d. V. d. I. 1884, S. 598). Der Koks könnte also eine Beschickungssäule von 80 bis 140 m Höhe tragen, ohne zerdrückt zu werden. Solch hohe Kalköfen gibt es nicht, und wird es wohl nie geben, abgesehen davon, daß dieser Druck der Füllung nie voll auf den Koks einwirkt, weil er durch die Reibungswiderstände am Kalkofenfutter außerordentlich vermindert wird.

Viel wichtiger ist die Härte des Kokses. Sie schwankt nach der mineralogischen Härteskala Seite 191 zwischen 3,2 bis 3,6, und steht demnach zwischen Kalkstein und Flußspat. Der Koks ist von zwei Stücken der bessere, der sich beim Aneinanderreiben am wenigsten abnutzt. Dieser wird mehr der drehenden Bewegung, der er im Kalkofen besonders bei schlechten Ofenformen ausgesetzt ist, widerstehen, er wird weniger zerrieben, es bildet sich weniger Koksstaub, der zum großen Teil, wie das Koksklein, durch die strömenden Gase aus dem Ofen gezogen wird und so verlorengeht.

Zu weicher Koks wird nicht nur zu stark beim Niedergang zerrieben, sondern er wird auch von der heißen Kohlensäure mehr angegriffen, indem sie auf den Kohlenstoff reduzierend wirkt. *Simmersbach* (Stahl u. Eisen 1913, S. 513) stellte fest, daß diesen Angriffen der heißen Kohlensäure harter Koks viel besser widersteht. Je weicher der Koks, um so stärker der Angriff. Die CO_2 wird bei der Berührung des heißen C reduziert zu CO, woraus sich ein bedeutender Gewichtsverlust ergibt. Ist nun kein freier O vorhanden, so findet man dieses durch nachträgliche Reduktion entstandene CO in den Kalkofengasen wieder. Ist aber O vorhanden, in genügender Menge, so verbrennt das CO zu CO_2, da sich der Sauerstoff bei Temperaturen über 300° in bemerkbarer Weise mit CO verbindet und solche Temperatur oben in den Kalkofengasen immer vorhanden ist. Man sollte möglichst harten, widerstandsfähigen Koks wählen, denn aller Kohlenstoff, der vom Koks entweicht, unterhalb der Brenntemperatur von 856°, ehe also der Koks in die Brennzone gelangt, geht für das Kalkbrennen verloren. Ob dabei in der Vorwärmezone dieser als CO entweichende Kohlenstoff doch noch verbrennt, ist hier belanglos. Nur daß dann durch das nachträgliche Verbrennen wenigstens das Kohlenoxyd zu Kohlensäure verbrannt wird, hat den Vorteil, daß dadurch die bei der Verwendung der Abgase zur Sättigung (Saturation) mit den kohlenoxydhaltigen Gasen verbundenen Übelstände vermieden werden.

Aber der Koks darf auch nicht zu spröde sein, sonst ist die Gefahr vorhanden, daß solch spröder, glasharter Koks durch die Wucht der frisch eingeworfenen Kalksteine zerschellt und in kleine Stücke zersplittert. Die verhältnismäßig schweren Kalksteine fallen von 1 bis 2 m Höhe auf die schon im Ofen befindlichen Koksstücke. Ein mittelgroßes Koksstück soll infolge eines Falles aus $1^1/_4$ bis $1^1/_2$ m Höhe auf eine harte Fläche nicht springen, sondern höchstens reißen. Bricht es in kleine Stücke, so deutet dies auf zu große Härte, die dem Feuer auch zu großen Widerstand entgegensetzt. Springt der Koks nicht in kleine Stücke und ist sein Aufschlagen dumpf oder kaum hörbar, so hat man einen ungaren oder bei zu niedriger Ofentemperatur gebackenen Koks vor sich. Er gibt nicht genügend Hitze, wird im Ofen teigig und gibt schlechte Gase. Heller metallischer Klang zeigt guten Koks an.

Von *Owen R. Rice* wird eine Einrichtung zur Bestimmung der Kokshärte beschrieben, die im Betrieb der *Bethlehem Steel Co.* in Anwendung steht. In einer Mühle bestimmter Einrichtung wird eine Probe zerkleinert, und durch Absieben der Zerkleinerungsgrad bestimmt. Nach *Owen* wird die Koksgüte sowohl von dem HO-Verhältnis der Kohle als auch dem Aschengehalt beeinflußt. Je höher das HO-Verhältnis ist, desto härter ist der Koks. (Iron Age 107, 380 bis 381. 10/2.)

30. Die Koksasche.

Die Koksasche entsteht aus allen nicht flüchtigen, unverbrennbaren Stoffen der Ursprungskohle. — Es ist der unter den im Ofen herrschenden Bedingungen „feuerfeste Rückstand“ des Brennstoffes.

Unreiner Koks kann wesentlich zur Zerstörung der Auskleidung beitragen, indem sich aus seiner Asche leichtflüssige Schlacken bilden, die durch Capillarwirkung in die Poren eindringen und die Auskleidung aufschließen. Die Schlacken werden vom Bindeton aufgesogen, es bilden sich leichter schmelzende Tonsilicate, die widerstandsfähigeren Quarzstückchen werden ausgesaigert und das Feuerkleid verliert seinen Zusammenhang. Über die Schmelzpunkte von Kohlenaschen äußerte sich Prof. Dr. *E. Constam* (Schweizerische Bauzeitung Bd. 62, Nr. 14, S. 132). Je niedriger die Asche einer Kohle oder eines Kokses schmilzt, um so eher findet ein Schlacken im Feuer statt.

Mit einem elektrischen Widerstandsofen und unter Benutzung eines optischen Pyrometers von *Holborn* und *Kurlbaum* hat er die Aschenschmelzpunkte von etwa 200 verschiedenen Kohlen- und Kokssorten festgestellt und zieht aus seinen Beobachtungen folgende Schlüsse:

1. Die Menge der Asche hat keinen Einfluß auf den Schmelzpunkt.
2. Der Aschenschmelzpunkt ist eine Eigentümlichkeit für den Mineralgehalt eines bestimmten Kohlenvorkommens (Flöz).
3. Der Aschenschmelzpunkt wird durch Verkokung im allgemeinen nicht verändert, d. h. Kohle und der daraus hergestellte Koks schmelzen bei derselben Temperatur.

Die Aschenschmelzpunkte bewegen sich nach den bisherigen Beobachtungen innerhalb weiter Grenzen: 1150 bis 1700° C. Aschen, welche

unter	1200° C	schmelzen,	werden	als	leichtflüssig,
zwischen	1200—1350° C	„	„	„	flüssig,
„	1350—1500° C	„	„	„	strengflüssig,
„	1500—1650° C	„	„	„	sehr strengflüssig,
über	1650° C	„	„	„	feuerfest bezeichnet.

Hoher Gehalt an Schwefelkies erniedrigt den Schmelzpunkt der Asche und begünstigt deshalb die Schlackenbildung. Kohlenschiefer schmelzen zwar erst bei höheren Temperaturen, wirken aber trotzdem schädlich in der Feuerung, weil sie einen unschmelzbaren Kern bilden, um welchen die verflüssigte

Schlacke sich ansammelt. Je höher dagegen der Gehalt der Asche an Tonerde (Schmelzp. 1900°) ist, um so strengflüssiger wird sie.

Die Zahlenreihe X zeigt einige Analysen von Koksasche nach einer Zusammenstellung *Simmersbachs* (Koks-Chemie 1895, S. 65).

Das Eisen in der Koksasche wirkt außerordentlich auf die Verschlackung der Asche ein, schon bei nicht zu hoher Temperatur. Diese unangenehme Schlackenbildung soll darauf beruhen, daß das Eisenoxyd der Schlacke zu Oxydul reduziert wird und mit den übrigen Aschenbestandteilen zu einem dann sehr dünnflüssigen Silicat zusammentritt. Aber ein sehr hoher Kieselsäuregehalt gleicht diese Einflüsse des Eisens aus und verhindert eine starke Verschlackung. Koks mit großem Eisengehalt und geringem Kieselsäuregehalt kann deshalb leicht ein Verschlacken und Festsetzen der Kalkofenfüllung hervorbringen, weil der Kalk selbst noch die ungünstige Wirkung des Eisens unterstützt. Gaskoks, aus ungewaschener Kohle erzeugt, enthält meistens mehr Schwefelkies FeS_2. Der Schwefel trennt sich im Kalkofen, Eisen bleibt zurück, auch deshalb neigt Gaskoks mehr zur Verschlackung.

Die Kieselsäure SiO_2 unterstützt das Totbrennen des Kalkes und erschwert das Ablöschen ganz bedeutend. Schon 6,27 Proz. SiO_2 genügen nach Prof. Dr. *Herzfeld* (Festschrift 1904, S. 484), um das Ablöschen des Kalkes vollständig zu verhindern, wenn er höheren Brenntemperaturen (1300°) ausgesetzt werden soll. Hierbei hat auch die Brenndauer einen wesentlichen Einfluß auf die spätere Ablöschfähigkeit des gebrannten Kalkes; durch das Zusammensintern zu glasartigen Massen wird das Eindringen des Wassers erschwert und damit auch das Ablöschen. Dabei zeigen *Herzfelds* Versuche, daß Alkalien das Aufschließen der Kieselsäure und damit ihren schädlichen Einfluß befördern. Und solche Alkalien sind mehr oder weniger im Koks vorhanden.

Aluminiumoxyd Al_2O_3 geht nach den Versuchen von *Herzfeld* (Festschrift 1904, S. 491) mit Kalk bei den üblichen Brenntemperaturen keine Verbindungen ein, es beansprucht nur Kieselsäure, die dann für den Kalk nicht mehr zur Verfügung steht. Aber Eisen in Verbindung mit Kieselsäure und Tonerde (Al_2O_3) begünstigen das Aufschließen derselben und macht diese gegen Kalk verbindungsfähiger. Bei Gegenwart von Eisen gewinnt also die Tonerde einen Einfluß auf das Totbrennen des Kalkes, der ihr bei Abwesenheit von Eisen nicht zukommt.

Ein Koks zeigte einen hohen Kochsalzgehalt (Z. d. V. d. I. 1892, S. 463), und zwar 0,062 Proz. NSO_4, 0,119 Proz. NaCl, das sich mit der Ton- und Kieselerde (wie beim Glasieren) zu leichtflüssigen Schlacken verbindet, abtropft und die feuerfesten Steine immer mehr und mehr abnutzt. Dieser hohe Kochsalzgehalt dürfte nur ausnahmsweise im Koks vorhanden sein und rührt jedenfalls von salzhaltigem, unreinem Ablöschwasser her. Aber auch manche Gruben haben kochsalzhaltige Quellen, so daß die feuchten Kohlen Salz aufnehmen.

Die Koksasche kann man zum größten Teil ohne Schwierigkeiten von dem gebrannten Kalk trennen, nach dem Ziehen der Steine, indem man ihn

Zahlenreihe X.

Zusammensetzung von Koksasche

Koks von	Spez. Gew.	Asche Proz.	SiO_2 Proz.	Fe_2O_3 Proz.	Mn_2O_3 Proz.	Mn_3O_4 Proz.	Al_2O_3 Proz.	CaO Proz.	MgO Proz.	Na Proz.	K Proz.	SO_3 Proz.	S Proz.	P_2O_5 Proz.	P Proz.
Neunkirchen, Rgbz. Trier	—	12	44,43	14,2	0,5	—	34,92	2,2	2,09	n. b.	n. b.	—	n. b.	—	n. b.
Königin Marienhütte, Sachsen	—	12	41,2	28,0	—	0,75	17,40	8,8	1,66	,,	,,	—	2,05	—	0,164
Königin Marienhütte, Koks v. Planitz	—	6—8	44,66	19,08	—	0,41	20,53	4,45	1,63	,,	,,	—	2,26	—	0,257
Königin Marienhütte, Koks v. Wilhelmschacht	—	12—14	44,60	18,06	—	0,73	22,13	5,84	1,63	,,	,,	—	2,70	—	0,129
Dortmunder Union, Koks v. Konsolidation	1,77	10,01	41,96	19,05	—	0,37	27,01	0,97	0,89	,,	,,	0,90	—	0,73	—
Dortmunder Union, Koks v. Barop	1,51	8,46	26,79	26,79	—	0,45	21,04	5,89	4,10	,,	,,	n. b.	—	0,41	—
Dortmunder Union, Koks v. Mansfeld	1,85	12,57	40,63	18,23	—	0,26	26,70	3,67	3,12	,,	,,	—	—	0,32	—
Hörder Eisenwerk	—	8—10	40,0	18,6	n. b.	—	30,0	2,6	1,3	,,	,,	—	—	0,5	—
Terrenoir Koks aus Carvès-Öfen von Bessèges	—	—	43,66	11,75	,,	—	26,90	9,65	1,9	,,	,,	5,0	—	0,20	—
Oberschlesischer Koks	—	9,797	14,03	21,32	—	0,71	8,94	19,95	10,0	0,30	0,60	22,53	—	4,8	—
Grand Combe	—	—	51,5	10,4	—	n. b.	24,4	7,8	2,0	0,6	2,6	1,66	—	0,13	—

Andere Analysen finden sich Chem. Zeit. 1914, S. 1264/65, und 1289/90, sowie Zeitschr. f. angew. Chem. 1915, S. 182.

mittels starkzinkiger Gabeln in die Transportgefäße ladet. Die herabrieselnde Koksasche sammelt sich aber vorher unten in dem stützenden Bergkegel von Ätzkalk an, füllt die Zwischenräume aus und verhindert den Luftzutritt gerade dort, wo infolge der merkwürdigen, bisher üblichen Schachtform der Ofen am engsten ist. Die Luftzuführung wird ungenügend, es erfolgt unvollkommene Verbrennung, und Kohlenoxydgas verbleibt in den Ofengasen. Es bleibt ein breiter, hoher, undurchlässiger Kegel stets zurück, der nie und unter keinen Umständen während des Betriebes entfernt werden kann. Sehr nützlich wirken hier die Kalkofenroste, indem die Koksasche frei durchrieseln und vor dem Abziehen der Steine beiseite geschaufelt und so in leichter Weise vom Kalk getrennt werden kann. Gute Koksasche soll nicht durch Verschlacken hängenbleiben, sondern als mehr oder weniger feines Pulver durchfallen. Verschlackt die Koksasche, dann soll man prüfen, ob man durch Wahl eines Kokses mit weniger Eisen diesem Übelstand abhelfen kann. Man vermeidet dann die Einführung der Koksasche und ihren teilweiseun angenehmen Beimengungen in den Saft, den Laugen, wo diese teilweise gelöst und bis zum Enderzeugnis mitgeschleppt werden. Ob ein Koks überhaupt zum Verschlacken neigt, kann man leicht feststellen durch Verbrennen der betreffenden Kokssorte in einer gewöhnlichen Kesselfeuerung.

Über die Aschenbestimmung in Steinkohlen und Koksen hat *Franz Weisser* eingehende Versuche veröffentlicht (Chem.-Ztg. 1914, S. 1264/65, 1289/90). Er versteht unter Aschengehalt den wahren Gehalt eines Brennmaterials an mineralischen Stoffen, während er unter „Asche" den bei der Verbrennung erhaltenen Rückstand bezeichnet, der stets bei der Veraschung mehr oder weniger verändert wird, so daß weder das Gewicht noch die Zusammensetzung der Asche mit der im ursprünglichen Brennstoff enthaltenen Mineralmenge übereinstimmt. — Bei der Veraschung erfährt der Mineralgehalt eine Gewichtszunahme, die durch die Oxydation des Eisenoxyduls, des Sulfideisens, der Erdalkalisulfide, vorwiegend aber durch Aufnahme von SO_3 (aus dem Heizgas, was unerwünscht erscheint) bedingt ist; ihr steht nur, da eine Zersetzung von Carbonaten ausgeschlossen ist, die geringe Gewichtsabnahme gegenüber, die die Mineralsubstanz infolge der Verbrennung des Eisensulfidschwefels erleidet. Der Aschengehalt der Kokse wird also zu hoch gefunden, wenn nicht die Veraschung in einer Muffel bei Temperaturen von 900 bis 1000° erfolgt.

31. Die Größe der Koksstücke für Mischfeuer.

Vorher habe ich den Einfluß der Kalksteingröße auf die Brenndauer besprochen, und will ich deshalb an dieser Stelle der Größe der Koksstücke einige Zeilen widmen.

Die maximale Koksgröße ergibt sich aus der einfachen Erwägung, daß der Koks mindestens in der Zeit verbrannt sein muß, wie der mit ihm eingefüllte Kalkstein zum Brennen benötigt.

Koks verbrennt langsamer als Steinkohle, und während diese, einmal entzündet, an der Luft in kleinen Stücken weiter fortbrennt, weil die freiwerdenden Gase leichter entzündbar sind, erlöscht der Koks an der freien Luft schnell. Ein kleiner Versuch zeigt, wie erstaunlich schwer es ist, Koks zu verbrennen, und wie sorgfältig man auf die Einhaltung günstiger Bedingungen achten muß, damit der Koks nicht unverbrannt den Kalkofen verläßt. Z. B. konnte ich ein Koksstückchen von 35 mm Durchmesser, das 25 g wog, 1 Stunde lang auf einem Bunsenbrenner erhitzen und dabei nur zum schwachen Glühen bringen. Dabei war das Tondreieck, auf dem der Koks lag, hell weißglühend. Infolge der größeren Wärmeleitfähigkeit wird im Koksstück die Wärme schneller verteilt, die große poröse Oberfläche sorgt für schnelle Übertragung an die Luft, und der dunkle Körper strahlt mit großer Energie Wärme in den freien Raum hinaus. Deshalb war das Koksstückchen 1 Minute nach dem Abstellen des Bunsenbrenners wieder vollständig schwarz. Daß natürlich nach dieser Stunde Glühens kein Abbrand feststellbar war, also das Koksstück noch 25 g wog, zeigt, wie schwer der Koks verbrennt; denn trotz des Bunsenbrenners war er nicht auf seine Entzündungstemperatur zu bringen, bei der er durch Umwandlung so viel Wärme frei gibt, als durch Strahlung und Leitung verlorengeht. Man muß deshalb den Koks in engumschlossenen Räumen zur Verbrennung bringen, damit die Wärmeausstrahlung nutzbar bleibt, zurückgeworfen wird und so den Koks auf die Entzündungstemperatur erhitzt. Ganz abgesehen von der Ersparnis muß man die Abkühlung des Ofens nach außen möglichst vermindern, um besonders den Koks, der sich am Ofenmantel befindet, vor Unterkühlung zu schützen. Dünnes, abgebranntes Ofenfutter und schlechte Wärmeschutzschicht können somit die Ursachen des Ziehens von teilweise unverbranntem Koks sein.

Hat aber das Koksstück die von der Koksart abhängige Entzündungstemperatur erreicht, so ist der Vorgang der Verbrennung nicht mehr zu bremsen (*Wa. Ostwald*, Feuerungstechnik 1920, S. 141).

Man muß den Koks auch entsprechend zerkleinert anwenden. Je kleiner die Stücke, um so größer ist die Gesamtoberfläche bei gleichem Koksgewicht, um so mehr Angriffspunkte bieten sich dem Sauerstoff, um so schneller und besser erfolgt die Verbrennung.

Der Koks hat fast immer eine stark zerklüftete, porige, große krause Oberflächenentwicklung. Diese den Gasen sich bietende Gesamtoberfläche ist natürlich vielmals größer, als sich aus der Berechnung der Oberfläche ergibt, unter alleiniger Beobachtung der äußeren Hauptabmessung. Immer steht aber diese Gesamtoberfläche zur äußeren geometrischen in einem bestimmten, gleichbleibenden Verhältnis. Es bleibt somit für das Rechnungsergebnis gleich, ob ich die ideelle oder die tatsächliche Oberfläche in Rechnung stelle. Hier gilt das, was ich schon auf Seite 70 über die Kalksteinform sagte.

Um die Brenndauer des Kokses berechnen zu können, leisten die Versuche *Schmidt*s (Dingl. Pol. Journ. 1866, Bd. 181, S. 1) gute Dienste. Er verwendete Kokskugeln, die er in einem kleinen Schachtofen von 130 mm im Quadrat verbrannte, und gebe ich nachstehend einen Auszug aus seinen Versuchsergebnissen.

Zahlenreihe XI.

Versuche *Schmidts* über die Brenndauer des Kokses bei verschiedenen Korndurchmessern und Luftmengen.

a	b	c	d	e	f	g	h	i	k	l	m	n	o
Versuchnummer	Korndurchmesser	Schichthöhe	Inhalt des vom Kokseingenommenen Raumes 0,0169·Schichthöhe	Oberfläche aller Kokskugeln $0 = 4,44 \cdot \frac{J}{\dot{a}}$	Stundliche verbrannte Koksmenge	1 qm Koksoberflache verbrennt stündlich $q = \frac{Q}{O}$	Die Verbrennungsgase enthalten: Stickstoff	Kohlensaure	Sauerstoff	Kohlenoxyd	Wasserdampf	Für 1 kg Koks stündlich wurden zur Verbrennung zugeführt cbm Luft	1 qm Koksoberfläche verbrennt stündlich mit 1 cbm Verbrennungsluft $= \frac{q}{L}$
	$\dot{a}$ mm	mm	J cbm	O qm	Q kg	q kg	N	CO^2	O	CO	H^2O	L cbm	R kg
1	35	62	0,00105	0,133	0,6	4,51	77,54	7,77	12,79	—	1,9	20,3	0,22
2	35	124	0,002096	0,27	1,0	3,70	77,93	6,645	7,38	—	1,4	11,97	0,3
3	35	186	0,00314	0,398	1,2	3,00	79,04	10,48	—	—	—	7,7	0,4
4	20	62	0,00105	0,233	0,6	2,60	77,269	5,641	9,208	—	2,241	13,9	0,2
5	20	124	0,002096	0,465	0,8	1,72	76,196	9,078	0,620	0,716	0,735	6,6	0,26
6	20	186	0,00314	0,697	0,8	1,14	69,876	3,299	0,439	11,593	—	4,8	0,24

In den Originalzahlen *Schmidts* finden sich einige Fehler. So berechnet er die Oberfläche aller Kokskugeln mit n^2 statt n_2, woraus sich wesentliche Fehler an alle von ihm anschließenden Berechnungen ergeben. Auch die Gasanalysen erscheinen nicht einwandfrei. Während beim Versuch 1 zur Verbrennung von 1 kg Koks 20,3 kg Luft aufgewendet wurden, gegen 11,97 kg beim zweiten, ist doch beim ersten der CO_2-Gehalt größer als beim zweiten. Mit der Verwendung geringerer Luftmengen steigt doch aber in Wirklichkeit der CO_2-Gehalt der Verbrennungsgase. Ich glaube aber trotzdem, die Versuche *Schmidts* verwenden zu können, da keine anderen mir bekannt sind.

Ich habe dazu die Oberfläche sämtlicher Kokskugeln ausgerechnet und eingetragen, sowie deren Oberfläche, die sie, als Kugeln betrachtet, besitzen. Daraus die Koksmenge, die stündlich in 1 qm Koksoberfläche verbrennt. Die wirkliche Gesamtoberfläche ist natürlich bedeutend größer als die berechnete geometrische, weil der Koks ein sehr poröser Körper ist. Aber da diese im bestimmten Verhältnis zueinander stehen, so wird davon unser Rechnungsergebnis nicht beeinflußt. Man sieht daraus, daß, um stündlich 4,51 kg Koks auf 1 qm Koksoberfläche zu verbrennen, schon 12,79 Proz. Sauerstoffüberschuß notwendig ist. Da man im Kalkofen erfahrungsgemäß mit einem Sauerstoffüberschuß von 2,0 bis 3,0 Proz. auskommt, so beweist dies, daß man dort viel langsamer, ruhiger verbrennt.

Man sieht auch aus den Versuchen von *Schmidt*, daß man nicht zu langsam verbrennen darf, weil dann die Rückbildung der CO_2 zu CO an den glühenden Koksstücken schneller erfolgt, als diese abgeleitet wird und dann verbrennen kann. Deshalb findet man bei einer Verbrennung von 1,14 kg Koks durch 1 qm Koksoberfläche schon einen CO-Gehalt von 11,593 Vol.-Proz. Bei dieser geringen Geschwindigkeit ist fast die ganze CO_2 wieder in CO zurückverwandelt, denn man findet nur noch 3,29 Proz. CO_2 in den Verbrennungsgasen. *Schmidt* erzielte diese langsamere Verbrennung durch die Zuführung geringerer Luftmengen. Er mußte unter die zur vollständigen Verbrennung notwendige Menge gehen, die sich bei einem C-Gehalt des verwandten Kokses von 86,5 Proz. zu $11{,}5 \cdot \frac{86{,}5}{100} = 0{,}95$ kg Luft für 1 kg Koks berechnet. Die Bildung von CO war die Folge. Es scheint nach diesen Versuchen für den betreffenden Koks der Abbrand von etwa 2,0 kg auf 1 qm Oberfläche am günstigsten zu sein.

Damit man nun sicher ist, daß in der zur Verfügung stehenden Brennzeit z aller Koks verbrennt, muß man diesem also eine entsprechende Verbrennungsoberfläche geben. Da diese, wie schon gesagt, abhängig vom Durchmesser der Koksstücke ist, so heißt dies, daß für jeden Ofen eine besondere Korngröße des Kokses zu wählen ist. Beim Verbrennen vermindert sich der Durchmesser der Koksstücke entsprechend dem Abbrand. Besitzt der Koks ein spez. Gewicht von 0,4 bis 0,5, im Mittel 0,45, so entsprechen 1 kg Koks $\frac{1}{0{,}45} = 2{,}22$ l. Nehme ich z. B. an, daß 1 qm Koksoberfläche 1 kg stündlich durch Abbrand verliert, so entspricht dies einem Raumverlust der Kokskugel von 2,22 l. Eine Kokskugel mit 1 qm äußerer Oberfläche würde demnach eine Kugelhülle von 2,22 l verlieren oder 1 qdm verliert 0,0222 l/St. In jeder weiteren Stunde, entsprechend der sich vermindernden Kugeloberfläche, wird sich der Abbrand vermindern, bis die Kokskugel ganz verbrannt ist.

Die Oberfläche der Kokskugel am Anfang der ersten Stunde ist $D^2\pi$ und nach der ersten $d^2\pi$, und man kann ohne große Fehler annehmen, daß während der einstündigen Brenndauer die Abbrandoberfläche ist:

$$\frac{D^2\pi + d^2\pi}{2} = \frac{\pi}{2}(D^2 + d^2). \tag{48}$$

Wenn in der Stunde 1 qm Kokskugel 1 kg oder 2,22 l, so verliert die betreffende Kokskugel

$$2{,}22\,\mathrm{l} \cdot \frac{\pi}{2}(D^2 + d^2).$$

Dies ist aber gleich dem Inhalt der Hohlkugel:

$$Y = \frac{1}{6}\pi(D^3 - d^3), \tag{49}$$

also:

$$2{,}22 \cdot \frac{\pi}{2}(D^2 + d^2) = \frac{1}{6}\pi(D^3 - d^3).$$

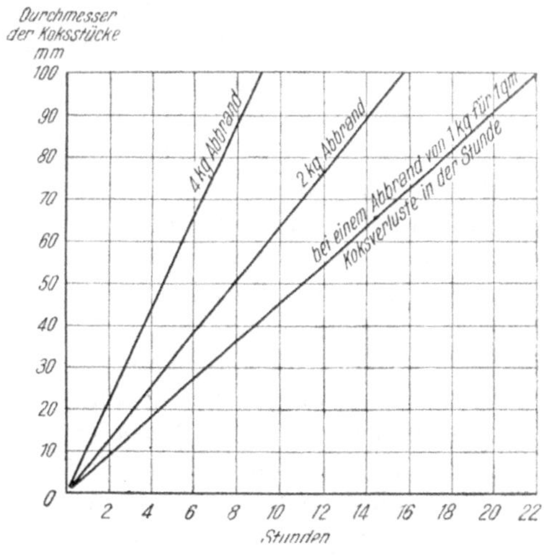

Abb. 37. Abnahme des Koksdurchmessers durch den Abbrand.

Hiernach kann man den von Stunde zu Stunde abnehmenden Koksdurchmesser berechnen. Die Ergebnisse habe ich in der Abb. **37** dargestellt, und zwar sowohl für den stündlichen Abbrand von 1 kg auf 1 qm Koksoberfläche, als auch 2 und 4 kg. Man sieht auch, daß die Zeit zum Verbrennen der Koksstücke unmittelbar vom Durchmesser derselben abhängig ist. Eine Kokskugel von 100 mm benötigt bei einem stündlichen Abbrand von 2 kg etwa 15,8 Stunden zur vollständigen Verbrennung, während sie bei einem Durchmesser von 50 mm schon in 7,9 Stunden verbrennt. Um nun die Zahlen benützen zu können, müssen wir uns darüber klar werden, mit welchem stündlichen Abbrand man im Kalkofen rechnen muß.

In einem Kalkofen mit einem mittleren Durchmesser von 2 m, also mit einem Querschnitt von 3,14 qm, kann man ungefähr 24 000 kg Steine täglich brennen. Das sind stündlich $\frac{24\,000}{24} = 1000$ kg, die bei 10 Proz. Kokszusatz eine Verbrennung von 100 kg Koks stündlich erfordern. Betrachte ich den Ofenquerschnitt als die Rostfläche bei gewöhnlichen Feuerungen, so bedeutet dies eine Verbrennung von $\frac{100}{3,14} = 32$ kg für 1 qm Querschnitt oder Rostfläche. Dagegen verbrennt man auf je 1 qm Rostfläche bei gewöhnlichen Koksfeuerungen und

geringer Beanspruchung	40 kg	stündlich
mäßiger ,, ...	50 kg	,,
wenig angestrengter Beanspruchung	60 kg	,,
sehr ,, ,,	75 kg	,,

Dabei ist das Feuer bei der geringeren Beanspruchung von 40 kg stündlich nur äußerst schwierig im Gange zu erhalten, das Feuer bedarf so sorgfältiger Aufsicht, wie man sie im Betriebe nie auf die Dauer voraussetzen kann. Wenn man nun trotzdem im Kalkofen bei noch geringerer Belastung gut arbeitet, so liegt dies an der viel höheren Schicht, die Verbrennung wird in mehrere Stufen zerlegt, und weil die Luft vorgewärmt zum Koks gelangt. Die Verbrennungsluft braucht nicht unmittelbar an dem brennenden Koks auf die Verbrennungstemperatur erhitzt zu werden, wodurch der zuerst berührte stark abgekühlt wird. Dies kann man an einem gewöhnlichen Rost leicht beobachten. Vorn auf dem Rost, dort wo die frische Luft zuströmt, bleiben die Koksstücke schwarz oder nur schwach glühend. Diese treffen voll mit der kalten Luft zusammen, geben also mehr Wärme ab, als sie entwickeln können. Erst die weiter hinten liegenden, teilweise verdeckten Koksstücke, die mit vorgewärmter Luft in Berührung kommen, glühen und verbrennen lebhaft.

Die schnelle und gute Verbrennung des Kokses hängt auch von der Geschwindigkeit ab, mit der die Verbrennungsluft an ihm vorbeistreicht. Ist die Gasgeschwindigkeit träge, so verhindert die den Koks umlagernde Kohlensäure den Zutritt von frischem Luftsauerstoff und eine weitere Verbrennung. Aber nicht nur dies, sondern auch die zu lange Zeit mit dem glühenden Koks in Berührung bleibende CO_2 wird sogar rückverwandelt in CO, wie ich dies schon mehrfach erwähnte. Dies läßt sich durch genügende Gasgeschwindigkeit, starken Gasstrom, vermeiden, weil dann die Kohlensäure sofort, nach ihrer Entstehung vom brennenden Koks entfernt, fortgerissen wird.

Wilhelm Nusselt (Z. d. V. d. Ing. 1916, S. 102) zeigt durch Rechnungen und theoretische Überlegungen, daß die Verbrennung und Vergasung von

Kohle auf dem Rost wesentlich physikalische Fragen sind. Die sichtbare und molekulare Strömung (Diffusion) leitet diese Vorgänge, und die Verbrennung der Kohle ist wie der Vorgang bei der Wärmeübertragung an Heizflächen zu erklären, und führt er die rechnungsmäßige Lösung vor. Wie ich dies beim Kalkbrennen nachgewiesen habe, kommen also auch bei der Verbrennung fester Stoffe ganz ähnliche Erscheinungen in Frage.

Nusselt denkt sich die Kohlen als nebeneinanderstehende Platten (Heizflächen), zwischen denen die Verbrennungsluft und die Verbrennungsgase aufsteigen. Infolge der hohen Verwandtschaft des Sauerstoffes zur Kohle wird, wenn eine gewisse Mindesttemperatur überschritten, an der Kohleoberfläche aller dort vorhandener Sauerstoff verbrannt, so daß die Sauerstoffdichte 0, die der Kohlensäure 21 Proz. sein wird. Die weitere Verbrennung an der Kohlefläche hängt dann von der Menge Sauerstoff ab, die an die Oberfläche der Kohle gelangt. Sobald ein Sauerstoffmolekül auf die Kohlenwand trifft, wird es sofort zu Kohlensäure verbrannt; deshalb ist die Sauerstoffdichte dauernd Null. Das Vordringen von Sauerstoff aus dem sauerstoffreichen Kern des Gasstromes nach der Wand erfolgt nun nach den Gesetzen der Diffusion. Es diffundiert Sauerstoff aus dem Innern des Gases nach der Wand, und Kohlensäure von der Wand nach dem Innern. Die Menge der an der Kohlenoberfläche in der Zeiteinheit verbrannten Kohle ist demnach lediglich abhängig von der Diffusionsgeschwindigkeit, also von einer rein physikalischen Größe. Die nach der Wand diffundierte Sauerstoffmenge kann nach den Grundgesetzen der Diffusion berechnet werden. Ohne diese Rechnung hier weiter anzuführen, kommt *Nusselt* zu folgendem Ergebnis, wenn

k_0 = die Diffusionszahl beim Drucke p_0 und T_0,
p_0 = der Gesamtdruck in Atm absol.,
T = absolute Temperatur an der Kohlenoberfläche,
$\frac{dO^3}{ds}$ = das Gefälle der Konzentration des Sauerstoffes an ihr,
O_3^m = der Raumteil des Sauerstoffes in dem Gase,

daß die in der Stunde und 1 qm Kohlenoberfläche verbrennende Kohlenmenge ist

$$q = 0{,}01416 \cdot \frac{k_0 \cdot p_0 \cdot T}{T_0^2} \frac{dO_3}{ds} \text{ kg}. \tag{50}$$

Danach ist die stündlich verbrannte Kohle nur abhängig von der Temperatur und dem Sauerstoffgefälle. Sie ist beiden verhältnisgleich. Mit zunehmender Temperatur im Kalkofen steigt somit nicht nur die Schnelligkeit des Kalkbrennens, sondern auch das Verbrennen des Mischkokses, also die Leistung überhaupt. Das Sauerstoffgefälle ist in erster Linie von der mechanischen Strömung, insbesondere von der Wirbelung abhängig und nicht ohne weiteres bestimmbar. Es sind hier Vergleiche mit dem Vorgang der Übertragung der Wärme von einer festen Wand an ein an ihr entlang strömendes Gas möglich. Er folgt den gleichen Grundgesetzen wie die Diffusion der Gase. Man kann deshalb die Lösung dieses Diffusionsproblems aus der Lösung einer Aufgabe aus der Wärmeübertragung ableiten.

Es ist bekanntlich jene Wärmemenge Q_1, die in der Zeiteinheit z durch die Oberfläche F bei dem Temperaturunterschied U strömt

$$Q_1 = \alpha \cdot F \cdot z \cdot U. \tag{51}$$

Eine dieser Wärmeübergangszahl α entsprechende Größe führt *Nusselt* für die Diffusion und Verbrennung ein, die er die Verbrennungszahl nennt und mit β_1 bezeichnet sei. Sie gibt an, wieviel Raumeinheiten Sauerstoff in der Zeiteinheit für die Flächeneinheit zur Verbrennung gebracht werden, wenn die mittlere Sauerstoffkonzentration im Querschnitt 1 ist. Dann wird das in z Stunden auf der Fläche F entstehende Kohlensäurevolumen

$$V_2 = \beta_1 \cdot F \cdot z \cdot O_3. \tag{52}$$

Er nennt diese Gleichung die dynamidische Verbrennungsgleichung. Sie sagt aus, daß die durch die Verbrennung entstehende Kohlensäuremenge verhältnisgleich der Zeit, der Kohlenoberfläche, der mittleren Sauerstoffkonzentration O_3^m und der Verbrennungszahl β_1 ist.

Um für β_1 Grundlagen zu gewinnen, geht er auf den von ihm bei der Wärmeübertragung schon durch Versuche genau geklärten Fall ein, bei dem ein Gas durch ein Rohr strömt, hier das Rohr vom inneren Durchmesser d und der Länge L aus fester Kohle gebildet gedacht. Danach berechnet *Nusselt*

$$\beta_1 = 12{,}27 \frac{T^{0,428}\, w^{0,786}\, k_0^{\,9,214}}{d^{0,16}\, L^{0,054}\, p_2^{\,0,214}}.$$

Darin ist

w die mittlere Gasgeschwindigkeit in m/sek,

L und d in m,

k_v die Diffusionszahl bei 0° und 1 Atm in qm/st,

p_2 der Gasdruck in kg/qm.

Durch Einsetzen dieser Werte in vorstehende Gleichung ergibt sich für ein Rohr oder eine Gruppe von Kohlenrohren die in z Stunden auf F qm Kohlenoberfläche verbrannte Kohle in Kilogramm

$$q = \frac{p_2^{\,141,6}}{T\, 10_{000}} \cdot \beta_1 \cdot F \cdot z \cdot O_2$$

$$= 0{,}1736 \frac{k_0^{\,0,214}\, p_2^{\,0,786}\, w^{0,789} \cdot F \cdot z \cdot O_2}{T^{0,472}\, d^{0,16}\, L^{0,054}}. \tag{53}$$

Bei sonst gleichen Verhältnissen nimmt also das verbrannte Kohlengewicht mit der Luftgeschwindigkeit zu und ist verhältnisgleich der Sauerstoffdichte. *Nusselt* sagt nun weiter: „Obige Zahl β_1 gilt bloß für röhrenförmige Körper. Nach der Kenntnis des Wärmeübergangs gelten für andersgestaltete Körper ähnliche Gesetze. Leider sind sie hierfür nicht genau durch Versuche sichergestellt. Insbesondere ist für einen geschichteten Körper, den die Kohle über dem Rost darstellt, nichts ermittelt. Wenn somit auch der Menge nach die Ergebnisse obiger Gleichung, angewendet auf die Verbrennung der Kohle über dem Rost, nicht genau stimmen werden, so geben sie doch sicher inhaltlich ein annähernd richtiges Bild der Verbrennung, und nur darauf kommt es mir hier zunächst an.“

Hat die Frischluft die normale Zusammensetzung von 0,21 Raumteilen Sauerstoff und 0,79 Raumteilen Stickstoff, dann ist die anfängliche Sauerstoffdichte (also bei ihrem Eintritt in die Brennzone) 0,21. Er berechnet weiter die Abnahme der Sauerstoffdichte und kommt zu dem Ergebnis, daß sich der Sauerstoffgehalt nach einer Exponentialfunktion dem Wert Null nähert, allerdings erst für unendliche Schütthöhe. In der untersten Zone verbrennt demnach am meisten Kohle; je weiter man nach oben geht, desto weniger lebhaft ist die Verbrennung auf die Längeneinheit.

Da nach *Nusselt* die Verbrennungszahl β_1 mit der Gasgeschwindigkeit wächst, die Verbrennung durch lebhafteren Zug stärker wird, wie dies erfahrungsgemäß auch allgemein bekannt ist, so muß man auf eine genügend große Gasgeschwindigkeit bedacht sein. Je schmaler ein Kalkofen, je höher muß er bei gleichem Inhalt oder gleicher Leistung sein, um so kleiner wird der freie Querschnitt des Ofens. Öfen von kleinem Durchmesser und größerer Höhe dürften also in bezug auf die gute, vollkommene Verbrennung ein besseres Ergebnis zeitigen als solche von großem Durchmesser.

Steht in dem Ofen eine Gesamtaufenthaltszeit von 24 Stunden zur Verfügung, wobei die Kalksteine einen Durchmesser von 110 mm haben dürfen nach Abb. 23, so ist die Brenndauer z selbst zu 14 Stunden zu schätzen. Nach der Abb. 37 müßten die Koksstücke möglichst nicht über 60 mm haben, um sicher verbrannt zu werden. Wird mit dem Ätzkalk unverbrannter Koks gezogen, so soll man prüfen, ob die verwendete Korngröße nicht zu groß ist. Begichtung während 3 oder 4 Tage mit kleinerem Kokskorn schafft hier bald Aufklärung. Unter Umständen kommt man hier gut zum Ziel, wenn man gleichzeitig grob- und feinkörnigen Koks zur Begichtung verwendet. Die kleinere Körnung wird früher verbrennen, die gröbere langsamer, später, so daß auf der ganzen Länge der Verbrennungszone Koks verbrennt und für die Verbrennung zur Verfügung steht.

Die Abb. 38 läßt diese Verhältnisse noch besser erkennen. *a* ist ein Kalksteinstück, welches auf dem Wege durch die Brennzone in 14 Stunden gebrannt ist. *b* ist ein zu großes Koksstück von 100 mm Durchmesser, welches am Ende der Brennzone erst auf 40 mm abgebrannt ist, also durch die Kühlzone geht und unten mit dem Ätzkalk gezogen wird. *c* ist ein richtig bemessenes Koksstück von 60 mm, das am Ende der Brennzone verbrannt ist. *d* ist zu klein, zu früh verbrannt, die Brennzone kürzend, also den Kalk nicht genügend brennend. *e* ist ein Steinkohlenstück, das erst 30 Proz. in der Vorwärmezone nutzlos verbrennt und bei Schachtofen mit Schornstein, sich durch Rauchen bemerkbar machend.

Man muß natürlich in jedem Falle feststellen, welche maximale Korngröße am nützlichsten ist, da dies nicht allein von der Art des Kokses, sondern auch von der Art des Kalkofenbetriebes, ob der Ofen mehr oder weniger angestrengt ist, abhängig ist. Sind doch die der Abb. 37 zugrunde gelegten Zahlen nach den erwähnten *Schmidt*schen Versuchen bestimmt, aber die Koksarten haben sehr verschiedene Abbrennzeiten. So stellte *Oskar Simmersbach* (Stahl u. Eisen 1913, S. 517) folgende Brennzeiten fest an „hartem“

Koks von Connelsville und „weichem“ von Poccahontas (Bienenkorbofenkoks):

		Gewicht kg	Verbrennungszeit	Asche in Proz.	
1	hart	75	17 Std. — Min.	12	mittel
	weich	75	8 „ 15 „	10	
2	hart	50	11 „ 15 „	11	mittel
	weich	50	6 „ — „	9	
3	hart	50	13 „ 45 „	11,75	großstückig
	weich	50	6 „ — „	10	
4	hart	50	11 „ 15 „	10	mittel
	weich	50	4 „ 40 „	8	
5	hart	50	10 „ 40 „	11,5	klein
	weich	50	4 „ 25 „	9,0	

Man sieht große Unterschiede. Deshalb muß man schon von Fall zu Fall das richtige Verhältnis am Ofen selbst feststellen. Aber relativ gibt die Abb. 38 doch nützliche Winke, um die mit der Änderung der Kokskorngröße zusammenhängenden Einflüsse berechnen zu können.

Damit der Kalkstein schnell die Wärme aufnehmen kann, ist es ohne Zweifel notwendig, daß seine ganze zur Verfügung stehende Oberfläche voll von der Brenntemperatur getroffen wird. Die ganze Oberfläche müßte also möglichst an allen Stellen mit dem Brennmaterial, dem Koks, in innige Be-

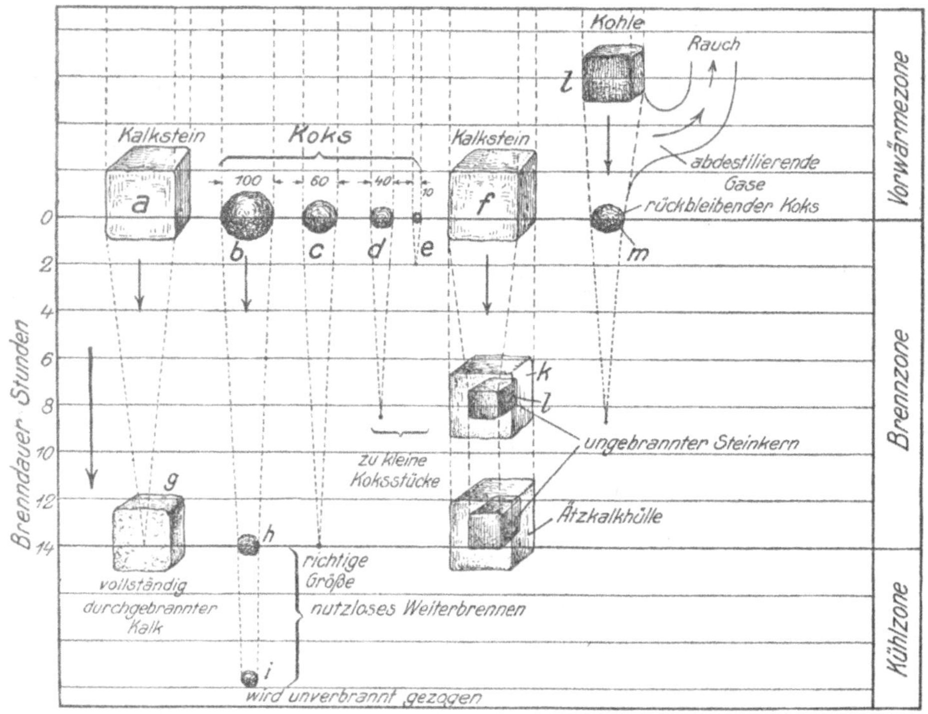

Abb. 38. Wirkung zu großer oder zu kleiner Koksstücke und die Zumischung von Kohle.

rührung kommen, der Koks müßte sehr fein zerteilt sein, weil der Koks kurzflammig ist. Er wirkt deshalb nicht auf große Entfernung, während seiner Verbrennung, sondern am besten durch unmittelbare Berührung. Während seiner Verbrennung bildet sich keine lange, leuchtende Flamme, sondern der Koks glüht nur an seiner Oberfläche. Die doch sichtbaren bläulichen Flämmchen rühren von der Verbrennung des bei der Rückbildung der CO_2 an dem glühenden C entstandenen Kohlenoxyds her. Im Gegensatz hierzu verbrennen Stoffe, welche flüchtige Stoffe enthalten, wie z. B. Steinkohle, mit langer leuchtender Flamme.

Auch die gleichmäßige, schnelle Verbrennung erfordert gut verteilten Koks. Aber wie bei der Kalksteingröße, darf man mit der Korngröße des Kokses nicht zu weit heruntergehen, um den Zug nicht zu sehr zu verhindern. Wie weit man hier gehen kann, ist am im Betrieb befindlichen Kalkofen bald festzustellen. Jedenfalls dürfen die Koksstückchen nicht kleiner sein als die Lücken zwischen den Kalksteinen, weil sie sonst bis nach unten durchrieseln können, ohne Zeit zur Verbrennung gefunden zu haben. Nehme ich wieder die Kalksteine als kugelförmig an, dann ergibt sich für die verschiedenen Steindurchmesser D der kleinste Koksdurchmesser d, nach einer einfachen mathematischen Rechnung, die ich hier nicht anzuführen brauche. Die Ergebnisse habe ich in der Abb. 39 dargestellt.

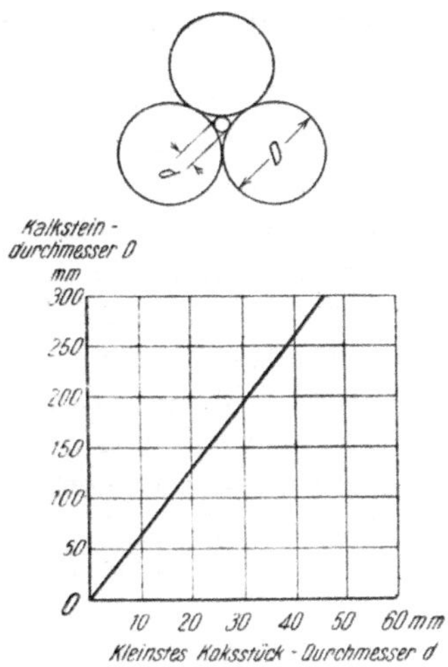

Abb. 39. Abhängigkeit des kleinsten Koksstückdurchmessers vom Kalksteindurchmesser.

Die Koksgröße vermindert sich natürlich mit dem Fortschreiten des Abbrennens, und diese kleinen Stücke werden langsam durchrieseln. Immerhin sollte man aber diese Minimalgröße nie unterschreiten, damit wenigstens bis zur Erreichung der Brennzone eine möglichst geringe Entmischung der Koks- und Kalksteine eintritt und die Gicht wenigstens an der Brennzone noch die ursprüngliche Zusammensetzung besitzt, so wie sie oben zu dem Zwecke eingeführt wurde.

Wenn man auch für eine gute Wärmeübertragung von Koks an Kalkstein den Koks möglichst zerkleinern müßte, so darf man die Minimalgröße doch nicht allein nach diesen Gesichtspunkten bestimmen. Man muß auch daran denken, daß der Koks nicht schneller verbrennt, als der Kalk überhaupt gebrannt ist. Ideal wäre es, wenn der Koks genau solche Korngröße besitzt, daß er genau während der Brennzeit z des Kalkes auch verbrennt. Nicht früher, denn dann fehlt gegen Ende der Brennzone die notwendige Brennstoffmenge (s. Abb. 38), und ein Mehraufwand an Brennstoff ist notwendig. Nicht später, sonst kommt er unverbrannt heraus. Während es nach den früheren Kapiteln unbedingt nützlich erscheint, möglichst gleich große Kalksteinstücke einzufüllen, so ist dies in gleicher Weise beim Koks nicht der Fall. Es wäre auch schwer, eine gleichmäßige Koksgröße zu wählen, um den vorgenannten, aber doch schwankenden, nicht wie ein Uhrwerk gleichmäßig ablaufenden Vorgängen gerecht zu werden. Kleine Stücke werden schnell an der oberen Brennzone abbrennen, große werden erst am Ende der Brennzone verbrannt sein. Kleine Stücke verlegen die Verbrennung nach oben, ziehen die Brennzone in die Höhe; große Stücke, z. B. doppelter Größe, verlangen doppelte Abbrennzeit, ziehen also auch die Brennzone um das Doppelte in die Länge, nach unten. Zu große verbrennen noch nicht einmal in der Brennzone, sondern noch in der Abkühlungszone, dort nutzlos, schließlich vor ihrer vollkommenen Verbrennung den Kalkabzug erreichend. Sehr kleine Koksstücke stellen oben in der Brennzone eine zu große Verbrennungsoberfläche zur Verfügung, die sich daraus ergebende starke Verbrennung und Wärmeerzeugung kann nicht schnell genug vom Kalkstein aufgenommen werden. Die überschüssige Wärme steigt nutzlos in die Höhe, überhitzt die Koksstückchen zu frühzeitig, bringt sie zur vorzeitigen Entzündung, und das Feuer steigt unaufhaltsam immer höher. Die Gichtglocke, die Gasleitungen werden glühend, vor allen Dingen aber verbrennt ein großer Teil des Kokses nutzlos in der Vorwärmezone. In der Vorwärmezone sollte es weder weißglühende Steine, noch verbrennenden Koks geben.

Die frühere Berechnung zeigte uns, daß das Kalkbrennen von der Wärmezufuhr abhängig ist, die in der Brennzone gleichmäßig erfolgen sollte. In ihr, von oben bis unten, sollte deshalb auch die Wärmeentwicklung durch den Koks möglichst gleichmäßig erfolgen. Bei geschickter Mischung, geschickter Wahl der Korngröße, wird man eine gleichmäßige, starke Verbrennung auf der ganzen Brennzone erzielen.

Schafft man für einen neuen Ofen zu kleinstückigen Koks an, so kann dies unter Umständen recht unangenehm wirken. Der Koks verbrennt zu schnell, das Feuer steigt immer mehr nach oben, ist in der Brennzone nicht zu halten, steigt bis zur Gicht trotz beschleunigtem Kalkabzuge. Hier hilft nur das Einwerfen größerer Koksstücke, die langsamer verbrennen.

Für einen neuen Ofen, dessen Arbeit man nur durch die theoretische Vorberechnung kennt, wird man vorsichtigerweise großstückigen Koks anfangs anschaffen. Kommt er dann teilweise unverbrannt heraus, geht die Brennzone zu weit nach unten, dann läßt er sich leicht auf solche Korngröße zerschlagen, die bessere Ergebnisse zeitigt. An Hand dieser ersten Erfahrungen kann man dann für weiteren Koksbezug die richtige Koksgröße wählen.

Aus Vorstehendem geht hervor, daß für den jeweiligen Ofen und die besonderen Verhältnisse auch eine bestimmte Koksgröße wünschenswert ist, und deshalb sei die handelsübliche Größensorte und Bezeichnung hier angeführt.

1. Grobkoks kommt so zum Verkauf, wie er aus der Retorte oder dem Koksofen kommt.

2. Sortierter Koks wird vom Grobkoks abgesiebt und hat eine Korngröße von mehr als „Mannesfaust".

3. Einmal zerschlagener oder gebrochener Koks wird durch Zerkleinern und Absieben gewonnen und hat etwa 5 bis 8 cm Korngröße.

4. Doppelt zerschlagener Koks hat eine Korngröße von etwa 3 bis 5 cm.

5. Nußkoks hat eine Korngröße von 2 bis 3 cm, welcher von dem vorgenannten abgesiebt wird.

6. Erbs- oder Perlkoks hat eine Korngröße von 1 bis 2 cm.

7. Koksasche, Koksgrus oder Staubkoks stellt den nach dem Absieben verbleibenden Rest von unter 1 cm dar.

Grobkoks ist von den unter 1 bis 5 genannten am billigsten, doch sollte man ihn für den Kalkofen mit unmittelbarer Einfüllung nicht verwenden, wegen seiner ungleichmäßigen Korngröße. Die großen Stücke kommen unverbrannt unten heraus, die kleinen verbrennen zu frühzeitig.

Je mehr man bei der Wahl des Koksès sowohl in bezug auf Größe als auch Gleichmäßigkeit sorgfältig vorgeht, um so besser wird der Kalkofen arbeiten, mit um so geringerem Koksaufwand wird man auskommen.

Koksgrus eignet sich im allgemeinen nicht für den Schachtofen, trotzdem dessen niedriger Preis zu seiner Verwendung verleitet. Das feine Grus wird infolge seiner großen Oberfläche schnell verbrennen, die Brennzone nach oben in die Vorwärmezone verlegen und ein großer Teil wird durch die schnell strömenden Gase schon vorher fortgerissen. Hiergegen empfiehlt man in der Tonindustriezeitung (1916, S. 701) Anfeuchten, vergißt aber, daß in der Vorwärmezone der Koksstaub bis auf die Brenntemperatur angewärmt wird, deshalb schnell wieder zu Staub austrocknet, so daß dies Anfeuchten ganz nutzlos ist. Ein anderer Teil wird gemäß Abb. 39 unverbrannt durchrieseln. Der niedrige Preis des Gruses gründet sich zum Teil auf seinen geringen Heizwert. Wenn z. B. der Koks einen Heizwert von 7500 WE besitzt, so hat das aus ihm entstehende Grus nur 5900 bis 6500 WE (trocken gerechnet), weil es aschenreicher ist. Die besonderen Nachteile größerer Aschemengen sind schon mehrfach erwähnt.

32. Abkühlungsverluste des Schachtkalkofens.

Die Wärme, welche der Kalkofen durch Abkühlung in der Vorwärmezone verliert, wird von den abziehenden Gasen gedeckt und setzt deren Temperatur herunter. Da mit den abziehenden Gasen sowieso Wärme für den Ofen verlorengeht, so ist es an und für sich gleichgültig, ob diese durch Abkühlung an den Wandungen oder unmittelbar mit den Gasen entweicht. Sie werden durch die an sich für den Ofen verlorengehende Wärme gedeckt, brauchen also nicht besonders in Rechnung gestellt zu werden. So lange also die Wärme in den Abgasen nicht anderweitig verwendet wird, so lange ist es gleichgültig, wie hoch die Abkühlungsverluste in der Vorwärmezone sind. Ja, man könnte daran denken, die noch in den Abgasen vorhandene Wärme für die Verminderung der Abkühlungsverluste in der Brenn- und Abkühlungszone zu verwenden.

Die Abkühlungsverluste in der Brennzone und Kühlzone müssen, um das Brennen ungestört aufrechterhalten zu können, durch größere Zufuhr an Brennstoff gedeckt werden. Dieser Verlust ist schwer durch Messen zu bestimmen, wohl aber kann man sich rechnerisch ein Bild von seiner Größe machen und daraus gute Schlüsse ziehen.

Um die Wärmeverluste durch Abkühlung des Kalkofens berechnen zu können, muß zuerst wieder die Wärmeübergangszahl bestimmt werden von den Brenngasen durch das Feuerkleid (die Schamotteschicht), die Wärmeschutzschicht und den Mantel nach der Außenluft (Abb. 40). Diese Wärmeübergangszahl K_M ist abhängig

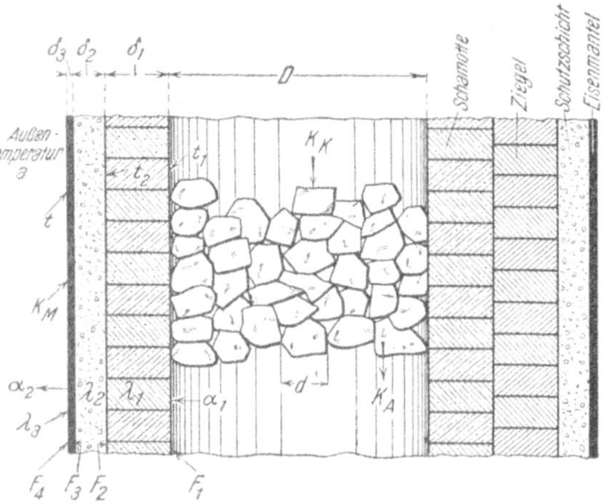

Abb. 40. Schnitt durch den Ofenschacht.

von der Wärmeeintrittszahl α_1 (diejenige Wärmemenge, die von den Kalkofengasen in die Schamotteschicht eintritt),

von der Wärmeleitzahl λ_1 des Feuerkleides und dessen Stärke δ_1 (also der Wärmemenge, welche die Schicht der feuerfesten Auskleidung weiterleiten kann),

von der Wärmeleitzahl λ_2 der Wärmeschutzschicht und ebenfalls deren Stärke δ_2 (also die Wärmemenge, die von dem Feuerkleid in die Wärmeschutzschicht eintritt und sie weiterleiten kann),

von der Wärmeleitzahl λ_3 des Außenmantels und dessen Wandstärke δ_3, und endlich von der Wärmeaustrittszahl α_2 (diejenige Wärmemenge, die von dem Mantel an die Außenluft abgegeben wird durch Strahlung und Leitung).

Die Wärmeübergangszahl berechnet sich nun wieder nach der bekannten Formel zu:

$$K_M = \frac{1}{\frac{1}{\alpha_1} + \frac{\delta_1}{\lambda_1} + \frac{\delta_2}{\lambda_2} + \frac{\delta_3}{\lambda_3} + \frac{1}{\alpha_2}}, \tag{54}$$

wenn die Kalkofenwandung eine ebene Fläche darstellt. In Wirklichkeit ist der Kalkofen aber zylindrisch, so daß die die Wärme leitenden Flächen nach außen hin immer größer werden. Diesen Einfluß kann man berücksichtigen, wenn man die einzelnen Wärmeleit- und Übergangszahlen mit den zugehörigen Flächenelementen malnimmt. Für die Wärmeeintrittszahl α_1 gilt die Fläche $F_1 = 1$, die anderen Flächen nehmen entsprechend den Zylinderhalbmessern zu. Die Wärmeübergangszahl wird dann:

$$K_M = \frac{1}{\frac{1}{\alpha_1 \cdot F_1} + \frac{\delta_1}{\lambda_1 \cdot F_1} + \frac{\delta_2}{\lambda_2 \cdot F_2} + \frac{\delta_3}{\lambda_3 \cdot F_3} + \frac{1}{\alpha_2 \cdot F_4}}. \tag{55}$$

An einem Beispiel will ich nun K_M berechnen, und ich nehme die Schamotteschicht des Feuerkleides mit $\delta_1 = 250$ mm $= 0{,}25$ m an, die der Wärmeschutzschicht $\delta_2 = 75$ mm $= 0{,}075$ m, die des Eisenmantels $\delta_3 = 5$ mm $= 0{,}005$ m und den mittleren Innenhalbmesser des Kalkofens $r = 1{,}1$ m. Ist $F_1 = 1$, dann wird:

$$F_2 = F_1 \cdot \frac{(r + 0{,}25)}{r} = 1 \cdot \frac{1{,}1 + 0{,}25}{1{,}1} = 1{,}23\,,$$

$$F_3 = 1 \cdot \frac{1{,}1 + 0{,}25 + 0{,}075}{1{,}1} = 1{,}29\,,$$

$$F_4 = 1 \cdot \frac{1{,}1 + 0{,}25 + 0{,}075 + 0{,}005}{1{,}1} = 1{,}3\,.$$

Die Wärmeleitzahlen (s. auch S. 55) sind für:

Schamotte $\lambda_1 = 0{,}63 \div 0{,}7$ im Mittel $= 0{,}65$.

Als Wärmeschutzschicht sei Asche verwendet mit $\lambda_2 = 0{,}15$.

Der Schutzmantel besteht meistens aus Eisen mit $\lambda_3 = 25$.

Die Wärmeeintrittszahl α_1 ist abhängig von der Strömungsgeschwindigkeit v der Gase (s. Abb. 130), der teilweisen unmittelbaren Berührung des glühenden Kokses und der glühenden Steine mit der Ofenauskleidung und der durch Strahlung zugeleiteten Wärme. Nach der späteren Rechnung ergibt sich eine mittlere Gasgeschwindigkeit im Ofenquerschnitt von etwa 5,0 m/sek (s. Abb. 130). An der Ofenwand wird stellenweise diese Geschwindigkeit herrschen, örtlich aber größer sein, an anderen Stellen, zwischen Spalten, vielleicht sehr viel kleiner. Alle die Einflüsse sind schwer abzuschätzen und genügt es, wenn man nur den Einfluß der mittleren Gasgeschwindigkeit beachtet. Es ist dann

$$\alpha_1 = 2 + 10\sqrt{v} \tag{56}$$

Bei einer Gasgeschwindigkeit von $v = 4{,}5$ m wird somit

$$\alpha_1 = 2 + 10\sqrt{5} = 2 + 22 = 24 \text{ WE}$$

Die Wärmeaustrittszahl ist $\alpha_2 = 8$ für schwach bewegte Luft.

In diesem Falle wird dann:

$$K_M = \frac{1}{\frac{1}{23 \cdot 1{,}0} + \frac{0{,}25}{0{,}65 \cdot 1{,}0} + \frac{0{,}075}{0{,}15 \cdot 1{,}23} + \frac{0{,}005}{25 \cdot 1{,}29} + \frac{1}{8 \cdot 1{,}3}} \tag{57}$$

$$= \frac{1}{0{,}042 + 0{,}385 + 0{,}40 + 0{,}016 + 0{,}096} = \frac{1}{0{,}939} = 1{,}06$$

1,06 Wärmeeinheiten gehen verloren durch je 1 qm innerer Oberfläche des Kalkofens bei 1° Unterschied zwischen der Brenntemperatur und der Außentemperatur. Bei einer Brenntemperatur von $B = 1030°$ und der Außentemperatur von $a = 10°$ beträgt der Temperaturunterschied in der Brennzone $1030 - 10 = 1020°$, und es gehen hier für je 1 qm Innenoberfläche verloren $1020 \cdot 1{,}06 = 1081$ WE stündlich. In der Kühlzone beträgt der mittlere Unterschied etwa $\frac{1030 + 100}{2} - 10 = 555°$, und hier gehen dann $555 \cdot 1{,}06 = 588$ WE stündlich durch 1 qm verloren.

Um den Wärmeverlust durch Abkühlung nach außen auf 100 kg Kalksteine beziehen zu können, muß man daran denken, daß der von den Steinen eingenommene Raum durch den dazwischen gefüllten Brennstoff vermehrt wird, aber dieser verschwindet gegen Ende der Brennzone, und außerdem nimmt die Raumbeanspruchung der gebrannten Steine um 10 bis 20 Proz. ab. Man kann also ohne Fehler annehmen, daß der ursprüngliche Raum, den die Steine allein einnehmen, im Mittel auf seinem Wege durch den Ofen unverändert bleibt. Wiegt 1 cbm Kalksteine 1600 kg, dann nehmen 100 kg Steine $\frac{1}{1600} = 0{,}063$ cbm Raum ein. Bei dem Ofen nach vorstehendem Beispiel von 1,1 m Halbmesser = 2,2 m Durchmesser ist sein Querschnitt 3,8 qm. Die 100 kg Kalksteine besitzen deshalb eine Schichthöhe von:

$$s = \frac{0{,}063}{3{,}8} = 0{,}017\,\text{m}\,.$$

Diese 100 kg Steine sind mit einer wärmeabgebenden inneren Kalkofenmantelfläche von:

$$2{,}2 \cdot \pi \cdot 0{,}017 = 2{,}2 \cdot 3{,}14 \cdot 0{,}017 = 0{,}118\,\text{qm}$$

umgeben. Bei einer Brenntemperatur von $B = 1030°$ berechnete ich den Wärmeverlust zu 1081 WE stündlich für 1 qm, so daß in jeder Stunde der Brennzeit $1081 \cdot 0{,}118 = 128$ WE verlorengehen. Oder z. B. bei einer Brennzeit von 25 Stunden $128 \cdot 25 = 3200$ WE.

In der Kühlzone habe ich den Wärmeverlust unter den gleichen Verhältnissen zu 588 WE berechnet; für 100 kg Kalksteine beträgt hier also der Abkühlungsverlust bei einer Kühldauer von 15 Stunden:

$$588 \cdot 0{,}118 \cdot 15 = 1041\,\text{WE}.$$

Da nach meiner Berechnung (S. 80) 1 kg Kohlenstoff bei einer Brenntemperatur von 1030° nur 3928 WE nutzbar abgibt, so entsprechen diese Abkühlungsverluste einem Mehraufwand von:

$$\frac{3200 + 1041}{3928} = 1{,}08\,\text{kg Kohlenstoff}.$$

Verwende ich Koks, der 7000 WE besitzt, dann sind:

$$\frac{8080}{7000} \cdot 1{,}08 = 1{,}26\,\text{kg}$$

Koks notwendig.

Der Wärmeverlust ist natürlich um so kleiner, je kleiner die Mantelfläche ist im Verhältnis zum Gesamtofeninhalt bzw. zur Leistungsfähigkeit desselben. Hierauf komme ich noch zurück.

Man kann auch jetzt die äußere Manteltemperatur t des Kalkofens berechnen; denn die austretende Wärmemenge beträgt z. B. in der Brennzone 1081 WE bei einer Brenntemperatur von 1030°, und da die Wärmeaustrittszahl $\alpha_2 = 8$ WE für je 1 qm und 1° Unterschied betrug und hier die Eisenmantelfläche $F_4 = 1{,}3$ ist, so besteht Gleichgewicht, wenn:

$$(t - a) \cdot \alpha_2 \cdot F_4 = 1081\,, \tag{58}$$

die bekannten Werte eingesetzt:

$$(t - 10) \cdot 8 \cdot 1{,}3 = 1081 \tag{59}$$

und daraus die Manteltemperatur bei einer Brenntemperatur von 1030°

$$t = \frac{1081}{8 \cdot 1{,}3} + 10 = 104 + 10 = 114°.$$

Bei einer Brenntemperatur von 1200 beträgt der Wärmeverlust unter obigen Verhältnissen $(1200 - 10) \cdot 1{,}06 = 1261$ WE und die Manteltemperatur in der Brennzone:

$$t = \frac{1261}{8 \cdot 1{,}3} + 10 = 131°.$$

Bei einem Kalkofen von 11 m lichter Höhe, einer oberen lichten Weite von 1,2 m, einer mittleren von 2300 und einer unteren von 1,4 m stellte ich die in der Abb. 16 dargestellten äußeren Manteltemperaturen fest, durch unmittelbares Auflegen der Quecksilberblase des Thermometers auf den Eisenmantel, wobei diese durch einen kleinen Wattebausch vor Abkühlungsverlusten nach außen geschützt war. Das neue Schamottefutter hatte eine Stärke von 300 mm, die Aschenschicht war 80 mm stark und der Ofen stand in einem geschlossenen Gebäude, welches auf zwei Seiten an das Werkgebäude anschloß.

Kalkofen mit gemauertem Außenmantel besitzen geringere Wärmeverluste, weil die Ziegelsteine die Wärme schlechter fortleiten und auch eine bedeutendere Dicke besitzen. Aber diese gemauerten Mäntel haben die noch später (S. 224) zu schildernden Nachteile, die diesen kleinen Vorzug weit überwiegen. Im übrigen kann man die etwas größeren Wärmeverluste des Eisenmantels leicht durch stärkere Wärmeschutzschicht vermindern.

Verdoppelt man deren Stärke auf 150 mm, dann vermindert sich die Wärmeabgabe von 1,06 auf:

$$K_M = \frac{1}{0{,}042 + 0{,}385 + \dfrac{0{,}15}{0{,}15 \cdot 1{,}23} + 0{,}016 + 0{,}096} = 0{,}74$$

oder um $\frac{0{,}74}{1{,}06} \backsim 0{,}70$, entsprechend 30 Proz.

In der Höhe der Brennzone hat dann der Eisenmantel außen bei einer Brenntemperatur von 1030° noch eine Temperatur $t = 83°$, die also wesentlich abgenommen hat. Mißt man an einem Kalkofen die Außentemperaturen, so gibt die Höhenlage an den verschiedenen Stellen Anhaltepunkte dafür, ob das Feuerkleid noch gleichmäßig stark ist, wo es am meisten angegriffen ist, und ob der Ofen allseitig gleichmäßig brennt.

Mit der Zeit verbrennt das Feuerkleid und wird immer dünner. Wenn es z. B. von 250 mm bis auf 50 mm Stärke abgenutzt ist, berechnet sich die entweichende Wärme für je 1 qm und 1°:

$$K_M = \frac{1}{0{,}042 + \dfrac{0{,}05}{0{,}65 \cdot 1{,}0} + 0{,}40 + 0{,}016 + 0{,}096} = \frac{1}{0{,}631} = 1{,}57 \text{ WE}.$$

Die Wärmeverluste sind dann an diesen abgebrannten Stellen

$$\frac{1,57}{1,06} = 1,48 \text{ mal oder um } 48 \text{ Proz. größer.}$$

Dieser einseitige große Wärmeverlust kühlt die Füllung an dieser Stelle ab, der Koks kann den Verlust nicht decken, kommt aus dem Glühen und verläßt unverbrannt den Ofen. Der in seiner Nähe befindliche Kalkstein findet nicht die zum Brennen notwendige Wärme und wird schlecht gebrannt abgezogen.

Bei der Berechnung der Wärmeübergangszahl vom Ofen an die umgebende Luft habe ich angenommen, daß diese nur schwach bewegt ist, wie dies bei Öfen, die in Gebäuden untergebracht sind, der Fall ist. Hier gilt α_2 mit 8. Aber bei freistehenden Kalköfen wird die Luft durch Winde bewegt, er ist dem Regen ausgesetzt und deshalb großen Veränderungen in der Wärmeabgabe nach außen ausgesetzt. Nicht allein, daß die ungleichmäßigen Wärmeverluste schon den gleichmäßigen Betrieb stören und mehr Brennstoffverbrauch erzeugen, sondern es stört auch der häufig einseitige Einfluß der äußeren Witterungseinflüsse empfindlich.

Um sich ein Bild davon zu machen, will ich diese noch berechnen, weil meistens gar keine Rücksicht darauf genommen wird, ob der Ofen in geschlossenem Gebäude oder im Freien aufgestellt wird. Das geht einfach nach dem Schema „F".

Der freistehende Kalkofen ist vor allen Dingen dem Winde ausgesetzt. Mäßiger Wind hat eine Geschwindigkeit von 2 m in der Sekunde, frischer Wind 4 m, sehr starker Wind 15 m und Seewind 30 m in der Sekunde.

Im Herbst ist also der Ofen häufig Winden ausgesetzt, die sich mit 15 m in der Sekunde am Mantel des Ofens vorbeibewegen. Dann wird die Wärmeausgangszahl:

$$\alpha_2 = 2 + 10\sqrt{15} = 41. \tag{60}$$

In diesem Falle wird bei sonst gleichen Verhältnissen wie beim vorstehenden Beispiel:

$$K_M = \frac{1}{0,042 + 0,385 + 0,4 + 0,016 + \frac{1}{41 \cdot 1,3}} = \frac{1}{0,845} = 1,18 \text{ WE/qm/St.}$$

Aber der freistehende Ofen ist nicht nur dem starken Winde ausgesetzt, sondern auch Schnee und Regen. Dann steigt die Wärmeaustrittszahl bedeutend; denn nun erfolgt der Austritt von dem Eisenmantel an eine Flüssigkeit, den Regen, und dabei ist $\alpha_2 = 500$, wenn sich die Flüssigkeit in Ruhe befindet. Hier läuft aber das Wasser am Mantel abwärts und wird auch vom Wind bewegt, wobei dann ist:

$$\alpha_2 = 300 + 1800\sqrt{v}\,. \tag{61}$$

Nehme ich die Regengeschwindigkeit zu 1 m an, so wird dann $\alpha_2 = 2100$. Bei den teilweise über 100° liegenden Manteltemperaturen wird der auffallende Regen nicht nur erwärmt, sondern auch verdampft. Die Wärme wird dann wie bei der Verdampfung übergehen mit $\alpha_2 = 10\,000$ und mehr. Dann wird:

$$K_M = \frac{1}{0{,}042 + 0{,}385 + 0{,}4 + 0{,}016 + \frac{1}{10\,000 \cdot 1{,}3}} = 1{,}19.$$

Während der im Gebäude untergebrachte Ofen nur 1,06 WE verliert, so verliert der freistehende ungefähr 12 Proz. mehr.

Der einseitige größere Wärmeverlust kann sehr wohl ein einseitiges Brennen des Ofens verursachen, namentlich wenn der Wind längere Zeit in gleicher Richtung weht oder wenn er den Ofen ständig einseitig trifft, beeinflußt durch in der Nähe befindliche Gebäude.

Man wird deshalb die freistehenden Öfen mit einem stärkeren Wärmeschutz ausstatten müssen, dessen günstigen Einfluß ich schon berechnet hatte und der natürlich auch die einseitigen Wärmeverluste vermindert. Nur bei starker Wärmeschutzschicht wird es möglich sein, mit einem freistehenden Kalkofen gleichmäßig und ohne Störung zu arbeiten, sonst arbeiten sie unregelmäßig unter dem schwankenden und einseitig kühlenden Einfluß des Wetters.

Bei einem Ofen mit Eisenmantel die Wärmeverluste durch nachträgliche äußere Umkleidung zu vermindern, ist nicht ratsam, weil dann der dazwischen liegende Mantel nicht mehr beobachtet und nicht mehr auf seinen Zustand ständig geprüft werden kann; auch würde er dann stark erhitzt werden.

Man könnte die Abkühlung nach außen vermindern, wenn man die heißen Abgase oben in den Zwischenraum, welchen die feuerfeste Auskleidung und der Eisenmantel bilden (s. Abb. 98, S. 230) einleitet und unten abführt. Dann würde das Temperaturgefälle vermindert. Aber die Abgase würden sehr zerstörend auf das Eisen des Mantels wirken.

33. Höchsttemperaturen im Kalkofen mit Mischfeuer.

Bei einer Temperatur von etwa 856° beginnt das Verdampfen der Kohlensäure, wird der Kalk gebrannt, doch geht aus früheren Rechnungen (Abschnitt 22) hervor, daß die Verbrennungsgase eine höhere Temperatur besitzen müssen, um das Brennen auch in entsprechend kurzer Zeit zu beenden. Wie diese Zeit von der Temperatur abhängig ist, hatte ich schon gezeigt. Es fragt sich nun, wie diese Temperatur erzeugt wird und in welcher Weise eine Erhöhung und Überschreitung eintritt.

Die Höchsttemperatur, die überhaupt bei der Verbrennung entsteht, hängt einerseits ab von der aus dem Brennstoff freiwerdenden Wärmemenge, andererseits von der unmittelbar aus dem Brennpunkt ausgestrahlten Wärmemenge (ohne dabei das, den Brennstoff umspülende Gas zu erwärmen) und den entstehenden Verbrennungsstoffe (die die Wärme aufnehmen). Somit besteht z. B. bei der Verbrennung von reinem C, wenn dieser und die Verbrennungsluft mit 0° zur Verbrennung treten, die Gleichung:

$$T\,(3{,}667 \cdot c_{p-CO_2} + 8{,}833 \cdot c_{p-N}) = (1 - \sigma)\,8080, \qquad (62)$$

wobei T die entstehende Temperatur der Verbrennungsgase ist,

c_{p-CO_2} die spez. Wärme der entstehenden 3,667 kg Kohlensäure bei dieser Temperatur T,

c_{p-N} die spez. Wärme der 8,833 kg Stickstoff aus der Verbrennungsluft,

σ das Ausstrahlungsverhältnis

$$\sigma = \frac{\text{ausgestrahlte Wärme}}{\text{bei der Verbrennung freiwerdende Wärme}} \tag{63}$$

das bei Innenfeuerung nach *Péclet* 0,25 bis 0,3 beträgt.

Die spez. Wärme der entstehenden Gase wächst mit der Temperatur, ist abhängig von T, so daß obige Formel nicht in einfacher Weise aufzulösen ist. Man kommt aber leicht zur Lösung durch einige Proberechnungen. Diese,

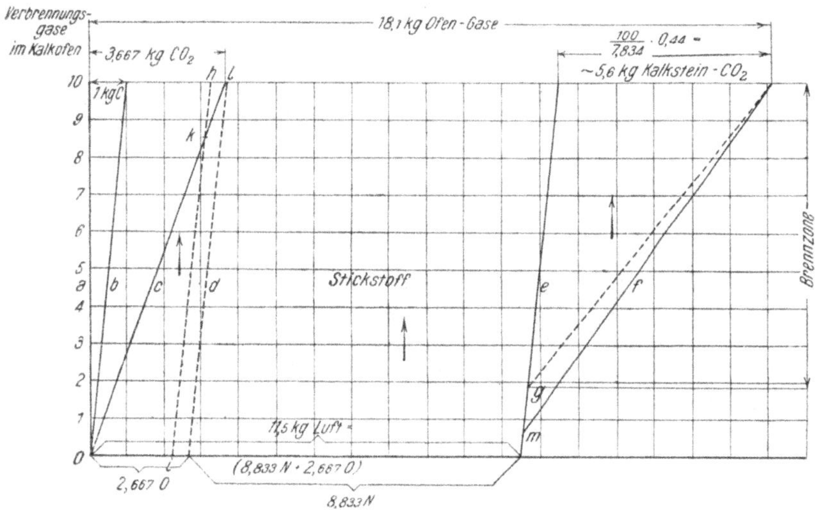

Abb. 41. Zusammensetzung der Gase im Kalkofen.

ohne sie hier anzuführen, haben ergeben, daß T etwa 1500 bis 1700° betragen wird. Hierbei kann man die spez. Wärme der Kohlensäure zu 0,5 annehmen, die des Stickstoffes zu 0,31. Dann wird die Verbrennungstemperatur:

$$T = \frac{(1 - 0{,}1)\,8080}{3{,}667 \cdot 0{,}5 + 8{,}833 \cdot 0{,}31} = \frac{7272}{1{,}83 + 2{,}74} = 1600^\circ.$$

Diese Temperatur entsteht unmittelbar am Brennstoff und würde auch bei der Verbrennung von gutem Koks annähernd entstehen bei einer Innenfeuerung. Im Kalkofen liegen aber die Verhältnisse anders. Unten am Ende der Brennzone, wo gerade der letzte Rest Koks verbrennt, herrscht ein bedeutender Überschuß an Luft, dieser nimmt nach oben hin immer mehr ab. Oben am Ende der Brennzone soll im Idealofen gerade alle Luft verbraucht sein, während im Betriebe noch ein ganz geringer Luftüberschuß vorhanden ist. Außerdem nimmt nach oben hin die Menge der Kalksteinkohlensäure zu. Diese Zustände führt die Abb. 41 vor Augen, indem ich alles wieder auf 1 kg C beziehe. Unten treten in die Verbrennungszone die schon früher berechneten, für 1 kg C theoretisch notwendigen 11,5 kg Luft ein, die 2,667 kg O und 8,833 kg N enthalten. Nach oben hin erfolgt die Verbrennung des C, bei „0“ beginnend und bei „10“ endigend. Betrachte ich, wie gesagt, 1 kg C, so kann ich die Brennzone z. B. in 10 Stufen zerlegt denken, so daß in jeder 0,1 kg C zur Verbrennung gelangt. Entsprechend verbrennt der C mit der Luft zu CO_2, und z. B. sind in der Stufe „5“ 0,5 kg C (*a—b*) verbrannt, die 1,85 kg Verbrennungskohlensäure (*a—c*) erzeugten und noch etwa 1,35 kg O (*c—d*) gemischt mit den 8,833 kg N (*d—e*) frei ließen für die weiter oben zu verbrennenden 0,5 kg C. Nach früherer Rechnung wird die, in die Verbrennungszone eintretende Luft durch den abziehenden Ätzkalk nur auf etwa 400° vorgewärmt. Am Anfang der Brennzone wird deshalb noch ein Teil des Brennstoffes verbrennen, nur um die Luft auf die Temperatur der Brennzone, das sind 856°, zu erhitzen. Bei 856° ist die spez. Wärme der Luft etwa 0,27, bei 400° etwa 0,25. Es sind zur Erwärmung der 11,5 kg Luft

$$11{,}5\,(856 \cdot 0{,}27 - 400 \cdot 0{,}25) = \sim 1500 \text{ WE}$$

oder

$$\frac{1500}{8080} = 0{,}19 \text{ kg C}$$

notwendig. Erst wenn diese 0,19 kg C verbrannt sind, ist die Brenntemperatur erreicht, beginnt das Verdampfen der Kohlensäure. Dies ist kurz vor der Stufe „2“ der Fall und ist dies der Punkt *g* in dem Bild 41. Dieser Punkt *g* entspricht dem Punkte *f* in Abb. 32. Nach dieser findet aber noch ein Nachbrennen der Steinkerne durch die Überhitzungswärme der Steine bis zum Punkte *d* statt. Das heißt, bis zu diesem Punkte *d* erfolgt die Verdampfung der Kalksteinkohlensäure, der auf gleicher Höhe mit dem Beginn der Verbrennung im Punkte *i* liegt. Nach Abb. 41 würde sich dadurch die Brennzone nicht nur bis *g*, sondern bis *m* ausdehnen. Mit dem Fortschritt der Verbrennung wird die Kohlensäure aus dem Kalkstein verdampft, und oben am Ende der Brennzone ist die ganze Kalksteinkohlensäure gasförmig vorhanden, die 1 kg C austreiben konnte. Für 100 kg Kalksteine, also 44 kg CO_2, sind im Idealofen 7,834 kg C notwendig, so daß 1 kg C $\frac{44}{7{,}834} = 5{,}6$ kg CO_2 freimacht. Diese sind in der Abb. 41 ebenfalls eingetragen. Danach sind in der Stufe „5“ 2,6 kg Kalksteinkohlensäure (*e—f*) frei. Insgesamt sind dort vorhanden $2{,}6 + 1{,}85 = 4{,}45$ kg CO_2. Hieraus kann man nun die in den verschiedenen Stufen auftretenden Temperaturen des Idealofens berechnen.

Da in der Brennzone des Idealofens eine Temperatur von 856° herrscht, so bedeutet in diesem Falle T die Steigerung der Temperatur, durch die Verbrennung der bestimmten Menge C, über 856°. Es ist für die Zone 5—5:

$$T = \frac{(1 - 0{,}3) \cdot 8080}{4{,}45 \cdot c_{p-CO_2} + 1{,}35 \cdot c_{p-O} + 8{,}833 \cdot c_{p-N}} = \frac{5656}{4{,}45 c_{p-CO_2} + 1{,}35 c_{p-O} + 8{,}833 \cdot c_{p-N}},$$

worin die spez. Wärme der Gase bei einer Temperatur von etwa 1900° einzusetzen ist. Also:

$$T = \frac{5656}{4{,}45 \cdot 0{,}53 + 1{,}35 \cdot 0{,}29 + 8{,}833 \cdot 0{,}33} = \frac{5656}{5{,}66} = 1000°.$$

Unmittelbar am Kohlenstoff, dort, wo er vergast und mit dem Luftsauerstoff in Verbindung tritt, zu Kohlensäure verbrennend, entsteht in der Stufe 5 ÷ 5 eine Temperatur von 1000 + 856 = 1856°. Die Wärme wird nun an die Kalksteine abgegeben (im Idealofen sofort) durch Strahlung und Leitung, so daß die Temperatur wieder auf 856° sinkt. Zwischen den Grenztemperaturen von 1856 und 856, die von oben nach unten schnell fällt, ist die mittlere Gastemperatur, die in unseren bisherigen Rechnungen als Brenntemperatur B bezeichnet wurde. Im Idealofen wird die aus dem Brennstoff jeweils freiwerdende Wärme sofort wieder für die Verdampfung der Kohlensäure verbraucht; die Temperatur sinkt sofort auf 856°. Im wirklichen Ofen wird aber mehr Brennstoff aufgewendet, zur Deckung der Abkühlungsverluste, und da dann immer noch ein Überschuß vorhanden ist, ja vorhanden sein muß, so entsteht durch diesen Überschuß, der nicht für die Kohlensäureverdampfung verbraucht wird, eine Überhitzung der Gase. Diese Gasüberhitzung ist, wie schon gesagt, zum Brennen in bestimmter Zeit notwendig, und die Höhe der Überhitzung ergibt sich schon ohne weiteres aus der Abb. 33. Dort habe ich den Kohlenstoffverbrauch berechnet, der mit einer bestimmten Brenntemperatur zusammenhängt; hier würde es heißen, daß man bei einem Zusatz von so und soviel Kilogramm Kohlenstoff nach Abb. 33 (über den idealen C-Verbrauch und nach Abzug des zur Deckung der Abkühlungsverluste notwendigen) eine dort angegebene Brenntemperatur erhält. Wende ich also z. B. 12 kg Koks an, der 90 Proz. C enthält, also 10,8 kg C, und für Abkühlung 1 kg notwendig ist, so bleibt nach Abzug des für den Idealofen notwendigen C-Verbrauches von 7,834 kg noch

$$10{,}8 - 1{,}0 - 7{,}834 = 1{,}966 \sim 2{,}0 \text{ kg C}$$

für die Temperaturerhöhung, für die Brennbeschleunigung. Nach Abb. 33 entsprechen diese 2 kg C einer Brenntemperatur von 1020°.

Der hierbei gemachte Abzug von 1 kg C für die Deckung der Abkühlungsverluste ist richtig, wenn in allen wagerechten Zonen ein schneller Ausgleich der Gastemperaturen erfolgt, wenn die am Ofenfutter durch die Abkühlungsverluste erfolgende Temperaturerniedrigung der Gase sich schnell nach dem Innern zu mitteilt. Dies wird aber die Ofenfüllung erschweren, so daß im Ofenmittel eine höhere Gastemperatur herrschen wird als in der gleichen Wagerechten am Ofenfutter. In der mittleren Ofenachse wird deshalb der ganze Koksüberschuß, ohne Abzug des für die Abkühlung notwendigen, für die Temperaturerhöhung dienen. Es wären dies nach obigem Beispiel

$$10{,}8 - 7{,}834 = 2{,}966 \sim 3 \text{ kg C},$$

die nach Abb. 33 eine Brenntemperatur von etwa 1100° erzeugen. In der Mittelachse kann man dann also mit 1100° rechnen, während am Umfang die Temperatur nur 1020° beträgt.

Auf diese sinkt die am Koks selbst herrschende vorberechnete Temperatur von 1900° und verbleibt in dieser Höhe. Durch die Wärmestrahlung und -leitung sinkt diese Temperatur schnell, so schnell, daß (wie schon früher beim Koksbrennen erwähnt), dann, wenn der Koks im freien Luftraum sich befindet, daß er rasch kalt wird und nicht im Glühen und Brennen erhalten werden kann. Erst dann, wenn die Wärme zusammengehalten wird, ein Teil der ausgestrahlten Wärme zurückstrahlt, wie es im geschlossenen Raum, im Kalkofen, der Fall ist, erst dann verbleiben höhere Temperaturen, wie sie zum Verbrennen des Kokses, zum Brennen des Kalkes notwendig sind. Liegt dann aber der Brennstoff, der Koks, in Haufen zusammen, dann strahlt ein Stück auf das andere die Wärme hin und zurück, ausgleichend, ohne Wärme zu verlieren, und die hohe Verbrennungstemperatur von 1900 und mehr Grad tritt wirklich fühlbar in Erscheinung. Wehe dem Kalksteinstück, das sich in solchem Kokshaufen eingeschlossen findet, wehe der Kalkofenwandung, an der solch ein Kokshaufen anliegt. Jener wird überhitzt, totgebrannt, dieses, das Kalkofenfutter, wird geschmolzen und zerstört (s. *Dietz*scher Ofen S. 43). Deshalb ist eine gute, gleichmäßige Verteilung des Kokses unter den Kalksteinen, unter Vermeidung jeder Haufenbildung, unbedingt für einen ungestörten Betrieb notwendig.

Wird hierfür gesorgt, dann kann nur die aus Abb. 33 sich ergebende Brenntemperatur im Ofen in Erscheinung treten. Dies bestätigen auch unter anderem die Versuche, die auf Anregung des Prof. Dr. *A. Herzfeld* von Dr. *H. Claassen*, Dr. *W. Herzfeld* und Dr. *Fr. Martini* ausgeführt und die in der Z. d. V. d. d. Z. 1897, S. 218, beschrieben sind.

Dr. *H. Claassen* bestimmte die Höchsttemperaturen im Kalkofen der Zuckerfabrik Dormagen. Es war ein *Neumann*scher Ofen ähnlich Abb. 63 mit drei Generator-Gasfeuerungen, die mit einem Gemisch von Koks und Steinkohlenbriketts geheizt wurden; außerdem wurden noch mit den Kalksteinen oben in den Ofen kleinere Mengen Koks aus der eigenen Gasanstalt eingeworfen. Der Brennstoffverbrauch betrug 10 bis 12 Proz. auf 100 kg Kalksteine. Der Rauminhalt des Ofens betrug 25 cbm. Vierstündig wurde der Kalk gezogen, und zwar durchschnittlich in 24 Stunden 9000 bis 10 000 kg Kalk, welche aus ungefähr 18 000 kg Dornaper Kalkstein gewonnen wurden. Zum Messen der Temperatur wurden die von *Rösler & Co.* bezogenen *Prinzep*schen Metallpyrometer verwendet; das sind dünne Metallstreifen, die einen bestimmten Schmelzpunkt haben. Diese brachte *Claassen* in Schamottesteine von 70 mm Durchmesser und 100 mm Höhe unter, in eingebohrten Löchern von 10 mm Durchmesser und 50 mm Tiefe. Die Löcher wurden nach dem Einlegen der Pyrometer mit Schamottestopfen und Schamotte verschlossen. Die Steine wurden dann durch das oberste Stoßloch in den Ofen gebracht. Er fand die Höchsttemperaturen von 1200 bis 1300°. Diese Temperaturen überschreiten die von mir auf Seite 126 vorberechneten von 1050 bis 1100° bei den hier angewendeten Brennstoffmengen. Dies erklärt sich meiner Meinung dadurch, daß ich in der Rechnung eine gleichmäßige Kokszumischung zugrunde legte, während der *Claassen*sche Ofen in der Hauptsache von drei Gasfeuerungen beheizt wurde. Dort, wo aus diesen drei Feuerungen das Gas in die Brennzone eintritt, wird eine örtlich stärkere Erhitzung erfolgen, auf einem geringeren Raum als bei gleichmäßig untergemischtem Koks. Namentlich auch dadurch, daß während der vierstündigen Ruhe zwischen den Kalkabzügen die unmittelbar an den Gaskanälen anliegenden Kalksteine stärker erhitzt werden. Dies bestätigen auch die nachstehend erwähnten *Herzfeld*schen Versuche, bei denen einmal ein 1190°-Pyrometer unverändert herauskam, während ein anderes Mal ein solcher von 1350° noch angeschmolzen war. Einen Ausgleich für diese mit der Generatorgasfeuerung zusammenhängenden, ungleichmäßigen Temperaturen suchte man durch teilweise unmittelbare Kokszumischung zu erzielen, wie dies nach obigem auch *Claassen* tat.

Zahlenreihe XII.

Feststellungen über Aufenthaltszeiten von Pyrometersteinen und Höchsttemperaturen in Kalköfen.

Name des Versuchsanstellers	Aufenthaltsdauer des Pyrometersteines im Kalkofen Stunden	Schmelzpunkt des Pyrometers °C	Beschaffenheit des Pyrometers
Claassen	46	**1190**	ganz geschmolzen
	46	1320	unverändert
	42	**1075**	geschmolzen
	44	**1130**	geschmolzen
	48	**1160**	angeschmolzen
	150	**1220**	geschmolzen
	48	**1220**	geschmolzen
	260	1220	ungeschmolzen, aber Oberfläche rauh
	48	1255	ungeschmolzen, aber Oberfläche rauh
	16	1255	unverändert
	33	1255	unverändert
	44	**1320**	an den Kanten etwas abgeschmolzen
	40	**1320**	unverändert
	42	1350	unverändert
W. Herzfeld	54	**1190**	zu einer Kugel geschmolzen
	42	1320	Oberfläche etwas rauh, ungeschmolzen
	54	1420	unverändert
	48	**1220**	sehr rauh und angegriffen
	60	**1220**	angeschmolzen
	54	**1255**	zur Kugel geschmolzen
	54	**1320**	angesintert, aber nicht geschmolzen
	54	1350	auf der Oberfläche rauh, ohne Formänderung
	36	1190	unverändert, es kam ungarer Kalk mit heraus
	108	**1220**	geschmolzen
	48	1320	unverändert
	108	**1350**	etwas angeschmolzen
Martini	$46^1/_2$	**1190**	zur Kugel geschmolzen
	67	1220	unverändert
	60	**1220**	etwas angesintert
	60	1250	unverändert
	62	1320	unverändert

Dr. *W. Herzfeld* führte seine Versuche in der Zuckerfabrik Culmsee aus an einem deutschen Kalkofen mit vier Feuerungen, aus denen die Gase durch insgesamt acht Kanäle in den Ofen gelangen. Er verwendete die gleichen Pyrometerblättchen, doch brachte er diese in Schamottesteine von 70 × 90 × 100 mm Kantenlänge unter. Die festgestellte Höchsttemperatur betrug 1350°, der das betreffende Pyrometer jedenfalls an einer der Gaseinströmkanäle längere Zeit ausgesetzt war, denn es hielt sich ausnahmsweise 108 Stunden im Ofen auf.

Dr. *Fr. Martini* führte seine Versuche in der von Dr. *Claassen* angegebenen Form durch, in der Zuckerfabrik Neu-Schönsee. Er stellte Höchsttemperaturen von 1220° fest.

Vorstehend gebe ich in Zahlenreihe XII einen Auszug aus den Versuchsergebnissen.

Die, die Pyrometer enthaltenden Schamottesteine waren an ihrer Oberfläche mehr oder weniger glasiert, woraus zu schließen ist, daß zeitweise, jedenfalls bei unmittelbarer Berührung mit dem Koks, auch höhere Temperaturen an den Berührungsstellen herrschten, die sich aber schnell verteilen und deshalb nicht tief eindringen.

Cramer ließ in verschiedenen Kalkwerken die Höchsttemperaturen feststellen durch Segerkegel. Die Angaben schwankten zwischen Segerkegel 7 und 14, also zwischen 1270 und 1410°. Genaueres über die Art der Öfen ist nicht angegeben (Mitteil. der Sekt. Kalk 1905, S. 48).

34. Kalkschachtöfen, die das Zumischen von vergasendem Brennstoff in der Brennzone gestatten.

Der Kalkschachtofen mit Mischfeuer ist in seinem Aufbau der einfachste und billigste, der sich denken läßt. Nach vielen Irrwegen ist man wieder zur einfachen Zylinderform zurückgekehrt. Der Brennstoffverbrauch ist sehr gering, die Bedienung leicht und übersichtlich. Dort, wo Koks zur Verfügung steht, wird man diesen Ofen allen anderen vorziehen müssen. Trotzdem können es örtliche Verhältnisse als nützlich erscheinen lassen, auch andere Brennstoffe zum Kalkbrennen heranziehen zu können. Es ist deshalb noch auf solche Kalkofenformen und Arten einzugehen, die dies ermöglichen.

Auf besonderem Wege soll durch das D. R. P. 50 711/1889 von *A. Schöfer*, Lägersdorf, das Zumischen von vergasenden Brennstoffen ermöglicht werden. Es wird hier auf den Ofen über der Brennzone ein engerer Schacht aufgesetzt nach Abb. 42, so daß an der Brennzone durch den Böschungswinkel der Kalksteine ein freier Ringraum gebildet wird. In diesen Ringraum, also erst in die eigentliche Brennzone, soll dann der Brennstoff zugegeben werden. Den gleichen Zweck will *Emil Rusager* durch das D. R. P. 102076/1898 nach Abb. 132 erzielen, indem er besondere über-

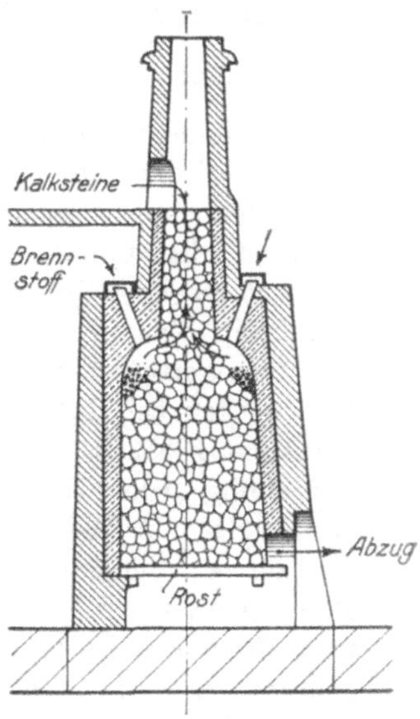

Abb. 42. Ofen mit aufgesetztem Schacht, der das Zumischen von Brennstoffen in die Brennzone gestattet.

deckte Kanäle einbaut, durch die dann Brennstoff in die Brennzone geführt wird. Die Erfindung ist dadurch gekennzeichnet, daß ein Querkanal (nach Abb. 132, S. 297) von außen zugänglich durch den Ofen, damit auch durch das im Ofen befindliche Brenngut gebaut ist, zum Zweck des Beheizens des Ofens mittels Einwerfens des Brennstoffes durch die im Boden des Kanals angebrachten Heizlöcher. Dieser Ofen besitzt aber eine schwer herstellbare Form, fordert mehr Kosten beim Bau und der Unterhaltung, so daß man sich kaum zur Wahl solcher Form entschließen wird, obschon man auch beim belgischen Ofen manchmal den Wunsch hat, durch Brennstoffzufuhr in die Brennzone den Gang gelegentlich verbessern oder beeinflussen zu können.

Es sind dies alles Nachläufer des *Dietz*schen Stufenofens nach Abb. 43, D. R. P. 23 919/1883, welcher aus zwei übereinanderstehenden Abteilungen *a* und *c* bestand, welche die Zuführung der Kohle zwischen beiden gestattet. Schon *Khern* (D. Z. 1888, S. 501) weist auf die verhältnismäßig hohen Baukosten dieses Ofens hin.

Sein Vorteil besteht darin, daß man den Brennstoff dort unmittelbar einführt, wo er verbrennen soll. Man kann deshalb statt des Kokses, der ganz besonders früher verhältnismäßig teurer war als die in der Heizwirkung wertvollere Steinkohle, diese zur Feuerung verwenden. Eine trockene Destillation, ein unbenutztes Entweichen ist, wie leicht aus der Abbildung ersichtlich, nicht möglich. Günstiger Brennstoffverbrauch, leichte Verbrennungsreglung ist die Folge.

In der „Deutschen Zuckerindustrie" 1888, S. 501, gibt *Jos. Khern* an, daß dieser *Dietz*sche Ofen 16 kg Steinkohle auf 100 kg Ätzkalk verbraucht und der Kalk kalt und rein (in Wirklichkeit aber vermischt mit verkokter Kohle) den Ofen verläßt. Das ist ein recht gutes Ergebnis, $\frac{16}{100} \cdot 56 = 9$ kg Steinkohle auf 100 kg Steine, wenn die Angaben genau sind. Aber dieser Ofen arbeitet nicht selbsttätig, die glühenden Steine müssen aus dem Vorwärmeschacht *a* und dem Brennraum *b* in den Kühlraum *c* durch Krücken gezogen werden, eine umständliche, unangenehme Arbeit gerade an dieser heißesten Stelle der Brennzone. Deshalb ist dieser Ofen, trotzdem er die unmittelbare Zuführung von Steinkohle in die Brennzone gestattet und er sehr gut die Kohle auszunutzen gestattet, fast verschwunden. Sie waren lange Jahre in den Harzer Kalkwerken bei Rübeland im Betriebe, nach der Zeitschrift d. V. d. Zuckerindustrie 1888, S. 501, 3 Doppelöfen von 11 m Höhe nach Abb. 43. Zur Bedienung jedes Doppelofens mit Füllen, Überziehen der halbgebrannten Steine, dann Abziehen, Wiegen und Wegschaffen des gargebrannten Kalkes sind für jede Schicht 6 Mann nötig. Füllen, Überziehen und Abziehen für sich allein erfordern 2 Mann in der Schicht. Für 700 t Kalk werden 7 Waggons westfälischer und 5 Waggons Deister Koks verbraucht oder 17,3 kg für 100 kg gebrannten Kalk. Ein solcher Doppelofen kostete 12 000 Goldmark für eine tägliche Erzeugung von 6000 bis 12 000 kg gebrannten Kalk, und es wird darauf hingewiesen, daß er viel Verankerungen, große Schamottestärke und für gutes Arbeiten großes Ofengebäude verlangt. Die abziehenden Gase hatten 28 Proz. CO_2.

Im Jahre 1919 wurden die drei *Dietz*schen Doppelöfen in Rübeland wieder in Betrieb genommen, dagegen nicht der Ringofen, weil dessen Bedienung doch schwerer ist als die des *Dietz*schen. Unmittelbar vom Bruch aus werden die Kalksteine (bis 500 mm große Stücke) durch Wagen auf die Gichtbühne *e* gefahren und in den Schacht *a* gestürzt. Gefeuert wurde mit Steinkohle durch die Füllöffnung *d*, mittels Trichter von der oberen Gichtbühne *e*. Die Kohle vergast im Brennraum *b* und brennt die unter einem Böschungswinkel liegenden Steine. Die Verbrennungsgase ziehen dann aufwärts durch den Schacht *a*. Dieser wird in seinem unteren Teil noch als Brennraum verwendet, während der obere Teil bei den ausgeführten Öfen als Vorwärmezone viel zu niedrig ist. Die Gase ziehen deshalb außerordentlich heiß ab, und die Steine werden häufig, bis oben zur Gichtbühne *e* hin, glühend. Die im Haufen *f* vergaste Kohle sinkt dann mit den Steinen nach unten, wird von den folgenden bedeckt und wandert als Koks weiter, allmählich verbrennend im Mischfeuer. — Das flache Gewölbe *g* des Feuerraumes *b* leidet unter der strahlenden Wärme und schmilzt immer schnell ab, da die Wärmestrahlen nicht auf den zu brennenden Kalkstein gelenkt werden. Auf der rechten Seite der Abb. 43 ist angedeutet, wie der Gewölbebogen g_1 schräg geneigt werden müßte, um die Wärmestrahlen abzulenken und weiterzuleiten. — Vom Schürraum *h* aus wird durch das Schürloch *i* das Feuer *f* geregelt und werden die vorgebrannten Steine von *a* nach *b* hinübergezogen. Wie schon erwähnt, eine mühevolle Arbeit. Beim Ziehen stürzen die schweren Steine häufig allein nach, prallen bei *k* an die Ausmauerung des Nachbrennraumes, diese stark beschädigend. — Der gebrannte Kalk wird bei *l* über den eisernen Schrägrost *m* gezogen, durch den feiner Schotter mit Asche durchsickert und auf der Sohle *n* sich ablagert. Im Kalk befindet sich stets etwas unverbrannte, verkokte Kohle. Das Nachrutschen wird durch die Stockeröffnung *o* unterstützt. — Infolge der jetzigen achtstündigen Schichten wird von Sonnabend abend 6 Uhr, über Sonntag, bis Montag vormittag 8 Uhr, also während 38 Stunden, kein Kalk gezogen, sondern nur schwach rotwarm das Feuer unterhalten. Bedeutende Brennstoffverluste, unregelmäßiger Brand und Schädigung des Feuerkleides sind die unerwünschte Folge.

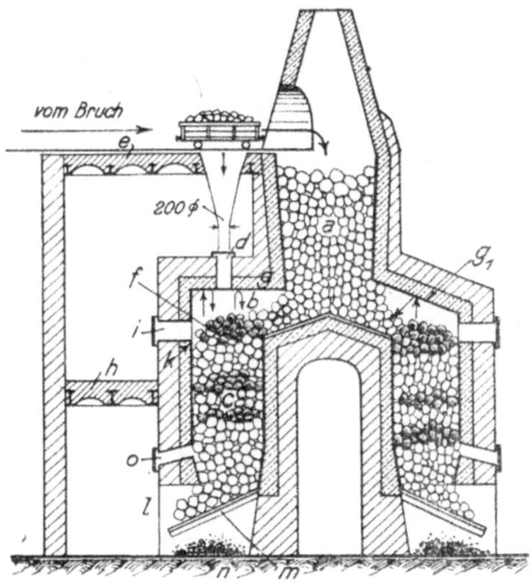

Abb. 43. *Dietz*scher doppelter Stufenofen.

Beim Zementbrennen (s. *Naske*) stellt der *Dietz*sche Ofen hohe Anforderungen an die Festigkeit und Dichte der in Ziegelform gepreßte Beschickung. In der Tat vertragen nur wenige Rohstoffe, trotz Nachpressung und scharfer

Trocknung, die angreifende Behandlung, die ihnen im Stufenofen zuteil wird. Sie mullen auf dem Wege vom Vorraum bis zum Sinterraum ab, zerfallen in kleinere Stücke und verlegen dadurch den für einen lebhaften Ofenbetrieb unerläßlichen Zug.

Auf der gleichen Arbeitsweise beruht die Bedienung des Schachtofens von *F. L. Smidth & Co.*, Kopenhagen, nach Abb. 44. Bei diesen wird durch die Gichttür unter die Kalksteine gleichzeitig 20 bis 30 Proz. eines gasarmen Brennstoffes in den Vorwärmer eingefüllt. Von diesem wird unbedingt ein Teil vergasen und nutzlos als Rauch entweichen (s. auch Abb. 192). Die übrigen 70 bis 80 Proz. Brennstoff werden durch das Füllrohr unmittelbar der Feuerzone zugeführt. Die eigenartige Form wirkt störend auf den glatten Lauf des Kalkes (s. Abschnitt 68), und die Zumischung von Brennstoff von oben ist erforderlich, um einen gleichmäßigen Brand zu erzielen. — Wie beim *Dietz*schen Ofen ist auch bei diesem *Smidth*schen eine leichte Regelung des Brandes möglich, weil man jederzeit mehr oder weniger Brennstoff durch den Feuerschacht einfüllen kann. — Es wird angegeben, daß 20 kg gute, gasarme Steinkohle erforderlich sind für 100 kg Ätzkalk, also etwa 11,5 kg für 100 kg Kalksteine. — Der Ofen ist für Leistungen von 9 bis 30 t gebrannten Kalkes täglich brauchbar.

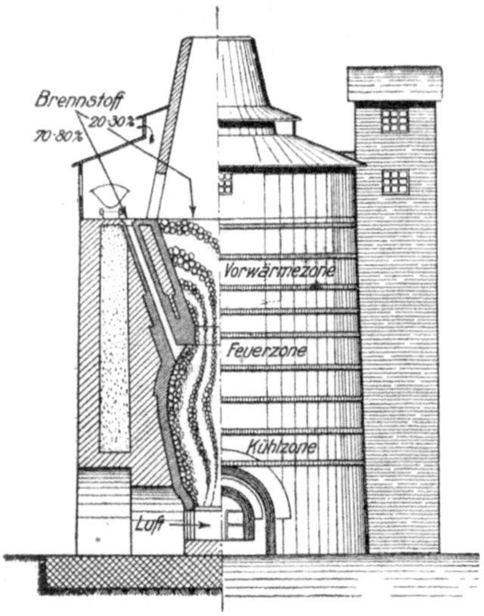

Abb. 44. *Smidth*scher Ofen mit geteilter Brennstoffzufuhr.

35. Ringöfen für Streufeuer.

Auf Seite 23 habe ich die allgemeinen Vorgänge im Ringofen kurz geschildert und in den vorstehenden Abschnitten die Bedingungen des Kalkbrennens festgelegt. Hier möchte ich noch einige Eigenarten des Ringofens behandeln, um einen besseren kritischen Vergleich mit den anderen Kalkbrennöfen zu ermöglichen.

Der Ringofen gestattet nicht nur, sondern er ist sogar darauf angewiesen, mit vergasenden Brennstoffen gefeuert zu werden. Andernfalls entsteht eine zu kurze Flamme, mit ungünstiger Wärmeverteilung. Werden aber vergasende Steinkohle, Braunkohle u. dgl. in die letzten Feuer nach dem Schornstein zu eingestreut, so wird auch hier eine nutzlose Destillation einsetzen. Entweder verbrennt dieser vergaste Teil des Brennstoffes überhaupt nicht, dann entweicht er sichtbar als Rauch, als Schmauchfeuer, oder wenn er doch verbrennt, dann geschah dies doch zu spät. Zu spät, weil das Verbrennen in der Vorwärmezone keinen Nutzen bringen kann. Allerdings kann dieser Übelstand abgeschwächt werden, wenn man in die letzten Feuerglocken Koks streut nach

Abb. 45. Dann werden die aus den Vorfeuern kommenden destillierenden Verbrennungsgase sich hier noch rechtzeitig in der Brennzone entzünden und ihre Wärme abgeben können. Die Verwendung mehrerer Brennstoffsorten, an verschiedenen Feuern, erschwert aber die Zuverlässigkeit der Bedienung. Hierauf komme ich noch im Abschnitt 76 zurück.

Unter den in der Kanaldecke angebrachten Schüttlöchern befinden sich die eigentlichen Feuerstellen, zwischen den eingesetzten Kalksteinen. In der Längsrichtung des Brennkanals sind die Schüttlöcher 1,0 bis 1,1 m entfernt, während sie in der Querrichtung 0,7 bis 0,8 m voneinander stehen. Für hochwertige Brennstoffe errichtet man unter jedem Schüttloch einen Schacht von etwa 300 mm Seitenlänge; für geringwertige verbreitet man die Schächte oder führt vollständige Querwände auf, so daß sich die Brennkanalschächte quer über den ganzen Brennkanal erstrecken. Besondere Brennstoffauflager werden in ihnen gesetzt, so daß sich eine Art Treppenrost bildet, welcher von jedem Schüttloch ausgeht und verhindert, daß sich der Brennstoff nicht nur auf der Kanalsohle ansammelt, sondern möglichst gleichmäßig über den ganzen Querschnitt verteilt wird. Die Feuerstellen dürfen nur dann beschickt werden, wenn dort eine Temperatur von über 850 bis 900° herrscht, weil sonst eine unnütze Verbrennung erfolgt.

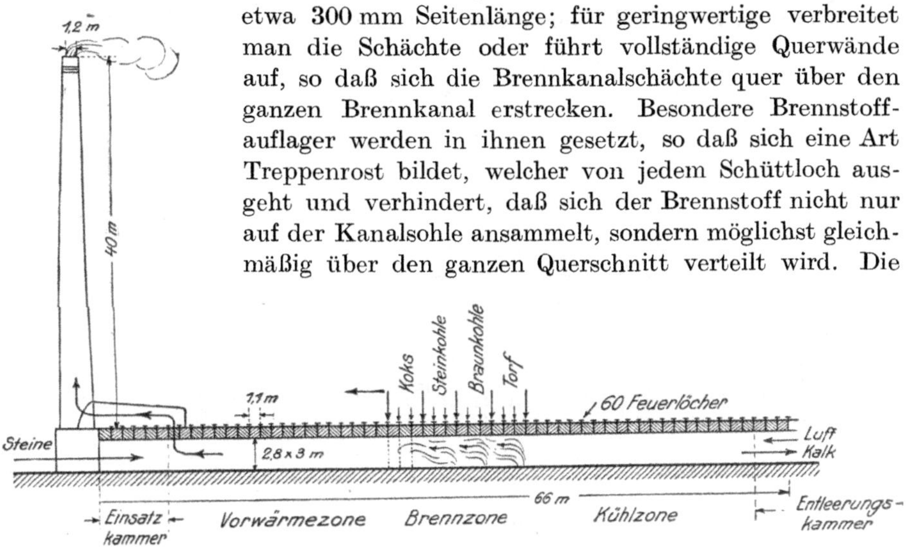

Abb. 45. Ringofenbefeuerung mit verschiedenen Brennstoffen.

Wird zuviel Brennstoff nach der Vorwärmezone hin (in Richtung des Schornsteinzuges) zugegeben, dann vergast dieser, ohne daß das Gas sich entzündet, der Schornstein raucht. Wird dagegen zu spät nach der Kühlzone zu noch Brennstoff aufgegeben, so kann dieser noch gut vergasen und das entstehende Gas gut heizen, aber der sich bildende Koks wird zu stark gekühlt, kann nicht mehr vollständig verbrennen, und mit den Steinen wird Koks gezogen.

Für das Verfeuern geringwertiger Brennstoffe im Ringofen ist es nützlich, wenn besondere Roste zur Auflagerung vorhanden sind, die von außen, wie jeder andere Rost, bedienbar sind. Die Abb. 46 zeigt einen Querschnitt durch einen Ringofen mit Rostfeuerung von *Eckardt & Hotop*, Berlin, die in üblicher Weise von oben durch die Heizlöcher *d* beschickt werden. Vor jedem Roste sind Feuertüren *f* angebracht, von kleineren Abmessungen, da sie nur zum

Verteilen des Brennstoffes mittels der Schürstange dienen. Für die Durchführung der Schürstange ist in der Tür ein besonderer schmaler Schlitz angebracht, damit wenig kalte, falsche Luft während des Schürens in die Brennzone eintreten kann. Brennstoffe mit starker Schlackenbildung würden aber die Bedienung erschweren. Die Rostfeuer bedingen aber durch den besonderen Luftzutritt einen um mindestens 10 Proz. gesteigerten Brennstoffverbrauch.

Verschiedene Brennstoffe untereinander zu mischen, z. B. Koks und Torf, ist verfehlt. Schnell brennt der Torf ab und der Koks bleibt zurück. Will oder muß man verschiedenartige Brennstoffe verfeuern, dann kann dies nur in getrennten Feuerstellen geschehen, nur dann ist den jeweiligen Eigenarten

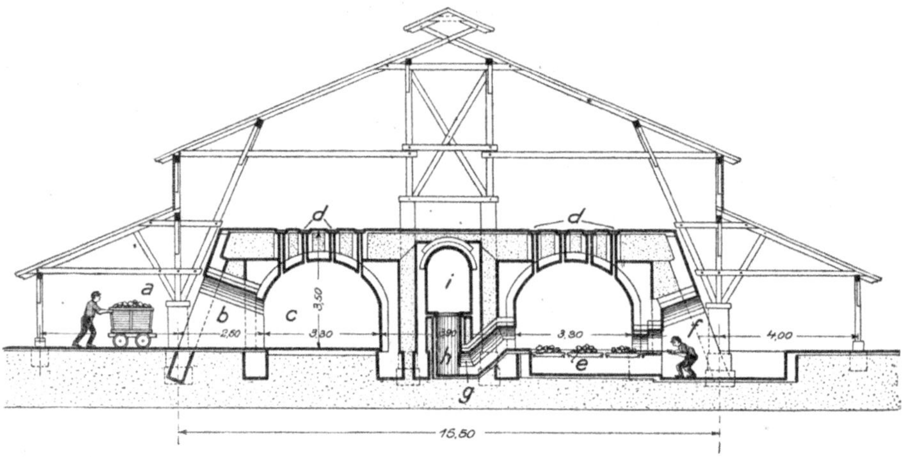

Abb. 46. Ringofen mit Rostfeuerung.

des Brennstoffes entsprechend ein gleichmäßiger Abbrand, ein gleichmäßiges Feuer zu unterhalten.

Durch die Einschüttung des kalten Brennstoffes entsteht an der Feuerstelle eine plötzliche Abkühlung. Diese beträgt bei trockener Steinkohle etwa 30°, bei nasser Braunkohle bis zu 90° (s. *Aufhäuser*, Brennstoffe und Verbrennung 1920). Hierdurch und durch die in die Heizlöcher einströmende kalte Luft werden manche Kalksteine leiden und zerbröckeln und auch das Feuerkleid schädlich beansprucht. — Dann erfolgt die Vergasung, bei der die Temperatur wieder ansteigt. Der jetzt entstandene Koks erzeugt wieder starke örtliche Überhitzung. Häufiges Beschicken vermindert diese störenden Schwankungen. Die örtliche Überhitzung durch den entstehenden Koks kann man mildern durch einen Brennstoff, der verhältnismäßig weniger Koks bildet, aber mehr vergast und deshalb mit langer Flamme brennt. Dann werden von dieser Flamme auch die Zwischenräume zwischen den einzelnen Feuern besser überbrückt, die hier nicht so eng beieinander liegen können als beim Mischfeuer.

Die einzelnen Feuer unter den Heizlöchern stellen, wie beim Mischfeuer, hintereinandergeschaltete Rostfeuer dar, die an und für sich eine vollkommene

Verbrennung begünstigen. Die Verbrennungszeit der meisten Brennstoffe beträgt etwa 20 bis 30 Minuten, die anfängliche Vergasung erzeugt eine genügend lange Flamme nur während höchstens 10 Minuten. Eine so häufige Beschüttung nach je 6 bis 10 Minuten läßt sich von Hand schwer durchhalten. Man wendet deshalb das wechselnde Beschütten an, um die andere Reihe an, was alle 10 bis 15 Minuten vorgenommen werden kann. (*O. Ricklefs*, S. 8.) Es schlägt dann die Flamme aus den frisch beschütteten Feuerstellen durch die im Koksfeuer stehenden hindurch.

Der Brennstoff soll möglichst häufig und regelmäßig zugegeben werden, um in der Brennzone eine lange gleichmäßige Flamme zu erzeugen, deren Spitze in der sogenannten Vorglut endet und die unter der Zugwirkung des Schornsteins langsam vorwärts wandert. Je besser die Kalksteine eingesetzt sind, je besser die Brennschächte angeordnet sind, um so geregelter wird sich die Flamme über den ganzen Ofenquerschnitt verteilen und ein gleichmäßiges Durchbrennen bewirken.

Durch entsprechende Verteilung des Brennstoffes in der Kanalrichtung kann man die Brennzone beliebig verlängern oder verkürzen. Deren Länge ist auch hier, wie beim Schachtofen, abhängig von der Brenntemperatur und der Größe der Steine. Da die Steine meist grobstückig eingesetzt werden, arbeitet man mit verhältnismäßig langen Brennzonen. Durch die Zufuhr des Brenngutes an der Kühlzonenseite (der sogenannten Nachglut) kann man das Feuer beliebig lange in der Brennzone an einer bestimmten Stelle halten, bis die Steine durchgebrannt sind.

Dies ist beim Mischfeuer-Schachtofen nicht möglich. Die einmal zugemischte Brennstoffmenge brennt immer weiter ab, das Feuer würde unaufhaltsam in die Höhe steigen, wenn nicht die Füllung nach unten gezogen wird, um an einer bestimmten Stelle zu bleiben.

Vorteilhaft sind die mechanischen Beschüttungen, die den Brennstoff in kleinen Mengen aufgeben.

Gustav Korngiebel, Kassel, bekam das D. R. P. 334 402/1914 auf eine Beschickungsvorrichtung für Ringöfenfeuerungen, dadurch gekennzeichnet, daß der Kohlenvorratsbehälter als gegen die Außenluft abgeschlossenes Gehäuse mit einer schraubenförmig gewundenen Gleitbahn ausgebildet ist, auf der der Brennstoff unter Trocknung durch die Abwärme nach einem in seiner Umdrehungsgeschwindigkeit regelbaren Zellenrad rutscht. — Die Vorrichtung wird auf die Feuerlöcher gesetzt, dürfte aber in der Rutsche unsicher wirken. Das Zusatzpatent D. R. P. 337 929/1914 sucht dies noch zu verbessern. Die Anschaffungskosten dürften verhältnismäßig hoch sein.

Beim Ziegelbrennen ist es nützlich, im „Vorfeuer“ (der Scheidegrenze zwischen Vorwärmezone und Brennzone) einen langflammigen Brennstoff zu verwenden, der eine möglichst niedrige Entzündungstemperatur besitzt, um die Glut im Vorfeuer möglichst schnell vorzutragen. Dort wird eine bedeutende Wärmemenge schon in der Vorwärmezone verbraucht, nicht allein zum Anwärmen der Steine, sondern auch zum Austreiben des Formwassers, des chemisch gebundenen Wassers und zur Umwandlung des im Rohstoff als Magerungsmittel vorhandenen Quarzes, bei Temperaturen, die wesentlich unter der Kalkbrenntemperatur liegen. Leichtentzündliche Brennstoffe wirken deshalb beim Ziegelofen nützlich. Anders liegen die Verhältnisse beim Kalkringofen. Würde man in den letzten Heizlöchern einen leichtentzündlichen Brennstoff einschütten, so würde die Endtemperatur *n* der Brennzone nach Abb. 47 nur unnütz ansteigen. Eine Verschwendung dieses Brennstoffes ist die Folge. Er würde als Rauch entweichen, wenn sich die Gase nicht leicht entzünden. Hier genügen die aus der Brennzone austretenden heißen Gase vollständig zur Vorwärmung der Kalksteine. Eine besondere Vorglut bringt deshalb, im Gegensatz zum Ziegelbrennen, keinen Nutzen.

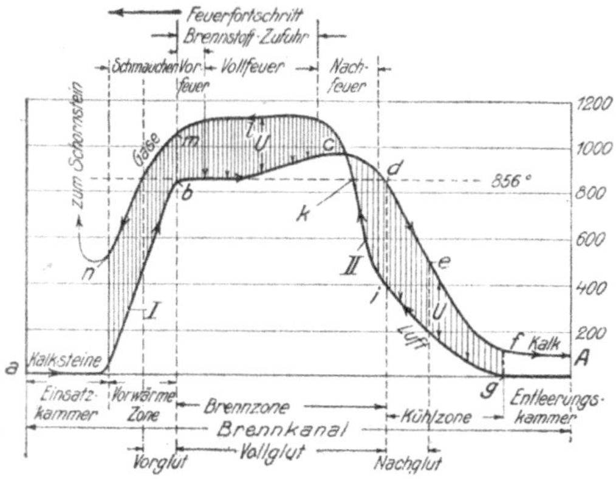

Abb. 47. Verteilung der Temperaturen der Gase und des Kalkes im Ringofen.

Die Forderungen des Ringofens an den Brennstoff sind somit wesentlich andere als die des Schachtofens mit Mischfeuer.

Koks ist für das Streufeuer im Ringofen nicht sehr geeignet, da die leichtflüchtigen Stoffe schon ausgetrieben sind, eine größere Flammenbildung fehlt und nur kleine Kohlenoxydflämmchen sichtbar werden, die nur eine örtliche Erhitzung bewirken. Zwischen den über 1 m auseinanderliegenden Feuerstellen findet ein starker Temperaturabfall statt, so daß das Feuer nur langsam fortschreitet. Die in der Kühlzone mehr unten hinstreichende kalte Frischluft kühlt den Koks zu stark, er glüht nicht weiter und wird unverbrannt gezogen. Nur im Vollfeuer (s. Abb. 47), abwechselnd mit gasenden Brennstoffen, wird er auch im Ringofen nützlich sein, weil er die Brenntemperatur hochhält.

Außer **Steinkohlen**, die besonders als Gaskohle in rein heiztechnischer Beziehung die besten Ergebnisse im Ringofen zeitigt, werden verschiedene **Behelfsbrennstoffe** empfohlen (*O. Ricklefs*, S. 9):

a) Natürliche Brennstoffe:

1. Torf,
2. Braunkohle,
3. Schlammkohle.

b) Verkokte Brennstoffe:

4. Koksgrus,
5. Grude (Koks),
6. Rauchkammerlösche,
7. Abfallbrennstoffe.

Diese haben einen geringeren Wärmeinhalt, bedingen deshalb mehr Raum an den Feuerstellen und mehr Bedienungskosten zur Bewältigung der viel größeren Brennstoffmengen.

	Raumbeanspruchung in der Feuerstelle im Verhältnis zur Steinkohle
Steinkohle	1
Torf, leichter	8 fach
„ schwarzer, schwerer Maschinentorf	4 „
„ Niederungstorf	5—6 „

Der Wassergehalt des Brennstoffes ist beim Mischfeuer, wie auf S. 98 angegeben, im allgemeinen nicht nachteilig, weil in der Vorwärmezone eine Vertrocknung und Austreibung des Wassers durch die noch in den Abgasen vorhandene Wärme erfolgt. Anders liegen die Verhältnisse beim Ringofen. Der nasse Brennstoff wird unmittelbar der Feuerzone zugeführt und verbraucht Wärme zum Anwärmen und Verdampfen. Die Brenntemperatur und somit die Leistung werden erniedrigt, gleichzeitig der Brennstoffaufwand erhöht. Vor der Verfeuerung im Ringofen muß deshalb der Wassergehalt möglichst vermindert werden. An und für sich werden die geringwertigen lockeren Brennstoffe schon mit einem hohen Wassergehalt geliefert, weil sie eine große Aufsaugfähigkeit besitzen. Ganz verfehlt ist es aber, solche Brennstoffe auf den Lagerplätzen frei zu lagern, ohne das geringste Schutzdach. Statt daß der Brennstoff während der Lagerung abtrocknet, nimmt er immer wieder Feuchtigkeit aus der Atmosphäre auf. Wenn schon beim Koks die Witterungsverhältnisse schädlich wirken (S. 97), so entstehen verlustbringende Zersetzungen bei den jüngeren Brennstoffen, die den Heizwert außerordentlich herabsetzen. Verluste von 20 bis 30 Proz. sind keine Seltenheit.

Bei der Verwendung nasser Brennstoffe sollte man sich immer vor Augen halten, welche Wassermenge man in den Ofen gießt. 100 kg Rohbraunkohle enthalten 50 kg Wasser. Diese 50 kg Wasser müssen von dem eigenen Heizstoff erhitzt und verdampft werden. Man braucht sich nicht zu wundern, daß dann für das Kalkbrennen selbst nur wenig Wärme übrigbleibt. — Ganz abgesehen davon, daß die Bewegung der 50 kg Wasser ganz unnütze Arbeitslöhne beansprucht.

Torf besitzt im lufttrockenen Zustande etwa 20 Proz. Wasser, der bei frischgestochenem auf über 85 Proz. steigen kann. Seine flüchtigen Bestandteile vergasen schon bei 250° C und besitzen eine niedrige Entzündungstemperatur. Der entstehende Torfkoks ist sehr locker und feinporig, so daß er bei niedrigen Temperaturen die Verbrennung fortsetzt, in der Kühlzone vollständig ausbrennt und nicht erlischt wie Steinkohlenkoks (s. S. 107). Es entsteht eine sehr lange Flamme von 6 bis 12 m durch den großen Gehalt an flüchtigen Stoffen. Die Form der Torfsoden ist für die Befeuerung ungünstig, sie müssen von Hand in die Schüttlöcher gesteckt werden, was zeitraubend ist und großen Mengen kalter Luft den Zutritt gestattet. Eine Zerkleinerung durch Brecher ist nützlich. Auf die Unterschiede der einzelnen Torfarten will ich hier nicht eingehen.

Er enthält:

5—70	Proz.	Sand und Ton,
10—80	„	Kalk (als Kalkstein oder Gips),
5—50	„	Eisenoxyd.

Diese Asche kann zerstörend auf das Feuerkleid einwirken und muß auch vom Kalk getrennt werden, wenn man das Erzeugnis nicht zu sehr verunreinigen will.

Sandige Asche im Torf backt nicht zusammen, dagegen ist tonige ganz zu vermeiden, da sie die Feuerstellen verstopft durch Zusammensintern.

Torf nimmt einen wesentlich größeren Raum ein als Steinkohle, dementsprechend sind die Feuerstellen großräumiger zu bemessen (S. 137), die nicht als Schächte sondern als Heizwände unter den Heizlöchern errichtet werden. Raum für die verbleibende Asche muß durch entsprechende Lage der Brennsohle geschaffen werden. — Mit Niederungstorf, der in gut getrocknetem Zustande 14,51 Proz. Wasser und 15,83 Proz. Asche enthält und 3758 WE erzeugte, erreichte *Ricklefs* im Ringofen nur eine Gastemperatur von 900° in der Brennzone, die wohl zum Ziegelbrennen, aber nicht zum Kalkbrennen genügt. Seine Anwendung ist deshalb unzweckmäßig.

Dagegen wurden in den Vereinigten Oldenburger Klinkerwerken in Bockhorn im Ringofen mit mittlerem und schwerem, schwarzem Backtorf Gastemperaturen von 1300—1350° eingehalten (*Ricklefs*, S. 14), die auch zum Kalkbrennen genügen.

Bei den Braunkohlen unterscheidet man:

1. Lignite, von faseriger Form, mit Holzstücken vermengt.
2. Erdige Braunkohle, ohne Struktur, zerreiblich bröcklich. Die hellen geben meist sehr lange Flammen, die dunklen weniger, sind aber heizkräftiger.
3. Muschelige Braunkohle, sind fest und von hohem Heizwert.

Die grubenfeuchte Braunkohle enthält bis 50 Proz. Wasser, die unnütz bewegt werden müssen und, wie gesagt, den Heizwert und die Brenntemperatur erniedrigen. Günstig ist für den Ringofen wie beim Torf der große Gehalt an leicht vergasbaren Stoffen, die eine lange Flamme bilden. Mit einer Rohbraunkohle, die 40 Proz. Wasser, 18 Proz. Asche, somit 42 Proz. brennbare Stoffe enthielt, die 1965 WE entwickelten, wurde im Ziegelringofen (*Ricklefs*, S. 17) die zum Kalkbrennen ungenügende Temperatur von nur 920° erzeugt.

Dagegen besteht die Möglichkeit, mit getrockneter Braunkohle oder mit Brikett die erforderliche Brenntemperatur zu erzeugen, wenn deren Wärmewert nicht unter 2500 WE liegt.

W. Kemmerich (Tonindustrie-Ztg. 1914, S. 15) machte am Ringofen die Beobachtung, daß bei jedem Kalk, der mit Braunkohle gebrannt ist, falls er gelöscht oder eingesumpft wird, in der Löschpfanne obenauf schwimmend sich ein grauer oder brauner Schleier findet. Dieser ist, je nachdem der Kalk rauh, porös oder glatt war, stärker oder schwächer. Hierdurch leidet die Farbe des Kalkes, was seinen Verkauf ungünstig beeinflußt.

Schlammkohle ist der Rückstand aus den Steinkohlenwäschereien, ist infolge ihres hohen Wassergehaltes (20 bis 30 Proz.) und ihrer zähen, schlecht schaufelbaren Form wenig für den Ringofen als alleiniger Brennstoff geeignet. Im trockenen Zustand ist sie so leicht zerstäubend, daß die eingestreute Kohle kaum die Feuerstelle bis unten bedeckt, sondern schon oben verbrennt, dort Überhitzung bewirkend, während unten nur schwache Glut herrscht. Die Temperaturverteilung im senkrechten Querschnitt ist zu ungleichmäßig. Daraus geformte Ziegel oder Eierbrikette waren gut brauchbar, wenn sie in bezug auf ihren Wärmewert billiger sind als die reine Steinkohle.

Koksgrus ist viel unreiner als Koks und enthält meistens nicht unter 20 bis 50 Proz. Asche. Grus ist nur als Zusatzstoff bei abwechselnd beschickten Feuern brauchbar.

Grudekoks ist nur stellenweise genügend billig zu erhalten. Er verbrennt wie Steinkohlenkoks ohne lange Flamme, unter örtlicher Erhitzung, hinterläßt große Aschemengen. Infolge der lockeren Beschaffenheit ist der Kohlenstoff fein verteilt dem Luftsauerstoff zugänglich, so daß er auch in der Kühlzone noch vollkommener verbrennt, weil ihn die kalte Luft nicht auslöschen kann. Im Ringofen kann man aber mit dem Grudekoks allein keine genügend gleichmäßig verteilte Brennzone erhalten.

Rauchkammerlösche von den Eisenbahnen enthält über 35 Proz. Asche und über 25 Proz. Wasser. Je höher der Aschengehalt ist, um so weniger leicht entzündet er sich, um so weniger darf er in die äußeren Heizlöcher eingefüllt werden, weil nur in der Vollglut seine sichere Verbrennung zu erwarten ist. Sie kann nur als wechselweises Schüttfeuer angewendet werden und hat nur örtliche Bedeutung als Aushilfsbrennstoff.

Holz findet auch im Ringofen nur selten Verwendung. *Baier* (Mitt. d. V. d. Kalkwerke 1914, S. 47) berichtet über einen Kalkringofen, der in Lojo (Finnland) betrieben wird unter Beheizung mit Sägemühlenabfällen, Schwarten, Säumlingen u. dgl., die in Längen von 0,5 bis 2 m zu sehr niedrigen Preisen von den ebenfalls an dem finnländischen See liegenden Sägewerken geliefert wurden. Die Abfälle wurden durch Schnitzelmaschine auf Stücke von 15 bis 20 cm Länge zerkleinert. Da diese Abfälle bis 60 Proz. Wasser enthalten, wurde eine Behältertrocknung über dem Ringofen angeordnet, in die die Abfälle durch ein Becherwerk gehoben wurden. Aus den Sammelbehältern wurden die vorgetrockneten Holzabfälle in eine fahrbare Beschickungsvorrichtung gezogen und in die Heizlöcher verteilt. Später suchte man die Zerkleinerungskosten zu vermindern, indem man die Abfälle schon vorzerkleinert bezog. — Gebrannt wurde kristallinischer Kalkstein mit 91,19 Proz. $CaCO_3$, 1,6 Proz. $MgCO_3$, 0,44 Proz. Eisen- und Aluminiumoxyd und mit 6,77 Proz. in Salzsäure Unlösliches. Der gebrannte Kalk war schön weiß. Man brauchte für 10 000 kg gebrannten Kalk 14 Raummeter Holzabfälle mit einem Gewicht von 4500 kg, die nach dem Vortrocknen noch 20 Proz. Feuchtigkeit besaßen und etwa 3000 WE entwickelten. Für 100 kg Kalksteine wurden somit etwa 27 kg Holzabfälle verfeuert.

Der Feuerfortschritt im Ringofen ist hauptsächlich abhängig von der Wärmeaufnahme der noch nicht beheizten Feuerstellen; bevor diese nicht die zur Entzündung frisch aufgegebenen Brennstoffes hinreichende Temperatur haben, dürfen sie nicht in Betrieb genommen werden.

Im Dauerbetrieb soll das Feuer gleichmäßig fortschreiten, beeinflußt durch den Schornsteinzug. Treten die Gase zu kalt in den Schornstein, so wird seine Saugwirkung vermindert (s. Abschnitt 82), das Feuer geht nicht schnell genug vorwärts. Trotzdem man die Abgastemperatur möglichst senken muß, um die Abgaswärme so vollständig wie möglich an die Kalksteine abgeben zu können, wird man die Temperatur nicht zu weit sinken lassen dürfen. Wie weit man gehen darf, hängt von der Anlage des Ringofens, der Art des Einsatzes und der Größe des Schornsteines ab. Im allgemeinen wird man die Abgase mit mindestens 150 bis 200° in den Schornstein eintreten lassen müssen.

Beim Vergleich mit Ziegeleiringöfen muß man bedenken, daß im Kalkringofen die Zugverhältnisse verschlechtert werden, weil auch die spezifisch schwere Kalkstein-Kohlensäure mit bis zur Schornsteinöffnung gehoben werden muß. Während im Schachtofen die heißen Gase in der Vorwärme-, Brenn- und Kühlzone die Zugwirkung unterstützen (s. Abschnitt 82), üben sie im wagerechten Kanal des Ringofens keinen Zug aus. Im Gegenteil muß der Ofenzug diese lange Gassäule durch den Ofenkanal schleppen. Je mehr Widerstände sich dieser Bewegung entgegensetzen durch die eingebauten Kalksteine, durch Kanäle, Absperrschieber u. dgl., um so mehr Kraft ist aufzuwenden, um so höher muß die Temperatur der Gase im Schornstein sein, um so mehr Wärme bzw. Brennstoff muß hierfür aufgewendet werden.

36. Die Staubfeuerung.

Das Bedürfnis, auch feinstückige Kohle vorteilhaft ausnutzen zu können, führt immer wieder zu Versuchen, die Staubkohle zum Kalkbrennen zu verwenden. Beim Drehrohrofen hat sich die Staubfeuerung nicht nur als durchaus ebenbürtig der Gasfeuerung, sondern sogar als wirtschaftlicher gezeigt.

Die Kohlenstaubfeuerung verlangt trockenen Brennstoff, der gebrochen, fein gemahlen, gesiebt und mit besonderen Vorrichtungen dem Brennen zugeführt werden muß.

Bei einem Schwefelgehalt von mehr als 2 Proz. sind häufig gefährliche Staubexplosionen vorgekommen. Der S wirkt hierbei katalytisch bei inniger Berührung mit der Luft.

Bei den Gesamtanlagen von *Polysius*, Dessau, wird in einen kleinen Sammelraum die Kohle abgestürzt und dann durch Becherwerke und Schnecken selbsttätig weitergefördert, und zwar über Kohlentrockentrommel, Mühle, Kohlenstaubvorratsbehälter und schließlich zum Kohlenstaubbehälter über der Feuerung. In den beiden Sammelräumen für Rohkohle sind Teller aufgestellt, die sich allein für nasse Kohle bewährt haben. Die einzelnen Maschinen sind staubdicht eingehüllt und werden durch den Exhauster einer Staubfilteranlage unter einem kleinen Unterdruck gehalten. Die Kohlentrockentrommel ist eine zylindrische Blechtrommel mit inneren Hubvorrichtungen, welche die Kohle durch den die Trommel durchziehenden Gasstrom werfen. Die Kohle sollte in Stücken von höchstens 10 bis

20 mm aufgegeben werden, um eine gleichmäßige Trocknung zu erzielen und eine Überhitzung und eine Abdestillation der feinen Kohle zu vermeiden. Die Feuergase der selbsttätigen Feuerung umspülen die Trockentrommel, treten zum Teil ganz in dieselbe ein und werden mit den Wasserdämpfen durch den Schornstein oder einen Exhauster abgeführt. Bei richtiger Einstellung des Trommelzuges sind die abziehenden Schwaden staubfrei. Naß- und Trockenentstaubungen haben sich bei diesen Maschinen auf die Dauer nicht bewährt.

Die getrocknete Steinkohle soll höchstens 0,5, besser aber 0,2 Proz. Wasser enthalten, während Braunkohle und Torf in trockenem Zustande je nach ihrem Bitumengehalte noch 10 bis 15 Proz. Wasser haben müssen. Bei weiter getriebener Wasserentziehung werden diese Brennstoffe selbstentzündlich und explosiv.

Für die Kilowattstunde schwankt die Leistung einer Solomühlenanlage zwischen 16 bis 22 kg Staub mit nicht mehr als 10 Proz. Rückstand mit dem Siebe mit 4900 Maschen auf einen Quadratzentimeter.

Der Kraftverbrauch zur Herstellung einer Tonne Kohlenstaub schwankt zwischen 10 und 25 KW.

Vor dem Kriege berechnete *Helbig* (Hauptstelle für Wärmewirtschaft, Heft 3, Berlin 1921) für die Tonne Kohlenstaub bei Anlagen von 20 bis 200 t täglicher Leistung 30 bis 35 Pfg. für Betriebsstoffe, 1 bis 1,30 Goldmark für Ersatzarbeiten und 0,75 bis 2,40 Mk. für Löhne. Die Gewichte einer Mahlanlage schwanken für die Tonnen-Stundenleistung zwischen 33 000 und 70 000 kg. Für die Tonnen-Stundenleistung war an Gebäudekosten vorzusehen etwa 3500 Goldmark für die kleinste bis 12 000 Goldmark für die größte Solomühlenanlage.

Der nützliche Wirkungsgrad ist um so höher je reiner die Kohle, um so besser aber auch teurer ist sie. Enthält eine Kohle 30 Proz. Asche, so muß diese unter Kraftaufwand unnütz gemahlen werden. Die aschenbildenden Bestandteile greifen auch die Mühlen stärker an. Die Erwartung, minderwertige Kohlen in der Staubfeuerung verwerten zu können, hat sich nicht erfüllt.

Die Kohle wird um so besser ausgenützt, je feiner sie zermahlen ist, weil jedes Teilchen mit der Luft dann innig in Berührung kommt. Die Führung und Reglung des Feuers ist leicht und zuverlässig. Es können aber Störungen in der Mühlenanlage eintreten, die den Ofengang benachteiligen. Die Asche ist nicht vom Brenngut trennbar. Braunkohle hat häufig einen hohen Salzgehalt, der dann nicht nur das Erzeugnis verunreinigt, sondern auch das Feuerkleid des Ofens benachteiligt durch Bildung leichtschmelzender Schlacken. Die deshalb vorgeschlagene Halbverkokung (*M. Dolch*, Mitt. d. Ges. f. Wärmewirtsch. 1, S. 43, 1921, und 2, S. 3, 1922) und das Auswaschen des Halbkokses mit Wasser gestaltet die Anwendung noch umständlicher. Allerdings macht die vorhergehende Halbverkokung infolge Erzeugung von Gas und Teer, die sonst nur Kosten verursachende Aufbereitung des Brennstoffes gewinnbringend. Der Gasgehalt des Halbkokses beträgt noch etwa 15 Proz., so daß er gut entflammen wird. Für Kalkbrennereien käme aber nur der Bezug dieses Halbkokses mit seinem hohen Aschengehalt in Frage. Ob er überhaupt dann noch ein geeigneter billiger Brennstoff für das Kalkbrennen mit Staubfeuerung ist, erscheint sehr fraglich.

Der Wirkungsgrad der Staubfeuerung ist nicht so hoch, wie der des Mischfeuers (den man mit fast 100 Proz. annehmen kann). Man rechnet mit einer Nutzleistung von 90 bis 95 Proz., einschließlich des Brennstoffverbrauches für die Trocknung, während er bei Gaserzeugern viel tiefer liegt.

Die Verteilung des Kohlenstaubes ist eine wichtige Rolle, und es ist nicht möglich, in der Düse schon die zur Verbrennung erforderliche Luftmenge zuzuführen. Die entstehende große Luftgeschwindigkeit würde die Flamme fortwährend abreißen und verlöschen. Der Strahl muß deshalb gegen ein heißes Schamottegitter treffen oder von heißen Wänden bestrahlt werden, um ein ruhiges Brennen der Flammen zu erreichen. Beim im Betrieb befindlichen Schachtofen könnte diese Aufrechterhaltung der Zündung der glühende Kalkstein übernehmen. Allerdings besteht hierbei die Gefahr, daß eine stellenweise Überhitzung oder sogar ein Totbrennen erfolgen wird, weil die Flamme auf schon gebrannten Kalk treffen würde, dessen Temperatur nicht durch Kohlensäureverdampfung heruntergehalten würde.

Das Feuerkleid der Staubfeuerung wird durch große örtliche Hitze und durch die anfliegende Asche außerordentlich beansprucht. Hier haben sich Zirkonsteine (*Allgemeine Physiochemische Akt.-G.*, Hannover) besonders gut bewährt.

In Amerika wendet man im allgemeinen die Staubfeuerung dort an, wo man bisher mit Öl heizte und dies nicht mehr genügend billig zur Verfügung steht.

Die Schwierigkeiten der Flammenführung bei der Staubfeuerung und die Sicherheit, mit der Öl brennt, weisen darauf hin, beide Arten miteinander zu verbinden. *Plauson* erzeugt in der Kolloidmühle (Chem.-Ztg. 1920, S. 90, Chem.-App. 1922, S. 29) durch Zerschlagen von Kohle in Brennöl eine Kohle-Ölmischung, die alle guten Eigenschaften der Ölfeuerung voll in Erscheinung treten läßt und doch einen Teil des teureren Öles durch die billigere Kohle ersetzt.

Im allgemeinen dürften aber die aufzuwendenden Anlage- und Betriebskosten die Kohlenstaubfeuerung nur bei Drehrohrofen als wirtschaftlich erscheinen lassen.

Die Meinung, daß man beim Brennen mit Kohlenstaub einen besonders rein gebrannten Kalk erhält, weil die Kohle vollständig verbrennt, beruht natürlich auf einer Verkennung des Vorganges. Auch bei der Kohlenstaubfeuerung bleibt die Asche im Brenngut, wird aber auch teilweise von den Gasen als Staub mitgerissen.

37. Die Ölfeuerung.

Sehr viel einfacher gestaltet sich an und für sich die Ölfeuerung gegenüber dem Staubfeuer, weil eine besondere Vorbereitung des Öles naturgemäß nicht nötig ist. In Anwendung kommen Zerstäuber, Verdampfungsbrenner (in dem das Öl durch Wärmezufuhr in Rohrschlangen bis zur Verdampfung vorerhitzt wird) und Tropffeuer. Bei der Tropffeuerung läßt man Brennöl auf eine erhitze Platte tropfen. Dadurch wird das Öl verdampft und als Gas zur Entzündung gebracht. In dieser Weise arbeiten z. B. die Ölgasanlagen der Eisenbahnen zur Erzeugung von Heiz- und Leuchtöl. Diese Vergasung in Retorten hat den Nachteil, daß der bei der Zersetzung ausscheidende Kohlenstoff sich

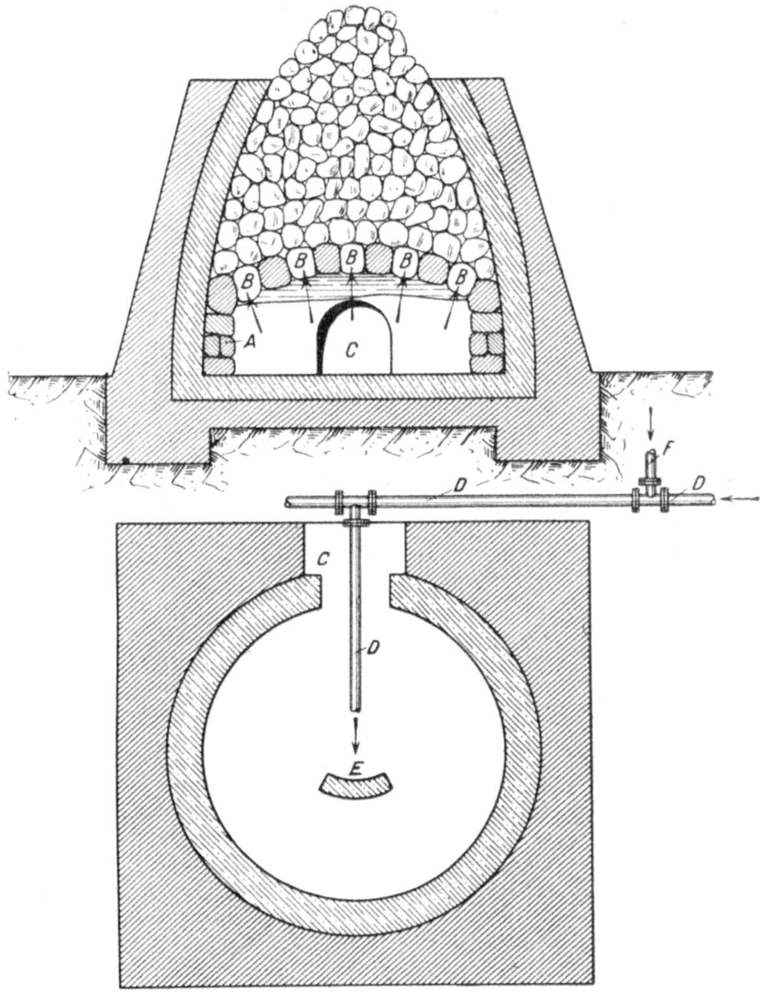

Abb. 48. Schachtofen zur Beheizung mit Masut.

als graphitartige Masse an den Wänden abscheidet, hierdurch die Erhitzung der Retorten beeinträchtigt und daher deren öftere Reinigung erforderlich macht.

Die Abb. 48 zeigt einen Schachtofen für absatzweises Füllen und Entleeren, zur Beheizung mit Masut. Das Öl wird in feinzerstäubtem Zustande verbrannt. Durch eine Pumpe wird von der Leitung F und D das Öl zugeführt und gegen die heiße Schamotteplatte *E* geschleudert. Durch *C* tritt Verbrennungsluft zu. Das den Brennraum freihaltende Gewölbe von Kalk-

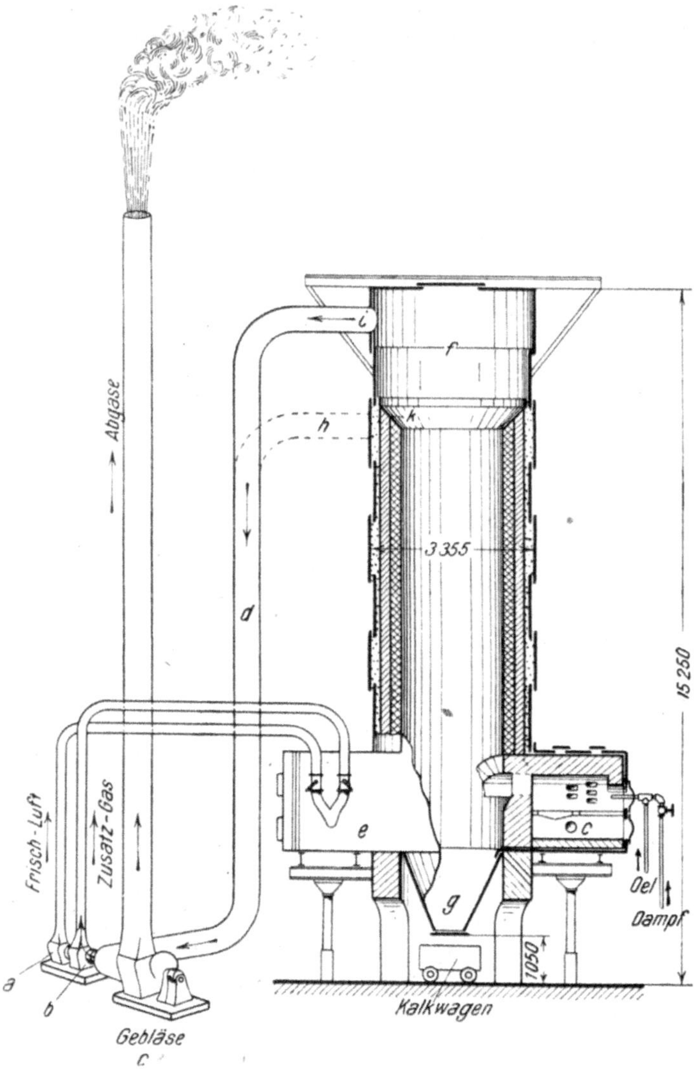

Abb. 49. Schachtofen mit Ölfeuer.

a Frischluftgeblase; *b* Gebläse für Zusatzgas; *c* Geblase für Abgas; *d* Abgasleitung; *e* Vorfeuerung; *f* Sammelraum für Steine; *g* Kalkkühlraum. (S. a. S. 415.)

steinen ruht auf den Steinen *A*. Im Gewölbe sind Öffnungen *B* für den Durchtritt der Verbrennungsgase freigelassen.

Das unmittelbare Eintropfen von flüssigem Brennstoff in die Kammern von Ziegelringöfen hat infolge der mangelhaften Bedienung nicht zum Ziele geführt (Bull. soc. encour. industrie nationale 1921, S. 1192, von *L. Mascard*, Dublineau, Oran-Algerien). Dagegen hatte sich eine Mischung von Masut oder Steinkohlenteer mit Lokomotivlösche, die bei einem Ölgehalt von 20 Proz. schaufelfähig ist, im Dauerbetriebe bewährt.

Einzelheiten über Ölfeuerungen finden sich in der Schrift von *E. Höhn*, Die Verfeuerung flüssiger Brennstoffe, Zürich 1921.

Häufig findet sich z. B. in Rohöl noch Salz, welches den Kalk verunreinigen würde. *George T. Dougherty* (Journ. Ind. and Engin. Chem. 1922, Januar) gibt die Bestimmung von Salz in Petroleum an. 10 bis 20 g Brennöl werden in einer trockenen Nickelschale von 250 ccm Fassungsvermögen unter Erhitzen abgebrannt, der Rückstand mit 75 ccm Wasser 5 Minuten gekocht und im Filtrat das NaCl titrimetrisch bestimmt.

Die Abb. 49 zeigt am rechten Feuerherd eine Ölfeuerung, bestehend aus einer Ölleitung, durch die das Brennöl mittels Dampf angesaugt und in den Herd fein verstäubt eingespritzt wird gegen ein Schamottegitter, welches die Verdampfung der Öle bewirkt und die Verbrennung unterstützt. Die übrigen Einzelheiten dieses Kalkofens nach dem System *Dougherty-Eldred* werden noch später beschrieben (S. 177 u. 301). Zur Verfeuerung gelangen Petroleum und seine Rückstände.

Das D. R. P. 342 135/1920 von *J. Aichelin*, Stuttgart, soll die wahlweise Benutzung von Öl- oder Gasfeuerung gestatten, indem die Brenner sich an zwei gegenüberliegenden Ofenwandungen befinden. Zwischen je zwei Brennern sind schräg zu deren Mittellinie liegende Auflageklötze vorgesehen, die die Glühplatte tragen und den Vorteil haben, daß sie die aus den Gasbrennern austretenden Flammen ungehindert in den Heizraum gelangen lassen und das Öl in günstiger Weise verteilen.

Polysius will nach dem D. R. P. 339 820/1919 das Rohgut mit Teeröl tränken und dann im Dreh- oder Schachtofen brennen.

Nach der Besprechung der verschiedenen Arten von flüssigen Brennstoffen kommt *Goutal* (Chaleur et Ind. 1, 1920, S. 496) zu folgenden Schlüssen: Die Verwendung eines flüssigen Brennstoffes ist wirtschaftlich, wenn der Preis von Steinkohle mit 15 Proz. Asche höher ist als $^5/_8$ des Preises für Masut und $^5/_7$ von Steinkohlenölen. — Jeder flüssige Brennstoff mit einem Flammpunkt unter 100° ist gefährlich. — Eine mit flüssigem und festem Brennstoff gleichzeitig betriebene Feuerung ist schwierig zu regeln und darum zu vermeiden.

Eine schlimme Gefahr bei Teerölfeuerungen bildet die Entstehung zerknallbarer Gase, die insbesondere bei Verlöschen oder Abreißen der Flamme stattfinden kann. Das gefährliche Abreißen tritt bei Zerstäubung mit Luft oder überhitztem Dampf nicht so leicht ein wie mit gesättigtem Dampf. Die Gefahr der Vergasung ohne Entzündung besteht auch bei unrichtigem Abstellen der Feuerung. Zur Vermeidung von Überhitzungen darf die Brennerflamme nicht unmittelbar gegen die Steine blasen. Da durch die notwendigen Nebenapparaturen weitere Feuersgefahr entsteht, haben neben den Versicherungsgesellschaften auch die Dampfkesselüberwachungsvereine besondere Bau- und Betriebsvorschriften aufgestellt. (Zeitschr. f. Dampfkessel u. Maschinenbetrieb 42, 1919, S. 341/42.)

Wesentlich von den Kohlenfeuerungen unterscheiden sich die Ölfeuerungen dadurch, daß ihre Leistung nur durch Verminderung der Brennstoffzufuhr herabgesetzt werden kann, während dies bei den Kohlenfeuern auch durch die Verminderung der Luftzufuhr in gewissen Grenzen gelingt.

38. Die Gasfeuerung.

Auf S. 20 brachte ich schon einige allgemeine Gesichtspunkte über die Verwendung des Gaserzeugers zum Kalkbrennen, welche sich aus der geschichtlichen Entwicklung ergeben. Heute, bei den hohen Kokspreisen, bei der ungünstigen Beförderungsfrage und der Schwierigkeit der Beschaffung hochwertiger Brennstoffe muß man doch immer wieder die Erwägung anstellen, ob nicht doch die Verwendung eines anderen Brennstoffes, wie Koks, wirtschaftliche Vorteile bietet. Ich hielt es deshalb für notwendig, mehr als in der ersten Auflage auf die Gaserzeuger einzugehen.

Dabei muß aber immer wieder auf das im Abschnitt 26 Geschriebene hingewiesen werden, um dies bei der Beurteilung der verschiedenen Feuerungsarten nicht aus dem Auge zu lassen.

Bei der Gasfeuerung selbst ist es ganz gleichgültig, ob die Brenngase in Gaserzeugern (Generatoren) besonders hergestellt werden, oder ob sie von anderen Quellen, anderen Feuerungen u. dgl. stammen.

Das in den Leuchtgasanstalten hergestellte Gas ist nur selten wirtschaftlich zum Kalkbrennen verwendbar. Dort handelt es sich um eine Abgasung der Kohle, wobei diese nur in Teer, Leucht- bzw. Heizgas und Koks zerlegt wird, ohne restlose Vergasung. Dazu kommt eine umständliche Reinigung dieser Gase, so daß sie sich immer teurer stellen als solche, die aus dem restlos in besonderen Gaserzeugern vergasten Brennstoff entstanden.

Je nach der Art, wie der entstehende Koks vergast wird, unterscheidet man Luftgas und Wassergas. Das letztere besaß für kleinere Anlagen die Vorherrschaft in anderen Industrien, weil das gewonnene Gas sehr hochwertig (1700 bis 2500 WE/cbm), aber auch doppelt so teuer ist, durch den absatzweisen Betrieb (einige Minuten heiß blasen, dann Wasserdampfzufuhr). Dieser verlangt sorgfältige Bedienung und Sammelbehälter für die stoßweise Gaserzeugung, die die Anwendung bei Kalköfen erschwert.

Die Erzeugung von Luftgas geschieht auch in den sog. Halbgasfeuerungen, in denen über dem Rost nacheinander die Vergasung und Verbrennung erfolgt.

Bei Kalköfen mit eigenem Gaserzeuger, der also verhältnismäßig klein ist, wirkt die jetzige achtstündige Arbeitszeit sehr störend. Der Gaserzeuger verlangt gleichmäßige Bedienung, wenn er wirtschaftlich vergasen soll. Die langen Pausen zwischen den Schichten sind für einen glatten Betrieb hinderlich. Allerdings kann man Gaserzeuger leicht stillsetzen, so daß bei einer zwölfstündigen Pause z. B. nur ein Abbrand von 2 bis 5 Proz. des täglichen Durchsatzes erfolgt.

Die Gas-Kalkofen haben den großen Vorteil, daß die Asche im Gaserzeuger verbleibt und den Kalk nicht verunreinigt. Dies ist von Bedeutung, wenn aschefreier Kalk für chemische Zwecke gebrannt werden soll und wenn man aschereiche, schlackende, minderwertige Brennstoffe verheizen muß.

Über den Wert verschiedener Gasarten gibt die nachstehende Zahlenreihe XIII Aufschluß.

Zahlenreihe XIII[1].

Eigenschaften einiger Heizgasarten.

Gastype	Spez. Gew. Luft = 1	Chem. Zusammensetzung in Raum-Prozenten						Unter. Heizwert Kal. cbm.	Ausbeute aus		Brennstoff	
		CO	CO_2	CH_4	C_mH_n	H_2	N_2			cbm/t	Proz. Wasser	Proz. Asche
Hochofengas .	0,86	28,0	8,0	—	—	—	60,7	1450		—	—	—
Koksofengas .	0,42	8,0	2,0	29,0	4,0	50,0	7,0	4800	Steinkohle . .	320	1,8	9,0
Leuchtgas . .	0,40	8,0	2,0	32,0	4,0	51,0	3,0	5000	,, . .	340	2,5	6,5
Schwelgas . .	0,58	7,0	3,0	48,0	13,0	27,0	2,0	6900	,, . .	100	1,3	6,5
Wassergas . .	0,52	42,0	5,0	0,5	—	49,0	3,0	2600	Koks	1400	1,8	9,0
Halbwassergas	0,83	22,0	7,0	0,5	—	18,0	52,0	1180	,, ...	3200	1,8	9,0
Generatorgas	—	23,7	5,0	1,9	—	0,5	62,9	1060	Steinkohle . .	—	1,3	6,5
,,	—	26,8	7,2	0,6	—	18,4	47,0	1345	Anthrazit . .	—	1,0	4,0
Mondgas . . .	0,82	11,6	16,0	3,8	—	24,4	44,2	1330	Abfallkohle .	—	11,1	21,5
,, . . .	0,81	11,4	18,4	3,3	—	23,3	43,6	1230	Torf	—	48,5	1,2
Generatorgas	0,85	26,0	6,2	5,1	—	4,3	58,4	1330	Holz	—	?	?
,,	—	30,6	5,7	8,1	—	6,1	49,5	1520	Torf	—	32,3	3,3
,,	—	25,2	5,1	2,3	—	16,5	50,9	1400	Böhmische Braunkohle	—	30,0	7,0
,,	—	22,7	10,5	1,7	—	22,7	42,4	1175	Deutsche Braunkohle	—	46,8	7,0
,,	—	26,0	5,0	0,2	—	12,0	56,8	1100	Rauchkammerlösche .	—	2,9	19,2
,,	—	8,2	13,6	3,6	—	21,9	52,7	1120	Saarabfallkohle	—	—	25,0
,,	—	21,0	9,3	1,8	—	16,3	51,6	1210	Braunkohlenschiefer . . .	—	15,9	19,7

39. Die festen Brennstoffe für die Gaserzeugung.

Während nach dem früheren zur unmittelbaren Untermischung, zum Mischfeuer nur Koks vorteilhaft Anwendung finden kann, können im Gaserzeuger alle möglichen Sorten von festem Brennstoff vergast werden, wie: Anthrazit, Koks, gasreiche Kohlen, Braunkohle, Torf, Holz, Briketts. Einen „Alles"vergaser, in dem beliebige Brennstoffe vergast werden können, gibt es nicht. Jeder Brennstoff hat seine Eigenart und verlangt besondere Konstruktionen. — Ein leicht brennender Stoff, der seinen Zustand auf

[1] Teilweise nach: Sparsame Wärmewirtschaft, Heft 1, Berlin, Julius Springer. — Siehe auch Oelschläger, Der Wärmeingenieur, S. 56. Leipzig 1921. Otto Spamer.

dem Rost wenig ändert, eignet sich für den Gaserzeuger am besten, also Koks.

Da mit der Vergasung immer Verluste verbunden sind, wird man Koks nicht im Gaserzeuger vergasen, für die Beheizung des Kalkofens. Immer wird es dann richtiger sein, den Koks als Mischfeuer zu verwenden. Auch ist zu bedenken, daß die Heizgase aus den Gaserzeugern unmittelbar mit dem gebrannten Kalk in Berührung kommen, so daß bei Verwendung schwefelhaltiger Brennstoffe eine starke Aufnahme des Schwefels durch den Kalk erfolgen wird. Man wird deshalb auch bei den Gaserzeugern möglichst schwefelfreien Brennstoff verwenden müssen. Besitzen doch Braun- und Steinkohle bis 9 Proz. S. Man müßte deshalb hier auch Koks vorziehen. Dann ist es natürlich einfacher und sicherer, ohne Gaserzeuger, mit unmittelbarem Kokseinwurf zu arbeiten.

Für die Bewertung eines Brennstoffes für die Vergasung ist der Schmelzpunkt der Asche von allergrößtem Einfluß. (S. a. S. 103.)

Oberschlesische Steinkohle bewährt sich für Gaserzeuger am besten, weil sie wenig Schlacken und eine günstige Gasausbeute ergibt.

Kokskohlen, die zum Backen neigen, sind ungeeignet, gut geeignet dagegen westfälische Gasflammkohlen.

Magere Kohle verstopft die Gaserzeuger.

Staubkohle bringt schlechte Ergebnisse, weil ein Teil vom Gasstrom mitgerissen, ein anderer durch den Rost fällt und wieder andere Teile zu Koksklumpen zusammenbacken. Bei hohem Winddruck muß doch mit niedriger Schüttung gearbeitet werden, wodurch wiederum Kanal- und Nesterbildung begünstigt wird. Backende Kohlen werden ungesichtet mit 30 bis 50 Proz. Staub unter 5 mm Körnung verwendet. Höherer Zusatz ist schädlich.

Für Braunkohlenvergaser ohne künstliche Luftzufuhr wird mit Treppenrosten gearbeitet, besonders bei mulmiger Kohle.

Rohbraunkohle gibt infolge ihres großen Wassergehaltes ein zu feuchtes Gas mit zu niedrigem Heizwert, so daß die Brenntemperatur nicht erreicht werden kann. Die den Gaserzeuger mit 70 bis 100° verlassenden Gase müssen auf etwa 30° abgekühlt werden, um den größten Teil des Wasserdampfes zu verflüssigen. Bei mitteldeutscher Braunkohle können dann gleichzeitig 2 bis 4 Proz. Teer abgeschieden und gewonnen werden. Um die Abkühlung zu erreichen, sieht man eine entsprechend lange eiserne Rohrleitung vor. Diese müssen Teerabscheider erhalten, um das Verstopfen der Leitungen zu verhindern.

Braunkohlenbrikette lassen sich gut vergasen.

Die Beimischung wasserhaltiger Rohbraunkohle zu hochwertigen Brennstoffen hat sich bewährt. Die Temperatur wird heruntergesetzt, und die fühlbare Wärme der Heizgase sorgt für gute Vortrocknung.

Feinkörnige, mulmige Braunkohle gibt viel Staub, der die Kanäle verstopft. Durchstoßöffnungen sind erforderlich.

Becker und *Weiß* haben folgende Ergebnisse nach Zahlenreihe XIV mit rheinischer Rohbraunkohle erzielt (Stahl u. Eisen 1920, S. 1067).

Zahlenreihe XIV.

Einfluß der Kühlung und Trocknung auf den Heizwert der Braunkohlengase.

Gas aus		Braunkohlengas naß	Braunkohlengas trocken
Rohbraunkohle	Heizwert	725 WE	1044 WE
„	Verbrennungstemperatur	1288° C	1629° C
Braunkohlenbrikett	Heizwert	1160 WE	1236 WE
„	Verbrennungstemperatur	1665° C	1783° C

Durch die Kühlung und die damit zusammenhängende Entfeuchtung des Gases wird der Heizwert bei Rohrbraunkohle sehr verbessert. Durch entsprechende Vorwärmung mittels der Kalkofenabgase würden dann auch diese getrockneten Gase ein gutes Kalkbrennen ermöglichen.

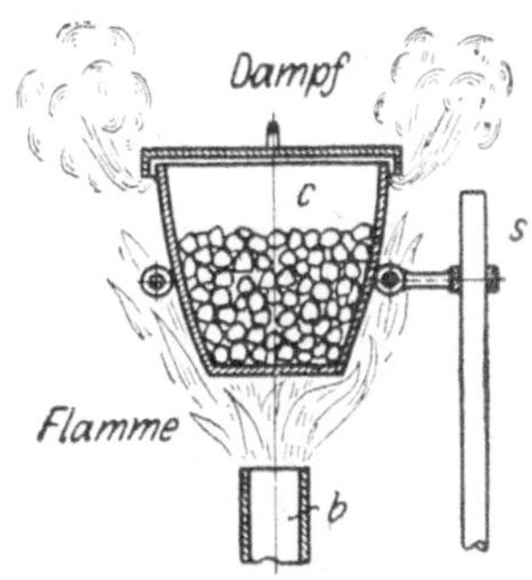

Abb. 50. Prüfung des Brennstoffes für Vergasung.

Holz (Erfahrungen mit Holzvergasern siehe *Litinsky*, Wärmewirtschaftsfragen 1923, S. 70) und Torf lassen sich ebenfalls gut vergasen, verlangen aber größere Schütthöhen.

An der Hand von Abb. 50 (s. *H. Hermanns*, Vergasung u. Gaserzeuger 1921, S. 131) sei eine leicht auszuführende Art der Prüfung von Brennstoffen erläutert, die Aufschluß über den Aschen- und Wassergehalt des Brennstoffes und über seine Eignung zur Vergasung gibt. Das hierdurch erzielte Ergebnis entbehrt zwar der wissenschaftlichen Genauigkeit, gibt aber einen ziemlich zuverlässigen Maßstab zur Bestimmung des ungefähren Wertes des Brennstoffes. In dem kleinen Tiegel *c*, der durch ein Stativ *s* gehalten wird, werden mittels eines Bunsenbrenners *b* entsprechend zerkleinerte Kohlenstückchen des zu untersuchenden Brennstoffes erwärmt, nachdem man vorher den Wassergehalt der Kohle über einer mäßigen Wärmequelle entfernt hat. Durch Wiegen nach und vor dieser mäßigen Erwärmung, die bei offenem Deckel einige Stunden fortgesetzt wird, läßt sich aus dem Gewichtsunterschied der Feuchtigkeitsgehalt des Brennstoffes bestimmen.

Bei der Erhitzung über dem Bunsenbrenner, wobei der Deckel geschlossen gehalten wird, tritt bald eine Flamme unter dem Deckel heraus, die jedoch nach einer bestimmten Anzahl von Minuten nur noch ganz schwach brennt. In diesem Zeitpunkte unterbricht man die Erhitzung und läßt den Tiegel erkalten, ohne den Deckel zu lüften. Durch Wiegen erhält man den Gehalt des Brennstoffes an flüchtigen Gasen (Teer, Methan, Leuchtgas, Wasserstoff usw.). Der verbleibende Rest setzt sich aus festem Kohlenstoff und Asche zusammen. Nach dem Befund des Restes kann man auf das Verhalten der Kohle im Generator schließen, daß sich der Brennstoff in den oberen Schichten des Generators ähnlich wie im Tiegel verhält.

Ein genaueres Ergebnis ist durch Benutzung eines kleinen elektrischen Ofens zu erreichen.

Wertvoll ist ein Vergleich der verschiedenen Brennkosten, die in der Zahlenreihe XV (*K. Wentzel*, Techn. Rundschau 1922, S. 90) zusammengestellt sind.

Zahlenreihe XV.
Brennkosten einiger Brennstoffe.

	Brennstoff			Erzeugtes Gas		
	Wärmeeinheit eines Kilogramms	Preis fur 100 kg M.	Preis fur 1000 WE Pf.	aus 1 cbm kg	Heizwert fur 1 cbm WE	Preis fur 1000 WE Pf.
Steinkohle	7000	67,60	9,7	4,48	1250	14,25
Koks	6500	75,00	11,5	4,7	1100	18,0
Braunkohlenbriketts .	4800	42,00	8,75	2,5	1450	12,4
Rohbraunkohle . . .	2400	18,00	7,5	2,0	1000	12,75
Leuchtgas	—	2,16 M. für 1 cbm	—	—	4000	54,0

Trotz der jetzt sehr schwankenden Preise geben die Werte doch einen guten relativen Vergleich. In keinem Falle wird der Preis des unmittelbar im Mischfeuer verbrannten Kokses (11,5 Pf.) von einem der erzeugten Gase erreicht. Stets ist das Gas teurer (12,4 bis 54 Pf.).

Wie beim Kalkschachtofen ist es nützlich, wenn der Brennstoff eine genügende Härte und Korngröße besitzt, denn der Gaserzeuger ist auch nichts anderes als ein Schachtofen. Je gleichmäßiger der Brennstoff gekörnt ist, um so günstiger sind die Zugverhältnisse. Kleine untergemischte Stücke und Staub verstopfen die Poren und Zwischenräume. Große Stücke erzeugen einzelne Hohlräume, die zu Gasstauungen und zu weitgehenden Zersetzungen Veranlassung geben. So hat sich z. B. eine gesiebte Kohle von 6 bis 12 mm Korn als am besten geeignet für Gaserzeuger bewährt. Bei richtiger Würdigung der Verhältnisse wird man finden, daß man mit gesiebter Nußkohle immer besser wegkommt als mit roher Förderkohle.

Man wird gute Vergasungsergebnisse nur bei günstigen Brennstoffen und bei richtig eingehaltenen Betriebsbedingungen erwarten dürfen. Im allgemeinen hat auch hier das Wort: „Für den Betrieb ist der beste Brennstoff auch der billigste" eine gewisse Berechtigung (*H. R. Trenkler*, Z. d. V. d. Ing. 1921, S. 370).

40. Die Vorgänge bei der Vergasung fester Brennstoffe.

Im Koksvergaser (in dem die Vorgänge am übersichtlichsten sind) verbrennt Kohlenstoff zu Kohlensäure (s. auch S. 72):

$$C + O_2 = CO_2 + 96\,960\ \text{WE}. \qquad (64)$$

Durch die freiwerdende Wärme werden der Koks und das gebildete Gasgemenge stark erhitzt, so daß nun, nach dem Verschwinden des freien Sauerstoffes, die Kohlensäure zu Kohlenoxyd reduziert werden kann:

$$C + CO_2 = 2\,CO - 38\,800\ \text{WE}. \qquad (65)$$

Je höher die Temperatur und je länger die Berührungsdauer, um so vollständiger ist diese Kohlenoxydbildung, welche anzustreben ist, da die Kohlensäure keinen Heizwert besitzt.

Bei dieser Rückbildung der Kohlensäure in Kohlenoxyd durch Sauerstoffmangel treten die gleichen Vorgänge in Erscheinung, wie sie sich nachteilig bei der Bildung von Kohlenoxyd in den Abgasen bemerkbar machen (s. Abschnitt 80, S. 285, Abb. 128).

Das schematische Bild eines Kalkofens, bei dem in idealer Weise aller Kohlenstoff in Kohlenoxyd umgewandelt wird (und flüchtige Stoffe nicht vorhanden sind, also Koks vergast wird), zeigt die Abb. 51. Es ist dabei angenommen, daß für 100 kg $CaCO_2$ 13 kg Koks mit 12 kg C notwendig sind, weil dann diese 12 kg als gute Rechnungszahl mit dem Molekulargewicht des C übereinstimmt.

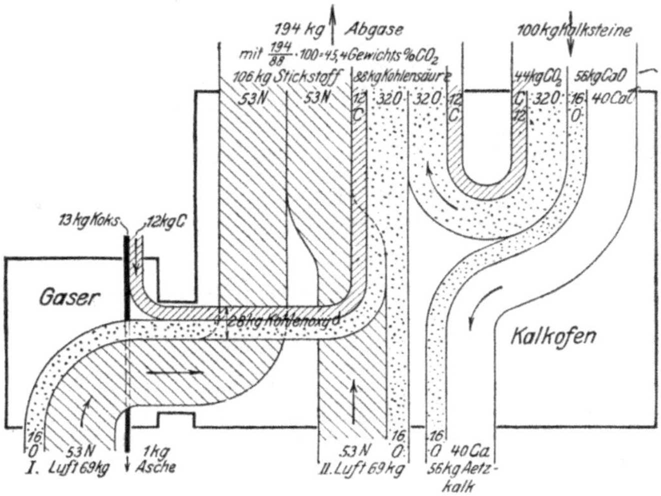

Abb. 51. Ideales Bild der Vergasung in Verbindung mit dem Kalkofen.

Man erkennt, daß nur noch die halbe Luftmenge unten in den Kalkofen eintritt, während die andere schon in dem Gaserzeuger zutreten müßte zur Bildung des Kohlenoxyds. Die in den Schacht eintretende geringere Luftmenge wird sich an dem gebrannten Kalk in der Kühlzone nach Abb. 32 höher erwärmen, der Temperaturunterschied wird kleiner, die Kühlzone muß deshalb im Gasofen wesentlich größer bemessen werden, wenn man das Ziehen heißen Kalkes vermeiden will.

Die meisten Gaserzeuger lassen die in ihnen entwickelte, fühlbare Gaswärme verlorengehen.

Bedeutend sind auch die Wärmeverluste, die durch Leitung und Strahlung vom Gaserzeuger in den umgebenden Raum abgegeben werden. *K. Wendt* (Forschungsarbeiten Heft 31, 1906, S. 78) stellte diese Verluste an einem Steinkohlengaserzeuger von 1750 mm lichter Weite und 3000 mm Schachthöhe, bei einem stündlichen Abbrand von 300 kg Kohle mit 5400 WE zu 6,2 bis 8,6 Proz. der verfeuerten Kohle fest. — Diese Wärmemenge ist für den Kalkofen verloren. Bei der Mischfeuerung dagegen bleibt sie nutzbar im Schacht.

Die Verteilung der einzelnen Verluste am Gaserzeuger zeigt die Abb. 52 (*Fischer*, Kraftgas, 2. Aufl., S. 214).

Wa. Ostwald hat wertvolle Beiträge zur Theorie des Vergasungsvorganges gebracht, auf die hier nicht weiter eingegangen werden kann (Beiträge zur graphischen Feuerungstechnik, 1920).

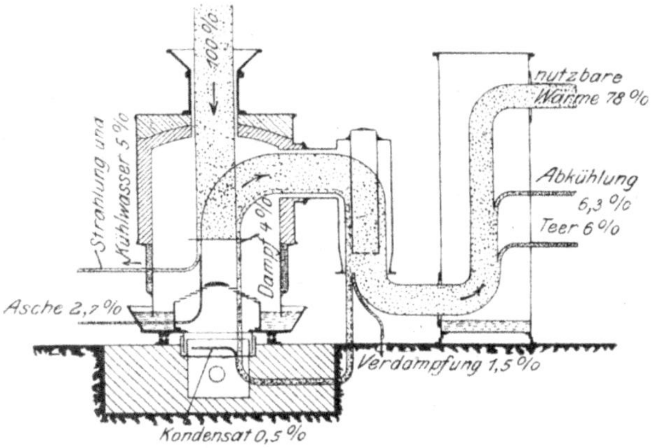

Abb. 52. Verteilung der nutzbaren Wärme und der Verluste am Gaser.

Bei der Verwendung von Kohle im Gaserzeuger werden die Vorgänge verwickelter.

Erst wird die Kohle **entgast**, einer trockenen Destillation unterworfen, indem die leichter flüchtigen Bestandteile entweichen (siehe S. 94). Je nach der Art der Kohle bleibt eine mehr oder weniger große Menge Koks zurück (nach Zahlenreihe XVI).

Zahlenreihe XVI.

Entgasungserzeugnisse aus Ruhrkohle.

Entgasungs-Erzeugnisse	Art der Kohle: Ruhrmagerkohle Heizwert 7917 WE Proz.	Ruhrfettkohle 8198 WE Proz.	Ruhrgasflammenkohle 7434 WE Proz.
Koks	87,38	80,93	68,14
Gas	10,83	13,55	15,99
Teer	0,20	2,60	6,47
Pech	0,12	0,67	1,46
Gaswasser . . .	1,47	2,25	7,84

Dann erst wird durch den zugeführten Luftsauerstoff der entstandene Koks vollständig **vergast**, so daß man aus dem Kohlengaserzeuger ein Gemisch von Leuchtgas und Koksgas erhält. Zurück bleibt die unverbrennbare und unvergasbare Asche.

Das gebildete Mischgas tritt häufig noch durch eine glühende Koksschicht. Dann werden die Entgasungsstoffe mehr oder weniger zersetzt; die Teerdämpfe vergast; der Wasserdampf wird durch den glühenden Kohlenstoff zerlegt; die Kohlensäure wird zu Kohlenoxyd zurückgewandelt.

Diese Erzeugung des Heizgases geht sehr gleichmäßig vor sich, im allgemeinen ohne Entwicklung von Ruß und Rauch. — Bei heißgehender

Steinkohle entsteht aber viel Ruß, deshalb soll man die Temperatur tief halten.

Genau wie im Kalkofen kann man verschiedene Zonen feststellen:

a) Die Vorwärme- oder Trockenzone, in der der frische Brennstoff durch die abziehenden Gase vorgewärmt und der Wassergehalt ausgetrieben wird. Dieses Wasser verdünnt je nach seiner Menge die Gase und beeinflußt es ungünstig.

b) Die Entgasungszone, in der die leichtflüchtigen Stoffe gasförmig abdestilliert werden. Das chemisch gebundene Wasser verdampft.

c) Die Vergasungszone, in welcher der Koks mit dem Luftsauerstoff vergast wird, unter ursprünglicher Bildung von Kohlensäure und weiterer Rückwandlung zu Kohlenoxyd.

d) Die Verbrennungszone, in der der verbleibende Rückstand verbrennt. Hier wird die für den Betrieb des Gaserzeugers erforderliche Wärme erzeugt; deshalb herrscht hier auch die höchste Temperatur, die nach oben hin abnimmt, weil die Vorgänge in den übrigen Zonen keine Wärme erzeugen, sondern verbrauchen. Für die gute Verbrennung ist hier eine Temperatur von wenigstens 1000° erforderlich, besser 1200°. Bei über 1400° sintert die Schlacke und der Gaserzeuger verstopft sich.

e) Die Aschezone, in der sich die Asche abkühlt und sich die zutretende frische Verbrennungsluft vorwärmt.

Die Schichthöhe des Brennstoffes im Gaserzeuger richtet sich nach der Art und Form des Brennstoffes. Dicht liegende Brennstoffe verlangen eine geringere Schichthöhe als grobkörnige, die locker liegen (s. Zahlenreihe XVII).

Zahlenreihe XVII.

Zweckmäßige Schichthöhe für einige Brennstoffe.

	Korngröße	Zweckmäßige Schichthöhe
Feinkohle	1—2 cm	550 mm
Koks	2—3 „	750 „
	3—5 „	1150 „
	5—7 „	1800 „
Förderkohle		1700—1500—2000 „
Nuß- und Würfelkohle		2200 „

Bei der Entgasung können freiwerdende leichtflüchtige Stoffe als „Nebenerzeugnisse“ gewonnen werden. Doch lohnt sich auf Kalkwerken eine solche Einrichtung selten; ganz abgesehen davon, daß der Betrieb erschwert wird, sinkt dann der Wirkungsgrad des Gaserzeugers auf 50 bis 70 Proz. Dies bedingt größere Gaserzeuger und eine größere Anfuhr von Brennstoff. Erkennt man die Notwendigkeit der Gewinnung der Kohlendestillate an, dann soll man dies dafür eingerichteten Werken überlassen und von diesen deren Enderzeugnis, den Koks beziehen. Das gleiche gilt von der Gewinnung des sog. „Tieftemperaturteers“, dem „Urteer“ nach *Fischer* bei 400 bis 600° C

(D. R. P. 299 191). In den Kalkbrennereien würde er in so geringen Mengen gewonnen, daß sich die Sammlung, Aufbewahrung und Versendung nicht lohnt.

Die Gase aus dem Sammelkanal von acht *Siemens*schen Gaserzeugern in Essen (*Fischers* Jahresbericht 1887, S. 164) hatten folgende mittlere Zusammensetzung:

Kohlensäure	3,96	bis	6,99	Proz.
Kohlenoxyd	22,84	„	26,01	„
Methan	0,92	„	2,99	„
Wasserstoff	3,92	„	10,30	„
Stickstoff	56,88	„	68,11	„

1 kg Kohle gab dort 4,52 cbm Generatorgas, die einen Heizwert von $4{,}52 \cdot 1060 = 4770$ WE besaßen, während die verwendete Kohle einen Brennwert von 7950 WE hatte. Das Generatorgas auf Lufttemperatur abgekühlt, hatte dabei nur 60 Proz. des Brennwertes der Kohle. — Die mit 690° aus dem Generator austretenden Gase verloren ihre Wärme bis auf 101° vor dem Eintritt in den Ofen.

Dieser freiwillige Verlust hat nur dort seine Berechtigung, wo er durch Vereinfachung des Betriebes ausgeglichen wird, indem von einer zentralen Gasanlage alle Feuerstellen, auch die Kalköfen, beheizt werden können.

Man leitet häufig Wasserdampf in den Gaserzeuger (s. S. 46), um ein an Wasserstoff reiches Gas (Wassergas) zu erlangen. Bei der Vergasung des Kohlenstoffes durch Wasserdampf sind zwei Gleichungen möglich:

1. $$C + H_2O = CO + H_2 - 396 \text{ WE}. \qquad (66)$$

Aus 12 kg Kohlenstoff entstehen 44,4 cbm Gas mit 1372 WE; bestehend aus 50 Proz. CO und 50 Proz. H.

2. Nach der Formel 11 auf Seite 46:

$$C + 2\,H_2O = CO_2 + 2\,H_2 - 188 \text{ WE},$$

welches 1380 WE besitzt; bestehend aus 33,3 Proz. CO_2 und 66,7 Proz. Wasserstoff.

Bei der Verbrennung im Kalkofenschacht erhält man

$$CO + H_2 + O_2 = CO_2 + H_2O \qquad (67)$$

und

$$CO_2 + 2\,H_2 + O_2 = CO_2 + 2\,H_2O, \qquad (68)$$

somit vom letzteren Gas doppelt soviel Wasser, welches dampfförmig mit den Verbrennungsgasen entweicht und daher erhebliche Wärmeverluste bedingt. Obige Zersetzung von Wasserdampf erfordert Wärme, wodurch allerdings der Betrieb erleichtert wird, weil die Temperatur im Gaserzeuger erniedrigt wird, die weniger das Feuerkleid des Gaserzeugers beanspruchen und das Verschlacken mindern. — Die früher gefürchtete Schmelzung der Schlacke im zu heiß gehenden Gaserzeuger ist heute aber von geringerer Bedeutung, da bei den neuen Ausführungen die Schlacke meistens geschmolzen und flüssig abgestochen wird.

Der gebildete Wasserstoff vermindert das spez. Gewicht des Gases und erleichtert sein senkrechtes Aufsteigen. — Unangenehm ist für das Kalkbrennen, daß durch den Wasserstoff eine Verkürzung der Flamme mit bedeutender Temperatursteigerung eintritt, die stichflammenartig ein örtliches Überbrennen des Kalkes bewirken kann.

Bei der Vergasung stark wasserhaltiger Brennstoffe, wie z. B. Rohbraunkohle, ist der Wasserdampfzusatz nachteilig; er wirkt als lästiger Ballast mit dem schon in der Wärmezone entweichenden Wasserdampf des Brennstoffes.

Das Brikettgas enthält schon ohne besonderen Wasserzusatz 10 bis 12 Proz. Wasserstoff. Der geringe Koksgehalt ist auch nicht imstande, die gleiche Menge Wasserdampf zu zersetzen, wie z. B. die Steinkohle. Das Gas wird durch weiteren Wasserzusatz nur unnötigerweise feuchter. Die Asche neigt auch wegen seiner hohen Schmelztemperatur weniger leicht zum Schlacken, so daß der bei der Steinkohle günstige Vorgang hier nicht in Erscheinung tritt.

Betreffs des Feuerkleides im Gaserzeuger ist zu beachten, daß die Schmelzbarkeit der Brennstoffrückstände schädlich wirkt. Die stark kalk- und eisenoxydhaltigen Aschen schmelzen am leichtesten und laufen bei hoher Temperatur am Futter herunter bis auf den Rost. Kapillar dringen diese Schlacken in die Poren der Auskleidung, deren Zerstörung anregend.

Sehr schädlich ist ein Kochsalzgehalt der Kohlen. — Für basische Schlacken wähle man tonerdereiche Steine, für saure Quarzsteine.

Die Brennwerte der einzelnen Bestandteile des Gases betragen nach Zahlenreihe XVIII:

Zahlenreihe XVIII.

Brennwerte und Gewichte der Gase.

				Bezogen auf 20° C und 76 cm Barom.	Bei 0° C und 76 cm		Gewicht in kg 0°/76 cm
Kohlensaure	1 cbm	CO_2	=	—	—	WE	1,977
Kohlenoxyd	1	„	CO	= 3 072	3037	„	1,251
Methan	1	„	CH_4	= 8 644	9476	„	0,7155
Wasserstoff	1	„	H	= 2 622	3062	„	—
Kohlenwasserstoff	1	„	C_nH_{2n}	= 14 396	—	„	—
Luft	1	„		= —	—	„	1,2932
Stickstoff	1	„	N	= 0	0	„	1,2562
Sauerstoff	1	„	O	= —	—	„	1,4298

Die im Generatorgas vorhandene Kohlensäure bedingt einen entsprechenden Verlust an Kohlenstoff des Brennstoffes; deshalb muß ein geringer Gehalt bei der Vergasung angestrebt werden. Mehr als 4 Proz. sollte er nicht betragen.

Der Stickstoff geht als Ballast mit der Verbrennungsluft durch den Generator und verbraucht für seine Erhitzung unnütz Wärme.

Das Methan oder Grubengas stammt aus der Zersetzung der flüchtigen Bestandteile.

Nachstehende Zahlenreihe XIX gibt die Durchschnittsanalysen eines guten Steinkohlen- und eines ebensolchen Braunkohlenbrikettgases.

Zahlenreihe XIX.

Durchschnittsanalyse von Gasen aus Steinkohlen, Braunkohlenbrikett und Torf.

Gehalt an		Steinkohlengas	Brikettgas	Torf
CO_2	Kohlensäure	3,5 Proz.	3,5 Proz.	14,74 Proz.
C_nH_{2n}	schwere Kohlenwasserstoffe	0,1 „	0,25 „	0,18 „
O	Sauerstoff	0,00 „	0,00 „	0,28 „
CO	Kohlenoxyd	27,00 „	32,00 „	14,96 „
H	Wasserstoff	10,50 „	12,50 „	19,25 „
CH_2	Methan	1,50 „	2,50 „	0,86 „
N	Stickstoff	57,40 „	49,25 „	49,73 „
Heizwert von 1 cbm Gas		1250 WE	1560 WE	1028 WE
Gasausbeute an 1 kg Brennstoff		4,4 cbm	2,7 cbm	1,73 cbm
Nutzbarer Gesamtheizwert aus 1 kg Brennstoff		1250 · 4,4 = 5500 WE	1560 · 2,7 = 4212 WE	1028 · 1,73 = 1778 WE
Heizwert von 1 kg Brennstoff		7456 „	4889 „	2580 WE (45 Proz. Wasser)
Nutzwirkung des Generators demnach		$\frac{5500}{7456} \cdot 100$ = 74 Proz.	$\frac{4212}{4889} \cdot 100$ = 87 Proz.	$\frac{1778}{2580} \cdot 100$ = 69 Proz.
Verbrauch an Brennstoff fur die gleiche Warmemenge		1 kg	$\frac{5500}{4212} = 1{,}3$ kg	3,9 kg

Die Zahlenreihe XX gibt einen Überblick über den Zusammenhang zwischen dem Heizwert des Brennstoffes und dem unteren Heizwert des erzeugten Gases.

Zahlenreihe XX.

	Heizwert des Brennstoffes	Heizwert des Gases eines Kubikmeters
Sächs.-thür. Förderbraunkohle mit 51,04 Proz. Wasser (Z. Braunkohle 1919, S. 455)	2000—2200 WE	1 kg Kohle gab 1,45 cbm Gas mit 1200 WE
Döttinger Förderbraunkohle mit 62,5 Proz. Wasser	1790 „	1 kg Kohle gab 1,5 cbm Gas mit 1152 WE
Getrocknete Rohbraunkohle	3500—4500 „	1000 WE
Braunkohlenbrikett	4300—5000 „	1150 „
Torf	3000—3500 „	900—1000 „
Holz	3000—4500 „	900—1000 „

Der Schwefel des Brennstoffes entweicht bei der Vergasung nahezu ausschließlich als Schwefelwasserstoff (H_2S). Dieser verbrennt im Schacht des Kalkofens zu schwefliger Säure, tritt teilweise in Verbindung mit dem Kalk, diesen verunreinigend, während der Rest in den Abgasen verbleibt. Auch dort ist die SO_2 häufig unerwünscht. Bei der Vergasung von Braunkohle muß man in solchen Fallen nicht nur den höheren Schwefelgehalt an und für sich beachten, sondern auch bedenken, daß deren Heizwert kaum halb so hoch ist als der des Kokses und somit bedeutend größere Mengen Brennstoff aufzuwenden sind. *F. Förster* und *W. Geisler* (Z. f. angew. Chemie 1922, S. 193) haben festgestellt, daß bei vielen mitteldeutschen Braunkohlen, die verhältnismäßig reich an Kalk sind, bei ihrer Verbrennung dieser Kalk einen Teil des Schwefels bindet. Bei der Verbrennung des aus solchen Kohlen erhaltenen Schwelkokses kann sogar jede Entwicklung von Schwefeldioxyd vermieden werden. Einen aus Oberröblinger Braunkohle gewonnenen Koks (Grude), der 2,3 bis 2,6 Proz. S, also weit mehr als gewöhnliche Steinkohle enthält, kann man in offenen Herden verbrennen, ohne die geringste Belästigung durch freiwerdende schweflige Säure. 99 Proz. des im Koks enthaltenen Schwefels fand man in dessen Asche wieder. Dies ist natürlich nur bei einem geeigneten Kalkgehalt des Grudekoks möglich.

Diese Beobachtungen scheinen darauf hinzuweisen, daß es nützlich ist, dem im Gaserzeuger zu vergasenden Brennstoff Kalk zuzusetzen, wenn es sich darum handelt, die schweflige Säure vom Kalkofen zurückzuhalten.

Dort, wo der in den Heizgasen verbleibende Schwefelwasserstoff schädlich wirkt, muß er durch Raseneisenerz entfernt werden.

Viele Heizgase enthalten neben Schwefelwasserstoff noch mechanische Verunreinigungen, wie Flugasche, Kochsalz und Kieselsäure. Die letztere entsteht durch die Oxydation des sich aus der Koksasche bildenden Siliciumwasserstoffes. Die Verunreinigungen schlagen sich als weißes Pulver auf den Kanälen und dem Kalk nieder. — Häufig kann man Stein- und Braunkohlen beobachten, die von Kochsalzsole durchtränkt sind. Das Kochsalz destilliert teilweise mit den Gasen, schlägt sich auf dem Kalkstein nieder, diesen verunreinigend, oder setzt sich auf dem Feuerkleid ab, dort als schädliches Flußmittel wirkend.

41. Die Gaserzeuger (Generatoren) für die Vergasung fester Brennstoffe.

Schematische Abbildungen, welche die Entwicklung der wichtigsten Gaserzeuger-Bauarten zeigen, finden sich in einem Heft: „Gaserzeuger für industrielle Betriebe, Hauptstelle für Warmewirtschaft, 1921." Danach ergibt sich folgende Einteilung:

Der *Siemens*gaser mit Schräg- oder Planrost, dem die Luft durch den natürlichen Antrieb zugeführt wird. Das erzeugte Gas ist von guter Zusammensetzung, aber die Bauart entspricht nicht mehr dem Stand unserer heutigen Technik. Die Abhängigkeit von Wind und Wetter, die Unmöglichkeit, den Generator zu stärkerer Leistung heranzuziehen, große Kohlenverluste beim Ascheziehen u. dgl. sind schwerwiegende Nachteile.

Eine Verbesserung kann erzielt werden, wenn man die Stirnwand des Generators mit einer gasdichten Türe verschließt und Luft und Dampf durch Ventilatoren oder Dampfstrahlgebläse einführt. — Das eckige Mauerwerk ist in den Fugen schwer dauernd dicht zu halten.

Der Rundrostgaser. Eine Steigerung der Leistung auf 1 qm Schachtfläche und eine leichtere Bedienung wurde dadurch erzielt, daß man dem Gaserzeuger einen runden Querschnitt gab und ihn mit einem Rundtreppenrost abschloß. Der gasdichte Verschluß wird durch eine Blechhaube bewirkt, die in Wasserringe eintaucht und beim Ascheziehen angehoben wird, so daß der Rost freiliegt. Diese Gaserzeuger haben den Nachteil, daß sie beim Ascheziehen abgehängt werden müssen, so daß während dieser Zeit die Heizung unterbrochen wird.

Der rostlose Gaserzeuger mit Wasserabschluß. Um den Gebläsegaserzeuger ununterbrochen betreiben zu können, ging man zuerst in Amerika dazu über, den Rost wegfallen zu lassen und durch ein Aschenbett von genügender Höhe zu ersetzen, welches in einer Wasserschüssel ruht. Das Dampfluftgemisch wird durch eine in das Aschenbett hineinragende Haube eingeführt und die Asche in bestimmten Zeitabständen, z. B. ein- oder zweimal am Tage, aus der Aschenschüssel herausgeschaufelt, worauf weitere Asche nachrutscht.

Der Drehrost-Gaserzeuger. Das weitere Bestreben ging dahin, die Handarbeit beim Ascheziehen durch mechanische Einrichtungen zu beseitigen, und so entwickelte sich der Drehrostgaser, bei dem die Aschenschüssel drehbar gelagert ist. Ein Staublech, welches am Umfang in die Aschenschicht eingeschoben wird, wirft die Asche über den Rand der Schaufel in eine Transportvorrichtung ab. Die Hoffnung, durch diese Bewegung der Kohlen- und Aschenschicht die Bildung von Schlackenklumpen zu verhindern, hat sich im allgemeinen nicht in dem Maß erfüllt, wie man es erwartet hatte. Deshalb wurden in Amerika Konstruktionen durchgebildet, die ein Stochern mit Hilfe wassergekühlter, mechanisch angetriebener Arme darstellen. Die Anlagekosten und der Kraftbedarf derartiger Anlagen sind aber sehr groß.

Der Gaserzeuger mit flüssigem Schlackenabstich. Dieser kommt nur bei großen Leistungen und bei Kohlensorten von gleichmäßiger Zusammensetzung in Frage.

Bei der Beurteilung der verschiedenen Gaserbauarten gibt nicht die Eigenart der Rostkonstruktionen, welche durch Patente der verschiedensten Art geschützt sind, den Ausschlag, sondern die sorgfältige mechanische Konstruktion des Antriebs, der Lagerung der Aschenschüssel u. dgl., welche wesentlich für einen störungslosen Betrieb ist.

Nach außen muß der Gaserzeuger gut gedichtet sein, damit keine falsche Luft eintritt, die eine nutzlose Verbrennung bewirkt, oder damit bei solchen, die mit Überdruck arbeiten, kein giftiges Kohlenoxyd austreten kann. — Die frühere Ummauerung, besonders der Gaserzeuger, die unmittelbar an den Kalkofenschacht angebaut wurden, ist unzuverlässig, weil durch die Mauerrisse überschüssige Luft eintritt. Besser ist die jetzt übliche Umkleidung mit Eisenblech.

An die Beschickungsvorrichtung für den Brennstoff sind folgende Anforderungen zu stellen:

1. Die Handarbeit muß auf einige leicht zu erfüllende Handgriffe beschränkt sein.

2. Der Brennstoff muß gleichmäßig über die ganze Gaserzeugerfläche verteilt werden.

Dabei muß aber die Möglichkeit bestehen, bei Störungen an solchen Stellen besonders nachhelfen zu können.

3. Gasverluste während der Beschickung sollen möglichst vermieden werden.

Eine gute Verteilung des Brennstoffes über den Gaserzeuger-Querschnitt bewirkt die Einfüllvorrichtung von *Rehmann* nach Abb. 53 u. 54 (*Fischer*, Das

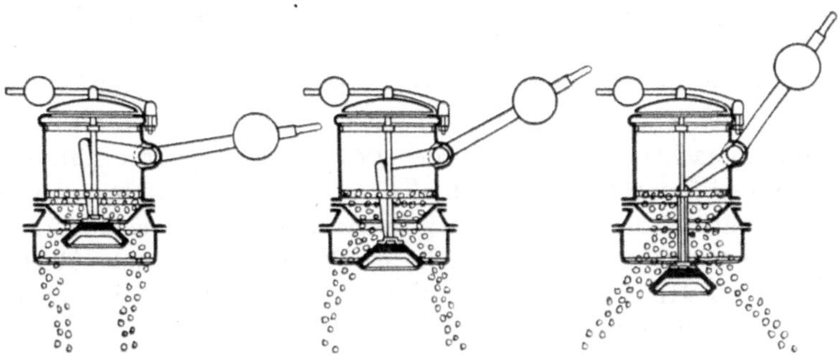

Abb. 53. Gute Verteilung des Brennstoffes bewirkende Einfüllvorrichtung.

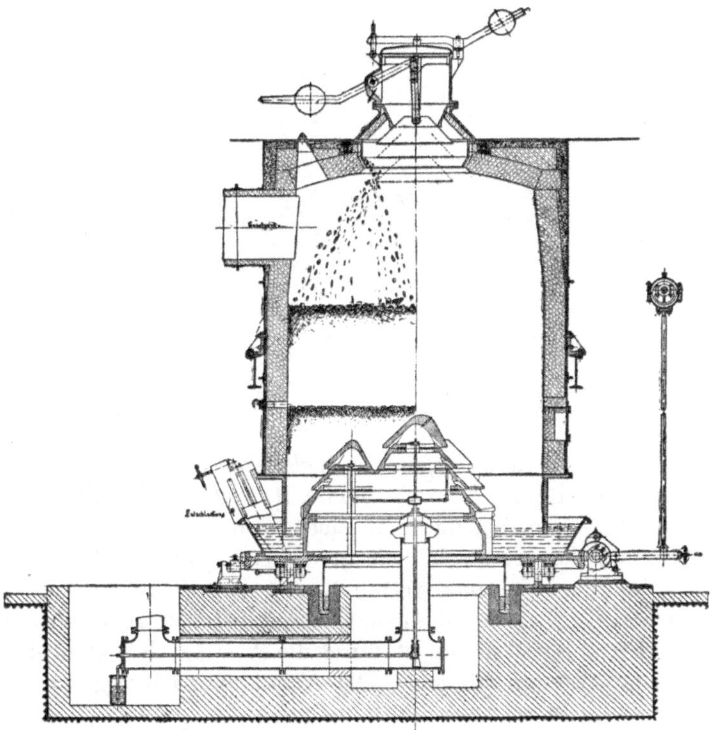

Abb. 54. Gaser mit guter Brennstoffverteilung und Druckluftzufuhr.

Kraftgas, 2. Aufl., S. 165). Die gleichen Forderungen sind auch bei der Begichtung des Schachtofens zu stellen, so daß erst dort weiter darauf eingegangen wird.

Mechanische Beschickung kommt in Anwendung für Gaserzeuger von über 2 m Durchmesser und um Handarbeit zu ersparen.

In regelmäßigen Zwischenräumen ist eine Entschlackung des Gaserzeugers nötig, so daß auf leichte Zugänglichkeit der Schlackenzone Bedacht genommen werden muß. Dabei wird meistens der Betrieb der Gasentwicklung gestört. — Dieser Nachteil wird durch die Anordnung von Wasserverschlüssen überwunden.

Die Gaserzeuger (Generatoren) erfordern für eine geregelte Gasbildung vielfach eine Schürung des Brennstoffbettes. Soll sie von Hand erfolgen, so sind in den Schachtwänden und in der Decke verschließbare Öffnungen zur Einführung der Stochstangen vorzusehen. Um die Belästigung der Arbeiter durch die während des Schürens austretenden Gase zu verhindern, wendet man auch Schürlochverschlüsse an, die mit Einrichtungen zur Ableitung der Gase oder zum Hineindrücken derselben in den Ofen (z. B. mittels eines Dampf- oder Luftschleiers) ausgerüstet sind.

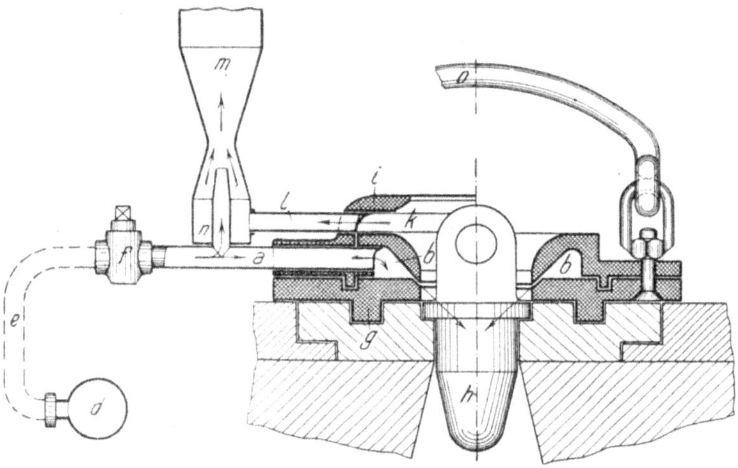

Abb. 55. Schürlochverschluß nach *Mannstaedt & Co.*

Bei einer solchen dem *Façoneisen-Walzwerk L. Mannstaedt & Co. A.-G.* und *H. Bansen* geschützten Einrichtung (D. R. P. 299 565) sind die Zuführungskanäle für das Abdichtungsmittel in einem vom Schürloch abhebbaren Aufsatz angeordnet, der seinerseits mit der Leitung für das Abdichtungsmittel durch eine biegsame Leitung verbunden ist. Hierbei ist zweckmäßig, den Aufsatz zur Sicherheit noch mit einem weiteren Kanal zu versehen, der mit einer Absaugevorrichtung verbunden ist, durch die etwa aus dem Ofen entweichende Gase abgesaugt werden können. Die Absaugevorrichtung kann als Saugstrahlgebläse ausgebildet und durch das unter Druck stehende Abdichtungsmittel gespeist werden.

Wie Abb. 55 zeigt, wird das Ofenloch durch einen in dessen Fassung eingelassenen Stopfen *h* verschlossen. In eine gleichachsig zur Ofenlochachse verlaufende Ringnut *g* ist ein Aufsatz *i* abdichtend eingesetzt, der mit einem ringförmigen Verteilungskanal *b* versehen ist. Dieser Kanal ist so ausgebildet, daß ein kegelförmiger Mündungsschlitz entsteht, dessen Spitze in der Ofenlochachse unterhalb des Lochrandes liegt, so daß alle aus dem Kanal austretenden Dampf- und Gasstrahlen sich innerhalb des Ofenloches in dessen Achse schneiden und auf diese Weise einen Dampf- oder Gasschleier bilden.

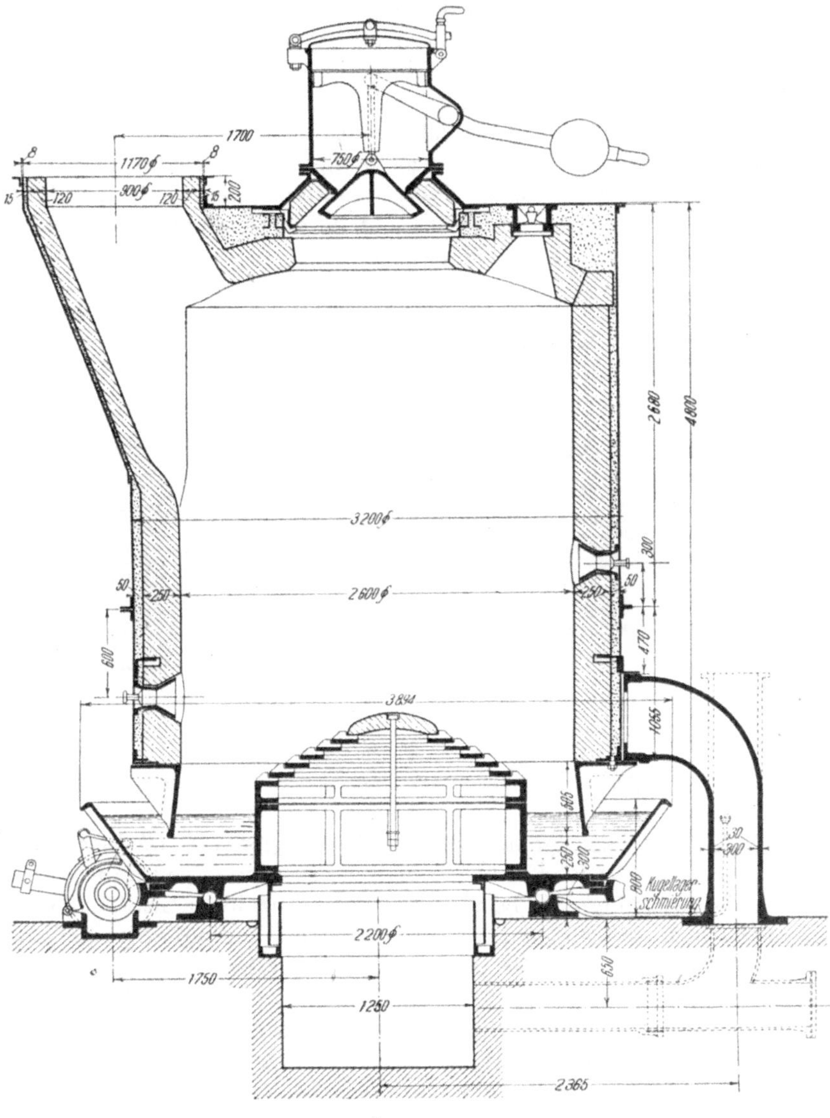

Abb. 56. Drehrostgaser.

Das Abdichtungsmittel wird dem Kanal *b* durch eine Leitung *a* zugeführt, die unter Vermittlung des Ventils *f* und des Metallspiralschlauches *e* mit dem Behälter *d* für das Druckmittel, Dampf, Gas o. dgl. verbunden ist. Um Gase, die trotz des abdichtenden Schleiers aus dem Ofen treten, unschädlich zu machen, ist der Aufsatz *i* haubenförmig ausgebildet und mit einem zweiten Kanal *k* versehen, der unter Vermittlung einer Leitung *l* mit einer Absaugevorrichtung, z. B. dem Saugstrahlgebläse *m*, *n*, in Verbindung steht. Die ganze Einrichtung ist mit einem Henkel *o* versehen, so daß sie leicht nach den gerade zu bedienenden Schürlöchern getragen oder gefahren werden kann.

Genau so, wie für den ununterbrochenen Betrieb des Kalkschachtofens der Rost von großer Bedeutung ist, so wichtig ist dieser für den Gaserzeuger. Die verschiedenartigsten Konstruktionen, die dort vorgeschlagen und angewendet werden, sind auch hier mehr oder weniger brauchbar. — Seiner ursprünglichen Aufgabe, als Rost die Brennstoffsäule zu stützen, ist er immer mehr entfremdet worden, indem er jetzt in der Hauptsache für eine gleichmäßig verteilte Luftzufuhr dienen soll.

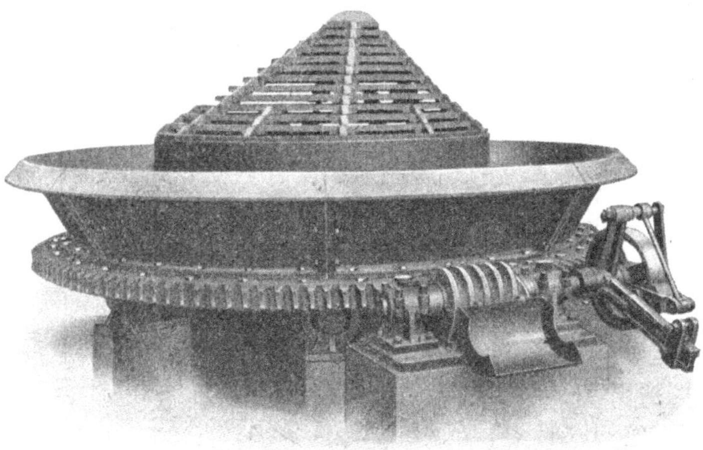

Abb. 57. Exzentrischer Drehrost mit Aschenschüssel.

Die Abb. 56 zeigt einen Drehrost-Gaserzeuger von *Ehrhardt* & *Sehmer*, Saarbrücken, dessen Rost eine exzentrische Bewegung gegen die Gaserzeuger-Mittelachse ausführt. Er besteht aus einer Anzahl dachziegelartig übereinander geschichteter Ringe, die Spalten für den Winddurchtritt freilassen. Die Wasserschüssel ist mit der Rosthaube verbunden und wird durch einen Schneckenradantrieb gedreht.

Die Größe der Exzentrizität, die deutlich aus der Abb. 57 des *Pintsch*-Drehrostes erkennbar ist, wird der Beschaffenheit des Brennstoffes angepaßt. Solche, die leicht zerfallen (z. B. Braunkohle), verlangen nur geringe Exzentrizität.

Der Antrieb des Drehrostes verlangt große Übersetzungen, denn er macht je nach der Betriebsart eine Umdrehung in 1 bis 5 Stunden. Dieser langsame Lauf wird meistens durch eine Knarre erzeugt, die an einer Kurbelwelle mit Zugstange betätigt wird und eine Schnecke dreht. Diese Schnecke greift in einen Schneckenkranz, der unmittelbar an der Rostschüssel befestigt ist, z. B.

nach Abb. 58 (*Bamag*); dessen Kopf ist schraubenförmig mit tangential rückwärts gerichteten Luftzuführungsdüsen.

Der Kraftbedarf beträgt höchstens 1 bis 2 PS.

Der freie Durchgangsquerschnitt der Gasleitungen wird nach einer handwerklichen Faustregel auf 1000 kg stündlich vergaster Kohlenmenge mit 1 qm angenommen. — Das Gas tritt mit 400 bis 500° in die Leitungen, diese werden deshalb feuerfest ausgekleidet. — Ecken, Verengungen, Erweiterungen der Kanäle wirken störend auf den Zug, erleichtern die Ablagerung von Flugasche und Teer.

Abb. 58. Drehrost mit Luftdüsen und Schneckenradantrieb.

Der zur Gasbewegung erforderliche Druck schwankt zwischen 25 bis 250 mm WS. — Bei zu großem Zug tritt eine ungenügende Rückbildung von CO_2 zu CO ein.

Den Betrieb kann man 4 bis 6 Tage aufheben, ohne daß eine frische Anfeuerung erforderlich ist. Nur müssen die Gaserzeuger ganz vollgefüllt werden und alle Türen und Verschlüsse sind luftdicht mit Lehm zu verschmieren. Den Gasabzug muß man ebenfalls dichten. Beim Beginn des Weiterbetriebes hat man dann nur den alten Zustand wiederherzustellen.

Die erreichbare Flammentemperatur ist vom Luftüberschuß abhängig und ergibt sich aus Zahlenreihe XXI.

Zahlenreihe XXI.

Luftüberschuß	Gas von		
	Steinkohle °C	Braunkohlenbrikett °C	Rohbraunkohle °C
1	2210	2120	1670
1,5	1620	1580	1290
2,0	1280	1250	1040

Diese Flammentemperatur wird im Kalkofen durch die freiwerdende Kalkstein-Kohlensäure noch erniedrigt, so daß z. B. mit Gasen aus der Rohbraunkohle kein befriedigendes Kalkbrennen möglich ist. Der hohe Wassergehalt der Rohkohle ist schädlich. Entweder muß man dieses Wasser vor der Einfüllung der Braunkohle in den Gaserzeuger durch Trocknung der Braunkohle (Brikett) entfernen, oder man muß die erzeugten Gase auf Lufttemperatur abkühlen und von dem dann tauenden Wasserdampf befreien. Dann geht aber, wie gesagt, die fühlbare Wärme der Gase nutzlos verloren. Wärmewirtschaftlicher erscheint deshalb die Trocknung der Braunkohle schon an der Gewinnungsstelle mit Maschinenabdampf.

In der nachstehenden Zahlentafel XXII (*H. Hermanns*, Gaserzeuger S. 130) sind die mittleren Durchsatzmengen für 24 Stunden für Gaserzeuger der verschiedensten Durchmesser angegeben. Im wesentlichen ist man in dieser Hinsicht auf Angaben der verschiedenen Baufirmen von Gaserzeugern angewiesen. Diese weichen sehr weitgehend voneinander ab und geben Zahlen von teilweise phantastischer Höhe an. Auch die in der Zahlentafel XXIII enthaltenen Zahlen sind nicht in allen Fällen zutreffend, da sie von den verschiedensten Umständen beeinflußt werden, die in einer Aufstellung unmöglich alle berücksichtigt werden können. Immerhin sind die Zahlen als Durchschnittswerte brauchbar; sie geben einen ungefähren Anhalt für die Bestimmung der Gaserzeugergröße unter Annahme bestimmter Durchsatzmengen und Kohlensorten.

Zahlentafel XXII[1]).

Durchmesser der Gaserzeuger und Kohlendurchsatzmengen.

Lichter Durchmesser	Durchsatzmenge in 24 Stunden bei der Vergasung von										
	Förderkohle mit 20 bis 30 Proz. Staub	Gewaschene Nußkohlen	Anthrazit	Stark backende Saarkohle	Kleinkohle mit 50 Proz. Staub	Deutsche Braunkohle	Böhmische Braunkohle	Gaskoks	Koksgrus von 0 bis 20 mm	Waschberge und Leseschiefer gemischt	Leseschiefer mit 20 Proz. Staub
mm	t	t	t	t	t	t	t	t	t	t	t
1200	6	6	6	5	4	5	8	8	5	5	4
1400	8	8	8	7	5	6	10	9	7	8	6
1500	8	8	9	8	6	7	11	10	8	9	8
1800	9	9	10	10	7	10	14	12	10	11	10
2000	10	10	12	11	8	12	15	13	11	12	11
2100	12	12	13	11	8	13	16	14	11	13	11
2200	12	13	15	12	9	14	18	15	12	14	12
2400	13	14	16	13	11	15	20	16	13	16	13
2600	15	16	18	16	13	17	22	18	16	17	15
2700	15	18	21	18	14	19	24	20	17	20	17
3000	20	22	25	21	17	24	30	25	20	23	20

Zahlentafel XXIII.

Hauptabmessungen der Abstichgaserzeuger der Georgsmarienhütte.

Leistung in 24 St. Koks	Gasmenge	Wind	Gestellinnendurchmesser	Gestellaußendurchmesser	Schachtinnendurchmesser	Schachtaußendurchmesser	Gesamthöhe	L. W. des Gasabgangs	Mittl. Durchm. der Ringwindleitung	L. W. der Ringleitung	Höhe der Ringleitung über Flur
t	cbm/st	cbm/min	mm	mm	mm	mm	mm	mm	mm	mm	mm
10—15	2000—3000	55	1100	1640	1500	2040	4000	600	3000	250	1850
20—30	4000—6000	105	1600	2140	2000	2540	5000	800	3500	250	2050
30—45	6000—9000	155	1900	2440	2300	2840	5000	800	3800	250	2050
50—70	10000—14000	245	2350	2890	2750	3290	6000	1000	4400	375	2450
70—160	14000—20000	350	2850	3390	3250	3790	6500	1200	4900	375	2450

[1]) Die Zahlen von Zahlentafel XXII beziehen sich auf Gaserzeuger mit maschinell bewegten Drehrosten, mit Luft- bzw. Luft-Dampfgebläse. Die Zahlen für feste Roste bleiben im allgemeinen um mindestens 25 Proz. hinter diesen zurück.

Die Gasgeschwindigkeiten wählt man zweckmäßig nach *Litinsky* (Wärmewirtschaftsfragen 1923, S. 33):

1. beim Ausströmen aus dem Gaserzeuger 1,0 m/sek;
2. im Gashauptkanal 1,5 m/sek;
3. in den Gasverteilungskanälen 3,0 m/sek;
4. in den Verbrennungsschlitzen 10—20 m.

42. Die Gaserzeuger für die Vergasung flüssiger Brennstoffe.

Während bei der Ölfeuerung nach Abschnitt 37 das Öl unmittelbar zur Verbrennung vor oder im Kalkofenschacht kommt, wird häufig der flüssige Brennstoff erst vergast und dann dieses Gas zur Heizung benutzt. Die Reglung der Heizung wäre dann leichter.

Die Vergasung muß soweit getrieben werden, daß eine Zersetzung der Moleküle von höherem Kohlenstoffgehalt in solche von niedrigerem erfolgt. Der flüssige Rohstoff wird dann in ein beständiges Gas übergeführt. In Anwendung kommen gußeiserne Retorten mit Rostfeuerung, die Ölgas oder Fettgas erzeugen, Öfen mit Schamottegittern, glühenden Koksfüllungen u. dgl. Im allgemeinen ist deren Bedienung umständlich, so daß sie für Kalköfen kaum Anwendung finden. Verschiedene Gaserzeuger für die Vergasung flüssiger Brennstoffe beschreibt *Gwosdz* (Z. Braunkohle 1912, Nr. 23, S. 357).

43. Die Ausnutzung der Abwärme von Industrieanlagen.

Die Verwendung von unverbrennlichen, heißen Abgasen anderer Feuerungsanlagen zum Kalkbrennen verlangt jeweilige eingehende Berechnung unter Berücksichtigung der örtlichen Verhältnisse. Die erste Forderung ist im allgemeinen die, daß die Abgase noch mit Temperaturen zur Verfügung stehen, die weit über der Verdampfungstemperatur (S. 35) der Kohlensäure liegen. Dann dürfen sie nicht solche Beimengungen in festem (Staub), flüssigem (Kondensat) oder gasförmigem Zustand mitführen, die den Kalk verschlechtern.

Die Berechnungsgrundlagen ergeben sich leicht aus den früheren Angaben.

Die früher immer wieder vorgeschlagene Verwendung der Gichtflamme von Hochöfen (s. S. 20) kommt jetzt nicht mehr in Frage, weil diese in Gasmaschinen besser ausgenutzt werden.

Die bei der Stahlerzeugung in Konvertern auftretende Abhitze konnte bisher in Dampfkesseln wegen der Stichflammenwirkung nicht ordentlich ausgenutzt werden. Das Verfahren von *C. Flössel*, Füssen (D.R.P. 331 373, 1919) zur Ausnutzung der Abhitze von Konvertern zum Brennen von Kalk u. dgl., ist gekennzeichnet durch die Anwendung von fahrbaren oder schwingbaren Öfen, welche mit Kalksteinen u. dgl. beschickt und von der Konverterflamme geheizt werden. Der fertiggebrannte Kalk wird durch einfaches Kippen in den Stahlkonverter entleert.

Besondere Verhältnisse liegen bei den Kalkstickstoffwerken vor. Über das D. R. P. 284 042, 1913 der *Norsk Hydro-Elektrik-Koaelstofaktieselskab* berichtete ich schon auf S. 48; nach diesem Verfahren sollen niedriger temperierte Abgase der elektrischen Öfen nutzbar gemacht werden.

In Odda (Norwegen) dienen zum Brennen des Kalksteines zwei Ofenreihen, die mit den Abgasen der elektrischen Karbidöfen geheizt werden und je 25 t täglich liefern (Zeitschr. d. V. d. Ing. 1918, S. 81). Es bereitet einige Schwierigkeiten, die Carbidöfen so zu schließen, daß wenig Wärme ausstrahlt, daß wenig falsche Luft zuströmt (die das geringwertige Gas noch mehr verdünnen würde) und daß die Bedienung der Carbidöfen nicht behindert wird.

Brennbare Erdgase kommen zum Kalkbrennen selten in Frage. Deren Hauptvorkommen sind in Amerika, im russischen Erdölgebiet, in Galizien, Ungarn und Rumänien. In Deutschland sind die Gasvorkommen nur gering. Neuengamme bei Hamburg hat einigermaßen ergiebige Quellen; die von Pechelbronn im Elsaß sind durch den Versailler Friedensvertrag (?) an Frankreich gekommen. Angaben über die Gewinnung und Verwendung der Erdgase brachte *Paul Damm* (Zeitschr. f. angew. Chemie 1922, S. 121).

44. Allgemeine Forderungen des Kalkofens an die Gasheizung.

Eine wichtige Frage ist die, an welcher Stelle man die Heizgase dem Kalkofen zuführen muß, um die günstigste Wirkung zu erzielen.

Dem Ringofen wird man die Heizgase am besten von der Sohle aus zuführen, weil die heißen Gase doch nach oben, dagegen die kohlensauren Gase nach unten streben.

Dem Schachtofen könnte man die Gase bei künstlichem Zug an und für sich an beliebiger Stelle zuführen. Würde man die Zuführung aber von oben

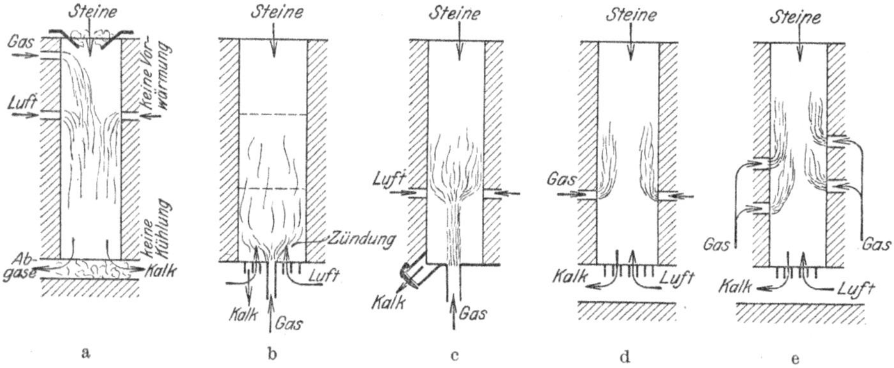

Abb. 59. Möglichkeiten der Zuführung des Heizgases.

bewirken nach Abb. 59a, wie beim Mischfeuer mit Koks, dann würde keine Vorwärmung der Steine und keine Kühlung des Kalkes möglich sein. Der Ofen arbeitet unwirtschaftlich.

Abb. 59b. Würden Heizgas und Luft unten gleichzeitig zugeführt, so würde die Entzündung zu frühzeitig erfolgen. Die Brennzone wandert bis in die Kühlzone, deren Nutzen verhindernd.

Abb. 59c. Die Zuführung des Heizgases von unten, möglichst in die Mitte, würde ein besseres Brennen des Schachtinneren ermöglichen, wenn die Luft mit Druck hineingepreßt würde. Unten müßte aber der Kalkabzug vollkommen gasdicht gebaut sein, was schwierig ist und bei doch eintretenden Undichtigkeiten zu Unfällen Veranlassung gibt.

Abb. 59d. Üblich ist die Zuführung des Gases seitlich in den Schacht, während die noch zuzuführende Verbrennungsluft (Sekundärluft) in der auch beim Mischfeuer geltenden Weise unten in den Schacht tritt.

Abb. 59e. Verbessert wird die Heizung, wenn man das Heizgas nicht nur an einer wagerechten Zone zuführt, sondern übereinander verteilt. Die Brennzone wird dadurch verlängert und die zu starke örtliche Erhitzung gemildert.

Die Gasflamme entwickelt sich am besten in senkrechter Richtung, weil die heißen Teilchen nach oben streben. Je nach der Luftzufuhr kann man die Flamme auf 7 bis 10 m ausziehen. In wagerechter Richtung ist die Verbreitung der Flamme begrenzt; schon *F. Steinmann* (Compend. d. Gasfeuerung 1876) ging deshalb nicht über einen Schachtofenquerschnitt von 1,5 m. Für größere wählte er die ovale Form.

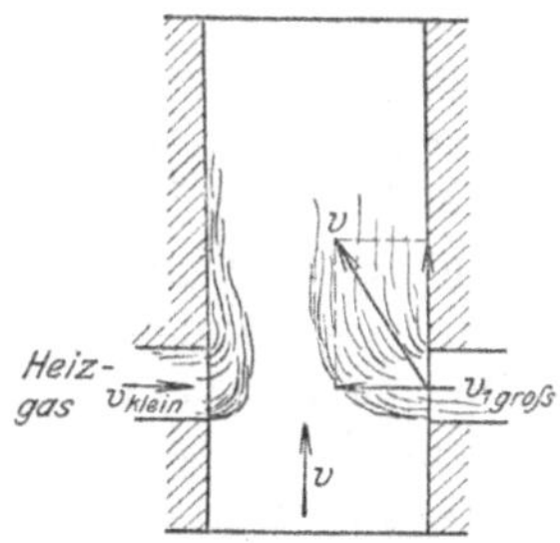

Abb. 60. Wirkung der kleineren oder größeren Gasgeschwindigkeit.

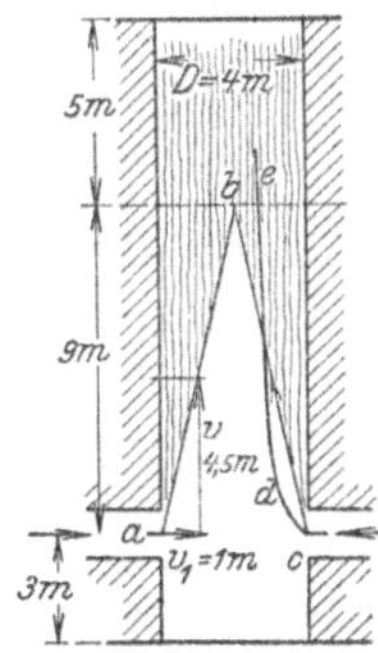

Abb. 61. Unbeheizter Kegelraum bei kleiner Gaseintrittsgeschwindigkeit.

Die in den Ofenschacht seitlich eintretenden Heizgase müssen den Widerstand der Kalksteinschicht überwinden, um in das Innere des Ofens zu gelangen. Dies ist aber notwendig, um eine gute Verteilung des Heizgases über den ganzen Ofenquerschnitt und damit gleichmäßiges Durchbrennen des Kalkes zu erzielen. Der Gasstrom wird durch die Steine immer mehr abgedrosselt und von den aufsteigenden Gasen mitgerissen.

Würde das Heizgas nach Abb. 60 nur mit sehr geringer wagerechter Eigengeschwindigkeit in den Ofenschacht eintreten, dann würde es sofort seitlich nach oben abgeleitet und brennendes Gas befindet sich nur außen am Rand. Innen werden die Steine nicht gebrannt.

Tritt das Heizgas aber mit z. B. 1 m/sek Geschwindigkeit v_1 in den Schacht, die mittlere aufsteigende Geschwindigkeit betrage $v = 4{,}5$ m/sek (Abb. 130, S. 292), und die Brennzone soll 9 m lang sein, dann würde nach Abb. 61 (ohne vorläufige Rücksicht auf Widerstände) das Heizgas in erster Sekunde erst 1 m und in zweiter erst bis zur Mitte des Ofenschachtes von $D = 4$ m vorgedrungen sein. Es verbleibt ein toter unbeheizter Kegelraum *a b c*. Da die Heizgase erst allmählich die senkrechte Geschwindigkeit annehmen und die

Kalksteine sich der wagerechten Strömung entgegenstellen, so werden die Heizgase viel früher abgelenkt nach *c—d—c*.

Man muß deshalb das Heizgas mit großer Geschwindigkeit (von über 5 m, je nach dem Ofendurchmesser) in den Schachtraum einpressen, um dieses möglichst tief in den Schacht hineinzuführen, wie dies die Abb. 62 zeigt. Bei den Gasschmelzöfen beträgt die Gasgeschwindigkeit in den Verbrennungsschlitzen 10—20 m/sek (*Dralle*, Die Glasfabrikation, Bd. I, S. 385—387, 1911). Solche hohe Anfangsgeschwindigkeit zu erzeugen, bedingt bei dem großen Widerstand der Steinfüllung die Anwendung hohen Heizgasdruckes. Seine Abhängigkeit von der Schichtdicke (hier dem Ofenhalbmesser) und der Steingröße ist aus der Formel 95, S. 293 deutbar. Drücke von 500 mm und mehr Millimeter Wassersäule müssen angewendet werden, die nur durch einen besonderen Gasdrücker (Kapselgebläse u. dgl.) hervorgerufen werden können. Dann werden aber häufig Teile des Heizgases durch das Aufprallen auf die Kalksteine nach unten, dem Luftstrom entgegen, abgelenkt. Heizgas könnte dann bis zum Kalkabzug gelangen und dort austreten. In solchen Fällen muß der Gasabzug dicht verschließbar sein.

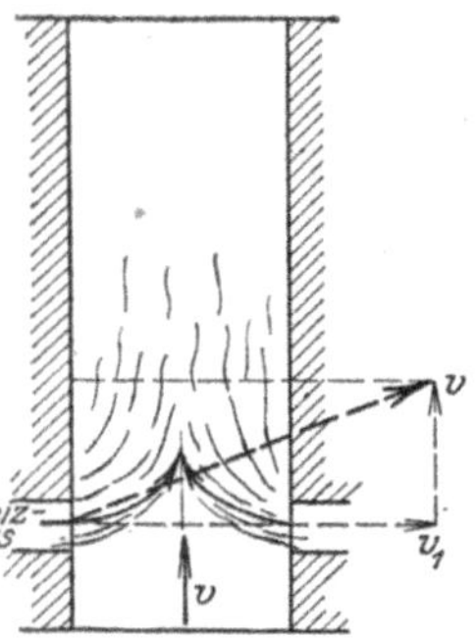

Abb. 62. Tiefes Eindringen des Heizgases bei großer Eintrittsgeschwindigkeit.

Während bei der Mischfeuerung die Flamme, entsprechend der wagerecht gelagerten Koksschicht, eine Ebene bildet, nimmt die Flamme im Gasofen aus obigen Gründen eine mehr oder weniger spitzkegelige Form an. Dazu kommt, daß die Luft meistens am Schachtumfang leichter zutritt, während das Flammeninnere weitersteigt, erst in höheren Schichten höher verbrennend. Ein stärkeres Brennen oder sogar Totbrennen der äußeren und ein ungenügendes Brennen der inneren Schichten ist in den Gasöfen um so mehr die Folge, je breiter sie sind. Wie schon auf S. 21 erwähnt, ist man bei diesen Öfen deshalb immer wieder darauf zurückgekommen, auch Brennstoff unter die Steine zu mischen. Das ist dann aber nur halbe Arbeit.

Die erschwerte Zufuhr des Heizgases von dem äußeren Umfang zur Mittelachse des Schachtes mit kreisförmigem Querschnitt suchte man schon frühzeitig dadurch zu verbessern, daß man den Querschnitt oval zusammenzog (s. S. 21). Die Gasverteilung von der Schmalseite gestaltet sich dann günstiger, aber dem einfachen Aufbau des kreisförmigen Schachtes muß der weniger widerstandsfähige, mehr oder weniger rechteckige Querschnitt weichen.

Bei der Verbindung des Gaserzeugers mit dem Kalkofen ist zu beachten, daß die Gase eine gewisse Brenngeschwindigkeit besitzen nach Zahlenreihe XXIV (*Simmersbach*, Stahl u. Eisen 1913, S. 292).

Enthält das Heizgas schon an und für sich freien Sauerstoff oder ist dieser zugemischt, dann wird das Heizgas mit obigen Geschwindigkeiten verbrennen. In einem Kanal z. B. wird das Generatorgas dann abbrennen mit einer vorwärts schreitenden Geschwindigkeit von 2 m/sek. Nur wenn die Gasgeschwindigkeit im Gaskanal dann größer als 2 m ist, würde ein „Rückschlagen“ der Flamme verhindert werden können.

Zahlenreihe XXIV.

Brenngeschwindigkeit einiger Gase.

Gasart	Verbrennungsgeschwindigkeit m/sek
Wasserstoff	4,5
Methan	0,6
Kohlenoxyd	2,0
Leuchtgas	1,25
Wassergas	2,00
Generatorgas	2,00

Wir haben früher gesehen, daß eine gleichmäßige Temperatur dadurch erzielt, eine zu große örtliche Erhitzung dadurch vermieden wird, daß wir eine ideal-gleichmäßige Verteilung des Brennstoffes vornehmen, so daß er gleichmäßig auf dem Wege durch die Brennzone abbrennt. Beim Gasheizofen mit Gaserzeuger oder Vorfeuerung treten die Heizgase am Ende der Brennzone ein und müssen hier eine solche Temperatur besitzen, um die durch ihre Abkühlung für das Brennen notwendige Wärme abgeben zu können. Wir können uns jetzt über die Vorgänge sehr leicht klar werden, da die früheren Berechnungen sich ohne weiteres auf die Gasöfen anwenden lassen. Bezugnehmend auf Abb. 29 ist es gleichgültig, ob die 63 299 WE durch Gas aus einem Gaserzeuger oder durch untergeschichteten Koks erzeugt werden. Es entstehen immer etwa 100 kg Verbrennungsgase (90 + 7,834), die im Gasheizofen bei ihrer Abkühlung von der Anfangstemperatur T auf 856° die mit dem Ätzkalk aus dem Ofen entweichenden 42 520 − 3664 = 38 856 WE abgeben müssen. Bei einer mittleren spez. Wärme von 0,33 geben die 100 kg Gase durch die Abkühlung um je 1° 33 WE ab, sie müßten sich um $\frac{38\,856}{33} = 1177°$ abkühlen können, was eine Anfangstemperatur von $T = 1177 + 856 = 2033°$ erfordert. Solch hohe Temperatur ist einerseits schwer zu erreichen, andererseits wäre sie außerordentlich schädlich für den Kalk, er kann leicht totgebrannt werden, ganz besonders auch deshalb, weil hier, wo diese heißen Gase zutreten, der Kalk schon fertig gebrannt ist und verdampfende Kohlensäure nicht mehr kühlend wirkt. Hierauf beruht der größte Nachteil der Gaskalköfen. Man kann diesen Nachteil nur mildern durch Verbrennung von Brennstoffen mit langer Flammenbildung — die Flammen erreichen fast die Länge der Brennzone —, durch über die Brennzone verteilte, die Verbrennung verzögernde Luftzufuhr, verteilte Heizgaszufuhr und durch Luftüberschuß. Durch diese Hilfsmittel, die schwer richtig zu handhaben sind, wird der Betrieb mit dem Gasofen noch umständlicher.

45. Einige Bauarten von Kalköfen für Gasheizung.

Als Kalkofen mit Halbgasfeuerung ist der Rüdersdorfer Kalkofen nach Abb. 105c zu betrachten, mit seinen unmittelbar an den Schacht angebauten Rostfeuern. Teils wird der Kalk durch die heißen Feuergase gebrannt, teils werden die nach dem frischen Aufwerfen abdestillierenden Gase erst im Schacht zur vollständigen Verbrennung gelangen. Je nach der Ausführung der Roste mit dem Feuerraum kann man alle möglichen Brennstoffe verbrennen. Die beste Leistung erzielt man mit Steinkohle von mindestens 6000 WE, während bei geringwertigen Brennstoffen von nur etwa 3000 WE die Leistung des Ofens um mindestens ein Drittel sinkt.

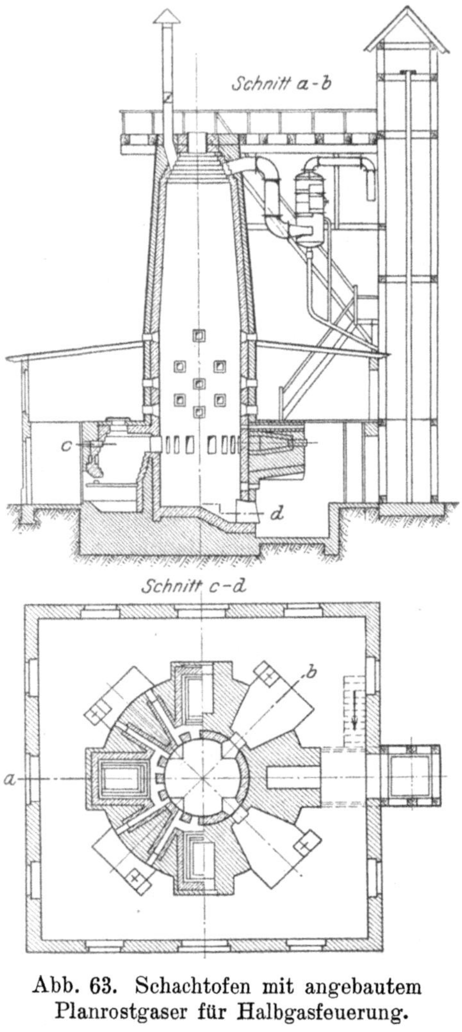

Abb. 63. Schachtofen mit angebautem Planrostgaser für Halbgasfeuerung.

Die Planrost-Gaserzeuger (z. B. nach Abb. 63 von *Kulmiz*) verschlackten sehr leicht, besonders wenn die Verdampfung des Wassers in der Schale unter dem Rost nicht genügte. Mußte geschlackt werden, dann wurden besondere Hilfsroststäbe eingestoßen, damit die Brennstoffüllung abgefangen wird. Schlacke und Asche können darunter hervorgezogen werden. Mindestens alle 6 bis 12 Stunden war dieses Ausschlacken nötig. Häufig war auch ein Abstellen nötig, um in den Seitenwänden festsitzende Schlacke von oben abzustoßen. Dabei fiel eine Menge unverbrannten Kokses durch, der nicht immer wieder gewonnen werden konnte. Die Kalkofen nach Abb. 63 arbeiten mit sog. „Halbgas", indem schon ein Teil des erzeugten Gases über der Brennstoffschicht im Gaserzeuger verbrennt. Dadurch herrscht in den Gaserzeugern und den Gaskanälen eine zu hohe Temperatur, die deren Feuerkleid stark beansprucht. Der Zusammenbau der Gaserzeuger mit dem Kalkofen selbst erschwert die Zugänglichkeit der einzelnen Mauerteile. Die verschiedenen Temperaturen bewirken verschiedene Ausdehnung, die zum Reißen des Mauerwerkes, zum Ausbeulen und zum Klaffen der Fugen Veranlassung geben.

Häufig machen solche angemauerten Gaserzeuger schon nach kurzer Betriebszeit einen baufälligen Eindruck.

Pokorny (Österr.-Ung. Zeitschr. f. Zucker-Ind. Wien 1918, S. 388) gibt einige Erfahrungszahlen an solchen *Steinmann*schen Kalkofen (nach Abb. 63) aus dem Jahre 1914/15 in der Zuckerfabrik Zditz (Böhmen): Ofenschachthöhe 12,8 m, obere lichte Weite 2 m, untere 2,4 m; insgesamt 50 cbm Inhalt. Die drei angebauten Gaserzeuger hatten je 2 Roste von 1,3 × 0,6 m = 0,78 qm; der Gasschacht hatte einen Querschnitt von 1,57 × 1,6 = 2,51 qm, eine Höhe von 1,8 m, also je 4,5 cbm Inhalt. Die Kohlensäurepumpe hatte eine Saugleistung von etwa 25 cbm/min. 1 qm Rostfläche verbrannte 43,2 kg böhmische Braunkohle mit 4400 WE; 1 qm Gasschacht vergaste 27 kg Kohle (also sehr wenig). Für 100 kg Ätzkalk waren 31,75 kg Braunkohle nötig. Die Gichtgase des Kalkofens haben durchschnittlich 28,68% CO_2, 3,27% O und doch noch 0,08% CO. Also ist der Sauerstoff nicht durch die Brennstoffschicht im Gaserzeuger gegangen. Selbst in den untersten Zonen läßt sich sonst bei ordnungsgemäßem Betrieb kein freier Sauerstoff feststellen (M. u. Forschungsarb. Ing. Heft 31, 1906, *Wendt,* S. 64).

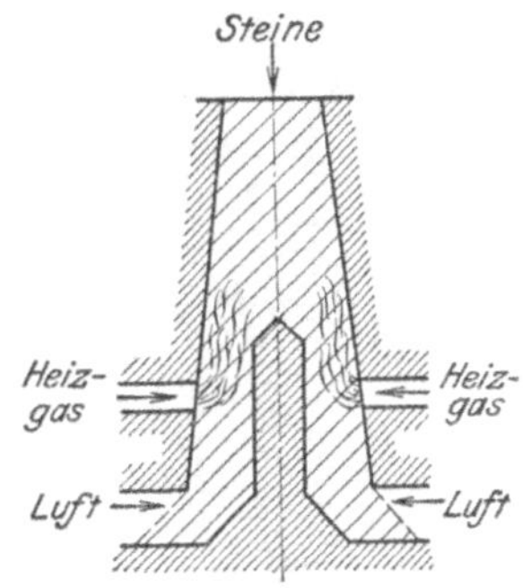

Abb. 64. *Fahnehjelm*-Ofen.

Der *Fahnehjelm*-Ofen ist ein Schachtofen mit Gasheizung, in dessen Schacht eine Trennwand aufgeführt ist (nach Abb. 64), um die Schichtdicke zu vermindern.

Ein in Helsingfors aufgestellter Ofen verbrauchte für 100 kg gebrannten Kalk 33 kg englische Abfallkohle (Mitt. d. Ver. D. Kalkwerke 1914, S. 40). Dort ist auch eine Ansicht dieses Kalkwerkes mit 2 *Fahnehjelm*-Öfen dargestellt.

Die Gasschachtöfen „*Fahnehjelm*" sollten dem Bedürfnis dienen, möglichst minderwertige Brennstoffe verfeuern zu können. Das Kalkwerk Marienhagen bei Hannover hat einen solchen Ofen noch im Betriebe seit 20 Jahren. Die Leistung beträgt 20 bis 25 000 kg gebrannten Kalk in 24 St. bei einem Verbrauch von 30 bis 35 kg Braunkohlenbriketts auf 100 kg gebrannten Kalk. Die Gaserzeuger sind unmittelbar an den Schacht angebaut.

Die Ausführung eines Gasschachtofens von *Eckardt & Hotop,* Berlin, zeigt die Abb. 65 mit dem mittleren Brennkegel des *Fahnehjelm*-Ofens. Solche Öfen wurden auf dem *Karbidwerk Hafslund,* Norwegen, aufgestellt, mit getrennten Gaserzeugern. Wegen des Krieges war es unmöglich, geeignete Kohle für die Gaserzeuger zu beschaffen, so daß die beiden Öfen als Mischfeuer mit Koks betrieben wurden. Ein Ofen leistet dabei 30 000 kg Kalk in 24 St. bei Ventilatorzug.

Die Anordnung der Gaserzeuger unter der eigentlichen Kalkofensohle bewirkt Ing. *A. Hermansen,* Vexiö (Norwegen), wodurch die Ausführung des Ofenmantels vereinfacht wird. Die Heizgase steigen durch zwei gegenüberliegende Kanäle bis zur Brennzone, wo sie durch einen Ringkanal und Ein-

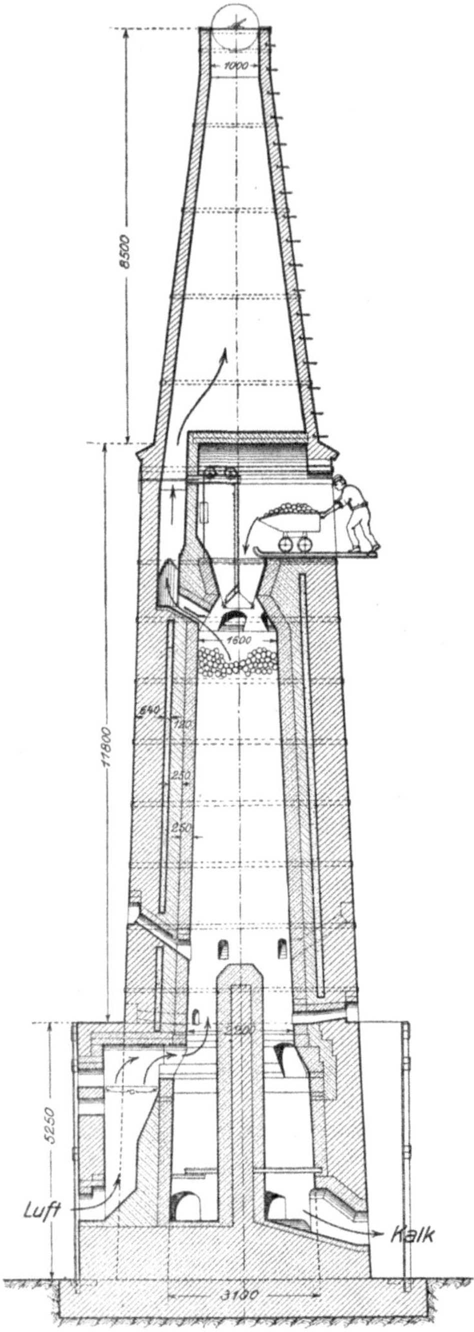

Abb. 65. Schachtofen, der das Begichten ohne Belästigung durch die Gase gestattet.

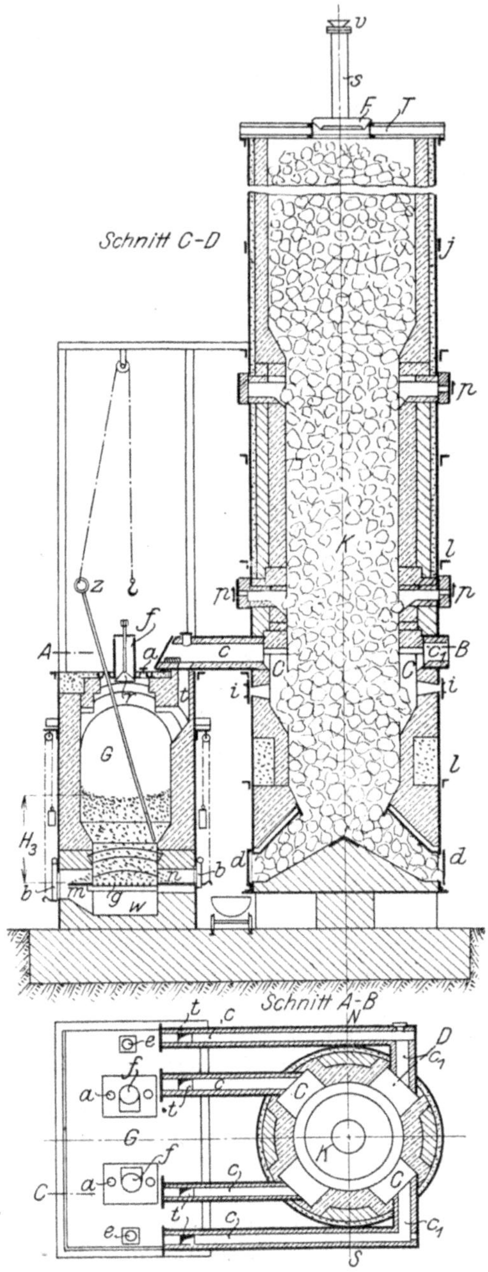

Abb. 66. Schachtofen mit Gasfeuerung von *Schmatolla*.

trittsöffnungen verteilt werden. Schamotteplatten in den Steigkanälen gestatten die Regelung der Gasverteilung. Die Nachluft wird durch einen abgedeckten Rücken unten in die Kalkkühlzone geleitet. Spannungen im Mauerwerk, die klaffende Fugen erzeugen, dürften auch bei diesem Zusammenbau nicht zu vermeiden sein. Die aufsteigenden, gemauerten Heizkanäle sollten betriebssicherer durch innen ausgekleidete Eisenrohre ersetzt werden. Die früher allgemein übliche Unterbringung des Gaserzeugers in einer Heizgrube bereitet der Bedienung Unannehmlichkeiten, erschwert die Aschenabfuhr und bedingt vermehrte Unfallgefahr durch ausströmende Gase und bei Gasexplosionen.

Man strebt jetzt danach, den Gaserzeuger über dem Erdboden aufzustellen, unabhängig vom eigentlichen Kalkofen. Die Gaszufuhr zum Ofen erfolgt durch Rohre, deren Flanschen so angeordnet sein sollten, daß sich beide Bauteile, der Gaserzeuger und der Kalkofen, unabhängig voneinander bewegen können.

Die Kalkschachtöfen mit Gasfeuerung von Dipl.-Ing. *Schmatolla*, Berlin, sind vollständig in einen Eisenmantel eingebaut. Die Abb. 66 veranschaulicht die einfachste zylindrische Bauart derartiger Öfen, welche für eine tägliche Leistung bis zu etwa 15 t gebrannten Kalkes ausreicht. Für Leistungen von 15 bis 30 t täglich empfiehlt er Öfen mit ovalem oder ähnlichem Schachtquerschnitt. Für über 30 t in 24 St. versieht er diese Öfen außer mit äußeren Gaszuführungskanälen noch mit einer oder mehreren zentralen Gaszuführungen.

Die Abb. 66 zeigt den Aufriß und Grundriß eines Ofens für eine tägliche Leistung von etwa 10 t gebrannten Kalkes mit einem rechteckigen Gaserzeuger *G*, welcher durch vier gerade Kanäle *c* unmittelbar mit dem Ofenschacht *K* verbunden ist. Der Ofenschacht *K* ist vollständig mit dem zu brennenden Gestein gefüllt und gefüllt zu halten; der Gaserzeuger *G* ist nur teilweise mit dem zu vergasenden Brennstoff gefüllt. Die Brennstoffschicht H_3 ist gerade so stark zu halten, daß die Kohle im Gaserzeuger nicht mit Flamme verbrennen kann, sondern vergasen muß. Bei Nuß- oder Feinkohle ist diese Schicht kaum 1 m hoch einschließlich einer Schlackenschicht, die man auf dem Rost *g* hält, um diesen gegen das Verbrennen zu schützen. Das Heizgas gelangt auf kürzestem Wege durch gerade, leicht zu reinigende Kanäle *C* und *c* in den Ofen *K* und mischt sich dort zwischen den zu brennenden Steinen mit Luft, welche von unten durch die teilweise geöffneten Ziehtüren *d* zuströmt, dabei den Kalk unter der Brennzone kühlend. Der Brennvorgang kann durch die Türen *pp* beobachtet werden. Weitere Beobachtungsöffnungen sind oben und unten angebracht, so daß man die Steigerung und den Abfall der Temperatur leicht bemerken kann. Die Schautüren und Schaulöcher *p* sind durch Plattformen zugänglich. Die Regelung des Zuges geschieht durch ein Ventil vom Gaserzeuger aus durch Verstellung der Stellschiene *v*. Das Ziehen des gebrannten Kalkes sollte möglichst mindestens alle Stunden in gleichen Mengen geschehen, damit der Kalk nicht länger als nötig im Scharffeuer bleibt, und nach dem Ziehen muß sofort frischer Stein durch die Füllung *F* nachgefüllt werden. Auch das Aufgeben der Kohle soll in gleichen und kurzen Zeiträumen durch die beiden mit Doppelverschluß und Streukegel versehenen Fülltrichter *f* geschehen, namentlich, wenn Gas- oder Weichkohle (bituminöse Kohle) als Brennstoff dient. Derartige Kohle entwickelt, sobald sie in den heißen Gaser fällt, eine große Menge von Destillationsgasen (Leuchtgas, Kohlenwasserstoffgase, Wasserstoffgas und Teerdämpfe), welche, wenn zu viel Kohle auf einmal aufgegeben wird, nicht genügend Luft zur Verbrennung in dem Kalkofen *K* vorfinden und dann teilweise unverbrannt mit starker Rauchentwicklung entweichen. In je kürzeren Zeiträumen und in je kleineren Mengen die Kohle aufgegeben wird, um so gleichmäßiger wird das Gas und um so vollkommener und rauchloser die Verbrennung sein. Derartige Kohlen bilden im Gaserzeuger auf der Oberfläche der Brennstoffschicht erst einen weichen Brei, dann einen harten Kokskuchen, welcher regelmäßig durchstoßen bzw. gebrochen werden muß, was durch eiserne Stangen geschieht, wie dies auf der Zeichnung strichpunktiert angedeutet ist. Die beim Durchstoßen warm gewordene Stange wird an ein dünnes, über eine Rolle laufendes Kabel befestigt und hängend in Bereitschaft gehalten. Auch auf dem Rost bildet sich bei den meisten Brennstoffen eine Kruste aus geschmolzener Asche, welche ebenfalls regelmäßig durchstoßen werden muß, was durch die gleichen eisernen Stangen geschieht. Dabei fällt die meiste Schlacke und Asche durch den Rost in den Wasserbehälter *w*. Je öfter man bei derartiger Kohle von oben durchstößt, um so seltener wird man unten den Rost abzuschlacken brauchen. Durch das Abschlacken soll indessen nur der Überfluß an Schlacke entfernt werden (was gewöhnlich nur einmal am Tage zu geschehen braucht), indem man dicht über den Rost eine mit einer Meißelspitze versehene Stahlstange über allen Rostspalten durchstößt, dabei jedoch eine etwa 10 bis 20 cm starke Schlackenschicht auf dem Rost beläßt. Insbesondere läßt man die Entschlackungsöffnungen über dem Rost mit Schlackenklumpen gefüllt, damit kein unverbrannter Koks aus dem Gaserzeuger herausfallen oder herausgerissen werden kann. Das Wasser unter dem Rost entwickelt Wasserdampf, der den Rost schützen, die Schlacken mürbe und bröcklich machen soll und in der glühenden Kohle oder Koksschicht zu Wassergas zersetzt wird.

Um die Flamme besser im Ofenquerschnitt in wagerechter Richtung zu verteilen, bringt *Franz Meiser*, Nürnberg, eine Vorverbrennung des Heizgases durch heiße, aus dem Kühlschacht angesaugte Luft an. Die vorgewärmte Luft tritt nach Abb. 67 unterhalb der Brennzone durch 8 Kanäle *b* aus dem erweiterten Kühlschacht zu den Gasdüsen, die in die Steigkanäle einmünden. Würde auf diese Weise die vollkommene Absaugung auf dem ganzen Ofenquerschnitt gelingen, dann würde zwischen dem Kühlraum und der Brennzone eine von Strömung freie Ebene vorhanden sein, und die aus den Schlitzen *c* austretende Flamme würde sich fast wagerecht über dem Ofenquerschnitt verteilen. Da aber anzunehmen ist, daß die seitlichen Absaugstutzen *b* die Luft nur in der Hauptmenge auch vom Umfang absaugen, so wird nach wie vor ein brennfreier Kegelkern im Ofen in die Höhe steigen. Wohl aber vermeidet die Vorverbrennung in den Steigkanälen *b* bis *c* die Stichflammenbildung gegen den Kalk, diesen also nicht überbrennend, aber die Schamotte der Kanäle wird entsprechend stark beansprucht. Vorteilhaft ist, daß die Flammen beobachtet und danach die Gaszuführungsschieber eingestellt werden können. Die Wirkung soll noch durch die injektorartig wirkende Zuführung des unter einem Druck von etwa 50 mm Wassersäule stehenden Heizgases erhöht werden, indem auch die Eintrittsöffnungen *c* die Gase schräg nach unten drücken. Der erste Ofen dieser Bauart wurde 1911 für die *Société Ceramique Mastricht* gebaut und dient dort zum Brennen von Kieselsteinen

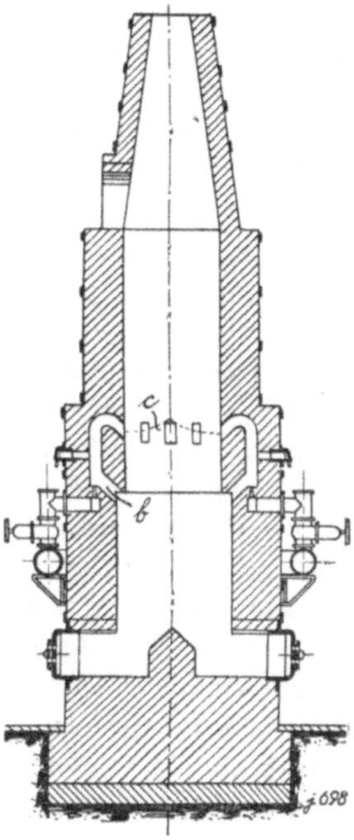

Abb. 67. Gasschachtofen mit Luftansaug durch Düsen.

Abb. 68. Zwei Schachtöfen mit Gasbeheizung.

für Hartsteingut. Die Abb. 68 zeigt zwei Kalköfen der *Chemischen Fabrik Griesheim Electron*, Bitterfeld. Das Heizgas wird durch die rechts sichtbare Leitung der auf Abb. 67 erkennbaren schmiedeeisernen Ringleitung von 300 mm l. W. von entfernt stehenden Zentralgaserzeugern zugeführt. Dort wird das Gas auch für sonstige Heizzwecke der Fabrik aus Bitterfelder Rohkohle hergestellt, entteert und auf 20 bis 30° abgekühlt, um den Wasserdampf niederzuschlagen vor Einführung in den Ofen. Das Gas hat dann noch einen Wärmewert von etwa 1000 WE in 1 cbm. Die in den Rohbraunkohlengasen vorhandene schweflige Säure kann den Kalk nachteilig beeinflussen. Die Nachluft wird durch Klappen über den Kalkabzugstüren nach Abb. 67 einseitig zugeführt; besser wäre die Zuführung über den ganzen Ofenquerschnitt durch einen Rost.

Ähnliches wollen die Bunzlauerwerke *Lengersdorff & Comp.*, Bunzlau, erreichen (D. R. P. 331 833, 1918), indem die vorgewärmte Luft aus dem oben erweiterten Kühlmantel bei *a* nach Abb. 69 abgezogen und durch Kanäle *b, c, d* dem Heizgas zugeführt wird. Die Zone *e, f* ist dann als teilweise Ruhezone zu betrachten, in der die Gase stillstehen, wenn die Saugwirkung der Kanäle *b, c, d* nur gerade die bei *g* zuströmende Verbrennungsluft aufnimmt. Wäre die Saugwirkung größer, dann würde „falsche" Luft die Verbrennung stören, wenn diese nicht bei *g* abgedrosselt wird. Dann würde Gas von *f* nach *e* rückwärts gesaugt, wodurch eine gewisse verdünnende Mischung günstig auf die Verbreitung der Flamme wirkt. Die Flamme steigt nicht gleich nach oben (Abb. 60), sondern wird teilweise nach unten gezogen; dadurch wird sie zur Verbreiterung gezwungen und der Kern wird besser durchgebrannt. Wärme wird dadurch aber, entgegen der Patentschrift, nicht gespart. Die Patentansprüche lauten: Verfahren und Vorrichtung zum Beheizen von Gassschachtöfen zum **Brennen von Kalk**, Zement, Dolomit, Magnesit u. dgl., bei welchem vorgewärmte Luft aus dem Kühlschacht abgesaugt und dem Brenner durch besondere regelbare Kanäle zugeführt wird, 1. dadurch gekennzeichnet, daß die heiße Luft in einer unter dem Brennschacht liegenden Erweiterung des Kühlschachtes entnommen und in einem den Brennschacht umgebenden Verteilungskanal gesammelt und aus diesem den darüber liegenden Brennern zugeführt wird; 2. dadurch gekennzeichnet, daß jedem Brenner zusätzlich kalte Luft in regelbarer Menge zugeführt wird. Heizgas und Heiz-

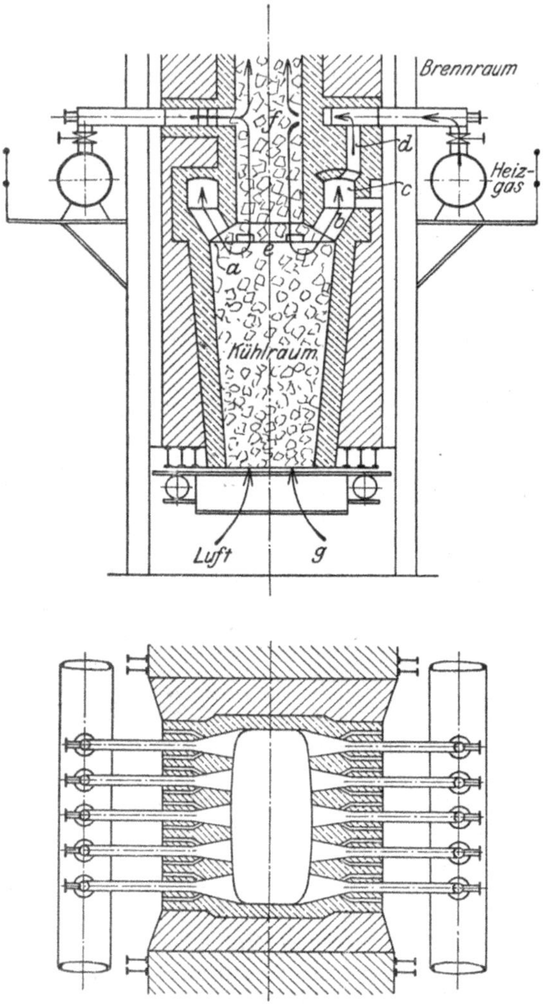

Abb. 69. Schachtofen mit Zumischung vorgewärmter Luft zum Heizgas.

luft lassen sich somit zwangläufig für jeden einzelnen Brenner des Schachtofens regeln.

Das Ablenken der Flamme soll nach dem auf S. 230 angeführten D.R.P. 344129 (Abb. 99) dadurch erfolgen, daß die vorgewärmte Luft mit großem Überdruck schräg von oben durch die Kanäle *i* auf das durch *k* zuströmende Heizgas drückt.

Die Abb. 70 stellt einen Schachtofen für Gasfeuer nach dem *Doherty*-System dar. In dem freistehenden Gaserzeuger *a* wird der Brennstoff, der durch den Stutzen *b* eingefüllt wird, vergast, die Asche wird durch die Raumöffnung *c* entnommen. Durch den Stutzen *d* wird das Gas nach unten geführt zu dem Staub- und Teersack *e*, von dem es weiter zur Ringleitung *f* geht. Auf dieser Ringleitung sitzen verschiedene senkrechte Steigrohre *g*, die das Heizgas den Feuerungsöffnungen *h* zuführen. Um die Flamme auseinander zu ziehen und die Anfangstemperatur zu erniedrigen, wird durch den Ringkanal *i* Abgas angesaugt und, wie schon auf Abb. 49 angegeben, dem Heizgas zugemischt. Die Kohlensäuregase entweichen durch den Schornstein *k*, dessen Zugwirkung durch eine Drosselklappe geregelt und durch einen Dampfstrahlapparat *l* vergrößert werden kann. Betrieben wird dieser Dampfstrahlsauger durch Dampf, der durch die Leitung *m* zugeführt wird.

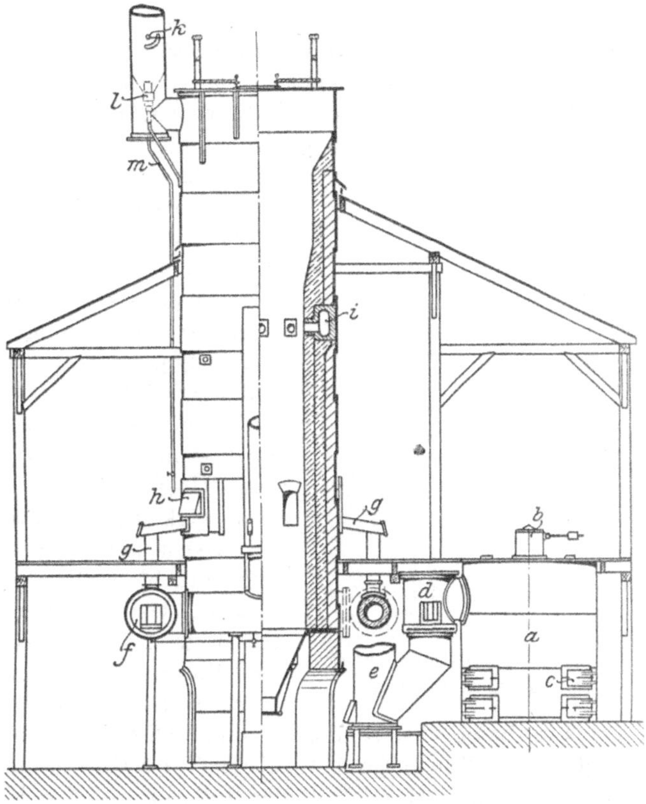

Abb. 70. Schachtofen für Gasfeuer nach *Doherty*.

Emil Skuballa, Berlin, erhielt das D.R.P. 314586, 1919, auf: 1. Schachtofen zum Brennen von Dolomit, Kalk und ähnlichen Stoffen mit angebautem Gaserzeuger, dadurch gekennzeichnet, daß der Gaserzeuger den Ofen als geschlossener Ring *e* (Abb. 71) umgibt, dessen Gichtbühne *f* zugleich zur Beschickung des Brennofens dient und dessen Sohle aus einem ringförmigen Rost von durch Zahnradübersetzung bewegten kegeligen Austragewalzen *i* besteht, welche die Asche in eine Anzahl Achsentrichter *h* befördern. 2. Schacht nach 1, gekennzeichnet durch in der Zwischenwand zwischen Schachtinnerem und Gaserzeuger untergebrachte Kanäle für das Gas und die Verbrennungsluft. Der nicht unterteilte, in sich geschlossene ringförmige Gaser soll eine ständig gleichmäßige Beheizung des Schachtofens auf seinem ganzen Umgange gewährleisten. Das gleichmäßige Arbeiten des Ring-Gaserzeugers wird sich schwierig gestalten; die Luft- und Gaskanäle sind im Betriebe unzugänglich.

Bei Gasschachtöfen, auch bei den mit Außenfeuern, z. B. der Rüdersdorfer nach Abb. 105c, kann man häufig beobachten, daß die Gasflamme nicht nach innen in den Ofen gesaugt wird, sondern nach außen zurückschlägt. Unten kann dann keine Verbrennungsluft zugeführt werden, sondern nur an der Gaseintrittsstelle selbst. Die unteren Ziehtüren müssen dicht verschlossen und verschmiert werden, so daß eine Kühlung des Kalkes unter nutzbringender Erwärmung der Verbrennungsluft nicht zu erreichen ist.

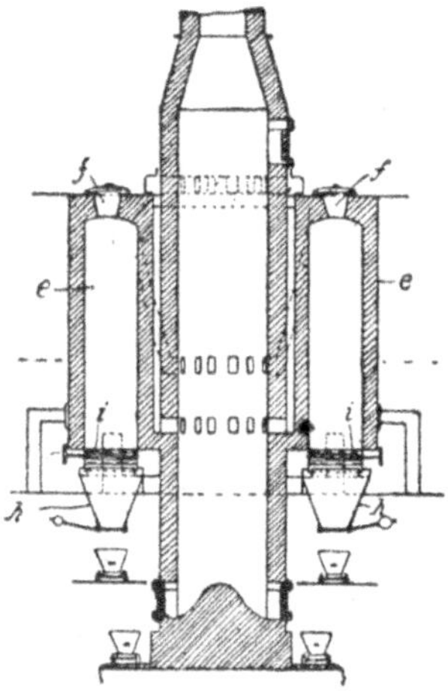

Abb. 71. Schachtofen mit Ringmantelgaser.

Die Gründe zum Rückschlagen der Flamme sind folgende:

1. Die in der Kühlzone erwärmte Luft übt an den Gaseintrittsstellen (z. B. „*a*“ nach Abb. 61) einen Überdruck aus, weil deren Auftriebsgeschwindigkeit (s. Abb. 60, S. 167) noch gering und zur Überwindung des Steinwiderstandes nicht aufgebraucht wird.

2. Die vom Gaserzeuger kommenden Gase finden an der Eintrittsstelle im Schacht nicht genügend Raum, sie werden am Eintritt durch die aufsteigende Luft gehindert.

Um diesen, den Brennstoffverbrauch erhöhenden lästigen Zustand zu beseitigen, muß man die Auftriebskraft der Verbrennungsluft verringern durch Drosseln des Luftzutritts an der Kalkabzugsstelle. Bei deren Durchbildung ist hierauf Bedacht zu nehmen. Führt man die Heizgase mit Druck zu, dann ist natürlich das Rückschlagen nicht möglich.

Der Kalkbrennofen nach Patent *Lochner* ist ein Schachtbrennofen mit rechteckigem Querschnitt und Gasfeuerung. Die lichten Abmessungen des Schachtes betragen im Mittel 7,5 m Länge und 1,7 m Breite, die gesamte bebaute Fläche beträgt annähernd 11,5 × 8,5 = rund 100 qm. Die Gaserzeuger *a* nach Abb. 72 und 74 können zu beiden Seiten des länglichen Brennraumes, abwechselnd mit den Abzugskammern für das Brenngut versetzt, gegeneinander angeordnet werden. Bei der vorliegenden Ausführungsform sind die Gaserzeuger an eine Längsseite des Ofens gelegt und stehen unter der Saugwirkung eines Schornsteins. Die Vorluft zur Erzeugung des Heizgases sowie die Restluft zu dessen Verbrennung im Kalkofen werden in Kanälen, in den Seitenwänden der Gaserzeuger und den Ofenwänden, vorgewärmt.

Die Restluft und das Heizgas strömen in Mischkammern in etwa ein Drittel der Schachthöhe zusammen, mischen sich dort und kommen im Schacht selbst zur Verbrennung.

Zur Beobachtung des Brennguts dienen Schaulöcher *d*, die so angeordnet sind, daß sich die obere und untere Lage der Brennzone bequem überblicken läßt; ebenso sind Schaulöcher zur Beobachtung der Brennkammern angeordnet. Rechts und links vom Schornstein *b* befinden sich die verschließbaren Gicht-

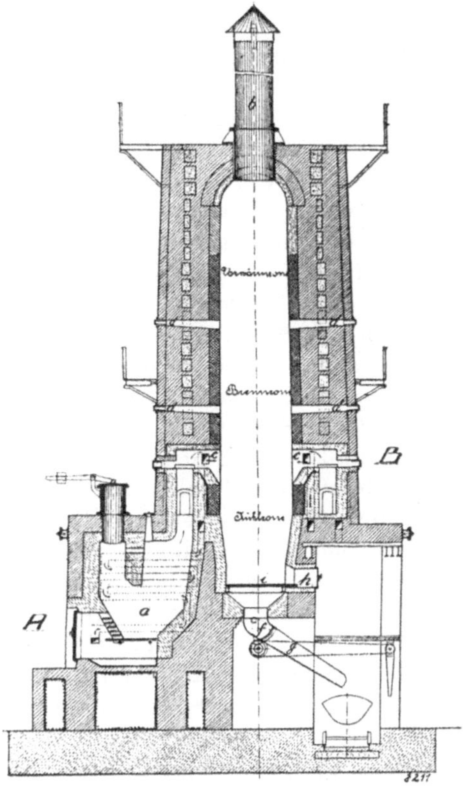

Abb. 72. Querschnitt durch den *Lochner*-Ofen.

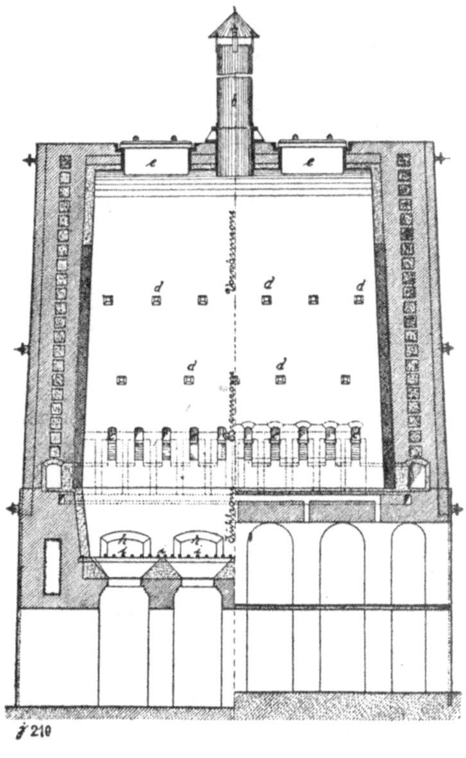

Abb. 73. Längsschnitt durch den rechteckigen *Lochner*-Ofen.

öffnungen (Abb. 73), durch welche der Kalkstein eingeführt wird. Die lichte Schachthöhe des Ofens bis zur Schornsteinmündung beträgt etwas über 10 m, die gesamte Höhe von Hüttensohle bis Gichtbühne $14^1/_2$ m.

Am Boden des Schachtes sind Verschlußkappen angeordnet, die den gebrannten Kalk über eine Rutsche (Abb. 72) in einen Wagen oder in eine sonstige Transporteinrichtung fallen lassen; dabei kann der feine Kalk vorher durch einen Rost in der oberen Hälfte der Rutsche abgesiebt und besonders abgezogen werden. Oberhalb der Abzugsöffnungen werden durch versetzt zueinander liegende Türen *h* quer durch den Schacht Spieße *i* eingesetzt, die einen Rost bilden und den Zweck haben, beim Abziehen des gebrannten Kalkes das nachsinkende Brenngut aufzuhalten, so daß die Abzugsöffnungen selbst frei bleiben und ein gleichmäßiges sachgemäßes Abziehen ermöglicht wird.

Die feuerfeste Ausmauerung des Ofens besteht bei den Gaserzeugern, den Gaszuführungskanälen, dem oberen Teil der Vorwärmezone und dem unteren Teil der Kühlzone aus Schamotte. Der untere Teil der Vorwärmezone, die gesamte Brennzone und der obere Teil der Kühlzone (gekreuzt schraffiert) sind mit behauenem Quarzschiefer ausgesetzt. Dieser hat sich hier als außerordentlich widerstandsfähig erwiesen, erfordert allerdings ein vorsichtiges Anheizen, um schroffe Temperaturwechsel zu vermeiden.

Von den vorgeschriebenen Öfen wurden Anfang 1917 auf der *Friedenshütte* in Oberschlesien zu einem bereits bestehenden sieben neue Öfen in Betrieb genommen, die von der *Industriebau-Akt.-Ges.* in Kattowitz erbaut wurden. Die Öfen sind derart paarweise angeordnet, daß die Gaserzeuger an den Innenseiten sich gegenüber liegen, während das Abziehen des gebrannten Kalkes an den Außenseiten erfolgt. Die Kalksteine werden durch Lokomotivbetrieb von einer Halde aus unmittelbar auf die Gichtbühne befördert. Auf demselben Wege erfolgt die Zufuhr der Kohle für die Gaserzeuger, die in hochgelegene Bunker entleert wird, von denen aus sie durch Rohre den Fülltrichtern der Gaserzeuger zugeführt wird. Da ein Heben der Roh- und Brennstoffe in *Friedenshütte* somit nicht erforderlich ist, so gestaltet sich dadurch die Zufuhr recht einfach und verhältnismäßig billig. Die an den Kopfenden der Ofenanlage befindlichen beiden elektrisch betriebenen Aufzüge dienen in diesem Falle nicht zur Heranschaffung des Rohstoffes, sondern zur Beförderung eines Teiles des fertig gebrannten Kalkes, der nach auswärts geht, in große Vorratsbehälter. Der für den eigenen Bedarf der *Friedenshütte* bestimmte gebrannte Kalk wird durch Schmalspurwagen den Verwendungsstellen zugeführt. Die *Friedenshütte* besitzt neben den vorbeschriebenen 8 *Lochner*-Öfen (bebaute Fläche 800 qm) noch einen großen Ringofen (bebaute Fläche 1600 qm), der täglich 120 bis 130 t gebrannten Kalk liefert, einen Kohlenverbrauch von 23 bis 25 Proz. vom Ausbringen aufweist und 3,50 Mk. Arbeitslöhne für 1 t Kalk erfordert (April 1918). Demgegenüber liefern die 8 *Lochner*-Öfen in 24 St. 180 t Kalk, also durchschnittlich je 22,5 t. Der Kohlenverbrauch beträgt dabei 17 bis 18 Proz. des gebrannten Kalkes und die Arbeitslöhne nur 50 Pf. (1917) für 1 t.

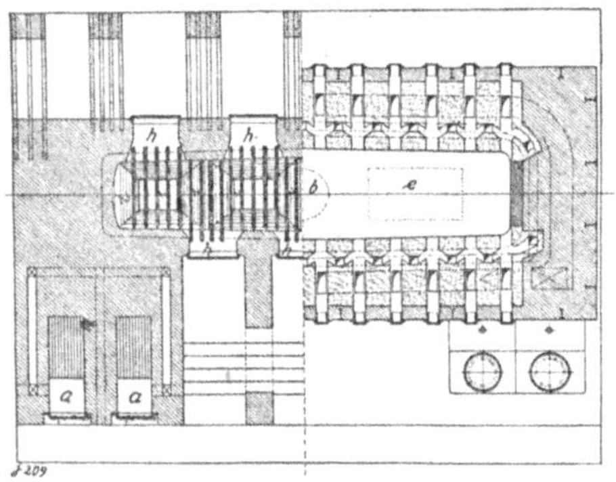

Abb. 74. Grundriß des *Lochner*-Ofens.

Die Gaserzeuger der *Lochner*-Öfen werden auf der *Friedenshütte* mit Steinkohle beschickt. Es können jedoch auch Koks, Braunkohlen und Braunkohlenbriketts zur Verwendung gelangen.

Um den rechteckigen Schacht ganz ohne Formsteine, lediglich aus Normalziegel aufbauen zu können, baut die *Mitteldeutsche Ofenbau-Ges. m. b. H.*, Magdeburg-W., ihre Gasschachtofen mit ebenen Innenwänden. Ein solcher Ofen hat einen mittleren lichten Querschnitt von 1,8 × 6,0 m und ist auf dem *Kalk- und Mörtelwerk A.-G.*, Welda (1922) errichtet. Ob die vollkommen ebenen Wände dauernd ohne Nachteil den Spannungen und Bewegungen folgen können, ohne daß der Verband des Mauerwerkes gelöst wird, muß abgewartet werden.

Eine eigenartige Form im Zusammenbau zeigt der Ringschachtofen der *Industriebau-Gesellschaft*, Kattowitz, nach Abb. 75 (vom Jahre 1919). Der Brennschacht wird durch einen äußeren kreisförmigen und inneren Mantel von sechseckigen Form gebil-

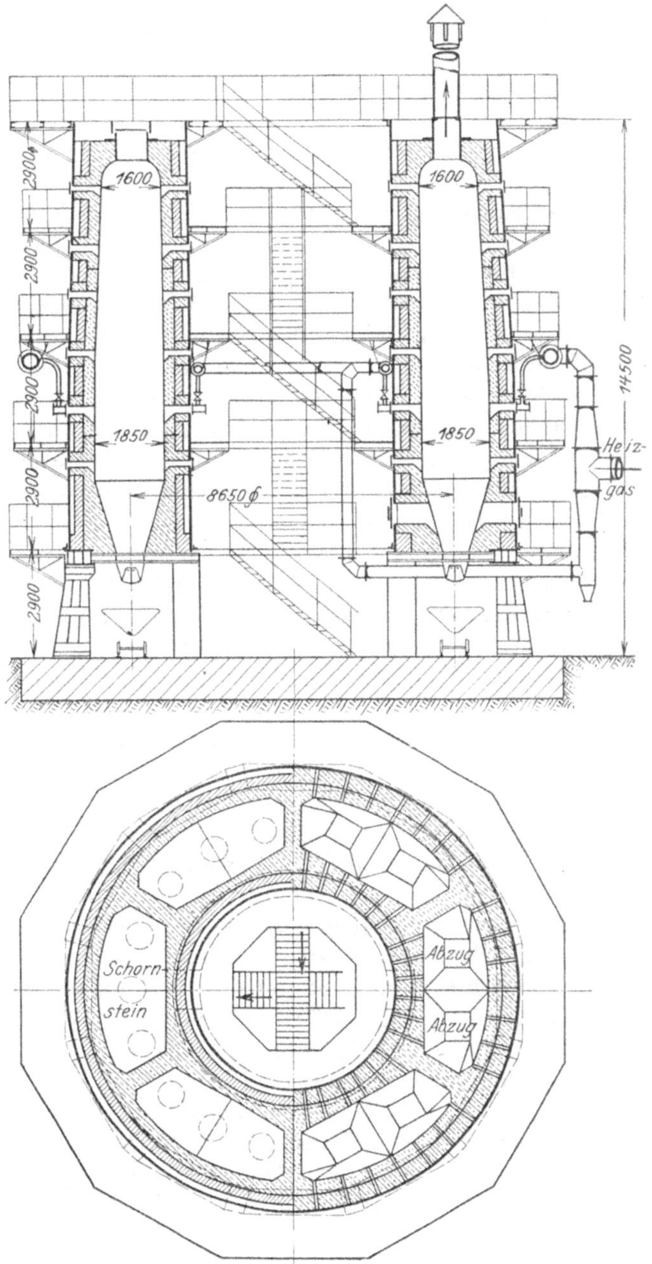

Abb. 75. Ringschachtofen.

det, wodurch ein Schacht von ringförmigem Querschnitt entsteht. Dieser ist durch 6 Zwischenwände, die den inneren und äußeren Mantel miteinander verbinden, in 6 Kammern unterteilt. Durch die Wände wird die Festigkeit des Mantelmauerwerkes erhöht und durch die Bildung der 6 Kammern sollen Ungleichmäßigkeiten in der Beschickung verhindert werden, die bei den langen Öfen leicht auftreten.

Die Schachtmäntel bestehen aus feuerfesten Steinen von 40 cm Stärke und einer Wärmeschutzschicht aus gut durchgebrannter Kesselschlacke von 15 cm Stärke. Die feuerfesten Zwischenwände sind 50 cm stark, deren Steine so geformt sind, daß sie nach den angrenzenden Kammern Gewölbe von 25 cm Stärke bilden. Das Ganze wird von je einem inneren und äußeren Blechmantel von 8 bis 10 mm Stärke gehalten.

Das Feuerkleid der Brennzone wird in Quarzschiefer, dessen Verwendung sich im Betriebe der Friedenshütter Öfen bewährt hat, ausgeführt. Die Zwischenwände werden in der entsprechenden Höhe ebenfalls in Quarzschiefer errichtet. Das Futter der Vorwärmezone und der obere Teil der Kühlzone bestehen aus Schamottesteinen zweiter Güte, der untere Teil der Kühlzone aus allergewöhnlichsten Schamottesteinen. (Die Berührung des sauren Quarzschiefers mit den basischen Schamottesteinen scheint aber nicht unbedenklich zu sein.) Das äußere und innere Schachtmauerwerk des Ofens, sowie die Ofenfüllung, werden von einem Eisenbetonring getragen, der unter dem äußeren Schachtmauerwerk von 12 Säulen und unter dem inneren Schacht durch eine ringförmige Mauer, mit einigen Durchbrechungen für den Durchtritt zum inneren Bedienungsraum, unterstützt ist. Das Ganze ruht auf einer Fundamentplatte. Die Beheizung des Ofens erfolgt durch Verbrennung von Heizgas oder Hochofengas, das durch eine äußere Ringleitung mit 36 Düsen dem Schacht zugeführt wird. Die Verbrennungsluft tritt durch Drehschieber in Putztüren an der Ofensohle ein.

Der Gasbedarf soll (?) etwa 60 cbm Hochofengas für 100 kg Rohgestein betragen. Bei 900 WE eines Kubikmeters Gases unter Berücksichtigung einer Luftvorwärmung von 600° C. wird eine Verbrennungstemperatur des Gases von 1300° C. erreicht. Diese niedrige Verbrennungstemperatur gegenüber der Temperatur des Kohlenheizgases ist durch entsprechend längere Brenndauer auszugleichen. Diese Öfen werden gewöhnlich für ein Ausbringen von 70 t gebrannten Kalk in 24 St. gebaut. Der nutzbare Ofenraum zum Brennen über Düsenmitte beträgt 285 cbm, wobei die Aufenthaltszeit der Steine 90 St. beträgt, gegenüber 75 St. in dem Schachtofen bei Kohlengasheizung. Zur Bedienung des Ofens und zur Überwachung des Ofenganges sind in Abständen von je 3,5 m Arbeitsbühnen angeordnet. Jede der Gasdüsen ist durch einen Schieber regulier- und abstellbar, so daß jede Kammer für sich außer Betrieb genommen werden kann. Der Abzug der Verbrennungsgase erfolgt aus jeder Kammer durch einen besonderen Schornstein. Jede Kammer erhält 2 Aufgabetrichter. Der Kalkstein fällt nach Öffnen des Trichterverschlusses aus dem auf der Gicht angeordneten Vorratsbunker und bei Öffnen des Bunkerverschlusses in den Ofen. An der Sohle jeder Kammer sind 2 Kalkabzugöffnungen vorgesehen, von denen aus der gebrannte Kalk in Geleiswagen oder Hängebahnwagen abgezogen wird. Das Heben des Kalksteines zur Gicht erfolgt durch einen Aufzug. Ob dieser Ringschachtofen eine Ersparnis an Bau- und Betriebskosten bringt gegenüber dem gewöhnlichen Schachtofen, scheint noch nicht bewiesen zu sein.

Einen Drehofen mit Gasfeuerung zeigt die Abb. 76 (*Fellner & Ziegler*, Frankfurt a. M.) für das Brennen von 90 bis 100 t Kalksteine in 24 St. Zum Vorbrechen dienen 2 Steinbrecher *a* und fällt der Schotter in eine Siebtrommel, die mit gelochten Blechen von 20 bis 50 mm Rundlochung ausgerüstet ist. Das Gut in einer Körnung von 20 mm (Nußgröße) und darunter, welches sich zum Brennen im Drehofen als am zweckmäßigsten erwiesen hat, wird durch das Becherwerk *b* gehoben in einen Sammelbehälter *c*. Eine darunter angebrachte Telleraufgabe *d* sorgt für eine gleichmäßige Speisung des Drehofens *e*. Die Beheizung

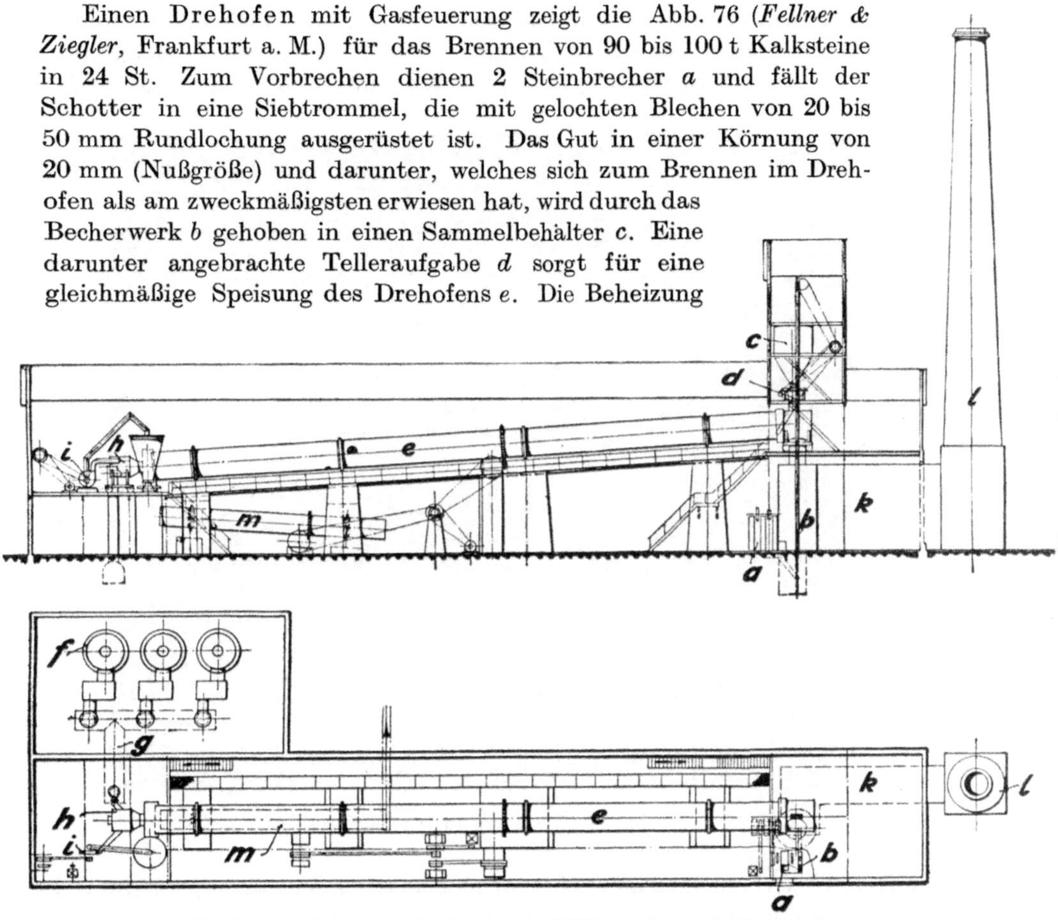

Abb. 76. Drehofenanlage zum Brennen von Kalkschotter mit Gasbeheizung.

erfolgt durch Gas, das in den drei Drehrostgaserzeugern *f* gewonnen und durch die Leitung *g* der Gasdüse *h* zugeführt wird. Ein Gebläse drückt mittels der Verbrennungsluft das Gas in den Ofen. Die Heizgase ziehen durch den Drehofen *e*, werden in der Staubkammer *k* entstaubt und durch den Schornstein *l* abgesaugt. Der gebrannte Kalk fällt am tiefsten Ende des Drehofens *e* in den Kühler *m*, dort seine Wärme zur Vorwärmung der Verbrennungsluft abgebend. Man kann mit dem Drehofen kleinsten Schotter brennen, aber der Brennstoffverbrauch ist größer als beim Schachtofen. (S. S. 21.)

Die photographische Abb. 77 läßt das Äußere eines Drehrohrofens für Gasheizung von *Gebr. Pfeiffer*, Kaiserslautern, erkennen.

Paul Bayer berichtete 1914 über einen Gasringofen, der in Pargas, Finnland, aufgestellt ist. Im Brennkanal wurden sog. Schamottebrenner aufgestellt, die aus runden durchlöcherten Schamotteröhren bestanden und in der Längsrichtung (wie die Heizlöcher) etwa 1,25 m auseinander standen. Vergast wurde englische Steinkohle mit 6000 WE, bei einem Verbrauch von 23 bis 24 Proz., bezogen auf gebrannten Kalk im Drehrostgaserzeuger. Die

Abb. 77. Drehofen für Gasheizung.

Schamotterohrbrenner waren aber nicht genügend haltbar und mußten zu oft erneuert werden. Ein zweiter Ofen wurde in Dorogh, Ungarn, errichtet, wieder mit Schamotterohrbrennern. Der Brand gelang sehr gut, aber schon nach dem ersten Umbrand waren viele Gaspfeifen zerstört. Man versuchte deshalb ohne Pfeifen, einfach durch die Sohle das Gas brennen zu lassen. Infolge der nicht über den ganzen Querschnitt verteilten Gaszufuhr brannte der Ofen sehr schlecht und sank seine Glut sehr schnell, so daß ein Weiterbetrieb unmöglich war. Die beweglichen Gaspfeifen wurden nun durch feststehende ersetzt. In der Mitte des Brennkanals wurde ein aus Normalsteinen gebauter starker Pfeiler mit Gasausströmungsöffnungen errichtet und in die gleiche Richtung wurden in die beiden Längswände des Brennkanals feste Pfeifen eingebaut. Der mittlere feste Gasbrennpfeiler störte die Bedienung nicht, weil der freie Raum für das Durchfahren des Kalkwagens genügte. Diese Anordnung arbeitete gut, trotzdem jetzt die Brenner in der Brennkanalachse 2,5 m auseinander standen, der dazwischen stehende Kalkhaufen wurde gut durchgebrannt. Dieser Kalkringofen hat eine Brennkanalbreite von 3,4 m und eine Höhe von 2,8 m; gewonnen wurden etwa 35 bis 40 000 kg gebrannter Kalk in 24 St. Der Verbrauch an Doroghier ungarischer Braunkohle mit 5000 WE betrug 40 kg auf 100 kg gebrannten Kalk einschließlich des zur Dampferzeugung von den Gaserzeugern nötigen Brennstoffes. (*E. Schneider*, Vortrag, V. d. Kalkwerke 29. Juni 1921.) Das Gas wird unter Druck zugeführt, damit lange Flammen sich über den Kanalquerschnitt verteilen.

46. Heizung mittels Elektrizität.

Das Kalkbrennen könnte durch sich erhitzende Widerstände, die von elektrischen Strömen mit niedrigen Spannungen aber großer Stromstärke durchflossen werden, oder im elektrischen Lichtbogen (mit hoher Spannung und geringer Stromstärke) erfolgen. Die letztere Art bringt fast punktförmig hohe Temperaturen von 3500 bis 4000°, die ein Totbrennen des Kalkes bewirken können.

Die Eigentümlichkeit des elektrischen Ofens besteht in der stofflosen Wärmeumsetzung, keine Verbrennung ist nötig. Er schließt deshalb jede Verunreinigung des Erzeugnisses durch Schlacken oder Heizgase aus. Die Umsetzung der Elektrizität in Wärme erfolgt in den elektrischen Öfen ausschließlich durch Reibung. Wenn der elektrische Strom feste, flüssige oder gasförmige Stoffe durchfließt, stellen sie dem Strom einen Widerstand entgegen, der sich durch Erwärmung äußert.

Die von einem elektrischen Heizwiderstand entwickelte *Joul*sche Wärme ist, wenn i die Stromstärke und w der Leitungswiderstand sind,

$$W = i^2 \cdot w \cdot 3600 \text{ WE-St.} \qquad (69)$$

Der elektrische Widerstand erhitzt sich um so höher bis zu jeder beliebigen Temperatur, je kleiner seine wärmeabgebende Oberfläche ist. Matt oxydiertes Schmiedeeisen gibt z. B. 1 Watt auf 1 qcm Oberfläche bei 400° durch Strahlung ab, so daß die erforderliche Fläche leicht berechnet werden könnte. Eisen kommt aber bei den erforderlichen hohen Temperaturen hier als Widerstand nicht in Frage, wohl aber Kohlen, Graphit u. dgl.

$$1 \text{ kW-St. erzeugen } 861 \text{ WE.} \qquad (70)$$

Die zum Brennen theoretisch erforderliche Elektrizität berechnet sich wie folgt. In der Brennzone sind nach Formel 39 (S. 73) für die Verdampfung der CO_2 zuzuführen 42 520 WE.

Die freiwerdenden 44 kg CO_2 entführen der Brennzone nach Formel 43 14 312 WE, während die Kalksteine zur Vorwärmung nach Formel 40 17 976 WE aufnehmen können. Es fehlen noch 17 976 — 14 312 = 3664 WE. Diese kann man dem Kalkofen erhalten, wenn man unten eine gewisse Menge Luft zuführt, trotzdem diese an und für sich zum Brennen mit elektrischem Strome nicht erforderlich ist, um die Wärme des die Brennzone verlassenden

Ätzkalkes aufzunehmen. Es ergibt sich dann eine Verteilung der Wärme nach Abb. 78. Nach Formel 45 entführt der Ätzkalk aus der Brennzone 10 067 WE, von denen die 3664 WE der Vorwärmezone zugeführt werden können, so daß noch 10 067 − 3664 = 6403 WE zu ersetzen sind. Insgesamt sind dem Idealofen dann

$$42\,520 + 6403 = 48\,923 \text{ WE}$$

durch elektrischen Strom zuzuführen, oder es sind für das Brennen von 100 kg Kalksteine

$$\frac{48\,923}{861} = 57 \text{ kW-St.}$$

erforderlich.

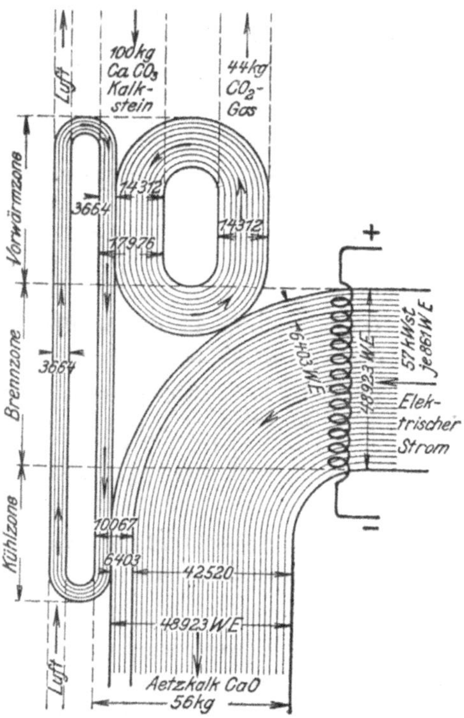

Abb. 78. Verteilung der Wärme im elektrisch beheizten Kalkofen.

Da nach S. 77 an Kohlenstoff im Idealofen nur 7,834 kg benötigt werden, oder demnach etwa 9 kg Steinkohle, so dürfte 1 kW-St. nur $^9/_{57}$ = etwa $^1/_6$ bis $^1/_7$ der von einem Kilogramm Steinkohle kosten, wenn das Kalkbrennen mit elektrischem Strom wirtschaftlich sein soll. Solche Verhältnisse dürften aber selten vorliegen.

Da das Brennen ohne Luft erfolgen könnte, so könnte man eine reine, bis hundertprozentige Kohlensäure im elektrischen Kalkofen gewinnen, was unter Umständen von Bedeutung sein kann (s. a. S. 341 über die Verwertung der Abgase).

Im zeitweilig arbeitenden, geschlossenen elektrischen Ofen, bei dem also die zur Vorwärmung des Steines aufzuwendende Wärme nicht wiedergewonnen werden kann, will *Paul Ewerbeck* in Garmisch (Oberbayern) Kalk brennen (D.R.P. 334 053, 1920) in einer Drehtrommel nach Abb. 79. (Die am 14. März 1921 herausgegebene Patentschrift zeigt derartige Unklarheiten, die Zeichnung ist so mangelhaft und viele Buchstaben fehlen vollständig, so daß man bedauern muß, so etwas vom Deutschen Patentamt unter die Augen zu bekommen.) Die Erfindung bezweckt den Ersatz von Brennstoffen durch Elektrizität. Die elektrische Heizung erfolgt durch Widerstandsdrähte, die durch den elektrischen Strom glühend gemacht werden und gradlinig in parallel zur Achse der Trommel verlaufende Kanäle in der inneren Mantelfläche des Ofens eingelegt sind, die, falls deren Baustoff oxydierbar ist, zur Verhinderung der Oxydierung entweder annähernd luftleer gemacht oder mit einem harmlosen Gase gefüllt werden. Die Brenntrommel hat ein Schamotte-

Feuerkleid. Wesentlich ist dabei, daß die Widerstände mit der Trommel unmittelbar nicht in fester Verbindung stehen, sondern sich frei in den genannten Kanälen ausdehnen können, wodurch die bei einer etwaigen festen Verbindung mit der Trommel infolge der verschiedenen Ausdehnung zu befürchtenden Spannungen und Rissebildungen vermieden werden. Die Widerstandsmaterialien sind in ringförmige Schienen eingeklemmt, von denen die eine in zwei Halbringe geteilt ist, die — zwecks Zu- und Abführung des Stromes von der einen Seite des Ofens her — mit Schleifringen verbunden sind. Hierdurch sollen Betriebsstörungen infolge Durchschlagens von Drähten vermieden werden, falls eines der genannten Widerstände durchschlagen sollte. Dann wird nur die Stromstärke der übrigen unwesentlich erhöht, so daß die Füllung ungestört bis zum Ende gebrannt werden kann. Während, wenn die Widerstände statt nebeneinander hintereinander geschaltet werden, oder durch einen einzigen Druck in Spirallinie um die Mantelfläche geschlungen

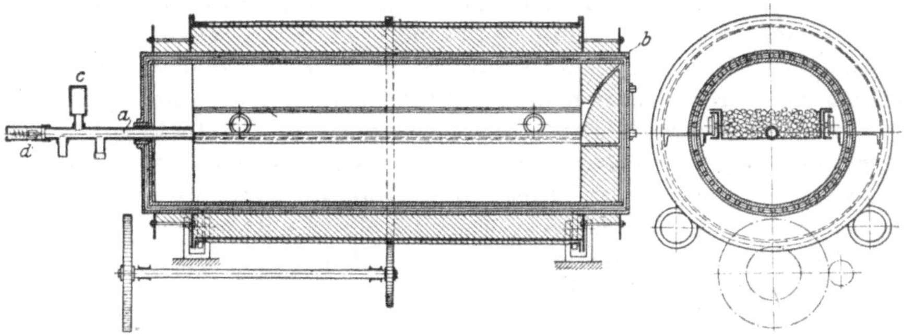

Abb. 79. Trommelofen zum Kalkbrennen mit elektrischem Strom.

werden, ein Durchschlagen auch nur an einer Stelle den ganzen Ofen stromlos und unbrauchbar machen würde. Die Wärmeabgabe soll möglichst nur nach innen erfolgen, nach außen wird sie durch einen starken Wärmeschutzmantel möglichst verhindert. Während des Brennens befindet sich die Trommel in langsamer Drehung, so daß der, durch Brecher auf eine Korngröße von wenigen Zentimetern gebrachte Kalkstein ständig durcheinander kollert und immer neue Teile mit der heißen Mantelfläche in Berührung kommen. Der Ofen soll im Gegensatz zu den bisherigen Kalksteinöfen, welche ständig von Luft durchströmt sind, im Betriebe fest geschlossen sein. Bei der Austreibung der Kohlensäure entstehen beim Brennen bedeutende Spannungen im Kessel, welche dem Bestand des Ofens gefährlich werden könnten. Um diese Spannungen zu beseitigen, ist an dem einen Deckel ein Rohrstutzen *a* angebracht, der am Ende in ein Sicherheitsventil *d* ausläuft, das bei höheren Druckverhältnissen die überschüssige Luft (!) ausströmen läßt, während die sich entwickelnde Kohlensäure durch eine Pumpe, die an obigen Rohrstutzen angekuppelt wird, abgesogen werden soll. Hierbei ist natürlich erforderlich, daß, sobald die Bildung der Kohlensäure einsetzt, was bei Erreichung einer Hitze von 900° C der Fall ist, die Drehung von oben eingestellt wird. Zur

Kontrolle der Spannung und Temperatur im Ofen sind an den Stutzen *a* ein Manometer *c* und ein Thermometer angebracht. Da die Öfen eine Länge von mindestens 5 m und einen Durchmesser von $1^1/_2$ m erhalten, so ist mit Rücksicht auf die gleichmäßige Verteilung des Rohgutes auf die Längeneinheit und auf die hohen Hitzegrade eine Beschickung von Hand ausgeschlossen. Diese soll vielmehr durch einen auf Rollen laufenden eisernen Kasten erfolgen, welcher auf zwei einander gegenüberliegenden, an den äußeren Blechmantel des Ofens durch Vermittlung von [-Eisen angeschraubten Gleitschienen gleitet, die zuvor durch Drehung des Ofens in der Höhe der Achse des Ofens eingestellt werden. Nachdem der Kasten mit dem zu brennenden Material gleichmäßig beladen in den Ofen eingefahren ist, wird dieser um seine Längsachse um 180° gedreht, so daß das Gut aus dem Kasten abfällt und, auf die ganze Länge des Ofens gleichmäßig verteilt, die untere Zylinderhälfte bedeckt. Sodann wird der Kasten, der jetzt auf den Flanschen ihrer Längsträger auf den Gleitschienen gleitet, mittels eines Flaschenzuges herausgezogen und die hintere Stirnwand des Ofens geschlossen, worauf der Strom eingeschaltet wird. (Diese Art der Verteilung ist unnötig. Erfahrungsgemäß ist durch Anbringung von Hubschaufeln eine gute, gleichmäßige Mischung zu erzielen.) Der Strom bewirkt sowohl die Drehung des Ofens durch ein Vorgelege, das auf einen um den Ofen gelegten Zahnkranz wirkt, als auch die Erhitzung des Ofens. Der gebrannte Kalk wird aus dem Ofen herausgezogen, indem man wiederum den flachen Kasten in den Ofen einschiebt und den Ofen um 180° dreht, worauf der Kalk auf den Kasten fällt und herausgezogen werden kann.

Das *Tinfos Jernverk, A. S.*, Notodden, Norwegen, erhielt das D. R. P. 343 771, 1919, auf einen Ofen zum Brennen von Kalk u. dgl. unter Wärmezufuhr durch einen elektrisch beheizten Gasstrom, dadurch gekennzeichnet, daß zur Beheizung Lichtbogenöfen verwendet werden, und daß zwischen die Lichtbogenöfen und das Ofeninnere ein Druckausgleichraum (Puffer) eingeschaltet ist. Dieser Raum bewirkt, daß in dem Ofeninneren plötzlich auftretende Druckveränderungen sich nicht zu den Lichtbogenöfen fortpflanzen und dort die Lichtbogen auslöschen. Vorteilhaft wird der Ofen durch gewöhnlichen Brennstoff angefeuert; die Lichtbogenöfen werden erst dann eingeschaltet, wenn der Ofen heiß geworden ist, so daß ein guter Zug herrscht. Hierdurch wird vermieden, daß Stickstoffoxyde u. dgl. durch die verschiedenen Öffnungen des Ofens ausströmen und die Arbeiter belästigen. Sollen die elektrischen Öfen eingeschaltet werden, so wird zweckmäßig ein Gebläse an der oberen Mündung des Kalkofens angeordnet, um einen hinreichend großen Zug hervorzurufen. Zeichnung bei der Patentschrift.

In Schweden sind Versuche zum Brennen von Zement durch elektrischen Strom vorgenommen worden, und zwar von *Wennerström* bei den der *Stora Koppatbergs Aktiebolag* gehörigen Anlagen bei Domnarvets Bruk. Da diese Versuche zur Zufriedenheit ausgefallen sind, wird bei der genannten Grube eine Fabrik für diesen Zweck errichtet. Außerdem sind ähnliche Versuche bei dem *Trollhätta-Kraftwerk* vorgenommen worden. Die in Schweden benutzten Zementöfen mit elektrischem Betrieb haben einen zylindrischen Herd und einen oder mehrere Elektroden. Der Herd ist mit einem Graphitmantel ausgekleidet und wird mit flüssiger Hochofenschlacke gefüllt. Um eine günstige Stromverteilung zu erzielen, werden die Elektroden in die flüssige Schlacke eingetaucht. Die Temperatur des Schmelzbades ist zwischen Elektrode und Boden am höchsten und nimmt gegen die Oberfläche des Ofeninhaltes ab. Auf die Schlackenoberfläche wird Kalkstein gelegt, der auf dem Schmelzbade schwimmt und allmählich von diesem aufgenommen wird. Dieses Herstellerverfahren erfordert etwa 400 bis 700 kW für 1 t Zement je nach der Art der Schlacke und der Menge des zugesetzten Kalksteins. Der solcher Art erzeugte Zement ist von besonderer Güte. Verwendet man die Schlacke nicht im heißen flüssigen Zustande, sondern läßt sie zuerst im Wasser körnen, so ist der Energieaufwand bei der Verwendung dieser kalten Schlacke zur Zementerzeugung entsprechend höher. Die Schwierigkeit bei der Erzeugung von Elektrozement aus Kalk und Schlacke besteht hauptsächlich darin, daß in Lichtbogenöfen leicht Calciumcarbid entsteht, das den Zement verschlechtert. Daher werden Widerstandsöfen zur Zementerzeugung vorzuziehen sein. (*Hasch*, Z. d. V. d. I. 1921, S. 426.) — Bisher ist aber ein hochwertiger Leiterbaustoff, der den hohen Temperaturen dauernd widersteht, noch nicht gefunden worden. — Würde man statt der Verwendung von Schlacke den Zement aus Kalkstein und Ton in üblicher Weise herstellen, dann würden nach *Johann Heß*, München (Die Chemische Industrie 1922, S. 557) der Stromverbrauch für 100 kg Klinker auf 210 kW-St. steigen, während nur etwa 24 kg Kohle eingespart werden.

G. Das Feuerkleid.

Das Innere des Kalkofens, der Schacht, muß aus einem Stoff bestehen, der den auftretenden Temperaturen, den chemischen und mechanischen Angriffen gewachsen ist. Es sind die Wirkungen und Ursachen festzustellen, und dann ist zu prüfen, welche Eigenschaften notwendig sind, um den Einflüssen zu widerstehen, um als innere Auskleidung, als „Feuerkleid“, den Stoff zu wählen, der den Anforderungen am besten entspricht.

Ich wähle für die bisherige zusammengesetzte Bezeichnung „feuerfeste Auskleidung“ das wohl treffende Wort „Feuerkleid“.

Im allgemeinen wird vom Feuerkleid, dem Baustoff, der den Feuerraum umkleidet, sog. „Feuerfestigkeit“ verlangt. In Wirklichkeit gibt es keinen vollkommen feuerfesten Baustoff. Aber darauf kommt es weniger an als darauf, daß das Feuerkleid im Kalkofen eine genügende Lebensdauer besitzt die das Kalkbrennen nicht unwirtschaftlich belastet und durch Mängel zu häufig den Betrieb stört.

Zur Herstellung des Feuerkleides im Kalkofen kommen in Frage:

Schamottesteine als bestgeeigneter Baustoff.

Bauxitsteine; sie sind sehr tonerdereich, hochfeuerfest und werden am Fundort, in Les Baux, Südfrankreich, wie Schamottesteine hergestellt. Sie sind für Kalköfen im allgemeinen zu teuer. Bauxit ist der vornehmlichste Grundstoff zur Erzeugung von Aluminium (Al).

Dynamidon, Tonerdestein, ebenfalls aus Bauxit gebrannt.

Quarzschiefersteine.

47. Die chemischen Einwirkungen auf das Feuerkleid.

Sie entstehen durch die Einwirkung der verschiedenen, mit der Auskleidung in Berührung kommenden Stoffe, also durch Kalksteine, Ätzkalk, Koks, Koksasche, Luft, Verbrennungsgase, Kohlensäure, Kohlenoxyd, durch die zum Vermauern verwendeten Mörtel und schließlich durch seine eigenen Stoffe, aus denen der Ofen zusammengesetzt ist.

Reine Kalksteine üben ihrer neutralen Zusammensetzung ($CaCO_3$) wegen keinen chemischen Einfluß auf das Ofenfutter aus. Der stark basische Ätzkalk geht aber mit saurem Futter, mit der Kieselsäure, lebhaft Verbindungen unter Bildung von leicht schmelzenden, leichtflüssigen Kalksilicaten ein. Hier ist die Wirkung der Kieselsäure im Kalkstein (S. 378) von gleichem Einfluß. Deshalb sind im allgemeinen saure Auskleidungen für die Kalköfen nicht geeignet, sondern nur basische.

Guter Koks, wenn er nicht durch Teer u. dgl. stark verunreinigt ist, übt keine chemische Wirkung auf die Auskleidung aus. Wohl aber die Koksasche. Deren Zusammensetzung und ungünstiges Wirken habe ich schon im Abschnitt „Koks", S. 103, eingehend besprochen und sei darauf nochmals verwiesen.

Im Ringofen mit Streufeuer wird die Sohle des Brennkanales durch die Asche häufig sehr angegriffen. Man kann sich hiergegen schützen, wenn man bei Beginn des Feuerns eine 50 mm hohe Kalkstaubschicht auf die Sohle bringt und diese auch später, beim jeweiligen Entleeren der Kammern von den gebrannten Steinen, liegen läßt.

Luft, auch heiße, ist im allgemeinen ohne Einfluß auf das Feuerkleid, ebenso die Kohlensäure, die als schwache Säure auftritt gegenüber dem stark basischen Ätzkalk. Denn überall, wo die Kohlensäure auftritt, ist auch mit der Anwesenheit von Ätzkalk, wenn auch nur als Staub, zu rechnen.

Kohlenoxyd wirkt reduzierend, also leichtflüssige Schlacken erzeugend.

Nach *Lürmann* (Stahl u. Eisen 1898, S. 168) wirken die aus dem Schwefelkies in dem feuerfesten Mauerwerk entstandenen Eisenoxydteilchen katalytisch auf das Kohlenoxyd. Die Zerlegung erfolgt nach der Formel $2\,CO = C + CO_2$. Der freiwerdende C reichert sich in den Steinporen an und bringt die Steine zum Bersten oder Abblättern. Das abbröckelnde Stück ist mit einem schwarzen Pulver umgeben. Die katalytische Reaktion soll an Temperaturen zwischen 300 bis 400° gebunden sein, kann also in der Hauptsache nur in der Vorwärmezone und in der äußeren, kälteren Schamotteschicht in Erscheinung treten. Auch hier macht sich das Kohlenoxyd unangenehm bemerkbar und ist aus diesen Gründen schon zu vermeiden.

Der zum Ausmauern verwendete Mörtel soll in seiner chemischen Zusammensetzung sich möglichst dem der Steine nähern. Sonst verbindet sich z. B. die Tonerde des basischen Steines mit der Kieselsäure des sauren Mörtels wieder zu leichtflüssigen Kalksilicaten, worauf ich noch bei der Besprechung über die Einwirkung der Temperatur (S. 193) zurückkomme und worauf ich noch beim Ausmauern (S. 221) eingehen werde. Je weniger der Mörtel in seiner Zusammensetzung von dem ihn berührenden Stein sich unterscheidet, je gleichmäßiger die einzelnen Steine sind, um so weniger werden sie chemisch aufeinander wirken und sich schädlich beeinflussen können. Eine Auskleidung, die von oben bis unten homogen aus einem Stoff besteht, wird in chemischer Beziehung am widerstandsfähigsten sein.

Die chemischen Angriffe werden um so weniger Stoffverluste am Ofenfutter bewirken, je kleiner dessen innere Angriffsfläche ist. Je kleiner diese Oberfläche, um so weniger Stoff wird vom Ofenfutter verbraucht. Wohlverstanden nur in bezug auf die Gesamtmenge der in diesem oder jenem Falle aufzuwendenden Menge an Kalkofenfutter, nicht in bezug auf die Tiefe der Abnutzung. Kleine innere Oberfläche bedingt aber großen Ofendurchmesser und kleine Höhe, auf deren Nachteile ich noch zurückkomme.

Die chemischen Wirkungen sind außerordentlich von der Temperatur abhängig, viele werden erst ausgelöst, treten in Erscheinung, wenn gewisse Temperaturhöhen erreicht sind. Hand in Hand mit der Betrachtung über die chemische Einwirkung muß die der Temperatur gehen, auf die noch eingegangen wird.

48. Die mechanische Beanspruchung des Kalkofenfutters.

Die mechanische Beanspruchung wird durch die Reibung der niedergehenden Gicht und deren Druck auf das umschließende Kalkofenfutter ausgeübt. Je härter, fester im Gefüge ein Stein ist, um so mehr wird er dem Abreiben durch die Gicht widerstehen. Dieser Widerstand ergibt sich unmittelbar aus der mineralogischen Härteskala. Nach dieser wird bekanntlich die Härte eines Minerals durch gegenseitiges Aneinanderreiben bestimmt. Der Stoff ist weicher, der vom anderen abgerieben wird. Danach ist die nachstehende mineralogische Härteskala zusammengestellt.

Zahlenreihe XXV.

Härteskala von *Mohs*.

1. Talk, durch Fingernagel drückbar	3. Kalkspat	7. Quarz
	4. Flußspat	8. Topas
2. Gips, durch Fingernagel abschabbar	5. Apatit	9. Korund
	6. Feldspat, nur bester Stahl ritzt	10. Diamant

Der Widerstand der Schamotte, Quarzschiefersteine u. dgl. gegen Abreiben ist nicht allein von der Härte der Mineralien abhängig, aus denen er besteht, sondern besonders von dem Stoff, der die einzelnen Teilchen verbindet, kittet, zusammenhält. In schlecht gebrannten, mangelhaft vorbereiteten Steinen sind die einzelnen harten Quarzkörnchen nicht fest miteinander verbunden, so daß sie leicht abgerieben werden, wie beim weichen Sandstein.

Der Stein ist gegen die Abreibung am widerstandsfähigsten und in dieser Beziehung für die Auskleidung der beste, der sich beim Reiben zweier Stücke gegeneinander am wenigsten abreibt. Dies zeigt natürlich seine innere Festigkeit nur bei gewöhnlicher Temperatur, sie wird abnehmen mit der Erwärmung und wesentlich verringert bei beginnender Erweichung. Darüber werde ich noch einiges bei der Betrachtung des Temperatureinflusses angeben.

Kalkspat ($CaCO_3$), krystallisierter kohlensaurer Kalk, besitzt nach der Härteskala XXV die Härte 3 und mit ihm auch Marmor und reine Kalksteine. Dagegen haben die feuerfesten Steine eine Härte bis 7, bis zu der des Quarzes. Die Kalksteine sind also bedeutend weicher als die Auskleidung, sie werden sich mehr als diese beim Niedergehen abreiben.

Auch durch den niedergehenden Koks wird das Futter wenig abgerieben werden, weil auch seine Härte (S. 102) sich zwischen 3,2 und 3,6 bewegt, also auch wesentlich unter der der Auskleidung. Die Abreibung durch Kalkstein und Koks wird erst bei schlechtem Futter bedeutend, wenn es bei den Ofentemperaturen schon weich wird, also wesentlich an Festigkeit und innerem Zusammenhang verliert.

Im Drehrohrofen wird das Ofenfutter in stärkerem Maße durch die schleifende Wirkung beansprucht. Während im senkrechten Schachtofen die Füllung nur axial weitergleitet, vollführt bei jeder Umdrehung die Füllung nicht nur einen Schritt vorwärts, sondern auch gleichzeitig einen Weg auf dem Unfang des Innenmantels, als Schneckenlinie. Dazu kommt die feine, zitternde Wirkung des drehenden Brennrohres, die das Feuerkleid in seinen Fugen lockert und bald auseinanderfallen läßt, wenn die Keilsteine nicht sehr fest eingespannt sind.

Um die Oberfläche des Feuerkleides zu härten, strebt man bei den Zementofen die Bildung des sog. Ansatzes an, der als Schutzdecke wirkt. Es ist dies ein Glas oder eine Schlacke, die sich anfangs bei höherer Temperatur bildet. Künstlich wird er erzeugt durch einen Anstrich der Oberfläche mit einem Flußmittel, wie z. B. Feldspat, Wasserglas u. dgl. Sehr langsam muß angeheizt werden. Darauf erwärmt man über die Schmelztemperatur, damit die Oberfläche des Feuerkleides zusammensintert und schmilzt, und man geht dann zurück zur üblichen Brenntemperatur. Diese Arbeit mit solchen Anstrichen erfordert größte Vorsicht in der Wahl des Stoffes, damit das „Glasieren", also Schmelzen des Feuerkleides, nicht dauernd fortschreitet und dann, statt schützend, zerstörend wirkt. Häufig werden die Steine schon mit Köpfen geliefert, die durch Feldspat glasiert sind.

Im Ringofen findet natürlich durch die Füllung selbst keine mechanische Abnutzung statt, weil diese stilliegt. Wohl aber leidet das Feuerkleid beim Füllen und Entleeren durch unvorsichtige Tätigkeit der Arbeiter, so daß doch ein mechanisches festes Futter auch hier nützlich ist. — Die Deckengewölbe müssen den Deckendruck aufnehmen können. Dabei soll das Feuerkleid aber von den eigentlichen Deckenlasten befreit sein, indem diese vom äußeren Mauerwerk aufgenommen werden sollen. Die Gewölbe werden aus Keilsteinen, die Feuerlöcher aus Formsteinen aufgemauert. Die Anbringung von Gurtbögen hat nicht nur den Vorteil, daß die Gewölbe unterteilt und verstärkt werden, sondern diese rippenartigen Vorsprünge drücken die im Gewölbe oben hinziehenden Gase nach unten. Ein besserer Ausgleich der Temperaturen ist die nützliche Folge. Gleichzeitig sind die Papierschieber daran besser zu dichten.

Magnesitsteine, die an und für sich hoch basisch und feuerfest sind, besitzen eine geringe Härte und mechanische Festigkeit, sind leicht zerreiblich und für die Kalkofenauskleidung deshalb unbrauchbar.

Die Druckbelastung im Schachtofen durch die Gicht ist von geringem Einfluß auf das Futter. Für 1 m Ofenhöhe beträgt diese im ungünstigen Falle unter 0,2 kg/qcm Druckfläche, also bei einem hohen Ofen von 15 m immer nur erst 3 kg/qcm am unteren Ende. Dieser Druck ist aber in Wirklichkeit viel kleiner infolge der Reibung zwischen Gicht und Futter, so daß sich der Druck viel mehr verteilt und nicht unten in seiner ganzen Größe in Erscheinung treten kann. Aber bei einer Druckfestigkeit von 200 kg/qcm bei gewöhnlicher Temperatur kann dieser geringe Gichtdruck nicht zerdrückend wirken. Auch nicht bei guten Steinen bei höherer Temperatur, denn nach den Versuchen *W. C. Heraeus'* (S. 196) begann das Einsinken eines Iridiumstabes in die Steine bei einer Druckbelastung von 40 kg/qcm erst bei Temperaturen zwischen 1320 bis 1475°.

49. Der Einfluß der Temperatur auf das Feuerkleid.

Bei den im Kalkofen in den verschiedenen Zonen auftretenden Temperaturen soll die Auskleidung weder schmelzen noch wesentliche Formänderungen erleiden.

Im Abschnitt 33 habe ich schon angeführt, daß in der Brennzone des Kalkofens Höchsttemperaturen von etwa 1350° gemessen wurden an mit Schamottesteinen umkleideten Pyrometerblättchen. Diese Umkleidung sorgt für einen Temperaturausgleich, so daß einseitige höhere Temperaturen nicht an der Meßstelle in Erscheinung treten. Dort aber, wo eine unmittelbare Berührung des Brennstoffes mit der Auskleidung eintritt, dort wird eine größere Erhitzung erfolgen, die Temperatur steigt je nach der örtlich frei werdenden Wärmemenge. Liegt an der Auskleidung ein großer Kokshaufen, so wird die Wärme nicht schnell genug abgeleitet, nicht schnell genug verteilt, und es ist Gefahr vorhanden, daß die Temperatur an dieser Stelle sich der vorberechneten Verbrennungstemperatur von 1900° nähert. Örtliches Schmelzen der Auskleidung kann die Folge sein. Daraus ergibt sich auch hier, nebenbei bemerkt, die Forderung nach einer guten Verteilung des Kokses in gleichmäßigen dünnen Schichten, um stellenweise Überhitzungen zu vermeiden. Dann können solche hohe Temperaturen weder an der Ausmauerung noch am Kalkstein eintreten. Immerhin kann die Temperatur örtlich, die durch vorgenannten Versuch festgestellte Temperatur von 1350°, überschritten werden, und es scheint mir nützlich, zu fordern, daß die Auskleidung wenigstens einer mittleren Temperatur, die zwischen 1350 und der theoretischen Höchsttemperatur von 2000° liegt, also rund $\frac{1350 + 2000}{2} = 1675°$, widersteht. Hält das Futter der Brennzone diese Temperatur aus, dann sind kleine Störungen, die die gewöhnlichste Brenntemperatur von 1000 bis 1200° überschreiten, wenig gefährlich, das Futter wird nicht gleich zerschmelzen. Dann wird auch das betriebstörende Hängenbleiben der Ofenfüllung, ihr Anbacken an der weichen, geschmolzenen Auskleidung vermieden.

Den Schmelzpunkt der feuerfesten Steine stellt man meistens in kleinen Versuchsöfen oder großen Brennöfen fest, wobei man vermeidet, daß eine Stichflamme die Steine trifft. Für die Messung der hohen Temperaturen sind entweder elektrische Widerstandspyrometer oder meistens die nach ihrem Erfinder *Seger* (1886) genannten Segerkegel, zu beziehen von Prof. Dr. *H. Seger & E. Cramer G. m. b. H.*, Berlin NW 21, in Anwendung. Mit diesen Segerkegeln ist eine genaue Feststellung der Temperatur auf wenige Grad Celsius nicht möglich, doch kommt es hier auf einige Grad mehr oder weniger auch gar nicht an, denn die Schmelztemperaturen der für uns in Frage kommenden Steine sind sowieso keine festen Werte, wie z. B. die des Eisens, Zinns u. dgl. Die Segerkegel haben die Vorteile, sich gegen die Einwirkungen der Temperaturen selbst ähnlich zu verhalten, wie die zu untersuchenden feuerfesten Steine, weil sie selbst keramische Schmelzkörper sind, in die, wie bei den Steinen, die Wärme langsam eindringt. Segerkegel werden in Form abgestumpfter dreiseitiger Pyramiden für Temperaturen zwischen 600 bis 2000° geliefert. Sie werden nach Nummern bezeichnet, und an dieser Stelle seien die der Segerkegelnummer entsprechenden annähernden Mittelwerte ihrer Schmelzpunkte angegeben, weil man häufig nicht den Schmelzpunkt in Celsiusgraden angibt, sondern sagt, daß der Stein beim Segerkegel Nummer so und soviel schmilzt.

Zahlenreihe XXVI
über Segerkegel.

Nr.	°C	Nr.	°C	Nr.	°C	Nr.	°C
022	600	07a	960	9	1280	28	1630
021	650	06a	980	10	1300	29	1650
020	670	05a	1000	11	1320	30	1670
019	690	04a	1020	12	1350	31	1690
018	710	03a	1040	13	1380	32	1710
017	730	02a	1060	14	1410	33	1730
016	750	01a	1080	15	1435	34	1750
015a	790	1a	1100	16	1460	35	1770
014a	815	2a	1120	17	1480	36	1790
013a	835	3a	1140	18	1500	37	1825
012a	855	4a	1160	19	1520	38	1850
011a	880	5a	1180	20	1530	39	1880
010a	900	6a	1200			40	1920
09a	920	7	1230	26	1580	41	1960
08a	940	8	1250	27	1610	42	2000

Die Segerkegel erweichen mit fortschreitender Temperatur, und die vorher in einer geeigneten Unterlage senkrecht festgestellten Kegel neigen ihre Spitze mehr und mehr. Sie gelten als geschmolzen, wenn die sich umbiegende Spitze die Unterlage leicht berührt, wie dies der Kegel Nr. 8, Abb. 80, zeigt. Die erreichte Temperatur entspricht dem Schmelzpunkt des Kegels Nr. 8, Kegel Nr. 7 ist zu sehr, Kegel Nr. 9 noch nicht geschmolzen, so daß also eine Temperatur von rund 1250° herrschte. Der Segerkegel Nr. 26 entspricht dem Schmelzpunkt der Tone, die noch als niedrigstschmelzende feuerfeste Tone angesehen werden.

Nun muß man aber auch am zu prüfenden Stein selbst beobachten, wann er geschmolzen ist, um daraus, durch den Vergleich mit dem Pyrometer, dem Segerkegel, seine Schmelztemperatur festlegen zu können. Für reine Stoffe ist der Schmelzpunkt (bei umgekehrter Leitung des Vorganges der Gefrier- oder Erstarrungspunkt) und der Siedepunkt eine bestimmte, ihm eigentümliche Größe. Mischungen besitzen immer einen niedrigeren Schmelzpunkt als die reinen Stoffe, aus denen sie bestehen; die verschiedenartigen Moleküle dringen ineinander, stoßen sich gegenseitig und lockern früher den festen Zusammenhalt. Gläser und keramische Mischungen besitzen aber keinen bestimmten Schmelzpunkt, sie erweichen mit steigender Temperatur langsam, und man bezeichnet als Schmelzpunkt die Temperatur, bei der die einzelnen Teilchen so beweglich geworden sind, daß die Körper ihre ursprüngliche Form, ihre scharfen Kanten verlieren.

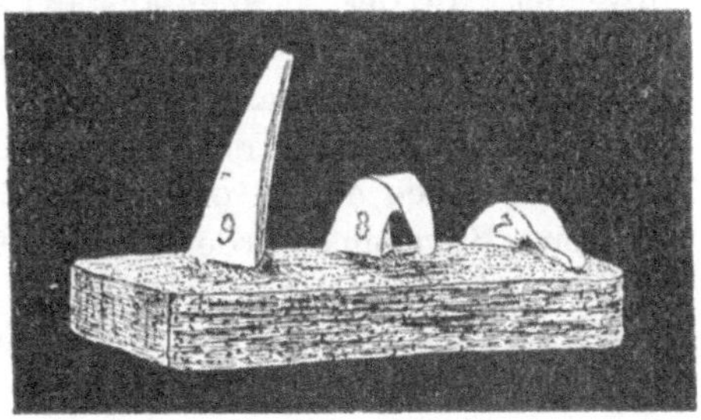

Abb. 80. Seger-Schmelzkegel.

Dieses langsame Erweichen der feuerfesten Steine hängt mit der großen Zähflüssigkeit, Viscosität, zusammen, und diese beruht auf ihren kolloidalen Eigenschaften. Die Rohstoffe zur Herstellung der Steine werden geschlämmt, zermahlen und wieder geschlämmt zwecks Erreichung eines feinst verteilten Zustandes. Weiter wird dieser geschlämmte Ton längere Zeit in feuchten Kellern gelagert (Rotten, Mauken, Faulen), und nach *Rohland* bildet sich während dieses Faulens unter dem Einfluß der im Ton vorhandenen organischen Stoffe ein Kolloid, das unter dem Einfluß des vorhandenen Alkalis peptisiert wird. Die saure Gärung der organischen Stoffe führt zur Bindung des Alkalis und damit zum Gerinnen der kolloiden Lösung Dieses kolloide Bindemittel ist, wie viele Kolloide, von waben-, zellenartiger Struktur, in das die an und für sich außerordentlich kleinen Tonteilchen hängen, in Netzen festsitzen. Die Oberflächenspannung dieser kleinen, kolloidalen Tonteilchen tritt mit großer Gewalt in Erscheinung gegenüber allen anderen Kräften. Wird doch in einer kolloidalen Goldlösung das an und für sich große spez. Gewicht des Goldes unwirksam gemacht durch die gegenüber dem Eigengewicht riesig große Oberflächenspannung. Diese verhindert das Sinken der

Goldteilchen, ständig bleiben sie schweben, als ob sie von gleichem spez. Gewicht wären wie das leichtflüssige Lösungsmittel.

Beim Schmelzen, wenn durch Wärmezufuhr die molekulare Anziehung so vermindert wird, daß der feste Zustand nicht mehr aufrechterhalten werden kann, können dann nicht ohne weiteres die geschmolzenen Teile abfließen und den Schmelzpunkt deutlich sichtbar machen, sondern nur langsam kann das Eigengewicht das Netzwerk, das Gerüst verdrücken verschieben und die Oberflächenspannung der Einzelteile überwinden.

Die Beobachtung des Schmelzpunktes ist deshalb nicht so einwandfrei feststellbar, wie z. B. beim Eis, wo sich bei gleichmäßiger Wärmezufuhr, solange noch Eis in der Flüssigkeit, eine gleichmäßige Temperatur erhält, indem die zugeführte Wärme als Schmelzwärme gebunden wird. Durch Beobachtung des Thermometers in solchen nicht zähflüssigen Stoffen kann man deshalb genau den Schmelzpunkt feststellen. Hier dagegen ist sie subjektiv, vom Beobachter abhängig, weshalb man für genauere Bestimmungen andere Arten anwendet. In der Versuchsanstalt von *W. C. Heraeus* (Zeitschr. f. angew. Chem. 18, 1905, S. 49) wurde das Erweichen und Schmelzen durch einen Fühlhebel mit Iridium-Belastungsstempel festgestellt, der auf der Masse ruhte Der Iridiumstab hatte eine ebene, angeschliffene Auflagefläche von 1 qmm. Beim Erweichen der zu messenden Masse sank der Iridiumstab in diese ein, und seine Bewegung wurde auf einer Skala durch Übersetzungshebel gut meßbar gemacht. Nachstehend gebe ich die Werte, die bei einer Belastung von 400 g/qmm (entsprechend 40 kg/qcm) festgestellt wurden (s. Zahlenreihe XXVII).

Zahlenreihe XXVII.

Stoff	a	b	c
	Beginn des Einsinkens °C	Die Geschwindigkeit des Einsinkens betrug 1 mm/min bei einer Temperatur von °C	Schmelzpunkt °C
Rakonitzer Schiefer	1475	1710	1760
Nr. 6 von Grünstadt	1400	1570	1725
Saarauer Kaolin	1320	1700	1750
Ton von Kährlich	1450	1510	1670
Palatina Grünstadt	1420	1670	1725
Qu 7 von Grünstadt	1450	1590	1740
Qu Grünstadt A	1410	1500	1670

Im Eisenhüttenmännischen Laboratorium der Technischen Hochschule Charlottenburg hat Dr. *K. Endell* Versuche mit der Belastung feuerfester Steine bei hohen Temperaturen durchgeführt (Stahl u. Eisen vom 6. Jan. 1921). In einer Hebelpresse wurden Zylinder von 50 mm Durchmesser und 50 mm Höhe mit 1 kg/qcm beansprucht und dabei bis zu Temperaturen von 1700° und darüber in einem elektrischen Ofen erhitzt.

Die Ergebnisse der Versuche sind in der nachstehenden Zahlentafel XXVIII zusammengestellt. Danach erweichen Schamottesteine infolge des Gehaltes an Bindeton am frühesten, nämlich bei etwa 1300° C. Die Erweichungstemperatur hängt von der chemischen und physikalischen Beschaffenheit des Tones ab. Feuerfeste Stoffe, die sehr plastischen Ton enthalten, erweichen bereits bei 1150° C. Die Erweichungstemperatur kann durch Zusatz von anderen, nicht erweichenden, hoch feuerfesten Stoffen um etwa 100° C heraufgesetzt werden. Nach dem Erweichen bauchen sich die Steine seitlich aus Magnesitsteine werden ebenfalls infolge des hohen Gehaltes an Bindemitteln bereits bei 1500° C unter Belastung weich. Die erweichenden Steine sind nur

Zahlenreihe XXVIII.

Bezeichnung	Schmelztemperatur °C	Beim Versuch erreichte Höchsttemperatur °C	Erweichungstemperatur °C	50 mm hoher Zylinder wurde zusammengedrückt um mm	Bemerkungen
Schamottesteine	SK 33 ∾ 1730	1500	etwa 1300	30	Der Zylinder zeigt seitliche Ausbauchung infolge homogener Formänderung
Magnesitsteine	> 2000	1650	etwa 1500	10	Der Zylinder ist randlich aufgeborsten und zeigt nur geringe Formänderung
Silikasteine	SK 35 ∾ 1750	1680	etwa 1650	zerbrochen	Der Zylinder wird ruckweise zusammengedrückt, die Bruchstücke zeigen nur geringe Formänderung
Kohlenstoffsteine	> 2000	1720	erweicht nicht		Der Zylinder hat seine scharfkantige Form bewahrt. Etwas Kohle scheint verbrannt, Bindemittel verdampft zu sein, daher Raumverminderung um etwa 4 Proz.

wenig plastisch und reißen am Rande meist aus. Standfester im Feuer sind Silikasteine. Die Zylinder aus solchen gehen unter Druck meist erst bei 1650° C ruckweise zusammen. Allerdings haben Magnesitsteine auch bei mehr als 1700° C, wenn Silikasteine längst geschmolzen sind, noch eine verhältnismäßige Festigkeit. Kohlenstoffsteine mit nur 5 bis 10 Proz. Zuschlagstoffen sind am feuerfestesten. Sie haben bei den Versuchen bis zu 1700° C ihre scharfkantige Form bewahrt und keinerlei Formänderung gezeigt, was zu erwarten war. Nur infolge des Verbrennens der Kohle, sowie des Verdampfens des Bindetons wurde eine Raumverminderung um 4 Proz. festgestellt.

Deutlich sieht man aus diesen Versuchen, daß alle diese üblichen feuerfesten Steine schon lange vor Erreichung des Schmelzpunktes weich werden.

Einige schon recht bedeutend. Namentlich zeigt dies die Spalte b der Zahlenreihe XXVII, weil ein Stoff um so weicher ist, je tiefer der Stab in der gleichen Zeit einsinkt. Wie der Iridiumstempel werden dann im Kalkofen die niedergehenden Steine in die weiche Auskleidung gedrückt, sie zerquetschend und langsam abkratzend. Nicht allein dem Schmelzpunkt, sondern auch dem Erweichen des feuerfesten Steines muß man deshalb volle Aufmerksamkeit widmen.

Die erweichte Schicht wird von den niedergehenden Steinen mitgenommen, abgeschoben, eine langsame Abnutzung, Verringerung der Steindicke verursachend, je nachdem er natürlich mehr oder weniger erweicht ist. Er wird um so mehr abgenutzt, je schneller er erweicht. Wird die Auskleidung bei der auftretenden Temperatur sogar flüssig, so wird sie bald ganz abgeflossen sein, ein Zwang zum Betriebsaufenthalt tritt ein.

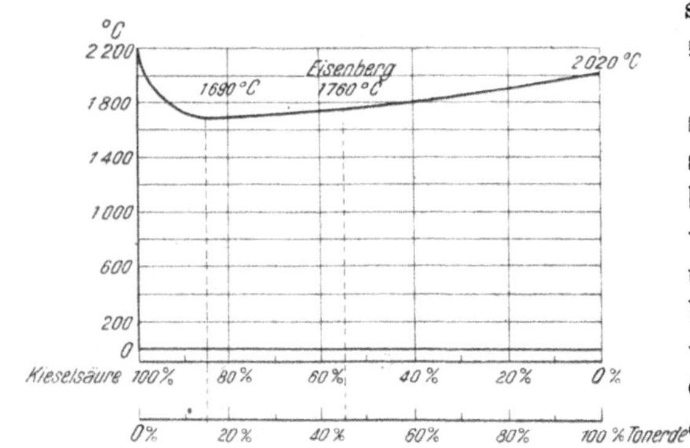

Abb. 81. Abhängigkeit des Schmelzpunktes von Kieselsäure- und Tonerdegehalt.

Den gewöhnlich im Kalkofen auftretenden Temperaturen und auch der vorberechneten Verbrennungstemperatur von 2000° widerstände nun Calciumoxyd, unser gebrannter Kalk, am besten. Im reinen Zustand widersteht er 2000 und mehr Grad, er ist hochfeuerfest, wird doch in Kalktiegeln das Platin zwecks Reinigung geschmolzen, unter Verwendung des Knallgasgebläses. Aber der Kalk zieht leicht Feuchtigkeit an und würde dann zerfallen, so daß er für die Ausmauerung leider doch nicht verwendbar ist.

Die Schamotte-, Dinassteine und natürlichen Quarzschiefer stellen in der Hauptsache ein Gemisch von Tonerde (Aluminiumoxyd, Al_2O_3) und Kieselsäure (Siliciumdioxyd, SiO_2, Kieselerde, Quarz) dar. Ihr Schmelzpunkt müßte sich also zwischen dem der Tonerde von 2020° und dem der Kieselsäure, 2200°, bewegen. Enthält der Stein viel Tonerde, dann nähert sich sein Schmelzpunkt den 2020°, sinkt mit zunehmendem Gehalt an Kieselsäure, bis diese das Übergewicht bekommt und den Schmelzpunkt mit zunehmender Reinheit bis auf 2200° bringt. Bei einer Mischung aus 85,5 Proz. reiner Kieselsäure und 14,5 Proz. reiner Tonerde sinkt der Schmelzpunkt bis auf 1690°, um dann nach beiden Seiten wieder mit zunehmendem Gehalt anzusteigen, wie dies schematisch die Abb. 81 zeigt.

Deutlich geht auch dieser Zusammenhang aus der Zusammensetzung der Segerkegel Nr. 28 bis 42 hervor, wie Aufstellung XXIX zeigt.

So geben die *Goesener Thonwerke*, Eisenberg S.-A., für ihre Schamottesteine Marke H. B. bei einem Tonerdegehalt von 42 bis 44 Proz. einen Schmelzpunkt zwischen Segerkegel 34/35 liegend an.

Durch Zusatz von Kalk sinkt der Schmelzpunkt ganz bedeutend, was für uns wohl zu beachten ist, weil die Auskleidung ja ständig mit Kalk in Berührung kommt; beide treten in gegenseitige Wirkung. „Anorthit = $2\,SiO_2$, Al_2O_3, CaO schmilzt bei 1460°, und Humboldtilit = $2\,SiO_2$, Al_2O_3, 3 CaO schmilzt schon bei 1280°." Es bilden sich an der Innenwand die Mischungen, und durch die damit verbundene Schmelzpunkterniedrigung wird die Oberschicht weniger widerstandsfähig, wird abgeschabt, frische Schichten werden bloßgelegt, so langsam, schrittweise den ganzen Stein zerstörend.

Zahlenreihe XXIX.

Zusammenhang zwischen Schmelzpunkt und chemischer Zusammensetzung der Segerkegel.

Segerkegel Nr.	Chemische Zusammensetzung	Schmelztemperatur
28	$Al_2O_3 \cdot 10\,SiO_2$	1630°
29	$Al_2O_3 \cdot 8\,SiO_2$	1650°
30	$Al_2O_3 \cdot 6\,SiO_2$	1670°
31	$Al_2O_3 \cdot 5\,SiO_2$	1690°
32	$Al_2O_3 \cdot 4\,SiO_2$	1710°
33	$Al_2O_3 \cdot 3\,SiO_2$	1730°
34	$Al_2O_3 \cdot 2{,}5\,SiO_2$	1750°
35	$Al_2O_3 \cdot 2\,SiO_2$	1770°
36	$Al_2O_3 \cdot 1{,}66\,SiO_2$	1790°
37	$Al_2O_3 \cdot 1{,}33\,SiO_2$	1825°
38	$Al_2O_3 \cdot 1\,SiO_2$	1850°
39	$Al_2O_3 \cdot 0{,}66\,SiO_2$	1880°
40	$Al_2O_3 \cdot 0{,}33\,SiO_2$	1920°
41	$Al_2O_3 \cdot 0{,}13\,SiO_2$	1960°
42	—	2000° (?)

Unter dem Einfluß der Temperatur verwandelt sich die Kieselsäure in verschiedene Arten von geringerer Dichte, so daß die ursprüngliche Raumbeanspruchung zunimmt. Feuerstein geht bei etwa 1000° in Christobalit über, reiner Quarz bei 1400° in Christobalit und weiter in Tridymit. Wohlverstanden ist hiermit keine eigentliche Lockerung des Gefüges verbunden, die Kieselsäure bleibt dicht und wird nicht etwa schwammig, locker.

Tonerde dagegen schwindet beim Erhitzen. Man nennt diesen Vorgang Feuerschwindung. Mischungen aus Kieselsäure und Tonerde werden also je nach der Zusammensetzung mehr oder weniger schwinden, wachsen oder bei einer beide Wirkungen ausgleichenden Zusammensetzung unverändert in der Raumbeanspruchung bleiben. Man wird aber beide nicht von diesem Gesichtspunkte aus mischen, weil der von der Mischung abhängige Schmelzpunkt viel wichtiger ist, und weil man durch entsprechende Vorkehrungen den nachteiligen Einfluß des Wachsens oder Schwindens überwinden kann. Es wird nach einiger Zeit bei der betreffenden Temperatur ein unveränderlicher, stationärer Zustand eintreten, die Umwandlung und damit die Schwindung oder Quellung, das Wachsen, hört auf.

Auch wird ein Teil der Auskleidung ohne weiteres verdampfen, denn auch ihre Bestandteile haben gewisse Dampfspannungen, die bei der im Ofen vorhandenen Wärmezufuhr zum Verdampfen führen. So stellte *Otto Ruff*, Danzig (Chem.-Ztg. 1911, S. 650) fest, daß Aluminiumoxyd (Tonerde) schon bei 1720° C eine Dampfspannung von 6 mm Quecks. besitzt, es verdampft entsprechend diesem Teildruck genau, wie die Kohlensäure aus dem Kalkstein bei entsprechenden Temperaturen verdampft, wie Wasser verdunstet bei diesem Teildruck, also bei etwa 5°. Der Temperatur von 1720° wird die Auskleidung nicht ausgesetzt, aber wenn man bedenkt, daß bei den Mischungen auch die Dampf-Mischdrucke in Erscheinung treten, so kann man doch mit einer langsamen, aber sicheren Verdampfung der Auskleidung rechnen.

Die Wirkung der hohen inneren Temperatur auf das Feuerkleid sucht man häufig durch starke äußere Kühlung zu mildern. Näheres hierüber ist im Abschnitt H (Kalkofenmantel) geschrieben.

50. Die Höhe der Auskleidung in den verschiedenen Zonen des Schachtofens.

Nicht in allen Zonen herrscht die gleiche Brenntemperatur, sondern in der Vorwärme- und Abkühlungszone ist sie niedriger, wie dies schon früher berechnet wurde. Die Größe der einzelnen Zonen ergibt sich aus den Aufenthaltszeiten, die in den Abb. 23 und 24 zeichnerisch dargestellt sind, und den Füllungen. Aus Abb. 23 ergibt sich z. B. für Steine von 150 mm Durchmesser eine Vorwärmezeit von 6 Stunden, eine Brenndauer von 23 Stunden, eine Abkühlzeit von 7 Stunden und eine Gesamtaufenthaltszeit von 36 Stunden. Von der Gesamtzeit wird demnach verbraucht für das Vorwärmen 17 Proz., das Brennen 64 Proz. und für das Abkühlen 19 Proz. In dieser Weise alle verschiedenen Verhältnisse berechnet, ergibt sich die Vorwärmezeit zu 15 bis 17 Proz., die Brennzeit zu 52 bis 64 Proz. und die Abkühlzeit zu 20 bis 32 Proz. Dabei sinkt die verhältnismäßige Brennzeit mit der Brenntemperatur, während die Abkühlzeit steigt. Dabei gelten diese Zeiten gemessen vom Gasabzug bis zum Kalkabzug.

Wie uns noch später die Formeln 79 bis 82, Seite 252, zeigen, sind die Inhalte der verschiedenen Zonen gleich dem Produkt aus der Aufenthaltszeit und der aufzunehmenden Füllung. Nach dem Beispiel auf Seite 253 ergibt sich ein Inhalt von $0{,}51 + 1{,}56 + 0{,}36 = 2{,}43$ cbm bei den Zeiten von 6 zu 23 zu 7 Stunden. Diese Zeiten verhalten sich wie 17 zu 64 zu 20 Proz. Die Inhalte wie 21 zu 64 zu 15 Proz. und im äußersten Falle wie 18 zu 58 zu 24 Proz.

In der Vorwärmezeit haben die Steine eine Temperatur von 0 bis 856°, die Gase kühlen sich von der Brenntemperatur von 1000 bis 1200° auf 525° ab. Die Auskleidung der Abkühlzone ist also nicht voll der Brenntemperatur ausgesetzt, man könnte hier eine etwas weniger feuerfeste Auskleidung wählen. Ihr Inhalt beträgt aber nach obigem nur 21 bis 18 Proz. des Gesamtinhaltes des Ofens, und da hiervon mindestens der Anfang, der Anschluß an die Brennzone, noch hohen Brenntemperaturen ausgesetzt wird, so bleibt wenig für minder gute Auskleidung. Beim Ofen von 25 cbm Inhalt doch weniger als $\frac{18 \cdot 25}{100} = 4{,}5$ cbm oder einer Höhe von vielleicht 2,25 m, bei einem mittleren

Durchmesser der Vorwärmezone von 1,6 m. Man findet sehr häufig aber die Verwendung minderwertiger Steine sehr viel weiter herunter, bis 30 Proz., also weit in die Brennzone hinein, sehr zum Schaden der Dauerhaftigkeit. Man geht hier nach dem Schema „F", was früher bei den Generatoröfen richtig war, mit eng bemessener Brennzone, ist jetzt falsch. Deshalb hört man immer wieder die Klage über den starken Verschleiß des oberen Futters. Nicht nur hochfeuerfeste Auskleidung sollte man auch möglichst bis oben anwenden, sondern auch auf allergrößte mechanische Festigkeit achten. Hier wird die Auskleidung außerordentlich durch die einfallenden Kalksteine beansprucht.

Im Gegensatz hierzu führt man die hochfeuerfeste Auskleidung zu tief in die Abkühlungszone hinein, weil man sich auch bei ihr nicht klar über die wirkliche Länge war. Nach der Rechnung beansprucht die Abkühlungszone 15 bis 24 Proz. des Ofenraumes. 15 Proz. bei der niedrigen Brenntemperatur von etwa

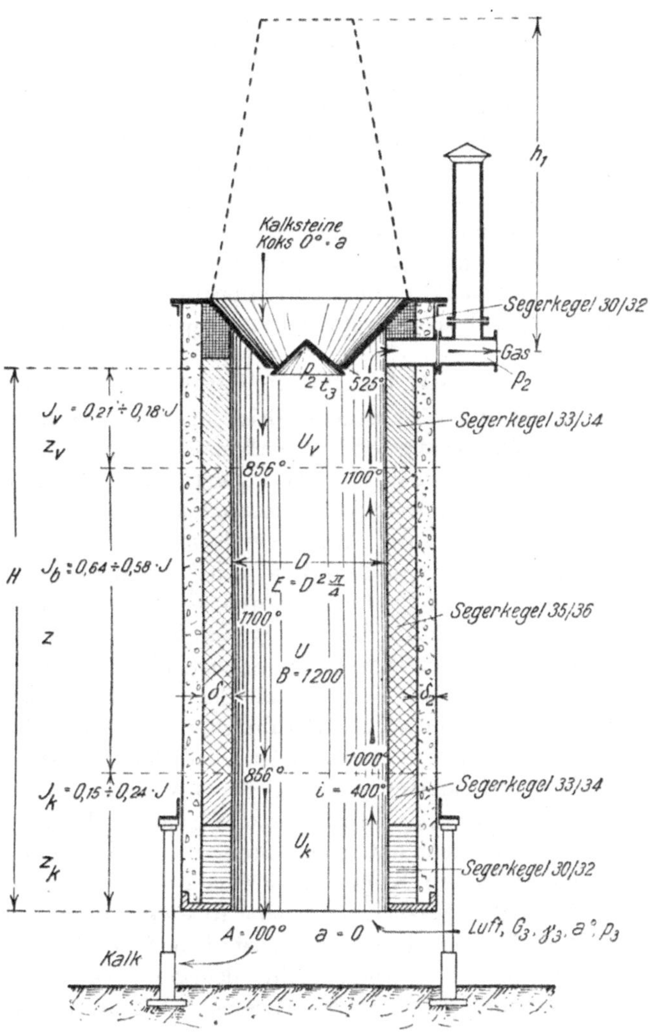

Abb. 82. Verteilung der Schamottesteine im Ofenschacht.

1000°, 24 Proz. bei 1200°. Wenn man also die hochfeuerfeste Auskleidung soweit herunterführt, daß noch 24 Proz. des Inhaltes für die Abkühlungszone zur Verfügung stehen, dann könnte man den Raum zwischen 24 und 15 Proz. mit weniger feuerfesten Steinen, vielleicht mit einem Schmelzpunkt Segerkegel Nr. 33 bis 34, und den verbleibenden Rest der Abkühlungszone könnte man mit den gewöhnlichsten Schamottesteinen mit einem Segerkegelschmelzpunkt Nr. 30/32 auskleiden. In dieser Abkühlungszone ist die Auskleidung weder hohen Temperaturen, heißen oxydierenden, bzw. reduzierenden Gasen, noch starken mechanischen Angriffen ausgesetzt, weil ja auch der inzwischen entstandene Ätzkalk viel weicher ist als der Kalkstein.

Die Abb. 82 zeigt die Verteilung der verschiedenen Steinsorten unter Angabe der Schmelzpunkte nach Segerkegelnummer, die Vorstehendes noch besser erläutern dürfte, an einem vollkommen zylindrischen Ofen. Ist der Ofen nicht zylindrisch, dann ergeben sich die Einzelhöhen aus der Berechnung der entsprechenden Inhalte. So würde z. B. bei einem Doppelkegelofen nach Abb. 105*h* z. B. die Brennzone wesentlich zusammengedrückt, dagegen die Vorwärme- und Kühlzone mehr auseinandergezogen, mehr verlängert erscheinen.

Oben, an dem senkrecht und kreuzweis gestrichelten Raum (Segerkegel 30/32) über dem Feuerkleid wird man einen freien Raum vorsehen, damit sich das Futter und der Mantel bei verschiedenen Temperaturen unbehindert ausdehnen können.

51. Die Wärmeleitfähigkeit des Feuerkleides.

Durch die Wärmeleitfähigkeit wird aus dem Brennraum in die Umgebung Wärme abgeleitet, so daß man im allgemeinen feuerfeste Auskleidungen mit kleiner Wärmeleitfähigkeit vorziehen wird. Sie ist aber nur eine von den vielen Eigenschaften, die die betreffende Auskleidung mehr oder weniger gut für den betreffenden Zweck erscheinen lassen, sie ist aber nicht ausschlaggebend, so daß man diese Eigenschaft nicht in den Vordergrund rücken darf. Im Gegenteil, denn im Kalkofen ist sie von ziemlich untergeordneter Bedeutung, weil man die etwaige größere Leitfähigkeit durch eine stärkere Wärmeschutzschicht wieder ausgleichen kann. Auch bieten Steine mit größerer Wärmeleitfähigkeit den Vorteil der schnelleren örtlichen Wärmeverteilung, z. B. durch unmittelbare Berührung vom Brennstoff zugeführter Wärme. Die eingangs erwähnte stellenweise Überhitzung durch angehäuften Koks kann weniger in Erscheinung treten. (Z. B. wird durch die hohe Wärmeleitfähigkeit des Eisens die örtlich zugeführte Wärme so schnell verteilt, daß es nicht möglich ist, mit einem autogenen Brenner ein Loch in einen schmiedeeisernen, mit Wasser gefüllten Kasten zu brennen.)

Nach den Versuchen *W. van Rinsums* (Bayr. Industrie- u. Gewerbeblatt 1914, S. 312) ergeben hocherhitzte feuerfeste Steinsorten keine großen Unterschiede in der Wärmeleitzahl, dagegen steigt die Wärmeleitzahl mit der Temperatur. Folgende Zahlenreihe XXX zeigt seine bisherigen Ergebnisse.

Zahlenreihe XXX.

Wärmeleitzahl feuerfester Steine bei verschiedenen Temperaturen.

	Stein Nr.						
	1	2	3	4	5	6	7
Wärmeleitzahl bei 400° .	0,59	0,57	0,69	0,88	0,81	0,78	0,65
„ „ 700° .	0,71	0,68	0,97	1,08	1,01	0,88	0,89
„ „ 1000° .	—	0,80	1,24	1,28	1,2	0,97	1,13

Die von den verschiedenen Forschern festgestellten Wärmeleitzahlen zeigen große Unterschiede, wie dies eine Zusammenstellung von *E. Czako* (Journ. Gasbel. Bd. 62, S. 274) zeigt. Die Unterschiede sind wohl in der Hauptsache auf die ungleichmäßige Beschaffenheit des Versuchsgutes zurückzuführen, wodurch ein Vergleich der einzelnen Werte sehr erschwert wird. Siehe auch die Mitteilung von *W. van Rinsum* (Forschungsheft d. V. d. Ing. Nr. 228) über die Wärmeleitfähigkeit von feuerfesten Steinen bei hohen Temperaturen, sowie von Dampfrohrschutzmassen und Mauerwerk unter Verwendung eines neuen Verfahrens der Oberflächentemperaturmessung.

Bei dem Kalkofen könnte man nur mit einer mittleren Wärmeleitzahl rechnen, denn innen herrscht die Brenntemperatur von 1000 bis 1200°, während auf der Außenseite die Steine vielleicht nur eine Temperatur von 700° besitzen. Der Berechnung der Abkühlungsverluste (S. 119) hatte ich eine Wärmeleitzahl von $\lambda_1 = 0{,}65$ zugrunde gelegt. Nehme ich an, daß sie bei einigen Schamotten oder Auskleidungen auf das Doppelte steigt (was nach den Versuchen von *Heyn, Bauer* und *Wetzel*, Mitteilungen des Königl. Materialprüfungsamtes 1914, Heft II u. III, der Fall zu sein scheint), dann wird die Wärmeübergangszahl vom Kalkofeninnern an die äußere Luft, unter den auf Seite 119 angenommenen Verhältnissen, nach der Formel 57:

$$K_M = \frac{1}{\frac{1}{23 \cdot 1{,}0} + \frac{0\,25}{\mathbf{1{,}3} \cdot 1{,}0} + \frac{0{,}075}{0{,}15 \cdot 1{,}23} + \frac{0{,}005}{25 \cdot 1{,}29} + \frac{8}{8 \cdot 1{,}3}}$$

$$= \frac{1}{0{,}042 + \mathbf{0{,}193} + 0{,}40 + 0{,}016 + 0{,}096} = \frac{1}{0{,}747} = 1{,}3$$

gegenüber den früher für $\lambda_1 = 0{,}65$ berechneten $K_M = 1{,}06$. Die Wärmeverluste bei solchen Steinauskleidungen würden also um etwa 22 Proz. steigen, was aber, wie schon früher gesagt, durch stärkere Schutzschicht leicht ausgeglichen werden kann. Einen Stein, der also sonst vorzügliche Eigenschaften für den Kalkofen aufweist, wird man deshalb nicht verwerfen, weil er eine hohe Wärmeleitfähigkeit besitzt, sondern man wird bei solchem für besonders guten, starken Wärmeschutz sorgen. Denn je dichter, fester ein Stein ist, wie z. B. Quarzschiefer, um so größer ist seine Wärmeleitfähigkeit, aber auch seine Feuerfestigkeit. Je poröser ein Stein, eine Schamotte, je geringere Wärmeleitfähigkeit, aber auch geringere Feuerbeständigkeit.

52. Die Wärmeausdehnung des Feuerkleides.

Die Haltbarkeit der feuerfesten Auskleidung wird auch beeinflußt von der Ausdehnung des Futters durch die Temperatur. Dehnt sich der Baustoff des Feuerkleides mit der Zunahme der Temperatur stark aus, dann werden besonders die inneren dem Feuer näher liegenden Schichten mehr vergrößert als die äußeren, kälteren. Starke innere Spannungen entstehen, die von der Dehnbarkeit des Baustoffes aufgenommen werden müssen. Ist der Baustoff spröde, dann entstehen Sprünge.

Die Einheitlichkeit spielt eine wichtige Rolle. Steine des Feuerkleides, die aus einzelnen Bestandteilen mit ungleicher Wärmeausdehnung bestehen, wie schwindender Ton und wachsender Quarz, werden in ihrem Gefüge in der Hitze locker. Besonders dann, wenn die Abmessungen der einzelnen Gemengeteile verhältnismäßig groß sind. Es bilden sich dann Risse, in welche die Schlacken und Gase eindringen und die Zerstörung weiterführen.

Gefährlich sind für das Feuerkleid plötzliche Temperaturschwankungen, die oberflächliche Dehnungen bewirken und so zu Rissen und Abbröcklungen führen. Hohe, aber gleichmäßige Temperaturen sind weniger schädlich, als der Wechsel zwischen hohen und niedrigen. Ein Feuerkleid wird im ununterbrochen arbeitenden Schachtofen besser halten, als im zeitweilig gefüllten, gefeuerten und entleerten, oder als im Ringofen mit seinem fortschreitenden Feuer.

Diese Nachteile werden um so weniger in Erscheinung treten, um so größer die Wärmeleitfähigkeit des betreffenden Futters ist. Die Wärme wird besser verteilt, und stärkere Temperaturunterschiede bzw. Dehnungsspannungen werden leichter ausgeglichen.

Es fehlen aber noch eingehende Versuchszahlen über die Wärmeausdehnung und -leitfähigkeit der hier in Frage kommenden Baustoffe, so daß eine genaue Berücksichtigung der theoretischen Forderungen in der Wirklichkeit noch erschwert ist. Man sollte aber die Baustoffe für die Feuerkleider der Öfen stets nicht nur chemisch, sondern auch physikalisch untersuchen lassen, um sich später sowohl ein klares Bild über gute als auch über die Ursachen schlechter Erfahrungen machen zu können.

An und für sich soll die Ausdehnung der einzelnen Ziegel des Feuerkleides durch die höhere Temperatur nur gering sein, um den Verband des Mauerwerkes nicht zu stören. Aber es gibt auch bleibende Formänderungen, indem die Ziegel wachsen oder schwinden. Im ersteren Falle entstehen Buckel oder gar Absprengungen der Ziegelköpfe, im letzteren Falle entstehen klaffende Fugen. Hierauf wird noch bei den verschiedenen Baustoffen eingegangen werden.

53. Die Schamottesteine.

Die Schamotte stellt einen scharfgebrannten Ton dar, der nochmals zerkleinert, wieder mit ungebranntem, feuerfestem Ton vermischt, dann geformt und wieder scharf gebrannt wird. Dies Vermischen schon scharfgebrannten Tones mit ungebranntem soll ein starkes Schwinden der geformten Steine beim Brennen vermeiden, soll Sprünge und Risse im Stein vermindern.

Schamottesteine sind bei einem etwa 50 Proz. nicht überschreitenden Kieselsäuregehalt basisch und besitzen bis 46 Proz. Tonerde, wenn ihre ideale Zusammensetzung mit $Al_2O_3 \cdot 2\,SiO_2$ erreicht ist. Ihr Schmelzpunkt liegt im allgemeinen um so höher, je geringer der Gehalt an Kieselsäure und Flußmitteln ist, wie ich dies schon im Abschnitt 49 über Einfluß der Temperaturen näher erörterte.

Alle Tone schwinden beim Brennen. Um daher ein Nachschwinden im

Kalkofen zu vermeiden, sollte die Schamotte mindestens bei der Höchsttemperatur, der sie später ausgesetzt wird, vorher gebrannt werden. Es kann dann vorkommen, daß beim starken Brennen die Steine sich etwas krumm ziehen, ein weniger schönes Aussehen zeigen, als nicht so stark vorgebrannte, die also nicht so gut vorbereitet sind. Abweichungen von ± 2 Proz. in den Abmessungen und den Flächen dürften als zulässig gelten. Man darf deshalb auf das Äußere der Schamottesteine kein zu großes Gewicht legen, wenn es nicht gar zu sehr das engfugige Verlegen, Vermauern erschwert. Gute und stark gebrannte Steine sehen hell aus. Deshalb werden häufig minderwertige Erzeugnisse nur schwach gebrannt, um sie mit heller Farbe in den Handel zu bringen, Solche werden beim Glühen bald braun und unansehnlich.

Werden die Steine nicht bei hoher Temperatur gebrannt, was bei minderwertigen Erzeugnissen auch zwecks Verminderung der Herstellungskosten häufig geschieht, dann erfolgt das starke Schwinden erst im Kalkofen, es bilden sich weite, schädliche Fugen. Solche aus schlechten Grundstoffen reißen und bröckeln, was schwer zu sehen ist, wenn der Stein schon eingemauert ist. Je rissiger, lockerer aber der Stein, je größer ist seine Oberfläche, auf die schädliche Einflüsse wirken können. Ausseigerungen kommen vor, wenn das Flußmittel zu grobkörnig der Masse zugemischt wurde und wenn Eisenverbindungen vorhanden sind. Es entstehen Schmelzflüsse, die zur Höhlenbildung Veranlassung geben. Es ist deshalb ohne Zweifel wichtig, schon vor dem Einmauern des Steines zu wissen, ob er genügend stark gebrannt ist und nicht zu stark schwindet. Dies kann man leicht feststellen lassen in kleinen Laboratoriumsöfen durch Erhitzen der Steine auf die zu erwartende Ofentemperatur und Feststellung der Abmessungen vor und nach dem Erhitzen. Solche Messungen führte Dr. *Hugo Richter* (Z. d. V. d. d. Z. 1913, S. 963) an 136 Schamottesteinen im Institut für Zucker-Industrie aus, die ihm von verschiedenen Zuckerfabriken zur Verfügung gestellt wurden und die diese zum Ausmauern der Kalköfen verwenden. *Richter* benutzte einen elektrischen Versuchsofen von *Simonius* und Dr. *Ricke*, den die Königl. Porzellanmanufaktur Berlin liefert, dessen Aufbau sich aus der Abb. 83 ergibt. Andere Laboratoriumsöfen beschreibt *Th. Dieckmann* (Z. Zement 1919, S. 164), und zwar für die Beheizung mit Kohle, Leuchtgas, Knallgas und auch durch Elektrizität. Bei den elektrischen Öfen erwähnt er die Lichtbogenöfen, solche mit flüssigen und festen Widerständen. Der nutzbare Heizraum des von *Ricke* benutzten Ofens hat einen Durchmesser von 135 mm, bei einer Höhe von 30 cm. Ein solcher Ofen kostete (1914) nur 125 Goldmark, doch dürfte sich trotzdem dessen

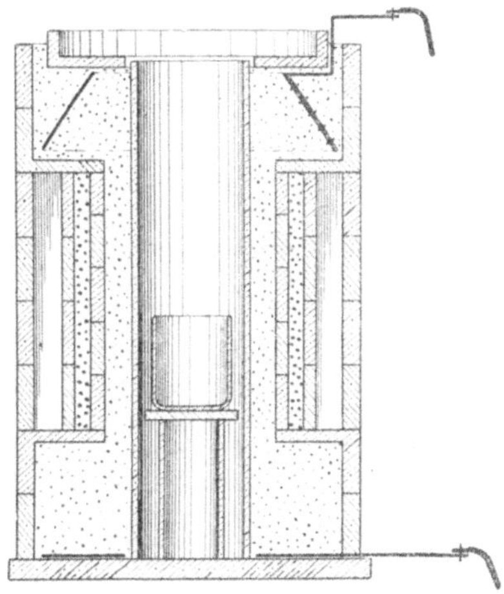

Abb. 83. Elektrischer Versuchsofen.

Anschaffung für den einzelnen Kalkofenbesitzer kaum lohnen, weil er nur selten solche Untersuchungen auszuführen hat. Besser wendet man sich an Versuchsanstalten, die durch die fortwährende Benutzung auch eine größere Übung in der Beurteilung besitzen. Der zu untersuchende Stein wurde von *Richter* aus dem Originalstein herausgeschnitten, an allen Flächen gleichmäßig geschliffen auf eine Seitenlänge von 25 bis 30 mm. Die Heizung erfolgt durch elektrischen Strom und die Temperaturmessung durch ein elektrisches Pyrometer nach *Le Chatelier*. Dessen kleine Meßstelle aus Platin wird schnell die Temperatur des Heizraumes annehmen, während die Versuchssteine wegen ihrer Größe

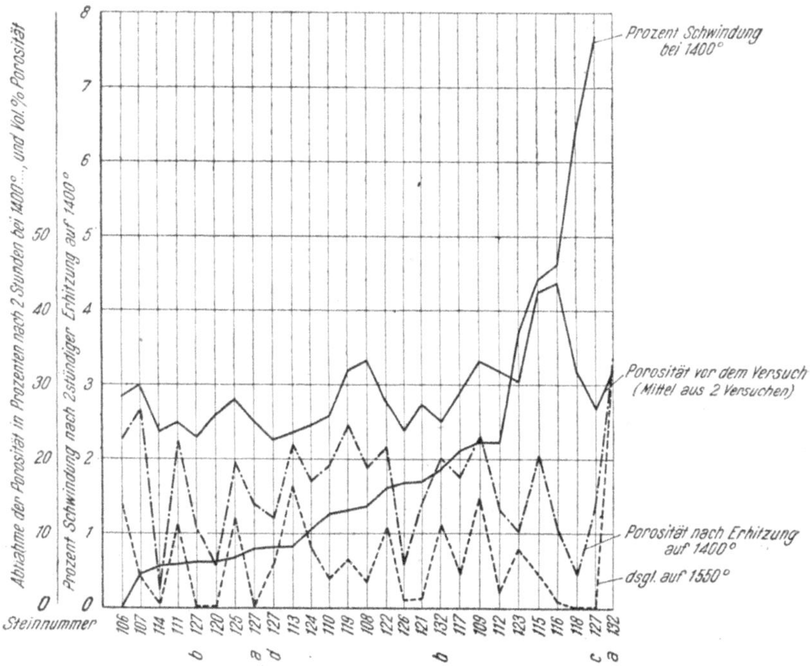

Abb. 84. Zusammenstellung der *Richter*schen Versuche über die Schwindung und Porosität von Schamottesteinen.

und ihres schlechten Wärmeleitvermögens die Wärme nur langsam ins Innere leiten, nur langsam eine gleichmäßige Temperatur annehmen und weit hinter der Pyrometertemperatur zurückbleiben, wenn die Temperaturen nicht lange genug auf gleichmäßiger Höhe gehalten werden. Dies scheint mir bei *Richters* Versuchen nicht immer voll berücksichtigt, wobei allerdings nicht verkannt werden soll, daß bei der großen Anzahl Einzelversuche eine nicht zu weitgehende Ausdehnung der Versuche erwünscht erscheinen dürfte.

Richter maß die Länge der Versuchssteinchen vor und nach der Erhitzung auf 1400° und wieder erfolgter Abkühlung mittels Mikrometerschraube und stellte eine Schwindung von 0 bis 7,77 Proz. fest. Diese Zahlen habe ich in der Abb. 84 zeichnerisch dargestellt, weil dies einen besseren Überblick gibt.

als eine lange Zahlenreihe. Die Steine 127a, b, c, d und 132a und b stammen aus der *Sucrerie Nassandres* (Frankreich), und zeigte der Stein Nr. 132a keine Schwindung, sondern eine Zunahme der Länge. Dieser Stein war um 4,65 Proz. länger geworden, gewachsen, was darauf schließen läßt, daß er stark kieselsäurehaltig ist. Allerdings fehlen Angaben über die chemische Zusammensetzung der Steine und die Herstellung, was zur Beurteilung recht nützlich wäre.

Die Schwindung ist demnach bei manchen Steinen recht bedeutend. Mauert man z. B. solchen schlecht vorgebrannten Stein im Kalkofen ein und schwindet er um 5 Proz., so vergrößert sich die vorher enge, „messerrechte" Fuge eines 200 mm breiten Steines um 10 mm. Dabei ist zu beachten, daß nach außen hin der Stein weniger erhitzt wird, also weniger schwindet, die Fuge bildet sich nicht durchgehend gleichmäßig, so daß sich die Fuge durch Setzen des Mauerwerkes nicht ausgleichen kann. Ich will dies hier noch berechnen, um ein besseres Bild zu geben. Die äußere Temperatur t_2 der Auskleidung kann wieder nach den Formeln berechnet werden, die für die Berechnung der Abkühlungsverluste dienten. Nach der dortigen Formel (57) ist die durch die Ofenwand gehende Wärmemenge für 1 qm innere Ofenoberfläche F_1 und 1° Temperaturunterschied etwa 1,0 WE, also bei einer Brenntemperatur $B = 1400°$ etwa 1400 WE. Diese eintretende Wärmemenge wird in der Schamottewand weitergeführt durch die Wärmeleitzahl λ_1, die ich zu 0,65 im Mittel annahm. Die eintretende Wärmemenge muß gleich der, von der Steindicke δ_1 bis an die Außenwand der Ausmauerung geleiteten, sein. Es ergibt sich die Beziehung:

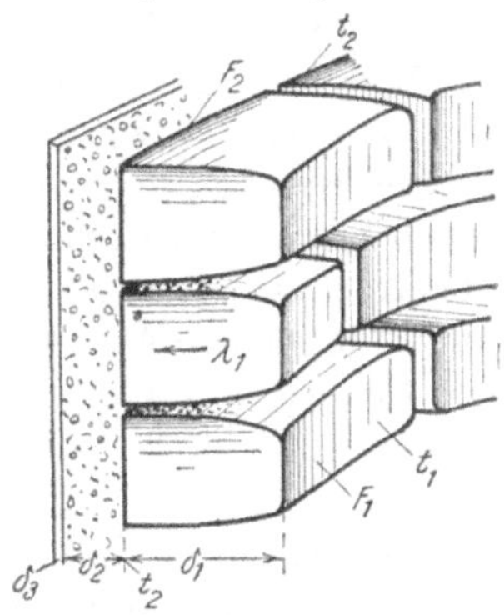

Abb. 85. Gelockerter Verband bei stark geschwundenen Steinen.

$$F_1 \cdot 1{,}0 \cdot B = \frac{0{,}65}{F_2 \cdot \delta_1}(B - t_2). \tag{71}$$

Daraus die Temperatur t_2 der Schamotte-Außenfläche F_2:

$$t_2 = B - \frac{F_1 \cdot 1{,}0 \cdot B \cdot \delta_1 \cdot F_2}{\lambda_1}, \tag{72}$$

und, darin eingesetzt die, bei *Richters* Versuchen angewendete Temperatur $B = 1400°$, die Schamottestärke mit $\delta_1 = 0{,}25$ m, die Fläche $F_2 = 1{,}23$ qm und $\lambda_1 = 0{,}65$ gibt:

$$t_2 = 1400 - \frac{1400 \cdot 0{,}25 \cdot 1{,}23}{0{,}65} = 1400 - 660 = 740°.$$

Bei diesen 740° wird nur geringe Schwindung eintreten, denn nach *Richters* Versuchen betrug sie schon bei 1250° nur noch $^1/_3$ der bei 1400° festgestellten. Ein solches Mauerwerk liegt deshalb außen an und klafft innen 10 mm, wie dies die Abb. 85 zeigt; der ganze Verband ist gelockert. Während bei geschlossenem Mauerwerk nur die Stirnflächen dem Feuer ausgesetzt sind, sind es jetzt noch die 4 Seitenflächen, viermal größere Fläche, viermal stärkere Angriffe. Dies zeigt deutlich die Wichtigkeit der Verwendung gut gebrannter Steine und deren Prüfung durch Messung des Schwindens. Je stärker ein Stein schwindet, um so weniger eignet er sich für feuerfeste Auskleidung. Namentlich dann, wenn man unbekannte Schamotten verwenden will, nicht von bekannten altbewährten Werken, denn schließlich ist es doch nicht richtig, immer nur von diesen zu beziehen, weil dann die Einführung von etwas Neuem und der Fortschritt stark gehemmt werden würden. Dabei zeigt die Messung des Schwindmaßes nur einen Einblick in die vorher angewendete Brenntemperatur des Steines, läßt aber noch keinen Schluß auf die anderen Eigenschaften zu, wie mechanische Festigkeit, Feuerbeständigkeit u. dgl. Diese Eigenschaften müssen noch gesondert geprüft werden.

So stellte *Richter* gleichzeitig die Porosität der vorher auf Schwindmaß geprüften Steine, vor und nach der Erhitzung auf verschiedene Temperaturen, fest. Er wog die Steine im trockenen Zustande ϱ, kochte sie dann einstündig in Wasser zwecks vollständiger Sättigung und stellte dann im *Ludwig*schen Raummesser (Volumenometer) das vom gesättigten Stein verdrängte Wasser als sein Raumgewicht r fest. Dann wurde der gesättigte Stein aus dem *Ludwig*schen Raummesser schnell herausgenommen, oberflächlich mit dem Handtuch abgetrocknet, gewogen und nach Abzug seines Trockengewichtes ϱ das des aufgenommenen Wassers g bestimmt. Daraus ergibt sich dann die Porosität des Steines in Raumprozenten:

$$P_1 = \frac{100 \cdot g \cdot r}{\varrho}. \tag{73}$$

Vor der Erhitzung zeigten die untersuchten Steine eine Porosität von 21,74 bis 44,83 Proz., und ich habe diese Zahlen ebenfalls in Abb. 84 eingezeichnet. Dort habe ich auch die von ihm noch festgestellte Porosität der Steine nach ihrer Erhitzung auf 1400 und 1550° eingezeichnet. Man sieht, daß keine Abhängigkeit zwischen der Schwindung und der Porosität besteht. Jene ist eben in der Hauptsache von der vorangewandten Brenntemperatur abhängig, diese in der Hauptsache von der Art und Vorbehandlung der verwendeten Rohstoffe. Die Abnahme der Porosität wird hervorgerufen zum geringen Teil durch die Schwindung, in der Hauptsache durch Sintern und Schmelzen des Steinstoffes. So sind z. B. die Steine Nr. 127b, 120, 127a, 118 und 127c bei der Temperatur von 1550° zusammengeschmolzen; der Stein 127b, trotzdem sein ursprünglicher Porenraum nur 23,59 Proz. betrug. Dagegen hat der Stein Nr. 109, bei ursprünglichen Hohlräumen von 33,98 Proz., bei 1550° noch 14,72 Proz., also große Feuerbeständigkeit. Die Größe der ursprünglichen Hohlräume, die Porosität läßt aber keinen Rückschluß auf die Feuerbeständigkeit zu, denn es kann ein Stein vorliegen von großer ursprünglicher Dichte, weil er schon beim Brennen stark zusammengesintert, stark geschmolzen ist, also schon angegriffen und im Ofen bald weiter schmelzen wird. Als Beispiel hierfür erscheint der Stein Nr. 120; sein ursprünglicher Hohlraum betrug nur 26,38 Proz., sein Schwinden bei 1400° betrug nur 0,62 Proz., und doch ging seine Porosität bei 1400° auf 5,65 Proz. zurück, und bei 1550° war er geschmolzen. Wohl aber kann man annehmen, daß ein dichterer Stein, ein solcher mit wenig Hohlräumen, mechanischen und besonders chemischen Angriffen besser widerstehen wird. Die Versuche *Richters* zeigen aber, daß in bezug auf Schwinden und Feuerbeständigkeit einzelne Zuckerfabriken für ihre Kalköfen noch recht minderwertige Schamotten verwenden. Betrachtet man doch als „feuerfest" im allgemeinen nur solche Stoffe, deren Schmelzpunkt über 1580° (Segerkegel 26) liegt, während einige Steine schon vorher zusammengeschmolzen sind, also nicht die Bezeichnung „feuerfeste Steine" verdienen. Bei solchen Steinen braucht man sich nicht zu wundern, wenn jährlich bedeutende, kostspielige Ersatzarbeiten am Schamottefutter notwendig sind.

Durch das starke Vorbrennen der Schamottesteine wird nicht nur das Nachschwinden im Kalkofen vermindert, sondern auch, wie schon erwähnt, die mechanische Festigkeit wesentlich erhöht. *Lukas* stellte die Zunahme der Bruchfestigkeit an Kaolinstäbchen fest, indem er die Stäbchen auf zwei Stahlschneiden legte und in der Mitte durch eine Federwage so lange belastete, bis sie brachen.

Brenntemperatur	600	700	800	900	1000	1100	1200	1300
Bruchfestigkeit	150	230	330	410	500	635	1210	1530

In jeder Beziehung sind also stark vorgebrannte Steine anderen vorzuziehen.

Von der Porosität ist die Gasdichtigkeit bzw. Gasdurchlässigkeit der Steine abhängig. Im Schachtkalkofen spielt aber die Gasdichtigkeit der Auskleidung keine Rolle, weil diese durch den eisernen Mantel erzielt wird, deshalb braucht man hier besonderen Wert auf Gasdichtigkeit der Steine nicht zu legen, wie es bei manchen anderen Feuerungen nötig ist. Vorteilhaft ist aber natürlich immer ein gasdichter Stein. Er erschwert das Eindringen der Gase und die chemischen Angriffe.

Das Bestreben, durch feuerfeste Anstriche die porige Oberfläche zu dichten, ist durchaus berechtigt; bisher ist aber noch keine vollbefriedigende Anstrichmasse gefunden worden.

Über Versuche mit Schamottesteinen für Kalköfen der Zuckerfabriken siehe auch „Les Briques refractaires des Fours à Chaux et leur résistance au feu" par *M. M. E. Saillard,* Wehrung et Ruby (übersetzt Z. d. V. d. d. Z. I. 1913, Nov.).

Bei Schachtöfen wähle man für die Brennzone Schamotte mit einem Tonerdegehalt von nicht unter 38 Proz., unter Berücksichtigung des bei der Abb. 82 Gesagten. Im Betriebe ist das teuerste Feuerkleid immer das billigste. Deshalb sollte man möglichst Steine mit etwa 40 bis 43 Proz. Tonerde (Al_2O_3) verwenden. Für die anschließenden Teile der Vorwärme- und Kühlzone genügen solche mit 35 Proz. Tonerde, die letzten Enden aber mit solchen von unter 30 Proz. auszukleiden, erscheint gewagt. Im Ringofen kann man auf diese Weise nicht sparen, denn der ganze innere Ofenraum wird zeitweise zum Brennraum. Seine Wände, mit Ausnahme des Fußbodens, der durch Kalkasche geschützt ist, müssen deshalb aus gleichmäßig guten Steinen aufgemauert werden. — Immerhin ist der Tonerdegehalt nicht allein maßgebend.

Schamottesteine werden im allgemeinen in folgenden Abmessungen geliefert:

228 × 114 × 60	engl. Normalmaß
250 × 120 × 65	deutsches Normalmaß
250 × 120 × 33	„ halbes „
320 × 160 × 80	etwa 12 × 6 × 3 Zoll
450 × 190 × 110	etwa 17 × 7 × 4 Zoll

Für Schachtofen wählt man meistens Keilsteine.

Erwähnt sei noch, daß bei zwei aufeinander gemauerten Schamottesteinen bei gewöhnlichen Raumtemperaturen das Königl. Materialprüfungsamt (Mitteil. 1907, Heft 4, S. 178) eine Bruchbelastung von 218 kg/qcm feststellte.

Es kann damit gerechnet werden, daß 1 cbm Schamottesteine etwa 1850 kg wiegt.

54. Dynamidon, Tonerdesteine, Bauxitsteine.

Das Dynamidon wird nach Patenten *C. F. Böhringer & Söhne*, Mannheim-Waldhof, aus Bauxit hergestellt und ist als künstlicher Korund in der Hauptsache geschmolzene Tonerde, also hochbasisch. Die Steine werden aus dem Bestreben heraus erzeugt, durch Erhöhung des Tonerdegehaltes die Feuerbeständigkeit der Schamotte zu erhöhen. — Die chemische Zusammensetzung ist 21 Proz. SiO_2, 72 Proz. Al_2O_3, 3 bis 4 Proz. Fe_2O_3 und 3 bis 4 Proz. TiO_2. Das spezif. Gewicht der Masse selbst beträgt 3,5, das der gebrannten Steine 2,8 bis 3,0. — Der Schmelzpunkt liegt bei Segerkegel 39, so daß z. B. in der Sinterzone der Zementöfen 436 Betriebstage erreicht wurden.

Die lineare Schwindung eines bei 1500° C gebrannten Dynamidonziegels betrug

nach dem ersten Brande	0,07 Proz.
„ „ zweiten „	0,06 „
„ „ dritten „	0,016 „
„ „ vierten „	0,016 „

Mit dieser großen Raumbeständigkeit der Ziegel hängt teilweise ihre Unempfindlichkeit gegen Temperaturschwankungen zusammen. Steine, die stark schwinden oder wachsen, besitzen innere Spannungen, die bei Temperaturänderungen Risse verursachen. — Die Eigenschaften eines aus Dynamidon hergestellten Mörtels gegenüber Schamotte zeigt die Zahlenreihe XXXI.

Zahlenreihe XXXI.

Eigenschaften von feuerfestem Mörtel.

		Dynamidon	Schamotte
Roh gemischter Mörtel	Zugfestigkeit	3,75—4,55 kg/qcm	0,55—1,2 kg/qcm
Bei Segerkegel 17 gebrannt, spez. Gewicht 2,19	Zugfestigkeit	132—151 „	23,2—44 „
	Druckfestigkeit	680—804 „	266—482 „
	Kitt- bzw. Scherfestigkeit	13,2—18,8 „	—
	Abnutzbarkeit auf der Böhmischen Schleifmaschine nach Abb. 92,		
	25 kg Last, nach 110 Umläufen	0,68 ccm	5,6 ccm
	„ 220 „	1,26 „	—
	„ 330 „	1,94 „	—
	„ 440 „	2,74 „	20,7 „
	Wasseraufnahmefahigkeit	10,4 Proz.	—

Die Wärmeleitzahl λ_1 ist etwas höher als die der Schamotte. Die Herstellungskosten dieser Steine sind leider noch so hoch, daß eine allgemeine Anwendung nicht möglich ist.

55. Quarzschiefer, Kieselschiefer.

Während im allgemeinen für den Kalkofen basische Futter nützlich sind, so haben sich doch die Quarzschiefer, aus den Vereinigten Crummendorfer Brüchen in Schlesien, in belgischen, Generator- und Gogoliner Kalköfen bewährt. *Karl Reinbold* (Tonindustrie-Zeitg. 1916, S. 778) erwähnt einen Schachtofen ähnlich Abb. 105b, den er in Rumänien sah, der unmittelbar in die anstehende Kalksteinwand des Berges eingehauen war, ohne Ziegelmauerwerk. Die Ausfütterung bestand aus Quarzschieferstücken, die ein vorbeifließender Wildbach mitführte. Quarzschiefer, Quarzit, Quarzfels, Kieselschiefer, ist ein Schichtgestein, das aus kleinen, scharfkörnigen Quarzkörnern besteht, die geschichtet abgelagert und durch ein quarzitisches Bindemittel miteinander verkittet sind. Es ist ein natürlicher Dinasstein. Je feiner das Korn, je dichter die Schicht, je besser, widerstandsfähiger ist der Quarzschiefer gegen Hitze und chemische Angriffe. Seine Farbe schwankt zwischen grau bis weiß, und der gute Crummendorfer Quarzschiefer ist fast rein weiß. Seine Zusammensetzung ist nach einer Untersuchung (Prof. Dr. *H. Seger* und *E. Cramer*, Berlin) vom 24. Nov. 1914:

Kieselsäure	94,70 Proz.
Tonerde	3,49 „
Eisenoxyd	0,41 „
Kalkerde	Spuren
Bittererde	Spuren
Gluhverlust	0,85 Proz.
	99,45 Proz.

Die an und für sich außerordentlich harten Quarzteilchen sind nicht so fest miteinander verkittet, wie bei der gutgebrannten Schamotte. So bestehen z. B. sog. weiche Sandsteine auch aus hartem Quarz, durch Ton oder Kalk locker miteinander verkittet, die leicht abgerieben werden.

Die Härte der Quarzite liegt zwischen $6^1/_2$ bis 7 nach den auf Seite 191 angeführten Zahlen. Sie werden deshalb von dem viel weicheren, niedergehenden Kalk wenig mechanisch angegriffen, sind aber auch außerordentlich schwer zu bearbeiten. Platten werden im Tagebau durch Loslösen mittels Keil und Pulver gewonnen und von Hand mit Spitzeisen und scharfem Hammer in die gewünschten Größen gebracht. Infolge der geschichteten Lagerung ist die Höhe der Steine sehr gleichmäßig, aber die Stirn- und Seitenflächen bleiben uneben, unscharf, wie dies Abb. 86 zeigt. Durch besonders sorgfältiges Behauen nehmen sie die Form nach Abb. 87 an. Das Mauerwerk (Abb. 89), aus solchen Steinen zusammengesetzt, zeigt noch ziemliche Fugen. Je dichter die Lagerung, je besser die Haltbarkeit der Ausmauerung. Diese wird erreicht bei Verwendung von mittels Diamantsägen gesägten und somit genau lagerechten, scharfkantigen Steinen nach Abb. 88. Der mit solchen Steinen zusammengestellte Schacht Abb. 90 zeigt ein engfugiges, bindiges Mauerwerk. Das spez. Gewicht ist 2,5 bis 2,6; das Raumgewicht 2,1 bis 2,35; also gegenüber dem der Schamotten, das nur 1,85 beträgt, bedeutend höher. Dies hohe Raumgewicht deutet auf dichteres Gefüge hin, also bessere Widerstandskraft, aber auch auf einen höheren Preis der Auskleidung. Zur Ausfüllung eines gleichen Futterraumes ist ein größeres Quarzschiefergewicht notwendig. Ein Quarzschieferfutter wird deshalb teurer als ein Schamottefutter, auch bei gleichen 100-kg-Preisen.

Hier darf man aber nicht vergessen, daß an der Angriffsstelle mehr Futter zur Verfügung steht, Futter im wahren Sinne des Wortes für die verschiedenen Angriffsarten, die die Auskleidung zerfressen. Schamottesteine besitzen bis 45 Proz. Hohlräume, die natürlich nicht schützend wirken, so daß bei gleichem Gewichtsverlust die Stärke des Schamottefutters mehr abnehmen würde. Aber basische Schamottesteine werden weniger chemisch angegriffen, so daß hier bis zu einem gewissen Grade ein Ausgleich eintritt, der sogar zugunsten der Schamottesteine ausfällt, wenn man von vornherein dichtere Steine wählt.

In der Vorwärme- und Abkühlungszone verwendet man aber sets geringere Schamottesteine, so daß man die Kalköfen nur in der Brennzone mit Quarzschiefer auskleidet, um nicht zu sehr den Preis des Ofens zu erhöhen. Quarzschiefer ist aber ein hochwertiges Kieselsäuregut, ist sauer, während zum Ausmauern der Kalköfen nur basische Schamottesteine Verwendung finden können. An den Berührungsstellen, wo der saure Quarzschiefer mit der basischen Schamotte zusammentrifft, werden bei hohen Temperaturen chemische Einwirkungen entstehen, die die Steine an den Grenzstellen zerfressen, zerschmelzen. Um diesen Übelstand zu mildern, geht man mit der Quarzschieferschicht noch über die Brennzone hinaus, nach oben, wo die heißen Gase aufsteigen, mehr als nach unten. Eine Gefahr aber besteht durch die Verwendung dieser verschiedenen Auskleidungen immer. Auch ist es merkwürdig, daß die an und für sich hochfeuerfesten Quarzschiefer (Feuerfestigkeit Segerkegel 34 und 35, also 1750 bis 1770° C) den Einwirkungen des basischen Ätzkalkes widerstehen. Es ist dies aber vielleicht auf die gleichzeitige Anwesenheit der mit dem Ätzkalk im physikalischen Gleichgewicht befindlichen Kohlensäure zurückzuführen, und außerdem überzieht sich nach kurzer Betriebszeit das Quarzschiefermauerwerk mit einer porzellanartigen Sinterung, die außerordentlich widerstandsfähig ist. Diese Schutzschicht entsteht jedenfalls in gleicher Weise, wie sie beim künstlichen Dinasstein hervorgerufen wird. Dort mischt man feinstzerkleinerten Quarzsand mit 1 Proz. gebranntem Kalk (letzteren als Kalkmilch), formt, trocknet und brennt. Bei Weißglut entsteht dann durch die Einwirkung der Kieselsäure auf den Kalk ein schwer schmelzbares Kalksilicat, als halbgeschmolzene, gesinterte Masse. Dies geschieht auch im Kalkofen, und die im Quarzschiefer außerdem vorhandene Tonerde verbindet sich mit dem entstandenen Kalksilicat zu einem schwer schmelzbaren glatten Doppelsilicat aus kieselsaurer Tonerde und kieselsaurem Kalk. Beim Erweichen handelt es sich um eine Schmelzung der leichter flüssigen Stoffe, die auf die anderen auflösend wirken, sich dadurch wieder verdicken und zäh werden, so daß der Stein wieder eine gewisse Festigkeit bekommt. Die Erzeugung der schützenden Glasur gelingt deshalb besonders dann, wenn man beim Anheizen eine etwas höhere Temperatur anwendet, als beim späteren Brennen üblich ist.

Diese Porzellanglasur erhöht auch die Festigkeit des Quarzschiefers gegen Abreiben, denn der rohe Quarzschiefer ist trotz seiner relativ großen Härte doch zerreiblich, man kann wie beim Sandstein Teilchen abreiben, Quarzkörnchen aus ihrer Verkittung lösen. Im gewöhnlichen Zustande ist hoch-

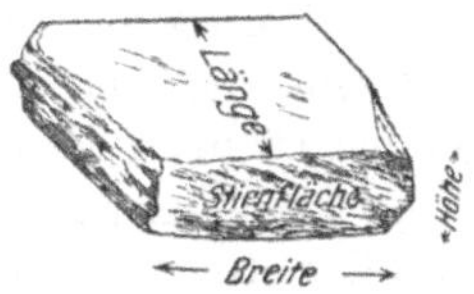

Abb. 86. Roh behauener Quarzschieferstein.

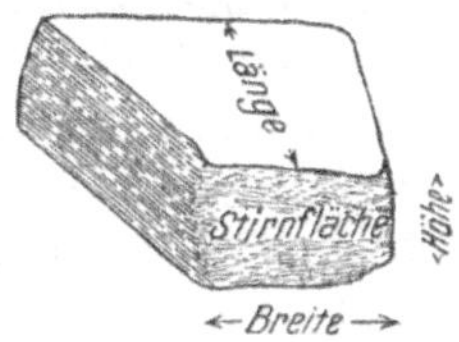

Abb. 87. Sorgfältig behauener Quarzschieferstein.

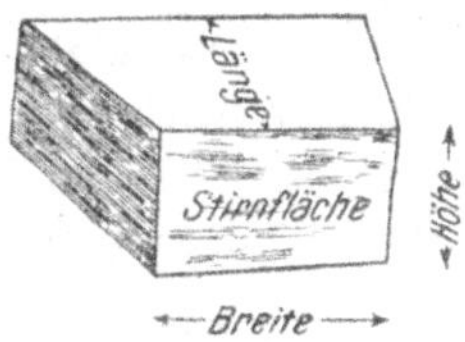

Abb. 88. Gesägter Quarzschieferstein.

Abb. 89. Ofenschacht aus sorgfältig behauenen Quarzschiefersteinen.

Abb. 90. Ofenschacht aus gesägten Quarzschiefersteinen.

feuerfester Schamottestein weniger zerreiblich als der Quarzschiefer. Dieses Abreiben verhindert die Glasur, sie schafft eine glatte, schwer angreifbare Oberfläche.

Schmelzenden Alkalien widersteht Kieselsäure, also auch der hochprozentige Quarzschiefer, nicht, weshalb man diese durch sorgfältige Wahl der Kalksteine und des Kokses vom Ofen, der mit Quarzschiefer ausgemauert ist, fernhalten muß. Ich erinnere hier nur daran, daß man allgemein mit ätzenden oder kohlensauren Alkalien (Kalium, Natrium) jede Art von Kieselsäure leicht aufschließen, in lösliches, kieselsaures Alkali verwandeln kann; daß die hochfeuerfesten Laboratoriumsgeräte aus Quarz schon durch den alkalischen Schweiß der Hände angegriffen werden.

Da Quarzschiefer genau nach einer Richtung geschichtet und gefasert ist, im Gegensatz zu den künstlichen Schamotten, die keine geschichtete Struktur zeigen, so ist namentlich bei gelegentlichen Ersatzarbeiten genau darauf zu achten, daß nur die gefaserte Stirnfläche dem Feuer zugewendet ist und daß die Schichten horizontal liegen, wie ich dies noch in der Abb. 91 dargestellt habe. Bei Segmentsteinen sorgt schon der Liefernde für die richtige Lagenwahl. Die Stirn wird dann wenig vom Feuer angegriffen, die Schichten werden nicht gedrückt. Liegen die Schichten senkrecht im Feuer, so springen diese leicht einzeln ab.

Beim Aufmauern hat man das zu beachten, was noch für Schamottesteine gesagt wird, nur daß man hier kieselsauren Mörtel, Quarzschiefermörtel verwendet. Auch wieder von gleicher Art wie die Steine selbst. Die Wärmeausdehnung des Quarzschiefers in der Längs- und Querrichtung der Schichten beträgt bei einer Erwärmung um 1000° ungefähr 0,8 bis 1 Proz., aber senkrecht zu den Schichten wächst der Schiefer beim ersten Anfeuern um reichlich 10 Proz., infolge der schon erwähnten Umwandlung des in ihm enthaltenen Quarzes in Arten mit geringerer Dichte. Beim ersten Anfeuern, was beim Quarzschiefer deshalb ganz besonders langsam und vorsichtig zu erfolgen hat, muß für das Wachsen des Steines Platz geschaffen werden. Die Wärmeschutzschicht, zwischen Feuerkleid und Außenmantel, muß weich und locker eingefüllt werden, um dem wachsenden Stein Platz zu geben. Beim Abkühlen geht dies Gewachsene nicht wieder zurück, sondern nur noch die Wärmeausdehnung von kaum 1 Proz. Durch dieses Wachsen der Quarzsteine im Feuer erhält man äußerst dichtes Mauerwerk, durch Schließen der Fugen im Feuerraum selbst, weil hier die Erwärmung und das damit zusammenhängende Wachsen am stärksten ist. Im Gegensatz zu dem die Fugen öffnenden Schwinden der Schamottesteine.

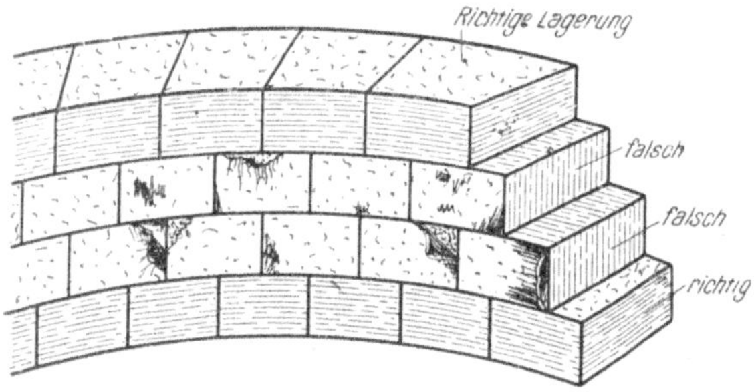

Abb. 91. Richtige und falsche Lagerung der Quarzschiefersteine.

Die große Lebensdauer und Widerstandsfähigkeit gegen mechanische Abnutzung der Quarzschiefer hängt auch damit zusammen, daß diese erst kurz vor der Erreichung ihres Schmelzpunktes weich werden und ihre Festigkeit verlieren. Sie stellen eine einfachere, reinere Mischung mit geringeren viscosen, kolloiden Eigenschaften dar, während Schamotte schon bedeutend früher erweicht. Besonders die einzelnen Quarzkörnchen sind krystallinisch, schmelzen also allmählich von außen ab, ohne zu erweichen.

Beim Anheizen des Ofens mit Quarzschiefer- oder sonstigen Auskleidungen mit hohem Quarzgehalt muß man, wie gesagt, sehr vorsichtig vorgehen. Quarz ist an und für sich bei den im Kalkofen vorkommenden Temperaturen unschmelzbar, er erreicht erst bei etwa 2200° seine Schmelztemperatur, aber er verträgt keinen schroffen Temperaturwechsel. Bergkrystall (reiner Quarz) über einem Bunsenbrenner erhitzt, springt in unzählige kleine Splitter, weil sich die äußeren Schichten schneller ausdehnen als die inneren und die spröden Teilchen nicht einander elastisch folgen können. Bei hochprozentigen Quarzsteinen sind deshalb höchste Feuerbeständigkeit und größte Widerstandsfähigkeit gegen Temperaturwechsel sehr häufig zwei sich gegenseitig mehr oder weniger ausschließende Eigenschaften. Eine überwiegt die andere, je nach der Herstellungsart, denn es ist ja andererseits gelungen, im elektrischen Ofen Quarzgut zu erzeugen, das bekanntlich auf 1000° erwärmt und in kaltes Wasser getaucht werden kann, ohne zu zerspringen. Während bei einem Versuch auch der Crummendorfer Quarzschiefer als sehr widerstandsfähig gegenüber hoher Temperatur sich zeigte, so war dies nicht der Fall bei schneller Erhitzung. *Richter* (Z. d. V. d. d. Z. 1915, S. 272) erhitzte rasch einen Probewürfel während 2 Stunden auf 1600° C, dann zeigte sich, daß dieser zu einem unförmigen Gebilde geplatzt, die Struktur zerstört und mit einer porzellanartigen Glasur überzogen war. Ein einzelner Quarzschieferstein darf also nicht zur Erprobung der Feuerbeständigkeit benutzt werden.

Bei Wiederherstellungsarbeiten schadhafter Feuerkleider wird als Nachteil empfunden, daß die Quarzschiefersteine nicht wie Schamottesteine passend behaubar sind.

Künstliche, kieselsäurereiche Steine, wie Silika, die an und für sich wenig zur Verschlackung neigen, erfordern angesichts ihrer starken Wärmedehnungen und der damit zusammenhängenden Empfindlichkeit gegen Temperaturschwankungen größte Vorsicht. *Koppers* (D. R. P. 344 366/1919) bringt deshalb einen Dampfwassermantel an (s. S. 231, Abb. 100).

56. Ausklebemassen.

Wie man jetzt alle möglichen Bauten und Dinge in Beton herstellt, so liegt auch der Wunsch nahe, die Kalkofenauskleidung in einem Guß herzustellen, wodurch die Fugen und der Mörtel mit den Nachteilen vermieden wären. Aber während Beton schon bei Bauten, die fast gar keinen Schwankungen unterworfen sind, zur Rißbildung neigt, so wird dies bei einem derartigen Feuerkleid in noch stärkerem Maße der Fall sein. Die geformte und auch festgestampfte Auskleidungsmasse muß natürlich feuerfeste und somit Schamotteeigenschaften besitzen. Sie wird deshalb beim Anfeuern schwinden und rissig. Die Risse werden groß und auch von unregelmäßiger Form. Deshalb müßten die Risse nochmals vergrößert, ausgeglichen und zugeschmiert werden. Die eingeschmierte Masse wird wieder schwinden, so daß man eine vollkommen geschlossene Auskleidung auf diese Weise nicht erreichen wird. Diese Vorbehandlung ist umständlich und schwierig, denn man muß doch eigentlich das Brennen der Auskleidung, das sonst vorher mit den Steinen geschieht, hier im Kalkofen unter schwierigeren Verhältnissen nachholen. Das Durchbrennen und die Erzielung eines gleichmäßig vorgebrannten Futters ist langwierig, wenn nicht gar ganz unmöglich. Auf diese Weise wird man also ein gutes Kalkofenfutter nicht erhalten können. Deshalb ist man auch bei Hochöfen ganz von dieser früher häufig angewendeten Art der Futterherstellung abgekommen.

Einzelne angegriffene Stellen des Futters von nicht zu großer Ausdehnung sollen, wie ich höre, häufig mit günstigem Erfolg durch Ausklebemassen wiederhergestellt worden sein. So durch Verwendung des sog. Vulkanzementes (*Caesar Winkelmann & Co.*, Dresden-A.), der seine Form bei Segerkegel 36 (1790°) nicht verändern soll.

Die ausgebrannte Stelle ist sorgfältig von Schlacken und Verunreinigungen zu befreien, so daß das unangegriffene Fleisch der ursprünglichen Auskleidung zutage tritt. Ferner ist nach unten durch wagerechtes Behauen oder Entfernen der Steine bis zur Fuge für eine gute Auflage der Ausklebemasse zu sorgen. Die Ausklebemasse selbst ist nach den Vorschriften des Erzeugers vorzubereiten und wird damit dann die Stelle ausgeschmiert. Fest wird die Auskleidung erst durch Feuer, indem sie sintert, sie ist vorher weich und bröcklig wie jeder feuchte Zementbewurf. Vor der Füllung muß der Ofen deshalb erst durch Koksfeuer erhitzt, die ausgekleidete Stelle gebrannt werden. Geschieht dies nicht sorgfältig, so wird bei der ersten Begichtung die Ausklebemasse abgeschlagen und abgerieben, bevor der Ofen überhaupt in Betrieb kommt. Die beim Vorheizen entstandenen Risse müssen dann tief ausgekratzt und gut verschmiert werden. Einfach, zuverlässig und billig, wie es im ersten Augenblick scheinen mag, ist die Anwendung der Ausklebemasse für Kalköfen also nicht. (100 kg Vulkanzement kosteten 1914 einschl. Sack 12,50 Goldmark.) Etwas anderes ist dies bei Feuerungen, die nicht mechanisch beansprucht werden.

Der Klebsand wird auch häufig als gepreßte, getrocknete Steine geliefert. Doch sind diese, weil ungebrannt, noch sehr zerbröcklig, man hat viel Bruchverlust und teure Verpackungskosten. Wenn diese auch anfangs etwas billiger wären, so sind die Brennkosten, wie beim Klebsand nachträglich aufzuwenden. Genau wie bei der Verwendung losen Klebsandes, wird man durch das Schwinden kein fugenloses Mauerwerk erhalten. Klebsande, die nicht schwinden und mit Vorteil in Eisenschmelzöfen (Kupolöfen) Verwendung finden, sind wegen ihres hohen Kieselsäuregehaltes, also ihrer sauren Eigenschaften halber, für Kalköfen ungeeignet. *O. Hoese* (Gießerei-Ztg. 1913, S 493) gibt eine Analyse solcher Klebsande (quarzreicher Kaoline) der *Dörendruper Sand- und Tonwerke* mit 85,56 Proz. SiO_2, 13,20 Proz. Al_2O_3, 0,06 Proz. CuO, 0,024 Proz. MgO, 0,060 Proz. Fe_2O_3, 1,1 Proz. H_2O (?). Ähnliche Zusammensetzung zeigen auch die Klebsande von Grünstadt und Großalmerode. Vorteile gegenüber gut gebrannten Steinen dürften deshalb nicht zu erwarten sein.

Die Verwendung solcher Ausklebemasse ist immer gefährlich, weil die schon vorhandene Auskleidung dann mit der Ausklebemasse, die eine ganz andere chemische Zusammensetzung besitzt, in innige Berührung kommt. Die neue Ausklebemasse hat saure, das alte Schamottefutter alkalische Eigenschaften. Wie diese bei den hohen Brenntemperaturen chemisch aufeinander einwirken und sich gegenseitig verbinden und zerfressen, haben wir gesehen. Diese Wirkung wird sich natürlich erst an den Rändern der Flickstelle zeigen, dort wo beide in inniger Berührung dem Feuer am stärksten ausgesetzt sind. Dann wird die Ausklebemasse in der Mitte des Fleckes in gutem Zustand verbleiben, aber die Ränder desselben und der Auskleidung werden zusammenfließen, abschmelzen und dann von dort langsam weiterfressen. Man hört dann häufig das Urteil, daß die Ausklebemasse an und für sich gut hält, aber man hätte den Flick etwas größer machen müssen, etwas mehr verbreitern und erhöhen, weil man die wirklichen Ursachen nicht erkannte und hoffte, dadurch die Angriffe zu überwinden, wenn man das Pflaster größer macht. Nach den chemischen und physikalischen Eigenschaften ist dies aber nicht zu erwarten.

57. Prüfung des Gebrauchswertes des Feuerkleides.

Feste Formeln und Regeln, die es gestatten, nach der Untersuchung den betreffenden Stein in bezug auf seinen Gebrauchswert als feuerbeständige Auskleidung einwandfrei zu bestimmen, gibt es noch nicht. Noch sind die Versuchszahlen zu einzeln und mit der Güte des betreffenden Steines im Betriebe noch zu wenig verglichen. Immerhin gestattet natürlich eine eingehende Untersuchung eine gewisse Beurteilung, eine gewisse Vorprüfung, die vor gar zu großen Fehlgriffen bewahrt.

Man muß seine chemische Zusammensetzung feststellen, um die chemischen Angriffe durch den Kalk, die Asche, Schlacken und Gase beurteilen zu können. Die physikalische Beschaffenheit, als äußeres Aussehen, äußere Form, Rissigkeit, Aussehen des Bruches, Porosität, Wärmeleitfähigkeit, Wärmeausdehnung. Die mechanischen Eigenschaften, wie Sprödigkeit, Bruchfestigkeit und Abnutzbarkeit. Dann besonders die Feststellung des Erweichungspunktes, des Schmelzpunktes, der Rißbildung bei plötzlichen Temperaturschwankungen und das Wachsen oder Schwinden.

Das Chemische Laboratorium für Tonindustrie Prof. Dr. *H. Seger* und *E. Cramer* (Tonindustrie-Ztg. 1914, S. 550) hat bestimmte Richtlinien festgelegt, die ich noch entsprechend erweiterte.

1. Allgemeine Beschaffenheit der Schamottesteine:

a) Äußere Beschaffenheit.

b) Die Beschaffenheit des Bruches (grob, fein, Risse, Blasen).

c) Wasseraufsaugvermögen, weil hieraus Rückschlüsse auf die Einwirkung des Kalkes auf die Schamottesteine zu ziehen sind.

2. Feuerfestigkeit. Hier wäre auch noch der Erweichungspunkt zu berücksichtigen, d. h. die Durchbiegung von frei gelagerten Stäben festzustellen (vgl. *Kerl*, Handbuch der gesamten Tonwaren-Ind. 3. Aufl. 1907, S. 847).

3. Das Verhalten gegen die Asche der Brennstoffe und gegen den betreffenden Kalk bei dessen Garbrenntemperatur:

Man fertigt aus dem ungebrannten oder gebrannten Kalk dreiseitige, regelmäßige Pyramiden (Tetraeder) von etwa 4 cm Kantenlänge an, stellt diese in die Mitte der Fläche eines Schamottesteines und setzt den Stein mit den daraufstehenden Kalkpyramiden den betreffenden Brenngraden aus.

Die Versuche mit den Kalkpyramiden sind vorzunehmen:

a) bei der Garbrenntemperatur (*Seger* schlägt die Vorbestimmung der Garbrenntemperatur des betreffenden Kalkes vor. Dies erscheint mir unnötig, da die Brenntemperatur der Kalkarten selbst wenig verschieden ist und, wie früher ausgeführt, nur vom Ofen abhängig ist. Man wird immer mit Brenntemperaturen bis 1200° rechnen müssen);

b) bei Segerkegel 9 bis 10;

c) bei Segerkegel 14.

Die Schlackenprobe wird (Metallurg. Chem. Eng. 16, 1917, S. 184 bis 187) wie folgt ausgeführt: Schlacke von der Art, wie sie für die Verwendung der Steine später in Betracht kommt, wird auf den Stein, in den ein Loch von bestimmten Ausdehnungen eingebohrt worden ist, aufgebracht und der Probekörper auf 1350° zwei Stunden lang erhitzt. Nach dem Erkalten wird der Stein mitten durch die Bohrung im rechten Winkel in vier Teile zersägt und die Schlackeneindringung mittels Planimeters gemessen.

4. Die chemische Analyse.

5. Die Prüfung auf Nachschwindung bzw. Ausdehnung, wozu man ganze Steine verwenden soll, weil kleine Versuchswürfel weniger genaue Meßergebnisse liefern.

6. Die Prüfung auf Druckfestigkeit.

Hierfür wurde folgende Versuchsausführung vorgeschlagen (Metallurg. Chem. Eng. 16, 1917, S. 184 bis 187).

a) Erhitzen der Steine unter Belastung. Die Vorrichtung besteht aus einem zylindrischen Ofen, der mit Gas oder Öl befeuert wird, und aus der Belastungseinrichtung. Der Probekörper wird im Ofen hochkantig aufgestellt, nachdem die Auflage und die belastete Fläche parallel geschliffen worden sind und die Länge des Körpers genau festgestellt worden ist. Die Belastung erfolgt während 6 Stunden mit 1,75 kg/qcm, nachdem der Stein auf 1350° C erhitzt worden ist. Nach dem Erkalten wird der Stein wieder gemessen. Empfehlenswert ist es, den Probekörper vor und nach der Probe zu photographieren.

b) Zerdrückungsprobe. Der Stein wird — wie oben — an beiden Enden parallel geschliffen und die Flächen werden gemessen; sodann wird er in einem Ofen erhitzt, sobald er die Temperatur von 1350° erreicht hat, schnell in die Presse gebracht und daselbst so lange belastet, bis er zerbricht.

Beim Feuerkleid wirkt auf die Abnahme der Druckfestigkeit wohl hauptsächlich das Erweichen, bevor der eigentliche Schmelzpunkt erreicht wird.

7. Die Prüfung auf Abnutzbarkeit. Dies geschieht durch Schleifversuche, z. B. mit der Schleifmaschine Bauart *Böhme*. Sie besteht nach Abb. 92 und Abb. 93 aus einer wagerechten eisernen Planscheibe A, gegen die das Versuchsstück B, ein Würfel von 70 mm Seitenlänge, gedrückt wird. Der Hebel C, der mit 5 kg belastet wird, drückt bei einer Hebelübersetzung von 1 : 5 mit 25 kg auf das Versuchsstück. Die Scheibe wird durch eine Kurbel oder Riemenscheibe in Umdrehungen versetzt und die Zahl der Umdrehungen durch ein mit Zähnen versehenes Zählrad F festgelegt. Um die schleifende Wirkung der Scheibe zu erhöhen, wird sie mit Schmirgel bestreut, und zwar zu Beginn der

Drehung und nach je 22 Umgängen mit je 20 g Naxos-Schmirgel Nr. 6. Nachdem die Scheibe die 22. Umdrehung vollendet hat, springt die Rolle H in die Nute J, wodurch die Klauenkuppelung K gelöst wird und die Maschine stillsteht. Ist dann der Schmirgel aufgegeben, so wird durch Heben des Hebels L durch die Sperrklinke M. das Rad F weitergeschoben, wobei die Rolle H aus der Nute J tritt und die Kuppelung zum weiteren Betriebe wieder eingreift. Bei jeder Umdrehung schiebt der Daumen G das Zählrad weiter. Die Ölung erfolgt durch die Ölrinnen R und R_1, die mit beweglichen Deckelringen S und S_1 versehen sind, und ferner bei F und U durch Ölkanne oder Schmierbüchse. Nach je 110 Umgängen wird das vorher gewogene Versuchsstück aufs neue gewogen und der Gewichtsverlust festgestellt. Dies wird viermal wiederholt, so daß zur Prüfung eines Körpers die Scheibe 440 Umgänge macht. Die Größe der Abnutzung wird in Kubikzentimeter angegeben. Diese Zahl wird dadurch gefunden, daß der Gewichtsverlust, welchen der Körper durch das Schleifen erlitten hat, durch das Raumgewicht (S. 208) geteilt wird. — Die Abnützung von Schamottewürfeln beträgt im Mittel nach 110 Umläufen

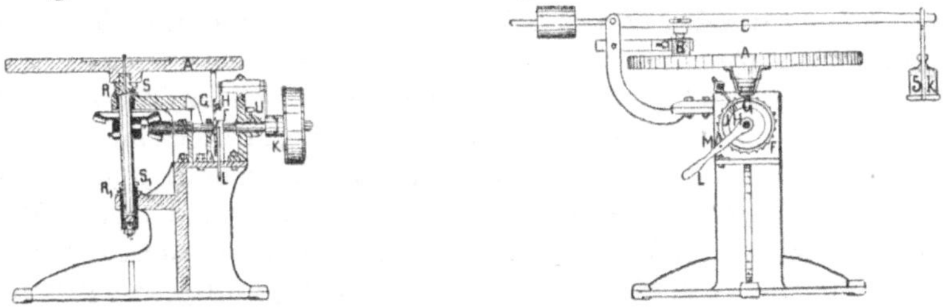

Abb. 92 und 93. Maschine zur Prüfung der Abnutzbarkeit der Steine für das Feuerkleid.

5,6 ccm, nach 400 Umdrehungen 20,7 ccm. Die richtige Feststellung der Abreibung oder gar Abquetschung im heißen Zustande ist leider auf dieser Maschine nicht feststellbar. — Auch die Prüfung vor dem Sandstrahlgebläse, die auch bei hohen Temperaturen anwendbar ist, gibt dort keine einwandfreien Zahlen. Die Abnutzung im Sandstrahl nimmt im allgemeinen mit steigender Temperatur zu bis zur Sinterung, darüber hinaus aber wieder ab, weil infolge der eintretenden Erweichung die Sandkörnchen elastisch zurückgeworfen werden.

8. Die Wärmeleitfähigkeit bei Temperaturen bis 1300°.

9. Die lineare und körperliche Ausdehnung durch die Wärme.

10. Die Widerstandsfähigkeit gegen plötzlichen Temperaturwechsel kann man dadurch feststellen, daß man einen Probekörper auf die Gebrauchstemperatur, z. B. 1200°, erhitzt und nun durch Auflegen auf einen Stein (wie es im Ofen unter Berührung der kalten Steine mit dem Feuerkleid eintreten kann) oder durch Anblasen von kalter Luft (wie es bei Undichtigkeiten, offenen Schaulöchern u. dgl. vorkommen kann) möglichst schroff abkühlt. Dieser Versuch wird mit mehreren Probekörpern wiederholt. Der Gewichtsverlust durch Abbröckeln gibt einen Vergleichsmaßstab für die Widerstandsfähigkeit und Beständigkeit bei Temperaturwechsel.

Die ersten drei Untersuchungen sind aber die wichtigsten.

Ich möchte aber nochmals darauf hinweisen, daß die Prüfung am einzelnen Stein oder gar nur Steinstückchen möglichst vermieden werden sollte, weil sich manche Steine im eingemauerten Zustande ganz anders verhalten als das einzelne lose Stück. Dies gilt besonders in bezug auf die Feuerbeständigkeit, Festigkeit gegen plötzlichen Temperaturwechsel und gegen Druck im heißen Zustande.

Bei Gewährleistung einer bestimmten Feuerfestigkeit nach Segerkegeln kann es sich nur um Festigkeit im engeren Sinne, also um Widerstand gegen Temperaturhöhe handeln. Dieser Widerstand ist gekennzeichnet durch die höchste Temperatur in Segerkegeln, die das feuerfeste Gut, ohne durch Schmelzvorgänge bedingte Formänderung aushält, bei deren Überschreitung jedoch das Niederschmelzen beginnt. Der Feuerfestigkeitsgrad fällt also nicht mit dem Schmelzpunkt zusammen, sondern liegt unterhalb desselben und bildet die obere Begrenzung der Feuerfestigkeit. — Dabei kann sich diese Gewährleistung allerdings nur auf die Prüfung im Laboratoriumsofen, nicht auf die im Industrieofen beziehen, bei dem noch die vielen anderen Einflüsse von großer Bedeutung sind.

Über die Lebensdauer des Feuerkleides läßt sich im voraus nichts Bestimmtes sagen, da die vorgenannten Einflüsse zu verschiedenartig sind. Häufig hört man, daß manche Auskleidungen schon nach wenigen Monaten wieder ersatzbedürftig sind, andere fünf, acht, zehn und mehr Jahre ohne Störung im Betrieb sind. Eine Betriebszeit von zehn Jahren dürfte schon auf alle Fälle für Kalkofenfutter als eine recht günstige zu gelten haben. Solche, wie sie z. B. an einem Hochofen in Middlesborough bei den *Ornosby-Werken* festgestellt wurden, dürfte man beim Kalkofen nicht erreichen. Dieser Hochofen wurde am 8. Mai 1876 in Betrieb gesetzt, erzeugte täglich etwa 100 t Eisen und war ununterbrochen 38 Jahre im Feuer. Aber auch bei Hochöfen sind dies Seltenheiten; die Schmelzzeiten werden auch dort wegen des aufs äußerste angestrengten Betriebes immer kürzer.

Bei Drehrohröfen der Zementwerke rechnet man im allgemeinen damit, daß das Feuerkleid nach 9 bis 12 Monaten Betriebszeit eine Erneuerung auf einer Länge von 8 bis 10 m an der Sinterzone (Brennzone) nötig hat, während der übrige Teil der Auskleidung eine fast unbegrenzte Lebensdauer besitzt.

Aus alledem dürfte klar hervorgehen, daß die Kalkofenauskleidung den verschiedensten Angriffen ausgesetzt ist, der sie nicht dauernd widerstehen kann. Allmählich wird sie dünner und dünner. Immerhin kann man aber durch richtige Wahl solche Auskleidungsstoffe finden, die eine gewisse Widerstandskraft besitzen und einer nicht gar zu schnellen, unwirtschaftlichen und betriebsstörenden Abnutzung unterworfen sind. Diese Wahl sollten diese Zeilen unterstützen, die Erkenntnis der Vorgänge fördern und so die Nachteile überwinden helfen. Aber hier sei nachdrücklichst darauf hingewiesen, daß gerade besonders bei der Wahl der feuerfesten Ausmauerungen das Urteil erfahrener Fachleute und bewährter Fabriken nicht hoch genug zu bewerten ist. Die vorerwähnten chemischen, physikalischen und mechanischen Untersuchungen der Steine erleichtern die Beurteilung derselben und schützen vor allzu großen Fehlschlägen, geben aber keine unbedingte Gewähr für die Güte und Haltbarkeit des Steines im Betriebe. Es treten noch viel Zwischenwirkungen auf, die vorher nicht zu bestimmen sind, denen aber ein bewährter Stein eben nach der Erfahrung auch widersteht.

Es ist eine vollständig falsche Sparsamkeit, hier minderwertige Schamotte od. dgl. zu verwenden, wie sie häufig x-beliebige, in der Nähe liegende Tonwerke billig liefern.

58. Das Aufmauern des Feuerkleides.

Beim Vermauern sind die Steine nur ganz leicht anzunetzen und mit ganz dünnem Mörtel, der nicht mehr mit der Kelle, sondern nur noch mit einem Löffel auf die Mitte des lagernden Steines gebracht wird, fest gegeneinander zu verreiben. Große Fugen erleichtern das Eindringen der Gase und die Angriffe des Futters, es wird locker und zerfällt. Es ist schwer, gewöhnliche Maurer zum fugenlosen Mauern zu bringen, weil sie gewöhnt sind, Fugen von 10 bis 20 mm einzuhalten, während beim Kalkofen so wenig wie möglich Mörtel anzuwenden ist, wie beim fugenlosen Aufmauern der Kachelöfen. Unzweckmäßig ist die Vorschrift: „Bei der Einmauerung muß beachtet werden, daß genügend große (!) Fugen zwischen den einzelnen Steinen eingehalten werden, damit bei der starken Ausdehnungsfähigkeit des Quarzschiefers sowohl als auch der Schamotte der Ofen nicht zersprengt wird (*Stohmann-Schander*, Handbuch d. Zuckerf. 1912, S. 475)." — Die Fugen sollen 2 bis 3 mm nicht übersteigen, sollen „messerrecht" sein, indem man mit dem Taschenmesser nicht tief hineindringen kann. Deshalb sind auch ebene Steine erwünscht. Aber gut vorgebrannte, also gut vorbereitete Steine sind häufig beim Brennen etwas krumm geworden. Man darf aber, wie gesagt, auf das Äußere der Schamottesteine kein zu großes Gewicht legen, wenn es nicht gar zu sehr das engfugige Verlegen erschwert. Große Steinformen vermindern auch die Fugenzahl, doch darf man hier nicht zu weit gehen.

Die Futterstärke nimmt man bei Schachtöfen gewöhnlich zu 250 bis 300 mm an, bei Drehrohröfen dagegen nur mit 160 bis 250 mm. Die Steinbreite wird man möglichst nicht über 200 mm wählen und deren Dicke 130 mm, trotzdem es besser wäre, das Normalziegelformat (250×120+65, s. S. 210) möglichst nicht zu überschreiten, weil große Steine durch plötzliche Temperaturänderungen leicht reißen, während bei kleinen Steinen die Fugen die Ausgleichungen für diese Änderungen übernehmen. Verwendet man große Abmessungen, so muß man auch für langsames Anheizen und Abkühlen sorgen, was auch beim Kalkofenbetrieb gut möglich ist. Man darf nicht, wie ich dies tatsächlich in einer Fabrik erlebte (!), den festgesetzten Kalkofen durch Einspritzen von Wasser mit der Feuerspritze zum schnellen Abkühlen bringen. Wohl wird auf diese Weise der festsitzende Kalk gelöscht und locker, aber auch das ganze Futter geht entzwei.

Natürlich muß auch zum Vermauern, zum Ausfüllen der Fugen basischer Mörtel genommen werden. Beste Schamotte können in der Hitze weich werden und schmelzen, wenn man basische Steine und sauren, stark kieselsäurehaltigen Mörtel miteinander vermauert. Bei gelegentlichen Wiederherstellungsarbeiten sollte man deshalb auch die Verwendung unbekannter Schamottesteine vermeiden; ist solch ein zwischengemauerter Stein sauer, und wenn es der hitzebeständigste Quarzstein wäre, dann tritt er, wie der saure Mörtel, mit den ihn umgebenden basischen Steinen in Verbindung, leicht schmelzende Flüsse entstehen, die die Zerstörung des ganzen Mauerwerkes bewirken können. Die anfangs billige Reparatur kann also recht teuer werden. So dürfen auch nie Quarzsteine zwischen Schamottesteine gemauert werden. Wer auf diese Weise vielleicht eine stark angegriffene Stelle ausheilen will, wird das Gegenteil erreichen. Deshalb verwende man bei Ersatzarbeiten stets gleichartige Steine, und zum Ausmauern, natürlich auch der neuen Öfen, nur Mörtel von der Fabrik, aus der die Schamotten stammen. Am sichersten ist es, den feuerfesten Mörtel, der aus gebranntem feuerfesten Ton mit Bindeton trocken gemischt besteht, mit den Steinen gleichzeitig zu beziehen, und sind etwa 10 bis 15 Proz. vom Steingewicht notwendig. Verwendet man Schamottemörtel, der entweder schwach oder gar nicht gebrannt ist, so schwindet er beim Feuern, die Fugen werden locker, öffnen sich und erleichtern die Zerstörung. Der Mörtel kommt trocken gemischt zum Versand und braucht nur mit Wasser vermengt zu werden. Dies Wasser soll möglichst frei von Eisen und Salzen sein, die zu flüssigen Schlacken (Salzglasuren) Veranlassung geben können. Kondenswasser, Regenwasser ist am zuverlässigsten. Da man nach dem Aufmauern noch einen Rest an trockenem Mörtel zurückbehalten wird, so sollte man die Säcke sorgfältig und zuverlässig erkennbar zeichnen, damit bei späteren Ersatzarbeiten der richtige Mörtel einwandfrei wieder herausgefunden werden kann. Verwechslungen können unangenehmen, oft schwer erklärbaren Schaden anrichten.

Häufige Klagen darüber, daß eine kaum erst neu ausgefüllte Stelle wieder ausgebrannt ist, dürften hiermit zusammenhängen.

Lehm, wie dies leider häufig aus Gleichgültigkeit geschieht, sollte wegen seiner schwankenden Zusammensetzung, die nie mit den feuerfesten Steinen übereinstimmt, wegen seines großen Gehaltes an Flußmitteln nicht für das Aufmauern der feuerfesten Auskleidung verwendet werden.

Nach dem Aufmauern soll man dem Feuerkleid genügend Zeit, möglichst 4 bis 8 Wochen zum Austrocknen geben, indem für genügenden Luftwechsel im Ofen durch Öffnung des Schornsteines und der Gichtglocke gesorgt ist. Dies ist von großem Einfluß auf die spätere Haltbarkeit des Futters. Die anfangs im Mauerwerk noch ungleichmäßig verteilte Feuchtigkeit würde bei zu frühzeitigem Anheizen zu schnell und ungleichmäßig ausgetrieben, Risse und Sprünge entstehen. Hier gelten die Bedingungen, die man bei gewöhnlichem Mauerwerk beobachten muß, in erhöhtem Maße.

59. Die Aufbewahrung der feuerfesten Steine.

Schamottesteine und Quarzsteine sind in einem von den Einflüssen der Witterung geschützten Raume zu lagern; da feuerfeste Steine aus einer nicht geschmolzenen, nur gesinterten Masse bestehen, so saugen diese begierig Wasser auf, werden dann locker und verwittern. Öfen, welche aus Steinen hergestellt sind, die lange im Freien gelegen haben, werden nur kurze Dauer halten.

R. M. Howe, *S. M. Phelps* und *R. F. Ferguson* stellten Versuche über die Einwirkung der Witterung auf die Festigkeit feuerfester Steine an. Die Versuche erstreckten sich auf: Tonsteine A höchster Feuerfestigkeit (aus reinem Halbflintton), Tonsteine B (aus 80 Proz. Flintton und 20 Proz. bildsamem Ton), Silikasteine und Magnesiasteine. Die Silikasteine waren Ofenherdsteine, ein Nebenerzeugnis bei Koksofensteinen. Die Magnesiasteine waren maschinengepreßt, wie für Eisen-, Stahl- und Kupferhütten. Die Stapel der im Freien gelagerten Prüfsteine wurden nur auf der Oberseite durch eine höher liegende Deckplatte geschützt. Vor und nach dieser Lagerung bestimmte man in der Kälte die Druckfestigkeit, bei den Tonsteinen auch die Splitterfestigkeit. Letztgenannte Prüfung geschah durch Erhitzen in der Tür eines auf 1350° geheizten Ofens, dann 3 Minuten langes teilweises Tauchen in einen von kaltem Wasser durchflossenen Trog, Trocknen an der Luft und Wiederholung dieses Verfahrens jede Stunde, bis 25 mal. Als beste zur Vergleichung herangezogene maschinengepreßte hochfeuerfeste Tonsteine von sehr scharfem Brand besaßen sowohl frisch, als nach sechsmonatlicher Bewetterung 350 kg/qcm Druckfestigkeit; dagegen gingen handgefertigte porige in 6 Monaten von 35 kg/qcm fast auf Null herunter. Unter den oben genannten Prüfsteinen nahmen im Durchschnitt die Tonsteine A in 6 Monaten 1 Proz., in 1 Jahr 10,8 Proz. an Druckfestigkeit ab; die Tonsteine B zeigten nach 6 Monaten 21,6 Proz., nach 1 Jahr 27,6 Proz. Abnahme. Die Silikasteine verloren an Druckfestigkeit in 6 Monaten 8,1 Proz., in 1 Jahr 39,2 Proz. Die Magnesiasteine aber nahmen an Druckfestigkeit in 6 Monaten 15 Proz., in 1 Jahr 33 Proz. ab. Noch mehr haben sicherlich in allen Fällen die Festigkeiten gegen Abreibung, gegen Baukräfte und gegen Splittern abgenommen. An Splitterverlust erlitten bei 25 Tauchungen die Tonsteine A frisch 17 Proz., nach 6 Monaten 16 Proz., nach 1 Jahr 40 Proz., und die Tonsteine B frisch 10 Proz., nach 6 Monaten 22 Proz., nach 1 Jahr 33 Proz. (Journ. Amer. Ceram. Soc. 5, Februar 1922, S. 107 bis 111. Pittsburgh [Pa.], Univ.)

Auch die Steine soll man gut kenntlich zeichnen, wie ich dies schon vorher beim Mörtel erwähnte, damit später, nach Jahren, keine unangenehmen Verwechslungen vorkommen.

H. Der Kalkofenmantel.

Das Feuerkleid wird man immer mit einem äußeren Halt, einem Mantel, umgeben müssen, damit es einzig und allein als feuersichere Auskleidung wirkt, ohne noch den inneren Druck der Füllung, die Gesamtbelastung des Ofens aufnehmen zu müssen und um gegen die Einflüsse der äußeren Atmosphäre geschützt zu sein.

60. Der gemauerte Kalkofenmantel.

Als Ummantelung diente früher fast ausschließlich Ummauerung. Meistens aus den gebrochenen Kalksteinen des eigenen Bruches aufgemauert, weil dies Material dort am billigsten zur Verfügung steht.

Abb. 94. Schachtofen mit Mantel aus Ziegelsteinen und vorgebautem Gaser.

Die gemauerten Mäntel müssen durch Eisen sehr kräftig außen eingebunden sein. Man muß elastische Bänder verwenden, weil sie sonst beim Ausdehnen des Ofens reißen. Infolge der ungleichmäßigen Erwärmung bewegen sich die Steine in den Fugen, der Ofen beult aus und die klaffenden Fugen lassen unbehindert Luft eindringen, welche die Verbrennung stört und die Kohlensäuregase verdünnt. Um das Heben der wagerechten, klaffenden Fugen zu erschweren, sollte man die umlaufenden Bänder noch durch senkrechte Zugbänder gegenseitig verankern. Diese gemauerten Mäntel haben nur eine geringe Lebensdauer, wenn man nicht gleich die Mauern meterdick ausführt. Deshalb findet man die Kalköfen in Fabrikbetrieben fast nur noch mit dem durchaus zuverlässigen Eisenmantel; denn Wärmeverluste kann man ohne Schwierigkeit durch eine dickere Wärmeschutzschicht vermindern. Bei guter Bemessung der Blechstärken kann der Ofen nicht auseinandergetrieben werden und er wird dauernd gut dicht halten, wodurch der Eintritt falscher Luft und die damit verbundene Erhöhung des Brennstoffverbrauches und die Verdünnung der Kohlensäure vermieden wird.

Bei Betriebspausen, z. B. Sonntags, ist das Feuer besser zu drosseln; weil keine Luft durch das stets undichte Mauerwerk eindringen kann.

Einen aus Ziegelsteinen aufgemauerten Mantel besitzt der Gasschachtofen von *Huth & Röttger G. m. b. H.*, Dortmund (Abb. 94).

61. Kalkofenmantel aus Beton.

In der „Tonindustrie" 1900, S. 1951, ist ein Schachtofen abgebildet, mit einem Mantel aus eisenarmiertem Beton, der von Ingenieur *Picot* in Luzech (Lot) gebaut wurde. Er hatte eine mittlere lichte Weite von etwa 2500 mm bei 6 m Höhe und hatte Doppelkegelform, ähnlich Abb. 105h. Durch die Hitze erhielt der Mantel Risse, in Platten von etwa 400 mm Durchmesser, und die obere Gichtplatte erhielt strahlenförmige Risse. Er soll aber trotzdem gut gehalten haben. Man muß also für sehr guten, nachgiebigen Wärmeschutz zwischen Mantel und Auskleidung sorgen. Beton, der eine Zeitlang für alle möglichen und unmöglichen Dinge als Allheilmittel galt, erscheint als Kalkofenmantel nicht am richtigen Platze. Er ist teurer als der Eisenmantel und bietet diesem gegenüber keine Vorteile. Dagegen erscheint mir Beton für das Gerüst zum Tragen der Gichtbühne und den Bedienungsbühnen als guter Baustoff. Die Abb. 95 läßt einen hohen Schachtofen erkennen $\left(\frac{H}{D} = 9\right)$ von *Arthur Anker*, Paris, dessen schmiedeeiserner Mantel auf einem Betongerüst ruht. Die Verwendung von Betonmänteln nimmt jetzt immer mehr zu, besonders auf den Zementwerken, weil sie dort aus eigenen Rohstoffen aufgebaut werden können und Eisenbleche infolge der Kontributionen (ich mag hierfür kein deutsches Wort wählen) nicht zu erhalten sind.

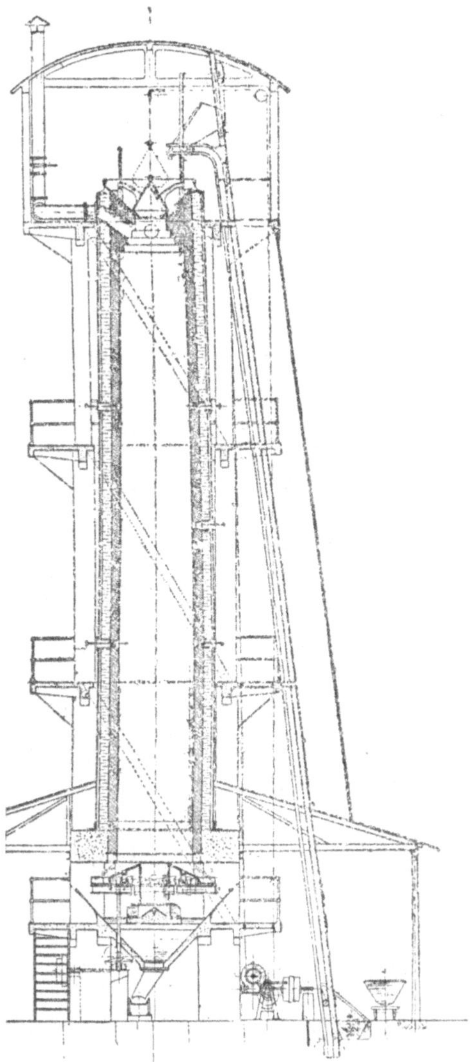

Abb. 95. Schachtofen mit Eisenmantel auf Betongerüst.

Die Abb. 96 zeigt einen *Thiele*-Schachtofen von *Gebr. Pfeiffer*, Kaiserslautern, dessen Mantel vollständig aus Beton ausgeführt ist.

Betreffs der Verwendung des Betons im Ofenbau stellt Dr. *Offerhaus* (Metall u. Erz 1917, S. 417) folgende Richtlinien auf.

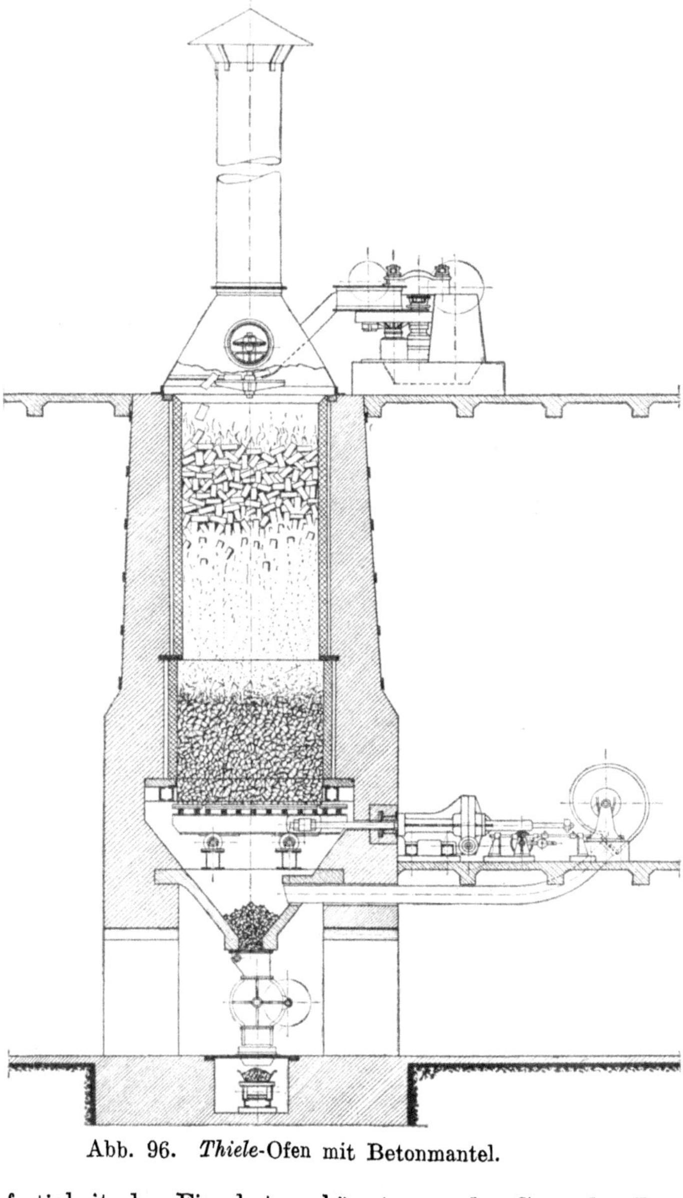

Abb. 96. *Thiele*-Ofen mit Betonmantel.

Die Feuerfestigkeit des Eisenbetons hängt von der Güte des Zements, des Füllmaterials und von deren Mischungsverhältnis ab.

1. Es sollen nur solche Zemente verwendet werden, die bei hoher Temperatur erbrannt sind.

2. Als Füllmaterial sind gestaltlose (amorphe), porige Gesteine, die hohen Temperaturen ausgesetzt werden, wie gebrannte feuerfeste Tone, Klinken, Schlacken, Bimssteine, Basalte und andere Eruptivgesteine von porigem Gefüge am besten geeignet. Granite, Quarz, Kiesel, Kiessand und Kalkstein eignen sich weniger oder gar nicht.

3. Die Mischung soll wenigstens 1 : 6 betragen; der Beton soll ziemlich naß aufgetragen werden.

4. Die Eiseneinlagen sollen wenigstens $2^1/_2$ cm und nicht mehr als 10 cm unter der Oberfläche liegen. Eine Schicht von 3 bis 5 cm genügt, um das Eisen, das bekanntlich bei 600° seine Tragfähigkeit verliert, zu schützen.

62. Der eiserne Kalkofenmantel.

In chemischen Fabriken ist man bald zur Verwendung eiserner Mäntel geschritten, die sich von dort auch auf die eigentlichen Kalkwerke teilweise verbreiteten, weil der ganze Aufbau viel einfacher und übersichtlicher ist. Seine Lebensdauer ist eine genügend große, und vor allen Dingen sind Undichtigkeiten selten und vorkommendenfalls leicht zu beheben. Leider sind wir in Deutschland durch Kontributionen und Tribute an neidische und haßerfüllte Feinde zu Rückschritten genötigt. Der durch diese „Reparationen" (!) bewirkte Eisenmangel zwingt zur Ausführung der Kalköfenmäntel wieder in einfachstem Mauerwerk.

Der Mantel des Drehrohrofens ist ein schmiedeeisernes Rohr, das aus Blechen zusammengenietet oder aus geschweißten Schüssen hergestellt wird. Einzelne Stücke müssen mit breiten Laschen vernietet werden, damit im Dauerbetriebe der Zusammenhang nicht gelockert wird.

Zur Unterstützung des Drehofenrohres dienen Laufringe, die gleichmäßig über die ganze Länge verteilt sind. Um der rollenden Bewegung gut widerstehen zu können, werden sie zweckmäßig aus Bandagenstahl der Lokomotivräder angefertigt. Diese Laufringe sind aber nicht stark mit dem Brennrohr verbunden, sondern werden so befestigt, daß sie die Ausdehnung und Zusammenziehung des Brennrohres wohl gestatten, ohne selbst folgen zu müssen, aber in axialer Längsrichtung sich nicht verschieben können. Sie ruhen deshalb lose auf gußeisernen Tragschuhen mit seitlichen Knaggen.

63. Der Schutz gegen Wärmeverluste nach außen.

Die Abkühlungsverluste des Schachtkalkofens habe ich schon auf S. 117 berechnet.

Die Außenfläche des Feuerkleides wird nicht unmittelbar gegen den gemauerten oder eisernen Mantel gelegt, sondern eine Schicht zwischengeschaltet. Eine Luftschicht würde hier nicht vollkommen nützlich sein. Der Schutz gegen Wärmeaustritt wäre nur gering, weil in senkrechter Richtung eine zu lebhafte Luftbewegung in auf- und absteigender Richtung möglich wäre. Auch finden die Schamottesteine dann keinen Widerhalt am Außenmantel, der unbedingt notwendig ist, sonst wird durch die Kalksteinfüllung das Feuerkleid auseinandergetrieben. Dabei hat die zwischen dem Eisenmantel und dem Feuerkleid befindliche Schutzschicht nicht nur den Zweck, den Wärmeübergang zu erschweren, sondern diese Schicht soll als elastisches Kissen dienen, um die ungleichmäßigen Ausdehnungen durch die Hitze aufzunehmen. Deshalb sollte man nie unter 70 mm Schichtstärke gehen. Mehr nützt nur, vermehrt aber natürlich die Herstellungskosten, wenn auch nur in geringfügigem Maße. Eine feste, aber doch elastische Hinterfüllung ist notwendig und findet hier Asche am häufigsten Verwendung. Ob durch ihre Verwendung auch ein Vermindern der Lebensdauer der Schamottesteine entsteht, darüber fehlen vorläufig Erfahrungen. Ganz unbedenklich dürfte die Verwendung der mehr oder weniger unreinen, Alkalien enthaltenden Asche nicht sein. Die Asche rieselt in die Fugen bis zum glühenden Stein, als gefährliches Flußmittel wirkend. Man bringt hier Asche mit dem Stein in unmittelbare Berührung, während man auf der Innenseite, im Ofeninnern, möglichst aschefreie Brennstoffe wählt, um die damit verbundenen schädlichen Einflüsse zu umgehen. Die Verwendung von Asche als Schutzmittel ist wohl anfangs billig, kann aber doch weit größeren Schaden anrichten.

Besser ist die Verwendung von Kieselgur. Kieselgur, Infusorienerde sind die Kieselpanzer abgestorbener Schalenalgen, den Diatomeen und bestehen aus Kieselsäure mit Krystallwasser, vermengt mit Tonerde und Eisenoxyd. Der Gehalt an Kieselsäure beträgt bis 90 Proz. Diese sauren Eigenschaften lassen ihre Verwendung ohne jede Gefahr für saures Futter (Quarzschiefer) erscheinen. Für die basischen Futter wird man besser Kieselgur mit hohem Ton- und niedrigerem Kieselsäuregehalt wählen und bei der Beschaffung hierauf achten.

Sie ist ein schlechter Wärmeleiter, feuerfest, elastisch-locker und leicht. 1 cbm wiegt 200 bis 300 kg. Ein Ofen mit einem mittleren Manteldurchmesser von etwa 3 m, einer Höhe von 12 m und einer 100 mm starken Wärmeschutzschicht würde zur Ausfüllung etwa 11,5 cbm oder 2300 bis 3500 kg Kieselgur erfordern, die etwa 200 Goldmark 1914 kosteten. Die Baukosten des Kalkofens werden dadurch also recht wenig vermehrt, gegenüber der Verwendung kostenlos zur Verfügung stehender Asche. Die wertvollen wärmehaltenden Eigenschaften der Kieselgur werden, durch die eintretenden Betriebsvorteile, dies bald wieder ausgleichen.

Die auf der Insel Mors und auf Fur am Limfjord (Schweden) vorkommende Molererde hat bei der Verarbeitung Ziegel von guter Druckfestigkeit ergeben. Durch Beimischung geringer Mengen organischer, verbrennlicher Stoffe erhält man beim Brennen sehr leichte, gut isolierende Ziegel. Auch die ungebrannte Molererde ist ohne jeden Zusatz für Wärmeschutzmassen geeignet. Die Molererde ist als eine Kieselgurart anzusprechen. Allerdings enthält sie etwas weniger Kieselsäure und etwas mehr Eisenoxyd und Tonerde.

Sehr nützlich ist die Hintermauerung des Feuerkleides mit gewöhnlichen Ziegeln nach Abb. 40 rechts, welche schon der *Neumann*sche Kalkofen mit Generatorfeuerung aus dem Jahre 1864 zeigt. Wenn dadurch auch die Baukosten erhöht werden, vermindert man die Abkühlungsverluste, und vor allen Dingen lassen sich viel leichter schadhafte Stellen des Feuerkleides beseitigen.

Die hintermauerten Ziegel verhindern das Hinausrieseln der Schutzschicht. Dann ist auch die unmittelbare nachteilige Berührung der Ascheschicht mit den Schamottesteinen vermieden. Die gewöhnlichen Backsteine sind bei Temperaturen von 900 bis 1000° noch genügend feuerbeständig, so daß auch bei stark ausgebrannter Auskleidung ein Schmelzen der Mauersteine nicht zu befürchten ist und sie auch dann noch genügend Schutz gewähren.

64. Die Kühlung des Feuerkleides.

Diese Hintermauerung, der stärkere Schutz, erschwert den Wärmedurchtritt, vermindert die Wärmeabgabe. Hierbei ist wohl zu beachten, daß ein starker, nachträglich oder bei ungeeigneten Schamottesteinen angebrachter Wärmeschutz auch unangenehm wirken kann. Wirkte bisher die starke Wärmeabfuhr stark abkühlend auf die Innenfläche der Schamotte, sie wurde nicht zu heiß und litt weniger durch Abschmelzen, so wird jetzt, nach besserem Wärmeschutz, die Auskleidung heißer, sie schmilzt und wird zerstört. Es kann dies ein Grund sein, daß Schamotte bestimmter Art, die sich im alten Kalkofen bestens bewährt hat, nun im neuen unbrauchbar ist. Aber dann muß man nicht etwa die Wärmeschutzschicht vermindern und dauernd mit größeren Wärmeverlusten arbeiten, sondern man muß eine bessere Auskleidung beschaffen. Häufig findet man hier, namentlich früher, andere Ansichten vertreten. Viele Erfindungen wurden gemacht, um durch künstliche Kühlung die Schamottesteine vor zu starker Erhitzung, vor zu schnellem Verschleiß zu schützen. Wenn auch vielleicht früher diese Einrichtungen bei den noch unzuverlässigen Feuerkleidern eine gewisse Berechtigung hatten, sind sie jetzt, wo es gute zuverlässige Auskleidungen gibt, überlebt. Einige will ich doch erwähnen, weil immer und immer wieder solche Erfindungen neu auftauchen.

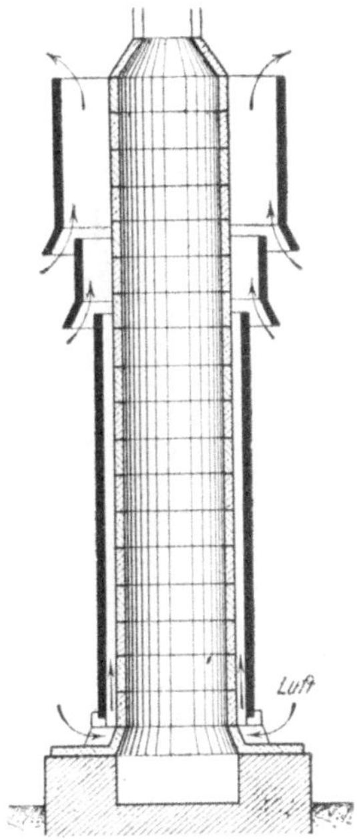

Abb. 97. Gußeiserner Ofenschacht mit Luftkühlung.

Der Schachtofen von *Guldenstein & Co.*, D. R. P. 112 837/1899, besteht aus doppelwandigen, oben offenen Ringen nach Abb. 97, dadurch gekennzeichnet, daß die äußeren Wandungen der Ringe sich nach obenhin stufenförmig erweitern, zu dem Zwecke, dem inneren Mantel in den einzelnen Abschnitten frische Kühlluft zuzuführen. Während hier nur auf eine energische Mantelkühlung Wert gelegt wird, wollen andere die Kühlung zur Vorwärmung der Verbrennungsluft verwenden. Z. B. das D. R. P. 37 178, das Engl. P. 27 219 (1896) oder Ing. *H. Keferstein* durch ein D. R. G. M. vom Jahre 1902 nach Abb. 98 mit Vorwärmung der Verbrennungsluft. Die heiße Luft, die leichter ist, soll nach unten gehen. Es wird sich ein Kampf zwischen der oben eintretenden kalten, aber schweren Luft und der sich vorwärmenden leichter werdenden Luft abspielen. Diesem letzten Übelstand sucht er nachträglich dadurch zu begegnen, daß er in den Zwischenraum Steine spiralförmig einbaute, so daß die Luft in Schraubenform von oben nach unten um den Ofen kreisen mußte.

Die Firma *G. Polysius*, Dessau, erhielt das D. R. P. 328 320/1918 auf eine Vorrichtung zur Vorwärmung der Verbrennungsluft für Schachtöfen zum Brennen von Kalk, Magnesit, Zement u. dgl., bei welchen Verbrennungsluft durch einen den Schachtofen umgebenden Hohlraum von oben nach unten geführt wird und vorgewärmt in das Ofeninnere eintritt, und bei welchen das erbrannte Gut eiserne, mit einem äußeren Mantel versehene Ringstücke (der Kühlzone) durchwandert.

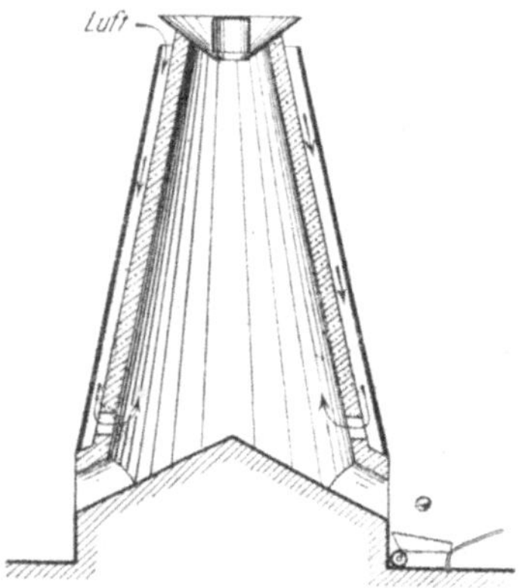

Abb. 98. Schachtmantel zur Vorwärmung der Verbrennungsluft.

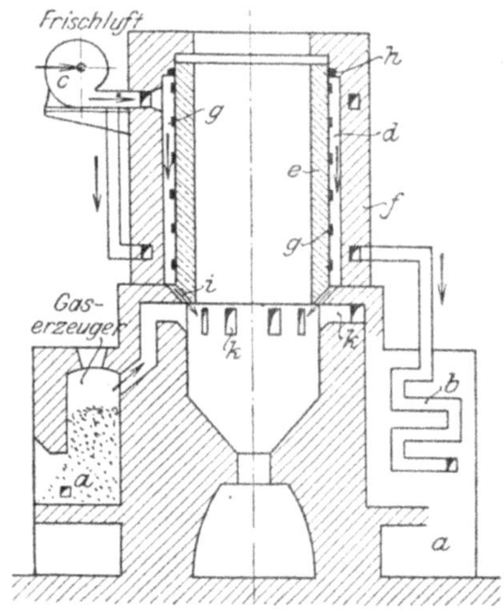

Abb. 99. Einrichtung zur Kühlung des Feuerkleides unter Vorwärmung der Verbrennungsluft.

Das D. R. P. 347 886/1919 der *Fried. Krupp Akt.-Ges., Grusonwerk*, Magdeburg-Buckau, besteht aus einem Schachtofen zum Brennen von Zement u. dgl. mit gekühltem, gut wärmeleitendem Ofenfutter, dadurch gekennzeichnet, daß die innere Ofenwandung nur auf der Länge der Brennzone und Abkühlzone aus gut wärmeleitendem Baustoff besteht und daß dieser Teil der Ofenwandung von einem nach außen gegen Wärmeabgabe geschützten Luftmantel umgeben ist, durch den die Verbrennungsluft von oben nach unten durchgeführt wird.

Nach dem D. R. P. 344 129/1920 von *Peretti & Funk*, Magdeburg, wird die Verbrennungsluft von einem Ventilator *c* angesaugt (Abb. 99) und von diesem in den Hohlraum *d* gedrückt, der vom Feuerkleid *e* und Ofenmantel *f* gebildet wird. Gleichzeitig mit der Vorwärmung der Luft soll eine Kühlung der Eisenringe *g*, die das Feuerkleid zusammenhalten, erfolgen. Trotzdem werden diese nur eine geringe Lebensdauer besitzen wegen der verhältnismäßig hohen Temperatur und weil durchdiffundierende Kohlensäure zerstörend wirkt. Dazu kommt die Unzugänglichkeit der Ringe *g*. Man will durch diese Anordnung eine freie Ausdehnung des Feuerkleides *e* ermöglichen, unabhängig vom Mantel *f*, indem oben beide stopfbuchsartig (*h*) gedichtet sind. Dies wird auch schwierig sein, weil ein ziemlicher Überdruck angewendet werden soll, um die heiße Luft nach unten auf die Gasflammen zu drücken. — Einen Teil der Luft drückt der Ventilator *c* durch Kanäle *b* im Gaserzeuger-Mauerwerk, um dann diese vorgewärmte Luft als Erstluft im Gaserzeuger zu verwenden.

Ganz abgesehen von den schon genannten Nachteilen der Luftschicht kann auch die Vorwärmung der Luft durch den Mantel keinen Vorteil bringen. Je heißer die frische Verbrennungsluft unten in den Ofen strömt, um so weniger kann sie den gebrannten Kalk abkühlen, um so heißer wird er gezogen. Was durch die vorgewärmte Luft dem Ofen wieder zugeführt wurde, wird ihm durch den heißen Kalk wieder entzogen. Auch ist das Ziehen des heißen Kalkes unangenehm.

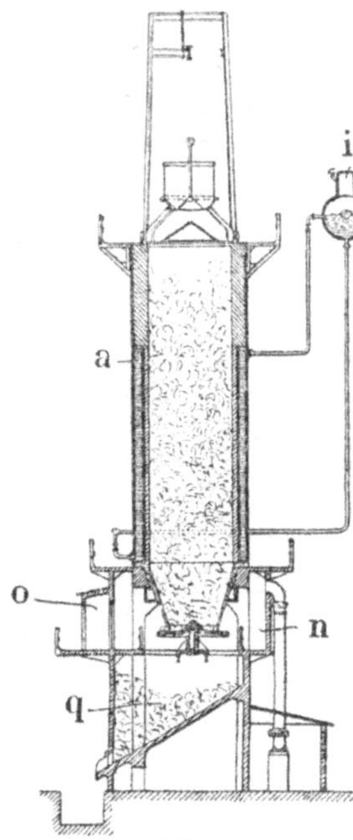

Abb. 100. Wasserkühlmantel mit Dampfsammler.

Man nannte früher als Vorteil der eisernen Mäntel gegenüber den gemauerten (um 1900) nur die größere Kühlwirkung, die das Anbacken besonders beim Zementbrennen erschwerte. Ging man doch so weit, die feuerfeste Auskleidung ganz fortzulassen. Da der Mantel dann aber doch zu heiß und zusammenknicken würde, so wurden diese gußeisernen Mäntel sogar mit Wasserkühlung ausgestattet, nach dem Vorbilde der Hochöfen, z. B. D. R. P. 104 634 und 110 126. Der Vorteil des Nichtanbackens an der Wandung ist dann durch hohen Brennstoffverbrauch erkauft. Es könnte das Anbacken durch geeignete feuerfeste Auskleidung vermieden werden. Der stark gekühlte Mantel kühlt natürlich auch mehr oder weniger die mit ihm unmittelbar in Berührung kommenden Kalksteine. Ihre Temperatur geht unter die Brenntemperatur, sie werden nicht durchgebrannt, und die Erzeugung großer Mengen von Ungarem ist die Folge. *Krottnaurer* (Tonindustrie 1900, S. 1708) gibt an, für zwei gleichgroße Schachtöfen, einen nur mit gußeisernem Mantel, den anderen mit Schamottefutter von 225 mm Stärke, für den gußeisernen 19 Proz. Koks, für den mit dünnwandigem Schamottefutter 11,5 Proz., um gleich gute Zementklinker zu brennen.

Heinrich Koppers, Essen, erhielt das D. R. P. 344 366/1919 auf einen Schachtofen zum Brennen von Zementklinkern u. dgl., dessen Feuerkleid von einem mit Wasser gefüllten Kühlmantel *a* (Abb. 100) umgeben ist, dadurch gekennzeichnet, daß ein feuerfestes Futter aus Silika benutzt und die Temperatur des Kühlmantels dadurch gleichmäßig gehalten wird, daß der mit

Wasser gefüllte Kühlmantel in bekannter Weise mit einem hochliegenden Dampfsammler i in Verbindung steht.

Alle diese Einrichtungen erscheinen schädlich; guter wärmeschützender Mantel, gutes Feuerkleid sind am vorteilhaftesten.

Sie haben eine gewisse Berechtigung nur dort, wo in dem Ofen für besondere Zwecke (z. B. in der Metall- oder chemischen Industrie) solche hohen Temperaturen aufrecht erhalten werden müssen, bei denen es doch nicht möglich ist, ein Feuerkleid zu finden, das dieser Temperatur dauernd widersteht.

65. Schau- oder Stockerlöcher, Bedienungsbühnen.

Um die Vorgänge im Ofen beobachten zu können, bringt man Schaulöcher an, die über den ganzen Mantel im Abstand von 1 bis 1,5 m verteilt sind. Diese Schaulöcher werden mit konischen Stöpseln verschlossen nach Abb. 101,

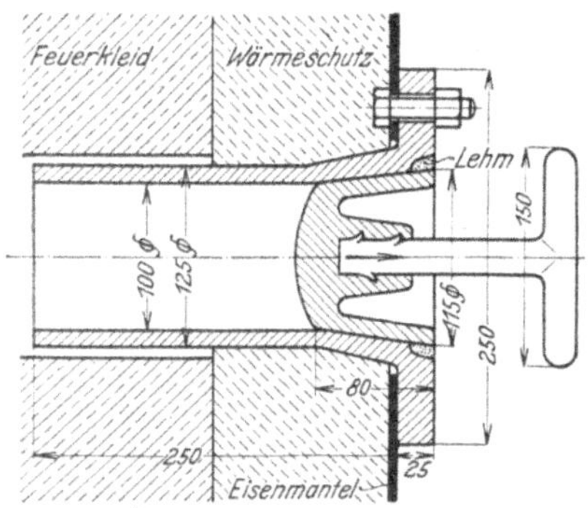

Abb. 101. Schauloch mit Stöpselverschluß.

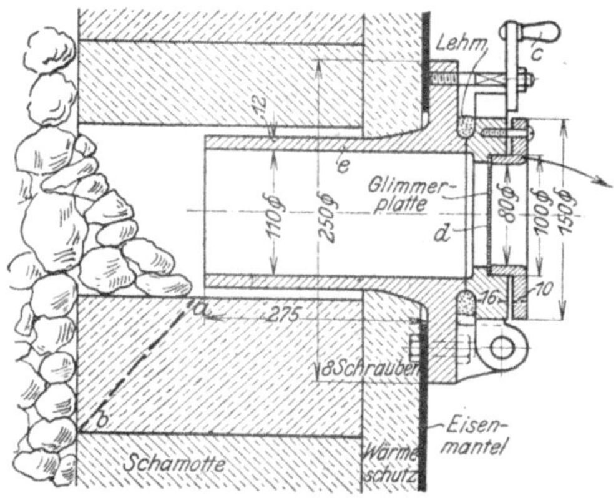

Abb. 102. Schaulochverschluß mit abklappbarem Deckel und Glimmerplatte.

oder noch besser nach Abb. 102 mit Glimmerplatten d, die auf abklappbaren Deckeln befestigt sind. Diese durchsichtigen Glimmerplatten ermöglichen schon aus einiger Entfernung die Beobachtungen der Innenglut. Leicht kann man sich davon überzeugen, ob die richtige Weißglut und an der richtigen Stelle vorhanden ist. Vor dauernd hohen Temperaturen wird man die Glimmerplatten aber schützen. Der Glimmer platzt nicht beim Temperaturwechsel, aber die einzelnen Lagen trennen sich und spalten mit der Zeit, so daß die Platten dann undurchsichtig werden. Die Handgriffe c wird man nach den Deutschen Industrie-Normen anfertigen.

Die Öffnungen dienen auch als Stockerlöcher, um den gelegentlich durch Unachtsamkeit in Unordnung geratenen Ofeninhalt durch Brechstangen wieder zum guten Niedergang zu bringen. Diese vielen Öffnungen müssen gut dicht ausgeführt sein, was sehr oft nicht der Fall ist, denn sonst tritt eine große Menge Luft am falschen Flecke ein. Der Brennstoffverbrauch wird vermehrt, die Ofengase werden verdünnt, und die mit scharfem Stromstrahl eintretende Luft erzeugt Stichflammen. Diese sind dann die häufig beobachtete Ursache des schnellen örtlichen Abschmelzens des Ofenfutters.

Für die Bedienung der Schau- bzw. Stockerlöcher sind entsprechend verteilte Bedienungsbühnen anzubringen, wie dies z. B. die Abb. 95 zeigt, als umlaufende Stege an einem *Khern*schen Kalkofen oder nach Abb. 103 als spiralförmig ansteigende Treppe an einem Kalkofen in Aarhus von *F. L. Smidth & Co.*, Kopenhagen.

Abb. 103. Spiralig zur oberen Bühne ansteigende Treppe.

Dabei sei darauf hingewiesen, daß man den frei stehenden Ofen durch guten Farbenanstrich (Siderosten) vor dem Abrosten ganz besonders schützen muß. Auch wird man unten den Kalkabzug durch Bedachung schützen, um ein Ablöschen des gebrannten Kalkes durch Regen zu verhindern.

Unzweckmäßig ist es, die Schaulöcher schräg nach unten zu richten, wie dies z. B. die Abb. 104 zeigt. Meistens wird diese Anordnung gewählt, weil man hofft, da-

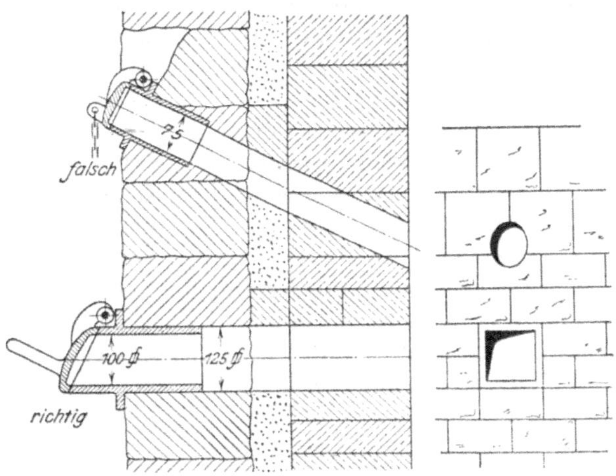

Abb. 104. Falsche und zweckmäßige Anordnung der Schaulöcher.

durch das Eindringen oder Vorlegen von Steinen zu verhindern. In Wirklichkeit gelingt dies nicht, denn sowohl beim wagerechten nach Abb. 102 als auch schräggeneigten nach Abb. 104 lagern sich die Steine in der Öffnung nach dem Böschungswinkel ab. Leicht sind aber die Ablagerungen durchzustoßen. Durch die Schiefstellung wird die Beurteilung der Stelle, an welcher die Brennzone wirklich steht, erschwert. Dieses schräge Durchführen bedingt auch ein schädliches Anhauen der Schamottesteine, die teilweise ihren Halt verlieren.

Um die Ablagerungen zum Mitwandern, zum Wechseln ihrer Lage zu veranlassen, kann man die Öffnungen nach unten abschrägen nach der Linie $a—b$ auf Abb. 102.

Fast möchte es als überflüssig erscheinen, auf das Anbringen von Schaulöchern hinweisen zu müssen. Und doch ist dies sehr nötig. Fand ich doch erst vor kurzer Zeit auf einem bedeutenden Werk, dem alle Erfahrungen zur Verfügung stehen sollten, einen neuerrichteten, großen Kalkofen ohne jedes Schauloch. Es ist unmöglich, einen solchen Ofen sachgemäß zu bedienen, der nicht einmal ahnen läßt, was in seinem Innern vorgeht.

66. Die Fundamente.

Die Fundamente dürfen keinen zu hohen Flächendruck auf den Erdboden ausüben. Mehr als die Belastung von 1 kg/qcm dürfte schädlich wirken. Der Erdboden, wenn er nicht aus gewachsenem Fels besteht, trocknet aus und veranlaßt ein Schwinden des Untergrundes. Felsiger Baugrund ist nur bei Öfen mit kleiner Grundfläche (Schachtöfen) nützlich. Doch auch dann muß dieser gut verankert werden, um Risse, die durch die Erwärmung entstehen, unschädlich machen zu können.

Bei größeren Längsabmessungen ist es nicht vorteilhaft, den Ofen fest mit felsigem Untergrund zu verankern, weil dann der Ofen nicht der Ausdehnung und Zusammenziehung folgen kann. Wenn auch das Ausdehnen durch die Wärme noch keine Risse hervorbringt, so treten diese sicher beim Erkalten des Ofens auf. Deshalb bringe man auf den Felsen eine starke Schicht von Lehm oder Ton, die die freie Bewegung des Ofens gestattet. Dieser selbst muß aber noch durch kräftige Zuganker zusammengehalten werden, sonst würde er doch noch auseinanderwandern, bei dem schwankenden Anwärmen und Abkühlen z. B. der Ringöfen.

Die Anker und sonstigen Versteifungen müssen nachstellbar und elastisch sein, um durch zu starke Bewegungen des Ofenmauerwerkes nicht überlastet zu werden.

Bei schlechtem Untergrund ist eine kräftige Betonplatte nützlich, deren Unterfläche nach außen aufsteigend abgeschrägt ist, damit der weichende Boden die Platte nicht auseinanderreißen kann.

Bei Schachtöfen muß das starke Kippmoment durch den Winddruck beobachtet werden. Es sind dies aber allgemeine Forderungen, die keine andere Berechnungsweise als bei anderen hohen Gebäuden fordern, so daß hier nicht näher darauf eingegangen zu werden braucht.

J. Die Form des Schacht-Kalkofens.

Bisher habe ich bei meinen Betrachtungen teilweise einen Idealofen angenommen, ohne Rücksicht auf seine Form. Deshalb muß ich jetzt auf seine Form eingehen.

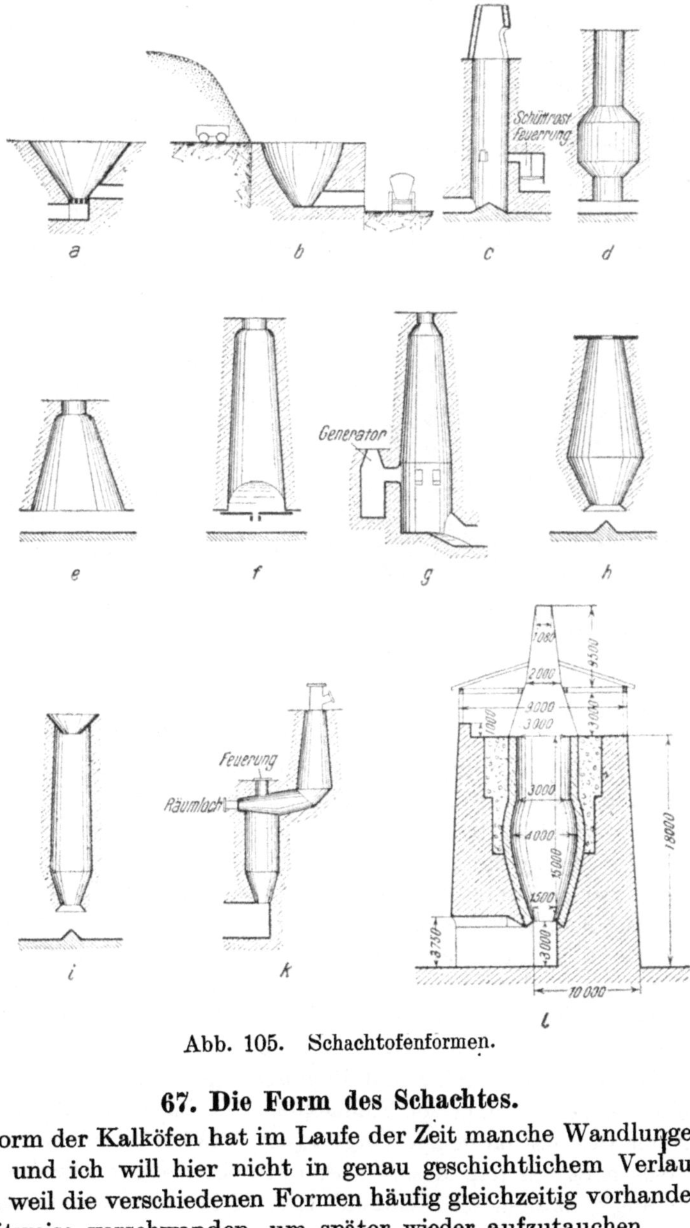

Abb. 105. Schachtofenformen.

67. Die Form des Schachtes.

Die Form der Kalköfen hat im Laufe der Zeit manche Wandlungen durchgemacht, und ich will hier nicht in genau geschichtlichem Verlauf darauf eingehen, weil die verschiedenen Formen häufig gleichzeitig vorhanden waren, einige zeitweise verschwanden, um später wieder aufzutauchen.

Der kreisförmige Querschnitt scheint von vornherein vorhanden gewesen zu sein und hat sich immer als bester erwiesen. Andere Querschnitte, wie rechteckige, ovale, halbkreisförmige u. dgl., haben sich nicht durchgesetzt, und man findet solche Formen in oft recht merkwürdiger Anordnung, häufig nur auf dem Papier, in Patentschriften u. dgl.

Verschiedene, wirklich in nützlichem Gebrauch gewesene Schachtkalköfen zeigt schematisch die Abb. 105.

a ist die einfachste Form des Trichter- oder Tiegelkalkofens, wie er zum Brennen für Baukalk in entlegeneren Gegenden, z. B. in Gebirgsorten Bayerns, noch heute Anwendung findet. Er wurde an den Kalkberg derartig angebaut, daß die Steine unmittelbar vom Steinbruch auf die Gicht gefahren und eingefüllt werden konnten. Unten wurde der gebrannte Kalk in die auf dem Fahrweg stehenden Wagen geladen. Man ersparte bei dieser Aufstellungsart das Heben der Kalksteine, konnte aber keine allzu hohen Kalköfen bauen, um den Steinbruch möglichst ausnutzen zu können.

Abb. 106. Rüdersdorfer Schachtöfen.

b ist ein Trichterkalkofen wie *a*, aber von parabolischer Form, die jedenfalls anfänglich durch Ausbrennen des Ofenfutters entstand und dann später bei neuen Öfen von vornherein gewählt wurde. Auf diese Art die beste Form zu finden, wurde viel bei den Eisenhochöfen angewendet. Mag dies dort einige Berechtigung haben, so ist sie hier beim Kalkofen unbedingt verfehlt. Das bauchige Ausbrennen entsteht doch nur durch die Verwendung schlechter Auskleidungen und ergibt sich daraus doch nicht die geringste Begründung, daß nun die dadurch entstandene Form die zweckmäßigste ist.

c stellt einen zylindrischen Schachtofen dar, wie er in Rüdersdorf in Benutzung war und von *Schoch* (Die moderne Aufbereitung und Wertung der Mörtelmaterialien, 1896) abgebildet wird. Dieser Rüdersdorfer Ofen mit Vorfeuerung als auch schichtenweiser Brennstoffzufuhr wurde täglich drei- bis viermal gezogen und wird wohl auch, wie alle zylindrischen Schachtöfen, sehr leicht hängen geblieben sein. *Schoch* gibt den Brennstoffverbrauch an für Öfen mit Vorfeuerungen zu 14 bis 20 Proz. für 100 kg Kalksteine und bei schichtenweisem Betrieb, wenn Steine und Brennstoff gemischt sind, 16 bis 25 Proz., das heißt bei Verwendung von Steinkohle. Dies hat sich nicht bewährt durch die mit der Destillation in der Vorglut (der Anwärmezone) entstehenden Verluste. Schon *Schoch* hält deshalb beim schichtenweisen Ofenbetrieb nur die Verwendung ganz magerer Steinkohle oder besser Koks für zulässig. Er weist auch darauf hin, daß an und für sich die Ausnutzung sehr gut ist, infolge der unmittelbaren Einwirkung. Die Rüdersdorfer Schachtöfen nach Abb. 106 standen viele Jahre außer Betrieb. Sie wurden 1920 wieder angeheizt, weil man für den riesigen Ringofen nicht dauernd regelmäßig die erforderliche Kohlenmenge heranschaffen konnte. Ingenieur *Moritz* berichtet über die Arbeitszeit in den Mitteil. d. V. Deutscher Kalkwerke (22. Febr. 1921, S. 69). Die Höhe des Schachtes, von der Feuerung gemessen, beträgt 8,5 m, die Höhe des Kühlschachtes unter den Feuerungen = 2,0 m. Den größten Durchmesser hat der Schacht in Höhe der Feuerungen = 2,90 m, er verjüngt sich dann nach oben bis auf 1,9 m und nach unten bis auf 2,20 m. In den Feuerungen haben die Roste eine Spaltbreite von 15 mm. Der Ofen faßt nach Angaben rund 50 cbm Kalksteine, einschließlich 10 cbm, die in der Abkühlzone unter den Feuerungen liegen, also nicht mitgeheizt werden. Bedient wurde der Ofen zunächst von 3 Mann, die sich alle 8 Stunden ablösten. Schichtwechsel 5 Uhr vormittags, 1 Uhr mittags und 9 Uhr abends. Vom ersten Kalkziehen trat zur Früh- und Nachmittagsschicht je ein Mann hinzu, so daß nun 5 Mann zur Bedienung da sind. Die Frühschicht hat außer den Arbeiten am Ofen einmaliges Kalkziehen, Abschlacken und Feuern, das Herausschaffen der Kohlen aus dem dem Ofen naheliegenden Kohlenschuppen und das Verladen eines Teiles des am Nachmittag vorher gezogenen Kalkes zu besorgen; die Nachmittagsschicht hat den am Vormittag gezogenen Kalk zu verladen und Kalk zu ziehen; der Nachtschichtler verladet dann die Hälfte des am Nachmittag gezogenen Kalkes. — Gefeuert wird: 1. In den Feuerungen märkische, erdige Braunkohle, deren Güte sich in der Zeit, in der M. den Ofen beobachtete, sehr oft änderte. Der Feuchtigkeitsgehalt schwankte zwischen 20 und 50 Proz., der Aschengehalt zwischen 5 und 12 Proz. Der Braunkohle wird kleinstückige oberschlesische Steinkohle zugesetzt. — 2. Als Streufeuer wird nach dem Ziehen, ehe der Ofen neu gefüllt wird, zunächst ein Kippwagen ($^1/_2$ cbm: halb Koksgrus, halb Brennstoffrückstände) von der Gicht aus aufgegeben. Es werden dann 5 bis 6 Wagen Steine nachgegeben, und dann wird wieder ein Wagen mit Koksgrus und Brennstoffrückständen geschüttet. Ist aus einem Ofen sehr viel gezogen worden, so wird nach weiteren 5 bis 6 Wagen Steinen ein dritter Wagen Koksgrus und Brennstoffrückstände gefüllt; diese Wagenfüllungen sollen sorgfältig mit der Schippe auf der ganzen Oberfläche verteilt werden. — Die zu brennenden Kalksteine werden grubenfeucht in den Ofen gebracht, ihre Größe ist ganz verschieden. Stücke von 40 bis 50 cm Durchmesser sind keine Seltenheit. Auch der $CaCO_3$-Gehalt ist bei den einzelnen Steinen sehr verschieden. — Der Betrieb gestaltete sich in folgender Weise: In den Feuerungen wurde ein Holzfeuer angezündet und dann mit Braunkohle unter Zusatz von wenig Holz bei offenen Feuertüren gefeuert. Nach etwa 12 Stunden zog der Ofen, und die Feuertüren konnten geschlossen werden. Nach etwa 4 Tagen wurde, nachdem vorher die ungebrannten Kalksteine gezogen waren, das erstemal Kalk gezogen. Von nun an wurde regelmäßig morgens gegen $6^1/_2$ Uhr und nachmittags gegen $3^1/_2$ Uhr Kalk gezogen. Das Kalkziehen dauerte in der Regel 1 bis $1^1/_2$ Stunden; während dieser Zeit blieben die Feuertüren geöffnet. — Durchschnittlich wurden die vier Feuerungen täglich achtmal mit rund 500 kg Braunkohle und 150 kg Steinkohle beschickt. Das wäre für den Ofen ein täglicher Verbrauch von 4000 kg Braunkohle und 1200 kg Steinkohle, dazu kommen noch 2 cbm Koksgrus = 900 kg. Es werden täglich durchschnittlich 15 t Kalk gezogen, also für die Tonne Kalk 266,66 kg Braunkohle, 80,0 kg Steinkohle und 60,0 kg Koksgrus. Diese Zahlen können keinen Anspruch auf allzu große Genauigkeit machen, sie liegen aber eher etwas niedriger als höher. — Wenn weniger Kalk gezogen wurde, war der Kohlenverbrauch an den Tagen vorher nicht geringer. — Bis zum ersten Kalkziehen ergab die Zusammensetzung der Rauchgase eine verhältnismäßig günstige Verbrennung. Der CO-Gehalt war gering, der O-Gehalt allerdings verhältnismäßig hoch. Nach dem ersten Kalkziehen und der Zugabe von Koks war die Zusammensetzung der Abgase sehr unregelmäßig und zeugte durch höheren CO-Gehalt von einer weniger wirtschaftlichen Verbrennung. — Der Zug war an der Gicht so gering, daß er sich nicht messen ließ. — Es wird mit einer regelrechten Halbgasfeuerung gearbeitet, der das Wesentliche, die Zuführung von Sekundärluft, fehlt. Ein Versuch, Sekundärluft durch Aufhalten der Ziehlöcher zuzuführen, scheiterte. Der Zug findet an den im Ofen befindlichen Kalksteinen so viel Widerstand, daß er den bequemeren Weg durch die Feuerungen wählt und das Feuer, statt in den Ofen zu ziehen, gegen die Feuertüren drückt. Ein besserer Zug, etwa durch Absaugen der Gase erzeugt, würde also diesen Übelstand beseitigen. — Große Brennstoffverluste sind auch in dem sehr erheblichen Rostdurchfall zu suchen. Ein Planrost mit einer Spaltbreite von 15 mm ist eben bei einer so feinen Braunkohle ungeeignet. — Ein Übelstand ist der, daß in unmittelbarer Nähe der Öfen kein Platz ist, um einen Kalksteinvorrat niederzulegen. Die Öfen sind zu sehr vom Bruchbetrieb abhängig. *Moritz* hat öfter beobachten können, daß bei schlechtem Wetter oder sonstigen Betriebsstörungen die Anfuhr der Kalksteine stockte und nach dem Ziehen dann keine Steine zum Nachfüllen der Öfen vorhanden waren. Mitunter lagen die Öfen 5 bis 6 Stunden 3 m tief im leeren Schacht. Die oberste Schicht wurde sehr bald rotglühend, die Abgase dürften in dieser Zeit mindestens eine Temperatur von 700 bis 800° gehabt haben.

A. Perret in Roye-Somme (Dingl. Polyt. Journ. 1866, S. 147) hat einen zylindrischen Schachtofen gebaut von 1300 mm Durchmesser und 5500 mm Höhe, mit unterem drehbaren Rost, dessen Koksverbrauch 12,5 kg für 100 kg Kalksteine betrug.

Der Schachtofen von *Karl Schneider* zum Brennen von Zement ist ganz zylindrisch, und besteht seine Eigenart, der seine großen Erfolge zuzuschreiben sind, nicht in der Konstruktion, sondern in der Betriebsweise. Er ist in vielen Hunderten im Betriebe. *Schneider* verwendet trocken (mit 8 Proz. Wasser) gepreßte Ziegel. Tagesleistung etwa 20 000 kg Zement; Koksverbrauch 15 Proz., der bis auf 11 Proz. heruntergeht, bezogen auf Klinkergewicht. Wie schon auf Seite 51 erwähnt, erleichtert *Schneider* das Brennen und die Verbesserung der Klinker dadurch, daß er einen Teil des feingemahlenen Brennstoffes unmittelbar unter die Rohmasse mischt und preßt.

d. Abb. 105 ist ein zylindrischer Ofen, dessen Form durch spätere Erweiterung der Brennzone zwecks Inhaltsvergrößerung entstanden ist. Er ist in einer Brandenburger Zuckerfabrik in Betrieb. Diese Form ist ungünstig, wirkt störend auf den gleichmäßigen Durchtritt der Schichten, wie wir noch später sehen werden.

e ist die umgekehrte Trichterform des Ofens a und zuerst gewählt, um die Verbrennungsgase und Kalksteinkohlensäure besser vereinigen und durch Schornsteine ableiten zu können, was bei a und b nicht gut möglich ist. Die große Sohlbreite erschwerte aber das gleichmäßige Ziehen des Kalkes, deshalb suchte man diese zu vermindern durch Erhöhung der Öfen.

f zeigt einen höheren und deshalb weniger breiten Schachtofen. Bei diesem Ofen, der in *Stammers* Lehrbuch der Zuckerfabrikation 1874, S. 400, abgebildet und zu damaliger Zeit in Frankreich in Betrieb gewesen ist, suchte man das Abziehen des Kalkes dadurch zu erleichtern, daß man den Ofen seitlich durch Einbau schiefer Ebenen auf etwa $^1/_3$ zusammenzog und einen beweglichen Rost anbrachte. Dieses Verengen ist aber sehr nachteilig auf den gleichmäßigen Abzug des Kalkes, ebenso der Rost, dessen Stäbe in der Mitte des Ofens in Bolzen drehbar gelagert sind, so daß nur an beiden Enden der Kalk austreten kann. *A. Aulard* (Z. d. V. d. d. Z. 1894, S. 71) beschreibt einen solchen Ofen von „Schornsteinform", dessen obere lichte Weite 1250 mm und untere 1650 mm betrug bei einer Schachthöhe von 13 m, mit einem Nutzraum von 19 cbm. Verwendet wurden 10 Proz. gewaschener Koks zum Preise von 22 Fr.; täglich wurden gebrannt etwa 20 000 kg Steine, also etwa 1050 kg im cbm Ofenraum, die Gase enthielten 35 bis 38 Proz. Kohlensäure.

g. Dieser Ofen, dessen Oberteil aus einem Konus besteht, an den unten ein Zylinder anschließt, ist eine Form, wie sie schon sehr frühzeitig bei Schachtöfen mit Gasfeuerung angewendet wurde. Auf die Vorzüge dieser Form komme ich noch zurück.

h ist ein Ofen aus zwei Kegeln, die sich an ihrer Basis berühren; er ist als belgischer Kalkofen bekannt. Von den belgischen Sodafabriken fand er auch in deutsche Solvayfabriken Eingang und wurde allgemein bekannt durch die deutschen *Solvay*patente. Diese Form scheint hauptsächlich deshalb gewählt, um die Ausfüllöffnung zu verkleinern, um sie für die *Solvay*sche Ausfüllvorrichtung geeigneter zu machen. Aber damit waren noch manche Nachteile verbunden, es war kein gleichmäßiges Durchlaufen der Schichten zu erreichen, ungleichmäßiges Brennen war die Folge. Für diesen Ofen gibt *Bolley* (Chem. Technol. d. Sodaindustrie, Bd. III, von *Lunge*) die Menge des in 1 cbm Ofenraum erzeugten CaO zu 250 bis 350 kg in 24 Stunden an bei einem Koksverbrauch von 10 bis 12 Proz. auf 100 kg Kalksteine. Er betont die Vereinfachung der Bedienung durch den Fortfall der besonderen Feuerungen, daß diese Schachtöfen billiger zu bauen und instand zu halten sind als die von verwickelter Form. *P. Ehrhardt* (Deutsche Zuckerindustrie 1887, S. 78) nennt diese Form die des gewöhnlichen Hochofens und gibt den Koksverbrauch zu 14,3 kg auf 100 kg Steine an bei Öfen, deren lichter Durchmesser zur Höhe sich wie 1 : 3 verhält, bei einem Kohlensäuregehalt in den Gasen von 30 bis 33 Proz.

i zeigt die von *Jos. Khern* verbesserte Form des belgischen Kalkofens. *Khern* hat das Verdienst, den früher nicht genügend beachteten belgischen Schachtofen in Deutschland, besonders in die Zuckerindustrie, eingeführt zu haben. Im Jahre 1887 begann er diese schlanke Form einzuführen, immer schlanker zu gestalten, und sie war bis jetzt wohl die fast allein, wenigstens in den deutschen Zuckerfabriken bei Neubauten, beliebte Form. — *Khern* gab als Abmessungen (unter Berücksichtigung der Abb. 113, S. 244) an:

$$\text{Schachthöhe } H = 6\,D,$$

$$\text{Rasthöhe } H_1 = \frac{H}{4} \text{ bis } \frac{H}{3}.$$

Die Zunahme des Schachtes vom Gichtdurchmesser D_2 nach dem Schachtdurchmesser D sei für je 1 m Höhe um 75 mm. Genau hat er sich aber an diese Abmessungen nie gehalten.

In einer Drucksache der *Maschinenbau-A.-G. vorm. Gebr. Forstreuter* vom Jahre 1901 finden sich über diesen *Khern*schen Kalkofen Betriebsergebnisse nach den Angaben der Kalkofenbesitzer nach Zahlenreihe XXXII:

Zahlenreihe XXXII.

Besitzer	Leistung des Ofens in 24 Std. Ztr CaO	$CaCO_3$-Gehalt des Kalksteines Proz.	Kohlensäuregehalt der Gase. Proz.	Koksverbrauch bezogen auf Kalkstein Proz.	Koksverbrauch bezogen auf reinen $CaCO_3$ Proz.
Zuckerfabrik Welsleben	126	—	33—36	9,0	?
„ Ermsleben	150	92	32	8,5	9,2
„ Uslar	160	97	33	9,0	9,3
„ Vienenburg . . .	200	98	31,2	8,0	8,2
„ Offleben	220	91	35	9,76	10,61
„ Mescherin	250	—	38	8,5	?
„ Hedersleben . . .	250	96	29—30	8,0	8,3
„ Elsnigk	250	95—98	32	8,0	8,3
„ Neuhaldensleben .	400	92—93	34—38	8,0—9,0	8,7—9,8
„ Hadmersleben . .	450	90	26	7,0	7,7

Einige dieser Zahlen beruhen entweder auf falschen Messungen oder zu kurzer Beobachtungsdauer, denn solche niedrige Koksverbrauchszahlen sind teilweise unmöglich bei dem gleichzeitigen geringen Gehalt der Gase an Kohlensäure. Die letzte Spalte habe ich umgerechnet unter Bezug auf reinen $CaCO_3$, zwecks besseren Vergleiches. Ob nun diese Form die nützlichste ist oder nicht, will ich später noch beleuchten.

k zeigt den alten *Dietz*schen Stufenkalkofen nach dem D. R. P. 23 919 aus dem Jahre 1883. Sein schon auf Seite 130 erwähnter Vorteil besteht darin, daß man den Brennstoff dort unmittelbar einführt, wo er verbrennen soll.

l des Übersichtsbildes 105 zeigt einen Schachtofen, wie ihn *Joseph Lamock* beschreibt (Tonind.-Ztg. 1907, S. 658). Der zum Brennen kommende Stein ist ein Dolomit von großer Härte, dessen Zusammensetzung ist:

$CaCO_3$	53,00 Proz.
Kohlensaure Magnesia	42,65 „
Tonerde und Eisenoxyd	1,46 „
Kieselsäure	2,86 „
	99,97 Proz.

aus dem ein gebrannter Kalk folgender Zusammensetzung gewonnen wurde:

Ätzkalk	29,68	Proz.
Magnesia	20,31	„
Tonerde und Eisenoxyd	1,46	„
Kieselsäure	2,86	„
Kohlensäure, ausgetriebene	45,66	„
	99,95	Proz.

Zum Brennen diente kurzflammige Magerkohle mit 6000 bis 7500 WE, und für 100 kg Steine werden etwa 9 kg verbraucht. Doch stieg der Verbrauch ganz bedeutend mit der Anstrengung des Ofens, bis auf etwa 12 kg. Es waren drei Öfen der Abb. 1 zusammengebaut, was natürlich günstig auf die äußeren Wärmeverluste einwirkt, weil die Abkühlungsfläche dadurch bedeutend vermindert wird. Das innere Feuerkleid bestand aus feuerfestem Sand von erloschenen Vulkanen der Eifel. *Lamock* nennt auch die Baukosten im einzelnen für drei solcher Öfen, die demnach etwa 29 000 Goldmark betrugen.

Zu einer eigenartigen, von der üblichen abweichenden Konstruktion führt die Kalkofentheorie von *Decluy* (La sucrerie belge 1896, S. 55). Er teilt den Ofen in vier Zonen (Abb. 107), deren oberste, Regulierungszone genannt, den Zweck hat, das Nachfallen der Kalksteine zu regeln; daher soll sie nach seiner Ansicht kurz und breit sein. Darunter folgt die sehr niedrige Vorwärmungs- und Trockenzone, in welcher das Beschickungsgut vorgewärmt und seine Feuchtigkeit verdampft wird. Die eigentliche Brennzone soll eine Verengung erhalten, damit die Geschwindigkeit des Gases zunehmen und eine stärkere Glut erzielt werden kann; hier soll die Hitze zusammengehalten und die Austreibung der CO_2 stattfinden. Wegen der möglichen Bildung von Kohlenoxyd, deren Ursache *Decluy* verkennt, soll diese Zone nicht zu hoch sein. *Decluy* hält an dieser Stelle eine Einschnürung auf drei Viertel des unteren Querschnittes für zweckmäßig. Je größer der Inhalt der untersten, der Abkühlungszone ist, desto besser wird der Kalk erkalten, und die Verbrennungsluft vorgewärmt werden können. Daher soll dieser Teil der größte sein, und da der Kalk desto (?) mehr zerfallen und den Luftzutritt verhindern würde, je höher diese Zone ist, so soll sie möglichst breit sein. Bezeichnet man mit J_r den Raum des Kalksteines, welcher in 24 Stunden gebrannt werden soll, so empfiehlt *Decluy* die Regulierungszone $J_v = {}^3/_4 J_r$, die Brennzone ebenso groß, aber die Abkühlungszone $J_k = {}^3/_4 V$ zu machen; der ganze Ofen wird also $J = 3\,J_T$ sein, so daß sich der Kalkstein 72 Stunden im Ofen aufhalten wird. — Mit dieser Form wird man keine Vorteile erzielen.

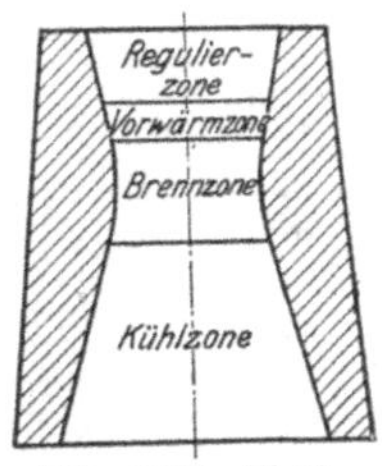

Abb. 107. Kalkofenform nach der Theorie von *Decluy*.

Ich will versuchen, Klarheit darüber zu schaffen, welchen Einfluß die Ofenform auf den Betrieb ausübt. Einiges habe ich schon bei der Besprechung der einzelnen Formen erwähnt, das, was sich ohne weiteres leicht durch die Betrachtung oder Erfahrung ergibt.

Ich habe mir einen kleinen Modellkalkofen angefertigt aus Weißblech, einen senkrechten Durchschnitt darstellend, dessen Schnittfläche durch eine vorgekittete Glasscheibe verschlossen wurde.

68. Versuche an einem Modell über die Schichtenbildung.

Dieses Ofenmodell hatte Abmessungen der untenstehenden Abb. 108. Es stellt also einen Kalkofen in etwa $^1/_{10}$ natürlicher Größe dar, wie er als mittlere Größe gelten kann. Zur Füllung verwendete ich Marmorbrocken im Gewicht von 0,83 g. In $^1/_2$ l gingen durchschnittlich 1000 Stück solcher Marmorsteinchen, deren Gesamtgewicht 0,83 kg betrug oder 1 cbm 1660 kg. Ich habe einen Teil der Steine rot gefärbt, um eine schärfere Trennung und Unterscheidung der Schichten zu erreichen. Der Ofenmantel war aus glattem Weißblech angefertigt, und ich habe erst damit Versuche angestellt und dann später den Mantel mit sog. Sandpapier ausgekleidet, um den Einfluß der größeren Reibung zwischen Mantel und Gicht feststellen zu können.

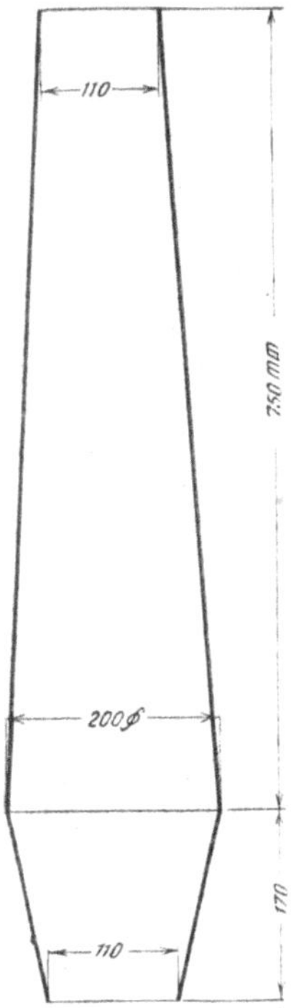

Abb. 108. Maße des Ofenmodells.

Zuerst verwendete ich nur den Unterkegel, der stärker konisch ist als der Oberkegel und bei dem deshalb auch der Einfluß der Kegelform schärfer zum Ausdruck kommt. In der Abb. 109 I sieht man deutlich, wie die Schichten in der Mitte schnell heruntersinken und nach den Wänden zu immer mehr zurückgehalten werden. Dabei wurde die Oberfläche der obersten Schicht immer wieder gerade aufgefüllt. Nachdem eine Füllung (bei meinem Ofenmodell immer $^1/_2$ l) unten abgezogen war, bildete die Oberschicht nach der Mitte zu eine tiefe Mulde, wie dies in der Abb. 109 II die Schicht *d* zeigt. Dort ist dann oben nur in der Mitte nachgefüllt, und man sieht deutlich, daß bei dieser Mantelform ein gleichmäßiger Durchfluß der eingefüllten Schichten nicht möglich ist. Ideal wäre es doch, wenn alle Schichten genau wage-

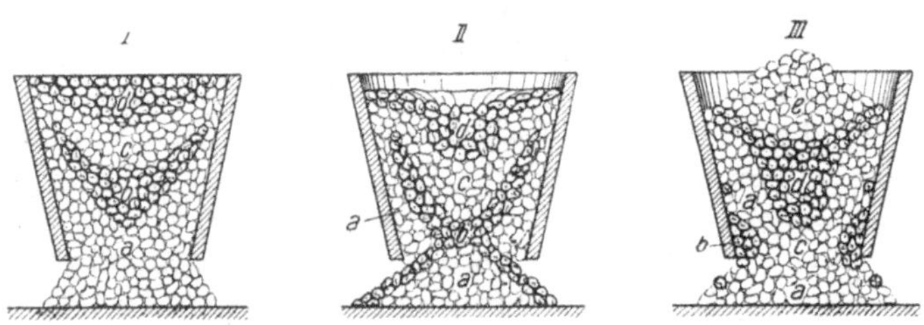

Abb. 109. Schichtenbildung im trichterförmigen Schacht.

recht gelagert bleiben und von der Einfüllung bis zum Ausfüllen sich in dieser wagerechten Lage nach unten bewegen. Nur dann bleiben alle Steine gleichmäßig lange Zeit im Ofen der Brenntemperatur ausgesetzt, jedes Stück Koks hat die gleiche Zeit zum Verbrennen zur Verfügung. Der Inhalt des Ofens wird am vollkommensten ausgenutzt. Ziehen von unverbranntem Koks, ungenügend durchgebrannten Kalksteinen ist vermieden. Bei dem Ofen nach Abb. 109 II sieht man aber, daß der mittlere Teil der Schicht *b* schon gezogen wird, während der Rest noch im oberen Drittel liegt, so daß nach Abb. 109 III noch Stücke der Schicht *a* über *b* liegen, während deren Hauptmenge schon abgezogen, die Schicht *c* gezogen und *d* sich schon sehr dem Abzuge nähert.

Das Gegenteil zeigt die Abb. 110, bei der ich den Kegel umdrehte, also die weitere Öffnung nach unten. Hier sieht man, daß gegenüber den Abb. 109, I bis III, die äußere Schicht schneller abläuft als die innere. Ebenso entsteht in der Oberschicht *c* keine Mulde, sondern ein Hügel. Woher kommt der Unterschied? Ohne Zweifel durch die Kegelform, nicht etwa durch das Abziehen am äußeren Umfang, denn wie später an der Abb. 216 zu sehen ist, entsteht dieselbe Schichtenbildung beim Abzug durch den wagerechten Rost, bei dem doch auf dem ganzen Querschnitt gleichmäßig Kalk abgezogen wurde. Bei solchen Öfen mit zu breiter Sohle ist es schwierig, nur den gebrannten Kalk abzuziehen. Nur zu leicht fällt der außenliegende, ungebrannte Kalk

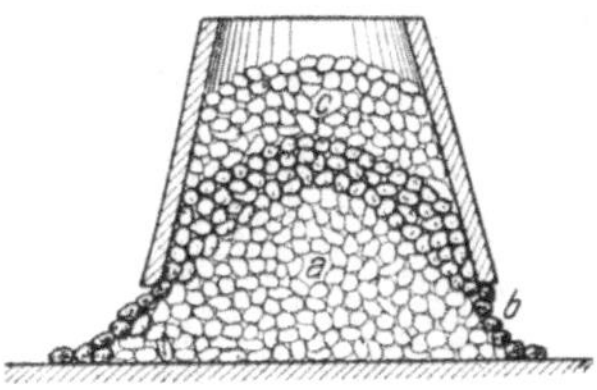

Abb. 110. Schichtenbildung beim Kegelschacht.

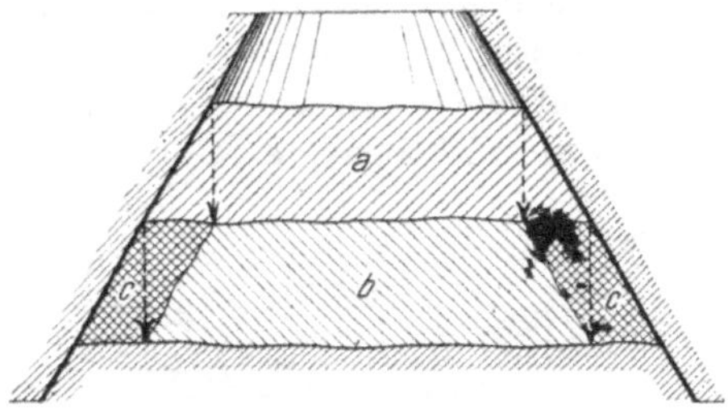

Abb. 111. Einfluß der Kegelverbreiterung auf die Schichtenbildung.

schnell nach unten. Deshalb war es unmöglich, mit den alten breiten und niedrigen Kalköfen nach Abb. 105e ununterbrochen zu arbeiten; man mußte absatzweise arbeiten, um gleichmäßig durchgebrannten Kalk zu erzielen.

Betrachten wir die Abb. 111, so sehen wir, daß die Schichtbreite mit der tieferen Schicht zunimmt. Sinkt die Schicht von *a* bis *b*, dann würde der Ringraum *c* unausgefüllt bleiben. Er muß aber ausgefüllt werden, und dies geschieht natürlich zuerst von den Teilchen, die den entstehenden Hohlräumen zunächst liegen, also den äußeren. Sie eilen vorweg, füllen *c*, unter Einhaltung des Böschungswinkels. Es entsteht Schichtung nach Abb. 110. Stelle ich dagegen die Abb. 111 auf den Kopf, dann findet die von *b* nach *a* sinkende Schicht in *a* nicht genügend Raum. Der Ringüberschuß *c* muß zurückbleiben, kann nicht schnell genug nachsinken, nur durch den Seitendruck über dem Böschungswinkel ist dies möglich, und die Schichtenbildung nach Abb. 109 entsteht.

Prof. *M. Buhle* veröffentlichte (Z. d. V. d. Ing. 1916, S. 184) Versuche, die *A. Bleichert & Co.*, Leipzig, mit Bunkermodellen anstellten. Diese Modelle waren ähnlich dem Trichter nach Abb. 109, nur daß die Seitenwände weniger steil waren und die untere Ausflußöffnung im Verhältnis zur oberen Kegelweite viel kleiner. Dadurch zeigte sich in noch stärkerem Maße der Einfluß der Bewegungsstörung durch die Form, indem sich nur der Teil des Trichterinhaltes in Bewegung setzte, der sich lotrecht über der Abzugsöffnung befand nach Abb. 112. Es bewegte sich eine Stoffsäule mit nach außen abnehmender Geschwindigkeit, die nur höchstens etwa den doppelten Durchmesser der unteren Austrittsöffnung D_1 nach Abb. 113 besaß. Die übrige Trichterfüllung blieb liegen, und nur oben an der Oberfläche stürzt das Gut nach dem Böschungswinkel nach. Diese Ruhelage der äußeren Schichten kann bei grobstückigen sperrigen Steinen leicht zu Brückenbildung, zum Hängenbleiben der Ofenfüllung Veranlassung geben, wie dies auch in Kohlenbunkern der Fall ist und bei dem *Bleichert*schen Modell festgestellt wurde. *Buhle* sagt dazu, daß dann die Brückenbildung durch Stockern oder Schlagen nicht mit Zuverlässigkeit beseitigt werden kann, da sich die größeren, Gewölbe- oder Bogenwiderlager bildenden Stücke oft an der Grenze des bewegten und nichtbewegten Füllstoffes befinden. Diese Stücke werden durch das nichtbewegte Gut einseitig festgehalten, während sie mit ihrem freien Ende in den bewegten Körnerstrom hineinragen. Den gleichen störenden Einfluß können natürlich auch an schlechtem Ofenfutter angefrittete, in Stöckerlöchern, bei Ofen mit Gasfeuerung in den Gaszuführungskanälen hängenbleibende Steine ausüben. Die Abb. 114 zeigt die Brückenbildung beim *Bleichert*schen Bunkermodell.

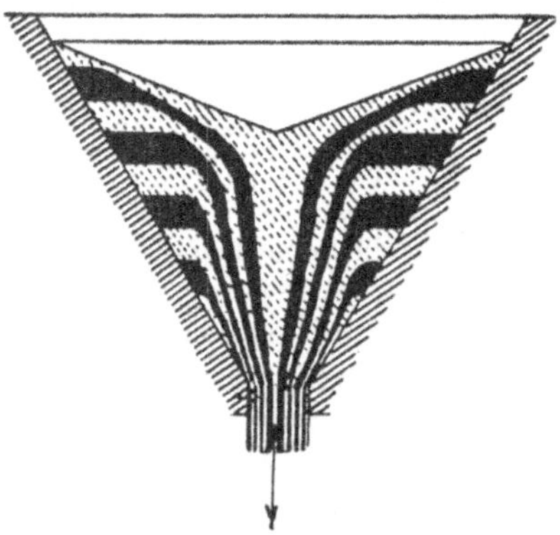

Abb. 112. Ungünstiger Einfluß der starken Verengung.

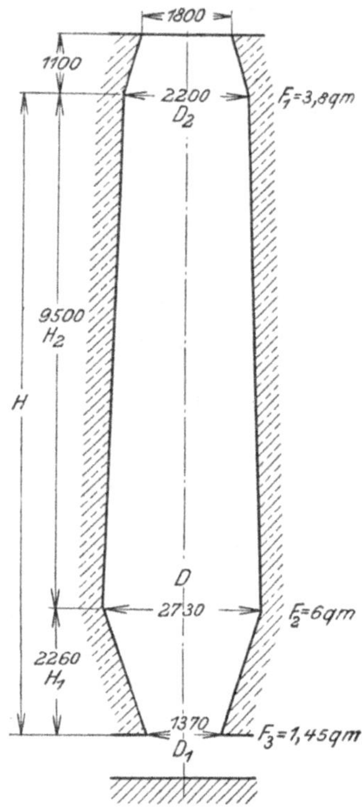

Abb. 113. Schachtofen mit zu starker unterer Verjüngung.

Ein von *Khern* im Jahre 1900 gebauter Schachtofen nach Abb. 113 zeigte unten eine starke Verengung von 2730 auf 1370 mm. Der Querschnitt des Brennschachtes nahm somit von 6 auf 1,45 qm ab. Dieser Ofen hing ständig fest und war nicht zu einem störungsfreien Betrieb zu bringen.

Nach diesen Ergebnissen kommt man unwillkürlich dazu, die Form als nützlich zu wählen, die weder das Vor- noch Nacheilen bedingt, das ist so ziemlich der Zylinder, die gerade, senkrecht fallende Form. Aber immer muß man beim Kalkofenbetrieb mit Störungen rechnen; es kann ein Festhängen eintreten, dann ist das Sinken der Gicht in konischem Ofen nach Abb. 109 überhaupt unmöglich, im zylindrischen Ofen vielleicht etwas schwieriger, im nach unten sich erweiternden Ofen nach Abb. 110 am leichtesten. Eine kleine Erweiterung scheint also nützlich, um das Festsetzen zu erschweren.

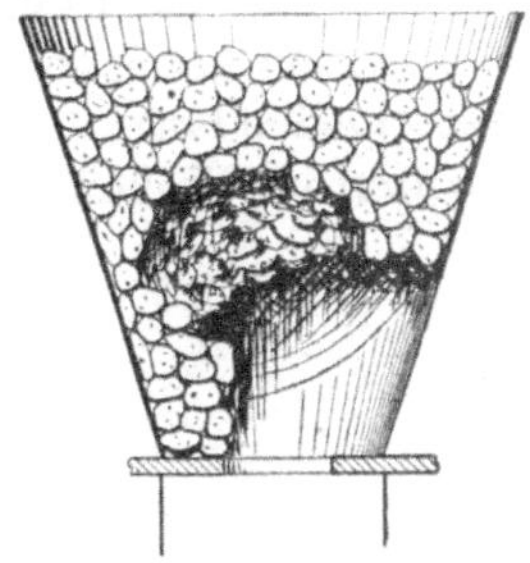

Abb. 114. Das Entleeren hindernde Brückenbildung.

Die Abb. 115 zeigt die alleinige Verwendung des schlanken Oberkegels. Von den Stellen 5 bis 13 bewegen sich die Schichten wagerecht, so wie es im Idealofen der Fall sein sollte. Oben zeigen die Schichten 1 bis 4 noch Störungen als Hügelbildung,

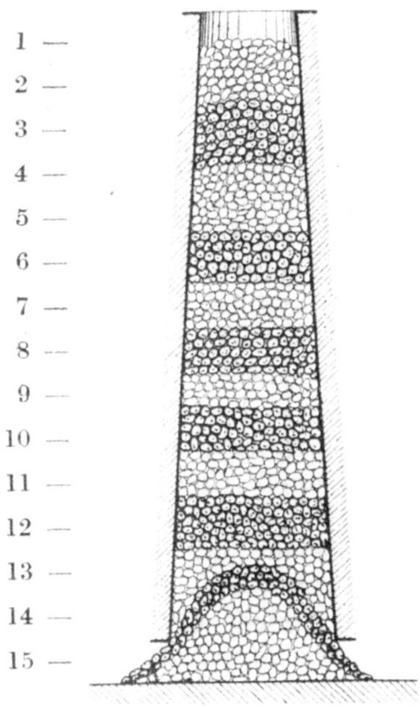

Abb. 115. Schichtenbildung im schlanken Kegelschacht.

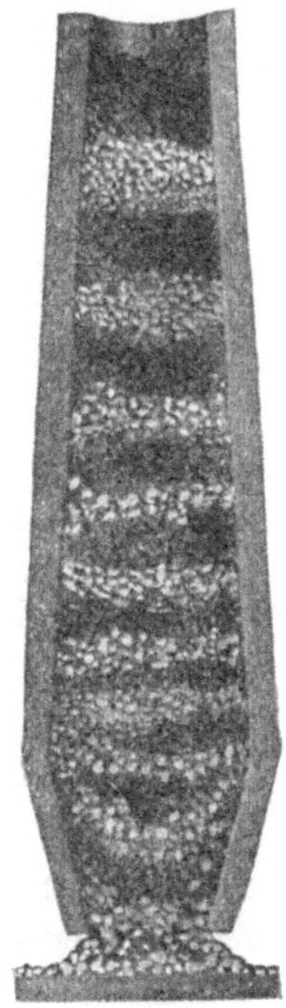

Abb. 116. Schichtenbildung im Doppelkegelschacht.

die vermindert werden durch entsprechende Einfüllung, doch davon später. Erst unten von den Schichten 13 bis 15 machen sich Störungen durch die Ausfüllöffnung geltend, auf die ich noch zurückkomme.

Nun sind aber die meisten Schachtkalköfen bisher als Doppelkegel ausgebildet. Oben der schwach konische, der nach Abb. 115 als durchaus nützlich gelten kann, unten der stark konische, unzweckmäßige, nach Abb. 109. Wenn der obere die Schichten gut führt, stört sie der untere, was deutlich die Photographie Abb. 116 zeigt. Während sich die Schichten bis zur Basis der Kegel wagerecht bewegen, beginnt nun ein Vortreiben der mittleren Schichten. Deshalb ist die Doppelkegelform falsch.

Daraus ergibt sich ein verschieden schneller Lauf der Steine, eine sehr verschieden lange Aufenthaltszeit. Schon im Abschnitt 33 über „Höchsttemperaturen im Kalkofen", S. 129, wies ich auf die Versuche hin, die deutlich die sehr verschiedene Zeit angaben. Nach *Claassen* betrug die Aufenthaltszeit der Steine zwischen 16 bis 260 Stunden, während sie im Mittel 48 bis 72 Stunden sein sollte. Nach *Herzfelds* Versuchen zwischen 42, 54, 60 Stunden, während einer erst nach 14 Tagen zum Vorschein kam. Dies zeigt so recht die ungeregelte Bewegung in solchen Öfen.

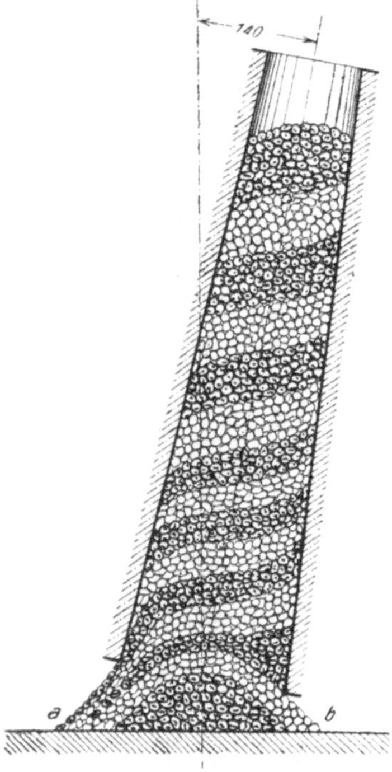

Abb. 117. Schichtenbildung im schiefstehenden Kegelschacht.

Ich habe häufig darüber nachgedacht, woher dieser Doppelkegel kommt. Geprüft hatte noch niemand die Bewegung der Schichten. Nur scheinbar von Hochofenschnitten hat man auf Kalköfen geschlossen. Dort hat die Doppelkegelform Berechtigung, weil beim Beginn des Unterkegels die ursprüngliche Schichtenbildung sowieso verschwindet, dann das Eisen schmilzt, und weil dann durch das Zusammenziehen des Hochofens eine bessere Windverteilung möglich ist. Beim Kalkofen sind die Verhältnisse ganz anders; hier soll die gleichmäßige Schichtenlage bis zum Kalkabzug erhalten bleiben. Dies erreicht man durch eine reine Zylinder- oder schwache Kegelform nach Abb. 115.

Vom Beginn der Abkühlungszone an kann, da hier weder ein Festbrennen noch ein Ausdehnen der Gicht möglich ist, diese nicht mehr im Schacht festklemmen, hängenbleiben, denn durch die Abkühlung ziehen sich die Steine zusammen. Die Abkühlungszone könnte deshalb zweckmäßig mit senkrechten Wänden, als stehender Zylinder, ausgeführt werden, um der unteren Abzugsöffnung nicht gar zu große Abmessungen zu geben.

Um noch recht deutlich den Einfluß der Mantellage vor Augen zu führen, habe ich noch einen Versuch mit meinem Ofenmodell gemacht, indem ich die Mittelachse nach rechts neigte, nach Abb. 117. Beim Abziehen laufen die links von der Senkrechten liegenden Schichten, infolge der Raumvermehrung in den Ofenschichten, vorweg. Die auf der rechten Seite werden deutlich an der jetzt stark geneigten Mantelfläche zurückgehalten, weil die einzelnen Steine sich nicht unter dem Einfluß des freien Falles senkrecht nach unten bewegen können, denn hier stoßen sie auf die Ofenwand, sie finden keinen Raum und bleiben zurück. Die Steine habe ich im Halbkreis wieder ganz gleichmäßig abgezogen. Aber bei *a*, an der offenen Seite, ließen sich die Steine viel leichter ziehen als bei *b*, wo sie nur schwer und langsam nachfielen. Bei solchem Ofen würden deshalb die Arbeiter leicht dazu verleitet, bei *a* mehr zu ziehen als bei *b*. Dadurch würde natürlich das schiefe Niedergehen der Gicht noch mehr vermehrt. Ich führe dies Bild nochmals an, trotzdem es sich eigentlich aus Vorhergehendem ergibt, aber es dürfte noch besser den Einfluß der Wandlagen zeigen. Hierauf scheinen manche Erfinder keine Rücksicht zu nehmen, denn zu häufig werden Öfen mit gar zu merkwürdigen Formen entworfen, die ganz unmögliche Wege der Steine verlangen.

Im allgemeinen ist man der Ansicht, daß die Reibung zwischen dem Ofenfutter und der niedergehenden Gicht von großem Einfluß auf den Weg der einzelnen Schichten ist. Um auch hierüber Klarheit zu schaffen, hatte ich, wie schon eingangs erwähnt, einige Versuche mit dem glatten Weißblech-Modellofen gemacht und dann andere, indem ich die Innenwandung mit

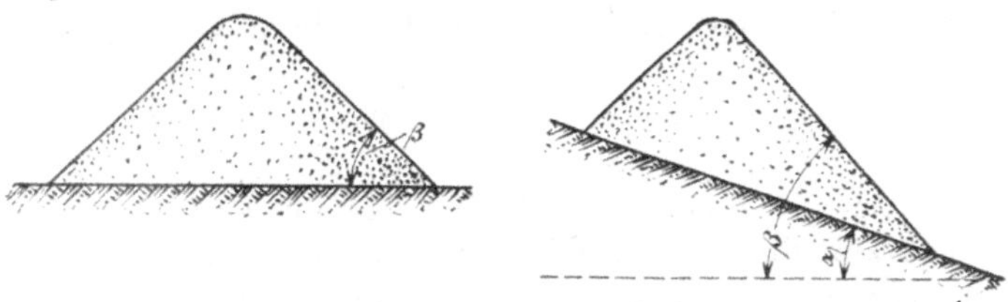

Abb. 118. Zusammenhang von Böschungswinkel und Reibungswinkel.

grobem Sandpapier auskleidete. Einen Unterschied konnte ich aber nicht feststellen, was sich aus den Reibungszahlen zwischen Wandung und Steinen einerseits und dem Böschungswinkel der Gicht (dem inneren Reibungswiderstand) andererseits erklärt.

Den Reibungswinkel α stellte ich fest

zwischen Marmor und	Weißblech	$\alpha = 26°$
„ „ „	Schamotte	$\alpha = 46–48°$
„ „ „	Sandpapier	$\alpha = 44–48°$.

Bekanntlich bezeichnet man mit dem Reibungswinkel α den Winkel, um den eine Ebene gegen die Horizontale geneigt werden muß, bis der auf ihr liegende Körper gleitet, nach Abb. 118. Auf diese Weise stellt man den Reibungswinkel der Ruhe fest. Der der Bewegung ist stets etwas kleiner, einmal in Bewegung, gleitet bekanntlich jeder Körper leichter fort, weil er nicht mehr so tief in die Lücken und Vertiefungen des anderen sinken kann.

Der Böschungswinkel β von Marmorstücken oder Kalksteinstücken ist etwa 46 bis 48°; die freien Begrenzungsflächen können eine Neigung von 46 bis 48° einnehmen, bevor die Stücke aneinander vorbeigleiten. Der Böschungswinkel β ist also größer oder gleich dem Reibungswinkel α der Wandreibung.

$$\beta \geqq \alpha. \qquad (74)$$

Die Steine werden also eher an der Wand gleiten, als sich aneinander vorbei zu bewegen, sich zu verschieben. Ganz abgesehen davon, daß diese innere Verschiebung noch außerdem erschwert wird dadurch, daß die einzelnen Steine in die Lücken der anderen eingeklemmt sind.

Dies verhindert auch die Drehung der Steine, die sich unmittelbar an der Wand befinden. Ich habe bei einigen Steinen die Lage ihrer Achsen genau bis zum Ausgang verfolgt und gefunden, daß diese ihre Richtung unverändert so lange beibehalten, als nicht wesentliche Wegstörungen durch die Form des Ofens selbst eintreten. Die Ansicht, daß also diese äußeren Steine eine drehende, rollende Bewegung ausführen, und sich dadurch auch stark abreiben, ist nicht richtig, ihre Lage wird durch die Wandreibung nicht beeinflußt.

Die ganze Gicht würde deshalb geschlossen abwärts sinken, unbeeinflußt von der Wandreibung. An dem häufig gerügten Nachteil des Schachtofens, daß er die Kalksteine zermürbt, ist nur die ungeeignete Form schuld. Nur wenn diese außergewöhnliche Reibungswiderstände verursacht, gebildet durch Schlacken, Ausfressungen, angebrannte Steine u. dgl., dann wirkt natürlich auch die Ofenwand selbst störend auf den guten Lauf der Gicht. Doch ist dies ein ungewöhnlicher schlechter Zustand, dem baldmöglichst abgeholfen werden sollte.

Ausschlaggebend ist also auf die Bewegung der Gicht nur die Ofenform selbst.

Je einfacher, gleichmäßiger die Ofenform, um so besser ist der Lauf der Gicht. Ganz zylindrische Form oder schwach nach unten bis zum Ende der Brennzone zunehmender Kegel mit daran anschließender zylindrischer Kühlzone sichert den besten gleichmäßig parallel geschichteten Lauf der Begichtung.

Die bis zum Ende etwas konisch zunehmende Ofenform erleichtert den Niedergang, wenn die Füllung in Vorwärme- oder Brennzone durch die Ausdehnung sich einklemmt oder anbackt. In der Kühlzone, wo diese Störungen nicht mehr auftreten können, geht man auf alle Fälle zylindrisch weiter bis zum Ausgang.

69. Einfluß der Form auf die Gasbewegung.

Habe ich vorstehend in der Hauptsache den Einfluß der Form auf die Bewegung der Gicht betrachtet, so will ich an dieser Stelle auch noch etwas auf die Beeinflussung der Bewegung der Gase eingehen. Ideal wäre es, wenn die Gasbewegung im ganzen Querschnitt des Ofens mit gleicher Geschwindigkeit vor sich ginge, wenn dann in jedem wagerechten Querschnitt der gleiche Zu- und Abstrom der Gase, die gleiche Temperatur, die gleiche Zusammensetzung der Gase vorhanden wäre. Ohne Zweifel würde dieser Zustand im senkrechten, zylindrischen Ofen am ehesten vorhanden sein.

Wie Abb. 119a zeigt, laufen die Gasströme parallel. Dagegen bei dem nach oben konisch sich erweiternden Ofen, Abb. 119b, gehen die inneren Ströme der unten eintretenden Luft parallel nach oben, während die äußeren Ströme, die entstehenden Verbrennungsgase und die freiwerdende Kalksteinkohlensäure die seitlichen Räume ausfüllen müssen. Innen ist dann ein Gas mit

Luftüberschuß, außen mit Luftmangel, mit Kohlenoxyd. Die inneren Ströme verlassen den Ofen schneller als die äußeren, die einen weiteren Weg zurücklegen müssen. Da sich bei dieser Form auch die Gicht im Innern schneller bewegt, wie die Abb. 109 zeigt, so ist die Berührungszeit zwischen dem Koks und den Verbrennungsgasen sowie mit dem zu brennenden Gas in der Mitte viel kürzer als außen. Ein ungleichmäßiges Brennen der Steine, ungleichmäßiges Verbrennen des Kokses und schlechte Gase sind die Folge.

Nicht besser ist die nach oben sich verengende Form nach Abb. 119c. Die außen aufsteigenden Gase prallen bald an der Ofenwand an, stören sich gegenseitig und zwingen die inneren Gase, die schon an und für sich einen kürzeren Weg zurückzulegen haben, zum noch schnelleren senkrechten Aufstieg. Da bei dieser Form aber die äußeren Gichtschichten sich schneller bewegen, so findet ein gewisser Ausgleich zwischen dieser Bewegung und den langsamer aufsteigenden äußeren Gasen statt, so diese Form in dieser Beziehung nicht so nachteilig ist als *b*. Aber die sich an der Wand immer mehr zusammendrängenden Gase verhindern eine gleichmäßige Zusammensetzung in jedem wagerechten Querschnitt. Je mehr sich der Ofen der zylindrischen Form nähert, um so weniger wird die Form störend auf den Gasstrom einwirken.

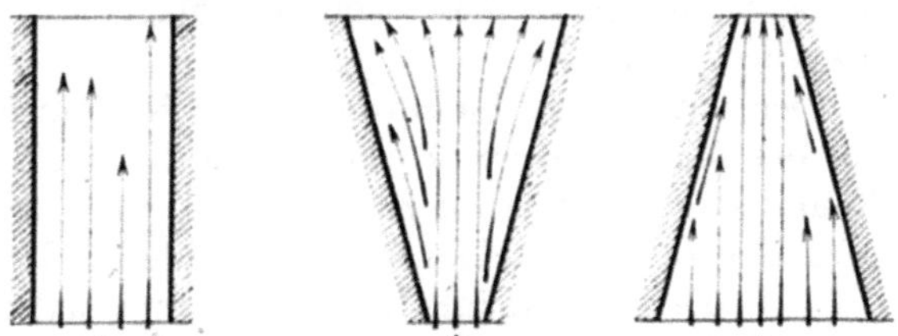

Abb. 119. Einfluß der Schachtform auf den Gasstrom.

Deshalb hat man nach dem Vorbilde *Schneiders* die Zementschachtöfen z. B. nach Abb. 96 zylindrisch ausgeführt. Die Füllung sintert in der Brenn- oder Sinterzone zusammen und sinkt als geschlossener Klotz weiter nach unten. Ist nun der Schacht nach unten konisch erweitert, dann entsteht zwischen der zusammengesinterten Gicht und dem Schachtmantel ein Zwischenraum, wie in der Abb. 111 sichtbar. Durch diesen steigen dann Luft und Gas unbehindert am Mantel in die Höhe, ein genügendes Durchbrennen des Kernes verhindernd.

Der freie Raum zwischen den Kalk- und Koksstücken wird von den Gasen ausgefüllt und ergibt die Größe dieser Räume, die Gesamtaufenthaltszeit der Gase im Ofen, ihre Berührungszeit mit dem Koks, um diesen zu verbrennen, die Berührungszeit mit den Kalksteinen, um diese durchzubrennen. Nach bekannter Formel (s. S. 251) ist die Summe des freien Zwischenraums, wenn der Raum mit Kugeln angefüllt ist:

$$Z = 0{,}27 \cdot E \cdot H = 0{,}27 \cdot \frac{D^2 \pi}{4} \cdot H. \tag{75}$$

Die Zwischenräume sind danach unabhängig vom Kugeldurchmesser, unabhängig von der Steingröße. Ob sie groß oder klein sind, immer steht der gleiche Zwischenraum für die Gase zur Verfügung. Die Berührungszeit der Gase ist also unabhängig von der Größe der Koks- und Steinstücke, sondern nur abhängig von der Geschwindigkeit, mit der die Gase abgesogen und die Füllung abgezogen wird.

Auf diese Geschwindigkeit braucht man aber keine besondere Rücksicht zu nehmen, denn immer wird die hier in Frage kommende Aufenthaltszeit für die Gase genügen zur Aufnahme der Wärme von den bzw. zur Abgabe der Wärme an die verhältnismäßig engliegenden Steine. Strahlung und Zwischenströme sorgen für einen schnellen Ausgleich.

K. Die Leistung des Kalkofens.

An dieser Stelle seien dem Rauminhalt des Kalkofens selbst noch einige Zeilen gewidmet, da dieser von ausschlaggebender Bedeutung für die Leistung des Ofens ist.

Der notwendige Rauminhalt, der Feuerungsraum des Ofens, ergibt sich aus der Menge des zu brennenden Kalksteines, dessen und des Brennstoffes Raumbeanspruchung (beim Mischfeuer) und der Gesamtaufenthaltszeit. Insbesondere aber aus dem Füllungsgrade i. Ist

J der nutzbare Inhalt des Raumes, den das Brenngut wirklich einnimmt,

J_S der gesamte Rauminhalt des Ofens,

dann ist der Füllungsgrad

$$i = \frac{J}{J_S}. \tag{76}$$

Der Ofen wird im allgemeinen in den Anlagekosten um so billiger sein, je größer der Füllungsgrad i ist, je mehr der Ofeninhalt nutzbar ausgefüllt wird.

Die Gesamtaufenthaltszeit habe ich schon im Abschnitt 17 behandelt, und im Abschnitt 22 auf den Zusammenhang mit dem Brennstoffaufwand hingewiesen. Für eine bestimmte Aufenthaltszeit ist auch ein gewisser Ofenraum notwendig, um mit einer bestimmten Brennstoffmenge auszukommen. Der Mischofen muß deshalb einen solchen Rauminhalt besitzen, daß er die für diese Zeit zu brennende Kalksteinmenge und den erforderlichen Brennstoff aufnehmen kann.

Ausschlaggebend ist die Raumbeanspruchung der Kalksteine und des entstandenen gebrannten Kalkes.

70. Die Raumbeanspruchung der Kalksteine.

Bisher hatte ich gerechnet, daß 1 cbm Kalksteine $e = 1650$ kg wiegen. Tatsächlich ist dies eine gute Durchschnittszahl, die bei reinem Kalkstein nur gering schwankt. Auch ist sein Raumgewicht e wenig abhängig von der Steingröße, wenn diese sonst gleichmäßig ist, wie man dies beim Kalkbrennen auch nur als nützlich hält. Wenn also nicht etwa gröbste Bruchsteine mit kleineren

Steinen von Walnußgröße untermischt sind, die die Räume zwischen den größeren Steinen ausfüllen und so das Raumgewicht erhöhen. Um gleichmäßig zu brennen, um den Zug nicht zu erschweren, ist, wie gesagt, ein solches Gemisch für den geregelten Betrieb unerwünscht.

Daß die Gewichtsmenge, die in 1 cbm eingefüllt wird, nicht von der Steingröße abhängig ist, zeigt auch die Rechnung. In einen Raum mit einem Querschnitt E und einer Höhe H, dessen Inhalt also $E \cdot H$ ist, kann man eine Anzahl Kugeln einfüllen:

$$n = \frac{1{,}41 \cdot E \cdot H}{d^3}. \tag{77}$$

Der Rauminhalt einer Kugel ist $\frac{1}{6}\pi \cdot d^3$, und der Rauminhalt aller Kugeln im Raume $E \cdot H$ ist:

$$V = n \cdot \frac{1}{6}\pi \cdot d^3 = \frac{1{,}41 \cdot E \cdot H}{d^3} \cdot \frac{1}{6}\pi \cdot d^3 = 0{,}73\,E \cdot H. \tag{78}$$

Das heißt, der Raum bzw. das Gewicht der in einem bestimmten Raum ($E \cdot H$) einfüllbaren Kugeln oder Kalksteine ist unabhängig vom Durchmesser der Steine. Ob die Steine groß oder klein sind, immer wird man nur die gleiche Menge einfüllen können, immer verbleibt ein Hohlraum von 1 — 0,73 = 0,27 des zur Verfügung stehenden Ofenraumes.

Grobe Bruchsteine wiegen 1 cbm geschichtet 1650 kg; Kalksteinschotter etwa 1620 kg; Marmorkies, wie er zum Bestreuen der Gartenwege dient und wie ich ihn für meine Kalkofenform nach Abb. 108 benutzte, wiegt 1680 kg; gemahlenes Kalksteinpulver wiegt 1650 kg. Ob grob ob fein, immer nimmt 1 cbm ungefähr das gleiche Kalksteingewicht auf. Der Glaube, durch feineres Zerschlagen mehr Steine in den vorhandenen Ofen unterbringen zu können, ist falsch. Verändert wird dies Raumgewicht nur durch das spez. Gewicht des Kalksteines. Reinkristallinische, feste Kalksteinblöcke haben ein spez. Gewicht von 2,6 bis 2,7; ein massiver Kalksteinblock von 1 cbm Inhalt wiegt somit 2600 bis 2800 kg. 1 cbm massiger Rüdersdorfer Kalkstein wiegt 2000 bis 2400 kg, doch der Raummeter im gebrochenen Zustande wiegt nur 1400 kg.

Mit der Zerkleinerung nimmt aber die Oberfläche aller im Raume unterbringbaren Steine zu, nimmt die wärmeaufnehmende Fläche zu und vermindert sich dadurch die Gesamtaufenthaltszeit, wie ich dies schon im Abschnitt 17 berechnete. Kleinere Steine werden schneller durchgebrannt, brauchen sich kürzere Zeit im Ofen aufzuhalten, erfordern einen kleineren Ofenraum. In einem Ofen bestimmten Rauminhaltes kann eine größere Menge in der Zeiteinheit verarbeitet werden.

Deshalb ist die Leistung des Drehrohrofens größer als die des Ring- oder Schachtofens.

71. Der Rauminhalt des Mischofens.

Mit den Steinen muß der Koks eingefüllt werden. Der Ofen muß auch hierfür den notwendigen Raum besitzen. 1 cbm Koks wiegt f = 350 bis 450 kg, je nach Art, wie im Abschnitt 96 erläutert. Auch das Raumgewicht f des

Kokses ist unabhängig von der Korngröße, wie dies nach vorstehendem selbstverständlich, denn bei Koks gleicher Herkunft ist es bei Brechkoks von 4 cm nur ungefähr 3 Proz. kleiner als bei grobstückigem ungebrochenen Koks.

Um den Rauminhalt des Schachtes berechnen zu können, muß ich wieder von den einzelnen Zonen ausgehen, deren Größe vorerst bestimmen.

c sei der Kokszusatz in kg für 100 kg Kalksteine; S die Schwindung des Kalksteinraumes beim Brennen, während er in Ätzkalk übergeht.

Der Rauminhalt der Vorwärmezone für je 100 kg zu brennende Kalksteine muß dann sein:

$$J_v = \left(\frac{100}{e} + \frac{c}{f}\right) z_v \text{ cbm}, \tag{79}$$

wenn z_v die im Abschnitt 14 berechnete Vorwärmezeit bedeutet.

In der Brennzone schwindet die Raumbeanspruchung gegen Ende um S, so daß die Steine anfangs noch ihre volle Raumbeanspruchung besitzen, am Ende der Brennzone aber nur noch $\frac{100}{e} \cdot S$. Die wirkliche Raumbeanspruchung des Kalkes in der Brennzone ist dann $\frac{100}{e}\left(\frac{1+S}{2}\right)$. Auch der Koks ist am Ende der Brennzone verbrannt und ohne Raumbeanspruchung, so daß seine ganze Raumbeanspruchung $\frac{c}{f \cdot 2}$ ist. Der Rauminhalt der Brennzone ergibt sich dann zu:

$$J_b = \left[\frac{100}{e}\left(\frac{1+S}{2}\right) + \frac{c}{f \cdot 2}\right] z, \tag{80}$$

wenn z wieder die berechnete Brennzeit bedeutet.

In der Kühlzone befindet sich nur noch der etwas geschwundene Ätzkalk, und demnach ist die Raumbeanspruchung der Kühlzone, bei der Kühlzeit z_k:

$$J_k = \frac{100}{e} \cdot S \cdot z_k. \tag{81}$$

Der Gesamtinhalt des Kalkofens für 100 kg zu brennende Steine sollte somit mindestens sein:

$$\begin{aligned} J &= J_v + J_b + J_k \text{ cbm} \\ &= \left(\frac{100}{e} + \frac{c}{f}\right) z_v + \left(\frac{100}{e}\left[\frac{1+S}{2}\right] + \frac{c}{f2}\right) z + \frac{100}{e} S \cdot z_k. \end{aligned} \tag{82}$$

In einem Beispiel will ich diese Formel weiter klären.

1 cbm Kalksteine wiege $e = 1650$ kg,

1 cbm Koks wiege $f = 425$ kg.

Für 100 kg Kalksteine sollen höchstens $c = 11$ kg westfälischer Koks angewendet werden, der z. B. nach Analyse 91,77 Proz. C, also etwa 10,1 kg reinen Kohlenstoff enthält. Für das Kalkbrennen selbst werden nach Formel 47 7,8 kg C verbraucht, so daß, wenn ich den Verbrauch für die Deckung der Abkühlungsverluste mit 0,3 kg annehme, für die Erhöhung der Brenntemperatur noch 10,1 — 7,8 — 0,3 = 2,0 kg C verbleiben. Nach Abb. 33 erzeugt dieser

C-Aufwand eine Erhöhung der Brenntemperatur auf etwa 1030°. Besitzen die Kalksteine dann einen mittleren Durchmesser von etwa 150 mm, dann ergibt sich nach Abb. 23 eine Vorwärmezeit $z_v = 6$ Stunden, eine Brennzeit $z = 23$ Stunden und eine Kühlzeit $z_k = 7$ Stunden. Die Schwindung der Steine beim Brennen beträgt nach Seite 10 bis 20 Proz. und sei hier mit 15 Proz. = 0,85 angenommen. Diese Werte, in die Formel 82 eingesetzt, ergeben:

$$J = \frac{\left(\frac{100}{1650} + \frac{11}{425}\right) \cdot 6 + \left[\frac{100}{1650}\left(\frac{1 + 0{,}85}{2}\right) + \frac{11}{450 \cdot 2}\right] \cdot 23 + \frac{100}{1650} \cdot 0{,}85 \cdot 7}{24}$$

$$= \frac{0{,}51 + 1{,}56 + 0{,}36}{24} = 0{,}10 \text{ cbm} \tag{83}$$

für 100 kg täglich zu brennende Kalksteine. Oder mit 1 cbm Ofeninhalt können täglich $\frac{100}{0{,}10} = 1000$ kg Kalksteine (aus reinem kohlensauren Kalk bestehend) gebrannt werden.

Bei diesem Beispiel beträgt die Gesamtaufenthaltszeit des Kalkes im Ofen bei Kalksteinen von 150 mm Durchmesser und einer Brenntemperatur von 1030°

$$z_S = z_v + z + z_k = 6 + 23 + 7 = 36 \text{ Stunden.}$$

Das heißt in $1^1/_2$ Tagen ist der Kalkstein durch den Ofen gewandert. Ist der Schachtofen vollkommen zylindrisch, prismatisch oder in allen seinen Hohenschichten von gleichem Querschnitt, dann wird in $1^1/_2$ Tagen die ganze Ofenhöhe mit einer gleichmäßigen Geschwindigkeit durchlaufen. Relativ betrachtet bewegt sich das Feuer mit dieser Geschwindigkeit nach oben, wird aber an der gleichen Stelle der Feuerzone gehalten, weil man die Steine unten mit dieser Geschwindigkeit abzieht. Die Brenn- oder Feuergeschwindigkeit v_4 beträgt dann in einem Tage, in 24 Stunden

$$v_4 = \frac{H \cdot 24}{z_S}. \tag{83a}$$

Nach obigem Beispiel ist demnach bei einem Schachtofen von

$H = 6$ m lichte Höhe, die Brenngeschwindigkeit $v_4 = \frac{6 \cdot 24}{36} = 4$ m

12 „ „ „ „ „ $v_4 = \frac{12 \cdot 24}{36} = 8$ „

18 „ „ „ „ „ $v_4 = \frac{18 \cdot 24}{36} = 12$ „ .

Die Feuergeschwindigkeit kann man am Schachtofen nicht unmittelbar beobachten. Sie würde nur in Erscheinung treten, wenn man den Kalkabzug einstellt. Dann würde das Feuer mit der genannten Geschwindigkeit in die Höhe steigen. Ungestört würde dies aber auch nur kurze Zeit geschehen können, weil bald die Vorwärmezone zu klein würde und dann das geregelte Arbeiten des Ofens aufhören würde.

Am Ringofen ist aber die Feuergeschwindigkeit ohne weiteres zu beobachten und es wird noch gezeigt, daß diese ein guter Maßstab für die Beobachtung der Brennleistung des Ringofens ist. Dabei bestätigt dann wiederum die vorstehende Rechnung, wie gleichartig an und für sich die Brennvorgänge in den verschiedenartigen Kalköfen sind.

Würden die Kalksteine 20 Proz. Verunreinigungen besitzen, also nur 80 Proz. kohlensauren Kalk, dann wird bei gleicher Steingröße sowohl die Vorwärmezone als auch die Kühlzone annähernd gleiche Größe behalten. Dagegen wird die Brennzeit (siehe Abschnitt 15) um etwa 20 Proz. vermindert, also auch die Raumbeanspruchung. Dann würde

$$J = \frac{0{,}51 + 1{,}56 \cdot 0{,}80 + 0{,}36}{24} = 0{,}09 \text{ cbm}$$

für 100 kg Kalksteine, oder mit 1 cbm Ofeninhalt würden $\frac{100}{0{,}09} = 1110$ kg Steine gebrannt. Wohlverstanden, Kalksteine, nicht kohlensaurer Kalk. Von letzterem aber nur 80 Proz., das sind $1110 \cdot 0{,}80 = 888$ kg. Also gegenüber den 1000 kg wesentlich weniger, als wenn der Kalkstein rein ist. Dies zeigt auch in bezug auf die Leistungsfähigkeit des Ofens und seines Brennstoffverbrauches den Vorteil der Verwendung reiner Kalksteine.

Bei mechanisch arbeitenden Schachtofen wird man den gesamten Rauminhalt J_S voll ausnützen, den Ofen voll halten können, so daß der Füllungsgrad i nach Formel 76 wird $i = \frac{J}{J_S} = \frac{100}{100} = 1{,}0$. Dort, wo die Schachtöfen von Hand bedient werden und besonders in längeren Zeitspannen der Kalk gezogen wird, wird man noch mit einem gewissen Speicherraum zum Ausgleich der Schwankungen rechnen müssen. Man wird die Vorwärmezone entsprechend vergrößern.

72. Die erfahrungsgemäße Leistung des Mischofens.

Weiten Schwankungen sind die Ofenleistungen, ist die Beanspruchung des Ofenraumes ausgesetzt. Für die Errichtung eines neuen Ofens wird man deshalb fragen, wieweit die Beanspruchung nach oben oder unten ohne weiteres nützlich, wie groß wurde der Ofen nach den bisherigen Erfahrungen gewählt. Dies geschah nach alten Rezepten, denen schließlich auch nicht der sicherste Theoretiker entraten kann, wenn er nicht bei seinen Verwirklichungen der Theorie grausame Mißerfolge erleben will, weil er schließlich doch noch ein i-Pünktchen vergaß. In der praktischen erfahrungsgemäßen Größenbestimmung sind alle diese Zwischenfälle schon abschleifend, beeinflussend nützlich gewesen und treten bei ihr in Erscheinung. Deshalb wird man immer einen Vergleich dieser Zahlen mit den errechneten für vorteilhaft finden.

Erfahrene Kalkofenbauer rechnen bei künstlichem Zug damit, daß unter gewöhnlichen Verhältnissen mit 1 cbm Gesamtinhalt des Schachtofens 750 bis 1000 kg Kalksteine täglich gebrannt werden können. Aus einer Rundfrage, die *Schmidt*-Anklam an verschiedene Zuckerfabriken richtete (Deutsche Zuckerindustrie 1906, S. 655), ergibt sich bei 17 Zuckerfabriken, die Rüdersdorfer

Kalk verwenden, eine Leistung von 700 bis 1500 kg täglich. Bei 1500 kg sind aber die Öfen durch hohe Brenntemperatur schon stark beansprucht, so daß mit starkem Verschleiß der feuerfesten Auskleidung gerechnet werden muß. In einer Zuckerfabrik stellte ich z. B. im Jahre 1906 bei einer Leistung von 1560 kg täglich ein Ausbrennen der sehr guten Schamotteschicht schon nach 3 Monaten fest.

Beim natürlichen Ofenzug, durch meistens zu niedrige Schornsteine, die weniger Luftmengen ansaugen, sinkt auch die Ofenleistung bedeutend. Man rechnet dann meistens nur mit einer Leistung von etwa 500 kg.

Den Gesamtinhalt eines Schachtofens führt man meistens nicht über 75 cbm aus, weil dann die erforderliche Höhe, namentlich der Durchmesser, einen ganz gleichmäßigen Betrieb stört. Man wird dann besser zwei oder mehrere Öfen wählen.

Auch hierin sind die Amerikaner geschäftsgewandt. Sie bauen nicht für jeden Abnehmer eine besondere Ofengröße, diesem so groß, jenem so, dem anderen noch ein paar Kringel daran, sondern sie bauen eine Größe, ihre Standardgröße. So baut z. B. *The Improved Equipment Compagny*, auf deren Öfen ich schon Seite 145 näher einging, einen Ofen, der in 24 Stunden 9000 bis 13 500 kg Kalk brennt. Wer mehr brennen will, stellt mehr Öfen auf, zehn und mehr. Dann sind die Baukosten gering. Es gibt für den Mantel, das Feuerkleid, die Zubehörteile nur einen Satz Zeichnungen, Modelle und Formen, die schnelle, leichte und billige Herstellung gewährleisten.

Auch mögen an dieser Stelle noch einige Zahlen genannt werden über die Kalkofengrößen in einigen Betrieben.

In Sodafabriken brennt man 150 bis 170 kg Kalksteine für 100 kg Soda.

In Rohzuckerfabriken richtet sich die Menge der zu brennenden Kalksteine in der Hauptsache nach dem Ätzkalkzusatz für die Scheidung des Saftes. Dieser schwankt je nach der Arbeitsweise zwischen 1 bis 3 Proz. und wird immer in bezug auf das verarbeitete Zuckerrübengewicht angegeben. Einen Einblick gewährt die schon erwähnte Zusammenstellung von *Schmidt*-Anklam (Deutsche Zuckerindustrie 1906, S. 655), von der ich nachstehend einen Auszug gebe. Ich halte hier die Angaben in Ztr. zu je 50 kg bei, weil dies noch in der Zuckerindustrie allgemein üblich.

In Betracht gezogen sind nur die, bei denen Rüdersdorfer Kalksteine verwendet wurden.

In der Zeitschrift Deutsche Zuckerindustrie 1913, S. 990, klagt jemand im Fragekasten darüber, daß er für 20 000 Ztr. Rübenverarbeitung 2 Kalköfen von je 20 cbm Inhalt zur Verfügung hat, die Kalkzugabe in der Scheidung 2 bis $2^1/_4$ Proz. beträgt, dem Kalkofen die Steine in Kindskopfgröße zugesetzt werden und trotz 12 Proz. Koks doch nicht durchgebrannte Steine und unverbrannter Koks gezogen werden. Als Hilfsmittel hiergegen empfiehlt nun ein anderer, den Kalkofen viel mehr zu ziehen mit allen zur Verfügung stehenden Hilfskräften. Er würde dann an den Öfen seine „helle Freude" haben. Ich befürchte, daß diese mit dem kälter werdenden Ofen und dem sich immer mehr anhäufenden ungebrannten Kalk in eine „dunkle" Freude ausarten wird, und ich weiß nicht, ob nur bei dem Antwortenden allein die Schadenfreude zurückbleibt für den Reinfall des anderen. Mit solchen Heilmitteln, die dem ganzen Wesen des Kalkofens widersprechen, ist nichts zu machen. Ich will nachweisen, worin der Fehler liegt.

Zahlenreihe XXXIII.

Zusammenstellung der Rübenverarbeitung und Kalkofengröße einiger Zuckerfabriken.

Rübenverarbeitung täglich	Kalkofen-inhalt	Kalkerzeugung		1 cbm des Kalkofens erzeugt Kalk	Kalkofeninhalt	
		in 24 Std.			für 1000 Ztr. (je 50 kg) Rüben	für 1000 Ztr. Rüben u. 1 Proz. Kalkerzeugung
Ztr. (je 50 kg)	cbm	Ztr.	Proz.	kg	cbm	cbm
30 000	52	500	1,7	480	1,73	1,02
26 000	43,5	480	1,8	560	1,67	0,93
23 000	62	475	2,0	385	2,72	1,36
22 000	40	350	1,6	440	1,81	1,13
20—22 000	49	400	1,9	410	2,23	1,17
20 000	37	350	1,75	480	1,85	1,05
20 000	26	400	2,0	—	1,30	0,65
18 000	30	360	2,0	600	1,66	0,83
17—18 000	30	345	2,0	—	1,66	0,83
17 000	29	280	1,6	—	1,70	1,06
15—16 000	23	170	2,0	370	1,44	0,72
14—16 000	31	300	2,0	—	1,94	0,97
14 400	16,0	150	1,0	—	1, 11	1,11
13 000	23,5	210	1,6	—	1,18	1,13
13 000	21	325	2,5	800	1,61	0,64
13 000	20,7	260	2,0	—	1,59	0,80
12 000	19,4	250	2,1	—	1,61	0,77

Eine Kalkzugabe von durchschnittlich 2,1 Proz. entspricht einem Ätzkalkverbrauch von $20\,000 \cdot 2{,}1 = 420$ Ztr. oder $420 \cdot \frac{100}{56} \cdot 50 = 37\,500$ kg Kalksteinen.

Nach meinen Angaben (S. 120) nehmen 100 kg Kalksteine einen Raum von 0,063 cbm ein. Sie benötigen also $37\,500 \cdot 0{,}063 = 23{,}63$ cbm. Da die beiden zur Verfügung stehenden Öfen 40 cbm Fassungsraum besitzen, so können sich die Steine im Ofen $\frac{40}{23{,}63} = 1{,}7$ Tage aufhalten oder 40 Stunden.

Steine von Kindskopfgröße besitzen einen Durchmesser von etwa 150 bis 200 mm, die nach der Abb. 25 bei einer Aufenthaltszeit von etwa 40 Stunden eine Brenntemperatur von etwa 1130° erfordern. Bei dieser Temperatur genügt aber der Kokszusatz von 12 kg auf 100 kg Kalksteine nicht. Wie ich schon berechnete, sind notwendig

zum Brennen selbst	7,8 kg Kohlenstoff
Mehrverbrauch bei 1130° nach Abb. 31 (S. 81) . . .	3,5 „ „
für Abkühlungsverluste etwa	1 0 „ „
	12,3 kg Kohlenstoff

Wird nun Koks mit 7000 WE verwendet, so entsprechen diese 12,3 kg C mit je 8080 WE einem Kokszusatz von

$$13{,}1 \cdot \frac{8080}{7000} = 15{,}1 \text{ kg}.$$

Da aber bisher nur 12 kg aufgewendet wurden, so sind dies $\frac{15{,}1}{12} \cdot 100 - 100 = 26$ Proz. zu wenig.

Diese Rechnung kann natürlich an Hand der geringen, in der Anfrage gegebenen Daten nicht unbedingt genau sein, zeigt aber, daß zu wenig Koks unter den dort obwaltenden Verhältnissen verwendet wurde und dementsprechend ungebrannter Kalk gezogen werden muß. Die Öfen sind unter diesen Verhältnissen überlastet. Es muß deshalb auch teilweise unverbrannter Koks unten entweichen, weil er sich nicht genügend lange Zeit in der Brennzone aufhalten kann, um vollständig zu verbrennen. Um mit den 12 kg Koks auszukommen, müßte man die Steine weiter zerkleinern. Wie weit, kann man wieder annähernd vorausberechnen. Von den aufgewendeten 12 kg werden

$$7{,}8 \cdot \frac{8080}{7000} = 9 \text{ kg Koks}$$

für das Brennen selbst und etwa 1,00 kg für Abkühlungsverluste verbraucht, so daß für die Erhöhung der Brenntemperatur noch

$$12 - (9 + 1) = 2 \text{ kg}$$

Koks zur Verfügung stehen, die ungefähr 1,7 kg reinem C an Wirkung entsprechen. Nach der Abb. 33 (S. 85) ergibt sich bei diesem Mehrverbrauch eine Brenntemperatur von ungefähr 1000°. Bei dieser Temperatur und der zur Verfügung stehenden Aufenthaltszeit von 40 Stunden kann man nach der Abb. 25 nur Steine mit einem Durchmesser von 130 mm brennen. So weit müßten also die Steine zerkleinert werden. Will man dies nicht oder kann die Kohlensäurepumpe die damit verbundenen höheren Widerstände, die dem Durchsaugen der Gase im Ofen durch die kleineren Steine entgegengesetzt werden, durch schnelleren Lauf nicht überwinden, dann muß man zu einer Vergrößerung der Kalköfen schreiten.

73. Der Rauminhalt des Gas-Schachtofens.

Während im Schachtofen mit Mischfeuer auch für den Brennstoff, den Koks, im Schacht der notwendige Raum zur Verfügung stehen muß, ist dies bei der Anwendung der Gasfeuerung nicht erforderlich.

Aus den Formeln (79) für den Rauminhalt J_v der Vorwärmezone und (80) für den Rauminhalt J_b der Brennzone fällt somit das Endglied für den Koks heraus. Die Formel (82), S. 252, für den Gesamtinhalt lautet dann

$$J = \frac{100}{e} z_v + \frac{100}{e} \left(\frac{1+S}{2}\right) z + \frac{100}{e} S \cdot z_k . \qquad (83\text{b})$$

Benütze ich die Zahlen nach dem Beispiel S. 253, dann würde sich für den Gas-Schachtofen, bei gleicher Temperaturverteilung, ergeben

$$J = \frac{\frac{100}{1650} \cdot 6 + \frac{100}{1650}\left(\frac{1 + 0{,}85}{2}\right) 23 + \frac{100}{1650} \cdot 0{,}85 \cdot 7}{24}$$

$$= \frac{0{,}36 + 1{,}28 + 0{,}36}{24} = 0{,}083 \text{ cbm}$$

für 100 kg täglich zu brennender Kalksteine.

Gegenüber dem Mischfeuer nach Formel (83) bedeutet dies eine Raumersparnis von 17 Proz. Aber in Wirklichkeit kann man den Gasofen nicht kleiner wählen, weil die Temperaturverteilung in der Brennzone wesentlich ungünstiger ist. Sowohl nach oben hin, als auch nach der Mitte zu nimmt die Temperatur (nach Abschnitt 44) stark ab. Diese Abnahme vermindert das verfügbare Temperaturgefälle und verringert deshalb die Brennleistung. Deshalb muß die aufzuwendende Brennzeit z nach Formel 83b verlängert werden.

Man tut deshalb gut, wenn man den Inhalt des Gasofens nicht kleiner bemißt als den des Mischofens, gemäß der Berechnung Abschnitt 71 und 72.

Erfahrungszahlen sind schon im Abschnitt 45 „Einige Bauarten von Kalköfen für Gasheizung“ genannt.

W. D. Mount gibt folgende Leistung eines Gasofens an (Chemical and Metallurgical Engineering, 1919, S. 428). Der Ofenschacht hat eine lichte Weite von $D = 2{,}44$ m und eine lichte Höhe von $H = 14{,}7$ m; somit einen Inhalt $J = 68$ cbm; die Brennleistung beträgt 25 t Ätzkalk in 24 Stunden, somit $\frac{2500}{68} = 370$ kg Kalk/cbm/Tag bzw. etwa 660 kg Kalksteine. Der Brennstoffverbrauch wird zu 16,7 bis 20 Proz. Kohle auf Ätzkalk angegeben, also etwa 10 bis 12 Proz. auf Steine; doch dürfte diese Zahl etwas zu niedrig sein.

74. Die Höhe des Schachtofens oder die Länge des Ofenraumes im Verhältnis zum Durchmesser.

Nach der Bestimmung des Gesamtinhaltes des Kalkofens und der Entscheidung über die anzuwendende Ofenform muß man noch die Ofenhöhe, das sich daraus ergebende Verhältnis vom Querschnitt zur Höhe festlegen. Die Ofenform ist jetzt meistens schlank, wie sie sich durch die Erfahrungen herausbildete, doch will ich hier noch auf das Für und Wider der schlanken oder gedrückten Form eingehen. Von Einfluß sind hierbei: die Höhe der Füllung mit ihrem Gichtdruck, die chemische und mechanische Beanspruchung des Ofenfutters, die Abkühlungsverluste, die Füllung und Entleerung des Ofens, die Verbrennungsvorgänge und die Gasbewegung.

Um die Unterschiede deutlicher vor Augen führen zu können, seien zwei scharfe Gegensätze angenommen. Von zwei Öfen, die unter sonst gleichen Verhältnissen arbeiten und je 25 cbm Schachtinhalt besitzen, soll der eine einen lichten Durchmesser von 1500 mm, der andere von 2500 mm besitzen. Dann ergeben sich folgende Werte:

Nr.	Innerer Ofendurchmesser D mm	Ofeninhalt $J = E \cdot H$ cbm	Ofenquerschnitt $E = D^2 \frac{\pi}{4}$ qm	Umfang $u = D \cdot \pi$ m	Innere Ofenhöhe $H = \frac{J}{E}$ m	Innere Mantelfläche $F_1 = u \cdot H$ qm
1	1500	25	1,77	4,7	14,1	66
2	2500	25	4,91	7,85	5,1	40

Die Abb. 120 führt diese Zahlen noch klarer vor Augen, und es sei nun auf die einzelnen, vorgenannten Einflüsse näher eingegangen.

Bei der Bestimmung der Ofenhöhe ist keine Rücksicht auf den Druck zu nehmen, den die große Füllungshöhe ausüben würde. Weder der Koks (S. 102) noch das Feuerkleid (S. 193) werden bei den in Frage kommenden Höhen zerdrückt werden.

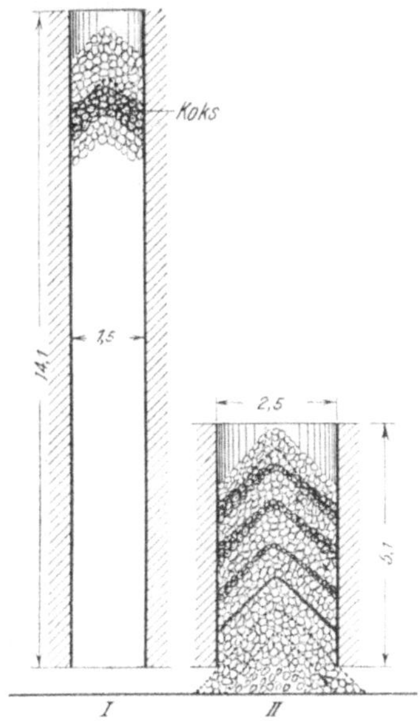

Abb. 120. Unterschiede zwischen der schlanken und gedrückten Form.

Einige Worte habe ich schon auf Seite 192 (Kalkofenfutter, mechanische Beanspruchung) über das Abreiben des Ofenfutters gesagt. Die Größe dieser mechanischen Abnutzung durch die niedergehende Gicht ist vom Druck und der Weglänge, dem Reibungsweg, abhängig. Je höher der Ofen, einen um so längeren Weg muß die Gicht am Ofenfutter zurücklegen, je mehr wird vom Ofenfutter abgerieben; je mehr wird die Gicht zerrieben und zerbröckelt. Während dort zur Verminderung der chemischen Angriffe eine geringe Oberfläche erwünscht ist, ist es hier eine geringe Ofenhöhe. Die beiden Öfen nach Abb. 120 haben bei gleichem Inhalt eine Höhe von 5,1 bzw. 14,1 m. Beim letzteren wirkt die abnutzende Kraft also fast dreimal länger. Aber da sich auch diese Abnutzung auf der ganzen Oberfläche bemerkbar macht, so ist auch die mechanische Abnutzung unter sonst gleichen Umständen von der inneren Oberfläche abhängig, wie beim chemischen Angriff. Aus beiden Gründen erscheint also ein niedriger, dicker Kalkofen nützlicher als ein schlanker, dünner. Die mechanische Abnutzung wird aber, wie ich dies schon auf Seite 192 sagte, erst bei schlechtem Futter unangenehm bemerkbar, sie tritt fast immer zurück hinter der chemischen. Letztere wirkt auf den ganzen, dem Ofeninnern zugekehrten Flächen, auch in den Fugen und von dort eine starke Abrundung der Ecken und Kanten bewirkend. Die kugligen Steinköpfe stehen dann tief in der Gicht, sind dem Abschleifen also besonders ausgesetzt, und doch werden sie nicht abgeflacht, werden unmerklich abgeschliffen. Bei der Wahl der Ofenform braucht man deshalb wenig Rücksicht auf die

Wirkung der mechanischen Abnutzung zu nehmen. Mehr schon auf die chemische. Aber auch schließlich erst in letzter Linie, wenn alle anderen Bedingungen und Anforderungen in günstiger Weise erfüllt sind, denn durch ein gutes Ofenfutter lassen sich die chemischen Angriffe auf ein wirtschaftlich zulässiges Maß vermindern.

Das gleiche gilt von den Wärmeverlusten des Kalkofens nach außen, deren Größe auf Seite 117 berechnet wurde. Der Wärmeverlust wird natürlich um so kleiner, je kleiner die Mantelfläche des Ofens ist. Der Mantel eines Zylinders wird aber bei gleichem Inhalte um so kleiner, je größer der Durchmesser ist. Ein Zylinder von z. B. 25 cbm Inhalt bei einem Durchmesser von 1,5 m und einer notwendigen Höhe von 14,1 m hat eine Manteloberfläche von 66 qm. Dagegen bei einem Durchmesser von 2,5 m muß er nur eine Höhe von 5,1 m besitzen und hat eine Manteloberfläche von nur 40 qm. Bei diesem niedrigen Kalkofen mit großem lichten Durchmesser ist die wärmeabgebende Abfläche über $^1/_3$ kleiner, also sind auch die Verluste entsprechend kleiner. Deshalb wäre zwecks Verringerung der Abkühlungsverluste der Kalkofen möglichst mit großem Durchmesser auszuführen, denn nach dem Beispiel Seite 120 beträgt der größere Koksverbrauch für die Deckung der Abkühlungsverluste beim schlanken Ofen etwa $\frac{1,26}{3} = 0,42$ kg für 100 kg Kalksteine.

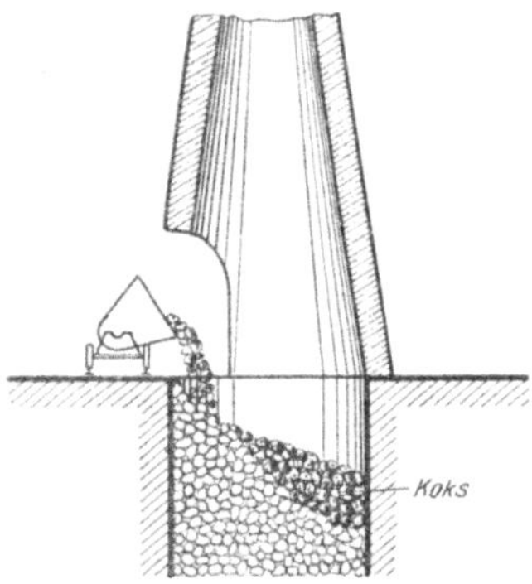

Abb. 121. Nachteil der seitlichen Füllung auf die Koksverteilung.

Aber je größer der Durchmesser, um so ungleichmäßiger arbeitet der Ofen, um so schwieriger gestaltet sich die Beschickung, womit ein bedeutend höherer Koksverbrauch entsteht, der den der Abkühlungsverluste weit überragt. Die gleichmäßige Beschickung und Verteilung der Kalksteine und des Kokses wird um so leichter vor sich gehen, von je kleinerem Durchmesser der Ofen oben ist. Trotzdem die Öfen immer größer wurden, war die gleichmäßige Verteilung doch noch immer gut möglich, solange die Öfen oben offen und ringsum frei zugänglich waren. Auf dem *Bonner Bergwerk* baute *Karl Bleibtreu* um 1890 Schachtöfen für Zement mit einer lichten Weite von 8 m und einer Höhe von 11,6 m, bei einer Gesamthöhe von 24 m einschließlich Schornstein (s. Z. Zement 1919, S. 400, Abb. 16). Als man aber Schornsteine aufsetzen mußte, um die Zugwirkung zu erhöhen, um die Leute von der Belästigung durch die Gase zu schützen, war die Sache schon schwieriger. Seitliches Einkippen der Wagen von einem Schienengleis erzeugte einseitige Böschungswinkel, die großen Steine rollten nach unten, die kleineren blieben oben liegen, so daß an der Beschickungsseite eine viel dichtere Steinlage war als auf der gegenüberliegenden Seite. Hier, wo die großen Steine liegen, haben die Gase besseren, leichteren Abzug, ungleichmäßiges Brennen ist die Folge. Dies wird noch durch das Zusammenrollen des Kokses an dem Böschungsboden, wie dies die Abb. 121 zeigt, unangenehm verstärkt. Als es nun galt, die Gase zusammenzuleiten, für anderweitige Verwendung, oder um durch Gebläse den Zug zu erhöhen, mußte man den Ofenschacht oben abschließen. Große, über den ganzen Ofenquerschnitt gehende Verschlüsse, Klappen oder Deckel, sind zu schwer und unhandlich. Man mußte die Einwurföffnungen selbst kleiner ausführen als den Ofen, wodurch an und für sich die gleichmäßige Verteilung der Gicht sehr erschwert wird. Die in der Mitte eingefüllte Gicht bildet einen hohen Böschungskegel von etwa halber Höhe des Ofendurchmessers. Je größer der Ofendurchmesser, um so unangenehmer wird sich die Wirkung dieser Böschungskegel bemerkbar machen. Die spezifisch schwereren Kalksteine verdrängen die Koksstücke aus ihrer Ruhelage, die sich aus ihrem Böschungswinkel ergibt, sie rollen ab, seitlich zur Basis an die Ofenwandung. Diese Anhäufung von Koks, die damit verbundene Verringerung in der Mitte, verursacht an der Seite einen unnützen Koksabbrand, starke Glut an der Auskleidung, dagegen zu geringe Glut und ungenügendes Durchbrennen des Kalkes in der Mitte. Um auch diesen zu brennen, muß viel mehr Koks zugegeben werden als bei gleichmäßiger Verteilung erforderlich ist. Hoher Koksverbrauch ist mit unverhältnismäßig großem Ofendurchmesser verbunden. Ferner wird mit dem Durchmesser die Störung im Lauf der Schichten zunehmen, wie dies auf Seite 259 die Unterschiede bei den dicken und schlanken Öfen deutlich zeigen. Mit dem Ofendurchmesser nehmen die Störungen in der Schichtenbildung zu, und um so ungleichmäßiger wird der Brand. Man kann nicht klar die einzelnen Ofenzonen unterscheiden, ungleichmäßige Vorwärmung sowie Kühlung mit vermehrtem Brennstoffverbrauch tritt ein.

Bei Öfen von über 3 m lichter Weite ist die gleichmäßige Beschickung und Arbeit schwierig. In Schachtöfen von 4 m innerem Durchmesser und 12 m lichter Höhe war es in einer großen chemischen Fabrik nicht möglich, andauernd gleichmäßigen Kalk zu brennen; man litt an ungenügend und totgebranntem Kalk.

Für gute, schnelle, vollkommene Verbrennung ist eine große Gasgeschwindigkeit erwünscht, wie dies schon auf Seite 106 (Koksgröße) eingehend begründet wurde. Öfen von kleinem Durchmesser und größerer Höhe werden für die Verbrennung günstigere Verhältnisse schaffen, besser und schneller den Brennstoff verbrennen als niedrige Öfen mit großem Durchmesser. Tatsächlich sind deshalb die dicken, niedrigen Öfen immer dünner und schlanker geworden. Während bei dem alten Feldbrandofen (Abb. 105a) bei einem Inhalt von 25 cbm der mittlere Durchmesser 2,5 m betrug bei 5,10 m Höhe, hat ein neuer Schüttofen (Abb. 120 I) einen Durchmesser von 1,5 m bei einer Höhe von 14,1 m. Dort betrug der Querschnitt des Ofens, der für die Geschwindigkeit des durchströmenden Gases maßgebend ist, 4,91 qm, hier ist er nur noch 1,77 qm. In diesem neueren Ofen bewegen sich deshalb diese mit $\frac{4,91}{1,77} = 2,8$ mal größerer Geschwindigkeit; innigere Durchmischung, schnelle vollkommene Verbrennung und Vermeidung der Rückbildung der Kohlensäure zu Kohlenoxyd ist die Folge. Dabei braucht man noch lange nicht zu befürchten, daß bei weiterer Querschnittsverminderung die Verbrennungsluft zu rasend schnell durchgejagt wird. Immer bildet sich mit elementarer Geschwindigkeit aus dem verbrennenden C die CO_2 unmittelbar, also vollkommen verbrennend; erst bei langsamem Gasstrom würde die erwähnte Rückbildung zu CO eintreten. Wie ich schon Seite 110 anführte, geht die Koksverbrennung im jetzigen Kalkofen, auf den Querschnitt bezogen, noch recht langsam vor sich. In dieser Beziehung könnte man den bisher üblichen Ofenquerschnitt noch ohne Gefahr auf die Hälfte vermindern. Dies bedingt aber doppelt so hohe Kalkofen, also solche von 24 und mehr Meter. Solche Höhen sind bei den Hochöfen üblich. Bei den Kalköfen hat man sich aber noch nicht zu solchen himmelanstrebenden Höhen entschließen können, weil die mit der Bedienung und der erschwerten Gasabsaugung zusammenhängenden Nachteile kleine Vorteile der besseren Verbrennung aufheben. Mit der schlanken Ofenform nehmen, wie wir noch sehen werden, die Widerstände, die dem Durch- und Absaugen der Gase entgegenstehen, nach der Formel 95 (S. 293) wesentlich zu. Demnach ist der Druck:

$$\varphi = \frac{v \cdot H}{\beta_2 \cdot d^2}.$$

v ist die Gasgeschwindigkeit in den Zwischenräumen, und da diese nach Formel 94 immer $0{,}1 \cdot E$ sind, so ist es beim Vergleich ohne Einfluß, ob ich dies v auf den ganzen Ofenquerschnitt oder den von der Füllung noch freigelassenen benutze. Das Verhältnis der Widerstände im schlanken zum gedrückten Ofen wäre:

$$\frac{\varphi_1}{\varphi_2} = \frac{v_2 \cdot H_2 \cdot \beta_2 \cdot d^2}{\beta_2 \cdot d^2 \cdot v_1 \cdot H_1} = \frac{v_2 \cdot H_2}{v_1 \cdot H_1}. \tag{84}$$

Auch ist die Gasgeschwindigkeit umgekehrt proportional dem Ofenquerschnitt E; halber Ofenquerschnitt gibt doppelte Gasgeschwindigkeit, so daß man für v den Querschnitt E setzen kann, dann geht obige Gleichung über in:

$$\frac{\varphi_1}{\varphi_2} = \frac{E_1 \cdot H_2}{E_2 \cdot H_1}. \tag{85}$$

Für die beiden Grenzöfen nach Abb. 120 wäre dann:

$$\frac{\varphi_1}{\varphi_2} = \frac{E_1}{E_2} \cdot \frac{H_2}{H_1} = \frac{1{,}77}{4{,}91} \cdot \frac{5{,}1}{14{,}1} = 13{,}4.$$

Der Widerstand, der zum Durchsaugen der Gase notwendig, ist beim schlanken Ofen 13,4 mal größer. Hierbei habe ich nach Formel 95 angenommen, daß der Widerstand nur proportional der Geschwindigkeit ist; es ist möglich, daß er fast mit v^2 wächst; Erfahrungszahlen fehlen. Dann würde der Widerstand:

$$\frac{\varphi_1}{\varphi_2} = \frac{E_1^2}{E_2^2} \cdot \frac{H_2}{H_1} = \frac{1{,}77^2}{4{,}91^2} \cdot \frac{5{,}1}{14{,}1} = 21 \text{ mal}$$

größer. Ob so oder so, in jedem Falle genügt für schlanke Öfen der natürliche Zug nicht mehr, es muß durch künstlichen der Widerstand überwunden werden, was auch leicht zu erreichen ist, solange man in vernünftigen Grenzen bei der Wahl des Verhältnisses vom lichten Ofendurchmesser zur Höhe bleibt.

Nach der Beurteilung aller Einflüsse haben wir gesehen, daß sich mit dem schlanken Ofen der Brennstoffverbrauch vermindert. Als dauernde größte Betriebsausgabe ist er von ausschlaggebender Bedeutung, wie dies z. B. ein Vergleich der Futterabnutzung mit dem Brennstoffverbrauch zeigt.

Auf Seite 259 haben wir gesehen, daß die Stoffverluste am Feuerkleid von dessen innerer Oberfläche abhängig, deshalb um so geringer sind, je kleiner diese ist. Hatte der vorgenannte hohe Ofen eine innere Mantelfläche von 66 qm, so hatte der niedrigere, dickere eine solche von nur 40 qm. Unter sonst gleichen Verhältnissen wird bei ersterem über 50 Proz. mehr Ofenfutter abgenutzt und verbraucht. — In der gleichen Zeit, denn die Tiefe des Angriffes, die Abnutzung der Futterstücke ist die nämliche. Sie ist z. B. in beiden in 8 Jahren durchgebrannt. Dann habe ich aber beim niedrigen nur 40 qm auszukleiden, gegen 66 qm beim hohen; bei diesem über 50 Proz. mehr neues Futter verbrauchend. Kostet 1 qm feuerfestes Ofenfutter etwa 100 Goldmark, so sind $(66 - 40) \cdot 100 = 1600$ Goldmark mehr aufzuwenden. Wäre das Futter schon nach einem Jahre ersatzbedürftig, dann wären in dem Ofen in 300 Arbeitstagen etwa 6 000 000 kg Kalksteine gebrannt. Für 100 kg wären dann bei dem hohen Ofen $\frac{2600}{6\,000\,000} \cdot 100 = 0{,}043$ Goldmark mehr zum Ersatz des Ofenfutters aufzuwenden. Der hohe Ofen verbraucht vielleicht 10 kg Koks zum Brennen von 100 kg Steinen, dagegen der niedrige mindestens 15 kg. 5 kg Koks werden bei ihm erspart oder wenigstens 0,10 Goldmark gegenüber dem Mehraufwand von nur 0,043 Goldmark. Da das Ofenfutter aber länger als ein Jahr halten soll und hält, so sind die Anforderungen, die den geringeren Koksverbrauch bedingen, von ausschlaggebender Bedeutung, und diese bedingen schlanke Öfen; bei kleineren eine Höhe von etwa 10 m, bei großen 15 und mehr Meter.

75. Die Abmessungen und die Leistung des Drehrohrofens.

Der Drehofen ist eigentlich ein liegender Schachtofen, bei dem die Forderung nach kleiner lichten Weite und großer Länge verwirklicht ist. Nach *Paul Jochum* (Der Drehrohrofen 1911, S. 17) werden die Abmessung im allgemeinen nach der Zahlenreihe XXXIV ausgeführt.

Zahlenreihe XXXIV.

Abmessungen der Drehrohröfen.

Innere lichte Weite D_3 m	Lichte Weite des Blechmantels D_4 m	Nutzbare Drehrohrlänge H_4 m	Verhältnis $\frac{H_4}{D_3}$
1,8	2,2	30—60	16—33
2,0	2,4	30—60	15—30
2,2	2,7	30—60	14—27
2,5	3,0	30—60	12—24

Das Verhältnis der Länge H_4 zum Durchmesser schwankt demnach zwischen dem 12- bis 33fachen. Diese große Länge ist in bezug auf den Gaswiderstand zulässig, weil das Drehrohr nicht voll gefüllt ist, sondern noch reichlich freier Raum vorhanden ist.

Das Gut muß nicht nur in innige Berührung mit den Heizgasen gebracht werden durch die Drehung, sondern es muß auch eine geregelte, langsam fortschreitende Bewegung erhalten. Dies wird erreicht durch eine geneigte Lage des Drehrohres. Der Weg, den das Gutteilchen in dem Drehrohr zurücklegt, hängt aber ab von der Hubhöhe, bis zu der es mitgenommen wird, und dem Neigungswinkel, welchen die Rohrachse zur Wagrechten bildet. Je kleiner dieser Winkel α_6 ist, um so häufiger muß das Gut gehoben werden, um einen bestimmten Weg zurückzulegen, um so schneller muß dies Drehrohr sich drehen.

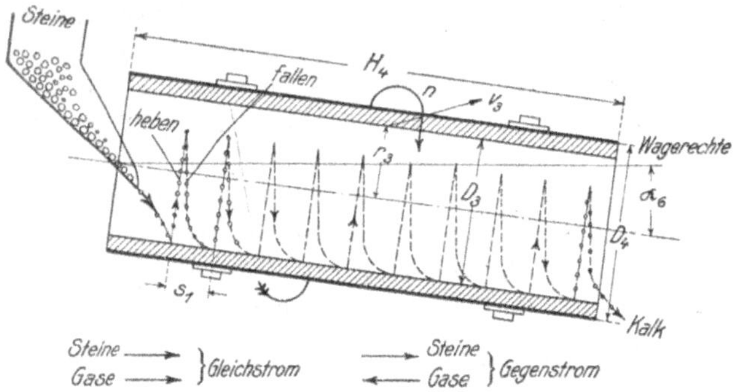

Abb. 122. Weg der Steine in der Drehtrommel.

In einem Rohr von 2,2 m lichter Weite, einer mittleren Fallhöhe des Gutes von 1,6 m, einem Neigungswinkel α_6 von 3°, fällt ein Teilchen nach jedem Hub etwa 5 cm vorwärts (wenn dieser Weg nicht vermindert wird durch die bewegten Heizgase, die die Teilchen entweder mitreißen bei Gleichstrom, bzw. mehr oder weniger aufhalten bei Gegenstrom). Ohne darauf Rücksicht zu nehmen, ist der Weg H_4, nach Abb. 122 in dem Rohr $H_4 = s_1 \cdot n \cdot z$ (n = Umdrehungszahl in der Minute, z = Aufenthaltszeit in dem Drehrohr). Die Länge H_4 des Drehrohres ist abhängig von der Zeitdauer, die der Brennvorgang an und für sich erfordert. Im allgemeinen sind solche von kleinem Durchmesser und größerer Länge wirkungsvoller, nicht allein in bezug auf die Leistung, sondern auch auf die Wärmeausnutzung.

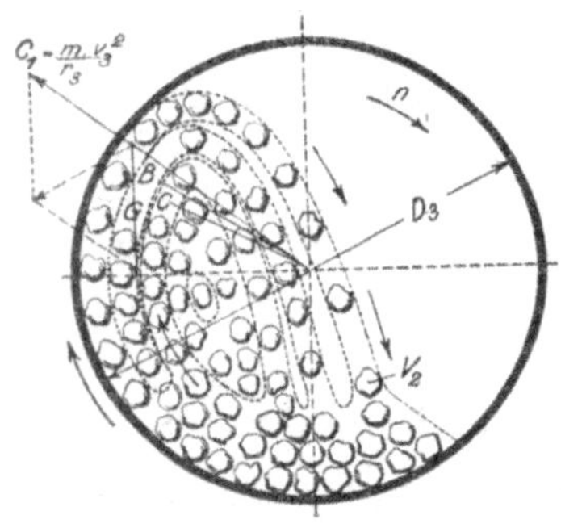

Abb. 123. Lauf der Steine in der Drehtrommel unter dem Einfluß der Schleuderkraft.

Die Leistung nimmt mit der Umlaufzahl n des Drehrohres in gewissem Maße zu, weil das Gut häufiger umgeschüttet und in Berührung mit den Heizgasen gebracht wird. Nach obenhin hat aber n eine bestimmte Grenze, weil bei zu großer Umlaufzahl das Gut nicht mehr umgeschüttet wird, sondern unter dem Einfluß der Schleuderkraft am Trommelmantel angedrückt bleibt und mit umläuft. Dies ist der Fall, wenn die Schleuderkraft nach Abb. 123

$$C_1 = \frac{m \cdot v_3^2}{r_3} \tag{86}$$

gleich dem Eigengewicht G ist (m = die Masse des Körpers $\frac{G}{g}$; v_3 die Umfangsgeschwindigkeit in m/sek; r_3 der innere Trommelhalbmesser). Bei einem Trommelhalbmesser $r_3 = 0{,}5$ m und bei $n = 42{,}3$ Umdrehungen tritt dieses Gleichgewicht ein. Ohne die Rechnung anzuführen, ist dann

$$n = \frac{42{,}3}{\sqrt{D_3}}, \tag{87}$$

wenn D_3 der innere Durchmesser $= 2\,r_3$ ist. Bei dieser Umlaufzahl würde die Schwerkraft aufgehoben, so daß ein Überstürzen des Inhalts nicht mehr eintreten kann, jede Massenwirkung hört auf. Für das Drehrohr von $D_3 = 1$ m wird dann die höchste Umdrehungszahl $n = \frac{42{,}3}{\sqrt{1}} = 42{,}3$; für $D_3 = 2{,}5$ m $n = \frac{42{,}3}{\sqrt{2{,}5}} = 26$. Jedenfalls ergibt sich aus dieser Berechnung, daß der Umlauf weder von der Art, Form, noch Größe des Brenngutes beeinflußt wird.

In Wirklichkeit bleibt man mit der Umlaufszahl des Drehrohres noch weit von dieser Grenze nach Formel 87 entfernt. Kaum ein Zehntel dieser Größe wird erreicht, denn die Rohre laufen meistens nur mit 0,25 bis 0,66 Umdrehungen in der Minute.

Die Neigung der Trommel gegen die Horizontale ist sehr gering; amerikanische Ausführungen zeigen 4,1 Proz., deutsche etwa 6 bis 7 Proz. Die Brennwirkung soll mit der Verminderung der Neigung und der gleichzeitigen Erhöhung der Umlaufzahl eine wesentliche Steigerung erfahren, da das Brenngut viel häufiger mit den Gasen in Berührung kommt, die Heizfläche vergrößert wird, denn der Spiralweg des Gutes wird infolge der geringeren Steigung länger.

Die Abgastemperatur beträgt etwa 500 bis 550°.

Während es sich beim Zementbrennen um Schlamm oder Staub handelt, wird man beim Kalkbrennen gröbere Stücke brennen wollen. Dann findet aber der Durchmesser des Drehrohres oder die Korngröße eine Grenze an der Gefahr, daß bei zu großer Fallhöhe das Feuerkleid zerschlagen wird. Es treten hier die Vorgänge wie in einer Rohrmühle auf. Das Kalksteinstück nach Abb. 123 wird je nach der Füllung mehr oder weniger hochgehoben und fällt dann nach unten. Beim Fallen nimmt das Steinstück eine gewisse Fallgeschwindigkeit v_2 an. Die so gebildete lebendige Kraft L ist das Ergebnis aus der halben Masse des Stückes mal dem Quadrat der Geschwindigkeit.

$$L = \frac{m}{2} \cdot v_2^2. \tag{88}$$

Die Wucht wächst also mit v_2^2.

Die Endgeschwindigkeit wird im luftleeren Raum um so größer, je größer die Fallhöhe h_6 ist. Die Endgeschwindigkeit ist

$$v_2 = \sqrt{2 \cdot g \cdot h_6}. \tag{89}$$

Übersteigt die lebendige Kraft L die Wucht, die im Körper durch die Endgeschwindigkeit v_2 und seine Eigenmasse aufgespeichert ist, den zur Überwindung der Festigkeit erforderlichen Arbeitsaufwand, so tritt beim Aufprallen entweder seine Zerstörung oder die des getroffenen Feuerkleides ein. In der Vorwärmezone werden die härteren Kalksteine das heiße Schamottefutter zerschlagen, in der Brenn- und Kühlzone werden die Ätzkalkstücke zerschellen, wenn sie bei dem bestimmten Drehrohrdurchmesser ein zu großes Gewicht besitzen. Man brennt deshalb im Drehrohr im allgemeinen Stücke von nicht über 50 mm Durchmesser. Sind solche bei Drehrohren von $D_3 = 2{,}0$ m lichter Weite zulässig, so dürften unter Berücksichtigung der Formel 88 für Drehrohre von 3 m lichte Weite nur Kalksteine von etwa 42 mm zugeführt werden.

Der Drehrohrofen ist deshalb für das Brennen groben Kalkes ungeeignet. Dort, wo man grobstückigen Kalk gewöhnt ist, ist seine Anwendung ausgeschlossen. So war der Absatz des Kalkes, der in einem Drehrohrofen in Polgárdi (Ungarn) erzeugt wurde, fast unmöglich (Mitt. d. V. D. Kalkwerke 1914, S. 137), was an und für sich recht bedauerlich ist.

Man fand auch sehr viele Rückstände. Dies hat seine Ursache in der ungleichmäßigen Steingröße. Die sich mit verhältnismäßig großer Geschwindigkeit gegen die Steine bewegenden Gase halten die Steine in ihrem Lauf um so mehr auf, je kleiner und leichter sie sind. Die kleineren Steine brennen nun schon an und für sich schneller durch, verlieren schneller an Gewicht, ohne daß in gleichem Maße ihre Größe oder Fläche, die sich dem Gasstrom darbietet, sich vermindert. Dadurch werden sie noch stärker zurückgehalten, während die großen Stücke vorlaufen. Entweder werden nun die kleineren überbrannt, oder die größeren verlassen unvollständig durchgebrannt als sog. „Überläufer" das Drehrohr, wenn man den Durchlauf beschleunigt. Beim Zementbrennen tritt dies nicht so unangenehm in Erscheinung, weil die Teilchen vorher auf möglichst gleiche Korngröße gebracht werden. Doch kann man auch dort bei schlechten Mahlanlagen eine störende Entmischung durch die Wirkung des Gegenstromes der Heizgase beobachten.

Dieser Nachteil wird sich mit der Abnahme der Gasgeschwindigkeit vermindern, wird also um so geringer, je größer die lichte Weite des Drehrohres ist.

Der Drehofen darf nicht ganz vollgefüllt werden, weil sonst sein Inhalt nicht mehr fortschreiten würde, sondern sich mit herumdreht. Je langsamer der Ofen sich dreht und je geringer seine Neigung gegen die Wagerechte, um so langsamer ist die Wanderung, um so mehr füllt er sich bei gleichbleibendem Zulauf des Rohgutes an. Ein zu voller Ofen verhindert die Bewegung der Gase und eine freie Flammenbildung am Brenner, verursacht also unvollkommene Verbrennung und Brennstoffverluste. Ein zu leerer Ofen vergrößert den Verschleiß durch die fallenden Steine, deren Wucht weniger durch unterlaufende Füllung aufgefangen wird. Deren Fallhöhe ist auch größer, wodurch sie selbst leiden und sich wie in einer Kugelmühle zerkleinern.

Das Mitreißen von Kalkstaub will *G. Polysius*, Dessau, nach dem Verfahren (D. R. P. 313 595/1916) zur Behandlung von Kalkschlamm in Brenntrommeln dadurch vermeiden, daß dem Schlamm Stoffe, wie beispielsweise

Kalium- und Natriumchlorid oder -carbonat, Kaliumglimmer u. dgl. beigemengt werden, die bewirken, daß der der Trommel entfallende Kalk nicht staubförmig, sondern zu Stücken geballt austritt.

Als Heizmittel dient in Europa fast ausschließlich Stein- oder Braunkohle, die staubfein zermahlen zugeführt wird, indem eine Luftdüse den Kohlenstaub ansaugt und in die Brenntrommel bläst (s. S. 140). Die in Amerika ursprünglich versuchte Feuerung mit Rohöl hat man, wegen der Kostspieligkeit, nur in unmittelbarer Nähe der Petroleumdistrikte beibehalten können. Im Staate Kansas verwendet man Naturgas, während die Gasfeuerung über einige versuchsweise ausgeführte Anlagen, trotz ermutigender Ergebnisse, nicht hinausgekommen ist.

Es hat sich herausgestellt, daß die Grundbedingung des Erfolges, ein Mischgas von stets gleichbleibender Zusammensetzung, also von gleichem Heizwert zu erzeugen, von den bisher bekannt gewordenen Gaserzeugern nicht erfüllt wurde. Die Gaserzeuger hatten noch nicht die Stufe der erforderlichen Vollkommenheit erreicht. (S. a. S. 183.)

Naske empfiehlt möglichst hochwertige, kokende Steinkohle mit 25 Proz. flüchtigen Bestandteilen und höchstens 10 Proz. Asche zu verwenden. Die Kohle wird getrocknet, bei nicht zu hoher Temperatur, um Verluste zu vermeiden, und dann staubfein gemahlen. Je feiner die Mahlung, um so vollkommener verbrennt die Kohle, um so besser wird ihre Heizkraft ausgenutzt. Die Kohle wird vor der Zuführung zur Düse, zwecks Kontrolle, gewogen.

Über den Brennstoffverbrauch zum Kalkbrennen im Drehrohrofen ist Sicheres nicht bekannt geworden, man dürfte aber nicht fehlgehen, wenn man sich die Ergebnisse beim Zementbrennen als Richtschnur wählt. Man kann annehmen, daß sich der Brennstoff beim *Schneider*-Schachtofen auf 20 Proz. des Rohzementes stellt, der bei selbsttätigem Betrieb auf 18 Proz. sinkt, dagegen beim Drehofen auf 28 bis 30 Proz. steigt. Er ist beim Drehofen somit um 50 Proz. größer. Beim Kalkbrennen wäre ein solch gesteigerter Brennstoffaufwand nur gerechtfertigt, wenn ein entsprechender Ausgleich in der Möglichkeit gefunden würde, im Drehofen Kalkabfälle (s. Abschnitt 2) brennen zu können.

In Polgárdi (Ungarn) dient ein Drehrohrofen von *Gebr. Pfeiffer* zum Brennen bis 120 t Kalkschotters in 24 Stunden. Gefeuert wird mit Braunkohlenstaub, bei einem Verbrauch von etwa 30 Proz. bezogen auf gebrannten Kalk. Der gesamte Kraftverbrauch wird zu 45 PS angegeben (Süddeutsche Bauzeitung 1912, Nr. 33).

Über die Leistungsfähigkeit von Zementdrehofen macht *Naske* folgende Angaben nach Zahlenreihe XXXV.

Zu dem Kraftverbrauch des Drehofens selbst kommt noch der Kraftverbrauch für die Hilfseinrichtungen, wie Kühltrommel, Hochdruckgebläse, Kohlentrocknerei, Kohlenmühle und Entstäubungseinrichtung, so daß man insgesamt mit 85 bis 90 PS rechnen muß. Der Kraftverbrauch ist also recht bedeutend.

Zahlenreihe XXXV.

Leistungen von Zementdrehöfen.

	Trockenverfahren		Naßverfahren	
Äußerer Rohrdurchmesser	2,2 m	2,8 m	2,5 m	3, 0 m
Länge des Drehrohres	35 m	60 m	40 m	50 m
Tägliche Leistung, Zement	70 t	200 t	100 t	190 t
Kraftverbrauch nur des Drehofens	8 PS			
Abgastemperatur	700° C			

76. Der Rauminhalt und die Leistung des Ringofens.

Ebenso wie im Mischofen muß im Ringofen Raum für den Brennstoff zur Verfügung stehen. Deshalb müssen unter den Heizlöchern Schächte gesetzt werden, die den Brennstoff aufnehmen können, ferner sind die verbindenden Heizkanäle von im allgemeinen 250 mm Breite und 750 mm Höhe unter den in der Längsrichtung des Brennkanales verlaufenden Heizlochreihe (s. S. 132) vorzusehen (s. a. Abb. 9). Während im Mischofen mit dem Fortgang der Verbrennung des Brennstoffes auch die Raumbeanspruchung schwindet, so daß dessen bisher eingenommener Raum durch nachsinkende Begichtung ausgefüllt wird, bleiben nach dem Abbrand die leergebrannten Feuerräume stehen. Je raumbeanspruchender die Brennstoffe sind, um so mehr wird der nutzbare Inhalt des Ringofens, der mit Steinen ausgefüllt werden kann, vermindert. Die Kammer eines Ringofens (Christinenklippe) von 3,6 m Breite, 3 m Höhe nahm bei einer Länge von 7,5 m, 71 cbm Inhalt und bei 5 Feuerlochreihen zu je 4 Stück, 80 000 kg Kalksteine auf. Deren Kubikmetergewicht betrug 1650 kg, so daß der nutzbare Füllungsgrad nur

$$i = \frac{80\,000 \cdot 100}{71 \cdot 1650} = \backsim 70 \text{ Proz.}$$

betrug.

Dieser Einschenkelofen (s. Bericht d. Wärmestelle d. Kalkindustrie 1922, S. 32) auf der Christinenklippe im Harz hatte 24 Kammern, also eine mittlere Brennkanallänge von $H = 24 \cdot 7{,}5 = 180$ m. Er wurde mit 2 hintereinanderlaufenden Feuern betrieben, so daß für jedes Feuer eine Länge von $\frac{180}{2} = 90$ m zur Verfügung stand. Bei einem Brennkanalquerschnitt von $E = 9{,}5$ qm beträgt der Ofeninhalt für ein Feuer

$$J_S = E \cdot H = 9{,}5 \cdot 90 = \backsim 855 \text{ cbm}.$$

Der tägliche Feuerfortschritt betrug 5 bis 6 Heizlochreihen bei der Verfeuerung von Harpener Nußsteinkohle N mit 7300 WE und einem hochwertigen Kalkstein mit 98 bis 99 Proz. $CaCO_3$. Da die Heizlochreihen 1,25 m voneinander entfernt abstanden, bewegte sich das Feuer mit einer Brenngeschwindigkeit von $v_4 = 5 \cdot 1{,}25$ bis $6 \cdot 1{,}25 = 6{,}25$ bis 7,5 m täglich. Im letzteren Falle würde demnach täglich eine Kammer von 7,5 m gargebrannt, die 45 t Kalk liefert, oder im Ofen werden täglich $\frac{45}{56} \cdot 100 = 80$ t Kalksteine gebrannt.

1 cbm des gesamten Ofeninhaltes brennt somit $\frac{80 \cdot 1000}{855} = \sim 93$ kg Kalksteine. Das ist sehr viel weniger als die vorher festgestellte Brennleistung des Schachtofens.

Diese geringe Leistung des Ringofens in bezug auf den verfügbaren Ofeninhalt hat verschiedene Ursachen. Diese sind:

1. Der geringe Füllungsgrad i, wie vorstehend berechnet, infolge der Raumbeanspruchung des Brennstoffes.

2. Die Schwindung der Kalksteine wird nicht nutzbar gemacht, weil die eingesunkene Füllung im allgemeinen nicht nachgefüllt wird, wie dies beim Schachtofen selbsttätig erfolgt. In einer Kammer des Christinenklippen-Ringofens nahmen die verbliebenen 45 t Kalk nur einen nutzbaren Raum von $\frac{45}{71} \cdot 100 = 63$ Proz. ein, wenn das Raumgewicht seines Ätzkalkes mit 1000 kg/cbm angenommen wird. 27 Proz. der Kühlzone sind frei, lassen die Luft oben zu leicht hinstreichen.

3. Aus dem unter 2. angegebenen freien Schwindungsraum über den Kalksteinen, der bei einer Brennkanalhöhe von 3 m häufig mehr als 500 mm beträgt, wird die eintretende Verbrennungsluft oben wohl die Steine gut kühlen, aber nach der Sohle hin immer weniger tief eindringen und kühlend sowohl auf die Kalksteine als auf den Brennkanal wirken. Deshalb kann man auch beobachten, daß die Glut auf der Sohle der „Kühlzone" noch 5 und mehr Heizlochreihen glühend bleibt. Eine beim Schachtofen nicht nötige Verlängerung der „Kühlzone" ist die Folge.

4. Außerdem muß die „Kühlzone" und die „Vorwärmezone" noch wesentlich verlängert werden, um die Füllung und den „Brennkanal" auch tatsächlich so weit herunterzukühlen, daß die Arbeiter ohne Belästigung diese Endzonen betreten und sowohl Ein- als auch Ausfahren bewirken können.

5. Die Vorwärmung der Steine bzw. die Kühlung der abziehenden Gase wird dadurch verschlechtert, daß die Gase nicht allein von der frisch mit Steinen gefüllten Kammer zum Schornstein abgeleitet werden. Im allgemeinen sind die Gasfüchse (Rauchzüge) aus den einzelnen Kammern viel zu klein (nur etwa $^1/_5$ des Rauchsammler-Querschnittes), so daß meistens die „Glocken" von 4 Gasfüchsen gezogen sind. Die erste, dem Schornsteinzug am nächsten liegende Kammer wird dann nur noch von $^1/_4$ der Abgase bestrichen; ihre Kühlwirkung vermindert sich auf $\frac{0 + 0{,}25}{2} = 0{,}125$; die der II. auf $\frac{0{,}25 + 0{,}5}{2} = 0{,}375$, der III. auf $\frac{0{,}5 + 0{,}75}{2} = 0{,}625$ und der IV. auf $\frac{0{,}75 + 1{,}0}{2} = 0{,}875$. Die Gesamtleistung der Vorwärmezone sinkt an dieser Stelle dann auf $\frac{0{,}125 + 0{,}375 + 0{,}625 + 0{,}875}{4} = 0{,}5$. Das heißt, man muß die „Vorwärmezone" um 2 Kammern verlängern, weil man die Gase durch die „üblichen", zu kleinen Rauchzüge absaugt.

6. Mindestens je eine Kammer ist zum Einsetzen und zum Ausfahren freizuhalten, ist von der Benutzung als „Brennkanal“ ausgeschaltet.

Die wirklich erforderliche Vorwärme-Brenn- und Kühlzone, die Größe des Ringofeninhaltes wäre natürlich genau so zu berechnen und die Leistung zu bestimmen wie beim Schachtofen. Aber die verschiedenen genannten Unvollkommenheiten des Ringofens, die besonders mit seiner Bedienung von Hand zusammenhängen, bedingen wesentliche Zuschläge, da sich sein Ausnutzungsgrad sehr weit vom idealen Brennofen entfernt.

Während der eine Schenkel des genannten Ringofens eine Brennlänge von 90 m besitzt, würde bei einem Mischschachtofen für die gleiche Leistung eine Schachthöhe von 11 m genügen, bei einem Schachtquerschnitt von ebenfalls 9,5 qm, der einem lichten Durchmesser von 3,5 m entspricht.

Die Leistung der Ringöfen suchte man zu steigern, indem man den Brennkanal immer mehr verlängerte und dann mehrere Lauffeuer (2 bis 3 bis 4 bis 5) hintereinanderlaufen ließ. Auf diese Weise ist in Rüdersdorf 1906 der „größte Ringofen der Welt“ entstanden (erbaut von *Eckardt & Hotop*), mit einem Brennkanal von 350 m Länge, 65 Kammern mit je 5 mal 4 Heizlochreihen in Abständen von 1 m. Infolge der ungünstigen Zugverhältnisse ist es aber bisher nur mit Mühe gelungen, mit höchstens 4 Lauffeuern hintereinander zu arbeiten, die dann im Abstand von etwa 70 m laufen. Schon allein in betriebstechnischer Hinsicht erscheint es nützlich, große Leistung nicht in einem solchen zusammengeschachtelten Schenkel-Ringofen erzwingen zu wollen, sondern besser in Einzelöfen mit höchstens 2 Feuern, wenn man schon den Ringofen zum Kalkbrennen verwenden will.

Das Feuer schreitet im Ringofen vorwärts (s. S. 25). Je schneller dies geschieht, um so größer ist die Leistung des Ofens. Überschreitet die Brenngeschwindigkeit ein die jeweiligen zulässigen Bedingungen überschreitendes Maß, dann wird der Kalkstein ungenügend durchgebrannt.

Die Brenngeschwindigkeit, der Feuerfortschritt, muß der Kalksteingröße angepaßt werden nach dem im Abschnitt 17 Gesagten über die Gesamtaufenthaltszeiten im Kalkofen. Je kleiner die zu brennenden Kalksteine sind, um so kleiner ist die erforderliche Aufenthaltszeit, um so schneller kann das Feuer fortschreiten. Der Fortschritt wird aber durch den Zug bewirkt. Da dieser bei Ringöfen fast immer durch einen Schornstein erfolgt, dessen Zugwirkung begrenzt ist, so wird durch kleinere Steine der Zug gedrosselt und somit der Feuerfortschritt behindert. Je nach den Zugverhältnissen darf man deshalb nicht zu kleine Kalksteine einsetzen.

Je höher die Brenntemperatur ist (s. z. B. Abb. 25), um so schneller werden die Steine durchgebrannt, um so rascher kann dann das Feuer vorwärtsschreiten. Die Brenntemperatur ist abhängig von der zugesetzten Brennstoffmenge (s. Abschnitt 22), indem ein größerer Zusatz die Brenntemperatur erhöht, und von der Art des Brennstoffes (s. Abschnitt 35). Je schlechter der Brennstoff ist, um so niedriger ist die Verbrennungstemperatur, um so langsamer erfolgt das Durchbrennen der Steine, um so langsamer schreitet das Feuer vorwärts. Durch versuchsweisen Ersatz der Steinkohle bis auf die Hälfte durch verdoppelten Zusatz von Torf ging z. B. in einem Ofen der Feuerfortschritt von 6 m auf unter 3 m, so daß mit dem Torfzusatz aufgehört werden mußte. Ganz abgesehen davon, daß der Brennerarbeiter die Feuer fortwährend schüren und nicht mehr genügend bedienen konnte und daß durch die erhöhte Raumbeanspruchung der Feuerschächte (s. S. 137) die Gesamtleistung des Ofens außerdem vermindert wurde.

Aus der Angabe des täglichen Feuerfortschrittes v_4, der zwischen 4 bis 9 m schwankt, kann man unmittelbar auf den Ausnutzungsgrad des Brennkanales schließen. Nach Abb. 23 beträgt z. B. die erforderliche Aufenthaltszeit bei Steinen von 200 mm Durchmesser etwa 2 Tage, bei Steinen von 300 mm Durchmesser etwa 3 Tage. Bei einer Brenngeschwindigkeit von 7,5 m täglich müßte demnach für 300er Steine eine Brennkanallänge von $7{,}5 \cdot 3 = 22{,}5$ m genügen, während mindestens 75 m angewendet werden. Man geht nicht unter 75 m Brennkanallänge im Ringofen.

Diese Brennkanalverlängerung bedingt noch größere Abkühlungsverluste und damit größeren Brennstoffaufwand. Es sind die verschiedensten Arbeitsweisen vorgeschlagen, um diese Nachteile zu überwinden. Sie erschweren aber den Betrieb und treffen das Übel nicht an der Wurzel, so daß darauf nicht näher eingegangen werden kann.

Von ausschlaggebender Bedeutung für die Leistung des Ringofens ist der Querschnitt des Brennkanales, da dessen Länge doch nur unvollkommen ausgenutzt wird. Eigentlich geschieht das Brennen im Querschnitt des Ringofens ebenfalls um so gleichmäßiger, je kleiner sein Querschnitt ist. Dann steigen aber auch hier die schon beim Schachtofen genannten Nachteile, so daß man größere Querschnitte anstrebt.

Die Höhe des Brennkanales ist begrenzt. Nach antenehin: es soll ein Mann ungebeugt durchgehen können, so daß die Mindesthöhe des kleinsten Brennkanales 2 m nicht unterschreiten sollte. Mit zunehmender Höhe wird das schichtenweise Aufsetzen der Kalksteine erschwert; 3 m Höhe vermeidet man zu überschreiten. Aus der erforderlichen, tragfähigen Gewölbeform ergibt sich dann eine größte lichte Breite des Brennkanales von etwa 3,6 m. Der größte zulässige Ofenquerschnitt beträgt dann etwa 10 qm.

Die wirkliche tägliche Brennleistung L_{St} eines Ringofens ergibt sich aus der Formel

$$L_{St} = v_4 \cdot E \cdot i \cdot e \qquad (89\,a)$$

in kg Kalksteine.

Darin bedeuten wieder

v_4 = die Brenngeschwindigkeit in Metern täglich,
E = Brennkanalquerschnitt in Quadratmetern,
i = Füllungsgrad,
e = Gewicht eines Kubikmeters Kalkstein in Kilogramm.

Bei z. B. einer Brenngeschwindigkeit von 7 m, einem Kanalquerschnitt von 8 qm, einem Füllungsgrad von 0,7 und einem Steingewicht von 1650 kg/cbm beträgt die tägliche Brennleistung eines solchen Ringofens

$$L_{St} = 7 \cdot 8 \cdot 0{,}7 \cdot 1650 = \backsim 65\,000 \text{ kg}$$

Kalksteine.

Unter diesen Annahmen ergibt sich die Brennleistung von 1 qm Brennkanalquerschnitt bei einem Füllungsgrade i von 0,6, 0,7 und 0,8 wie folgt:

Brenngeschwindigkeit v_4		4	5	6	7	8	9 m	täglich
Füllungsgrad i	0,6 = 60 Proz.	3500	5000	5900	7000	7 900	8 900	kg Kalksteine täglich
	0,7 = 70 „	4100	5800	6900	8100	9 200	10 400	
	0,8 = 80 „	4600	6600	7900	9200	10 600	11 900	

L. Die Kalkofengase.

Am Ende der Vorwärmezone müssen die Kalkofengase abgeführt werden. Sie bestehen aus den Verbrennungsgasen, der überschüssigen Luft und der Kalksteinkohlensäure. Durch die Verbrennung des im Koks nutzbaren Kohlenstoffes entsteht bei vollkommener Verbrennung Kohlensäure, bei unvollkommener teilweise Kohlenoxyd. Dazu kommt die Kalksteinkohlensäure, die mit der des Kohlenstoffes den Gesamtgehalt an CO_2 in den Kalkofengasen ergibt. Diese will ich berechnen und den Zusammenhang mit dem Brennstoffverbrauch feststellen, dann auf den nachteiligen Kohlenoxydgehalt und den notwendigen Sauerstoffüberschuß eingehen.

Es sind dann die Mittel zu besprechen, die für die Abführung, Reinigung und Kühlung erforderlich sind.

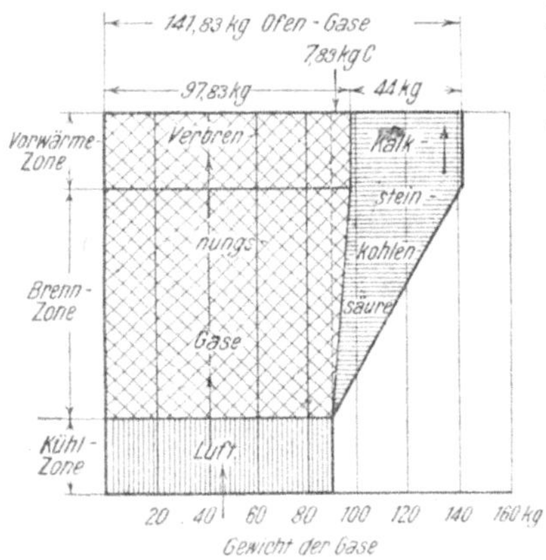

Abb. 124. Zusammensetzung der Gase im Ofenschacht.

Das Gewicht der Gase, die in den verschiedenen Zonen vorhanden sind, hatte ich schon Seite 125 angegeben und für 1 kg Kohlenstoff durch die Abb. 41 (Höchsttemperatur) dargestellt. Für den Idealofen müssen diese Zahlen mit 7,83 (dem Kohlenstoffverbrauch des Idealofens) multipliziert werden; das Ergebnis zeigt Abb. 124. Durch die Kühlzone ziehen demnach etwa 90 kg Luft, die sich durch die Verbrennung der 7,83 kg C und der aus 100 kg Kalksteinen freiwerdenden 44 kg Kohlensäure auf 141,83 kg vermehren und in dieser Gewichtsmenge durch die Vorwärmezone abziehen.

77. Der Kohlensäuregehalt der abziehenden Kalkofengase und dessen Zusammenhang mit dem Koksverbrauch.

Der Kohlensäuregehalt der Gase wird fast immer mittels der volumetrischen Analyse bestimmt, so daß wir auch unsere Rechnung auf den Raum gründen müssen. Von 100 kg Kalksteinen berechnet sich das Volumen der abziehenden Gase bei 20° und 76 cm Barometerstand:

1. aus der Kalksteinkohlensäure zu $\frac{44}{1,83} = 24,04$ cbm;
2. für je 1 kg verbrannten Kohlenstoff zu:

$$\begin{array}{l} \\ \text{Verbrennungs-} \\ \text{luft} \end{array} \begin{array}{l} 1,0 \text{ kg C} \\ \left\{\begin{array}{l} 2,667 \text{ ,, O} \\ \\ 8,833 \text{ ,, N} \end{array}\right. \end{array} \begin{array}{l} \left.\begin{array}{l} \\ \\ \end{array}\right\} = 3,667 \text{ kg } CO_2 = \frac{3,667}{1,83} = 2,00 \text{ cbm} \\ \qquad\qquad\qquad\qquad\quad = \frac{8,833}{1,17} = 7,55 \text{ ,,} \end{array}$$

$$\overline{12,5 \text{ kg}} \left\{ \begin{array}{c} \text{Verbrennungsgase nehmen} \\ \text{einen Raum ein von} \end{array} \right\} \overline{9,55 \text{ cbm},}$$

die durch die Verbrennung von je 1 kg C entstehen.

Für den Idealofen ergibt sich der Raum der Abgase zu $24,04 + 9,55 \cdot 7,83 = 24,04 + 74,8 = 98,85$ cbm bei 20°. In der Zahlenreihe XXXVI habe ich für den verschiedenen Kohlenstoffverbrauch den Gesamtraum der Abgase angegeben. Hieraus kann man nun weiter leicht den Kohlensäuregehalt berechnen, denn in ihnen sind 24,04 cbm Kalksteinkohlensäure und für je 1 kg C 2 cbm Brennstoffkohlensäure enthalten. Die Gase des Idealofens enthalten dann $24,04 + 7,83 \cdot 2,0 = 39,7$ cbm CO_2 und, da insgesamt 98,85 cbm Gase entstehen, so enthalten diese $\frac{39,7}{98,85} = 40,2$ Raum-Proz. Kohlensäure.

Auch diese Zahlen habe ich für die verschiedenen Brennstoffmengen berechnet und in der Zahlenreihe XXXVI eingetragen.

Zahlenreihe XXXVI.

Zusammenhang zwischen Brennstoffaufwand, Gesamtraum der Abgase und deren Kohlensäuregehalt.

Zum Brennen von 100 kg kohlensaurem Kalk werden verbraucht	Kohlenstoff . kg	7	8	9	10	11	12	13	14	15
	oder Koks mit 90 Proz. Kohlenstoff . . . . kg	7,8	8,9	10,0	11,5	12,2	13,4	14,4	15,6	16,7
Raum der Kalksteinkohlensäure cbm		24,0	24,0	24,0	24,0	24,0	24,0	24,0	24,0	24,0
Raum der Kohlenstoffkohlensäure . . . . cbm		14,0	16,0	18,0	20,0	22,0	24,0	26,0	28,0	30,0
Gesamtraum d. Kohlensäure cbm		38,0	40,0	42,0	44,0	46,0	48,0	50,0	52,0	54,0
Gesamtraum d. Abgase bei 20° C u. 76 cm Barometerstand cbm		90,0	100,4	110,0	119,5	129,1	138,6	148,2	157,7	167,3
Kohlensäuregehalt dieser Gase in Raumproz.		41,8	40,0	38,2	36,8	35,6	34,7	33,7	32,9	32,3

Um den Zusammenhang zwischen Kohlensäuregehalt und Brennstoffaufwand besser vor Augen führen zu können, habe ich die Ergebnisse noch in der Abb. 125 zeichnerisch dargestellt. Leicht ersieht man daraus, daß ein enger Zusammenhang zwischen Kohlensäuregehalt und Brennstoff-, also Koksverbrauch besteht. Leicht kann man an Hand dieser Abbildung den Koksverbrauch rückwärts aus der Gasanalyse berechnen. Dabei ergibt sich dieser Koksverbrauch natürlich aus der betreffenden Einzelanalyse, aus der gerade in diesem, und nur in diesem Augenblick verbrennenden Brennstoffmenge. Deshalb muß darauf geachtet werden, daß die Gasanalyse nicht planlos, zu

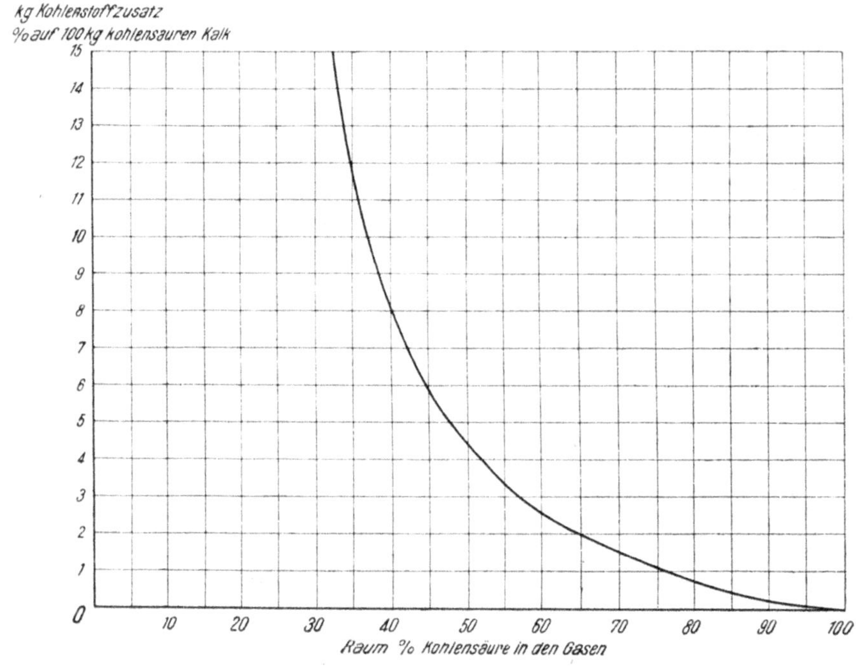

Abb. 125. Einfluß des Brennstoffzusatzes auf den Kohlensäuregehalt der Kalkofengase.

beliebiger Zeit genommen wird, sondern dann, wenn der Ofen im Beharrungszustande ist. Andererseits kann man aus guten Daueranalysen, wie sie z. B. der Ados-Apparat anzeigt, den Durchschnittsaufwand an Brennstoff bestimmen. Man ist sich über diesen einfachen Zusammenhang bisher noch nie klar gewesen, man hat noch nicht beachtet, daß aus den Betriebsbuchanalysen ohne weiteres der Koksaufwand zu bestimmen ist. Wohl wußte und berechnete man nach dem Koksaufwand theoretisch den Kohlensäuregehalt, ohne den Schluß rückwärts zu ziehen, wie ich ihn oben festlegte. Dies ergibt sich auch daraus, daß man außerordentlich häufig Zahlen veröffentlicht findet, die nicht stimmen können, weil obiger Zusammenhang fehlt, und werde ich auf ein solches Beispiel noch später eingehen. Vorher will ich erst noch auf den Einfluß des überschüssigen Sauerstoffgehaltes auf die Verdünnung der Kohlensäuregase eingehen.

Die Kalkofengase werden durch den Luftüberschuß vermehrt und so der Kohlensäuregehalt verdünnt. Ein Raumprozent O entspricht einem Luftgehaltsüberschuß von $\frac{1 \cdot 100}{20,96} = 4,8$ Proz. in den Gasen. In den volumetrisch analysierten 100 Teilen sind von diesem Luftüberschuß 4,8 Proz. eingenommen, so daß die normale Gasmenge nur noch 100 — 4,8 = 95,2 Proz. einnimmt. Der im normalen Gase, ohne Luftüberschuß z. B., vorhandene Kohlensäuregehalt, der beim Kohlenstoffzusatz von 12 Proz. 34,7 Proz. ist, wird verdünnt auf $\frac{34,7 \cdot 95,2}{100} = 33$ Proz. Danach habe ich für den verschiedenen Sauerstoffgehalt den Kohlensäuregehalt der Gase berechnet und in der Abb. 126 graphisch dargestellt. Liegt jetzt eine Kalkofengasanalyse vor, so kann man leicht an

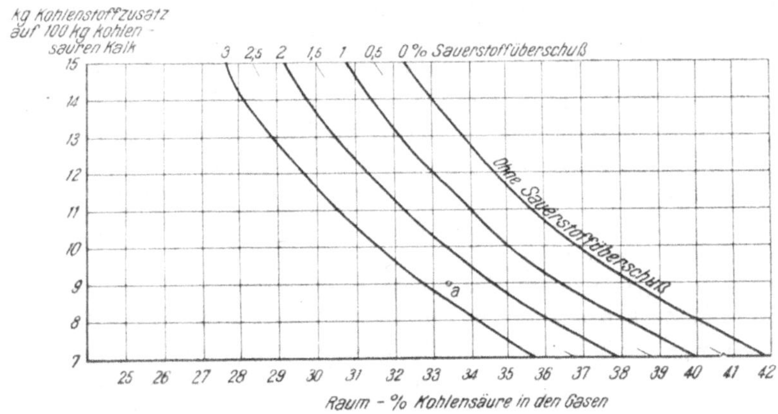

Abb. 126. Einfluß des Sauerstoffüberschusses auf den Kohlensäuregehalt der Kalkofengase.

Hand dieser Abb. 126 den zugehörigen Brennstoffverbrauch für 100 kg Kalksteine bestimmen.

Im Centralblatt f. d. Z. 1913, S. 364, sind folgende Betriebszahlen angegeben: für 100 kg Steine 8,92 kg Koks, die Gase enthalten 33,4 Proz. CO_2, 2,7 Proz. O und 0,0 Proz. CO. Die 2,7 Proz. freier Sauerstoff entsprechen einem verdünnend wirkenden Luftüberschuß von 4,8 · 2,7 = 12,96 Proz. Ohne diesen Luftüberschuß würden 100 — 12,96 = 87,04 Proz. Gase zur Analyse kommen, deren Gehalt dann an Kohlensäure $\frac{100 \cdot 33,4}{87,04} = 38,4$ Raum-Proz. wäre. Nach der Abb. 126 entspricht dies einem Gesamtkohlenstoffaufwand von etwa 9 kg, während man mit 8,92 kg Koks, also doch höchstens 8 kg Kohlenstoff auskommen will. Etwas in diesen Angaben stimmt also nicht; jedenfalls der Koksverbrauch. Diese Zahlen kann man nun auch aus der Abb. 126 unmittelbar ablesen. Unten in der Wagerechten ist der Raumprozentgehalt an Kohlensäure in den Gasen eingetragen. Ich suche die Senkrechte, die den in der Analyse gefundenen Gehalt von 33,4 Proz. angibt, und gehe so weit in die Höhe, bis ich auf die geneigt nach rechts gehende Kurve treffe, die dem vorhandenen Sauerstoffüberschuß von 2,7 Proz. entspricht. Diese liegt zwischen der für 3 bis 2,5 Proz. O. Dort wo der Schnittpunkt ist, in diesem Falle bei „*a*“, treffe ich die Wagerechte, die den Kohlenstoffzusatz angibt, und zwar hier mit 9 Proz.

Bei Berücksichtigung der auf den CO_2-Gehalt verdünnend einwirkenden Gase ist es natürlich gleichgültig, ob es sich um Sauerstoff bzw. Luftüberschuß handelt oder andere Gase wie SO_2 u. dgl. Der analytisch bestimmte Gehalt an solchen Gasen ist, wie oben beim Luftüberschuß angegeben, zu berücksichtigen, indem man die Gesamtprozentmenge zusammengezählt in Rechnung stellt.

Während beim gewöhnlichen Kalkbrennen an und für sich kein besonderer Wert auf an Kohlensäure reiche Abgase gelegt wird, und solche nur den geringen Brennstoffverbrauch beweisen, so wird meistens dort, wo die Gase weitere Verwendung finden sollen, ein möglichst kohlensäurereiches Gas gewünscht.

Für die Sodaerzeugung sind hochprozentige Gase erwünscht. Die Gasmenge wird dann kleiner und der zu ihrer Förderung notwendige Kraftverbrauch sowie die Fördereinrichtung (Pumpe) und die Rohrleitung. Nach *Schreib* entweichen aus den Fällern der Sodafabriken die Gase mit noch 2 bis 5 Proz. CO_2. Je höherprozentig nun die zugeführten Gase, um so geringer deren Menge und die der entweichenden, nicht aufgesaugten Gase. Um so geringer ist der Ammoniakverlust, denn die entweichenden Gase entführen immer noch Ammoniak.

In den Zuckerfabriken dient der gebrannte Kalk zum Scheiden der Verunreinigung vom Zuckersaft, und durch die Kohlensäure des Kalkofens wird dann der Kalk wieder als kohlensaurer Kalk aus dem Saft ausgefällt (s. S. 29). Auch hier sind hochprozentige Gase erwünscht, weil dann die Fällung (Saturation) schneller erfolgt und die entweichenden Gase weniger Wärme dem heißen Saft entführen.

Aus der Abb. 125 sieht man, daß 100 proz. Kohlensäuregas, also reine Kalksteinkohlensäure (s. auch S. 341) dann erhalten wird, wenn der Brennstoffzusatz gleich Null wird. Das heißt, wenn die unmittelbare Vermischung der Brennstoffgase mit der Kalksteinkohlensäure vermieden wird. Dies würde erlangt werden beim Kalkbrennen in Retorten, z. B. ähnlich den Gasretorten in Gasanstalten, wie es *Chr. Westphal*-Berlin in seiner D. R. P.-Anmeldung W. 39 224, Kl. 12i, vom 29. 2. 12 vorschlägt (Z. f. angew. Chem. 1913, S. 306). Er sieht eine stehende Retorte vor, die von außen geheizt wird, oben wird der Kalk oder Magnesit eingeführt, unten durch eine möglichst dichtschließende Schnecke abgezogen. Um aber mit Sicherheit von Luft freie CO_2 abzuziehen, sieht er ein Gasabzugsrohr vor, das bis in die Mitte der Retorte reicht und die CO_2 unmittelbar an ihrem Entstehungspunkte absaugt.

78. Der Sauerstoffüberschuß in den Kalkofengasen.

Da nichts vollkommen ist, nichts genau so bis zur Endgrenze verläuft, wie es die theoretische Rechnung erwarten läßt, sondern der ideale Endzustand nur unvollkommen, und je mehr man sich ihm nähert, um so langsamer verläuft, so muß man auch bei der Verbrennung einen Luftüberschuß anwenden.

Um, wie schon früher gesagt, alles Kohlenoxyd zu verbrennen, zu Kohlensäure, und um die Verbrennung mit genügender Geschwindigkeit zu Ende zu führen.

Dieser Sauerstoffüberschuß, und da im allgemeinen der Brennstelle dieser durch Luft zugeführt wird, also auch der Luftüberschuß, ist bei den verschiedenen Feuerungen recht verschieden.

Beim Dampfkessel, wo, wie schon gelegentlich der Bestimmung der Kokskorngröße gesagt, ungünstigere Verhältnisse vorherrschen, muß man eine ganz bedeutend größere Luftmenge zuführen, um vollständige Verbrennung zu erzielen. Man wendet gegenüber der theoretisch notwendigen das 1,3- bis 2fache an, was einem freien Überschuß von etwa 5 bis 10 Proz. O entspricht. Unterschreitet man diesen Luft- bzw. Sauerstoffüberschuß, dann erfolgt unvollkommene Verbrennung, und Kohlenoxyd findet sich in den Abgasen vor.

In *Haiers* Werk über Dampfkesselfeuerungen findet man einige gute Zahlentafeln über Feuerungsuntersuchungen, die er an einem Zweiflammrohrkessel mit 73 qm Heizfläche anstellte. Versuche (1906, Zahlentafel 9) werden mit Magerkohle ausgeführt und die Zusammensetzung der Heizgase am Flammrohrende bestimmt.

CO_2	Proz.	14,21	12,58	12,47	12,18	9,91	9,15
CO	„	0,18	0,04	0,04	0,02	0,00	0,00
O	„	5,00	6,56	6,69	7,36	9,94	14,45
Luftüberschuß	cbm	1,3	1,49	1,51	1,55	1,9	2,06

Sowie in den Gasen 10 Proz. freier Sauerstoff vorhanden war, verbrannte sofort alles Kohlenoxyd. Hier handelt es sich um Magerkohle mit wenigen gasförmigen Stoffen. Je gasreicher eine Kohle, um so größer muß der Luftüberschuß sein, um in der dünnen Brennschicht alle Gase genügend mit Sauerstoff in Berührung zu bringen. Man sieht das deutlich aus weiteren Versuchen, die *Haier* im Jahre 1910 an demselben Zweiflammenrohrkessel, aber mit englischer Gaskohle, vornahm, die 30 bis 35 Proz. flüchtige Bestandteile enthielt. Die Gase wurden am Flammrohrende und am Kesselende untersucht, und habe ich diese beiden Zahlen zwecks besserer Beurteilung gleich nebeneinander gestellt, durch einen Querstrich getrennt.

CO_2	Proz.	10,2/9,03	6,71/6,15	14,95/13,19	14,48/12,7	11,72/10,94
CO	„	0,1/0,09	0,06/0,05	2,28/2,02	1,61/1,41	0,11/0,1
O	„	9,15/10,04	13,37/14,44	2,73/4,1	3,59/4,77	7,61/9,07
H_2	„	0,02	0,03	1,06	0,76	0,00
stündlich verbrannte Kohlenmenge . .	kg	196	235	352	341	336
Luftüberschuß . .	cbm	12,39	19,17	7,13	7,84	10,96

Am Flammrohrende betrug die Temperatur 650 bis 800°.

Man sieht aus dieser Zahlentafel, daß auch bei großem Sauerstoffüberschuß nur schwer alles Kohlenoxyd vollständig zu verbrennen ist, denn auch bei 13,37 Proz. O findet sich immer noch 0,06 Proz. CO vor. Dies zeigt, daß man auch zur Erzeugung CO-freier Saturationsgase möglichst gasarme Brennstoffe, also am besten Koks, verwenden sollte. Ich habe hier auch den Sauerstoff- und Kohlenoxydgehalt angeführt, wie er sich am Kesselende vorfindet. Man sieht, daß der Sauerstoffgehalt stets zugenommen hat durch nachträglich eintreffende Luft, die auf die Verbrennung selbst gar keinen Einfluß ausüben kann, wie im Kalkofen dies für die zu spät eingetretene Luft auch der Fall ist. Wenn auch am Flammrohrende eine Temperatur von 650 bis 800° herrschte, so genügte diese nicht mehr, um den freien Sauerstoff mit dem Kohlenoxyd zu verbinden unter Wärmeerzeugung. Deshalb verminderte sich auch der Kohlenoxydgehalt am Flammrohrende bis zum Kesselende so gut wie gar nicht. Also auch im Kalkofen wird man hinter der Brennzone, auf dem langen Wege bis zur Verwendungsstelle trotz nachträglich zutretendem Überschuß von Sauerstoff, auf eine Verminderung des einmal vorhandenen Kohlenoxyds nicht rechnen können.

H. Seger veröffentlichte Versuche an einem Kalkringofen (Dinglers Polytechn. Journ. 1876, S. 224), in dem mittels Senftenberger Förderkohle Rüdersdorfer Muschelkalk gebrannt wurde.

Zusammensetzung der Gase 10 cm über der Ofensohle in Proz.:

Kohlensäure . . .	9,2	17,3	15,3	13,0	18,1	27,7	24,6
Sauerstoff	10,9	6,5	8,2	8,3	8,1	2.9	0,0
Kohlenoxyd	0	0	0	0	0	0	2,0
Stickstoff	80,5	76,0	74,0	76,1	74,0	64,5	73,0

Deutlich sieht man hier, daß auch im Kalkringofen mit dem Mangel an überschüssigem Sauerstoff sofort Kohlenoxyd auftritt.

Über Versuche am *Neumann*schen Kalkofen mit Gasfeuerung berichtet *A. Stein*, Zeitz, in der Zeitschrift d. V. d. d. Zuckerindustrie 1896, S. 253, auf die hingewiesen sei. Er stellte z. B. fest, daß nach dem Beschicken der Gaserzeuger die CO_2 in den Gasen stieg, später sank der Sauerstoffgehalt (weil sich der Gaserzeuger allmählich verstopft, verschlackt) und Kohlenoxyd wird gebildet.

7 Uhr 30′	CO_2 = 35,6	O = 1,7	CO = 0,0
45′	35,8	1,4	0,2
8 Uhr 15′	31,0	1,7	0,0
30′	31,5	1,4	0,2
45′	31,0	1,0	0,2
00·	33,5	0,5	0,8
9 Uhr 15′	31,3	0,6	0,8
30′	30,3	0,7	1,0
45′	28,9	0,8	0,6

Es wurden auf 100 kg Kalksteine 14,89 kg Braunkohle verbrannt.

Der Zusammenhang zwischen Luftüberschuß und Sauerstoff in den Rauchgasen ergibt sich einfach nach folgender Erwägung:

100 kg Luft enthalten 23,23 kg Sauerstoff, oder, da 100 kg Luft bei 17° einen Raum von $\frac{1,0}{1,217} = 0,822$ cbm einnehmen, und 23,23 kg Sauerstoff einen Raum von $\frac{23,23}{100 \cdot 1,35} = 0,172$ cbm, so enthält die Luft bei 17° $\frac{0,822}{0,172} \cdot 100$ $= 20,96$ Raum-Proz. Sauerstoff.

Enthalten nun z. B. die abziehenden Gase noch 10,48 Raum-Proz. O, so sind von den 20,96 Proz. insgesamt vorhandenen nur die Hälfte ausgenutzt, und man wendet $\frac{20,96}{20,96 - 10,48} = 2$ mal soviel Luft, als theoretisch erforderlich ist, an; man arbeitet mit dem zweifachen Luftüberschuß.

Man muß sagen, daß diese allgemein übliche Art kein recht klares Bild von dem Wirkungsgrad der Feuerung in bezug auf die Luftausnutzung gibt. Wenn mir jemand sagt, daß er mit dem 1,6fachen Luftüberschuß in seinen Dampfkesseln arbeitet, so weiß ich, daß dies eine den Erfahrungen nach günstige Zahl ist; aber sie sagt es mir nicht klar, es kommt nicht zum rechten Bewußtsein, wieweit er nun eigentlich die Luft ausnutzt, wie sparsam er damit umgeht. Deutlicher wäre es, doch zu sagen, er nutzt 10,48 Raumprozente, oder vom vorhandenen Sauerstoff $\frac{20,96 - 10,48}{20,96} \cdot 100 = 50$ Proz. aus.

Sagt mir dann jemand, seine Gase enthalten 3,494 Proz. O, dann nutzt er den Luftsauerstoff mit $100 \cdot \frac{20,96 - 3,494}{20,96} = 83,3$ Proz. aus, was mir doch recht deutlich seine gute Anlage vor Augen führt, als wenn er sagt, der Luftüberschuß beträgt 1,25.

Zahlenreihe XXXVII.

Zusammenhang zwischen dem freien Sauerstoffgehalt der Abgase, dem Luftüberschuß, sowie Ausnützungsgrad der Verbrennungsluft.

Raum-Proz. Sauerstoff in den Abgasen	0	1	2	3	4	5	6	7	8	9	10	11	12
Vielfache der theoretischen Luftmenge	1,0	1,05	1,11	1,17	1,24	1,32	1,40	1,50	1,62	1,75	1,91	2,1	2,34
Ausnützungsgrad der Verbrennungsluft in Proz.	100	95	90	86	81	76	71	66	62	57	52	47,5	43

Die Zahlenreihe XXXVII habe ich berechnet, weil an Hand dieser der Zusammenhang zwischen Sauerstoffgehalt der Abgase, Luftüberschuß und Ausnützungsgrad der Verbrennungsluft am besten klar wird. Man kann an Hand dieser Zahlenreihe die verschiedenen Angaben leicht vergleichen, was sonst erst durch eingehende Berechnung möglich ist. Erfahrungsgemäß kommt man bei den Schachtkalkofenabgasen mit einem Sauerstoffgehalt von 1 bis 2 Proz. gut aus.

Im Kalkringofen muß man einen viel höheren Luftüberschuß anwenden, um die Anfangstemperatur der Gase zu vermindern und um die Flammen in die Länge zu ziehen. Man arbeitet hier mit einem 5 bis 7fachen Luftüberschuß also viel schlechter.

Die Abgase des Kalkofens bestehen aber nur zum Teil aus den Verbrennungsgasen, sie sind mit der aus dem Kalkstein freigewordenen Kohlensäure vermischt. In der Zahlenreihe XXXVI habe ich die Zusammensetzung der Gase bei dem verschiedenen Brennstoffverbrauch angegeben. Bei einem Aufwand von z. B. 9 kg C auf 100 kg Kalksteine enthalten die 110 cbm Kalkofengase außerdem 24 cbm Kalksteinkohlensäure, die verdünnend auf die Verbrennungsluft und auf den verbleibenden Sauerstoff wirken. Bei einem Sauerstoffgehalt von 2 Proz. in den Kalkofengasen bedeutet dies einen Luftüberschuß von $\frac{2 \cdot 100}{20} = 10$ Proz. und nehmen die Gase einen Raum von $\frac{110}{100 - 10} \cdot 10 = 12$ cbm ein. Es entweichen dann aus dem Ofen $110 + 12 = 122$ cbm, in denen die eigentlichen Verbrennungsgase $122 - 24 = 98$ cbm einnehmen. Ohne die verdünnend wirkende Kalksteinkohlensäure würden die 2 Proz. Sauerstoffüberschuß in den Verbrennungsgasen allein einem Überschuß von $\frac{2 \cdot 122}{98} = 2{,}5$ Proz. entsprechen. Ob so oder so gerechnet, in jedem Falle wird die Verbrennungsluft im Schachtkalkofen mit 95 bis 88 Proz. ausgenutzt. Dagegen arbeitet man in den Dampfkesselfeuerungen mit einem Luftüberschuß von 1,5 bis 2,0 und mehr, nutzt also die Luft nur mit 60 bis 50 Proz. aus. Man arbeitet demnach im Schachtkalkofen viel wirtschaftlicher.

Man könnte solche günstigen Ergebnisse auch in der Dampfkesselfeuerung erzielen, wenn man mehrere Feuer hintereinanderschalten könnte, wenn man die Luft bis auf die Verbrennungstemperatur erhitzt unter den Rost führen würde wie beim Kalkofen. So findet man immer bei der Berechnung und Beurteilung einer Einrichtung Ausblicke und Möglichkeiten für andere, die man vorher gar nicht vermuten konnte. In der Z. d. V. d. Ing. 1916, S. 877 erschienen von *Hilliger* Untersuchungen über die Wirkung von Einlagekörpern in den Rauchröhren von Lokomobilkesseln, die meine Vermutungen bestätigen. Es wurden in die Heizrohre eines *Wolf*schen Lokomobilkessels walnußgroße Schamottestücke eingelegt und der dadurch entstehende größere Widerstand gegen den Durchzug der Rauchgase durch einen Ventilator überwunden. Die Vollkommenheit der Verbrennung wurde durch die Einlagerung vorteilhaft beeinflußt. Durch die schlechte Wärmeleitung dieser Einlegekörper entsteht eine gegen Wärmeabgabe an die Kesselwand geschützte Zone, die die Verbrennung schwerer Kohlenwasserstoffe einleitet und auch die Verbrennungsgase stark wirbelnd durchmischt. Es entsteht eine zweite Brennstelle, wie solche von der Kalkofenfüllung mehrfach hintereinander gebildet werden. Während der Sauerstoffgehalt der Rauchgase des Dampfkessels ohne Einlegekörper 9,2 Proz. betrug und der Luftüberschuß das 1,73fache, so sank er bei den Versuchen mit Einlegekörpern auf 1,5 bis 2,0 Proz. Sauerstoff (wie im Kalkofen) und einem Luftüberschuß von 1,07 bis 1,09. Wollte man beim Versuch ohne Einlegekörper mit einem geringeren Luftüberschuß auskommen, so enthielten die Gase CO.

Aber auch der im Kalkofen noch notwendige geringe Sauerstoffüberschuß bedeutet ein nutzloses Durchjagen der entsprechenden Luftmenge durch den Ofen, die mit hoher Temperatur abzieht und so nutzlos dem Ofen Wärme entführt. Man wird den Luftüberschuß und damit diesen Wärmeverlust möglichst einzuschränken suchen auf obige 1 bis 2 Proz., bei denen Kohlenoxyd nicht mehr entstehen kann.

Hat man aber in den Abgasen des Kalkofens 2 bis 3 Proz. freien Sauerstoff und trotzdem noch Kohlenoxyd, so ist dies ein Zeichen dafür, daß dieser Sauerstoffüberschuß nicht durch die Brennzone gegangen ist, nicht unter solcher Temperatur mit den Verbrennungsgasen in Berührung war, bei denen er mit dem Kohlenoxyd zu Kohlensäure verbrennen konnte. Man muß dann prüfen, an welcher Stelle die Luft nachträglich zu den Ofengasen gedrungen ist. Diese Stellen muß man abdichten. Wenn diese nachträglich eintretende Luft auch nicht unbedingt schädlich wirkt, solange sie nicht die Saturationsgase unnötig verdünnt, so sollte man diese doch möglichst ausschließen. Sie drückt die Abgastemperatur herunter, und die genügend hohe Vorwärmung der Kalksteine wird erschwert. — Eine durch nachträglichen Luftzutritt entstehende, niedrige Abgastemperatur kann zu Täuschungen Veranlassung geben, wenn man aus dieser niedrigen Temperatur auf eine gute Ausnutzung im Ofen schließt, ohne den Sauerstoffgehalt zu beachten. — Durch die „falsche" Luft wird auch die Leistung der Kohlensäurepumpe vermindert; bei natürlichem Zug hat der Schornstein größere Gasmengen zu fördern, was ihm aber erschwert oder sogar unmöglich wird durch die Abkühlung der Abgase.

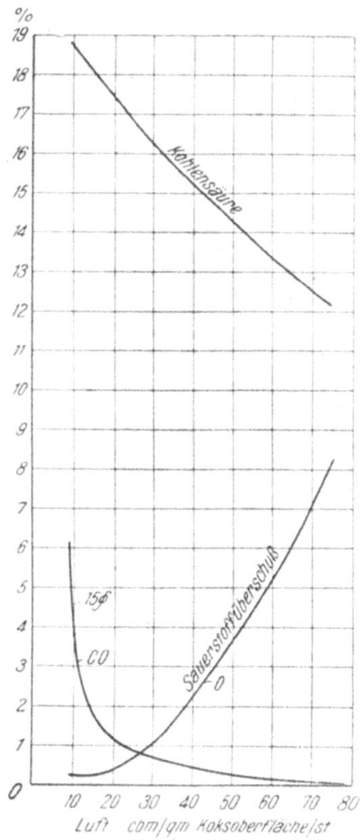

Abb. 127. *Wielandt*scher Versuch der Koksverbrennung.

Um die Leistungsfähigkeit eines zu großen Kalkofens zu verringern, darf man die Luftmenge nicht beliebig vermindern, denn der Koks brennt an seiner Oberfläche mit einer gewissen Geschwindigkeit ab, ein Quadratmeter Fläche verbrennt stündlich eine bestimmte Menge Koks, die auch die für die vollständige Verbrennung notwendige Luft vorfinden muß. Schon früher habe ich auf die Koksmenge hingewiesen, die jeder Quadratmeter Oberfläche verbrennt. Daraus ergibt sich auch, daß man für 1 qm Koksoberfläche eine bestimmte Luftmenge zuführen muß zwecks gleichmäßiger ungestörter Verbrennung. So hat *W. Wielandt* (Journ. f. Gasbel. 1903, S. 201) Versuche in

Zahlenreihe XXXVIII.

Koksverbrennungsversuche in einem Ofen von 22 cm Höhe und 11 cm Durchmesser.

Kokskorngröße d_2 . . . . Ø mm	12	12	12	15	15	15	15	15	25	25	25
CO_2 . . . . Proz.	13,42	11,17	16,0	19,54	17,00	12,29	18,97	12,6	13,6	16	17,5
O_2 . . . . „	—	—	—	0,23	0,23	8,16	0,59	1,17	6,98	3,91	0,98
CO . . . . „	9,56	15,42	6,3	1,26	5,8	0,03	0,93	11,06	—	0,08	0,26
Luftmenge . . . . g . Ltr/Min.	25	25	62	42	48	52	52	52	50	50	50
Luftgeschwindigkeit im leeren Schacht cm/Sek.	4,4	4,4	10,9	7,4	8,4	9,1	9,1	9,1	8,7	8,7	8,7
Luftgeschwindigkeit im mit Koks gefüllten Ofen, unter Berücksichtigung der Ausdehnung durch die Verbrennungstemperatur . . . . m/Sek.	0,7	0,7	1,74	1,18	1,34	1,46	1,46	1,46	1,4	1,4	1,4
Schichthöhe . . . . cm	3,5	15,5	3,5	5,5	10,5	1,5	4,5	9	14,5	17	19,5
Berührungszeit im leeren Ofen . . Sek.	0,8	3,54	0,32	0,75	1,25	0,16	0,49	0,99	1,66	1,94	2,23
Aufenthalts- bzw. Berührungszeit der Luft im mit Koks gefüllten Ofen, unter Berücksichtigung der Wärme-Gasausdehnung Sek.	0,05	0,22	0,02	0,04	0,08	0,001	0,03	0,06	0,10	0,12	0,14
Inhalt des vom Koks eingenommenen Raumes = Schichthöhe $\cdot 1{,}1^2 \frac{\pi}{4} = J$. Ltr.	0,3325	1,4725	0,3325	0,5225	0,9975	0,1425	0,4275	0,855	1,3775	1,615	1,8525
Oberfläche aller Kokskugeln $0_2 = 4{,}44 \cdot \frac{J}{d_2 \cdot 1000} =$ . . . . . . qm	0,123	0,545	0,123	0,155	0,295	0,042	0,126	0,252	0,245	0,287	0,23
Luftmenge in der Stunde . . . . . cbm	1,5	1,5	3,72	2,72	2,88	3,12	3,12	3,12	3,0	3,0	3,0
Luftmenge je qm Koksoberfläche und Std.	12,2	2,8	30,3	17,4	9,8	74	25	12,3	12,3	10,4	9,1
Temperatur . . . . °C	unter 1700		1770	nicht bestimmt, aber sehr hoch							

einem Ofen von 22 cm Höhe und 11 cm Durchmesser angestellt über die Verbrennung von Koks mit Korndurchmessern von 12 bis 25 mm bei Temperaturen von 1500 bis 1700°. Einige Ergebnisse habe ich in der nebenstehenden Zahlenreihe XXXVIII zusammengestellt und dazu noch die gesamte Koksoberfläche und die Luftmenge berechnet, die er für je 1 qm Koksoberfläche in der Stunde anwandte. Bei 12-mm-Koksstücken scheint schon der Koks zu dicht zu liegen, die Werte sind nicht mehr zuverlässig, es kann scheinbar gar nicht genügend Luft bzw. Sauerstoff durch die engen Spalten dringen. Bei 15 mm Koksdurchmesser erkennt man schon große Gleichmäßigkeit, die noch besser in der Abb. 127 zu erkennen ist. Mit dem Steigen des Sauerstoffs, also mit der größeren Luftzufuhrmenge sinkt der Kohlenoxydgehalt.

Beim dritten Versuch mit einer Gasgeschwindigkeit von fast 2 m/Sek wurden die Koksstückchen von 12 mm Durchmesser schon mit hochgerissen und schwebend erhalten. Dies weist darauf hin, daß kleine Koksstückchen zwischen den Kalkschichten mit hochgerissen werden, denn dort herrschen Geschwindigkeiten von über 4 m nach Abb. 130, S. 292. Erst über der Begichtung im, von Steinen freien, oberen Raum der Vorwärmezone, sinkt die Gasgeschwindigkeit auf $^1/_{10}$, also auf 0,315 m/Sek (unter Zugrundelegung der Abb. 130).

Man kann also nicht wirtschaftlich etwa den Kalkofen zum langsameren Brennen bringen, zur geringeren Kalkerzeugung zwingen, durch weniger Luftzufuhr, durch Luftmangel, denn dann würde noch fast ebensoviel Koks verbraucht, indem nur ein Teil verbrennt, der andere vergast, unter Bildung schlechter Gase. Will man den Ofenbrand vermindern, dann muß man größere Koksstücke einfüllen, damit kleine Verbrennungsoberflächen zur Verfügung stehen. Dadurch kann weniger Koks in der Stunde verbrennen und so auch weniger Wärme erzeugt werden, wie ich dies schon bei der Kokskorngröße näher angegeben habe. Umgekehrt kann man den Ofen zum lebhafteren Brennen bringen durch stärkere Luftzufuhr, durch größeren Luftüberschuß. Dann nimmt die Gasgeschwindigkeit zu, und die anfängliche Sauerstoffdichte der Frischluft sinkt gegen Ende der Brennzone nicht auf Null, sondern bleibt entsprechend höher. Nach den Formeln 50 bis 53, S. 111, wird die Verbrennung lebhafter, also auch die Leistungsfähigkeit des Kalkofens größer. Größer aber auch der Brennstoffverbrauch entsprechend dem Luftüberschuß.

Allerdings gibt es Verfahren, wie z. B. das von *Chanze*, zur Gewinnung von Schwefel aus den Sodarückständen, bei denen das verwendete Kalkofengas frei von Sauerstoff sein muß. Nach *Chanze* werden die zerkleinerten Sodarückstände in hintereinander geschalteten Reihen von Zylindern mit hochprozentigen Kalkofengasen behandelt. Wobei folgende Umwandlung eintritt:

$$2\,CaS + 2\,H_2O + 2\,CO_2 = 2\,CaCO_3 + 2\,H_2S\,. \qquad (90)$$

Es bildet sich aus dem CaS erst Calciumsulfhydrat, welches sich unter Schwefelwasserstoff-Entwicklung zersetzt, indem kohlensaurer Kalk zurückbleibt. Weiter wird dann H_2S in einem Schachtofen über glühendes Eisenoxyd (als Katalysator) geleitet, mit Luft gemischt, wobei vollständige Verbrennung zu Wasser und zu Schwefel erfolgt. Der Schwefel wird durch Abkühlung in

Kammern abgefangen, und erscheint dies Verfahren, infolge des Mangels an Schwefeleinfuhr, zur Zeit größere Bedeutung zu gewinnen. Wichtig ist für uns, daß bei der Bildung des H_2S die verwendeten Kalkofengase frei von Sauerstoff sein müssen, da sich dieser sonst mit dem Schwefel oxydiert zu SO_2 und somit für die Gewinnung von Schwefel verlorengeht. Beim *Chanze*-Verfahren wird man deshalb jeden Luftüberschuß vermeiden und sogar lieber mit Luftmangel, also einem geringen Kohlenoxydgehalt, arbeiten, weil der damit vermiedene Verlust des teuren Schwefels den Verlust an billigerem Brennstoff reichlich aufwiegt.

79. Kalkbrennen mit reinem Sauerstoff oder mit Sauerstoff angereicherter Luft.

Wie beim Eisenhochofen kehren die Vorschläge immer wieder, durch Sauerstoffanreicherung der Luft das Kalkbrennen zu verbessern.

Deshalb möchte ich auch hier die rechnerischen und wirtschaftlichen Vorteile prüfen, um diese Frage zu klären. Wenn der Sauerstoffgehalt der Verbrennungsluft in irgendeiner Weise angereichert wird, so wird damit nichts weiter erreicht, als daß der Stickstoff zurückgedrängt wird. Der größte Vorteil durch die Sauerstoffanreicherung müßte somit dann eintreten, wenn man den Stickstoff vollkommen vom Ofen zurückhält und zur Verbrennung nur Sauerstoff, also keine Luft, zuführt.

Dementsprechend wären die verschiedenen Brennstoffverbrauchszahlen, die von der Luft beeinflußt werden, einer Prüfung zu unterziehen.

Nach S. 75 sind für 1 kg C $\frac{32}{12} = 2{,}667$ kg Sauerstoff notwendig. Es würden aber gegenüber der Verbrennung mit Luft im Idealofen nicht 12,5 kg, sondern nur $2{,}667 + 1{,}0 = 3{,}667$ kg Verbrennungsgase entstehen.

Die 3,667 kg Verbrennungsgase entführen der Brennzone entgegen der Formel 44, S. 75, nur $856 \cdot 3{,}667 \cdot 0{,}381 = 856 \cdot 1{,}397 = 1196$ WE, entgegen den 3291 bei der Verbrennung mit Luft. Da aber sowieso der Kalkstein nach S. 74 bis zu seiner Erwärmung auf 856° 17 976 WE aufnehmen kann und von der Kalksteinkohlensäure und den Verbrennungsgasen nur $14\,312 + 1196 = 15\,508$ WE aufgenommen werden können, so bedingt die Verwendung von Sauerstoff in der Vorwärmezone keinen Nutzen. Die in der Vorwärmezone fehlende Wärme muß doch durch Verbrennung von Brennstoff erzeugt werden.

In der Kühlzone kann der gebrannte Kalk an den Sauerstoff nach Formel 45, S. 76, etwa 10 067 WE abgeben. Tritt der Sauerstoff mit 0° ein, und beträgt seine mittlere spez. Wärme 0,22, so könnten die 2,667 kg Sauerstoff nur $2{,}667 \cdot 0{,}22 \cdot 856 = 500$ WE aufnehmen, von den 10 067 WE. Der gebrannte Kalk würde dann noch glühend heiß gezogen und viel Wärme dem Ofen entziehen.

Es entsteht aber durch die Verbrennung im reinen Sauerstoff eine außerordentliche Erhöhung der Verbrennungstemperatur. Nach Formel 62, S. 123, wird:

$$T = \sim \frac{(1 - 0{,}1) \cdot 8080}{3{,}667 \cdot 0{,}5} = \frac{7282}{1{,}83} = \sim 4000^\circ.$$

Darin liegt eine gewisse Gefahr. Stichflammen mit 4000° und mehr bewirken ein örtliches Totbrennen des Kalkes. Hier müßte man die Gefahr durch Verdünnung der Gase abzuwenden suchen. — Die, gegenüber dem Verbrennen mit Luft, höhere Gastemperatur würde eine Beschleunigung des Brennens, eine Leistungssteigerung des Kalkofens bewirken.

Durch die Verbrennung mit reinem Sauerstoff erhält man hundertprozentige Kohlensäure, ein Gemisch aus Kalksteinkohlensäure und Brennstoffkohlensäure (s. auch S. 276). Ob deren Wert den des angewendeten reinen Sauerstoffes deckt, kann nur der besondere Fall zeigen.

Weder die Anreicherung der Luft mit Sauerstoff, noch die Verbrennung im reinen Sauerstoffstrome bringt eine Ersparnis an Brennstoff beim Kalkbrennen.

Die abzusaugende Gasmenge und somit die Kraftbeanspruchung der Gaspumpe wird geringer. Nach Abb. 41, S. 124, sind für 1 kg verbrannten Kohlenstoff vom Idealofen 18,1 kg Ofengase abzusaugen. Wird mit reinem Sauerstoff die Verbrennung durchgeführt, dann verschwinden die 8,833 kg N, und oben sind $3{,}667 + 5{,}6 = 9{,}3$ kg C_2O oder etwa die halbe Gewichtsmenge abzuziehen. Der Kraftverbrauch des Gebläses sinkt auf die Hälfte. Nach dem Beispiel auf S. 301 entspräche dies einer Ersparnis von nur $\frac{1{,}4}{2} = 0{,}7$ Pfg. (Goldwährung) für 100 kg Steine, der ein Aufwand von $7{,}834 \cdot 2{,}657 = 20{,}8$ kg Sauerstoff gegenübersteht.

Steht nicht „Abfall"-Sauerstoff zur Verfügung, so dürfte durch die Verwendung von Sauerstoff oder damit angereicherte („Linde"-) Luft ein wirtschaftlicher Vorteil beim Kalkbrennen nicht zu erzielen sein.

80. Das Kohlenoxyd in den Kalkofengasen.

Während bei der Verbrennung des Kohlenstoffes zu Kohlensäure 8080 WE frei werden und für das Kalkbrennen zur Verfügung stehen, werden bei der Verbrennung des Kohlenstoffes zu Kohlenoxyd nur 2473 WE frei. Dies ist bedeutend weniger, so daß schon ohne weitere Rechnung es einleuchten dürfte, für möglichst vollkommene Verbrennung des C zu CO_2 und nicht nur zu CO zu sorgen. Erfolgt die Verbrennung des Brennstoffes nur bis zum Kohlenoxyd, dann ist die $\frac{8080}{2473} = 3{,}2$fache Menge notwendig.

Man sollte deshalb unbedingt das Vorhandensein an CO in den Kalkofengasen vermeiden, denn damit ist nicht nur der vorerwähnte Brennstoffverlust verbunden, sondern die Kalkofengase mit ihrem Gehalt an Kohlenoxyd können bei der Weiterverwendung zur Sättigung (Saturation) noch zu Schwierigkeiten Veranlassung geben. Bei größerem CO-Gehalt soll die Sättigung, z. B. in Zuckerfabriken, schwierig werden, weil kein körniger, absetzbarer Schlamm ausfällt, sondern er soll teilweise schmierig bleiben, eine langsame Filtration verursachend (*Schirmer*, Z. d. V. d. d. Z. 1890, S. 568; *Steffens* und *Rümler* ebenda 1903, S. 1356). Dies wird aber von einigen Seiten bestritten (Westnik Sacch. Pron. 1917, S. 17 u. 312; Centralbl. f. d. Zucker-I. 1923, S. 100).

Für eine gute, vollkommene Verbrennung gilt unbedingt als Hauptregel: für jede Feuerung die rechtzeitige Zuführung der erforderlichen Luft, also des erforderlichen Sauerstoffes. Jedes C- und CO-Teilchen muß im richtigen Augenblick die notwendige Luft zur Bildung von CO_2 vorfinden. Diese entstandene Kohlensäure kann nun entweder unmittelbar entweichen oder sie trifft wieder mit glühenden Brennstoffschichten zusammen, wobei sie sich wieder zurück in CO verwandelt:

$$O_2 + C = 2\,CO. \tag{91}$$

Kommt das entstandene CO bei genügend hoher Temperatur wieder mit Sauerstoff zusammen, so wird es wieder zu CO_2 verbrannt; ist dabei aber die hohe Temperatur nicht vorhanden, dann entweicht das Kohlenoxyd unverbrannt mit den abziehenden Gasen. Es genügt also nicht, nur dafür zu sorgen, daß das CO den notwendigen Sauerstoff vorfindet, sondern daß dieser auch dort zur Verfügung steht, bei der noch die zur Verbrennung notwendige Temperatur herrscht. Wird das Gasluftgemisch vor der vollendeten Verbrennung unter die Entzündungstemperatur abgekühlt, so bleibt die Verbrennung unvollständig. Es ist also damit, daß in den abziehenden Ofengasen hinter der Kohlensäurepumpe, wo häufig die Probenahme meistens geschieht, Sauerstoff festgestellt wurde, noch gar nicht bewiesen, daß dieser dort festgestellte Luft- bzw. Sauerstoffüberschuß auch wirklich in der Verbrennungszone zur Verfügung steht. Alle Luft, die hinter dieser Zone eintritt, durch Undichtigkeit des Mantels der Vorwärmezone, der Schaulöcher, des Gichtverschlusses, der Kohlensäureleitungen, der Stopfbüchsen und Ablaßhähne der Gaspumpe, hat ihren Zweck verfehlt. Nützlich kann für die Verbrennung nur die Luft wirken, die unterhalb der Brennzone eintritt.

Dieser Vorgang der Rückbildung an den glühenden Brennstoffschichten kann sich natürlich im Kalkofen mehrmals wiederholen. Die Entzündungstemperatur des CO ist niedrig, es wird leicht verbrennen, wenn noch freier Sauerstoff vorhanden ist, doch für uns wirkt nur die Verbrennung nützlich, die in der Kalkbrennzone selbst erfolgte, also bei Temperaturen über 856°.

Wie die Abb. 32 zeigt, hat am Anfang der Brennzone die Gicht (Steine und Koks) eine Temperatur von 856°, und die abziehenden Gase haben eine solche von vielleicht 1000°. Die Kohlensäure wird deshalb am glühenden Koks teilweise reduziert zu CO. Befindet sich dann in den Gasen noch freier Luftsauerstoff, so wird dieses rückgebildete Kohlenoxyd bei der hier herrschenden hohen Temperatur wieder zu Kohlensäure verbrennen. Dabei sind die Gase bis zu einer Zone gestiegen, in der die Gicht eine Temperatur von nur noch 750° besitzt. Bei dieser Temperatur ist aber die Einstellgeschwindigkeit des Gleichgewichtes:

$$2\,CO \rightleftarrows CO_2 + C$$

schon fast 0 nach den Untersuchungen von *Rhead* und *Wheeler* (J. Chem. Soc. 101, I., S. 831ff.). Es kann sich CO_2 nicht mehr zurückverwandeln, und die abziehenden Gase bleiben frei von Kohlenoxyd, solange hinter der Brennzone noch freier Sauerstoff zur Verfügung ist.

Ist er nicht vorhanden, so entweicht aus der Brennzone CO, wie ich dies in der Abb. 128 auf der linken Seite angedeutet habe.

Die Rückwandlung der CO_2 zu CO kann nur durch gasförmigen C, also durch glühenden Kohlenstoff, erfolgen, und nimmt somit diese Rückbildung die hierfür notwendige Wärme unmittelbar aus den Verbrennungsgasen auf, nach der Gleichung $C + CO_2 = 2\,CO - 38\,250$ WE. Die auf Seite 72 erwähnte thermochemische Formel geht mit dieser über zu

$$(C + O_2 + 96\,960) + C - 38\,250 = 2\,CO + 58\,710 \text{ WE}, \qquad (92)$$

d. h. 2 Mol. C geben bei der Verbrennung zu Kohlenoxyd 58 710 WE frei, demnach 1 kg C $\frac{58\,710}{2 \cdot 12} = 2456$ WE. Von den durch die Verbrennung von

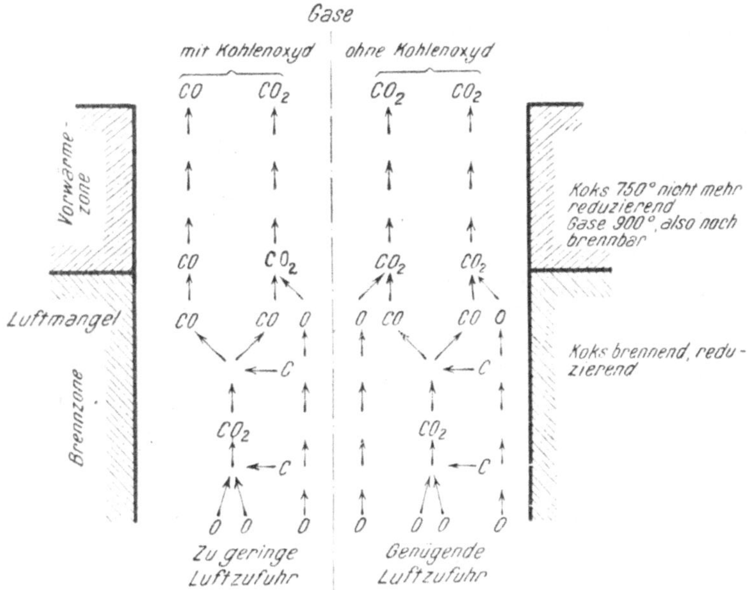

Abb. 128. Einfluß der Luft auf den Kohlenoxydgehalt in den Abgasen.

1 kg C freigewordenen 8080 WE werden dann von den Gasen wieder $8080 - 2456 = 5624$ WE aus den Gasen aufgenommen, so daß, wie gesagt, nur noch 2456 WE nutzbar bleiben von der Verbrennung des C zu CO. Diese Rücknahme der 5624 WE verursacht natürlich eine bedeutende Abkühlung der Abgase, man kann nicht mehr von einer Verbrennung, sondern von einer Vergasung sprechen, indem aus der unverbrennbaren Kohlensäure und dem Zutritt von C sich ein brennbares Gas, das Kohlenoxyd, bildet.

Kalkofengase mit 10 und mehr Prozent CO sind keine Seltenheit. Man kann leicht durch Luftmangel, bei ungenügendem Zug, richtiges Brenngas im Kalkofen erzeugen, mit über 30 Proz. CO. Während im Gaserzeuger (S. 150) dieses CO noch nachträglich durch Verbrennung zur Wärmeerzeugung nutzbar gemacht werden kann, geht es hier für das Brennen des Kalkes verloren.

Enthalten die abziehenden Gase z. B. 2 Proz. CO, dann sind etwa 1,4 kg C nur zu CO verbrannt und hiervon $1{,}4 \cdot 5624 = 7874$ WE den Abgasen wieder entzogen. Da die den Idealofen verlassenden Gase, nach meiner Berechnung (S. 77) sonst 20 779 WE besitzen, bei einer Temperatur von etwa 550°, so werden sie dann nur noch $20\,779 - 7873 = 12\,906$ WE enthalten oder etwa 40 Proz. weniger. Ihre Temperatur wird sich um 40 Proz., auf etwa 330°, erniedrigen. Je mehr Kohlenoxyd in den Gasen, um so stärker der Wärmeverbrauch für seine Bildung, und um so kälter ziehen die Gase ab. Kalte Gase sind also auch in diesem Falle ein Zeichen für ein schlechtes Arbeiten des Kalkofens.

Die Abb. 41, S. 124, die zur Klärung der Höchsttemperatur diente, gestattet auch hier guten Einblick. Ist zu wenig Luft vorhanden, so ist diese schon vor der Zone 10 verbrannt, z. B. zwischen 8 bis 9, wie dies die Linie h—i andeutet. Von i—k war noch genügend Luft zur Verbrennung vorhanden. Im Punkt k ist alle Luft verbraucht, und nun beginnt von k—h die Verbrennung nur bis zum CO. k—h—l stellt die dann an den betreffenden Stellen vorhandene Kohlenoxydmenge dar.

Im Kalkofen muß nicht nur die für das Brennen notwendige Wärmemenge zur Verfügung stehen, sondern diese muß eine Temperatur über 856° besitzen, um die Kohlensäure wirksam aus dem Kalkstein verdampfen zu können. Ich berechnete (S. 75 u. f.), daß bei der Verbrennung von 1 kg C zu CO_2 nicht mehr 8080 WE nutzbar gemacht werden, sondern vermindert um die, mit der Brenntemperatur aus der Brennzone entweichenden 3291 WE. Bei der Bildung von CO ergibt sich dagegen folgende Rechnung:

Zur Verbrennung von C mit einem Molekulargewicht von 12 sind zur Verbrennung zu CO 1 Mol. O mit dem Molekulargewicht 16 zuzuführen. Für 1 kg C sind somit $\frac{16}{12} = 1{,}334$ kg C notwendig. Die atmosphärische Luft enthält 23,1 Proz. O, so daß 1 kg C $1{,}334 \cdot \frac{100}{23} = 5{,}75$ kg atmosphärische Luft zur Verbrennung benötigt werden.

Es entstehen also $5{,}75 + 1 = 6{,}75$ kg Verbrennungsgase. In diesen 6,75 kg sind enthalten $1 + 1{,}334 = 2{,}334$ CO und $6{,}75 - 2{,}334 = 4{,}416$ kg Stickstoff.

Bei einer Brenntemperatur von 856° beträgt die spez. Wärme des N und CO etwa 0,277. Die 6,75 kg Verbrennungsgase entführen also aus der Brennzone

$$856\,(2{,}334 \cdot 0{,}277 + 4{,}416 \cdot 0{,}277) = 856 \cdot 1{,}78 = 1600 \text{ WE}.$$

Nach vorstehender Rechnung werden aber

bei der Verbrennung des C zu CO überhaupt nur . . . . 2456 WE
frei, und da aus der Brennzone von den Gasen entführt werden 1600 „ ,
so würden nur noch . . . . 856 WE,

oder von den im Kohlenstoff aufgespeicherten 8080 nur $\frac{856}{8080} \cdot 100 = 11$ Proz. nutzbar sein, die aber kaum zur Deckung der äußeren Abkühlungsverluste ausreichen. Also jedes Molekül C, welches sich in den Abgasen des

Kalkofens als CO befindet, ist gänzlich nutzlos im Ofen verbrannt. 1 Proz. CO in den Gasen bedeutet somit einen Verlust von

$$\frac{12}{16 + 12} = 0{,}43 \text{ Proz. Kohlenstoff.}$$

Für 100 kg Kalksteine berechnet sich dann der Verlust wie folgt:

Aus 100 kg Kalk entweichen an Kohlensäure . . . . 44 kg
Bei einem Kohlenstoffzusatz von 10 Proz. entstehen 12,5 Proz.
(S. 273) Verbrennungsgase . . . . 125 „
Aus dem Kalkofen entweichen somit . . . . 169 kg.

Enthalten diese Gase 1 Proz. CO, so bedingt dies einen Gehalt von

$$169 \cdot 0{,}04 = 1{,}69 \text{ kg CO} \quad \text{oder} \quad 1{,}69 \cdot \frac{12}{16 + 12} = 0{,}73 \text{ kg Kohlenstoff}$$

oder ungefähr 0,8 kg Koks, der nutzlos verlorengeht.

Decluy stellte in den Kalkofengasen (Z. d. V. d. d. Z. 1896, S. 938) bis 7 Proz. CO fest. Bei einem Versuch mit zu langsam laufender, also nicht genügend ziehender Kohlensäurepumpe, stellte ich folgende Zahlen fest:

Zahlenreihe XXXIX.

1906	CO_2	O	CO
28. 9.	29,4	0,4	10,2
	29,8	0,4	8,6
	27,0	0,2	10,8

Es sind dies Zahlen, die man Sonntags und wenn überhaupt der Ofen nur mit dem niedrigen Schornstein zum Kalkbrennen nach der eigentlichen Betriebszeit betrieben wird, fast immer feststellen kann; aber meistens nicht (!) in den Betriebsbüchern.

Die 10,8 Proz. CO entsprechen $10{,}8 \cdot 0{,}8 = 8{,}6$ Proz. Koks, der ganz unnütz verbrannt wurde. Wenn bei gutem Zug und keinem CO in den Gasen man mit 10 kg Koks auf 100 kg Kalksteine auskommt, so muß man jetzt $10 + 8{,}6 = 18{,}6$ kg oder 86 Proz. mehr Koks nutzlos aufwenden. Tatsächlich ging nach in dem oben erwähnten Ofen der Koksverbrauch sofort auf 10 Proz. zurück, und alles Kohlenoxyd verschwand, als man die Kohlensäurepumpe schneller laufen ließ. Die dort festgestellten 0,2 bis 0,4 Proz. O neben dem CO wiesen auf geringe Undichtigkeiten in der Saugleitung hin, die dann auch am Wäscher gefunden wurden.

In der *Zuckerf. St.* waren die Gichtglocke und der Wäscher undicht. Nachstehende Zahlen (Zahlenreihe XL) wurden festgestellt.

Im Dampfkesselbetrieb ist der Gehalt an CO in den Feuergasen nicht so verlustbringend wie im Kalkofen. Deshalb habe ich durch obige Rechnung wiederum darauf hingewiesen, wie wichtig es ist, nicht nur auf O, sondern auch auf Kohlenoxyd zu untersuchen.

Solche nicht vollendeten Vorgänge erzeugen häufig ganz verkehrte Vorstellungen, die sogar patentfähig sind, wie das D. R. P. 170 647 beweist. Statt die Kalkofengase durch richtige Handhabung frei von CO zu halten, sollen die Abgase nach diesem Patent dadurch nutzbar gemacht werden, daß man die kohlenoxydhaltigen Gase einem Wassergasgenerator zuführt. Auf diesem Umwege will man dann das Kohlenoxyd wieder durch Verbrennung nutzbar machen, statt es, wie es sich gehört, gleich im Kalkofen für vollkommene Verbrennung zu sorgen.

Zahlenreihe XL.

1920	CO_2	O	CO
10. 12.	27,2	3,2	2,6
	26,9	3,6	2,7
	26,8	5,0	2,6
	27,0	4,0	2,6
	27,5	2,9	1,9
11. 12.	27,5	3,1	4,3
	27,2	3,1	3,9
	27,7	3,7	4,2
	25,7	3,9	3,3
	25,4	4,1	2,6
	27,4	3,6	2,7

Die Ansicht, daß Kohlenoxyd in den Kalkofengasen überhaupt nicht zu vermeiden sei, ist somit nach obigem irrig. Solche Ansichten entstehen eben durch die Art der Probenahme, bei der man freien Sauerstoff in den Gasen vorfindet neben Kohlenoxyd. Der Sauerstoff ist zu spät zu den Gasen getreten, hinter der Brennzone, als sie schon zu weit abgekühlt waren, um mit dem Kohlenoxyd noch verbrennen zu können.

Natürlich genügt aber auch im Kalkofen nicht gerade die Zuführung des theoretisch notwendigen Sauerstoffes, sondern man muß auch hier einen gewissen Überschuß anwenden, um eine vollständige Verbrennung in einer entsprechend kurzen Zeit zu sichern, um die Kalkofengase frei von Kohlenoxyd zu gewinnen, wie ich dies schon angegeben habe.

Nach dem D. R. P. 300 236 wird das Kohlenoxyd dadurch entfernt, daß man das Gas auf 500° erhitzt und mit Wasserdampf in CO_2 umsetzt.

Während beim gewöhnlichen Kalkofenbetrieb das Kohlenoxyd ganz verschwinden soll, kann man die Gase mit Kohlenoxyd anreichern, wie dies z. B. die *Fabrik elektrotechnischer Produkte und komprimierter Gase* in Wetzikon (Schweiz) nach dem D. R. P. 133 091 vom 5. 6. 1901 anstrebt. Deren Verfahren dient zur Gewinnung der beim Kalkbrennen freiwerdenden Kohlensäure und deren Umwandlung zu Kohlenoxyd, um dies für technische Zwecke verwenden zu können, dadurch gekennzeichnet, daß die beim Kalkbrennen freiwerdende Kohlensäure gezwungen wird, durch einen im Ofen angebrachten Kohlenschacht abzuziehen.

M. Der Ofenzug.

81. Die Notwendigkeit des Ofenzuges.

Dem Ofen muß unten die Verbrennungsluft zugeführt, oben müssen die entstehenden Verbrennungsgase und die freiwerdende Kalksteinkohlensäure abgeführt werden. Beides soll mit solcher Geschwindigkeit geschehen, daß die Verbrennung in der gewünschten Weise aufrechterhalten wird. Dieser Gasbewegung durch den Ofen setzen sich Widerstände entgegen, die durch die Gasmenge und die Schachtfüllung hauptsächlich beeinflußt werden. Die Gasgewichte des Idealofens habe ich schon in der Abb. 124 gezeigt und auch später die Gasmengen angegeben, aber nur bei 20° Temperatur, also in dem Zustand, in dem sich die Kalkofengase nach dem Verlassen des Ofens, nach ihrer Abkühlung, befinden. Auf dem Zuge durch den Ofen werden aber diese Gase verschiedenen Temperaturen ausgesetzt und dadurch ihre Raumbeanspruchung vermehrt, vermehrt im Verhältnis der absoluten Temperaturen. Die dem Idealofen zuzuführenden $11{,}5 \cdot 7{,}83 = 90$ kg Luft nehmen bei 20° einen Raum von $\frac{90}{1{,}28} = 70$ cbm ein. Da sie sich durch die Kühlung des Kalkes auf etwa 450° erwärmt, so beträgt dann ihre Raumbeanspruchung:

$$70 \cdot \frac{(450 + 273)}{(273 + 20)} = 182 \text{ cbm}.$$

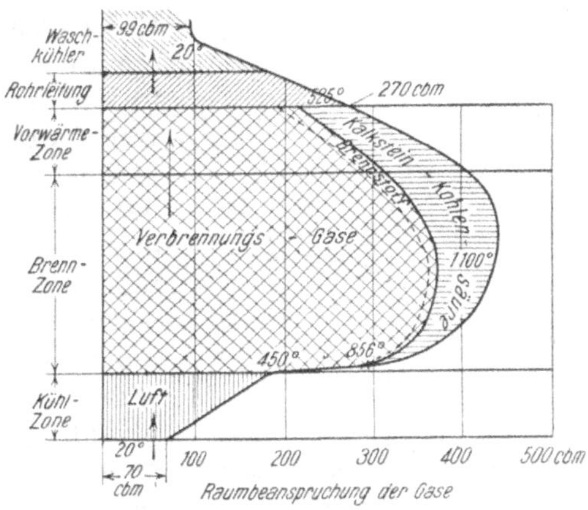

Abb. 129. Die Raumbeanspruchung der Gase in den verschiedenen Zonen.

In dieser Weise habe ich die Raumbeanspruchungen aus den Gasgewichten der Abb. 124 berechnet und in der Abb. 129 zeichnerisch dargestellt. Die in die Kühlzone eintretenden 70 cbm dehnen sich durch die Erwärmung von 20 bis 450°, also auf 182 cbm, aus, werden dann durch die einsetzende Verbrennung auf 856° erhitzt, also auf 289 cbm ausgedehnt, nehmen den Kohlenstoff und die Kalksteinkohlensäure auf, sich auf der Mitte der Brennzone vielleicht bis auf 1100° erhitzend, wie dies schon aus der Abb. 32 hervorging. Dabei nehmen die Gase einen Raum von etwa 440 cbm ein. Nach dem Anfang der Vorwärmezone zu sinkt die Temperatur auf 525° und der Raum der Gase wieder auf 270 cbm und so den Ofen verlassend. Im Ofen benehmen sich die Gase recht behäbig und raumbeanspruchend, denn nach der Abkühlung auf 20° nehmen sie nur noch etwa 99 cbm ein.

Mit größerem Brennstoffaufwand nehmen auch die Gasraumzahlen zu, gleichlaufend mit den Zahlen der Zahlenreihe XXXVI. Wende ich 11 kg Koks mit 10 kg Kohlenstoff an, dann nehmen die Gase von 99 auf 119,5 cbm zu; die Zahlen der Abb. 129 werden um etwa 20 Proz. größer.

Diese aufsteigenden Gase müssen sich durch die zwischen dem Kalk und Koks verbleibenden Zwischenräume hindurchzwängen. Wie groß ist nun der zur Verfügung stehende freie Querschnitt? Werden die Steine als Kugeln angenommen, so sind in dem Querschnitt $E = \frac{D^2 \pi}{4}$ nach Abb. 82:

$$n = \frac{1{,}15 \cdot E}{d^2}. \tag{93}$$

Da der Querschnitt einer Kugel $\frac{d^2 \pi}{4}$ ist, so verbleibt noch ein freier Querschnitt für den Gasdurchtritt von:

$$E_1 = E - n \cdot \frac{d^2 \pi}{4} = E - \frac{1{,}15 \cdot E}{d^2} \cdot \frac{d^2 \pi}{4} 0{,}1\, E. \tag{94}$$

Abb. 130. Die Gasgeschwindigkeit in den verschiedenen Zonen.

Er ist demnach nur $^1/_{10}$ des wirklichen Ofenquerschnittes. Man ersieht aber auch aus der Formel 94, daß dieser verbleibende Querschnitt unabhängig vom Durchmesser der Kugeln ist, also unabhängig von der Steingröße. Ob diese groß oder klein in den Ofen eingefüllt werden, immer verbleibt für den Gasdurchgang derselbe Querschnitt zur Verfügung. Es erscheint dies eigentlich dem Gefühl widersprechend, man glaubt, daß, weil bei kleineren Steinen die Kanäle abnehmen, auch die freien Querschnitte abnehmen. Doch auch die Kanalzahl nimmt zu, so daß, wie gesagt, der freie Querschnitt verbleibt. Wir haben schon in Abschnitt 70 gesehen, daß auch das Gewicht der eingefüllten Steine unabhängig von ihrer Größe ist.

Aber je kleiner die Kugeln, um so größer wird ihre Oberfläche, an der sich die vorbeiströmenden Gase reiben, um so häufiger werden die Gase von ihrer Richtung abgelenkt. Größere Reibungsoberflächen, kleinere Durchgangskanäle, häufigere Richtungswechsel verursachen größere Strömungswiderstände und erschweren die Gasströmung. Dabei ist die Gasströmung in den verschiedenen wagerechten Schichten nicht gleichmäßig, sie ändert sich mit der Raumbeanspruchung der Gase. Bei einem Idealofen, in dem 36 000 kg Steine täglich, also 0,416 kg sekundlich gebrannt werden, und der zylindrisch mit 2,2 m Durchmesser ausgeführt würde, ergeben sich die in der Abb. 130 gezeichneten Gasgeschwindigkeiten in dem freien Querschnitt $E_1 = 0{,}1\, E = 0{,}38$ qm. Dabei habe ich die Raumzahlen nach Abb. 129 hierfür benutzt. Beim Eintritt in die Kühlzone dieses zylindrischen Ofens hat die Luft in den freibleibenden Zwischenräumen eine Geschwindigkeit von 0,76 m, die auf 2 m steigt, in der Mitte der Brennzone bis 4,8 m zunimmt, um dann auf 3,15 m in der Sekunde zu fallen. Dort, wo die Gase die Gicht in der Vorwärmezone verlassen, steht ihnen plötzlich der ganze Ofenquerschnitt dieser Zone frei zur Verfügung. Die Geschwindigkeit sinkt deshalb plötzlich von 3,15 auf $\frac{3,15}{10} = 0,315$ m/Sek. Andere Ofenformen, größerer Brennstoffaufwand ändern natürlich diese Gasströmungszahlen.

Zur Erzeugung der Gasgeschwindigkeit und zur Überwindung der hiergegen auftretenden Widerstände ist eine bestimmte Kraft notwendig, erzeugt durch einen entsprechenden, treibenden Überdruck. Dieser Überdruck, der Unterschied zwischen dem Druck, unter dem die unten zuströmende Verbrennungsluft steht, und der oben austretenden Abgase ist zu bestimmen.

Nach Versuchen über die Wasserbewegung in Sandfiltern, deren Ergebnisse sinngemäß auf die Luftbewegung übertragbar ist, nimmt die für die Bewegung notwendige Druckhöhe umgekehrt mit dem Quadrat des Steindurchmessers zu. Es ist demnach:

$$\varphi = \frac{v \cdot H}{\beta_2 \cdot d^2}. \tag{95}$$

φ ist die notwendige Druckhöhe, um das Gas mit der Geschwindigkeit v durch die Schichthöhe H zu drücken; β_2 ist ein Erfahrungswert, der von der Gasart, der Schichtart, Temperatur usw. abhängig ist; d ist der Steindurchmesser.

Ohne hier Zahlenwerte angeben zu können, weil hinreichende Versuchszahlen noch fehlen, gibt uns obige Formel 95 einen guten Anhalt über den Einfluß der verschiedenen Faktoren auf den Widerstand gegen das Durchsaugen der Gase durch die Kalkofenfüllung, deren Höhe H ist. Doppelte Schichthöhe H verursacht doppelten Widerstand.

Doppelte Gasgeschwindigkeit bedingt ebenfalls doppelte Widerstände. Will ich noch einmal soviel Gase absaugen, die Verbrennung verdoppeln, dann muß der Ofenzug verdoppelt werden, die Gaspumpe oder der Schornstein eine doppelt so große Saughöhe zu unterhalten gestatten.

Nach anderen Formeln, die sich auf die Widerstände in Rohrleitungen beziehen, glaubt man häufig damit rechnen zu müssen, daß der Druckverlust φ mit dem Quadrat der Gasgeschwindigkeit wächst, daß er also z. B. bei doppelter Geschwindigkeit nicht doppelt, sondern (mit v^2), also viermal größer ist. Nach meinen Messungen ergibt die Formel 95 genügend zuverlässige Werte. Als ich durch einen Ofen die doppelte Gasmenge saugte, stieg der Druck nur um das 2,3fache.

Nach der Formel 95 ist aber der Steindurchmesser von allergrößtem Einfluß; er tritt mit einem Quadrat in die Erscheinung. Ist die Druckhöhe φ bei einem bestimmten Ofen etwa 30 mm Wassersäule, wenn er mit Steinen von 200 mm Durchmesser gefüllt ist, dann würde die erforderliche Druckhöhe unter sonst gleichen Verhältnissen bei Steinen von 100 mm:

$$30 \cdot \frac{200^2}{100^2} = 30 \cdot 4 = 120 \text{ mm WS}$$

betragen, bei 50 mm Durchmesser dann gar:

$$30 \cdot \frac{200^2}{50^2} = 30 \cdot 16 = 480 \text{ mm WS}.$$

Je kleinere Steine man einfüllen will, um so mehr muß man darauf bedacht sein, daß man die damit verbundenen größeren Widerstände auch durch die Gaspumpe überwinden kann. Sonst ist das Brennen dieser kleinen, fast als Schotter zu betrachtenden Steine nicht möglich, trotzdem sich gerade diese schnell durchbrennen ließen, also eine wesentliche Steigerung der Brennleistung ermöglichten. Um dies erreichen zu können, muß man obiges beachten und auch daran denken, daß mit der gewünschten Mehrleistung eine Vermehrung der abzusaugenden Gasmenge eintritt, und damit wächst v, das seinerseits eine proportionelle Erhöhung des Widerstandes verursacht.

82. Der natürliche Zug und dessen Vergrößerung durch einen Schornstein.

Der sich der Gasbewegung entgegenstellende Widerstand muß durch besondere Kräfte überwunden werden. Bei den alten niedrigen Schachtkalköfen, z. B. nach den Abb. 105a—b, genügte der natürliche Zug, den die heißen leichteren Gase im Ofen durch ihren Auftrieb ausübten. Man kam ohne Schornstein aus, wenn man für genügende Hohlräume, die die Gasbewegung gestatten, sorgte, indem man große Steine unter sorgfältiger Schichtung einpackte. Die Nachteile großer Steine habe ich schon im Abschnitt D erwähnt. Die sorgfältige Schichtung fordert viel Handarbeit und ist bei großer Kalkerzeugung unanwendbar.

Bei größeren Schachtöfen mußte man deshalb zu besonderen Hilfsmitteln greifen. Zum Schornstein, wo die Abgase nicht weiter benutzt werden, zur Kohlensäurepumpe dort, wo die Gase weiter Verwendung finden, wie z. B. in Zuckerfabriken, Sodafabriken. Der Schachtofen erzeugt, wie gesagt, schon durch seine Höhe einen gewissen natürlichen Zug, der aber allein nicht genügt. Seine Zugwirkung kann man leicht berechnen aus dem Gewicht der in ihm befindlichen Gassäule und dem Gewichtsunterschied zwischen dieser und der äußeren, kälteren atmosphärischen Luftsäule. Den dadurch entstehenden Druckunterschied, den Saugzug, mißt man an einer Wassersäule. 1 Atm ist gleich 10 m oder 10 000 mm Wassersäule (WS). 1 Atm ist aber auch gleich dem Druck von 1 kg auf 1 qcm oder gleich 10 000 kg auf 1 qm. Demnach entspricht 1 mm WS 1 kg/qm.

Ich brauche also nur das Gewicht einer Luftsäule von 1 qm Querschnitt zu berechnen und entspricht dann jedes Kilogramm dem Druck von 1 kg/qm oder 1 mm WS. Der Zug wird nun durch den Gewichtsunterschied der inneren und äußeren Gassäule, den entsprechenden Druckunterschied, erzeugt. Ist das Gewicht der inneren Gassäule G_2, das der äußeren der atmosphärischen Luft G_3, γ_2 und γ_3 die entsprechenden spez. Gewichte, p_2 und p_3 die Drücke in kg/qm bzw. mm WS, dann ist

$$G_3 - G_2 = H \cdot \gamma_3 - H \cdot \gamma_2 . \tag{96}$$

Diese sind gleich den Druckunterschieden $p_3 - p_2$, so daß

$$H \cdot \gamma_3 - H \cdot \gamma_2 = p_3 - p_2 . \tag{97}$$

Der meßbare Zug, der sich als Druck bemerkbar macht, wenn die obere Öffnung abgedeckt wird, ist

$$\varphi = p_3 - p_2 ,$$

so ist (98)

$$\varphi = H \cdot \gamma_3 - H \cdot \gamma_2$$
$$= H(\gamma_3 - \gamma_2).$$

Mit diesem Überdruck φ werden die Gase oben aus dem Ofen herausgedrängt, indem die unten zuströmende kalte Luft für Druckausgleich sorgen will.

Das Gewicht eines Kubikmeters Luft ist

bei $-10°$ 1,34 kg, wenn halb mit Wasserdampf gesättigt,
bei $+0°$ 1,29 kg,
bei $+30°$ 1,15 kg.

Je wärmer die Außenluft, je leichter, je geringer ihr Druck, der die Zugwirkung verringert. Um auf alle Fälle eine bestimmte Zugwirkung zu erzielen, muß man also mit der höchstmöglichen Außentemperatur rechnen.

Das Gewicht der inneren Gassäule muß man berechnen unter Berücksichtigung dessen, daß in der Kühlzone nur Luft, in der Verbrennungszone und Vorwärmezone sowohl Luft, Verbrennungsgase und Kohlensäure sich befinden und die verschiedenen Temperaturen beachten. Dies ergibt bei einem Ofen nach Abb. 82:

Vorwärmezone:

$$\frac{724 + 1030}{2} = 875° \text{ mittlere Temperatur,}$$

da 1 cbm Abgas bei 20° $\gamma_3 = \dfrac{141{,}40}{98{,}85} = 1{,}43$ kg wiegt,

somit bei 875° $1{,}43 \cdot \dfrac{273 + 20}{273 + 875} = 0{,}365$ kg/cbm,

bei einer Höhe der Vorwärmezone von 1,5 m: $1{,}5 \cdot 0{,}365 =$ 0,55 kg

Brennzone: Mittlere Gastemperatur etwa 1100°,

Anfangsluft 1,2, Endgase 1,43 kg/cbm,

mittleres spez. Gewicht $\dfrac{1{,}2 + 1{,}43}{2} = 1{,}31$ kg/cbm 20°,

bei 1100° $1{,}31 \cdot \dfrac{273 + 20}{273 + 1100} = 0{,}3$ kg/cbm

5,5 m Brennzone $\cdot\, 0{,}3 =$ 1,65 kg

Kühlzone:

Mittlere Gastemperatur $\dfrac{20 + 400}{2} = 210°$

$$1{,}2 \cdot \frac{273 + 20}{273 + 210} = 0{,}69 \text{ kg/cbm}$$

4,0 m $\cdot\, 0{,}69$ 2,76 kg

4,96 kg $= G_2$

Das Gewicht der **äußeren Luftsäule** ist:

$$G_3 = (1{,}5 + 5{,}5 + 4) \cdot 1{,}2 = 13{,}2 \text{ kg}.$$

Der Überdruck $\varphi = G_3 - G_2 = 13{,}2 - 4{,}96 = 8{,}24$ kg oder 8,24 mm WS. Dieser eigene Überdruck genügt aber nicht, um die Gase mit der notwendigen Geschwindigkeit durch den Ofen zu drücken. Bei dem Ofen von 11 m Schachthöhe beträgt die notwendige Druck- bzw. Saugwirkung 35 mm, bei Steinen von 150 mm Durchmesser; die natürliche von 8,24 mm WS genügt nicht, man muß die fehlende Saugwirkung von $35 - 8 = 27$ mm durch andere Mittel erzeugen. Dort, wo man die Gase weiter verwendet, also für die Gasförderung sowieso Kohlensäurepumpen benötigt, wird man diese nötige Saughöhe ohne jede Schwierigkeit erzeugen können. Dort aber, wo man die Abgase nicht weiter benutzen kann, wird man durch einen Schornstein den nötigen Zug erzeugen wollen. Es ist nun zu prüfen, wie hoch der Schornstein sein müßte, zwecks Erzeugung der Zughöhe. Auch hier geht man wieder von dem Gewichtsunterschied der inneren und äußeren Luftsäule aus.

Treten die Gase z. B. mit $t_3 = 600°$ ein, dann wiegt 1 cbm

$$\gamma_2 = 1{,}43 \cdot \frac{273 + 20}{273 + 600} = 0{,}434 \text{ kg}.$$

Bei z. B. 30° wiegt die äußere Luft $\gamma_3 = 1{,}117$ kg. Da nun

$$\varphi = h_1 \cdot (1{,}117 - 0{,}434) = h_1 \cdot 0{,}684,$$

so wird die Schornsteinhöhe h_1 für die Zughöhe von 27 mm WS:

$$h_1 = \frac{27}{0{,}684} = 40 \text{ m}.$$

Im Bild 131 habe ich die errechneten Werte für die Abgastemperatur $t_3 = 400$ und 800° eingetragen bei einer Außentemperatur von 30°. Hiernach muß der Schornstein bei $t_3 = 800°$ eine Höhe von 39 m erhalten, um eine Zugwirkung von 27 mm zu erzeugen. Ich habe diese auch für eine Außentemperatur von $a = -10°$ berechnet, und es ergibt sich, daß die Kurven von $a = +30°$ mit $t_3 = 800°$ sich für $a = -10$ mit $t_3 = 400°$ decken.

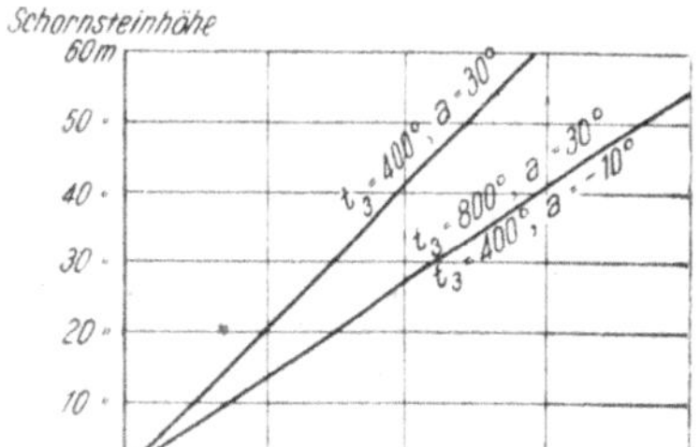

Abb. 131. Einfluß der Schornsteinhöhe auf den Saugzug bei verschiedenen Temperaturen.

Immerhin sieht man, daß recht hohe Schornsteine nötig sind, wie dies z. B. ein Kalk- und Zementbrennofen von *F. L. Smidth & Co.*, Kopenhagen, nach Abb. 132 zeigt, um eine genügende Zugwirkung zu erzielen. Da dieser Schornstein auf den Kalkofen aufgesetzt werden muß, so ergibt sich eine recht beträchtliche Gesamtbauhöhe. Eine so bedeutende, daß man diese meistens verringert und dann der Betrieb dauernd unter zu geringem Zug leidet. Dann versucht man durch Mittel und Mittelchen der verschiedensten Art die Schwierigkeiten zu überwinden. So will z. B. das D. R. P. 227 487

(s. auch S. 411), um Schotter, kleinstückigen Kalk brennen zu können, nach dem Kalkziehen erst durch eine mittlere Öffnung grobstückiger Steine einfüllen und dann durch äußere Öffnungen feinstückige. Es entsteht dann in der Mitte eine Säule grobstückigen Kalkes, während ringsum Schotter lagert, so daß die Gase innen leichter Durchgang finden und nicht nur außen an den Wandungen in die Höhe steigen. Die Bedienung wird umständlich, die Verwendung ungleicher Kalksteine erschwert das gleichmäßige Durchbrennen.

Die italienische Kalk- und Zementfabrik *S.-A. J. Gio. Ansaldo e. C.* hat auf ihrem Werk in Lauriano Po, Prov. Turin, nach den Plänen der Firma *Candlot* (Paris) einen Zementschachtofen errichten lassen, bei dem Beschickungsbühne und Schornstein nach Abb. 133 aus Beton hergestellt sind.

Eine aus einem sich etwas verjüngenden Gußeisenrohr gebildete Schornsteinverlängerung ragt etwa 1,20 m in den oberen Teil des Schachtes, also in das aufgeschüttete Brenngut hinein und zieht die Heizgase von den Seitenwänden her nach der Mitte des Brenngutes. Diese Vorrichtung und ein senkrechter Rostkorb bilden die wesentlichsten Teile des *Candlot*-Patentes. Das Schachtmauerwerk wird durch drei Eisenbetonringe, die unter sich gitterartig durch acht senkrechte Pfosten verbunden sind, zusammengehalten.

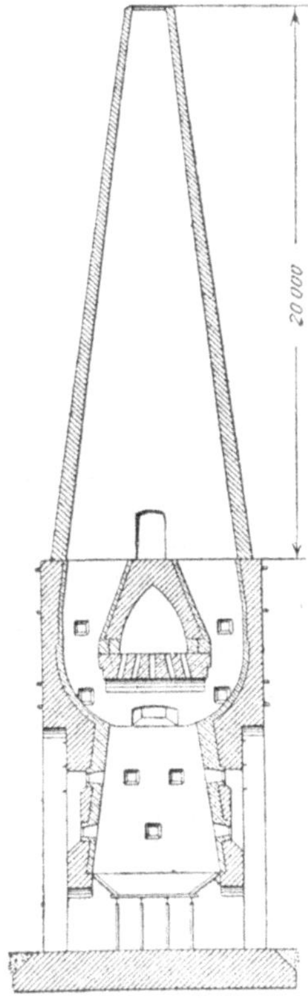

Abb. 132. Kalk- und Zementbrennofen mit Schornstein.

Die Beschickungsbühne hat, wie der Unterbau, quadratischen Querschnitt, kragt aber bei 9,25 m Seitenlänge um je 1,25 m vor, ist für eine Belastung von 1000 kg/qm berechnet und ruht mit ihrem vorspringenden Teil auf Eisenbeton-Konsolbalken.

Der Schornstein ist vom Bühnenfußboden ab gemessen, 16 m hoch, hat 1,20 m lichten Durchmesser und ist mit feuerfesten Steinen ausgekleidet. Er beginnt 2 m über der Ofenöffnung und ruht auf einem Eisenbetonbock, dessen vier Stützen unter 45° geneigt im Mauerwerk verankert sind. Der Schornstein wurde an Ort und Stelle gegossen, wobei als innere Schalung das schon vorher aufgemauerte feuerfeste Ofenfutter diente.

Die von den vier schrägen Schornsteinpfosten auf den Unterbau übertragenen Schub-, Druck- und Zugspannungen werden von dem als Druckverteilungsplatte ausgebildeten Plattenbalken am Fußboden der Beschickungsbühne aufgenommen. Das Zeltdach aus einer dünnen gerippten Decke wird von zwölf 3 m hohen Pfosten getragen, deren Anordnung mit den Konsolträgern übereinstimmt.

Bei der Begichtung des Schachtofens mit Kalksteinen nach Abb. 132 wird der Arbeiter durch die abziehenden Gase belästigt. *Eckardt & Hotop*, Berlin,

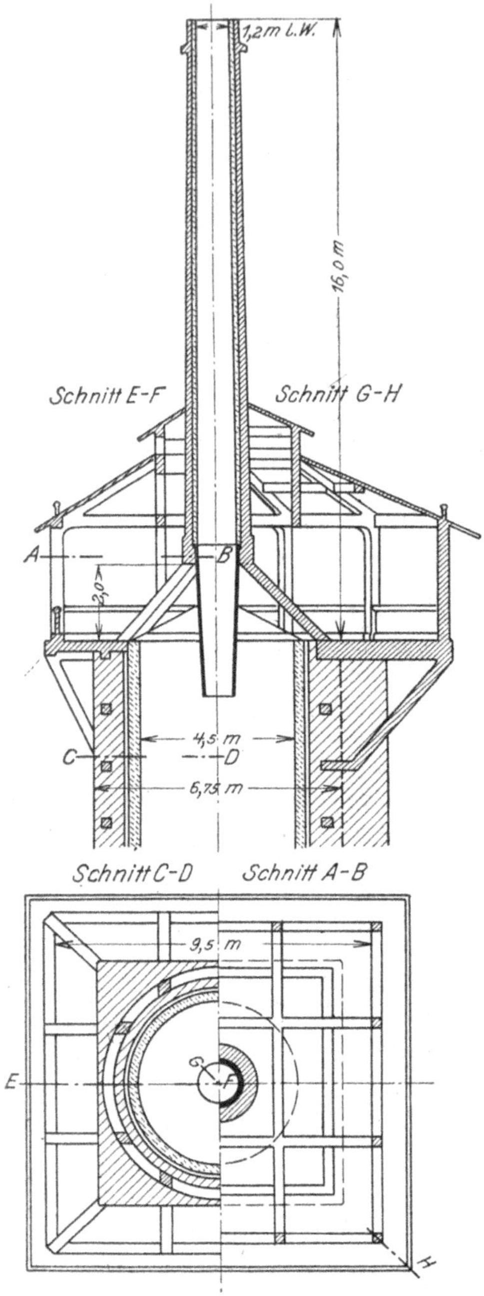

Abb. 133. Schachtofen mit Beschickungsbühne und Schornstein aus Beton.

führen die Schachtöfen deshalb nach Abb. 65 aus, um diese Belästigung zu vermeiden und um den Ofenzug nicht zu stören. Bei der Beschickung durch seitliche Ofentüren strömen große Mengen kalter Luft ein, die den Zug unterbrechen und den Schornstein kühlen, so daß zeitweise seine Zugleistung herabgesetzt wird. Es wird zur Vermeidung dieser Übelstände eine kastenartige Haube in den Schornstein eingemauert, die von den Gasabzugskanälen umschlossen ist. Die eigentliche Schachtöffnung in der Ofengicht wird mit einer selbsttätig schließenden Klappe versehen, die sich durch die Last der aufgefüllten Steine öffnet.

Im Centralblatt f. d. Zuckerind. (1920, Nr. 15, S. 311) wird über die Erfahrungen am Kalkofen berichtet, die nach der eigentlichen Betriebszeit gemacht wurde, während der Ofen nur mit natürlichem Zuge betrieben wurde.

Der Ofen nach Abb. 105h bzw. 108 hatte eine obere lichte Weite von $D_2 = 1680$ mm, eine mittlere von $D = 2170$ mm und eine untere von $D_1 = 1170$ mm. Der obere Kegel war $H_2 = 10{,}1$ m hoch, der untere $H_1 = 2$ m. Sein Gesamtinhalt betrug $J = 35$ cbm. Er hatte einen Schornstein von 300 mm lichter Weite und 4,7 m Höhe (gemessen vom Gasabzuge). Es stellte sich bald heraus, daß dieser Schornstein nicht genügte, was sich augenscheinlich in der Temperatur der Brenngase und auch in der Leistung des Ofens zeigte. Es wurde daher noch ein zweiter Schornstein danebengesetzt. — Hier wird also von der Voraussetzung ausgegangen, daß man den Ofenzug vergrößern kann, wenn man den Schornsteinquerschnitt vergrößert. Dies ist aber nicht der Fall. Ich will das an einem anderen, vielleicht durchsichtigeren Beispiel, an Sandfiltern, erläutern. Für die Filtration einer bestimmten Saftmenge (im Ofen „Gasmenge") durch eine Sandschicht von bestimmter Dicke (im Ofen „Gesamtfüllungshöhe") muß ein gewisses Druckgefälle zwischen dem zulaufenden Saft (im Ofen „Verbrennungsluft") und dem austretenden klaren Saft (im Ofen „Kohlensäuregase") zur Verfügung stehen. Steht deshalb z. B. der Saftbehälter 1 m über dem Sandfilter, und es läuft dann nicht genügend Saft durch das Filter, so hilft es nicht, ob ich zwischen dem Saftkasten und dem Filter nur ein Rohr von 80 mm lichter Weite habe oder noch zehn dazulege. Die Druckhöhe bleibt auch dann zu gering. Ich muß den Saftkasten höher stellen, so daß der höhere Druck die Widerstände, die sich dem Druckfluß durch die Filterschicht (bei der gewünschten Geschwindigkeit) entgegenstellen, überwindet. — Der ursprünglich vorhandene Schornstein ist nicht im Querschnitt zu klein, denn die Kohlensäureabzugsleitung nach der Pumpe wird eher kleiner sein, sondern der Schornstein ist zu niedrig. Das Gewicht der inneren Gassäulen, in einem Ofen von 11 m nutzbarer Höhe (s. S. 296), also fast ähnlich dem in Frage stehenden, gibt gegenüber der äußeren Luft einen Überdruck von 8,24 mm WS. Der vorhandene Schornstein hat, am Gasabzugrohr gemessen, eine Höhe von $h_1 = 4{,}7$ m. Da die Höhe $h_1 = 4{,}7$ m ist, so beträgt seine Zugkraft nach Seite 296 $= 0{,}684 \cdot 4{,}7 = 3{,}21$ mm WS. Der Gesamtabzug im Ofen beträgt somit $8{,}24 + 3{,}21 = 11{,}55$ mm WS. Dieser ist aber zu gering, ich schätze den notwendigen Zug auf 30 bis 50 mm. Der Schornstein müßte fünf- und mehrmals höher sein, um die für eine vollkommene Verbrennung notwendige Luft an- und die entstehenden Verbrennungsgase mit der freiwerdenden Kohlensäure absaugen zu können. Ungenügende Luftzufuhr bedingt unvollkommene Verbrennung. Ich habe durch Rechnungen gezeigt (S. 287), daß von den durch die vollkommene Verbrennung von 1 kg C freiwerdenden 8080 WE wiederum durch die Rückverwandlung in CO $8080 - 2456 = 5624$ WE aus den Gasen aufgenommen, so daß nur noch 2456 WE von dem verbrannten Kohlenstoff nutzbar zum Kalkbrennen verbleiben. Deshalb steigt der Koksverbrauch bei unvollkommener Verbrennung, und darum kommt man in dem betreffenden Ofen nicht mit 9 bis 10 Proz. Koks aus, sondern muß 13 Proz. aufwenden. Es findet in der Hauptsache eine Vergasung des Kokses statt, die trotz der geringen Luftzufuhr seinen schnellen Abbrand nicht verhindert, so daß das „Feuer schnell nach oben stieg". Der Zug war nach vorstehender Rechnung viel zu gering. Deshalb mußte nun auch die Güte des gebrannten Kalkes abnehmen, weil infolge der CO-Bildung nicht genügend Wärme zum Brennen zur Verfügung stand.

Bei Ring- und Drehöfen ist es nicht möglich, den Schornstein so günstig wie beim Schachtofen aufzustellen. Es ist immer ein mehr oder weniger langer Fuchs zwischen dem Brennraum und dem Schornstein nötig. Beim Drehrohrofen ist noch eine große Staubkammer einzuschalten. Auf diesem Wege kühlen sich die Gase noch ab, so daß die Zugwirkung entsprechend vermindert wird. Man rechnet im allgemeinen damit, daß für je einen laufenden

Meter Entfernung von der Kühlzone des Kalkofens bis zur unteren Schornsteineinmündung 3 Proz. der Gastemperatur verlorengehen. Bei stärkerer Belastung des Fuchskanals weniger, bei schwächerer, also langsamerer Bewegung der Gase, mehr.

Der schon mehrfach erwähnte fünfschenklige Rüdersdorfer Ringofen mit 350 m Brennkanallänge sollte mit 5 Lauffeuern arbeiten, konnte aber bisher nur mit Mühe mit 5 Feuern betrieben werden, da der Ofenzug nicht genügte. Ob hieran ein Baufehler oder eine zu geringe Ofenhöhe schuld ist, wurde bisher nicht festgestellt. Der Schornstein hat die ganz achtbare Höhe von 68 m, bei 2,4 m obere lichte Weite; es scheint unzweckmäßig, so viele Lauffeuer an einen Schornstein anzuschließen.

Schoch (Aufbereit. d. Mörtelm. 1913, S. 290) gibt folgende Erfahrungswerte für Ringöfen an:

Schornsteinhöhe $H = {}^3/_5$ Brennkanallänge (hier darf man aber nur die Länge des Brennkanals für ein Lauffeuer in Rechnung stellen. Bei mehreren Lauffeuern ist besondere Berücksichtigung erforderlich);

obere lichte Weite des Schornsteines . . . . $= {}^1/_{40}\,H$ oder

lichter oberer Querschnitt des Schornsteines $= {}^1/_5$ des Brennkanalquerschnittes.

Rauchsammler-Querschnitt . . . . $= {}^1/_4$ des Brennkanalquerschnittes.

Füchse (Rauchzüge)-Querschnitt . . . . . . $= {}^1/_{20}$ des Brennkanalquerschnittes.

(Der Nachteil der kleinen Rauchzüge auf die Verlängerung des erforderlichen Brennkanals ist schon erwähnt.)

Die lichte Weite der oberen Schornsteinmündung soll so bemessen werden, daß die Gase noch mit einer Geschwindigkeit von nicht unter 3 m/sek ausströmen. Bei geringerer Geschwindigkeit werden die Gase durch ungünstige Winde in den Schornstein zurückgedrückt.

83. Der künstliche Ofenzug.

Alle im Abschnitt 82 erwähnten Hilfsmittel, die den Zug wohl mehr oder weniger verbessern, bringen auch die genannten verschiedenen Nachteile. Kann man keinen hohen Schornstein bauen, dann muß man für künstlichen Saugzug wirken, sei es durch Kohlensäurepumpen, sei es durch Ventilatoren. Hat man hier nur den Zug zu erzeugen, so dürften Ventilatoren am nützlichsten sein; gewöhnliche, leichte, sog. Mitteldruckventilatoren genügen, um die hier in Frage kommende Saughöhe von 30 bis 50 mm WS zu überwinden. Bei einer Brennmenge von z. B. 50 000 kg Kalksteinen am Tage sind bei einer Gasabzugstemperatur von 500° etwa $\frac{50\,000 \cdot 320}{100} = 160\,000$ cbm abzusaugen oder in der Minute 110 cbm. Ein hierfür nötiger Ventilator hat bei 30 mm WS einen Kraftverbrauch von etwa 1,5 PS und bei 60 mm auch nur etwa 3 PS. Ist elektrischer Strom zur Verfügung, was heute fast immer der Fall, dann scheint die Anwendung eines Ventilators gegenüber dem teuren, aber doch nicht genügend ziehenden Schornstein am vorteilhaftesten. Auch die Brennkosten werden dabei nur wenig vermehrt. 3 PS $= \sim 3$ kW

am Motor je 0,10 Goldmark (1914) = 0,30 Goldmark/St. = 7,20 Goldmark/Tag,
$\frac{7,20}{50\,000} \cdot 100 = 0,014$ Mk. = 1,4 Pfg. für 100 kg Kalksteine.

Diesen Kraftkosten und den Anschaffungskosten für das Gebläse steht eine Leistungserhöhung des Kalkofens um 20 bis 30 Proz. und mehr (je nach der Kalkofenart) gegenüber, sowie eine entsprechende Brennstoffersparnis, die bis auf 20 Proz. steigen kann. Die Ausgaben für den künstlichen Zug stellen also eine sehr wirtschaftliche Anlage und Betriebsverbesserung dar. Der Betrieb ist auch erleichtert, weil man den Zug besser einstellen kann, schwächer und stärker, je nach Bedarf, was beim natürlichen Zug sehr begrenzt ist durch die Schornsteinhöhe, der seinerseits wieder in der Leistung sehr abhängig vom Wetter ist.

Der künstliche Zug macht die Kalköfen von äußeren Witterungseinflüssen unabhängig, was für dessen wirtschaftliche Ausnutzung von großer Bedeutung ist.

Die Welle des Ventilators wird man mit Wasserkühlung ausstatten und ihn am Ende einer längeren Gasleitung absaugen lassen, um eine zu starke Erhitzung der Welle und des Flügelrades zu vermeiden.

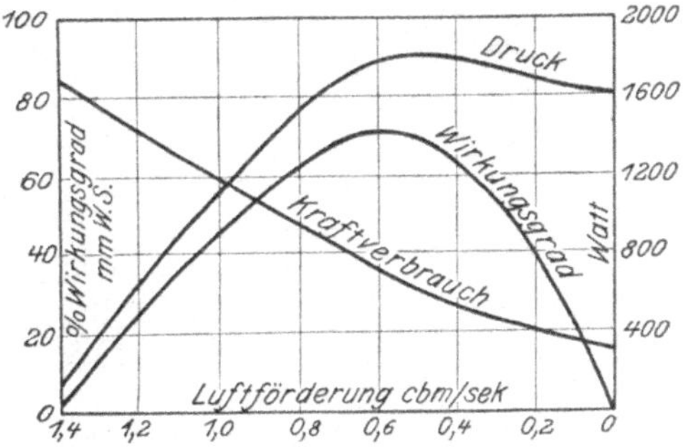

Abb. 134. Kennlinien der Ventilatoren als Grundlage für ihre Anwendungsmöglichkeit.

Die Anwendungsmöglichkeit der Ventilatoren ergibt sich aus ihren Kennlinien, z. B. nach Abb. 134. Man sieht, wie der Druck bis zu einer gewissen Grenze zunimmt; vorher schon hat die Förderleistung ihren Hauptwert erreicht. Die Förderleistung sinkt dann schnell bis auf Null bei weiter ansteigendem Druck. Entstehen also im Ofen irgendwelche größeren Widerstände, dann sinkt sofort die durchgesaugte Gasmenge, der Ofenzug wird gestört. Die Ventilatoren verhalten sich in dieser Beziehung genau wie die Schleudergebläse (S. 360). Das über jene Gesagte gilt auch für diese.

Die Abb. 49, S. 144, zeigt einen Schachtofen mit künstlichem Zug von *The Improved Equipment Company* (Bulletin 104, January 1911), der mit dem *Doherty-Eldred*-System beheizt wird. Der äußere Mantel und der eigentliche Brennraum sind vollkommen zylindrisch. Diese Form und die Anordnung der beiden Außenfeuer entspricht dem alten Rüdersdorfer Ofen nach Abb. 105c. Eigenartig ist die Zuführung der Frischluft durch einen besonderen Ventilator *a* unter den Rost nach Art der Druckgasfeuerungen. Um eine lange Flamme mit nicht zu hoher Eintrittstemperatur zu erzielen, wird dieser Luft vor dem Eintritt in die Feuer noch Abgas zugeführt, das der Ventilator *b* der Abgasleitung *d* unten entnimmt. Diese Gasmischung wird bei *e* unter den Rost gedrückt. Das Gebläse *c* dient zur Erzeugung des künstlichen Zuges, indem es oben am Schacht die Gase absaugt und durch einen senkrechten Blechschornstein ausbläst. Die Feuerung erfolgt bei diesem

Ofen entweder durch Verbrennung der Kohle auf dem Rost oder deren Vergasung in besonderen, frei stehenden Gaserzeugern. Auch Naturgas und

Abb. 135. Schachtofengruppe mit künstlichem Zug.

Öl (Petroleum, Rückstände) werden zur Verfeuerung benutzt. Als eigenartig, aber als nicht zweckmäßig sei auch der, über dem Brennschacht vorgesehene

Sammelraum *f* erwähnt. Der Eisenmantel ist über das Feuerkleid hin verlängert, so daß oben größerer Raum entsteht zur Aufnahme der Kalksteine, die des Nachts im Ofen gebrannt werden. Der Kühlraum *g*, konisch nach unten verengt, ist nicht ausgemauert, sondern nur als geschlossener Eisentrichter ausgebildet. Zusatzluft wird unten nicht zugeführt, deshalb muß dieser Trichter unbekleidet bleiben, um den Kalk gut zu kühlen. Wärmeverluste sind die Folge. Die Standardgröße brennt täglich in 24 Stunden 9000 bis 13 500 kg Kalk, und an guten Steinkohlen sind bei guter Bedienung 11 bis 14 Proz. aufzuwenden, bezogen auf hochprozentige Kalksteine. Die Abb. 135 zeigt zehn *Doherty-Eldred*-Kalköfen. In der Metallurgical and Chemical Engineering 1914, S. 247, findet man verschiedene Abbildungen solcher sechs Öfen, während ihres Baues für die *Niagara Works of the America Cyanamid Company*.

Die Abb. 136 zeigt die Einrichtung zur Gasabsaugung und zum selbsttätigen Beschicken von *Amme, Giesecke & Konegen A.-G.*, Braunschweig. Je drei Kalköfen sind an einen gemeinsamen Ventilator angeschlossen. Dann ist sorgfältige Einstellung der Drosselklappen in jeder Zuleitung des einzelnen Kalkofens notwendig, unter Beobachtung an Zugmanometern, damit jeder Ofen gut unter Zug steht.

In bezug auf den Ofenzug ist folgendes zu beachten, wenn man z. B. die Leistung irgendeines vorhandenen Kalkofens um 50 Proz. erhöhen will und bisher Steine von 200 mm Durchmesser gebrannt wurden. Um die Leistung um 50 Proz. zu erhöhen, muß die Gesamtaufenthaltszeit der Steine auf $\frac{100+50}{100} = 0{,}66$ der bisherigen vermindert werden. Betrug sie bei Steinen von 200 mm 52 Stunden nach Abb. 23 (Gesamtaufenthaltszeit), bei einer Brenntemperatur von 1030°, so dürfte sie bei der vermehrten Leistung nur noch $52 \cdot 0{,}66 = 35$ betragen. Dies verlangt nach Abb. 23 Steine von nur 150 mm Durchmesser. Da die 50proz.

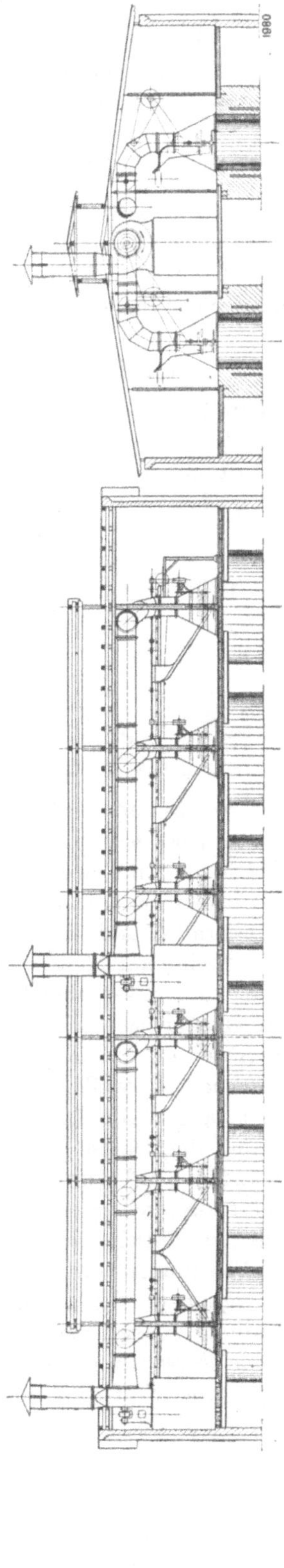

Abb. 136. Gasabsaugung von je drei Öfen durch einen gemeinsamen Ventilator.

größere Leistung auch 1,5fache Gasmenge abzusaugen erfordert, so wird auch die Gasgeschwindigkeit im Ofenquerschnitt auf 1,5 erhöht. Das Verhältnis des bisherigen notwendigen Ofenzuges φ zum nun nötigen φ_1 ist dann

$$\frac{\varphi_1}{\varphi} = \frac{1,5 \cdot v \cdot H \cdot 40\,000\,\beta_2}{\beta_2 \cdot 150^2 \cdot v \cdot H} = \frac{1,5 \cdot 40\,000}{22\,500} = 2,6\,.$$

Genügte ein bisheriger Saugzug für den betreffenden Ofen mit 25 mm, dann müßte er jetzt von der Gaspumpe auf $25 \cdot 2,6 = 65$ mm erhöht werden, und sie müßte bei diesem höheren Unterdruck noch eine um über 1,5 mal größere Ansaugeleistung besitzen.

84. Die Erzeugung des Ofenzuges durch Druckluft.

Durch den Schornstein sowohl als auch durch die Pumpen werden die Gase oben aus dem Kalkofen abgesogen. Aber man sucht auch beim Schachtofen durch sog. Unterwind die Gasbewegung zu erzeugen. Schon *Solvay* schlug dies 1889 nach dem D. R. P. 43 901 (S. 431) vor, in Verbindung mit seinem Rost. Diese Art verlangt gasdichten Abschluß des Ofenunterteiles, der kaum zu erreichen ist, denn der gebrannte, teils staubige Kalk soll hier abgeführt werden. Die durch Undichtigkeiten austretende Preßluft wird nach außen Staub mitreißen und recht lästig fallen. Dies will scheinbar *Pasques* in Villers Le Gambon, Belgien, mit seinem D. R. P. 186 855 vermeiden, indem er den Ofenrost offen läßt, aber die Verbrennungsluft durch ein ringförmiges, an seiner oberen Seite mit Löchern versehenes Rohr gegen die vom Rost getragene Ofenfüllung bläst. Wenn er die Widerstände im Ofen überwinden und einen lebhaften Zug erzielen will, dann muß die Luft mit sehr großer Geschwindigkeit gegen den Rost blasen. Dabei wird die Luft zurückprallen und viel Staub entwickeln.

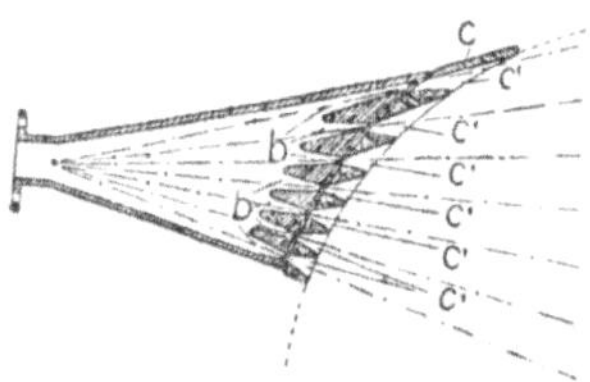

Abb. 137. Tangentiale Druckluftzuleitung mit Schutzrost.

Seitliche, am Mantel angebrachte Luftzuführungen würden diesem Übelstand wohl etwas abhelfen können, aber keine gleichmäßige Verteilung der Luft ermöglichen. Die Luft würde am Feuerkleid in die Höhe steigen und Schiefbrennen bewirken.

Verbessern wollen dies *Amme, Giesecke & Konegen A.-G.*, Braunschweig, durch tangentiale Druckluftzuleitung (s. a. Abb. 137) und besondere Ausführung der Düsen. Nach dem D. R. P. 315 775, 1918, werden beiderseitig verjüngte, den Düsenquerschnitt in Kanäle unterteilende Zwischenkörper eingesetzt, dadurch gekennzeichnet, daß die nach dem Ofeninnern zu verjüngten Teile der Zwischenkörper *b* einen abnehmbaren Rost c^1 (Abb. 137) bilden. Die Anordnung verhindert das Zurollen der Düsen durch Steine, die leichte Zugänglichkeit der Schlitze und die Auswechselbarkeit der durch die Hitze schadhaft gewordenen Teile.

Die Anwendung des Unterwindes wird häufig deshalb empfohlen, weil damit eine Kraftersparnis verbunden sein soll. Man geht von dem Trugschluß aus, daß das Drücken der geringen Menge Verbrennungsluft (s. Abb. 129) weniger Kraft beansprucht als das Absaugen der viel größeren Menge Abgase, gemischt mit der Kalkstein-Kohlensäure. — In Wirklichkeit besteht kein Unterschied. — Ob ich einen Güterzug, dessen vordere Wagen schwer beladen, dessen hintere dagegen leer sind, von der Lokomotive ziehen oder drücken lasse, immer muß diese die gleiche Kraft aufwenden.

Auch der Widerstand, der dem Gasstrom entgegengesetzt wird, ändert sich hierbei nicht. Glaubte man doch auch beim Dampfkesselbetrieb durch den Unterwind Arbeit zu ersparen, während dieser doch lediglich den zu

Abb. 138. Ofen mit Druckluftbetrieb.

niedrigen Schornstein in seiner Arbeit unterstützt, indem die fehlende Saughöhe durch Druck ergänzt wird.

Aus der Formel 108 (S. 467) läßt sich der in der Ofenfüllung eintretende Druckabfall berechnen. Er ist

$$h = \frac{V_1^2}{M_1^2 \cdot F^2 \cdot \dfrac{2g}{\gamma_3}} = \frac{V_1^2 \gamma_3}{M_1^2 F_2 \cdot 2g} \qquad (99)$$

Diese Formel sagt nichts darüber aus, ob ich drücke oder sauge, immer entsteht beim Durchströmen der gleichen Gasmenge der gleiche Spannungsabfall.

Auch eine Verbilligung am Ventilator wird nicht eintreten. Der die kleinere Menge Luft drückende Unterwindventilator muß für bedeutend höhere Drücke gebaut sein, um dieser gepreßten Luft eine solche Energie zu erteilen, daß diese die Verbrennungsgase und die Kalkstein-Kohlensäure mit genügender

Geschwindigkeit durch den Ofen fördert. Einer etwaigen geringen Verbilligung des Ventilators stehen die sehr hohen Kosten der gegen Preßluft dichten Abzugsvorrichtung gegenüber. Durch jede Fuge dringt Staub, während beim Saugzug die Dichtung sehr viel leichter und jede Belästigung unmöglich ist.

Beim Druckluftbetrieb tritt Gas durch Undichtigkeiten nach außen und kann leicht zu Vergiftungen Veranlassung geben.

Der Druckluftbetrieb hat den einzigen Vorteil, daß der Ventilator nicht mit den heißen Gasen in Berührung kommt, sondern nur die kalte Luft allein zu fördern hat. Ob aber dieser Vorteil die übrigen Nachteile aufwiegt, kann nur nach sorgfältiger Prüfung des besonderen Falles geklärt werden.

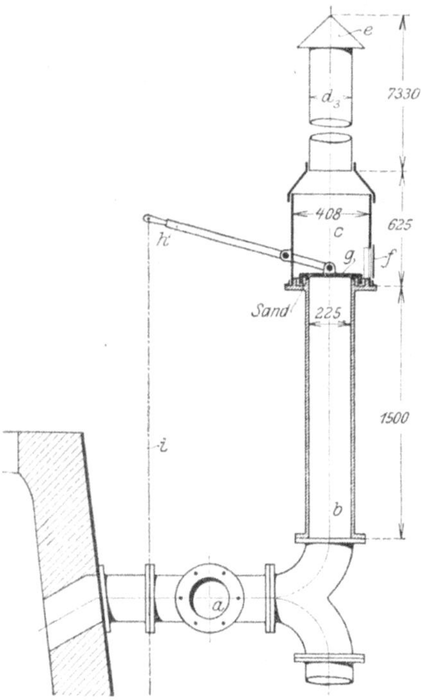

Abb. 139. Hilfsschornstein mit Absperrklappe.

Für die Zementbrennöfen ist der Druckluftbetrieb zur Zeit Modesache.

Eine Unterwindgebläse-Anlage von *A. Linnenbrügge*, Sondershausen, für 10 bis 12 *Dietz*sche Öfen ist in dem Buche von *Carl Naske* (Die Portlandzementfabrikation 1914, S. 155) abgebildet.

Die Abb. 138 zeigt einen *Mannstaedt*-Ofen für Druckluft, dessen Gesamtanordnung aus der Abb. 223 (S. 428) erkenntlich ist. Für kleinstückigen Kalk wird bei einem Ofen von 2,5 m lichter Weite und 12 m innerer Schichthöhe der eingefüllten Kalksteine eine Luftpressung von 300 bis 400 mm Wassersäule unter dem Rollenrost verlangt. Der auf Abb. 138 sichtbare Ventilator benötigt 5 bis 10 PS.

Druckluft wurde auch mehrfach bei Ringöfen empfohlen. Ohne Zweifel kann man bei ungenügendem Schornsteinzug dessen Wirkung unterstützen. Die erforderlichen Einrichtungen am Ringofen erschweren aber den Betrieb derartig, daß es richtiger ist, durch Erhöhung des Schornsteines, Verbesserung der Gasabzüge u. dgl. den Schornsteinzug zu verstärken.

85. Der Hilfsschornstein.

Immer wird man auch bei künstlichem Zug einen Hilfsschornstein vorsehen, der ein Abziehen der Gase gestattet, wenn aus irgendeinem Grunde die Kohlensäurepumpe abgestellt wird. Da dann meistens die Leistung des Ofens zurückgehen kann, so genügt ein Blechschornstein, der nur einigermaßen den Zug unterhält und die Gase so hoch in die Atmosphäre ableitet, daß der Arbeiter auf der Gichtbühne durch diese nicht belästigt wird. Er wird zweckmäßig auf die Gasabzugsleitung *a* aufgesetzt nach Abb. 139. Ihn z. B. durch die Gichtglocke zu führen, ist aus den auf S. 414 angegebenen Gründen nachteilig.

Zum Absperren des Hilfsschornsteines sind gewöhnliche Ventile und Schieber ungeeignet, weil sie festrosten und von den Gasen angegriffen werden. Drehbare Drosselklappen halten nie dicht. Am besten haben sich gußeiserne Ventilteller *g* nach Abb. 139 bewährt, die durch einen Hebel *h* mit Zugkette *i* von einer beliebigen Stelle aus jederzeit leicht bedient werden können. Der Dichtungsrand der Ventilteller taucht in einen Sandverschluß des Standrohres *b*, oder er kann mit Lehm verschmiert werden, nach Öffnung der Schornsteintür *f* im erweiterten Schornsteingehäuse *c*. Der schmiedeeiserne Schornsteinaufsatz d_3 wird mit einer Regenkappe *e* versehen. Seine Gesamthöhe, vom Gasabzug gerechnet, wähle man nicht unter 10 m. Die lichte Weite genügt erfahrungsgemäß nach der Zahlenreihe XLI.

Zahlenreihe XLI.

Lichte Weite des Hilfsschornsteines.

Nutzbarer Rauminhalt des Schachtofens J	10	25	50	75	100 cbm
Lichte Weite des Hilfschornsteines d_3. . .	200	250	300	400	450 mm

N. Die Verwendung der Kalkofengase.

Die Kohlensäure hat sowohl im Gewerbe als auch im täglichen Leben des einzelnen eine große Bedeutung gewonnen.

In Zuckerfabriken wird die Kohlensäure zum Wiederausfällen des zum Reinigen des Zuckersaftes zugesetzten Kalkes (s. S. 29) benutzt; in Sodafabriken zum Umsetzen der ammoniakalischen Kochsalzsole; in neuerer Zeit zur Pflanzendüngung, zur Gewinnung von Schwefel aus Sodarückständen (s. S. 283).

Verflüssigte Kohlensäure wird benutzt in der Industrie der Nahrungs- und Genußmittel als Pilze und Bakterien tötendes Schutzmittel und zur Verbesserung des Geschmackes, z. B. bei der Herstellung von Mineralwasser; sie dient zum Betrieb der Bierausschank-Apparate; zur Erzeugung von Kälte und Eis in den Kohlensäure-Kältemaschinen; zur Lagerung feuergefährlicher Flüssigkeiten (wie Benzin, Petroleum, Spiritus u. dgl.), indem diese vor der Berührung mit Luft geschützt werden; zum Löschen von Feuer in Schiffen und tiefliegenden Lagerräumen u. dgl.

Die Stickstoffgewinnung aus der Luft würde sich wesentlich günstiger stellen, wenn man für die Verflüssigung nicht atmosphärische Luft, sondern sauerstoffarme Kalkofengase nehmen würde, denn die CO_2 ließe sich viel leichter durch Lösung in Wasser entfernen als O_2. Die vom Wasser aufgenommene CO_2 könnte man dann noch besonders verwerten. (*C. Heirich*, Z. f. kompr. u. fl. Gase, Bd. 22, S. 3.)

G. Polysius, Dessau, erhielt das D. R. P. 312 685/1916 auf ein Verfahren zum Vermahlen und Fördern von Carbid, unter Vermeidung von Entzündung und Explosionsgefahr durch Einführen von sauerstofffreien oder -armen Gasen in die Mühlen, Förderungseinrichtungen u. dgl., dadurch gekennzeichnet, daß hierfür die Abgase der Kalköfen verwendet werden. — Es ist hierbei nicht notwendig, die Mühlen so sorgfältig abzudichten wie bei der Verwendung von Stickstoff, weil entweichende Kalkofengase ohne weiteres ersetzt werden können.

Bei der Gewinnung der Karbolsäure aus den „Mittelölen" des Steinkohlenteers erfolgt die Auslaugung des Karbolöls durch Zusatz von Natronlauge, Abdestillation aller basischen und neutralen Verunreinigungen und

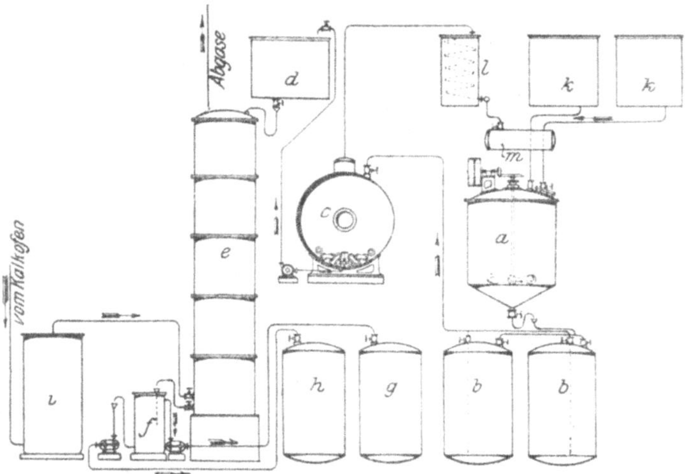

Abb. 140. Anlage zur Gewinnung von Karbolsäure unter Verwendung von Kalkofengasen.

Ausfüllung der Rohphenole. Zum Neutralisieren der alkalischen Laugen wurde früher vielfach Schwefelsäure (von 60° Bé) verwendet, wobei neben den restlos abgeschiedenen Rohphenolen eine Lösung neutralen Sulfates entfiel, die man verloren gab. Neuerdings legt man aus wirtschaftlichen Gründen Wert auf die Wiedergewinnung des Ätznatrons, indem man die Phenolnatronlauge mit Kohlensäure sättigt und neben Rohphenol eine Sodalösung gewinnt, die durch Kaustifizierung mittels Ätzkalk wiederum in Natronlauge übergeführt werden kann. Da bei diesen Verfahren die Kohlensäure durch Erhitzen von Kalksteinen im Schachtofen gewonnen wird und der hierbei entfallende Ätzkalk wiederum zum Kaustifizieren der Sodalauge dient, so bewegt sich das Natron bei der Phenolgewinnung in einem Kreislauf, welcher zu seiner Durchführung nur der Zufuhr von Kalksteinen, Koks und geringen Mengen Soda zum Ausgleich unvermeidlicher Verluste bedarf. — Die abfallende, oft Spuren von Phenol und Ätznatron enthaltende Kreide (kohlensaurer Kalkschlamm) bildet ein lästiges Nebenerzeugnis. Ihre Wiederverarbeitung im Kalkofen ist eine technische Aufgabe, die noch ihrer Lösung harrt.

Die Abb. 140 zeigt die schematische Darstellung einer Anlage zur Gewinnung von Karbolsäure.

Apparate:

a Auslauger,	*g* Kessel für Soda,
b Kessel für Phenolnatronlauge,	*h* Kessel für Rohphenol,
c Klardampfblase,	*i* Gasreiniger,
d Zulaufkasten für Kolonne,	*k* Kasten für Karbolöl,
e Kolonne zum Ausfäller,	*l* Kühler für *c*,
f Ölscheider,	*m* Vorlage der Klardampfblase.

(S. *R. Weißgerber*, Chem. Technologie des Steinkohlenteers, Spamer 1923, S. 91.)

Überall dort, wo nicht das Kalkbrennen nur seiner selbst willen, nur wegen der Erzeugung von Ätzkalk, geschieht, sondern auch die entstehenden Kalkofengase Verwendung finden sollen, dort muß man diese auch hierfür zurichten, in solchen Zustand bringen, daß sowohl ihre Weiterbewegung als auch Weiterverwendung leicht möglich ist. Nun verlassen aber die Gase den Ofen mit hoher Temperatur und sind staubhaltig, so daß sie entsprechend für die Weiterverwendung verarbeitet werden müssen.

Die Forderungen, die einige chemische Industrien an den Kohlensäuregehalt stellen, führte ich schon S. 276 an. Hierauf haben wir jetzt, nachdem die Gase den Ofen verlassen haben, keinen Einfluß mehr. Hier wird es sich darum handeln, die Gase zu kühlen und zu reinigen.

86. Die Abgasleitung.

Die Größe der Gasleitung vom Ofen bis zu den Kühlern od. dgl. wird man einerseits so bemessen, daß die Gasgeschwindigkeit nicht zu groß wird, wegen der damit steigenden Widerstände, andererseits aber auch so, daß die Gasgeschwindigkeit nicht zu klein wird, damit die Flugasche sich nicht in den Rohren ablagern kann, sondern bis zum Reiniger mitgerissen wird. Die Reibungswiderstände, die sich der Gasbewegung entgegenstellen und durch die Saugwirkung der Pumpe überwunden werden müssen, wachsen in Rohrleitungen mit dem Quadrat der Geschwindigkeit. So beträgt der Druckverlust zwischen Anfang und Ende einer Luftleitung nach *Riedler* und *Gutermuth* (Z. d. V. d. Ing. 1891, S. 188):

$$Z = \frac{533}{10^{10}} j \frac{l_1}{d_1} \cdot v^2, \tag{100}$$

wenn j das mittlere Gewicht eines Kubikmeters Luft in der Leitung in Kilogrammen,
l_1 die Länge der Leitung in Meter,
d_1 der lichte Durchmesser der Leitung in Meter,
v die mittlere Luftgeschwindigkeit in Meter.

Beide stellten z. B. bei einer Geschwindigkeit $v = 6{,}5$ m, $d_1 = 0{,}300$ m und einer Leitungslänge $l_1 = 16\,500$ m einen mittleren Druckverlust von 0,005 kg/qcm für je 100 m Länge fest; also 50 mm Wassersäule-Druckverlust für je 100 m Leitung. Bei der doppelten Gasgeschwindigkeit wäre er aber $2^2 = 4$ mal größer, das sind 200 mm. Große Gasgeschwindigkeiten, kleine Rohrleitungen bedingen große Widerstände.

Bei zu geringer Gasgeschwindigkeit findet aber, wie gesagt, Flugascheablagerung in den Rohren statt. Erfahrungsgemäß erfolgt diese bei 2 m Gasgeschwindigkeit schon ganz beträchtlich, weshalb man sich den 2 m nicht zu sehr nähern darf. Auch sind die vorgenannten Druckverluste von 50 bis 200 mm WS in einer 100 m langen Leitung bei Geschwindigkeiten von 6,5 bis 13 m nicht groß im Verhältnis zu den beträchtlichen Druckverlusten, die die bisher verwendeten und im Abschnitt 91 zu beschreibenden Waschkühler verursachen. Man wählt lieber die Geschwindigkeit etwas größer, um die den Dauerbetrieb störenden Staubablagerungen zu verhindern.

Zweckmäßig erscheinen Gasgeschwindigkeiten von 5 bis 15 m in den Rohrleitungen.

Wir werden im Abschnitt 88 sehen, daß die Vorkühlung der Gase in der Gasleitung, vor dem Eintritt in den Waschkühler, wegen Verringerung der Kühlwassermenge erwünscht ist. Man sollte aus diesem Grunde die Kühler nicht unmittelbar neben dem Gasabzugsstutzen aufstellen, sondern in einiger Entfernung und tief. Dann wirkt die frei liegende Gasleitung vorkühlend, und der Kühler hat weniger zu kühlen und in der Hauptsache die Gase nur zu waschen, vom Staub zu befreien. Man sollte aber den Kühler möglichst nicht so weit entfernt aufstellen, daß dadurch wagerechte Leitungen notwendig werden, die sich leicht verstopfen. Bei wagerechter Führung sinkt der Staub auch in strömenden Gasen nach einer Parabel, wie ein Wurfgeschoß, langsam nach unten. Er lagert sich auf der Bodenfläche ab, wenn dort eine zu geringe Gasgeschwindigkeit herrscht, wie im Fuchs der Dampfkessel. Dies kann auch schon geschehen bei unzweckmäßiger Bemessung der Ringrohrleitungen, in die oben die verschiedenen Gasabsaugstutzen einmünden. So sah ich eine Gasringleitung von 300 mm Durchmesser an einem Kalkofen von nur 17 cbm Inhalt, ähnlich Abb. 105g, mit einer Gesamthöhe von 11 m, die, wie nebenstehende Abb. 141 zeigt, fast vollständig mit Flugstaub angefüllt war. Bei dieser geringen Gasgeschwindigkeit lagert sich die Flugasche ab und verengt den Querschnitt immer mehr, so lange, bis eine so große Gasgeschwindigkeit in dem verbleibenden engen Querschnitt herrscht, die eine weitere Ablagerung erschwert. Wird dann aber zeitweise die Gasgeschwindigkeit durch langsameren Lauf der Gaspumpe vermindert, so wird eine weitere Ablagerung und endliche Verstopfung eintreten. Da zeigt sich dann noch ein weiterer Nachteil der kreisförmigen Ringleitung, die in diesem Falle vorhanden war. Sie gestattet kein gerades Durchstoßen, keine vollständige Reinigung und ist in der Herstellung teuer. Deshalb sollte man kreisförmige Ringleitungen vermeiden und solche wählen, die sich durch entsprechend angebrachte Reinigungsklappen genau besichtigen und reinigen lassen.

Durch Bühnen und Stege müssen diese Reinigungsklappen, wie die Stockerlöcher nach Seite 232 gut zugänglich gemacht sein, damit die Reinigung ohne

Gefahr für die Arbeiter, und deshalb auch regelmäßig, ausgeführt werden kann. Dies ist bei dem Ofen nach Abb. 49 nicht möglich.

Die Gase sollen gleichmäßig aus dem Ofen abgesogen werden. Zwei gegenüberliegende, tangential einmündende Abzüge nach Abb. 142 dürften in jedem Falle genügen, einen gleichmäßigen Gasstrom zu erzeugen und eine einfache Anordnung der Gasleitungen zu ermöglichen. Man muß an diese beiden Stutzen ein Gabelrohr anschließen, mit dauerndem Gefälle nach dem Waschkühler hin, Staubablagerungen vermeidend.

Die Lebensdauer der Gasabzugsleitungen ist gering, meistens müssen die am Ofen befindlichen Anschlußteile nach etwa fünf Jahren, je nach der Anstrengung des Ofens, ausgewechselt werden. CO_2 und auch CO reduzieren bzw. oxydieren das Eisen bei 300 bis 400° (wie im Hochofen). Es bildet sich Eisen-

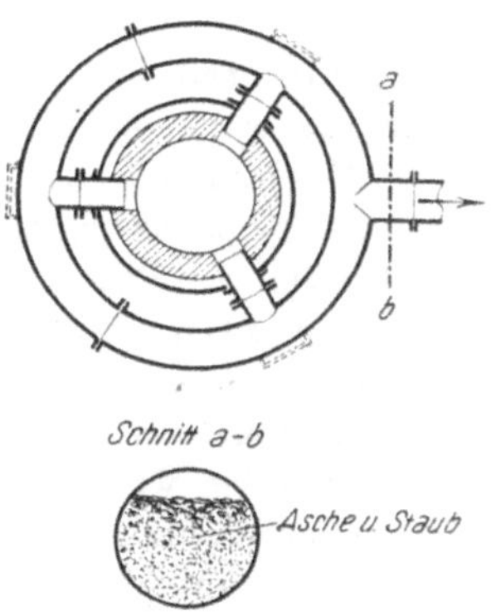

Abb. 141. Unzweckmäßige Gasringleitung.

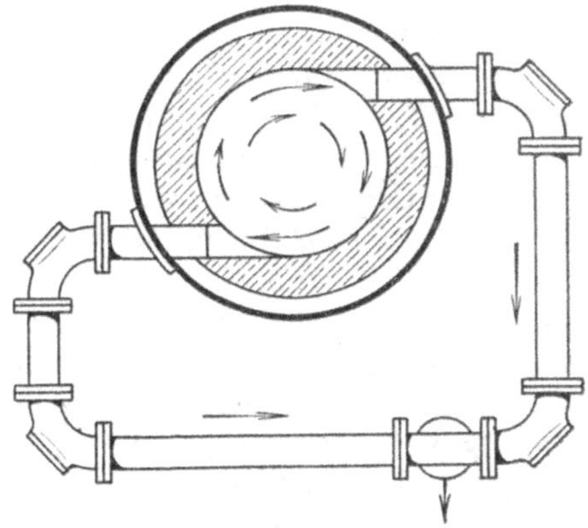

Abb. 142. Tangentiale Anordnung der Gasabzüge.

oxyd und Eisenoxydul. Durch diese Oxydationsvorgänge und durch die Sauerstoffaufnahme des Siliciums und Phosphors entsteht eine bedeutende Raumvermehrung und so eine Spannung in den Masseteilchen des Eisens. Das Gefüge lockert sich, das Eisen bläht auf und bekommt Risse. Die Gase können weiter in die entstandenen Hohlräume eindringen und ihre zerstörende Oxydationswirkung auf das noch gut gebliebene Eisen um so rascher vollenden. Dünnwandige Rohre sind deshalb bald zerstört, weshalb man hier dickwandige Gußrohre gern anwendet. Deshalb dürfte auch der obere schmiedeeiserne Sammelrumpf des amerikanischen Ofens nach Abb. 49 nur kurze Lebensdauer besitzen.

Dir. *M. Thiel*, Stendal, verwendet jetzt an dem Kalkofen der Zuckerfabrik schmiedeeiserne Leitungen. Die gußeisernen sind wohl an und für sich von großer Lebensdauer, springen aber häufig und sind dann in der kurzen Betriebszeit der Zuckerfabrik nicht schnell genug ersetzbar. Schmiedeeiserne dagegen springen nicht unerwartet und lassen sich jederzeit autogen durch aufgesetzte Flicken wieder herstellen.

87. Die Ausnutzung der Abgaswärme des Kalkofens.

Die Gase verlassen den Kalkofen mit einer verhältnismäßig hohen Temperatur. Im Abschnitt 14 „Vorwärmezeit“ berechnete ich diese Temperatur im Idealofen zu 525°, die also wesentlich höher liegt, als wir sie z. B. bei den Abgasen der Dampfkesselfeuerungen im allgemeinen gewöhnt sind. Deshalb ist häufig versucht worden, diese Abwärme noch auszunutzen.

Legrand (Sucrerie indigène 11, Nr. 12, 1876) wollte dies durch einen Quersiede-Dampfkessel mit 50 qm Heizfläche erreichen, den er oben auf dem Kalkofen aufstellte und durch dessen mittleres senkrechtes Flammrohr die Begichtung des Kalkofens erfolgte. In 12 Stunden wurden 450 kg Kalksteine und 45 kg Koks oben eingefüllt (also auf 100 kg Steine 10 kg Koks, eine für damalige Zeiten und noch heute gute Zahl). *Legrand* will durch diese Ausnutzung der Kalkofenabgase täglich 131 Fr. erspart haben. Daß diese Zahl nicht stimmen kann, werden wir später sehen.

Trotz dieser *Legrand*schen Anordnung wurde im Jahre 1883 das D. R. P. 24 816 erteilt auf ein „Verfahren, die Wärme der aus den Kalk- oder Strontianitbrennöfen gezogenen Kohlensäure zum Kochen, Verdampfen oder Vorwärmen von Säften usw. zu verwenden“. Schon *Stammer* sagt dazu in seinen Jahresberichten 1883, S. 49, „daß er erstaunt ist, daß solch ein Patent überhaupt noch erteilt wird. Es läßt sich nur annehmen, daß niemand ein Interesse daran hat, gegen ein solches Verfahren Einspruch zu erheben, und wenn praktische Vorteile zu erwarten wären, dieselben schon längst und ohne auf dieses Patent zu warten, in den Fabriken eingeführt worden wären.“

Das D. R. P. 191 338/1905 will die Ausnutzung in der bei den Hochöfen üblichen Weise durch Einschaltung eines Lufterhitzers (Winderhitzer) erreichen. Deshalb sind zwei Schachtöfen vorgesehen mit zwischengebautem Erhitzer, der in bekannter Weise mit Steinen ausgesetzt ist. Erst werden diese durch die Abgase erwärmt, dann wird umgestellt, und die Luft wird beim Durchleiten vorgewärmt, indem sie die aufgespeicherte Wärme aus den Einsatzsteinen aufnimmt. Dann dürfte man aber die Luft nicht unten in den Kalkofen einführen, weil sonst an der schon warmen Verbrennungsluft sich der gebrannte Kalk nicht mehr abkühlen kann und dadurch hier die aus den Abgasen gewonnene Wärme verlorengeht.

In einem aus zwei Schächten bestehenden Schachtofen von *A. Heimsoth*, Hannover (D. R. P. 317 832/1917), wird das Brenngut im Wechselbetriebe als wärmeaufnehmender und -abgebender Körper zur Vorwärmung des Heizgases und der Verbrennungsluft benutzt. Das Gas wird behufs Vorwärmung abwechselnd in einem der Brennschächte durch das heiße Gut nach unten und der durch den Kühlschacht aufsteigenden Luft entgegengeführt, worauf die an der Vereinigungsstelle entstehenden Verbrennungsgase durch den anderen Brennschacht nach oben ziehen.

Wollte man wirklich etwas erreichen, dann müßte man die Luft am Anfang der Abkühlungszone absaugen, nachdem sie sich durch den Kalk bis *i* (Abb. 32) vorgewärmt hat. Sie könnte dann noch weiter durch die Abgase auf die Brenntemperatur *k* erwärmt werden, womit natürlich eine entsprechende Ersparnis an Brennstoff verbunden wäre. Dies wäre die einzige Stelle, wo noch Wärme aus den Abgasen dem Ofen nutzbar zugeführt werden könnte, und ideal, wenn diese Lücke ausgefüllt würde. Es ist aber anzunehmen, daß dieser Gewinn durch die umständlichere Bedienung und höheren Anlagekosten mehr als reichlich aufgezehrt wird.

Etienne François Chaudière, Paris, erhielt das D. R. P. 333 046/1919 auf eine Luftzuführeinrichtung für Schachtöfen zum Zement- und Kalkbrennen, Erzrösten, Schmelzen, Gaserzeugen usw., bei welcher die Luft in einem zentralen Ofenkern durch die denselben durchziehenden Rauchgase erhitzt wird, dadurch gekennzeichnet, daß die ihre Wärme abgebenden Rauchgase von oben nach unten im Gegenstrom zu der unter Wärmeaufnahme nach oben strömenden Luft geführt werden, und daß die so im Kern erhitzte Luft zusammen mit der im Ofenmantel vorgewärmten Luft durch seitliche Austrittsöffnungen unterhalb der Wirkungszone zugleich auf der Innen- und Außenseite der Beschickung zugeführt wird. — Bei dieser Einrichtung soll man eine gleichmäßige, wirbelfreie Strömung der ihre Wärme austauschenden Gase im Ofenkern erhalten und einen gleichmäßigen, allseitigen, äußeren und inneren Luftzutritt zum Gut.

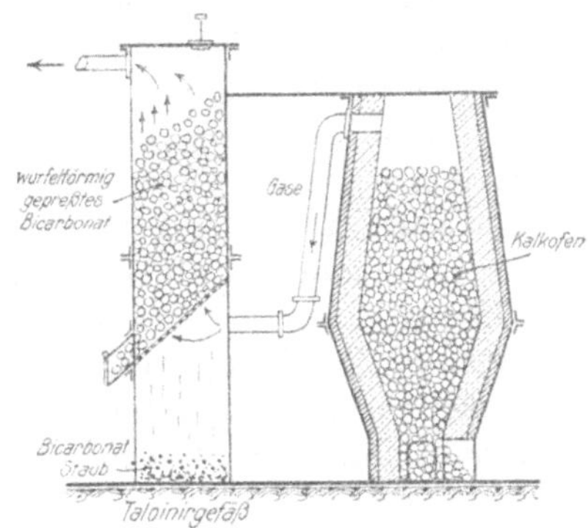

Abb. 143. Ausnutzung der Kalkofen-Abgaswärme zum Calcinieren des Bicarbonats.

Besser erscheinen immer noch die Verfahren, die eine Ausnutzung der Gaswärme unmittelbar mit der Verwendung der kohlensäurehaltigen Abgase anstreben. Hierher gehört die Verwendung der heißen Gase zum Sättigen (Saturieren) der Zuckersäfte, und ich verweise diesbezüglich auf den Abschnitt „Gaskühlung". Auch das *Honigmann*sche D. R. P. 13 782/1880 gehört hierher. Er will die Wärme der Kalkofengase in der Sodafabrik zum Calcinieren des Bicarbonats ausnutzen nach Abb. 145, und werden dann dessen Gase durch die beim Calcinieren freiwerdende CO_2 noch angereichert und auch sämtliches Ammoniak des Bicarbonats wiedergewonnen. *Lunge* führt hiergegen als bedenklich die Verunreinigung des Bicarbonats durch die Kalkofenflugasche an. Waschen dürfte man die Gase ja in diesem Falle nicht, da sie dann ihre Wärme verlieren, aber man könnte Trockenreinigung einrichten.

Allzuviel ist aber durch die weitere Ausnutzung der Abgase nicht zu sparen, wie nachstehende Rechnung zeigen wird. Würde man nach dem Vorschlage *Legrand*s oben auf den Kalkofen einen Dampfkessel aufsetzen, dann stehen nach Abb. 29 von je 100 kg Kalkstein 20 779 WE zur Verfügung mit einer Temperatur von etwa 525°, die im Kessel etwa zu 50 Proz. ausgenutzt werden und somit etwa $\frac{20\,779 \cdot 0{,}5}{630} = 17$ kg Dampf erzeugen könnten. Bei einem Ofen, der täglich 25 000 kg Steine brennt, wären dies 4250 kg oder stündlich $\frac{4250}{24} = 175$ kg Dampf. Das ist nicht viel und könnte höchstens zum Betriebe der kleinen Dampfmaschine dienen, die die Kalksteinförderung betreibt. Aber ein solcher Kessel oben verlangt verständige Bedienung und erschwert den Betrieb ganz bedeutend. Würde man den Kessel unten hinstellen, dann würde durch die Leitung viel Wärme verlorengehen, wie ich dies im Abschnitt „Gaskühlung“ noch näher berechne. Wie groß ist der zu erwartende Gewinn? *Legrand* gab ihn bei seinem kleinen Kalkofen, der täglich etwa 900 kg Steine brannte, zu 131 Fr. an. Von den verwendeten 10 kg Koks kann er als äußerste Ersparnis gewinnen 10, abzüglich der theoretisch nötigen 5,26 kg (S. 74), also $10 - 5{,}26 = 4{,}74$ kg. Von diesen können aber im Dampfkessel höchstens 50 Proz. ausgenutzt werden, oder man kann etwa 2,4 kg an Brennstoff sparen. Für 900 kg Steine wären dies $2{,}4 \cdot 9 = 21{,}6$ kg, die bei einem Preis von 2 Goldmark für 100 kg eine Ersparnis von nur 0,43 Goldmark bedeuten. Auch bei einer täglichen Verarbeitung von 25 000 kg Steinen wären es nur 12 Mk. täglich.

Diese 175 kg Dampf könnte man zur Bildung des Kalkhydrates schon im Kalkofen selbst verwenden, wie dies auf Seite 42 angegeben. Dann würde die Wärmeausnutzung im Ofen ganz wesentlich verbessert. Als Dampferzeuger könnte dann auch ein Niederdruckdampfkessel, der nicht überwachungspflichtig ist und keine besondere Bedienung erfordert, angewendet werden. Aber zur Zeit bereitet die Erzeugung des Kalkhydrates im Ofen selbst Schwierigkeiten und Belästigungen oder erfordert Einrichtungen, die die wärmewirtschaftlichen Vorteile noch überwiegen.

88. Das Kühlen der Kalkofengase.

Bei der Beurteilung des Brennstoffverbrauches hatte ich schon festgestellt, daß die abziehenden 97,9 kg Verbrennungsgase + 44 kg Kalksteinkohlensäure noch 20 779 WE aus dem Kalkofen entführen, bei einer Brenntemperatur von 856°. Und auf Seite 56 (Vorwärmezone) habe ich daraus die Temperatur der abziehenden Gase zu 525° berechnet. Diese Abgastemperatur wird nun in Wirklichkeit noch erniedrigt durch die äußeren Abkühlungsverluste in der Vorwärmezone. Diese Temperaturerniedrigung wäre noch zu bestimmen, und es geschieht leicht unter der schon früher erfolgten Berechnung der Abkühlungsverluste in der Brennzone (S. 117), nach welcher unter den dem betreffenden Beispiel zugrunde gelegten Zahlen durch je 1 qm innerer Oberfläche bei einem Temperaturunterschied von 1° stündlich 1,06 WE oder rund 1 WE verlorengehen.

In die Vorwärmezone treten die Gase mit 856° und verlassen diese mit einer unter obigen 525° liegenden Temperatur, so daß der mittlere Temperaturunterschied zwischen der Innentemperatur der Vorwärmezone und der Außentemperatur etwa 680° beträgt. Ferner berechnete ich bei meinem damaligen Beispiel die innere Wärme abgebende Mantelfläche zu 0,118 qm oder zu rund 0,12 qm für 100 kg Kalksteine, so daß stündlich $680 \cdot 1{,}0 \cdot 0{,}12 = 82$ WE verlorengehen, oder bei einer Vorwärmezeit von z. B. 7 Stunden $82 \cdot 7 = 574$ WE.

Das sind von den 20 779 WE kaum 3 Proz., so daß auch hierdurch die Temperatur der Gase nur in diesem geringen Maße vermindert wird.

Wesentlich stärker kühlen sich die Gase in der ungeschützten Kohlensäureleitung vom Ofen bis zum Wäscher ab. Nehme ich an, daß die Gasabzugsleitung eine lichte Weite von 250 mm besitzt bei einer Länge von etwa 15 m, dann hat sie eine äußere Abkühlungsoberfläche von etwa 13 qm. Werden in dem betreffenden Ofen stündlich 1000 kg Kalksteine gebrannt, dann ziehen durch die Leitung $141{,}9 \cdot \frac{1000}{100} = 1419$ kg Gase, die bei ihrem Eintritt in die Gasleitung noch etwa $\frac{1000}{100} \cdot 20\,000 = 200\,000$ WE enthalten.

Die Wärmeübergangszahl von den Kalkofengasen durch die gußeiserne Leitung nach der Außenluft kann man hier zu etwa 20 WE/qm/St./1° Unterschied annehmen, so daß bei einer Anfangstemperatur der Gase von etwa 525° stündlich durch die Gasleitung $400 \cdot 20 \cdot 13 \sim 100\,000$ WE entweichen, oder von den durchziehenden 200 000 WE gehen 50 Proz. nach außen. Die Gastemperatur wird sich dadurch vor dem Eintritt in den Wäscher einschließlich Abkühlungsverluste in der Vorwärmezone auf etwa 250° abgekühlt haben. Mit dieser Temperatur kann man die Gase nicht den Kolben-Kohlensäurepumpen zuführen, auch dann nicht, wenn die Gase durch Luftüberschuß, durch kaltes Wasser, Sturm und Regen weiter abgekühlt werden, denn diese tiefere Abkühlung ist bei ungleichmäßigem Betrieb nur vom Wetter abhängig, also unzuverlässig. Man kühlt deshalb die Gase weiter ab, meistens durch Mischen mit Wasser, um gleichzeitig die mitgerissenen Staubteilchen auszuwaschen.

Man kühlt die Gase auch deshalb, weil sich dann deren Raum vermindert. Die Raumbeanspruchung wächst bekanntlich im Verhältnis der absoluten Temperaturen. Ich hatte Seite 56 (Vorwärme-Abkühlungszeit) berechnet, daß im idealen Ofen etwa 141,9 kg Abgase für je 100 kg Kalksteine entstehen und daß diese (S. 273) bei 20° einen Raum von $74{,}81 + 24{,}04 = 98{,}85$ cbm einnehmen. Bei 525° C nehmen diese aber einen $\frac{273 + 525}{273 + 20} = \frac{698}{293} = 2{,}7$ mal größeren Raum ein. Wollte man diese heißen Gase unmittelbar durch die Kohlensäurepumpe (hier diese im weitesten Sinne aufgefaßt, gleichgültig ob Kolbenpumpe, Kreiselpumpe oder Injektor) entnehmen, dann müßte ihre Saugleistung 2,7 mal oder die Pumpe selbst müßte 2,7 mal größer sein. Wenn man auch nach den Versuchen von *S. v. Ehrenstein*, Breslau (Centralbl. 1907/08, S. 174) unbedenklich die heißen Gase mit 500° und mehr ohne Schaden unmittelbar z. B. in die Zuckersäfte leiten kann, um den Kalk auszufällen, so wird man schon deshalb die Gase möglichst abkühlen, um mit kleiner Kohlensäurepumpe auszukommen.

Hat man eine reichlich bemessene Kohlensäurepumpe zur Verfügung, dann kann man die heißeren Gase mit ihrem größeren Raum noch fördern und führt damit dem Saft diese Wärme zu. Schieberluftpumpen wird man dabei so heiße Gase zuführen können, daß die durch die Zusammendrückung sich erhitzenden Gase die Pumpe mit höchstens 200° verlassen. Sie werden diese

Temperatur vertragen wie mit Dampf von 200° betriebene Dampfmaschinen. Natürlich ist für gute, sorgfältige Schmierung und Verwendung eines Öles mit hohem Flammpunkt zu sorgen.

Bei Ventilluftpumpen ist die Temperaturgrenze vom Ventilmaterial abhängig. Solchen mit Gummiklappen wird man nicht mehr als 70 bis 80° zumuten, solchen mit Metallventilen 200° und mehr, je nach Art der Ausführung und des Schmieröles.

Es wäre noch zu prüfen, welcher Gewinn an Wärmekosten z. B. in einer Zuckerfabrik entsteht, wenn ich die heißen Gase in den Saft leite.

Von den in den Gasen zur Verfügung stehenden 20 779 WE geht noch ein Teil auf dem Wege zur Sättigung (Saturation) verloren, auch kann der schon an und für sich 80 bis 100° warme Saft nicht vollständig die Wärme aus den Gasen aufnehmen. Es wäre reichlich geschätzt, wenn ich im günstigsten Falle annehme, daß die Gase $^1/_2$ dieser Wärme, also 10 000 WE, an die Säfte für deren Erwärmung nutzbar abgeben. Dies würde einem Kohlenaufwand von $\frac{10\,000}{7000} = \backsim 2{,}00$ kg entsprechen, im ungünstigsten Falle, wenn mit Frischdampf der Saft an dieser Stelle erwärmt würde.

Nehme ich an, in der Zuckerfabrik würden 3000 t kohlensaurer Kalk gebrannt, dann ist dies eine Ersparnis von $\frac{3000 \cdot 1000}{100} \cdot 2 = 60\,000$ kg Kohle oder $\frac{60\,000}{100} \cdot 1{,}3 = 780$ Goldmark. Eine Pumpe, die diese heißen Gase fördert, also 2,7 mal größer ist, dürfte bei 20 Proz. für Abschreibung, Verzinsung usw. nur $780 \cdot 100 = 3900$ Goldmark mehr kosten, sonst frißt sie den Gewinn an Brennmaterial wieder auf. Ganz besonders dann, wenn für die Erwärmung des Saturationssaftes Saftdampf Verwendung findet, dann vermindert sich der berechnete Gewinn um 780 Goldmark noch ganz bedeutend. Es scheint also wenig Vorteil zu bringen, mit heißen Gasen zu arbeiten.

Nachdem wir gesehen haben, daß die heißen Gase nicht viel nützen (s. auch das im Abschnitt 87 über Ausnutzung der Abgaswärme Gesagte), so muß jetzt geprüft werden, wieweit die Abkühlung getrieben werden soll, denn auch hierüber herrscht wenig Klarheit. Einige sagen, man sollte die Gase bis auf die Kühlwassertemperatur abkühlen, andere sagen, es genügt eine Temperatur von 60 bis 80°.

Ich will hier auf die verschiedenen Verhältnisse näher eingehen.

Die Abgase werden sich beim Durchgang durch das Kühlwasser mit Wasserdampf anreichern, je nach der Durchgangszeit, bis zur Sättigung, wenn die zur Verdampfung notwendige Wärme zur Verfügung steht. Wieder vom idealen Kalkofen ausgehend, von dem die Abgase unmittelbar ohne Temperaturverlust in den Kühler eintreten, werde ich die höchstmögliche Eintrittstemperatur berücksichtigen. Dann enthalten die den Ofen verlassenden 141,9 kg Abgase noch 20 779 WE oder 1 kg der Abgase würde bei seiner Abkühlung bis auf 0° $W = \frac{20\,779}{141{,}9} = 146$ WE abgeben.

Nehme ich die spez. Wärme der Abgase bei den Temperaturen von 0 bis 100° zu 0,23 an, dann werden bei der Abkühlung auf $a°$ nur $146 - a \cdot 0{,}23$ WE abgegeben. In der nachstehenden Zahlenreihe XLII habe ich nun die verschiedenen Wärmemengen angegeben, die das Gas bei Abkühlung bis auf Temperaturen zwischen 0 und 90° abgeben kann bzw. die zwecks Abkühlung des Gases abgeführt werden müßten. Weiter habe ich dort den Raum der trockenen Abgase angegeben unter Berücksichtigung der früheren Rechnung, daß 141,9 kg Abgas 98,85 cbm bei 20° besitzen, also 1 kg hierbei einen Raum von $V = \frac{98{,}85}{141{,}9} = 0{,}69$ kg einnimmt. Bei den anderen Temperaturen verändert sich diese Raumbeanspruchung mit den absoluten Temperaturen, so daß dann

$$V_1 = V \cdot \frac{273 + a}{273 + 20} \tag{101}$$

wird.

Diese Gase nehmen den Wasserdampf bei ihrem Durchgang durch das Kühlwasser auf und übt dann dieser Wasserdampf in dem Abgase eine bestimmte Spannung aus; seine Dampfspannung p_1, die der betreffenden Temperatur entspricht, die ich ebenfalls angegeben habe; gleichzeitig darunter das Gewicht η, das 1 cbm dieses Wasserdampfes besitzt. Sind die Abgase ganz mit Wasserdampf gesättigt, dann besitzt der Wasserdampf einen der Gastemperatur entsprechenden Druck, verdrängt und durchdringt diese entsprechend. Bei 50° besitzt z. B. der Wasserdampf eine Spannung von 0,121 Atm., so daß für die Abgase nur noch der Teildruck von $p_2 = 1{,}00 - p_1 = 1{,}00 - 0{,}121 = 0{,}879$ Atm verbleibt. Der ursprüngliche, von 1 kg eingenommene Gasraum V wird dadurch vergrößert auf

$$V_2 = V_1 \cdot \frac{1{,}00}{p_2}, \quad \text{also z. B. ist bei } 50° \quad V_2 = 0{,}76 \cdot \frac{1{,}00}{0{,}879} = 0{,}86 \text{ cbm.}$$

Da in je 1 cbm Gas je η kg Wasserdampf aufgenommen werden können, so können die V_2 cbm Abgas aufnehmen:

$$G = V_2 \cdot \eta$$

oder z. B. bei 50° $G = 0{,}86 \cdot 0{,}0822 = 0{,}072$ kg Wasserdampf.

Um diesen Wasserdampf zu erzeugen, um das Kühlwasser in Dampf umzuwandeln, sind für je 1 kg Wasser ungefähr 580 WE erforderlich oder für die aufnehmbare Wassermenge G sind notwendig:

$$W_1 = 580 \cdot G,$$

somit z. B. bei 50°

$$W_1 = 580 \cdot 0{,}072 = 42 \text{ WE}.$$

Diese Wärmemenge wird den Abgasen selbst entzogen. Aber man sieht aus der Zahlenreihe XLII, daß bei 70° schon 132 WE notwendig sind für die ganze aufnehmbare Dampfmenge, während die Gase nur 129,9 WE abgeben können. Sie besitzen nicht mehr die für die vollständige Sättigung mit Wasserdampf nötige Wärme, so daß sich von hier an die Gase nicht mehr ganz mit Wasserdampf sättigen können. Sie besitzen noch das Vermögen, infolge der ungenügenden Sättigung Wasserdampf aufzunehmen, dadurch sich abkühlend, aber es fehlt die notwendige Wärme, woraus hervorgeht, daß die Kalkofengase nie einen Wasserkühler (Wäscher) mit einer höheren Temperatur als etwa 70° verlassen können, solange noch ein Tropfen Wasser vorhanden ist. Selbstverständlich vorausgesetzt, daß er innig mit dem durchziehenden Gase in Berührung kommt. In Wirklichkeit wird sogar die Temperatur noch niedriger liegen, je nach der Wärmemenge, die die Abgase schon vor ihrem Eintritt in den Kühler auf ihrem Wege vom Kalkofen verloren haben.

In dieser Beziehung ist demnach die Kühlung außerordentlich einfach, jede Gefahr, daß zu heiße Gase zur Gaspumpe treten, ist sicher vermieden, wenn man im Kühler für einen genügenden Wasservorrat sorgt und für die Ergänzung des verdampfenden Wassers. Auch ist die hierbei für die Kühlung aufzuwendende Wassermenge sehr gering. Nach Zahlenreihe XLII sind nur höchstens 0,228 kg Wasser zu verdampfen und zu verbrauchen für 1 kg Abgas. Für die 141,9 kg Abgase, die für je 100 kg Kalksteine abzuleiten sind, wären höchstens $0{,}228 \cdot 141{,}9 = 32{,}4$ kg Kühlwasser aufzuwenden. So ist die Sache sehr einfach, aber es müssen doch noch die Verhältnisse geprüft werden, die bei weiterer Gasabkühlung eintreten, denn die Abgase von 70° haben noch eine beträchtliche Raumbeanspruchung. Während 1 kg Abgas bei 20° nach der Zahlenreihe XLII 0,7 cbm einnimmt, nimmt es bei 70° 1,15 cbm ein. Das heißt, daß die Gaspumpe und deren Saugleitungen ein $\frac{1{,}15}{0{,}7} = 1{,}64$ mal größere Raummenge fördern oder 64 Proz. größer sein müssen. Hat man eine große Kohlensäure-Gaspumpe zur Verfügung, so wird man diese Arbeitsweise als die bequemere einhalten. Dies scheint auch der Grund zu sein, warum man so wenig die Gaskühler bzw. -wäscher verbesserte; bei diesen einfachen Umständen erzielte man befriedigende Ergebnisse auch mit einfachen Einrichtungen.

Weiter kommt daze, daß die Gase, die mit solchen Temperaturen den Kühler verlassen, die wesentlich über der Außentemperatur liegen, sich in der Saugleitung auf dem Wege bis zur Pumpe noch weiter abkühlen. Die Gase werden dadurch mit Wasserdampf übersättigt, denn es kann der anfänglich aufgenommene Wasserdampf nicht mehr als Dampf erhalten bleiben. Das Wasser taut aus den Gasen, schlägt sich an den Rohrwänden als Tau nieder, nimmt dabei noch Staub mit und gelangt als schmieriger Schlamm in die Pumpe. Bei Kolbenpumpen wird der Zylinder und Kolben durch Verschleiß leiden; bei Gebläsepumpen wirkt der Schlamm wie ein Sandstrahl zerstörend auf die Schaufel und backt, durch die Überhitzungswärme austrocknend, fest. Dies läßt sich durch Abkühlung der Gase bis auf die Raumtemperatur vermeiden. Dadurch wird auch die notwendige Pumpenleistung, wie schon vorberechnet, kleiner.

Allerdings wird dadurch, daß man die Gase sich mit Wasserdampf sättigen läßt, mit zunehmender Abgangstemperatur die dadurch schon verbrauchte Wärme größer, wie aus Zahlreihe XLII ersichtlich. Man hat dann wenig Wasser für die weitere Abkühlung aufzuwenden.

Zahlenreihe XLII.

Die von 1 kg Abgase abgebbare Wärmemenge, die Wasserdampfspannung, das Abgasgewicht, die notwendige Kühlwassermenge in Abhängigkeit von der Temperatur, mit der die Gase den Kühler verlassen.

Austrittstemperatur t_4 der Gase aus dem Kühler °	0	10	20	30	40	50	60	70	80	90
Von 1 kg Abgase werden abgegeben $W =$ WE	146	143,7	141,4	139,1	136,8	134,5	132,2	129,9	127,2	125,3
Wasserdampfspannung p_1 . . . . Atm	0,006	0,012	0,022	0,041	0,072	0,121	0,195	0,306	0,466	0,691
1 cbm Wasserdampf wiegt η . . . . . . kg	0,0047	0,0091	0,0169	0,0298	0,0504	0,0822	0,129	0,198	0,293	0,424
Verbleibende Teilspannung für die Abgase $p_2 = 1{,}00 - p_1$ . . . . Atm	0,994	0,988	0,978	0,959	0,928	0,879	0,805	0,694	0,534	0,309
1 kg trockene Abgase nimmt einen Raum ein von V_1 . . . . cbm	0,64	0,67	$\frac{98{,}85}{191{,}9} = 0{,}69$	0,71	$0{,}69 \cdot \frac{273 + 40}{273 + 20} = 0{,}74$	0,76	0,78	0,80	0,83	0,85
1 kg mit Wasserdampf gesättigter Abgase nimmt einen Raum ein von $V_2 = V \cdot \frac{1{,}00}{p_2} =$. cbm	0,64	0,68	0,7	0,74	0,8	0,86	0,97	1,15	1,56	2,75
1 cbm Abgase kann aufnehmen kg Wasserdampf $G = V_2 \cdot \eta =$ . . . . kg	0,003	0,0062	0,013	0,022	0,04	0,072	0,126	0,228	0,457	1,166
Um diesen Wasserdampf zu erzeugen, müssen dem Kühlwasser entnommen werden $W_1 = 580 \cdot G =$ . . . . WE	1,74	3,6	7,5	12,8	23,2	42	73	132	265	676
Durch das ablaufende Kuhlwasser sind noch abzufuhren $W_2 = W - W_2 =$ . . . . . . WE	144	140	134	126	114	93	59	—	—	—

Das ablaufende Wasser wird sich mit Kohlensäure sättigen und Verluste an Kohlensäure veranlassen. Das Wasser kann aber um so mehr CO_2 aufnehmen, je kälter es bleibt, weshalb man häufig hört, man solle das Wasser möglichst warm am Kühler ablaufen lassen, um diese Verluste gering zu halten. Ganz würden sie verschwinden, wenn man im Idealofen z. B. die Gase mit etwa 70° austreten ließe. Dann würde nach Zahlenreihe XLII schon alle freie Gaswärme durch das verdunstende Wasser für seine Verdampfung verbraucht, und wenn man dann für 1 kg Gas gerade 0,228 kg Wasser in den Kühler einführt, würde dies auch vollständig verdampfen. Warmwasser würde dann nicht ablaufen und damit verbundene Kohlensäureverluste würden vermieden. Aber auch die Waschwirkung wird vermindert, weil kein Wasser abfließt, das den Staub abführen könnte.

Es wäre nun zu prüfen, wie die Verluste an Kohlensäure sind, wenn die Gase weiter gekühlt werden und Kühlwasser den Kühler verläßt.

Will ich die Gase auf 20° abkühlen, dann sind nach der Zahlenreihe XLII durch das ablaufende Kühlwasser noch 134 WE abzuleiten. Würde das Wasser mit 10° zu- und 20° ablaufen, dann sind $\frac{134}{20-10} = 13{,}4$ kg Kühlwasser noch nötig. Bei 20° kann 1 l Wasser 0,9 l reine Kohlensäure lösen, und sinkt die Löslichkeit durch die anderen Gase im ungefähren Verhältnis ihrer Anwesenheit. In den Abgasen sind höchstens 40 Raum-Proz. CO_2 vorhanden, durch die sich mitlösende Luft würde also vielleicht nur $0{,}9 \cdot 0{,}4 = 0{,}36$ l CO_2 gelöst. In den 13,4 kg Kühlwasser sind somit $13{,}4 \cdot 0{,}36 = \backsim 5$ l löslich, wenn sich das Wasser im Wäscher mit Gas vollständig sättigt. 1 kg Abgas des Idealofens nimmt einen Raum von $\frac{98{,}85}{141{,}9} = \backsim 0{,}7$ cbm oder 700 l ein und enthält 40,2 Raum-Proz. CO_2, also etwa 280 l. Die wohl nur im ungünstigsten Falle aufzuwendende Menge Kühlwasser von 13,4 l kann nur $\frac{5}{280} \cdot 100 = \backsim 2$ Proz. Kohlensäure aufnehmen. Dies ist schon an sich sehr wenig, und dürfte auch kaum voll verlorengehen, weil im Wäscher die zur vollständigen Abnahme notwendige Zeit fehlt und infolge des in ihm herrschenden Unterdruckes die Löslichkeit auch vermindert wird. Mit der Anwendung von Kühlwasser braucht man also wegen der Verluste an Kohlensäure nicht zu ängstlich zu sein, denn wenn diese wieder verwendet wird, so geschieht es meistens zum Ausfällen des gebrannten Kalkes in den damit behandelten Zuckerlösungen, Laugen, und dann ist ja die Brennstoff-Kohlensäure noch als Überfluß zur Verfügung.

Die Löslichkeit der Kohlensäure im Wasser nimmt mit der Temperaturzunahme ab. Je wärmer das Kühlwasser abläuft, um so weniger CO_2 wird gelöst und um so weniger geht mit dem ablaufenden Kühlwasser verloren. Andererseits ist aber wegen der damit verbundenen Raumverminderung der Gase, deren weitestgehende Abkühlung erwünscht. Heißer Austritt des Kühlwassers, kalter Austritt der Gase bedingt Gegenstrom im Kühler. Diesen Gegenstrom suchte man bei vielen Kühlern einzuhalten, doch nur wenige besitzen ihn. Was bei Gegenstrom-Mischkondensatoren leicht und vollständig zu erreichen ist, wird hier deshalb vor allem schwierig, weil hier für 1 kg Gas kaum der zehnte Teil, ja bei 70° nur der hundertste Teil der Kühlwassermenge aufzuwenden ist. Dementsprechend ist die Wasserverteilung schwerer, ganz besonders auch deshalb, weil hier nur ein Gas abzukühlen ist, das bedeutend größere Kühl- bzw. Berührungsflächen mit dem Wasser erfordert für den Wärmeübertrag. Dagegen dort bei den Kondensatoren hat man es zum allergrößten Teil mit Wasserdampf zu tun, der hundertmal schneller seine Wärme abgibt als auch die ihm beigemengten wenigen Prozente unkondensierbarer Gase. Man hat sich auch bisher hierüber nur wenig Kopfschmerzen gemacht, doch dürfte auch eine Vertiefung und Verbesserung nur nützlich sein. Die wohl zu Anfang eingeführte Form hat sich fast unverändert erhalten.

Wollte man in einem Gegenstromkühler, die meistens als Überfallkühler ausgeführt werden, kühlen, dann müßte man infolge der bekannten schlechten Wärmeabgabe bei der Abkühlung der Gase die Kühler vielmal größer ausführen als einen Mischkondensator, der durch Verdichtung des Dampfes die gleiche Wärmemenge abführt. Da man hieran nicht dachte, so war mit den Kataraktkühlern keine große Kühlung zu erzielen, trotz Anwendung großer Kühlwassermengen.

Die im Wasserkühler aufgenommene Wasserdampfmenge wirkt dadurch nachteilig, daß die Gase, z. B. beim Saturieren in Zuckerfabriken, beim Durchgang durch den Saft sich nicht mehr in dem Maße mit Wasserdampf aus dem Saft sättigen können. Die Aufnahme von Wasser aus dem Saft ist ein Gewinn, eine Ersparnis an Brennstoff, weil dadurch schon ein Teil des Wassers aus dem Saft verdampft, Gewinn aber natürlich nur dann, wenn das Gas mit höherer Temperatur in den Saft eintritt, also diese Wärme für die Verdampfung nutzbringend abgibt.

Abkühlung bei möglichst geringem Wasserverbrauch erscheint nützlich. Sie erfolgt dort, wo lange Saugleitungen bis zur Pumpe schon vorhanden sind. Sie könnte noch vermehrt werden durch Rippen, durch Vergrößerung der Rohroberfläche. Aber man will doch bisher durch die Verwendung von Wasser das Gas nicht nur kühlen, sondern auch von Staub möglichst befreien. Es ist deshalb noch zu prüfen, ob ohne Wasser oder möglichste Verminderung das Gas genügend staubfrei zu bekommen ist, so staubfrei, daß es ohne Schaden durch die Pumpe geleitet werden kann.

89. Der Staub in den Abgasen.

Die Abgase reißen Staub aus der Begichtung, Koksgrus und teilweise auch Koksasche infolge ihrer Strömungsgeschwindigkeit mit. Die Abb. 130 zeigt, daß in der Brenn- und Vorwärmezone Gasgeschwindigkeiten von mindestens 3,15 bis 4,8 m herrschen, die erfahrungsgemäß mehr als reichlich genügen, um auch ziemlich große Staubteilchen mitzureißen. Wenig Asche wird im Ofen zurückbleiben, in die Kühlzone fallen können, wenn Koks verwendet wird, der nicht schlackt, sondern zur losen Asche verbrennt.

Der Staub entsteht weniger durch Abreiben der Stein- und Koksstücke aneinander, denn ihre gegenseitige Bewegung ist, wie ich dies schon bei der Schichtenbildung angab, nur sehr geringfügig, besonders bei gutgeformten Öfen. Größer ist das Abreiben an der Auskleidung beim Niedergang von Einfluß. In der Hauptsache entsteht er durch das Trocknen des auf dem Kalkstein befindlichen Schlammes und des auf dem Koks befindlichen Feingruses. Diese, in der Vorwärmezone trocknenden Teile werden pulverförmig, lösen sich und werden von den Gasen mitgerissen.

Sollen die Gase nutzbar gemacht werden, z. B. zum Sättigen, Saturieren der geschiedenen Zuckersäfte, für die Sättigung in der Ammoniak-Sodafabrik u. dgl., so wird man die Unreinigkeiten vorher entfernen, um die Säfte und Laugen nicht unnötig zu verunreinigen. Daß Staub in den Koksofengasen vorhanden ist, zeigt sich beim Öffnen der oberen Schaufenster, Stockerlöcher, wenn die CO_2-Pumpe zu wenig saugt; dann pustet das Gas einem den Staub in die Augen. In so großen Mengen, wie er in den Hochofengasen gefunden wird, kann er aber wohl kaum vorhanden sein. Wieviel Staub in den Kalkofengasen vorhanden ist und wieviel Staub in den bisherigen Kalkofenwäschern entfernt wird, weiß man nicht genau, denn Versuche sind hierüber noch nicht bekanntgeworden. Ich möchte aber auf eine einfache Einrichtung zur Staubbestimmung hinweisen, die *Leo Martins* anführt (Stahl u. Eisen 1905, S. 309) nach nebenstehender Abb. 144, die ohne Beschreibung verständlich ist. *H. Fisch* vervollkommnete diese Vorrichtung durch Anbringung einer Spiritus-Abbrennrinne *a*, um Filter und Auffangvorrichtung auf etwa 100° zu erwärmen (Feuerungstechnik 1915, S. 8, 1. Okt.). Man mißt die durchgesogene Gasmenge (etwa 200 l mittels Gasometer) und wiegt den auf dem Papierfilter zurückgehaltenen Staub. Vielleicht werden solche Bestimmungen auch an Kalköfen noch ausgeführt. Nach *Pasteur* (Compt. rend. Bd. 50, S. 302, sowie Bd. 85, S. 178) leitet man die Luft durch Schießbaumwolle, löst letztere in Alkohol und wiegt den Rückstand. Nach *Smith* (Air and Rain) läßt man die Luft durch ein mit destilliertem Wasser beschicktes Absorptionskölbchen streichen, verdampft das Wasser und bestimmt den Rückstand durch Wägung. Nach *Maddox* (Monthly Microscop. Journ. Bd. 3, S. 283) sowie nach *Miquel* (Compt. rend. Bd. 86, S. 1552) leitet man die angesaugte Luft gegen eine mit Glycerin überzogene Fläche, während sie nach *Fodor* (Luft, Wasser und Boden S. 92) durch ein Rohr mit Glaswolle gesaugt wird. Bewährt hat sich die folgende Methode nach *Emmerich* und *Trillich* (Hygienische Untersuchungsmethoden). Man benutzt dazu ein *Allihn*sches Filterröhrchen; ein solches besteht aus einer etwa 10 cm langen, reichlich 1 cm weiten Glasröhre, die an dem einen Ende schroff verjüngt ist und in ein kurzes Röhrchen von etwa 3 mm Weite übergeht. In dieses Filterröhrchen bringt man einen Bausch

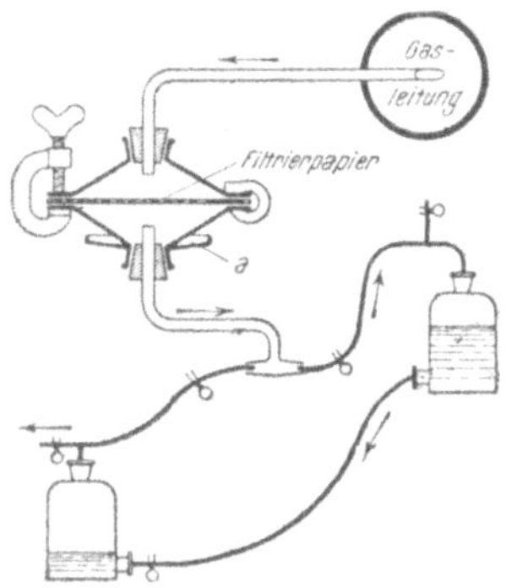

Abb. 144. Einrichtung zur Staubbestimmung.

reinen, geglühten, faserigen Asbest, den man im Röhrchen vor der engen Öffnung zu einem lockeren Pfropf formt, trocknet bei 100° C, läßt im Exsiccator erkalten und wiegt. Dann verbindet man das enge Röhrchen mit einer Gasuhr und diese mit einem Aspirator oder einer Luftpumpe und saugt nun die zu untersuchende Luft durch das Röhrchen, indem man ihren Raum an der Gasuhr mißt. Man trocknet das Röhrchen nun wiederum bei 100° C, läßt im Exsiccator erkalten und wägt; die Gewichtszunahme entspricht dem in der durchgesaugten Luft enthaltenen Staub. Zur Bestimmung der organischen Stoffe darin bringt man den Asbest mit Staub in eine gewogene Porzellanschale, wägt und glüht dann, bis die Kohle verbrannt ist; dann ersetzt man die entwichene Kohlensäure durch Übergießen mit Ammoniumcarbonatlösung, dampft zur Trockne und glüht wieder gelinde. Der Gewichtsverlust entspricht annähernd der im Staube enthaltenen organischen Stoffe.

Stach beschreibt eine Einrichtung zur ununterbrochenen Aufzeichnung des Staubgehaltes (Z. d. V. d. Ing. 1915, S. 897). Dieser als Kapnograph bezeichnete Staubmesser der *Hydro-Apparate-Bauanstalt*, Düsseldorf, besteht aus einer von einem Uhrwerk gedrehten Papiertrommel, auf die das durch eine elektrische Glühlampe vorgetrocknete Gas durch eine feine Düse aufgeblasen wird. Die aufgeblasene Staubdichte wird durch eine abgestimmte Vergleichstafel zahlenmäßig festgestellt.

Dr. *Grimm*, Gleiwitz, berichtet über die Staubmessungen in Rauchgasen (Zement Bd. 8, 1919, S. 359). Die bei Hygienikern üblichen Staubmessungen versagten bei der Bestimmung der von einzelnen Schornsteinen ausgeworfenen Staubmengen. Auch die Aufstellung von Schalen in der Umgebung führte zu irrigen Ergebnissen. Das Absaugen und Filtrieren bestimmter Luftmengen aus einem Schornsteinquerschnitt führte zu ganz widersinnigen Zahlen, die bei gleichzeitig ausgeführten Parallelversuchen ganz verschieden lauteten. — Für die Staubbestimmung in den Rauchgasen von Zementöfen verwendete er Blechtäfelchen, auf denen eine kreisförmige Fläche von 35 qcm mit Öl bestrichen war. Die Tafeln, die leicht zu säubern, gut zu trocknen und zu wägen waren, wurden dem Gasstrom in der Mitte des Schornsteins am Schornsteinkopf bestimmte Zeit (10 Sekunden) ausgesetzt und der auf ihnen abgelagerte Staub durch Wägen bestimmt. Die so gefundenen Staubmengen können jedoch nur Vergleichszwecken, nicht aber zur Bestimmung der wirklich entweichenden Staubmengen dienen. Im Mittel fand er in den Abgasen der Zementöfen 5 g Staub im Kubikmeter; Abweichungen wurden zwischen 2 bis 229 g festgestellt.

Während und unmittelbar nach der Begichtung wird natürlich bei der Verwendung von weichem, bröckligem Kalkstein und stark zerriebenem Koks die Staubbildung und so der Staubgehalt der abziehenden Gase am größten sein. Die im allgemeinen zum Absaugen der Gase dienenden Vorrichtungen (Kohlensäurepumpen) dürfen auch nicht mit so staubigen Gasen in Berührung kommen, wenn nicht deren bewegliche Teile unter schnellem Verschleiß leiden sollen. Man schaltet deshalb Vorrichtungen ein, die die Gase nicht nur kühlen, sondern auch reinigen.

90. Die trockene Reinigung der Gase und die Nutzbarmachung des Staubes.

Die Gase werden meistens durch Leitungen mit größerer Kühlwirkung abgekühlt und nun in Staubkammern und Staubfiltern vom Flugstaub befreit. Soll hier eine günstige Staubbefreiung erlangt werden, dann wird die Anlage umfangreich und teurer als die der nassen Reinigung. Bei solchen trockenen Gasreinigern darf aber die Abkühlung der Gase nicht so weit getrieben werden, daß der immer darin vorhandene Wasserdampf zur Kondensation kommt, an die Filterflächen taut und diese verschmiert und verschlammt. Dieser Wasserdampf stammt aus der Luftfeuchtigkeit der in den Kalkofen eintretenden Verbrennungsluft und dem aus den eingefüllten Kalksteinen und dem Koks in der Vorwärmezone herausgedampften Wasser.

Erwähnen möchte ich, daß man auch beim Hochofenbetrieb die trockene Kühlung und Reinigung der Gase versuchte, die auch für den Kalkofenbetrieb dann nützlich wäre, wenn man die Gase heiß weiter verwenden will. So verwendete Dr. *Karl Möller* (Z. d. V. d. Ing. 1884, S. 263) D. R. P. 17 085 gepreßte Schlackenwolle, die in gelochte Blechrahmen fest eingepreßt wurde. 1 qm läßt etwa 3 cbm Gas in der Minute durch bei einem Druckunterschied von 50 bis 100 mm Wassersäule. Der Staub dringt nur wenig ein und soll nur außen anhaften. Er wird von Zeit zu Zeit durch Druckluft mit 4 Atm abgeblasen. Diese Reinigung macht die Sache umständlich.

Nach dem D. R. P. 295 388/1914 will *C. H. Jucho*, Dortmund, Gase auf trockenem Wege reinigen, gekennzeichnet durch die Anwendung von in die Abgasleitung des Hochofens eingeschaltete Metallfilter, deren Füllstoff aus feinen, langen Metalldrehspänen (Stahldrehspänen) besteht.

Bei den Drehrohrofen der Zementwerke scheidet man den sich dort sehr stark entwickelnden Staub erst in trockenen Staubkammern und daran anschließend durch Waschen mit Wasser ab. *Naske* (Die Portland-Zementfabrikation 1914, S. 195) beschreibt eine gemauerte Staubkammer von *G. Polysius*, Dessau. Die Vorwärmezone des Drehrohrofens ragt in die Staubkammer, deren Länge etwa 6 mal größer ist als der Ofendurchmesser, und die einen Querschnitt hat, der etwa 10 mal größer ist als der Querschnitt des Ofens, so daß die Gasgeschwindigkeit auch auf $^1/_{10}$ erniedrigt wird und sich der Staub unten in Trichterzellen abscheidet. Eine Schnecke mit Becherwerk fördert diesen Staub zurück zum Ofen.

Eine Analyse von Ablagerungen in der Gasleitung vom Kalkofen findet sich in der Z. f. d. Zuckerindustrie 1896/97, S. 478.

Über die Kaligewinnung aus Zement und Hochofenstaub in England und Amerika finden sich Angaben in der Zeitschrift „Stahl und Eisen" 1917, S. 551; 1918, S. 1029; 1919, S. 929 und 1920, S. 748.

Friedrich Schott, Heidelberg, hat sich durch die D. R. P. 291 070 und 294 045 Verfahren zur Gewinnung der in den Abgasen von Brennöfen für Portlandzement enthaltenen, als Düngemittel verwendbaren Salze schützen lassen, welches auch an Kalköfen verwendbar sein soll. Sie sind dadurch gekennzeichnet, daß die Abgase zunächst in bekannter Weise von den groben

Bestandteilen befreit, dann gekühlt und zuletzt in weiten Staubkammern mit im oberen Teil hängenden Filterschläuchen und oberem Abzug geleitet werden. Die in der Brennzone verdampfenden Salze (Kali- und Ammonsalze) sollen durch die Abkühlung unter 100° abgeschieden werden, unterstützt durch das eintretende Tauen der im Gase vorhandenen Feuchtigkeit. Im *Portland-Zementwerk* Heidelberg ist das D. R. P. 291 070 an einem Drehofen durchgeführt, wobei täglich 4000 bis 5000 kg eines Staubes gewonnen werden, der 20 bis 21 lösliches, an Kieselsäure gebundenes Kali enthält; ca. 7 g davon in Wasser, der Rest in verdünntester Säure löslich. Der Staub wurde in der eigenen Landwirtschaft mit überraschend günstigem Erfolg verwendet. Es wurden Kartoffelerträge von über 10 000 kg auf den Morgen und Dickrüben von 13 kg Gewicht erzielt.

In Ergänzung der allgemeinen Angaben über die Möglichkeit der Kaligewinnung aus Zement durch elektrische Niederschlagung des Staubes aus den Brennkammern (Metallurg. Chem. Eng. 16, 1917, S. 653) werden ausführliche Mitteilungen über das bei der *Portlandzement Co.* in Riverside (Californien) angewandte Verfahren von *J. Treanor* (Metallurg. Chem. Eng. 16, 1917, S. 701/03) gemacht. Im Rohmaterial sind bis zu 2,5 Proz. Kaliumoxyd enthalten, von dem etwa die Hälfte sich beim Brennen verflüchtigt. Mit Hilfe des *Cottrell*prozesses können je nach Leistung der einzelnen Staubabscheider 60 bis 90 Proz. des flüchtigen Kalis niedergeschlagen werden. Nach dem V. St. A.-Pat. 1 194 344 wird durch Zusatz von Fluorcalcium das Austreiben des Kalis aus dem Klinker wesentlich erhöht, indem Fluorkalium gebildet wird, das bei etwa 850° verdampft. Auf je 1 Proz. Kali der Rohmischung verwendet man 0,8 Proz. Flußspat. Da die Reaktion zwischen diesem und dem Kali nicht unter 1100° einsetzt, kommt es sofort zur Verflüchtigung des sich bildenden Fluorkaliums. Durch Einwirkung der Schwefelsauerstoffverbindungen aus den Verbrennungsgasen erfolgt eine weitgehende Umwandlung in Kaliumsulfat, während Flußsäure frei wird, die sich schließlich mit dem Kalk des Flugstaubes zu Fluorcalcium regeneriert. Das aus dem Staubsammler kommende, elektrisch niedergeschlagene Gut ist früher unmittelbar als Düngemittel verwendet worden; später hat man mit Wasser ausgelaugt. Es zeigte sich, daß ein Teil des Kalis zusammen mit Gips in Form von Sygenit sich der Auslaugung entzog. Nunmehr laugt man in zylindrischen Kesseln unter Einleiten von Dampf bei mindestens 85° aus. Die Lösung wird gefiltert und eingedampft. Die Ausbeute an krystallisiertem Kaliumsulfat erreicht 75 Proz. des Gesamtkalis der Rohmischung.

Zwecks Gewinnung von Chlorkalium beim Hochofenbetrieb wird der Hochofenbeschickung Natriumchlorid oder ein Erdalkalichlorid zugesetzt und der Rauch oder der feine Staub aus den Abgasen durch ein geeignetes Reinigungsverfahren abgeschieden. Dabei soll sich das in den Hochofengasen vorhandene Kalium mit dem Chlor des zugesetzten Chlorids zu Kaliumchlorid verbinden und in dieser Form verflüchtigt werden. Das Kaliumchlorid kann dann durch Auslaugen und Eindampfen aus dem feinen Staub gewonnen werden. (*British Potash Company Ltd.*, London, D. R. P. 329 064/1918.)

Bei der Gewinnung von K aus den Abgasen von Zementöfen ergeben sich verschiedene Schwierigkeiten. Die Abscheidung des gesamten Staubes führt zu einem Erzeugnis, dessen K-Gehalt sehr wechselnd ist. Die K-Salze daraus können nicht mit Wasser gelöst werden, da sie in Form eines Doppelsalzes mit $CaSO_4$ vorliegen. *Christian Krarup* beschreibt ein mit Erfolg angewendetes Verfahren (Chem. Metallurg. Eng. 25, 1921, S. 316/20. Davenport [Cal.], *Santa Cruz Portland Cement Co.*). Die dem Schornstein mit etwa 700° entnommenen Gase werden in einem Rieselturm mit Wasser gekühlt, wobei die Hauptmenge des Zementstaubes niedergeschlagen wird; nach dem Absitzen und Trocknen geht dieser wieder als Rohmaterial in den Betrieb. Das abgekühlte Gas kommt dann in einen sehr weiten Raum, in dem sich der Strom verlangsamt, und so durch die Schwere eine weitere Menge Zementstaub entfernt wird. Schließlich kommt das Gas in einen elektrischen Plattenabscheider, in dem die K-Salze erhalten werden. Das so gewonnene Erzeugnis enthält 33 Proz. K_2O als K_2SO_4.

Die Reinigung des Gases durch ein elektrisches Feld von sehr hoher Spannung nach dem System *Cottrell* kommt für Kalkofengase im allgemeinen nicht in Frage.

91. Das Waschen und das nasse Reinigen der Kohlensäure.

In manchen Fällen genügt eine *Gutmann*sche Wassergrube nach Abb. 145, die dicht abgedeckt sein muß und zweckmäßig so angelegt wird, daß der Ventilator die Luft hindurchsaugt. Dann steht die unreine Luft unter Unterdruck, nirgends kann staubige Luft ins Freie treten, und in das Gehäuse tritt nur gereinigte Luft, so daß der Verschleiß geringer wird. Die staubhaltige Luft, welche durch das linke Rohr in die Grube eintritt, kommt auf dem Wege bis zum Saugrohr mit der Wasseroberfläche in Berührung, der Staub wird feucht und sinkt als Schlamm zu Boden. Durch ein Überlaufrohr wird der Wasserspiegel stets in gleicher Höhe gehalten und es muß für genügenden Wasserzulauf gesorgt werden. Der Schlamm ist von Zeit zu Zeit zu entfernen. Je länger man die Grube baut, um so größere Staubmengen sinken nach unten und werden von der Wasseroberfläche aufgenommen. Meistens erhalten sie eine Länge von 2 bis 5 m, eine Breite und Tiefe von 1 bis 1,5 m.

Vollkommener wirkt der *Gutmann*sche Staubsammler mit Wassereinspritzung und Koksfilter nach Abb. 146. Die staubhaltige Luft tritt durch den Krümmer A ein, wird durch einen Wasserschleier, den die Streudüse C erzeugt, angefeuchtet und durch den Kegel D nach allen Seiten abgelenkt bzw. verteilt. Nach dem Austritt aus dem Krümmer muß die Luft eine Berieselungszone zwischen Unterkante des Krümmers und dem Kegel durchlaufen und wird durch diesen auf die Oberfläche des Wassers in der Grube E geleitet. Die feinen Staubteilchen, die nach dieser wirkungsvollen Vorreinigung noch in der Luft enthalten sind, werden im Koksfilter G, durch den die Luft hindurchgesaugt wird, zurückgehalten. Zum Anfeuchten und Auswaschen der Koksschicht dient die Wasserbrause H. Der Staub sammelt sich als Schlamm in der Wassergrube und wird daraus nach Bedarf entfernt. Die Saugwirkung des Ventilators wird kaum merklich beeinflußt, da der Widerstand im Staubsammler sehr gering ist. Die Streudüse kann an jede Wasserleitung mit einem Druck von bis 2 Atm angeschlossen werden.

Die Entfernung der schwefligen Säure aus den Gasen gelingt nicht allein durch Wasser. Trotzdem das Wasser die SO_2 verhältnismäßig stark aufnimmt, wird doch von den durchströmenden, immer nach Maßgabe der Dampfspannung der SO_2, solche mitgeführt. Hier würde nur Umwandlung der schwefligensauren Säure durch Waschen mit entsprechenden Laugen wirken (s. auch Abschnitt 92).

In Zuckerfabriken wollte man früher durch die sog. Kohlensäurewäscher, Laveure, Schrubber, auch die in den Gasen befindliche schweflige Säure auswaschen, weil man sie für schädlich hielt. Jetzt wird diese sowieso zum Bleichen (Saturieren) verwendet, so daß deren Entfernung aus den Kalkofengasen unnötig ist, wie andere etwa in den Gasen vorhandene Stoffe. Man sollte von vornherein gute Stoffe (Kalksteine, Koks) für die Ofenbegichtung nehmen, um brauchbare reine Gase zu erzielen.

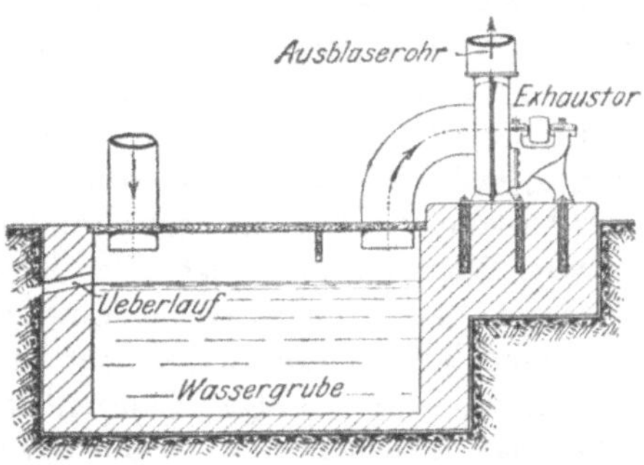

Abb. 145. Wassergrube zum Waschen der Gase.

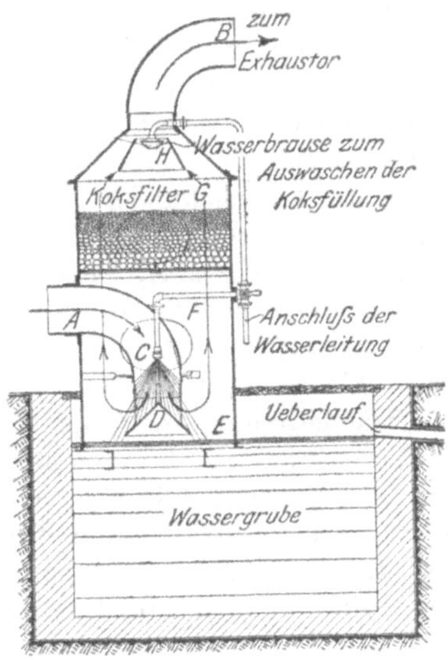

Abb. 146. Staubabscheider mit Wassergrube und Koksfilter.

Die Kohlensäurewäscher werden meistens mit Koksfüllung nach Abb. 147 in Eisen, nach Abb. 148 in Steinen gemauert oder als Kolonnenwäscher nach Abb. 148 verwendet.

Beim Wäscher Abb. 147 treten die Gase unten bei *a* ein, die das Schlitzrohr *b* verteilt. Bis zum Überlauf *c* ist der Wäscher mit Wasser gefüllt und muß das Gas den Widerstand der Wassersäulenhöhe *h* überwinden. Das Kühlwasser tritt bei *d* ein und rieselt über die zwischen zwei Sieben festgelagerte Koksschicht *e* hindurch in den Unterteil. Man sieht, daß hier schon ein Teil des Wassers durch *c* ablaufen kann, ohne noch zum Waschen im Unterteil genügend herangezogen zu sein. Es herrscht kein vollständiger Gegenstrom, größerer Wasserbedarf ist die Folge. Das Sieb *f* über dem Wassereinspritzrohr dient zum Abfangen von Wassertropfen, damit diese nicht in die Kohlensäurepumpe gelangen und dort zu Wasserschlägen Veranlassung geben. Der am Boden befindliche Ablaßhahn *g* dient zum Entleeren des Wäschers nach der Stillsetzung. Bei einem solchen Wäscher konnte ich am Gasaustrittsstutzen des Kalkofens (von 26 cbm Inhalt und 11,5 m Höhe) eine Druckschwankung zwischen + 2 und — 3,5 cm Wassersäule mittels Wassermanometers feststellen, dagegen am Austrittsstutzen *i* einen Saugwiderstand von 70 bis 88 cm (stark schwankend). Da die Eintauchtiefe *h* etwa 870 mm betrug, so entsteht fast der ganze Widerstand durch die Wassersäule, sich durch die Gas-Wassermischung infolge des geringen spezifischen Gemisches zeitweilig etwas vermindernd. Man darf auch nicht vergessen, daß der Wasserspiegel nicht stillsteht. Es wird brodeln und spritzen bis gegen das Kokssieb. Und gerade dieses Spritzen zeigt aus Erfahrungen an anderen Staubfängern, daß es für die innige Staubrückhaltung am meisten nützlich ist und dann schon wenige Zentimeter (2 bis 3 cm) Eintauchtiefe genügen. Wozu also die große unnütze Eintauchtiefe?

Bei der Bemessung der Wäscher ist zu beachten, daß die Gasgeschwindigkeit möglichst 4 m/Sek nicht übersteigt. Andernfalls entstehen große Drosselverluste, und vor allen Dingen wird dann Waschwasser mitgerissen.

Der Wäscher nach Abb. 148 zuerst von der *Halleschen Maschinenfabrik und Eisengießerei* gebaut, besitzt eine Voreinspritzung *a* unter Benutzung der Kohlensäureleitung. Das hier eingespritzte Wasser wird in der Glocke *b* vom Gas getrennt, das vorgekühlt in den eigentlichen Wäscher *c* tritt durch das Verteilungsrohr *d*. Auch hier muß das Gas die Wassersäule *h* überwinden, doch gleichzeitig die Koksschicht *e*, die vom Wasser bedeckt ist. Der Koks lagert auf einem Holzrost, und da der Koks ein geringes spezifisches Gewicht besitzt, so liegt er nur locker und wird durch die durchtretenden Gase auf- und abgewirbelt. Fortwährend veränderte Lagerung ist die Folge. Gelegentlich kann die Koksfüllung so verlagert werden, daß plötzlich dem Gasdurchtritt großer Widerstand entgegengesetzt wird, der Saugwiderstand wächst, bei gleichem Lauf der Pumpe wird weniger Kohlensäure gefördert, vom Ofen abgesaugt, und eine Störung ist die Folge, ohne daß man sich sofort über die Ursache klar wird. Bei diesem Wäscher schwankte oben bei *a* das Gas zwischen 10 cm WS Unterdruck und 2 cm Überdruck, während am Austrittsstutzen *f* ein Unterdruck zwischen 70 bis 100 cm herrschte. Der Wäscher selbst verursachte also einen Widerstand von 70 bis 90 cm. Da das Rohr *d* 1300 mm oder 130 cm ins Wasser eintaucht, müßte sich eigentlich schon ein hydraulischer Widerstand von 130 cm bemerkbar machen; dies geschieht nicht, weil das durch *a* einfallende Wasser saugend wirkt, also den Widerstand, den die Gaspumpe zu überwinden hat, vermindert, und weil durch das, das Wasser durchdringende Gas ein spezifisch leichteres Gemisch entsteht. Immerhin ist der verbleibende Widerstand von 70 bis 90 cm WS noch recht hoch, der die Arbeit der Gaspumpe wesentlich erschwert. (Diese Gaspumpe hatte einen Kolbendurchmesser von 830 mm mit 600 mm Hub und hatte bei 60 Umdrehungen in der Minute eine Ansaugleistung von etwa 30 cbm/Minute.)

Die Voreinspritzung *a* Abb. 148 hat man früher gern vorgesehen in der Hoffnung auf weitestgehendes Waschen und Kühlen durch die Kühlglocke *b*. Das Waschen wird gut sein, aber die Kühlung allein wäre ungenügend, denn Gas und Wasser bewegen sich schnell fallend im Gleichstrom. In bezug auf die Kühlung ist dann diese Wassermenge der Voreinspritzung unnütz, zwecklos den Wasserbedarf vermehrend. Der Voreinspritzer könnte nur als Notbehelf gelten, wenn der vorhandene Wäscher zu klein und ungenügend arbeitet.

Die eisernen Wäscher haben gegenüber den gemauerten den Vorteil größerer Dichtigkeit, es kann nicht Luft unbeobachtet eindringen; sie lassen sich leichter

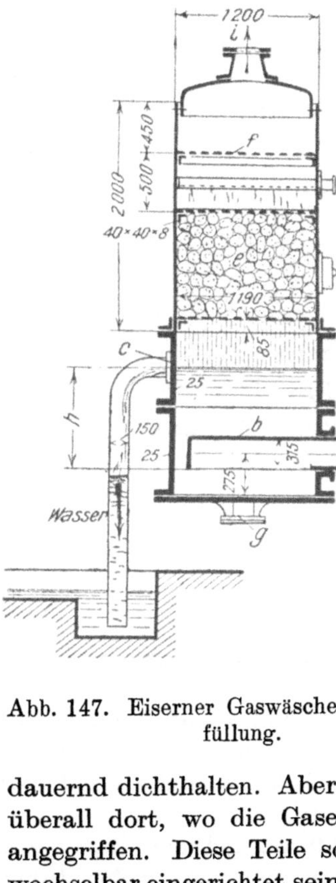

Abb. 147. Eiserner Gaswäscher mit Koksfüllung.

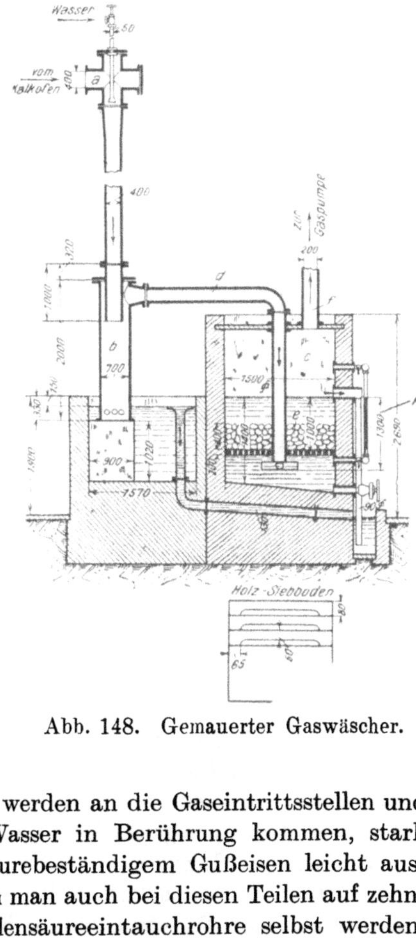

Abb. 148. Gemauerter Gaswäscher.

dauernd dichthalten. Aber die eisernen werden an die Gaseintrittsstellen und überall dort, wo die Gase mit dem Wasser in Berührung kommen, stark angegriffen. Diese Teile sollten aus säurebeständigem Gußeisen leicht auswechselbar eingerichtet sein. Dann kann man auch bei diesen Teilen auf zehnjährige Betriebszeit rechnen. Die Kohlensäureeintauchrohre selbst werden, als der meistens einerseits von heißem Kohlensäuregas, andererseits vom Wasser bespülte Teil sich noch schneller abnutzen. Schmiedeeisen sollte man an allen Stellen des Wäschers unbedingt vermeiden, weil dies erfahrungsgemäß durch kohlensäurehaltige Wässer viel schneller zerstört wird als Gußeisen. Es wird moorig locker und verliert jede Widerstandskraft. Daß

Schmiedeeisen eine geringere Lebensdauer als Gußeisen als Baustoff für die Wäscher besitzt, zeigt, daß an einem solchen, wie auf der Abb. 147 dargestellt, die obere schmiedeeiserne Zange nach 6 Betriebsjahren vollständig durchfressen war und durch eine gußeiserne ersetzt werden mußte.

Die Wäscher wurden früher auch häufig aus Holz angefertigt nach Abb. 150 Das Holz ist wohl vollständig widerstandsfähig gegen die kohlensäurehaltigen Gase, leidet aber naturgemäß leicht durch zu heiße Gase, die gelegentlich eintreten können. Im Sommer, während der Betriebspause, trocknen die Holzdauben aus, der Wäscher wird undicht, wenn er nicht sogar ganz zusammen-

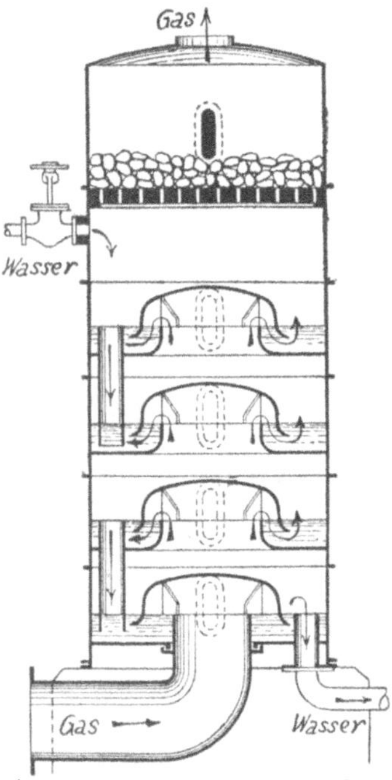

Abb. 149. Kolonnengaswäscher.

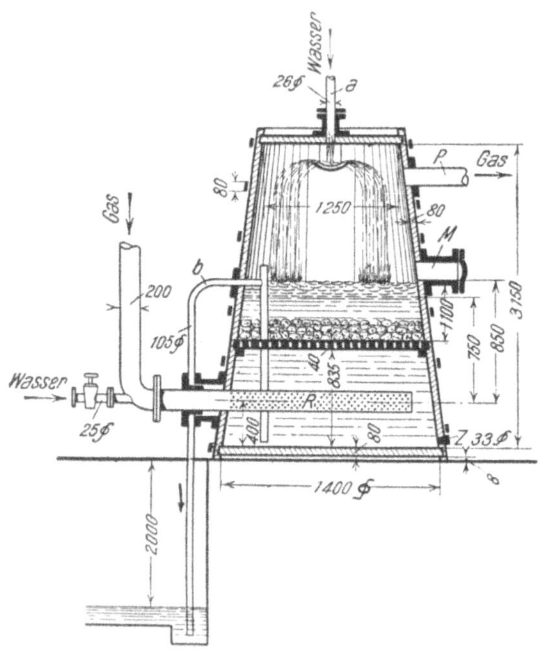

Abb. 150. Hölzerner Gaswäscher.

fällt. Holzwäscher sind deshalb betriebsunsicher und somit unbrauchbar. Auch die Holzsiebböden der Wäscher nach Abb. 148 sind deshalb nicht sehr zuverlässig; sie können sich durch Aufquellen, Aufschwimmen leicht verwerfen und die geregelte Arbeit des Wäschers aufheben.

Ein solcher Holzwäscher nach den in Abb. 150 angegebenen Maßen war um 1880 in einer Zuckerfabrik hinter einen Kalkofen von 20 cbm Inhalt geschaltet. Sein Waschen und Kühlen war unbefriedigend, so daß man zwei solcher Wäscher hintereinander schaltete. Die dann erzielte bessere Kühlung mußte mit einem Druckverlust von etwa 1,5 bis 2 m WS in der Saugleitung erkauft werden.

Die Koksfüllung der Wäscher nach Abb. 147 und 148 hat den Zweck, für eine gleichmäßige Verteilung und Mischung des herabrieselnden Wassers mit den aufsteigenden Gasen zu sorgen. Die Porosität selbst hat hierbei wenig Nutzen, da sich die Poren doch mit Wasser vollsaugen, was darin verbleiben wird, und die äußeren werden bald durch Flugasche verschlammen. Koks verdient hier nur seines geringen spez. Gewichtes wegen den Vorzug, weil die Siebträgerböden weniger belastet werden als z. B. durch eine Kalksteinfüllung. Der Koks muß für die Füllung sorgfältig ausgesucht werden, er soll hart und gut verkokt sein, ohne Teergehalt. Gaskoks wird durch die Kohlensäuregase zu stark angegriffen; er ist auch zu weich und wird durch das mit dem Gasdurchtritt verbundene Aufwirbeln schnell zerrieben und zerbröckelt. Die ausgesuchten Koksstücke, unten solche von etwa 100 mm Durchmesser, nach oben solche bis auf 50 mm sinkend, dürfen nicht etwa ohne weiteres von oben in den Wäscher eingeworfen werden, sondern müssen sorgfältig schichtweise eingelegt werden, so daß möglichst überall im ganzen Querschnitt die gleichen freien Gasdurchtrittsquerschnitte vorhanden sind. Nur dann kann man darauf rechnen, daß das Wasser überall gleichmäßig herabrieselt, die Gase diesem gleichmäßig entgegenströmen und gut mischen. So ausgewählter und eingelegter Koks kann mehrere Jahre ohne Erneuerung verwendet werden. Man sollte aber durch Wassermanometer auch die Tätigkeit des Wäschers daraufhin beobachten, ob der Widerstand nicht zu stark zunimmt, was auf starke Verschlammung und Verkrustung der Koksfüllung schließen läßt.

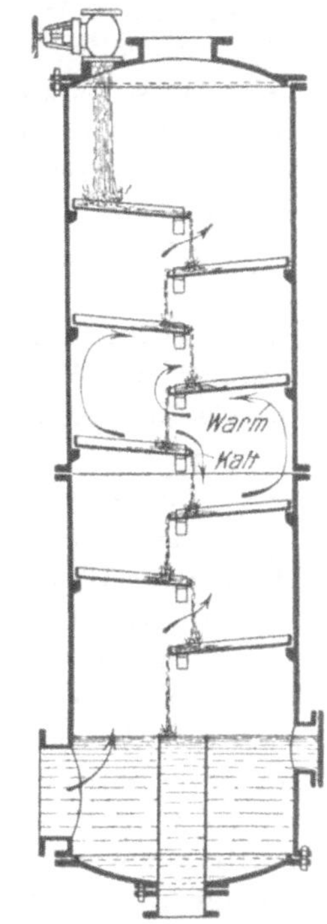

Abb. 151. Kaskadenwäscher.

Die Kolonnenwäscher nach Abb. 149 besitzen größere Eisenmengen; die Teller und Hauben sind schwer zugänglich, die auch mehr zerrostet werden und zu Störungen Veranlassung geben können. Die Kolonnenwäscher sind sehr empfindlich gegen schwankende Luftleere, wie sie durch eine große langsam laufende Gaspumpe erzeugt wird. Sie verlangen deshalb einen verhältnismäßig großen durchlaufenden Wasserstrom, um ein Durchschlagen des Gases zu vermeiden. Sonst tritt feinstverteilter Kalkstaub und Flugasche in großen Gasblasen eingehüllt durch den stoßweise arbeitenden Wäscher, ohne abgefangen zu werden. Große Wassermengen verursachen aber Kohlensäureverluste. Plötzliche Änderungen stören den Ablauf, verursachen ein Anfüllen und einen Übertritt des Wassers bis zur Pumpe. Man hat diese deshalb auch mit einer oberen Koksschicht ausgestattet. Solche Kolonnenwäscher nach Abb. 149 wendet *Solvay* schon im Jahre 1877 an. Sie leiden unter Schlammablagerungen wegen der vielen wagerechten Stellungen und durch starke Inkrustationen.

Von den Wäschern Abb. 151 der *Sangerhäuser Actien-Maschinenfabrik und Eisengießerei*, die an und für sich einfach sind, die zuerst *Neumann*-Braunschweig als sog. Kaskadenlaveure einführte, waren bis zum Jahre 1894 etwa

42 Stück im Gebrauch. Nach Art der Gegenstrom-Mischkondensatoren ist die gleichmäßige Wasserverteilung schwierig, weil hier verhältnismäßig wenig Wasser angewendet wird in bezug auf die durch- und oben austretende Gasmenge. Während man beim Kondensator auf 1 cbm oben abgesaugtes Gas etwa 100 kg Wasser anwendet, sollte man beim Wäscher nur etwa 20 kg anwenden, die sich auf den breiten Überläufern nicht mehr gleichmäßig verteilen. Zwecks guter Kühl- und Waschwirkung wäre deshalb Wasserverschwendung notwendig.

Bei diesem Wäscher, bei den anderen stehenden nicht in so starkem Maße, wird sich außerdem das Niedersinken der abgekühlten und Aufsteigen der heißen Gase als störende Gasströme bemerkbar machen. Die schon abgekühlten Gase sinken infolge ihres großen Raumgewichtes nach unten, während die heißen Gase, schnell nach oben steigend, den Wäscher ungenügend gekühlt verlassen.

Der Wäscher von *Breitfeld Danek* nach Abb. 152, wie er 1908 auf der Prager Ausstellung zu sehen war, erscheint ganz abwegig. In diesem sollen zwei, durch Düsen mit großer Geschwindigkeit gegeneinander platzende Wasserstrahlen für Waschung und Kühlung sorgen. Die Anwendung von Düsen in Wäschern ist lange bekannt und scheint die Anordnung von *Körting* nach D. R. P. 179 626 vom Jahre 1905 zweckmäßiger, denn die Düsen sind wagerecht und tangential an den zylindrischen Wänden angebracht, wodurch eine geregeltere Strömung zu erwarten ist. Wohl dürfte er geringen Druckwiderstand dem Gasdurchgang entgegensetzen, aber die Wasserdüsen verlangen viel unnützes Wasser für die notwendige kräftige Strahlbildung, auch ist die Gasbewegung vollkommen ungeregelt, ebenso der Wasserweg, der keinen Gegenstrom, sondern stark gestörten Mischstrom zeigt.

Ich will hier noch auf die Verhältnisse bei den Hochofenbetrieben hinweisen. Die Hochofengase müssen jetzt besonders sorgfältig vom Staub gereinigt werden, seit ihrer ausgedehnten Verwendung zum Betrieb der Großkraftmaschinen. Neben dem Staub wirkt auch hier der Wassergehalt sehr schädlich, weil nasser Staub überall leichter anklebt, trocknet und betriebsschädliche Krusten bildet. Deshalb verlangt man bei den Großgasmaschinen eine Abkühlung der Gase auf 20 bis 30° und einen Staubgehalt von höchstens 0,02 g in 1 cbm Gas (manche gestatten nur 0,002 g). Dabei enthalten die Gase vor ihrem Eintritt etwa 20 g Staub in 1 cbm. Meistens verwendet man Zentrifugalwäscher mit eintauchenden Scheiben u. dgl.

Wedding beschreibt auch in seiner Eisenhüttenkunde die Verwendung der *Körting*schen Injektoren nach dem D. R. P. 179 626 zum Kühlen und Waschen der Hochofengase nach Abb. 153. Sie fanden früher auch einige Anwendung beim Kalkofenbetrieb der Zuckerfabriken, weil sie billig, im Betrieb einfach und mit dem Waschen und Kühlen gleichzeitig die Gase zur Fällung (Saturation) drückten. Sie benötigten aber viel Treibdampf, besonders als die Safthöhe in den Saturateuren immer höher wurde und dadurch die Pressung der Gase stieg. Nach *Wedding* waren bei einem *Körting*-Gebläsewäscher von 15 cbm Gasleistung bei einem Gegendruck von 40 mm WS für 1 cbm Gas

4 l Kühlwasser und außerdem 1 kg Dampf erforderlich. Dabei war die Kühlung auf 61,8° nicht vollkommen, denn die 4 l Kühlwasser konnten gegenüber der großen in 1 kg Treibdampf zugeführten Wärmemenge wenig wirken. Am Eintritt enthielt das Gas 19 g Staub in 1 cbm, am Austritt immer noch 0,16 g/cbm, so daß eine weitere Reinigung im Sägespänefilter nötig war, wo der Staubgehalt auf 0,005 g erniedrigt wurde.

Die Wäscher nach Abb. 147—150 setzen den durchströmenden Gasen einen bedeutenden Widerstand entgegen, der einem Druckverlust von 0,70 bis 2,00 m Wassersäule oder 0,07 bis 0,2 Atm entspricht, denn man findet auch häufig zwei solcher Wäscher hintereinander geschaltet. Der Hauptwiderstand wird

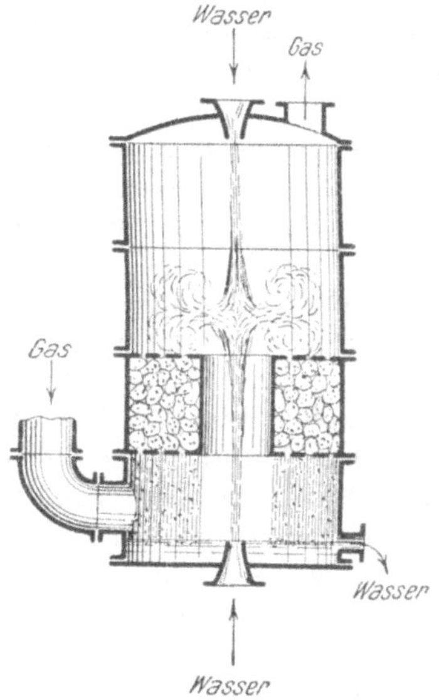

Abb. 152. Wasserstrahlgaswäscher.

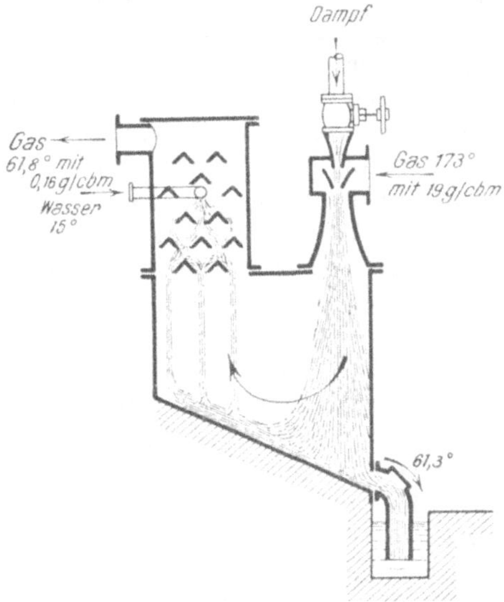

Abb. 153. *Körting*scher Injektorengaswäscher.

durch die hohe Wassersäule verursacht, durch die das Gas hindurchgesaugt werden muß, die im allgemeinen 800 bis 1300 mm hoch ist. Durch den großen Saugwiderstand, der hinter dem Wäscher an seinem Absaugstutzen einen Unterdruck, eine Luftverdünnung von 5 cm bis 15 cm Hg verursacht, werden die von der Pumpe anzusaugenden Gase entsprechend ausgedehnt, ihr Raum vermehrt. Der Wasserdampf, der entsprechend der Temperatur im Gas vorhanden ist, wird einen größeren Teildruck ausüben und ebenfalls eine bedeutende Verdünnung der Gase bewirken. Eine größere Pumpe ist für das Absaugen dieser im Wäscher verdünnten Gase notwendig. Die größere Verdünnung entspricht einem höheren Verdichtungsgrad, einer der stärkeren Gaszusammenpressung in der Pumpe entsprechenden Gaserwärmung. Um diese Endtemperatur nicht zu hoch werden zu lassen, muß man bei solchen Wäschern auf weitgehende Gasabkühlung vor dem Eintritt in die Pumpe achten.

Die Wäscher mit hohen Druckverlusten sind also in mehr als einer Beziehung nachteilig. Erfahrungsgemäß kann man aber, wie schon gesagt, Gase und Dämpfe vollkommen genügend von Flugasche und Staub befreien, wenn man sie möglichst verteilt, unter Vermeidung großer Blasen, durch wenige Millimeter hohe Wassersäulen drückt. Man sollte deshalb versuchen, solche mit geringem Druckverlust zu verwenden.

Man sollte die Wäscher so bauen, daß das Abgaszuführungsrohr nur einige Zentimeter (2 bis 7) in das Wasser eintaucht, und so ausgebildet ist, daß das Gas das Wasser stark verspritzt und im Wäscher durcheinander wirbelt. Das Durchdringen einzelner großer, Staub einhüllender Gasblasen und schlechtes Waschen ist unmöglich, namentlich wenn dies Eintauchen sich einige Male wiederholt. Durch das Verspritzen und Emporschleudern des Wassers wird für feinste Verteilung, innige Berührung und beste Gaskühlung gesorgt. Über dem Gaseintritt muß ein freier Steigraum zur Verfügung sein, um dies Durchwirbeln auch frei und ungehindert zu gestatten. Am Ausgang müßte ein vergrößerter Steigraum mit Prellblechen angebracht sein, der das tropfenförmige Wasser abscheidet und zurückhält, damit das Gas vom Wasser befreit zur Pumpe gelangt.

Immer soll man aber darauf bedacht sein, das Gaszuführungsrohr leicht auswechselbar zu gestalten, weil dies am schnellsten zerstört, am häufigsten ausgewechselt werden muß.

Lediglich durch Rieselung wirkende Wäscher finden beim Reinigen der Koksofengase Anwendung. In der Z. d. V. d. Ing. 1906, S. 1401, ist ein solcher stehender, zylindrischer Wäscher von 3,5 m lichter Weite und 28 m Höhe für 60 000 cbm stündlich dargestellt. Im von Einsätzen freien Querschnitt herrschte somit eine Gasgeschwindigkeit von 1,75 m/Sek. — Türme mit Füllringen (z. B. Raschig-Ringe) finden selten Anwendung, weil die Kosten die Vorteile hier meistens kaum aufwiegen.

Bei den senkrecht stehenden Wäschern fehlt der geregelte Weg für das Gas. Im Steigraum wird das frisch eingetretene Gas sich sofort mit dem vorhandenen mischen, nicht dieses vor sich herdrängend, herausdrückend, sondern eine Mischung wird zum Austrittsstutzen gelangen. Die heißen Gase wollen schneller dorthin steigen, die schon gekühlten sinken nach unten, eine ungleiche Kühlung veranlassend. *Kubierschky* will mit seiner Ausführungsform geregelte Gaswege erzielen und dadurch die Kühl- und Waschwirkung erhöhen. So tadellos, wie dies aus der Anpreisung dieser Gaswäscher für alle möglichen Zwecke zu schließen wäre, sind diese meiner Ansicht nicht. Die Abb. 154 (Journal f. Gasbeleucht. u. Wasserversorg. 1911, 3/6, Chemische Apparatur 1916, S. 174) zeigt einen *Kubierschky*schen Gaswäscher, der in mehrere Kammern eingeteilt ist, durch Siebböden od. dgl., die den Durchtritt der Gase verhindern, aber den Durchlauf gestatten sollen. Dies mit Sicherheit unter schwankenden Betriebsverhältnissen zu erreichen, dürfte schwer fallen. Siebböden und auch jede ähnliche Formen werden sich bald durch Wasserstein, Algen u. dgl. einerseits, durch Flugasche andererseits verstopfen. Ferner erfolgt die Kühlung auch nur im gebrochenen Gegenstrom, denn in jeder

Kammer, z. B. von *c* bis *d*, von *e* bis *f*, bewegen sich die Gase im Gleichstrom mit dem Kühlwasser. Ein weiterer Nachteil ist der, daß die an den Wänden niedersinkenden Gase, z. B. von *g* bis *d*, die außen hochsteigenden, also kälteren Gase wieder erwärmen. So berühren heiße Gase und stark vorgekühlte die Trennungswand bei *g*. Fehler, die man früher an alten Gegenstrom-Mischkondensatoren fand und jetzt für überwunden hielt. Vorteile vermeintlicher besserer Gasbewegung werden durch andere Übelstände erkauft.

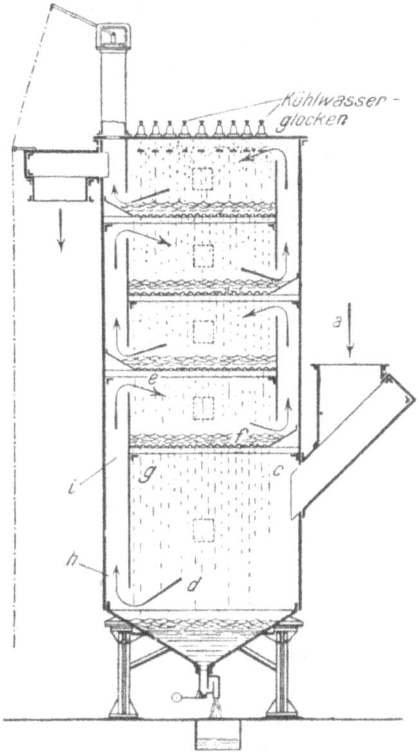

Abb. 154. *Kubierschky*'s Gaswäscher.

Im wagerechten Wäscher würden alle die zu stellenden Anforderungen erfüllt. Durch mehrere Scheidewände wird das Gas zum Durchtritt durch das Wasser gezwungen, mit geringem Druckverlust. Das kälteste, unten befindliche Gas tritt zuerst zur nächsten Kammer. Das Kühl-Waschwasser bewegt sich im Gegenstrom zu den Gasen, weitestgehende Gasabkühlung bewirkend, während warmes, also wenig Kohlensäure aufnehmendes Wasser den Wäscher verläßt. Bei einer Abkühlung des Gases auf 30° wären nach Zahlenreihe XLII noch 126 WE abzuführen, wozu bei einer Wassererwärmung von 10 auf 70° $\frac{126}{70 - 10} = 2{,}1$ kg nur noch nötig sind für die Abgase von 100 kg Kalksteinen.

Die Abführung des Waschwassers geschieht am einfachsten durch ein senkrecht nach unten an den Wasserüberlauf anschließendes barometrisches Fallrohr „*c*“ (Abb. 147). Dies Rohr taucht ständig unten in Wasser und bekommt zweckmäßig eine Steighöhe von nicht unter 2 m. Dann wird im Rohr, entsprechend des im Wäscher herrschenden Unterdruckes, das Wasser in einer gewissen barometrischen Höhe stehen, so selbsttätig den Wasserablauf bewirkend unter Verhinderung von Lufteintritt. Deshalb muß man aber den Wäscher auch immer mindestens 2 m über dem Wasserspiegel des Ablaufkanals aufstellen. Der Wasserablauf muß gut beobachtbar angeordnet sein.

Alle Wäscher mit Eintauchrohren arbeiten mehr oder weniger stoßweise, was sich bis zum Ofen an den Stockerlöchern bemerkbar macht. Dies scheint mir recht vorteilhaft für die Mischung der Gase im Kalkofen, wodurch eine bessere Verbrennung erfolgt, weil alle Teilchen durcheinander gewirbelt werden und es nicht einzelnen Gasströmen möglich ist, auf kürzerem Wege zum Gasabzug zu strömen. Pilgerschrittartig, vor- und rückwärts pendelnd, ziehen die Gase gleichmäßig vorwärts. Die Stöße dürfen aber nicht so groß sein, daß sie schädlich auf die Gaspumpe wirken.

92. Die vollkommenere Reinigung der Kalkofengase.

Alle die vorgenannten Wäscher genügen in den angegebenen Grenzen und haben nur den Zweck, die Gase so weit zu kühlen und vom Staub zu befreien, daß sie nicht schädlich auf die Gaspumpe wirken können. Sie können aber nicht die Gase von allen Unreinigkeiten befreien. So sind durch das Wasser nicht die unverbrannten Rückstände, z. B. teeriger Art, zu entfernen; sie dringen als Nebel durch viele Vorlagen, ohne abgefangen zu werden. Bekanntlich ist es deshalb z. B. noch nicht möglich, die Abgase von Automobilen und Rohölmotoren geruchlos zu machen. Wollte man nur gewaschene Kalkofengase z. B. zur Gewinnung flüssiger Kohlensäure verwenden, dann wäre sie für Getränke u. dgl. unbrauchbar, wegen des verbleibenden rauchigen, unangenehmen Beigeschmacks. Zu solchen Zwecken muß man die gekühlten und gewaschenen Gase über Rieseltürme mit kalter kohlensaurer Natron- oder Kalilauge leiten. Die herabrieselnde Lauge nimmt die Kohlensäure aus den Kalkofengasen auf, während die Luft und der Stickstoff entweichen. Die sich unten im Rieselturm ansammelnde, mit Kohlensäure gesättigte Lauge wird in Kochern erwärmt, zwecks Wiederaustreibung der CO_2 und wieder zum Turm zurückgeführt. Erst diese Kohlensäure ist dann so rein, daß sie verflüssigt werden kann. *Fassbender* (D. R. P. 36 702) will Kalkofengase in einem Kolonnenapparat einer Löseflüssigkeit entgegenführen und aus dieser wieder durch Unterdruck abscheiden. Siehe auch die D. R. P. 62 268, 76 130, 77 377, 80 765, 90 327, 90 802, 91 502, 107 983, 107 504, 91 169, 101 390, 279 063, sowie *Wentzky* (Zeitschr. f. angew. Chem. 1898, S. 1193), *Schmatolla* (Zeitschr. f. angew Chem. 1900, S. 1284), *E. Lukmann,* Die Kohlensäure, Wien 1885, *H. Teichmann,* Komprimierte und verflüssigte Gase, Halle 1908.

Franz Hulwa, Breslau (D. R. P. 58 373, 1890), will besonders Dolomit und Magnesit bei 600 ° nicht übersteigender Temperatur brennen, um die Hydraulität zu erhalten, unter Verwendung erhitzter Luft. Dadurch soll gleichzeitig eine von Verbrennungsgasen freie Kohlensäure gewonnen werden. Nach dem Zusatzpatent D. R. P. 61 037, 1890, will er auch Kalk zum gleichen Zwecke bei Glühtemperatur mit heißer Luft brennen.

Die Abb. 155 zeigt eine Anlage zur Reindarstellung von Kohlensäure aus Kalkofengasen nach *Ernst Schmatolla* (Eis- und Kälteind. 1901, S. 73). In dieser wird Kalkstein in dem Brennschacht *A* des Kalkofens durch Koksgeneratorengase aus dem seitlich angeordneten Generator *G* gebrannt. Die Beschickung mit Kalksteinen geschieht durch den Fülltrichter *F*. Die Generatorgase verbrennen im Schachtofen mit gleichzeitig durch *C* zugeführter Nebenluft. Dabei ist die Bildung von CO durch unvollkommene Verbrennung zu vermeiden. Die Rohgase werden durch ein Gebläse *P* mittels der Ringleitung *z* angesaugt, wobei sich in *R* der Flugstaub niederschlagen soll. Sie gelangen weiter durch *r* in den Röhrenkessel k_1, in welchem die in den Ofengasen enthaltene Wärmemenge zum Vorwärmen der Bikarbonatlösung benutzt wird. Von hier gelangen die Rohgase zum Wasch- und Kühlturm *W*,

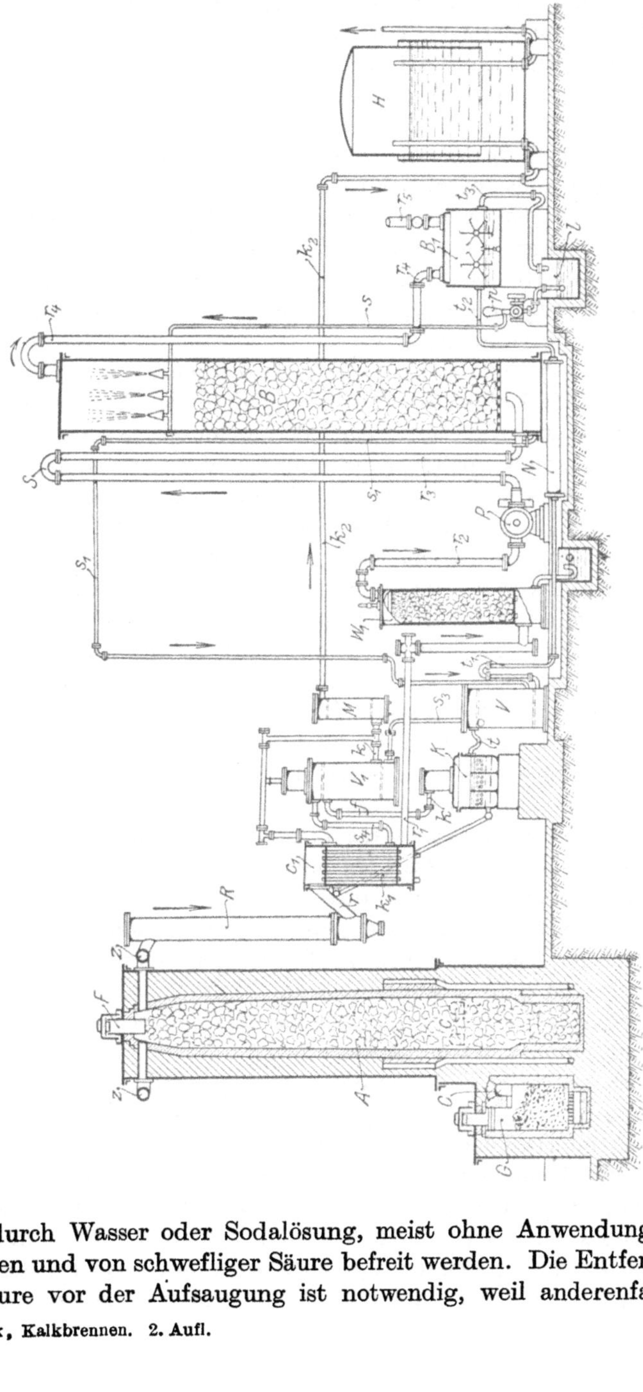

Abb. 155. Anlage zur Reindarstellung von Kohlensäure aus Kalkofengasen.

wo sie durch Wasser oder Sodalösung, meist ohne Anwendung von Druck, gewaschen und von schwefliger Säure befreit werden. Die Entfernung schwefliger Säure vor der Aufsaugung ist notwendig, weil anderenfalls die Pottaschelauge durch Sulfat- und Sulfitbildung verunreinigt und zur Aufsaugung untauglich würde. Zum Brennen des Kalkes muß hochwertiger Koks verwendet werden, um die Bildung von schwefliger Säure und von Kohlenwasserstoffen zu verhindern, deren vollkommene Entfernung an den Gasen schwierig ist. Das erwähnte Gebläse *P* drückt die Gase in den Aufsaugezylinder *B*, in welchem die Sättigung der Pottaschelauge mit Kohlensäure stattfindet. In dem 2. Aufsauger B_1 werden die von *B* kommenden Rohgase nochmals der Einwirkung von durch Spritzwellen feinstverteilter Pottaschelauge ausgesetzt, während die nicht aufgenommenen Gase schließlich ins Freie austreten.

Mit einem CO_2-Gehalt von 5% läßt man im allgemeinen die Endgase austreten, da eine weitere Ausnutzung unlohnend wird.

Im allgemeinen wird eine Lösung von kohlensaurem Kali, Pottasche, angewandt, welche gegenüber dem Natriumkarbonat durch seine Leichtlöslichkeit den Vorzug verdient.

Leitet man die Rohgase durch starke Pottaschelösungen, so nimmt das kohlensaure Kali die Kohlensäure auf und geht bis zu einem gewissen Grade in doppelkohlensaures Kali über, nach der Gleichung $K_2CO_3 + H_2O + CO_2 = 2\,KHCO_3$. Letzteres spaltet beim Erhitzen der wässerigen Lösung die Kohlensäure des Bikarbonats wieder ab. Wenn auch die Sättigung der Pottasche nicht unmittelbar bis zur theoretischen Bikarbonatbildung geht, so ist doch die Herstellung solcher an leicht gebundener Kohlensäure reicher Lösungen die einfachste Art. Die angewandte Pottaschelösung geht nach der Abkochung immer wieder in den Arbeitsgang zurück, so daß der Verlauf des Verfahrens ein ununterbrochen geschlossener ist unter Anwendung derselben Pottaschemenge, während als Ausgangsmaterial nur die Beschaffung des Brennmaterials, des Kokses und der Kalksteine, nötig ist.

Der Weg $r—r_5$ kennzeichnet den Weg der Rohgase, während die Pottaschelauge auf dem Wege $s—s_4$ durch die Apparate hindurchgeführt wird, hierbei Kohlensäure aus den Rohgasen aufnimmt und beim Erhitzen dieselbe als reine luftfreie Kohlensäure wieder abgibt. Die zu sättigende Lauge wird durch Pumpe *p* in den Aufsaugezylinder *B* eingepumpt und durchfließt diesen von oben nach unten, tritt durch s_1 in den Röhrenwärmer *V* und V_1, wo sie in *V* durch im entgegengesetzten Sinne fließende abgekochte Lauge, sowie in V_1 durch die heißen reinen Kohlensäuregasen entweichenden Wasserdämpfe vorgewärmt wird, und gelangt zum Vorkocher k_1, welcher durch die heißen Kalkofengase erhitzt wird. Die bereits hier beginnende Abkochung der Lauge findet in verstärktem Maße in dem Kocher *K*, welcher durch Frischdampf geheizt ist, statt. Versuche haben gezeigt, daß die Wärme der Kalkofengase allein nicht genügt, um das Sieden der Lauge aufrecht zu erhalten. Die von Bikarbonatkohlensäure größtenteils befreite Lauge fließt durch *t* zum Vorwärmer *V* und durch t_1 zum Laugenkühler *N* ab, um von neuem den Kreislauf zu beginnen. Aus dem Kocher *K* entweicht reine wasserdampfhaltige Kohlensäure, welche durch *k* in den Vorwärmer V_1 zum Gaskühler *M* und durch k_2 zum Gasometer *H* geführt wird. Während bei der Mehrzahl der Aufsaugeverfahren die verbrennenden Generatorgase zur Abkochung der gesättigten Lauge verwendet werden, ist dies, falls wie hier Kalkofengase verwendet werden, nicht in demselben Maße möglich, weil die Hauptwärme der verbrennenden Koksgase bereits an den zu brennenden Kalkstein in der Vorwärmezone abgegeben wurde. In diesem Falle ist zur Abkochung der gesättigten Lauge noch eine besondere Dampferzeugungsstelle notwendig, welche zugleich den Dampf für den mechanischen Antrieb der Pumpen, des Gebläses, sowie der Kompressoren liefert.

Für die Aufsaugung der Kohlensäure aus den Rohgasen sind mannigfache Vorrichtungen üblich, z. B. Ruhrwerke, in welchen die Lauge fein zerstäubt wird. Häufiger werden, wie hier, bis 20 m hohe zylindrische, mit Koks oder einem anderen Füllmaterial gefüllte eiserne Aufsauger benutzt, durch welche die Rohgase hindurchgeleitet werden. Je nach der Menge der zur Verfügung stehenden Rohgase werden mehrere derartige Türme nach Abb. 155 unter sich verbunden, während gleichzeitig die bis auf etwa 40° abgekühlte abgekochte Pottaschelauge durch Pumpe p in möglichst feinem Strahl im Gegenstrom über die Koksfüllung verteilt wird, wobei sie sich allmählich beim Durchfließen mit Kohlensäure anreichert. In Abb. 155 fließt die Lauge unten in dem Turm B häufig durch glockenförmige Gasfänger, während gleichzeitig im oberen Teil eine feine Zerstäubung der Pottaschelauge durch Spritzapparate erfolgt.

Die in H gesammelte Kohlensäure wird in einem Vorkompressor auf 2 bis 3 Atm verdichtet, wird durch mit Chlorcalcium gefüllten Zylinder getrocknet, in Zylindern, die mit Holzkohle gefüllt sind, von riechenden Bestandteilen befreit, und, wie üblich, durch einen Mehrstufenkompressor auf 10 und weiter auf etwa 60 Atm verdichtet, durch Wasserkühlung in einem Kondensator verflüssigt und in die auf einer Wage befindlichen Stahlflaschen gefüllt. — Falls die Kompressoren keine Luft einsaugen, ist auch die verflüssigte CO_2 luftfrei, was durch Entnahme der CO_2 aus den gefüllten Flaschen leicht festgetellt werden kann, indem beim Durchleiten des Gases durch konzentrierte Kalilauge alle CO_2 absorbiert wird, während fremde Gase, wie Luft und Stickstoff, zurückbleiben. Geringe Mengen Luft bleiben übrigens in der verflüssigten CO_2 gelöst, während größere Mengen sich oberhalb der Flüssigkeitsschicht in den Vorratsbehältern ansammeln.

Andere Verfahren, eine vermehrte Aufsaugung und eine stärkere Abkochung der gesättigten Lauge durch Überführung in Schaum zu bewirken, führten zum D. R. P. 157 255 und lassen zugleich das Bestreben erkennen, diese Arbeit weiter zu vervollkommnen, da die zur Aufsaugung der Kohlensäure und Wiederabkochung, in einem derartigen Apparatsystem zirkulierenden Laugenmengen ganz erhebliche sind und zur Fortbewegung umfangreiche Pumpen, Vorwärmer und Kühler zur jedesmaligen Erwärmung und Wiederabkühlung der Laugenmengen erfordern, wobei entstehende Wärmeverluste durch Mehraufwand an Koks gedeckt werden müssen. Welches Verfahren als das am günstigten arbeitende bezeichnet werden kann, hängt von den Nebenumständen ab. Dort, wo ein gleichmäßiges Absatzgebiet für den gebrannten Kalk vorhanden ist, verdient die Verwertung der Kalkofengase deshalb den Vorzug, weil hierbei Gase von etwa 30 Proz. und mehr CO_2 erhalten werden können, und infolgedessen die Anreicherung der Aufsaugemenge an Bikarbonat erheblich rascher als bei den Verbrennungsgasen mit etwa 18 Proz. CO_2 vor sich geht. Diesem Vorteil der Verwendung der Kalkofengase steht als Nachteil eine besondere Abkochung der Bikarbonatlösung gegenüber, da die Abhitze der Kalkofengase hierzu nicht ausreicht, während beim Koksverfahren die Abkochung der Bikarbonatlauge durch die Hitze der Verbrennungsgase erfolgt. Stets wird jedoch dasjenige Verfahren den Vorzug verdienen, bei welchem die an Bikarbonatkohlensäure reichste Lauge bei möglichst weit erreichbarer Abkochung erzielt wird.

Als Aufsaugeflüssigkeit für CO_2 aus Gasgemischen wird im D. R. P. 295 655 der *Naamlooze Vennootschap-Ant. Jurgens Vereenigde Fabriken*, Oss, Holland, statt der Pottaschelösung eine Alkalikarbonatlösung vorgeschlagen, in der Magnesiumhydroxyd und basisches Magnesiumkarbonat fein verteilt sind.

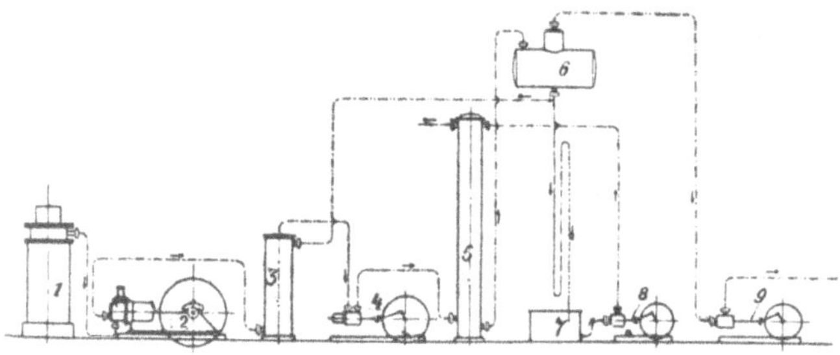

Abb. 156. Einrichtung zur Gewinnung von Kohlensäure.

Eine maßstäbliche Zeichnung einer Anlage zur Gewinnung flüssiger Kohlensäure aus Kalkofengasen befindet sich in der Z. d. V. d. I. 1897, S. 805.

Eine Einrichtung für ein Verfahren zur Gewinung von Kohlensäure, welches sich noch für Kalkofengase eignen würde, zeigt Abb. 156.

1 ist der Generator, in dem das Brennmaterial, Koks oder Anthrazit, vergast wird. Der mit diesem Gas gespeiste Gasmotor *2* liefert den mechanischen Antrieb für die ganze Anlage. Sein Auspuffgas wird im Wascher *3* durch Wasserberieselung von Flugstaub, schwefliger Säure usw. befreit und im Kompressor *4* auf einen bestimmten Druck, z. B. 10 Atm, verdichtet. Mit diesem Druck tritt es in die Absorptionskolonne *5* ein, in der es aufsteigend kaltem Wasser begegnet, welches die Kohlensäure aufnimmt, so daß oben ein CO_2-freier Gasrest entweicht. Das mit CO_2 beladene Wasser fließt unten aus der Kolonne ab und steigt in den unter Vakuum stehenden Entgaserkessel *6*, wo ihm die Kohlensäure zum größten Teil wieder entzogen wird. Diese wird durch die Vakuumpumpe *9* dem (nicht gezeichneten) Verflüssigkeitskompressor zugedrückt. Das entgaste Wasser fließt zu erneutem Kreislauf in den Behälter *7*, aus dem die Pumpe *8* es wieder ansaugt und unter Druck in die Absorptionskolonne *5* befördert. Es ist bei diesem Verfahren unvermeidlich, das zur Absorption dienende Wasser mindestens zum Teil ständig durch frisches zu ersetzen, da es sich durch die Reibung in den Rohrleitungen und der Absorptionskolonne, die Pumpenarbeit usw. erwärmt und daher an Aufnahmefähigkeit für Kohlensäure einbüßt. Da ihm bei der Entgasung die Kohlensäure nicht völlig entzogen werden kann, so bedeutet das Wegfließen des gebrauchten Wassers einen CO_2-Verlust, der erhebliche Beträge annehmen kann. Die vorliegende Erfindung gestattet nun, den durch das abfließende Wasser eintretenden CO_2-Verlust wesentlich zu verringern. Sie besteht darin, dieses Wasser zur Speisung des Rohgaswaschers *3* zu verwenden, und zwar vorzugsweise, nachdem es zur Kühlung der Kompressoren *4*, des Gasmotors *2* usw. gedient und sich auf diese Weise erwärmt hat. Da der CO_2-Partialdruck bei 18 proz. Rohgas nur 0,78 Atm beträgt, so gibt das Wasser, wenn es bei 0,5 Atm Vakuum entgast war, den größten Teil seiner CO_2 an das Rohgas ab, mit dem sie wieder in den Arbeitsgang zurückkehrt; verloren geht nur so viel wie durch die Waschung des Rohgases mit Wasser unvermeidlich ist. (D. R. P. 324 868, 1919. *Deutsche Oxhydric A.-G.* in Sürth b. Köln.)

Um die kohlensäurehaltigen Abgase zur Pflanzendüngung nutzbar machen zu können, schlägt *Friedrich Riedel*, Essen (D. R. P. 315 019, 1917) vor, ebenfalls mit Hilfe von kohlensäureaufnehmenden Salzlösungen, z. B. Alkalikarbonat, aus den Verbrennungsgasen die Kohlensäure zu binden und dann durch Erwärmen der erhaltenen Bikarbonatlösung wieder frei zu geben. Dabei werden die Bikarbonatlösungen so stark erwärmt, daß sich aus ihnen gleichzeitig gespannter Wasserdampf bildet, welcher die Verteilung und Fortbewegung der Kohlensäure besorgt, während in den Leitungen etwa noch vorhandene Spuren schädliche Gase im Kondenswasser gelöst bleiben. Die Bikarbonatlösung kann während der Abtrennung der Kohlensäure mit Neutralisationsmitteln für die aus den Rauchgasen mitgerissenen schädlichen Bestandteile versetzt werden.

Durch besondere Arbeitsweisen und Einrichtungen wäre es möglich, unmittelbar reine, hochprozentige Kohlensäuregase zu erhalten. — Auf S. 50 erwähnte ich schon die Versuche *Solvays* durch hochüberhitzten Wasserdampf reine Kohlensäure zu erhalten, die natürlich von Verbrennungsgasen vollkommen frei wäre. — An Hand der Abb. 125 ist auch gezeigt worden, (S. 276), daß man 100 proz., also reine Kohlensäure erhalten wird, wenn der Brennstoffzusatz ganz vermieden wird. Es müßte dann das Kalkbrennen in geschlossenen Retorten erfolgen. Häufig geschieht dies, um auch gleichzeitig chemisch reinen Ätzkalk zu gewinnen. — Ferner ist auf S. 284 gezeigt, daß bei der Verbrennung mit reinem Sauerstoff, also unter Ausschaltung der Luft, 100 proz. Kohlensäure erhalten werden könnte. Dabei gilt aber als Voraussetzung, daß der verwendete Brennstoff keine Stoffe bei seiner Verbrennung abgibt, die in Gasform übergehen und dann die Kohlensäuregase verunreinigen würden.

93. Die Verwendung der Kalkofengase zur Pflanzendüngung.

Bisher hat man den Pflanzen die zum Wachsen notwendigen Nährstoffe durch Dünger zugeführt, der dem Boden einverleibt wurde. Die Pflanzen nehmen aber ihre Nährstoffe nicht nur aus dem Boden, sondern auch aus der Luft. Wir wissen, daß die Pflanzen die Kohlensäure der Luft aufnehmen und Sauerstoff ausatmen. Dadurch nimmt der Gehalt der Luft an Kohlensäure bei starkem Pflanzenbestand ab. Es ist nun häufig schon der Versuch gemacht worden, den Pflanzen durch die Luft die noch fehlende Kohlensäure zuzuführen, weil besonders bei höherem Kohlensäuregehalt das Wachstum der Pflanzen stark zunimmt. Ich hatte schon bei der Berechnung der Verdampfung der Kohlensäure aus dem Kalkstein, S. 34, darauf hingewiesen, daß ein gewisser Zusammenhang zwischen der jetzigen Außentemperatur und dem Gehalt der Kohlensäure in der Luft vorhanden sein muß.

Ulrich Kreusler, Bonn-Poppelsdorf, stellte eingehende Untersuchungen an, über den CO_2-Verbrauch der Pflanzen bei gewöhnlicher Aufnahme, bei verstärkter CO_2-Zufuhr und bei starker elektrischer Beleuchtung. Er erbrachte den Nachweis, daß die Pflanzen bei 10 Proz., also gegen das gewöhnliche, den 300fachen, CO_2-Gehalt der Luft die Höchstaufnahme erreichen, während die größte Ausnutzung bei 1 Proz. (30fach verstärkten) CO_2-Gehalt der Luft stattfindet. Die Versuche wurden in abgeschlossenen Räumen vorgenommen, die von einem gleichmäßigen, ständig auf den Gehalt an CO_2 geprüften Luftstrom durchflossen wurden. (Landwirt. Jahrb., Bd. 14, 16, 17, 19.)

Die Erscheinung, daß erhöhter Kohlensäuregehalt in der umgebenden Luft die Blühwilligkeit erhöht und die Pflanzenschädlinge und -krankheiten besser überwinden läßt, wird dadurch erklärt, daß unter diesen Umständen ein Gegengewicht geboten wird. Die gesteigerte Lebens- bzw. Abwehrtätigkeit durch innere Temperatursteigerung (Fieber) erzeugt erhöhten CO_2-Innendruck, der ein Gegengewicht durch den höheren Außendruck findet, der ein Wiederaustreten der veratmeten CO_2 verhindert und zur Neuschaffung von Vorratsstoffen anregt (*E. Reinau*, 1919, S. 525).

Nach einem Vortrag, der von Dr.-Ing. *Friedr. Riedel*, Essen, bei der 25. Hauptversammlung des Vereins Deutscher Kalkwerke im April 1919 gehalten wurde (siehe Tonindustrie-Ztg. Nr. 70 und 71, S. 607), will er die Kalkofengase für die Pflanzendüngung ausnutzen. Er will den Kohlensäuremangel, der durch die Lebenstätigkeit der Pflanzen und auch durch die jetzige niedrigere Erdtemperatur herrscht, durch künstliche Zufuhr von Kohlensäure beheben. So ist von den beiden Chemikern Dr. *Klein* und Dr. *Reinau* festgestellt worden, daß über einem gut bestandenen Weißkohlfeld in der Nähe von Berlin bei windstillem Wetter und schönem Sonnenschein, also gerade zur Zeit der sonst günstigsten Wachstumsbedingungen, überhaupt keine Kohlensäure mehr festzustellen war. Schon diese Überlegungen und Tatsachen allein lenken von selbst auf den Versuch einer Kohlensäuredüngung hin.

Dr. *Fischer*, (Chem. Ztg. 1920, S. 247), erzielte bei der Kohlensäurebehandlung das Zweifache, in manchen Fällen sogar das Dreifache der unter gewöhnlichen Umständen wachsenden Pflanzenmenge.

Alle diese Versuche waren jedoch in kleinerem Maßstabe unternommen worden und benutzten meistens die im Handel käufliche sehr teure, flüssige Kohlensäure (s. S. 336). Den folgenden Versuchen *Riedels* wurden dagegen Verhältnisse zugrunde gelegt, wie sie im praktischen Leben tatsächlich vorkommen. Es sind große Gewächshäuser und größere Freilandflächen mit

Kohlensäure versorgt worden, und außerdem stand nach dem angewandten Verfahren (D. R. P.) das Kohlensäuregas in nahezu beliebigen Mengen und auch mit verhältnismäßig hohem Gehalt zur Verfügung. Da *Riedel* hauptsächlich an die Verwendung der den Industrien entstammenden Verbrennungsgase zur Pflanzendüngung dachte, so liegt darin ein scheinbarer Widerspruch. Denn die Schädigungen der Pflanzen gerade durch Verbrennungsgase sind allgemein bekannt und gefürchtet. Nun ist aber heute unsere Gasreinigungstechnik bereits so hoch entwickelt, daß es für sie keine allzu großen Schwierigkeiten bereitet, den Gasen die schädlichen Bestandteile zu entziehen. Es liegt natürlich nahe, zunächst solche Gase zu verwenden, die möglichst wenig Aufwendung für Reinigung usw. erfordern.

Die Verwendung eines geeigneten Brennstoffes zum Brennen des Kalkes dürfte die Gefahr vermindern, daß bei einem Versagen oder schlechten Arbeiten der Reinigungsanlage durch die Begasung mit mehr oder weniger unvollkommen gereinigten Gasen eine große und nicht wieder gut zu machende Schädigung der Pflanzen eintrete.

Gefährlich könnte der Gehalt an Schwefel sein, wenn dieser als schweflige Säure in den Gasen verbleibt.

Nach dem auf S. 98 angegebenen ist wohl anzunehmen, daß nachteilige Mengen schwefliger Säure in den Kohlengasen nicht vorhanden sein werden, besonders auch deshalb, weil *Riedel* in seinen Versuchen nachweist, daß Nachteile durch die Hochofengase nicht eingetreten sind. Siehe auch das auf S. 341 Gesagte.

Auf die Berichte *Riedels* hin entschloß sich die *Deutsch-Luxemburgische Bergwerks- und Hütten-Akt.-Ges.*, Dortmund, eine größere Versuchsanlage für die Ausnutzung der Hochofengase für den gedachten Zweck zu errichten. Bei den ungeheuren Mengen an Kohlensäure, die auch hier zur Verfügung stehen, fand der Gedanke großen Beifall und die tatkräftigste Unterstützung, namentlich durch Generaldirektor *Vögler*.

Zu dem gedachten Zwecke wurden im Frühjahr 1917 drei Gewächshäuser von 6 m Breite und 24 m Länge nebst zugehörigem Verbindungshaus errichtet, und zwar in der nächsten Nähe der Hochöfen eines kleineren Werkes der genannten Gesellschaft in der Nähe von Essen. Zwei von den Häusern dienten als Vergleichshäuser, d. h. in ihnen wurden zur gleichen Zeit die gleichen Pflanzen angebaut und in gleicher Weise behandelt, nur mit dem Unterschied, daß dem sog. begasten Hause gereinigte und verbrannte Hochofengase durch gelochte, doppelt durch das ganze Haus laufende Rohrleitungen zugeführt wurden. Den unbegasten Pflanzen wurde das nach Westen freiliegende, in den Lichtverhältnissen also günstiger stehende Haus zugeteilt, während das begaste Haus in der Mitte der beiden anderen Hauser sich befand. Die Häuser wurden im Mai 1917 mit Pflanzen besetzt und das begaste Haus am 12. Juni zum ersten Male begast, zu einer Zeit, wo sich die Pflanzen gerade im besten Wachstum befinden. Die darauf folgenden Tage waren eine Zeit höchster Spannung, denn durch die Zuleitung von Hochofengasen zu Pflanzen wurden Dinge einander nähergebracht, die bisher als die größten Gegensätze gegolten hatten, so daß es den meisten höchst zweifelhaft erschien, ob die Pflanzen in einer solchen Luft überhaupt weiter gedeihen würden. Allein von einer schädlichen Wirkung war nicht das geringste zu merken, im Gegenteil, schon wenige Tage nach Beginn der Kohlensäuredüngung konnte ein üppigeres Wachstum als im unbegasten Hause festgestellt werden. Weiterhin konnte festgestellt werden, daß der Beginn der Blüte früher einsetzt und die Anzahl der Blüten größer ist wie dies auch schon früher von anderen, namentlich von Dr. *Fischer*, wahrgenommen wurde.

Diese Erfahrungen wurden sowohl an einzelnen Pflanzen als auch an größeren gleichartigen Pflanzenbeständen gemacht. Die Blätter der Rizinuspflanzen hatten im begasten Haus über 1 m Spannweite, während das größte Blatt unbegast nur auf 58 cm gekommen ist. Auch die Höhenentwicklung und die Stärke des Stammes zeigten den großen Vorsprung der begasten Pflanzen. Als besonders kennzeichnend war ferner festzustellen, daß die begasten Rizinuspflanzen an den Stengeln ständig einen weißen Wachshauch, ähnlich dem Überzug bei reifen Weinbeeren, trugen, während die unbegasten diesen nicht aufwiesen. Im rückwärtigen Teil des Hauses waren Tomaten und Gurken angepflanzt. Das Endergebnis der gleichen Anzahl Tomatenpflanzen ergab im unbegasten Hause 29,5 kg, dagegen im begasten Hause 81,3 kg Früchte, also das $2^1/_4$fache des unbegasten Ertrages. Bei den Gurken ist der Unterschied nicht ganz so groß. Die Ernte betrug im unbegasten Hause 138 kg, im begasten Hause dagegen 285 kg, also das 1- bis 7fache des unbegasten.

Bei den Gurken ist noch ein besonders auffallendes Merkmal festzustellen. Während die unbegasten Gurken, wie allgemein, teilweise weiße, gelbliche und hellgrüne Stellen und Flecken zeigen, sind dagegen die begasten durchweg auffallend dunkelgrün, was auf die reichliche Bildung von Chlorophyll zurückzuführen ist. Bei diesen Versuchen wurde während des ganzen Tages mit geringen Unterbrechungen Kohlensäure gegeben.

Nebenhergehend wurde ein Verfahren erprobt, auch im Freilande Pflanzen mit Kohlensäure zu versorgen. Eine Versuchsfläche wurde im Viereck mit gelochten Zementrohren eingefaßt, aus denen dauernd Kohlensäureabgase entwichen. Dem meist schräg von oben anfallenden Winde wurde es dann überlassen, die Kohlensäure den Pflanzen zuzutragen und die zwischen ihnen liegenden Hohlräume damit anzureichern. Die Viereckanordnung sorgt außerdem dafür, daß die Windrichtung gleichgültig bleibt.

Neben der Einfachheit der Anordnung, der Übersichtlichkeit und Zugänglichkeit in allen ihren Teilen hat sie auch den Vorzug, daß sie ohne erhebliche Kosten größere Flächen mit Kohlensäure versorgen kann. Um auch damit Vergleiche anstellen zu können, wurde auf der anderen Seite der Gewächshausanlage ein gleich großes unbegastes Feld angelegt. Der Boden wurde in beiden Fällen erst aufgebracht und ist von völlig gleicher Herkunft und Beschaffenheit (sandiger Lehmboden). Am 1. August 1917 wurden beide Felder in gleicher Weise mit Spinat, Rübstiel, Kartoffeln, Lupinen und Gerste bestellt. Die Erträgnisse der begasten Pflanzen stellten sich bei

Spinat	auf	das	2,5fache	der	unbegasten	Fläche,
Rübstiel	„	„	1,5	„	„	„	„
Kartoffeln	„	„	2,8	„	„	„	„
Lupinen	„	„	2,74	„	„	„	„
Lupinen getrocknet . .	„	„	2,9	„	„	„	„
Gerste unreif	„	„	2,9	„	„	„	„

In allen Fällen konnte festgestellt werden, daß der Einfluß der Begasung auf die Ausbildung der Wurzeln ganz erheblich ist, ein sehr wichtiger Umstand, da damit für die Bodenernährung der begasten Pflanzen auch entsprechend tiefere Bodenmassen herangezogen werden.

Bei den Spinatversuchen kam noch hinzu, daß die unbegasten Pflanzen von Erdflöhen befallen waren, während sich diese bei den begasten Pflanzen nur ganz wenig zeigten. Diese überaus günstigen Ergebnisse haben dazu geführt, die Anlagen zu erweitern. Im Jahre 1921 wurden die Gewächshäuser durch drei weitere von gleicher Breite aber je 40 m Länge vermehrt. Ebenso wurde die kleine Freilandanlage vergrößert.

Kartoffeln wurden im Frühjahr 1918 sowohl auf der begasten wie auf der unbegasten Fläche in gleicher Weise angebaut. Die Entwicklung der begasten Kartoffelsträucher eilte den unbegasten am Anfang sichtlich voraus. Später verwischten sich die Unterschiede merkwürdigerweise. Wie bei der Ernte festgestellt werden konnte, lag dies daran, daß die erheblich längeren Sträucher der begasten Kartoffeln sich zu Boden gesenkt hatten und an diesen Stellen Wurzeln trieben. Um so auffallender war dann das Ernteergebnis. Der Unterschied ist rund ein 4facher. Die größte begaste Kartoffel wog 320 g, also rund $^2/_3$ Pfund, die größte unbegaste dagegen nur 180 g. Ausdrücklich will ich hier noch hervorheben, daß der Geschmack der begasten Kartoffeln ganz vorzüglich und milde ist.

Eine wesentliche Ergänzung der Versuche bildet die Untersuchung der angereicherten Luft auf ihren Kohlensäuregehalt. Der Verbrauch an Kohlensäure infolge der Aufnahme durch die Pflanzen muß natürlich durch die chemische Analyse nachweisbar sein. Einen solchen Versuch hat *Riedel* im August 1919 in der Weise vorgenommen, daß in zwei völlig gleich großen Häusern, wovon das eine mit etwa 300 üppig wachsenden Tomatenpflanzen besetzt war, das andere hingegen gar keine Pflanzen enthielt, Kohlensäure bis zu einem Gehalt von 1 Proz. eingelassen wurde. Nach Absperrung der Kohlensäurezuleitung ergab sich nach einer gewissen Zeit in etwa 1 m Höhe über dem Boden, daß der Gehalt in dem bepflanzten Haus auf 0,2 Proz. gesunken war, in dem unbepflanzten dagegen nur auf 0,42 Proz. Spätere Messungen in nur 45 cm Höhe über dem Boden konnten in dem bepflanzten Hause nur noch 0,1 Proz., im unbepflanzten Haus dagegen 0,65 Proz. feststellen. Während also im bepflanzten Haus ein lebhafter Kohlensäureverbrauch stattfand, erfolgte im unbepflanzten Haus eine Ansammlung der spezifisch schweren Kohlensäure über dem Boden.

Es besteht die Möglichkeit, auch die Kalkofensäure für diese Düngung zu verwenden. Es ist dann aber notwendig, die Kohlensäure durch Luftzufuhr zu verdünnen, denn der Gehalt soll bei der Düngung 1 Proz. Kohlensäure nicht überschreiten.

Nach den Versuchen *Bornemanns* (s. auch Chem.-Ztg. 1920, S. 808) sind zum Bekohlensäuern von 1 a Land während der Wachstumszeit unter den günstigsten Verhältnissen seiner Versuchsanordnung mindestens 88 t CO_2, bei den ungünstigen Verhältnissen im Freiland somit mindestens 100 t notwendig. Zur Begasung ist an CO_2 etwa das 30fache Gewicht des in der erzeugten Pflanzenmasse enthaltenen Kohlenstoffs aufzuwenden.

Riedel sieht für die Begasung Hauptrohrstränge vor, an denen quer Nebenstränge im Abstand von 25 m und je 100 m Länge aus Zementrohren von 100 mm lichter Weite sich anschließen. Auf 1 qm bekohlensäuerte Fläche kommen somit die Kosten von $^1/_{25}$ m Zementrohr von 100 mm lichter Weite. Die Querrohre werden zweckmäßig senkrecht zur örtlichen Hauptwindrichtung gelegt, damit der Wind die gute Verteilung über die ganze Fläche unterstützt.

Riedel schreibt über die Wirtschaftlichkeit der Begasung folgendes (Chem. Ztg. 1921, S. 829). Um einen Morgen begasen zu können, sind höchstens bei einem Abstande der Längsröhre von 25 m einschließlich von Querrohren 125 m Zementrohre von 10 cm Durchmesser erforderlich. Der Preis eines Rohres betrug bereits im März 1921 7,50 Mk. Rechnet man einschließlich Fracht und Verlegen 12 Mk. je Rohr, so betragen die Kosten für den Morgen 1500 Mk.; schlägt man weitere 1500 Mk. für den Anteil der Hauptzuleitung und für sonstiges hinzu, so stellen sich die gesamten Kosten auf 3000 Mk. je Morgen oder 1,20 Mk. eines Quadratmeters. Rechnet man nun

20 Proz. für Abschreibung und Verzinsung	24 Pfg.
Für Mehrdüngung an mineralischen Stoffen	12 „
„ Ersatzarbeiten	8 „
„ Mehrerntearbeit	10 „
So stellt sich die Betriebsausgabe auf 1 qm	54 Pfg.

Nimmt man an, daß der gewöhnliche Ertrag an Kartoffeln von 1,75 kg je Quadratmeter auf 3,5 kg gebracht wird, und rechnet man das Kilo Kartoffeln mit 60 Pfg., so ergibt sich ein Mehrertrag von 105 Pfg. oder ein Überschuß von 51 Pfg., der 42 Proz. Gewinn ausmacht. Das Bild verschiebt sich noch mehr zugunsten der Kohlensäuredüngung, wenn z. B. Frühkartoffeln begast werden, bei denen wesentlich höhere Preise, etwa 3,20 Mk. 1921, nachdem sie anfänglich 5,60 Mk. das Kilo kosteten, erzielt werden. Bei der obigen Aufstellung ist angenommen, daß es sich um Gasmaschinenabgase handelt, bei denen für die Kohlensäuredüngung jeder maschinelle Betrieb fortfällt. Aber auch bei Ventilatorbetrieb würde je Quadratmeter nur etliche Pfennige für den Strombedarf zu rechnen sein, so daß auch dann noch die erhebliche Wirtschaftlichkeit der Kohlensäuredüngung hervortritt. Abgesehen von den Wiederherstellungsarbeiten, die eigentlich an den Rohren kaum vorkommen, ist irgendeine wesentliche Bedienung der Anlage nicht erforderlich. Die Gasdüngung ist also für den Landwirt äußerst leicht. Die eingesetzte hohe Abschreibung ist nur mit Rücksicht auf die unsichere Lage erforderlich.

Die kohlensäuregedüngte Pflanze nutzt vermöge ihrer tiefgehenden Wurzeln den Wasservorrat des Bodens besser aus. Es kann trotzdem möglich sein, daß in trockenen Jahren der Vorteil der Kohlensäuredüngung nicht voll ausgenützt werden kann. Dies trifft aber auch für jede Düngungsart zu. Wer sich davor schützen will, muß zur künstlichen Beregnung greifen, der ebenfalls eine hohe Wirtschaftlichkeit zugeschrieben wird.

Reinau (Chem. Ztg. 1914, S. 397) hat bei der Bekanntgabe seiner Versuche schon darauf hingewiesen, daß das CO_2-Verlangen (Appetit) der Pflanzen anfänglich sehr groß ist und dann nachläßt. Es hat sich auch gezeigt, daß eine mehrstündige Begasung jeden Tag völlig ausreicht.

In der großen landwirtschaftlichen Praxis werden noch manche Schwierigkeiten zu überwinden sein, damit die aufgewendeten Anlagekosten durch die gesteigerten Erträge wieder gewinnbringend eingeholt werden. Dabei muß beachtet werden, daß die Wachszeit der Nutzpflanzen nur etwa 120 Tage beträgt. In Garten- und Gemüsekulturen dürften sie aber schon jetzt wirtschaftlich sein.

Eine Beeinflussung des Geschmackes konnte z. B. durch das Bekohlensäuern mit Hochofengasen nicht festgestellt werden. Im Gegenteil sollen Tomaten, Erdbeeren u. dgl. viel gehaltvoller schmecken als gewöhnliche, was mit der besseren CO_2-Ernährung zusammenhängt.

Eine gesundheitliche Schädigung der in den Dörfern untergebrachten Menschen und Tieren bei der allgemeinen Anwendung der Vergasung dürfte kaum zu befürchten sein. An und für sich werden die Gase schon auf 1 Proz. CO_2-Gehalt verdünnt, und dann dürfte beim Weitertreiben durch den Wind schon nach einigen hundert Metern eine Verdünnung auf den üblichen Gehalt bewirkt werden. Immerhin wird man die Begasungseinrichtung, die hinter der Hauptwindrichtung der Wohnstätten liegt, entsprechend vorsichtig anordnen müssen, um jede Vergasungsgefahr zu vermeiden.

Es ist diese Düngung der Pflanzen durch die Luft ein neuer natürlicher Weg, um die Leistungen unseres Bodens zu erhöhen, und manche Werke können ihre Kalkofenanlagen als Kohlensäureanlagen ausnützen, indem sie Kalk für Dünge-, Bau- und technische Zwecke brennen und die entweichende Kohlensäure zur Düngung der Felder verwenden.

Weiteres s. a.: *E. Reinau,* Chem. Ztg. 1914, S. 397, 545, 804, und 1919, S. 449, 469, 489, 509 und 524; *Gerlach,* Kohlensäuredüngung, Beilage zur Chem. Ztg. 1919, Nr. 73/75; *H. Claassen,* Chem. Ztg. 1920, S. 95.

O. Die Kohlensäurepumpe.

Um den Ofenzug zu erzeugen, um die Widerstände in den Vorrichtungen zum Reinigen der Ofengase zu überwinden, und um sie der weiteren Verwendungsstelle zuführen zu können, müssen die Ofengase durch Pumpen gefördert werden. Da der wertvolle Bestandteil der Ofengase die Kohlensäure ist, so bezeichnet man die Pumpen einfach mit „Kohlensäurepumpen“.

94. Die Größe der Kohlensäurepumpe.

In der Zahlenreihe XXXVI habe ich schon die verschiedenen Gasmengen angegeben, die im Idealofen bei den verschiedenen Kohlenstoffanwendungen entstehen. Diese, von der Kohlensäurepumpe abzusaugende Gasmenge wird in ihrem Raum noch vermehrt durch den Sauerstoff bzw. Luftüberschuß, die über 20° liegende Temperatur in der Saugleitung vor der Pumpe, den dort herrschenden Unterdruck und durch den im Waschkühler aufgenommenen Wasserdampf.

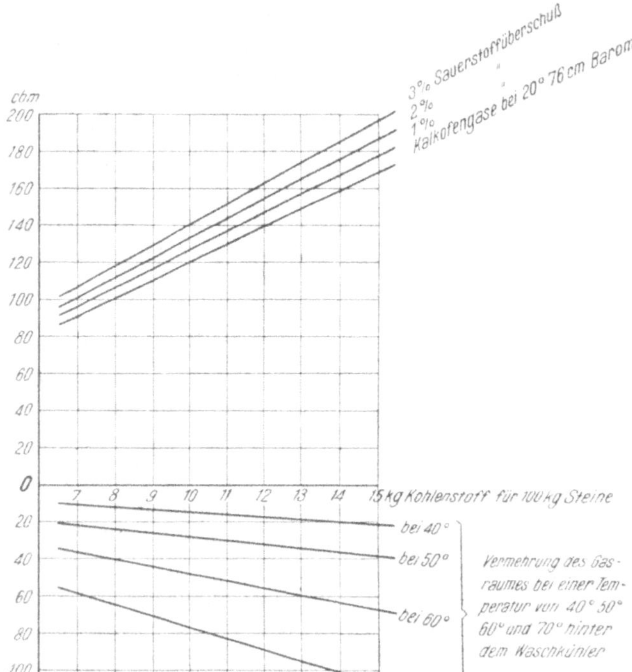

Abb. 157. Für 100 kg Kalkstein abzusaugende Gasmenge bei den verschiedenen Brennstoffmengen und den verschiedenen Temperaturen hinter dem Waschkühler.

In der Abb. 157 habe ich zeichnerisch erst die aus der Zahlenreihe XXXVI sich ergebende Abgasmenge eingezeichnet, bezogen auf 760 mm Barometerstand und 20° C. Ferner habe ich darüber die Vermehrung des Gasraumes eingezeichnet, der durch einen Sauerstoffüberschuß von 1, 2 und 3 Proz. entsteht, unter Berücksichtigung der Angaben im Abschnitt 78, bei der Berechnung des Verbrennungssauerstoffes. Demnach ergibt sich aus Abb. 157 z. B. bei einem Kohlenaufwand von 9 kg und einem Sauerstoffüberschuß von 2 Proz. eine Vermehrung der Gase von etwa 12 cbm; um diese müßte die Ansaugleistung der Kohlensäurepumpe vergrößert werden.

Weiter habe ich die Raumvermehrung der Gase berechnet, die durch die über 20° liegende Temperatur verursacht wird. Sie ist umgerechnet nach den Angaben der Zahlenreihe XLII. Während danach 1 kg mit Wasserdampf gesättigtes Kalkofengas bei 20° einen Raum von 0,7 cbm einnimmt, beansprucht es bei 70° etwa 1,15 cbm. Danach nimmt die Raumbeanspruchung um $\frac{1{,}15}{0{,}70} = 1{,}64$ mal zu. Das Ansaugvolumen der Kohlensäurepumpe müßte bei 70° um 64 Proz. größer sein. Dies sind bei 9 kg Kohlenstoff etwa 70,5 cbm: eine ganz beachtenswerte Vergrößerung der Kohlensäurepumpe. Diese Ergebnisse habe ich in Abb. 157 nach unten eingetragen. Ich habe in Abb. 157 auch die Angaben bei 40, 50 und 60° eingetragen.

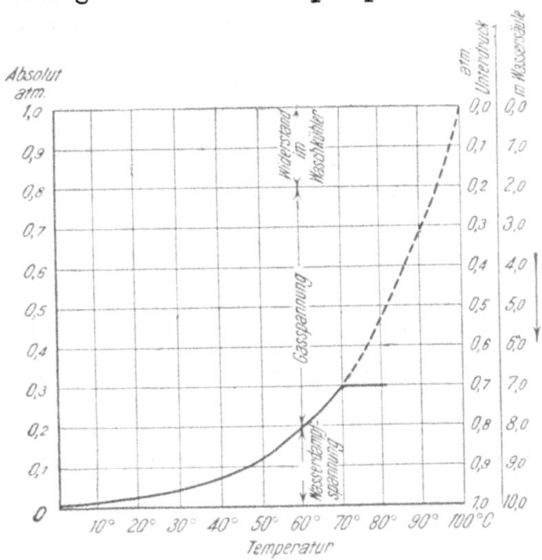

Abb. 158. Einfluß der Wasserdampfspannung auf den Gasdruck.

Weiter wird die Raumbeanspruchung der abzusaugenden Gase durch den Druck verändert, unter dem sie in der Saugleitung stehen. Je geringer der Druck, je größer ihr Raum, je mehr dehnen sie sich aus, je größer muß die Kohlensäurepumpe sein. Stehen die Gase in der Saugleitung unter 1 Atm absolut (gegenüber der äußeren Atmosphäre weder Über- noch Unterdruck), dann verbleibt z. B. bei 60° nach Abb. 158 für das Gas ein Teildruck von 0,805 Atm, weil der Wasserdampf einen solchen von 0,195 Atm ausübt. In der Abb. 158 habe ich noch die Wasserdampfdrucke zeichnerisch dargestellt in ihrer Abhängigkeit von der Temperatur, den Überblick erleichternd. Sinkt nun der Gesamtdruck in der Saugleitung, so bleibt bei gleicher Temperatur auch der Wasserdampfdruck immer unverändert, die Druckverminderung geht also allein auf Kosten des Gasdruckes.

Verursachen die Gesamtwiderstände einen Druckverlust von 2 m WS, so zeigt die Abb. 158 deutlich, daß dadurch nur der Teildruck des Gases verringert wird. Bei 60° Abgastemperatur würde er nur noch etwa 0,6 Atm gegenüber den 0,8 Atm nach Zahlenreihe XLII betragen, so daß die Raumbeanspruchung des Gases um $\frac{0{,}8}{0{,}6} = 1{,}33$ zunimmt. Dies weist seinerseits wieder dringend darauf hin, die Waschkühler mit geringem Druckverlust zu bauen.

Durch Verengungen in der Saugleitung, die ich z. B. in der Abb. 141 erwähnte, steigen die Widerstände ganz bedeutend an. So fand ich z. B. in einer Saugleitung laut Diagramm an der Kohlensäurepumpe einen Unterdruck von 0,36 Atm, gleich 0,64 Atm absolut. Tritt dann das Gas mit 70° aus dem Waschkühler, dann sinkt der zur Verfügung bleibende Teildruck der Ofengase auf 0,64 — 0,3 = 0,34 Atm. Der Gasraum vermehrt sich um das $\frac{0,8}{0,34} = 2,3$fache und dementsprechend die notwendige Ansaugleistung der Luftpumpe.

Die Raumbeanspruchung nimmt infolge des starken Ansteigens des Wasserdampf-Druckes mit der Temperatur außerordentlich zu. Da aber nach der Berechnung im Abschnitt 88 die Temperatur nur auf höchstens 70° steigen kann, so kann die höchste Teilspannung des Wasserdampfes auch nur 0,3 Atm absolut steigen. Diese Grenze kennzeichnet der Knick auf der Dampfspannungslinie nach Abb. 158.

Herrscht am Eintritt des Gases in die Pumpe eine Temperatur von 60° und ein Sauerstoffüberschuß von 2 Proz., dann hat die Kohlensäurepumpe für je 100 kg Kalkstein nach Abb. 157 bei einem Kohlenstoffaufwand von 9 kg (etwa 10 kg Koks) etwa 122 + 44 = 166 cbm abzusaugen, wenn in der Saugleitung kein Unterdruck herrscht. Herrscht aber ein Unterdruck von 0,85 Atm = etwa 1,5WS, dann sinkt nach Abb. 158 der Gasteildruck von 0,8 Atm auf 0,8 — 0,15 = 0,65 Atm. Dann muß die Ansaugleistung der Pumpe auf $166 \cdot \frac{0,8}{0,65} = 166 \cdot 1,23 = 204$ cbm ansteigen. Werden demgegenüber die Gase in einem Gegenstrom-Waschkühler auf 40° abgekühlt, und hat dieser Kühler mit Leitung nur 0,5 m WS Widerstand, dann hätte die Pumpe zu saugen, nach Abb. 157 u. 158, nur $(122 + 13) \cdot \frac{0,93}{0,93 - 0,05} = 135 \cdot \frac{0,93}{0,88} = 142$ cbm. Sollen in dem Kalkofen 36 000 kg Kalksteine im Tage gebrannt werden, also in der Minute 25 kg, so müßte die Kohlensäurepumpe im ersteren Fall eine minutliche Ansaugleistung von $204 \cdot \frac{25}{100} = 51$ cbm besitzen, im letzteren Falle bei gutem Wäscher und guter Gasleitung nur $142 \cdot \frac{25}{100} = 35,5$ cbm. Würde man die Pumpe für diese Ansaugleistung von etwa 35 cbm vorsehen, dann wird sie im allgemeinen genügen, denn man kann bei gutem Betrieb damit rechnen, daß man mit weniger als 9 kg Kohlenstoffzusatz auskommt, also weniger Verbrennungsgase entstehen.

95. Die Erhöhung des Gasdruckes für die Weiterförderung.

Um die angesaugten Gase weiterfördern und in die für ihre Weiterverwendung nötigen Vorrichtungen schaffen zu können, müssen sie unter einen solchen Druck gesetzt werden, der imstande ist, die bei dieser Weiterleitung und Verwendung auftretenden Widerstände zu überwinden. Deren Größe ist je nach dem Verwendungszweck sehr verschieden, und würde es zu weit führen, auf alle möglichen Verwendungsarten einzugehen.

Um die Gase unter höheren Druck zu setzen, müssen sie zusammengepreßt, verdichtet, komprimiert werden.

Bei der Verdichtung der Gase wird die hierfür aufgewandte Arbeit in Wärme umgesetzt, was sich durch die Erwärmung der verdichteten Gase bemerkbar macht. Hiermit hängt eine Ausdehnung der Gase zusammen, die aufzuwendende Verdichtungsarbeit wird größer, und die Wandungen der Pumpe erhitzen sich. Bei Kompressoren und Luftpumpen, die mit großen Verdichtungsgraden $E = \frac{p_2}{p_1}$ arbeiten, sucht man diese Nachteile durch Kühlung der Pumpenwandungen zu vermeiden. Hier bei der Kohlensäurepumpe haben wir nur Verdichtungsgrade von höchstens 2,5, wobei die Erwärmung der Gase von 40° auf etwa 135° betragen würde, wenn keine Wärme nach außen abgeleitet würde, durch Leitung und Strahlung verlorenginge, also sog. adiabatische Kompression vorhanden wäre. Um sich auch für Ausnahmefälle ein Bild, von der bei der wärmeverlustlosen Verdichtung eintretenden Gaserwärmung, machen zu können, gebe ich nachstehend die Zahlenreihe XLIII.

Zahlenreihe XLIII.

Endtemperatur der Gase nach dem Zusammenpressen.

1	$E = \frac{p_2}{p_1}$ . . Verdichtungsgrad	1,1	1,2	1,3	1,4	1,5	1,6	1,7	1,8	1,9	2,0	2,5	3,0	4,0
2	$\frac{T_2}{T_1}$	1,028	1,054	1,079	1,103	1,125	1,147	1,167	1,186	1,205	1,223	1,305	1,376	1,497
3	Endtemperatur t_2 des Gases, wenn die Anfangstemperatur $A_1 = 40°$, also $T_1 = 273 + 40 = 313°$ beträgt . . . . °C	49	56	65	72	79	84	92	98	103	109	135	157	196

In dieser Zahlenreihe ist in der ersten Spalte der Verdichtungsgrad $E = \frac{p_2}{p_1}$, das Verhältnis des Enddruckes zum Anfangsdruck, angegeben, beide müssen in absoluten Atmosphären eingesetzt werden. In der Spalte 2 ist das dabei vorhandene Verhältnis der absoluten End- und Anfangstemperaturen $\frac{T_2}{T_1}$ eingetragen. Daraus läßt sich leicht die bei einem bekannten Verdichtungsgrad eintretende Endtemperatur berechnen. Beträgt z. B. die Saugspannung 1 m WS = 0,9 Atm absolut, der Druck hinter der Pumpe 2,6 m WS = 1,23 Atm absolut und die Gastemperatur am Eintritt in der Pumpe 15°, dann ist $\frac{p_2}{p_1} = \frac{1,26}{0,9} = 1,40$. Nach Zahlenreihe XLIII ist dann $\frac{T_2}{T_1} = 1,103$ und daraus die absolute Endtemperatur $T_2 = 1,103 \cdot T = 1,103 \cdot (273 + 15) = 318$, entsprechend einer Temperatur von $t_2 = 318 - 273 = 45°$. Hinter dem guten Wäscher kann man rechnen, daß die Gase nicht wärmer als mit 40° in die Pumpe eintreten, dann würde unter gleichen Verhältnissen eine Endtemperatur von 72° eintreten, wie aus Spalte 3 ersichtlich.

In Wirklichkeit wird aber die Gastemperatur infolge äußerer Wärmeverluste obige Höhe nicht erreichen können, sie bleibt niedriger, es erfolgt nur sog. polytropische Kompression, ein Mittelding zwischen der adiabatischen und der bei unveränderter Temperatur erfolgenden isothermischen Verdichtung. An einer liegenden Flachschieber-Kohlensäurepumpe von 830 mm Zylinderdurchmesser, 600 mm Hub, unmittelbar mit dahinter liegendem Dampfzylinder von 400 mm Durchmesser gekuppelt, die im Jahre 1903 gebaut wurde, stellte ich im Jahre 1913 folgende Zahlen fest.

Umdrehungen in der Minute	Temperatur der Gase, gemessen am		Berechnete Austrittstemperatur
	Eintrittsrohr *a*	Austritt *b*	
52	42°	71°	74°
60	44°	87°	86°

Der Unterdruck in der Saugleitung betrug 0,7 bis 1,0 m WS, etwa 0,92 Atm absolut, der Überdruck 2,8 WS = 1,28 Atm absolut. Der Verdichtungsgrad ist $E = \frac{1,28}{0,93} = 1,4$, daraus bei adiabatischer Verdichtung nach Zahlenreihe XLIII eine Gastemperatur von etwa $a + 32 = 42 + 32 = 74$ zu erwarten wäre. Sie betrug aber nur 71°, was auf wesentlichen äußeren Wärmeabfluß bei der langsam laufenden Pumpe mit ihren großen Abmessungen hindeutet. Man sieht aber noch, daß mit zunehmender Umlaufzahl, mit zunehmender Leistung die Gaserhitzung zunimmt, die für adiabatische Kompression berechnete übersteigt, was ohne weiteres klar ist, denn bei der zunehmenden Leistung bleibt die Wärmeabgabe der Pumpenwandungen unverändert, die in Wärme umgesetzte Reibungsarbeit nimmt zu, eine höhere Gaserhitzung muß eintreten. Aber auch die Temperatur von 87° ist noch verhältnismäßig niedrig, von geringem Nachteil, so daß man von der Anwendung von Wasserkühlmänteln bei den Kohlensäurepumpen im allgemeinen absehen kann. Bei schnelllaufenden Pumpen muß die Erfahrung lehren, ob die Anwendung eines Wasserkühlmantels oder wenigstens durch Rippen vergrößerte Kühlwirkung nötig ist. Für manche Arbeitsweisen kommen höhere Drücke in Frage, und will ich noch die Zahlen geben, die an einer Kohlensäurepumpe mit Stahlplattenventilen (Abb. 159 [*Franz Beyer & Co.*, Erfurt]) gemessen wurden. Dieser Ventilkompressor hatte einen Zylinder von 340 mm Durchmesser und 400 mm Hub und machte 154 Umdrehungen, wobei sein Hubraum 670 cbm stündlich betrug. Der Zylinder und Zylinderdeckel besaßen Wasserkühlmantel. Der Unterdruck in der Saugleitung betrug 1 m WS = 0,9 Atm absolut und der Druck in der Druckleitung 2 Atm, also 3 Atm absolut, nach dem Diagramm Abb. 161c. Die Luft trat mit 19° in den Kompressor ein und mit 93° aus; das Zylinderkühlwasser mit 14° ein, bzw. 93° aus. Bei adiabatischer Verdichtung müßte sich aber eine wesentlich höhere Temperatur ergeben, denn es ist $E = \frac{3,0}{0,9} = 3,33$ und so nach Zahlenreihe XLIII $\frac{T_2}{T_1} = 1,41$ und somit die Austrittstemperatur $t_2 = 1,41\,(273 + 19) - 273 = 139°$. Der Wasserkühlmantel ist demnach recht wirkungsvoll, doch wäre die Temperatur von 139° nicht als gefährlich zu betrachten, so daß man unter den vorliegenden Verhältnissen auch ohne den Kühlmantel auskommen könnte.

Häufig wird davon abgeraten, der Kohlensäurepumpe zu heiße oder ganz trockene Gase zuzuführen, weil dann eine zu starke Schmierung notwendig wäre; deshalb meint man, es wäre besser, das Gas feucht zu halten, ja man empfiehlt die ständige Zuführung von etwas Wasser in den Zylinder, um den Staub auszuspülen. Dann hat man wohl kein Öl für die Schmierung notwendig, aber es entstehen die schon früher (S. **318**) angegebenen Nachteile. Man will mit kleinen Mittelchen die schlechte Wirkung des Wäschers verbessern; hier in der Pumpe, also am falschen Platze, zu spät das Versäumte nachholen. Dazu war doch aber nur der Wäscher vorgesehen, um den Staub

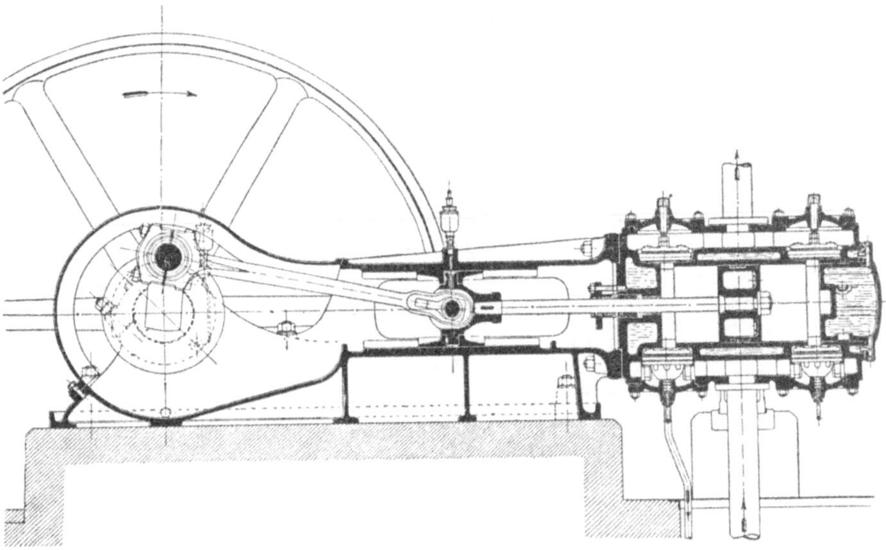

Abb. 159. Kohlensäurepumpe mit Stahlplattenventilen.

von der Pumpe fernzuhalten. Durch die nassen Gase, die Wassereinspritzung, bildet sich mit dem Staub Schlamm, der schmirgelnd für starken Verschleiß sorgt. Das Wasser sättigt sich mit Kohlensäure, was dann das Eisen der Pumpe stark angreift, denn bekanntlich ist kohlensäurehaltiges Wasser sehr schädlich für Eisen, die Rostbildung wird außerordentlich beschleunigt und vermehrt. Es bereitet bei gewöhnlichen Kompressoren doch gar keine Schwierigkeiten, trockene, warme Luft aus der Atmosphäre anzusaugen und beliebig zu verdichten, deshalb sollte man auch hier für trockene, staubfreie Ofengase sorgen, denn trocken und staubfrei soll die Luft für jeden Kompressor sein; auch bei den kreisenden, wo vorhandener Staub, wie in einem Sandstrahlgebläse, stark zerstörend auf die Schaufeln und Düsen einwirkt. Nasse staubhaltige Gase geben auch hier wie bei den Kolbenpumpen zur betriebsstörenden Krustenbildung Veranlassung. Der Schlamm bleibt am Gehäuse hängen, trocknet infolge der Kompressionswärme aus, brennt fest und kann ein Festsetzen des Laufrades, ja dessen vollständige Zerstörung, aber mindestens dessen schnellen Verschleiß bei erhöhtem Kraftverbrauch bewirken.

96. Die Bauarten der Kohlensäurepumpen.

Wenn es sich nicht allein darum handelt, die Widerstände, die sich der Bewegung der Kohlensäuregase entgegensetzen, durch die Ofenfüllung, sondern auch die in den Röhren und den Kühlwäschern zu überwinden und die Gase weiterzudrücken, dann verwendet man die Kohlensäurepumpe. Meistens werden die Gase in die mit Flüssigkeit angefüllten Fäller, Saturateure, gedrückt und müssen zur Durchdringung dieser Flüssigkeitssäule entsprechend verdichtet, unter Druck gesetzt werden.

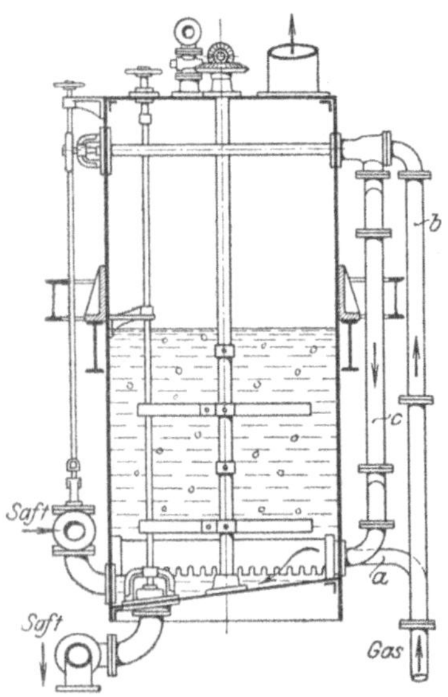

Abb. 160. Anordnung der Kohlensäurezuführung zu Sättigern.

Wird die Kohlensäure in Flüssigkeiten gedrückt, so wird man die Druckleitung erst so weit in die Höhe führen nach Abb. 160, daß die Flüssigkeit aus dem Gefäß nicht herauslaufen kann, wenn die Kohlensäure gelegentlich nicht unter Druck ist. Die unmittelbare Einführung bei *a* wäre falsch. Richtig ist die Anbringung einer Schleife *b*—*c*, deren Scheitel über dem Flüssigkeitsstand steht.

Verwendung kann jede Fördereinrichtung finden, die sich überhaupt zur Förderung von Gasen eignet, und die es gestattet, die vorgenannten Saug- und Druckwiderstände zu überwinden. Besondere Anforderungen sind nicht zu stellen, mit Ausnahme der Einstellbarkeit der Förderleistung, um die Gasabsaugung, den Zutritt der Verbrennungsluft dem Ofengang anpassen zu können.

Für den hier vorliegenden Zweck kommen in Frage:

1. Strahlgebläse. Das früher schon erwähnte *Körting*sche Dampfstrahlgebläse Abb. 332 kommt wegen seines hohen Dampfverbrauches und der damit auch verbundenen Verdünnung der Laugen und Säfte nicht mehr in Frage, trotzdem es außerordentlich einfach, billig und zuverlässig ist. Würde man Luft als Treibmittel wählen, dann würde die Kohlensäure verdünnt.

2. Kolbenluftpumpen mit Scheibenkolben als Förderorgan und als Sperrmittel, Klappen, Ventile oder Schieber.

3. Kreiskolbengebläse, auch Kapselgebläse genannt.

4. Turbogebläse, mit umlaufendem Schaufelrad und feststehendem Leitrad nach Art der Schleuderpumpen.

97. Die Kolbenpumpen.

Die weitestgehende Anwendung haben die Kolben-Luftpumpen mit Klappen, Ventilen oder Schiebern gefunden, deren Förderelement ein Scheibenkolben ist.

Die Luftpumpen mit Ventilklappen aus Gummi sind sehr unempfindlich, leiden selten durch Unfälle und sind daher einfach in der Bedienung und Wartung. Aber die großen Ventile besitzen große schädliche Räume und vermindern den räumlichen Wirkungsgrad ganz beträchtlich. Die Gummiklappen leiden sehr durch die Gase, werden bald hart und brüchig. Deshalb wird diese Pumpenart für Kalkofengase nicht mehr gebaut.

Kohlensäurepumpen mit Ventilen aus Bronze oder Stahlplatten besitzen die vorgenannten Nachteile der Klappenpumpen nicht, und zeigt Abb. 159 eine solche Ventilluftpumpe. Die schädlichen Räume können viel kleiner gehalten werden, wodurch der räumliche Wirkungsgrad bedeutend wächst.

Kohlensäurepumpen mit Schiebern haben die größte Anwendung gefunden, werden aber in neuerer Zeit durch die einfacheren mit Ventilen verdrängt. Über dem Schieber, auf der Druckseite, bringt man Rückschlagventile an, um den zu frühen Rücktritt der Luft durch den vorzeitig geöffneten Schieberkanal zu verhindern. Dann wird an Kraft gespart. Bei der Ventilpumpe wirken schon die Druckventile selbst in diesem Sinne kraftsparend.

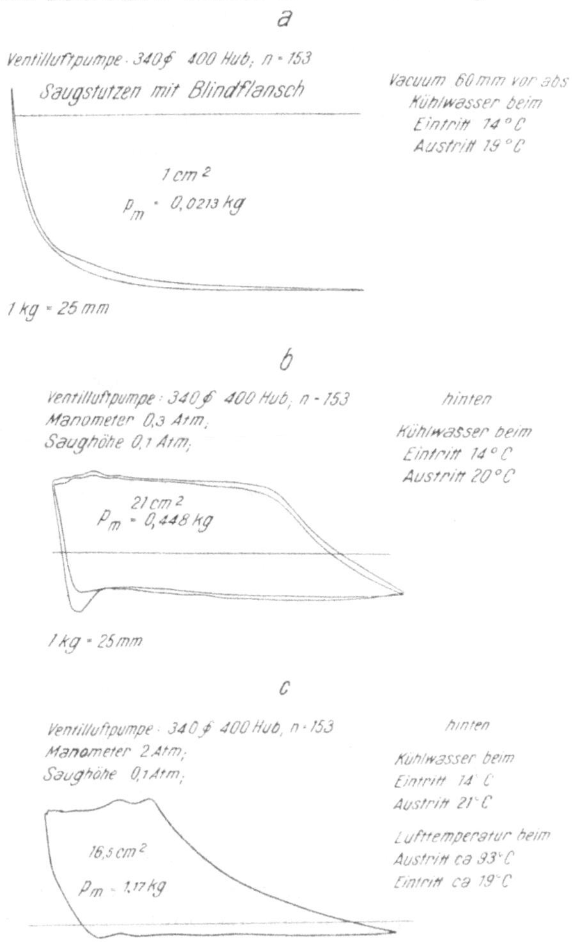

Abb. 161a bis c. Diagramme von einer Kolben-Kohlensäurepumpe.

Die Abb. 161a bis c zeigt verschiedene Diagramme, die von einer Ventilluftpumpe nach Abb. 159 genommen wurden, von 340 mm Durchmesser, 400 Hub und 153 Umdrehungen/Minute.

a zeigt das Diagramm bei geschlossenem Saugstutzen, wobei eine Luftleere von 60 mm Hg absolut erreicht wurde. Diese Art von Diagrammen zeigt die gute Ausführung der Pumpe, die geringen schädlichen Räume, die gut arbeitenden Ventile, weil nur dann eine solche hohe Luftleere erzielbar ist.

b ist ein Diagramm, welches entsteht, wenn die Luft aus einem Raum von 0,1 Atm Unterdruck abgesaugt und mit einem Überdruck von 0,3 Atm weitergedrückt wird, mit einem Überdruck, wie er z. B. in Zuckerfabriken für die Verwendung der Kalkofengase zum Wiederausfällen des Kalkes aus dem Zuckersaft üblich ist.

c ist genommen bei einer Saughöhe von 0,1 Atm und einer Gaspressung von 2 Atm Überdruck, also 3 Atm absolut. Es ist das eine Druckhöhe, wie sie wohl nur selten bei Kalkofengasen Anwendung findet. Bei einer Kühlwassertemperatur von 14° am Ein- und 21° beim Austritt wurde die schon

Abb. 162. Kolbengebläse mit Dampfmaschine.

erwähnte Gastemperatur von nur noch 93° festgestellt, als das Gas mit 19° eintrat.

Unnütz ist aber bei den Kohlensäureschieberpumpen der sog. Druckausgleich, der darin besteht, daß kurz vor dem Hubende die im schädlichen Raum verdichtete Luft auf die andere Zylinderseite überströmt und so ein früheres, ja bei größerem Druckunterschied überhaupt nur noch ein Ansaugen ermöglicht. Wichtig deshalb bei Luftpumpen, bei denen die Druckunterschiede, der sog. Kompressionsgrad, groß sind, denn bei einem Verdichtungsgrad von $E = \frac{\text{Enddruck}}{\text{Anfangsdruck}} = \frac{p_2}{p_1}$, etwa 15 bis 20 und mehr, wird der volumetrische Wirkungsgrad fast Null. Bei den Kohlensäurepumpen kommen aber nur höchstens $E = \frac{2,0}{0,8} \doteq 2,5$, gewöhnlich aber nur $E = \frac{1,2}{0,9} = 1,33$ und weniger vor. Bei $E = 2$ z. B. nimmt der volumetrische Wirkungsgrad durch den Druckausgleich nur um 4 Proz. zu, dagegen aber auch gleichzeitig der Kraftverbrauch. Ein Vorteil ist durch ihn also hier nicht zu erwarten. Er wurde trotzdem früher häufig angewandt, weil man die Verhältnisse verkannte.

Der Antrieb der Kolbengebläse erfolgt entweder durch Riemen nach Abb. 159 oder durch unmittelbare Kupplung mit einer Dampfmaschine nach Abb. 162. Im letzteren Falle wird die Maschine mit einem Pumpenleistungsregler ausgestattet, der die Drehzahl beliebig einzustellen gestattet, ganz nach dem Bedürfnis des Kalkofens. Selbsttätige Ventilausschalter, die, bei Erreichung eines bestimmten Druckes in der Druckleitung, die Förderung ausschalten, sind, infolge des nachteiligen Einflusses auf den Ofenzug, unbrauchbar.

98. Die Kreiskolbengebläse.

Die Kreiskolbengebläse, Kapselgebläse, auch Rootsgebläse (Blower) genannt, bestehen aus zwei oder mehreren Drehkolben, die sich in einer entsprechend geformten Gehäusekapsel drehen. Die Wirkungsweise ist aus der Schnittzeichnung Abb. 163 ersichtlich. Bei der gleichzeitigen Drehung der beiden im Schnitt lemniskatenförmigen Flügelwalzen wird die Luft in der durch die Pfeile angedeuteten Richtung befördert. Das abgenommene Oberteil der Abb. 164 (*Aerzener Maschinenfabrik*) läßt deutlich die Kreiskolben und die Kuppelzahnräder erkennen, die für deren zwangsläufige Drehung sorgen. — Der volumetrische Wirkungsgrad der Kapselgebläse ist 0,75 bis 0,95. Die Verluste sind auf die trotz sorgfältiger Ausführung unvermeidlichen Undichtigkeiten an den Schleifflächen zurückzuführen, die sich sehr leicht vermehren, wenn die abzusaugenden

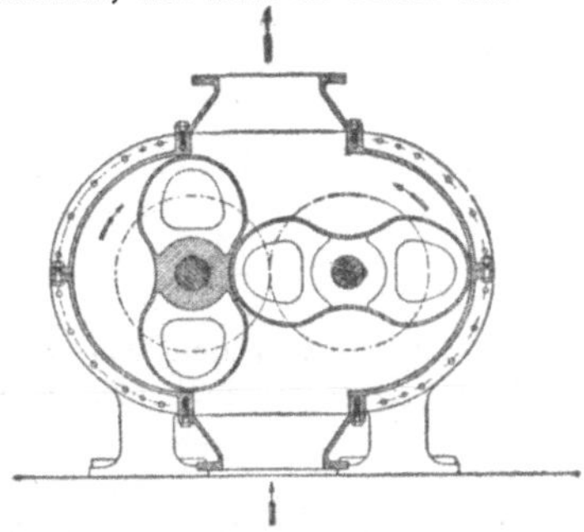

Abb. 163. Schnitt durch ein Kreiskolbengebläse.

Abb. 164. Kreiskolbengebläse mit abgenommenem Oberteil.

Gase nicht gut gereinigt werden. Ständige Beobachtung der Förderleitung ist deshalb erforderlich. Die Gebläse liefern nur geringe Überdrucke, etwa 2 bis 3 m Wassersäule. Sie sind infolge ihrer geringen Anschaffungskosten und ihres geringen Raumbedarfs für viele mittlere und kleinere Zwecke geeignet.

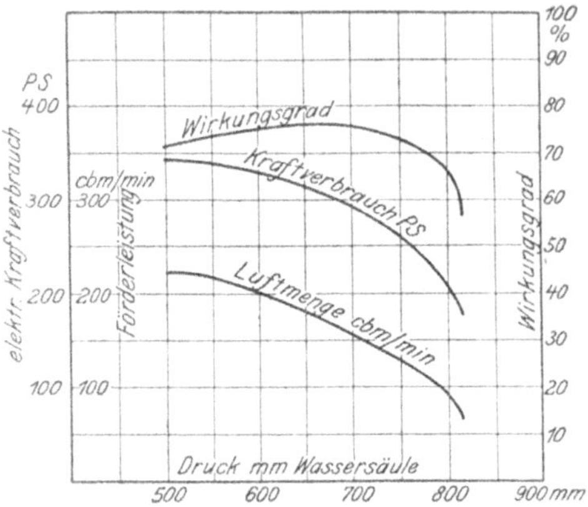

Abb. 165. Zusammenhang zwischen Luftpressung, Kraftverbrauch und Wirkungsgrad eines Kapselgebläses.

Die Abb. 165 zeigt den Zusammenhang zwischen Luftpressung, Kraftverbrauch, räumlichen und dynamischen Wirkungsgrad eines Aerzener Gebläses, nach Feststellungen des Maschinenlaboratoriums der Technischen Hochschule Charlottenburg. Es ist das bessere Verhalten dieser Kolbengebläse gegenüber den Schleudergebläsen (Ventilatoren) nach Abb. **134** zu beachten.

Die Abb. 166 zeigt ein durch Riemen angetriebenes Kapselgebläse in äußerer Ansicht (*C. H. Jäger & Co.*, Leipzig). Die beiden Flügelwalzen werden durch die auf der linken Seite angeordneten, eingekapselten Zahnräder in gleichmäßige Drehung versetzt.

Da die Kreiskolbengebläse die Luft zwangläufig fördern, so ist eine Veränderung der Liefermenge durch Drosselung unzulässig. Die Liefermenge und auch der Kraftverbrauch steigen und fallen annähernd mit der Veränderung der Drehzahl. Ist der Gasverbrauch unregelmäßig, so würde bei verringertem Verbrauch infolge der zwangläufigen Gasführung eine höhere Pressung entstehen, die unter Umständen für die Anlage schädlich werden könnte. Es empfiehlt sich daher auch hier, wo größere Schwankungen im Gasverbrauch stattfinden können, ein Sicherheitsventil in unmittelbarer Nähe des Druckstutzens des Gebläses anzuschließen, welches das zu viel geförderte Gas in das Freie entweichen läßt.

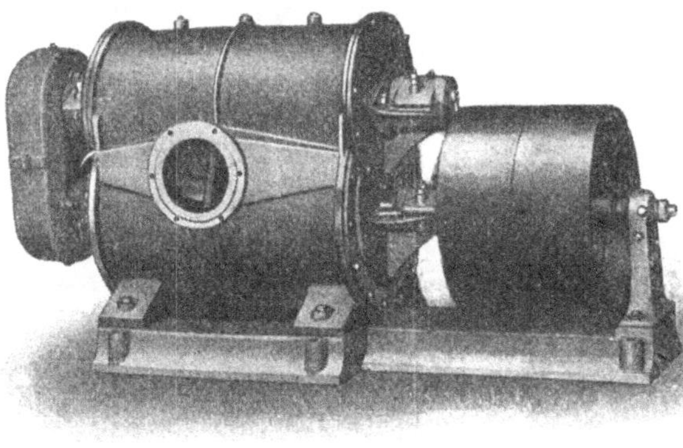

Abb. 166. Kreiskolbengebläse mit Riemenantrieb.

Ein Sicherheitsventil nach Abb. 167, welches das Gas so lange von der Druckseite nach der Saugseite zum Teil zurückströmen läßt, bis der Überdruck wieder auf den gewöhnlichen Betriebsdruck gesunken ist, stört den Ofengang empfindlich. — Wohl aber kann man den Ofenzug regeln durch ein in die Rückleitung eingebautes Absperrventil, indem man die zu viel abgesaugte Gasmenge wieder zurück in die Saugleitung strömen läßt.

Abb. 167. Unzweckmäßige Anordnung des Sicherheitsventiles.

Öl, Fett u. dgl. darf nicht in das Innere der Gebläse gebracht werden, da eine Reibung zwischen den Flügeln oder den Flügeln und der Gehäusewand ausgeschlossen ist. Derartige Schmiermittel würden das Gebläse nur vollständig verschmutzen. Deshalb soll auch das anzusaugende Gas trocken und staubfrei sein.

Eine Ausführungsart der Kardioidenpumpen zeigt die Abb. 168, deren kreisender Kolben in einem gehobelten Schlitz einen Schieber trägt, der außen auf den Endflächen gegen das Pumpengehäuse abgedichtet ist. Die Lauffläche des Kolbens ist in Form einer genauen Kardioide ausgedreht, um so einen lautlosen Gang zu erreichen. Bei der Drehung des Kolbens mit dem Schieber tritt hinter letzterem eine durch die Kardioide erzeugte Raumvergrößerung ein, wodurch die Ansaugung

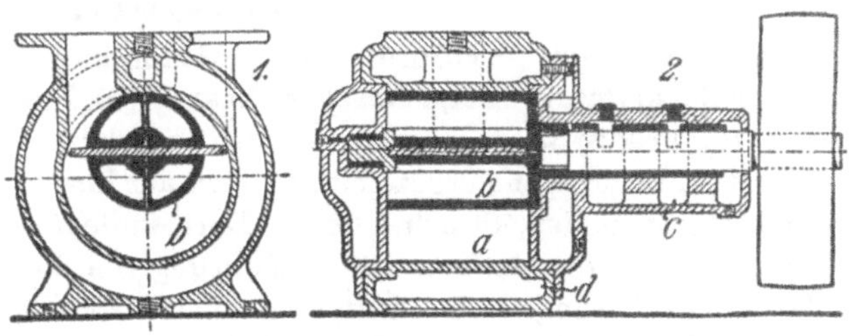

Abb. 168. Kreisende Pumpe mit Kardioidenkolben.

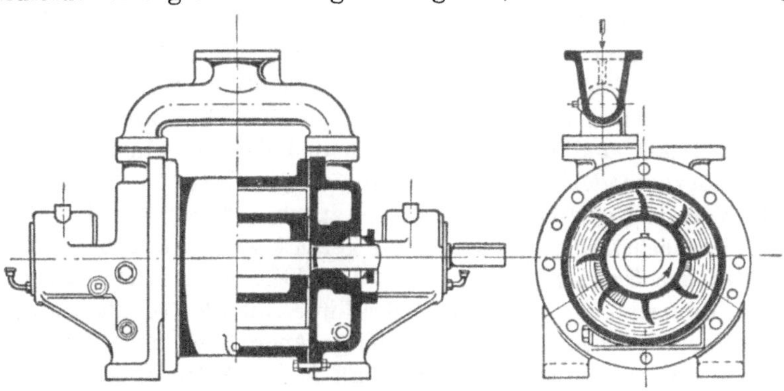

Abb. 169. Kreiselpumpe mit Schaufelrad.

des Gases und dessen Weiterförderung veranlaßt wird. — Für Kalkofengase haben sich diese Gebläse nicht bewährt infolge zu starker Abnutzung. Während Betriebspausen rostet der Schieber leicht fest, er spielt nicht im

Schlitz, sondern wird unter Umständen erst bei voller Umlaufzahl infolge der Schleuderkraft plötzlich herausgerissen. Eine Zerstörung der Pumpe ist in vielen Fällen die Folge.

Die Elmo-Pumpe zeigt die Abb. 169. In einem zylindrischen Gehäuse dreht sich ein Schaufelrad, dessen Welle in den Seitenwänden exzentrisch zur Mitte des Gehäuses gelagert ist. Deshalb nähern sich oben die Schaufeln dem Gehäuse bis auf wenige Millimeter, während unten ein größerer Abstand verbleibt. Wird das Gehäuse mit Wasser gefüllt und das Schaufelrad in Drehung versetzt, so bildet die mitlaufende Flüssigkeit einen Schleuderring. Der dann entstehende säbelförmige Raum an der Nabe ist der Arbeitsraum der Pumpe, der durch die Schaufeln in einzelne Förderräume geteilt wird. Die Größe dieser Einzelräume nimmt von der Saugöffnung an im Sinne der Drehrichtung zunächst zu. Dadurch wird das Gas angesaugt und zwangsläufig nach der Druckseite gefördert. Hier sind noch besondere Ventilschieber vorgesehen. — Für Kalkofengase hat sich die Pumpe bisher noch nicht als zuverlässig erwiesen.

99. Turbogebläse.

Drehende, sog. Turbogebläse wurden meines Wissens für Kalköfen zuerst in der Zuckerfabrik *Albert Bouchon*, Nassandres, Frankreich, angewandt. Diese Zuckerfabrik ist wie keine andere durch Einzelantriebe mittels Elektromotoren oder Dampfturbinen ausgezeichnet. Fast alle hin- und hergehenden Maschinen sind verschwunden, alles dreht sich. Dort wurde im Jahre 1906 ein *Rateau*sches Turbogebläse für eine minutliche Leistung von 30 cbm aufgestellt, das durch Dampfturbine angetrieben wurde, und betrug die Gaspressung 1,4 Atm absolut. *Marek*, Breslau, bringt eine Beschreibung und einige Abbildungen über *Rateau*sche Kohlensäuregebläse (Die Deutsche Zuckerindustrie 1910, S. 725).

Abb. 170 zeigt rechts ein solches Gebläse, links die zum Antrieb dienende Dampfturbine. Der Aufbau ist ähnlich wie bei einer mehrstufigen Schleuderpumpe. Auf einer Welle sitzen mehrere Laufräder, und das Gehäuse enthält die dazugehörigen feststehenden Leitapparate. Sowohl Lauf- als auch Leiträder sind mit Schaufeln versehen. Das dargestellte Gebläse ist zweiseitig gebaut, d. h. das Gas tritt auf beiden Seiten ein. Dort wird es von dem ersten Laufrad erfaßt und mit großer Geschwindigkeit in einen Raum (Diffusor) geschleudert, in dem die Geschwindigkeit des Gases in Druck umgewandelt wird. Von dort gelangt es in den Leitapparat, durch den das Gas nach der Nabe des nächstfolgenden Laufrades geführt wird, wo sich das Spiel wiederholt, bis das Gas schließlich in die Druckleitung gelangt. Es geht daraus hervor, daß man um so mehr Räder hintereinander schalten muß, je höher der verlangte Druck ist. Die zweiseitige Anordnung nach Abb. 170, bei der das Gas auf beiden Seiten eintritt und in der Mitte abgeführt wird, ist für größere Gasmengen durchführbar. Bei Kohlensäuregebläsen wird man meist mit der einseitigen Anordnung auskommen.

Die Zahlenreihe XLV läßt den Unterschied im Kraft- und Dampfverbrauch zwischen einem mit Riemen oder mittels Dampfmaschine angetriebenen Kompressor, sowie einem schneller und einem langsamer laufenden Turbokompressor erkennen. Direktor *Schumacher*, der in der Zuckerfabrik Neuoffstein einen Turbokompressor für den Kalkofen im Betrieb hat (1922), nach Abb. 171, empfand als Nachteil auch dessen hohen Dampfverbrauch und würde deshalb im Wiederholungsfalle der Kupplung mit einem regulierbaren Gleichstrommotor den Vorzug geben. Er macht auch gleichzeitig auf die Notwendigkeit der guten Gasreinigung aufmerksam, weil sonst die Stufenkanäle verschmutzt werden. Ein allsonntägliches Ausdämpfen war notwendig, durch die Dampfleitung *h* und die Stufenventilchen *i*. Das Gebläse *a* ist unmittelbar mit der Dampfturbine *b* gekuppelt und ruhen beide auf der gemeinsamen Grundplatte *c*. Die Wellenlager *d* besitzen Druckölschmierung, indem das Öl von

Abb. 170. Turbogebläse mit Antrieb durch Dampfturbine.

einer Pumpe durch die Leitung *e* in die Lager gedrückt wird und durch *f* wieder zurückläuft. *g* ist die Kühlwasser-, *h* die Frischdampf-, *l* die Abdampf-, *m* die Gassaug- und *n* die Gasdruckleitung.

Zahlenreihe XLV.

Vergleich zwischen Kolben- und Turbokompressor.

Kompressorart	Antriebsart	Wirklich angesaugte Gasmeng. b. 0,9 Atm Spannung i. der Saugleitung, 1,5 Atm abs. in d. Druckleitung cbm/min	Umdrehungszahl *n* in der Minute	Kraftverbrauch PS	Dampfverbrauch b. 11 Atm abs. Eintrittsp. und 3 Atm abs. Abdampf-Gegendruck kg-St.	Preis im März 1922 Papier-Mark
Kolbenkompressor, Luftzylinder 700 ∅, Kolbenhub 600 mm	Riemen	51,6	115	91	—	—
	Kolbendampfmaschine, 325 mm Zylinderdurchmesser	51,6	115	—	1520	380 000
Turbokompressor	Dampfturbine	50	5000	122	2900	420 000
			4000	108	2020	530 000

Bei Drehstrommotorenantrieb ist durch die gegebene Wechselzahl, bei Gleichstrommotoren durch die Rücksicht auf den Kollektor eine gewisse Beschränkung in der Wahl der Drehzahl gegeben, die bei Dampfturbinenantrieb nicht besteht. Man kann meist sogar eine etwas höhere Drehzahl wählen, und infolgedessen ist der Maschinensatz billiger.

Besondere Erwähnung verdient noch eine Betriebserscheinung des Turbokompressors, die als das „Pumpen“ des Kompressors bezeichnet wird. Sie macht sich dadurch bemerkbar, daß beim Unterschreiten einer bestimmten Fördermenge der Kompressor auf einmal zu fördern aufhört; dann strömt sogar rückwärts aus dem Leitungsnetz das Gas durch den Kompressor hindurch, bis die Förderung wieder einsetzt. Kurz darauf beginnt jedoch das störende Spiel wieder von neuem. In der Z. d. V. d. I. 1921, S. 1337, findet sich eine nähere Begründung mit Angaben zur Abhilfe.

Abb. 171. Turbokompressor mit Dampfturbine.

Als Vorzug gegenüber Kolbengebläsen nennt man:

Unmittelbaren Antrieb von einer schnelllaufenden Dampfturbine oder einem Elektromotor ohne Arbeit verbrauchende Zwischenglieder.

Geringen Raumbedarf.

Verminderung der beweglichen Teile und somit Vereinfachung der Wartung und Bedienung.

Geringen Ölverbrauch, weil nur zwei Ringschmierlager mit Öl zu versehen sind. (In der Abb. 171 sind die Druckölzu- und -ablaufleitungen sichtbar.)

Dagegen kann ich es nicht als Vorteil ansehen, daß bei den Turbogebläsen der Gasstrom vollständig gleichmäßig erfolgt, ohne pendelnde Druckschwankungen. Im Gegenteil scheint das stoßweise Arbeiten der Kolbenpumpen auf die gute Durchmischung, auf den gleichmäßig verteilten Durchzug der Gase sehr nützlich zu sein.

Diese meine Ansichten werden durch einen jetzt bekannt gewordenen Fall bestätigt (*Zielecki*, Z. f. Zucker d. tscheslow. Rep. 1921, Nr. 18, S. 123) an einer Kohlensäure-Umlaufpumpe der *Siemens-Schuckert-Werke* in Ercsi in Ungarn. Infolge des andauernd gleichmäßigen Zuges der Kohlensäure entstand im Kalkofen ein bestimmter Weg, den die Luft zurücklegte und wo eine lebhafte einseitige Verbrennung des Kokses stattfand. Dort bildete sich eine flüssige, schwarze, glasige Masse, welche den Kalkofen derart verstopfte, daß der Betrieb zum Stillstand kam und der Kalkofeninhalt mit langen Eisenschienen herausgebrochen werden mußte. Man schaltete eine pendelnde Luftklappe ein. Z. B. eine mit etwa 40 Drehungen umlaufende Drosselklappe hemmt zeitweise den freien Durchfluß der Gase und veranlaßt bei jeder Umdrehung zwei Gasstöße, wie sie beim Kohlengebläse entstehen.

Von besonderer Bedeutung kann dieses pulsierende, atmende Arbeiten der Pumpen bei Gasschachtöfen sein. Während bei ruhigem Zug die Gase in Parabelform nach oben steigen (s. Abb. 60), wird dann ein lebhaftes Ausdehnen und Zusammenziehen eintreten. Lebhaftes Durchwirbeln ist die Folge. Rechts zeigt die Abb. 172 den Gasstrom bei ruhigem Zug, links bei pulsierendem Saugen der Pumpe.

Der Wirkungsgrad der Turbogebläse ist stets geringer als bei Kolbengebläsen. Während der Wirkungsgrad der Turbogebläse etwa zwischen 50 bis 65 Proz. liegt, haben die Kolbengebläse Wirkungsgrade über 80 Proz. Sehr empfindlich sind die Turbogebläse auch gegen Druckschwankungen, die im Kalkofenbetrieb immer vorkommen. Mit zunehmendem Druck sinkt die Förderleistung wesentlich, und wird der Druck um nur 10 bis 20 Proz. überschritten, für den das Turbogebläse gebaut ist, dann hört jede Förderleistung auf, das Schaufelrad wühlt im Gase, ohne es fortzudrücken. Sinkt dagegen die Höhe der Widerstände unter die normalen Verhältnisse, so wird das Turbogebläse eine größere Liefermenge ergeben, die schon bei geringem Druckabfall wesentlich steigt und unter Umständen zu einer Überlastung der Antriebsmaschine führen kann. Die Linien der Abb. 134 lassen die Zustände erkennen. Demgegenüber wird beim Kolbengebläse die einmal angesaugte Luft mit Sicherheit weitergedrückt, weil ein Rückfließen durch die Ventile oder Schieber verhindert ist. Sie sind deshalb gegen Druckschwankungen unempfindlich und sorgen für dauernd gleichmäßigen Gasabzug vom Ofen. Im Hochofenbetrieb haben sich aus diesen Gründen Turbogebläse nicht einführen können. Dort, wo die Kalkofengase weiter verwendet werden, z. B. in den Sättigern der Zuckerfabriken, muß man auch mit Druckschwankungen rechnen und deshalb, falls man Turbogebläse anwenden will, die Druckgrenze nicht zu niedrig legen.

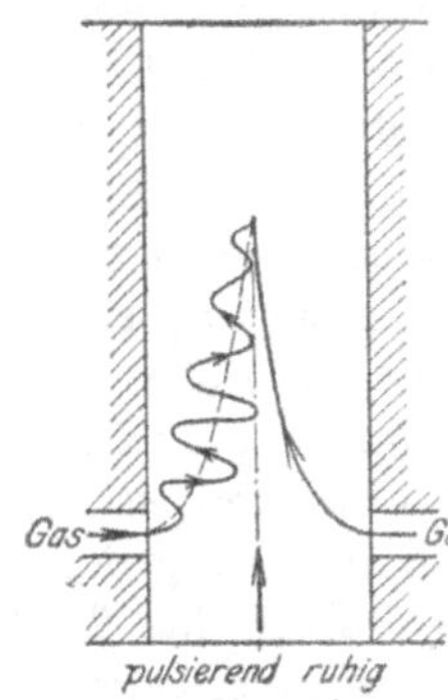

Abb. 172. Pulsierender Einfluß der Kolbenpumpe.

Im Abschnitt 124 werde ich noch zeigen, wie die abzusaugende Gasmenge zu regeln ist. Hier, wo die Gase auch anderweitige Verwendung finden sollen, hat man den Gasabzug einmal nach dem Bedürfnis des Kalkofens, das andere Mal nach dem der Sättiger, der Verbrauchsstelle, einzustellen. Dabei ist vor allen Dingen auf den Kalkofen, als den empfindlicheren Teil, wie bei jedem Feuer, Rücksicht zu nehmen. Auf alle Fälle muß man die Leistung der Kohlengebläse unabhängig von den Sättigern, von dem Druck in der Gasdruckleitung machen. Ob hier der Druck hoch oder niedrig ist, immer soll die einmal in bezug auf die gute Leistung des Kalkofens eingestellte Absaugleistung unverändert bleiben. Dies ist bei Kolbengebläsen unbedingt der Fall. Bei Turbogebläsen schwankt aber die Förderleistung fortwährend mit dem Druck. Wird wenig saturiert, wenig Gas entnommen, dann steigt der Druck, die Ansaugleistung sinkt. Wird umgekehrt viel saturiert, dann sinkt der Druck in der Kohlensäureleitung und die Förderleistung des Gebläses wächst. Fortwährende Schwankungen in der Gasförderung, Störungen am Kalkofen sind die Folge. Einmal wird zu wenig Luft angesogen, der Koks verbrennt unvollkommen, die Gase enthalten Kohlenoxyd, während im nächsten Augenblick ein starker Luftüberschuß vorhanden ist und das Feuer zu schnell in die Höhe steigt.

Weiter darf nicht vergessen werden, daß die Turbogebläse, genau so wie die Dampfturbinen, gegen feste und flüssige Stoffe, die sich in den Gasen, bzw. dem Treibdampf befinden, außerordentlich empfindlich sind. Staub, Wasser, Nebel wirkt auf die sich mit rasender Geschwindigkeit drehenden Schaufeln wie ein Sandstrahlgebläse, diese schnell abschleifend. Deshalb ist bei solchen auf sehr sorgfältige Reinigung der Gase Bedacht zu nehmen. Großer Schaden ist schon in Elektrizitätswerken durch schlecht überhitzten, ungenügend entwässerten Dampf, durch die Verwendung nicht genügend gereinigten Speisewassers angerichtet worden. Die Kalkofengase müßten nicht nur mehrfach gewaschen werden, um allen Staub zu entfernen, sondern müssen auch weitgehendst abgekühlt und entwässert werden. Mit den üblichen Wäschern (Laveuren) ist hier nichts zu erreichen. Bei diesen tritt eine baldige Verschmutzung der Stufenkanäle ein.

Daß das Turbogebläse unmittelbar durch Elektromotor oder Dampfturbine angetrieben werden kann, ist kaum als besonderer Vorteil zu rühmen, weil dies bei den schnellaufenden Kolbenkompressoren durch Elektromotor, bei langsam laufenden durch Dampfmaschine ebenfalls ohne weiteres unter Ausschaltung kraftverbrauchender Zwischenglieder möglich ist. Die so wichtige Leistungsreglung ist beim Turbogebläse wohl möglich, dampftechnisch aber unwirtschaftlich.

Ehe zur Anschaffung eines Turbogebläses geschritten wird, sollte eingehend das Für und Wider studiert werden. Zur Zeit sind, wie beim Hochofenbetrieb so auch beim Kalkofen, die Kolbenpumpen die zweckmäßigsten. Dort kommen sie erst bei Leistungen über 10 000 cbm/St. in Frage, aber auch nur dann, wenn zum Ausgleich der Spitzenleistungen parallel geschaltete Kolbenkompressoren aufgestellt werden.

Hat man aber ein Turbogebläse im Betriebe, dann muß man durch verschärfte Überwachung mit Wassermanometern (S. **466**) deren schädliche Eigenschaften mildern. Diese Meßvorrichtungen sollten dann größtmögliche Abmessungen erhalten, damit sie weithin sichtbar sind, sowohl für die Bedienung als auch für die Aufsichtsbeamten.

P. Der Rohstoff und das Erzeugnis.

Bei den bisherigen Ausführungen ist mehr oder weniger von einem idealen kohlensauren Kalk als Kalkstein ausgegangen, um den Überblick und das Eindringen in die Bedingungen des Kalkbrennens nicht zu sehr zu erschweren. In Wirklichkeit haben wir es aber mit einem Naturerzeugnis zu tun, das in den verschiedensten Formen, mit mannigfaltigen physikalischen Eigenschaften behaftet ist, trotz häufig gleichartiger chemischer Zusammensetzung. Es ist deshalb auf die in der Natur vorkommenden kohlensauren Kalke noch näher einzugehen, um auch die Anforderungen, die der Kalkofenbetrieb stellt, richtig den Verhältnissen anpassen zu können.

100. Die Kalksteine.

Die Kalksteine sind mehr oder weniger mit anderen mineralischen oder organischen Stoffen verunreinigter kohlensaurer Kalk. In seiner reinsten Krystallform tritt er als Kalkspat nach Abb. **173 a**, b, c, d auf, der eine Härte 3

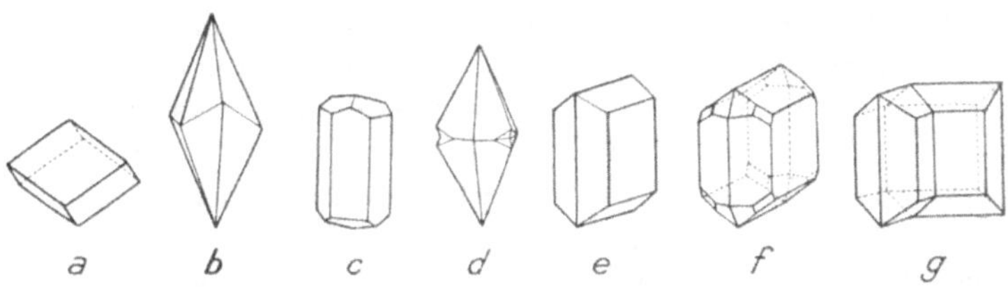

Abb. 173. Krystallformen des kohlensauren Kalkes.

a Kalkspath-Spaltungsstück,
b „ Krystall, Skalenoëder,
c „ „ Prisma mit stumpfem Rhomboëder
d „ „ Skalenoëder-Zwilling nach der Grundfläche,
e Aragonit, einfaches Krystall,
f „
g „ einfacher Krystall-Zwilling.

besitzt, ein spez. Gewicht von 2,71, und der von anderen Mineralien deutlich durch seine vollkommene Spaltbarkeit nach dem Rhomboëder erkennbar ist. Kalkspat kommt als Massengestein nicht vor, meistens nur in Spalten und Gängen und findet deshalb zum Kalkbrennen keine Verwendung. (Wohl aber ist reiner, klarer Kalkspat, der Islandspat, außerordentlich wertvoll wegen seiner optischen Erscheinung der Doppelbrechung, die z. B. seine Verwendung in den Polarisationsapparaten begründet.)

Seltener tritt der kohlensaure Kalk in ebenfalls krystallisierter Form als Aragonit nach Abb. **173** e, f, g auf, der bei gleicher chemischer Zusammensetzung doch ein anderes physikalisches Verhalten zeigt. Seine Dichte ist merklich größer mit 2,93. Deshalb ist Aragonit auch härter. Wie bei anderen Stoffen kann eigentlich auch hier bei einer bestimmten Temperatur und einem bestimmten Druck nur eine Art bestehen. Bei Atmosphärendruck und unterhalb der Zersetzungstemperatur (s. S. 35) ist Kalkspat der beständigere Körper. Während sich Aragonit in Kalkspat umwandelt, wenn dies auch außerordentlich langsam geschieht. Bei Temperaturen über 400° geht dagegen die Umwandlung sehr schnell vor sich, unter geringer Wärmeentwicklung und einer Raumvermehrung, die dem geringeren spez. Gewicht des Kalkspates entspricht. Aus 100 Raumteilen Aragonit entstehen 108 Teile Kalkspat, so daß der feste Aragonit in ein feines Kalkspatpulver zerfällt. Das Brennen wäre erschwert, doch haben wir es fast nie mit Aragonit zu tun. Von den Schnecken wurde Aragonit wohl als Perlmutter abgeschieden, doch ist er in den geologischen Zeiträumen in Kalkspat übergegangen.

Der Kalkstein tritt ferner in körnig-krystalliner Form oder als dichter, aus feinsten Teilen kohlensaurem Kalk bestehend auf.

Der krystalline Kalkstein, der Marmor, ist aus Kalkspatkörnern aufgebaut, einen erstarrten Krystallbrei darstellend. Während die rein weißen oder eigenartig gefärbten krystallinen Kalksteine für Kunst- und Bauwerke ein kostbares Material darstellen, sind die unansehnlich gefärbten, weniger politurfähigen krystallinen Kalksteinarten als das beste Material für den Kalkbrenner zu betrachten. Sie besitzen keine Spaltbarkeit nach einer bestimmten Richtung, sondern zerbrechen im Gegensatz zum Kalkspat uneben, in unregelmäßiger Form. Der Kalkstein zeigt in seinen Gefügeelementen, selbst in den dichtesten und scheinbar gestaltlosen (amorphen) Abarten, die Krystallform des rhomboëdrisch krystallisierenden Kalkspats.

Äußerst feinkörniger, dichter Kalkstein führt Versteinerungen von Tieren und Pflanzen; sie haben sich zweifellos durch deren frühere Tätigkeit in den Meeren gebildet, durch Verschiebungen, Verwerfungen sind diese Ablagerungen dann später emporgehoben. Häufig sind sie stark mit Kieselsäure durchsetzt, als sog. kieseliger Kalkstein, der durch den Kieselsäuregehalt eine größere Härte besitzt. Mit Ton, kohlensaurer Magnesia (Dolomit, Magnesit $MgCO_3$), Bitumen, Schwefelkies u. dgl. sind die Kalksteine durchsetzt und dementsprechend mehr oder weniger zum Kalkbrennen, zur Erzeugung von Ätzkalk brauchbar.

Gestein mit größerem Magnesiumcarbonatgehalt, welches mit dem Calciumcarbonat eine gleichförmige (isomorphe) Verbindung eingeht, $MgCO_3$ $CaCO_3$, nennt man dolomitisch (Dolomit das Hauptgestein der Dolomiten, nach dem französischen Geologen *Dolomieu* [1750 bis 1801]), und wird aus ihm Zement gebrannt. Dolomit geht bei weiter ansteigendem Gehalt an Magnesia in Magnesit über. Es ergibt sich folgendes Bild mit zunehmendem Magnesia-Gehalt:

	Kalkstein	$CaCO_3$
Magnesia → ↓	Dolomit	$MgCO_3 \cdot CaCO_3$
	Magnesit	$MgCO_3$.

Die Zerteilbarkeit der Kalksteine ist je nach der Art ihrer Entstehung und Lagerung außerordentlich verschieden. In demselben Bruch zeigen sich große Unterschiede und zeigen dies besonders die Rüdersdorfer Kalksteinbrüche, die schon im 13. Jahrhundert benutzt wurden und im Laufe der Zeit immer mehr in Anspruch genommen wurden wegen der Nähe Berlins, das natürlich besonders für Bauten einen außerordentlichen Bedarf an Kalk hat. Ob nicht gerade diese Nähe der Kalkbrüche auch mitbestimmend auf das große Wachsen Berlins ist, möge hier nicht weiter berührt werden. Durch die jahrhundertelange Benutzung der Rüdersdorfer Kalkbrüche wurden die naheliegenden Lagen immer mehr abgebaut, und man mußte immer weiter und tiefer gehen (jetzt schon etwa 25 m unter dem Meeresspiegel), wodurch immer neue Lagen freigelegt wurden.

Die Gliederung der bei Rüdersdorf aufgeschlossenen oder erbohrten Triasschichten ist die in der nachstehenden Zusammenstellung angegebene (nach *Hans Menzel*, Geologisches Wanderbuch für die Umgebung von Berlin, 1912). Anschließend an obige Zusammenstellung habe ich dort gleich die technischen Verwendungsarten der Rüdersdorfer Triasschichten eingeschrieben.

Bezieht man von solchem ausgedehnten Kalkbruch Kalksteine, so muß man sich sorgfältig vergewissern, welche Lage man bekommt und daß man bei Nachbestellungen dieselbe erhält. Ist diese in der Zwischenzeit aufgebraucht, dann sollte man erst prüfen, ob die neuen Lagen für den Zweck, zu dem sich die alten Lagen ganz vorzüglich eigneten, sich auch eignen oder ob sie Eigenschaften besitzen, die sie für den gleichen Zweck als ungeeignet erscheinen lassen. Die großen Unterschiede zeigen deutlich die Kalksteinanalysen, die *Kosmann* (Die Verbreitung der nutzbaren Kalksteine im nördlichen Deutschland, 1913) von dem Rüdersdorfer mitteilt, nach Zahlenreihe XLVI, S. 373.

Die *Marblehead Lime Company* in Chicago bricht ihren Kalkstein für chemische Zwecke in Tunneln, um einen unberührten Urstein zu fördern, der nicht in Berührung mit unerwünschten Stoffen oder Schmutz kommen konnte.

J. Hirschfeld bringt schöne Abbildungen über Strukturtypen, mikrophotographische Abbildungen von Kalksteindünnschliffen u. dgl., deren Studium dem, der sich weiter unterrichten will, empfohlen werden kann.

Neben dem Quarz ist der Kalkspat, der Kalkstein, das am häufigsten vorkommende, am weitesten verbreitete Material. Der dichte Kalkstein bildet große, mächtige Gebirge und findet sich fast überall.

Die Erbsensteine, Rogensteine (die Aragonit führenden Kalke oder aragonischen Gebilde des rhombisch krystallisierenden Calciumcarbonats), poröse Kalksteine, Kalktuff, Tropfstein (der aus einem mikroskopisch feinen Haufwerk prismatischer, dem rhombischen oder monoklinen Krystallsystem angehörender Nadeln besteht; er enthält oft Aragonit, der den Kalkstein beim Brennen infolge der Raumzunahme [S. 366] zersprengen würde), der Süßwasserkalk, die Kreide (die wirklich gestaltlos, nicht krystallin ist) und die feinschiefrigen Solnhofener lithographischen Steine kommen für unsere Zwecke nicht in Frage.

Dornkorallen der Südsee sollen einen leidlichen Baukalk ergeben, wenn sie vor dem Brennen gründlich gewaschen werden, um das Seesalz zu entfernen.

Im Kapitel über die Gesamtaufenthaltszeit der Kalksteine im Kalkofen (S. 68) habe ich diese Zeit in bezug auf den Steindurchmesser, die Größe der Kalksteine berechnet. Für eine bestimmte Ofengröße muß man danach zwecks Erzielung einer bestimmten Brennleistung auch eine bestimmte Stein-

Keuper	Oberer Keuper (Rhät)	(Nur erbohrt.) Wahrscheinlich die dunkelgrauen Glimmertone mit Sandstein und Schwefelkies in Bohrloch V (135 bis 175 m).	
	Mittlerer (Gips) Keuper	(Nur erbohrt.) Rote, graue, grüne weiche Tonmergel mit Gips- und Steinmergeleinlagerungen. In Tiefbohrung III, 178,5 bis 247 m, in Tiefbohrung V, 175 bis 300 m.	
	Unterer (Kohlen-) Keuper (Lettenkohle)	(Nur erbohrt.) Blaugrüne Schieferletten und Sandsteine (Tiefbohrung III, V, VII).	
Muschelkalk	Oberer Muschelkalk (46,81 m)	Schichten mit Ceratites nodosus (33 m)	Dichte graue, an Muschelschalen reiche Kalke in Bänken und dünnen Lagen oder Knollen mit blaugrünen Tonmergeln oder Tonen. Fossilreich.
		Der glaukonitische Kalk (5,65 m)	Dickbankige Kalke mit weißer bis gelber Grundmasse u. grünem Glaukonit, oolithisch.
		Schichten mit Myophoria vulgaris (8,16 m)	Ebene oder wulstige, mit Letten wechselnde Kalke, an der Basis Rollstücke mit Austern. Netzleistenbank.
	Mittlerer Muschelkalk (etwa 56, 5 m)	Feste gelbliche Dolomite und graue und gelbliche dolomitische Mergel und mergelige Tone.	
	Unterer Muschelkalk (etwa 157 m)	Schichten mit Myophoria orbicularis (etwa 8 m)	Gelbe dichte mergelige und graue splitterige, ebenschichtige Kalksteine („tauber Kalkstein" der Arbeiter).
		Schaumkalk (72 m)	Eben- und dickbankige, feinkrystalline, poröse helle Kalksteine (ursprünglich oolithisch = Konglomerat von Muschel-, Foraminiferen-, Crinoidengliedertrümmern, durch Auslaugung porös = schaumig). Schrägschichtung, Stylolithen, fossilreich („gelber Kalkstein" der Arbeiter).
		Wellenkalk (etwa 77 m)	Dunkelblauer bis gelbgrauer dichter, welliger Kalkstein, fossilarm mit eingeschalteten Fossilbänken („blauer Kalkstein" der Arbeiter). Zuunterst gelbliche und bräunliche Mergel mit Kalksteinzonen (Übergang zum Röt).
Buntsandstein	Röt (etwa 77 m)	Violette, grünliche, graue und blaue Mergel und Schieferletten mit Einlagerungen von kalkigen und dolomitischen Mergeln, Kalkbänken, Gips und Anhydrit.	
	Mittlerer und unt. Buntsandstein (etwa 450 m)	(Nur erbohrt.) Wechsellagerung von bunten Schieferletten mit Kalksandsteinen und Rogensteinen.	
Zechstein	(Nur erbohrt.) Rote und blaue Letten mit Einlagerungen von Gips und Anhydrit. Darunter Steinsalz und Kalisalze.		

Gliederung der bei Rüdersdorf aufgeschlossenen Trias-Schichten. 1

2

3

4

Schichten des oberen Muschelkalkes haben früher in geringerem Umfange zu Bausteinen oder zur Betonbearbeitung gedient. Da die Aufschlusse jetzt verschüttet sind, so werden sie in Zukunft keine Verwendung mehr finden.

Die Schichten dieser Abteilung sind durchweg stark dolomitisch. Ihre obersten, magnesiaärmeren härteren Kalksteine wurden früher zur Zementbereitung benutzt, eignen sich aber für die neueren Zementarten nicht mehr. *Zimmermann* rät, sie zur Verbesserung der sandigen Felder zu verwenden. 5

Diese Schichten, die sog. „tauben Lagen“, sind wegen ihres Tongehaltes zum Brennen ungeeignet. Da sie auch etwas dolomitisch sind, taugen sie auch zur Zementfabrikation nicht und sind nur als „Zwitter“ verwendbar. 6

Der Schaumkalk ist seit alters zu Werksteinen, Bausteinen und zum Kalkbrennen benutzt worden. Man unterscheidet: Werkstücke; Extrabausteine; gewöhnliche Bausteine; Brennsteine: 25 Kubikzoll bis $^1/_4$ Kubikfuß, 1 bis 8 cdm Inhalt; Koten: 8 bis 25 Kubikzoll (0,25 bis 1 cdm Inhalt) zum Kalkbrennen verwendet. Zwittersteine: nicht unter 1 cdm. Wegen geringen Tongehaltes zum Brennen nicht wohl tauglich; hauptsächlich zu Fundamentierungsarbeiten verwendet. Geroll: 4 bis 8 Kubikzoll (nicht unter 0,5 cdm) Inhalt, zum Brennen (minderwertig) oder zu Beton usw. verwendet. Kalksteingrus: weniger als 4 Kubikzoll, mit tonigen und erdigen Beimengungen. Wurde früher auf die Halde befördert. — Die heutige Verwendung des Kalkes hat sich nun etwas verschoben insofern, als möglichst alle Gesteinsarten besser ausgenutzt werden. So werden die tonigen Lagen, die früher nur zur Fundamentierung usw. zu brauchen waren, zur Zementfabrikation benutzt. 7

Früher fand der Wellenkalk keine rechte Verwendung. Zu Bausteinen eignete er sich nicht, weil er dem Erfrieren zu sehr ausgesetzt war, nur die Lagen mit splittrigem Bruch wurden dazu gelegentlich verwendet. Zum Brennen erhielt er eine zu große Menge von Ton. Er brauchte wegen seiner Dichtigkeit mehr Brennmaterial als der Schaumkalk, zerfiel nach dem Brennen in kleine Stücke und behielt eine gelbliche Farbe. Heute gewinnt man ihn in großen Mengen zur Zementfabrikation. 8

9

Dienen zur Ziegelbereitung und zur Kachelfabrikation.

10

größe wählen. Genau nach dem danach berechneten Durchmesser wird man natürlich in Wirklichkeit die Steine nicht angeliefert bekommen können, denn dies würde ja streng genommen genau behauene Kugeln bedingen. Man wird sich mit der Steinform begnügen, die dem verlangten Durchmesser sich am meisten nähert. Häufig kann man die Steine schon ziemlich genau in der vorgeschriebenen Form angeliefert bekommen, und ist es Sache des einzelnen, nachzurechnen, ob er die Steine in dieser Form, und den durch die Auswahl bedingten Mehrpreis zahlt, oder die Steine grob gebrochen bezieht. Wie ungleichmäßig die Steine im Bruch anfallen, zeigt recht anschaulich die Abb. 174 aus den Rüdersdorfer Kalkbergen. Man kann es verstehen, wenn die Kalkwerke nur ungern allein grobe Steine liefern, weil sie für den Schotter schwerer Absatz finden.

Abb. 174. Ungleichmäßigkeit der Kalksteine im Bruch.

Bezieht man die Kalksteine in groben Stücken, dann müssen sie vor dem Einfüllen in den Ofen entsprechend zerkleinert werden. In Zuckerfabriken wird man die Kalksteine schon im Frühjahr heranschaffen, wenn Eisenbahn und Schiffahrt nicht zu stark belastet sind. Dann kann man auch während der Sommerszeit aushilfsweise Leute beim Zerschlagen der Steine verwenden. Dies will aber auch verstanden sein, es muß sachgemäß gehandhabt werden, sonst entstehen viele kleine unbrauchbare Brocken, Schotter, Grus, die den Zug im Ofen erschweren würden und deshalb nicht verwendet werden. Um diese Verluste, die dafür aufgewendeten Transportkosten für Heranschaffen und Wiederfortschaffen und die für die Zerkleinerung aufgewendeten Arbeitslöhne erhöhen sich die Kosten für die Rohkalksteine gegenüber fertig vorgebrochenen.

Kommt man aber zu dem Ergebnis, daß bei den vorliegenden Verhältnissen, die bei jeder Fabrik andere sein werden, die Zerkleinerung in der Fabrik, vor dem Ofen das Nützlichste ist, dann soll man bei der Auswahl der Steine auch auf die physikalische Form des verwendeten Kalksteines Rücksicht nehmen, die das Zerschlagen der Steine begünstigt. Urkalke, Marmor, von gleichmäßigem Gefüge zeigen keine Spaltbarkeit nach bestimmter Richtung, sie haben kein „Lager", sind deshalb schwer in gleichmäßige Stücke zu zerschlagen. Mit viel Verlust an Schotter ist zu rechnen. Günstiger gestalten sich in dieser Beziehung die Kalksteine mit ausgeprägter Schichtenbildung, die dadurch gute Spaltbarkeit besitzen und sich leicht brechen und schlagen lassen. Aber die Schichtenbildung hängt meistens auch mit einer Zwischenlagerung von anderen Stoffen ab, diese Steine sind unreiner. Außerdem ist nicht außer acht zu lassen, daß Steine, die sich leicht zerschlagen und spalten lassen, natürlich auch im Kalkofenbetrieb den an sie herantretenden mechanischen Beanspruchungen weniger widerstehen werden. Sie werden mehr zerbröckelt, zerplatzen, sich abblättern und den Ofengang ungünstig beeinflussen.

Bei der Wahl des Kalksteines kommt also die Rücksicht auf leichtes Zerschlagen in zweiter Linie erst dann in Frage, wenn alle anderen Eigenschaften zu seinen Gunsten ausgefallen sind.

Irreführend ist die häufig zu hörende Ansicht: „Andererseits brennen sich Kalksteine um so schwieriger und erfordern hohe Brenntemperaturen, je dichter ihr Gefüge ist, je schwieriger (!) also die Wärme bis in den Kern der großen Stücke einzudringen vermag" (*Karl Schoch*, 1913, S. 262). In Wirklichkeit ist im Gegenteil nach den früher angeführten Rechnungen der Wärmefluß um so besser, je dichter der Stein ist. Schiefrige Steine oder poröse mit Hohlräumen leiten die Wärme schlechter. Obige, mit der Theorie scheinbar nicht übereinstimmende Ansicht wird aber bei richtiger Erkenntnis der Wirkung hinfällig. *Schoch* gibt selbst die richtige Erklärung an anderer Stelle: „Nun brennt sich allerdings ein dichter Kalkstein weit schwerer als ein lockerer. Aber der größere Aufwand an Brennstoff wird durch eine größere Ausgiebigkeit mehr als reichlich wettgemacht. Man beachte, daß beim reinsten, dichten Kalk, dem Marmor, die Ausbeute an Ätzkalk etwa 55 Proz. betragen kann, während ein lockerer Wiesenkalk vielleicht nur 30 bis 36 Proz. liefert, also kaum $^2/_3$ soviel."

101. Die chemische Zusammensetzung der Kalksteine.

Manche Kalksteine sind mit Erdölen, Bitumen, organischen Stoffen verunreinigt. Diese sind brennbar, vermindern aber nicht durch ihre Anwesenheit den Brennstoffverbrauch, was häufig angenommen wird. Wie die flüchtigen Stoffe aus der Steinkohle schon in der Vorwärmezone entweichen, nicht nur ohne zu verbrennen, sondern auch noch vom eigentlichen Brennstoff Wärme für seine Verdampfung verbrauchend (S. 88), so ist dies mit den Bitumen. Sie verunreinigen die Gase, erschweren durch Schlackenbildung die Wärmeleitung, dadurch das schnelle Durchbrennen und sind nur als schädlicher Bestandteil der Steine zu betrachten.

Die Verunreinigungen üben auf den Brennstoffverbrauch im allgemeinen keinen großen Einfluß aus, solange ihr Gehalt nicht allzu groß ist. Sie werden auf die Brenntemperatur erhitzt und geben in der Kühlzone die hierfür verbrauchte Wärme fast vollständig an die Luft durch Vorwärmung ab, nur die Aufenthaltszeit in diesen Zonen verlängernd. Je größer die Unreinigkeiten, um so weniger kohlensauren Kalk enthält der Stein, um so weniger Wärme ist zum Brennen des $CaCO_3$ aufzuwenden, mit entsprechend weniger Brennstoff ist der Kalkstein zu brennen. Deshalb habe ich meine Berechnungen über den Brennstoffverbrauch auf reinen kohlensauren Kalk bezogen, und ist bei der Beurteilung des Brennstoffaufwandes immer in Betracht zu ziehen, wieviel kohlensauren Kalk der Kalkstein enthielt. Niedrigprozentige Kalksteine und dolomitische Steine gebrauchen eben weniger Brennstoff als reine Kalksteine. Wohl verstanden nur in bezug auf 100 kg Kalksteine. In bezug auf 100 kg kohlensauren Kalk oder auf Ätzkalk, um dessen Gewinnung doch das Brennen nur geschieht, wird der Brennstoffverbrauch mit den Unreinigkeiten wachsen.

Tonerde wird beim Saturieren in Zuckerfabriken durch die CO_2 freigelegt. Sie soll das Festwerden der Filterkuchen verhindern, da sie schleimig-kolloidal ist.

Bei größerem Tonerdegehalt entstehen beim Brennen die sog. hydraulischen Kalke, das Zement. Diese entstehen aber erst bei Temperaturen über 1450 bis 1600°, die im Kalkofen nicht vorhanden sein sollen. Die Tonerde besitzt nur geringe Wirkung im Verhältnis zur Kieselsäure. Das Bild mit steigendem Tongehalt ist folgendes:

	Hochprozentiger Kalkstein	98—100	Proz. $CaCO_3$
Steigender Tongehalt ↓	Mergeliger „	90—98	„ „
	Kalkmergel	75—90	„ „
	Mergel	40—75	„ „
	Tonmergel	10—40	„ „
	Mergeliger Ton	0— 2	„ „

Alkali werden durch das Brennen aufgeschlossen und gehen dann teilweise z. B. in die Zuckersäfte über, wandern bis zu den Enderzeugnissen, dort eine größere Menge Zucker bindend, unter Bildung von Melasse. Auch wirkt es bei der Berührung mit der Auskleidung auf diese ebenfalls lösend, zerstörend.

Eisenoxyd in Verbindung mit Tonerde und Kieselsäure begünstigt das Aufschließen der Tonerde, diese gewinnt dann Einfluß auf das Totbrennen, der ihr bei Abwesenheit von Eisen nicht zukommt (*Herzfeld*). Bei der Scheidung der Zuckersäfte soll sich das pektinsaure Kalksalz statt körnig, gallertartig ausscheiden, dadurch den Schlamm weich und schlecht filtrierbar machend.

Schwefelsaures Calcium (Gips) ist sehr schädlich für seine Verwendung in der Zuckerfabrikation. Der Gips wird beim Scheiden des Saftes in den Saft übergehen. Der größte Teil wird wohl gelöst bleiben und später in den Verdampfern, mit fortschreitender Eindickung des Saftes, unlöslich werden und auf der Heizfläche abscheiden, als die Wärme schlecht abgebenden Gipsansätze. Wenn auch in gleicher Weise der im Dünnsaft gelöste kohlensaure Kalk mit zunehmender Eindampfung unlöslich wird und ebenfalls teilweise zu Steinansätzen Veranlassung gibt, so hat er doch nicht so unangenehme Eigenschaften. Der $CaCO_3$ bildet einen lockeren Kesselstein, der durch Säure leicht zu entfernen ist, dagegen ist der Gipsansatz derartig hart und schwer löslich, daß er nur mechanisch durch Anwendung großer Kraft zu entfernen ist. Auch hat der Gips, $CaSO_3$, wie viele Sulfate die merkwürdige Eigenschaft, daß seine Lösungsfähigkeit mit zunehmender Temperatur abnimmt. Er wird deshalb immer erst an der Heizfläche, wo der Saft seine Wärme empfängt und dadurch, wenn auch kaum merklich, höher erwärmt wird, seinen Gips abscheiden. Im Gegensatz dazu steht das Verhalten des $CaCO_3$, dessen Lösungsfähigkeit mit der Temperatur zunimmt. An der Heizfläche, wo der

Saft erwärmt wird, kann mehr $CaCO_3$ in Lösung erhalten werden, erst in einiger Entfernung, wenn durch die Abdampfung der Saft eingedickter ist, wird der $CaCO_3$ unlöslich und fällt aus. Er fällt im freien Saft aus als feiner Schlamm, ohne die Heizfläche zu verkrusten. Deshalb kann man z. B. kohlensaure kalkhaltige Wässer leicht eindampfen, ohne große Gefahr zum Kesselspeisen nehmen, während gipshaltige die größten Schwierigkeiten bereiten, weil sich ersterer fast nur als Schlamm abscheidet, während letzterer sich nur als Kesselstein auf der Heizfläche ansetzt. Die Wahl gipsfreien Kalkes erscheint in jedem Falle nützlich, denn immer ist der Gips ein unangenehmer Gast.

Dasselbe ist der Fall bei der Verwendung gipshaltigen Kalkes zum Reinigen von Kesselspeisewasser. Man bringt dann Gips hinein, den man doch entfernen wollte.

Deshalb ist auch der Schwefelgehalt der Steine genau so nachteilig wie der des Brennstoffes, weil dieser im Ofen zur Bildung von Gips Veranlassung gibt. Dieser Gips kann sich mit vorhandenen Alkalien im Mörtel zu Alkalisulfat umsetzen, welches zu Ausblähungen Veranlassung gibt.

Kalksteine mit mehr als 0,4 Proz. Gips sollten unbedingt von der Verwendung ausgeschlossen sein.

Schon auf Seite 42 habe ich eingehend auf den Einfluß des Wassergehaltes hingewiesen. Schädlich wirkt ein größerer Gehalt auf das Zersprengen in der Vorwärmezone, wenn die Steine dazu neigen. Urkalke, krystallinische Schaumkalke, ohne Schichtenbildung leiden darunter nicht. Dagegen werden die geschichteten Kalke an ihren Schichtfugen durch das Wasser auseinandergerissen. Die Steine zersprengen in Tafeln und Scherben, die um so feiner und dünner sind, je schneller die Erwärmung erfolgt, je schneller und mehr Dampf in kurzer Zeit sich bildet. Im kleinen elektrischen Versuchsofen macht sich dies deshalb wie schnell hintereinander folgende Explosionen bemerkbar.

Die Splitter, Scherben und Tafeln verengen die Zwischenräume und erschweren den Zug. Muß man solche Steine brennen, dann muß man für langsame Anwärmung, also große Vorwärmezone sorgen.

Zahlenreihe XLVI.

Analyse von Rüdersdorfer Kalkstein.

Schicht nach Seite 369		$CaCO_3$	$MgCO_3$	Al_2O_3 und Fe_2O_3	SiO_2	In Säuren unlöslicher Rückstand	Wasser und flüchtige Bestandteile
8	Wellenkalk	86,3	3,05	3,15	5,818	—	—
7	Schaumkalk	94,6	—	1,75	1,02	—	—
6	Mergliger Kalkstein .	86,53	3,19	—	—	8,25	—
5	Mittlerer Muschelkalk	36,02	29,23	3,44	—	29,27	2,49
4	Oberer Muschelkalk .	78,82	8,38	0,55	—	8,03	2,64

J. Hirschfeld (Die Prüfung der natürlichen Bausteine auf ihre Wetterbeständigkeit 1908, S. 479) führt 81 Kalksteinanalysen an, aus denen sich folgende Grenzwerte ergeben:

$CaCO_3$	11,71 bis 99,75 Proz.	Quarzsand + Kieselsäure	0,0 bis 77,17 Proz.
$MgCO_3$	0,0 „ 46,20 „	Organische Substanz	0,0 „ 3,1 „
$FeCO_3$	0,6 „ 4,80 „	FeS_2	0,0 „ 0,81 „
Fe_2O_3	0,0 „ 5,42 „	$CaSO_4 + 2$ ag.	0,0 „ 2,68 „
Ton	0,0 „ 19,27 „		

Kosmann gibt im genannten Buche auch verschiedene andere Kalksteinanalysen, von denen ich einige in der Zahlenreihe XLVII zusammenstellte.

Zahlenreihe XLVII.

Zusammensetzung verschiedener Kalksteine.

Ort	$CaCO_3$	$MgCO_3$	Al_2O_3	Fe_2O_3	SiO_2	Rückstand in Säure unlöslich	H_2O und flüchtige Bestandteile
Chorzower Kalkstein aus Gogolin	95,18	1,09	—	0,45	—	3,2	—
Gr.-Kunzendorf bei Neiße	99,03	—	—	0,26	—	—	—
Schles. Kauffunger Kalkwerke von							
Promnizt & Siegert, „Weißkalk"	98,9	0,24	0,15		0,03	—	0,68
„Graukalk"	95,31	0,67	0,37		3,32	—	0,33
„	81,39	4,26	1,16		12,76	—	0,43
Grafschaft Glatz							
Prinz-Albrechts-Bruch b. Seitenberg	95,64	1,26	0,63		1,88	—	0,53
Dolomitischer Kalk aus dem Kleinschen Bruch bei Eisersdorf . .	83,21	11,45	2,45		1,32	—	1,57
Dolomit aus dem Gräfl. Chamaréschen Bruch bei Kunzendorf .	59,08	37,80	2,13		0,48	—	0,51
Rüdersdorfer							
Wellenkalk	86,3	3,05	3,15		5,818	—	—
Schaumkalk	94,6	—	1,75		1,12	—	—
mergliger Kalkstein	86,53	3,19	—		—	8,25	—
mittlerer Muschelkalk	36,02	29,23	3,44		—	29,27	2,49
oberer „	78,82	8,38	0,55		—	8,03	2,64
Jurakalk, Wapienno, Posen							
„Kalk blau"	96,23	0,99	1,51		1,18	—	—
„ „ weiß"	99,37	0,45	0,14	—	0,21	—	—
Oberer Muschelkalk von Rödel bei Balgstedt (Freyburg-Laucha, Prov. Sachsen)	96,12	0,42	0,58	0,46	0,96	—	0,57 organ.
Devon, Zorge i. Harz	92,0	1,2	1,64	1,34	1	1,5	—
Aus dem Lahngebiet:							
Grauer, feinkörn. Kalk Heckholzhausen	89,9	3,81	2,25		3,51	—	—
Weißer, sehr fetter Kalk Medenbach	98,53	0,81	0,21		0,39	—	—
Grauer Dolomit, Gückingen . . .	54,98	43,71	0,49		0,35	—	—

Leppla (*Kosmann*, S. 232) hat durch Analysen des Laboratoriums der Königl. Bergakademie Berlin feststellen lassen, daß die zelligen Kalke des Hauptdolomits doch nicht Dolomite, sondern magnesiafreie Kalke sind, nach den Gesteinsproben aus anstehenden Brüchen an der Straßenkehre westlich

Oberense bei Lauterbach westlich an der Straße nach Thalitter, aus 30 m mächtigen Felsen:

	I	II	III	IV
	Krystall. gelblichgrauer, fein punktierter Kalk v. Felsen, Straße Nied.-Marsberg-Beitmar	Grauer, feinporiger Kalk unterhalb Dorfitter	Weißer, ziemlich dichter Kalk, 1 km westl. Lauterbach, nach Thalitter	Weißer, feinporiger Kalk Kanstein
CaO	54,40	55,33	53,33	55,55
MgO	0,40	0,09	0,53	0,16
CO_2	43,27	43,12	41,76	43,49
Berechnet	(43,18)	(43,57)	(42,48)	(43,82)

Dagegen haben die Dolomite des obersten Zechsteins zwischen Affoltern und Bergheim, sehr dichte und harte Gesteine, folgende Zusammensetzung erwiesen:

	I	II	III
	Nordenbeck-Goldhausen	Affoltern nach Bergheim	Kurbacher Warte
CaO	33,21	33,28	30,61
MgO	17,84	18,09	20,65
CO_2	45,77	45,11	45,98
Berechnet	(45,71)	(46,04)	(46,76)
Verhältnis von CaO=MgO	10 : 7	10 : 7	10 : 9

Die *Gewerkschaft Fortschritt*, Düsseldorf, liefert einen Roh-Kalkspat von außerordentlicher Reinheit aus ihrem Bruche in Beckum bei Sanssouci. Er enthält:

Kalk	55,20	Proz.
Magnesia	0,43	„
Manganoxydul	0,40	„
Eisenoxyd	0,08	„
Schwefelsäure (SO_2)	0,41	„
Kieselsäure	0,05	„
Glühverlust	43,43	„

Sehr rein sind die Kalksteine von Kauffung (Niederschlesien), wie dies die nachfolgende Analyse aus den Brüchen von *Promnitz & Siegert* (1911) zeigt.

	Weißkalk			Graukalk
$CaCO_3$	98,90	97,686	95,31	81,39
$MgCO_3$	0,24	0,629	0,67	4,26
$(Al, Fe)_2O_3$	0,15			
$FeCO_3$		0,249	0,37	
Al_2O_3		0,064	3,32	
$CaSO_4$			0,33	1,16
SiO_2	0,03	1,325		12,76 Ton
H_2O	0,68	0,047		0,43

Einige Angaben über die Zusammensetzung russischer Kalksteine, die in dortigen Zuckerfabriken benutzt werden, finden sich im Centr. f. d. Zuck. 1906, S. 203. Der Gehalt an $CaCO_3$ schwankt zwischen 93,2 und 97,5 Proz.; der von $MgCO_3$ zwischen 0,85 und 2,07, $CaSO_4$ zwischen Spuren und 0,16 Proz.

Lecoq de Boisbaudran (C. r. 106, S. 452 u. 1781, i. J. 1813) beobachtete elektrische Phosphorescenz am Calciumoxyd.

102. Die Wirkung des Magnesiakarbonats im Kalkstein.

Beim Magnesit $MgCO_3$ und dem Doppelsalz $MgCO_3 \cdot CaCO_3$, dem Dolomit, ist der innere Aufbau ähnlich dem des $CaCO_3$. Beim Dolomit treten an Stelle der alleinigen Ca-Atome im kohlensauren Kalk abwechselnd die Mg- und Ca-Atome. Außerdem sind beide Mineralien imstande, in weiten Grenzen noch andere Elemente in das Krystallgitter aufzunehmen, so daß sich Mischkrystalle mit Ca, Eisen = Fe und Mangan = Mn bilden, z. B. als Braunspat und Ankerit. Diese Elemente beeinflussen dann mehr oder weniger die Brenneigenschaften des Rohstoffes.

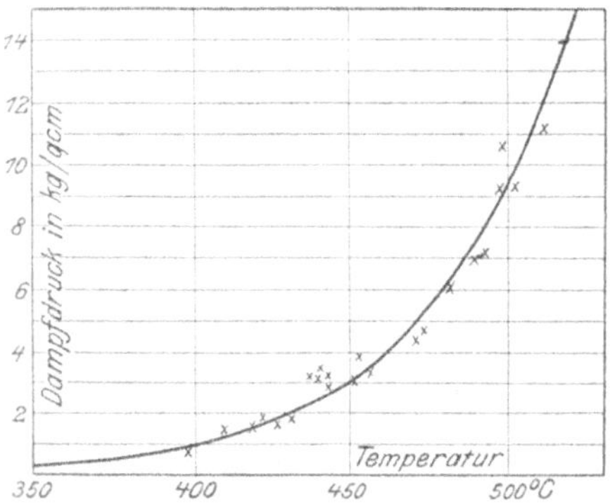

Abb. 175. Dampfspannung des Magnesiumkarbonats.

R. Nacken, Greifswald, berichtet über die Verhältnisse, die beim Brennen des Magnesits auftreten (Mitt. d. V. D. Kalkwerke 1921, 29. Juni, S. 48). Während beim kohlensauren Kalk das Entsäuern, das Austreiben der Kohlensäure sehr gut mit den theoretischen übereinstimmt, ist beim Magnesit eine außerordentliche Verzögerung zu beobachten. *R. Marc* und *A. Simek* haben die Dampfspannungslinie bestimmt nach Abb. 175 (Zeitschr. f. angew. Chemie Bd. 82, 1913, S. 17). Während bei $CaCO_3$ die Kohlensäuredampfspannung von 1,0 Atm erst bei 812 bis 900° (s. S. 35) erreicht wird, geschieht dies beim $MgCO_3$ schon bei 400°. Bei 500° herrscht schon eine Spannung von 9,5 Atm. Aber hierbei erfolgt die Entsäuerung noch sehr langsam, so daß erst bei 600° eine praktisch schnelle Verdampfung erfolgt.

Es sollen hier schon geringe Spuren Wasser katalytisch beschleunigend wirken. Jedenfalls ist nur bei einem Magnesit, der geringfügige Mengen Wasser zu enthalten braucht, eine Verdampfung bei 1 Atm schon bei 400° zu beobachten.

Nach Feststellungen von *K. Grünberg* (Dissert. Jena 1913) findet eine vollständige Austreibung der Kohlensäure statt bei:

Magnesit und Braunspat	630—670° C
Ankerit und Dolomit	
von Mg und Fe der CO_2 Anteil. . . .	750—790° C
von $CaCO_3$ der CO_2 Anteil	900° C

Demnach ist beim Dolomit eine doppelte Zersetzung zu beobachten. Zuerst geht die Kohlensäure des Mg-Teiles heraus und dann viel später erst die des Ca-Teiles.

Man kann die Verdampfungstemperatur des Mg-Teiles um 100° herabsetzen oder beschleunigend wirken.

Diese Zersetzung der Einzelteile des Dolomits bei verschiedenen Temperaturen macht man sich bei der Herstellung von Sorelzement für Fußbodenbelag zunutze, indem bei höchstens 600 bis 700° gebrannt wird. Dabei wird dann kein CaO gebrannt, der hier nachteilig wirkt. (Journ. Amer. Ceram. Soc. 5, 1922, S. 311; *J. B. Shaw* und *G. A. Bole.*)

In der Abb. 20 brachte ich einige der auf Seite 62 erwähnten Erwärmungslinien (*R. Nacken*, Mitt. d. V. D. Kalkwerke 1921, 29. Juni, S. 50). Für Kalkspat ist wiederum die Linie eingetragen, die bei etwa 900° eine deutliche Haltestelle zeigt. Bei Magnesit liegt die Verdampfung bei 600°, aber höher, als sich aus den Messungen von *Marc* und *A. Simek* eigentlich ergeben sollte. Dabei ist aber die Haltestellenlinie längere Zeit gleichmäßig verlaufend, so daß die Störungen noch weiterer Aufklärung bedürfen. *Nacken* spricht von einem Siedeverzug.

Manganspat und Eisenspat zeigen diese Erscheinungen schon bei 550 und 400°.

Beim Dolomit treten die nach Vorgenanntem zu erwartenden zwei Haltestellen auf. Da hier Verbindungen zwischen Kalkspat und Magnetit vorliegen, die sich gegenseitig beeinflussen, so braucht man sich nicht zu wundern, daß jetzt der dem Magnetitanteil zukommende Haltepunkt näher an dem des anderen Anteiles liegt. Er liegt wesentlich höher, weil zum Zersetzen des Doppelsalzes eine höhere Energie aufzuwenden ist. Der erste Haltepunkt liegt deshalb bei 700 bis 800°. Dann ist nur noch MgO neben $CaCO_3$ vorhanden, und dessen Entsäuerung erfolgt dann unbeeinflußt bei der üblichen Verdampfungstemperatur von etwa 900°. Ob an der ersten Haltestelle aus dem Dolomit sämtliche Kohlensäure entweicht, er also sich vollständig zersetzt und dann der CaO die CO_2 infolge des Überdruckes aufnimmt, unter Neubildung von $CaCO_3$, soll hier nicht weiter geprüft werden, scheint mir aber nicht wahrscheinlich zu sein.

Zur Zersetzung, zur Verdampfung der CO_2, des Magnesiumcarbonats sind für 1 kg nur etwa 290 WE erforderlich

$$MgCO_3 + 290\ \text{WE} = MgO + CO_2 \qquad (101\,a)$$

Molekulargewicht	84,36	40,3	44

gegenüber den 425,2 WE beim kohlensauren Kalk (s. S. 33). Für Dolomit wird, je nach der Zusammensetzung, ein Zwischenwert in Frage kommen.

Beim Brennen des Magnesits ist das Schwinden viel stärker als beim Ätzkalk (S. 388). Ist das MgO unterhalb 300° entstanden (*H. Rose*, Handb. d. anal. Chem. 1867, S. 202), so löscht es sich mit Wasser unter Erwärmung ab, ähnlich wie Kalk. Je höher die Bildungstemperatur liegt, um so weniger reaktionsfähig ist er, um schließlich als krystallisierter Periklas in der Natur lange Zeit der Einwirkung von Wasser widerstehen zu können. — So gelangt von den Magnesitlagern in Euböa roher und calcinierter Magnesit zum Export. Von letzterem kaustisch gebrannter oder plastischer Magnesit, der auf etwa 800° erhitzt wurde und aus der Luft CO_2 aufnimmt, und totgebrannter, gesinterter oder Ferromagnesit, der, auf 1500° erhitzt, keine CO_2 mehr aufnimmt. (Eng. Mining Journ. 1921, S. 771.)

Einerseits wird das Brennen des Kalksteines mit $MgCO_3$-Gehalt erleichtert, weil dies bei niedriger Temperatur gelingt und weniger Verdampfungswärme nötig ist, aber anderseits wird bei den höheren Temperaturen, bei denen die Austreibung der CO_2 aus dem $CaCO_3$-Anteil erfolgen muß, das Magnesiaoxyd MgO gesintert. Dies gibt dann Veranlassung zum „Magerwerden“, indem es träge wirkt, wie Sandbeimengungen, und das Erzeugnis sich gar nicht oder nur sehr langsam ablöscht.

Der MgO-Anteil im Kalk bildet nach dem Ablöschen des Kalkes einen außerordentlich feinen Schlamm, der bei der Verwendung zum Reinigen von Säften eine kleine Korngröße behält, die durch die Poren der Filtertücher geht. — Der MgO-Gehalt macht den Ätzkalk noch hygroskopischer, als er schon an und für sich ist.

103. Die Wirkung der Kieselsäure im Kalkstein.

Die Kieselsäure, die als Durchtränkung (Imprägnation) im Kalkstein auftritt, wirkt ganz besonders dadurch schädlich, daß sie das sog. Totbrennen des Kalkes verursacht. Unter totgebranntem Kalk versteht man solchen, der sich bei der Einwirkung von Wasser nicht mehr unter Wärmeentwicklung löscht. In der schon erwähnten Festschrift bringt *Herzfeld* (S. 473 f.) Versuche zur Ermittlung der Ursache des Totbrennens des Kalkes. Er führt dort auch eine Literaturübersicht an, die bis auf das Jahr 1823 zurückgeht und *Vicat*, *Frost*, *Stanhope*, *Aspdin* und vor allen *Berthier* anführt. Daran anschließend veröffentlicht *Herzfeld* seine Versuchsergebnisse, auf deren Einzelheiten verwiesen sei. Er kommt dabei zu folgenden Ergebnissen:

51,71 bzw. 34,88 Proz. SiO_2 im Kalk verursachen bei einer Brenntemperatur von 1300° in kurzer Zeit unter allen Umständen ein Totbrennen des Kalkes. Werden fest zusammengepreßte Gemische 1300° ausgesetzt, so genügen schon 6,27 Proz. Kieselsäure, um das Ablöschen des Kalkes zu verhindern. Feste Gefüge, höheren Temperaturen ausgesetzt, sintern schon bei verhältnismäßig niedrigen Temperaturen (1300°) mehr oder weniger zu verglasten Massen zusammen, die das Ablöschen des Kalkes dadurch verhindern, daß sie das Eindringen von Wasser unmöglich machen.

Die Struktur der Kalksteine vermag die Wirkung der Beimengungen in weiten Grenzen zu ändern. Grobe Quarzadern werden beim Brennen von Kalksteinen weit weniger nachteilig wirken, als die gleiche Menge Kieselsäure, gut im Kalkstein kolloidal verteilt.

Dabei kann die Wirkung aufeinander doch noch sehr verschiedenartig verlaufen. Nimmt man z. B. ein Gemenge von CaO und SiO_2 im Verhältnis 3 : 1 an, so berühren sich die einzelnen Körnchen in der verschiedensten Weise nach Abb. 176 (*R. Nacken,* Mitt. d. V. D. Kalkwerke, 29. Juni 1921, S. 55), die ganz vom Zufall abhängt. Gleiche Korngröße vorausgesetzt, dürfte in den Berührungsflächen gleichviel beider Stoffe aneinander stoßen. Es wirken dann erst diese Verbindungen zunächst aufeinander, nach und nach tritt Neubildung ein, die der Gesamtzusammensetzung entspricht.

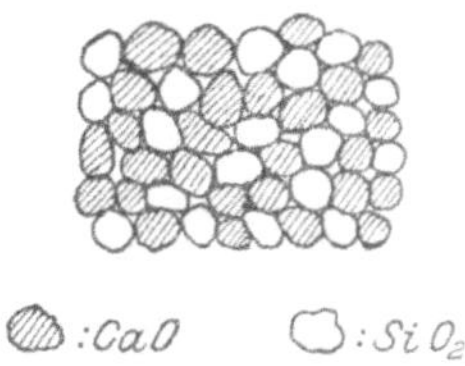

Abb. 176. Verteilung der Körnchen im Kieselsäure enthaltenden Kalk.

. Will man Aufklärung über die Stoffe erhalten, die als Verbindungen aus den einzelnen Teilen entstehen können, so muß man prüfen, welche Verbindungen bestandsfähig sind. Die graphische Darstellung nach Abb. 177 bietet hier den Überblick. In dem gleichseitigen Dreieck ist jede beliebige Mischung der drei Bestandteile $CaO = SiO_2 = CO_2$ eindeutig durch einen Punkt bestimmt.

Das *Carnegie-Institut* in Washington (*E. S. Shepherd* und *G. A. Rankin,* Zeitschr. f. angew. Chemie 1911, S. 19) hat das Vorhandensein von vier Verbindungen festgestellt, die sich bilden können, wenn die Stoffe in geeigneter Weise zusammengebracht werden. Die Verbindungen können sich schon weit unter dem Schmelzpunkt bilden, was für uns wohl zu beachten ist. Man braucht nur die Stoffe längere Zeit zu erhitzen, wie dies auch im Kalkofen geschieht, um Wirkungen hervorzurufen, die zu Silicaten führen nach Zahlenreihe XLVIII.

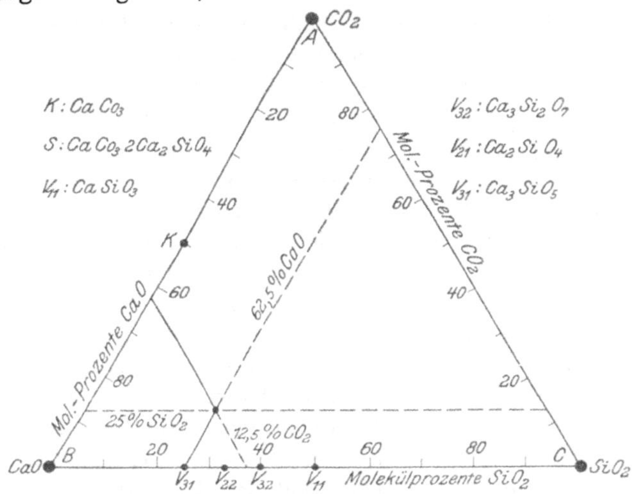

Abb. 177. Verbindungsmöglichkeiten zwischen Kalk, Kieselsäure und Kohlensäure.

Zahlenreihe XLVIII.

Bildung von Silicaten unter dem Einfluß der Temperatur und Zeit.

Temp. °C	$CaSO_4 : SiO_2 = 1:1$		$CaSO_4 : SiO_2 = 3:1$	
	Zeit Std.	Es entstanden $2\,CaO \cdot SiO_2$ Proz.	Zeit Std.	Es entstanden $2\,CaO \cdot SiO_2$ Proz.
800	24	4	1	3
1100	1	16	1	12
1150	—	—	48	20
1250	1	49	1	70

Nacken stellte auch hier die Erhitzungslinien fest (Zement 1920, Nr. 6, 7, 8; 1921, Nr. 20, 21, 22) zwischen CaO und SiO_2 bei verschiedenen Mischungen. Aus den Unstetigkeitsstellen nach Abb. 178 auf den Linien erkennt man, daß dort Wirkungen aufeinander eintreten unter Freiwerden von Wärme. Diese Erhitzung des Tiegelinhaltes über die Ofentemperatur beweist, daß neue Verbindungen auftreten.

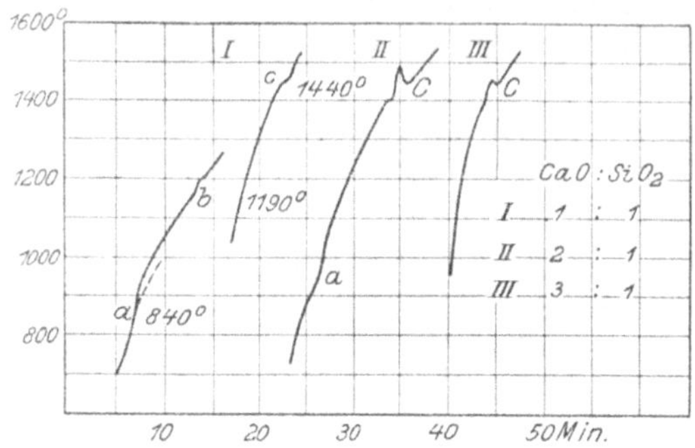

Abb. 178. Erhitzungslinien bei verschiedenen Mischungen zwischen Kalk und Kieselsaure.

104. Der gebrannte Kalk.

Nachdem der Kalkstein durch das Brennen seine Kohlensäure verloren hat, bleibt der Ätzkalk, wenn chemisch rein, dann CaO, zurück. Von welchem Einfluß dabei die Verunreinigungen des Kalksteines sind, der Brennstoff und der Brennvorgang, habe ich schon in den verschiedenen Abschnitten eingehend behandelt. Da man das Brennen, den ganzen Arbeitsgang, darum vornimmt, so muß alles darauf gerichtet sein, den gebrannten Kalk nicht nur billig zu erzeugen, sondern auch so zu erhalten, daß man den Anforderungen, die an seine Verwendung gestellt werden, gerecht wird. Je nach der Verwendungsart, je nach dem Zwecke, dem er dienen soll, sind die Anforderungen verschieden. Dies macht sich schon in seiner äußeren Form bemerkbar, wie er für die verschiedenen Zwecke bevorzugt wird. Mit diesen verschiedenartigen Formen hängen auch seine verschiedenen Benennungen innig zusammen.

Kalk, ein aus Kalksteinen gebranntes, nicht gesintertes Erzeugnis. Im Gegensatz zum Zement, der oberhalb der Sintergrenze gebrannt wurde.

In hauchender Mundart Kalch, in den monseeischen Glossen Chalch, im Schwedischen und Dänischen gleichfalls Kalk, im Englischen Chalk, im Französischen Chaux, alle aus dem Lateinischen Calx.

Stückkalk, nichts anderes als gebrannter Kalk in Stücken, gegenüber Staubkalk. Er kommt mit Preisstellung von 10 000 kg = 10 t in den Handel. Stückkalk soll, trocken gelöscht, nach vorausgegangenem grobem Absieben nicht mehr als 2 Proz. steinige Rückstände auf dem Sieb, mit 120 Maschen auf 1 qcm, hinterlassen. Trocken gelöschter Stückkalk soll staubfein sein, weder sich ballen, noch Klumpen bilden.

Weißkalk, ein weißgebrannter Kalk, auch Fettkalk genannt, der aus reinstem Kalkstein hergestellt ist und seinen Rauminhalt beim Löschen um das Zwei- bis Vierfache vermehrt. Erhärtet an trockener Luft, löst sich im Wasser auf.

Graukalk, wegen seiner Naturfarbe im Gegensatz zum Weißkalk. Er bildet den Übergang zwischen Luft- und Wasserkalk, gebrannt aus unreineren, dolomitischen Kalksteinen.

Magerkalk (Graukalk) vermehrt seinen Rauminhalt beim Löschen nur um das einviertel- bis zweifache. Er erhärtet schneller als Fettkalk, ist aber nicht so ergiebig.

Schwarzkalk ist hydraulischer Kalk oder Zementkalk, der nicht an der Luft erhärtet.

Ätzkalk ist reines Calciumoxyd — CaCO. Wenn man also im Handel einen Kalk Ätzkalk nennen hört, so kann es sich eigentlich nur um ein Erzeugnis aus ganz reinem Kalkstein oder Marmor handeln.

Luftkalk ist ein solcher Kalk, der als Luftmörtel verwendbar, der nur an der Luft erhärtet. Nach den Leitsätzen (1911) des Vereins deutscher Kalkwerke soll er folgendes Verhalten zeigen: Trocken gelöscht, zerfällt er unter erheblicher Wärmeentwicklung und Raumvergrößerung (Gedeihen) zu einem staubfeinen, weichen Pulver (Kalkhydrat) und liefert eingesumpft einen speckigen, weichen Brei. Nach dem Löschen nimmt er etwa das Zwei- bis Dreifache des ursprünglichen Rauminhaltes ein. Der Mörtel erhärtet allmählich unter Abgabe von Wasser durch Aufnahme von Kohlensäure aus der Luft von außen nach innen.

Er wird gebrannt aus Marmor, hochhaltigen krystallinen und dichten Kalksteinen, Muschelkalk, Kreide, Wiesenkalk. — Die Luftkalke eignen sich für Hochbauten, Innenputz, Kalkdüngung, technische und chemische Zwecke. Für besondere Zwecke und für Mauerwerk, das dauernd mit Wasser in Berührung kommt, empfiehlt es sich, Luftkalkmörtel mit geeigneten hydraulischen Zusätzen (wie Zement, hydraulischen Kalk, Traß, Hochofenschlacken, gebrannten Tonen usw.) zu verwenden. — Die Luftkalke kommen in der Regel in Stückform, zu besonderen Zwecken, jedoch auch gemahlen in den Handel.

Gemahlener ungelöschter Luftkalk wird in der Landwirtschaft und zu Putz- und Tüncher- (Weißbinder-) Arbeiten verwendet.

Schwach hydraulischer Kalk (Magerkalk, Graukalk) ist ebenfalls unterhalb der Sintergrenze gebrannt und zeigt folgendes Verhalten: Er löscht sich wie Luftkalk, gedeiht jedoch etwas weniger stark; eingesumpft wird er nach einiger Zeit in der Grube hart. Der Mörtel erhärtet durch Bindung von Kohlensäure und Wasser an der Luft und nach vorausgegangener genügender Lufterhärtung auch unter Wasser bei stets zunehmender Festigkeit. Er bedarf einer längeren, mehr als 7tägigen, höchstens jedoch 21tägigen Lufterhärtung, ehe er der Einwirkung des Wassers ausgesetzt werden darf. Mit hydraulischen Zusätzen (Zement, Traß) können sie bereits nach kürzerer Zeit unter Wasser verwendet werden. Kalke, deren Mörtel eine längere als 21tägige Lufterhärtung brauchen, um dem Wasser zu widerstehen, sind den Luftkalken zuzuzählen. — Die schwach hydraulischen Kalke eignen sich zu Hochbauten und allen Arten von Mauerwerk, bei denen schnellere Erhärtung des Mörtels verlangt wird.

Infolge ihrer Farb- und Wetterbeständigkeit werden sie für Außenputz gern verwendet. Sie finden auch in der Landwirtschaft, zur Kalksandsteinherstellung und zu technischen Zwecken Verwendung. — Für Wasserbauten erhalten sie mit Vorteil einen Zusatz von Zement oder hydraulischen Zuschlägen, wie Traß, Hochofenschlacken usw., wodurch die hydraulischen Eigenschaften wesentlich erhöht werden. — Die schwach hydraulischen Kalke werden in der Regel trocken gelöscht, hin und wieder jedoch auch eingesumpft verwendet. In diesem Falle empfiehlt sich jedoch rascheste Verarbeitung, um einem Hartwerden in der Grube vorzubeugen. Trocken gelöschter Kalk sollte, um Nachlöschen nach der Verwendung zu vermeiden, erst einige Tage nach dem Löschen verarbeitet werden.

Stark hydraulischer Kalk oder Wasserkalk wird durch Brennen unterhalb der Sintergrenze aus Kalksteinen gewonnen und ist von folgendem Verhalten: Beim Trockenlöschen zerfällt er unter Wärmeentwicklung und mäßigem Gedeihen zu Pulver, und der Mörtel erhärtet an der Luft nach genügender, höchstens jedoch 7tägiger Lufterhärtung unter Wasser bei stetig zunehmender Festigkeit.

Wasserkalk steht im Gegensatz zum Luftkalk, weil er, nach oberflächlichem Abbinden an der Luft, unter Wasser erhärtet. Auch hydraulischer Kalk genannt, nach obiger Kennzeichnung. Er wird aus Kalksteinen (Kalkmergel, Kieselkalk) gebrannt mit 15 bis 20 Proz. an Kieselsäure, Tonerde, Eisenoxyd. — Die Wasserkalke sind für Wasserbauten mit Erfolg zu verwenden, wenn die Einwirkung des Wassers nach hinreichender Anfangserhärtung des Mörtels an der Luft erfolgt. Sie werden ferner mit Vorteil auch als Mauer- und Putzmörtel verwendet, wenn an Festigkeit und Wetterbeständigkeit höhere Anforderungen gestellt werden. Bei Benutzung zu Putz- und Betonierungsarbeiten ist auf sorgfältige Löschung bzw. Mahlung zu achten, damit der Kalk raumbeständig ist. — Die Wasserkalke werden in der Regel trocken gelöscht, hin und wieder jedoch auch eingesumpft verwendet. Für die Verwendung des trocken gelöschten und eingesumpften Kalkes gilt das gleiche, was bei den schwach hydraulischen Kalken gesagt worden ist.

Sackkalk hat Mehlform und ist völlig oder teilweise gelöschter, staubfeiner, in Säcken verpackter Kalk. Er darf auf dem 900-Maschen-Sieb (auf 1 qcm) nicht mehr als 10 Proz. Rückstand hinterlassen. Er wird in Säcken von nicht unter 40 kg Rohgewicht verpackt und mit Preisstellung von 10 000 kg = 10 t einschließlich Packung in den Handel gebracht. — Streuverluste bis 2 Proz., sowie Schwankungen im Einzelgewicht der Säcke bis auf 5 Proz. können nicht beanstandet werden.

Kalkasche entsteht im Schachtofen durch die Reibung beim Niederrutschen, es ist aber vollkommen durchgebrannter Kalk, der bei Gasöfen dem erzeugten Stückkalk gleichwertig ist, beim Mischfeuer aber noch mit Brennstoffasche vermischt ist. Die Kalkasche des Ringofens ist schon beim Einsetzen heruntergefallen, beim Brennen herabgerieselt und mit Asche und unverbranntem Brennstoff verunreinigt; sie ist minderwertig.

Die sog. „Kalkasche" soll mindestens 60 Proz. CaO enthalten, wenn sie als solche verkauft wird.

Die Menge des Kalkkleins, der Kalkasche, ist nicht allein von der Bauart des Kalkofens, sondern in außerordentlicher Weise auch von der Art des Kalksteines abhängig. Wenn deshalb die entstehende Kalkkleinmenge nur der Bauart der Öfen zur Last gelegt wird, so ist dies nicht richtig und einseitig. Trotzdem will ich hier das Ergebnis einer Rundfrage mitteilen. (Mitt. d. V. f. Ton-, Zement- u. Kalkindustr. 1908, S. 72.)

Zahlenreihe XLIX.
Menge des Kalkkleins.

Art des Kalkofens	Anzahl der Angaben	Menge des Kalkkleins von der erbrannten Kalkmenge
Rüdersdorfer Schachtofen	11	10 Proz.
Trichterofen	—	7 „
Deutscher Schachtofen	5	3,5 „
Schachtofen mit wechselndem Betrieb	21	18 „
Gasschachtofen	—	1—16,5 „
Ringofen	78	8,3 „

Gemahlener, ungelöschter Kalk kommt auch verpackt in den Handel. Er ist als „gemahlener, ungelöschter Kalk“ zu bezeichnen, um Verwechslungen mit gelöschtem Kalk, dem „Sackkalk“, zu vermeiden.

Einen guten Überblick gibt die vom Kalkprüfungsausschuß des Vereins Deutscher Kalkwerke (Berichte 1921, 22. Febr., S. 56) veranlaßte Zusammenstellung L. Diese ist eingeteilt nach dem Einfluß des Wassers auf den gebrannten Stein, indem man die Beobachtung macht, daß gewisse Kalke mit Wasser getränkt bald zu Pulver zerfallen, andere mehr oder weniger unempfindlich sind.

Der Kalk in Stücken wird, in altväterlicher Weise, fast immer dem in bröckliger oder Staubform vorgezogen, was zum Teil mit seiner leichteren Hantierbarkeit, dann aber auch mit der Möglichkeit seiner leichteren Beurteilung schon durch den Augenschein zusammenhängt. Beim Stückkalk können erfahrene Praktiker sehr leicht den schlechtgebrannten Kalk von gutem unterscheiden, den reinen vom unreinen, ungleichmäßigen. Dies ist beim Staubkalk fast unmöglich, erst eine chemische Prüfung verschafft Aufklärung, wie beim stets nur in Staubform gelieferten Zement. Nur damit kann man auch wohl erklären, was für schlechtgebrannter Kalk oft in den Handel gebracht wird. Sehr lesenswert ist darin der Bericht über die Sammelausstellung der Großh. Badischen Landwirtschaftskammer (Jahrb. d. Deutsch. Landwirtschafts-Gesellschaft, Bd. 28, 1913). Danach wird der Düngekalk fast immer gemahlen geliefert, weil dadurch das Ausstreuen mit den Maschinen erleichtert wird. Aber für seinen Wert ist in der Hauptsache sein Gehalt an Ätzkalk maßgebend, und der ist häufig sehr gering. Es fällt in der Zahlenreihe LI vor allen Dingen bei einigen Sorten der hohe Gehalt an kohlensaurem Kalk auf, was ohne Zweifel auf schlechtes Brennen der Kalksteine hinweist. Allerdings rechnet auch *Schreib* in seiner „Sodafabrikation“ damit, daß im gebrannten Kalk noch 2 bis 3 Proz. $CaCO_3$ ungebrannt vorhanden sind.

Man sollte wie beim Zement scharfe Lieferungsbedingungen ausarbeiten, damit auch der kleinstückige, staubige Ätzkalk willige Abnehmer findet. Dann

Zusammenstellung L.

Einteilung der Kalkarten nach ihrem Verhalten gegenüber Wasser.

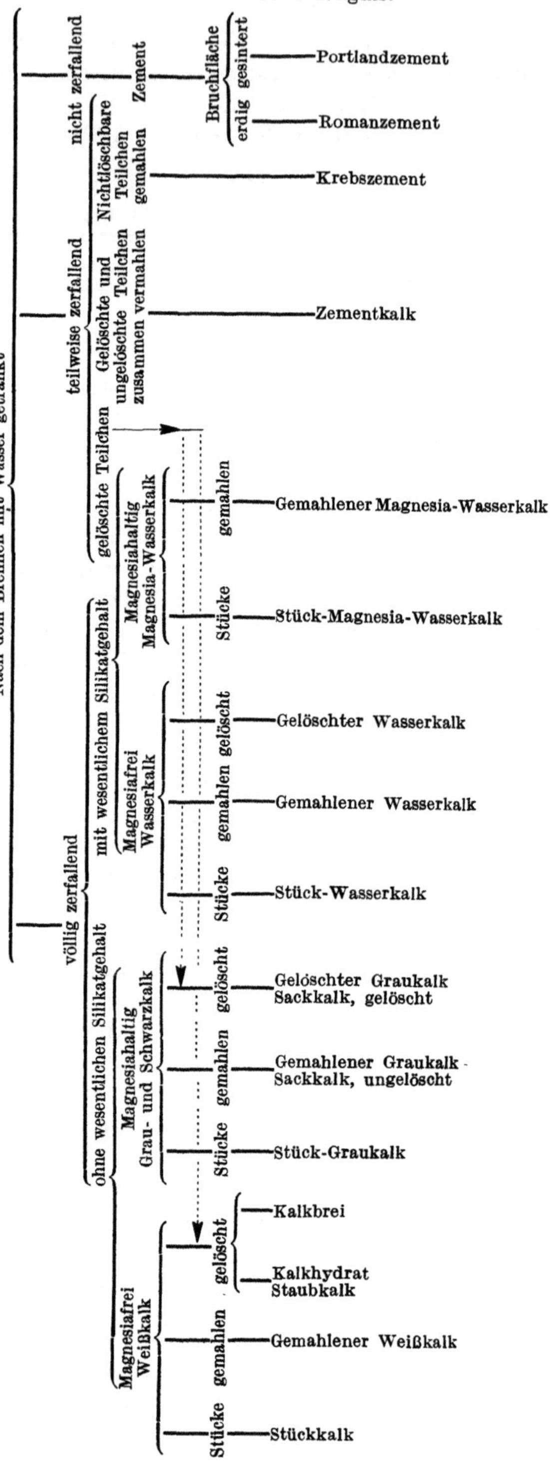

22. 2. 1921. S. 56.

ist eine bessere Ausnutzung des Steinbruches, des anfallenden Schotters, sowie die Anwendung mechanisch und billiger arbeitender Öfen möglich. — Solange allerdings die Kalkringöfen bestehen, welche die an und für sich unwesentlichen Vorteile des Stückkalkes dem Abnehmer immer wieder vor Augen führen und so sich den größeren Absatz erhalten wollen, ist an ein durchdringendes Vorgehen nicht zu denken. Auch stehen dem einige ganz ungerechtfertigte,

Zahlenreihe LI.

Gebrannte Kalke.

Bezugsquelle	Ätzkalk CaO Proz.	Magnesia MgO Proz.	Kohlensaurer Kalk Proz.	Eisenoxyd und Tonerde Proz.	Kali Proz.	Phosphorsäure Proz.	Lösliche Kieselsäure Proz.	Sand und Ton Proz.	Feuchtigkeit und nicht Bestimmtes Proz.
Bruchsal, Stückkalk, hell	77,63	12,83	3,16	2,23	0,39	0,05	3,07	0,21	0,43
„ Stückkalk, dunkel . . .	53,63	22,08	2,52	10,17	0,80	0,39	9,20	0,91	0,30
Wiesloch, Gebrannter Stückkalk .	80,21	0,88	11,55	2,47	0,22	0,05	3,29	0,59	0,74
„ Kalk, gebr., gemahlen .	53,27	2,47	20,24	2,32	0,37	0,08	3,46	3,75	14,04
Neudenau a. J., Stückkalk, gebr. .	66,69	3,19	16,48	4,69	0,52	0,07	7,03	0,98	0,35
„ Kalk, gebr., gemahlen	55,96	3,26	19,00	1,59	0,27	0,05	3,72	1,10	15,05
Waldstetten, Stückkalk, gebrannt	89,23	3,94	0,73	2,90	0,17	0,06	3,17	0,16	—
„ Baukalk, gebrannt .	61,18	16,69	1,32	12,69	0,75	0,03	6,98	0,84	—
Tengen, Stückkalk, gebrannt . . .	87,94	0,94	3,89	1,55	0,22	0,09	3,54	0,21	1,62
Reihen, Stückkalk, gebrannt . . .	83,77	4,58	4,77	3,01	0,21	0,11	1,23	2,07	0,25
„ Kalk, gebrannt, gemahlen	62,48	5,87	8,43	3,36	0,22	0,04	1,35	0,77	17,48
„ Kalk, gemahlen	60,62	4,39	7,68	3,43	0,35	0,05	3,76	1,24	18,48
Ittlingen, Stückkalk, gebrannt . .	80,24	3,41	5,00	2,45	0,29	0,11	3,26	5,07	0,17
„ Düngekalk, gemahlen . .	64,20	3,27	5,86	2,65	0,55	0,11	5,89	1,19	16,28
Weizen, Stückkalk, gebrannt . . .	85,45	2,60	3,59	1,80	0,17	0,08	4,06	0,20	2,05
„ Düngekalk	50,50	4,50	9,20	9,74	0,30	0,10	7,38	4,05	14,23
Stühlingen, Ätzkalk, gemahlen . .	61,72	3,46	10,22	2,86	0,05	0,06	5,56	1,45	14,92
„ Düngekalk, gemahlen .	10,92[1]	1,64	39,48	1,96	2,12	0,04	2,83	3,80	7,13
Mönchzell, Stückkalk, gebrannt . .	86,91	2,78	3,66	1,89	0,22	0,11	3,03	0,88	0,52
„ Düngekalk, gebr., gemahl.	68,84	1,95	3,50	1,59	0,20	0,07	2,79	0,61	20,45
Höpfingen, Stückkalk, gebrannt .	86,64	0,34	4,11	2,46	0,07	0,02	2,10	0,60	3,66
Helmhof, Stückkalk, gebrannt . .	85,98	2,10	6,50	1,54	0,17	0,06	3,07	0,23	0,35
„ Düngekalk, gebr., gem. .	65,37	1,24	6,98	1,62	0,34	0,08	4,47	2,18	17,72
Heidelberg-Neuenh., Düngek., gebr.	64,88	7,56	0,64	4,00	0,27	0,04	3,36	0,90	18,35
Liel b. Schliengen, Stückkalk, gebr. .	95,46	0,73	1,93	0,74	0,10	0,02	0,69	0,07	0,26
Untereggingen, Stückkalk, gebrannt	87,06	5,23	2,01	2,91	0,10	0,09	2,45	0,85	—
Istein, Carbidkalk	95,14	0,19	3,32	0,75	0,07	0,01	0,35	0,10	0,07
„ Stückkalk	94,77	0,09	2,73	0,99	0,02	0,01	0,40	0,25	0,74
„ Düngekalk, gebr., ungemahl.	62,79	1,85	2,30	6,03	0,31	0,05	8,99	12,39	5,29
„ Düngekalk, gebr., gemahlen	44,86	1,25	21,82	4,80	0,18	0,04	2,57	8,78	15,70
Thaingen, Stückkalk, gebrannt . .	93,11	0,22	0,27	3,30	0,13	0,04	1,65	0,45	0,83
„ Düngekalk, gebr., gemahl.	54,77	0,16	2,20	4,48	0,50	0,06	3,94	3,15	30,74
Neuhausen, Stückkalk, gebrannt .	75,02	0,87	8,89	1,66	0,42	0,02	10,76	1,37	0,99
„ Kalk, gebr., gemahlen .	64,55	0,35	1,27	4,83	0,42	0,09	11,03	1,47	15,99

[1] Die Probe enthielt außerdem noch 29,62 Proz. schwefelsauren Kalk und 0,46 Proz. Schwefelcalcium.

den technischen Fortschritt hindernde Abnahmebedingungen entgegen, z. B. die „Anweisung zur Verwendung von Kalk, Zement und deren Mörtel zu Bauzwecken vom Hochbautechnischen Bureau im Sächsischen Finanzministerium" (1910?), nach welcher „die Anlieferung von Luftkalk in möglichst (!?) großen Stücken zu fordern ist". So wie es während des Krieges 1914/18 gelungen ist, dem Volk den Gebrauch des veralteten Hutzuckers abzugewöhnen, der höhere Herstellungskosten verursacht und nur noch von den Hausfrauen gefordert wird, weil in den Kochbüchern steht „Nimm besten Hutzucker"; — so wie dies beim Grobsalz gelungen ist, das bisher in unmittelbar gefeuerten Pfannen, unter bedeutendem Brennstoffaufwand erzeugt wurde, durch Salz aus mit Dampf geheizten Pfannen oder Vakuumverdampfern zu ersetzen, — so sollte die Erziehung auch beim Kalkverbraucher einsetzen.

Der Landwirt kann den Ätzkalk selbst nur in Pulverform in Anwendung bringen, weil er nur dann mit Düngerstreumaschinen gut verteilt werden kann. Wird er in Stücken angeliefert, so muß er doch auf die Lagerstelle gebracht, leicht mit der Gießkanne befeuchtet werden, damit er zu Pulver zerfällt.

Die chemische Zusammensetzung eines durchgebrannten Kalkes kann man wohl aus der Analyse der Kalksteine berechnen, doch sind diese Ergebnisse nicht zuverlässig, weil einige Beimengungen des Kalksteines mit der Kohlensäure mehr oder weniger verdampfen, einige aus dem Brennstoff aufgenommen werden. Ohne diese, bei reinem Marmor, chemisch reinem kohlensauren Kalk würde man aus 100 kg $CaCO_3$ bekommen 56 kg CaO und 44 kg Kohlensäure.

Den Zusammenhang zwischen rohem Kalkstein und gebranntem Kalk zeigen Analysen von Steinen der Grafschaft Glatz (*B. Schulze*, Schl. Land. Zeit. 1895, Nr. 61) nach Zahlenreihe LII.

Zahlenreihe LII.

Zusammenhang zwischen Kalkstein und daraus gebranntem Kalk.

	Eifersdorf		Prinz Albrechtbruch bei Seitenberg		Eifersdorf dolomitisch		Reinerz Dolomit	
	roh	gebrannt	roh	gebrannt	roh	gebrannt	roh	gebrannt
$CaCO_3$	98,42	—	95,64	—	83,21	—	61,89	—
CaO	—	97,52	—	94,41	—	83,48	—	64,64
$MgCO_3$	—	—	1,26	—	11,45	—	35,24	—
MgO	—	—	—	1,06	—	9,76	—	31,29
MgO (an SiO_2)	0,50	—	0,36	—	—	—	—	—
SiO_2 unlösl.	0,9	—	1,88	—	—	—	0,72	—
$(Al, Fe)_2O_3$	0,18	—	0,33	—	2,45	—	1,46	—
H_2O	—	—	0,53	—	—	—	0,69	—

Gut gebrannter Kalk soll sich, nachdem er mit Wasser begossen wurde, schnell und vollständig ablöschen, indem er in gleichmäßiges feines Pulver zerfällt, ohne daß harte Stücke zurückbleiben. Lösen sich diese Stücke unter Aufbrausen beim Übergießen mit Salzsäure, so war es kohlensaurer

Kalk und der Stein war unvollkommen durchgebrannt. Da der Kalkstein beim Brennen bis 44 Proz. seines Gewichtes verliert, dagegen, wie schon erwähnt, nicht in gleichem Maße seine Größe vermindert (nur um 10 bis 20 Proz. nimmt seine äußere Raumbeanspruchung ab), so erscheint ein Kalksteinstück nach dem Brennen leichter als vorher.

Ein durchgeschlagenes Stück soll wenig, aber durchaus gleichmäßig gefärbt sein. Nicht vollkommen durchgebrannte Stücke besitzen in der Mitte teilweise noch die Farbe des ursprünglichen Kalksteines.

Blaugebrannte Steine findet man selten, sie entstehen durch die Bildung von Ultramarin, bei der Vereinigung von Ton mit Schwefelnatrium.

Zu stark gebrannter Kalk löscht sich sehr langsam und ist totgebrannt. Dabei sind die schon bei der Besprechung der Kalksteine genannten Verunreinigungen von großem Einfluß, indem zum Teil ein Zusammensintern der Oberfläche erfolgt, die den Eintritt des Ablöschwassers erschwert. Bei den in den Kalköfen herrschenden Temperaturen ist es von den im Kalkstein häufiger vorkommenden Verunreinigungen fast ausschließlich die Kieselsäure, die die Güte des gebrannten Erzeugnisses beeinflußt. Tonerde, Eisen, Mangan allein treten mit Kalk bei 1300° in keine merkliche Reaktion; sie beanspruchen vielmehr nur Kieselsäure, welche somit alsdann dem Kalke nicht mehr zur Verfügung steht.

Im gebrannten Kalk zeigt sich die Wirkung des Tonerdesilicats in der Weise, daß die vorhandene Kieselsäure in die lösliche Abart übergeführt wird. Bei seiner Verwendung geht diese dann in die Säfte und Laugen über. Kalke von Mokrau (s. *Kosmann*, Oberschlesien 1888, S. 48) zeigt folgende Zusammensetzung.

Zahlenreihe LIII.

Wirkung des Tonerdesilicats auf die Löslichkeit der Kieselsäure.

	Fundort		
	Grutky hart	Grutky weich	Kieferberg
CaO	86,51	90,556	97,317
MgO	0,640	0,605	0,074
SiO_2 löslich	5,914	4,415	0,638
$(Al, Fe)_2O_3$	4,320	2,309	0,579
Rückstand	0,32	0,260	0,359
CO_2	1,224	1,028	0,741
K_2O	1,017	0,770	0,125

Reiner, kieselsäurefreier Kalk schmilzt erst bei 3000°, sintert aber bei Temperaturen über 1600° porzellanartig zusammen und wird damit gegen Luft und Wasser ziemlich widerstandsfähig, d. h. er löscht sich nicht. Solcher totgebrannter Kalk, der sich sehr langsam teilweise oder auch gar nicht ablöscht, hinterläßt Stücke, die nicht mit Salzsäure aufbrausen, im Gegensatz zum nicht genügend gebrannten, also noch kohlensauren Kalk enthaltenden Kalk. Totgebrannter Kalk erschwert die Arbeit in Filterpressen, weil er sich hier noch weiter langsam ablöscht, feinschlammiges Kalkhydrat bildend, das die Tücherporen verkrustet und die Schlammkuchen undurchlässig macht. Er ist an seiner Außenseite meist schwärzlich, mit gesinterter, verglaster, zerrissener Oberfläche, innen häufig rötlich und im Verhältnis zu seinem Umfang sehr schwer, gegenüber gut gebrannten Steinen.

Die Bestimmung des spez. Gewichtes erfolgt durch Wiegen mittels der Senkwage in Flüssigkeiten, die keine Veränderung des Kalkes verursachen, also z. B. Petroleum. Dieses muß aber wasserfrei sein, sonst verursacht das Wasser doch ein Zerfallen. Das spez. Gewicht, also das der Masse selbst, beträgt etwa 3,08 (ist also dichter als der kohlensaure Kalk mit einem spez. Gewicht von 2,7).

Das spez. Gewicht des reinen gebrannten Kalkes ist aber von der Brenntemperatur abhängig, wie sich dies aus Versuchen von *K. Endell* (Tonindustrie-Ztg. 1915, Nr. 13) ergibt. Nach der Zahlenreihe LIV nimmt die Dichte mit steigender Brenntemperatur zu.

Zahlenreihe LIV.

Einfluß der Brenntemperatur auf die Dichte des Kalkes.

Brenntemperatur einer Einwirkungsdauer von $4^1/_2$ Stunden °C	Dichte, spez. Gewicht von reinem, gebrannten Kalk
800	2,75
900	3,16
1000	3,26
1100	3,27
1200	3,30
1300	3,35

Es beruht diese Erscheinung, daß durch starkes Erhitzen ein feinkörniges Pulver in ein gröberes umgewandelt wird, auf der sog. Sammelkrystallisation, wie sie in der Natur durch die Marmorisierung dichter Kalksteine vor sich geht.

In Lösungen verschwinden allmählich die kleinen Krystalle, während die größeren wachsen, weil die kleineren eine größere Oberflächenspannung besitzen. *F. E. Wright* (Zeitschr. f. anorg. Chemie 1910, S. 397) hat nachgewiesen, daß feine CaO-Pulver, die während einer Woche auf 1400° erhalten wurden, Krystalle bildeten. Auch hier haben die Stoffe das Bestreben, die kleinste Oberfläche zu bilden; die kleineren Körper haben einen größeren Dampfdruck als die größeren, so daß eine Destillation von den kleineren zu den größeren erfolgt.

Je dichter der Ätzkalk ist, um so schwerer löscht er sich ab. Die Brenntemperatur und Brenndauer muß deshalb dem gewünschten Erzeugnis entsprechend eingestellt werden, um die zulässige Schwindung des Ätzkalkes nicht zu überschreiten.

Das Raumgewicht, das Gewicht eines Kubikmeters Ätzkalkes, ist ziemlichen Schwankungen unterworfen, in namentlicher Abhängigkeit vom ursprünglichen Kalkstein, von der Stückgröße, und ist im Gegensatz zum spez. Gewicht geringer als das des kohlensauren Kalkes. Dies ergibt sich ganz selbstverständlich aus dem größeren Gewichtsverlust durch Kohlensäure als der Raumabnahme durch die geringere Schwindung. Verliert z. B. der betreffende Kalkstein mit einem Kubikmetergewicht von 1450 kg beim Brennen 42 Proz. CO_2 und beträgt seine Schwindung 10 Proz., dann würde das Raumgewicht des entstehenden Ätzkalkes, falls er nicht sehr zerbröckelt wird, betragen:

$$\frac{1650\,(100 - 42)}{0{,}90} = 1060 \text{ kg}.$$

Burchatz (Luftkalke und Luftkalkmörtel) stellte folgende Raumgewichte für einige Kalksorten fest, nachdem sie auf Walnußgröße zerkleinert waren:

Schlesische Kalke	858	bis	1230	kg/cbm
Westfälische „	748	„	1070	„
Harzer „	825	„	1190	„
Rheinische „	713	„	953	„
Hannoversche „	733	„	946	„

Die Form des gebrannten Kalkes wird in der Hauptsache von der ursprünglichen des Kalksteines beeinflußt, von den mechanischen Beanspruchungen im Ofen und von seiner Zusammensetzung. Bei chemisch reinem Kalk, Marmor, stellt der zurückbleibende Ätzkalk das Skelett dar, welches verblieb, nachdem die 44 Teile Kohlensäure entwichen waren. Er besitzt deshalb nur geringe Festigkeit, und rechnet man durchschnittlich mit der Gewinnung von 10 bis 15 Proz. kleinstückigem Kalk und 5 Proz. Kalkasche (s. S. 382). Dadurch, daß nun im Ätzkalk die einzelnen CaO-Moleküle sozusagen freistehen, überall Zwischenräume vorhanden sind, von der entwichenen Kohlensäure, so stellt er einen außerordentlich porösen Körper mit feinverteilter, großer Oberfläche dar. Diese große Oberfläche besitzt eine außerordentliche Anziehungskraft auf die sie berührenden Luftmoleküle, nachdem die CaO-Moleküle ihrer Nachbarn, der CO_2-Moleküle, beraubt sind, auf die sie bisher ihre ganze molekulare Anziehungskraft ausüben konnten. Diese wurde beim Glühen durch die Dampfspannung ausgeglichen, sogar überwunden. Jetzt beim kalten Ätzkalk tritt sie wieder voll in Erscheinung. Es ist dies meine Erklärung über die Hygroskopizität des Ätzkalkes und anderer Körper, weil ich eine andere befriedigende Hypothese noch nicht hörte. Große Mengen des in dieser Luft vorhandenen Wasserdampfes werden durch diesen Druck verdichtet. Er verflüssigt sich zu Wasser und löscht den Kalk allmählich ab. Dann nimmt dies Kalkhydrat aus der Luft Kohlensäure auf und geht in den für unsere Zwecke wirkungs- und wertlosen kohlensauren Kalk über. Wasser, feuchte Luft sind für diese schädliche Umwandlung notwendig. *Wolters*-Braunschweig (Dingl. Journ. 1870, Bd. 196, S. 346) stellte schon fest, daß weder trockener Kalk (CaO) noch trockenes Kalkhydrat trockene Kohlensäure aufnehmen. Beim Durchleiten von CO_2 eine Stunde lang, erfolgte wohl eine Gewichtszunahme, die aber 1 Proz. nicht überstieg, also äußerst gering war. Nur tropfbar flüssiges Wasser, nicht dampfförmiges, ist geeignet, die Verbindung der CO_2 mit CaO oder Kalkhydrat zu vermitteln.

Alle ungünstigen Eigenschaften des natürlichen Kalksteines kommen im gebrannten Kalk um so stärker zur Geltung, um so höher die Brenntemperatur war. Die Ausnutzung der vorhandenen Einrichtungen fordert eine größtmögliche Leistungssteigerung. Diese wird besonders erreicht durch hohe Brenntemperaturen. Um so größer ist aber der Brennstoffaufwand, und um so schlechter ist das Erzeugnis. Man muß sich deshalb den jeweiligen Verhältnissen anpassen.

105. Die Forderungen, welche Gewerbe und Industrie an den Kalk stellen.

Für Düngezwecke wird im allgemeinen der Gehalt an Ätzkalk bewertet. Aber auch seine Feinheit ist von ausschlaggebender Bedeutung für die Düngewirkung im Boden. Je feinkörniger der Kalk, eine um so größere Oberfläche besitzt er, um so stärker und schneller ist seine Wirkung. Darin ist Ätzkalk gemahlenem Kalkstein weit überlegen. Ätzkalk zerfällt beim Löschen in allerfeinste Teile, bis zur molekularen Größe; er ist schon an und für sich durch die Austreibung der Kohlensäure beim Brennen ein loses Skelett, mit riesiger Oberfläche. Beim Mahlen des Kalksteines geht man meistens nur bis zur sog. Zementfeinheit (10 Proz. Rückstand auf einem Sieb mit 4900 Maschen auf 1 qcm). Dann hat aber jedes Körperchen noch eine Größe von etwa 0,1 mm $= 100\,\mu$, während in fetter Kalkmilch die Körperchen unter 0,0001 mm $= 0{,}1\,\mu$ groß sind, also 1000 mal kleiner. Die Wirkung ist dementsprechend auch günstiger. Diese weitgehende feine Zerteilung wird durch Unreinigkeiten im Kalk behindert, z. B. durch Silicium. Je reiner der Kalk, um so besser daher seine Düngerwirkung. Man könnte auch den Kalkstein auf der *Plauson*schen Kolloidmühle soweit zerkleinern (s. Zeitschr. f. angew. Chemie 1921, S. 25), wie es mit Phosphaten geschieht, aber dies wäre nur möglich bei billiger Kraft, so daß das Kalkbrennen hier noch billiger zum Ziele führt.

Das Baugewerbe fordert noch vielfach grobstückigen Kalk, trotzdem er keine besonderen Vorteile bietet, sondern nur die Beurteilung erleichtert. Aber sowenig man sich gegen die Verwendung des pulverigen Zementes sträubt und sträuben kann, so sollte dies auch beim Kalk angestrebt werden wegen der schon genannten Vorteile.

Die Kalksandstein - Industrie verlangt, daß der Kalk sich zu unfühlbarem Kalkhydrat löscht. Er darf nach dem Löschen keine Teile enthalten, die beim Härten der Formlinge nachlöschen und das Gefüge der Steine zerstören. — Größere Mengen von Silicaten sind ohne Belang. Zu starkes Brennen gibt schwer löschende Teile. — Man fürchtet die Magnesia, weil sie das Ablöschen erschwert.

Bei der Verwendung der Kalksteine in der chemischen Industrie ist vor allen Dingen seine chemische Reinheit von ausschlaggebender Bedeutung.

Für die Zuckerindustrie ist der aus ihm erzeugbare Ätzkalk maßgebend, also sein größter Gehalt an kohlensaurem Kalk. Alles, aber auch alles andere muß als Verunreinigung gelten, ist unnützer, mehr oder weniger schädlicher Ballast. Alle in ihm enthaltenen Stoffe, die noch im aus ihm gewonnenen Ätzkalk verbleiben, werden den zu reinigenden Säften unmittelbar zugeführt und ist deren nachträgliche Entfernung oft unmöglich. An einen guten Kalkstein für Zuckerfabriken stellen *Frühling* und *Schulz* (Anleitung zur Untersuchung der für die Zuckerindustrie in Betracht kommenden Stoffe) folgende Anforderungen: Ein guter Kalkstein sollte neben möglichst wenig Magnesia nicht über 0,4 proz. Gips enthalten nach dem Brennen und Löschen sollten nicht über 0,15 bis 0,2 Proz. freies Ätzkali löslich geworden sein. Die übrigen Nebenbestandteile sind mehr lästig als schädlich, so die Kieselsäure, welche sich durch krustenförmige Ausscheidungen in den Verdampfern unangenehm bemerklich machen kann und der Ton, welcher als ein wertloser Stoff die Menge des Scheideschlammes vermehrt. Die Gesamtmenge der neben dem kohlensauren Kalk vorhandenen Bestandteile sollte 10 Proz. nicht übersteigen. Der Bedarf an rohem Kalkstein beträgt 5 bis 7 Proz. der verarbeiteten Zuckerrübenmenge. Mg soll ein stärkeres Schäumen der Säfte in der Saturation bewirken. Nach neuen Versuchen von *Andrlik* und *Koker* (Z. Zuckerind. Tschechoslow. Republ. 1922, S. 311) soll sich bei der Verwendung von Dolomitkalk (s. S. 366) eine geringe Erhöhung der Reinheit des Zuckersaftes und soll eine sehr beträchtliche Abscheidung des Farbstoffes stattfinden.

Der unter „7" (S. 369) angeführte Schaumkalk hat sich in Zuckerfabriken im allgemeinen als brauchbar erwiesen. Für die Betriebszeit 1918/19 sollte den norddeutschen Zuckerfabriken, die früher meistens schwedische Kalke brannten, von der Bergverwaltung Rüdersdorf nur der unter „8" (S. 369) genannte Wellenkalk geliefert werden. Die *Zuckerfabrik Thöringswerder* hatte solchen 1917/18 verbraucht. Der Kalkstein ist scharf ausgeprägt geschichtet und enthält viel taube Bergstücke. Er zerspringt zerbröckelt in der Vorwärmezone und zerfällt in der Kühlzone. Beim Zerschlagen zerspringt er in zuviele kleine Stücke, so daß mit bis 40 Proz. Abfall zu rechnen ist. Infolge seines hohen Kieselsäuregehaltes wird er leicht totgebrannt. *Thöringswerder* wendet deshalb höchstens 6 Proz. (!) Koks an. Sonst sollen zu hohe Temperaturen entstehen, so daß der Kalk sintert und sich nicht löscht. *Herzfeld* (Deutsche Zuckerindustrie 1918, S. 141) stellte fest:

Feuchtigkeit	2,97	Proz.	
Kieselsäure	17,11	„	feinst, duktil verteilt
Eisenoxyde und Tonerde	2,10	„	
Kalk (CaO)	40,09	„	
Entsprechend $CaCO_3$	73,04	„	
Magnesia	4,74	„	
Schwefelsäure SO_3	0,19	„	

Der Saft filtrierte leichter als anderer.

In Sodafabriken rechnet man im allgemeinen das Magnesiumcarbonat nicht als Verunreinigungen, weil das beim Brennen erhaltene MgO in der Ammoniakdestillation genau so wirksam ist wie CaO. *Schreib* (Sodafabrikation 1905, S. 31) hält Dolomit deshalb sogar für wirtschaftlicher, weil nach Formel 101a weniger Wärme zum Brennen aufzuwenden ist. 84,36 kg $MgCO_3$ sind, unter Berücksichtigung der Molekulargewichte, 100 kg $CaCO_3$ für die Entbindung des Ammoniaks aus den Salzen gleichwertig; zum Brennen sind aber nur 290 WE gegen 425,2 WE erforderlich. Diesen Vorteil kann man sich aber meistens nicht zunutze machen, weil nach S. 378 der Magnesiumcarbonatanteil sintert und dann eine grießige Kalkmilch entsteht, die die Destillierapparate verstopft. Umständliche Einrichtungen sind dann erforderlich, um die Kalkmilch zu entgrießen. Das Brennen Mg-freier Kalksteine ist deshalb auch hier wirtschaftlicher. Steine unter 95 Proz. $CaCO_3$ sind unerwünscht.

Zur Erzeugung von Chlorkalk muß nach *Lunge* (Sodaindustrie, Bd. 3, 1909, S. 505) der Kalkstein besonders rein sein, wenn er Bleichzwecken dienen soll. Er soll frei von in Säuren unlöslichen Bestandteilen sein (Ton, Sand). Tonhaltiger Chlorkalk klärt sich beim Auflösen sehr schwer ab und wird deshalb von Bleichern und Papierfabrikanten verworfen. Weil er auch vollkommen weiß sein soll, so soll er so gut wie gar kein Eisen und Mangan enthalten. Magnesia ist deshalb nachteilig, weil es den Kalk leichter zerfließlich macht. Verunreinigung durch Asche beim Brennen ist möglichst zu vermeiden. Der Kalk soll gut durchgebrannt sein und nicht mehr als 2 Proz. Kohlensäure enthalten. Einige fordern dichten, festen Kalk, der nur durch Brennen bei höheren Temperaturen gewonnen wird.

Bei der Fettspaltung wirken nur der Ätzkalk bzw. die Ätzmagnesia, nicht aber die ungebrannten kohlensauren Erden. Letztere erfordern bei der Zersetzung Schwefelsäure. Es ist deshalb darauf zu achten, daß ein an CaO hochprozentiger Kalk zur Verwendung gelangt. Auch alle übrigen Beimengungen werden bis zum Zersetzungsgefäß als unnötiger, die Arbeit erschwerender Ballast mitgeschleppt. Größerer Eisengehalt färbt die Fettsäure dunkel. Bei einem Autoklavendruck von 10 Atm benötigt man 1 bis 2 Proz. Ätzkalk.

Der zur Erzeugung von gehärtetem Harz dienende sog. Marmorkalk (aus Marmorabfällen gewonnen und in die Form eines feinen weißen Pulvers gebracht) darf kein Carbonat, Silicat und Eisen enthalten; auch muß er in dem Harz klar löslich sein. Harze — außer Kolophonium — werden verhältnismäßig selten „gehärtet". Mitunter wendet man das Verfahren aber bei Dammar und hin und wieder auch bei säurereichen Kopalen an. Bei letzteren handelt es sich bei dem sog. „Härten" um eine Entsäuerung dieser Harze. (Herstellung und Eigenschaften von Kunstharz. Von Prof. *Max Bottler*. Lehmanns Verlag, München 1919, S. 10.)

Zur Herstellung von Kalkkitten verlangt man einen Kalk, der sich fett, weich und vollkommen grießfrei ablöscht; solcher von großer Reinheit und der nicht überbrannt ist, ist deshalb nötig. Für hellfarbige Kitte ist ein weißgebrannter Kalk erforderlich.

Bei der Erzeugung des Calciumcarbids und des weiter daraus gewonnenen Kalkstickstoffes ist die Kraftausbeute um so besser, je reiner

Kalk und Koks sind, auch verläuft der Vorgang um so ungestörter. — Magnesia wird als größter Feind der Arbeit betrachtet, der Tonerde folgt. — Silicium wird sich teilweise nach seiner Reduktion sofort mit dem vorhandenen Eisen zu Ferrosilicium verbinden und so aus dem Vorgang selbst ausgeschaltet, aber störende Schlacken bilden; der im Carbid zurückbleibende Teil verursacht bei seiner Verwendung zur Erzeugung von Acetylen Verstopfungen der Gasbrenner mit Kieselsäure. Auch bei der Verwendung von aus Kalkstickstoff hergestelltem Ammoniak, für die Verbrennung zur Salpetersäureherstellung, soll sich Silicium durch Belegen des Platinakatalysators unangenehm bemerkbar machen (*J. Baumann*, Chem.-Ztg. 1920, S. 276). — Schwefel ist unerwünscht, wenn das Carbid zur Beleuchtung dient, und müßte deshalb nachträglich aus dem Acetylen durch Kosten verursachende Reinigungsmassen entfernt werden; meistens kommt der Schwefel aus dem Koks, was bei dessen Wahl zu beachten ist (s. auch Abschnitt 29). — Nach den Normen des deutschen Acetylen-Vereins darf der Phosphorwasserstoffgehalt des Acetylens wegen der Gefahr der Selbstentzündung 0,04 Proz. nicht übersteigen. Der Phosphor im Kalkstein rührt von Überresten tierischer und pflanzlicher Einschlüsse her. Wenn ein Kalkstein mehr als 0,006 Proz. Phosphor enthält, ist er für die Carbiderzeugung unbrauchbar. — Noch gefährlicher als Phosphor ist das Arsen, weil es ebenfalls Selbstentzündung verursacht und durch seine Giftigkeit gefährlich wirkt. Man findet aber Arsen nur selten im Kalkstein.

Bei der Verwendung von Kalk im Leim- und Gelatinegewerbe beeinträchtigen Magnesia enthaltende Dolomite die Schwellung. Eisen im Kalk erzeugt einen mißfarbigen Lederleim, der durch Bleichen aufgebessert werden muß.

Wird bei der Herstellung der Oxalsäure kieselsäurehaltiger Kalk verwendet, so fällt die Kieselsäure beim Eindampfen kolloidal aus und stört dadurch das Filtern und die Krystallisation.

Es würde zu weit führen, alle Einzelheiten erschöpfend zu behandeln, da die Zusammensetzung der natürlichen Kalksteine, sogar in einem Bruch, und die Anforderungen an den gebrannten Kalk zu verschiedenartig sind. Vorstehende Zeilen können nur einen Anhalt geben zur Vorbeurteilung noch nicht benutzter Kalksteine und zur Nachbeurteilung der Vorgänge im Betriebe. Immerhin wird durch die chemische und physikalische Vorprüfung eine scharfe Auslese unter den zur Verfügung stehenden Steinen gehalten. Zu guter Letzt wird man immer erst durch Versuche zu einem darüber abschließenden Ergebnis kommen können, ob sich der Kalkstein gut brennen läßt und ob der erzeugte Ätzkalk in dem betreffenden Betriebe günstige Eigenschaften besitzt.

Q. Das Füllen des Schachtofens.

Die Kalksteine und der Koks sollen vor dem Einfüllen auf die Größe gebracht werden, die sich für die betreffenden Betriebsverhältnisse als am günstigsten gezeigt hat. Man läßt deshalb die Stücke durch einen Rost fallen, welcher die gröberen Stücke zurückhält, die entsprechend zerkleinert werden müssen.

Die mit dem Füllen, Entleeren und Beheizen des Kalkofens verbundene Handarbeit ist anstrengend, kostspielig und unregelmäßig, so daß sie möglichst durch mechanische Arbeit eingeschränkt werden sollte. Je kleinstückiger sowohl die Kalksteine (s. S. 72) als auch der Brennstoff sind, um so leichter ist die Anwendung mechanischer Einrichtungen. Drehrohrofen erfordern deshalb überhaupt keine Handarbeit, Schachtöfen nur bei grobstückigen Steinen und bei Seitenfeuern mit festen Brennstoffen. Viel Handarbeit erfordern die Ring- und Zickzacköfen für das Einsetzen der Steine und das Ausfahren des Kalkes, welches nur wenig mechanisiert werden kann.

Während die Befeuerung mit festen Brennstoffen bei den Schachtöfen mit Seitenfeuern (Halbgasfeuer) und den Ringöfen mit Streufeuer noch einige Handarbeit fordert, kann diese bei Schachtöfen mit Mischfeuer ganz vermieden werden. Vollkommen ohne Handarbeit erfolgt die Befeuerung mit flüssigen Brennstoffen oder Gasen.

Kalksteine und Koks müssen auf die Gichtbühne gehoben werden. Dort, wo man den Ofen unmittelbar neben dem Steinbruch aufstellen kann, wo er nur zum Zwecke der Erzeugung gebrannten Kalkes dient, dort wird man ihn möglichst so tief stellen, daß die Steine unmittelbar von der Bruchstelle auf die Gicht gefahren werden können. Solche günstigen Lagen sind Ausnahmen.

Für Zuckerfabriken und chemische Fabriken muß man die Öfen möglichst nahe an die Fabrikgebäudeseite bringen, von der die Abfuhr des gebrannten Kalkes und der Kohlensäure vom Ofen leicht nach der weiteren Verwendungsstelle möglich ist. Man muß ihn dabei aber auf einen solchen Platz stellen, daß unmittelbar neben ihm der Kalksteinvorrat für eine Betriebszeit (Kampagne) gelagert werden kann, und dieser Platz wieder muß eine leichte Zufuhr der Steine durch Anschlußgleisen, Schiffen, guten Fahrstraßen oder durch Hängebahnen gestatten. Dann sind unnütze Zwischenbewegungen der Steine, die Zeit und Arbeit kosten, vermieden. Man kann im Frühjahr, wenn der Eisenbahnverkehr und die Fuhrwerke schwach belastet sind, die Anfuhr bewirken, denn im Herbst sind diese schon überlastet mit der Rübenzufuhr.

In erster Zeit verwendete man zur Begichtung einfache Handwinden mit Rolle und Seil, an das kräftige Rohrkörbe angehängt und nun durch zwei Mann aufgewunden wurden. Die Anzahl der Kalkstein- und der Kokskörbe gestattete eine gleichmäßige Zusammensetzung beider in dem einmal für richtig gehaltenen Verhältnis, was bei manchen späteren Einrichtungen, sehr zum Nachteil des wirtschaftlichen Ofenbetriebes, nicht der Fall ist. Diese Handwinden wurden dann durch kleine Dampfwinden, Aufzüge und Becherwerke ersetzt.

106. Das Heben der Kalksteine und des Kokses auf die Gichtbühne durch Aufzüge.

Die Aufzüge der verschiedensten Art finden Anwendung und sind fast immer so eingerichtet, daß die Transportwagen, mit denen die Steine oder der Koks vom Lagerplatz zum Ofenhaus gefahren werden, auf den Aufzugkorb geschoben werden können. Sie werden in die Höhe gezogen und werden von Arbeitern bis zur Füllöffnung des Ofens gefahren. Der Aufzug hat also den Vorteil, daß das Gut ohne Verladen vom Lagerplatz im Wagen bis zur Gicht geschafft wird. Bei der Größe der Wagen von 0,25 bis 1 cbm Inhalt ergibt sich eine Betriebszeit des Fahrstuhles von ungefähr 5 bis 10 Proz. Während 90 bis 95 Proz. der Ofenarbeitszeit steht er unbenutzt. Aus dieser kurzen Betriebszeit ergibt sich, daß nur der Aufzug wirtschaftlich arbeitet, der während seiner Betriebspausen keine Kraft erfordert. Diese Anforderung erfüllen nur hydraulisch oder elektrisch angetriebene. Auf die Vor- und Nachteile der verschiedenen Antriebsarten sei noch kurz hingewiesen.

1. Triebwerksaufzug. Das Triebwerk (die Transmission) läuft ständig leer, gebraucht dauernd viel Kraft (besonders hier bei dem staubigen Betriebe mit schlechter Wartung) im Verhältnis zu der geringen nutzbaren Kraftabgabe. Der Wirkungsgrad ist deshalb gering. Der Antrieb des Vorgeleges erfolgt meistens durch Drahtseil von einem Vorgelege der Hauptbetriebsmaschine. Fast stets ist aber diese Hauptdampfmaschine Sonntags und z. B. in Zuckerfabriken vor Beginn der eigentlichen Rübenverarbeitung nicht im Betriebe. Deshalb ist noch eine besondere kleine Dampfmaschine vorzusehen für diese Zeit. Die Abb. 179 zeigt einen freistehenden Aufzug der Firma *Wilhelm Stöhr*, Offenbach a. M., dessen Schneckenradwinde sich unten im Gebäude befindet und von einer Vorgelegewelle angetrieben wird.

Die Triebwerksaufzüge dürfen nur für geringe Hubgeschwindigkeit (nicht über 0,25 m) gebaut werden, sonst ist die Einstellung an den Endstellen zu schwierig und ungleichmäßig. Bei zu großer Geschwindigkeit kann die lebende Masse nicht sicher in der bestimmten Gleiskopfhöhe zum Stillstand gebracht werden, die Riemenvorgelege müssen mit großer, plötzlicher Gewalt umgeschaltet werden und die durch verschiedene Belastung eintretenden elastischen Veränderungen der Seillängen machen sich unangenehm bemerkbar. Entweder steht der Korb zu hoch oder zu tief, selten an der richtigen Stelle, so daß schweres Ein- und Ausfahren der Wagen die Folge ist. Sie leiden auch unter starker Abnutzung, weil eine gute Einkleidung gegen den starken Staub nicht möglich ist.

2. Dampfmaschinen-Aufzüge. Deren dauernder Betrieb ist wenig wirtschaftlich. Infolge der meistens langen Zuleitungen wird viel Dampf niedergeschlagen, auch während der Ruhezeit. Der Abdampf wird auch nicht immer wegen der erforderlichen langen Leitungen dem Abdampfsammler zugeführt werden können, pufft also nutzlos aus. Seine Verwendung zum Anwärmen des Löschwassers zur Erzeugung von Kalkmilch, wie dies manchmal geschieht, ist ohne Nutzwirkung, denn beim Löschen wird schon die Milch selbst durch die freiwerdende Wärme bis zum Sieden erhitzt. Die vorher im

Löschwasser zurückgehaltene Abdampfwärme entweicht jetzt nachträglich mit den Brüden aus den Kalklöschtrommeln. Nichts ist also dadurch erzielt, nur die Vermehrung des Anlagekapitals durch den Löschwasserwärmer, mit dem selbsttäuschenden Gefühle, durch Vermeidung des Abdampfauspuffes auch wirtschaftlich die Wärme gewonnen zu haben. Dort, wo man mit dieser kleinen, also von vornherein weniger wirtschaftlich arbeitenden Dampfmaschine auch gleichzeitig die Kalklöschstation antreibt, wird die wirtschaftliche Ausnutzung auch nicht besser, sondern nur schlechter. Will man eine besondere Dampfmaschine aus irgendwelchen Gründen für den Betrieb des Kalkaufzuges verwenden, dann sollte man diese nach Art der Dampfhaspel (auf Schiffen üblich) einrichten, unter Vermeidung jedes zwischengeschalteten Triebwerkes mit dem dauernden Kraftverbrauch. Die Betätigung erfolgt dann nach Art der Fördermaschinen, zum Vor- und Rückwärtsgang, und so, daß sie eben nur während des Hebens und Senkens der Last läuft.

Abb. 179. Schachtofen mit freistehendem Aufzug.

3. Hydraulische Aufzüge. Hier kommen wohl nur solche in Frage, bei denen das Fahrkorbgewicht mittels Wasserkasten ausgeglichen wird. Solche mit Treibzylindern sind wegen des Staubes hier ungeeignet. Die ersteren werden fast immer mit zwei Fahrkörben ausgeführt, unter denen Wasserkasten befestigt sind, und stammt diese Form von *Bromorsky*, *Schulz* und *Sohr*, Prag. In der Zuckerfabrik Zakolan (Böhmen) wurde er 1887/88 zum ersten Male

in Betrieb gesetzt. Wie aus der Skizze Abb. 180 ersichtlich, befindet sich unter jeder Fahrschale ein Wassergefäß. Der Wagen *a* ist leer, *b* ist voll. Durch den Hahn *c* läßt man Wasser in den Behälter *d* unter *a*, so lange bis diese Füllung etwas schwerer ist als die Kalksteinladung des Wagens *b*. Dies Übergewicht veranlaßt ein Senken des Fahrkorbes I und hebt den Fahrkorb II. Das Regeln der Senk- resp. Hubgeschwindigkeit wird durch eine Handbremse in bekannter Weise bewirkt. Unten sitzt das Auslaßventil des Wasserkastens auf dem Anschlag *e* auf, und das Wasser läuft wieder aus *d*. Durch Füllung des Wasserkastens *f* mittels des Hahnes *g* kann das Spiel von neuem beginnen. Die Fördergeschwindigkeit kann mit 0,6 bis 1,4 m in der Sekunde angenommen werden. Den Wasserkästen *d* und *f* gibt man den doppelten Inhalt als dem vollen Wagengewicht entspricht, um den Aufzug auch einseitig betreiben zu können unter genügender Überwindung der Widerstände. Eine genaue Berechnung findet sich in *Ledeburs* Handbuch der Hüttenkunde und *Stammers* Jahresberichte der Zuckerf. 1890, S. 39.

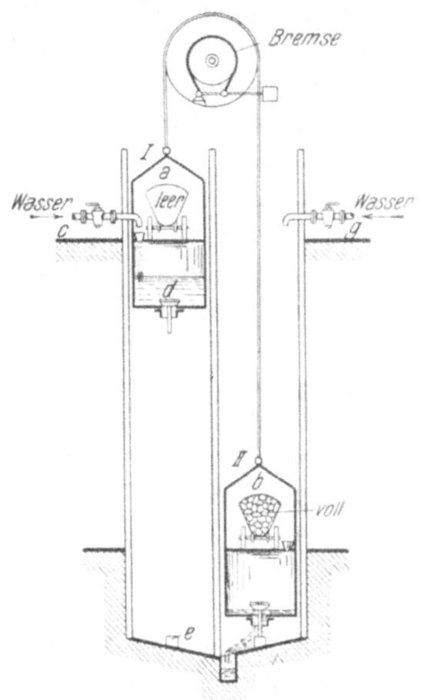

Abb. 180. Doppelaufzug mit Wasserkästen.

Wenn das Wasser einer vorhandenen Wasserleitung entnommen werden kann, eine besondere Pumpanlage nicht aufzustellen ist, dann arbeitet solcher Aufzug sehr wirtschaftlich, da Wasser, also Kraft, nur während des tatsächlichen Betriebes und nur so viel, als jeweils zum Heben der Lasten notwendig ist, verbraucht wird. Als Übelstand wird empfunden das schwere Dichthalten der Wasserkastenventile; deshalb sind solche mit Gummidichtung und Doppelverschluß nützlich. Das austretende Wasser wird bei der großen Fallhöhe unten stark verspritzt, so daß es bis zum gebrannten Kalk gelangen kann. Es muß auch eine zuverlässig arbeitende Schleuderbremse vorgesehen werden, damit die Senkgeschwindigkeit, die sich bis zur freien Fallgeschwindigkeit einstellen würde, nicht das zulässige Maß überschreitet. Ohne diese ist man zu sehr vom Bedienungsmann abhängig. Denn gibt er nicht genügend acht, sinkt der mit Wasser belastete Korb immer schneller, schließlich so schnell, daß er unten durch zu starkes Aufsetzen zertrümmert wird. Die Zuleitungen muß man vor Frost schützen.

4. Elektrische Aufzüge lassen sich mit Vorteil zum Betrieb der Kalkaufzüge verwenden, wenn man sorgfältig darauf Bedacht nimmt, daß alle Triebwerksteile einschließlich Motor vor dem gefährlichen Kalkstaub geschützt werden. Bei der Wahl der Motorart ist darauf Rücksicht zu nehmen, daß die beim Anlassen auftretende Stromstöße auf die Zentrale nicht schädlich wirken. *Wintermeyer* beschreibt in der „Fördertechnik“ 1917, S. 1, die elek-

trischen Antriebe von Hochöfen-Schrägaufzügen der *A. E. G.*, *Siemens-Schuckertwerke* und der *Otis-Elevator Co.*, Berlin.

Bei allen Aufzügen, die mit stark wechselnden Lasten laufen, wie hier beim Heben der schweren Kalksteinwagen im Gegensatz zu den leichten Kokswagen, macht sich infolge der Elastizität des Seiles eine ungleiche Endstellung des Fahrstuhles bemerkbar. Bei geringer Belastung kommt der Stuhl etwas über, bei großer Belastung unter der Schienenebene zum Stillstand, so daß das Herausfahren der Wagen sehr erschwert ist. Bei den Förderkörben der Bergwerke, wo sich infolge der großen Seillängen dieser Übelstand ganz besonders bemerkbar macht, erzwingt man die richtige Endstellung durch sog. Aufsatzvorrichtungen. Es sind dies Tragklauen, die unter den Fahrkorb geschoben werden und so seine genaue Endlage feststellen. Um dabei das stoßweise Aufsetzen und sonstige Störungen zu vermeiden, sind die verschiedensten Sondereinrichtungen vorgeschlagen, auf die einzugehen hier nicht der Platz ist.

Alle Aufzüge haben den unangenehmen Nachteil, unter ständiger behördlicher Aufsicht zu stehen, und werden derartige sog. „Sicherheitseinrichtungen" gefordert, die den Aufzugsbetrieb so umständlich machen, daß in vielen Beziehungen das Gegenteil von Sicherheit erlangt wird. Es ist wegen der selbsttätigen Ein- und Ausrückvorrichtungen, gemäß den verschiedensten Unfall- und sonstigen Vorschriften, fast unmöglich, dauernd in jeder Weise befriedigende Triebwerksaufzüge zu bauen, die von den meistens ungelernten, vierschrötigen Kalkofenarbeitern dauernd gut bedient werden können. Deshalb sucht man nach Möglichkeit die Fahrkorbaufzüge, wo es nur immer angeht, zu vermeiden.

107. Die Becherwerke.

Becherwerke findet man häufig. Nachstehende Abb. 181 zeigt ein Becherwerk zum Heben der Steine und des Kokses von *Schönert* in Wurzen. Die Becher müssen eine nach vorn gut offene Form besitzen, um die Steine leicht einwerfen zu können, und erhalten meist noch eine Holzbodeneinlage als Schutz gegen zu schnelle Zerstörung. Das ganze Becherwerk muß gut eingekleidet werden und unten eine Spundwand angebracht sein, um den Arbeiter vor abfallenden Steinen zu schützen. Vor dem Becherwerk auf den Fußboden gelegte Eisenplatten erleichtern das Aufschaufeln. Die über den Bechern an besonderen Kettengliedern angebrachten Fangbleche sollen einerseits das leichte Einschaufeln ermöglichen, andererseits bei Entleerung die auf ihr gleitenden Steine richtig ableiten in den Wagen. Infolge der ununterbrochenen Arbeit besitzen Becherwerke eine große Leistungsfähigkeit. Je höher aber die Kalköfen werden, um so weniger gut ist es anwendbar, weil auch seine Anlagekosten mit der Höhe gleichmäßig zunehmen.

Die Becherwerke leiden durch starken Verschleiß und erfordern etwas mehr Handarbeit als die Aufzüge, weil die Steine erst mittels Wagen vom Steinhaufen zum Becherwerk gefahren, dort entladen und eingeschaufelt werden müssen. Überhaupt ist ein gewöhnliches Becherwerk nicht besonders gut zum Heben dieser unregelmäßigen Steinstücke und des ganz anders gearteten Kokses geeignet. Es ist nicht möglich, z. B. mittels eines großen Sammeltrichters die Füllung der Becher zu bewirken, wie dies bei anderen Gütern der Fall ist. Man muß jeden einzelnen der mit gewisser Geschwindigkeit sich bewegenden Becher vollschaufeln; eine umständliche Arbeit. Förderbänder u. dgl., die als ununterbrochene Aufgaberegler wirken sollen, bringen keine Vereinfachung und sind hier nicht sehr zuverlässig. Die Messung von Kalkstein und Koks zwecks gleichmäßiger Zugabe ist erschwert wegen des Fehlens eines größeren Meßraumes, wie er beim Aufzug im Wagen oder Fördereimer zur Verfügung steht.

Abb. 181. Schachtofen mit Becherwerk.

Sind mehrere nebeneinanderstehende Öfen zu begichten, dann kann die Verteilung vom Auswurf des Becherwerkes nach der Gichtöffnung durch Rechentransporteure geschehen (*Zuckerfabrik Wismar*).

Eine Kalkofenbegichtung mit endloser Becherkette (Conveyoranlage) zeigen die Abb. 182, 183 u. 184, welche die *Allgemeine Transportanlagen-Ges.* Leipzig-Großzschocher auf einem oberbayrischen Carbidwerk errichtet hat. Die Begichtung ist für 6 Kalköfen berechnet (vorläufig sind nur zwei errichtet) für eine stündliche Leistung von 30 t Steine und 5 t Koks. Die Abb. 185 u. 186 zeigen noch Einzelheiten der Ausführung. — Die Kalksteine von höchstens 250 mm Seitenlänge werden mittels Greifer oder Muldenkipper in die außenliegende Grube abgeworfen, von der sie durch ein eisernes Plattenband abgezogen und der Trommel des Eckfüllers zugeführt werden. Ein zweites Plattenband nimmt den Koks von einem im Rohstofflager stehenden Koksbunker, unter vorheriger Wägung durch eine selbsttätige Wage, und führt ihn in die andere Seite der Trommel. Die Begichtung kommt deshalb gar nicht in die Becher. Beim Versagen der Wagen kann man durch ein besonderes Fallrohr Koks unmittelbar auf das Plattenband leiten. Der beladene Kettenstrang wird in der angegebenen Pfeilrichtung hochgeführt und geht in einer T-förmigen Linie über die einzelnen Kalköfen. Dort wird das Fördergut in die für jeden Ofen angeordneten zwei Fülltrichter abgeworfen. Die Entleerung der 600 × 700 mm

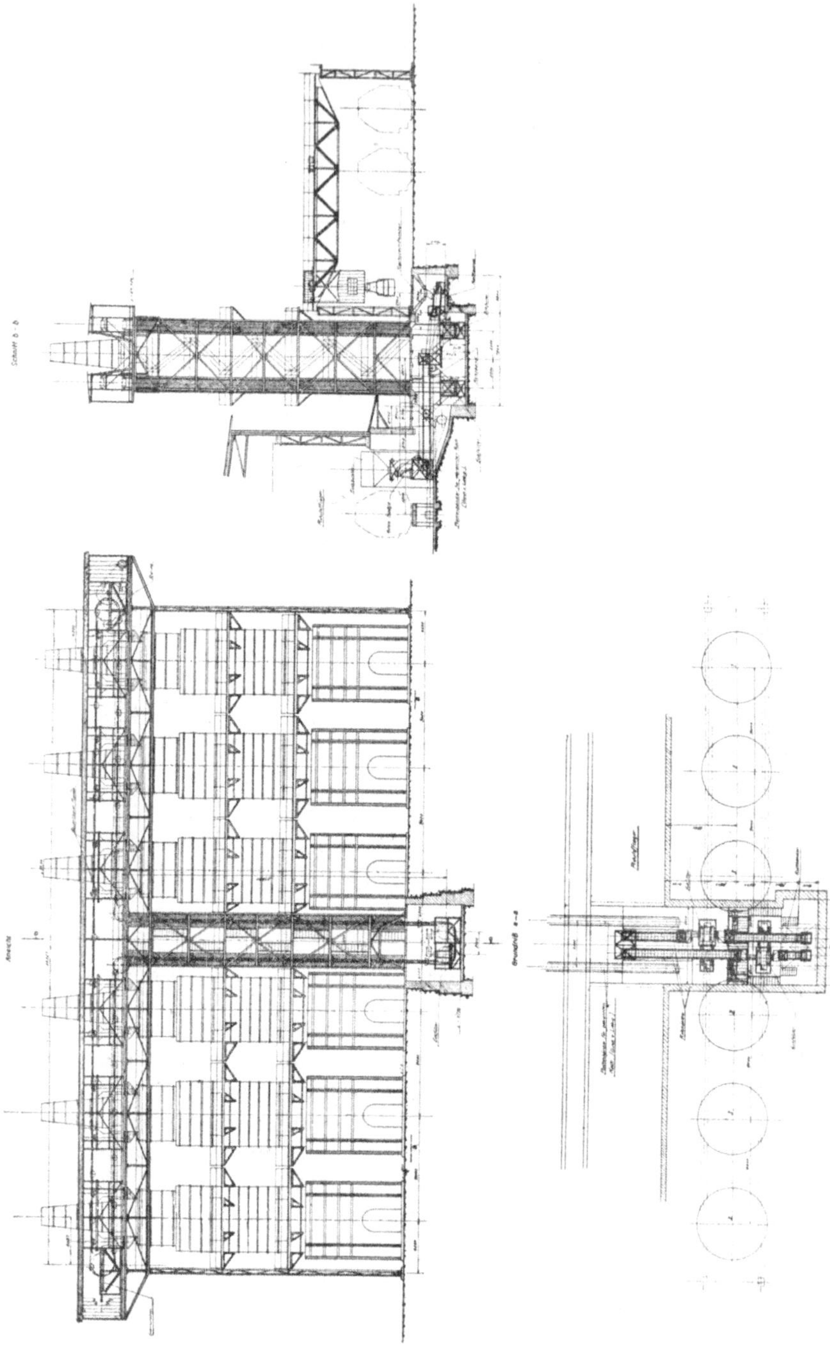

Abb. 182, 183 u. 184. Begichtungsanlage mit endloser Becherkette.

breiten Becher erfolgt reihenweise nach rechts und nach links. In die unteren Sammeltrichter sind kräftige, feuerfeste Klappen eingebaut, die nach jeder Becherladung die Einwurfsöffnung selbsttätig wieder schließen. — Die in dem oberen Trichter eingebauten Kippanschläge sind beim ersten Ofen ausrückbar, beim letzten feststehend. Dies ist erforderlich, um zu verhüten, daß die Becher ungeleert die Füllstation wieder unterschreiten, was sofort Anlaß zu Betriebsstörungen geben müßte. — Die Kettengeschwindigkeit beträgt 0,5 m/sk und der Becherabstand 4 m. Der Kraftverbrauch beträgt bei einer Hubhöhe von 30 m etwa 17 PS.

Ein Becherwerk, das gleichzeitig zum Heben der Preßlinge und zum Abführen des gebrannten Gutes dient, hat *Bleichert* an ein süddeutsches Zementwerk geliefert (s. Z. d. V. d. Ing. 1920, S. 982).

Bei den Becherwerken ist zu vermeiden, daß zu große Steine in die Becher gelangen, die zu Klemmungen oder gar zu Zerstörungen führen können. Vor

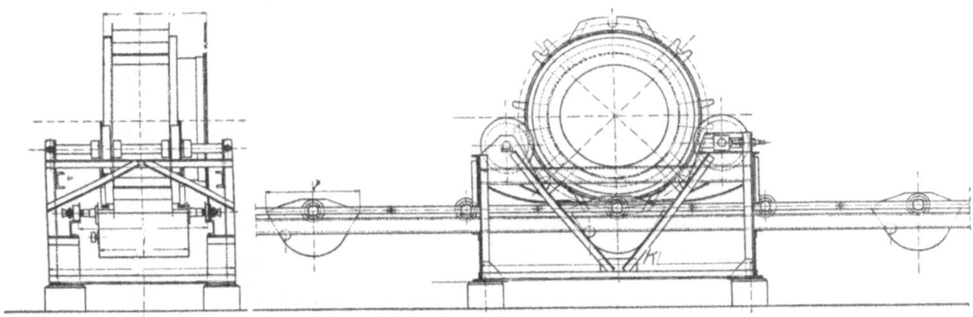

Abb. 185. Drehtrommel zum Füllen der Becher mit Kalksteinen.

den Einwurf wird man deshalb einen kräftigen Eisenrost legen mit Öffnungen von z. B. 200 mm lichter Weite. Grobe Steine fallen nicht durch und müssen zerschlagen werden.

108. Die Schrägaufzüge mit Kübeln.

Bei den senkrechten Aufzügen und Becherwerken kann das Fördergut nicht unmittelbar in die Gichtöffnung gelangen, sondern es muß noch wagerecht mehrere Meter gefördert werden. Diesen Übelstand vermeiden die Schrägaufzüge mit einem Gichteimer, Kübel oder Wagen, wie er bei Hochöfen fast allgemein Anwendung findet. *V. Wendland* (Z. d. V. f. d. R. Z. 26, S. 771) empfiehlt schon im Jahre 1876 die an Kalköfen eingerichtete schiefe Ebene mit Anwendung einer losen Rolle und Winde zur leichteren Begichtung der Kalköfen durch nur einen Mann. Seit dem Jahre 1912 wendet die *Maschinenfabrik Kulmiz*, Saarau, diese Schrägaufzüge bei Kalköfen wieder an, wie ihn die Abb. 187 zeigt. Der Kübel hängt an einem Seil, das ihn auf schrägliegenden Gitterträgern nach oben zieht. Unten, in seiner Endstellung, steht er unter einem Fülltrichter und wird abwechselnd mit Koks oder Steinen gefüllt. Oben sind die Führungsschienen der Gitterträger nach einer bestimmten Kurve geformt, so daß der Kübel sich unmittelbar in den Fülltrichter des Ofens entleert, wobei der Inhalt aus größerer Höhe herabstürzt. Hier erfolgt aber die Entleerung seitlich, die gleichmäßige Verteilung der Gicht

Abb. 186. Entleerung der Becher in die Schurre zur Begichtung des Kalkofens.

auf den Fülltrichter erschwerend. Bei den Hochöfen sucht man diesem Übelstand dadurch zu begegnen, daß der Kübel beim Niedergang immer den Fülltrichter um einen bestimmten Winkel dreht, aber einfacher wird dadurch natürlich der ganze Betrieb nicht. Günstiger wirken in dieser Beziehung solche Schrägaufzüge, deren zylindrischer Kübel sich unmittelbar auf die Gichtöffnung aufsetzt und gleichzeitig während seiner Entleerung für den Gasabschluß der Gicht sorgt. *Osann* (Lehrbuch der Eisenhüttenkunde 1915) gibt mehrere andere Ausführungsformen und Berechnung der Schrägaufzüge.

So beschreibt *Groek* in der Z. d. V. d. Ing. 1914, S. 1637, einen solchen Schrägaufzug mit losen Kübeln. Dort dienen sie gleichzeitig zum Heranschaffen des Kokses vom Koksofen bzw. Lagerplatz, indem sie auf niedrige Plattformwagen gesetzt und bis zum Schrägaufzug gefahren werden. Auch dies ließe sich sehr nützlich beim Kalkofenbetrieb anwenden, indem diese Kübel am Lagerplatz gefüllt, mittels kleiner Wagen an den Schrägaufzug gefahren, an den Aufzughaken gehängt, auf die Gicht gehoben und nun unmittelbar in den Ofen entleert werden. Jedes Umladen ist dann vermieden,

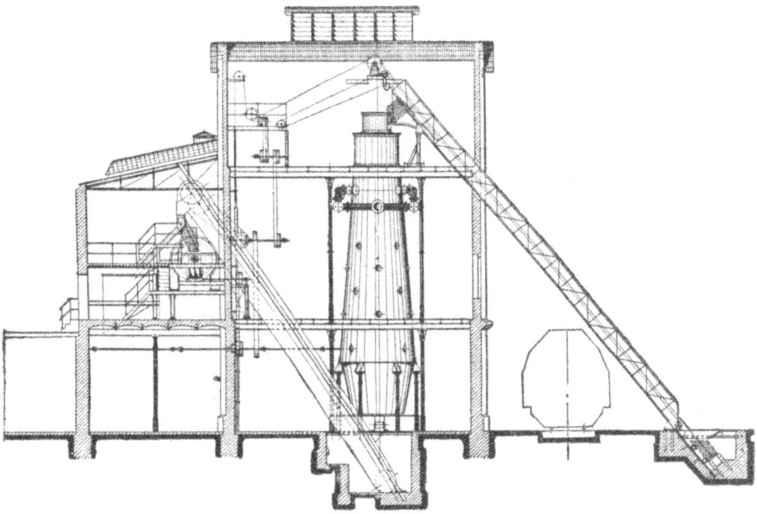

Abb. 187. Schrägaufzug mit Kübeln.

wie bei der bisherigen Verwendung der Kippwagen, die mittels Fahrstuhles gehoben wurden.

H. Eberhardt, Wolfenbüttel, hat Aufzüge mit Kübeln für Kalköfen angewendet, nur hat er noch den oberen Fülltrichter mit der mehr oder weniger seitlich wirkenden oberen Kübelentleerung und der herabstürzenden Füllung. Die Abb. 188 zeigt den Kalkofen. Der Aufzug ist an seinem unteren Ende senkrecht geführt, nicht schräg, was ganz nützlich erscheint, weil Raum erspart wird. Oben liegen die Leitschienen nach der Ofenmitte zu. Die Abb. 189 zeigt das Einladen der Kalksteine in den Kübel, der auf einem vierrädrigen Wagen steht. Mittels Geleise wird er zum Aufzug gefahren und der Kübel mittels Seilhaken an das herunterhängende Windenseil gehängt. Nebenbei bemerkt, zeigt die Abbildung, daß der betreffende Ofen mit außerordentlich verschieden großen Kalksteinstücken beschickt wird. Kleinste Schotterstücke mit $^1/_2$ m großen Bruchstücken erschweren den gleichmäßigen Betrieb, besonders bei mechanisch betätigten Öfen. Durch die Winde wird der Kübel in die Höhe gezogen, während der Wagen unten zurückbleibt, nach Abb. 190. Oben wird der Kübel durch die gebogenen Führungsschienen auf die Ofenmitte geleitet,

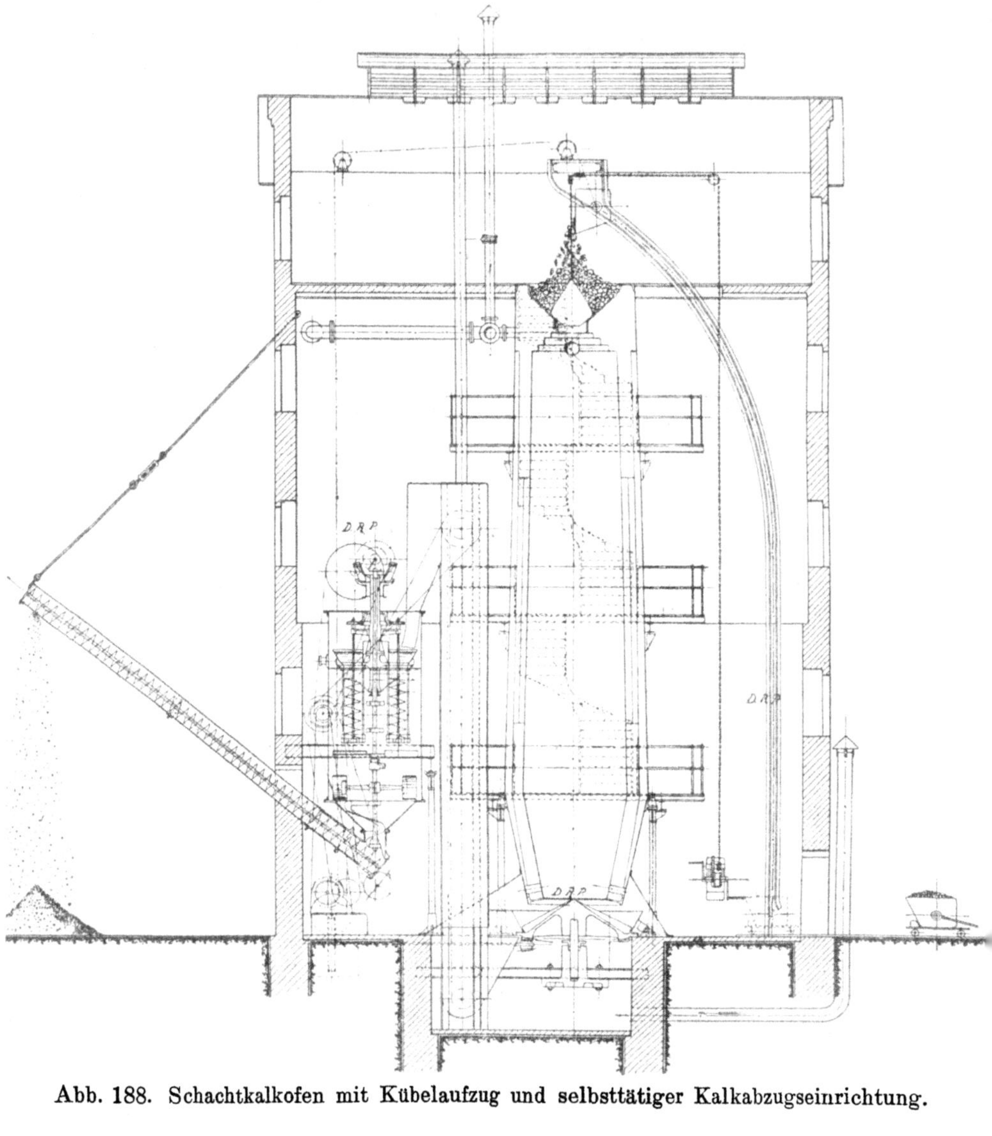

Abb. 188. Schachtkalkofen mit Kübelaufzug und selbsttätiger Kalkabzugseinrichtung.

kippt selbst um und entleert sich in den Fülltrichter. Dies zeigt die Abb. 191. Der Kübel geht nun, durch selbsttätiges Umschalten der Aufzugwinde, zurück, richtet sich in seiner alten Lage auf und setzt sich auf den unten zurückgebliebenen Wagen. Nach der Lösung des Kübelhakens wird der Wagen herausgefahren und durch einen anderen gefüllten ersetzt. Koks wird in den gleichen Kübeln gefördert und ist bei dieser Begichtungsart das Wiegen der einzelnen Kübel und somit die Erreichung einer gleichartigen vorschriftsmäßigen Begichtung sicher zu erzielen.

Der Verschlußkegel soll nach Füllung des Trichters ebenfalls von unten geöffnet werden, so daß sich der Trichter nach dem Ofen entleert. Es wird aber schwierig sein, den Kegel, auch wenn er sehr schwer gehalten wird, immer zum guten luftdichten Abschluß zu bringen, ohne daß der Arbeiter oben

Abb. 189. Füllen der Kübel mit Kalksteinen.

etwas nachhilft. Eine ähnliche Ausführung ist auf der Abb. 95 dargestellt, aber mit einem Hubkübel, der fest am Seil verbleibt. Es dürfte, wie gesagt, nützlich sein, einen Schritt weiter zu gehen und Kübel zu verwenden, die sich unmittelbar auf die Trichteröffnung aufsetzen.

109. Seilbahnen, Drehkrane und Greifer.

Die Abb. 135 (Ofenzug) zeigt eine Ofenanlage, bei der die Kalksteinwagen auf einer schwach geneigten schiefen Ebene mittels Drahtseiles vom Steinbruch bis auf die Gichtbühne gezogen werden.

Einen Schachtkalkofen (s. Abb. 44), der von *F. L. Smidth & Co.*, Kopenhagen, in Österreich errichtet wurde, zeigt die Abb. 192. Das Brennholz und die Steine werden durch eine Bremsbahn zugeführt.

Ein paar Schachtöfen mit Eisenmänteln sind auf der Abb. 193 dargestellt, die oben Speicherbehälter für Koks und Kalkstein tragen. Deren Füllung erfolgt durch fahrbare Dreh- und Luftkräne, die das Gut mittels Kastengreifer vom Lagerplatz aufnehmen und in die Speicherbehälter heben.

Für die Förderung schwerer Massengüter finden die Kastengreifer und Klappkübel immer größere Anwendung. Während nach der Abb. 193 der

Abb. 190. Heben des Kübels durch den Aufzug vom Wagen.

Greifer die Steine oder den Koks von einem beliebigen, weitausgedehnten Lagerplatz entnimmt, sind für die Klappkübelanlage nach Abb. 194 u. 195 von *J. Pohlig, A.-G.*, Köln-Zollstock, besondere Bunker vorgesehen. Die Eisenbahnwagen *a* werden in die Bunker *b* entleert. Durch die von den Kastenkübeln d_1 in Tätigkeit gesetzten Verschlüsse *c* füllt sich der Kübel, wenn er in seiner untersten Stellung d_1 angelangt ist. Das Seil *e* zieht ihn dann in die Höhe d_2, die durch den Ausschalter *f* begrenzt ist. Der Seilwagen (Kübelkatze) g_1 fährt nun den Kübel über die Kalkofengicht z. B. zum Ofen k_1, in die Stellung g_2 bzw. d_3 des Kübels, der dann in die Gicht nach Abb. 205

entleert wird. Das Fahrgerüst *h* ruht auf den Säulen *i*. Die Betätigung der Förderanlage erfolgt vom Führerstand *l* aus. — Diese Kalkofen-Begichtungsanlage ist im Jahre 1917 für die *Chem. Werke Lothringen, Abt. Atterdorn*, erbaut, für eine Leistung von 250 t gebrannten Kalk in 24 Stunden.

110. Die Vorbereitung von pulver- oder schlammartigem Rohgut.

Früher wurden noch häufig Kalkerden gebrannt, so z. B. im 18. Jahrhundert in Dedelow bei Prenzlau (Kurmark), in Trebnitz (Fürstentum Neiße in Schlesien), in Podjuch bei Stettin. Die feuchte Kalkerde wurde entweder

Abb. 191. Entleeren des Kübels in den Fülltrichter des Kalkofens.

zu Soden gestochen oder in Holzformen auf übliche Ziegelsteingröße gestrichen. Das Brennen erfolgte in den Ziegelöfen mit Holzfeuer, anfangs bei schwachem Schmauchfeuer, damit die Kalkziegel austrocknen, was in 4 bis 5 Stunden der Fall sein soll. Dann wird der Brand in etwa 2 Tagen beendet. 100 l rohe Kalkerde, wenn gestrichen und feucht, wiegen z. B. 63 bis 65 kg, wenn zum Brennen in Ziegeln vorgetrocknet, 52,5 bis 53,2 kg, und wenn gebrannt, dann 19 bis 20 kg.

Oft ist die Aufgabe gestellt, feinkörnige Abfallkalke (s. Abschnitt 2, S. 8) im Schachtofen zu brennen. Man wird sich dann zweckmäßig der Einrichtungen bedienen, die beim Brennen von Zement in Schachtöfen üblich sind. Damit der erforderliche Zug aufrecht erhalten werden kann, muß der Schlamm zu Ziegeln gepreßt werden, z. B. mit selbsttätigen Pressen nach Abb. 196

Abb. 192. Zuführung der Kalksteine und des Brennholzes mit Bremsbahn.

Abb. 193. Begichtung durch Kastengreifer.

(*Dr. Bernhardi Sohn*, Eilenburg).

Kreide kann man wegen ihrer dichten Lagerung nicht im ununterbrochen arbeitenden Schachtofen brennen. Sie wird meistens geformt, indem man 5 Proz. gebrannten Kalk untermischt, dann an der Luft gelagert, bis die Formlinge eine Härte besitzen, die ihre Einfüllung gestattet.

Die *Farbenfabriken vorm. Friedr. Bayer & Co.*, Leverkusen bei Köln a. Rh., erhielten das D. R. P. 320 422, 1917 auf ein Verfahren zur Herstellung von festem Calciumoxyd aus Calciumhydratschlämmen beliebiger Herkunft, dadurch gekennzeichnet, daß man die aus dem gegebenenfalls vorher zum Teil entwässerten Calciumhydratschlamm unter Druck gepreßten Formlinge brennt. — Die Formlinge halten dann ohne weitere Vorbehandlung ein Brennen ohne Formveränderung aus. Es können Schlämme verarbeitet werden, die durch Löschen

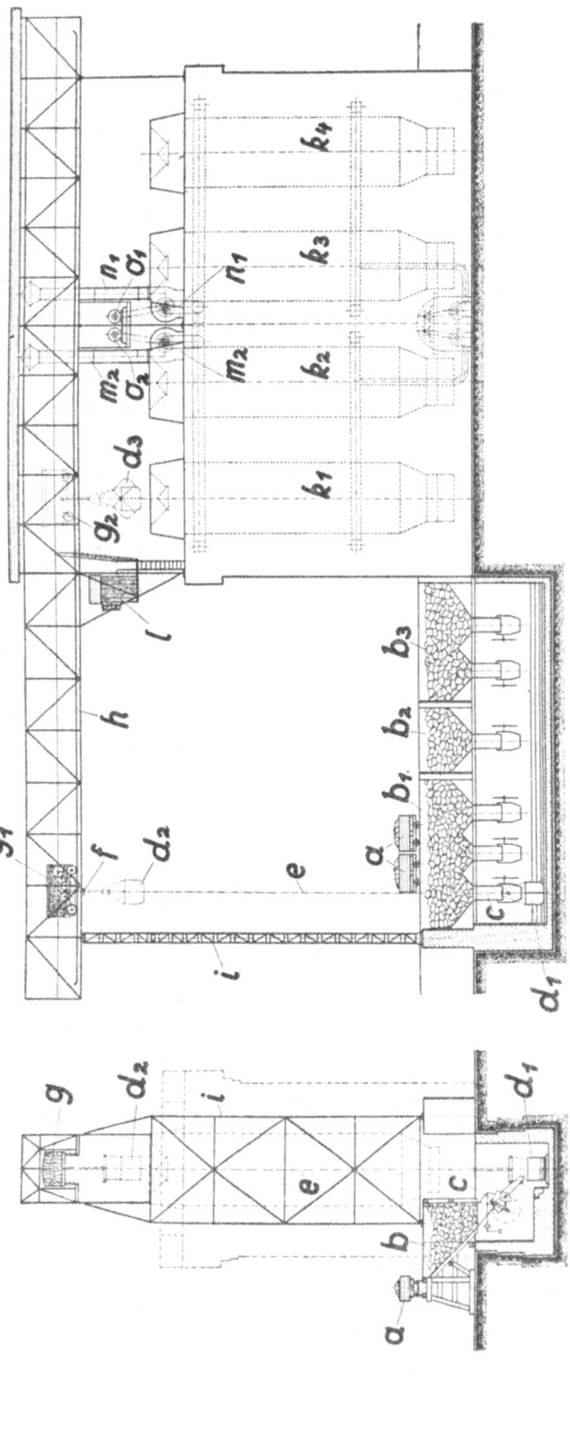

Abb. 194 u. 195. Klappkübelanlage zur Begichtung der Kalköfen.

von gebranntem Kalk oder bei der Zersetzung von Calciumcarbid oder Kalkstickstoff erhalten werden.

Den das Brennen begünstigenden Einfluß des Zumischens von brennbaren Stoffen behandelte ich schon S. 51 und erwähnte auch die Arbeitsweise von *Schneider* (S. 51), indem Koksgrus, das als sehr billiger Brennstoff gelten kann, unter das angefeuchtete Rohmehl gemischt wird. Da aber der Koksgrus als Abfallstoff seine Zusammensetzung stark wechselt, so muß man sich den Verhältnissen leicht anpassen können. Einfache Mischschnecken versagen häufig bei nassem Koks. Eine zweckmäßige Mischeinrichtung liefert das *Eisenwerk vorm. Nagel & Kaemp A.-G.*, Hamburg, nach Abb. 197. Sie besteht aus einem zweiteiligen Rohmehlbehälter von bestimmtem Fassungsvermögen, an den ein Einschüttrumpf für Koks angeschlossen ist, einem Wasserbehälter mit der erforderlichen Rohrleitung und einer Mischtrommel besonderer Bauart, durch deren Achse das Wasser, dessen der Schlamm zu seiner Verformung bedarf, eingeleitet wird. Das Wasser wird in dem Behälter mittels eines veränderlichen Überlaufs genau auf die richtige Menge eingestellt, und die vorher abgemessenen Koks, deren Menge nach ihrer jeweiligen Beschaffenheit zu ändern ist, werden sofort eingestürzt, nachdem die ein für allemal feststehende Schlammmenge in die Trommel eingelassen worden ist. In kürzester Zeit ist das Gemenge sehr innig durchgemischt, worauf in stetem Wechsel abermals gefüllt und entleert wird. Besonders bemerkenswert an dieser Einrichtung ist, daß die Mischtrommel einen hierzu geeigneten Schlamm zu Kugeln formt, der ohne weiteres gebrannt werden kann, so daß also das Verziegeln in einem solchen Fall entbehrlich wird.

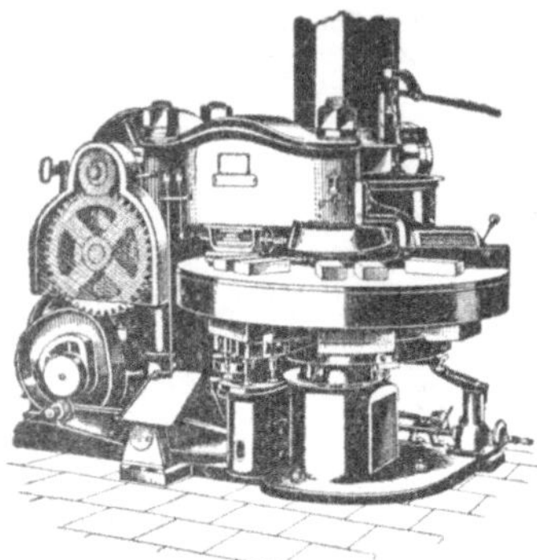

Abb. 196. Ziegelpresse für Abfallkalk.

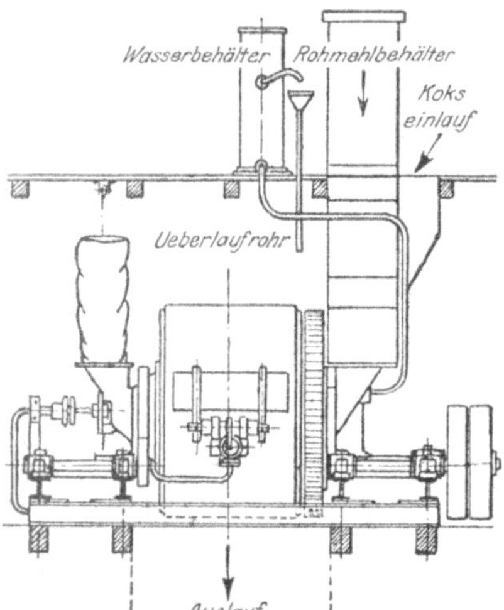

Abb. 197. Mischtrommel zum Zumischen des Brennstoffes zum schlammigen Rohgut.

111. Der Gichtverschluß und die Verteilung der Füllung.

Die Gicht, die obere Füllungsöffnung des Ofens, soll geschlossen sein, um den notwendigen künstlichen Zug anwenden und um bei Bedarf die Gase für ihre Verwendung weiterleiten zu können. Diese Verschlüsse müssen deshalb gut dichten, aber auch eine schnelle Einfüllung und gute Verteilung der Kalksteine und des Kokses über den oberen Ofenquerschnitt gestatten.

Die Einfüllung senkrecht durch ein Mittelloch in der Gichtbühne, z. B. nach Abb. 105h oder 49, erzeugt hohe spitze Berge nach Abb. 109 III und 120, die in der Mitte durch Staub und Schotter verstopft sind nach Abb. 198. Nach dem Fuße des Kegels rollen die großen Steine, so daß dort der Luftdurchgang erleichtert wird. Die außen zu durchdringende Schichthöhe h_2 ist außerdem kleiner als die innere h_3.

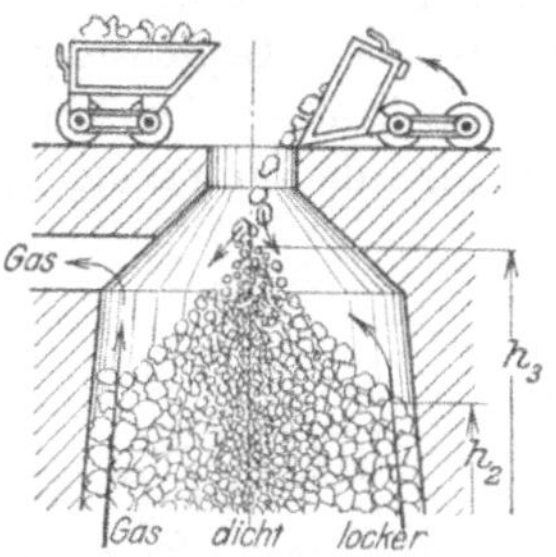

Abb. 198. Ungünstige Entmischung bei der Einfüllung durch ein Mittelloch.

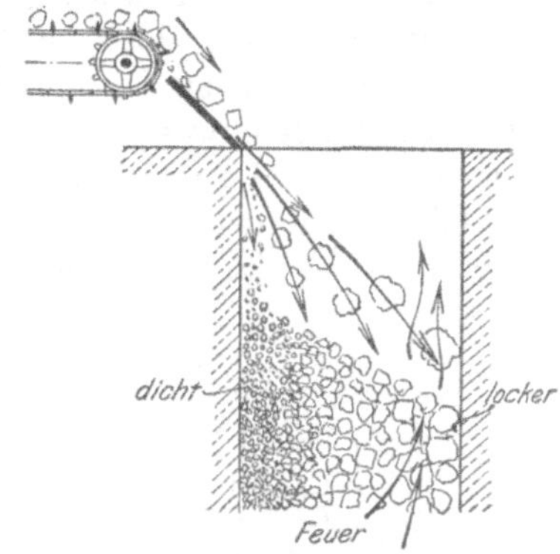

Abb. 199. Ungleichmäßige Verteilung durch seitlichen Einwurf.

Ungleichmäßiges Brennen und Ziehen ist die störende Folge. Das Feuer steigt am Rande schneller in die Höhe als sog. „Seitenfeuer". Ich verweise auch nochmals auf die Nachteile der seitlichen Füllung nach Abb. 121. Die groben Steine werden weit nach hinten fliegen (Abb. 199), während Schotter und Staub fast senkrecht nach unten rieseln und sich vorn ablagern. Auf diese Weise wird der Ofen vorn dicht, hinten dagegen locker beschickt. Hier steigt das Feuer nach oben; das Feuer stellt sich schief. Verbessern kann man die Verteilung, wenn man eine Eisenplatte a nach Abb. 200 einhängt.

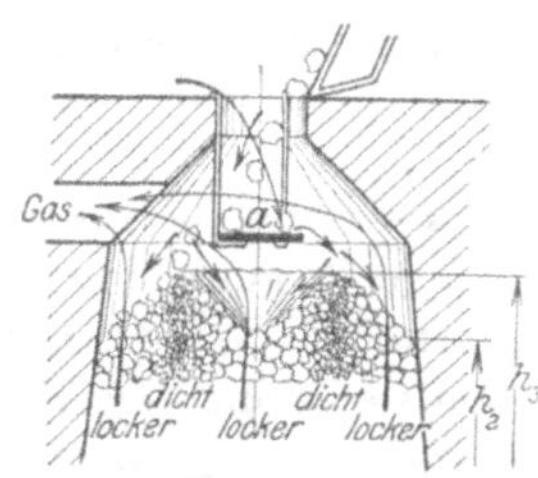

Abb. 200. Verbesserung der Verteilung durch eine Prellplatte.

E. C. Loesche, Berlin-Friedenau, und *E. W. Stoll*, Berlin-Steglitz, erhielten das D. R. P. 329 170, Kl. 80c/1919, auf eine selbsttätige Beschickungsvorrichtung für Schachtöfen zum Brennen von Zement, Kalk, Dolomit u. dgl. mit mehreren umlaufenden Zuführungsrutschen, dadurch gekennzeichnet, daß Brenngut und Brennstoff jedes durch besondere Schwenkröhren oder Schwenkrutschen h und k (Abb. 201) aufgegeben werden, die aneinander oder ineinander befestigt sind und bei der gemeinsamen Drehung oder Schwenkung vermöge ihrer verschiedenen Länge oder ihrer verschiedenen Form jeweils nur den gewünschten Teil des Schachtquerschnittes bestreichen. — Durch ein oder mehrere Siebe oder Roste i kann die Beschickung der Stückgröße nach getrennt und dann durch die verschiedenen Röhren *d* und *e* auf den Ofenquerschnitt verteilt werden.

Im Zusatzpatent 336 398/1920 ist unter der Schurre *d* nach Abb. 202 ein sich mit anderer Geschwindigkeit als wie die Schurren drehender Verteilungsteller beliebiger Form angebracht. Diese Beschickungsvorrichtung ist nicht gasdicht.

Bei Schachtöfen mit rechteckigem Querschnitt sehen *Eckardt & Hotop* die obere Plattform des Ofens als Fahrbühne für den Kalkkippwagen nach Abb. 203 vor. Die Steine rutschen in zwei Öffnungen, die durch selbsttätige Klappen verschlossen gehalten werden. Der eiserne Schornstein ist in der Mitte des Schachtquerschnittes aufgesetzt. Dadurch, und weil die Begichtung von der Seite erfolgt, die in der Mitte nach unten sinkende kraterartige Trichter freiläßt, soll die Saugwirkung in der Mitte größer sein als am Rande. Ob diese

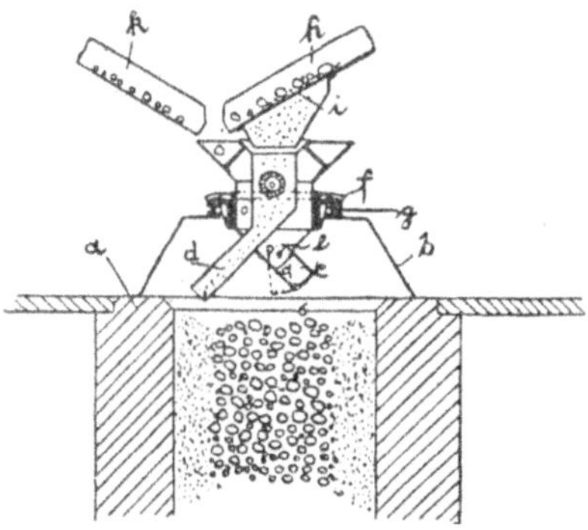

Abb. 201. Verteilung der Beschickung durch Schwenkrohre.

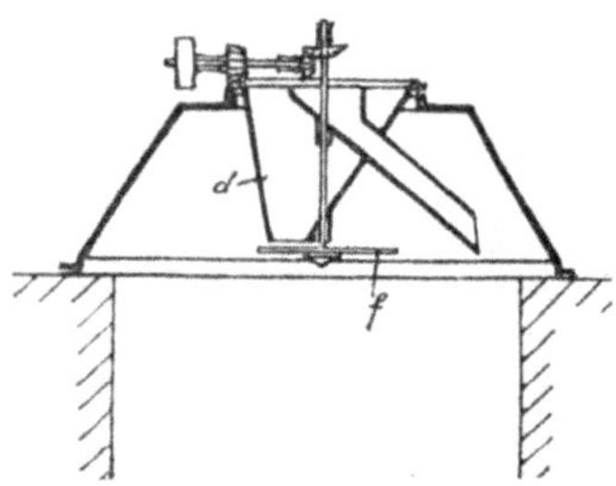

Abb. 202. Verteilung der Beschickung durch Schwenkrohr und Drehteller.

Anordnung bei dem rechteckigen Querschnitt nützlich wirkt, müßten Versuche zeigen, denn an den äußeren Schmalseiten des Schachtrechteckes haben dann die Gase leichteren Zugang zum Schornstein als die in der Mitte sowieso schwerer aufsteigenden. — Der Schachtofen ist übrigens mit „Heller“-Gaserzeuger ausgestattet.

Auch in dem auf S. 170 und 230 erwähnten D. R. P. 344 129/1920 lautet der Patentanspruch: „1. Dauerbrandschachtofen von elliptischem Querschnitt und einem zwischen Schacht und Mantel angeordneten Luftmantel, dadurch gekennzeichnet, daß die Beschickung von den Schmalseiten des elliptischen Grundrisses her erfolgt, und daß in die Heizgasdüsen von oben schräg abwärts nach der Schachtmitte gerichtete Druckluftkanäle einmünden.“

In welcher Weise die obere Gichtöffnung auf die Verteilung und Schichtenbildung der einzufüllenden Gicht (Koks und Kalksteine) von Einfluß ist, zeigt am besten *Wedding* (Eisenhüttenkunde III, 1906, S. 696) an Hochöfen. Ich habe dabei gefunden, daß diese gleichen Formen im Kalkofenmodell, also auch am großen Ofen, erhalten werden. Die Abb. 204 ist ohne längere Erklärung verständlich. Die punktierten Linien geben die Fallinien der Gicht vom Fülltrichter aus an. *a* und *c* kommt wegen der, wie schon früher bewiesen, ungeeigneten stark konischen Kegelform für uns nicht in Betracht. *b* zeigt eine große

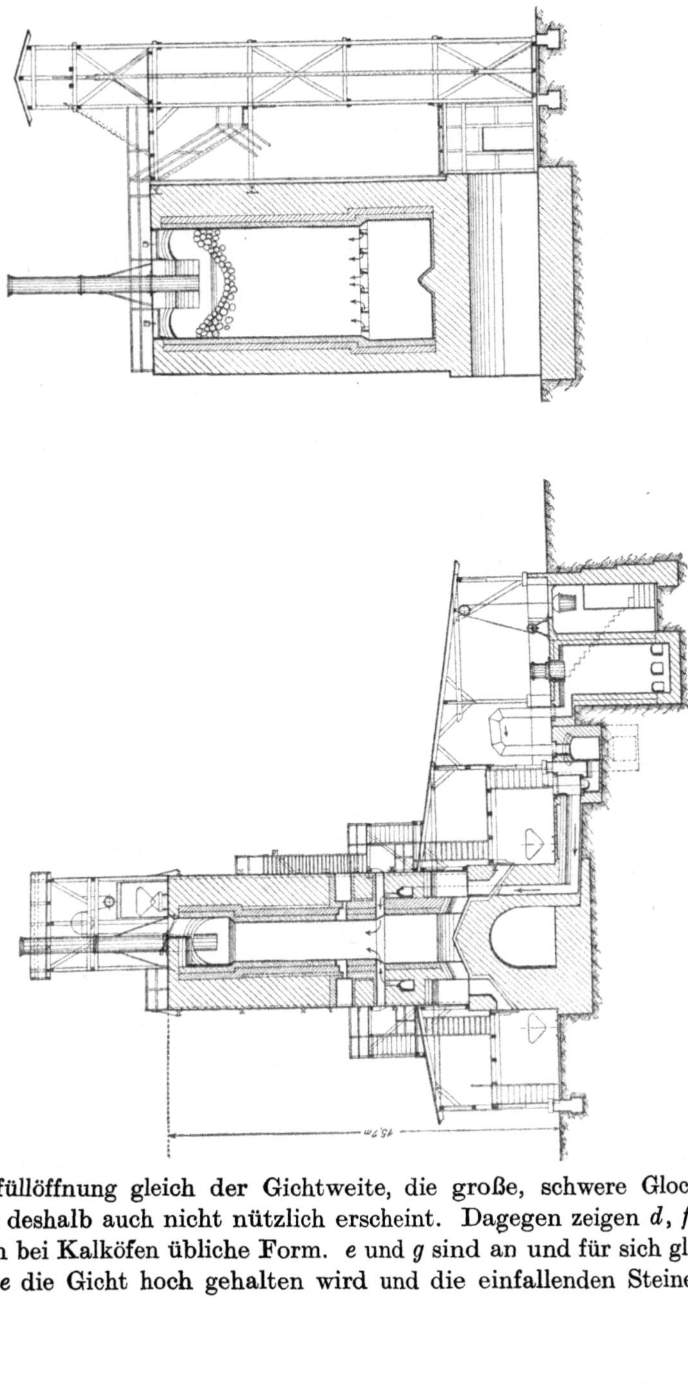

Abb. 203. Gas-Schachtofen mit zweiseitiger Begichtung des rechteckigen Schachtes.

Einfüllöffnung gleich der Gichtweite, die große, schwere Glocken verlangt und deshalb auch nicht nützlich erscheint. Dagegen zeigen *d*, *f*, *e* und *g* die auch bei Kalköfen übliche Form. *e* und *g* sind an und für sich gleich, nur daß bei *e* die Gicht hoch gehalten wird und die einfallenden Steine sich an der

Wand ablagern und nur durch ihre beim Fall frei werdende Energie über den Böschungswinkel nach der Mitte rollen. Liegt die Gichtoberfläche tiefer, wie bei *g*, dann fliegen die Steine erst gegen die Ofenwand, prallen zurück zur Mitte, dort zur Hügelbildung Veranlassung gebend. Je nachdem man also den Ofen voller oder leerer hält, je nachdem werden die oberen Schichten bei dieser Einfüllungsart Mulden, Ebenen oder Hügel bilden. Ein günstiger Ausgleich bei guter Beobachtung scheint hier schon möglich, was als ein Vorzug des inneren Verteilungskegels gelten muß, schon deshalb, weil beim Niedergang im zylindrischen oder kegelförmigen Ofen sich an und für sich Hügel bilden (s. Abb. 109), die eine unzweckmäßige Begichtung noch erhöht, wie z. B. „*d*". Trotzdem hat der Trichter *e g*, der *Parry*sche Trichter vom Jahre 1852, bei Kalköfen keine Verwendung gefunden. Am meisten findet man den Sammeltrichter mit der Verschlußglocke nach *f*. Dieser Trichter hat ohne Zweifel gegenüber dem früher geübten Einwerfen der Steine durch die Einfüllöffnung den Vorteil der schnelleren Begichtung. Während bei dieser z. B. 5 Mann kräftig während 20 Minuten arbeiten müssen, um 5 bis 6 cbm Steine und Koks einzufüllen, benötigt man zum Heben und Senken der Gichtglocke, also für eine Füllung von z. B. 1,5 cbm, 30 Sekunden für obige 5 bis 6 cbm, demnach insgesamt nur 2 Minuten. Nur während dieser kurzen Zeit ist die Gicht offen; nur diese kurze Zeit wird die Zusammensetzung der Gase durch Luftzutritt gestört. Sowohl in dieser als auch in bezug auf die Ersparnis an Arbeitskraft ist die Gichtglocke mit Trichter, die in der Abb. 204 noch deutlicher erkennbar ist, ein großer Fortschritt, sie hat aber noch nicht überall Anwendung gefunden, trotzdem fast jeder alte Kalkofen mit dem Gichttrichter ausgestattet werden könnte. Nur die Glocke selbst müßte durch den *Parry*schen Kegel ersetzt werden, um eine bessere Schichtbildung zu erzielen.

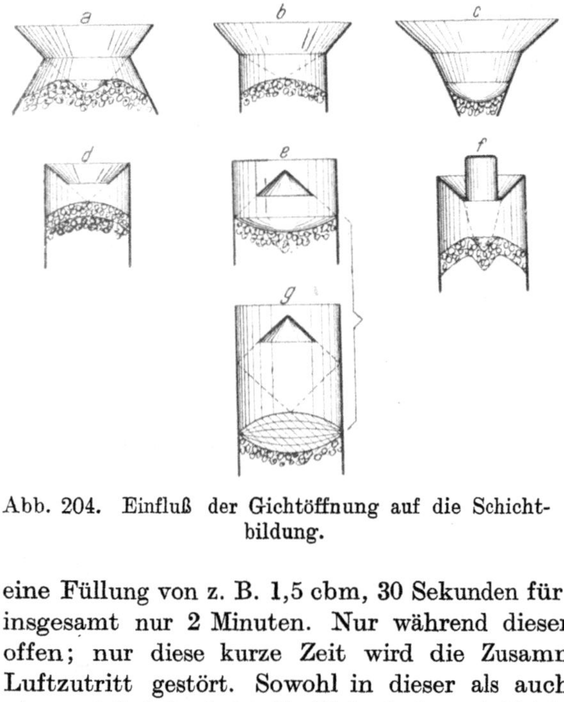

Abb. 204. Einfluß der Gichtöffnung auf die Schichtbildung.

Daß es falsch ist, wegen der schwierigen Doppeldichtung den Gasabzug nach Abb. 139 durch die Glocke zu führen, sei an dieser Stelle nur erwähnt.

Es tritt dann falsche Luft ein. Eine Drosselklappe schließt den Hilfsschornstein ab. Durch Ketten wird die Glocke gehoben. Auch wäre es nützlich, die Glocke nicht zylindrisch, sondern nach oben hin stärker konisch zu gestalten, damit die Glocke leichter gehoben werden könnte, wenn man diese schon anwenden will.

Bei Hochöfen wird dem *Parry*kegel als Fehler angerechnet, daß er den unmittelbaren Einblick in die Gicht verhindert; dies ist hier wie dort kein Fehler, denn auch bei der Glocke kann man nichts in der dunklen Gichtöffnung des Ofens erkennen.

Bei der Begichtung durch Klappkübel z. B. nach Abb. 194 würde die mittlere Zugstange für den *Parry*kegel störend wirken. *J. Pohlig A.-G.*, Köln, sieht deshalb zwei seitliche Hubstangen $s_1 s_2$ nach Abb. 205 vor, die den Kegel q_1 durch die Querstange r tragen. Gesenkt in die Stellung q_2 und zurückgehoben in die Stellung q_1 wird der Kegel durch die Handwinde u. Das Gewicht des Kegels q_1 und der Begichtung wird durch die beiden Gegengewichte $t_1 t_2$ ausgeglichen. Damit die beiden Zugstangen gleichmäßig bewegt werden, ist noch eine Kettenverbindung v_1—v_2 vorgesehen. Der an dem Seil e hängende Kastenkübel d_3 wird geöffnet, und in der Stellung d_4 fällt sein Inhalt in den Fülltrichter des Ofens. Dieser ruht auf einer Haube p mit vier seitlichen Türen w_1—w_4, um den Brennstoff gleichmäßiger von hier aus einwerfen und auf den großen Ofenquerschnitt von 3750 mm Durchmesser gut verteilen zu können.

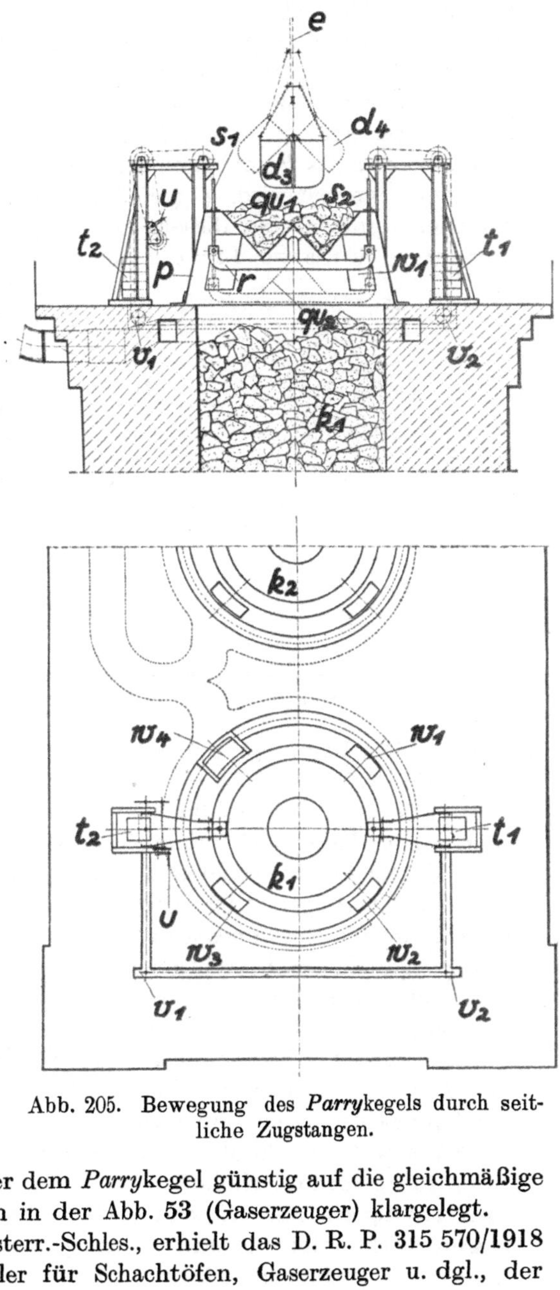

Abb. 205. Bewegung des *Parry*kegels durch seitliche Zugstangen.

Wie ein Führungsring unter dem *Parry*kegel günstig auf die gleichmäßige Schichtung einwirkt, ist schon in der Abb. 53 (Gaserzeuger) klargelegt.

Karl Kundl, Trzynietz, Österr.-Schles., erhielt das D. R. P. 315 570/1918 auf einen Beschickungsverteiler für Schachtöfen, Gaserzeuger u. dgl., der unterhalb des Gichtverschlusses angeordnetist und ständig oder absatzweise um die lotrechte Ofenachse als gedachte Achse gedreht wird, gekennzeichnet durch einen drehbaren, mit einer gleichen Anzahl gegen die Ofenachse geneigten Flächen *c* (Abb. 206) und zwischen diesen liegenden Zwischenräumen versehenen Ring *a* in fester Verbindung mit dem konzentrisch liegenden, sternförmigen Körper *b*, der die gleiche Anzahl, aber entgegengesetzt geneigten Flächen *d* in der Weise trägt, daß diese gegen die geneigten Flächen des Ringes *a* versetzt sind und in die genannten Zwischenräume desselben hineinragen, so daß das Beschickungsgut schachbrettartig über den ganzen Ofenquerschnitt verteilt wird. Dieser Begichtungsverteiler bietet die Vorteile, daß der Gichtverschluß von diesem unabhängig ist, daß er sich für die Kübelbegichtung ebenso wie für jede andere Art eignet, daß er es gestattet, bestimmte Mengen der Beschickung nach bestimmten Teilen des Ofenquerschnittes zu bringen, und daß er durch die damit verbundene, schachbrettartige Bestreuung des Ofenquerschnittes die Bildung von Schüttkörpern mit geneigten Flächen und dadurch die Scheidung des Gichtgutes nach der Korngröße vermeidet.

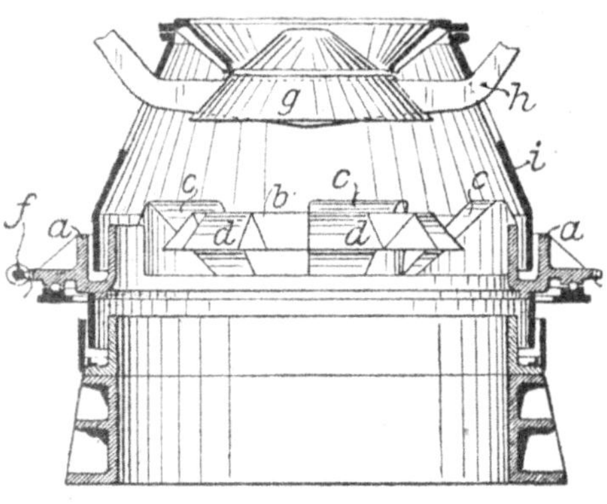

Abb. 206. Gichttrichter mit sternförmigem Verteiler.

Der *Parry*kegel *g* soll nach Abb. 206 durch einen Bügel *h* bewegt werden. Dieser Bügel bedingt aber Schlitze in der Verschlußhaube *i*, durch die Gas austreten könnte. Der Kegel müßte deshalb in anderer Weise betätigt werden, z. B. nach Abb. 205.

Um besseren Gasabschluß der verhältnismäßig rohen Dichtung zwischen Glocke oder Kegel und Trichter zu erhalten, wird es immer nützlich sein, auf die geschlossene Dichtstelle einige Schaufeln Kalksteinstaub oder Grus aufzuwerfen. Doppelte Gichtverschlüsse anzuwenden, wie dies bei Hochöfen üblich, um die Zusammensetzung der brennbaren Hochofengase möglichst wenig während der Begichtung zu ändern, erscheint für Kalköfen unnötig. Verwendet man Trichter, so geht, wie schon angeführt, die Füllung schnell vor sich, und die während dieser kurzen Zeit eintretende Verdünnung der Gase übt auf ihre spätere Verwendung in der Fällung (Saturation) z. B. keinen Nachteil aus. Dort, wo man aber diese Verdünnung doch aus irgendwelchen Gründen vermeiden möchte, wären Doppelgichtverschlüsse nach dem D. R. P. 120 599 von *J. Pohlig*, Köln, und ähnliche wohl anwendbar auch für Kalköfen. Das innere Rohr dürfte auch für Kalköfen von größerer lichter Weite (über 2,5 m Durchmesser) nötig sein; man verwendet es bei außerordentlich weiten Hochöfen zwecks besserer Gichtverteilung und Erreichung ihrer Auflockerung in der Mitte. Dies soll dann einen gleichmäßigen Durchtritt der Gase durch die Schichten veranlassen.

Solche Doppelverschlüsse sind für Hochöfen auch deshalb nötig, weil die Verbrennungsluft durch die Düsen mittels Druckgebläse in den Ofen unten eingeführt und durch diesen Überdruck die entstehenden Verbrennungsgase oben durch die Gichtleitung weiter gedrückt werden. Im Hochofen stehen deshalb die Gase an allen Stellen unter einem Überdruck, der sofort dort die heißen, giftigen Gase hinausdrückt, wo der Ofen geöffnet wird. Dies verhindert der Doppelverschluß, indem sich zwischen zwei Verschlüssen ein Sammelraum für die Beschickung befindet und dieser Raum abwechselnd nur mit der äußeren Atmosphäre oder dem Ofeninnern verbunden wird. Die Firma *Polysius*, Dessau, hat sich einen Doppelverschluß durch das D. R. P. 291 216/1915 schützen lassen nach Abb. 207. Der Fülltrichter *2* wird durch Schneckenrad und Schnecke in regelmäßige Drehung versetzt und läuft auf Kugeln oder Rollen. Das untere Ende des Einlaufes *3* kann durch eine Glocke *4* geöffnet und geschlossen werden. Der Fülltrichter *2* wird nach unten durch eine Glocke *5* abgeschlossen. Die Teile *3*, *4* und *5* nehmen an der Umdrehung des Fülltrichters teil. Die Abschlußglocken *4* und *5* sitzen an Spindeln *6*, welche unabhängig voneinander neben- oder ineinander angeordnet sein können. An diese sind mit Gegengewichten beschwerte Hebel *7* angelenkt, welche um die feststehenden Drehpunkte *8* schwingen können. Der Fülltrichter *2* trägt Nocken *9*, welche senkrechte, mit Laufrollen versehene Gestänge *10* anheben und wieder fallen lassen, die an den mit Gegengewichten beschwerten Hebeln *7* angreifen. Während der Drehung des Fülltrichters *2* findet also in regelmäßigen Zeitabständen ein Heben und Senken der Stangen *10* statt, wodurch den Hebeln *7* und damit auch den Spindeln *6* eine auf- und niedergehende Bewegung erteilt wird. Die Nocken *9* liegen derart, daß die Glocke *4* den Einlauf *3* erst öffnet, nachdem die Glocke *5* den Auslauf des Fülltrichters *2* verschlossen hat. Ebenso öffnet die Glocke *5* den Auslauf von *2* erst, nachdem der Auslauf von *3* durch die Glocke *4* verschlossen ist. Das zu brennende Gut kann durch ein Förderband in regelmäßigen Mengen herbeigeführt werden.

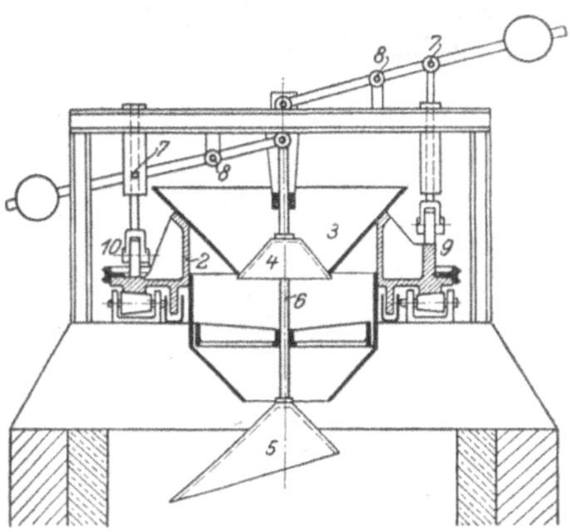

Abb. 207. Doppelverschluß.

Ein als Gichtverschluß wirkendes Beschickungsrad betrifft das D. R. P. 309 337/1916 von *Ludwig Hörold*, Igstadt-Wiesbaden, nach Abb. 208. Das Beschickungsgut wird mittels eines Aufzuges dem Gichtverschluß zugeführt und in den Trichter *1* geschüttet. In diesem befindet sich eine schräggestellte, verstellbare Eisenplatte *2*, welche den Schaufeln *3* des Zellenrades das Beschickungsgut in jeder gewünschten Menge zuweist und das Gas auffängt, welches nicht den Weg zum Hauptabführungsrohr findet. Zu diesem Zwecke ist unter der Platte *2* im Trichter *1* ein Gasabführungsrohr *7* angeordnet, welches das Gas zum Hauptrohr weiterleitet. Entweichen von Gichtgas findet daher nicht statt, da das Beschickungsgut selbst im Trichter eine gute Dichtung bildet, aber eine Verdünnung der Gase. Das unter dem Trichter angeordnete Schaufelrad *3* führt dem Ofen *5* das Beschickungsgut zu. Die gekrümmten Schaufeln bringen dabei das Gut über die Mitte des Ofens und zugleich über die Mitte des dreh- und verstellbaren Kegels *4*, so daß keine einseitige Beschickung stattfindet. Das aufsteigende Gichtgas wird durch die hohle Achse *6* des Zubringerrades abgeleitet. Diese Achse *6* besteht aus zwei Rohren. Das innere, ortsfeste ist nach unten ganz geöffnet, das äußere sich drehende ist zwischen den Schaufeln offen.

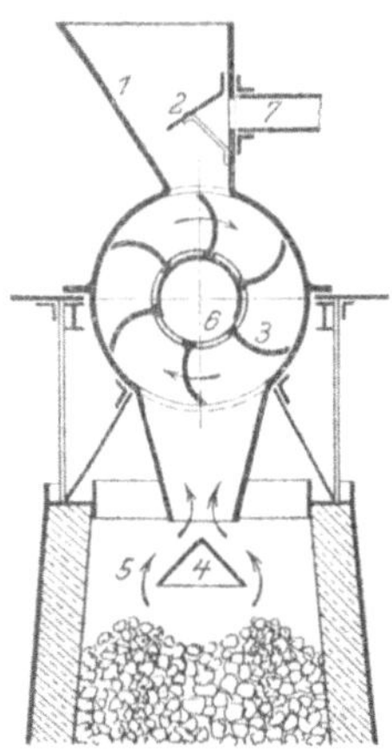

Abb. 208. Als Gichtverschluß dienendes Zellenrad.

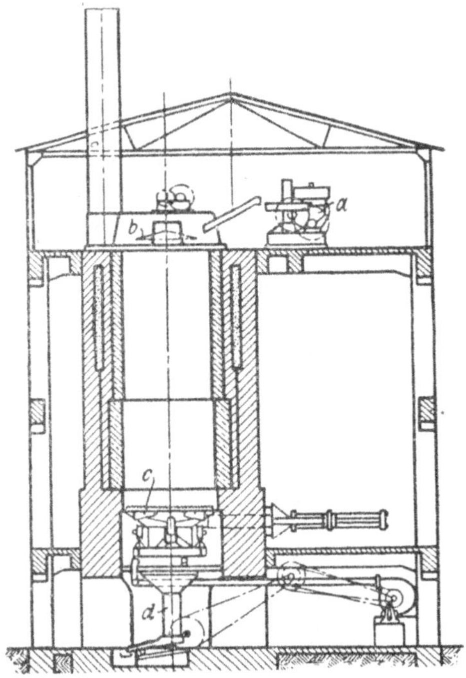

Abb. 209. Zuführung von geformten Steinen.

Um einen möglichst wagerecht verlaufenden Abbrand mit vorgetrocknetem Gut zu erreichen, besteht nach dem D. R. P. 337 241/1918 von *Herm. Löhnert, Bromberger Maschinenbau-Akt.-Ges.*, Bromberg, die Aufgabevorrichtung aus einer Gichthaube, in deren Innenraum ein feststehender, das zu brennende Gut aufnehmender Trichter angeordnet ist, durch dessen rostartige Wandung die aus dem Ofen kommenden Gase gelangen und es trocknen. Das auf diese Weise vorgetrocknete Gut gelangt hierauf in eine umlaufende Verteilvorrichtung, die mit mehreren verschieden gerichteten Schurren versehen ist. Die Schurren sind derartig angelegt, daß sie das zu brennende Gut auf den Ofenquerschnitt möglichst gleichmäßig verteilen.

Eine für Zementschachtöfen übliche und für Schlammkalk brauchbare Zuführungsart von *Fried. Krupp A.-G., Grusonwerk* läßt die Abb. 209 erkennen.

Rohmehl und Koks (oder Kohle) in Grusform werden in bestimmtem Mischungsverhältnis selbsttätig abgeteilt, einer Trogmischmaschine aufgegeben, in dieser unter Zusatz von etwas Wasser gut miteinander vermischt und dann einer Drehtischpresse *a* (s. auch Abb. 196) zugeführt. Diese liefert in regelmäßiger Folge die Formlinge, die auf einer schrägen Schurre zur Beschickungsvorrichtung *b* gleiten. Ein Drehteller besorgt mit Hilfe eines Abstreichers die gleichmäßige Verteilung der Rohsteine über den ganzen Ofenquerschnitt.

Im Abschnitt 86, S. 309 (Gasleitung), begründete ich näher den zerstörenden Einfluß der heißen Gase auf das Eisen. Deshalb muß man sehr darauf bedacht sein, die Einfülltrichter und Verschlüsse vor der Berührung mit den heißen Gasen zu schützen durch entsprechende Form und Schutz durch die Aufmauerung der Auskleidung bis zum Einfülltrichter. Dies ist bei dem amerikanischen Ofen nach Abb. 49 nicht beachtet, indem oben ein großer, von Auskleidung freier Raum *f* gebildet wird, der jedenfalls bald zerstört ist. Dieser freie Raum soll am Tage mit Kalksteinen angefüllt werden, damit des Nachts die Begichtung mit Kalksteinen nicht notwendig ist. Bei Öfen an Steinbrüchen mag dies einige Vorteile haben, aber ein gleichmäßiger Betrieb ist unmöglich. Anfangs werden die Steine nicht genügend vorgewärmt, später sind die Steine schon genügend heiß und können die Gase nicht kühlen. Dies könnte man verbessern, wenn man die Abgase nicht über dem Sammelraum bei *i*, sondern unter dem Einlauftrichter in der üblichen Weise bei *h* absaugt. Aber für Öfen mit Mischfeuer ist ein solcher Sammelraum unanwendbar, weil am Konus *k* eine starke Störung in der Schichtenbildung eintreten wird, wie wir dies z. B. an der Abb. 109 gesehen haben.

Das D. R. P. 305 459/1916 von *Steiger*, Zürich, betrifft eine selbsttätige Beschickungsvorrichtung, die gleichzeitig zur Vortrocknung dienen soll, bei welchem das Gut durch ein von den Abgasen durchzogenes Füllrohr dem Ofen zugeführt wird, dadurch gekennzeichnet, daß unter dem Füllrohr ein durchbrochener, in wagerechter und senkrechter Richtung verstellbarer Kegel angebracht ist.

R. Das Entleeren des Schachtofens.

Damit der oben eingefüllte Kalkstein durch den Ofenschacht wandert, muß unten der gebrannte Kalk abgezogen werden.

112. Das Abziehen des gebrannten Kalkes.

An der unteren Austrittsöffnung des Schachtkalkofens lagert sich der gebrannte Kalk als ein die Öffnung verschließender Berg nach seinem Böschungswinkel ab, wie dies aus der Abb. 210 und den Abb. 16, 109 und 116 ersichtlich ist. Schaufle ich von der Bergsohle Kalk fort, so rutscht immer frischer Kalk aus dem Ofeninnern nach, bis wieder der Böschungswinkel hergestellt ist. Nehme ich hierbei ringsherum gleichmäßig Kalk fort, so wird auch ringsherum im Ofeninnern die Füllung nachsinken. Stellt man dabei die Ofensohle über den eigentlichen Fußboden, wie dies Abb. 16 zeigt, dann kann man in leichter Weise den Kalk unmittelbar in den Wagen schaufeln. In der Mitte bleibt aber ständig ein Kegel stehen, der nicht zu entfernen ist und der ein seitliches Abgleiten der nachrutschenden Füllung verursacht. Der gleichmäßige parallele Lauf der Schichten wird gestört, wie dies schon aus den Abb. 109, 110 und 115 deutlich erkennbar ist.

Abb. 210. Ablagerung des Kalkes an der Abzugsöffnung nach dem Böschungswinkel.

Das Abräumen des Schuttkegels soll durch die Aufmauerung eines entsprechenden Kegels erleichtert werden, der zwecks größerer Widerstandsfähigkeit mit einer gußeisernen Haube *a* nach Abb. 211 abgedeckt ist. Die Schuttansammlung wird aber auch dann trotz achtsamer Bedienung nicht verhindert.

Damit die Verbrennungsluft zum Ofen treten kann, muß der untere Rand genügend vom Fußboden abstehen. Bei einem frei auf Säulen *b* stehenden Ofen nach Abb. 211 müßte der freie Ringquerschnitt *efgi*

$$F_6 = D_1 \cdot \pi \cdot h_5 \tag{102}$$

mindestens sein gleich dem unteren Ofenquerschnitt

$$F_5 = \frac{D_1^2 \cdot \pi}{4}. \tag{103}$$

Also

$$F_6 \geqq F_5 \qquad \text{oder} \qquad D_1 \pi \cdot h_5 \geqq \frac{D_1^2 \cdot \pi}{4}$$

und daraus

$$h_5 \geqq \frac{D_1^2 \cdot \pi}{\pi \cdot D_1 \cdot 4} = \frac{D_1}{4}. \tag{104}$$

Für $D_1 = 2000$ mm müßte dann $h_5 = \frac{2000}{4} = 500$ mm sein; für $D_1 = 3000$ mm, $h_5 = \frac{3000}{4} = 750$ mm. Der leichten Bedienung und Abräumbarkeit halber wählt man auch bei kleineren Öfen h_5 bzw. h_4 nicht unter 700 mm.

Man erkennt auch aus der Abb. 211, daß der Luftstrom einen leichteren Weg in den Ecken *e—i* findet in Richtung des Pfeiles *d*, als in der des Pfeiles *k*, weil die Böschung den Eintritt erschwert. Auch die starke Einschnürung von D auf D_1 wirkt drosselnd und störend auf den Luftzutritt. Besser ist, wie schon gesagt, die zylindrische Führung der Kühlzone.

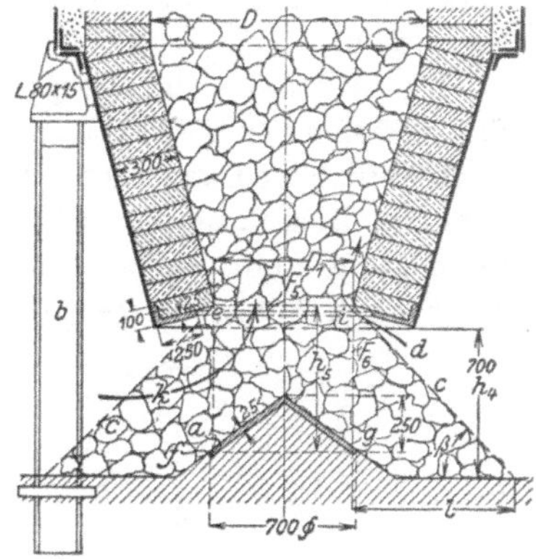

Abb. 211. Kalkabzugsöffnung mit nachteiliger Verengung.

Um das Abziehen des Kalkes von Hand zu erleichtern, bringt die *Mitteldeutsche Ofenbau-Gesellsch*, Magdeburg (Abb. 212) an Stelle der ebenen Sohlplatte zwei Plattformwagen f g an, die sich unter den Abzugsöffnungen b_1 und b_2 im Ofenschacht a befinden. Werden diese Wagen unter den Verteilungskegel c geschoben, dann verliert der Kalk seinen Halt und rutscht auf den Gleitblechen d oder e in den Transportwagen k. Bewegt werden die Plattformen durch Handhebel h und Zugstange i.

Der Kegel aus gebranntem Kalk, Kalkstaub und zurückbleibender Koksasche verhindert und erschwert den Luftzutritt. Diesen will *Arthur Anker*, Paris, nach Abb. 213 dadurch verbessern, daß er in der Mitte noch eine Durchbrechung a vorsieht und einen zweiten, kleineren Kegelteller b.

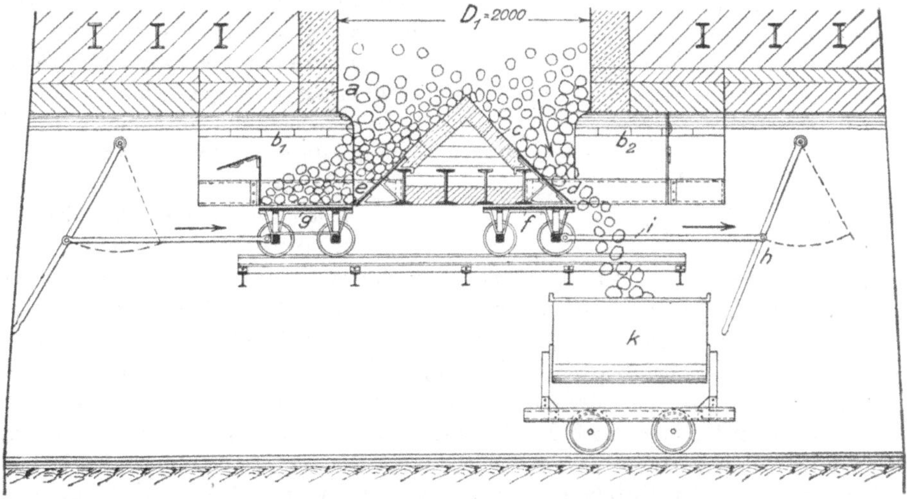

Abb. 212. Abziehen von Hand durch Plattenwagen.

Die Steine lagern sich auf den Tellern c und d wieder nach dem Böschungswinkel ab. Der Kalk wird mit Harken von Hand vorgezogen, fällt in den Sammeltrichter e, um in den Wagen f entleert zu werden.

Dem Übelstand der erschwerten Luftzufuhr suchte man schon frühzeitig abzuhelfen durch Anwendung von Rosten, wie diese bei jeder Feuerung üblich sind, und die das Durchrieseln der Asche gestatten. Man nahm dabei nur Rücksicht auf das Entfernen, das Trennen der Asche vom Kalk, ohne daran zu denken, in welcher Weise diese Roste die Schichtenbewegung beeinflussen.

Der schon bei der Besprechung der Ofenformen auf Seite 238 erwähnte Schachtofen von *Perret* besaß einen Drehrost. Dieser Drehrost wird aber nicht leicht auf seiner wagerechten Achse drehbar gewesen sein, weil die nach oben gehende Rosthälfte die auf ihm ruhende Gicht heben muß und wohl deshalb auch keine weite Verbreitung gefunden hat. Man hat vielleicht deshalb den Rost nach Abb. 105f, Seite 235, mit einzelnen wagerecht beweglichen Roststäben nach Abb. 214 gebaut, dessen Nachteile ich schon dort erwähnte.

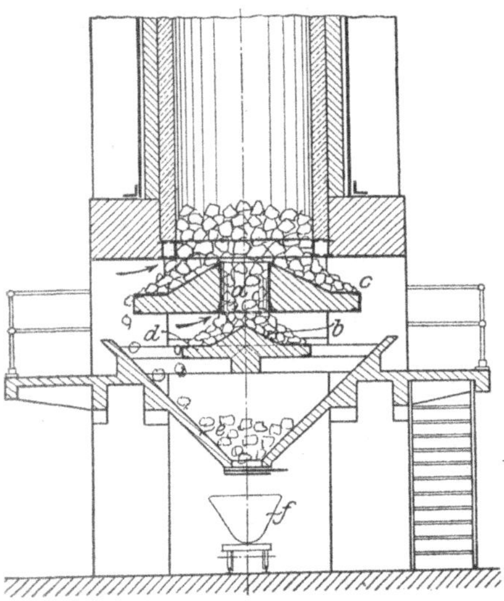

Abb. 213. Kalkabzug in der Mitte und außen.

Berkefeld baute einen besonderen Rost (D. R. G. M. 15 631) mit einer mittleren hohlen Tragsäule, auf der die einzelnen Roststäbe nicht mehr parallel, sondern radial gelagert wurden. Hohl wurde diese Tragsäule deshalb ausgeführt, um auch in der Ofenmitte die Luft zuführen zu können. Die gitterförmigen Schlitze und die ganze Säule wurden aber bald mit Asche verstopft, so daß ihre Wirkung in bezug auf günstigere Luftzuführung bald aufgehoben wurde. Diesen Übelstand vermeidet eine von mir im Jahre 1906 entworfene Rostsäule (D. R. G. M. 287 357), welche die *Maschinenfabrik C. Kulmiz*, Saarau, ausführt. Bei dieser Rosttragsäule nach Abb. 215 sind die Ringschlitze dachförmig abgedeckt. Die Kalksteine lagern sich auf diesen Abdeckungen nach ihrem Böschungswinkel, ohne die Schlitze zu verstopfen, und ohne in die Hohlsäule hineinfallen zu können. Bei diesen Rosten stehen die Stäbe, wie gesagt, radial. Nach der Mitte zu werden die Zwischenräume zwischen den Stäben immer enger. Am äußeren Umfang darf der Abstand nur so groß sein, daß ein freiwilliges Durchfallen der Steine vermieden wird. Dann ist der Abstand aber an der Tragsäule für den Durchgang der Steine viel zu eng. Die Steine können nur am äußeren Umfange abgezogen werden, was das gleichmäßige Abziehen des Kalkes über dem Querschnitt unmöglich macht. Die mittlere Tragsäule und die radialen Stäbe erzeugen über sich den gleichen Stützkegel, wie er in Abb. 109 „*a*" sichtlich ist, nur daß er jetzt weit nach dem Ofeninnern vorgeschoben ist.

Im D. R. P. 55 709/1889 versucht *Kawalewski*, Aarau (Schweiz), diesen Übelstand zu überwinden durch einen tiefen gelegenen Mittelrost und zwei oder mehrere höher gelegene Seitenroste: Das Ziehen beginnt mit dem Zusammensinken einzelner Roststäbe des Mittelrostes, wodurch eine größere Öffnung in demselben hergestellt wird, durch welche das in der Mitte befindliche Brenngut herab-

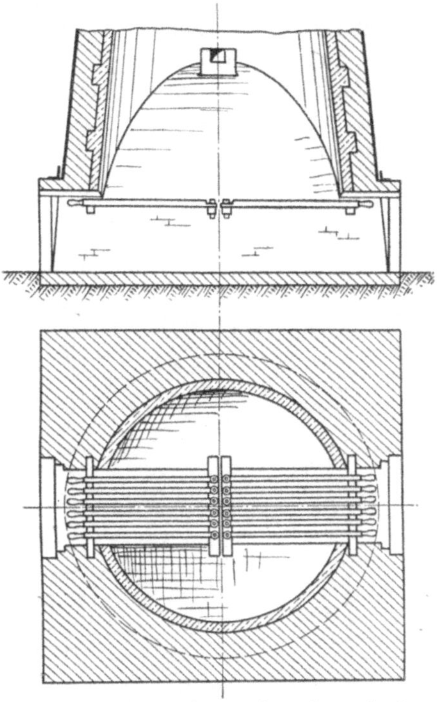

Abb. 214. Schmaler Rost, der eine schädliche Zusammenschnürung des Schachtes bedingt.

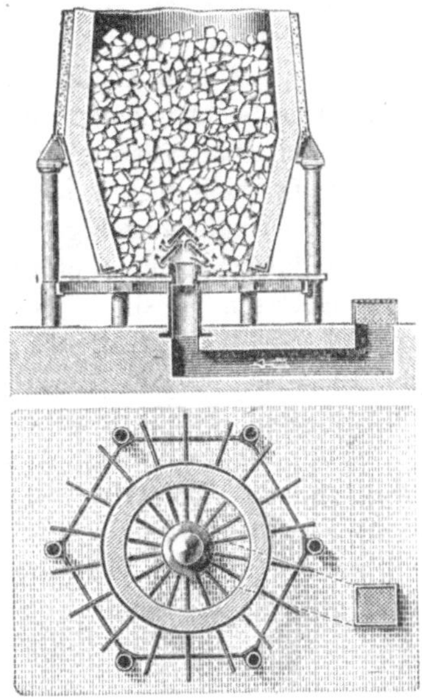

Abb. 215. Kalkofenrost mit hohler Tragsäule für die Luftzuführung.

fällt. Hierdurch wird erreicht, daß sich in der Mitte des Ofensatzes Hohlräume bilden, welche das Nachstürzen des an den Wandungen befindlichen unterstützen. Das weitere Ziehen erfolgt durch das Zusammenrücken der Seitenroste. Das gleichmäßige Ziehen wird hierbei aber recht schwer sein, trotz der späteren Verbesserung durch die D. R. P. 178112/1903 und 182895/1904 von *W. Siepen*, Horrem.

Die radiale Stellung der Roststäbe ist also durchaus unzweckmäßig und scheint die auch sonst bei Feuerungen übliche parallele nützlicher, was auch die nachstehenden Versuche zeigen. Unter dem Schacht des Modellofens nach Abb. 216 legte ich Roststäbe mit 4 mm Quadrat mit 8 mm Zwischenraum parallel nebeneinander. Durch Kerben in den Auflageträgern, den Rostbalken, wurden die Roststäbe in ihrem gleichmäßigen Abstande festgehalten. Dadurch, daß man nacheinander einen Stab nach dem andern um den zwischen drei Stäben vor-

Abb. 216. Einfluß des Rostes auf die Schichtbildung.

handenen Raum hin und her bewegte, also die Rostspalte vergrößerte, konnte man für ein ganz gleichmäßiges Durchfallen des Kalkes auf dem ganzen Ofenquerschnitt sorgen. Über dem Rost bilden sich auch wieder die Hügel, wie wir dies schon in der Abb. 109 recht gut sahen. Dies bestätigt auch wieder, daß diese Hügelbildung allein von der Ofenform abhängt und nicht etwa von dem Böschungskegel „a". Aber doch ist insofern ein wesentlicher Unterschied, als in Abb. 109 und 211 dieser Böschungskegel ständig liegenbleibt. Durch Asche und Kalkstaub wird er bald fest und für Gas undurchlässig. Nur noch am äußeren Rande, wo die Gicht noch in Bewegung bleibt, kann das Gas eintreten, am stark verengten Querschnitt unter großer Drosselung. Ungleichmäßige Luftzufuhr, unvollkommene Verbrennung mit schlechten Gasen ist die Folge. Dagegen ist beim Parallelrost nach Abb. 216 auch der innere Hügel in Bewegung, sich stets erneuernd, deshalb stets luftdurchlässig bleibend. Auf dem ganzen vollen Ofenquerschnitt kann die Luft frei und ungehindert eintreten, so daß für beste Verteilung und Verbrennung gesorgt ist.

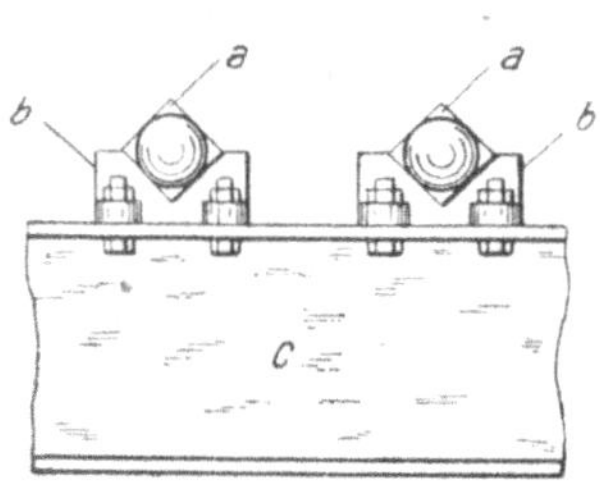

Abb. 217. Rechteckige Roststäbe.

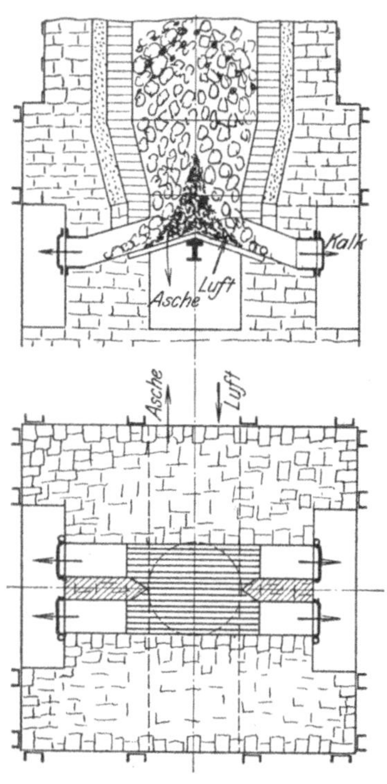

Abb. 218. Zweiseitiger Planrost.

Die Bedienung dieser Roststäbe will *Morgat* (Ware, Beet-sugar manufacture and refining, S. 321, 1905) dadurch erleichtern, daß er die Enden der viereckigen Stäbe zylindrisch abdreht, so daß bei ihrer Drehung die Rostspalten weiter und enger werden, wie dies die Abb. 217 erkennen läßt. *a* sind die an den Enden abgedrehten Roststäbe, die in gußeisernen Lagerböckchen *b* unterstützt sind. Die Lager sind auf den Querträgern *c* aufgeschraubt.

Die Ausführung eines festliegenden zweiseitigen Planrostes mit erhöhtem Rücken zeigt die Abb. 218. Unter dem Rost ist ein großer freier Raum gelassen, um die Roststäbe auswechseln und die Rostspalten reinigen zu können, um die durchrieselnde Kalkasche leicht entfernen zu können. Dieser Rost gestattet einen gleichmäßigen Zutritt der Luft zum ganzen Schachtquerschnitt des Ofens, wenn er in Ordnung gehalten wird, sonst entsteht ein Aschekegel nach Abb. 218, der die Luft absperrt.

Um bei Gas-Schachtöfen das Rückschlagen der Flamme nach außen zu verhindern (s. S. 170), muß man den Luftzutritt unten entsprechend drosseln können, damit an der Heizgaseintrittsstelle stets ein geringer Unterdruck herrscht. Diese wirkt dann saugend auf das Heizgas. Dies kann man erreichen durch entsprechende Umkleidung des Kalkabzuges mit Ringschiebern oder durch Anbringung von Räumtüren.

113. Das mechanische Abziehen des Kalkes.

Alle vorbeschriebenen Roststäbe werden zeitweise bedient; meistens alle 2 bis 4 Stunden wird Kalk gezogen. Dann sinkt die Ofenfüllung dadurch plötzlich um einen Meter und mehr unter großer Staubentwicklung. Die heißen Zonen der Füllung bewegen sich von den bisher neben ihnen gelegenen, gleich heißen Zonen der feuerfesten Auskleidung, fort. Diese kommt so plötzlich mit kälteren Steinen, weniger angebranntem Koks in Berührung und verursacht mindestens am Umfang ein schnelleres Kalkbrennen, zu schnelles Verbrennen des Kokses. Ein ungleichmäßiger Brand mit größerem Koksverbrauch ist die Folge. In der Zwischenzeit, wo kein Kalk gezogen wird, liegt die Füllung fast still, sie rutscht nur wenig zusammen wegen verbrennenden, verschwindenden Kokses und des durch die Kohlensäureverdampfung etwas sich zusammenziehenden, schwindenden Kalksteines. Sie liegt ruhig, die Ofenauskleidung brennt dann sehr leicht fest. Aufhängen der Gicht wäre die, eine unangenehme Betriebsstörung verursachende Folge.

Deshalb ist es ohne Zweifel nützlich, wenn man die Füllung immer in dauernder Bewegung erhält, indem man ununterbrochen den gebrannten Kalk abzieht, so daß sich die Feuer- und anderen Zonen immer an fast der gleichen Stelle befinden. Denn die Zerstörung der feuerfesten Auskleidung erfolgt viel weniger durch die dauernde gleichmäßige Einwirkung der hohen Temperatur als durch den für alle derartigen Stoffe so nachteiligen plötzlichen Temperaturwechsel, der mit dem zeitweisen Ziehen größerer Mengen Kalkes verbunden ist.

Ist die Ofenfüllung längere Zeit der Ruhe überlassen, dann werden deren Temperaturen und die des Feuerkleides sich ausgeglichen haben, so daß unter Berücksichtigung der Abb. 16 die Steine und das Feuerkleid vielleicht die Temperaturen nach Abb. 219 a besitzen. Werden nun plötzlich 2 m der Füllung abgezogen, dann würde sich die Temperaturlage der Steine nach unten verschieben (Abb. 219 b). Oben kommen kältere Kalksteine mit heißerem Feuerkleid, unten heißer Kalk mit kälterem Futter in Berührung. Schädliche Ausdehnungsspannungen, die zu Rissen und Sprüngen des Feuerkleides führen, sind die Folge. Deshalb ist z. B. die Ansicht falsch, daß man durch diesen damit verbundenen Zonenwechsel das Mauerwerk schont. Von Hand durch Arbeiter ist dies gleichmäßige, ununterbrochene Kalkabziehen natürlich nicht zu erreichen, und man muß mechanische Hilfsmittel anwenden.

Die Ausbildung der mechanischen Entleerungsvorrichtung erhielt auch in der Zementindustrie einen starken Anstoß, als man immer mehr erkannte, daß der Schachtofen in bezug auf den Brennstoffverbrauch dem Drehrohrofen doch überlegen ist. Bei der früheren Arbeitsweise an den Schachtöfen zum Brennen der Zementklinker war eine beschwerliche Handarbeit erforderlich, und der gleichmäßig erbrannte Drehofenzement konnte nicht erzeugt werden, Nachteile, die es damals dem Drehrohrofen ermöglichten, den Schachtofen an vielen Stellen zu verdrängen.. Nachdem es aber gelang, Vorrichtungen zu schaffen, die es ermöglichen, auch den Zementschachtofen mechanisch, unter Vermeidung von Handarbeit, selbsttätig zu beschicken und zu entleeren, hat er sich wieder ein weites Feld erobert, besonders weil er auch billiger in den Anlagekosten und bescheidener in der Raumbeanspruchung ist.

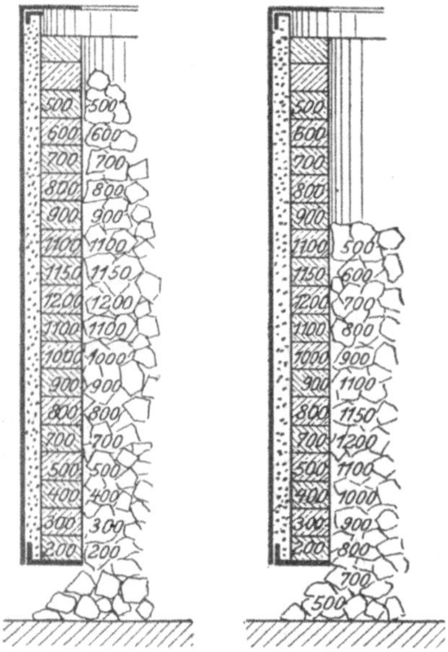

Abb. 219. Temperaturausgleich und schroffer Wechsel.

Wenn auch viele dieser Einrichtungen für solche Kalköfen, aus denen möglichst großstückiger Kalk gewonnen werden soll, nicht brauchbar sind, so sollen diese doch hier angeführt werden, soweit sie besondere, eigenartige Merkmale besitzen. Bei den Rosten für Zementöfen kommt es weniger darauf an, den Klinker abzubrechen, denn durch die Abkühlung in der Kühlzone zerfällt der Sinterstock sowieso, sondern es soll immer freier Luftzutritt geschaffen werden.

Folgende Forderungen sollten die mechanischen Entleerungseinrichtungen möglichst erfüllen:

1. Grobe, kräftige Konstruktion, die fest gelagert und gegen seitliche Verschiebung geschützt ist.

2. Es ist erwünscht, daß das Gewicht der Ofenfüllung, soweit es nicht von der seitlichen Wandreibung aufgenommen wird, nicht allein auf den beweglichen Teilen der Entleerungseinrichtung ruht. Besondere tragende Teile, die aber den Schichtenlauf nicht stören dürfen, sind unter Umständen nützlich.

3. Sie muß die Füllung gleichmäßig abziehen und darf keinen schiefen Druck auf den Ofenmantel ausüben und das Feuerkleid nicht belasten.

4. Geregeltes Niedersinken der Füllung; der Ofeninhalt muß sich in allen Querschnitten vollkommen gleichmäßig setzen; plötzliches Nachstürzen soll unmöglich sein.

5. Das Niedersinken der Füllung muß einstellbar sein, sich dem Brennvorgang anpassend.

6. Selbsttätiges Arbeiten unter Vermeidung von Handarbeit. Geringe Wartung.

7. Bei gelegentlichen Störungen muß das Kalkziehen von Hand möglich sein.

8. Reichliche Schmierung; die Triebteile sind vor Verstaubung zu schützen.

9. Das Ofeninnere und der Rost sollen leicht zugänglich sein, ohne bei schweren Betriebsstörungen gezwungen zu sein, den Ofen von oben entleeren zu müssen.

10. Man muß den Ofeninhalt, durch Einstoßen von Eisenstangen über der Entleerungsvorrichtung, abfangen können, also durch Bildung eines Hilfsrostes, so daß die Entleerungsvorrichtung unbelastet von der Ofenfüllung abgebaut werden kann.

11. Auch härteste, ungebrannte Steine, die gelegentlich mit gezogen werden, dürfen keinen Stillstand oder gar eine Zerstörung der Einrichtung bewirken.

12. Die Entleerungsvorrichtung muß auch die größten, einfüllbaren Stücke aufnehmen oder zerbrechen.

13. Die gebrannten Kalkstücke sollen möglichst wenig zerkleinert werden, wenn der Kalk als Stückkalk weiterverwendet werden soll.

14. Keine Beschädigung darf eintreten durch die gelegentlich niedersinkende glühende Gicht.

15. Geringer Kraftverbrauch.

16. Gute Abdichtung nach außen, um Staubbelästigungen zu vermeiden, bei Druckluftbetrieb und bei Gasheizung, um das Rückschlagen der Flamme verhindern zu können (s. S. 425).

17. Gleichmäßige Luftzufuhr über den ganzen Ofenquerschnitt.

18. Der Brennstoffbedarf soll vermindert, mindestens aber nicht erhöht werden.

Für die mechanische Entleerung der Schachtöfen kommen Walzen- oder Rollenroste, Drehroste und Plan- oder Schieber- bzw. Kettenroste in Anwendung.

114. Der Walzen- oder Rollenrost.

Zuerst scheint die mechanische Entleerung *Pierre Montagne*, Paris, bei Schachtkalköfen angewendet zu haben; er nahm das D. R. P. 16 759/1881, darin bestehend, daß er den Schacht bogenförmig seitlich ablenkte und in der unteren Sohle dann Rollenroste, gezahnte Walzen u. dgl. einbaute, die durch Mechanismen angetrieben wurden und so den Kalk zur seitlichen Öffnung herausschoben, wo er allein infolge des Böschungswinkels nicht herausfällt, nach Abb. 220. Für die heutigen senkrechten Schachtöfen wäre diese Anordnung der Rollenroste auch noch anwendbar.

Die Walzen-, Brech- und Entleerungsvorrichtung des „Taifun“-Schachtofens von *Amme, Giesecke & Konegen*, Braunschweig, nach Abb. 221 besitzt zwei Zackenwalzen, die vom darüberstehenden Gut Teile loslöst, so daß es nachrutschen kann. Dies würde nur an dem, auf den Brechzähnen aufliegenden

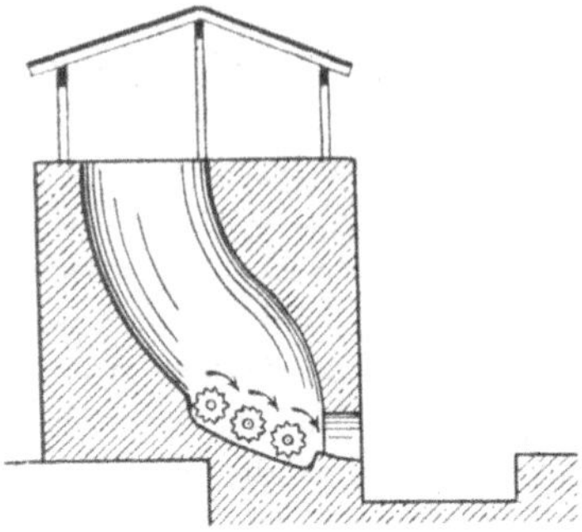

Abb. 220. Mechanische Kalkofenentleerung.

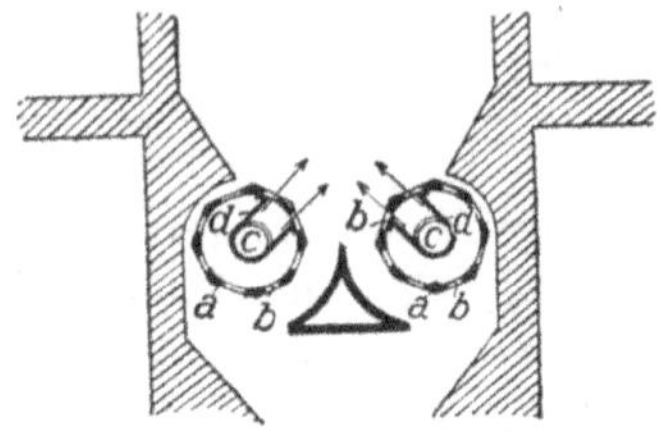

Abb. 222. Hohle Brechwalzen mit Druckluftdüsen.

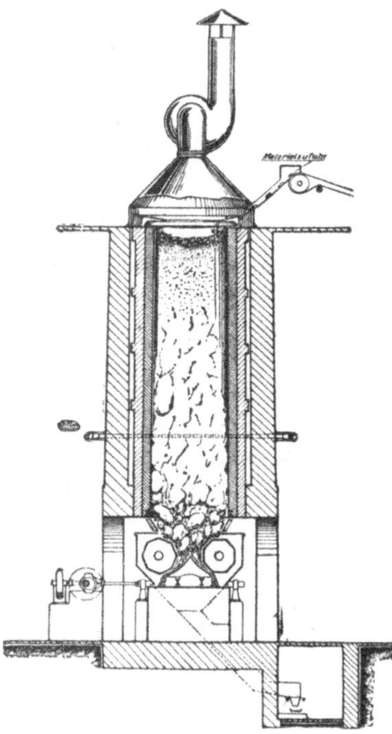

Abb. 221. Zweiwalzenrost des Taifun-Schachtofens.

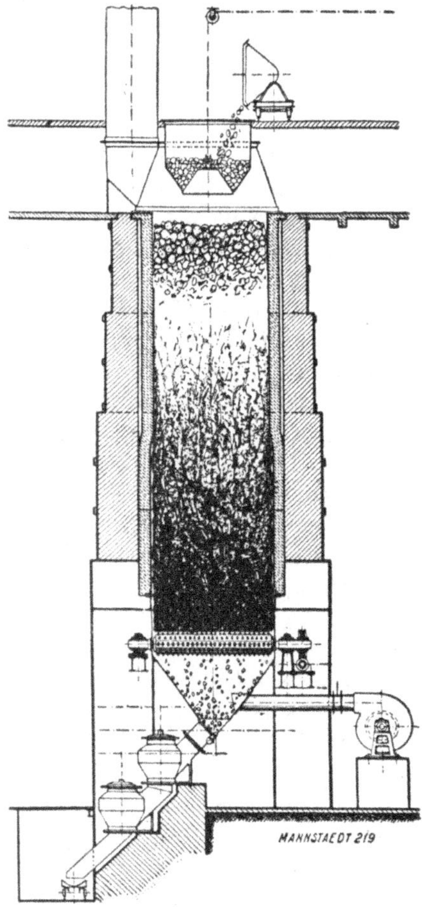

Abb. 223. *Mannstaedt*-Ofen mit Brechwalzen.

Teil möglich sein. Der mittlere Teil muß gut gebrannt und so mürbe sein, daß er sich beim Aufsetzen auf dem Sattel, zwischen den beiden Walzen, durch das eigene Gewicht zerdrückt und abrutscht. Eine gewisse verdrehende Bewegung, die dieses Zerdrücken auf dem Sattel erleichtert, wird durch schraubenförmige Rippen erreicht, die sich auf den Walzen befinden. — Eine Verbesserung des Abnagens wird angestrebt durch das D. R. P. 316 437/1918, indem die den Schachtabschluß bildenden Austragwalzen in ihrer Länge nach geteilt sind und jeder dieser Teile einen eigenen Antrieb besitzt. — Das abgebröckelte Gut fällt in einen Sammeltrichter und läuft dann weiter in einer geschlossenen Schurre zur Transportvorrichtung.

Abb. 224. Brechwalzen und deren Antrieb.

Die unter das Gut frisch tretenden Zähne werden sich sofort mit abgenagtem Gut anfüllen, so daß die folgenden nichts mehr aufnehmen können. Die Abnahme geschieht dann nur am äußeren Rande, wie beim Kettenrost nach der Abb. 233, die hier ein beiderseitiges Schiefgehen der Füllung bewirkt.

Das D. R. P. 318 535/1918 von *Amme, Giesecke & Konegen* ist dadurch gekennzeichnet, daß die in das Innere einer Austragwalze *a* (Abb. 222) durch ihre Achse eintretende Zuleitung *c* in einer nach der Schachtseite hin dicht an die Innenseite des mit Durchbrechungen *b* versehenen Walzenmantels anschließenden Düse *d* endet. — Diese Anordnung ermöglicht es, die Luft (oder den Dampf, das Gas usw.) nach der Berührungsstelle mit dem heißen Ofeninhalt selbst zu richten, welche der Kühlung am meisten bedarf, wodurch die Haltbarkeit und Betriebsdauer der Walzen erhöht werden soll.

G. Polysius, Dessau (D. R. P. 326 263/1918), bringt in Rostspalten umlaufende Schläger an (nach Art der Schlagkreuzmühlen mit lose pendelnden Schlagarmen), dadurch gekennzeichnet, daß gegenläufige Schlägerpaare Anwendung finden. Die hämmernde Wirkung soll das Nachrutschen unterstützen. Um gleichmäßigeren Lauf der Schichten zu erzwingen, sollen auch Schläger verschiedener Länge benutzt werden.

Abb. 225. Entleerung unter dem *Mannstaedt*-Rost.

Die Walzenroste werden die Füllung um so gleichmäßiger abziehen, je mehr Walzen unter dem Ofenquerschnitt wie die Roststäbe eines Planrostes verteilt sind. Dann erfolgt auch durch die gut verteilten Längsspalten zwischen den Walzen, den Rostspalten, eine gleichmäßige Luftzufuhr. Aber je kleiner die Walzen oder Rollen im Durchmesser sind, um so kürzer werden auch die Nagezähne, um so feinere Stücke werden von der Ofenfüllung abgefräst. Es besteht dann nicht die Möglichkeit, groberen Stückkalk abzuziehen.

Die *Mannstaedt-Werke A.-G.*, Troisdorf bei Köln, sehen mehrere kleinere Brechwalzen von 400 mm Durchmesser nach Abb. 223 und 224 vor, die aufgegossene Brechzähne besitzen. Deren Antrieb beansprucht 3 PS und erfolgt von einer gemeinsamen Schneckenwelle aus. Die Ausführung erfolgt nach dem D. R. P. 307 548/1914 von *Harry Stehmann*, dessen Patentanspruch lautet: „Rost für Schachtöfen, gekennzeichnet durch nebeneinanderliegende, den Ofenquerschnitt erfüllende Brechwalzen.“ Ursprünglich war unter jeder Walze noch ein besonderer Brechrost vorgesehen. Nach dem Zusatzpatent 325705/1915 wird die Rostwalze hohl ausgeführt und deren Mantel rostartig durchbrochen. Der abgebrochene Kalk wird in einem Trichter nach Abb. 225 gesammelt und durch zwei mechanisch betätigte Ventile (D. R. P. 333 701/1917) abgeleitet, die das Entweichen der Druckluft verhindern sollen.

Die Gesamtanordnung des Kalkofens, der mit Druckluft bedient wird, ist aus der Abb. 223 ersichtlich. Für kleinstückigen Kalk werden sie mit einer lichten Weite von 2,5 m gebaut, wobei die Leistung an hydraulischem Kalk etwa 50 bis 60 t Klinker, beim Brennen hochprozentigen Kalksteines etwa 40 t Ätzkalk in 24 Stunden beträgt.

Nach dem D. R. P. 332 751/1918, von *Herm. Löhnert Maschinenbau-Anstalt A.-G.*, Bromberg, werden als Brechwerkzeuge langsam umlaufende, mit Brechzähnen besetzte Wellen benutzt. Deren Zähne sind in der Drehrichtung vorgebogen, um zuerst von der unteren Seite des Rostes her in das Gut einzudringen, das Gut dadurch zu lockern und es dann bei ihrem Niedergange durch die Rostspalten zu zerkleinern. Der Rost, durch dessen Spalten diese Brechzähne hindurchgreifen, ist in der Höhe verstellbar. Statt des Rostes können auch die Wellen der Brechzähne einstellbar sein.

Der Walzenrost nach Abb. 221 soll den Kalk nicht abscheren oder abnagen, wie dies bei den neueren Ausführungen der Fall ist, sondern nur hinausrollen. Er behandelt also an und für sich den Stückkalk schonender.

115. Der Drehrost.

Die Arbeitsweise der Drehroste (sowohl bei Kalköfen als auch Gaserzeugern) beruht im allgemeinen darauf, daß der Böschungsberg fortgenommen wird und nun die Füllung durch ihren Druck nachrutschen kann. Ist nach Abb. 226 der Sohlenvorsprung m gleich der Abzugshöhe h_4, dann kann sich der Kalk nach dem Böschungswinkel β ablagern, der etwa 45° beträgt. Auch der allergrößte Füllungsdruck, und wenn er so mächtig wäre, daß er den gebrannten Kalk zerdrückt, kann kein Nachrutschen der Ofenfüllung bewirken. So lange

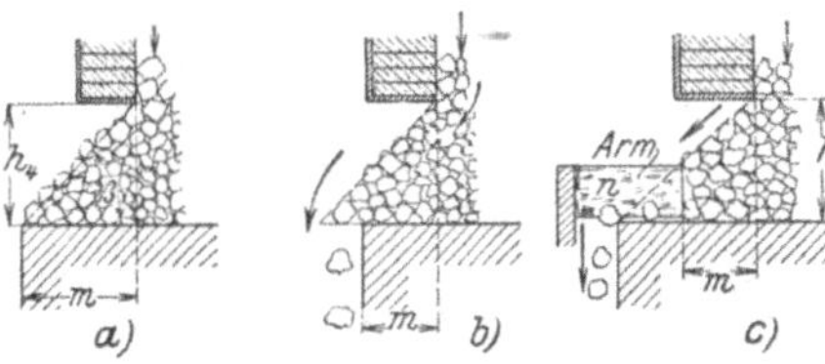

Abb. 226. Wirkung des Böschungswinkels.

$$l \geqq h_4\,, \tag{105}$$

liegt die Füllung still.

Verkürzt man die Unterlagsohle, so hat der rieselnde Kalk das Bestreben, den Böschungskegel wieder auszubilden. Die Füllung rutscht nach, wie dies die Abb. 226b zeigt. Mit Sicherheit geschieht dies, wenn $m \leqq \frac{h_4}{2}$ ist, weil der Kalk leicht steilere Berge bildet.

Dasselbe wird erreicht, wenn durch einen Räumarm n die Bergsohle fortwährend abgenommen wird, nach Abb. 226c.

Ernest Solvay, Brüssel, erhielt im Jahre 1887 das D. R. P. 43 901. Nach der Patentschrift ist *Solvays* Ofen, nach Abb. 227:

1. ein Kalkofen mit mechanischer Ausziehvorrichtung, dadurch gekennzeichnet, daß ein von unten in den senkrecht abfallenden Brennschacht hineinragender Konus M die kontinuierlich nachsinkende Beschickung seitwärts drängt, wo der gare Kalk von den Rippen oder Leisten $\dot{N}$ einer unterhalb des Schachtes rotierenden Plattform auf eine äußere mitrotierende Scheibe P

geschoben wird, von welcher ein Abstreicher *L* den Kalk in den Absturz befördert.

2. Eine Modifikation, gemäß der Konus *M* und Plattform *P* als rotierende Kegelschnecke ausgebildet sind.

3. Beschickung der geschlossenen Abzugsvorrichtung für Druckluftzuführung, um Grus zu brennen, wenn natürlicher Zug nicht genügt.

Dies Patent zeigt schon die mittlere Rostsäule *M* mit den früher erwähnten Nachteilen. Die Plattform wirkt unangenehm als Mahlscheibe und erfordert viel Kraft, so daß sie nicht weitergehende Anwendung gefunden hat. Gegenüber der Form *Montagne*, S. 427, hat sie den Vorzug, auf dem ganzen Umfang gleichmäßig den Kalk abzuziehen.

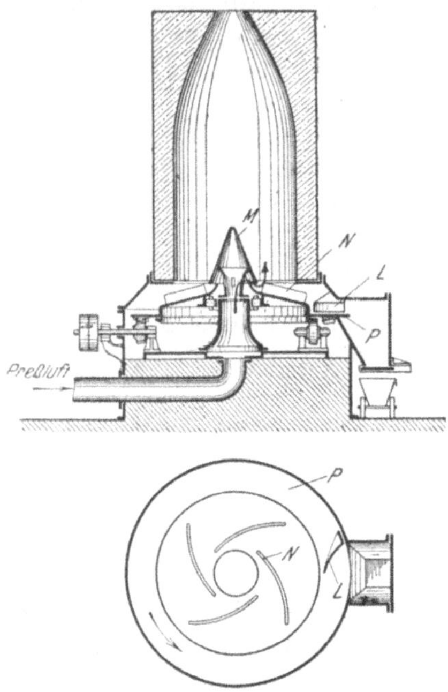

Abb. 227. Mechanische Kalkofenentleerung von *Solvay*.

Eine ähnliche Abzugsvorrichtung baut *H. Eberhardt*, Wolfenbüttel (D. R. P. 289 567/1914), die schon in der Abb. 188 dargestellt ist. Sie besteht ebenfalls aus einem mit Rippen besetzten Kegel, der, auf einer Welle mit Spurzapfen gelagert, durch ein konisches Rädervorgelege angetrieben wird. Zur Begrenzung des Böschungskegels des Kalkes dient ein zylindrischer Blechmantel, wodurch mit den Kegelrippen einzelne Zellen gebildet werden, die ihren Inhalt an der Durchbrechung des Mantels abrutschen lassen Die Abb. 227 läßt dies gut erkennen Der Mantelschlitz kann verkleinert oder vergrößert werden, zwecks veränderter Leistung. Wegen der Einfachheit hat diese Abzugsvorrichtung eine große Betriebssicherheit und kann auch dann, wenn durch irgendeinen Grund der Ofenbetrieb in Unordnung gerät, auch durch längere Zeit glühend gezogene Kalksteine nicht leiden, was bei solchen mit Rechen wohl zu befürchten ist. Der Kegel macht in 25 bis 30 Minuten eine Umdrehung und benötigt hierbei 0,5 bis 1,0 PS. Nachteilig ist, daß man die Koksasche nicht vom Kalk trennen kann. Dies würde hier auch wohl sowieso unmöglich sein, denn durch die Mahlwirkung des Rippenkegels dürfte viel Kalkpulver entstehen, was dann mit der Asche verloren ginge. Die am Schlitz entleerte Zelle wird bei der Weiterdrehung sich sofort durch den von oben nachrutschenden Kalk anfüllen. Dieser Kalk wird unter der daraufliegenden Kalkfüllung hindurchgerieben und fällt nach einer Umdrehung am Schlitz heraus. Im allgemeinen wird also nur der Kalk aus dem Ofen einseitig am Schlitz abgezogen, wenn auch teilweise der Kalkkegel sich mitdrehen wird und abgleitet. Es treten ähnliche Verhältnisse wie bei der Abzugseinrichtung mit Kettenrost nach Abb. 233 ein. Ein gleichmäßiger Kalkabzug über den ganzen Umfang und somit eine gleichmäßige Bewegung der Gicht im Ofen ist nicht zu erwarten. Verstärkt wird dies noch durch die große Verengung des Unterkonus, wie es die Abb. 228 deutlich zeigt, durch die früher z. B. nach Abb. 109 geschilderten Störungen der Schichtenlage.

Abb. 228. Kalkofenunterkonus mit *Eberhardts* selbsttätiger Abzugsvorrichtung.

Dieses einseitige Abziehen wird vermieden durch die Verbesserung, indem der Kalk nicht mehr an einer, sondern an drei oder mehreren Stellen den Aufhaltetrichter verläßt durch einstellbare Schlitze. Der Kalk fällt dann in die feststehende Rinne, und am drehenden Kegel befestigte Mitnehmer schleppen ihn zur Ausfallöffnung. Von dort fällt der Kalk in ein Schleppwerk.

Das Schleppwerk D. R. P. ist entgegen der bisher üblichen Konstruktion so gebaut, daß die an zwei Laschenketten befestigten Rechen nicht mehr außerhalb des Umfanges der Kettenräder umlaufen (wie nach Abb. 233), sondern innerhalb dieses Kreises. Dadurch wird einmal erreicht, daß die Höhe unter der Abzugsvorrichtung um die Rechenhöhe vermindert wird, und weiter auch der Vorteil, daß der Einfall des stückigen Kalkes in das Schleppwerk durch eine ganz einfache Schurre erfolgen kann, während bei der alten Konstruktion eine verhältnismäßig schwierige Zuführungseinrichtung notwendig ist. Dieses Schleppwerk bekommt einen Knick und fördert aus der wagerechten Richtung in eine schräg aufsteigende unter 60° geneigte Bahn. Die Entleerung auf dieser Bahn geschieht oben durch den Boden in eine Schurre. Der Rücklauf der Rechen erfolgt auf einer Winkeleisenführung. Die Rechen sind mittels Schutzrohres über den Kettenbolzen beweglich aufgehängt, so daß dieser Kettenbolzen durch den einfallenden Kalk nicht mehr getroffen wird, sondern nur dieses Rohr. Damit der Rechen nicht ausweicht, ist er durch zwei schräg geneigte Zugstangen mit dem nächsten Kettenbolzen verbunden. Durch diese Konstruktion ist auch die durch den Druck gegen den Rechen hervorgerufene Drehung, welche bisher bei ähnlichen Schleppwerken auf dem Kettenbolzen gelegen hat, aufgehoben.

Die noch in der Abb. 227 in Erscheinung tretende starke Verjüngung und Einschnürung des Ofenunterteils ist bei der neuen Ausführung nicht mehr

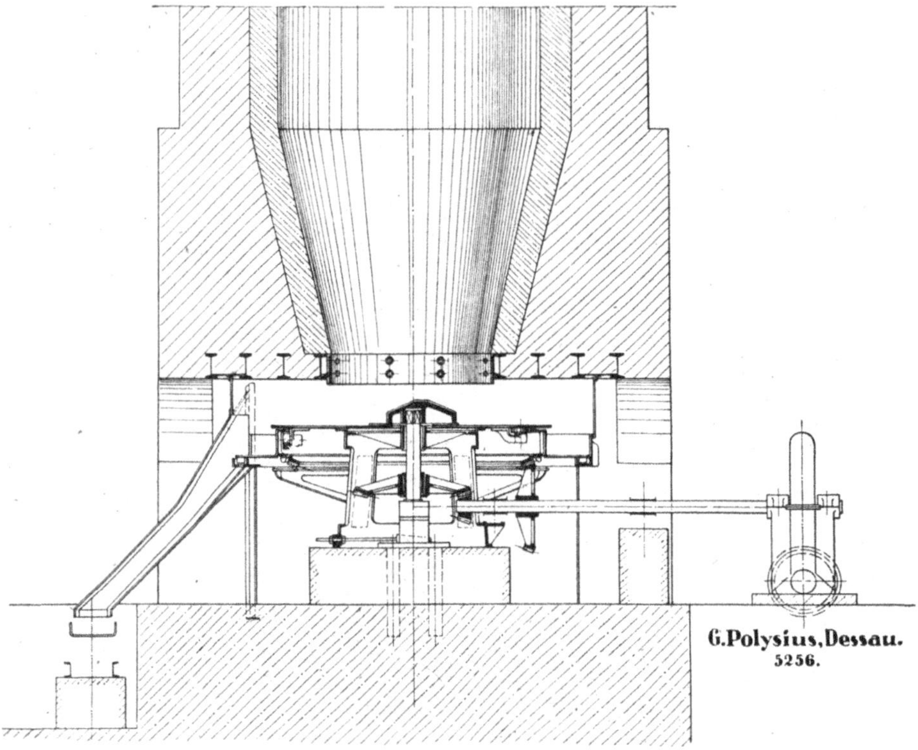

Abb. 229. Drehteller und Daumenverdränger.

vorhanden. Deshalb ist auch mit einem besseren, geregelteren Lauf der Gicht zu rechnen, die bei einem eng zusammengeschnürten Konus nach Abb. 228 bzw. 109 nicht zu erreichen ist.

Dieses Vorlaufen der inneren Schichten wird noch verstärkt durch den mittleren Daumen der Abzugsvorrichtung nach Abb. 229. Diese Abzugsvorrichtung von *G. Polysius*, Dessau, besteht aus einem feststehenden ebenen Teller, über den sich ein gußeiserner Daumen mit einer Umdrehungszahl von ungefähr 0,25 in der Minute bewegt. Seine Höhe beträgt etwa 300 mm und seine exzentrische Daumenlänge 500 mm. Er wird durch eine mittlere, senkrechte Welle unter Verwendung von konischen Zahnrädern und einem

Schneckenradantrieb gedreht. Durch die exzentrische, kreisende Bewegung des Daumens wird der, nach dem Böschungswinkel sich auf dem Teller ablagernde Kalk über den Tellerrand gedrängt, den Eindruck der Wühlarbeit eines Maulwurfes hervorrufend. Bei der Beobachtung dieser Einrichtung entsteht der erste Eindruck, als ob tatsächlich der Inhalt über den ganzen Querschnitt gleichmäßig abgedrängt und so ein gleichmäßiger Kalkabzug veranlaßt wird. Bei näherer Betrachtung findet man aber, daß der Kalk nur im Rücken des Daumens, also lediglich in der Mitte des Ofenschachtes nachfließt. Dadurch wird nur der innere Ofenkern gezogen; der äußere Teil der Ofenfüllung bleibt zurück. Es tritt in der Mitte glühender Kalk durch, während am oberen Außenrande der Abzugsöffnung des Kalkofens sich vollständig kalter Kalk befindet. Ausgeglichen wurde dieser Nachteil dadurch, daß der Auffangteller, welcher durch ein zweites konisches Zahnrad, von der Daumenwelle angetrieben, mit etwa 0,4 Umdrehungen in der Minute sich bewegt, mit Abnehmern versehen wurde, die den Kalk oben am Böschungswinkel abnehmen. Die Luftzufuhr geschieht nur durch den Böschungskegel.

Beim D. R. P. 331 123/1920 (Zus. zum Pat. 289567) wird der Mittelkern des Schachtofens durch Träger abgefangen. Unter ihm dreht sich frei die Spitze des Abzugskegels.

Das D. R. P. 310 227/1916 von *Steiger*, Zürich, sieht eine schneckenförmig nach der Mitte ansteigende drehbare Ofensohle für Schachtöfen zum Brennen von sinterndem Gut vor, gekennzeichnet durch zwei Gruppen von aus der oberen Schneckenfläche hervorragenden, etwa radial gerichteten Schneidekanten, von denen die eine Gruppe bei der einen Drehrichtung und die andere Gruppe bei der entgegengesetzten Drehrichtung der Sohle wirkt.

Um die vorteilhafte, schon von *Solvay* nach Abb. 227 vorgesehene mittlere Luftzufuhr zu erreichen, hatte *Anker* nach Abb. 213 noch einen mittleren Abzugskegel angeordnet. Diese wird auch mit einer mechanischen Abzugsvorrichtung ausgestattet.

Um die mittlere Luftzufuhr zu erleichtern, bringt *Herm. Löhnert*, Bromberg, eine hohle Bohrspitze auf dem Drehrost an, der den mittleren Füllungsklotz auseinanderhält (D. R. P. 320 475/1916).

Auf der Abb. 188 ist auch eine ununterbrochen arbeitende Kalklöschvorrichtung sichtbar, D. R. P. 268 442 und 286 824. Der abgezogene Kalk wird durch ein Becherwerk gehoben und in ein zylindrisches Gefäß geworfen. Die Löschflüssigkeit, in diesem Falle Zuckersaft, durchströmt den mit eigenartigen Rührwerken ausgestatteten Behälter, indem er den Kalk löscht und sich zwecks Scheidung der Unreinigkeiten damit anreichert. Das nicht ablöschbare Kalkgrieß wird durch eine schräganst eigende Schnecke hinausgefördert.

Den durchbrochenen Drehrost, der den auf ihn lagernden Sinterstock abschert, erfand *Albert Hauenschild* der *Beocsiner Zementfabrik Union A.-G.*, Budapest. Er wird von *Curt v. Grueber*, Berlin, gebaut und macht in der

Stunde eine Umdrehung. Im Frühjahr 1914 wurde in Beocsin der erste derartige Ofen in Betrieb genommen.

Für sinterndes Gut verwendet *Fried. Krupp A.-G., Grusonwerk* einen mit auswechselbaren, gezahnten Stahlgußstangen versehenen gemischtschnittigen Drehrost *d* nach Abb. 232, S. 438. Dieser Drehrost (D. R. P. 339 294 und D. R. G. M. 713 698) ist auf seiner ganzen Fläche, besonders auch in der Mitte, durchbrochen. Er ruht auf einem Rostkörper, wie aus der Abb. 229 ersichtlich, der sich um einen mittleren Zapfen auf Rollen dreht. Der Antrieb erfolgt durch Zahnräder. Die Antriebswelle ist in einer Lagerhülse durch die Ofenwandung geführt und kann samt dem Zahnradritzel und Lager durch diese Hülse leicht herausgezogen werden. Da sich der Rost sehr langsam dreht — je nach den drei Geschwindigkeitsstufen braucht er zu einer völligen Drehung 1 bis $2^1/_2$ Stunden —, so ist zur Überwindung der starken Übersetzung von der Antriebsscheibe zum Rost ein Schneckenvorgelege und ein doppeltes Rädervorgelege eingeschaltet. Der Kraftbedarf beträgt im Mittel 3 PS.

Abb. 230. Gemischtschnittiger Drehrost.

Den großen Schnekkenkranz sollte man mehrfach teilen, um einen leichten Ein- und Ausbau zu erreichen.

Einige andere Ausführungsarten der deutschen Patentklasse 80c seien noch kurz angeführt.

G. Polysius, Dessau. Brechkörper für Schachtöfen zum Brennen von Zement u. dgl., bei denen die Entleerung des gebrannten Guts durch sich drehende Teller erfolgt. Auf der Welle und mit ihr umlaufend sitzen die einzelnen Ringe, welche durch Spindeln in ihrer Höhenlage beliebig eingestellt und gegeneinander verschoben werden können. Die Ringe erhalten schräg geformte Zähne. Je weiter die Ringe mittels der Spindeln gegeneinander verschoben werden, um so größer sind die durch die Zähne gebildeten Öffnungen, so daß mehr oder weniger Gut ausgetragen werden kann. Hierdurch soll ein leichtes Regeln des Ofens bei schwerer oder leichter zu brechendem Gut ermöglicht werden. In der Oberfläche des Brechkörpers können verstellbare Austragöffnungen vorgesehen sein. (D. R. P. 305 278/1914.)

A. Daiber, Vorwohle, Braunschweig. Dachförmiger, den Ofenquerschnitt nahezu ausfüllender Rost für Schachtöfen, dadurch gekennzeichnet, daß er um einen festen, aber in senkrechter Richtung verstellbaren Stützpunkt schwingt, so daß er das aus dem Ofen kommende Gut erfaßt und zerkleinert. Die Geschwindigkeit des Austragens kann durch Änderung der Schwingungszeit und durch Verstellen des festen Stützpunktes geregelt werden. Zeichnung bei der Patentschrift. (D. R. P. 306 976/1916.)

Carl Giesecke, Bad Harzburg. Austragsvorrichtung an Schachtöfen für grobstückiges Gut mit Austrageteller und Abdrängevorrichtung nach Abb. 231, dadurch gekennzeichnet, daß der unter der Abdrängevorrichtung *k* angeordnete kegelförmige Austrageteller *h* mit einem Staurande *i* versehen ist. Dadurch bildet sich für die darüberliegenden Schichten eine ihr Abrutschen verhindernde Unterlage, da sich die Körper, ähnlich wie Kugeln oder Walzen, unter Versetzung ihrer Berührungsfugen aufeinanderschichten. Von diesem so gebildeten Stau wird nun mittels Abstreichers *k* der Überfluß an Gut ständig nach außen gedrängt. (D. R. P. 306 513/1916.)

Friedrich Meyer, Bromberg. 1. Austragevorrichtung für Schachtöfen zum Brennen von Zement, Magnesit, Dolomit, Kalk o. dgl., gekennzeichnet durch eine unter dem Ofenschacht angebrachte, nach Art der Kegelbrecher wirkende Zerkleinerungsvorrichtung in Verbindung mit einer in der Richtung der Mittelachse des Kegelbrechers verschiebbaren Bohrspitze. 2. Austragsvorrichtung nach 1., dadurch gekennzeichnet, daß mehrere Brechkegel nebeneinander oder übereinander angeordnet sind. — Die Bohrspitze soll Gutblöcke, die infolge ihrer Größe nicht in den Wirkungsbereich des Brechkegels gelangen können, durchbohren oder Stauungen im Trichter verhüten. Die Einrichtung dieser Bohrspitze wird dabei so getroffen, daß sie während ihrer Drehbewegung gleichzeitig eine Auf- und Abwärtsbewegung in axialer Richtung ausführt, zu dem Zweck, auch etwaige im oberen Teil des Trichters auftretende Stauungen, insbesondere sog. Brücken, anzubohren und zum Einsturz zu bringen. Zeichnung bei der Patentschrift. (D. R. P. 314 099/1915.)

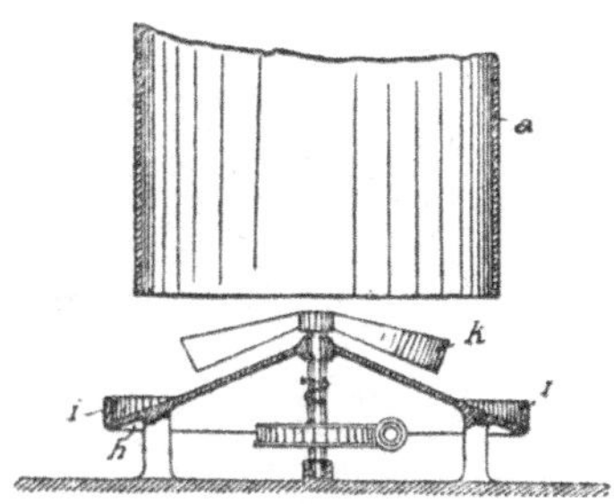

Abb. 231. Austrageteller mit Abdrängevorrichtung.

Felix Fuchs, Wien, Entleerungsvorrichtung für Schachtöfen zum Brennen von Zement, Kalk, Magnesit u. dgl., mit einem den Ofeninhalt tragenden und sich drehenden Teller, dadurch gekennzeichnet, daß in diesem Teller eine oder mehrere radial angeordnete, gezahnte Walzen gelagert sind, die sich um ihre eigene wagerechte Achse drehen und mit ihren Zähnen durch Öffnungen des Tellers hindurch in den Ofenraum hineinragen. Die Zerkleinerungswalzen sind auf verschiedenen Radien des Ofenquerschnittes derart gegeneinander versetzt, daß sie bei der kreisenden Bewegung um die Ofenachse die ganze untere Fläche des Ofeninhaltes gleichmäßig bearbeiten. (D. R. P. 328 807/1919.)

Firma *G. Polysius*, Dessau. Brech- und Austragevorrichtung an Schachtöfen für Zement, Magnesit, Kalk u. dgl. Der Austragerost ist in einem das ausgetragene Gut auffangenden Trichter befestigt, der von außen angetrieben wird. (D. R. P. 331 888/1918.)

Perfectecon, Maschinenbau-Gesellschaft m. b. H., Teltow bei Berlin. Drehrost zum Entleeren von Schachtöfen zum Brennen von Zement, Dolomit,

Kalk u. dgl., zum Aufbereiten von Erzen usw. In der Rostmitte ist eine exzentrische Öffnung oder eine exzentrische Spitze angeordnet. (D. R. P. 338 271/1920.)

Bei dem brechend wirkenden Drehrost von *Carl Schneider*, Ribnitz (D. R. P. 320 607/1917), dreht sich ein scheibenförmiger mittlerer Teil in einem ringförmigen äußeren Teil des flachen Drehrostes, dadurch gekennzeichnet, daß der scheibenförmige Hilfsrost sich um eine zu dem ringförmigen Teile exzentrisch gelagerte Achse dreht und bis über die Mitte des ringförmigen Teiles reicht. Es soll dadurch die nach innen abnehmende Schneidgeschwindigkeit des Hauptdrehrostes ausgeglichen werden.

Der einschnittige Drehrost mit nur einem Messer über den Rosthalbmessern nach der schematischen Abb. 232a übt einseitigen Druck auf die

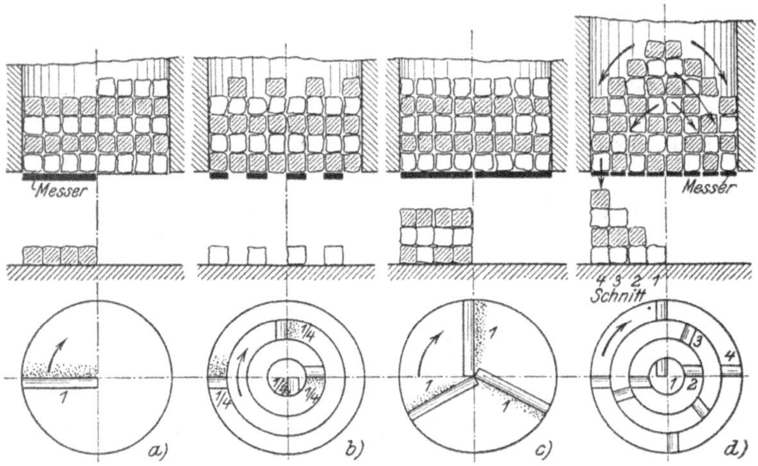

Abb. 232. Gleichmäßiges Abziehen durch den einschnittigen und einseitiges Abziehen durch den mehrschnittigen Drehrost.

Konstruktionsteile aus. Besser ist der einschnittige Drehrost nach Abb. 232b mit mehreren kurzen, gleich langen Messern. Der Einschnitt nimmt bei je einem Umlauf auf dem ganzen Querschnitt die gleiche Höhe ab, z. B. 5 cm. Ein geregeltes Nachrutschen in allen senkrechten Schichten tritt ein. Zu beachten ist, daß bei dem einschnittigen Drehrost die Füllung nach erfolgtem Durchlauf so lange stilliegen bleibt, bis das Messer wieder darunter hindurchgeht. Macht z. B. der Drehrost in einer Stunde eine volle Umdrehung, dann bleibt die Füllung jeweils eine Stunde liegen, um dann schrittweise je nach der Ofenleitung und der freien Fläche des Rostes vorwärts zu schreiten.

Eine gleichmäßige Druckbeanspruchung der Konstruktion besitzt der mehrschnittige Drehrost z. B. mit drei Messern nach Abb. 232c. Gleichzeitig wird bei einem Umlauf die dreifache Schnittleistung erreicht, da jedes der hintereinanderliegenden Messer die gleiche Schnitthöhe abschneidet, nach der Einstellung der Messerhöhe.

Werden auf der Fläche des gemischtschnittigen Rostes mehrere Einzelmesser so verteilt, daß außen mehr Messer liegen als innen, dann wird der gleichmäßige Abzug gestört. Der Blick auf einen solchen Rost mit gleichmäßig verteilten Messern nach Abb. 232d erweckt den irrigen Eindruck, daß ein gleichmäßiges Abschneiden über den ganzen Querschnitt erfolgen müsse, weil die Messer die fast gleichen Abstände innen und außen besitzen. Da aber in Wirklichkeit jedes Messer eine Schichthöhe abnimmt, so werden bei einem Umlauf des Drehrostes die vier äußeren Messer vier, die folgenden drei nur drei und schließlich das innere nur eine Schichthöhe abgeschnitten haben. Die Abb. 232a—b zeigen das geregelte Sinken der Schichten beim einschnittigen Rost, dagegen Abb. 232d das Voreilen der äußeren Schichten beim gemischtschnittigen Rost, nach dem Böschungswinkel. Unter den Messern sind noch die abgeschnittenen Mengen dargestellt.

Der gestörte Lauf bedingt ungleiches Brennen.

Je nach den auf S. 68 berechneten Gesamtaufenthaltszeiten ergibt sich die Fließgeschwindigkeit der Ofenfüllung. Beträgt die Gesamtaufenthaltszeit z. B. 24 Stunden, dann muß der Gesamtinhalt durch den Drehrost in dieser Zeit abgeschnitten werden. Bei einem vollständig zylindrischen Schachtofen müßten dann die Messer in 24 Stunden die ganze Höhe der nutzbaren Ofenfüllung H abschneiden.

Beträgt die Gesamtaufenthaltszeit dagegen 36 Stunden, dann müßten in täglich 24 Arbeitsstunden $H\frac{24}{36}$ abgeschnitten werden.

Je häufiger der mechanische Drehrost in der Zeiteinheit umläuft, um so dünner werden die jeweils abgenommenen Schichten s_2 nach Abb. 232. Je grobstückiger der Kalkstein gezogen werden soll, um so langsamer muß der Rost umlaufen, aber auch um so höher, also dünner muß der Ofen werden.

Zahlenreihe LV.

Schichtdicke s_2, die der einschnittige Drehrost bei verschiedenen Umlaufszahlen von der Füllung eines zylindrischen Schachtofens abnehmen muß.

Erforderliche Gesamtaufenthaltszeit im Schachtofen z_S Stunden	Der einschnittige Drehrost vollführt eine Umdrehung in	Die Höhe H des zylindrischen Ofens beträgt 5	10	15	20	25 m
		Schichtdicke s_2, die der einschnittige Drehrost abnehmen muß				
24	1 Minute	3,5	7,0	10,5	14,0	17,5 mm
36	1 Minute	2,33	4,7	7,0	9,3	11,7 „
48	1 Minute	1,8	3,5	5,3	7,0	8,7 „
24	30 Minuten	105	210	315	420	525 „
36	30 Minuten	70	140	210	280	350 „
48	30 Minuten	52	105	157	210	263 „
24	1 Stunde	210	420	615	840	1050 „
36	1 Stunde	140	280	410	560	700 „
48	1 Stunde	105	210	308	420	525 „

Vollführt der einschnittige Drehrost z. B. in 30 Minuten eine Umdrehung, die Ofenhöhe H betrage 10 m, die Gesamtaufenthaltszeit muß $z_S = 36$ Stunden betragen, dann ist die Schnittdicke

$$s_2 = \frac{10 \cdot 24 \cdot 30}{36 \cdot 24 \cdot 60} = 0{,}14\,\text{m} \tag{106}$$

oder 140 mm.

Danach sind für verschiedene Verhältnisse die Schnittdicken in der Zahlenreihe LV ausgerechnet.

116. Der mechanische Plan- und Kettenrost.

Diese Rostart ergibt sich aus dem Wunsche, den in bezug auf das gleichmäßige Abziehen und die gute Luftzuführung zweckmäßigen Planrost mechanisch zu betätigen, wie z. B. bei den Dampfkesselfeuerungen. Man sucht deshalb die Roststäbe in fortschreitender Bewegung unter dem Ofenschacht hindurchzuziehen, indem die Stäbe an Ketten befestigt sind, oder man gibt dem ganzen Rost eine geeignete Bewegung.

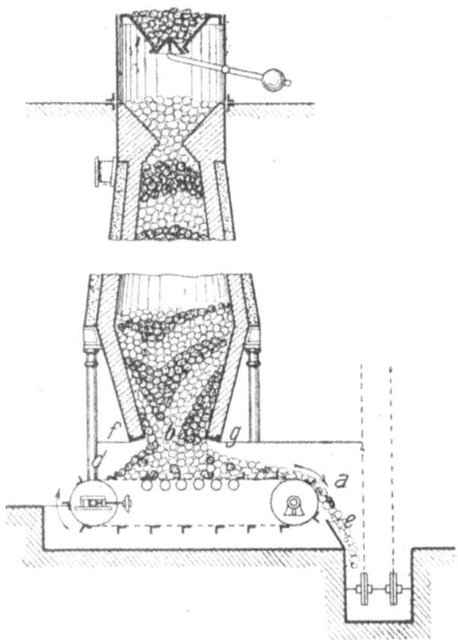

Abb. 233. Kalkofen mit Kettenrost.

E. Behrends hat bei seinen Kalköfen den auf der Abb. 233 dargestellten Kettenrost angewendet, der meistens schmaler als die untere Ofenoffnung b ausgeführt wurde und deshalb seitliche, schräge Bleche zwecks Zusammenführung des Kalkes erhielt. Diese wirken wie die konische Verengung des Schachtes ungünstig auf den Kalkabzug. Die Mitnehmer c nehmen nun nicht etwa gleichmäßig den Kalk von dem auf dem Kettenrost lagernden Kalkquerschnitt, sondern sie füllen sich nur an der Eintrittsstelle d mit Kalk und schieben diesen vor sich her unter dem auf dem Rost liegenden Haufen durch zum Becherwerk e. Dadurch rutscht der Kalk auf der Seite f schnell nach, während er auf der anderen Ofenseite g hängenbleibt, zu der dargestellten Schichtenbildung Veranlassung gebend, die auf ungleichmäßigen Kalkabzug hinweist. Die Schurre e wird oft recht lang ausgeführt, als offener Rost, damit die Koksasche mit Kalkstaub abgetrennt werden kann. Die Kettenglieder haben eine Teilung $t = 100$ mm.

Auch die Abzugsvorrichtung von *E. Behrends* (Abb. 233), die zuerst von *Faber*, Zuckerfabrik Aderstedt, gebaut wurde, hat den Nachteil, nur nach einer Seite den Kalk abzuziehen. Allerdings ist sein Patentanspruch so allgemein gehalten, daß er auch jede andere Abzugsvorrichtung anwenden kann. Und gerade dies ist das Merkwürdigste an *Behrend's* Patent. Dieses D. R. P. 103 994 stammt aus dem Jahre 1898, ist also 17 Jahre jünger als das *Montagnes*, und trotzdem lautet der einzige Patentanspruch *Behrends'* so einfach und allumfassend: „Kalkofen, dadurch gekennzeichnet, daß unterhalb der Ofenöffnung (*b*) ein Transportelement (*a*) angeordnet ist, zum Zwecke, den Kalk in kontinuierlicher Weise zu entfernen, um Betriebsstörungen, wie Festbrennen des Kalkes usw. zu vermeiden." — Etwas durch die früheren Patente Bekanntes wird hier nochmals weitestgehend ohne jede Einschränkung patentiert. Die Erteilung erfolgte, wie ich aus den Patentakten ersehen konnte, ohne Prüfung von vorhandenen Patenten oder Literaturstellen. — Wie wunderbar arbeitet doch manches Mal das Patentamt!

Eine Abzugsvorrichtung, die wie der Parallelrost einen gleichmäßigen Kalkabzug auf dem ganzen Ofenquerschnitt gestattet, ohne den Luftzutritt zu erschweren, ohne eine Verengung des unteren Ofenquerschnittes zu verlangen, ist als wünschenswert zu erachten.

Dies wird zu erreichen gesucht durch das D. R. P. 316 438/1916 der *Beosciner Zementfabriken, A.-G.*, Budapest, auf eine Brech- und Austragevorrichtung für beim Brennen zusammensinterndes Gut, wie Zement und Magnesit, mit einer aus endlosen Bändern und querliegenden Roststäben gebildeten Austragevorrichtung, 1. dadurch gekennzeichnet, daß die als Brechwerkzeuge ausgebildeten Roststäbe (*b* [Abb. 234]) so weit voneinander entfernt liegen, daß das durch sie abgetrennte Gut zwischen ihnen hindurchfällt. 2. Vorrichtung nach 1, dadurch gekennzeichnet, daß zwischen den beiden Trümmen des Rostes eine zur Aufnahme durch den Rost gefallenen Gutes dienende Austragsmulde *f* angeordnet ist. — 3. Vorrichtung nach 2 mit den oberen Trumm des Rostes stützender Stützwalze *e*, dadurch gekennzeichnet, daß dieselbe als eine in der Austragsmulde wirkende Förderschnecke ausgebildet ist.

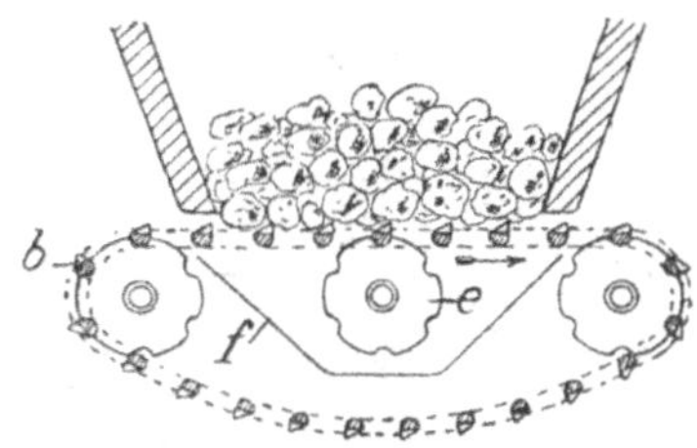

Abb. 234. Kettenrost mit Brechzähnen und Auffangmulde.

Unmittelbar einen Planrost wenden *Gebr. Pfeiffer*, Kaiserslautern, nach dem D. R. P. 302 604/1915, an. Am Fuße des Schachtofens nach Abb. 235 befindet sich ein fester Rost *a*, über den ein beweglicher Gitterrost *b* hin und her geführt werden kann. Durch diesen beweglichen Rost wird das Gut in ständiger Bewegung gehalten, bis es Gelegenheit findet, den Ofen durch die Spalten des feststehenden Rostes zu verlassen. Zu große Stücke werden durch die Roste nach und nach zerkleinert, bis sie ihren Weg durch den unteren Rost nehmen können. Das Gut fällt auf die Schachtsohle *c* und wird von hier durch eine Kratzförderung weggeschafft. Diese Fördervorrichtung besteht aus einer Anzahl Platten *d*, welche in einem hin und her gehenden Rahmen *e* drehbar befestigt sind. Beim Vorschub schaufeln die Platten das Gut nach außen, während sie sich beim Rückgang zurücklegen und darüber hinweggleiten. Der Antrieb des beweglichen Rostes kann in der in Abb. 235 schematisch dargestellten Weise bewirkt werden. Ein Motor *f* treibt mittels Riemen *g* und

Schneckentriebes *h* eine Kurbelwelle *i*, an welcher zwei Kurbelstangen *k* angreifen und den beweglichen Teil des Rostes hin und her schieben.

Eine weitere Durchbildung hat diese Entleerungseinrichtung im „*Thiele*"-Ofen (*Thiele*, Generaldirektor der Zementfabrik Höxter) nach Abb. 236 gefunden. Dessen Austragvorrichtung besteht aus einem geteilten Flachrost, dessen Hälften sich langsam gegenläufig hin und her bewegen und mittels starker Nocken die Klinker abscheren, die dann durch die Rostspalten fallen. Die Abb. 237 bringt einen Blick auf den *Thiele*-Rost. Durch die wagerecht gleichmäßig über die Ofengrundfläche verteilten Rostspalten erfolgt die Austragung des Gutes und die Zuführung der Verbrennungsluft

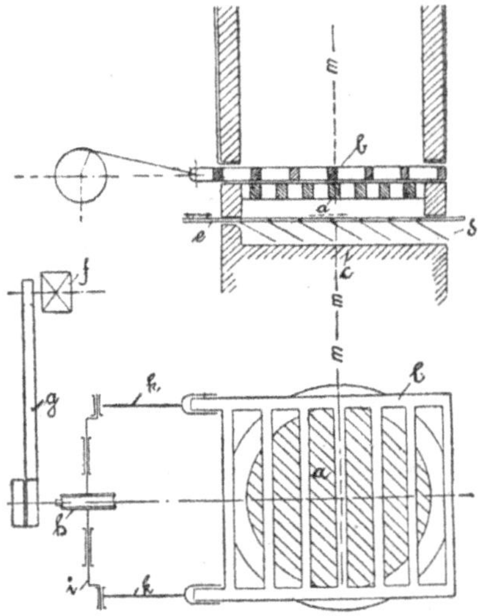

Abb. 235. Gitterrost von *Gebr. Pfeiffer.*

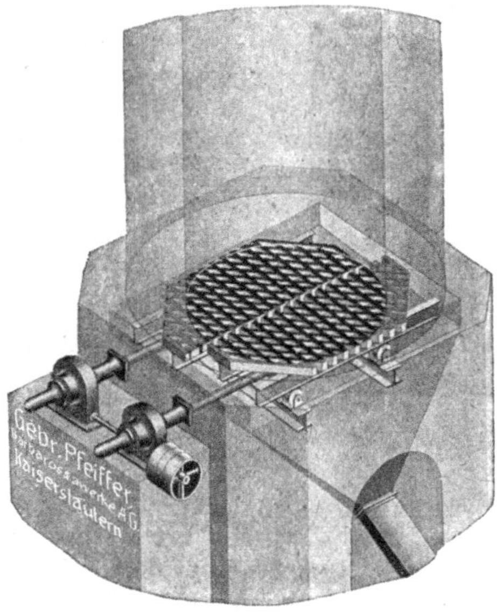

Abb. 236. Entleerung am *Thiele*-Ofen.

(hier wieder nach Abb. 238 durch Unterwind) an jeder Stelle mit gleicher Stärke. Die auf dem Rost lagernde Füllung wird von diesem Scherrost an allen Punkten mit derselben Kraft angegriffen, so daß alle Schichten parallel nach unten sinken. Unregelmäßiges Abziehen ist nicht möglich. — Die durch die Brechwirkung auftretenden Kräfte sollen durch die gegenläufige Bewegung ausgeglichen werden, um das Ofenmauerwerk zu schonen. — Den Antrieb der beiden Rosthälften zeigt die Abb. 236. Die Rosthälften werden durch Zugstangen in Form von Schraubenspindeln bewegt, durch als Schneckenräder ausgebildete Muttern mit Rechts- und Linksgewinde. Eine Schaltung mit offenem und gekreuztem Riemen bewirkt die Umkehrung der Bewegung am Hubende. — Die Leistung kann durch Veränderung des Hubes und der Hubzahl eingestellt werden.

Die selbsttätige Entleerungsvorrichtung von *G. Luther A.-G.*, Braunschweig, besteht aus einem rostartigen Zylindermantelabschnitt, der durch eine besondere Vorrichtung eine hin und her gehende Bewegung ausführt. Da, wie beim Planrost die Rostöffnungen auf den ganzen Querschnitt gleichmäßig verteilt sind, so wird auch eine gleichmäßige Abscherung bewirkt.

Abb. 237. *Thiele*-Planrost.

Der Inhalt wird sich gleichmäßig absenken. Die Meinung aber scheint nicht richtig, nach der „die Mitte der Klinkersäule erfahrungsgemäß immer die Neigung hat, etwas hinter den am Rande lagernden Massen zurückzubleiben,

Abb. 238. Antrieb der beiden Rosthälften des *Thiele*-Planrostes.

so wirkt die gewölbte Form noch insofern günstig, als die Ofenmitte vom Rost zuerst gepackt und ein Ausgleich herbeigeführt wird, der ein gleichmäßiges Niedersinken des Ofeninhaltes zur Folge hat“ (Z. d. V. d. Ing. 1920, S. 984).

Die Ofenmitte sinkt nach den früheren Feststellungen nicht schneller, wenn der Ofen fast zylindrisch ist. Im übrigen wirkt der Rost mit seinem Gewölberücken nicht nur in der Mitte, sondern in gleicher Höhe auch an den beiden Seiten. Die Ofenmitte wird deshalb, nicht wie oben angegeben, zuerst und stärker angepackt.

Josef Kotterba, Görlitz, läßt einen Schieber über eine ortsfeste Unterlage hin und her bewegen, der das Gut nach beiden Seiten herausstößt. Das Neue besteht darin, daß der Austrageschieber allein mit dem Brenngute in Berührung tritt, alle anderen beweglichen Teile aber gegen das Brenngut abgeschlossen werden, so daß ihr Verschmutzen und daraus sich ergebender Verschleiß und Betriebsstörungen vermieden werden sollen. (D. R. P. 333 047/1919.)

117. Entleerungseinrichtungen zum Arbeiten mit Unterwind.

Die Einführung der Druckluft zur Erzeugung des Ofenzuges (s. S. 304) unterhalb des Rostes erfordert einen luftdichten Abschluß der Ofenentleerungseinrichtung, damit die Verbrennungsluft nur nach oben durch die Füllung dringt und nicht nach außen unter Mitreißen von Staub.

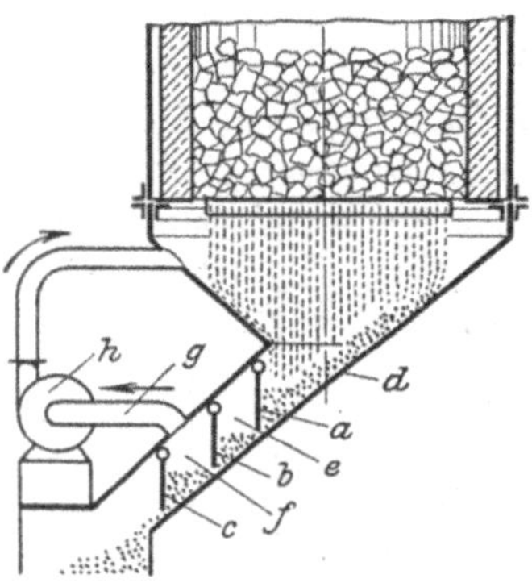

Abb. 239. Abzugsverschluß mit Rückführung der Luft.

Entsprechende Ausführungen, die vornehmlich bei den Zementschachtöfen eine besondere Ausbildung fanden, sind schon in früheren Abbildungen gezeigt, so z. B. Abb. 138 und 223.

Das erste Patent nahm *Solvay*, indem er im Absatz 3 (S. 432) die Druckluftzuführung vorsieht, wenn natürlicher Zug nicht genügt.

G. Polysius, Dessau (D. R. P. 314 308/1916) sieht drei hintereinanderliegende Abschlußglieder *a b c* nach Abb. 239 vor, dadurch gekennzeichnet, daß in der Auslaufschurre *d* für das Gut durch gesteuerte Klappen *a b c* oder Schieber zwei Räume *e* und *f* gebildet sind, von denen der untere *f* mit der Saugleitung *g* eines Luftsaugers *h* verbunden ist, der den Staub in eine Staubkammer bläst oder zur Beschickung des Ofens mit Druckluft dient.

Gebr. Pfeiffer Barbarossawerke, Kaiserslautern, erhielten das D. R. P. 315 696/1919 auf Verfahren und Vorrichtung zur Verhütung von Staubbildung beim Entleeren von Schachtöfen, 1. dadurch gekennzeichnet, daß in den das Brenngut aufnehmenden Entleerungstrichter Druckluft injektorartig eingeblasen wird, so daß in der Auslaßmündung des Entleerungstrichters Außenluft angesaugt wird. — 2. Vorrichtung zur Ausführung des Verfahrens nach 1, dadurch gekennzeichnet, daß mitten im Auslaß des Entleerungstrichters (*a*, Abb. 240) eine Druckluft zuführende Düse (*b*) mit oder ohne darüber befindlichem, feststehendem oder verstellbarem Streukegel (*c*) angeordnet ist. — 3. Vorrichtung zur Ausführung des Verfahrens nach 1, dadurch gekennzeichnet, daß seitlich im Auslaßstutzen des Entleerungstrichters eine oder mehrere Düsen (*b*) mit darüber befindlichen Schutzflächen (*d*) angeordnet sind. — Der Vorteil dieser Ausführung besteht in der wesentlichen Vergrößerung des Austrittsquerschnittes für das Brenngut. Anstatt die Preßluft durch mehrere Düsen austreten zu lassen, kann man sie auch durch einen kegelförmig gestalteten Ringschlitz in den Entleerungstrichter einführen. Die Windkammer wird hierbei von einem ausgebauchten Mantelkörper und einem, im Innern dieses Mantelkörpers befindlichen, in der Höhenlage verschiebbaren Hohlzylinder gebildet. Infolge dieser Verschiebbarkeit des Hohlzylinders, durch Anbringung von Langlochschrauben, ist es möglich, nach Belieben einen größeren oder kleineren ringförmigen Austrittsquerschnitt für die Preßluft zu schaffen und so Luftpressung, Luftmenge und Saugwirkung zu regeln.

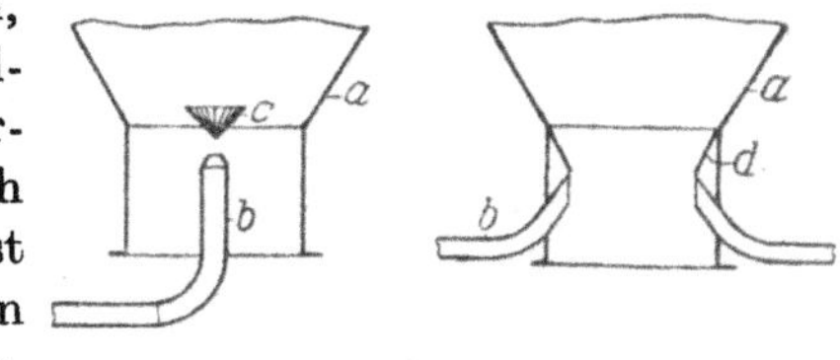

Abb. 240. Injektorartige Druckluftzuführung zwecks Verhütung der Staubbildung.

Die Entleerungsvorrichtung nach Abb. 230 des *Grusonwerkes* zeigt die Abb. 241 in Ansicht. Der Abschluß erfolgt durch einen unterhalb des Rostes angebrachten, luftdicht gegen das Ofenmauerwerk abgeschlossenen Sammeltrichter, der mit einer selbsttätigen Vorrichtung (D. R. P. 329 284 und 345 340/41/1918) zur Entnahme der Klinker versehen ist. Diese besteht aus einem mechanisch hin und her bewegten Schubwagen, dessen Bewegung von selbst aussetzt, sobald die als Staubfilter dienende Kalksäule im Entnahmeschacht unter eine bestimmte Höhe sinkt. — Die durch die Bewegung des Schubwagens verursachte Staubentwicklung wird mit Hilfe eines Entstaubungsventilators beseitigt. Dieser wird zweckmäßig an eine Staubkammer angeschlossen.

Abb. 241. Entleerungsvorrichtung des *Grusonwerkes.*

Die Abb. 242 läßt die Ausführung *Curt von Gruebers*, Berlin, erkennen, nach dem D. R. P. 305 207/1917. — Durch die Entleerungsrinne gelangt das zu entfernende Gut in den Zwischenkasten, der mit zwei Klappen versehen ist, von denen die erstere den Eintritt des Gutes in den Kasten, die zweite den Austritt des Gutes aus dem Kasten regelt. Um zu verhindern, daß Stücke sich zwischen den Dichtungsflächen der Klappen festsetzen, sind diese kübelartig gestaltet und derart angeordnet, daß der Dichtungsrand der Klappen außerhalb des Bereiches liegt, in welchen Gut von selbst gelangen kann, indem es von der Entleerungsöffnung aus sich unter seinem Böschungswinkel lagert. Zur sicheren Erfüllung dieses Zweckes ist die Rinne mit einer Verlängerung versehen.

Infolge der Bauart kann an der Verschlußfläche der meisten Entleerungseinrichtungen kein Dichtungsring aus elastischem Stoff vorgesehen werden. Das hat zur Folge, daß sich die ebenen Flächen der Verschlußklappen nicht vollkommen gegen die Flächen des Auslaufs legen können, weil jedes kleine Körnchen des abzuziehenden Brenngutes, welches dazwischen gerät, einen staubdichten Abschluß unmöglich macht. Diesem Übelstand soll das D. R. P. 342 945/1920 von *Otto Ködder & Co.*, Schönebeck, abhelfen. Die Dichtungsflächen des Auslaufs nach Abb. 243a sind trichterartig nach außen gezogen, so daß das abzuziehende feste Gut infolge der Schwerkraft senkrecht in die Verschlußkapselklappe f_1 fällt und infolge deren halbkugelförmiger Form sich zunächst nur in der tiefsten Muldenstelle sammelt. Es sind zwei Verschlußklappen f_1 und f_2 übereinanderliegend vorgesehen, von denen die untere Klappe f_2 den Füllraum g abschließt. Die Dichtungslinie der Kapselklappe hat sich aber, bevor sich weitere feste Körper in demselben auftürmen, bereits gegen die mit einem Dichtungsring aus Gummi oder Asbest versehene Dichtungslinie b des Auslaufs gelegt. Den festen Körpern ist die Möglichkeit genommen, zwischen die Dichtungsflächen zu gelangen. Das Öffnen und Schließen der zwei Kapselklappen f_1 und f_2 geschieht selbsttätig derart, daß

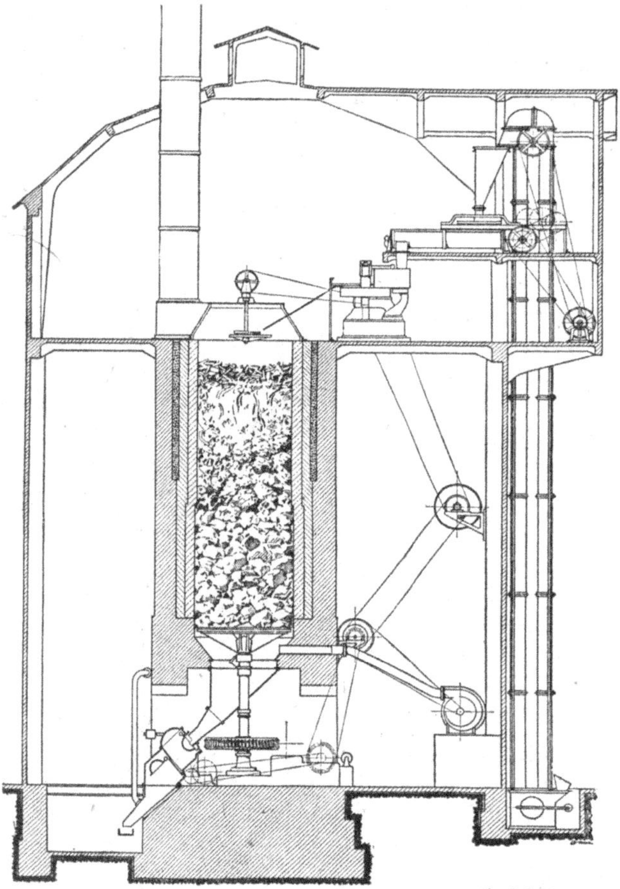

Abb. 242. Drehrostofen (D. R. P.) von *Curt von Grueber A.-G.*, Berlin-Teltow.

abwechselnd je eine Schubstange die Klappe schließt und diese, nachdem der Abschluß bewirkt ist, von einem Sperrhaken *d* festgehalten wird. Beim Zurückgehen der Schubstange bewirkt ein Hebelwerk des Auslösen des Sperrhakens. Die Klappe öffnet sich und entleert den darüberliegenden Inhalt in die kurz zuvor geschlossene, darüberliegende Füllkammer *g*. Letztere leert sich dann genau so in die darunterliegende Fördereinrichtung, wenn die obere Kapselklappe f_1 geschlossen ist. Der Patentanspruch lautet: Selbsttätig sich schließende und öffnende Doppelkapselklappe zum staublosen Entleeren von festen und pulverförmigen Körpern aus unter Druck stehenden Behältern, dadurch gekennzeichnet, daß zwei kugelförmige Kapseln durch zwei Schubstangen, abwechselnd die eine oder andere, gegen einen schalltrichterartig erweiternden Auslaufstutzen gedrückt werden, dessen größter Kreis außen einen elastischen Dichtungsring trägt.

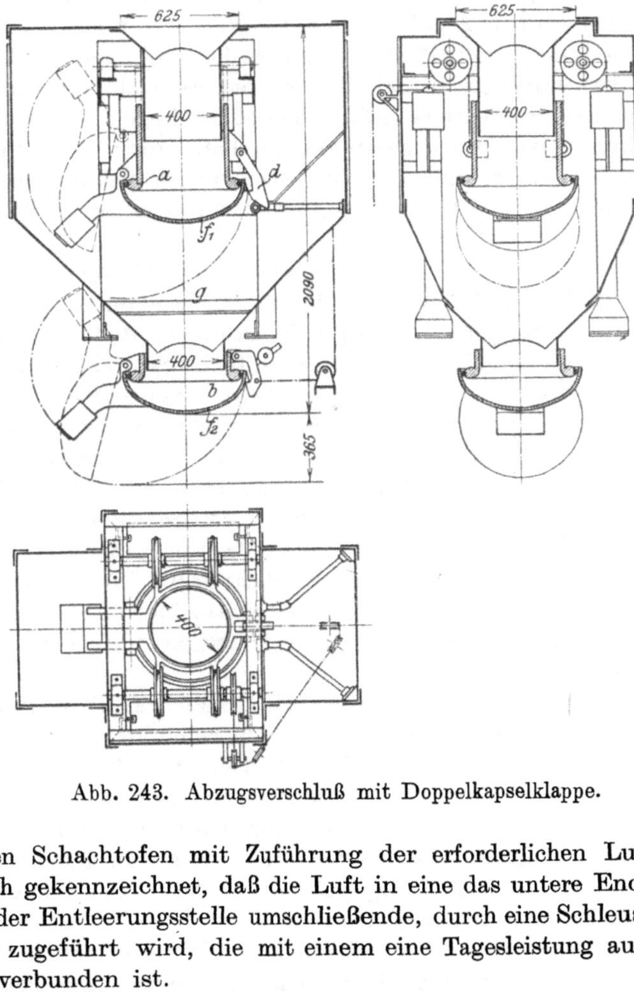

Abb. 243. Abzugsverschluß mit Doppelkapselklappe.

Heinrich Koppers (D. R. P. 344 366/1919) nahm noch den Patentanspruch 2 zum 1. (s. S. 231) auf einen Schachtofen mit Zuführung der erforderlichen Luft unter Druck, dadurch gekennzeichnet, daß die Luft in eine das untere Ende des Schachtes samt der Entleerungsstelle umschließende, durch eine Schleuse befahrbare Kammer zugeführt wird, die mit einem eine Tagesleistung aufnehmenden Bunker verbunden ist.

Die technischen Schwierigkeiten sind verhältnismäßig groß. Die Verschlüsse sollen gegen Druckluft bis 500 mm WS abdichten, trotzdem die Dichtungsstellen dem feinen, scharfen Kalkstaub ausgesetzt sind. Fast immer werden Zwischenkammern (Schleusen) mit Doppelverschlüssen vorgesehen. Die in der Zwischenkammer befindliche Luft wird nach der Öffnung der Außenschleuse sich ausdehnen und Staub aufwirbeln.

Um den Druck auf die Austragvorrichtung zu verringern, ist beim „Taifun“-Ofen nach Abb. 221 die Druckluftzuführung in den oberen Teil der Kühlzone verlegt. Um dabei die Druckluft gut zu verteilen, zweigen von einem stärkeren Ringrohr nach Abb. 137 engere Rohre tangential ab. Ohne Zweifel wird dadurch eine sehr gute und gleichmäßige Zuführung der Verbrennungsluft über den ganzen Ofenumfang erreicht. Überhaupt ist für derartige Zwecke der tangentiale Anschluß nützlich. Man wird aber damit nicht die Luftzufuhr zum Inneren des Ofenquerschnittes fördern, weil die Tangentialströme auch außen weiter spiral umlaufen würden, wenn der Schacht nicht gefüllt ist. Er ist aber im Betriebe gefüllt, so daß die Luft nicht in die Ofenmitte dringen kann. Man wird deshalb mit der Luftzufuhr von unten Besseres erzielen, auch dadurch, daß dann der Kalk besser gekühlt, seine Wärme dem Ofen vollkommener erhalten bleibt durch stärkere Vorwärmung der Luft.

118. Besondere Ausführungsformen.

Fellner & Ziegler, Frankfurt a. M., besitzen ein Verfahren zum Brennen von Zement im selbsttätigen Schachtofen, dadurch gekennzeichnet, daß in dem unter Druck stehenden Auslauftrichter durch Streudüsen, Brausen od. dgl. Wasser oder eine andere Flüssigkeit zerstäubt wird. — Diese verhindert das Herausdringen von Staub durch undichte Stellen oder durch die Abschlußvorrichtung, da der feine Staub durch die Flüssigkeit niedergeschlagen wird. Der Flüssigkeitsstaub löscht ferner die nicht vollständig gesinterten Stücke ab; die dadurch entstehende Bildungswärme wird, da das Luft-Dampfgemisch in den Ofen gedrückt wird, dem Brennprozeß nutzbar gemacht. Durch die für die Dampfbereitung erforderliche große Wärmemenge werden die heißen Klinker schnell abgekühlt, so daß eine kleinere Abkühlungszone benötigt wird, auch wird der Rost durch die Flüssigkeit stets kühl gehalten. (D. R. P. 320 734/1918.)

Arno Andreas, Münster i. W., erhielt das D. R. P. 338 413/1919 auf eine umlaufende Entleerungstrommel für Schachtöfen zum Brennen von Zement u. dgl. gemäß D. R. P. 337 622, dadurch gekennzeichnet, daß im Gehäuse metallene Schließleisten *8* (Abb. 244) vorgesehen sind, die durch Stellschrauben (*9*) oder Federn (*10*) gegen die Trommelwand gepreßt werden. — Solche metallene Schließleisten sollen der Hitze und schmirgelnden Wirkung standhalten und können leicht ausgewechselt werden. Drei weitere Ansprüche sind in der Patentschrift angegeben.

Desselben D. R. P. 345 027/1920 (als Zusatzpatent zu 337 622) ist dadurch gekennzeichnet, daß die Schließleisten durch eine oder mehrere von außen durch die Gehäusewand hindurchgeführte, mechanisch angepreßte Schleifbleche ersetzt sind. — Der Vorteil der dünnen Schleifbleche gegenüber den vollen Dichtungsleisten besteht darin, daß durch die kleinere aufliegende Fläche der Verschleiß des Kübels verringert wird. Vier weitere Ansprüche nebst Zeichnung in der Patentschrift.

Will man gelöschten Kalk herstellen, dann wird man die Löschtrommel möglichst nahe an den Ofen rücken, um geringe Zwischentransporte nötig zu haben. Dann könnte man schließlich vom Ofen den Kalk unmittelbar in die Trommel fallen lassen. Verschließt man dann den Ofen unten, dann treten die beim Ablöschen sich bildenden Wasserdämpfe in den Ofen und erfüllen den Zweck, den *Westphal* durch besonderes Einblasen von Dampf erzielen will, zwecks Rückgewinnung der Hydrationswärme, wie ich dies schon eingehend auf Seite 49 beschrieb. Man würde dadurch an Transport viel ersparen und auch Brennstoff durch die teilweise Rückgewinnung der Hydrationswärme. Man vermeidet auch die starke Belästigung der Arbeiter durch den Kalkhydratstaub, der sich bei *Westphals* Anordnung so unangenehm bemerkbar machte. Dann müßte man aber die Kühlzone des Schachtes fortfallen lassen und an deren Stelle schon die Löschtrommel in entsprechender Form treten lassen. Anderenfalls würde der im Kühlschacht sich löschende Kalk zusammensinken und der ganze Ofeninhalt nachfallen. Einfach wird die Sache aber nicht sein.

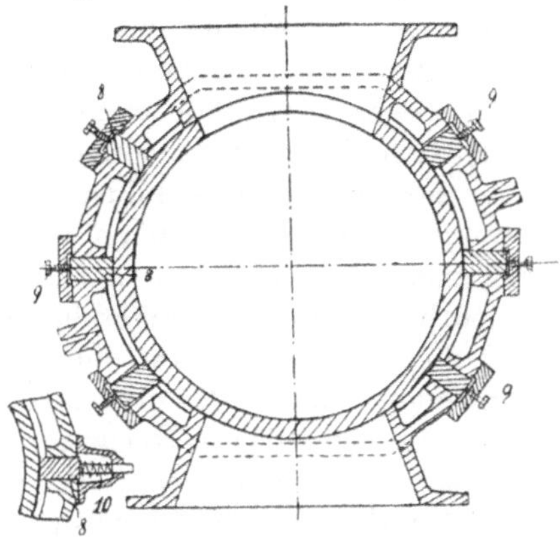

Abb. 244. Entleerungstrommel.

S. Der Kalkofenbetrieb.

In den meisten Fällen wird der Kalkofen noch rein erfahrungsgemäß betrieben. Auch mit schlechten, ungeeigneten Öfen wird von langjährig geübten Bedienungsleuten oft Vorzügliches geleistet. Dann besteht fast immer eine große Abhängigkeit der Werksleitung von den Arbeitern.

Aber ebensohäufig werden mit guten Öfen sehr schlechte Ergebnisse erzielt, welche die Wirtschaftlichkeit des Werkes und die Gesamtvolkswirtschaft arg schädigen. Die theoretische Erkenntnis in der Praxis anzuwenden erfordert scharfe Beobachtung. — „Beobachtung ist alles!" — Zur Unterstützung sind Meßvorrichtungen erforderlich. Diese richtig zu benützen, ist für das Ergebnis von grundlegender Bedeutung, so daß man häufig ohne fachkundige Hilfe von Ingenieuren und Chemikern so lange nicht auskommt, als bis die Anwendung dieser Meßvorrichtungen, die unsere Sinne schärfen und ergänzen sollen, Gemeingut geworden ist.

119. Die Inbetriebsetzung.

Die Inbetriebsetzung der Kalköfen mit Gasfeuerung bereitet keine großen Schwierigkeiten in bezug auf den eigentlichen Kalkofen, weil man nach der Füllung des Schachtes mit Kalksteinen einfach die Feuerung anzündet und erst dann mit dem Ziehen des Kalkes beginnt, wenn die Steine genügend lange in Glut erhalten wurden.

Beim Betrieb der Gaserzeuger (s. S. 157) ist darauf zu achten, daß sich über dieser Brennstoffschicht keine Flamme befindet, das Gas soll hell und durchsichtig sein. Öffnet man ein dort befindliches Schauloch, so strömt Luft ein und um den Rand bildet sich eine bläuliche Flamme, wenn die Gase gut brennbar sind. Im anderen Falle ist die Rückwandlung zu CO zu unvollkommen, die schlechten sind trübe, bräunlichgrau und enthalten zuviel CO_2. Natürlich sind die Gase ständig chemisch zu prüfen. Man darf sich nicht nur auf die Schlußergebnisse der Verbrennung, also die Untersuchung der abziehenden Kalkofen-Gichtgase beschränken, sondern muß auch die Zwischengase, die eigentlichen Heizgase, überwachen.

Bald nach der Inbetriebsetzung von Gaserzeugern setzen sich in den Zug- und Ringkanälen des Ofens oft dicke Krusten von Teer und Ruß an ihren Wandungen fest, die, um einen regelrechten Betrieb aufrechtzuerhalten, entweder mit langen Kratzern beseitigt (was sehr mühselig ist) oder ausgebrannt werden müssen (durch Ausbrennen der Gaskanäle bilden sich jedoch leicht Mauerrisse). Die weiteren Reinigungen waren meistens erst nach viel längerer Zeit erforderlich und nicht so mühevoll und benötigten auch kürzere Zeit. Erklärung für diese Einrichtung gibt in dem Aufsatze „Über chemische Vorgänge in Generatorkanälen“ *E. Schamatolla* (Chem.-Ztg., 28. März 1914, Nr. 38): Die Kanalwandungen, die nach der Inbetriebsetzung des Ofens noch kalt sind, begünstigen die Kondensation der teerartigen Bestandteile der Heizgase, an denen sich dann Ruß absetzt. Bei etwa 450° Temperatur wirkt das Kohlenoxyd des Heizgases auf den an den Wänden der Kanäle haftenden Ruß nach der Formel:

$$2\,CO + C = CO_2 + 2\,C\,. \qquad (107)$$

Das ist eine in doppelter Hinsicht ungünstige Rückbildung, denn sie vermehrt die Rußabscheidung und verwandelt einen Teil des brennenden Gases in ein unverbrennbares, die spätere Verbrennung noch obendrein belastendes Gas. Nach Entfernung der Rußkruste bei der späteren Reinigung der Kanäle werden die Kanalwände schnell heiß, und es findet dann eine andere Umwandlung statt; bei 700 bis 800° wirkt die im Generatorgas enthaltene Kohlensäure auf den Ruß nach folgender Gleichung:

$$CO_2 + C = 2\,CO\,. \qquad (107\,a)$$

Dieser Vorgang trägt nicht nur zur Reinigung der Kanäle, sondern auch zur Anreicherung des Generatorgases mit brennbaren Gasen bei. Der noch zurückbleibende graphitartige Rückstand läßt sich dann leicht mechanisch entfernen. Ein mäßig starker angebrannter Rußbelag der Ringkanäle war übrigens der besseren Wärmehaltung und Dichtheit der Kanalwände und deren Sohle wegen für den Gaserzeugerbetrieb nur vorteilhaft.

Das Verfahren von *Franz Müller*, Elbingerode (D. R. P. 320 283/1916) zum Reinigen der Gaskanäle ist dadurch gekennzeichnet, daß der zu reinigende Teil der Kanäle von der Gaszuströmung abgesperrt (z. B. durch Schieber *a* nach Abb. 245) und in denselben frische Luft eingelassen wird (durch *b*), so daß eine Explosion erfolgt, die die Ablagerungen heraustreibt.

Beim Anheizen des Mischschachtofens muß man besondere Vorsichtsmaßregeln beachten. *C. Kulmiz*, Saarau, gibt hierfür folgende Vorschriften:

„Vor der Inbetriebsetzung eines neuen Kalkofens ist zu untersuchen, ob der Ofen genügend trocken ist. Ist dies der Fall, so muß an der Kalkabzugsöffnung des Ofens 4 bis 6 Tage ein schwaches Feuer unterhalten werden. Hierbei müssen die Stockerlöcher sowie der Fülltrichter offengehalten werden, damit die Luft frei austreten kann. Nun werden zuerst unten im Ofen im Kreise etwa 1 m lange Holzscheite aufgestellt und dann von oben Holzspäne und zuletzt Hackspäne etwa 0,5 m hoch aufgegeben. Damit die Holzscheite nicht auseinanderfallen können, werden sie mit einem starken Draht umschlungen. Auch dürfen die Scheite nicht dicht stehen, sondern sollen 1 cm Zwischenraum haben, damit die Luft durchziehen kann. Auf die Späne wird dann Kleinholz gegeben, bis zur Füllung des Abkühlungskonus. Hierauf kommen 250 bis 300 kg Koks, dann eine Mischung von 400 kg Kalkstein und 65 kg Koks, dann 400 kg Kalkstein mit 55 kg Koks und so fort, je 400 kg Kalksteine mit 45 kg, 40 kg und 35 kg Koks. Von nun an wird der Ofen bis oben hin normal beschickt und bestimmt sich die Mischung von Kalkstein und Koks nach deren Güte. Gewöhnlich nimmt man auf 400 kg Kalkstein 35 bis 45 kg Koks. Kalksteine und Koks sollen nicht zu groß sein; man verwendet am zweckmäßigsten Kalksteine in Kindskopfgröße und gebrochenen Koks nicht über Faustgröße hinaus. Nachdem der Ofen so gefüllt ist, werden die Stockerlöcher und der Einfüllkonus geschlossen, dagegen der Schornstein geöffnet und die Hobelspäne angezündet. Hierbei darf die Kohlensäurepumpe noch nicht arbeiten. Sinkt die obere Krone, so muß oben neu aufgegeben werden. Nach 24stündigem Brennen wird die Kohlensäurepumpe angestellt, nach ungefähr 36 Stunden kann der erste gare Kalk abgezogen werden. Der Kalkofen soll daher höchstens 2 Tage vor der Fabrikinbetriebsetzung angezündet werden.“

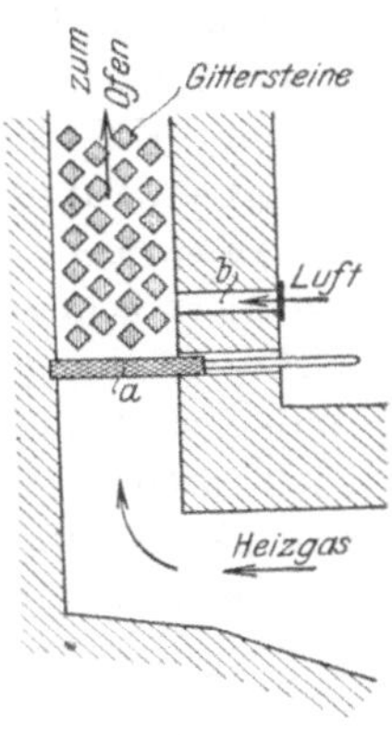

Abb. 245. Einrichtung zum Reinigen der Gaskanäle.

Bei Beachtung dieser Vorschrift habe ich aber festgestellt, daß man besser tut, wenn die Kohlensäurepumpe sofort beim Anzünden in Betrieb gesetzt wird. Im kalten Ofen herrscht kein genügend aufsteigender Zug, die schnellbrennenden Späne und das Holz erzeugen eine solche Menge Rauchgase, die nicht durch den Ofen abziehen können und deshalb unten austreten und die ganze Umgebung verqualmen. Für Kalköfen ohne Gaspumpe hat sich die in den *Stettiner Kalksteinwerken* in Klemmen (Tonind.-Ztg. 1907, 31. Jahrg., S. 796) benützte Art bewährt. Man setzt dort beim Beschicken ein Holzrohr mit ein, welches mit Petroleum getränkt und mit Holzwolle gefüllt wird. Zündet man dieses oben an, so wandert die Flamme von selbst nach unten und bringt den Ofen gleichmäßig in Brand.

Bei natürlichem Zug ist es für die glatte Inbetriebsetzung des Kalkofens wichtig, daß der Schornstein genügend erwärmt wird; besonders beim flachen Kanal des Ringofens tritt sonst eine starke hinschleichende Verzögerung ein. Im Schornsteinsockel müssen große Lockfeuer, unter vorläufiger Abdroßlung unnötiger Luft, so lange unterhalten werden, bis sich der Schornstein gründlich auf 100 bis 150 ° durchgewärmt hat. In der Zwischenzeit ist der Ofenkanal ordnungsgemäß mit Kalksteinen gefüllt. Die Feuer in der Brennzone werden aber erst dann entzündet, wenn der Schornstein den üblichen Zug von z. B. 15 mm WS entwickelt. Innerhalb des Ofens zündet man ein Vorfeuer aus leicht entflammbarem Holz an, um die Kalksteine der ersten Kammer erst vorzuwärmen. Dann erst beginnt man mit dem Beschütten von oben. Dabei befeuert man zu Anfang die Heizlöcher der Vorwärmezone, die sich nahe des Schornsteinzuges befinden, damit die Gase sich nicht unter 150° abkühlen, bevor sie zum Schornstein gelangen. Anderenfalls würde der Schornsteinzug sich wieder vermindern. Mit dem Steigen der Abgastemperatur legt man die Feuer immer mehr zurück, bis zum üblichen Vollfeuer.

Beim Ringofen muß man mit folgenden Anheizzeiten rechnen:

Die Anheizung des Schornsteines erfordert	1 bis 2 Tage
Die Unterhaltung der Schmauchfeuer in der Vorwärmezone erfordert auch	1 „ 2 „
Beheizung der ersten Kammer in der Brennzone bis zur Erreichung der Glut	2 „ 3 „
Die erste Kammer ist fertig gebrannt in	1 „ 2 „
Der gewöhnliche Ofenbetrieb kann aufgenommen werden in	5 bis 9 Tagen

Bis dahin muß man häufig das Lockfeuer unter dem Schornstein unterhalten. Es ist deshalb nützlich, eine geeignete Feuerung hier vorzusehen.

Beim Beginn der Steineinfüllung in den Schachtofen fallen die Steine die ganze Höhe herunter, also mit bedeutender Wucht, fliegen seitlich und können das Futter beschädigen. Deshalb sei man hier vorsichtig und verwende anfangs kleinere Steine, die beim Aufschlagen nicht so große Massenkräfte freigeben. *Lee H. Roberts* empfiehlt deshalb im amerikanischen Patent 13 154/1901 über den Schachtmantel verteilte, verschließbare Öffnungen, Luken, durch die die Steine ohne große Wurfhöhe eingefüllt werden können. Für Öfen, die nicht dauernd im Betriebe sind, sondern häufig kaltgelegt werden müssen, sind diese Luken nützlich. Wenn man die unteren dann noch wie beim Rüdersdorfer Schachtofen als Feuerraum ausbildet, mit Roststäben und Aschenfall versieht, dann kann man auch jederzeit den gefüllten, kaltgestellten Ofen durch diese Außenfeuer wieder anheizen.

120. Der Dauerbetrieb.

Ist der Ofen im Gange, dann muß man nun für gleichmäßigen Weiterbetrieb sorgen. Der Kalk soll dort, wo es von Hand geschieht, möglichst sorgfältig gezogen und oben immer wieder die Gicht nachgefüllt werden, möglichst alle 2 bis 3 Stunden. Dann bleibt die Füllung in ständigem Fluß, was, wie schon an verschiedenen Stellen erläutert, für den guten wirtschaftlichen Betrieb nützlich ist.

Der Debro-Gichten-Kontrollapparat nach Abb. 246 gestattet die Feststellung der Zeit und Dauer einer jeden Ofenbegichtung. Dieser Apparat bietet eine gute Überwachung der Bedienung des Kalkofens, indem er nicht

Abb. 246. Gichten-Überwachungsgerät.

nur die Zeit einer jeden Beschickung, sondern auch die Dauer der Öffnung des Gichtverschlusses auf einem Diagramm aufzeichnet. Der Betrieb erfolgt elektromechanisch. Der Apparat besteht aus der, durch ein Uhrwerk in 24 Stunden einmal gedrehten Diagrammtrommel, auf der eine Schreibfeder die auf der Abbildung des Diagramms sichtbaren Aufzeichnungen vornimmt. Diese Schreibfeder wird durch ein zweites Uhrwerk betätigt, und zwar in der Weise, daß ein am Gichtverschluß angebrachter Kontakt bei jedesmaligem Öffnen desselben einen Stromkreis schließt, der einen Elektromagneten erregt. Dieser schaltet ein von dem Uhrwerk angetriebenes Treibrädchen in ein Zahnsegment, welches die Schreibfeder mit einer Geschwindigkeit von 1 mm/Sek anhebt. Die Länge der so aufgeschriebenen senkrechten Linie in Millimeter stellt die Dauer der Öffnung des Gichtverschlusses in Sekunden dar. Die verkleinerte Wiedergabe des Diagramms nach Abb. 247 von 120 mm Höhe und 470 mm Länge läßt die Übersichtlichkeit dieser Kontrolle deutlich erkennen. Die Zahl der sämtlichen Begichtungen in einer Betriebszeit ist ebenso unwiderlegbar festgestellt, als die genaue Dauer einer jeden. Sollte die Dauer einer Begichtung 2 Minuten überschreiten, so schreibt die Feder am oberen Rande des Diagramms weiter, so daß auch in diesem Falle die Begichtungsdauer feststellbar ist. — Der Apparat ist in einem mit Glasscheiben versehenen Kasten aus lackiertem Eisenblech eingebaut und so gegen Staub und Verunreinigung geschützt.

Nach dem D. R. P. 291 573/1915 wird in den Zulaufschacht *a* nach Abb. 247 eine Kette *b* angebracht, die von der niedergehenden Gicht mitgenommen wird und die Zeit und Dauer auf einem Uhrwerk *c* anzeigt.

Auf der Abb. 248 ist links noch eine Einrichtung angegeben, die einen Klingelkontakt schließt, wenn sich der Füllschacht zu weit entleert und der Daumen *d* nicht mehr heruntergedrückt wird.

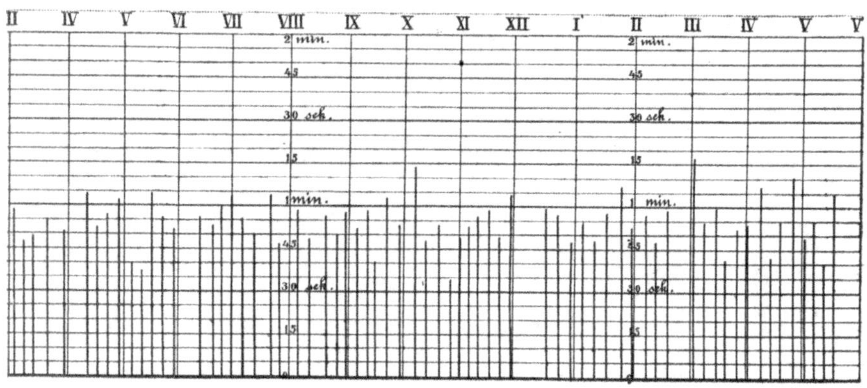

Abb. 247. Diagramme des Gichten-Überwachungsgerätes.

Hier sei daran erinnert, daß bei der Ofenform im Abschnitt 68 beim Niedergang ein Entmischen zwischen Koks und Kalkstein nicht eintrat, beide liegen fest nebeneinander. Es ist ein Irrtum, zu glauben, daß die spezifisch leichteren Koksstücke zurückbleiben und die schwereren Steinstücke vorgleiten, wie man diese Ansicht häufig hört. In der Füllung selbst, wo sich die Stücke gegenseitig umschließen, gegenseitig in den Zwischenräumen lagern, ist dies nicht möglich. Wohl aber, wie im Abschnitt 111 angegeben, beim Einfüllen, wenn die Koksstücke noch locker obenauf liegen. Mildern kann man diesen Übelstand dadurch etwas, daß man den Koks gut untergemischt gleichzeitig mit den Steinen einfüllt. Dann wird man die Entmischung bei der Gichtung erschweren und gleichmäßigeren Ofengang erzielen. Es ist falsch, erst die ganze, für eine Begichtung notwendige Steinmenge und darauf den Koks einzufüllen.

Wichtig ist es auch, darauf zu achten, daß immer Kalkstein und Koks im richtigen Gewichtsverhältnis zueinander eingefüllt werden, so wie es sich bei dem betreffenden Ofen am besten herausgestellt hat. Am besten ist es, jede Füllung an Steinen und Koks zu wiegen. Das Wiegen ist aber bei vielen

Anlagen schwierig. Dann soll man die Gewichte der Wageninhalte bestimmen und anweisen, daß soundso viel gleichmäßig mit Kalksteinen gefüllte Wagen für eine Begichtung anzuwenden sind. Häufige Prüfung schützt vor Störungen und unnötigem Koksverbrauch.

Der Ofen ist stets so zu füllen, daß er bis an den Einfülltrichter gefüllt ist. Je weniger voll der Ofen ist, um so weniger leistet er. Vor allen Dingen ist dann die Vorwärmezone zu klein, die Gase können ihre Wärme nicht genügend abgeben, sie verlassen den Ofen zu heiß. Eine unnütze Vergrößerung des Brennstoffverbrauches ist die Folge.

Man sorge für eine gleichmäßige Höhenlage und Länge der Brennzone. Durch die Schaufenster soll man die Glut des Ofens beobachten, um gargebrannten Kalk zu erzielen.

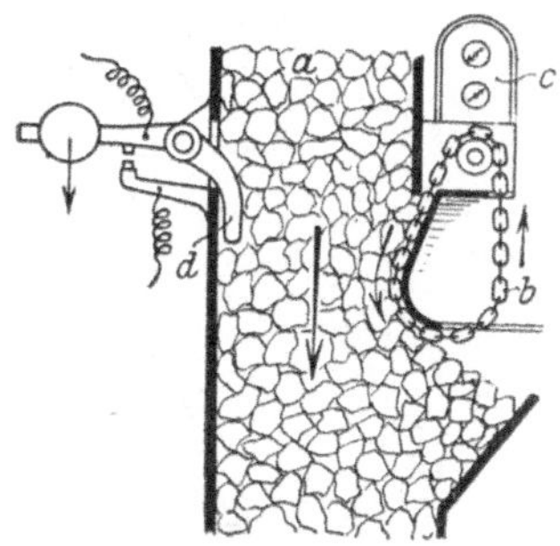

Abb. 248. Einrichtung zum Beobachten und Messen der niedersinkenden Gicht.

Der Brennstoffzusatz ist so zu regeln, daß in der Brennzone auch wirklich Weißglut herrscht.

Wird der Kalk einige Stunden in Weißglut erhalten, dann wird er auch durchgebrannt. Man kennt bei seinem Ofen, aus seinem Inhalt und der täglichen Kalkerzeugung den Gesamtaufenthalt der Steine im Ofen. Aus den Abb. 23 und 24 ersieht man dann das Verhältnis der Brennzeit zur Aufenthaltszeit und daraus die Ofenhöhe, die als Brennzone unter Weißglut zu halten ist. Bezeichnet man diese an den Fenstern, so hat man stets eine leichte Kontrolle über den richtigen Stand des Feuers. Sind diese mit durchsichtigen Glimmerplatten versehen, dann kann man auch aus einiger Entfernung leicht diese Überwachung ausüben.

Auch am Setzen des Ofeninhaltes kann man auf das gleichmäßige Durchbrennen schließen. Durch den Verlust der CO_2 und das Verbrennen des Kokses vermindert sich das Volumen der Füllung. Wenn die Glut zu hoch steigt, so ist entweder mehr Kalk abzuziehen und sind mehr Steine nachzufüllen oder Gasabzug zu vermindern und die Korngröße des Kokses zu vergrößern. Was am nützlichsten ist, muß von Fall zu Fall entschieden werden. Die Wirkung der verschiedenen Maßnahmen ist aus den vorstehenden Abschnitten klar zu erkennen. Benötigt man z. B. eine bestimmte Menge Gas und Kalk, und füllt zu kleine Koksstückchen ein, dann verbrennen diese zu schnell, entwickeln zu lebhaftes Feuer, und die Glut steigt unaufhaltsam höher und höher. In diesem Falle muß man größere Koksstücke beimischen, immer mehr in solcher Menge, bis das Feuer an der gewünschten Stelle zu halten ist. Werden aber einige Koksstücke unverbrannt gezogen, so waren sie eben zu groß, sie konnten in der Kalkbrennzeit nicht verbrennen.

Es ist immer wieder gelegentlich zu prüfen, ob das Feuer schief geht. Die Ursachen der einseitigen Begichtung habe ich schon S. 411 geschildert, die dementsprechend auch behoben werden können. Das Schiefstellen des Feuers wird auch durch einseitige Windrichtung bei freistehendem Ofen und bei in Gebäuden stehenden durch einseitigen Zug von Fenstern oder Türen verursacht. Der Wind oder der Zug von einer offenen Gebäudetür drückt einseitig auf den Ofen und erleichtert im Innern desselben den einseitigen Auftrieb. Macht sich ein solches Schiefgehen des Ofenfeuers an den Beobachtungsfenstern bemerkbar, dann muß in geeigneter Weise der einseitige Zug am unteren Kalkabzug ferngehalten werden. — In welcher Weise ungenügender Wärmeschutz oder abgebranntes Feuerkleid das einseitige Feuer beeinflussen, ist schon auf S. 117 erwähnt.

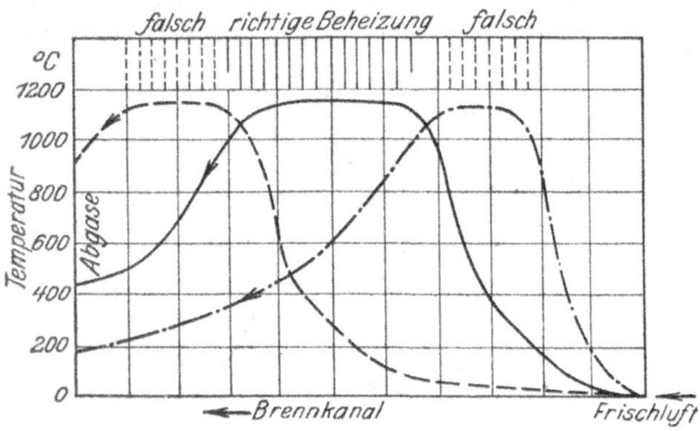

Abb. 249. Temperaturverlauf im Ringofen bei falscher und richtiger Beheizung.

Im Ringofen ist besonders darauf zu achten, daß die Brennzone die richtige Lage und Länge erhält, wie diese sich aus der Größe der eingesetzten Kalksteine und der daraus ergebenden verhältnismäßigen Länge der Vorwärme-, Brenn- und Kühlzone ergibt. Hier bietet die Temperaturmessung der Gase einen wertvollen Maßstab. Die Abb. 249 zeigt unter Benutzung der Abb. 47 schematisch die Temperaturlinie:

——— bei richtigem Dauerbetrieb;

— — — bei zu starker Beheizung des Vorfeuers, so daß die Gase nicht genügend abgekühlt oder bei stark gasenden Brennstoffen sogar unverbrannt den Brennkanal verlassen; dann raucht der Schornstein;

—·—·— bei zu starker Beheizung der Nachglut werden die gebrannten Steine nicht genügend gekühlt; um die heißen Kammern entleeren zu können, müssen große Mengen überschüssiger Luft durch den Ofen gejagt werden; stark kokende Brennstoffe können in der kurzen Nachglut nicht genügend abbrennen, Koks wird unverbrannt gezogen.

Bei allen Änderungen in der Betriebsweise bedenke man wohl, daß sie erst nach längerer Zeit den Ofengang beeinflussen. Erst nach Stunden macht sich ihr Einfluß bemerkbar. Mit größter Ruhe muß man deshalb Änderungen vornehmen, mit noch größerer Ruhe ihre Wirkung abwarten. Anderenfalls kommt der Ofen aus seinen gleichmäßigen Betrieb, und unangenehme Störungen sind die Folge.

Falsch ist die gelegentlich in manchen Fabriken geübte Maßnahme, zwecks Arbeitsersparnis den Ofen nur am Tage zu füllen, aber nicht des Nachts, während das Ziehen, dem Kalkverbrauch entsprechend, Tag und Nacht geschieht. Dann wird der Ofen sehr leer, das Feuer steigt bis an die Grenze der Steinfüllung, ungleichmäßige Vorwärmung der Verbrennungsluft unten und der Steine oben, ja dort schließlich gar nicht, weil nachts keine frischen aufgegeben, ist die Folge. Durch schnelle Zerstörung des Ofenfutters und größeren Koksverbrauch wird die Ersparnis an Arbeitern bei diesem ungleichmäßigen Betrieb erkauft. Wer Arbeitskräfte sparen will, soll nicht durch solch gekünstelten Betrieb dies zu erreichen suchen, sondern durch Anschaffung selbsttätiger Füll- und Entleerungsvorrichtungen.

Es ist ebenso falsch, die Zeiten für das Ziehen des Kalkes zu weit auseinanderzulegen. Erfolgt dies z. B. nach je 6 Stunden, dann ist der erste Kalk wohl kalt, aber die letzten sind rot bis weißglühend, weil sie ihre Wärme an die Verbrennungsluft nicht abgeben konnten. Mit wenigen Leuten öfter gezogen ist besser, als mit vielen Leuten selten; in beiden Fällen wird man die gleichen Arbeitslöhne aufwenden müssen, aber im ersteren Falle wirtschaftlicher arbeiten und den Ofen mehr schonen.

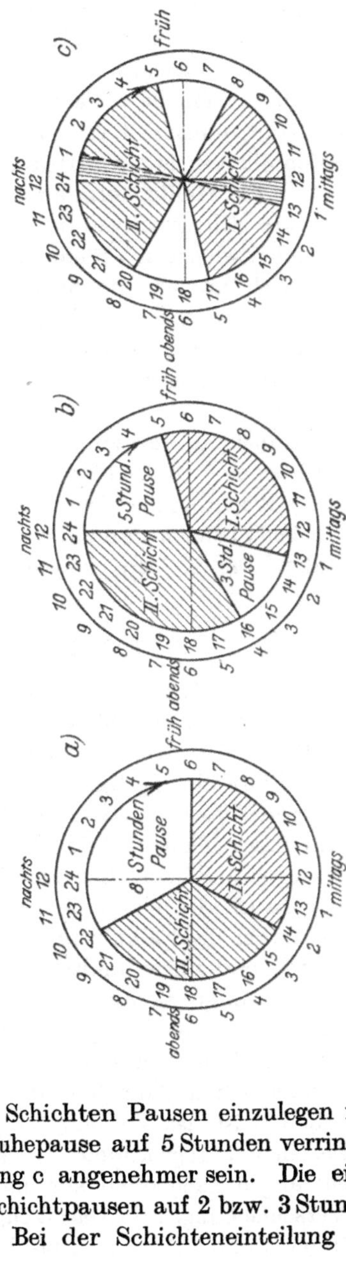

Abb. 250. Verteilung von zwei Arbeiterschichten auf 24 Stunden unter Einschaltung von Pausen.

Will man die durch die achtstündige Arbeitsschicht erzwungenen drei Schichten nicht einrichten, sondern will man nur mit zweien arbeiten, dann soll man diese so verteilen, daß möglichst geringe Pausen entstehen. Wähle ich die 24stündige Uhr, dann ergibt sich nach Abb. 250a bei der I. Schicht von 6 bis 14 (2 Uhr nachmittags) und der II. Schicht von 14 bis 22 (10 Uhr abends) eine viel zu lange ununterbrochene Ruhepause von 8 Stunden für den Ofen von 22 bis 6 Uhr früh. In dieser Zeit ist der Ofen sich selbst überlassen. Den ganzen Tag muß man dafür aufwenden, um den Ofen wieder in Ordnung zu bringen, um das zu hoch gegangene Feuer wieder herunterzubringen. Man muß es aber auch viel tiefer ziehen, als für einen regelmäßigen Betrieb erforderlich wäre, um eben zu verhindern, daß das Feuer in der Nacht nicht gar zu hoch wandert. Besser ist es, zwischen die Schichten Pausen einzulegen nach Abb. 250b. Dann würde die nächtliche Ruhepause auf 5 Stunden verringert. Für die Arbeiter dürfte aber die Einteilung c angenehmer sein. Die eingeschalteten Mittagspausen verringern die Schichtpausen auf 2 bzw. 3 Stunden, die der Ofen ohne Nachteil überwindet. Bei der Schichteneinteilung muß man sich auch teilweise nach den Arbeitern richten, damit diese rechtzeitig zur Arbeitsstelle gelangen können, wenn sie die Eisenbahn benützen müssen.

Andererseits können aber Kalkwerke zu verminderter Kalkerzeugung gezwungen werden, weil zeitweise der volle Absatz für die Kalkmenge, die der Ofen beim Einwurf großer Steine und Koks noch erzeugt, fehlt. Dann wird der Ofen nur am Tage betrieben. Nachts werden alle Öffnungen dicht geschlossen und verschmiert, die Gaspumpe, der Gasabzug abgestellt. Bei einem Ofen mit dickem Feuerkleid und starker Wärmeschutzschicht glühen Koks und Steine ruhig weiter, weil dann die Wärmeverluste so gering sind, daß der Ofeninhalt nicht stark abgekühlt wird. Man kann dadurch die Ofenleistung auf etwa die Hälfte vermindern. Ein Hochofen wurde auf diese Weise für 14 Monate stillgesetzt, wobei der Inhalt um 14 Gichten gesunken und nach 36 Stunden wieder in vollem Gange war. Aber wie bei jedem unregelmäßigen Ofenbetrieb entsteht ein höherer Koksverbrauch, der etwa 10 bis 20 Proz. beträgt. Bei solchem erhält man natürlich auch Gase von sehr schwankender Zusammensetzung, in denen Kohlenoxyd überwiegt, was nachteilig für die Weiterverwendung ist. Es ist hier das auf S. 285 über die Ofengase Gesagte zu beachten.

In Rübeland wurden die *Diez*schen Stufenofen nach Abb. 43 von Sonnabend abends 6 Uhr bis Montags früh 8 Uhr (1919) sich selbst überlassen und nur vom Wächter zeitweise etwas Kohle nachgefeuert. Von der ganzen Wochenzeit = 168 Stunden waren die Ofen 38 Stunden oder etwa ein Viertel der Zeit in Ruhe. Der Kohlenverbrauch wird dadurch sehr ungünstig beeinflußt.

121. Festsetzen des Ofeninhaltes.

Sollte der Ofeninhalt im Schachtofen zusammenbacken und festsitzen, so muß man vor allen Dingen die Ursachen zu ergründen suchen, z. B. den Einfluß des Feuerkleides nach Abschnitt G, S. 189, den Einfluß des Brennstoffes. Stark eisenhaltige Flugasche bleibt an dem Feuerkleid hängen, bildet mit dessen Kieselsäure Silicate, die in der Ofenglut schmelzen, herunterlaufen, die zur Silicatbildung nötige Kieselsäure dem Ofenfutter raubend und dieses schwächend und in der Kühlzone anbacken. Schmelzbarer, backender, aschenreicher Koks gibt zu ähnlichen Wirkungen Anlaß, besonders bei längerem Unterbrechen des Kalkabzuges. Ist der Kalkstein nicht genügend rein, sondern magnesia- und siliciumhaltig, so sintert er bei zu starkem Feuer zusammen. Füllt man dann weniger Koks nach und sorgt für schnellere Abkühlung, indem man größere Mengen kalte Luft durchsaugt, so zerbröckelt der Klotz, und wie im Zementbrennofen ist er dann leicht abzustoßen. Häufig fällt er dann auch schon allein herunter. In solchen Fällen mit Wassereinspritzung zu arbeiten ist das Verkehrteste, was man tun kann.

Durch gut angeordnete Stocker- oder Schaulöcher wird man leicht mit Eisenstangen nachhelfen können.

Verschlackungen im Gaserzeuger kann man lösen, wenn man mittels eines kräftigen Rohres Dampf $^1/_4$ bis $^1/_2$ Stunde auf die betreffende Stelle strömen läßt. Sie zerbröckelt dann allein oder läßt sich leicht abstoßen. In dieser Weise läßt sich vielleicht auch ein festgesetzter Kalkofen wieder in Bewegung setzen.

122. Die Prüfung der Kalkofengase auf ihre chemische Zusammensetzung.

Auf S. 273 habe ich den Zusammenhang zwischen dem Kohlensäuregehalt der Gase und dem Brennstoffaufwand festgelegt. Gute Daueranalysen ermöglichen deshalb die jeweilige Festsetzung des Brennstoffverbrauches, die Überwachung des Feuers. Der Sauerstoffüberschuß wirkt verdünnend auf den Kohlensäuregehalt der Gase, was einerseits für deren Weiterverwendung nachteilig (S. 307), andererseits aber auch den Brennstoffverbrauch erhöht (S. 276). Falsche Luft, hinter der Feuerung eingetreten, verdünnt ebenfalls die Gase und stört die Analyse (S. 285). Kohlenoxyd weist dagegen auf unvollkommene Verbrennung, also auf unnützen Brennstoffaufwand hin (S. 288).

Sich bei Ring- oder Tunnelöfen lediglich darauf zu beschränken, ob die Flamme klar oder rauchig aussieht, ist für einen guten Betrieb ungenügend. Durch diese Beobachtung allein kann man nicht erkennen, ob z. B. mit Luftmangel oder Luftüberschuß gearbeitet wird, wenn die rauchende Vergasung des frisch aufgegebenen Brennstoffes beendet ist.

Wichtig ist deshalb die Prüfung der abziehenden Gase. Wie die Prüfung der Kalkofengase erfolgen soll, hat *Seyffart* in seinem Buche „Kesselhaus- und Kalkofen-Kontrolle“ (*Schallehn & Wollbrück*) eingehend beschrieben und brauche ich dies hier nicht zu wiederholen. Auch *Frühling* und *Schulz*, „Anleitung zur Untersuchung“, *G. Lunge*s „Handbuch der Sodafabrikation“ seien hierfür empfohlen.

Die Analyse der Kalkofengase erstreckt sich in der Regel auf die Ermittlung des Gehaltes an Kohlensäure (seltener Kohlenwasserstoffe), Sauerstoff und Kohlenoxyd. Dabei ist das im Abschnitt 77 (S. 273), Abschnitt 78 (S. 276) und Abschnitt 80 (S. 285) Gesagte zu beachten.

Die Meinung, daß für Kalkwerke, die den Kalk nur seiner selbst willen brennen, die Untersuchung des Kohlensäuregehaltes nicht bedeutungsvoll ist (Mitt. d. V. d. Kalkwerke, 22. Febr. 1921, S. 153), beruht auf der Verkennung des Zusammenhangs zwischen Kohlensäuregehalt und Brennstoffverbrauch. Gewiß ist es für die Kalkwerke an und für sich belanglos, ob die Abgase viel oder wenig CO_2 enthalten, wenn sie nicht weiter ausgenutzt werden, aber dünne Gase brandmarken Brennstoffverschwendung. Hierüber kann sich aber nur der Rechenschaft geben, der seine Gase stets prüft, sei es durch zeitweise Untersuchungen mit dem Orsatapparat, sei es durch Dauerprüfungen mit dem Ados und anderen. Nur dann kann man die Ursachen feststellen, nur dann kann in entsprechender Weise der Kalkbrenner belehrt und zu besserer Arbeit erzogen werden.

Natürlich muß man sich bei der Beurteilung der Gasanalysen stets darüber klar werden, daß die Änderung im Kohlensäuregehalt nicht allein vom Wechsel des Brennstoffes und der Bedienung des Ofens abhängt, sondern auch vom jeweiligen Gehalt des Kalkes.

Aus dem durch die Gasanalyse festgestellten Kohlensäuregehalt kann man allein noch nicht schließen, wieviel Kohlensäure aus den Steinen und wieviel aus dem Brennstoff stammt. Wohl kann man aber aus dem Stickstoffgehalt die aus dem Brennstoff stammende CO_2 bestimmen, denn diese ist allein gebildet aus dem verbrannten Kohlenstoff und der verbrannten Luft. Als unverbrannter Stoff verbleibt in den Gasen der Stickstoff. Bei der Gasanalyse wird die Kohlensäure durch Aufsaugen in Kalilauge aufgefangen, schwere Kohlenwasserstoffe durch Schwefelsäure, dann Sauerstoff durch Phosphor und schließlich das nicht vorhanden sein sollende Kohlenoxyd durch Kupferchlorür. Als unaufgesaugter Rest entweicht Stickstoff.

Es ergab sich nach der Analyse:

$$\begin{array}{lll} CO_2 & = & 36 \text{ Proz.} \\ O & = & 2 \text{ „} \\ CO & = & 0{,}0 \text{ „} \\ \hline & & 38 \text{ Proz.} \end{array}$$

Dann muß der Rest aus 100 — 38 = 62 Proz. N bestehen. Diese 62 Proz. N entsprechen:

$$\frac{21}{79} \cdot 62 = 16{,}5 \text{ Proz. O}.$$

Für die Kohlensäurebildung verbleiben 16,5 — 2 = 14,5 Proz. O, aus denen ebenfalls diese Menge CO_2 entsteht, so daß aus dem Kalkstein 36 — 14,5 = 21,5 Proz. CO_2 stammen.

Bei der üblichen Art der Gasanalyse wird zuerst die Kohlensäure durch Kalilauge aufgenommen und so gemessen. Gleichzeitig nimmt aber die Kalilauge den Wasserdampf auf, der somit als Kohlensäure bestimmt wird. Der wirkliche Kohlensäuregehalt ist im Gase also kleiner als er auf diese Weise gemessen wird. Um diese Fehlerquelle wenigstens auszugleichen, sorgt man dafür, daß die Gasuntersuchung immer bei möglichst gleicher Raumtemperatur erfolgt und leitet das Gas vor dem Eintritt in das Ätzkalimeßrohr durch Wasser, um zuviel Wasser zu entfernen, oder um trockene Gase auf die gewöhnliche Feuchtigkeit zu bringen. Die Analyse ergibt dann für die laufende Betriebskontrolle genügend miteinander vergleichbare Werte. Bei dieser Untersuchungsart entgeht uns die wirkliche Bestimmung des Wasserdampfes in den Gasen, der bei ungenügender Abkühlung im Waschkühler doch recht bedeutend werden kann, z. B. bei 60° sind nach Zahlenreihe XLII (S. 319) in 0,97 cbm Gas 0,97 — 0,78 = 0,19 cbm Wasserdampf oder etwa 19 Proz. enthalten. Darauf möchte ich hier nochmals hingewiesen haben, weil man häufig durch die Beurteilung der in üblicher Weise gewonnenen Gasanalysen zu falschen Schlüssen kommen kann. Will man den Wassergehalt der Gase richtig bestimmen, dann muß man vor der Bestimmung der Kohlensäure das Gas (nachdem es ein Filter zwecks Rückhaltung mechanischer Verunreinigungen durchflossen hat) durch ein Chlorcalciumröhrchen leiten. Das Chlorcalcium nimmt die Feuchtigkeit auf, und die Gewichtszunahme ergibt das Wassergewicht der durchgeleiteten Gasmenge.

Bei den Analysen darf man nicht außer acht lassen, daß in den Kalkofengasen außer den durch die Verbrennung des Brennstoffes entstandenen Gasen, wie Kohlensäure, Kohlenoxyd, schweflige Säure, alle durch die Verbrennungsluft eingeführten selteneren Gase wieder zu treffen sind, wie z. B. Argon, und daß auch aus manchen Kalksteinen nicht nur reine Kohlensäure frei wird. *A. Lidòff* (Gornosawodskoje Djelo 1916, S. 13 671; Chem.-Ztg. 1916, S. 396) ist der Ansicht, daß sich Oxymonocyan als Begleiter der Kohlensäure in vielen Kalksteinen befinde, die im Laufe von vielen tausend Jahren die Kohlensäure aus der Luft und dem Wasser aufgenommen haben. Um diese Annahme zu prüfen, wurde eine Anzahl von Gewichtsbestimmungen des Kohlensäuregases ausgeführt, sowohl aus Kalksteinen mit scharf ausgeprägter Krystallstruktur, wie isländischer Kalkspat, Calcit und Aragonit, als auch aus den Kalksteinen von schiefriger, erdiger usw. Struktur, wie Kreide, Tuff, Muschelkalk, Mergel, Dolomitkalk usw. Es wurden dabei für das Gewicht der aus verschiedenen Carbonaten erhaltenen Kohlensäure, die selbstverständlich auf ihre Reinheit geprüft wurde, verschiedene Zahlen erhalten. In einigen Fällen wurde neben der Kohlensäure auch Phosphorsäure und außerdem noch ein Gas (bis zu 1,5 Proz.), das in Kalilauge nicht löslich war, festgestellt. Das Gewicht von 1 cbm Gas aus 13 Proben Calcit und Kalkspaten vom Ural und vom Kaukasus betrug bei 0° und 760 mm Barometerstand 1,888 bis 1,934, im Mittel 1,9125, während chemisch reine Kohlensäure bei 0° und 760 mm 1,965 wiegt. Das Gewicht des aus 3 Proben uralischem Aragonit erhaltenen Gases wurde zu 1,9513 ermittelt. Bei 8 Bestimmungen der Kohlensäure aus Marmor wurde 1,9318 gefunden. Beinahe dasselbe Gewicht, 1,9343, hat auch das Gas aus Lithographenstein, Dolomitkalk, Muschelkalk und Fusulinkalk. Anderseits wurde das Gewicht des Gases aus Kreide, Tuff und Mergel im Mittel zu 1,9529 gefunden. Aus den Untersuchungen folgt, daß 1. das Gewicht des aus natürlichen Kalksteinen erhaltenen Gases nicht immer dem Gewicht der Kohlensäure gleich ist, woraus zu schließen ist, daß 2. in vielen Kalksteinen neben der Kohlensäure eine mehr oder weniger große Menge eines Analogon von CO_2, des Oxans, enthalten ist, dessen Litergewicht bei 0° und 760° 1,875 beträgt.

Mit dem Apparat von *Th. Kaleta* (Lief. Dr. *Carl Goercki*, Dortmund) wird der von Kohlensäure befreite Gasrest zur Bestimmung des Kohlenoxyds und Wasserstoffs mit sichtbarer Flamme ohne Explosion verbrannt und daraus berechnet.

Die erwähnten Nachteile der „falschen“ Luft (S. 459) verschleiern auch die Ergebnisse der Gasanalyse durch ihren Gehalt an freiem Sauerstoff. So schreiben *Frühling* und *Schulz* in ihrer „Anleitung“ bei der Untersuchung von Kalkofengasen in einem Beispiel: „Die Ablesungen ergaben 32,4 Proz. Kohlensäure, 1,3 Proz. Sauerstoff, bei Anwesenheit von freiem Sauerstoff konnte Kohlenoxyd nicht vorhanden sein, also 0,0 Proz. Kohlenoxyd.“ Sie haben ganz vergessen, daß irgendwo kalte Luft eintreten könnte, daß dann bei freiem Sauerstoff auch Kohlenoxyd anwesend sein kann. Daraus erklärt sich auch die schon erwähnte Meinung, die man häufig hört, daß auch bei großem O-Überschuß CO im Kalkofen nicht zu vermeiden ist. Solche sollten alle Stellen, von der Brennzone bis zum Druckrohr der Kohlensäurepumpe, in denen Unterdruck gegenüber der äußeren Atmosphäre herrscht, auf ihre Dichtigkeit untersuchen, weil durch den äußeren Überdruck hier kalte Luft eintreten kann. Solche sollten prüfen, ob die Beobachtungslöcher am Ofen gut schließen, ob die Gichtglocke und bei Ringöfen die Feuerglocken gut abdichten, der Schornstein geschlossen ist, die CO_2-Leitung und auch der Wäscher dicht sind; ob auch die Stopfbüchse der CO_2-Pumpe dichtet und ob durch die Zylinderablaßhähne Luft angezogen wird. Ist hier dann alles in Ordnung und so viel Luft mit der Pumpe durch den Ofen gezogen, daß noch 1 bis 2 Proz. O Überschuß vorhanden, dann wird auch alles Kohlenoxyd verschwinden.

Auch geben die Analysen oft sich selbst widersprechende Ergebnisse, was mit der Ausführung der Analyse zusammenhängt. *Hempel* (Gasanalytische Methoden 1913) weist auf die Unsicherheit hin, die in der Bestimmung des Kohlenoxyds liegt, weil die Absorption fast stets mittels Kupferchlorürlösung erfolgt. Diese Verbindung des CO mit Kupferchlorür ist eine sehr lockere, so daß leicht CO wieder an ein weniger Kohlenoxyd enthaltendes Gas als das vorher untersuchte abgegeben wird. *Wencelius* (Stahl u. Eisen 1902, S. 506): „Ich kann versichern, daß die erhaltenen Ergebnisse trotz 20- bis 40facher Ablesung immer um 2 bis 4 Proz. zu niedrig sind. Die Absorption dieses Gases ist niemals vollständig, einerlei ob man die salzsaure oder ammoniakalische Lösung anwendet, und alle Analysen, die ohne Verbrennung nur mit drei Glaspipetten ausgeführt worden sind, sind in bezug auf die Kohlenoxydbestimmung unrichtig.“

Die Darstellung eines besonders wirksamen Aufnahmemittels für Kohlensäure betrifft das D. R. P. 303 261/1917. Der sog. Natronkalk, der dargestellt wird, indem man zwei Teile gelöschten Kalk mit einem Teil konzentrierter Natronlauge bis zur Trockne eindampft, oder auch, indem man gleiche Teile Ätznatron und gebrannten Kalk zum Glühen erhitzt, nimmt zwar die Kohlensäure quantitativ auf, indessen wird hierbei einmal sehr viel dazu benötigt, und zum andern wirkt so hergestellter Natronkalk für gewisse Zwecke nicht schnell genug. Ein bedeutend wirkungsvolleres Aufsaugemittel für Kohlensäure erhält man nun dadurch, daß man in möglichst wasserfreies, geschmolzenes Natriumhydroxyd hocherhitzten gebrannten Ätzkalk in Mengen von höchstens 25 Proz. einträgt und die erhaltene Mischung nach raschem Abkühlen zerkleinert. Als besonders vorteilhaft hat sich ein Zusatz von 5 bis 10 Proz. gebranntem Kalk erwiesen. (*Richard von der Heide*, Charlottenburg.)

Wichtig für die Analysen ist der richtige Einbau des Meßapparates. Die Leitungen müssen vollständig gasdicht verlegt werden (dichte Schläuche, gut mit Vaseline eingefettete Hähne), damit während der Analyse ein Teil der noch nicht absorbierten Gase nicht entweicht und das Ergebnis fälscht. Das Gasentnahmerohr muß in senkrechter Richtung durchstoßbar sein, um Ruß und Flugasche entfernen zu können; Wassersäcke sind in den Leitungen unbedingt zu vermeiden. Vor dem Messer muß ein Filter eingeschaltet werden, um die festen Verunreinigungen des Gases von ihm fernzuhalten (s. a. Chem. App. 1924, S. 54). Die *Ados-G. m. b. H.* empfiehlt ein Filter, in welchem die Gase nacheinander Grobkoks, Feinkoks und schließlich Holzwolle durchströmen. Damit von den Gasen stets gleiche Raummengen abgemessen werden, müssen sie auf gleichmäßige Temperatur gebracht werden durch ein mit Wasser gekühltes Rohr. Dadurch wird auch der Wasserdampfgehalt geregelt.

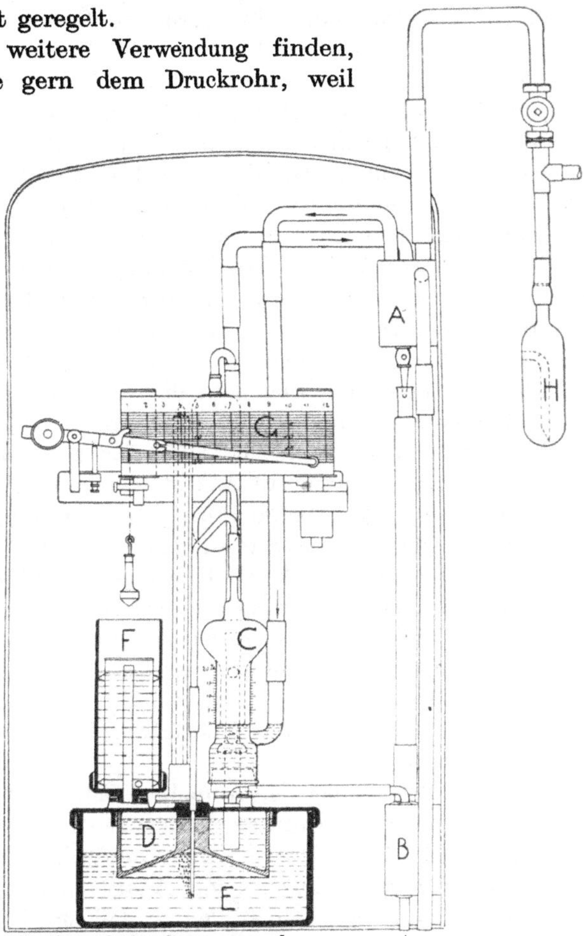

Abb. 251. Gasuntersuchungsapparat.

Dort, wo die Abgase weitere Verwendung finden, entnimmt man die Probe gern dem Druckrohr, weil sich dann, wie dies z. B. in Zuckerfabriken geschieht, leicht eine kleine Gasleitung bis in das chemische Laboratorium legen läßt. Bei der Entnahme aus dem Druckrohr muß man sich aber darüber klar sein, daß in der Zwischenzeit schon einige Änderungen an dem Gase vorgekommen sein können, z. B. durch Aufnahme einiger Bestandteile im Wäscher. Einige Überwachungsversuche an der Saugleitung müssen deshalb die Verhältnisse klarlegen.

Ich will hier auch nicht auf die einzelnen Apparate eingehen, da diese von den Rauchgasuntersuchungen der Dampfkessel her allgemein bekannt sind.

Die Abb. 251 gibt ein schematisches Bild des Gasuntersuchungsapparates *Debro* für CO_2, der besteht aus dem Saugkasten *A* mit Ober- und Unterkammer, dem Kraftwerkskasten *B*, dem Meßgefäß *C*, dem Meßflüssigkeitsbehälter *D*, dem Kalilaugenbehälter *E*, der Tauchglocke *F*, dem Schreibwerk *G* und dem Kontrollgefäß mit dem Wasserabscheider *H*. Der mit Leitungswasser betriebene Apparat verbraucht etwa $^1/_2$ cbm Wasser in 24 Stunden. Das der Oberkammer des Saugkastens *A* zulaufende Wasser betätigt die ununterbrochene Ansaugung des zu analysierenden Gases. Dieses wird in einem Filter gereinigt und in einer in dem Saugkasten verlagerten Kondensschlange abgekühlt. Alsdann tritt es in kontinuierlichem Strome in der durch die Pfeile angedeuteten Weise durch das Meßgefäß *C*, dieses von oben nach unten durchspülend, und, in den Saugkasten zurückgelangt, durch ein Überlaufrohr mit dem abfließenden Wasser ins Freie. So entsteht ein ununterbrochener Strom, der jederzeit neues Gas durch den Apparat führt, so daß in jedem Augenblick eine Probe des unmittelbar vorher im Gaskanal befindlichen Gases im Meßgefäß *C* abgefangen werden kann. Ein Teil des Wassers ist inzwischen durch das unter dem Saugkasten *A* sichtbare Hähnchen und durch ein Verbindungsrohr in den Kraftwerkskasten *B* geflossen. Es steigt in diesem hoch und bildet ein Luftkissen, welches durch ein Röhrchen auf den Meßflüssigkeitsbehälter *D* drückt. Hierdurch wird die Meßflüssigkeit nach oben und in das Meßgefäß *C* getrieben. Wenn das Wasser die in der Abb. 251 angedeutete Höhe erreicht hat, ist der Strom unterbrochen und 100 ccm Gas sind in dem Meßgefäß abgefangen. Das weitere Steigen der Meßflüssigkeit bewirkt den Übertritt der Gasprobe in den Kalilaugenbehälter *E*. Der Übertritt erfolgt so, daß ein Teil des Gases tief unter den Spiegel der Kalilauge, ein anderer Teil auf die Oberfläche der Kalilauge gedrückt wird. Infolge der Oberflächen- und Durchperlaufnahme geht die Aufnahme der in dem Gase enthaltenen Kohlensäure augenblicklich vor sich, so daß sich in dem Innenraum des Kalilaugenbehälters *E* nicht mehr 100 ccm, sondern eine um die aufgenommene Kohlensäure verminderte Anzahl Kubikzentimeter befinden. Wenn wir annehmen, das Gas habe 30 Proz. CO_2, die Gasprobe infolgedessen 30 ccm enthalten, so sind also 70 ccm in dem Raume *E* oberhalb der Kalilauge zurückgeblieben. Dieselbe Menge Kalilauge ist in den äußeren kreisringförmigen Raum des Aufsaugegefäßes übergetreten. Dieser Raum steht mit der Tauchglocke *F* in Verbindung, es hat sich die Glocke daher um ein Maß gehoben, welches den 70 ccm entspricht. Die Bewegung der Glocke wirkt auf den Schreibhebel.

Die nichtbeschriebene Fläche des Diagramms stellt dann den Prozentgehalt an Kohlensäure dar.

Nach Beendigung der Aufnahme fällt die Meßflüssigkeit im Meßgefäß *C*, und der im inneren Aufsaugeraum angesammelte Gasrest tritt in das Meßgefäß zurück. Die Tauchglocke nimmt infolgedessen ihre Ruhelage wieder ein.

Das chemische Ergebnis der Analyse kann an der kalibrierten Röhre des Meßgefäßes *C* abgelesen werden, so daß eine Kontrolle des Apparates auf die Richtigkeit der Aufzeichnung und bei wiederholter Analyse derselben Gasprobe auch auf die Aufnahmefähigkeit der Kalilauge möglich ist. Bei weiterem Sinken der Meßflüssigkeit tritt das Meßgefäß wieder in den Umlaufstrom, mit diesem wird der Gasrest abgesaugt, und das Meßgefäß füllt sich wieder mit frischen Gasen. Während der Ausführung der Analyse ist die Ansaugung des Gases aus dem Gaskanal keinen Augenblick unterbrochen, die abgesaugten Gase treten, da der Umlaufstrom gesperrt ist, aus dem Saugkasten unmittelbar ins Freie. Ein auf dem Kraftwerkskasten *B* befindlicher Heber bewirkt automatisch das Fallen der Meßflüssigkeit bei Erreichung einer Marke oberhalb des Meßgefäßes *C*, so daß ein Übertreten der Meßflüssigkeit in die Kalilauge ausgeschlossen ist. Das Wasserzulaufhähnchen unterhalb des Saugkastens regelt die Aufeinanderfolge der einzelnen Analyse in gewissen Grenzen. Das Kontrollgefäß *H* dient zur Aufnahme des Kondenswassers aus den Gasen. Außerdem macht es jede Störung in der Gasansaugung, der Leitung und dem Filter sofort erkennbar. Ist nämlich der Unterdruck groß, so daß Luft durch das innere Röhrchen in das Kontrollgefäß eingesaugt wird, so bedeutet das eine Verstopfung in Leitung, Filter oder Gasentnahmerohr; zeigt sich dagegen bei geschlossenem Gasentnahmehahn kein Unterdruck, so tritt durch eine Undichtigkeit in Filter oder Leitung Nebenluft ein.

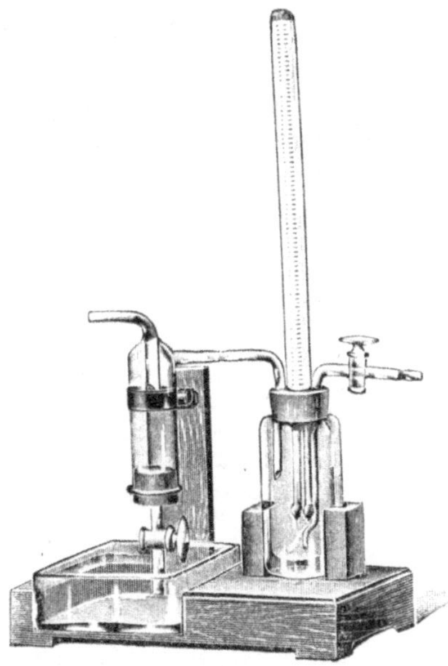

Abb. 252. Feuchtigkeitsmesser.

Die technische Gasanalyse auf elektrischem Wege erfolgt derart, daß das Wärmeleitvermögen bestimmt wird. In zwei Bohrungen eines Metallstückes ist je ein dünner Platindraht axial eingespannt. Dieser wird auf etwa 100° durch elektrischen Strom erhitzt. Die eine Bohrung ist mit Luft gefüllt, während durch die andere der Gasstrom streicht, der untersucht werden soll. Kohlensäure besitzt z. B. ein schlechteres Wärmeleitvermögen als Luft, so daß der von der Kohlensäure umspülte Draht heißer wird. Dies bewirkt eine Vergrößerung des elektrischen Widerstandes, der in bekannter Weise elektrisch gemessen werden kann. — Das Wärmeleitvermögen einiger Gase ist, wenn man das der Luft = 100 setzt,

Wasserstoff	700	Kohlenoxyd	96
Sauerstoff	101	Kohlensäure	59
Stickstoff	100	Schweflige Säure	34

Da im Kalkofengas nicht allein Kohlensäure, sondern auch Kohlenoxyd neben Sauerstoff bestimmt werden müssen, und diese sich wenig vom Stickstoff unterscheiden, so ist für Kalkofengase diese Bestimmungsart unbrauchbar.

Die dauernde Bestimmung der Feuchtigkeit des Gases ist für manchen Verwendungszweck (s. S. 307) der Gase nützlich. Das auf S. 460 erwähnte Chlorcalciumrohr eignet sich nicht für wiederholte Betriebsuntersuchungen, wohl aber der Feuchtigkeitsmesser von *Wa. Ostwald* (*Paul Klees*, Düsseldorf) nach Abb. 252 mit Hilfe des Taupunktes. Das Vorschaltgefäß dient als Abfanggefäß für Kondenswasser und als Vorkühler, wenn das Gas ganz gesättigt, jedoch eine weit über dem Taupunkt liegende Temperatur hat. Das Doppelthermometer hat für beide Quecksilberfäden eine gemeinsame Skala. Links ist die Temperatur des feuchten, rechts die des trockenen ablesbar, die gleich in Gramm Wasser je Kubikmeter Gas geeicht ist. Ein Stift verhindert ein zu tiefes Eintauchen der Thermometer. Durch Hähne wird der Gasstrom so geregelt, daß beide Thermometer gleiche Temperaturen anzeigen. Dann ist der Taupunkt erreicht, und die Feuchtigkeit in Gramm eines Kubikmeters kann abgelesen werden.

123. Die Beobachtung der Gasbewegung.

Für einen gleichmäßigen Betrieb, gute Verbrennung und Zusammensetzung der Gase ist es notwendig, dafür zu sorgen, daß die richtige Gasmenge vom Ofen abgesogen wird. Zu dem Zwecke muß man die auf Seite 364 erwähnten Wassermanometer beobachten und Störungen in den Widerständen, die sich durch veränderte Druckverluste bemerkbar machen, in geeigneter Weise beheben. Auch ein geregelter Gasstrom ist aufrechtzuerhalten. Bei Kolbenpumpen läßt der Gang der Pumpe einen unmittelbaren Schluß auf das Verhältnis der abgesaugten Gasmenge zu, aber nicht bei Gebläsen und Ventilatoren. Deren Ansaugleistung wird außerordentlich von den Saugwiderständen und der Umdrehungszahl beeinflußt. Immer ist deshalb der Einbau einer Meßvorrichtung nützlich, die die Menge der abgesaugten Gase leicht bestimmen läßt. Am einfachsten ist die Drosselscheibe *a*, die in die Leitung an geeigneter Stelle, wo möglichst eine gleichmäßige Gasströmung herrscht, eingebaut wird nach Abb. 253, I. In einer Entfernung von 200 bis 300 mm werden Hähne mit etwa 5 mm Bohrung eingeschraubt und mit einem U-förmigen Wassermanometer *b* verbunden.

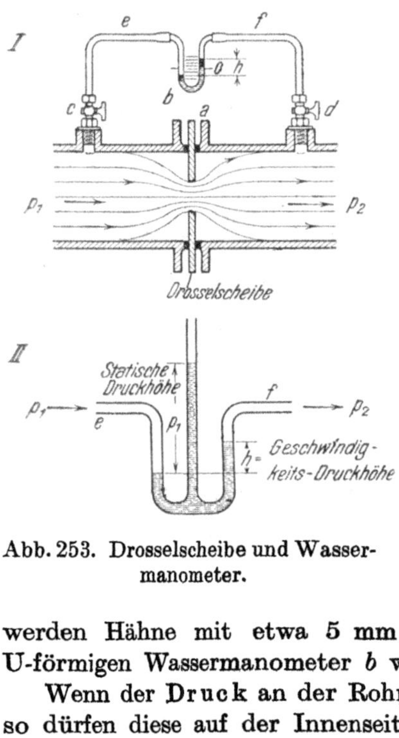

Abb. 253. Drosselscheibe und Wassermanometer.

Wenn der **Druck** an der Rohrwand durch Anbohrungen gemessen wird, so dürfen diese auf der Innenseite keinerlei vorstehenden Rand oder Grat haben, sie sind von innen her abzurunden; auch eine leichte Ein- oder Ausbeulung der Kanalwand an oder in der Nähe der Meßstelle kann das Meßergebnis ganz erheblich fälschen. Mit dem Manometer werden die Anbohrungen zweckmäßig auch durch ein davorgelötetes Röhrchen, oder durch Andrücken eines glatt abgeschnittenen Gummischlauches verbunden.

Zum Ablesen von kleinen Drücken bis etwa 50 mm WS werden vorteilhaft Mikromanometer verwendet.

Das Meßgerät und die Leitungen sind vor dem Gebrauch darauf zu untersuchen, ob sie keine zufälligen Verengungen, besonders durch Wassertropfen oder durch Eindringen der Sperrflüssigkeit des Manometers in die Schläuche aufweisen. — Ebensowenig dürfen die Meßgeräte, die Schlauch- oder Rohrleitungen Undichtheiten aufweisen. — Bei langen Leitungen zwischen Meßgerät und Manometer und bei größeren Höhenunterschieden zwischen ihnen müssen die Leitungen nahe aneinander, womöglich in einer gemeinsamen Umhüllung geführt werden, um Fehler infolge ungleicher Temperaturen zu vermeiden. — Dichtigkeitsprüfungen der Rohrleitungen durch Wasser ist zu unterlassen, da es außerordentlich schwer ist, die Feuchtigkeit aus langen, engen Rohrleitungen zu entfernen. Der Nullpunkt des Manometers soll bei stillstehendem Ventilator und der Geschwindigkeit gleich Null bei der Verbindung mit der Rohrleitung mit der Nullpunktanzeige übereinstimmen, wenn beide Manometerschenkel mit dem Aufstellungsraum in Verbindung stehen.

Um die Wassersäule in dem Glasrohre besser sichtbar zu machen, wird sie häufig gefärbt. Rosolsäure mit einigen Tropfen Natronlauge oder in etwas Alkohol gelöstes Fluorescein haben den Nachteil, an dem Glase lästige Niederschläge zu bilden. Dauerhaft ist Chlorophyll (grün), welches im Handel zum Färben von Likör zu haben ist.

Die Druckmessung ist nur dort einfach, wo der durch die Strömung erzeugte „dynamische Druck" (s. unten) so klein ist, daß er gegen den zu messenden Druckunterschied nicht in Betracht kommt. Im andern Fall bereitet sie ziemliche Schwierigkeiten. Das zur Druckentnahme in die Strömung eingeführte Gerät verursacht nämlich eine Störung in der Druckverteilung, und zwar werden die Druckunterschiede, die sich am Gerät einstellen, nicht kleiner, wenn man das Gerät kleiner macht; sie sind von der Größenordnung des dynamischen Druckes.

Von den Rohranschlüssen gibt die dem Strom entgegengewandte Mündung, ein sog. Pitotrohr, sehr genau den Gesamtdruck V an. Von einer Anbohrung in der Kanalwand wurde bisher immer angenommen, daß sie den statischen Druck p_1 liefere; durch neuere Versuche dürfte indes erwiesen sein, daß sich in der Anbohrung ein Unterdruck gegenüber dem Druck im Kanalinnern von etwa 1 bis 3 v. H. des dynamischen Druckes einstellt, was für genauere Messungen zu beachten sein würde. Macht der dynamische Druck nur einen kleinen Teil des zu messenden Druckunterschiedes aus, so ist dieser Fehler meist belanglos; er entfällt ganz, wenn ein Druckunterschied zwischen zwei Stellen von gleicher Geschwindigkeit gemessen werden soll.

Durch die Drosselscheibe nach Abb. 253 I wird ein Druckabfall h erzeugt, es entsteht auf der Einströmseite ein solcher Überdruck, der notwendig ist, um unter Überwindung des durch die Drosselscheibe verursachten Widerstandes die Gasmenge durchzudrücken. Die in einer Sekunde durch eine solche Drosselscheibe gedrückte Gasmenge ist:

$$V_1 = M_1 \cdot F \cdot \sqrt{\frac{2 \cdot g \cdot h}{\gamma_3}} \text{ cbm.} \tag{108}$$

Darin ist M_1 eine Erfahrungszahl, die bei jeder Scheibenöffnung einen bestimmten Wert hat und durch Meßversuche festgestellt werden kann. Für die Betriebsbeobachtung ist es aber nicht notwendig, diesen Wert zu kennen.

F ist der Querschnitt der Scheibenöffnung in qm,
g die Erdbeschleunigung $= 9{,}81$ m/sek.,
h der Druckabfall in mm Wassersäule,
γ_3 das Gewicht 1 cbm Gases in kg.

In der Formel (108) sind M_1, F, γ_3 und $\sqrt{2g}$ unveränderlich, also die Gasmenge nur noch abhängig von $\sqrt{h}$. Wenn z. B. der unter gewöhnlichen Verhältnissen $h = 20$ mm betragende Druckverlust auf 30 mm steigt, dann ist das Verhältnis der durchfließenden Gasmenge:

$$\frac{\sqrt{30}}{\sqrt{20}} = \frac{5{,}48}{4{,}47} = 1{,}22.$$

Es fließen jetzt 22 Proz. mehr Gas hindurch. Wählt man die Öffnung der Gasscheibe so (durch einige Proben leicht bestimmbar), daß bei gewöhnlicher Gasströmung h etwa 20 mm ist, so kann man nach Zahlenreihe LVI leicht das Verhältnis der durchströmenden Gasmengen bestimmen und daraus den Ofengang überwachen.

Zahlenreihe LVI.

$h =$	0	5	10	15	20	25	30	35	40	mm Wassersäule
$\sqrt{h}$	0	2,24	3,16	3,87	4,47	5,00	5,48	5,92	6,32	

Stach (Z. d. V. d. Ing. 1915, S. 894) beschreibt verschiedene Meßeinrichtungen, die zum Aufschreiben der Gasgeschwindigkeit dienen. Dr. *Mugdan*, Nürnberg, machte mich auf eine schöne Verbindung des Meßrohres für den statischen und für den Geschwindigkeitsdruck aufmerksam nach Abb. 253 II, indem auf den Bogen des U-Rohres noch ein senkrechtes Glasrohr aufgeschmolzen wird. Es wird dann gleichzeitig die statische Druckhöhe p_1 und der aus der Geschwindigkeit des Gases sich ergebende Druckverlust h angezeigt.

Folgende Druckgrößen sind zu unterscheiden:

1. Statischer Druck (p_1) ist der innere Druck eines geradlinig strömenden Gases, also der Druck, der ein im Gasstrom mit gleicher Geschwindigkeit mitbewegtes Druckmeßgerät anzeigen würde. Der statische Druck ist auch der Druck, den ein parallel zur Kanalwand strömendes Gas auf diese ausübt.

2. Dynamischer Druck (Geschwindigkeitsdruck h) ist die größte Drucksteigerung, die in einem bewegten Gasstrom vor einem Hindernis auftritt; er ergibt sich aus der Formel:

$$h = \frac{\gamma_3 \cdot v^2}{2g}, \tag{109}$$

wobei v die Stromgeschwindigkeit des Gases in m/sek bedeutet.

3. Gesamtdruck ist die algebraische Summe des statischen und des dynamischen Druckes

$$p_g = p_1 + h,$$

also mit obiger Näherungsformel:

$$p_g = p_1 + \frac{\gamma_3 \cdot v^2}{2g}. \tag{110}$$

Er mißt die mechanische Gesamtenergie des strömenden Gases für die Einheit des Volumens und ist daher für die Berechnung der Ventilator- oder Luftpumpenleistung maßgebend.

In einer widerstandslosen Strömung ist der Gesamtdruck längs eines Stromfadens unabhängig vom Querschnitt an allen Stellen gleich groß. Im ruhenden Gas ist $p_g = p_1$.

Die unter 1 bis 3 genannten Drücke lassen sich mit Hilfe eines Staugerätes (Z. d. V. d. Ing. 1912, S. 1797) ermitteln.

124. Das Regeln des Ofenzuges.

Die Zugkraft des Schornsteines oder der Kohlensäurepumpe muß aus Sicherheitsgründen stärker bemessen werden, als sie zum gewöhnlichen Betrieb erforderlich ist, um bei unvorhergesehenen Zwischenfällen den Betrieb fortführen zu können. Man muß deshalb in der Lage sein, diese Zugkraft so einstellen zu können, daß sie sich dem jeweiligen Bedarf anpaßt.

Genau wie es bei jedem Feuer, jedem Dampfkessel notwendig ist, die Menge der Verbrennungsluft sorgfältig einstellen zu können. Dort geschieht dies bei der an und für sich gleichmäßigen Saugwirkung des Schornsteins, durch mehr oder weniger Abdrosseln der Saugwirkung mittels der Essenschieber und der Frischluftzuführungsklappen. Bei Kalköfen mit natürlichem Zug geschieht dies in gleicher Weise, durch Schieber im Gaskanal, durch Drosselklappen oder Ventilteller, die auf der Schornsteinmündung angebracht sind. Auch beim Kalkofen mit künstlichem Zug könnte die Einstellung, Regulierung der Gasmenge durch einen Drosselschieber in der Saugleitung erfolgen, indem man den Saugwiderstand künstlich erhöht, niedrigen Unterdruck erzeugt, die Gase dehnen sich aus, und die Kolbenpumpe saugt wohl dieselbe Gasmenge ab, da diese aber dünner ist, weniger Gasgewicht. Wegen der Einfachheit wird diese Art bei den Turbogebläsen, die meistens durch einen Elektromotor oder eine Dampfturbine unmittelbar angetrieben werden, erfolgen. Immer ist dieser künstliche Saugwiderstand wie beim natürlichen mit Kraftverbrauch verbunden. Bei Kolbenpumpen mit gekuppelter Dampfmaschine wird man diese deshalb mit einem solchen Regler versehen, der in leichter Weise die Einstellung der Umdrehungszahl gestattet. Für kleinere Dampfpumpen haben sich die *Zabel*schen Leistungsregulierapparate bewährt, die durch Dampfdrosselung wirken, für größere die verschiedenen sog. Leistungsregulatoren, die auf die Steuerung des Dampfzylinders wirken.

Bei zu großer Pumpe durch einen Hahn o. dgl. Luft in die Saugleitung eintreten zu lassen, ist, abgesehen von dem damit verbundenen höheren Kraftverbrauch, weil ein größeres Gasgewicht zu fördern ist, nachteilig durch zu große Verdünnung der Gase für die Sättigung. Man jagt dann auch unnötige Gasmengen durch die Säfte. Man verschleiert die Analyse der Gase, die meistens durch Gasentnahme aus der Druckleitung erfolgt, weil man nicht genau weiß, ob der in den Gasen festgestellte Sauerstoffüberschuß durch den Ofen gegangen ist oder nicht. Es können sich dann in den Gasen 10 und noch mehr Prozent O befinden und trotzdem auch CO.

An einem Schachtkalkofen war die Anordnung nach Abb. 254 derart getroffen, daß zwei verschiedene Kohlensäurepumpen die Gase absaugten. Das Kapselgebläse *A* besaß bei seiner gewöhnlichen Umlaufszahl eine solche Leistungsfähigkeit, daß es allein genügte, sämtliche Gase von dem Ofen abzusaugen. Zeitweise wurde aber auch Kohlensäure an einer anderen Stelle mit höherem Druck benötigt, und man verwendete deshalb ein zweites Kapselgebläse *B*. Es ist nun falsch, dieses Kapselgebläse *B* ebenfalls aus der Hauptgasleitung saugen zu lassen. Dadurch wird infolge des schwankenden Bedarfs mehr Gas vom Ofen abgezogen als gewöhnlich erzeugt bzw. erforderlich ist. Der Kalkofen kann auf diese Weise nie in gleichen Tritt kommen. Die Saugleitung *e* mit dem Ventil *f* muß ersetzt werden durch einen Anschluß *k* an die Druckleitung, hinter dem ersten Kapselgebläse *A*. In diese Saugleitung *k* würde ein Regelventil *l* eingeschaltet, so daß die Pumpe *B* je nach Bedarf

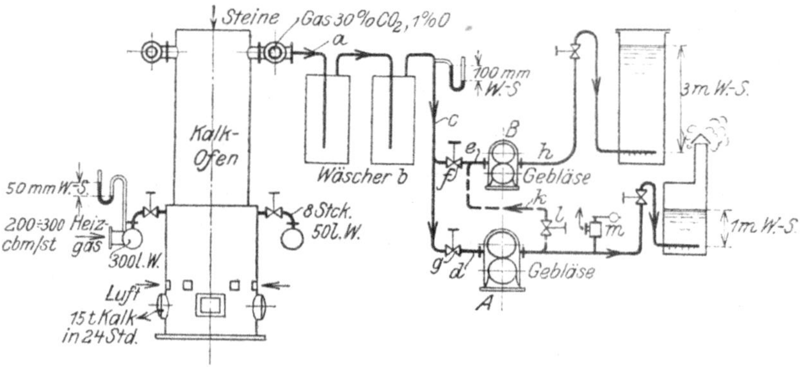

Abb. 254. Fehlerhafte Verbindung eines Kalkofens mit zwei Kohlensäuregaspumpen.

die Gase aus der Druckleitung entnimmt. Sie beeinflußt aber dadurch nicht den Zug des Ofens oder die Menge der durch die Leitung *a* über die Wäscher *b* durch die Leitung *c* und *d* abgesaugten Gase. In die Druckleitung wird man zweckmäßig ein Sicherheitsventil *m* einschalten, welches abläßt, wenn der Druck durch zu große Förderung von Kohlensäure höher steigt als erwünscht ist.

Wir haben gesehen, wie die Druckwiderstände in der Saugleitung vom Ofen bis zur Kohlensäurepumpe den Betrieb nachteilig beeinflussen und daß diese Widerstände deshalb möglichst zu verhindern sind. An der im Betrieb befindlichen Anlage muß man dann aber auch dafür sorgen, daß diese Widerstände nicht unzulässig wachsen, sei es durch Verengung mittels Flugasche, Verstopfungen im Waschkühler u. dgl. Dies läßt sich leicht durch Einschaltung von sog. Wassermanometern an den verschiedenen Stellen überwachen. Vom Ofen bis zum Waschkühler wird pendelnd ein geringer Über- und Unterdruck von einigen Millimetern Wassersäule herrschen. Mittels U-förmig gebogenen Glasrohres, das man zwecks Verstärkung der Anzeige schräg legt, kann man dies genau messen. Hinter dem Wäscher verwendet man ein einfaches Glasrohr von 1 bis 2 m Länge, je nach dem Saugwiderstand, das in eine kleine Glasflasche eintaucht und oben mittels Hahn und Schlauch an die Meßstelle angeschlossen ist.

Für die richtige Anordnung dieser Wassermanometer ist das auf S. 466 Gesagte zu beachten.

Die Länge der hochgesaugten Wassersäule zeigt unmittelbar die Saughöhe, den Saugwiderstand, den die Pumpe überwinden muß. Schon *Hodek* empfahl (Böhmische Zuck.-Ztg. 1874, Bd. 3, S. 244) für den Kalkofenbetrieb solche Wassermanometer; trotzdem haben sie sich auch heute noch nicht genügend eingebürgert. Wochenlang arbeitet der Ofen gut, plötzlich tritt eine Störung ein und man hat keine Ahnung, woran es liegt. Hat man aber regelmäßig die Saugwiderstände täglich aufgeschrieben, so wird man durch plötzliche Änderungen auf Störungen aufmerksam, deren Ursachen man leichter ergründen und abhelfen kann.

Bei den Kolbenluftpumpen und auch bei manchen Wäschern werden die Gase stoßweise abgesogen und dadurch ein starkes Pendeln der Wassersäule verursacht, was ein genaues Ablesen erschwert. Dann soll man in den Anschlußschlauch eine Art Windkessel, eine Glasflasche mit zwei Stutzen, einschalten und den Gashahn etwas drosseln, bis das Pendeln der Wassersäule auf ein zulässiges Maß vermindert ist.

Daß man dort, wo die Kalkofengase noch für andere Zwecke verwendet werden, das Regeln des Gasabzuges lediglich sich nach dem Bedarf des Kalkofen zu richten hat, habe ich schon auf S. 363 betont. Die als zweckmäßig erkannte Gasmenge muß in jedem Falle dauernd gleichmäßig abgezogen werden, ob der Verbrauch an Kalkofengasen dabei groß oder klein ist. Ein etwaiger Überschuß muß ins Freie blasen.

Dabei muß man die abzusaugende Gasmenge durch im Abschnitt 123, S. 466, angegebenen Einrichtungen beobachten und einstellen, nachdem durch die Untersuchung der Gase nach Abschnitt 122, S. 459, die richtige Zusammensetzung der Gase festgestellt ist. Zeigt die Analyse Kohlenoxyd (CO), dann wird mit Luftmangel gearbeitet, also muß die abzusaugende Gasmenge und demzufolge die eintretende Verbrennungsluft vermehrt werden. Enthalten die Gase zu wenig Kohlensäure, dann sind sie durch Luft zu sehr verdünnt, man arbeitet mit zu großem Luftüberschuß, also vermehrtem Brennstoffaufwand. Die Gasabsaugung muß deshalb vermindert werden, bis zweckmäßig nur noch ein geringer Sauerstoffüberschuß vorhanden ist (s. S. 276), aber auch kein Kohlenoxyd in den Abgasen verbleibt.

Nicht außer acht zu lassen ist aber auch, daß mit der Verminderung des Ofenzuges auch die Verbrennung sich mäßigt (s. S. 261), die Leistung des Kalkofens kleiner wird. Wie die Leistung wieder gesteigert werden kann, z. B. durch kleineren Koks u. dgl., habe ich früher eingehend geschildert.

In die Druckleitung hinter der Kohlensäurepumpe wird man, wie schon erwähnt, ein Sicherheitsventil einbauen, durch das bei Überschreitung des Höchstdruckes das überschüssige Gas ins Freie strömt. Natürlich so, daß Belästigungen und Unfälle vermieden werden.

Franz Paulik, Unter-Cetno (Z. f. Zuckerind. in Böhmen 1916/17, S. 27), empfiehlt die Rückführung des überschüssigen, nicht in der Saturation zu verbrauchenden Gases nach dem Wäscher durch die Leitung *a*, wie auf der Abb. 255 angedeutet. Er will dadurch die wirklich vom Ofen abzusaugende Gasmenge vermindern und die Leistung des Kalkofens verkleinern. Dies wird möglich sein. Doch sollte man solche Anordnung nur wählen, wenn auf andere Weise die Leistung der Pumpe nicht verringert werden kann, weil diese Anordnung mit dauernd höherem Kraftverbrauch arbeitet und die Überwachung der wirklich vom Kalkofen abgesogenen Gasmenge einige Schwierigkeiten bereitet.

Auf die Leistungsverminderung der Kohlensäurepumpe während des Betriebes sind einerseits Mängel am Ofen, den Rohrleitungen und dem Wäscher von Einfluß, andererseits Mängel an der Pumpe selbst. Erstere habe ich an den verschiedenen Stellen erwähnt, letztere ergeben sich aus der Art der Pumpe, und auch ihr Einfluß ohne längere Erörterung von selbst.

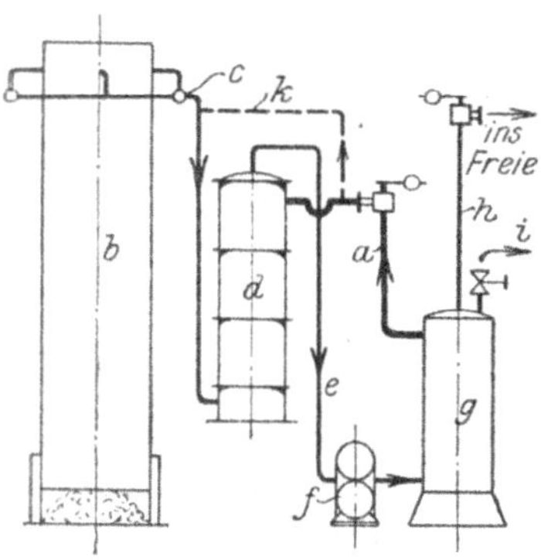

Abb. 255. Schwierigkeiten bereitende Rückführung der überschüssigen Gase.

Bei Kolbenpumpen wird die Ansaug-, die Förderleistung vermindert durch undichte Ventile, ausgelaufene Kolben und Kolbenringe, Zylinder oder Schieber, festgebrannte Kolbenringe durch Verwendung ungeeigneten Öles; durch undichte Entwässerungsventile, schlechte Kolbenfedern, harte abgenutzte Packungen der Kolben- und Schieberstangen. Manche Fabriken sind gezwungen, die Entwässerungshähne ständig etwas offen zu halten, weil Wasserschlamm aus dem mangelhaften Waschkühler mitgerissen wird und nicht aus dem Zylinder entweichen kann, wenn der Schieber oder die Druckventile oben liegen. Hier sollte für eine Verbesserung des Waschkühlers gesorgt werden.

125. Das Messen der Ofentemperaturen.

Das Kalkbrennen ist vollständig abhängig von der Temperatur, und doch wird diese noch viel zu selten am Kalkofen selbst gemessen, weil man die Zusammenhänge immer noch viel zu wenig beachtet. Für wissenschaftliche Zwecke ist es nützlich, sämtliche Stellen des Kalkofens unter Temperaturkontrolle zu haben, um über alle Vorgänge ein klares Bild zu erhalten. Im Betriebe wird man sich aber auf möglichst wenig Meßstellen begrenzen, um die Kosten für die Anschaffung und Unterhaltung der Meßvorrichtungen nicht zu hoch anwachsen zu lassen. Dann wird man nur die Stellen wählen, die für den Betrieb von besonderer Wichtigkeit sind, durch deren Beobachtung man den guten und wirtschaftlichen Gang des Ofens beeinflussen kann.

Unter Berücksichtigung der Abb. 32, welche die Temperaturen im Kalkofen zeigt, kommen folgende nach der Zusammenstellung LVII Meßstellen in Frage:

Zusammenstellung LVII.

Temperatur-Meßstellen im Kalkofen.

	Für den Kalk	Für die Gase
Vorwärmezone	Die Eintrittstemperatur der Steine zu messen ist wertlos, weil nicht beeinflußbar, sondern abhängig von der Außentemperatur	Die Abgastemperatur bietet wertvolle Grundlagen für die Beurteilung des Ofenbetriebes.
Brennzone	Die Messung ist schwierig. Es genügen gelegentliche Kontrollmessungen, um dann nach dem Augenschein der glühenden Steine die richtige Temperatur beurteilen zu können.	Zeitweise Kontrollmessung der Brenntemperaturen genügt für die Richtigstellung der Beurteilung nach dem Augenschein. Anfang und Ende der Temperatur in der Brennzone zeitweilig zu messen, ist ebenfalls nützlich, um als Richtschnur für die Feststellung der Höhenlage der Brennzone, bei der Beobachtung durch die Schaulöcher, zu dienen.
Kühlzone	Die Austrittstemperatur des Kalkes gibt wohl Richtlinien für das Arbeiten des Ofens, wird aber meistens nach dem Gefühl oder dem Augenschein in befriedigender Weise beurteilt.	Die Lufteintrittstemperatur zu messen ist zwecklos, da sie genommen werden muß, wie sie aus der Atmosphäre zur Verfügung steht.

Für jeden Ofen sind gewisse Normalzahlen feststellbar, bei denen er am wirtschaftlichsten arbeitet in bezug auf den Brennstoffverbrauch, die Leistung, die Bedienung, die Betriebssicherheit, die Lebensdauer seiner Baustoffe, besonders des Feuerkleides, und zuletzt, aber doch sehr wichtig, die Güte des gebrannten Kalkes. Werden die günstigsten Temperaturen über- oder unterschritten, so wird das gute Arbeiten des Kalkofens mehr oder weniger gestört. Hohe bzw. niedrige Temperaturen üben nach der Zusammenstellung LVIII die dort genannten Wirkungen aus. Im einzelnen muß auf die verschiedenen Abschnitte verwiesen werden, in denen die Ursachen und Wirkungen eingehend behandelt wurden.

Zur Messung der Abgastemperaturen verwendet man Glasthermometer, zweckmäßig aber aus besonderem Glas und mit Gasfüllung über dem Quecksilberfaden, damit auch Temperaturen bis 600° ohne Schaden gemessen werden können. Bei der Anordnung der Thermometer muß man bedenken, daß Fehlanzeigen entstehen, wenn von dessen Quecksilberblase zuviel Wärme nach außen abgeleitet wird. Dann sinkt die Temperatur der Blase und entsprechend niedrigere Temperaturen werden angezeigt. Deshalb soll der Thermometerschaft mindestens 250, besser 500 mm tief in den Gasstrom eintauchen; bei Rohrleitungen möglichst in axialer Richtung, wie dies die Abb. 256 zeigt (s. a. Chem. App. 1923, S. 9).

Zusammenstellung LVIII.

Wirkungen hoher oder niedriger Temperaturen im Kalkofen.

Meßstelle	Temperatur höher als die Normaltemperatur	Temperatur niedriger als die Normaltemperatur
Abgase	Ungenügende Füllung mit Steinen; zu kleine Vorwärmezone — Brennzone tiefer legen; zu kleine Korngröße des Brennstoffes; zuviel Brennstoff; bei Ringöfen zu starke Befeuerung des Vorfeuers; zu hohe Temperatur in der Brennzone	Nasser Brennstoff; zu großer Luftüberschuß oder Luftmangel, so daß Rückbildung von CO_2 zu CO erfolgt, dann Kohlenoxyd in den Abgasen; zu niedrige Temperatur in der Brennzone; bei natürlichem Schornsteinzug sinkt die Zugkraft, und Luftmangel ist die Folge.
Brennzone	Totbrennen des Kalkes; Zerstörung des Feuerkleides; zuviel Brennstoff; zu kleines Korn des Brennstoffes; zu starker Ofenzug;	Ungares Brennen; abgebranntes, dünnes Feuerkleid; zu wenig Brennstoff; zu grobstückiger Brennstoff; zu geringer Ofenzug; schlechter Wärmeschutz des Feuerkleides
Gebrannter Kalk	Schlechter Lauf der Schichten durch teilweises Hängen am Futter oder gestörte Arbeit der Füll- oder Abzugvorrichtung; Brennzone liegt zu tief, weniger ziehen; zu grober Koks in Schachtöfen, bei Ringöfen zu stark kokender Brennstoff, der in der Brennzone nicht vollständig verbrennt; schlechte Verteilung der Frischluft; bei Ringofen zu starke Beheizung der Nachglut;	Die Kühlzone ist zu groß; das Feuer steht zu hoch.

Bei Ringöfen verwendet man sog. Schmauchthermometer nach Abb. 257, die an einer langen Kette durch die Heizlöcher in den Brennkanal gelassen werden. Für Vergleichszwecke ist es nötig, die Eintauchtiefe immer gleich zu bemessen, weil in den verschiedenen Höhen des Kanals wechselnde Temperaturen herrschen. Nachdem das Schmauchthermometer mindestens 20 Minuten im Ofen hing, wird es herausgezogen und man liest die Temperatur ab. Dies kann mit einiger Ruhe geschehen, da das Thermometer die aufgenommene Wärme einige Zeit behält bzw. sich nur langsam abkühlt, weil die Quecksilberblase gegen Ausstrahlung geschützt ist und außerdem ein dicker Messingkegel als Wärmespeicher die Blase umgibt.

Nützlich sind aber Dauermessungen der Abgastemperaturen, weil man dann stets eine Grundlage für die Überwachung der Arbeiter hat. Schlechte

Arbeiter können belehrt werden, gute werden vor ungerechten Vorwürfen bewahrt, und kann ihre bessere Arbeit entsprechend belohnt werden. Hierfür sind zweckmäßig Metallthermometer mit Quecksilberfüllung z. B. nach Abb. 258 (*Zabel & Co.*, Quedlinburg [s. a. Chem. App. 1924, S. 38]).

Immer muß die Beurteilung der Abgastemperatur mit der chemischen Analyse Hand in Hand gehen, wenn man sich vor Trugschlüssen wahren will. Eine niedrige Abgastemperatur beweist noch lange keine gute Ausnutzung der Abgaswärme (s. z. B. S. 288).

Die Messung der Temperatur in der Brennzone ist schwierig und erfordert häufig besondere Hilfsmittel, die man nicht gern dauernd dem Betrieb überläßt. Man begnügt sich häufig mit dem

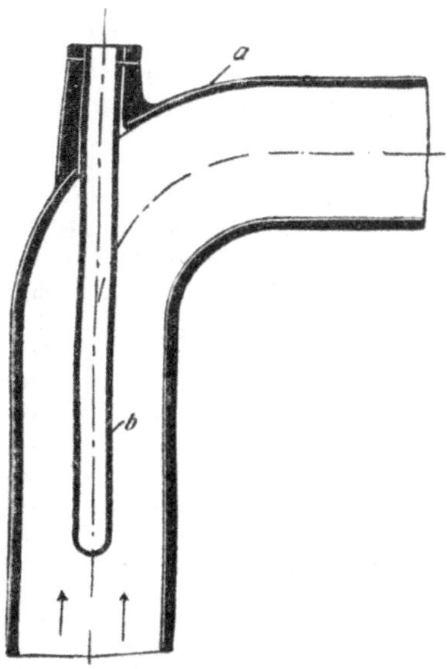

Abb. 256. Tiefes Einführen des Thermometerschaftes in den Gasstrom.

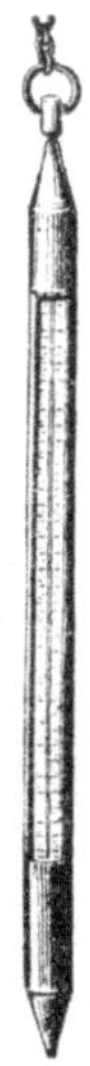

Abb. 257. Schmauch-thermometer.

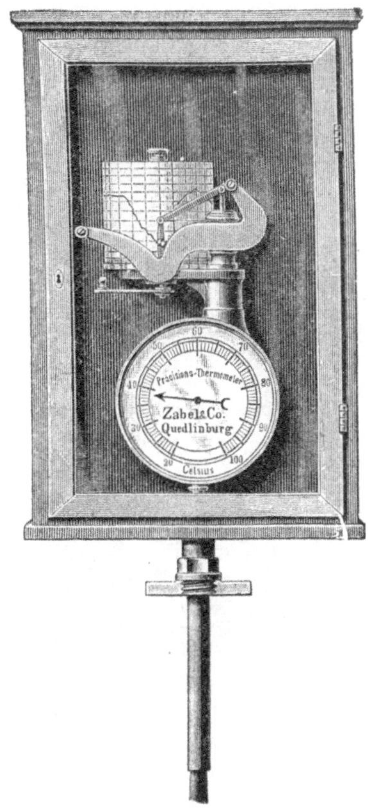

Abb. 258. Metallthermometer mit Quecksilberfüllung.

Augenschein, wobei zweckmäßig angebrachte Schaufenster (s. S. 232) nötig sind. Erfahrene Kalkbrenner können hierbei ihren Ofen sehr gut überwachen, weil die Temperaturen über 500° sich unserem Auge durch Farbenänderungen des festen, glühenden Körpers, also der Steine und des Kokses, erkennbar machen, nach Zahlenreihe LIX.

Man findet häufig Heizer, deren Auge außerordentlich empfindlich für die Unterscheidung der Glüh- und Flammenfarben ist. Dieser arbeitet dann oft sicherer und wirtschaftlicher, als andere, die sich auf Meßinstrumente verlassen, die falsch beobachtet und deren Anzeigen falsch gedeutet werden. In den praktischen Angaben guter Arbeiter steckt immer ein wahrer Kern, deren häufiger Widerspruch mit der Theorie (weil sie dann eben falsch angewendet wurde) durch sorgfältige Beobachtung geklärt werden sollte, anstatt achtlos daran vorbeizugehen. Der „feuersichere" Arbeiter ist dem reinen Theoretiker im Betriebe immer überlegen. Arbeitsweisen der Arbeiter, die nach der heutigen Erkenntnis schädlich sind, soll man nur ganz allmählich, schrittweise ändern, um nicht etwa durch die einseitige Verbesserung an anderer Stelle unerwartete Nachteile zu erleiden. Besonders die Theorie darf nicht mechanisch angewendet werden. Man muß die zur Verfügung stehenden Einrichtungen achten, deren Änderung Geld kostet. „Eins schickt sich nicht für alle."

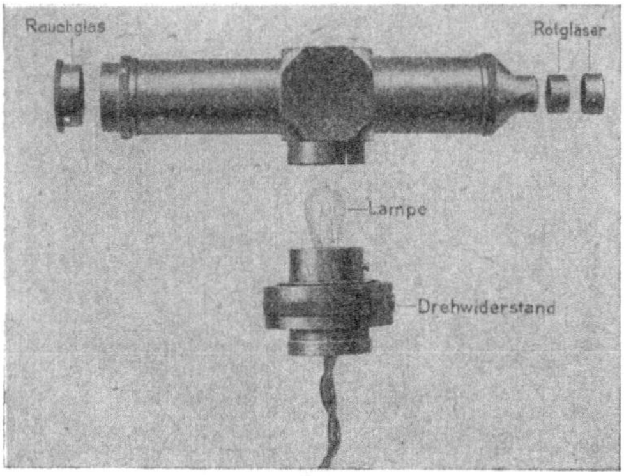

Abb. 259. Optisches Pyrometer, auseinandergenommen.

Abb. 260. Optisches Pyrometer nach *Holborn-Kurlbaum.*

Zahlenreihe LIX.

Temperaturvergleich mit den Glühfarben.

Volle Weißglut	1500° C
Beginnende Weißglut .	1300° „
Mattweißglühend	1200° „
Helle Gelbglut	1100° „
Gelbglut	1000° „
Hellrotglut	950° „
Kirschrotglut	850° „
Dunkelrotglut	700° „
Braunrotglut	550° „
Beginnende Rotglut . . .	525° „

Zur genaueren Bestimmung der Temperaturen wendet man häufig optische Instrumente, optische Pyrometer an, indem die Helligkeit des zu prüfenden glühenden Körpers mit der eines geeichten Glühkörpers (einer Glühlampe) verglichen wird. Die Stärke des „Normalstrahles" wird so lange geändert, bis er die gleiche Helligkeit hat, wie der zu prüfende Körper. Das optische Pyrometer nach *Holborn-Kurlbaum* von *Siemens & Halske* (Abb. 259) besteht aus einem Fernrohr mit Okular- und Objektivlinse. Zwischen beiden befindet sich die von einem zweizelligen Akkumulator gespeiste Vergleichspumpe, die mit einem Drehwiderstand zusammen in den Fernrohrkörper eingebaut ist. Die Okularlinse wird durch den Beobachter so weit verschoben, bis er das Bild des Leichtfadens scharf sieht. Danach wird die Objektivlinse auf den zu prüfenden Körper eingestellt, so daß dem Beobachter beide Bilder scharf erscheinen. Nunmehr wird der Drehwiderstand so lange verstellt, bis das Bild des Glühfadenbügels auf dem hellen Untergrund verschwindet. Dann wird an dem Strommesser entweder die Temperatur unmittelbar abgelesen oder aus der Stromstärke und einer Hilfstafel ermittelt. Der Helligkeitsvergleich zwischen Glühfaden und zu messendem Körper wird bei einer bestimmten Wellenlänge, mit anderen Worten einer bestimmten Farbe, die durch Zwischenfügen eines Filters aus Rotglas erzeugt wird, vorgenommen. Nur durch diese Maßnahme ist es möglich, verschiedenartige Lichtquellen zu vergleichen. Läßt man den Filter weg, dann wird die Einstellung bei verschiedenfarbigen, nichtschwarzen Strahlen sehr erschwert. Abb. 259 und 260 zeigt die neueste Ausführung des *Holborn-Kurl-*

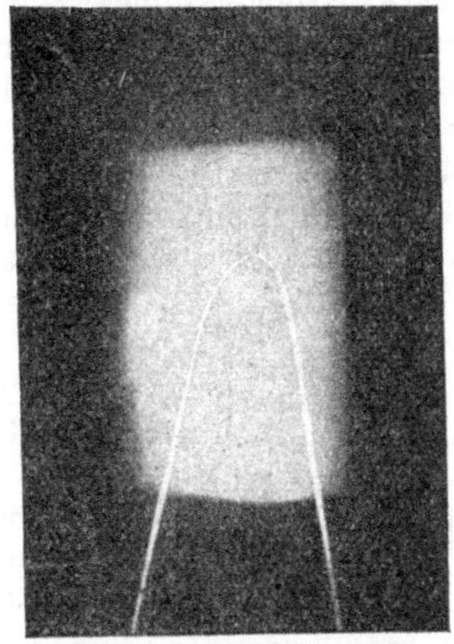

Abb. 261. Fadentemperatur 10° zu hoch.

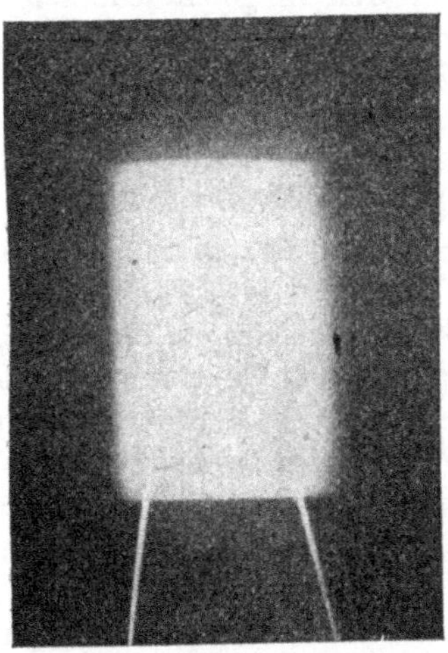

Abb. 262. Fadentemperatur richtig.

Abb. 263. Fadentemperatur 10° zu tief.

baum-Pyrometers, Abb. 261, 262 u. 263 drei an dem Fernrohr photographisch aufgenommene Einstellbilder für 1290, 1300 und 1310° C, aus denen die Empfindlichkeit der Einstellung zu ersehen ist.

Der Verbrauch der Prüflampe ist etwa 2 Watt; sie wird aus einem kleinen Akkumulator gespeist, der bequem mit dem Strommesser zusammen an einem

Riemen getragen werden kann. Durch die Verwendung der Linsen wird das Auge geschont, es braucht sich nicht auf die Vergleichslampenentfernung und die Objektentfernung zu akkommodieren, wie es bei einem Vorläufer des *Holborn-Kurlbaum*-Pyrometers ohne Linse der Fall ist. — Die Entfernung des Beobachters kann ziemlich groß sein, es muß nur ein glühendes Stück oder ein kleines Schauloch mit dem Vergleichsfaden zur Deckung gebracht werden. Bei Temperaturen über 1000° C setzt man zur Schonung des Auges eine Rotscheibe vor das Okular, bei Temperaturen über 1400° C eine zweite. Der Meßbereich dieser Einrichtung geht bis 1600° C. Für höhere Temperaturen wird vor das Objektiv eine Rauchglasplatte gesetzt, wodurch der Meßbereich je nach der Dicke der Platte beliebig erweitert werden kann. Die normalen *Holborn-Kurlbaum*-Pyrometer haben künftig einen Meßbereich von 1000 bis 2000° C.

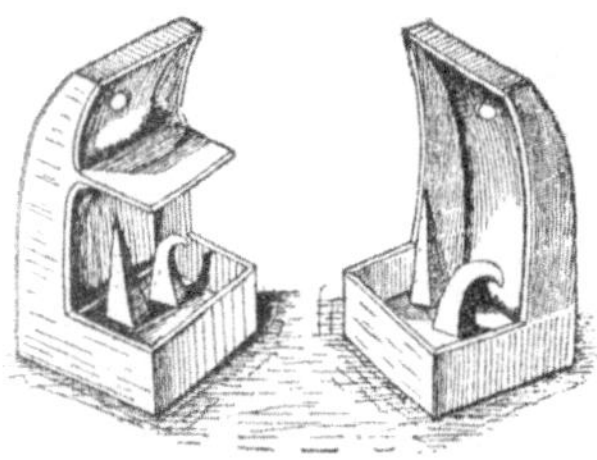

Abb. 264. Schamottekapsel zur Aufnahme der Segerkegel.

Die Segerkegel (s. S. 195) kommen bei Schachtöfen nur für gelegentliche Überwachungsfeststellungen in Frage, weil sie nicht an beliebiger Stelle in die Brennzone genügend tief eingesetzt und auch wieder herausgenommen werden können. Die Einlagerung in Schamottesteine (s. S. 127) kommt für die allgemeine Betriebsüberwachung auch nicht in Frage. Wohl aber sind sie bei den Ringöfen jederzeit anwendbar, indem man sie in eine besondere Schamottekapsel nach Abb. 264 stellt und durch eines der Feuerlöcher in den Brennkanal setzt.

126. Die Prüfung der Kalksteine und des gebrannten Kalkes.

Die ganze Tätigkeit am Kalkofen dreht sich doch letzten Endes darum, einen gut gebrannten Kalk zu erhalten.

Man muß sich deshalb vor allen Dingen davon überzeugen, ob der Kalk richtig durchgebrannt ist und nicht zu früh gezogen wird. Ungebrannte Stücke müssen in der chemischen Industrie unnütz durch den Betrieb geschleppt werden und erzeugen durch ihre Entfernung Verluste an anhaftendem Gut. In Zuckerfabriken mit Trockenscheidung wäre die gleichmäßige Kalkzugabe nicht möglich, weil der nutzlose, ungare Kalk mit gewogen wird.

Erfahrene Kalkbrenner erkennen dies schon am Gewicht, denn das gebrannte Kalkstück ist leichter als der ungebrannte Stein, am hellen guten Kalk und am Aussehen der Bruchstelle. Gut durchgebrannte Steine besitzen im Durchbruch einen guten gleichmäßig hellen Querschnitt. Ungare, nicht durchgebrannte Kerne machen sich durch eine dunklere Farbe erkennbar; sie besitzen in der Mitte noch teilweise die Farbe des ursprünglichen Kalksteines. Alle diese Mittel der Erfahrung geben keinen unbedingten Verlaß. Hier muß die Chemie wieder eingreifen, wie ich dies eingehend beschrieben habe.

Die chemische Untersuchung der Kalksteine behandeln *Frühling* und *Schulz* in ihrer „Anleitung" sehr eingehend und sei darauf verwiesen. *G. Lunge* gibt in seinem Taschenbuch der Sodafabrikation die folgende kurze, zusammengedrängte Vorschrift:

1. Unlösliches. 1 g wird mit Salzsäure behandelt, der Rückstand ausgewaschen, getrocknet und geglüht. Bei Vorhandensein erheblicher Mengen von organischen Stoffen wägt man das bei 100° getrocknete Filter und glüht erst dann; der Unterschied = gleich den organischen Stoffen.

2. Kalk. Man löst 1 g in 25 ccm Normalsalzsäure und titriert mit Normalnatronlauge zurück; die von dieser verbrauchten Kubikzentimeter werden von 25 abgezogen. Der Rest multipliziert mit 2,8, gibt den Prozentgehalt von CaO, oder multipliziert mit 5 den Prozentgehalt von $CaCO_3$. Hierbei ist MgO mit als CaO gerechnet; bei den meisten in der Soda- und Chlorkalkfabrikation vorkommenden Kalksteinen ist dies wegen deren geringen Magnesiagehalts zulässig; andernfalls muß man die nach Nr. 3 gefundene Menge MgO bzw. $MgCO_3$ in Abzug bringen.

3. Magnesia wird meist nur bei dem für Braunsteinwiederbelebung dienenden Kalkstein bestimmt. Man löst 2 g des Kalksteines in Salzsäure, fällt den Kalk mit NH_3 und oxalsaurem Ammon und bestimmt die Magnesia im Filtrat durch Fällen mit phosphorsaurem Natron; man läßt 24 Stunden stehen, filtriert, wäscht mit schwacher Ammoniakflüssigkeit, trocknet, glüht und bestimmt als pyrophosphorsaure Magnesia. 1 Teil dieser ist = 0,3624 MgO.

4. Eisen wird meist nur bei dem für Chlorkalkfabrikation dienenden Kalkstein bestimmt. Man löst 2 g in Salzsäure auf, reduziert die Lösung mit Zink, verdünnt, setzt etwas eisenfreie Manganlösung zu und titriert mit Chamäleon auf rosa. Man wird hierzu am besten eine durch zehnfaches Verdünnen der Halbnormallösung dargestellte nehmen, welche für ein Kubikzentimeter 0,0028 g Fe anzeigt.

Alle Kalksteine lösen sich in Salzsäure unter lebhaftem Brausen, wobei Kohlensäure frei wird. Die stärkere Salzsäure verdrängt die schwächere Kohlensäure aus ihrer Verbindung mit dem Kalk. Diese Eigenschaft gibt uns ein einfaches Mittel in die Hand, um feststellen zu können, ob die Kalksteine gut durchgebrannt sind und vollständig alle Kohlensäure ausgetrieben ist.

Darauf beruht auch die im Fabriklaboratorium am schnellsten ausführbare Art zur Bestimmung des zurückgebliebenen, noch ungebrannten Calciumcarbonats. Leicht ist die Bestimmung der CO_2, sowohl in kleinsten als auch größten Mengen durch die von *Lungen* und *Marchlewsky* (Z. f. angew. Chem. 1891, S. 229) angegebene Vorrichtung.

Eine Vereinfachung der Bestimmung von Kohlensäure in gebranntem Kalk und gebranntem Dolomit gestattet der Apparat von *Kleine* (*Ströhlein & Co.*, Düsseldorf). Wie aus der Abb. 265 ersichtlich ist, besteht der Apparat aus dem Entwicklungskölbchen *a*, der Meßröhre *b* und dem Aufsaugegefäß *c*, sowie einem Hahnrohr. Die Einrichtung des Aufsaugegefäßes *c* wird durch die Abb. 266 deutlicher. Das in den Schenkel *a* eingeschmolzene Rohr *r* reicht in diesem tief nach unten und ist hier mit kleinen Verteilöffnungen versehen. In diesem Rohr *r* befindet sich sowohl oben als auch unten ein Schwimmerventil *w x* bzw. *v s*. Ferner ist noch ein Rohr *i* eingeschmolzen, welches oben bei *o* in den Schenkel *a* mündet und andererseits bis zur Mitte des Rohres *r* reicht. Im Rohr *i* befindet sich ebenfalls ein Ventil *p* mit der oberen Schliffstelle *q*. Das zu untersuchende Gas nimmt seinen Weg durch das Rohr *r*, tritt unten aus diesem heraus und steigt durch die Aufsaugeflüssigkeit. Beim Absaugen des Gases hebt sich das Ventil *v* und drückt gegen die Schliffstelle *s*, wodurch dieser Weg verschlossen wird. Das Gas muß nun durch die Öffnung *o* in das Rohr *i* eintreten, wobei sich das Ventil *p* infolge der Saugwirkung senkt. Beim weiteren Saugen füllt sich der ganze Schenkel mit Absaugeflüssigkeit, bis das Ventil *w* gegen die Schliffstelle *x* gedrückt wird. Dieser Vorgang kann beliebig durch Heben und Senken der Flasche wiederholt werden. Infolge der innigen Berührung des Gases

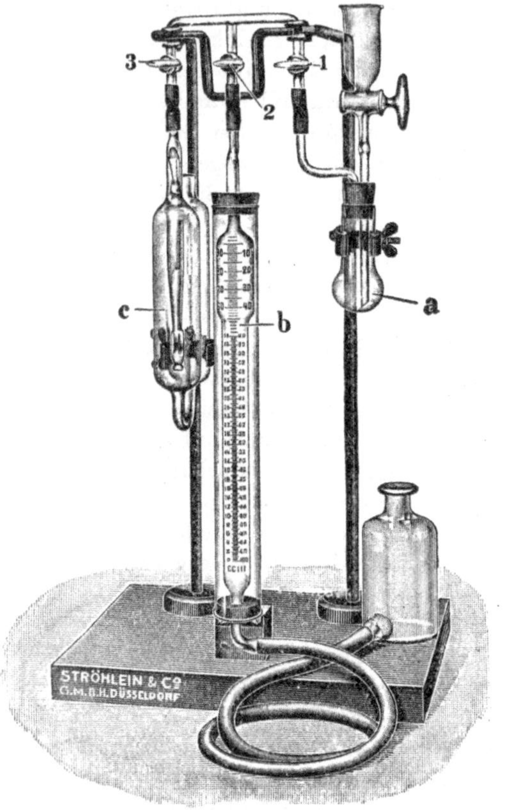

Abb. 265. Apparat zur Bestimmung der Kohlensäure in gebranntem Kalk.

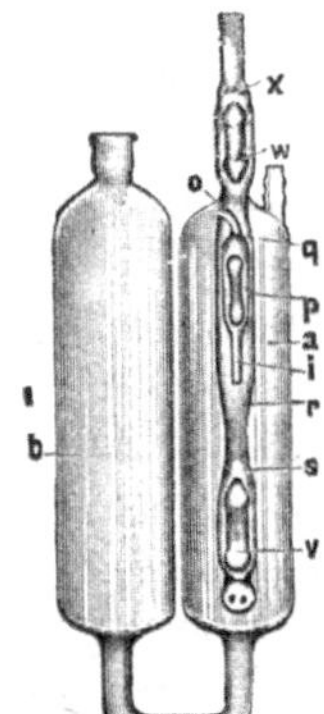

Abb. 266. Aufsauger des Kohlensäurebestimmers.

mit der Aufsaugeflüssigkeit gelingt es, die Aufsaugung in bedeutend kürzerer Zeit sicher auszuführen, als es mit den bisherigen Gefäßen möglich war. Zur Absaugung von Kohlensäure genügt einmalige Wiederholung. — Zur Einwage benutzt man, um jede Rechnung überflüssig zu machen, gleich entsprechende Gewichtsmengen, und zwar wiegt man von kohlensäurearmen Stoffen 1,966 g (1 ccm = 0,1 Proz. Kohlensäure), von kohlensäurereichen Stoffen entsprechend weniger. Jedenfalls empfiehlt es sich, die Einwage so zu wählen, daß nicht mehr als 50 ccm Kohlensäure entwickelt werden. Nachdem der Apparat auf seine Dichtigkeit geprüft, die Kalilauge (1:2) im Aufsaugegefäß hochgesaugt und die Meßröhre mit der Sperrflüssigkeit (mit Schwefelsäure angesäuertes Wasser) so weit gefüllt ist, bis das Ventil gegen die Schliffstelle gedrückt wird, was durch Heben der Hubflasche geschieht, schließt man den Hahn *2*, welcher die Meßröhre mit dem Hahnrohr verbindet. Nunmehr bringt man die abgewogene Menge in das trockene Kölbchen *a*, welches nach dem Verschließen durch den Stopfen mit dem Apparat verbunden wird. Hierauf füllt man den Scheidetrichter mit heißer Salzsäure (1:1), öffnet die Hähne *1* und *2* und läßt die Salzsäure anfangs tropfenweise aus dem Scheidetrichter in das Kölbchen eintreten. Sollte hierbei die Kohlensäureentwicklung zu stürmisch und zu reichlich einsetzen, so schließt man zunächst den Hahn des Scheidetrichters. — Wird dabei festgestellt, daß der Raum an Kohlensäure 50 ccm übersteigt, so entfernt man das Kölbchen und wiederholt die Bestimmung mit einer entsprechend kleineren Einwage. — Nachdem sich etwa 30 ccm Salzsäure im Kölbchen *a* befinden und das Gut nicht mehr aufbraust, wird das Kölbchen wiederholt kurze Zeit mit einer kleinen Flamme erwärmt, um sämtliche Kohlensäure auszutreiben. Schließlich wird soviel heißes, abgekochtes Wasser in das Kölbchen gefüllt, bis die Flüssigkeit bis zum Hahn *1* steigt, d. h. bis sämtliche Kohlensäure vollständig aus *a* in die Meßröhre *b* gedrückt ist, worauf man nunmehr den Hahn *1* schließt und einige Zeit zwecks Temperaturausgleichung wartet. Inzwischen kann das Kölbchen entfernt und für einen neuen Versuch gereinigt werden. — Zur Feststellung der Kohlensäure bringt man zunächst den Raum auf 100 ccm d. h. man läßt durch den Hahn *1* soviel Luft eintreten, bis die Flüssigkeit genau auf *0* steht. Hierbei wird die Hubflasche an die Röhre gehalten, so daß der Stand der Flüssigkeit mit dem Nullpunkt zusammenfällt. Nachdem der Hahn *1* wieder geschlossen ist, öffnet man den Hahn *3* und leitet den Inhalt der Meßröhre in das Aufsaugegefäß *e*, indem man die Hubflasche hebt und die Sperrflüssigkeit in der Meßröhre *b* steigen läßt, bis sich das Ventil schließt; durch Senken der Hubflasche leitet man das Gas wieder in die Meßröhre zurück, bis das Ventil des Aufsaugegefäßes sich schließt. Nach einmaliger Wiederholung ist die Kohlensäure aufgesaugt und kann durch Feststellung der Zusammenziehung an der Meßröhre abgelesen werden. Hierbei hält man wieder die Hubflaschen an die Meßröhre, so daß die Oberfläche der Flasche mit der Meßröhre zusammenfällt. Der Unterschied beider Ablesungen stellt den Gehalt an Kohlensäure dar.

Es ist jedoch dabei zu berücksichtigen, daß auf diese Weise bei einem gleichzeitigen Vorkommen von kohlensaurem Magnesium (in dolomitischen Kalken) nicht nur die an Calcium, sondern auch die an Magnesium gebundene Kohlensäure erhalten wird. (Weil die Austreibung der CO_2 mit heißer Salzsäure erfolgt; Dolomit löst sich im Gegensatz zu kohlensaurem Kalk fast nicht in kalter Salzsäure oder Essigsäure.) Die Berechnung derselben auf Calcium allein ist daher unzulässig. In den meisten Fällen ist der Magnesiagehalt ein sehr geringer, so daß für technische Zwecke diese Art der Bestimmung genügt; findet sich aber eine größere Menge derselben, so muß der Gehalt an Calciumcarbonat in anderer, an und für sich bekannter, aber zeitraubenderer Weise bestimmt werden. Anderenfalls können im Betriebe bei der Verwendung des Kalkes unerklärliche Schwierigkeiten eintreten, weil man bei der Bestimmung nach der obigen Art mit vollkommen gebranntem Kalk zu arbeiten glaubt, während dies in Wirklichkeit nicht der Fall ist. Dies Ergebnis entsteht dadurch, daß das Molekulargewicht des $MgCO_3$ 84,32 und das des $MgO = 40{,}32$ beträgt, und somit aus 100 kg nicht wie bei reinem Kalkstein nur 44, sondern 59,68 kg Kohlensäure entweichen.

Eine Rechnung mag dies zeigen:

Ich nehme an, daß in 100 kg der zu brennenden Rohsteine 80 kg $CaCO_3$ enthalten sind, aus dem $CaCO_3$ entweichen also $80 \cdot 44 =$. 35,2 kg CO_2,
Enthält er außerdem 14,75 kg $MgCO_3$, so entweichen $14{,}75 \cdot 59{,}68$ 8,8 „ „
insgesamt entweichen aus diesem Rohstein . . . . 44,0 kg CO_2.

Demnach genau soviel wie bei einem 100proz. $CaCO_3$. In Wirklichkeit enthält doch aber dieser Stein 14,75 kg $MgCO_3$, 80 kg $CaCO_3$ und außerdem noch $100 - (80 + 14{,}75) = 5{,}25$ kg Unreinigkeiten. Dieser schlechte dolomitische Stein täuscht also bei solchen Gasanalysen einen 100proz. Marmorkalk vor.

Wie für die Untersuchung des Kalksteines selbst, so geben auch *Frühling* und *Schulz* genaue Anweisung über die Untersuchung des gebrannten Kalkes in ihrem Buch, sowie *G. Lunge* in seinem Taschenbuch für Sodafabrikation.

Den Ätzkalkgehalt kann man auch im Calorimeter bestimmen, indem man die beim Ablöschen des Kalkes bei der Bildung von Kalkhydrat freiwerdende Wärmemenge mißt. Bei der Bildung von 1 kg Kalkhydrat $Ca(OH)_2$ werden 151 WE frei und berechnet sich daraus die höchstmögliche Ablöschtemperatur zu etwa 470°.

Es sei an dieser Stelle auch auf das *Stiepel*sche Calorimeter zur annähernden Bestimmung des freien Ätzkalkes verwiesen, das *Seyffart* („Kesselhaus und Kalkofen-Kontrolle") beschreibt und auch gleichzeitig Unterschiede angibt, die er bei der Anwendung der verschiedenen Bestimmungen feststellte.

Die Analyse der Kalksteine ist an und für sich viel einfacher, die Entnahme richtiger Durchschnittsmuster ist leichter als beim Ätzkalk, der durch Aufnahme von Feuchtigkeit und Kohlensäure aus der Luft sich fortwährend verändert. — Zur Erreichung einer guten Durchschnittsprobe soll man von mindestens 20 verschiedenen Kalkstücken kleine, nußgroße Stücke abschlagen und in einem Mörser zerstoßen, bis auf einem Sieb von 900 Maschen auf den Quadratzentimeter kein Rückstand verbleibt. Das Pulver wird in einer gut schließbaren Flasche aufbewahrt werden, alle Arbeiten sind zu beschleunigen. — Zur Ausführung der Ätzkalkbestimmung wägt man auf der Wage genau 5 g gesiebtes Kalkpulver ab, bringt dieses mit Hilfe des Einfüllbechers in eine Pulverflasche, gibt in die Flasche 100 bis 150 ccm Wasser, wobei der innere Flaschenhals mit der Spritzflasche abgespült wird, damit nichts verloren geht, und schüttelt nach Aufsetzen des Stöpsels gut durch. Dann setzt man etwa 20 Tropfen Phenolphthaleinlösung hinzu, wodurch das Wasser und der Kalk rot gefärbt wird, und schüttelt wieder recht gründlich durch, nachdem der

Stöpsel aufgesetzt ist. Nunmehr läßt man aus einer Meßröhre durch vorsichtiges Öffnen des Glashähnchens etwa 30 ccm Salzsäure in die unter das Hähnchen gehaltene Pulverflasche fließen, wodurch die Rötung verschwindet, jedoch nur vorübergehend, denn nach kurzem kräftigen Schütteln tritt sie wieder auf, da selten gebrannter Kalk weniger als 60 Proz. freien Ätzkalk enthält. Man fügt nunmehr einige Kubikzentimeter Salmiak in die Flasche. Die noch vorhandene Rötung nimmt man durch weiteren Zusatz von Salzsäure fort, die man von Kubikzentimeter zu Kubikzentimeter zulaufen läßt, und schüttelt gut durch; zuletzt, wenn die Rotfärbung längere Zeit ausbleibt, fügt man jedesmal nur noch 0,1 ccm hinzu und überzeugt sich beim Umschütteln der Pulverflasche, ob nach Niedersinken der festen Anteile die klare Flüssigkeit noch schwache Rötung zeigt. Ist die Rötung ganz verschwunden, und erscheint erst nach $^1/_4$ Stunde eine schwachrote Tönung, so braucht man sich um diese nicht zu kümmern. Ist die Rotfärbung endgültig verschwunden, so liest man die verbrauchte Salzsäure ab, vervielfacht mit 2 und erhält den Kalkgehalt in Hundertstel, vorausgesetzt, daß 100 ccm der benutzten Salzsäurelösung 13,03 g Chlorwasserstoffsäure enthalten, die 10 g Kaliumoxyd (Ätzkalk) entsprechen. — Werden also beispielsweise 39 ccm verbraucht, so beträgt der Kalkgehalt 78 Proz.

127. Unfallverhütung.

Abgesehen von den allgemeinen Gefahren, die durch Fördereinrichtungen, Triebwerke usw. dem Arbeiter drohen, besteht beim Kalkofenbetrieb selbst manche Unfallgefahr. Sei es beim Einfüllen der schweren Steine, beim Abziehen des oft noch zu heißen, aber auch staubenden, ätzenden Kalkes und beim Einatmen der Kalkofengase.

Die Möglichkeit von Unfällen an Gaserzeugern besteht durch:

1. Einatmung von Kohlensäure und Kohlenoxyd.
2. Verbrennen mit austretender Stichflamme.

Nützlich ist hier der Verschluß nach Abb. 55, der sowohl bei Stocherlöchern als auch bei Schaulöchern das Auftreten des unter Druck stehenden Gases und die damit zusammenhängende Stichflammenbildung verhindert.

3. Bildung verknallender (explodierender) Gase in den Leitungen und Kanälen, wenn Luft zutritt; im Erzeugerschacht selbst durch Verschlackung und zu dichte Lagerung des Brennstoffes; Verstopfung der Gaskanäle durch Flugasche. Anbringung von Abblasklappen, deren Deckel sich wohl leicht öffnen können, aber durch Ketten od. dgl. verhindert werden, daß sie weit fliegen können und neues Unheil anrichten.

In den Kalkofengasen befindet sich häufig, in den Heizgasen dagegen immer Kohlenoxyd, welches außerordentlich giftig ist. Der Gehalt an Kohlenoxyd in Arbeitsräumen darf höchstens 0,04 Proz. betragen, wenn es nicht gesundheitsschädlich wirken soll. — Das Kohlenoxyd wird vom roten Farbstoff der Blutkörperchen mit großer Begierde gebunden. Das Hämoglobin hat eine 200 mal so große Verwandtschaft zum Kohlenoxyd als zum Sauerstoff. Die Aufgabe des Hämoglobins im Körper ist die, in der Lunge den im Wege der Diffusion durch die Lungenbläschen in die Blutbahn eintretenden Sauerstoff locker zu binden, zu fördern und zur Oxydation an die Körperzellen abzugeben. Diese Tätigkeit wird beeinträchtigt, weil nach dem Gesetz der chemischen Massenwirkung schon geringe Kohlenoxydmengen in der Luft infolge der großen Verwandtschaft zum Hämoglobin genügen, um die Bindung des Sauerstoffes derart zu beeinträchtigen, daß die aufgenommene Menge für die im Körper zur Erhaltung des Lebens nötigen Verbrennungsvorgänge nicht mehr ausreicht. Die reine Kohlenoxydvergiftung ist daher hauptsächlich eine Erstickung der Körpergewebe durch Sauerstoffmangel. Die Aufnahme des Kohlenoxyds erfolgt allmählich mit der Atmung; die Blutkörperchen bleiben im ganzen erhalten, eine Zerstörung findet nur in geringem Maße statt. Kohlenoxyd bewirkt in größeren Mengen ein plötzliches Niederstürzen unter Bewußtlosigkeit, während die im Blute erreichte CO-Konzentration noch nicht genügend sein kann, um durch Sauerstoffmangel in dieser Weise wirken zu können.

Bei geringem Kohlenoxydgehalt der Luft treten Schwindel, Ohrensausen, Übelkeit, Erbrechen, Rötung des Gesichts, Gedächtnisschwäche, Benommenheit, dann Störungen der freiwilligen Bewegungsfähigkeit ein. Letztere sind insofern eigenartig, als Arbeiter in einer Kohlenoxydatmosphäre, obwohl noch bei Bewußtsein, die noch objektiv möglichen zweckmäßigen Bewegungen zur Rettung nicht mehr auszuführen imstande sind, z. B. in einer Grube umherlaufen, ohne den Ausweg aus derselben zu finden. Erst allmählich treten Krämpfe, dann Lähmungen, unwillkürlicher Abgang von Harn und Kot, Bewußtlosigkeit und später der Tod ein. Je größer der Kohlenoxydgehalt der Luft, um so rascher kommt es zur Bewußtlosigkeit und in starken Fällen zum Tode innerhalb weniger Stunden.

Wird ein Bewußtloser in einer Kohlenoxydatmosphäre aufgefunden, so ist Rettung durch künstliche Atmung möglich; diese muß sehr lange fortgesetzt werden, da die Abgabe des Giftes an die Luft nur recht allmählich erfolgt. Die längste, bis zur Wiederkehr des Bewußtseins durch künstliche Atmung beobachtete Zeit betrug 4 Tage (s. Chem.-Ztg. 1921, S. 625). Nach *Burrell* sind Mäuse und besonders Kanarienvögel empfindlicher für das Gift als der Mensch und eignen sich daher als Anzeiger dort, wo die Gefahr der Kohlenoxydvergiftung vermutet wird.

Nach zusammenfassender Darstellung früherer Untersuchungsergebnisse empfehlen *Howard W. Haggard* und *Yandell Henderson* zur Behandlung der Kohlenoxydvergiftung Einatmung von O_2 mit Zusatz von 8 bis 10 Proz. CO_2. Diese Mischung sollte für Rettungszwecke vorrätig sein. (Journ. of the Amer. med. assoc. 77, S. 1065 bis 1068. 1921; ausführl. Ref. vgl. Ber. ges. Physiol. 12, S. 317 bis 318. Ref. *Loewy*.)

In der chemischen Industrie gibt es keine besondere Anweisung gegen die Unfallgefahr des Kalkofenbetriebes. Nur in den allgemeinen Unfallverhütungsvorschriften der Berufsgenossenschaft der chemischen Industrie heißt es z. B.: „Abführung der Gase und Dämpfe aus Apparaten und Behältern. § 16. Apparate und Gefäße, in denen sich Gase, Dämpfe oder staubförmige Körper entwickeln, mit deren Austritt in die Arbeitsräume Gefahren oder erhebliche

Belästigungen verbunden sind, müssen dicht abgeschlossen oder mit einer Vorrichtung versehen sein, durch welche Gase, Dämpfe oder Staub abgeführt werden. Diese Vorrichtungen müssen auch beim Öffnen der Mannlöcher oder Deckel während des Prozesses wirksam sein.

Belüftung der Räume. § 17. Räume, in denen sich Einrichtungen wie Rostöfen, Generatorfeuerungen, Pfannen usw. befinden, bei denen das Entweichen gesundheitsschädlicher oder leichtentzündlicher Gase, Dämpfe oder staubförmiger Körper nicht hinreichend verhindert werden kann, sowie Arbeitsräume mit hoher Temperatur sind mit wirksamer Belüftung zu versehen.

Eingehende Vorschriften hat die Zucker-Berufsgenossenschaft Magdeburg über die Erzeugung und Verarbeitung von Kohlensäure herausgegeben.

a) Kalköfen. § 118. Die beim Kalkofenbetriebe beschäftigten Personen sind auf die damit verbundenen Gefahren hinzuweisen. Unbefugten ist der Zutritt durch Anschlag zu verbieten.

§ 119. An dem Tage, an welchem der Kalkofen angesteckt wird, ist das Kalkofengebäude durch eine zuverlässige Person von außen her zu überwachen. Unmittelbare Verbindungstüren zur Fabrik sind zu verschließen. Der Notschornstein ist zu öffnen, die oberen Stoßlöcher sind geschlossen zu halten und das etwa vorhandene Gebläse ist in Tätigkeit zu setzen.

Arbeiten in der Nähe des Kalkofens sind während dieser Zeit nach Möglichkeit zu vermeiden.

§ 120. Für genügende Belüftung (Ventilation) des Kalkofengebäudes ist Sorge zu tragen; insbesondere sind der Gichtraum und zu diesem führende Gänge durch Dachreiter, offene Fenster und Öffnungen unmittelbar über dem Fußboden gut zu entlüften. — (In der Zuckerfabrik Offstein ging ein Aufseher einige Stunden nach dem Anstecken des Kalkofens auf eine der oberen Bühnen; er wurde dort tot aufgefunden. — Bericht der Zuckerberufsgen. v. J. 1922.)

§ 121. Die Kalköfen müssen mit Notschornsteinen (Abzugsrohren) versehen sein, in welche nötigenfalls zur Erhöhung der Zugkraft während des Stillstandes der Saugvorrichtung oder des Ansteckens des Ofens Dampfstrahl- oder Luftgebläse einzubauen sind.

Es ist dafür zu sorgen, daß vor jedem Anhalten der Kohlensäureabsaugung der Notschornstein geöffnet wird.

Die in der Vorstandssitzung vom 22. Januar 1917 gegebene Anregung, den Betrieben die Anlage einer Meldevorrichtung zwischen Kohlensäurepumpe und Kalkofen zu empfehlen, sei insofern bei vielen Fabrikleitungen auf Widerstand gestoßen, als eine solche Meldevorrichtung keineswegs eine in jedem Falle sichere Benachrichtung gewährleiste. Dieser Einwand erscheint nicht unberechtigt: es wird vorgeschlagen, von dem Verlangen nach Anlage einer Meldevorrichtung Abstand zu nehmen und den Fabrikleitungen die Auswahl der für ihre örtlichen Verhältnisse passendsten Benachrichtigung zwischen Kohlensäurepumpe und Kalkofen zu überlassen.

§ 122. Zum Aufheben des oberen Verschlusses, der Gichtglocke, muß eine geeignete Vorrichtung vorhanden sein.

§ 123. Arbeiten an der Kohlensäureleitung sind von mindestens zwei Leuten unter Beobachtung der erforderlichen Sicherheitsmaßnahmen auszuführen.

b) Saturations- und Kohlensäurewaschgefäße. § 124. Vor Beginn der Reinigungsarbeiten in den Gefäßen müssen die Ventile zu denselben geschlossen und die Druckanlage für Kohlen- und schweflige Säure stillgesetzt werden, sofern nicht andere zuverlässige Maßnahmen getroffen sind. Durch Ableuchten mit offenem Licht ist festzustellen, ob sich noch Kohlensäure im Gefäß befindet, erforderlichenfalls ist durch Ausspülen, Absaugen, Ausblasen mit Dampf oder Luft oder in sonst zweckdienlicher Weise die Gefahr zu beseitigen. Die Saturationsgefäße sind möglichst mit unteren Einsteigeöffnungen oder Entlüftungsvorrichtungen zu versehen. Neue Gefäße müssen in dieser Weise hergestellt werden.

§ 125. Die Arbeiter sind in solchen Gefäßen wegen der Gefahr des unvermuteten Auftretens gefährlicher Gase ständig von außen her zu überwachen und, wenn die Befahrung von außen stattfindet, anzuseilen.

§ 126. Die überschüssigen Gase sind aus dem Verkehrsbereich der Arbeiter über das höchste in der Nähe gelegene Dach abzuleiten.

Beim Steinklopfen sollen die Arbeiter Schutzbrillen aufsetzen, Atemschützer (Respiratoren) beim Fördern staubenden Ätzkalkes benutzen.

Zur Unschädlichmachung von Kohlenoxyd enthaltender Atmungsluft versieht die *Hanseatische Apparatebau-Ges.*, Kiel ihre Atmungsmasken mit einem festen Gemisch von hygroskopischen und nichthygroskopischen Permanganaten (D. R. P. 332 731/1917).

Bei Vergiftungen, die von der Einatmung von Gasen oder der Aufnahme von Giftstaub mit der Atmung oder durch die Haut hervorgerufen sind, bringe man den Verunglückten sofort in frische Luft.

Man leite bei schlechter Atmung künstliche Atmung ein!

Man lasse Sauerstoff einatmen!

Man gebe Milch, Sauerbrunnen schluckweise zu trinken, — aber nie Alkohol!

Man gebe ein kühles Bad zur Körperreinigung (nie heiß baden)!

Durch Zufall verschlungener Ätzkalk wirkt zerätzend und verstopfend. Gemildert werden kann die Wirkung durch erweichende und schleimige oder fettige Nahrung, wie Butter, Öl, fettige Brühen, Milch u. dgl., die sowohl durch den Mund als auch durch Klystiere eingebracht werden.

Gelangt gebrannter Kalk in die Augen, so löscht er sich in der Feuchtigkeit ab und zerstört das Auge durch die ätzende Wirkung. Dagegen hilft das schnelle Auswischen des Auges mit einer starken Zuckerlösung. Der Kalk verbindet sich mit dem Zucker zu weniger ätzendem Zuckerkalk.

An dieser Stelle möchte ich noch auf die günstigen Heilungsergebnisse hinweisen, die in verschiedenen Kalkbrennereien an Schwindsüchtigen beobachtet wurden. Diese vertragen die staubigen Arbeiten oft besser als kerngesunde Leute, sogar ist eine Heilung der Lungenkranken nachweisbar. (*K. Bernhard* und *G. Hall*, Tonind.-Ztg. 1916, S. 676 und 703). Nach *A. Herbert*

(Zeitschr. f. Gewerbehyg. 1910, S. 51) sollen die Bacillen in den Lungengeweben einer Verkalkung unterliegen. Dabei ist die Tuberkulose eine Krankheit, die nur solche Körper ergreift, die durch unrichtige Ernährung an Salzen, besonders an Kalksalzen, verarmt sind. Der Kalkstaub wird im Speichel aufgelöst und dem Körper zugeführt. Demnach erscheint die Verwendung lungenkranker Arbeiter am Kalkofen für diese nur nützlich.

H. Coutiere berichtet ebenfalls über die Einatmung von Kalk- und kohlensäureanhydridhaltigem Staub gegen die Tuberkulose. Die von alters her bekannte, neuerdings von *Renon* und *Bordenave* hervorgehobene Tatsache, daß die Umgebung von Kalköfen gegen Tuberkulose verhältnismäßig geschützt ist, hat schon früher zu therapeutischen Versuchen des Verf. und von *Mercier* geführt, die einen günstigen Einfluß der Einatmung von Kalkstaub auch bei vorhandener Tuberkulose erwiesen. Es dürfte dabei außer der Aufnahme von Ca durch die Lungen auch deren unmittelbare „Kalkung" als für die Entwicklung der Tuberkelbacillen in Betracht kommen. In letzterer Beziehung mißt Verf. auch dem CO_2 eine Bedeutung zu. (Bull. Sciences Pharmacol. 28, S. 9 bis 13. Jan. 1922.)

Natürlich sind solche Kranke ganz besonders vor der Einatmung der Kalkofengase zu schützen, sonst stellen sich andere Schäden, verbunden mit Fieber und Schlaflosigkeit, ein.

Veranlaßt durch die Ansicht der Gewerbeinspektion, nach der die Ein- und Aussetzer in den Brennkammern der Ringofen derartig hohen Temperaturen ausgesetzt sein sollten, daß ihre Gesundheit gefährdet war, hat ein Werk durch den Hygieniker Prof. *Sommerfeld*, Berlin, mehrjährige eingehende Beobachtungen des Gesundheitszustandes der in Betracht kommenden Arbeiter vornehmen lassen. Die Ergebnisse beweisen, daß die Temperaturen in den Kammern keineswegs zu hoch sind, und die Gesundheit der Ein- und Auskarrer nicht gefährdet ist, obwohl die Temperatur eine Höhe von 50°, in Ausnahmefällen sogar von 65°, erreicht. (Tonind.-Ztg. 43, S. 19—20. 1919.)

T. Die Lagerung und der Versand des Ätzkalkes.

Einige Worte möchte ich hier der Lagerung und dem Versand des Ätzkalkes widmen. Der Kalkbrenner muß doch allergrößten Wert darauf legen, daß sein mit Mühe und Kosten hergestelltes Erzeugnis dem Verbraucher auch in gutem Zustande zur Verfügung gestellt wird. Er muß darauf Bedacht nehmen, daß bei längerer Lagerung der Kalk sich nicht nachteilig verändert und daß er so auf den Weg gebracht wird, wie es erforderlich ist, um in zweckmäßiger und brauchbarer Form den Abnehmer zu erreichen.

128. Die Lagerung.

Die große Oberfläche mit der damit zusammenhängenden Hygroskopizität verlangt nach Abschnitt 104 eine luftdichte Lagerung des Ätzkalkes, wenn er längere Zeit in gutem Zustand erhalten bleiben soll.

Diese Lagerräume sollen (nach *Heusinger v. Waldegg*, Die Kalkbrennerei) einen gedielten Fußboden haben, die Wände und Decken dürfen keine Sprünge enthalten, und der einzige Zugang (die Tür) muß vollkommen dicht schließen und mit Nut und Federn aus Doppelbrettern zusammengefügt sein. Bei feuchtem Wetter und Gewitterluft muß man es möglichst vermeiden, die Türen der Magazine zu öffnen, indem diese Luft auf das Zerfallen des Kalkes am meisten Einfluß hat.

Louis Joseph Vicat (Begründer der Zementindustrie in Frankreich, gest. 1861) beschreibt ein anderes Verfahren zur Aufbewahrung des Kalkes, besonders des hydraulischen. Auf einer Tenne, die frei von Wasserzutritt und Feuchtigkeit ist, breitet man zuerst eine Lage zerfallenen Kalkes von 15 bis 20 cm Dicke aus. Auf diese Lage schichtet man den lebendigen Kalk auf, indem man ihn mit einem hölzernen Klotz zusammenrammt, um die Zwischenräume möglichst zu vermindern. Diesen Haufen schließt man flach abgeböscht und überschüttet ihn mit einer letzten Lage eines Kalkes, der eben in Staubkalk zerfallen will. Dieser Staubkalk füllt die Zwischenräume des lebendigen Steinkalkes aus und umhüllt ihn so gut, daß er gegen die Einwirkung der atmosphärischen Luft und aller Feuchtigkeit verwahrt ist. Man hat auf diese Weise etwa 60 cbm lebendigen Kalk während eines anhaltend nassen Winters aufbewahrt, und nach fünf Monaten erhitzte er sich und zerging noch ebenso gut wie frisch gebrannter Kalk. Je größer der aufzubewahrende Vorrat ist, desto mehr bewährt sich dieses Verfahren.

Bei solcher Lagerung in Holzschuppen od. dgl. ist sorgfältig darauf zu achten, daß kein Regenwasser eindringt und so größere Mengen Kalk gleichzeitig zum Ablöschen kommen, die solche Wärmemengen entwickeln, die nicht schnell genug abgeleitet werden können. Denn wie schon gesagt, kann die Temperatur bis auf 470° steigen. Sehr häufig sind dadurch gefährliche Brände entstanden. Im Jahre 1922 geriet in der Nähe von Dresden ein Holzschuppen in Brand, weil der darin gelagerte Ätzkalk durch Regenwasser sich ablöschte (Z. f. Gewerbehygiene 1923, S. 147). Besser ist es deshalb, jede Berührung des lagernden Ätzkalkes mit Holz zu vermeiden. Besonders zeigen auch die Versuche von *O. Wawrzinick* (Mitt. a. d. Kgl. Sächs. Mech.-Techn. Versuchsanst. Dresden 1914) die Feuergefährlichkeit des löschenden Kalkes. Die Selbstentzündung von Holz erfolgt durch ihn dann, wenn die Löschtemperatur über 270 bis 300° liegt und wenn weiter genügend Luft vorhanden ist, damit sich die Holztemperatur weiter bis zur Entzündung steigern kann.

Sogar zum Sprengen wird diese Wirkung des löschenden Kalkes verwendet (Kosmos 1911, S. 472). In einer Patronenhülse wird Wasser durch einen elektrischen Widerstandsdraht zum Sieden gebracht. Der Dampf zersprengt die Hülse und das Wasser tritt an den im Bohrloch befindlichen Ätzkalk. Die dadurch freiwerdende Wärme wirkt sprengend auf das umgebende Gestein.

— Die Sprengwirkung muß seit alters her bekannt sein, denn in Schlandern (Tirol) geht die Sage, daß die Einwohner einem Drachen ungelöschten Kalk, in einer Kalbshaut eingenäht, vorwarfen, die er verschlang und nun beim Baden im See von dem kochenden Kalk unter furchtbaren Qualen auseinandergerissen wurde.

Gemauerte Wände sind deshalb auf alle Fälle sicherer. Einen in Eisenbeton ausgeführten Speicher besitzt das Hüttenwerk Düdelingen (Z. d. V. d. Ing. 1911, S. 423). Dieser Kalkspeicher ist gänzlich unterirdisch und dient zum Aufspeichern von 437 cbm Kalk. Beim Bemessen der Längswände mußte hier auch der Druck der gestützten Erdmassen in Betracht gezogen werden. Die Dachdecke wird von steifen Eisenbetonrahmen getragen, die zwischen die 3,5 m voneinander entfernten Querwände eingespannt sind. Die Kalkzufuhr erfolgt auf einem an der Außenseite und einem zweiten in der Mitte durchgelegten Eisenbahngeleise. Durch eine doppelte Schwebebahn in einem sich bis zur Abkuppelstelle fortsetzenden Eisenbahntunnel wird der Kalk fortgeschafft. In der Mitte des Speicherbodens befindet sich ein Entwässerungskanal.

129. Der Versand.

Beim Versand des Ätzkalkes muß man auch daran denken, daß dieser sehr hygroskopisch ist und unter dem Einfluß des Wetters leiden würde. Die Förderung in offenen Gefäßen und Wagen ist deshalb für den gebrannten Kalk sehr nachteilig. Offene Kastenwagen sind durch Segeltuchdecke od. dgl. zu schützen.

Auch beim Transport in hölzernen Wagen sind geeignete Maßnahmen zur Vermeidung des Ablöschens und damit der Brandgefahr zu treffen.

Von einigen westfälischen Kalkbrennereien wird der Ätzkalk in eisernen Fässern versandt, doch dürfte der verhältnismäßig wenig wertvolle Ätzkalk nur in seltenen Fällen die damit verbundenen hohen Verpackungskosten vertragen.

Gemahlener Ätzkalk und trocken gelöschter Kalk wird meistens in Papiersäcken geliefert, ähnlich wie Zement. Wird er lose in Eisenbahnwagen zum Versand gebracht, so ist beim Entladen darauf zu achten, daß die Nachbargrundstücke nicht durch Kalkstaub belästigt werden.

Beim Verladen von Kalk, sowohl vom Kalkwerk in Fuhrgeräten als auch von den Eisenbahnwagen aus, ist darauf zu achten, daß die Gespanne in der Windrichtung stehen. Andernfalls werden sie durch den Staub und den später im Schweiß sich löschenden Kalk arg belästigt.

Die Abb. 267 zeigt einen zweiachsigen eisernen „K“-Deckelwagen für Kalk der Deutschen Staatseisenbahnen für ein Ladegewicht von 15 000 kg, von den *Linke-Hofmann-Werke A.-G.*, Breslau, gebaut, mit 6 wasserdicht schließenden Deckeln.

Von dieser Firma stammt auch der Selbstentladewagen mit Deckelverschluß nach Abb. 268, für 16,5 t Kalkladegewicht. Das Eigengewicht des Wagens beträgt 10 920 kg, sein Inhalt 14 cbm und sein Radstand 4,5 m. — Von den

„K“-Wagen sollten Ende 1921 13 000 Stück in Deutschland in Benutzung sein.

Zum Herstellen des Kalkstickstoffes (s. S. 9) benötigt man so reinen Kalk (s. S. 392), wie er in Deutschland nur an einigen, für die Stickstoffwerke

Abb. 267. „K“-Deckelwagen für Kalk.

frachtgünstigen Stellen gefunden wird. Die Kalkstickstoffwerke in Piesteritz beziehen ihren Kalk aus Elbingerode und Rübeland im Harz im gebrannten Zustande. Sie sind dann gezwungen, für 100 kg Steine wohl etwa 12 kg Kohle

Abb. 268. Selbstentladewagen.

oder Koks aus Westfalen auf die Harzberge zu fördern, dort werden aber in den Brennöfen 44 kg Kalkstein-Kohlensäure ausgetrieben, so daß nur noch 56 kg Ätzkalk zu bewegen sind. — Es ist wirtschaftlich zweckmäßig, wenn der Brennstoff zum Kalkstein geht (wie die Kohle zum Erz), wenn für die Abgase keine Verwendungsmöglichkeit besteht. — Dies läßt die überschlägliche

Rechnung erkennen, wobei angenommen ist, daß für je 100 kg zu verarbeitendem Kalkstein:

I. von Essen bis Elbingerode auf dem ungefähr 375 km langen Wege 12 kg Koks zu fördern sind; außerdem von Elbingerode nach Piesteritz = 170 km 56 kg Ätzkalk. Die zu bewältigenden Tonnenkilometer (t/km) sind dann

$$\frac{12 \cdot 375 + 56 \cdot 170}{1000} = \frac{4500 + 9520}{1000} = \sim 14 \text{ t/km}$$

oder II. von Essen bis Piesteritz (= 485 km) sind 12 kg Koks und von Elbingerode bis Piesteritz (= 170 km) sind 100 kg Kalksteine zu fördern. Demnach

$$\frac{12 \cdot 485 + 100 \cdot 170}{1000} = 22{,}8 \text{ t/km}.$$

Eine bedeutende Ersparnis an Fracht und Fahrzeugen wird demnach erzielt bei der Arbeitsweise nach I.

Auf diese Art wird man stets die eine oder andere Arbeitsweise gegeneinander abwägen müssen.

Man hat das Kraftwerk Piesteritz an die Braunkohlenfelder (mit kaum 50 jährigem Vorrat) gelegt und mit Dampfturbinen ausgestattet, die von der Wärme dieses Brennstoffes kaum 16 Proz. in elektrische Energie umwandeln. Ob es nicht volkswirtschaftlicher gewesen wäre, die Stickstoffwerke im Harz aufzubauen, anschließend an Wasserkräfte, die durch Talsperren gewonnen werden könnten, soll hier nicht weiter berührt werden.

Um die Förderung des gebrannten Kalkes von Elbingerode nach Piesteritz zu erleichtern, verwenden die *Mitteldeutschen Stickstoffwerke A.-G.* (vorm. *Bayerische Stickstoffwerke* bzw. *Abt. Reichswerke*) besondere Eisenbahnwagen, welche die *Wagenbau-Anstalt von Orenstein & Koppel A.-G.*, Berlin, lieferte. Diese Wagen nach Abb. 269 besitzen zwei Achsen mit einem Radstand von 3,2 m, die das eiserne Rahmengestell tragen. Auf diesem Gestell ruhen zwei Ladekästen, die ihrerseits in der Wagenlängsrichtung geteilt sind. Die Kästenhälften werden oben durch kräftige Gelenke zusammengehalten, während sie unten durch die abgeschrägten Tragwangen so lange fest zusammengepreßt werden, als sie auf dem Gestell ruhen. Oben sind die Kästen durch dichtende Klappdeckel verschlossen, wie bei den gewöhnlichen Kalkwagen nach Abb. 267. Die Abb. 269 zeigt das Füllen der Kalkwagen oben im Harz aus einem Ringofen durch Kippwagen. — In Piesteritz angekommen, werden die Eisenbahnwagen vor das Carbidofenhaus gefahren (s. Abb. 270). Ein Kran erfaßt nun durch die beiden Ösen einen Kasten und hebt ihn in das Mühlengebäude über die Speicher der Kalkbrecher. Hier wird der Kasten gesenkt, wobei sich die an jedem Ende befindlichen schrägen Führungswinkel auf feste Gegenlager aufsetzen. Sowohl das Eigengewicht als auch das der Füllung preßt die Hälften wie zwei Muschelschalen auseinander, so daß sich die Kästen ohne jede Handarbeit entleeren. Nachdem sich die Kästen entleert haben, werden sie wieder vom Kran gehoben, die Hälften klappen zusammen, und sie werden wieder auf das Wagengestell gesetzt. Das Eigengewicht eines Wagens beträgt 12 300 kg, das Ladegewicht 14 700 kg, so daß seine Nutzleistung, als Versandgerät betrachtet, etwas weniger günstig ist als das der „K"-Wagen

Abb. 269. Eisenbahnwagen mit abnehmbaren Kästen

Abb. 270. Abheben der Kalkkästen.

nach Abb. 267. Aber dies wird durch die Ersparnis an Handarbeit ausgeglichen. Wären in Elbingerode Schachtöfen mit selbsttätiger Austragung, so würde der ganze Transport ohne Handarbeit erfolgen können.

Literatur.

Alves, R., Die deutsche Kalkindustrie während des Weltkrieges. Berlin 1922.

Bartsch, E., Die Entwicklung der Ein- und Ausfuhr von Kalk. Berlin 1921.

Bischoff, Carl, Die indirekte, aber höchste Nutzung der Brennmaterialien. Quedlinburg 1856.

— Gesammelte Analysen der in der Tonindustrie benutzten Materialien und der daraus hergestellten Fabrikate. Leipzig 1901.

— Die feuerfesten Tone. Leipzig 1904.

Bronn, J., Der elektrische Ofen im Dienste der keramischen Industrie (Mitteil. über Untersuchungen feuerfester Stoffe). Halle 1910.

Brunell. Limes 1878.

Candlot. Chaux 1903.

Centralblatt für die Zuckerindustrie. Magdeburg.

Chatelier, H. le, Über die Dissociation des kohlensauren Kalkes. Paris, Comptes rendu 102 (1886), S. 1243.

Chemiker-Zeitung. Cöthen.

Cramer, Einwirkung von Asche und Schlacke auf feuerfeste Auskleidungen. Tonindustrie-Zeitung 1885, 1894, 1901.

Damm, Hans, Kalkstein und Kalk bei Naturvölkern und im Altertum. Verlag d. V. Deutscher Kalkwerke. Berlin 1922.

Dammer, Bruno und *Oskar Tietze*, Die nutzbaren Mineralien, Bd. I. 1913.

Daude, Reinigung des Zuckersaftes mit Kalk. 1907.

Deutsche Reichspatente.

Deutsche Zuckerindustrie (D. Z.) Berlin.

Dinglers Polyt. Journal.

Eiselen, Joh. Christoph, Ausführliche Abhandlung insonderheit über das Stein-Kalkbrennen mit Torf, dessen Anwendung beim Mergel- und Ziegelbrennen, zur Schonung der immer mehr abnehmenden Walder. 1793.

Encyclopédie, Petite, de chimie *(Perret)* Vol. 26. 1902.

Feichtinger, Chemische Technologie der Mörtelmaterialien. 1885.

Fischer, Ferdinand, Kraftgas. 2. Aufl. Leipzig 1921.

— Taschenbuch für Feuerungstechniker. Leipzig 1913.

Fourcroy v. Ramecourt, Kalkbrennerkunst. 1768.

Frost, Methode, Kalk und andere Stoffe zu brennen. Rep. of arts, 2 S., V. 44 (1824), S. 65.

Frühling und *Schulz*, Anleitung zur Untersuchung.

Gary, Feuerfeste Auskleidung. Mitteil. v. d. Königl. Mat.-Prüf. 1910, 1. Heft.

— Feuerfeste Auskleidung. Forschungsarbeiten 1912, Heft 116.

Gay-Lussac, Über den Nutzen des Wasserdampfes beim Kalkbrennen. Paris, Annales de Chimie 1836.

v. Gerstenbergk, Kalk und Zement; II. Auflage 1874 u. 3. Auflage 1892.

Gillmore. Limes 1874.

Gracklauer, Fachkatalog Nr. 32; Kalkliteratur 1865—1881. 1881.

Hantelmann, H., Die Kalkindustrie in der Provinz Sachsen, dem Herzogtum Anhalt und den Thüringischen Staaten in wirtschaftlicher und sozialer Hinsicht. Dissertation Jena 1910.

Hassenfratz, Art de calciner la pierre calcaire. 1825.
Hauenschild, Kalk- und Gipsindustrie, Literaturbericht 1884—1885. 1886.
Havard, F. F., Refractories and furnaces. New York 1912.
Hecht, Schamottesteine. Tonindustrie-Zeitung 1900.
Hempel, Walther, Gas-analytische Methoden. Braunschweig.
Herzfeld, Festschrift zur Eröffnung des Instituts für Zuckerindustrie. 1904.
Jahrbuch über die Leistungen der Tonwaren- und Kalkindustrie. 1878—79.
Jochum, Paul, Der Drehrohrofen als modernster Brennapparat. Braunschweig 1911.
John, Kalk nnd Mörtel; Kalkstein und Muschelschalenmörtel. 1819.
Kerl, Bruno, Handbuch der gesamten Tonwarenindustrie. Braunschweig 1879.
— Repertorium der technischen Literatur. Bd. 1, S. 664.
Kosmann, Bernhard, Die Verbreitung der nutzbaren Kalksteine im nördlichen Deutschland. Berlin 1913.
Kremann, Robert, Anwendung physikalisch-chemischer Theorien. Halle 1911.
Krieger, Kalk und Kalksandsteinindustrie. 1920.
Krünitz, Johann Georg, Oekonomisch-technologische Enzyklopädie oder allgemeines System der Staats-, Stadt-, Haus- und Land-Wirtschaft in alphabetischer Ordnung. Berlin 1793.
Leonhard, Kittfabrikation (Kalkbrennerei). 1870.
Leuchs, Kurt, Geologischer Führer durch die Kalkalpen vom Bodensee bis Salzburg und ihr Vorland. Berlin 1921.
Liebold, Brennöfen für Kalksteine. 1876.
Liedtke und *Kreiling*, Kalk-, Gips- und Tonwaren-Industrie; Literatur- und Patentbericht. 1892.
Lippmann, E. v., Festschrift des Vereins der deutschen Zuckerindustrie. Leipzig 1900.
Loeff, Bau- und Kalkbrennereien. 1873.
— *Paul*, Gründliche Anleitung zum Bau von Kalk-, Zement-, Gips- und Ziegelöfen 1870.
— Praktisches Handbuch für Brennereianlagen.
Luhmann, E., Die Kohlensäure. Hartleben, Leipzig.
Lunge, G., Soda-Industrie, Bd. 3. 1909.
— Taschenbuch für Soda-Fabrikation. Berlin.
Mälzig, K., Die oberschlesische Kalkindustrie; Dissertation. Breslau 1923.
Menzel, R., Die Selbstkostenberechnung eines Kalkwerkes. Berlin 1921.
Müller, Kalkberge, Der Schachtofen in der Zementindustrie. Zementverlag Charlottenburg 1909.
Muspratts Handbuch der technischen Chemie.
Naske, Carl, Die Portlandzement-Fabrikation. Leipzig 1914.
Otto und *Birnbaum*, Praxis der landwirtschaftlichen Gewerbe, Kalkfabrikation. (Röhne.) T. 13. 1877.
Papers, Technologie, Kalkfabrikation (Emley) 16. 1913.
Pasley, Observations on limes (Bemerkungen über Kalk); P. 1. 1847.
Pott, Paul, Inaug.-Dissertation Freiburg i. Br. 1905.
Quitmeyer, Darmstädter Geschichte der Naturwissenschaften.
Rauter, Gustav, Die Industrie der künstlichen Bausteine und des Mörtels. Göschens Verlag 1904.
Rhan, Caesar, Der Kalk ist die Grundlage aller Kultur. Berlin 1914.
Ricklefs, O., Die wirtschaftliche Verwendung geringwertiger Brennstoffe im Ziegeleibetriebe. Berlin 1922.
Rieke, R., Schmelzbarkeit von Kalk, Tonerde, Kieselsäure-Mischungen. Sprechsaal (Coburg) 1907.
Rohland, Der Portlandzement vom physik.-chemischen Standpunkte. Leipzig 1903.
Rose, Heinrich, Allgemeine Bemerkungen über das Verhalten des Wassers gegen Kohlensäure in kohlensauren Salzen. Poggendorfs Annal. 86 (1852), S. 99.
Scherer, Robert, Die Kreide, deren Vorkommen, Gewinnung und Verwertung. 1922.

Schlüter, Hartwig, Die Kalkindustrie im Rahmen der Volkswirtschaft. Berlin 1924.
Schmatolla, Ernst, Der Gashochofen. Berlin 1905.
— Welche Vorzüge bietet die Generator-Gasfeuerung? Berlin 1905.
Schoch, Karl, Die moderne Aufbereitung der Mörtelmaterialien. Zement, Kalk, Gips. Berlin 1913.
Schott, Otto, Kalksilikate und Kalkaluminate in ihren Beziehungen zum Portlandzement. Dissertation Heidelberg.
Schreib, H., Fabrikation der Soda. 1905.
Segers gesammelte Schriften. Berlin 1896.
Seger und *Kramer*, Leitsätze für die einheitliche Prüfung von Kalk. 1911.
Seyffart, Kesselhaus und Kalkofen-Kontrolle. Magdeburg.
Simmersbach, Oskar, Grundlagen der Kokschemie. Berlin 1914.
Stammer, K., Zuckerfabrikation.
— Jahres-Berichte über die Untersuchungen und Fortschritte auf dem Gesamtgebiete der Zuckerfabrikation 1861—1911. Braunschweig.
Stanhope, Verbesserte Art Kalk zu brennen. Bull. d. sc. 4 S. 83. A. r. Gill V. 6 S. 227. B. d. l. s. d'enc. 1825, S. 83.
Stegmann, Gasöfen für das Brennen von Kalk. 1877.
— Kalkfabrikation. 1879.
Steinindustrie, Handbuch der, Bd. 1: Die nutzbaren Steinvorkommen Deutschlands; Bd. 2: Die Technik der Steingewinnung und Verarbeitung.
Steinmann, Ferd., Kompendium für Gasfeuerungen. Freiberg i. S. 1868.
Stohmann-Schander, Handbuch der Zuckerfabrikation. Berlin 1912.
Tonindustrie-Zeitung. Berlin.
Tormin, Kalk, Zement und Gips. 1905.
Trenkler, H. R., Die Chemie der Brennstoffe. Monographien zur Feuerungstechnik, Heft 1. Leipzig 1919.
Ullmann, Fritz, Enzyklopädie der technischen Chemie; Bd. 8, S. 207 „Mörtel"; B. 11, S. 206 „Tonwaren". Berlin 1922.
Urbach, Hans, Der Kalk in Kulturgeschichte und Sprache. Berlin 1923.
— *(Kosmann)*, Die technische Verwendung des Kalkes. Berlin 1919.
Vicat, Über einige Erscheinungen beim Kalkbrennen. Paris, Ann. d. ch. 2, S. I. 23 (1823), S. 424.
Waldegg, Heusinger v., Die Kalkbrennerei und Zementfabrikation.
Warl, Beet-sugar manufacture and refining. New York 1907.
Wichdorff, Hess von, Übersichtskarte der deutschen nutzbaren Kalksteinvorkommen. Berlin 1921.
Zeichnungen über Kalköfen, Sammlung 1851—52 (Bücherei des Deutschen Patentamtes Ha. 656).
Zeitschrift für angewandte Chemie. Leipzig.
Zeitschrift des Vereins der deutschen Zuckerindustrie (Z. d. V. d. d. Z.). Berlin.
Zwick, Jahrbuch des Baugewerbes. 1871.
Zwick, H., Kalk und Luftmörtel. Hartleben, Leipzig.

Verzeichnis der D. R. P.

Ausländische Patente.

Namenregister.

Sachregister.

GPSR Compliance

The European Union's (EU) General Product Safety Regulation (GPSR) is a set of rules that requires consumer products to be safe and our obligations to ensure this.

If you have any concerns about our products, you can contact us on ProductSafety@springernature.com

In case Publisher is established outside the EU, the EU authorized representative is:

Springer Nature Customer Service Center GmbH
Europaplatz 3
69115 Heidelberg, Germany

Batch number: 10682323

Printed by Printforce, the Netherlands